MOLLUSQUES MARINS

DU ROUSSILLON

LES
MOLLUSQUES MARINS
DU ROUSSILLON

PAR

LE Dr E. BUCQUOY

MÉDECIN-MAJOR, OFFICIER DE LA LÉGION D'HONNEUR

PH. DAUTZENBERG

ANCIEN PRÉSIDENT DE LA SOCIÉTÉ ZOOLOGIQUE DE FRANCE

G. DOLLFUS

ANCIEN PRÉSIDENT DE LA SOCIÉTÉ GÉOLOGIQUE DE FRANCE

TOME II
PÉLÉCYPODES

Avec Atlas de 99 planches en phototypie

PARIS
J.-B. BAILLIÈRE & FILS, 19, RUE HAUTEFEUILLE
ET CHEZ L'AUTEUR
PH. DAUTZENBERG, 213, RUE DE L'UNIVERSITÉ

Novembre 1887 — Octobre 1898

Il a été reconnu, d'autre part, que les *Gryphées* et les *Exogyres* sont, au point de vue anatomique, de véritables *Ostrea*, de sorte qu'il ne reste plus de cette famille, dans la faune actuelle, que le seul genre *Ostrea*. M. le Dr Fischer, dans son *Manuel*, groupe les familles des *Ostreidæ* et des *Anomiidæ* dans un sous-ordre *Ostracea*.

TABLEAU DES GENRES ET ESPÈCES.

Genre **Ostrea** Linné..................	1 *O. edulis* Linné.
— — —	2 *O. stentina* Payraudeau.

Genre OSTREA.

Le nom d'*Ostrea* est très ancien; nous le trouvons dans Aristote qui, sous l'appellation « ὄστρεα, » comprenait sans doute un grand nombre de mollusques bivalves comestibles. Dans Pline, le genre *Ostrea* est précisé; cet auteur nous parle, en en détaillant les mérites au point de vue gastronomique, d'huîtres de diverses provenances apportées de loin et à grands frais. De son temps on en parquait à Baies ainsi que dans le lac Fusaro et dans celui de Lucrin; nous ne possédons aucun renseignement sur les formes qui y étaient alors cultivées; mais nous apprenons que M. Statuti fait des recherches à ce sujet et qu'il en fera bientôt connaître le résultat.

De nombreux travaux ont été publiés sur les *Ostrea*, au point de vue de leur culture. Parmi les plus importants figurent ceux de MM. Coste, Mouls, Fischer, Granger, Issel, etc.

Ostrea edulis Linné.

Pl. 1, fig. 1, 2; valves gauches et droites (extérieur), 3, 4; valves gauches (extérieur) et valves droites (intérieur).

1766	*Ostrea edulis*	Linné, Syst. Nat., edit. XII, p. 1148.
1778	— *vulgaris*	da Costa, Brit. Conch., p. 154, pl. XI, fig. 6.
1780	— *edulis* Lin.	Born, Test. Mus. Cæs. Vindob., p. 113.
1790	— — —	Linné-Gmelin, Syst. Nat., edit. XIII, p. 3334.

1799 *Ostrea edulis* Lin. Bosc, Hist. nat. des Coquilles, t. II, p. 302, pl. XII, fig. 1.

1803 — — — Montagu, Test. brit., p. 151.

1804 — — — Maton et Rackett, Descr. Cat. in Trans. Linn. Soc., t. VIII, p. 101.

1819 — — — Lamarck, Anim. sans vert., t. VI, 1re partie, p. 203.

1822 — — — Turton, Conch. Ins. brit. Dithyra, p. 204.

1825 — — — Blainville, Manuel de Malacologie, pl. LX, fig. 1.

1825 — — — de Gerville, Catal. Manche, p. 30.

1827 — — — Brown, Ill. of the Conch. of Great Britain and Ireland, p. 71, pl. XXXb, fig. 6, 7, et pl. XXIII, fig. 19 (*monstr.*).

1830 — — — Collard des Cherres, Catal. Finistère, p. 33.

1830 — — — Deshayes, Encycl. méthod., t. II, p. 288; pl. CLXXXIV, fig. 7, 8.

1835 — — — Bouchard Chantereaux, Catal. Boulon, p. 31.

1836 — — — Lamarck, Anim. sans vert., édit. Deshayes, t. VII, p. 217.

1838 — — — Forbes, Malac. Monensis, p. 39.

1844 — — — Potiez et Michaud, Galerie de Douai, t. II, p. 45.

1848 — — — Forbes et Hanley, Brit. Moll., t. II, p. 307, pl. LIV.

1851 — — — Petit, Catal. *in* Journ. Conch., t. II, p. 391.

1852 — — — Sowerby, Manual of Conchology, p. 225, pl. X, fig. 180.

1858 — — — H. et A. Adams Genera of recent Moll., t. II, p. 568, pl. CXXIX, fig. 5.

1859 — — — Sowerby, Illust. Ind. brit. Shells, pl. VIII, fig. 17.

1860 — — — Macé, Catal. Cherbourg et Valognes, p. 28.

1863 — — — Jeffreys, Brit. Conch., t. II, p. 38; t. V, p. 165, pl. XXI, fig. 1.

1865 — — — Cailliaud, Catal. Loire-Inférieure, p. 122.

1865 — — — Fischer, Gironde, p. 64.

1867 — — — Taslé, Catal. Morbihan, p. 25.

1867 — — — Weinkauff, Conch. des Mittelm., t. I, p. 272 (*ex parte*).

1868 — — — J. Colbeau, Moll. viv. de la Belgique, p. 28.

1869 — — — Petit, Catal. Test. mar., p. 81 (excl. var.).

1871 *Ostrea edulis* Lin. Reeve, Conch. Icon., pl. CXX, fig. 1.
1876 — — — Duprey, Catal. Jersey, p. 1.
1878 — — — Fischer, Brachiop. et Moll., p. 11.
1880 — — — Servain, Catal. Ile d'Yeu, p. 28.
1883 — — — Daniel, Faune malac. Brest *in* Journ. Conch., t. XXXI, p. 262.
1884 — — — Nobre, Catal. des Moll. observés dans le Sud-Ouest du Portugal, p. 14.
1884 — — — Nobre, Molluscos marinhos do Noroeste de Portugal, p. 23.
1884 — — — Jonas Collin, Om Limfjordens marine Fauna, p. 138.
1886 — — — Granger, Moll. de France, t. II, p. 34.
1886 — — — Locard, Prodr. Moll. viv. de France, p. 517.

Obs. — Gesner, après avoir longuement commenté les auteurs anciens qui ont parlé des huîtres, cite les divers vocables qui ont servi à les désigner et donne une assez bonne figure (B) de l'*O. edulis*, à côté de laquelle il en représente une autre (A) plus ancienne; mais tout à fait informe, empruntée à l'ouvrage de Rondelet. C'est dans Martin Lister (*Anim. Angl.*, pl. IV, fig. 26, et *Hist. Conch.*, pl. CXCIII, fig. 30) que l'on rencontre enfin un type bien défini. Les figures de Gualtieri (pl. CII, fig. 7-8) sont également satisfaisantes. Toutes ces figurations se trouvent indiquées parmi les références de Linné et concordent incontestablement avec la forme que nous connaissons aujourd'hui sous les noms d'huîtres de Cancale et de Marennes. C'est donc bien là la forme typique de l'*O. edulis*.

L'*O. edulis* présente des variations fort nombreuses qui ont été diversement interprétées et souvent mal définies par les naturalistes, faute d'en avoir formé, comme le dit avec raison M. Petit de la Saussaye, des collections assez importantes.

Sans étudier complètement aujourd'hui tout ce groupe, les matériaux déjà considérables et d'un grand nombre de localités que nous avons pu réunir, nous permettent de donner notre appréciation sur les principales formes décrites. Notre tâche a été facilitée grâce au concours obligeant de MM. Ad. Dollfus, Granger, Chevreux, Prié, Lehuédé, baron d'Hamonville, Issel et Joly qui voudront bien accepter ici nos remerciements.

D'accord en cela avec MM. Issel, Fischer, etc., nous sommes d'avis que les différentes formes désignées sous les noms d'*O. hippopus* Lk, *lamellosa* Broc., *Cyrnusi* Payr., *cristata* (Born) Auct., *adriatica* Lk, *depressa* Phil., *rostrata* Grube, *deformis* Lk, *parasitica* Chemnitz, etc., ne constituent que des variétés de l'*O. edulis* et non pas des espèces distinctes. Il faut, en effet, tenir compte comme le dit fort judicieusement le savant professeur italien dans son *Instruction sur l'Ostréiculture et la Mytiliculture*, publiée à Gênes en 1882, que ces mollusques sont sujets à des variations de forme très importantes; que la même variété, suivant son âge, son habitat en profondeur, la nature du fond, prend des aspects très différents. Aussi conseille-t-il à ceux qui veulent étudier sérieusement les *Ostrea* de ne comparer entre eux, dans la mesure du possible, que des individus pris dans des conditions d'habitat analogues et non encore complètement développés, car les caractères s'oblitèrent chez les individus tout à fait adultes. La culture des *Ostrea* pratiquée déjà dans l'antiquité et qui depuis une trentaine d'années a pris un si grand développement, a contribué par le transport d'une localité dans une autre, par le croisement des races, par les changements de milieux imposés à ces mollusques, à en multiplier les variations tout en faisant disparaître les caractères distinctifs des races primitives : des faits analogues se sont produits chez nos animaux domestiques.

Diagnose. — Coquille bivalve irrégulière, inéquivalve, de forme ovalaire, rétrécie vers les crochets. Diamètre umbono-ventral 80 millim., diamètre antéro-postérieur 70 millim., épaisseur 30 millim. Test composé de nombreuses lamelles calcaires superposées. Le poids spécifique du test varie selon que les intervalles qui règnent entre ces lamelles sont plus ou moins importants et que les lamelles elles-mêmes sont plus ou moins épaisses.

La valve gauche, ou inférieure, est fixée par la partie de sa surface qui avoisine le crochet; sa face externe est convexe, garnie de côtes rayonnantes irrégulières, plus ou moins nombreuses et devenant plus saillantes vers les bords. Ces côtes sont coupées par des lamelles d'acroissement concentriques, plus ou moins rapprochées, qui donnent à la surface un aspect tuilé ou imbriqué. Côté interne de la valve gauche concave, plus profond du côté de la charnière. Bord cardinal étroit à aire ligamentaire subtrigone. Cette aire est divisée en trois parties : celle du milieu consiste en une rigole plus ou moins profonde, à bords arrondis. Les bords latéraux et le bord ventral de la valve gauche ont des contours irrégulièrement et faiblement découpés. Impression du muscle adducteur transverse, unguiforme, peu profonde, mais bien distincte, dont la limite inférieure se trouve à la même distance du crochet que du bord ventral; elle est toujours un peu plus rapprochée du bord antérieur. Au-dessous et à gauche de l'impression s'étale une callosité convexe et opaque. A la partie supérieure des bords latéraux, on observe souvent une série de fossettes obsolètes.

Valve droite ou supérieure, plane, plus ou moins bossuée et garnie à l'extérieur, et notamment vers les bords, de nombreuses lamelles concentriques fragiles, irrégulièrement frangées. La face interne de cette valve présente une impression musculaire semblable à celle de l'autre valve également entourée, au-dessous et à droite, d'une callosité convexe et opaque. Les bords latéraux présentent souvent, vers le crochet, une série de petits tubercules correspondant aux fossettes de la valve opposée. Aire ligamentaire courte, tripartite.

Coloration externe de la valve gauche d'un blanc sale plus ou moins teinté de gris violacé un peu plus intense sur les côtes rayonnantes. Coloration externe de la valve droite d'une teinte bistre assez foncée, un peu plus claire vers le crochet et ornée de quelques zones concentriques violacées. L'intérieur des deux valves est couvert d'un dépôt blanchâtre légèrement nacré ou plutôt irisé et plus ou moins marbré de gris bleuâtre ou verdâtre. Toutefois, dans la valve droite, ce dépôt s'arrête à quelque distance des bords et laisse à découvert, sur un espace de 8 à 10 millimètres de largeur, la face inférieure des lamelles qui présentent, dans cette zone, leur coloration bistre. Les callosités qui entourent les impressions musculaires sont d'un blanc de lait à reflets légèrement opalins. Ligament brun foncé.

Habitat. — Zones littorale et des laminaires. Nous n'avons pas rencontré le type de l'*O. edulis* sur les côtes du Roussillon. Nous pensons qu'il n'existe plus actuellement dans la Méditerranée, mais qu'il y est remplacé par une forme extrêmement voisine que nous désignons plus loin sous le nom de variété *tarentina*.

Dispersion. — Côtes océaniques d'Europe depuis la Norwège jusqu'au Portugal.

Origine. — D'après M. Mayer l'*O. edulis* existerait dans la molasse miocène de la Suisse. On trouve la forme typique; mais peu abondante, dans le pliocène d'Angleterre, de Belgique (Nyst, *Cray Scaldisien*, pl. VIII, fig. 1 *a* à *c*) du Roussillon (Fontannes, sous le nom d'*O. lamellosa* (*non* Brocchi), et d'Italie (Seguenza, de Stefani). Elle se rencontre également dans les terrains glaciaires d'Angleterre ainsi que dans toutes les plages récemment soulevées de l'Europe : Norwège, Danemark, Écosse, Saint-Michel-en-Lherm (Vendée), etc.

M. Wood indique pour les exemplaires pourvus d'expansions latérales bien développées, le nom de var. *sinuata*; mais ce n'est là qu'un caractère individuel qui se rencontre fréquemment chez l'*O. edulis* vivant. L'*O. pseudo-edulis* Deshayes (*Expédition de Morée*) dont nous avons vu un type à l'École des mines nous paraît extrêmement voisin de l'*O. edulis* typique.

Var. ex forma 1, tarentina Issel.

Pl. II, fig. 3, valve gauche (extérieur); fig. 4, valve droite (extérieur).

1792	*Ostrea edulis*	Olivi, Zool. Adr., p. 120.
1795	— —	Poli, Test. utr. Sic., t. II, pl. XXIX, fig. 1.
1826	— —	Risso, Europe mérid., t. IV, p. 286.
1836	— —	Scacchi, Catal. Conch. Regni Neap., p. 4.
1839	— —	Costa, Catal. Test. viv. del Mare di Taranto, p. 37.
1867	— —	Weinkauff, Conchyl. des Mittelm., t. I, p. 272 (*ex parte*).
1870	— —	Aradas et Benoit, Conch. viv. mar. della Sic., p. 104.
1871	— *lamellosa*	Reeve (*non* Broc.) Conch. Icon., pl. XXIII, fig. 54.
1872	— *edulis*	Monterosato, Not. int. alle Conch. medit., p. 16.
1875	— —	Monterosato, Nuova Rivista, p. 8.
1877	— —	Monterosato, Notizie sulle Conch. di Civitavecchia, p. 2.
1878	— —	Monterosato, Enum. e Sinon., p. 3.
1882	— — var. *tarentina*	Issel, Istr. per l' Ostric. e la Mitilic., p. 24 et fig.
1884	— —	Monterosato, Nomencl. Gen. e Spec., p. 4.

Cette variété ne diffère de l'*O. edulis* que par sa forme un peu plus régulièrement ovale, un peu oblique, et par son test léger à foliations délicates; on peut la considérer comme représentant dans la Méditerranée la forme typique de l'espèce. La légèreté du test n'est pas un caractère important, car elle provient uniquement de ce que l'eau contenant peu de chaux dans certains parages, les lamelles sont plus minces et séparées par des intervalles plus spacieux. La var. *tarentina* est cultivée sur des fascines dans le golfe de Tarente, tandis que dans les parcs de nos côtes océaniques on emploie des tuiles comme collecteurs; cela contribue à la différenciation. L'exemplaire représenté pl. II, fig. 3 et 4, nous a été envoyé par M. Issel, qui l'a recueilli à Tarente.

Dispersion. — Méditerranée. Nous n'avons pas trouvé cette forme dans le Roussillon.

Var. ex forma 2, cristata (Born) Auct.

Pl. II, fig. 1, valve gauche (extérieur); fig. 2, valve droite (extérieur).

1778?	*Ostrea cristata*	BORN, Index rerum Nat. Mus. Cæs. Vindob., p. 98.
1780?	— —	BORN, Test. Mus. Cæs. Vindob., p. 112, pl. VII, fig. 3.
1786	— — (Born)	SCHRŒTER, Einleit. in die Conchyl., t. III, p. 374.
1790	— — —	GMELIN *in* LINNÉ, Syst. Nat., edit. XIII, p. 3337.
1795	— — —	POLI, Test. utr. Sic., t. II, pl. XXVIII, fig. 25-27.
1819	— — —	LAMARCK, Anim. sans vert., t. VI, 1re part., p. 204 (*ex parte*).
1826	— — —	RISSO, Europe mérid., t. IV, p. 287.
1836	— — —	PHILIPPI, Enum. Moll. Sic., t. I, p. 88.
1836	— — —	SCACCHI, Catal. Conch. Regni Neap., p. 4.
1839	— — —	COSTA, Catal. Test. viv. del Mare di Taranto, p. 37.
1844	— — —	PHILIPPI, Enum. Moll. Sic., t. II, p. 63.
1844	— — —	POTIEZ et MICHAUD, Galerie de Douai, t. II, p. 47.
1848	— — —	RÉQUIEN, Coq. de Corse, p. 33.
1851	— — —	PETIT, Catal. in Journ. Conch., t. II, p. 391.
1856	— — —	SANDRI, Elenco nomin., I, p. 11.
1856	— — —	JEFFREYS, Piedm. Coast, p. 25.
1865	— — —	CAILLIAUD, Catal. Loire-Inf., p. 123.
1865	— — —	STOSSICH, Enum. dei Moll. del Golfo di Trieste, p. 38.
1866	— — —	BRUSINA, Contrib. pella Fauna dei Moll. Dalm., p. 105.
1867	— — —	WEINKAUFF, Conch., des Mittelm., t. I, p. 273.
1869	— — —	TAPPARONE-CANEFRI, Moll. test. dei dint. di Spezia, p. 148.
1870	— *iconica*	FRÉMINVILLE *in* TASLÉ, Catal. Morbihan, p. 70.

1870	*Ostrea cristata* (Born)	ARADAS et BENOIT, Conch. viv. mar. della Sic., p. 103.
1878	— *edulis*, var. *cristata*	MONTEROSATO, Enum. e Sinon., p. 3.
1879	— *cristata* (Born)	CLÉMENT, Catal. du Gard, p. 67.
1880	— — —	STOSSICH, Prosp. della Fauna del Mare Adriatico, p. 181.
1883	— — —	DANIEL, Faune malac. Brest *in* Journ. Conch., t. XXXI, p. 262.
1883	— *leonica* Fréminville	DANIEL, Faune malac. Brest *in* Journ. Conch., t. XXXI, p. 262.
1884	— *cristata* (Born)	MONTEROSATO, Nom. Gen. e Spec., p. 4.
1886	— — —	LOCARD, Moll. viv. de France, p. 519.
1886	— *leonica* Fréminville	LOCARD, Moll. viv. de France, p. 520.

Obs. — L'*Ostrea cristata* de Born prête certainement à l'équivoque et plusieurs naturalistes croient que c'est une coquille exotique. La figure du *Mus. Cæs. Vindob.* est absolument insuffisante, et la référence de Gualtieri : pl. CIV, fig. F, indiquée par Born, est une *Plicatule.* Nous aurions donc écarté ce nom, si Poli, Philippi et la plupart des auteurs modernes ne l'avaient conservé pour désigner la forme que nous représentons pl. II, fig. 1, 2. Mais comme l'*O. cristata* de Born n'a été identifié avec aucune autre espèce du genre *Ostrea*, nous avons préféré maintenir cette appellation, plutôt que de créer un nom nouveau, alors qu'il en existe déjà tant pour diverses formes de l'*O. edulis.* Nous avons pu voir dernièrement au musée de Nantes, des spécimens de l'*O. leonica* Fréminville; ils ne diffèrent en rien de la var. *cristata;* mais, comme ce nom a été établi sans diagnose ni figure, il ne nous a pas non plus semblé opportun de le substituer au nom généralement admis.

La variété *cristata* se distingue du type de l'*O. edulis*, par son test plus mince, ses lamelles concentriques plus développées et relevées, par sa valve supérieure plus petite que l'inférieure, s'emboîtant de manière que celle-ci déborde sensiblement. Cette variété se rencontre aussi bien sur nos côtes océaniques que sur celles de la Méditerranée. M. Chevreux nous en a remis de nombreux exemplaires recueillis par lui au Croisic, et qui sont identiques à ceux de nos côtes du Roussillon.

Habitat. — Nous avons trouvé cette forme rejetée à la côte à Leucate, au Canet, et nous en possédons des exemplaires fixés sur le *Cassidaria echinophora*, ainsi que sur le *Pectunculus violacescens.*

Dispersion. — Méditerranée et côtes océaniques de France.

Var. ex forma 3, lamellosa Brocchi.

Pl. IV, fig. 1, valve gauche (extérieur); fig. 2, valve droite (extérieur); fig. 3, valve droite (extérieur); fig. 4, valve gauche (intérieur); pl. V, fig. 1, valve gauche (extérieur); fig. 2, valve droite (extérieur); fig. 3, valve droite (intérieur); fig. 4, valve gauche (intérieur).

1814	*Ostrea lamellosa*	BROCCHI, Conchyl. foss. subap., t. II, p. 564.
1819	— *hippopus*	LAMARCK, Anim. sans vert., t. VI, 1re partie, p. 203.
1826?	— *lamellosa* Broc.	RISSO, Europe mérid., t. IV, p. 288.
1830	— *hippopus* Lk.	DESHAYES, Encycl. méthodique, t. II, p. 288.
1830	— — —	COLLARD DES CHERRES, Test. mar. Finistère, p. 34.
1835	— — —	BOUCHARD-CHANTEREAUX, Catal. Moll. Boulon, p. 31.
1836	— — —	LAMARCK, Anim. sans vert., édit. Desh., t. VII, p. 219.
1836	— *lamellosa* Broc.	PHILIPPI, Enum. Moll. Sic., t. I, p. 88 (*ex parte*).
1844	— — —	PHILIPPI, Enum. Moll. Sic., t. II, p. 63 (*ex parte*).
1844	— *hippopus* Lk.	POTIEZ et MICHAUD, Galerie de Douai, t. II, p. 54.
1846?	— *lamellosa* Broc.	VÉRANY, Catal. Genova e Nizza, p. 14.
1851	— *hippopus* Lk.	PETIT, Catal. *in* Journ. Conch., t. II, p. 390.
1860	— *edulis* L., var. *hippopus* Lk.	MACÉ, Catal. Cherbourg et Valognes, p. 28.
1862	— *lamellosa*.	WEINKAUFF, Catal. Algérie *in* Journ. Conch., t. X, p. 331.

1865	*Ostrea hippopus* Lk.	CAILLIAUD, Catal. Loire-Inférieure, p. 122.
1866	— *edulis* L., var.	WEINKAUFF, Catal. Algérie *in* Journ. Conch., t. XIV, p. 236.
1867	— — var. *crassa*	WEINKAUFF, Conchyl. des Mittelm., t. I, p. 272.
1867	— *lamellosa* Broc.	WEINKAUFF, Conchyl. des Mittelm., t. I, p. 274.
1867	— *hippopus* Lk.	TASLÉ, Catal. Morbihan, p. 25.
1868	— *edulis* L., var. *hippopus* Lk.	COLBEAU, Moll. viv. Belg., p. 28.
1869	— — L., var. maj. *hippopus* Lk.	PETIT, Catal. Test. mar., p. 81.
1869	— *lamellosa* Broc.	TAPPARONE-CANEFRI, Moll. Test. dei dint. di Spezia, p. 147 (*ex parte*).
1872	— *edulis* L., var. *lamellosa* Auct.	MONTEROSATO, Not. int. alle Conch. Medit., p. 16 (*ex parte*).
1875	— — L., var. *hippopus* Lk.	MONTEROSATO, Nuova Rivista, p. 8.
1879	— — L., var. *hippopus* Lk.	GRANGER, Catal. Cette, p. 24.
1883	— *hippopus* Lk.	DANIEL, Faune Malac. de Brest *in* Journ. Conch., t. XXXI, p. 261.
1884	— *lamellosa* Broc.	DE GREGORIO, Studi su talune Conch. medit. *in* Bull. Soc. Malac. Ital., p. 37.
1886	— *hippopus* Lk.	GRANGER, Moll. de France, t. II, p. 34.
1886	— *Cyrnusii*	GRANGER (*non* Payraudeau), Moll. de France, t. II, p. 35.
1886	— *lamellosa* Broc.	LOCARD, Moll. viv. de France, p. 519 (*ex parte*).
1886	— *hippopus* Lk.	LOCARD, Moll. viv. de France, p. 518.

Obs. — Nous avons pu nous convaincre par l'examen attentif d'un grand nombre d'échantillons que la grande forme de l'Océan et de la mer du Nord connue sous le nom d'*Ostrea hippopus* Lamarck (huître pied-de-cheval), est identique à celle de la Méditerranée désignée par la plupart des auteurs sous le nom d'*Ostrea lamellosa* Brocchi. Nous en possédons des types des côtes de Hollande ainsi que de celles de Bretagne (baron d'Hamonville, Prié, etc.), qui ne diffèrent en rien de ceux du Roussillon, de Cette (Granger) et d'Alger (Joly).

La présente variété se distingue du type de l'*O. edulis* par sa grande taille et par l'épaisseur considérable de ses valves; elle vit généralement isolée; mais nous en possédons cependant des individus groupés. Le ligament est ordinairement plus large; mais nous en avons sous les yeux des exemplaires chez lesquels il est aussi étroit, en proportion, que chez l'*O. edulis* typique. Le nombre et le développement des côtes rayonnantes sont essentiellement variables. En présence de caractères aussi peu constants et en tenant compte de l'extrême variabilité des espèces du genre, nous préférons rattacher cette forme à l'*O. edulis*, à titre de variété, plutôt que de la considérer comme une espèce particulière et nous adoptons, pour la désigner, le nom de var. *lamellosa* Brocchi qui est plus ancien que celui d'*hippopus* Lamarck.

Il existe peu de figures de la var. *lamellosa*. Nous n'en connaissons que dans les anciens ouvrages : Mercati, 1719 (*Metallotheca vaticana*, pl. CCXCIII, fig. 1, 2); Gualtieri, 1742 (pl. CII, fig. A); Knorr, 1768 (tom. III, pl. XXIV, fig. 2, et pl. XXV, fig. 2). La meilleure représentation en a été donnée par Goldfuss pour un spécimen fossile (*Petrefacta germanica*, pl. LXXVIII, fig. 3).

La fig. 19 de la pl. XXIII, de Brown (*Illustrations of the recent Conchology of Great Britain and Ireland*) représente une monstruosité ou plutôt une déformation accidentelle, à crochet, très allongé, de la même variété *lamellosa*.

Habitat. — Cette variété qui vit dans une zone plus profonde que les autres formes de l'*O. edulis* est souvent rapportée par les dragueurs et on la vend dans les marchés de Port-Vendres, Cette, etc.

Dispersion. — Méditerranée et océan Atlantique depuis les côtes de Hollande jusqu'au golfe de Gascogne.

Origine. — Cette forme est connue du miocène du Bordelais, de la molasse miocène de Suisse et d'Italie, ainsi que des différents étages pliocènes du bassin méditerranéen.

Var. ex forma 4, Cyrnusi Payraudeau.

1826	*Ostrea Cyrnusii*	PAYRAUDEAU, Moll. de Corse, p. 79, pl. III, fig. 1, 2.
1836	— *cristata* var. *b*	SCACCHI, Catal. Conch. Regni Neap., p. 4.
1836	— *lamellosa* (Broc.)	PHILIPPI, Enum. Moll. Sic., t. I, p. 88 (*ex parte*).
1836	— *Cyrnusi* Payr.	DESHAYES *in* LAMARCK, Anim. sans vert., 2e édit., t VII, p. 236.
1844	— *lamellosa* (Broc.)	PHILIPPI, Enum. Moll. Sic., t. II, p. 63 (*ex parte*).
1848	— *lamellosa* (Broc.)	RÉQUIEN, Coq. de Corse, p. 33.
1856	— *rostrata*	SANDRI, Elenco nomin., p. 11.
1863	— *lamellosa* variété *Cyrnusi* Payr.	AUCAPITAINE, Formation huîtrière dans l'étang de Diane, *in* Journ. Conch., t. XI, p. 391.
1867	— *lamellosa* (Broc.)	WEINKAUFF, Conchylien des Mittelmeeres, t. I, p. 274 (*ex parte*).
1869	— *cristata* Born., var. *Cyrnusi* Payr.	PETIT, Catal. Test. mar., p. 81.
1869	— *lamellosa* (Broc.)	TAPPARONE-CANEFRI, Moll. test. dei dint. di Spezia, p. 147 (*ex parte*).
1870?	— — (Broc.)	ARADAS et BENOIT, Conch. viv. mar. della Sic., p. 104.
1872	— *edulis* L., variété *lamellosa* Auct.	MONTEROSATO, Notizie int. alle Conch. Medit., p. 16 (*ex parte*).
1878	— *Cyrnusi* Payr.	MONTEROSATO, Enum. e Sinon., p. 3.
1880	— — —	STOSSICH, Prosp. della Fauna del mare Adriatico, p. 182.
1882?	— ***edulis*** L., variété *tyrrena*	ISSEL, Istr. per l'Ostricoltura e la Mitilicoltura, p. 27 et fig.
1884	— *Cyrnusi* Payr.	MONTEROSATO, Nom. Gen. e Spec., p. 4.
1886	— *lamellosa* (Broc.)	LOCARD, Moll. viv. de France, p. 519 (*ex parte*).

Obs. — L'*Ostrea Cyrnusi* de Payraudeau est fort voisin de la variété *lamellosa* et peut être regardé comme en étant une simple sous-variété.

Nous avons pu voir dans la collection du Muséum de Paris un exemplaire typique de l'*O. Cyrnusi* accompagné d'une étiquette écrite par Payraudeau et nous sommes convaincus que cette coquille ne diffère de la variété *lamellosa* que par sa forme plus étroite et par ses crochets très prolongés qui lui donnent l'aspect rostré de certaines formes de l'*O.* (*Gryphæa*) *angulata* Lk.

La variété *Cyrnusi* a été recueillie par Payraudeau dans l'étang de Diane près d'Aleria (Corse); mais elle n'est pas spéciale à cette localité : nous en possédons un spécimen de l'Océan recueilli par M. Lehuédé à la plage de la Gauvelle près du bourg de Batz (Loire-Inférieure) et nous en avons observé un autre dans la collection Cailliaud qui correspond d'une manière surprenante à la fig. 1 de l'ouvrage de Payraudeau.

M. Adrien Dollfus s'étant rendu en Corse au commencement de cette année, nous l'avons prié de nous rapporter des *Ostrea* de l'étang de Diane. Nous nous attendions à obtenir ainsi des exemplaires de l'*O. Cyrnusi.* Notre surprise a été grande lorsque nous nous sommes trouvés en présence de sa récolte : les nombreux échantillons rapportés par lui appartiennent tous à un *Ostrea* fort différent de toutes les variétés de l'*O. edulis :* sa forme est arrondie, sa valve inférieure, garnie de plis rayonnants, nombreux, serrés, bifides, est fortement plissée au bord; sa valve supérieure est plane, lamelleuse, à bord simple et elle est sensiblement plus petite que l'autre; sa coloration extérieure est d'un violet foncé et le bord interne de la valve inférieure est teinté de la même nuance. Cette espèce se rapporte tout à fait à l'*Ostrea Boblayi* décrit par Deshayes d'après des exemplaires fossiles recueillis en Morée (*Expédition scientifique de Morée*, pl. III, fig. 6-7). D'autres figures de l'*O. Boblayi*, à l'état fossile, ont été fournies depuis par MM. Hœrnes et Fontannes. La découverte de cette même espèce à l'état vivant constitue donc une acquisition nouvelle pour la faune méditerranéenne et nous avons cru utile de représenter à ce titre, pl. III, fig. 1 à 5, quelques-uns des exemplaires rapportés par M. Ad. Dollfus.

Réquien a jugé nécessaire de séparer l'*O. Cyrnusi* en deux variétés : il donne le nom de variété *obtusa* à la fig. 1 et celui de variété *rostrata* à la fig. 2 de Payraudeau.

M. de Monterosato (*Nomencl. Gen. e Spec.*) cite comme synonymes douteux de l'*O. Cyrnusi* les *O. ruscuriana* Lamarck = *O. cornucopiæ* Philippi et l'*O. Tornabeni* Aradas (Cette dernière forme est un fossile de Sicile).

C'est avec quelque hésitation que nous rapportons à la variété *Cyrnusi* la variété *tyrrhena* figurée par M. Issel (*Ist. per l' Ostric. e la Mitilic.*, p. 27).

Habitat. — Dans les mêmes conditions que la variété *lamellosa.*

Dispersion. — Méditerranée et océan Atlantique, dans la Loire-Inférieure.

Var. ex forma 5, adriatica Lamarck.

Pl. II, fig. 5, valve gauche (extérieur), fig. 6, valve droite (extérieur).

1819	*Ostrea adriatica*	LAMARCK, Anim. sans vert., t. VI, 1re partie, p. 204.
1826	— — Lk	RISSO, Europe mérid., t. IV, p. 287.
1833	— *uncinata*	DESHAYES (non LAMARCK), Expéd. scient. de Morée, pl. XVIII, fig. 9, 10, 11.
1836	— *adriatica* Lk	LAMARCK, Anim. sans vert., éd. Desh., t. VII, p. 221.
1839	— *edulis* Lin.	DESHAYES, Traité élément. de Conch., pl. LIII, fig. 1, 2.
1882	— — L., var. *venetiana*	ISSEL, Istr. per l' Ostric. e la Mitilicolt., pp. 25, 26 et fig.
1885	— *edulis* L., *forma adriatica* Lk	DE GREGORIO, Studi su talune Conch. Med. p. 198.
1886	— *adriatica* Lk	LOCARD, Moll. viv. de Fr., p. 519.

Obs. — La variété *adriatica,* dont nous figurons un exemplaire de Venise qui nous a été envoyé par M. Issel, est caractérisée par sa forme transverse et très oblique ainsi que par la sculpture délicate de sa valve supérieure dont les lamelles sont minces et frangées. Les côtes de la valve inférieure sont nombreuses, serrées et garnies de lamelles concentriques, régulières et bien développées. Les figures du *Traité élémentaire de Conchyliologie* de Deshayes (pl. LIII, fig. 1, 2) représentent exactement, sous le nom d'*O. edulis*, cette variété *adriatica.*

La var. *venetiana* Issel tombe en synonymie, car elle est identique à la forme décrite par Lamarck sous le nom d'*O. adriatica.*

D'après M. de Monterosato, l'*O. taurica* Krynicki, figuré en 1847 par M. Julien de Siemaschko dans le *Bulletin de la Société des Naturalistes de Moscou,* t. XX, pl. III, fig. *4a*, *4b*, serait identique à la variété *adriatica.*

Dispersion. — Cette variété est connue de l'Adriatique, et notamment de Venise. L'*O. taurica* Krynicki, de la mer Noire, semble identique.

Nous avons vu dans la collection de l'École des mines un spécimen recueilli dans le Bosphore, et qui est bien l'*adriatica*. Dans la même collection, il en existe un autre exemplaire rapporté d'El Amaïd (Algérie) par M. Chaper.

Nous n'avons pas rencontré cette forme dans l'Océan; mais nous possédons de Penerf (Morbihan) des individus intermédiaires entre elle et la var. *cristata*.

Var. ex forma 6, depressa Philippi.

1836	*Ostrea depressa*	PHILIPPI, Enum. Moll. Sic., t. I, p. 89, pl. VI, fig. 3.
1844	— —	PHILIPPI, Enum. Moll. Sic., t. II, p. 63.
1848	— — Phil.	RÉQUIEN, Coq. de Corse, p. 33.
1856	— — —	SANDRI, Elenco nomin., I, p. 11.
1862	— *cristata*	WEINKAUFF (*olim*), Catal. Alg. *in* Journ. Conch., t. X, p. 331 (*fide ipso*).
1865	— *depressa* Phil.	CAILLIAUD, Catal. Loire-Inf., p. 123.
1866	— — —	BRUSINA, Contrib. pella Fauna dei Moll. Dalm., p. 105.
1867	— *cristata* var. *depressa* Phil.	WEINKAUFF, Conchyl. des Mittelm., t. I, p. 274.
1869	— *edulis* var. *depressa* Phil.	PETIT, Catal. Test. mar., p. 81.
1870	— *depressa* Phil.	ARADAS et BENOIT, Conch. viv. mar. della Sic., p. 103.
1880	— — —	STOSSICH, Prosp. della Fauna del Mare Adriatico, p. 182.

Obs. — On serait disposé, à première vue, à considérer l'*O. depressa* comme une espèce distincte de l'*O. edulis*. Sa valve inférieure est plane et adhérente dans toute son étendue, tandis que sa valve supérieure est convexe et ornée de deux rayons arqués de nuance brune ou violacée, qui partent du crochet et se dirigent, en s'élargissant graduellement, vers le bord ventral. Une observation récente a écarté toutes nos hésitations. Nous avons, en effet, rencontré dans la collection de M. Prié, des exemplaires bien caractérisés de l'*O. depressa*, recueillis par ce naturaliste, au Pouliguen, dans les parcs de M. Lescaudron, et un examen attentif nous a démontré que c'est bien la même espèce qui, selon son mode de fixation devient, en grandissant, soit la var. *cristata*, soit la var. *depressa*, selon que le mollusque se fixe par le sommet de sa valve inférieure (var. *cristata*) ou bien que, s'attachant accidentellement à une surface plane, telle qu'une planche, la valve inférieure adhère complètement à son substratum (var. *depressa*).

Cette observation ne fait d'ailleurs que confirmer ce que M. de Monterosato disait en 1877, dans sa *Notice sur les coquilles de la rade de Civitavecchia*, p. 3, savoir que « l'*O. depressa* de Philippi est une coquille jeune qui s'est développée sur une surface plane : elle présente deux rayons hémispiraux violets comme ceux que l'on remarque chez l'*O. bicolor* Hanley, qui est aussi considéré comme une variété de l'*edulis*. »

Var. ex forma 7, parasitica Turton.

1819	*Ostrea parasitica*	Turton, Dict., p. 134, fig. 8.
1822	— —	Turton, Conch. Ins. brit., p. 205, pl. XVII, fig. 6, 7.
1827	— — Turt.	Brown, Illust. of the recent Conch. of Great Brit. and Ireland, p. 71.
1863	— *edulis* Lin., var. *parasitica* Turt.	Jeffreys, Brit. Conch., t. II, p. 38; t. V, p. 165, pl. XXI, fig. 1 b.
1870	— — — —	Reeve, Conch. Icon., pl. V, fig. 8 f.

Obs. — Cette forme pourrait être considérée comme une monstruosité plutôt que comme une variété de l'*O. edulis*, elle a été établie sur des échantillons jeunes, fixés sur des surfaces convexes telles que carapaces de crabes, valves de *Pecten*, etc. : elle a une grande analogie avec la var. *depressa*, sa valve gauche étant également adhérente dans toute son étendue, et sa valve droite présentant aussi deux rayons violacés; son test est mince et luisant.

Var. ex forma 8, deformis Lamarck.

1819	*Ostrea deformis*	Lamarck, Anim. sans vert., t. VI, 1re partie, p. 209.
1819	— *fucorum*	Lamarck, Anim. sans vert., t. VI, 1re partie, p. 209.
1835	— *deformis* Lam.	Bouchard-Chantereaux, Catal. Boulon, p. 31.

1835 *Ostrea fucorum* Lam. BOUCHARD-CHANTEREAUX, Catal. Boulon, p. 32.

1836 — *deformis* Lam. LAMARCK, Anim. sans vert., édit. Deshayes, t. VII, p. 229.

1844 — — Lam. POTIEZ et MICHAUD, Galerie de Douai, t. II, p. 48 (*ex parte*).

1851 — — — PETIT, Catal. *in* Journ. Conch., t. II, p. 391.

1851 — *fucorum* Lam. PETIT, Catal. *in* Journ. Conch., t. II, p. 391.

1863 — *edulis* Linné, var. *deformis* Lam. JEFFREYS, Brit. Conch., t. II, p. 39; t. V, pl. XXI, fig. 1A.

1869 *Ostrea edulis* Linné var. (*juv.*) *deformis* Lam. PETIT, Catal. Test. mar., p. 81.

1869 *Ostrea edulis* Linné, var. (*juv.*) *fucorum* Lam. PETIT, Catal. Test. mar., p. 81.

1870 *Ostrea edulis* Linné, var. *deformis* Lam. REEVE, Conch. Icon., pl. V, fig. 8B, C, D.

1876 *Ostrea edulis* Linné, var. *deformis* Lam. DUPREY, Catal. Jersey, p. 1.

1883 *Ostrea deformis* Lam. DANIEL, Faune malac. Brest *in* Journ. Conch., t. XXXI, p. 262.

1886 *Ostrea edulis* Linné, var. *deformis* Lam. GRANGER, Moll. de France, t. II, p. 34.

Obs. — MM. Potiez et Michaud ont confondu, avec l'*O. deformis* de Lamarck, des formes de l'éocène parisien.

De même que la var. *parasitica*, celle-ci peut être regardée comme une monstruosité de petite taille, contournée et parfois presque cylindrique, « qui adhère à des coquilles vides, plus souvent dans l'intérieur des *Pinna* » (Lamarck).

L'*O. fucorum* a été établi sur des échantillons fixés sur des *Fucus*, et ne semble différer sous aucun autre rapport de l'*O. deformis*.

Var. ex forma 9, rutupina Jeffreys.

1863 *Ostrea edulis* var. *rutupina* JEFFREYS Brit. Conch., t. II, p. 39 (non figurée).

Coquille de petite taille, de forme ovale transverse assez régulière.

Var. ex colore 1, *tincta* Jeffreys. Colorée d'un brun pourpre à l'intérieur. Cette variété a été figurée par Reeve : *Conchol. Icon.*, pl. V, fig. 8C.

Var. ex colore 2, *bicolor* Hanley. Ornée sur la valve droite de deux rayons violacés. Nous avons signalé cette coloration chez la var. ex forma *depressa;* M. Issel nous a envoyé un exemplaire de la var. *tarentina* qui présente la même coloration.

Nous ne citerons que pour mémoire diverses autres formes qui ont été publiées sans diagnoses suffisantes et sans figures, et qu'il ne nous a pas été possible d'identifier :

O. Webbii Recluz.
O. spondyloïdes Beltrémieux.
O. lamellosa var. *Barrensis* de Gregorio.
F^a *sicula* var. *peduncrassa* de Gregorio.
— — *cimbina* de Gregorio.
— — *navicula* de Gregorio.
— — *prostrema* de Gregorio.
F^a *compa* de Gregorio.
F^a *alicurincola* de Gregorio.

Quelques espèces exotiques ont été signalées comme ayant été rencontrées dans la Méditerranée :

O. rosacea Desh.
O. senegalensis Gmelin = le *Rojel* Adanson.
O. orientalis Chemnitz.

Nous n'avons pas rencontré sur le littoral du Roussillon l'*O. cochlear* Poli, espèce bien caractérisée qui habite la zone coralligène.

Ostrea stentina Payraudeau.

Pl. VI, fig. 1, valve gauche (intérieur); fig. 2, valve droite (intérieur); fig. 3, valve gauche (extérieur); fig. 4, valve droite (extérieur); fig. 5, valve droite (intérieur); fig. 6, valve gauche (intérieur); fig. 7, valve gauche (intérieur) et valve droite (extérieur); fig. 8, valve droite (intérieur); fig. 9, valve gauche (extérieur).

1785 (?)	*Ostrea plicata*	Chemnitz, Conchyl. Cab., t. VIII, pl. LXXIII, fig. 674.
1786 (?)	— — Chtz	Schrœter, Einleitung in die Conchylienk., t. III, p. 370.
1790 (?)	— *plicatula*	Gmelin-Linné, Syst. Nat., edit. XIII, p. 3336.
1817 (?)	— *plicata* Chtz	Dillwyn, Descr. Catal., t. I, p. 275.
1819 (?)	— *plicatula* Gmel.	Lamarck, Anim. sans vert., t. VI, 1re partie, p. 211.
1826	— *stentina*	Payraudeau, Moll. de Corse, p. 81, pl. III, fig. 3.
1826	— *curvata*	Risso, Europe mérid., t. IV, p. 288.

1832	*Ostrea stentina* Payr.	DESHAYES, Expéd. scient. de Morée, p. 125.
1832	— *pauciplicata*	DESHAYES, Expéd. scient. de Morée, p. 126, pl. XVIII, fig. 5, 6.
1836	— *plicatula* (Gmel.)	PHILIPPI, Enum. Moll. Sic., t. I, p. 89.
1836 (?)	— — (—)	LAMARCK, Anim. sans vert., édit. Desh., t. VIII, p. 232.
1836 (?)	— *plicata* Chtz	DESHAYES *in* LAMARCK, Anim. sans vert., t. VIII, p. 232 (note).
1836	— *stentina* Payr.	DESHAYES *in* LAMARCK, Anim. sans vert., t. VIII, p. 236.
1844	— *plicatula* (Gmel.)	PHILIPPI, Enum. Moll. Sic., t. II, p. 63.
1844	— — (—)	FORBES, Rep. Æg. Invert., p. 146.
1844	— — (—)	POTIEZ et MICHAUD, Galerie de Douai, t. II, p. 54 (*ex parte*).
1846	— — (—)	VÉRANY, Catal. Genova e Nizza, p. 14.
1848	— — (—)	RÉQUIEN, Coq. de Corse, p. 33.
1856	— — (—)	JEFFREYS, Piedm. Coast, p. 25.
1865	— — (—)	STOSSICH, Enum. dei Moll. del Golfo di Trieste, p. 38.
1866	— — (—)	BRUSINA, Contrib. pella Fauna Dalm., p. 105 (excl. syn.).
1867	— *plicata* (Chtz)	WEINKAUFF, Conchyl. des Mittelm., t. I, p. 276.
1869	— — (—)	PETIT, Catal. Test. mar., p. 81.
1869	— *plicatula* (Gmel.)	TAPPARONE-CANEFRI, Moll. Test. dei dint. di Spezia, p. 148.
1870	— *plicata* (Chtz)	ARADAS et BENOIT, Conch. viv. mar. della Sic., p. 103.
1870	— *cristata*	HIDALGO (*non* Born. *nec* Auct.), Mol. mar. Esp., p. 119, pl. LXXIX, fig. 1, 2.
1871	— *obesa* Sow.	REEVE, Conch. Icon., pl. XXXIII, fig. 84 (*fide* Monterosato).
1872	— *plicata* (Chtz)	MONTEROSATO, Not. int. alle Conch. Medit., p. 16.
1873	— *curvata* Risso	CLÉMENT, Coq. du Gard, p. 67.
1875	— *plicata* (Chtz)	MONTEROSATO, Nuova Rivista, p. 8.
1877	— *stentina* Payr.	MONTEROSATO, Not. Conch. Civitavecchia, p. 412 (excl. syn.).

1878	*Ostrea plicatula* (Gmel.)	MONTEROSATO, Enum. e Sinon. p. 3.
1880	— *plicatula* (Gmel.)	STOSSICH, Prospetto della Fauna del Mare Adriatico, p. 181.
1882	— *plicata* (Chtz)	ISSEL, Istr. per l' Ostric. e la Mitilic., p. 30-32, fig.
1883	— *stentina* Payr.	DAUTZENBERG, Catal. Gabès, p. 7.
1884	— *edulis* L., var. *mimetica*	DE GREGORIO, Boll. malac. Ital., p. 39.
1884	— *stentina* Payr.	MONTEROSATO, Nom. Gen. e Spec., p. 4.
1886	— *plicata* (Chtz)	GRANGER, Moll. de France, t. II, p. 35.
1886	— *stentina* Payr.	LOCARD, Prodr. Moll. de France, p. 519.
1886	— *obesa* Sow.	LOCARD, Prodr. Moll. de France, p. 518.

Obs. — Nous avons adopté pour cette espèce le nom d'*O. stentina* Payraudeau, de préférence à ceux plus anciens d'*O. plicata* Chemnitz et d'*O. plicatula* Gmelin, sous lesquels elle est désignée par un grand nombre d'auteurs.

L'*O. plicata* Chemnitz est, en effet, une espèce fort douteuse : la fig. 674 du *Conchylien Cabinet* représente une coquille à gros plis rayonnants, réguliers, régulièrement imbriqués, dans laquelle il nous est difficile de reconnaître notre espèce méditerranéenne. Gmelin n'a fait que substituer le nom de *plicatula* à celui de *plicata* pour le même type du *Conch. Cab.* et parce qu'il existait déjà un *O. plicata* Solander 1776 (sp. *chama*).

L'*O. obesa* Sowerby *in* Reeve, a été reconnu par M. de Monterosato qui en a vu le type dans la collection Hanley, comme étant identique à l'*O. stentina*. M. Locard, dans son *Prodrome* (p. 518), donne cet *O. obesa* comme une espèce dictincte; mais à la page suivante il le place, avec la même référence, dans la synonymie de l'*O. stentina*.

L'*O. stentina* avait été nommé par Aradas : *O. cristagalli* (*fide ipso*), et d'après M. de Monterosato, l'*O. saxosa* (Graells) Hidalgo serait encore synonyme. Enfin, d'après Dillwyn ce serait peut-être également l'*O. sericea* Solander mss. (*Portland Catal.*, p. 189).

Diagnose. — Coquille de petite taille; diamètre umbono-ventral 48 millimètres; antéro-postérieur 28 millim., de forme trapézoïde allongée. Valve gauche fixée par la partie voisine du crochet et le plus souvent par les deux tiers, au moins, de sa surface. Le côté externe de cette valve est garni de côtes rayonnantes plus ou moins développées et de lignes d'accroissement concentriques produites par la superposition des lamelles. Ce côté est très rarement dégagé, car les individus s'attachent le plus souvent les uns aux autres par leurs valves gauches; ou bien, lorsqu'ils se fixent à des roches, le bord seul de la valve n'est pas adhérent. L'intérieur de cette valve est bien concave; son bord cardinal est plus ou moins large et surmonté d'une aire ligamentaire, très diversement développée (comme on peut s'en convaincre par l'examen des quelques individus que nous figurons) et divisée en trois parties, dont la médiane forme une rigole large, mais peu profonde et peu distincte des parties latérales. Les bords latéraux et le bord ventral sont fortement plissés ou dentés, et l'on observe sur chacun des bords latéraux, à partir du crochet et jusque vers le milieu de la coquille, une série de petites fossettes ordinairement bien marquées. Impression musculaire pyriforme ou réniforme, très luisante, comme vernie, située au-dessous du milieu de la valve.

Valve droite plane ou un peu convexe à l'extérieur, presque toujours érodée, garnie vers les bords de plis rayonnants obsolètes et, sur toute la surface, de lignes d'accroissement concentriques onduleuses et irrégulières. Intérieur de cette valve plan ou un peu concave, denté aux bords; mais moins fortement que l'autre valve. Impression musculaire semblable à celle de la valve gauche. Bords latéraux ordinairement garnis sur la moitié la plus rapprochée du crochet, de petits tubercules disposés en séries.

La coloration extérieure est d'un blanc sale ou verdâtre. L'intérieur des valves est revêtu d'un dépôt blanchâtre assez nacré et largement maculé de vert. Ligament brun foncé.

Variétés. — Le polymorphisme de l'*O. stentina* est tel que dans un même groupe d'individus attachés les uns aux autres il est difficile d'en trouver deux à peu près semblables : la coquille se prête à toutes les exigences de l'espace qu'il lui est permis d'occuper là où elle s'est fixée et se modifie en conséquence.

Nous indiquerons cependant deux formes qui nous paraissent mériter d'être séparées au même titre que certaines variétés de l'*O. edulis*.

Var. ex forma 1, *Isseli* B.D.D. Cette variété se distingue du type par sa taille plus grande, sa forme arrondie (diam. umbono-ventral 48 millim., antéro-postérieur 50 millim.). Sa valve gauche est garnie de gros plis rayonnants, convexes, grossièrement imbriqués; la face interne est concave à crochet court, fortement incliné; l'impression musculaire est subcentrale; les bords sont profondément ondulés, mais non denticulés. La valve droite est plane et faiblement plissée à l'extérieur. C'est à M. Issel que nous devons la connaissance de cette forme : les exemplaires qu'il nous a envoyés et dont l'un est représenté pl. VI, fig. 5 et 6, proviennent de Gênes.

Var. ex forma 2, *Pepratxi* B.D.D. Cette variété représentée pl. VI, fig. 7, 8 et 9, est caractérisée par sa forme générale allongée (diam. umbono-ventral 60 millim., antéro-postérieur 35 millim.) et par son talon très prolongé. La valve gauche est profonde et porte une impression musculaire subcentrale pyriforme; les bords sont ondulés comme chez la variété *Isseli*. Notre fig. 7 représente un exemplaire qui offre cette particularité que ses crochets sont dirigés en sens inverse.

Nous ferons remarquer à ce propos que la direction des crochets est également variable chez l'*O. edulis*.

Cette variété que nous nous faisons un plaisir de dédier à M. Pépratx, de Perpignan, correspond à la variété *Cyrnusi* chez l'*O. edulis*.

Habitat. — Peu abondant à une certaine profondeur, sur des pierres ou sur des coquilles mortes.

Dispersion. — Méditerranée et Adriatique. Mac Andrew l'a signalé sur les côtes du Portugal ainsi qu'aux îles Canaries et Madère.

Origine. — Miocène et pliocène d'Italie et de quelques autres points du bassin méditerranéen. Pleistocène du Livournais et de la Sicile.

Chez les coquilles figurées par Hœrnes, pl. LXXII, fig. 3-8, sous le nom d'*O. plicatula* Gmel., la valve supérieure est garnie de plis rayonnants presque semblables à ceux de la valve inférieure. Cette forme arrondie, de dimensions relativement grandes, se rapprocherait donc bien plus de l'*O. plicata* de Chemnitz que toutes celles que nous connaissons à l'état vivant.

Typ. Oberthür, Rennes—Paris (1246-87)

Famille ANOMIIDÆ

Cette famille proposée par Gray en 1840, fut délimitée presque à la même époque par plusieurs autres observateurs (*Anomidæ* d'Orbigny, 1846; *Anomiea* Hermannsen, 1846; *Anomioidæ* Agassiz, 1847). Elle a été généralement adoptée depuis comme suffisamment distincte des *Ostreidæ*.

TABLEAU DES GENRES ET ESPÈCES

Genre **Anomia** Müller.................. 1 *A. ephippium* Linné.

S.-g. *Monia* Gray.................. 2 *A. patelliformis* Linné.

Genre ANOMIA Muller, 1776.

Type : *Anomia ephippium* Linné. Le genre *Anomia* est l'un des plus confus de Linné : il renferme à la fois des Brachiopodes, tels que *Crania*, *Terebratula* et des Pélécypodes appartenant aux genres *Ostrea* et *Anomia* (*sensu stricto*). Son épuration est due à O. F. Müller; mais la manière de voir de ce naturaliste est sujette à la critique car le mot *Anomia* avait été employé dès 1616 par Fabius Colonna, dans son traité *de Purpura*, pour désigner de vraies Térébratules. Il eût donc été plus logique de conserver le nom d'*Anomia* pour les Brachiopodes que Müller a éliminés. Mais la restitution du nom *Anomia* aux Térébratules, bouleverserait aujourd'hui, sans grand profit, la nomenclature, et il nous semble préférable d'accepter les faits tels qu'ils sont consacrés par l'usage.

Hanley nous apprend que dans les manuscrits de Linné, on trouve, en face de l'*A. ephippium*, l'indication d'un genre à établir : il est regrettable que l'auteur du *Systema Naturæ* ne l'ait pas publié, car il nous eût épargné par là, la création, après Müller, de genres obscurs tels que *Echioderma* Poli, *Cepa* Humphreys, *Fenestella* Bolten, basés sur l'*A. ephippium* et qui ne méritent pas d'être adoptés.

Lister a placé les *Anomia* parmi les *Ostrea* et en a donné une figure bien reconnaissable. Bonanni les nomme *Cama* et en donne également de bonnes figurations. Celles de Gualtieri sont, au contraire, très inférieures. Rumphius a nommé *Ostreum placentiforme, sive ephippium*, une espèce de la mer des Indes; ces noms furent repris par Klein. D'Argenville a appelé notre type : *Ostreum cepa*.

L'orthographe *Anomya* qui se rencontre dans plusieurs publications est tout à fait mauvaise, car elle est contraire à l'étymologie ainsi qu'à la vérité anatomique, puisque ces animaux possèdent un groupe de muscles adducteurs puissants.

Anomia ephippium Linné.

Pl. VII, fig. 1, 2, 3, 4 (adulte); 5 et 6 (jeune).

1766	*Anomia*	*ephippium*		LINNÉ, Syst. Nat., édit. XII, p. 1150.
1778	—	*tunica-cepæ*		DA COSTA, Brit. Conch., p. 165, pl. XI, fig. 3.
1780	—	*ephippium* Lin.		BORN, Test. Mus. Cæs. Vindob., p. 117.
1785	—	—	—	CHEMNITZ, Conch. Cab., t. VIII, pp. 71 et 81; pl. LXXVI, fig. 692, 693.
1790	—	—		LINNÉ-GMELIN, Syst. Nat., édit. XIII, p. 3340.
1791	—	—	—	BRUGUIÈRE, Encycl. méthod., p. 72, pl. CLXX, fig. 6, 7.
1792	—	—	—	OLIVI, Zool. Adriatica, p. 123 (*sensu lato*).
1795	—	—	—	POLI, Test. utr. Sic., t. II, p. 186, pl. XXX, fig. 9, 10.
1799	—	—	—	DONOVAN, British Shells, t. I, pl. XXVI.
1803	—	—	—	MONTAGU, Test. brit., p. 155 (*ex parte*).
1804	—	—	—	MATON et RACKETT, Descript. Catal. of the brit. Test. *in* Linn. Trans., t. VIII, p. 102.

1819 *Anomia ephippium* Lin.	LAMARCK, Anim. sans. vert., t. VI, 1re partie, p. 226.
1819 — *pyriformis*	LAMARCK, Anim. sans vert., t. VI, 1re partie, p. 227.
1822 — *ephippium* Lin.	TURTON, Dithyra Brit., p. 227, pl. XVIII, fig. 1 à 3, et pl. XVII, fig. 10.
1826 — — —	PAYRAUDEAU, Moll. de Corse, p. 81.
1826 — — —	RISSO, Europe mérid., t. IV, p. 293.
1836 — — —	PHILIPPI, Enum. Moll. Sic., t. I, p. 92.
1836 — — —	SCACCHI, Catal. Conch. Regni Neap., p. 4.
1836 — — —	LAMARCK, Anim. sans vert., édit. Desh., t. VII, p. 273.
1836 — *pyriformis*	LAMARCK, Anim. sans vert., édit. Desh., t. VIII, p. 275.
1839 — *ephippium* Lin.	O. G. COSTA, Test. viv. del mare di Taranto, p. 39.
1841 — *pyriformis* Lk.	DELESSERT, Recueil de Coq., pl. XVII, fig. 4 A, B, C.
1844 — *ephippium* Lin.	PHILIPPI, Enum. Moll. Sic., t. II, p. 65.
1844 — — —	FORBES, Rep. Æg. Invert., p. 146.
1844 — — —	BROWN, Illust of the Conch. of Gr. Brit., p. 69, pl. XXII, fig. 1, 4.
1846 — — —	VÉRANY, Catal. Invert. del golfo di Genova e Nizza, p. 14.
1848 — — —	RÉQUIEN, Coq. de Corse, p. 33.
1851 — — —	PETIT, Catal. *in* Journ. Conch., t. II, p. 391.
1851 — *pyriformis* Lk.	PETIT, Catal. *in* Journ. Conch., t. II, p. 392.
1852 — *ephippium* Lin.	LEACH, Synopsis Moll. of Gr. Brit., p. 354, pl. V.
1853 — — —	FORBES et HANLEY, Brit. Moll., p. 325, pl. LV, fig. 5, et pl. T, fig. 2 (animal).
1853 — — —	DOUBLIER, Catal. Coq. mar. *in* Prodr. hist. nat. du Var, p. 112.
1855 — — —	HANLEY, Ipsa Linn. Conch., p. 120.
1855 — — —	CLARK, Brit. mar. test. Moll., p. 40 (*ex parte*).
1856 — — —	JEFFREYS, Piedm. Coast, p. 25 (*ex parte*).

1858 *Anomia ephippium* Lin. H. et A. ADAMS, Genera of recent Moll., t. II, p. 564, pl. CXXIX, fig. 1 A, B.

1859 — — — REEVE, Conch. Icon., pl. II, fig. 11.

1859 — — — SOWERBY, Illust. Ind. Brit. Sh., pl. VIII, fig. 18.

1863 — — — JEFFREYS, Brit. Conch., t. II, p. 30; t. V, p. 165, pl. XX, fig. 1 (*sensu lato*).

1865 — — — FISCHER, Gironde, p. 63 (*sensu lato*).

1865 — — — CAILLIAUD, Cat. Loire-Inf., p. 123.

1866 — — — BRUSINA, Contrib. pella Fauna dei Moll. Dalm., p. 104.

1867 — — — WEINKAUFF, Conch. des Mittelm., t. I, p. 278.

1868 — — — COLBEAU, Liste des Moll. viv. de la Belgique, p. 28.

1869 — — — PETIT, Catal. Test. mar., p. 80.

1870 — — — ARADAS et BENOIT, Conch. viv. mar. della Sic., p. 104 (excl. syn.)

1878 — — — FISCHER, Brachiop. et Moll., p. 11.

1878 — — — MONTEROSATO, Enum. e Sinon., p. 3.

1879 — — — JEFFREYS, Lightning and Porcupine Exped. *in* Proc. zool. Soc. of London, p. 554 (*sensu lato*).

1879 — *adhærens* Clém., var. *ephippium* Lin. CLÉMENT, Catal. Moll. du Gard, p. 66.

1879 — *ephippium* Lin. GRANGER, Moll. de Cette, p. 24.

1880 — — — JEFFREYS, The deep-sea Moll. of the Bay of Biscay *in* Ann. and Mag. of nat. hist., p. 315 (*sensu lato*).

1880 — — — STOSSICH, Prosp. della Fauna del mare Adriatico, p. 180.

1880 — — — SERVAIN, Catal. des Coq. mar. de l'île d'Yeu, p. 28.

1882 — — — PELSENEER, Faune littorale de la Belgique, p. 6.

1883 — — — DANIEL, Faune malac. de Brest *in* Journ. Conch., t. XXXI, p. 263.

1883 — — — DAUTZENBERG, Coq. du golfe de Gabès, p. 7.

1883 — — — G. DOLLFUS, Catal. Palavas, p. 3.

1883	*Anomia ephippium* Lin.	JEFFREYS, Medit. Mollusca (n° 3) *in* Ann. and Mag. nat. hist., p. 394.
1883	— — —	MARION, Consid. sur les faunes profondes de la Médit., p. 37, et Topographie du golfe de Marseille, pp. 34, 67, 76, 86, 90, 96.
1884	— — —	TRYON, Struct. and Syst. Conch., t. III, p. 292, pl. CXXXIII, fig. 24.
1884	— — —	NOBRE, Catal. Moll. du sud-ouest du Portugal, p. 14, et Moll. mar. do Noroeste de Portugal, p. 22.
1884	— — —	MONTEROSATO, Nom. Gen. e Spec., p. 2.
1886	— — —	FISCHER, Manuel de Conch., pp. 930, 931, et fig. 698, 699.
1886	— — —	DAUTZENBERG, Nouvelle Liste de Cannes, p. 2.
1886	— *ephippia* —	LOCARD, Prodr. de Malac. franc., p. 520 (excl. syn. plur.).
1886	— *ephippium* —	GRANGER, Moll. bivalves de France, p. 38 (*ex parte*).
1887	— — —	DAUTZENBERG, Une Excursion malac. à Saint-Lunaire, p. 11.
1887	— — —	KOBELT, Prodr. faunæ Moll. test. maria europæa inhab., p. 445 (*ex parte*).

Obs. — L'*Anomia ephippium* est aussi variable sous le rapport de la forme que de la taille, de la sculpture et de la coloration; aussi est-il pourvu d'une synonymie fort étendue. Linné lui-même a décrit comme espèces distinctes des coquilles qui ne sont en réalité que des variétés. Les *Anomies* présentent en effet les aspects les plus divers, selon la nature des corps sous-marins auxquels elles sont fixées : leurs valves reproduisent fidèlement les aspérités des objets qui leur servent de base. Cette particularité n'est pas spéciale aux *Anomia :* elle se rencontre également chez d'autres mollusques sédentaires, tels que *Capulus* (*Brocchia*), *Crania*, etc.

Il nous eût semblé suffisant, après avoir signalé le polymorphisme vraiment extraordinaire de l'*A. ephippium*, de nous rallier à l'opinion d'un grand nombre de naturalistes modernes et de dresser une seule liste synonymique des différents noms qui lui ont été attribués, si d'autres conchyliologistes n'avaient cru devoir conserver à certaines formes une valeur spécifique. Dans ces circonstances, nous avons cherché à reconnaître les principaux types décrits et à grouper autour d'eux les formes les plus voisines. Nous espérons avoir réussi à donner ainsi à nos lecteurs, en même temps que le moyen d'apprécier toute l'étendue de la variabilité de l'espèce en question, celui de reconnaître la plupart des formes nommées par les auteurs.

Le type de l'*A. ephippium* de Linné est assez facile à fixer. De l'examen de la diagnose et des références du *Systema Naturæ*, il ressort que ce nom s'applique à une forme « épaisse, arrondie, de la grandeur de la paume de la main, de coloration blanche et garnie à l'intérieur d'un dépôt nacré argenté très brillant. » Cette définition s'applique parfaitement à la forme que nous représentons pl. VII, fig., 1, 2, 3, 4, et qui se rencontre le plus fréquemment sur les côtes océaniques de France, lorsque les *Anomia* se sont développés sur des objets peu volumineux : ils prennent alors, comme le dit M. le docteur Fischer (*Gironde*, p. 63), un accroissement régulier, sont privés de côtes, gardent une coloration blanche uniforme, acquièrent de l'épaisseur, et par leur taille et leur forme, se rapprochent beaucoup des huîtres; c'est ainsi que se montrent les *Anomia* pris à la baie du Sud, sur des plages très peu agitées par la vague. Cette forme typique a aussi été rencontrée dans le Roussillon par l'un de nous et par M. Eug. Pépratx.

L'*A. plicata* Brocchi ne nous semble différer du type que par son test largement plissé.

Diagnose. — Coquille bivalve, diamètre umbono-ventral 45 millim., diamètre antéro-postérieur 52 millim., épaisseur 18 millim., solide, de forme arrondie ou oblongue, souvent un peu rétrécie vers le sommet. Valve gauche entière, convexe, garnie à l'extérieur de plis concentriques irréguliers. L'intérieur est tapissé d'une couche nacrée, argentée, plus ou moins iridescente et parfois verdâtre. On observe sous le crochet une fossette ligamentaire transverse. Les impressions musculaires sont au nombre de quatre : l'une, isolée et peu visible, est située sous le crochet, à droite de la fossette ligamentaire; les trois autres, de forme arrondie, sont groupées dans un espace subquadrangulaire allongé, moins brillant que le test environnant. De ces trois impressions, les deux supérieures servent de points d'attache aux muscles adducteurs du byssus calcaire, tandis que l'inférieure correspond au muscle adducteur des valves. Valve droite aplatie sculptée comme la valve gauche et présentant vers le bord supérieur une échancrure ovale ou arrondie, plus ou moins grande, dont le rôle consiste à livrer passage au byssus calcaire au moyen duquel le mollusque adhère à son substratum. Les bords antérieurs de l'échancrure sont plus ou moins écartés ou rapprochés; mais ils ne se soudent jamais. En arrière de l'échancrure, on remarque une protubérance calleuse saillante qui porte une fossette ligamentaire. La valve droite ne possède qu'une seule impression : celle du muscle adducteur des valves, située un peu en arrière. Le byssus calcaire ou cheville est très épais, extrêmement dur, et adhère si solidement aux corps sous-marins qu'il est rarement possible de l'en détacher sans le briser; lorsqu'on l'examine de près, on voit qu'il est composé de nombreuses lamelles parallèles. Coloration d'un blanc sale uniforme.

L'*Anomia ephippium* se rencontre tantôt isolé, tantôt par groupes d'individus plus ou moins nombreux et souvent fixés les uns sur les autres.

Var. patellaris Lamarck.

Pl. VII, fig. 7.

1819	*Anomia patellaris*	LAMARCK, Anim. sans vert., t. VI, 1re partie, p. 227.
1841	— — Lk.	DELESSERT, Recueil de Coq., pl. XVII, fig. 3 A, B, C.
1851	— *ephippium* Lin., var. *patellaris* Lk.	PETIT, Catal. *in* Journ. Conch., t. II, p. 391.

Cette forme peut à peine être considérée comme une variété, les plis qui la traversent n'étant que la reproduction de la sculpture d'un grand *Pecten* sur lequel le mollusque s'est développé. Linné la comprenait dans son *A. ephippium*, puisqu'il dit que cette espèce est souvent traversée par cinq plis longitudinaux, qui ne convergent pas vers le sommet. Il convient de remarquer que, suivant la position de l'*Anomia* sur le *Pecten*, les plis sont parfois transverses ou obliques. Notre figure représente ce dernier cas.

D'après M. Brusina, la forme indiquée par Chiereghini comme *A. ephippium* est la variété à larges côtes et non le type.

Var. fornicata Lamarck.

1819	*Anomia fornicata*	LAMARCK, Anim. sans vert., t. VI, 1re partie, p. 228.
1836	— —	LAMARCK, Anim. sans vert., édit. Desh., t. VII, p. 275.
1851	— — Lk.	PETIT, Catal. *in* Journ. Conch., t. II, p. 392.
1865	— — —	CAILLIAUD, Catal. Loire-Inf., p. 124.
1867	— *ephippium* Lin., var. *fornicata* Lk.	TASLÉ, Catal. Morbihan, p. 26.

L'*A. fornicata* a été basé par Lamarck sur la fig. 5 de la pl. CLXX de l'*Encyclopédie méthodique* : c'est un *A. ephippium* qui s'est développé sur un grand *Cardium;* la valve gauche est alors très convexe, la droite très concave; l'ensemble de la coquille prend un aspect gryphoïde et sa surface est garnie de fortes côtes bien arrondies.

La forme recueillie à Brest sur des *Littorina* et indiquée par M. le docteur Daniel dans sa *Faune malacologique* sous le nom de var. *fornicata* est fort différente de celle-ci : elle doit être rapportée au jeune âge de la forme typique.

Var. cepa Linné.

Pl. VIII, fig. 1, 2, 3.

1766	*Anomia cepa*	Linné, Syst. Nat., édit. XII, p. 1151.
1780	— — Lin.	Born, Test. Mus. Cæs. Vindob., p. 117.
1785	— — —	Chemnitz, Conch. Cab., t. VIII, p. 85, pl. LXXVI, fig. 694, 695.
1790	— — —	Linné-Gmelin, Syst. Nat., édit. XIII, p. 3341.
1792	— *violacea*	Bruguière, Encycl. méthod., p. 71, pl. CLXXI, fig. 1, 2.
1795	— *cæpa* —	Poli, Test. utr. Sic., t. II, p. 182, pl. XXX, fig. 1, 2, 5, 6, 7, 8.
1819	— *cepa* —	Lamarck, Anim. sans vert., t. VI, 1re partie, p. 227.
1822	— — —	Turton, Dithyra brit., p. 228, pl. XVIII, fig. 4.
1826	— — —	Payraudeau, Moll. de Corse, p. 82.
1826	— — —	Risso, Europe mérid., t. IV, p. 291.
1836	— *cæpa* — var. a.	Scacchi, Cat. Conch. Regni Neap., p. 4 (excl. var. b, c).
1836	— *cepa* —	Lamarck, Anim. sans vert., édit. Desh., t. VII, p. 274.
1839	— *cæpa* —	O. G. Costa, Test. viv. del mare di Taranto, p. 39.
1844	— *cepa* —	Brown, Illust. of the Conch. of Gr. Brit., p. 70, pl. XXXIX, fig. 12*.
1846	— — —	Vérany, Catal. Invert. del golfo di Genova e Nizza, p. 14.
1848	— — —	Réquien, Coq. de Corse, p. 34.
1851	— — —	Petit, Catal. *in* Journ. Conch., t. II, p. 391.
1852	— — —	Leach, Synopsis Moll. Gr. Brit., p. 356.

1853 *Anomia ephippium* Lin. var. FORBES et HANLEY, Brit. Moll., p. 325, pl. LV, fig. 2.
1855 — *cepa* — HANLEY, Ipsa Linn. Conch., p. 121.
1865 — — — CAILLIAUD, Catal. Loire-Inf., p. 125.
1866 — — — BRUSINA, Contrib. pella Fauna dei Moll. Dalm., p. 104.
1867 — *ephippium* Lin. var. 1. WEINKAUFF, Conchyl. des Mittelm., t. I, p. 278.
1879 — *adhærens* var. *cepa* Lin. CLÉMENT, Catal. Moll. du Gard, p. 66.
1880 — *cepa* Lin. STOSSICH, Prosp. della Fauna del mare Adriatico, p. 180.
1883 — *ephippium* Lin. var. *cepa* Lin. DANIEL, Faune malac. de Brest *in* Journ. Conch., t. XXXI, p. 263.
1884 — *cepa* — MONTEROSATO, Nom. Gen. e Spec., p. 2.
1886 — — — DAUTZENBERG, Nouvelle Liste de Cannes, p. 2.
1886 — — — LOCARD, Prodr. de Malac. franç., p. 522.

D'après la diagnose du *Systema Naturæ*, l'*A. cepa* est ovale et de coloration violette. Aucune référence n'est donnée; mais Hanley nous apprend que les exemplaires de la collection de Linné se rapprochent de la fig. 694 du *Conchylien Cabinet.* Il est donc permis de prendre pour type de la var. *cepa*, cette figure de Chemnitz avec laquelle l'exemplaire que nous figurons pl. VIII, fig. 1, concorde d'une manière très satisfaisante.

La var. *cepa* se distingue du type par sa taille ordinairement plus petite, par son test beaucoup moins épais, la valve droite étant surtout très mince et fragile. Sa valve gauche est d'une couleur brune violacée à l'extérieur et sa face interne montre une nacre d'un beau violet. La valve droite est blanche ou légèrement violacée; souvent pellucide.

Lorsqu'on se trouve en présence d'un spécimen bien typique de la var. *cepa*, il semble difficile d'admettre qu'il appartienne à la même espèce que l'*A. ephippium;* mais il cesse d'en être ainsi dès que l'on possède une nombreuse suite d'échantillons.

Var. electrica Linné.

Pl. VIII, fig. 4, 5, 6.

1766 *Anomia electrica* LINNÉ, Syst. Nat., éd. XII, p. 1151.
1780 — — Lin. BORN, Test. Mus. Cæs. Vindob., p. 118.
1785 — — — CHEMNITZ, Conch. Cab., t. VIII, p. 79, pl. LXXVI, fig. 691.

1790	*Anomia electrica* Lin.	Linné-Gmelin, Syst. Nat., éd. XIII, p. 3341.
1792	— — —	Bruguière, Encycl. méthod., p. 71, pl. CLXXI, fig. 3, 4.
1819	— — —	Lamarck, Anim. sans vert., t. VI, 1re partie, p. 227.
1822	— — —	Turton, Dithyra Brit., p. 226, pl. XVII, fig. 8, 9.
1826	— — —	Payraudeau, Moll. de Corse, p. 82.
1826	— — —	Risso, Europe mérid., t. IV, p. 293.
1836	— *cepa*, var. *b*.	Scacchi, Catal. Conch. Regni Neap., p. 4.
1836	— *electrica* Lin.	Lamarck, Anim. sans vert., édit. Deshayes, t. VII, p. 274.
1836	— *polymorpha*, var. *electrica*	Philippi, Enum. Moll. Sic., t. I, p. 93.
1836	— *scabrella*	Philippi, Enum. Moll. Sic., t. I, p. 92.
1839	— *electrica* Lin.	O. G. Costa, Test. viv. del mare di Taranto, p. 39.
1844	— — —	Brown Illust. of the Conch. of Gr. Brit., p. 70, pl. XLVI, fig. 5.
1844	— *scabrella*	Philippi, Enum. Moll. Sic., t. II, p. 65, pl. XVIII, fig. 1.
1846	— *electrica* Lin.	Vérany, Catal. Invert. del golfo di Genova e Nizza, p. 14.
1848	— — —	Réquien, Coq. de Corse, p. 34.
1848	— *scabrella* Phil.	Réquien, Coq. de Corse, p. 34.
1851	— *electrica* Lin.	Petit, Catal. *in* Journ. Conch., t. II, p. 391.
1852	— — —	Leach, Synopsis moll. Gr. Brit., p. 357.
1853	— *ephippium* Lin., var.	Forbes et Hanley, Brit. Moll., t. II, pl. LV, fig. 7.
1853	— *electrica* Lin.	Doublier, Catal. Coq. mar. *in* Prodr. Hist. nat. du Var, p. 112.
1855	— — —	Hanley, Ipsa Lin. Conch., p. 121.
1858	— *ephippium* Lin.	Gay, Catal. Moll. Biv. du Var, p. 212.
1866	— *electrica* Lin.	Brusina, Contrib. pella Fauna dei Moll. Dalm., p. 104.
1867	— *ephippium* Lin., var. *electrica* Lin.	Weinkauff, Conch. des Mittelm., t. I, p. 279.
1867	— *ephippium* Lin., var. *electrica* Lin.	Taslé, Catal. Morbihan, p. 26.
1879	— *adhærens* Clément, var. *electrica* Lin.	Clément, Catal. Moll. du Gard, p. 66 (excl. syn.).

1880	*Anomia polymorpha* Phil., var. *electrica* Lin.	Stossich, Prosp. della Fauna del mare Adriatico, p. 180.
1883	— *ephippium* Lin., var. *electrica* Lin.	Daniel, Faune malac. de Brest *in* Journ. Conch., t. XXXI, p. 263.
1884	— *ephippium* Lin., var. *lutescens*	Nobre, Catal. Moll. du sud-ouest du Portugal, p. 14.
1886	— *electrica* Lin.	Locard, Prodr. de Malac. franç., p. 521.
1886	— *ephippia*	Locard, Prodr. de Malac. franç., p. 520 (*ex parte*).

La figure de Rumphius donnée comme référence par Linné est si mauvaise qu'elle ne peut rien nous apprendre.

De même que pour la var. *cepa*, M. Hanley indique comme représentant le mieux les exemplaires de la collection de Linné, une figure du *Conchylien Cabinet*, pl. LXXVI fig. 691. Cette figuration répond d'ailleurs tout à fait à la diagnose du *Systema Naturæ* qui indique bien l'*A. electrica* caractérisée par sa forme arrondie, lisse et par sa coloration jaune.

L'*A. scabrella* de Philippi que nous avons fait entrer dans la synonymie de la présente variété, n'en diffère que par son test légèrement plissé vers le bord ventral.

D'après Turton, l'*Ostrea lævis* de Lister, serait également synonyme; mais la fig. 39 de la pl. CCV de cet auteur est tout à fait informe et représente une valve roulée. Lister dit, d'ailleurs que cette coquille est tantôt pourprée, tantôt dorée et nacrée à l'extérieur ainsi qu'à l'intérieur.

Var. **radiata** Brocchi.

Pl. VIII, fig. 7, 8, 9, 10.

1795?	*Anomia sulcata*	Poli, Test. Utr. Sic., t. II, pl. XXX, fig. 12.
1814	— *radiata*	Brocchi, Conch. foss. subap., p. 463, pl. X, fig. 10.
1814?	— *sulcata* Poli	Brocchi, Conch. foss. subap., p. 463, pl. X, fig. 12.
1826	— *radiata* Broc.	Risso, Europe mérid., t. IV, p. 294.
1826?	— *sulcata* Poli	Risso, Europe mérid., t. IV, p. 292.
1836?	— *polymorpha* var. *sulcata* Poli	Philippi, Enum. Moll. Sic., t. I, p. 93.
1862	— *ephippium*	Chenu, Manuel de Conch., t. II, p. 193, fig. 977.

1866	*Anomia radiata* Broc.	BRUSINA, Contrib. pella Fauna dei Moll. Dalm., p. 104.
1866?	— *sulcata* Poli	BRUSINA, Contrib. pella Fauna dei Moll. Dalm., p. 104.
1880	— *polymorpha* Phil. var. *radiata* Broc.	STOSSICH, Prospetto della Fauna del mare Adriatico, p. 180.
1880?	— *polymorpha* Phil. var. *sulcata* Poli	STOSSICH, Prospetto della Fauna del mare Adriatico, p. 180.
1886	— *ephippium*	GRANGER (*ex parte*), Moll. de France, p. 40 (pl. II, fig. 4?).

Bien que le nom d'*A. sulcata* Poli soit plus ancien, nous avons préféré adopter celui de *radiata* Brocchi parce qu'il se rapporte mieux à la forme que nous avons en vue et que nous avons figurée pl. VIII, fig. 10. Cette variété est jaune comme la var. *electrica;* mais sa surface, au lieu d'être lisse ou légèrement ondulée, reproduit les côtes rayonnantes des *Pecten* qui leur servent de base. Les individus qui se développent sur des valves planes du *Pecten jacobæus* (voir nos fig. 7 et 8) sont bien plus aplatis que ceux qui ont pour substratum des valves convexes, telles que celles du *Pecten Audouini* (voir notre fig. 9).

L'*A. patelliformis Linnæi* de Chemnitz (*Conch. Cab.*, t. VIII, p. 89, pl. 77, fig. 700) est bien la var. *radiata* et nullement l'*A. patelliformis* de Linné.

Var. aspera Philippi.

Pl. VIII, fig. 11, 12, 13.

1844	*Anomia aspera*	PHILIPPI, Enum. Moll. Sic., t. II, p. 65, pl. XVIII, fig 4.
1848	— — Phil.	RÉQUIEN, Coq. de Corse, p. 34.
1866	— — —	BRUSINA, Contrib. pella Fauna dei Moll. Dalm., pp. 45, 104.
1867	— *ephippium* Lin., var. *aspera* Phil.	WEINKAUFF, Conch. des Mittelm., t. I, p. 279 (*ex parte*).
1869	— *aspera* Phil.	TAPPARONE-CANEFRI, Ind. Sist. dei Moll. Test. dei dint. di Spezzia, p. 147.
1870	— — —	ARADAS et BENOIT, Conch. viv. mar. della Sic., p. 105.
1880	— — —	STOSSICH, Prosp. della Fauna del mare Adriatico, p. 179.

La forme décrite et figurée par Philippi est celle que nous avons représentée pl. VIII, fig. 11 : elle est caractérisée par des plis rayonnants garnis de squamules plus ou moins développées et spiniformes. Ces plis, en se prolongeant, forment une série de points ou de digitations le long du bord ventral. La forme générale de la coquille est très transverse. La variété *aspera* se rencontre sur des coquilles de Gastropodes et plus spécialement sur le *Turbo rugosus.*

Var. **membranacea** Lamarck.

Pl. IX, fig. 1, 2, 3.

1819	*Anomia membranacea*	LAMARCK, Anim. sans vert., t. VI, 1re partie, p. 228.
1836	— —	LAMARCK, Anim. sans vert., édit. Desh., t. VII, p. 275.
1838	— — Lk.	MARAVIGNA, Mem. Sic., p. 70.
1865	— *squamula*	CAILLIAUD, Catal. Loire-Inf., p. 124 (*ex parte*).

L'*Anomia membranacea* a été établi par Lamarck sur les fig. 1, 2 et 3 de la pl. 170 de l'*Encyclopédie méthodique.* Les spécimens que nous avons fait représenter concordent bien avec les types de l'*Encyclopédie* et ont été recueillis par l'un de nous, au Croisic.

Cette variété est de forme discoïde, aplatie, son test est mince, garni de stries d'accroissement peu apparentes et parfois coupées par des stries rayonnantes extrêmement fines; sa coloration est blanche ou légèrement teintée de violet. On la rencontre sur des objets lisses, tels que des galets bien arrondis, et elle peut atteindre une forte taille. Notre ami M. Chevreux a bien voulu nous en offrir un spécimen recueilli par lui dans le trou de Bérigot, au bourg de Batz, et qui ne mesure pas moins de 7 centimètres de diamètre.

M. Cailliaud a cité cette forme sous le nom d'*A. squamula,* ainsi que nous avons pu nous en assurer au Musée de Nantes, grâce à l'obligeance de M. Louis Bureau qui nous a permis d'examiner en détail la collection formée par le savant auteur du *Catalogue des mollusques de la Loire-Inférieure.*

Var. **squamula** Linné.

Pl. IX, fig. 4, 5, 6, 7.

1766	*Anomia squamula*	LINNÉ, Syst. Nat., édit. XII, p. 1151.
1778	— — Lin.	DA COSTA, Brit. Conch., p. 167.
1785	— —	CHEMNITZ, Conch. Cab., t. VIII, p. 86, pl. LXXVII, fig. 696.
1790	— —	LINNÉ-GMELIN, Syst. Nat., édition XIII, p. 3341.
1790	— *flexuosa*	GMELIN *in* LINNÉ, Syst. Nat., édit. XIII, p. 3349.

1790	*Anomia rugosa*	GMELIN *in* LINNÉ, Syst. Nat., édit. XIII, p. 3349.
1792	— *squamula* Lin.	BRUGUIÈRE, Encycl. méthod., p. 70, pl. CLXXI, fig. 6, 7.
1792 (?)	— *cucullata*	BRUGUIÈRE, Encycl. méthod., p. 70.
1795	— *squamula* Lin.	POLI, Test. utr. Sic., t. II, p. 188, pl. XXX, fig. 18.
1803	— — —	MONTAGU, Test. Brit., p. 156.
1804	— — —	MATON et RACKETT, Descr. Catal. *in* Linn. Trans., t. VIII, p. 102.
1819	— — —	LAMARCK, Anim. sans vert., t. VI, 1re partie, p. 228.
1819	— *lens*	LAMARCK, Anim. sans vert., t. VI, 1re partie, p. 228.
1822	— *squamula* Lin.	TURTON, Dithyra Brit., p. 229, pl. XVIII, fig. 5, 6, 7.
1822	— *tubularis*	TURTON, Dithyra Brit., p. 234.
1836	— *squamula* Lin.	SCACCHI, Catal. Conch. Regni Neap., p. 4.
1836	— *polymorpha* var. *squamula* Lin.	PHILIPPI, Enum. Moll. Sic., t. I, p. 93.
1836	— *squamula* Lin.	LAMARCK, Anim. sans vert., édit. Desh., t. VII, p. 275.
1836	— *lens*	LAMARCK, Anim. sans vert., édit. Desh., t. VII, p. 276.
1844	— *squamula* Lin.	BROWN, Illust. of the Conch. of Gr. Brit., p. 69, pl. XXII, fig. 5.
1844	— *tubularis* Turton	THORPE, Brit. mar. Conch., p. 124.
1846	— *squamula* Lin.	VÉRANY, Catal. Invert. del golfo di Genova e Nizza, p. 14.
1848	— — —	RÉQUIEN, Coq. de Corse, p. 34.
1851	— — —	PETIT, Catal. *in* Journ. Conch., t. II, p. 392.
1852	— — —	LEACH, Synopsis Moll. of Gr. Brit., p. 354.
1852	— *lens* Lk.	LEACH, Synopsis Moll. of Gr. Brit., p. 355.
1853	— *ephippium* Lin. var.	FORBES et HANLEY, Brit. Moll., t. II, pl. LV, fig. 3.
1853	— *squamula* Lin.	DOUBLIER, Catal. Coq. mar. *in* Prodr. Hist. nat. du Var, p. 112.
1855	— — —	HANLEY, Ipsa Linn. Conch., p. 121.
1865	— — —	CAILLIAUD, Catal. Loire-Inf., p. 124. (*ex parte*).
1866	— *squammula* Lin.	BRUSINA, Contrib. pella Fauna dei Moll. Dalmati, p. 104.
1867	— *ephippium* Lin. var. *squamula* Lin.	WEINKAUFF, Conch. des Mittelm., t. I, p. 279.

1869	*Anomia ephippium* Lin. var. *squamula* Lin.	PETIT, Catal. Test. mar., p. 80.
1878	— *ephippium* Lin. var. *squamula* Lin.	MONTEROSATO, Enum. e Sinon., p. 3.
1880	— *polymorpha* Phil. v. *squamula* Lin.	STOSSICH, Prosp. della Fauna del mare Adriatico, p. 181.
1883	— *ephippium* Lin. var. *squamula* Lin.	DANIEL, Faune malac. de Brest *in* Journ. Conch., t. XXXI, p. 263.
1884	— *cepa* (juv.)	MONTEROSATO, Nom. Gen. e Spec., p. 2.
1884	— *squamula* Lin.	JONAS COLLIN, Limfjordens marine Fauna, p. 141.
1886	— *cepa* Lin.	LOCARD, Prodr. de Malac. franç., p. 522 (*ex parte*).

La variété *squamula* est un *A. ephippium* de petite taille, mince, à surface lisse et de coloration blanche. Linné dit qu'elle se rencontre sur les crabes et sur les fucus ; on la trouve également sur divers autres corps sous-marins lisses : nous en avons vus dans la belle collection de M. le Dr Daniel, qui se sont développés sur un œuf de squale.

L'*A. tubularis* de Turton ne diffère de la var. *squamula* que parce que les bords de l'échancrure de la valve droite se relèvent à l'extérieur et forment une sorte de tubulure : cette particularité se retrouve également chez d'autres formes de l'*A. ephippium*. D'après M. Brusina, l'*A. squamula* de Chiereghini ne serait autre chose que le jeune âge de l'*Ostrea edulis* var. *cristata*, et il en serait de même de l'*Anomia ostrealoïdes* du même auteur.

Var. cylindrica Gmelin.

Pl. IX, fig. 8, 9.

1790	*Anomia cylindrica*	GMELIN *in* LINNÉ, Syst. Nat., édit. XIII, p. 3349.
1804	— *cymbiformis*	MATON et RACKETT, Descr. Catal. *in* Linn. Trans., t. VIII, p. 104.
1807	— — Maton	MONTAGU, Test. Brit. Suppl., p. 64.
1822	— *cylindrica* Gmel.	TURTON, Dithyra Brit., p. 232.
1826	— — —	RISSO, Europe mérid., t. IV, p. 292.
1844	— — —	BROWN, Illust. of the Conch. of Gr. Brit., p. 70, pl. XXII, fig. 7, 8.
1852	— *cymbiformis* Maton	LEACH, Synopsis Moll. Gr. Brit., p. 356.

Cette petite forme était comprise par Linné dans son *A. squamula* :

c'est, en effet, celle qui se développe sur des tiges de *Fucus* et qui prend alors un aspect cylindrique allongé.

L'*A. striolata* Turt. ne diffère de la présente variété que parce que sa surface est ornée de cordons longitudinaux très fins et écartés. Il nous semble que la fig. 13 de la pl. IX de Schrœter (*Einleitung in die Conchylienkenntniss*) est identique à cet *A. striolata*.

Beaucoup d'autres formes de l'*A. ephippium* ont encore été décrites comme espèces spéciales par divers auteurs : les unes ne nous sont pas connues, soit qu'elles n'aient pas été figurées, soit qu'elles ne l'aient été que d'une manière imparfaite; d'autres nous semblent ne constituer que des monstruosités ou des déformations accidentelles. Nous nous contentons d'en donner l'énumération :

Anomia ramosa Reeve (*Conch. Icon.*, pl. VI, fig. 26), forme très irrégulière, à surface foliacée, rugueuse, établie d'après des spécimens provenant de Tunisie.

Anomia hemisphærica Brusina (*Contrib. pella Fauna dei Moll. Dalm.*, pp. 46 et 104), coquille petite, arrondie, recueillie par M. Brusina sur des coraux et sur des piquants du *Cidaris hystrix*. Nous ne la connaissons pas.

Anomia trochi Danilo et Sandri (1856, *Moll. lamel. mar.*, p. 2), forme petite, irrégulièrement triangulaire, mince, fragile, convexe, reproduisant la sculpture des *Trochus* sur lesquels elle se développe.

Anomia radians O. G. Costa (1839, *Test. viv. del mare di Taranto*, p. 39) devra probablement être assimilé à la var. *radiata* de Brocchi.

Anomia pellucida Brown (*Trans. Wern. Soc.*, t. II, p. 514) nous semble très voisin de la var. *squamula*.

Anomia coronata Bean (*Ann. and Mag. nat. Hist.*, t. VIII, fig. 52) ne nous est pas connu.

Habitat. — Zones littorale, des laminaires, coralligène et des grands fonds. Au-dessous de la zone des laminaires, on ne rencontre plus que la var. *squamula*. L'*A. ephippium* est commun sur le littoral du Roussillon.

Dispersion. — Toute la Méditerranée, l'Adriatique et la mer Noire. L'océan Atlantique depuis les côtes de Norwège jusqu'aux îles Madères. M. Smith indique dans son travail sur les *Lamellibranches du Challenger*, que l'on a recueilli des spécimens semblant appartenir à l'*A. ephippium*, sur la côte du Brésil et jusqu'aux îles Nightingale et Tristan da Cunha, à des profondeurs variant de 100 à 350 brasses.

Origine. — Nous nous trouvons pour les *Anomia* fossiles en présence de difficultés au moins aussi grandes que pour les formes vivantes. Il nous est impossible de discuter ici les différentes espèces ou variétés qui ont été fort diversement appréciées par les auteurs et nous nous contenterons de dire qu'en thèse générale l'*A. ephippium* et ses nombreuses variétés sont connus du miocène de la Loire et du bassin méditerranéen, du pliocène et du pleistocène de toute l'Europe.

Les variétés les plus remarquables et qui semblent s'écarter le plus des formes actuelles sont l'*A. costata* Brocchi (*Conch. foss. subap.*, pl. X, fig. 9) = *sinistrorsa* Marcel de Serres et *pellis-serpentis* Brocchi (*Conch. foss. subap.*, pl. X, fig. 11).

Sous-genre MONIA Gray, 1849.

Type : *Anomia zelandica* Gray.

D'après la description de Gray, nous croyons que la section *Monia* peut s'appliquer à l'*Anomia patelliformis;* mais contrairement à l'opinion de plusieurs auteurs nous estimons que les espèces de ce groupe se rapprochent bien plus des *Anomia* que des *Placunanomia* qui ont pour type le *Pl. Cumingi;* cette espèce de l'Amérique centrale, est, en effet, caractérisée par une charnière bien différente présentant deux plis cardinaux divergents, analogues à ceux des *Placuna.* La charnière des *Monia* est semblable à celle des *Anomia.* Les *Monia* ne se rapprochent des *Placunanomia* que par le nombre des impressions musculaires qui est de deux dans la valve gauche, tandis que la même valve, chez les *Anomia*, en possède trois; ce caractère ne nous a pas semblé suffisant pour motiver une séparation générique. Le genre *Pododesmus* Philippi se distingue du genre *Monia* en ce que les bords de la perforation se soudent complètement et embrassent de toutes parts la cheville ou byssus calcaire.

Anomia patelliformis Linné.

Pl. IX, fig. 10 (type), 11. 12, 13 (variétés).

1766	*Anomia patelliformis*	Linné, Syst. Nat., éd. XII, p. 1151.
1773	— —	Linné, Nov. Act. Ups., I, p. 42, pl. V, fig. 6, 7.
1795	— *pectiniformis*	Poli, Test. utr. Sic., p. 187, pl. XXX, fig. 13.
1826	— — Poli	Risso, Eur. mérid., t. IV, p. 292.
1836	— *polymorpha* var. *pectiniformis* Poli	Philippi, Enum. Moll. Sic., t. I, p. 93.
1844	— *pectiniformis* Poli	Philippi, Enum. Moll. Sic., t. II, p. 65, pl. XVIII, fig. 3.
1855	— *patelliformis* Lin.	Hanley, Ipsa Linn. Conch., p. 122.
1856	— — —	Jeffreys, Piedm. Coast, p. 26.
1858	*Monia* — —	H. et A. Adams, Genera of recent Mollusca, p. 566.

1859	*Anomia patelliformis* Lin.	SOWERBY, Illust. Ind. of brit. Shells, pl. VIII, fig. 21.
1863	— — —	JEFFREYS, Brit. Conch., t. II, p. 34; t. V, p. 165; pl. XX, fig. 2, 2 A, 2 C.
1865	— — —	CAILLIAUD, Catal. Loire-Inférieure, p. 124.
1866	— — —	BRUSINA, Contrib. pella Fauna dei Moll. Dalm., p. 181.
1866	— *pectiniformis* Poli	BRUSINA, Contrib. pella Fauna dei Moll. Dalm., p. 104.
1867	— *patelliformis* Lin.	WEINKAUFF, Conch. des Mittelm., t. II, p. 282.
1868	— — —	COLBEAU, Liste Moll. viv. de la Belgique, p. 28.
1869	— — —	PETIT, Catal. Test. mar., p. 81.
1869	— — —	FISCHER, Gironde, 1er Suppl. *in* Actes Soc. Linn. Bord., t. XXVII, p. 114.
1870	— — —	ARADAS et BENOIT, Conch. viv. mar. della Sic., p. 106.
1876	— — —	SEGUENZA, di alc. Moll. pesc. nei fondi coralligeni dello Stretto di Messina, p. 2.
1878	— — —	FISCHER, Brachiop. et Moll. du litt. océanique de la France, p. 11.
1878	— — —	MONTEROSATO, Enum. e Sinon., p. 3.
1880	— — —	STOSSICH, Prosp. della Fauna del mare Adriatico, p. 181.
1880	— *pectiniformis* Poli	STOSSICH, Prosp. della Fauna del mare Adriatico, p. 179.
1883	— *patelliformis* Lin.	MARION, Consid. sur les faunes prof. de la Médit., p. 28, 86, 90.
1884	*Placunanomia* — —	JONAS COLLIN, Limfjordens marine Fauna, p. 141.
1884	*Monia* — —	MONTEROSATO, Nom. Gen. e Spec., p. 3.
1884	*Anomia* — —	NOBRE, Moll. mar. de noroeste de Portugal, p. 23.
1886	— — —	LOCARD, Prodr. de Malac. franç., p. 522.
1887	— — —	KOBELT, Prodr. Faunæ Moll. Test. maria europæa inhabit., p. 446.

Obs. — L'*A. patelliformis* se distingue de l'*A. ephippium* par le nombre des impressions musculaires de la valve gauche, qui n'est que de deux, au lieu de trois; par sa sculpture qui reste invariable, quelle que soit la nature des corps sur lesquels la coquille s'est développée; par sa coloration qui est bien plus constante que celle de l'*A. ephippium*. Enfin, il faut remarquer que l'*A. patelliformis* se rencontre principalement dans la zone des coraux.

On peut considérer l'*A. transversa* Aradas, l'*A. striata* Scacchi et l'*A. radians* Conti comme synonymes de l'*A. patelliformis* typique, L'*A. squama magna* de Chemnitz (*Conch. Cab.*, t. VIII, p. 87, pl. LXXVII, fig. 697) nous semble devoir être rapporté à la var. *elegans*, et il en est de même de l'*A. plana* Danilo et Sandri. L'*A. pulchella* Aradas n'est probablement qu'une variété de coloration à rayons fauves assez apparents.

Diagnose. — Coquille bivalve, diamètre umbono-ventral 27 millim., diamètre antéro-postérieur, 27 millim., épaisseur 7 millim., assez mince, de forme arrondie ou oblongue. Valve gauche garnie à l'extérieur de nombreuses côtes rayonnantes plus ou moins imbriquées. Sommet un peu proéminent, légèrement incurvé et toujours situé à une certaine distance du bord antérieur. L'intérieur est lisse, nacré, irisé, teinté vers le sommet de vert olive ou bleuâtre assez foncé. Sous le crochet on observe une fossette ligamentaire transverse. Les impressions musculaires, au nombre de deux, sont situées vers le milieu d'un espace allongé, subquadrangulaire et circonscrit par une ligne. Valve droite aplatie, sans sculpture rayonnante, très mince, très fragile et présentant, vers le bord supérieur, une échancrure ovale, relativement grande, élargie à sa partie inférieure. Cheville calcaire très mince, striée longitudinalement et de couleur brune. Coloration générale de la coquille d'un blanc jaunâtre, teinté de vert autour du sommet de la valve gauche, et parfois obscurément rayonnée de fauve. La valve droite est blanche, subpellucide.

Variétés. — L'*Anomia patelliformis* n'est ordinairement représenté dans les collections que par des exemplaires peu nombreux, ce qui rend difficile l'appréciation de différentes formes qui ont été considérées comme variétés par certains naturalistes et comme espèces distinctes par d'autres. Si l'on adopte la manière de voir des premiers, on peut dire que l'*A. patelliformis* est presque aussi variable que l'*ephippium*.

Nous eussions été fort embarassés de nous former une opinion, si notre ami, M. le marquis de Monterosato, ne nous avait communiqué les spécimens de sa collection. Grâce à ce précieux appoint et d'après l'examen des matériaux de diverses provenances que nous avons sous les yeux, nous arrivons à ces conclusions que les *Anomia elegans* Philippi et *undulata* Gmelin sont de simples variétés; que l'*A. margaritacea* Poli est une variété très aberrante; enfin que l'*A. glauca* Monterosato (= *striata* Lovén *non* Brocchi), constitue une espèce parfaitement distincte dont nous dirons un mot plus loin.

Var. ex forma 1, *elegans* Philippi (*Enum. Moll. Sic.*, t. II, p. 65, pl. XVIII, fig. 2). Cette variété se distingue du type par sa forme plus régulièrement arrondie ou ovale, très aplatie; par ses côtes rayonnantes plus régulières. La région qui entoure le sommet est complètement lisse. Nous avons figuré pl. IX, fig. 11, 12, un exemplaire de cette variété provenant du Roussillon.

Var. ex forma 2, *undulata* Gmelin. Établie par Gmelin sur la fig. 699 de la pl. LXXVII de Chemnitz, cette variété se distingue par ses côtes rayonnantes onduleuses. Notre fig. 13, pl. IX, représente un exemplaire du Roussillon appartenant à cette forme.

Var. ex forma 3, *margaritacea* Poli (*Test. utr. Sic.*, p. 186, pl. XXX, fig. 11). Cette forme est plane, mince, pellucide, à surface lisse et semble correspondre à la variété *squamula* de l'*A. ephippium ;* on serait tenté, au premier aspect, de la considérer comme une espèce distincte; mais nous avons vu dans la série de la collection Monterosato un exemplaire intermédiaire entre la var. *elegans* et celle-ci.

Anomia glauca Monterosato. Cette forme, que nous avons représentée pl. IX, fig. 14 et 15, est plus connue sous le nom de *striata* Lovén (nom qui a dû être remplacé à cause de l'existence d'un *A. striata* Brocchi). Elle est lenticulaire, aplatie. La valve gauche est entièrement garnie à l'extérieur de stries fines et serrées, la valve droite est excessivement mince et fragile. La coloration est jaunâtre, largement teintée de vert olive autour du sommet et parfois obscurément rayonnée de fauve. Nous devons à l'obligeance de S. A. le prince Albert de Monaco, la communication de nombreux exemplaires du *Monia glauca* dragués par l'*Hirondelle* dans le golfe de Gascogne pendant la campagne scientifique de 1886. Aucun de ces exemplaires ne se rapproche de l'une ou de l'autre des formes de l'*A. patelliformis;* ils possèdent tous la même striation fine et serrée de la surface de la valve gauche. L'*A. glauca* vit aussi dans la Méditerranée sur les côtes de l'Italie et de la Sicile; mais nous ne pensons pas qu'il ait été recueilli sur le littoral du Roussillon.

Nous n'avons pas rencontré non plus sur le littoral roussillonnais l'*Anomia aculeata* Müller qui appartient également au groupe des *Monia*. C'est une espèce de petite taille à sculpture squameuse dont la synonymie doit probablement comprendre les *A squamosa* Leach (chez lequel les deux valves sont squameuses), *A. spinosa* Reeve (forme régulière, oblique), *A. punctata* Chemnitz (*Conch. Cab.*, pl. LXXVII, fig. 698).

Habitat. — Zones des laminaires, coralligène et grands fonds. Très rare à Banyuls et Port-Vendres.

Dispersion. — Méditerranée et Adriatique, océan Atlantique boréal du nord de l'Europe et de l'Amérique; sur les côtes de Norwège, d'Angleterre, de France, d'Espagne et du Portugal.

Origine. — Cette espèce est connue du pliocène d'Angleterre et d'Italie, mais il règne une grande confusion dans la désignation des diverses variétés.

Famille SPONDYLIDÆ Gray, 1826.

La famille des *Spondylidæ* a été séparée de celle des *Pectinidæ* de Lamarck, et bien que Deshayes ait persisté, jusqu'en 1864, à n'y voir qu'une simple section, basée sur l'adhérence de la valve inférieure, nous pensons avec beaucoup d'autres naturalistes tels que Menke, Adams, Fischer, Agassiz, Zittel, que les modifications profondes de la charnière, pourvue chez les *Spondylidæ* de dents puissantes, suffisent à justifier l'admission de ce groupe au rang de famille particulière.

TABLEAU DES GENRES ET ESPÈCES

G. **Spondylus** Rondelet.................. *Sp. gæderopus* Linné.

Genre SPONDYLUS Rondelet 1555.

Le mot *Spondylus* a été employé par Pline dans divers sens, par Galien et Martial pour désigner un mollusque. On peut admettre que ce nom a été fixé par Rondelet lorsqu'il a figuré et décrit comme *Spondylus* et *Gæderopus* une grosse coquille qui peut être considérée comme le *Spondylus* méditerranéen. Il a indiqué d'autres *Spondylus* sous les noms de *Concha corallina* et *Concha pictorum*.

Spondylus gæderopus Linné.

Pl. X, fig. 1, 2, 3, 4.

1766	*Spondylus gæderopus*	Linné, Syst. Nat., édit. XII, p. 1136 (*ex parte*).
1780	— —	Lin. Born, Test. Mus. Cæs. Vindob., p. 77, vignette, p. 76.

1784 *Spondylus gæderopus* Lin. Chemnitz, Conch. Cab., t. VII, p. 78, pl. XLIV, fig. 459.

1790 — — — Linné-Gmelin, Syst. Nat., édit. XIII, p. 3296 (*ex parte*).

1791 — — — Poli, Test. utr. Sic., t. II, pl. XXI, fig. 20, 21.

1819 — — — Lamarck, Anim. sans vert., t. VI, 1re partie, p. 188.

1826 — — — Payraudeau, Moll. de Corse, p. 79.

1826 — — — Risso, Europe mérid., t. IV, p. 305.

1832 — — — Deshayes, Encycl. méthod., III, p. 978, pl. CXC, fig. 1 a, b.

1836 — — — Scacchi, Catal. Conch. Regni Neap., p. 4.

1836 — — — Philippi, Enum. Moll. Sic., t. I, p. 86.

1836 — — — Lamarck, Anim. sans vert., édition Desh., t. VII, p. 184.

1838 — *gederopus* — Maravigna, Mémoires pour servir à l'Hist. nat. de la Sicile, p. 71.

1844 — *gæderopus* — Philippi, Enum. Moll. Sic., t. II, p. 62.

1844 — — — Forbes, Rep. Æg. Invert., p. 146.

1844 — *gœderopus* — d'Orbigny *in* Webb et Berthelot, Moll. des Canaries, p. 101.

1846 — *gæderopus* — Vérany, Catal. Invert. mar. del Golfo di Genova e Nizza, p. 14.

1848 — — — Réquien, Coq. de Corse, p. 33.

1851 — — — Petit, Catal. *in* Journ. de Conch., t. II, p. 390.

1853 — — — Doublier, Catal. Coq. mar. du Gard *in* Prodr. Hist. nat. du Gard, p. 112.

1855 — *gædaropus* — Hanley, Ipsa Linn. Conch., p. 82.

1856 — *gæderopus* — Jeffreys, Piedm. Coast, p. 25.

1856 — *gædaropus* — Reeve, Conch. Icon., pl. III, fig. 13.

1858 — *gæderopus* — Gay, Moll. du Var, Conchifères *in* Bull. Soc. sc. du Var, p. 210.

1862 — — — Chenu, Manuel de Conch., t. II, p. 191, fig. 969.

1866 — — — Brusina, Contrib. pella Fauna dei Moll. Dalm., p. 104.

1867 — — — Weinkauff, Conchyl. des Mittelm., t. I, p. 269.

1869 — — — Petit, Catal. Test. mar., p. 79.

1869 — — — Tapparone-Canefri, Ind. sist. dei Moll. Test. dei dint. di Spezia e del suo Golfo, p. 146.

1870 *Spondylus gæderopus* Lin. Aradas et Benoit, Conch. viv. mar. della Sic., p. 102.
1870 — — — Hidalgo, Moluscos mar. de España, p. 2, pl. V, fig. 1, 2, 3.
1877 — — — Monterosato, Notizie sulle Conch. della rada di Civitavecchia, p. 6.
1878 — — — Monterosato, Enum. e Sinon., p. 4.
1878 — — — Issel, Crociera del Violante, p. 42.
1879 — — — Clément, Catal. du Gard *in* Études d'Hist. nat , p. 67.
1880 — — — Stossich, Prosp. della Fauna del mare Adriatico, p. 178.
1883 — — — Dautzenberg, Coq. de Gabès, p. 7.
1886 — — — Granger, Moll. de France, p. 51, pl. III, fig. 9.
1886 — — — Locard, Prodr. de Malac. franç., p. 517.
1887 — — — Kobelt, Prodr. Faunæ Moll. Test. maria europæa inhabitantium, p. 445.

Obs. — Lorsqu'on examine les nombreuses références indiquées dans le *Systema Naturæ,* on constate que Linné confondait sous le nom de *Sp. gæderopus* des *Spondyles* appartenant à plusieurs espèces différentes. Toutefois, l'indication de l'habitat méditerranéen peut justifier l'opinion généralement admise, que Linné a eu plus spécialement en vue l'espèce dont nous venons de donner la synonymie.

Diagnose. — Coquille bivalve, diamètre umbono-ventral 80 millim., diamètre antéro-postérieur 70 millim., épaisseur 40 millim., solide, inéquivalve, légèrement auriculée. Valve droite, profonde, adhérente, ornée de côtes rayonnantes garnies de nombreuses lamelles concentriques irrégulières, foliacées, plus ou moins développées et souvent épineuses. L'intérieur de cette valve est très concave, assez luisant, plissé aux bords; on y remarque une grande impression arrondie du muscle adducteur, située un peu en arrière, ainsi qu'une ligne palléale, entière, bien marquée. La charnière est rectiligne, très forte, et présente au centre une fossette ligamentaire incisée au pourtour. De chaque côté du ligament, s'élèvent deux fortes dents crochues, et au delà on observe de chaque côté une excavation correspondant à l'une des dents de la valve opposée. La charnière se prolonge extérieurement en un grand talon triangulaire souvent séparé par une rainure longitudinale.

Valve gauche couverte à l'extérieur de nombreuses côtes rayonnantes imbriquées, dont une dizaine sont plus fortes et portent des épines irrégulières plus ou moins développées. Cette valve, beaucoup plus plane que l'autre, présente à l'intérieur des impressions musculaires semblables. Sa charnière reproduit les détails de celle de la valve droite; mais dans un ordre inverse, c'est-à-dire que le ligament central y est accompagné de chaque côté d'une excavation, tandis que les dents sont situées aux extrémités. Le talon est très court dans la valve gauche.

Coloration externe de la valve gauche d'un ton violacé ou lie de vin; coloration externe de la valve droite plus claire, parfois entièrement blanche ou bien avec les aspérités teintées de violet ou de jaune orangé. Intérieur des deux valves blanc, ordinairement bordé d'une zone violacée. Dents de la charnière plus ou moins teintées de brun.

Variétés. — Le *Sp. gæderopus* se présente sous des aspects fort différents, suivant que les aspérités de son test sont plus ou moins développées en épines ou en lamelles; mais les caractères que l'on pourrait tirer de ces divers états sont essentiellement variables. Aussi faut-il abandonner la manière de voir de Philippi et de quelques autres naturalistes qui ont élevé la forme épineuse au rang d'espèce, sous le nom de *Sp. aculeatus.*

Var. ex forma 1, aculeata Auct. (*non* Chemnitz).

Pl. X, fig. 5 (juv.).

1836	*Spondylus aculeatus*	PHILIPPI (*non* Chemn.), Enum. Moll. Sic., t. I, p. 87.
1836	— *americanus*	SCACCHI (*non* Lamarck), Catal. Conch. Regni Neap., p. 4.
1844	— *aculeatus*	PHILIPPI (*non* Chemn.), Enum. Moll. Sic., t. II, p. 62.
1848	— —	RÉQUIEN (*non* Chemn.), Coq. de Corse, p. 33.
1865	— —	STOSSICH (*non* Chemn.), Enum. Moll. del Golfo di Trieste, p. 37.
1866	— —	BRUSINA (*non* Chemn.), Contrib. pella Fauna Dalm., p. 104.
1869	— —	PETIT (*non* Chemn.), Cat. Test. mar., p. 79.
1869	— —	TAPPARONE-CANEFRI (*non* Chemn.), Ind. sist. Moll. test. di Spezia, p. 146.
1870	— —	ARADAS et BENOIT, Conch. viv. mar. della Sic., p. 102.

Cette variété a été figurée par Sowerby (*Thesaurus Conchyliorum*, pl. LXXXVIII, fig. 41). Il ne faut pas la confondre avec le *Spondylus aculeatus* de Chemnitz (*Conch. Cab.*, t. VII, p. 74, pl. XLIV, fig. 460), qui est une espèce différente vivant dans la mer Rouge.

L'exemplaire que nous avons représenté est jeune; mais on peut y observer le développement épineux de la sculpture qui caractérise la présente variété.

Var. ex forma 2, *foliosa* Monterosato. Chez cette variété les lamelles de la valve droite sont grandes, larges et foliacées.

Var. ex forma 3, *inermis* Monterosato. Chez cette variété, la sculpture est très peu développée.

Var. ex colore 1, *albina* Monterosato. Entièrement blanche.

Var. ex colore 2, *corallina* Monterosato. Coquille petite d'un rouge de corail recueillie à Nice par Risso et à Palerme par Monterosato.

Monstr. *contraria : Spondylus gæderopus minor contrarius*, etc. Chemnitz., *Conch. Cab.*, t. IX, p. 140, pl. CXV, fig. 985, 986). Le crochet de la valve droite est dirigé à gauche.

Habitat.— Zones des laminaires et coralligène. Rare à Port-Vendres, Leucate.

Dispersion. — Toute la Méditerranée et l'Adriatique. Océan Atlantique, sur les côtes du Maroc, du Sénégal, aux îles Canaries, du Cap-Vert et Madères.

Origine. — Cette espèce, toujours rare à l'état fossile, apparaît dans le miocène moyen de la Touraine, de la Toscane et de la Calabre. On la rencontre également dans le pliocène italien.

Le *Sp. ferreolensis* Fontannes, de la vallée du Rhône, est fort voisin. L'éocène fournit de nombreuses formes ancestrales. Les *Spondylus* n'existent pas dans les couches miocènes et pliocènes de l'Europe septentrionale.

Famille RADULIDÆ

La reprise du genre *Radula* nous a amenés à substituer le nom de *Radulidæ* à celui de *Limidæ* sous lequel cette famille a été créée par d'Orbigny, en 1846, aux dépens des *Pectinidæ*. MM. Tryon, Fischer et la plupart des naturalistes modernes ont suivi l'exemple de d'Orbigny.

TABLEAU DES GENRES ET ESPÈCES

Genre Radula Rumphius................	*R. lima* Linné.
S.-g. *Mantellum* Bolten.................	*R. inflata* Chemnitz.
— —	*R. hians* Gmelin.

Genre RADULA, Rumphius, 1710

Type : *Radula lima* Linné sp. *(Ostrea)* = *Lima squamosa* Lamarck = *Radula Rumphiana* Klein.

Le nom générique *Radula*, employé d'abord par Rumphius en 1710, puis par Klein et par d'Argenville, a la priorité sur celui de *Lima* créé par Bruguière en 1792 et adopté par Lamarck en 1799. Nous avons suivi l'exemple de MM. Mörch, Adams et d'autres naturalistes éminents, en reprenant le nom le plus ancien. Cela nous a permis de conserver le nom spécifique *lima* donné au type du genre par Linné, tandis que Lamarck, afin d'éviter la répétition du même nom pour le genre et l'espèce, lui avait substitué celui de *squamosa*.

Il est surprenant que Linné ait donné le nom d'*Ostrea radula* à deux *Chlamys* figurés par Rumphius, pl. XLIV, fig. A et B, alors que le nom de *Radula* est attribué par cet auteur à la fig. D de la même planche qui représente l'espèce décrite plus loin par Linné sous le nom d'*Ostrea lima*. D'un autre côté Linné indique qu'il a emprunté le mot *Lima* à d'Argenville pl. XXIV (par erreur pl. XXVII), fig. E, de la *Conchyliologie*, alors que d'Argenville nomme cette fig. E : la *râpe* ou *ratissoire*.

Les *Radula* ont été classés parmi les *Pecten* par Lister, d'Argenville, Müller, Martini ; parmi les *Ostrea* par Linné. Les noms d'*Argoderma* et de *Glaucoderma* Poli tombent en synonymie.

Radula lima Linné, sp. (*Ostrea*).

Pl. XI, fig. 1, 2, 3.

1766	*Ostrea lima*	LINNÉ, Syst. Nat., édit. XII, p. 1147.
1786	— — Lin.	SCHRÖTER, Einleitung in die Conch., t. III, p. 321 (*ex parte*).
1790	— — —	LINNÉ-GMELIN, Syst. Nat., édit. XIII, p. 3332 (*ex parte*).
1793	— — —	VON SALIS MARSCHLINS, Reise ins Königr. Neapel, p. 397.
1795	— — —	POLI, Test. utr. Sic., t. II, pl. XXVIII, fig. 22, 23, 24.
1817	— — —	DILLWYN, Descr. Catal., t. I, p. 271.
1819	*Lima squamosa*	LAMARCK, Anim. sans vert., t. VI, 1re partie, p. 156.
1825	— — Lk.	BLAINVILLE, Manuel de Malac. et de Conch., p. 526, pl. LXII, fig. 3.
1826	— — —	PAYRAUDEAU, Moll. de Corse, p. 70.
1826	— — —	RISSO, Europe mérid., t. IV, p. 306.
1830	— — —	DESHAYES, Encycl. méthod., t. II, p. 345, pl. CCVI, fig. 4.
1836	— *vulgaris*	SCACCHI, Catal. Conch. Regni Neap., p. 4.
1836	— *squamosa* Lk.	PHILIPPI, Enum. Moll. Sic., t. I, p. 77.
1836	— — —	LAMARCK, Anim. sans vert., édit. Desh., t. VII, p. 115.
1844	— — —	PHILIPPI, Enum. Moll. Sic., t. II, p. 56.
1844	— — —	FORBES, Rep. Æg. Invert., p. 145.
1844	— — —	D'ORBIGNY *in* WEBB et BERTHELOT, Hist. nat. des Canaries, p. 101.
1848	— *squammosa* —	RÉQUIEN, Coq. de Corse, p. 31.
1851	— *squamosa* —	PETIT, Catal. *in* Journ. Conch., t. II, p. 386.
1853	— — —	DOUBLIER, Moll. du Var *in* Prodr. Hist. nat. du Var, p. 111.
1855	*Ostrea lima* Lin.	HANLEY, Ipsa Linn. Conch., p. 113.
1856	*Lima squamosa* Lk.	JEFFREYS, Piedm. Coast, p. 25.
1862	— — —	CHENU, Manuel de Conch., t. II, p. 188, fig. 949.
1866	— *squammosa* —	BRUSINA, Contrib. pella Fauna dei Moll. Dalm., p. 104.
1867	— *squamosa* —	WEINKAUFF, Conchyl. des Mittelm., t. I, p. 241.
1869	— — —	PETIT, Catal. Test. mar., p. 74.
1869	— — —	TAPPARONE-CANEFRI, Ind. sist. Moll. test. di Spezia, p. 145.
1869	— — —	CLÉMENT, Catal. Moll. du Gard *in* Ét. d'Hist. nat., p. 69.

1870 *Lima squamosa* Lk. Aradas et Benoit, Conch. viv. mar. della Sic., p. 93.
1870 — — — Hidalgo, Moll. mar., pl. LVII b, fig. 8.
1872 — — — Reeve, Conch. Icon., pl. II, fig. 10.
1878 — — — Monterosato, Enum. e Sinon., p. 5.
1878 — — — Issel, Crociera del Violante, p. 41.
1880 — *squammosa* — Stossich, Prosp. della Fauna del mare Adriatico, p. 177.
1881 — *squamosa* — Dautzenberg, Liste Coq. de Cannes, p. 3.
1883 — — — Dautzenberg, Liste Coq. de Gabès, p. 8.
1884 — — — Monterosato, Nom., Gen. e Spec., p. 6.
1886 — — — Granger, Moll. de France, p. 48, pl. III, fig. 7.
1886 — — — Locard, Prodr. de Malac. franc., p. 503.
1887 — — — Kobelt, Prodr. Faunæ Moll. Test. maria Europ. inhab., p. 444.

Obs. — Il est évident que Linné a confondu sous le nom d'*Ostrea lima* deux espèces fort voisines qui vivent, l'une dans la Méditerranée, l'autre dans l'océan Indien et la mer Rouge. L'espèce exotique a été distinguée par Deshayes sous le nom de *Lima bullifera*. Dans ces circonstances il nous a paru équitable de conserver à la coquille méditerranéenne le nom linnéen, puisque le nom de *squamosa* Lamarck s'applique aussi à la fois aux deux espèces. Nous avons ainsi suivi l'exemple d'anciens auteurs tels que von Salis et Poli.

Diagnose. — Coquille bivalve; diamètre umbono-ventral 51 millim., diamètre antéro-postérieur 40 millim., épaisseur 20 millim., très solide, équivalve, inéquilatérale, comprimée, de forme ovale oblique, rétrécie au sommet. Côté antérieur court, entièrement clos. Côté postérieur tronqué, légèrement bâillant. Sommets petits, anguleux, proéminents, plus ou moins écartés suivant l'âge du mollusque. Oreillettes petites, tombantes, inégales : les antérieures sont les plus grandes.

Sculpture extérieure des deux valves composée de lignes d'accroissement concentriques et de fortes côtes rayonnantes élevées, arrondies, garnies de nombreuses squamules imbriquées, bien saillantes. Les côtes sont sensiblement de même largeur que les intervalles lisses qui les séparent; on en compte de 3 à 5 sur l'oreillette antérieure, 23 sur le corps même de la coquille et de 4 à 7 sur le côté postérieur : ces dernières sont plus ou moins obsolètes, ne portent pas de squamules et sont ordinairement traversées par de nombreuses stries transverses qui les rendent granuleuses. L'intérieur des valves est garni de sillons rayonnants bien marqués, correspondant aux côtes de l'extérieur. Bords latéraux un peu sinueux vers le sommet; bord ventral arrondi, fortement denticulé. Aire cardinale grande, triangulaire, tripartite : région centrale trigone, creusée en fossette arrondie à la base et occupée par un cartilage brun très épais, régions latérales grandes garnies d'un ligament faible. Charnière ne présentant que des tubercules latéraux fort obsolètes. Impression du muscle adducteur grande, arrondie, peu distincte, située assez haut et antérieurement. Coloration blanche uniforme : peu luisante à l'extérieur, très luisante, mais non nacrée à l'intérieur des valves.

Habitat. — Zone littorale. Assez rare à Port-Vendres.

Dispersion. — Méditerranée et Adriatique; océan Atlantique aux îles Madères et Canaries.

Origine. — Miocène de la Touraine, de la Gironde, de l'Italie et de l'Autriche. Pliocène d'Angleterre et d'Italie.

Sous-genre MANTELLUM Bolten.

Type : *Radula inflata* Chemnitz.

Cet ancien genre de Bolten qui était tombé dans l'oubli a été repris par Mörch en 1853 et adopté ensuite comme sous-genre par les frères Adams en 1858, par Chenu en 1862, puis par Tryon, Fischer, etc., pour les espèces bâillantes des deux côtés.

Radula inflata Chemnitz sp. (*Pecten*).

Pl. XI, fig. 4, 5, 6.

1784	*Pecten inflatus*, etc.	Chemnitz, Conch. Cab., t. VII, p. 346, pl. LXVIII, fig. 649a.
1786	*Ostrea fasciata*	Schröter (*non* Linné), Einleitung in die Conch., t. III, p. 320.
1790	— —	Gmelin (*non* Linné), Syst. Nat., édit. XIII, p. 3331.
1792	— *tuberculata*	Olivi, Zool. Adr., p. 120.
1793	— *fasciata*	von Salis Marschlins (*non* Linné), Reise ins Kœnigr. Neap., p. 397.
1795	— *glacialis*	Poli (*non* Gmelin), Test. utr. Sic., t. II, pl. XXVIII, fig. 19, 20, 21.
1804	— *fasciata*	Renieri (*non* Linné), Tavola alfab. Conch. Adr.
1817	— —	Dillwyn (*non* Linné), Descr. Catal., t. I, p. 269 (*ex parte*).
1819	*Lima inflata*	Lamarck, Anim. sans vert., t. VI, 1re partie, p. 156.
1826	— —	Payraudeau, Moll. de Corse, p. 70.
1826	— *imbricata*	Risso, Europe mérid., t. IV, p. 306.
1830	— *inflata*	Deshayes, Encycl. méthod., t. II, p. 346.

1836 *Lima glacialis* SCACCHI (*non* Gmelin), Catal. Conch. Regni Neap., p. 4.

1836 — *inflata* PHILIPPI, Enum. Moll. Sic., t. I, p. 77.

1836 — — LAMARCK, Anim. sans vert., édit. Desh., t. VII, p. 115.

1844 — — PHILIPPI, Enum. Moll. Sic., t. II, p. 55.

1844 — — D'ORBIGNY *in* WEBB et BERTHELOT, Hist. nat. des Canaries, Mollusques, p. 101.

1845 — *ventricosa* SOWERBY, Thesaurus Conch., t. I, p. 85, pl. XXI, fig. 6, 7.

1845 — *fasciata* SOWERBY (*non* Linné), Thesaurus Conch., t. I, p. 85, pl. XXI, fig. 15, 16.

1848 — *inflata* Chemn. RÉQUIEN, Coq. de Corse, p. 31.

1851 — — — PETIT, Catal. *in* Journ. Conch., t. II, p. 386.

1853 — — — DOUBLIER, Moll. du Var *in* Prodr. Hist. nat. du Var, p. 111.

1856 — — — JEFFREYS, Piedm. Coast, p. 25.

1862 — (*Mantellum*) *inflata* Chtz. CHENU, Manuel de Conch., t. II, p. 189, fig. 956.

1866 — — — BRUSINA, Contrib. pella Fauna dei Moll. Dalm., p. 104.

1867 — — — WEINKAUFF, Conch. des Mittelm., t. I, p. 241.

1869 — — — PETIT, Catal. Test. mar., p. 73.

1869 — — — TAPPARONE-CANEFRI, Ind. sist. Moll. Test. di Spezia, p. 145.

1870 — — — ARADAS et BENOIT, Conch. viv. mar. della Sic., p. 93.

1870 — — — HIDALGO, Moll. mar. de España, pl. LVIII B, fig. 9.

1872 — *ventricosa* Sow. REEVE, Conch. Icon., pl. III, fig. 11.

1878 — *inflata* Chemn. MONTEROSATO, Enum. e Sinon., p. 5.

1879 — — — CLÉMENT, Catal. Moll. du Gard *in* Ét. d'Hist. nat., p. 69.

1880 — — — STOSSICH, Prosp. della Fauna del mare Adr., p. 177.

1883 — — — DAUTZENBERG, Liste Coq de Gabès, p. 8.

1884 — *Mantellum inflatum* MONTEROSATO, Nom., Genere e Spec., p. 6.

1886 *Lima inflata* Chemn. GRANGER, Moll. de France, p. 48, pl. III, fig. 6.

1886 *Lima inflata* Chemn. — LOCARD, Prodr. de Malac. franç., p. 503.

1887 — — — — KOBELT, Prodr. Faunæ Moll. Test. maria europ. inhab., p. 442.

Obs. — L'*Ostrea fasciata* de Linné est une espèce tout à fait incertaine, ainsi que l'a démontré Hanley (*Ipsa Linn. Conch.*, p. 112); il est même douteux qu'elle appartienne au genre *Radula*, l'une des références de Gualtieri, sur laquelle elle est basée, représentant un *Pecten*. Il est donc sage de bannir ce nom de la nomenclature.

Quant à l'*Ostrea glacialis* de Gmelin, il comprend deux coquilles exotiques : l'une des Indes occidentales connue sous le nom de *Radula scabra* Born, l'autre de l'océan Indien, figurée par Chemnitz, t. VII, pl. LXVIII, fig. 653, sous le nom de *Lima tenera*, etc.

Diagnose. — Coquille bivalve; diamètre umbono-ventral 45 millim., diamètre antéro-postérieur 38 millim., épaisseur 23 millim., assez mince, équivalve, inéquilatérale, très renflée, de forme ovale, oblique, bâillant des deux côtés. Côté antérieur court, arrondi, fortement bâillant, surtout vers les oreillettes. Côté postérieur rectiligne également bâillant, mais avec le maximum d'écartement des valves situé près du bord ventral. Sommets petits, anguleux, proéminents, plus ou moins écartés, suivant l'âge. Oreillettes petites, triangulaires, subégales, peu tombantes.

Sculpture extérieure des deux valves composée de lignes d'accroissement concentriques, irrégulières, ainsi que de nombreuses côtes rayonnantes peu élevées, plus ou moins onduleuses, au nombre d'environ 35 principales, plus rapprochées du côté postérieur, garnies vers le bord ventral et le bord postérieur de petites squamules qui rendent le test rude au toucher. Entre les côtes principales, on en observe souvent d'autres plus faibles. La sculpture s'oblitère sur les parties latérales des valves.

Intérieur des valves très concave, garni de sillons rayonnants peu profonds, correspondant aux côtes de l'extérieur. Bords latéraux presque droits; bord ventral arrondi, finement denticulé. Aire cardinale triangulaire, peu épaissie, tripartite : région centrale trigone très large, creusée en fossette légèrement arquée à la base et remplie par un cartilage brun très épais; régions latérales petites, garnies d'un ligament épais. La charnière de chaque valve présente, du côté antérieur seulement, une fossette triangulaire très profonde. Impression du muscle adducteur grande, arrondie, peu distincte, située antérieurement.

Coloration blanche : mate à l'extérieur, luisante à l'intérieur des valves.

Habitat. — Zones littorale et des laminaires Moins rare que le *R. squamosa*, à Port-Vendres, Banyuls, etc.

Dispersion. — Méditerranée et Adriatique. Océan Atlantique, aux îles Canaries.

Origine. — Miocène de la Gironde, de l'Italie, de la Suisse et des Açores. Un examen minutieux a fait relever quelques différences entre les formes de ces diverses provenances et le *R. inflata* vivant. M. Fontannes a établi la variété *grundensis* pour la forme du bassin de Vienne, et nous venons de décrire nous-mêmes, sous le nom de *Lima Goossensi* dans le *Journal de Conchyliologie*, une forme de Touraine qui nous a paru suffisamment caractérisée pour mériter d'être séparée du *R. inflata*.

La présence du *R. inflata* n'est pas douteuse dans le pliocène du bassin méditerranéen; mais le *Lima exilis* Wood, du crag, que M. Jeffreys lui assimile, est maintenu comme bien distinct par Wood, dans son supplément. Nyst n'a pas voulu se prononcer pour la forme du pliocène d'Anvers.

Radula hians Gmelin sp. (*Ostrea*).

Pl. XI, fig. 7, 8, 9, 10, 11.

1790	*Ostrea hians*	GMELIN *in* LINNÉ, Syst. Nat., édit. XIII, p. 3332.
1817	— — Gmel.	DILLWYN, Descr. Catal., t. I, p. 270.
1819	*Lima lingulata*	LAMARCK, Anim. sans vert., t. VI, 1re part. p. 157.
1826	— *bullata*	PAYRAUDEAU (*non* Turton), Moll. de Corse, p. 70.
1826	— *lævigata*	RISSO, Europe mérid., t. IV, p. 305.
1826	— *tenera*	TURTON (*non* Chemnitz), Zool. Journ., t. II, p. 362, pl. XIII, fig. 2.
1827	— — Turt.	BROWN, Illust. of the Conch. of Gr. Brit. and Ireland, p. 74, pl. XXIII, fig. 8, 9.
1827	— *vitrina*	BROWN, Illust. of the Conch. of Gr. Brit. and Ireland, p. 74, pl. XXIII, fig. 10, 10*, 11, 11*.
1828	— *fragilis*	FLEMING (*non* Chemnitz *nec* Gmelin), British Anim., p. 388.
1836	— —	SCACCHI (*non* Chemnitz, *nec* Gmelin), Catal. Conch. Regni Neap., p. 4.
1836	— *tenera*	PHILIPPI (*non* Chemnitz), Enum. Moll. Sic., t. I, p. 77.
1836	— *lingulata*	LAMARCK, Anim. sans vert., édit. Desh., t. VII, p. 118.
1838	— *linguatula*	MARAVIGNA, Mémoires Hist. nat. Sicile, p. 71.

1838 *Lima inflata*	FORBES (*non* Chemnitz), Malac. Monensis, p. 41.
1844 — *tenera*	PHILIPPI (*non* Chemnitz), Enum. Moll. Sic., t. II, p. 56.
1844 — —	FORBES (*non* Chemnitz), Rep. Æg. Invert., p. 143.
1844 — *bullata*	D'ORBIGNY (*non* Turton) *in* WEBB et BERTHELOT, Moll. des Canaries, p. 101.
1844 — *aperta*	HANLEY, Descr. Catal. of recent Shells, p. 268.
1845 — —	SOWERBY, Thesaurus Conch., p. 87, pl. XXII, fig. 26-29.
1846 — *hians* Gmel.	LOVÉN, Index Moll. Skand., p. 186.
1848 — *tenera*	RÉQUIEN (*non* Chemnitz), Coq. de Corse, p. 31.
1851 — —	PETIT (*non* Chemnitz), Catal. *in* Journ. de Conch., t. II, p. 386.
1853 — *hians* Gmel.	FORBES et HANLEY, Brist. Moll., t. II, p. 268, pl. LII, fig. 3-5; pl. R.
1853 — *bullata*	DOUBLIER (*non* Turton), Moll. du Var *in* Prodr. Hist. nat. du Var, p. 111.
1859 — *hians* Gmel.	SOWERBY, Illust. Ind. British Shells, pl. VIII, fig. 23.
1863 — — —	JEFFREYS, Brit. Conch., t. II, p. 87; t. V, p. 170, pl. XXV, fig. 5.
1865 — — —	CAILLIAUD, Catal. Loire-Inf., p. 118.
1866 — *tenera*	BRUSINA (*non* Chemnitz), Contrib. pella Fauna dei Moll. Dalm., p. 104.
1867 — *hians* Gmel.	WEINKAUFF, Conch. des Mittelm., t. I, p. 243.
1869 — — —	TAPPARONE-CANEFRI, Ind. Sist. Moll. Test. di Spezia, p. 145.
1869 — — —	PETIT, Catal. Test. mar., p. 74.
1870 — *tenera*	ARADAS et BENOIT (*non* Chemnitz), Conch. viv. mar. della Sic., p. 93.
1870 — *hians* Gmel.	HIDALGO, Moll. mar. de España, pl. LVIIB, fig. 11, 12, 13.
1872 — — —	REEVE, Conch. Icon., pl. II, fig. 6.
1878 — — —	G. O. SARS, Moll. Reg. Arct. Norv., p. 23.
1878 — *tenera*	MONTEROSATO (*non* Chemnitz), Enum. e Sinon., p. 5.
1880 — *hians* —	STOSSICH, Prosp. della Fauna del mare Adr., p. 178.
1883 — — —	DANIEL, Faune malac. de Brest *in* Journ. de Conch., t. XXXI, p. 259.
1883 — *tenera*	DAUTZENBERG (*non* Chemnitz), Liste Coq. de Gabès, p. 8.

1884	*Mantellum hians* Gmel.	MONTEROSATO, Nom., Gen. e Spec., p. 7.
1886	*Lima* — —	GRANGER, Moll. de France, p. 49.
1886	— — —	LOCARD, Prodr. de Malac. franc., p. 504.
1886	— *tenera*	LOCARD (*non* Chemnitz), Prodr. de Malac. franc., p. 504.
1887	— *hians* Gmel.	KOBELT, Prodr. Faunæ Moll. Test. maria europ. inhab., p. 442.

Obs. — Cette espèce a été désignée dès 1786 par Schröter (*Einleitung in die Conch.*, t. III, p. 332, pl. IX, fig. 4), sous le nom de *Klaffende Kammuschel.*

Nous avons vu plus haut que Chemnitz a décrit sous le nom de *Lima tenera* une espèce exotique de l'océan Indien. Il est donc impossible de conserver le même nom donné par Turton à la forme atlantique du *R. hians.*

Le nom spécifique *fragilis* Gmelin qui a été adopté par Scacchi, Fleming, Mac Andrew, etc., doit être rejeté, car la coquille décrite sous ce nom par Gmelin est exotique et ne se rencontre que dans l'océan Indien.

Remarquons enfin que le *R. hians* a été mentionné sous le nom de *Lima inflata* par Forbes (*Malac. Monensis*, p. 41) et par Brown.

Diagnose. — Coquille bivalve; diamètre umbono-ventral 25 millim., diamètre antéro-postérieur 16 millim., épaisseur 8 millim., mince, équivalve, inéquilatérale, très comprimée, oblique, subquadrangulaire, bâillante des deux côtés. Côté antérieur court, arrondi, fortement bâillant, surtout vers les oreillettes. Côté postérieur rectiligne, également bâillant; mais avec le maximum d'écartement des valves situé près du bord ventral. Sommets petits, anguleux, proéminents, plus ou moins écartés, suivant l'âge. Oreillettes petites, subégales.

Sculpture extérieure composée de stries d'accroissement concentriques et de nombreuses côtes rayonnantes fines, onduleuses, peu saillantes, qui s'effacent sur les parties latérales des valves. Ces côtes, en nombre variable, sont tantôt subégales, tantôt alternativement plus fortes et plus faibles.

Intérieur des valves peu concave, traversé par des sillons rayonnants faibles. Bords latéraux rectilignes; bord ventral arrondi, très finement denticulé. Aire cardinale triangulaire, un peu épaissie, tripartite, à région centrale trigone, large, occupée par un cartilage brun, épais et à régions latérales petites garnies d'un ligament épais. La charnière présente dans chaque valve, du côté antérieur seulement, une fossette triangulaire très profonde. Impression du muscle adducteur ovales, à peine distinctes, situées antérieurement. Coloration blanche : mate à l'extérieur, luisante à l'intérieur des valves.

Habitat. — Zone des laminaires. Assez abondant à Port-Vendres, Banyuls, etc.

Dispersion. — Méditerranée et Adriatique. Océan Atlantique, depuis les côtes de Norwège, jusqu'aux îles Madères, Canaries et Açores.

Origine. — Dans le miocène, cette espèce n'a été rencontrée jusqu'à présent qu'en Italie et en Autriche, et encore la forme du bassin de Vienne est-elle douteuse. On l'a citée du pliocène de Monte Mario, de la Toscane et de la Calabre. M. de Monterosato l'a recueillie au Monte Pellegrino.

Typ. Oberthür, Rennes—Paris (761 *bis*-88)

Famille PECTINIDÆ Lamarck

La séparation des *Pectinidæ* d'avec les *Ostreidæ* déjà pressentie par plusieurs anciens auteurs, a été définitivement consacrée par Lamarck. Mais les naturalistes ne sont pas tout à fait d'accord sur les limites qu'il convient d'assigner à la famille des *Pectinidæ :* tandis que les uns en détachent les *Radulidæ* (*Limidæ*) et les *Spondylidæ*, d'autres considèrent cette distinction comme superflue. Nous avons indiqué, en parlant de ces deux dernières familles, les raisons qui nous ont engagés à les admettre.

Genre PECTEN (Pline), Belon.

Par la beauté de leurs formes et de leurs couleurs, les coquilles de ce genre ont attiré depuis fort longtemps l'attention des zoologistes. C'est ainsi que le *P. jacobæus* était déjà connu d'Aristote qui l'avait appelé κτείς. Pline a traduit ce mot en latin et le nom de *Pecten* a été ensuite conservé par les auteurs du moyen âge : Scaliger, Belon, Rondelet, Aldrovande.

Belon, en 1553, a figuré le *P. jacobæus* sous le nom de *Pecten auritus* et Rondelet l'a également représenté sous celui de *Pecten de Saint-Jacques*. D'autre part, Lister faisait représenter en 1678 sous le nom de *Pecten maximus* l'espèce qui vit sur nos côtes océaniques.

Le type du genre est donc bien la grande coquille comestible de la Méditerranée connue sous le nom de *P. jacobæus*, et Lamarck a eu raison de le maintenir en 1799. Les genres *Vola* Klein (1753), *Argoderma* Poli (1795), *Janira* Schumacher (1817) et *Neithea* Drouët (1824), établis pour des espèces du même groupe, tombent donc en synonymie.

Linné n'a considéré les *Pecten* que comme une section des *Ostrea*, mais depuis Bruguière, leur distinction a été généralement adoptée.

De nombreuses subdivisions ont été introduites dans le genre *Pecten*, mais nous ne parlerons que de celles qui concernent les espèces du Roussillon.

TABLEAU DES GENRES ET ESPÈCES

Genre **Pecten** Belon................	*P. jacobæus* Linné.
Nov. s.-g. *Peplum* B.D.D...........	*P. clavatus* Poli.
S.-g. *Æquipecten* Fischer......	*P. opercularis* Linné.
— — —	*P. glaber* Linné.
— — —	*P. flexuosus* Poli.
— — —	*P. hyalinus* Poli.
S.-g. *Chlamys* Bolten.........	*P. varius* Linné.
— — —	*P. multistriatus* Poli.
S.-g. *Palliolum* Monterosato....	*P. incomparabilis* Risso.

Pecten jacobæus Linné, sp. (*Ostrea*).

Pl. XII, fig. 1, 2; Pl. XIII, fig. 1, 2, 3, 4, 6, 7 (jeune), 5 (var.).

1758	*Ostrea jacobæa*	LINNÉ, Syst. Nat., édit. X, p. 696.
1764	— —	LINNÉ, Mus. Lud. Ulricæ, p. 522.
1766	— —	LINNÉ, Syst. Nat., édit. XII, p. 1144.
1767	— — L.	PENNANT, Brit. zool., t. IV, p. 100, pl. LX, fig. 62.
1778	— — —	DA COSTA, Brit. Conch., p. 143.
1780	— — —	BORN, Test. Mus. Cæs. Vindob., p. 98.
1784	*Pecten Jacobi*	CHEMNITZ, Conch. Cab., t. VII, p. 273, pl. LX, fig. 588.
1786	*Ostrea jacobæa* L.	SCHRŒTER, Einleitung in die Conchylienk., t. III, p. 299.
1790	— — —	LINNÉ-GMELIN, Syst. Nat., édit. XIII, p. 3316.
1792	— — —	OLIVI, Zool. Adr., p. 118.
1795	— — —	POLI, Test. utr. Sic., t. II, p. **149**, pl. XXVII, fig. 1 à 5.
1803	— — —	DONOVAN, Brit. Shells, t. IV, pl. CXXXVII.
1803	*Pecten jacobæus* —	MONTAGU, Test. Brit., p. 144.
1804	*Ostrea jacobæa* —	MATON et RACKETT, Descr. Catal. *in* Trans. Linn. Soc., t. VIII, p. 97.
1819	*Pecten jacobæus* —	LAMARCK, Anim. sans vert., t. VI, 1re partie, p. 163.
1822	— — —	TURTON, Dithyra brit., p. 207.
1825	— — —	BLAINVILLE, Manuel de Malac., p. 524, pl. LX, fig. 4.

1826 *Pecten jacobæus* L. PAYRAUDEAU, Moll. de Corse, p. 71.
1826 — *jacobeus* — RISSO, Europe mérid., t. IV, p. 298.
1827 — *jacobæus* — BROWN, Illustr. of the Conch. of Gr. Britain and Ireland, p. 71, pl. XXXIII, fig. 5.
1832 — — — DESHAYES, Encycl. méthod., t. III, p. 716, pl. CCIX, fig. 2.
1834 — — — D'ORBIGNY, Moll. des îles Canaries, p. 102.
1836 — — — SCACCHI, Cat. Conch. Regni Neap., p. 1.
1836 — — — PHILIPPI, Enum. Moll. Sic., t. I, p. 78.
1836 — — — LAMARCK, Anim. sans vert., édit. Desh., t. VII, p. 130.
1843-1850 — — — CHENU, Illustr. Conch., pl. V, fig. 1, 2; pl. VI, fig. 1 à 7.
1844 — — — FORBES, Rep. Æg. Invert., p. 146.
1844 — — — POTIEZ et MICHAUD, Galerie de Douai, t. II, p. 88.
1844 — — — PHILIPPI, Enum. Moll. Sic., t. II, p. 56.
1846 — — — VÉRANY, Catal. Invert. mar. di Genova e Nizza, p. 13.
1847 — — — SOWERBY, Thesaurus Conch., t. I, p. 46, pl. XV, fig. 107, 108; pl. XVII, fig. 153.
1848 — — — RÉQUIEN, Coq. de Corse, p. 31.
1851 — — — PETIT, Catal. *in* Journ. Conch., t. II, p. 387.
1852 — — — REEVE, Conch. Icon., pl. X, fig. 39[a], 39[b].
1853 — — — DOUBLIER, Catal. Moll. *in* Prodr. hist. nat. du Var, p. 111.
1855 *Ostrea jacobæa* — HANLEY, Ipsa Linn. Conch., p. 102.
1856 *Pecten jacobæus* — JEFFREYS, Piedm. Coast, p. 25.
1858 — — — GAY, Catal. Moll. du Var *in* Bull. Soc. sc. du Var, p. 202.
1862 — — — WEINKAUFF, Catal. Alg. *in* Journ. Conch., t. X, p. 330.
1865 — — — STOSSICH, Enum. Moll. del Golfo di Trieste, p. 36.
1866 *Vola jacobæa* — BRUSINA, Contrib. pella Fauna Dalm., p. 104.
1867 *Pecten jacobæus* — WEINKAUFF, Conch. des Mittelm., t. I, p. 268.
1869 — — — PETIT, Catal. Test. mar., p. 75.
1869 *Vola jacobæa* — TAPPARONE-CANEFRI, Ind. sist. Moll. Test. di Spezia e del suo Golfo, p. 144.
1870 *Pecten jacobæus* — ARADAS et BENOIT, Test. viv. mar. della Sicilia, p. 102.
1870 — — — HIDALGO, Moluscos marinos, pl. XXXI, fig. 3; pl. XXXII, fig. 1, et pl. XXXII[a], fig. 1, 2.

1872 *Pecten jacobæus* L. Monterosato, Not. int. alle Conch. medit., p. 17.
1878 —(*Vola*) — — Monterosato, Enum. e Sinon., p. 4.
1878 — — — — Issel, Crociera del Violante, p. 42.
1879 — — — Granger, Catal. Moll. Cette, p. 25.
1879 — — — Clément, Catal. Moll. du Gard *in* Études d'hist. nat., p. 67.
1880 *Vola jacobæa* — Stossich, Prospetto della Fauna del Mare Adriatico, p. 177.
1883 *Pecten jacobæus* — Marion, Topographie zoologique du Golfe de Marseille, pp. 70, 80, 86, 106.
1883 — — — G. Dollfus, Catal. Palavas, p. 3.
1886 — — — Granger, Moll. bivalves de France, p. 42.
1886 — — — Locard, Prodr. de Malac. franç., p. 507.
1887 — — — Kobelt, Prodr. Faunæ Moll. test. maria europæa inhabit., p. 433.
1888 — — — Locard, Monogr. du genre Pecten, p. 20.

Obs. — Cette espèce est si bien caractérisée que sa synonymie n'offre aucune difficulté : on n'y rencontre que des variantes dans l'orthographe du nom.

Nous avons figuré comme termes de comparaison, pl. XIV, fig. 1, 2, deux spécimens de la seule espèce européenne qui se rapproche du *P. jacobæus*. Cette espèce est bien connue sous le nom de *P. maximus* Linné; elle diffère principalement de son congénère par sa valve droite, dont les côtes sont arrondies, nullement anguleuses et garnies de cordons rayonnants moins développés, mais plus nombreux. Les espaces intercostaux sont également garnis de cordons rayonnants chez le *P. maximus*. Dans le jeune âge, la distinction des deux espèces est beaucoup plus difficile, car leur forme générale est la même et la sculpture rayonnante ne se développe qu'à une certaine période de la croissance de ces mollusques.

Diagnose. — Coquille, diamètre umbono-ventral 120 millim., diamètre antéro-postérieur 150 millim., épaisseur 33 millim., solide, très inéquivalve, équilatérale, de forme suborbiculaire un peu transverse; bord ventral festonné.

Valve droite, ou inférieure, bien convexe, à sommet anguleux et lisse, garnie ensuite de seize côtes rayonnantes qui deviennent rapidement très saillantes; elles sont alors aplaties à leur partie supérieure et nettement anguleuses de chaque côté; leur surface est garnie de cordons rayonnants au nombre de trois ou quatre, parfois bifides. Les intervalles des côtes, très profonds et à peu près plans, sont un peu moins larges que les côtes elles-mêmes. Oreillettes grandes, subégales, à surface un peu ondulée, garnies de cordons rayonnants irréguliers peu développés et d'un bourrelet supérieur marginal qui dépasse le bord cardinal et qui est interrompu dans la région du sommet. Toute la surface du test est garnie de lamelles d'accroissement concentriques très fines qui passent par-dessus les cordons des côtés; elles sont plus serrées vers le bord ventral de la coquille.

La face interne de la valve droite reproduit en sens contraire la sculpture externe, mais dans son ensemble seulement et non dans ses détails : aux intervalles des côtes rayonnantes externes, correspondent des côtes rayonnantes aplaties, anguleuses sur les côtés, mais complètement lisses; aux côtes externes correspondent des sillons profonds et lisses. Le bord cardinal rectiligne, est muni au centre d'une fossette ligamentaire complètement interne, triangulaire, étroite, et de chaque côté de cinq plis lamelleux dentiformes, rayonnants. Tout l'intérieur de la valve est lisse, assez luisant et moiré dans le voisinage du bord ventral. Impression du muscle adducteur plus ou moins visible, située vers le bord postérieur.

Valve gauche ou supérieure aplatie, à sommet anguleux, lisse et concave, ensuite pourvue de dix-sept côtes rayonnantes saillantes, arrondies, à peine plus étroites que les intervalles qui les séparent. Ces côtes ainsi que leurs intervalles sont traversés par des cordons rayonnants, obsolètes dans la région médiane, mais plus apparents vers les bords latéraux de la valve. Oreillettes subégales, ornées, à leur partie supérieure seulement, de quelques cordons rayonnants. Toute la surface est garnie de lamelles d'accroissement semblables à celles de la valve droite.

La face interne de la valve gauche reproduit la sculpture externe dans les mêmes conditions que la face interne de la valve droite; son bord cardinal est rectiligne, taillé en biseau et présente, de chaque côté de la fossette ligamentaire centrale, quatre plis lamelleux dentiformes. Les oreillettes sont saillantes et présentent deux petites protubérances aux points de jonction avec les bords latéraux. L'impression du muscle adducteur est arrondie, et, ordinairement plus marquée que dans la valve droite.

Lorsque les deux valves sont assemblées, on remarque que le bourrelet des oreillettes de la valve droite dépasse sensiblement le bord cardinal de la valve gauche et que, d'autre part, le bord ventral de la valve droite dépasse aussi celui de la valve gauche.

Dans le jeune âge le *P. jacobæus* possède dans la valve droite un sinus assez faible pour le passage du byssus. Ce sinus devenant inutile lorsque le mollusque cesse de se fixer, ne tarde pas à s'oblitérer; mais on peut toujours en découvrir la trace, même sur les exemplaires très adultes.

Coloration extérieure de la valve droite d'un blanc uniforme; coloration extérieure de la valve gauche d'un rouge brique assez clair avec une tache blanchâtre au sommet; oreillettes blanches, légèrement teintées de rose. Coloration interne des deux valves blanche avec une large zone d'un brun violacé régnant sur la partie supérieure des côtes; bords cardinaux teintés de roux ferrugineux.

Ligament très résistant, fortement adhérent au test, d'une couleur brune très foncée, presque noire.

Variétés. — La forme du *P. jacobæus* ne varie guère que par son contour plus ou moins arrondi ou transverse; sa taille est au contraire assez variable. M. Locard a établi pour ces divers états les variétés ex forma : *major, minor, rotundata.*

La sculpture offre des différences plus notables : les cordons qui garnissent les côtes de la valve droite sont plus ou moins nombreux; ils sont tantôt simples, tantôt bifides. Scacchi a signalé deux variétés de sculpture qui ont été précisées de la manière suivante par M. Locard :

Var. *glabra* Loc. = *radiis glabris* Scacchi. Avec les côtes et les espaces intercostaux de la valve supérieure entièrement glabres.

Var. *striata* Loc. = *radiis striatis* Scacchi. Avec les costulations très obsolètes sur la valve supérieure.

Nous n'avons pas rencontré ces variations qui sont peut-être dues à un état plus ou moins imparfait des spécimens décrits.

Pour la coloration, nous avons considéré comme typique celle qui se rencontre le plus fréquemment. Voici les variétés qui ont été indiquées par les auteurs :

Var. ex col. 1, *alba* Monterosato = *albida* Locard. Avec les deux valves entièrement blanches. Un grand spécimen de cette variété a été représenté par Chenu : *Illustrations conchyliologiques,* pl. V, fig. 1 A, 1 B, 1 C.

Var. ex col. 2, *bicolor* Chenu, *Illustr. conch.*, pl. VI, fig. 3. Valve gauche blanche avec une tache rose au sommet.

Var. ex col. 3, *maculata* Monterosato. Côtes de la valve gauche articulées de maculations brunes (Chenu, *Illustr. conch.*, pl. VI, fig. 2, 4, 5; Hidalgo, pl. XXXII, fig. 1). Nous avons rencontré quelques spécimens ce cette variété sur les côtes du Roussillon et nous en avons figuré un pl. XIII, fig. 5.

Var. ex col. 4, *zonata* Locard =? *rufa* Locard. D'un roux plus ou moins foncé avec quelques zones brunes. Cette coloration a été figurée par Chenu, *Illustr. conch.*, pl. VI, fig. 1.

Var. ex col. 5, *brunea* Locard. Valve gauche d'un brun très foncé, à peine plus claire dans la région apicale; valve droite teintée de rouge au sommet. Cette variété est bien représentée par Chenu, *Illustr. conch.*, pl. V, fig. 2.

Habitat. — Assez abondant sur toute l'étendue du littoral du Roussillon.

Dispersion. — Méditerranée, îles Canaries (d'Orbigny). Le *P. jacobæus* a été indiqué dans la Manche par quelques auteurs; mais ils ont dû attribuer ce nom soit à des exemplaires de provenance douteuse, soit à des spécimens exceptionnellement striés du *P. maximus*, car cet habitat n'a pas été confirmé. Par contre, l'habitat méditerranéen du *P. maximus* est très discutable : la plupart des auteurs qui l'ont signalé dans la Méditerranée, l'ont probablement confondu avec des spécimens jeunes du *P. jacobæus*, à moins qu'ils aient été induits en erreur par des personnes peu dignes de foi. La seule assertion qui puisse faire hésiter à exclure définitivement le *P. maximus* de la faune méditerranéenne, est celle de M. Hidalgo, qui le cite de Minorque. Nous remarquerons toutefois, que cette espèce a vécu authentiquement dans le bassin méditerranéen à l'époque pliocène.

Origine. — Les citations du *P. jacobæus* dans le pliocène d'Italie sont nombreuses. On l'indique à Biot et dans le Roussillon, à Millas et à Banyuls-des-Aspres, ou M. Eug. Pépratx nous dit en avoir rencontré des amas considérables. Enfin, elle a été signalée dans le pliocène de l'Algérie et de la Grèce, puis dans le pleistocène de la Sicile.

M. Mayer l'a citée des couches à congéries du bassin du Rhône et M. Vasseur à la Dixmerie dans la Loire-Inférieure.

Dans le pliocène du Nord, cette espèce est remplacée par de grands *Pecten*, intermédiaires entre le *P. jacobæus* et le *P. maximus*, et qui sont particulièrement abondants dans le crag d'Anvers et de l'Angleterre (*P. complanatus* Sow., *P. Westendorpi* Nyst, etc.).

Dans le miocène de toute l'Europe, le *P. jacobæus* a pour ancêtres une magnifique pléiade de grandes espèces qui constituent un vaste horizon du plus haut intérêt (*P. rotundatus* Lk., etc., depuis la Touraine jusqu'en Perse (Fuchs).

On ne signale aucune forme analogue ni dans l'oligocène ni dans l'éocène européens.

Sous-genre PEPLUM B.D.D. 1889.

Type : *P. clavatus* Poli.

Nous établissons cette section pour le *P. clavatus* qui, par sa forme générale, se rapproche de certains *Chlamys*, par la disposition de ses côtes rayonnantes, ressemble à certains *Æquipecten* (*flexuosus*), tandis que par la conformation de ses valves (valve droite bombée, valve gauche plane) il appartient plutôt au groupe des *Pecten* typiques. La très petite dimension des oreillettes est bien particulière.

Pecten clavatus Poli, sp. (*Ostrea*).

Pl. XVI, fig. 10, 11 (type) ; 12 à 17 (variétés).

1795	*Ostrea clavata*	Poli, Test. utr. Sic., t. II, p. 160, pl. XXVIII, fig. 17.
1795	— *inflexa*	Poli, Test. utr. Sic., t. II, p. 160, pl. XXVIII, fig. 4, 5.
1819	*Pecten inflexus* Poli	Lamarck, Anim. sans vert., t. VI, 1re partie, p. 175.
1826	— *Dumasii*	Payraudeau, Moll. de Corse, p. 75, pl. II, fig. 6, 7.
1826	— *clavatus* Poli	Risso, Europe mérid., t. IV, p. 297.
1826	— *inflexus* Poli	Risso, Europe mérid., t. IV, p. 302.
1836	— — —	Scacchi, Catal. Conch. Regni Neap., p. 3.
1836	— *adspersus*	Philippi (*non* Lamarck), Enum. Moll. Sic., t. I, p. 82.
1836	— *inflexus* Poli	Lamarck, Anim. sans vert., édit. Desh., t. VII, p. 144.
1838	— *adspersus*	Maravigna (*non* Lamarck), Mem. Sic., p. 71.
1843-1850	— *clavatus* Poli	Chenu, Illustr. Conch., pl. XXXI, fig. 7, 7a, 8, 8a, 8b, 9, 9a, 9b.
1844	— *aspersus* (*sic*)	Philippi (*non* Lamarck), Enum. Moll. Sic., t. II, p. 57.
1844	— — —	Potiez et Michaud, Galerie de Douai, t. II, p. 70.
1844	— *Dumasii* Payr.	Forbes, Rep. Æg. Inv., p. 146.
1846	— *adspersus*	Vérany (*non* Lamarck), Catal. Invert. mar. di Genova e Nizza, p. 13.
1847	— *clavatus* Poli	Sowerby, Thesaurus Conch., p. 47, pl. XII, fig. 14, 15.
1848	— *inflexus* Poli	Réquien, Coq. de Corse, p. 32.
1851	— — —	Petit, Catal. *in* Journ. Conch., t. II, p. 389.
1852	— *clavatus* Poli	Reeve, Conch. Icon., pl. IV, fig. 18.
1856	— *danicus*	Jeffreys (*non* Chemnitz), Piedm. Coast, p. 25.
1858	— *pes-lutræ* (Lin.?)	Gay, Catal. Moll. *in* Bull. Soc. sc. du Var, p. 207.
1863	— *septemradiatus* Müll. var. *Dumasii* Payr.	Jeffreys, Brit. Conch., t. II, p. 63; t. V, p. 166, pl. XXIII, fig. 1a.
1865	— *inflexus* Poli	Stossich, Enum. Moll. del Golfo di Trieste, p. 36.

1865	*Pecten plica*	STOSSICH (*non* Linné, *nec* Poli), Enum. Moll. del Golfo di Trieste, p. 36.
1866	— *adspersus*	BRUSINA (*non* Lamarck), Contrib. pella Fauna Dalm., p. 103.
1867	— *septemradiatus*	WEINKAUFF *ex parte* (*non* Müller), Conch. des Mittelm., t. I, p. 260.
1869	— *inflexus* Poli	PETIT, Catal. Test. mar., p. 77 (excl. syn. *7-radiatus* et *aspersus*).
1870	— — —	ARADAS et BENOIT, Conch. viv. mar. della Sic., p. 97, pl. III, fig. 5.
1870	— — —	HIDALGO, Moluscos mar., pl. XXXI, fig. 4, 5, 6.
1878	— — —	MONTEROSATO, Enum. e Sinon., p. 4.
1879	— *pes lutræ* (Lin. ?)	CLÉMENT, Catal. Moll. du Gard *in* Études d'hist. nat., p. 69.
1880	— *adspersus*	STOSSICH (*non* Lamarck), Prosp. della Fauna del Mare Adriatico, p. 174.
1883	— *inflexus* Poli.	MARION, Consid. sur les Faunes profondes, pp. 28, 32, 44, 46.
1886	— — —	GRANGER, Moll. biv. de France, p. 46.
1886	— — —	LOCARD, Prodr. de Malac. franc., p. 513.
1888	— — —	KOBELT, Prodr. Faunæ Moll. Test. Maria europæa inhab., p. 434.
1888	— *clavatus* Poli	LOCARD, Monogr., genre Pecten, p. 99.

Obs. — L'identité des *Pecten clavatus* et *inflexus* de Poli, n'est pas douteuse : le premier est l'état jeune à bord ventral non infléchi, le second est la forme adulte à bord ventral infléchi, mais c'est bien la même espèce.

D'accord avec M. Locard nous adoptons le nom de *clavatus* de préférence à celui d'*inflexus*, afin d'éviter une confusion avec la variété pyxoïde du *P. flexuosus*, qui a été nommée *P. inflexus* par Payraudeau et quelques autres naturalistes.

Plusieurs auteurs (Petit, Weinkauff, etc.) ont confondu le *P. clavatus* avec une espèce du Nord de l'Europe, *P. septemradiatus* Müller qui en est pourtant bien distincte. Le *P. septemradiatus* est plus grand, plus mince, plus arrondi, plus équivalve que le *P. clavatus;* son bord ventral n'est jamais infléchi, ses oreillettes sont plus grandes et subégales, ses plis rayonnants au nombre de cinq ou sept présentent ordinairement une carène médiane. Ces caractères sont trop importants et trop constants pour qu'il soit rationnel de réunir les deux espèces. MM. Aradas et Benoît, dans leur travail sur les Mollusques de la Sicile, ont représenté (pl. III), en regard l'un de l'autre, le *P. clavatus* (fig. 5) et le *P. septemradiatus* (fig. 4), et ils ont bien fait ressortir (p. 97 et suiv.) les différences qui existent entre eux.

Le *P. aspersus* Lamarck (*Anim. sans vert.*, t. VI, 1re partie, p. 167) qui a été établi sur la figure 6 de la planche CCXII de l'*Encyclopédie*, doit être rapporté au *P. septemradiatus* et non pas au *P. clavatus* comme l'ont fait certains naturalistes.

L'*Ostrea pes-lutræ* Linné (*Mantissa*) est une coquille fort douteuse et aurait été établie, d'après l'opinion de Hanley, sur des exemplaires du *P. septemradiatus* mutilés de leurs oreillettes.

Diagnose. — Coquille, diamètre umbono-ventral 24 millim., diamètre antéro-postérieur 24 millim., épaisseur 5 millim. 1/2, assez solide, très inéquivalve, presque équilatérale, de forme ovale rétrécie au sommet, renflée à la base où le bord ventral est fortement infléchi.

Valve droite très convexe, garnie de six côtes rayonnantes; les deux médianes arrondies, bien saillantes et plus larges que les intervalles, les deux suivantes un peu plus faibles, les deux extrêmes étroites et peu apparentes. Des cordons rayonnants étroits ornent le test dans le voisinage du sommet; ils s'oblitèrent ensuite et apparaissent de nouveau vers le bord ventral dont la partie infléchie est régulièrement costulée et finement denticulée au bord. Les stries d'accroissement sont fines et nombreuses, mais on ne les distingue que difficilement à l'œil nu. Oreillettes très petites, inégales : la postérieure triangulaire à contour externe flexueux, traversée par des stries d'accroissement, ainsi que par deux ou trois plis rayonnants obsolètes; l'antérieure plus grande, triangulaire à contour externe presque droit, sans sinus apparent, est pourvue de cinq ou six côtes rayonnantes imbriquées. Bourrelet cardinal peu développé, un peu squameux.

Face interne de la valve droite bien concave, lisse et luisante, reproduisant à rebours les reliefs et les creux de l'extérieur. Bord cardinal étroit, rectiligne, muni d'une fossette ligamentaire triangulaire, accompagnée de chaque côté d'un petit dentelon. Bords latéraux simples, bord ventral finement crénelé.

Valve gauche presque plane, à bord ventral infléchi; surface garnie de cinq côtes rayonnantes claviformes plus étroites que les intervalles, un peu anguleuses près du sommet, ensuite bien arrondies. Les trois côtes médianes sont fortes et très saillantes, les deux extrêmes un peu plus faibles. Les cordons rayonnants et les stries d'accroissement sont les mêmes sur cette valve que sur la valve droite. Oreillettes semblables à celles de la valve droite.

Face interne de la valve gauche semblable à celle de la valve droite; bord cardinal rectiligne, muni d'une fossette ligamentaire triangulaire, accompagnée de chaque côté d'une petite dépression correspondante aux dentelons de la valve droite.

Coloration externe de la valve droite d'un blanc jaunâtre, parsemé dans la région du sommet, de petites maculations roses. Coloration externe de la valve gauche d'un rouge brique assez intense, finement ponctué de blanc dans toute son étendue. Coloration interne de la valve droite blanche, à peine lavée de rose. Coloration interne de la valve gauche d'un rose violacé clair.

Variétés. — La forme du *P. clavatus* varie beaucoup : chez les exemplaires jeunes, le bord ventral ne présente aucune trace d'inflexion; chez les adultes, tantôt ce même état persiste, tantôt le bord ventral s'infléchit, se renfle plus ou moins et arrive parfois à donner à la coquille un aspect pyxoïde très prononcé. La sculpture offre aussi des différences considérables : alors que le type ne possède que des cordons rayonnants faibles qui s'oblitèrent sur la partie médiane des valves, on rencontre également des exemplaires dont toute la surface est traversée par des costules rayonnantes bien développées et imbriquées dans les espaces intercostaux.

Var. ex forma 1, *inflexa* Poli = *fimbriata* Locard. Forme pyxoïde à bord ventral renflé et infléchi. Cette variété que nous figurons pl. XVI, fig. 12 à 15, se rencontre aussi fréquemment que la forme typique.

Var. ex forma 2, *Dumasi* Payr. = *costulata* Locard = *imbricata* Locard. Dans cette variété, les costules rayonnantes couvrent toute la surface et sont plus ou moins imbriquées (voir nos figures 16 et 17, pl. XVI).

Var. ex forma 3, *depressa* Locard. Forme déprimée, avec la valve gauche très plane, paraissant même un peu concave à l'extérieur.

Var. ex forma 4, *inflata* Locard. Avec la valve gauche bombée dans le voisinage du sommet.

Var. ex forma 5, *major* Locard.

Var. ex forma 6, *minor* Locard.

Var. ex colore 1, *marmorata* Monterosato = *fulgurata* Locard. Valve gauche irrégulièrement ornée de flammules ou de taches blanches souvent bordées de rouge foncé.

Var. ex colore 2, *grisea* Locard. Valve gauche d'un gris rosé passant au rouge sombre sur les bords, le tout plus ou moins ponctué de rose clair ou de blanc. Nous rattachons à cette variété un exemplaire dragué dans le golfe de Gascogne par S. A. le prince Albert de Monaco, et dont la valve gauche présente des linéoles blanches disposées en zigzags et bordées de rose sur un fond gris clair uniforme.

Var. ex colore 3, *albida* Monterosato. Avec les deux valves complètement blanches.

Var. ex colore 4, *zonata* Locard. Valve gauche rouge, avec des zones concentriques plus foncées.

Habitat. — Très rare à Port-Vendres.

Dispersion. — Méditerranée et Adriatique; océan Atlantique sur les côtes du Portugal, dans le golfe de Gascogne, ainsi que dans les mers qui baignent l'Angleterre, l'Écosse, les Hébrides et les Shetland.

Cette espèce a été draguée en grand nombre dans le golfe de Gascogne par le prince de Monaco, et nous remarquons que la plupart des exemplaires de cette provenance sont pourvus de costules rayonnantes très saillantes et souvent imbriquées (var. *Dumasi* Payr.), tandis que dans la Méditerranée c'est la forme à sculpture obsolète qui prédomine. Nos figures 10 à 16 représentent des spécimens méditerranéens, celle nº 17 un échantillon dragué dans le golfe de Gasgogne.

Origine. — On a signalé le *P. clavatus* dans le pliocène de Biot (France) et de divers gisements italiens : Castelarquato, Reggio, etc., puis dans le postpliocène de Sicile. C'est à tort que Hœrnes a compris cette espèce dans la synonymie du *P. septemradiatus* Müller. On peut supposer que si cette espèce est aussi peu connue à l'état fossile, c'est parce qu'elle a été confondue par bien des paléontologues avec d'autres formes plus ou moins voisines.

Sous-genre ÆQUIPECTEN Fischer, 1886.

Type : *P. opercularis* Linné. M. le docteur P. Fischer a établi cette section pour des coquilles un peu inéquivalves et de forme plus arrondie que les *Chlamys*.

Pecten opercularis Linné, sp. (*Ostrea*).

Pl. XVII, fig. 1 à 8 (var.); pl. XVIII, fig. 1 (type), fig. 2 à 8 (var.).

1766	*Ostrea opercularis*	LINNÉ, Syst. Nat., édit. XII, p. 1147.
1767	*Pecten subrufus*	PENNANT, Brit. Zool., t. IV, p. 186, pl. LX, fig. 63.
1778	— *pictus*	DA COSTA (*non* Sowerby), Brit. Conch., p. 144, pl. IX, fig. 1, 2, 4, 5.
1778	— *lineatus*	DA COSTA, Brit. Conch., p. 147, pl. X, fig. 8.
1780	*Ostrea opercularis* L.	BORN, Test. Mus. Cæs. Vindob., p. 106.

1784	*Pecten opercularis* L.	CHEMNITZ, Conch. Cab., t. VII, p. 341, pl. LXVII, fig. 646.
1786	*Ostrea* — —	SCHRŒTER, Einleit. in die Conchylienk., t. III, p. 317, pl. IX, fig. 3.
1790	— — —	LINNÉ-GMELIN, Syst. Nat., éd. XIII, p. 3325.
1790	— *elegans*	GMELIN *in* LINNÉ, Syst. Naturæ, éd. XIII, p. 3319.
1790	— *versicolor*	GMELIN *in* LINNÉ, Syst. Naturæ, édit. XIII, p. 3319 (*non* p. 3331).
1790	— *dubia*	GMELIN *in* LINNÉ, Syst. Naturæ, édit. XIII, p. 3319.
1790	— *radiata*	GMELIN *in* LINNÉ, Syst. Naturæ, édit. XIII, p. 3320.
1790	— *regia*	GMELIN *in* LINNÉ, Syst. Naturæ, édit. XIII, p. 3331.
1795	— *sanguinea*	POLI (*non* Linné), Test. utr. Sic., t. II, p. 161, pl. XXVIII, fig. 7, 8.
1803	— *subrufa* Penn.	DONOVAN, Brit. Shells, t. I, pl. XII.
1803	— *lineata* da C.	DONOVAN, British Shells, t. IV, pl. CXVI.
1803	*Pecten opercularis* L.	MONTAGU, Test. Brit., p. 145.
1803	— *lineatus* da C.	MONTAGU, Test. Brit., p. 147.
1804	*Ostrea opercularis* L.	MATON et RACKETT, Descr. Catal. *in* Trans. Linn. Soc., t. VIII, p. 98.
1804	— *lineata* da C.	MATON et RACKETT, Descr. Catal. *in* Trans. Linn. Soc., t. VIII, p. 99.
1819	*Pecten opercularis* L.	LAMARCK, Anim. sans vert., t. VI, Ire partie, p. 172.
1819	— *lineatus* da C.	LAMARCK, Anim. sans vert., t. VI, Ire partie, p. 172.
1822	— *opercularis* L.	TURTON, Dithyra Brit., p. 209.
1822	— *subrufus* Penn.	TURTON, Dithyra Brit., p. 210, pl. XVII, fig. 1.
1826	— *opercularis* L.	PAYRAUDEAU, Moll. de Corse, p. 77.
1826	— *Audouinii*	PAYRAUDEAU, Moll. de Corse, p. 77, pl. II, fig. 8, 9.
1826	— *opercularis* L.	RISSO, Europe mérid., t. IV, p. 303.
1826	— *sanguineus* Poli	RISSO (*non* Linné), Europe mérid., t. IV, p. 303.
1827	— *opercularis* L.	BROWN, Illustr. Conch. of Gr. Brit. and Ireland, p. 71, pl. XXXIII, fig. 1, 2.
1832	— — —	DESHAYES, Encycl. méthod., t. III, p. 723, pl. CCXII, fig. 2, 3.
1832	— *lineatus* da C.	DESHAYES, Encycl. méthod., t. III, p. 723.

1836	*Pecten sanguineus* Poli	SCACCHI (*non* Linné), Catal. Conch. Regni Neap., p. 3.
1836	— *opercularis* L.	PHILIPPI, Enum. Moll. Sic., t. I, p. 82, pl. VI, fig. 2 A, B, C.
1836	— — —	LAMARCK, Anim. s. vert., éd. Desh., t. VII, p. 142.
1836	— *lineatus* da C.	LAMARCK, Anim. s. vert., éd. Desh., t. VII, p. 143.
1843-1850	— *opercularis* L.	CHENU, Illustr. Conch., pl. XLVIII, fig. 3.
1843-1850	— *lineatus* da C.	CHENU, Illustr. Conch., pl. XXX, fig. 2.
1844	— *opercularis* L.	POTIEZ et MICHAUD, Galerie de Douai, t. II, p. 85.
1844	— *lineatus* da C.	POTIEZ et MICHAUD, Galerie de Douai, t. II, p. 87.
1844	— *Auduini* (*sic*) Payr.	POTIEZ et MICHAUD, Galerie de Douai, t. II, p. 70.
1844	— *opercularis* L.	FORBES, Rep. Æg. Invert., p. 146.
1844	— — —	PHILIPPI, Enum. Moll. Sic., t. II, p. 57.
1846	— — —	VÉRANY, Catal. Invert. mar. di Genova e Nizza, p. 13.
1847	— — —	SOWERBY, Thesaurus Conch., t. I, p. 53, pl. XVII, fig. 141, 146.
1847	— *exasperatus*	SOWERBY, Thesaurus Conch., t. I, pl. XVIII, fig. 183, 185.
1847	— *subrufus* Penn.	SOWERBY, Thesaurus Conch., t. I, pl. XIX, fig. 208, 210.
1848	— *opercularis* L.	RÉQUIEN, Coq. de Corse, p. 31.
1848	— *Audouini* Payr.	RÉQUIEN, Coq. de Corse, p. 32.
1848	— *opercularis* L.	FORBES et HANLEY, Brit. Moll., t. II, p. 299, pl. L, fig. 3; pl. LI, fig. 5, 6; pl. LIII, fig. 7.
1848	— *lineatus* da C.	FORBES et HANLEY, Brit. Moll., t. II, pl. LI, fig. 5.
1848	— *Audouini* Payr.	FORBES et HANLEY, Brit. Moll., t. II, pl. XLI, fig. 5.
1851	— *opercularis* L.	PETIT, Catal. *in* Journ. Conch., t. II, p. 388.
1851	— *lineatus* da C.	PETIT, Catal. *in* Journ. Conch., t. II, p. 388.
1851	— *Audouini* Payr.	PETIT, Catal. *in* Journ. Conch., t. II, p. 388.
1852	— *subrufus* Penn.	REEVE, Conch. Icon., pl. X, fig. 40 A, B.
1853	— *opercularis* L.	REEVE, Conch. Icon., pl. XV, fig. 54.

1853	*Pecten daucus*	Reeve, Conch. Icon., pl. XXXIV, fig. 163.
1853	— *Audouini* Payr.	Doublier, Catal. Moll. *in* Prodr. hist. nat. du Var, p. 112.
1855	*Ostrea opercularis* L.	Hanley, Ipsa Linn. Conch., p. 110.
1856	*Pecten* — —	Jeffreys, Piedm. Coast, p. 25.
1858	— — —	Gay, Catal. Moll. *in* Bull. Soc. sc. du Var, p. 205.
1859	— — —	Sowerby, Illustr. Ind. Brit. Sh., pl. IX, fig. 5 à 7.
1859	— *Audouini* Payr.	Sowerby, Illustr. Ind. Brit. Sh., pl. IX, fig. 8.
1863, 1869	— *opercularis* L.	Jeffreys, Brit. Conch., t. II, p. 59; t. V, p. 166, pl. XXII, fig. 3, 3 a.
1865	— — —	Fischer, Gironde *in* Actes Soc. linn. Bord., p. 62.
1866	— — —	Brusina, Contr. pella Fauna Dalm., p. 103.
1867	— — —	Weinkauff, Conch. des Mittelm., t. I, p. 252.
1869	— — —	Petit, Catal. Test. mar., p. 76.
1869	— *Audouini* Payr.	Petit, Catal. Test. mar., p. 76.
1870	— *opercularis* L.	Aradas et Benoit, Conch. viv. mar. della Sic., p. 95.
1870	— *Audovinii (sic)* Payr.	Aradas et Benoit, Conch. viv. mar. della Sic., p. 96.
1870	— *opercularis* L.	Hidalgo, Mol. mar., pl. XXXV a, fig. 3, 4; pl. XXXVI, fig. 1 à 5.
1878	— — —	Monterosato, Enum. e Sinon., p. 4.
1878	— — —	Issel, Crociera del Violante, p. 42.
1878	— — —	Fischer, Brachiop. et Moll. du litt. océanique de France, p. 11.
1879	— — —	Granger, Moll. de Cette, p. 25.
1879	— — —	Clément, Catal. Moll. du Gard *in* Études d'hist. nat., p. 68.
1879	— *Audouini* Payr.	Clément, Catal. Moll. du Gard *in* Études d'hist. nat., p. 68.
1880	— *opercularis* L.	Stossich, Prosp. della Fauna del Mare Adriatico, p. 175.
1883	— — —	Marion, Topog. zool. du Golfe de Marseille, pp. 80, 86, 96, 98, 106.
1883	— — —	Marion, Consid. sur les Faunes profondes, pp. 17, 28, 44.
1885	— — —	de Gregorio, Studi su talune Conch. medit., p. 184.
1886	*Chlamys (Æquipecten) opercularis* L.	Fischer, Manuel de Conch., p. 944.

1886	*Pecten opercularis* L.	Locard, Prodr. de Malac. franç., pp. 508, 603.
1886	— *Audouini* Payr.	Locard, Prodr. de Malac. franç., pp. 509, 603.
1886	— *lineatus* da C.	Locard, Prodr. de Malac. franç., pp. 509, 603.
1886	— *opercularis* L.	Granger, Moll. biv. de France, p. 44.
1888	— — —	Kobelt, Prodr. Faunæ Moll. test. maria europæa inhab., p. 435.
1888	— — —	Locard, Monogr. genre *Pecten*, p. 49.

Obs. — L'*Ostrea sanguinea* de Linné est une espèce qui n'a pu être identifiée d'une manière tout à fait satisfaisante. Cependant, comme l'a démontré Hanley, ce nom s'applique très probablement à une coquille de l'océan Indien, décrite depuis par Chemnitz sous le nom de *P. senator*. C'est donc à tort que Poli a appliqué le nom d'*O. sanguinea* à la forme méditerranéenne du *P. opercularis*.

Gmelin n'a pas donné moins de six noms différents à de simples variétés de la présente espèce. Dans ce nombre figure un *Ostrea versicolor* (p. 3319), alors que plus loin (p. 3331) le même nom est attribué à une variété du *P. varius*.

Il ne nous semble pas douteux que le *P. daucus* de Reeve, indiqué comme provenant de Corfou, soit une des nombreuses formes du *P. opercularis*.

Pendant longtemps, les naturalistes ont admis comme espèces distinctes certaines variations de forme ou de coloration que l'on s'accorde presque généralement aujourd'hui à rattacher au *P. opercularis*. Nous avons été particulièrement heureux de voir que M. Locard, dans sa Monographie des espèces françaises du genre *Pecten*, après avoir étudié un grand nombre d'échantillons de toutes provenances, déclare se rallier à cette manière de voir.

Diagnose. — Coquille, diamètre umbono-ventral, 60 millim.; diam. antéro-post., 60 millim.; épaisseur, 20 millim., assez mince, subéquivalve, presque équilatérale, de forme régulièrement arrondie; bord ventral festonné.

Valve droite un peu moins convexe que la gauche, à sommet aigu, garnie de vingt côtes rayonnantes arrondies, à peine plus larges que leurs intervalles. La surface de la coquille est, en outre, traversée par de nombreux cordons rayonnants et par des lamelles d'accroissement fines et serrées qui, par leur entrecroisement, composent une réticulation très délicate, plus visible dans les espaces intercostaux. Oreillettes assez grandes, subégales. Oreillette postérieure obliquement tronquée, garnie de cordons rayonnants nombreux, inégaux. Oreillette antérieure à échancrure byssale assez profonde, denticulée à la base et munie de quatre ou cinq cordons rayonnants plus saillants que ceux de l'oreillette postérieure. Bourrelet cardinal squameux, saillant, interrompu par le sommet de la coquille.

Face interne de la valve droite lisse et luisante, traversée par des côtes rayonnantes qui correspondent aux espaces intercostaux de l'extérieur. Bord cardinal rectiligne, muni au centre d'une fossette ligamentaire assez large, triangulaire, et, de chaque côté, de deux plis rayonnants obsolètes. Lorsqu'on examine l'aire cardinale sous un grossissement un peu fort, on remarque qu'elle est très finement striée, perpendiculairement, par rapport au bord cardinal. Impression du muscle adducteur plus ou moins marquée, arrondie, située vers le bord postérieur.

Valve gauche plus convexe que la valve droite, à sculpture semblable, mais un peu plus saillante. Oreillettes subégales, garnies toutes deux de cordons rayonnants nombreux, inégaux; la postérieure est obliquement tronquée; le contour externe de l'antérieure est légèrement sinueux.

Face interne de la valve gauche semblable à celle de la valve droite, avec deux petits dentelons à la base des oreillettes. L'aire cardinale ne porte qu'un pli au lieu de deux. L'impression du muscle adducteur est arrondie, bien marquée.

Colorat. .n extrêmement variable; mais toujours plus vive sur la valve gauche que sur la droite. Nous prenons pour type celle de notre figure 1 (pl. XVIII), qui consiste, sur la valve gauche, en nombreuses linéoles et maculations rougeâtres, disposées en zones concentriques indistinctes sur un fond blanc. La valve de droite est colorée de même, mais en teintes plus claires et le dessin s'efface sur une grande partie de la surface. Face interne des valves blanche et luisante, teintée de brun roux du côté postérieur et sur l'aire cardinale.

Variétés. — Nous avons cherché à reconnaître la forme typique du *P. opercularis*. Malheureusement, la diagnose de Linné peut s'appliquer indifféremment à toutes les formes de cette espèce. Hanley ne nous apprend pas grand'chose, car les références qu'il cite comme ayant été ajoutées par le fils de Linné, ne sont pas assez caractérisées.

Les premières bonnes figurations sont celles données par da Costa sous le nom de *Pecten pictus*. La fig. 646 (pl. LXVII) de Chemnitz, indiquée par Gmelin, est aussi très satisfaisante. Ces figures se rapportent toutes à la forme qui vit le plus communément dans la Manche et dans l'océan Atlantique; nous pensons donc que les auteurs modernes ont eu raison de la choisir pour type.

Bien que la réunion des formes méditerranéennes à celles de l'Océan ne fasse point de doute, nous croyons utile, afin de ne pas augmenter la confusion, de séparer en deux groupes les variétés qui se rattachent au type océanique et celles qui dépendent de la forme méditerranéenne (*P. Audouini*).

A — *Variétés de l'Océan.*

Var. ex forma 1, *tumida* Jeffreys (*Brit. Conch.*, t. II, p. 60). Valves plus renflées que dans la forme typique.

Var. ex forma 2, *elongata* Jeffreys (*Brit. Conch.*, t. II, p. 60). Voir notre pl. XVIII, fig. 4, 5. De petite taille et de forme plus haute que large. C'est surtout à l'état jeune que le *P. opercularis* affecte cette forme allongée. Nous avons pu l'étudier sur de nombreux spécimens qui nous ont été envoyés du Croisic par M. Nicollon : elle présente souvent des imbrications assez fortes, mais qui n'atteignent jamais le même degré de développement que celles de la variété *Audouini*.

Var. ex forma 3, *aspera* nov. var. (voir notre pl. XVIII, fig. 3). Avec la surface des deux valves régulièrement couverte de costulations rayonnantes serrées, coupées par des stries d'accroissement lamelleuses très fines et nombreuses. L'exemplaire figuré sur lequel nous basons cette variété a été recueilli à Dieppe.

Var. ex colore 1, *lineata* da Costa (voir notre pl. XVIII, fig. 7, 8). Valve droite entièrement blanche, valve gauche également blanche, mais avec une linéole rouge au milieu de chaque côte rayonnante.

Var. ex colore 2, *Nicolloni* nov. var. Semblable à la var. *lineata*, mais avec le fond des deux valves d'une belle coloration jaune orangé.

Var. ex colore 3, *marmorata* Locard (voir notre pl. XVIII, fig. 6). Avec les deux valves ornées de taches ou de flammules blanches sur un fond rougeâtre.

Var. ex colore 4, *bicolor* Locard. Ornée sur les deux valves de zones concentriques d'un rouge vermillon qui se détachent sur le fond blanc du test. Nous avons recueilli cette variété à Dieppe, au Tréport, etc. L'exemplaire figuré pl. XVIII, fig. 2, provient de Dieppe. M. Locard comprend sous la même dénomination des spécimens colorés de rose et rouge foncé, jaune et noir, rose et violet.

Var. ex colore 5, *radiata* Locard. Rouge, avec des rayons divergents blancs bien limités.

Var. ex colore 6, *tricolor* nov. var. Diversement marbré de blanc et de rouge, avec trois ou cinq des côtes rayonnantes teintées de jaune. Croisic (Nicollon), etc.

Var. ex colore 7, *concolor* nov. var. D'une coloration uniforme rouge, rose carnéolé, jaune, jaune orangé, etc.

Var. ex colore 8, *albida* Locard. Avec les deux valves entièrement blanches.

B — *Variétés de la Méditerranée.*

Pl. XVII, fig. 1 à 8.

Var. ex forma 1, *Audouini* Payraudeau = *sanguinea* Poli (*non* Linné). Cette variété est de beaucoup la plus importante : c'est la forme que l'on rencontre habituellement dans la Méditerranée. Elle est plus oblique que la forme de l'Océan et possède une sculpture rayonnante très squameuse. Dans le jeune âge, chacune des côtes rayonnantes ne porte qu'une série médiane de squamules imbriquées, et les espaces intercostaux sont garnis de lignes d'accroissement lamelleuses. Un peu plus tard, deux autres rangées de squamules apparaissent sur les bords latéraux des côtes, de chaque côté de la série médiane, et les intervalles sont presque entièrement lisses. Ensuite, à mesure que la coquille se développe, on voit surgir dans chacun des espaces intercostaux d'abord deux, puis trois, quatre et jusqu'à sept ou huit cordons rayonnants imbriqués. Il résulte de ce mode de développement que si l'on compare des individus plus ou moins jeunes à d'autres plus adultes, il semble tout d'abord que l'on se trouve en présence de formes très différentes.

Var. ex forma 2, *transversa* Clément. Très oblique, avec la région postérieure sensiblement plus développée que l'antérieure. Nous avons figuré pl. XVII, fig. 1, 2, deux exemplaires qui appartiennent à cette variété et qui ont été recueillis sur les côtes du Roussillon.

Var. ex forma 3, *undulata* Locard. « Avec les costules longitudinales plus saillantes et les stries décurrentes réduites à l'état de simples linéoles. »

Var. ex forma 4, *lamellosa* nov. var. Avec les stries d'accroissement lamelleuses très prononcées et continues (Port-Vendres).

Var. ex colore 1, *lutea* Scacchi. D'un beau jaune d'or, avec les bords latéraux teintés de rouge et ornés de linéoles blanchâtres, divergentes (Adriatique).

Var. ex colore 2, *sanguinea* Scacchi (*non* Poli *nec* Linné). D'un rouge sanguin uniforme.

Var. ex colore 3, *violacea* Scacchi. D'un brun violacé monochrome ou orné de petites maculations blanchâtres et de zones concentriques d'un brun foncé. Nos fig. 5 et 7 appartiennent à cette variété de coloration.

La var. ex colore *versicolor* Scacchi peut être considérée comme la coloration typique de la var. *Audouini :* elle est diversement marbrée ou tachetée de rouge et de blanc.

Habitat. — Commun sur toute l'étendue du littoral roussillonnais. Nous possédons un exemplaire typique recueilli à Port-Vendres; mais c'est là une exception et la forme ordinaire est la var. *Audouini* avec ses sous-variétés *transversa* et *lamellosa.*

Dispersion. — Le *P. opercularis* est très abondant dans la Méditerranée et l'Adriatique sous la forme *Audouini;* la forme typique est au contraire très répandue dans l'Océan, depuis le détroit de Gibraltar jusqu'en Norwège, ainsi qu'aux îles Madère, Canaries et Açores.

Origine. — Le *P. opercularis*, passant par le pleistocène, provient du pliocène où il est répandu sur une vaste étendue; dans la vallée du Rhône, les Alpes-Maritimes; en Italie, depuis Gênes jusqu'à Rome, Reggio et la Sicile; en Grèce, dans l'Archipel; en Algérie. Au nord, on en rencontre diverses variétés dans le crag d'Anvers, d'Angleterre, du Cornwall, du Cotentin et de la Loire-Inférieure.

Les citations du miocène sont assez nombreuses en France, en Suisse et en Italie; mais elles sont peut-être contestables. Le *P. opercularis* avait pour représentants à cette époque géologique les *P. pavonaceus* Font., *P. suezensis* Font., *P. Malvinæ* Dubois, *P. Valenciennesi* Mich., *P. macrotis* Sow., etc., qui demanderaient une étude comparative approfondie.

Il existe dans l'éocène diverses espèces de forme analogue, mais de dimensions plus réduites.

Pecten glaber Linné sp. (**Ostrea**).

Pl. XIX, fig. 1, 2 (type), 3, 4, 5, 6 (var.); pl. XX, fig. 1, 2, 3 (var.).

1766	— A. 1 —	*Ostrea glabra*	Linné, Syst. Nat., édit. XII, p. 1146.
1780	A. 3	— — Lin.	Born, Test. Mus. Cæs. Vindob., p. 105.
1780	B. 5	— *maculata*	Born, Test. Mus. Cæs. Vindob., p. 105.
1780	C. 5	— *sulcata*	Born, Test. Mus. Cæs. Vindob., p. 103, pl. VI, fig. 3.
1784	C. 5	*Pecten glaber* Lin.	Chemnitz, Conch. Cab., t. VII, p. 338, pl. LXVII, fig. 641, 644 et 645 (*tantum*).
1784	C. 3	— *solaris*	Chemnitz (*non* Born), Conch. Cab., t. VII, p. 336, pl. LXVII, fig. 638 (*tantum*).
1790	S.L.	*Ostrea glabra*	Linné-Gmelin, Syst. Nat., édit. XIII, p. 3324.
1792	A. 1	— — Lin.	Olivi, Zool. Adr., p. 119.
1795	A. 3	— *citrina*	Poli, Test. utr. Sic., t. II, p. 158, pl. XXVIII, fig. 15.
1795	B.	— *rustica*	Poli, Test. utr. Sic., t. II, p. 158, pl. XXVIII, fig. 13.
1795		— *nebulosa*	Poli, Test. utr. Sic., t. II, p. 159, pl. XXVIII, fig. 12.

1819	C. 5	*Pecten sulcatus*	LAMARCK, Anim. sans vert., t. VI, Ire partie, p. 168.
1819	A. 2	— *virgo*	LAMARCK, *ibid.*, p. 118.
1819	A. 1, 3	— *unicolor*	LAMARCK, *ibid.*, p. 169.
1819	C. 5	— *griseus*	LAMARCK, *ibid.*, p. 169.
1819	B. 5	— *distans*	LAMARCK, *ibid.*, p. 169.
1826	B. 5	— — Lk	PAYRAUDEAU, Moll. de Corse, p. 73.
1826	C. 5	— *griseus* Lk	PAYRAUDEAU, *ibid.*, p. 73.
1826	A. 1, 3	— *unicolor* Lk	PAYRAUDEAU, *ibid.*, p. 72.
1826	A. 2	— *virgo* Lk	PAYRAUDEAU, *ibid.*, p. 72.
1826	C. 5	— *sulcatus*	PAYRAUDEAU, *ibid.*, p. 72.
1826	A. 1	— *unicolor* Lk	RISSO, Europe mérid., t. IV, p. 295.
1826	C. 5	— *sulcatus*	RISSO, *ibid.*, p. 296.
1826	B. 5	— *rusticus* Poli	RISSO, *ibid.*, p. 296.
1826	A. 3	— *citrinus* Poli	RISSO, *ibid.*, p. 296.
1826		— *nebulosus* Poli	RISSO, *ibid.*, p. 297.
1832	A. 1	— *unicolor* Lk	DESHAYES, Encycl. méthod., p. 720.
1836	S.L.	— *glaber*	SCACCHI, Catal. Conch. Regni Neap., p. 3 (*ex parte*).
1836	C; A. 1, 3	— *sulcatus*	PHILIPPI, Enum. Moll. Sic., t. I, p. 79.
1836	C. 5	— —	LAMARCK, Anim. sans vert., édit. Desh., t. VII, p. 137.
1836	A, 2	— *virgo*	LAMARCK, *ibid.*, p. 138.
1836	A. 1, 3	— *unicolor*	LAMARCK, *ibid.*, p. 138.
1836	C. 5	— *griseus*	LAMARCK, *ibid.*, p. 138.
1836	B. 5	— *distans*	LAMARCK, *ibid.*, p. 139.
1843-1850	B. 5	— *glaber*	CHENU, Illustrat. Conch., pl. XVII, fig. 14, 15, 16, 17; pl. XIX, fig. 1, 1 A, 7, 8, 9, 10, 11, 12, 13, 14.
1843-1850	B. 5	— *distans* Lk	CHENU, Ill. Conch., pl. XXI, fig. 11, 12, 13, 14.
1843-1850	C. 5	— *sulcatus*	CHENU, Ill. Conch., pl. XX, fig. 1 à 5.
1843-1850	C. 5	— *griseus* Lk	CHENU, Ill. Conch., pl. XXI, fig. 1 à 6.
1843-1850	A. 2	— *virgo* Lk	CHENU, Ill. Conch., pl. XX, fig. 6, 7.
1843-1850	A. 3	— *unicolor* Lk	CHENU, Ill. Conch., pl. XX, fig. 8.
1843-1850	A. 1	— —	CHENU, Ill. Conch., pl. XX, fig. 9.
1844	C; A. 1, 3	— *sulcatus*	PHILIPPI, Enum. Moll. Sic., t. II, p. 56.

1844	C.	*Pecten sulcatus*	FORBES, Rep. Æg. Invert., p. 146.
1846	C. ?	— *glaber*	VERANY, Catal. Invert. mar. del golfo di Genova e Nizza, p. 13.
1847	A. 1	— —	SOWERBY, Thesaurus Conch., p. 58, pl. XVIII, fig. 172.
1847	C. 5	— —	SOWERBY, *ibid.*, pl. XVIII, fig. 173.
1847	C. 5, 1	— *sulcatus* Born	SOWERBY, *ibid.*, p. 59, pl. XVIII, fig. 179, 180, 181.
1847	B. 5	— *glaber*	SOWERBY, *ibid.*, p. 58, pl. XVIII, fig. 171, 176.
1847		— *distans*	SOWERBY, *ibid.*, p. 61, pl. XIII, fig. 46.
1847		— —	SOWERBY, *ibid.*, p. 61, pl. XVIII, fig. 182.
1847	D. 1	— *unicolor*	SOWERBY (*non* Lamarck), *ibid.*, p. 59, pl. XII, fig. 5, 6.
1848	C.	— *sulcatus*	RÉQUIEN, Coq. de Corse, p. 32.
1848	A.	— *unicolor* Lk	RÉQUIEN, *ibid.*, p. 32.
1848	C.	— *griseus* Lk	RÉQUIEN, *ibid.*, p. 32.
1848	A. 2	— *virgo* Lk	RÉQUIEN, *ibid.*, p. 32.
1848	B.	— *distans* Lk	RÉQUIEN, *ibid.*, p. 32.
1851		— *glaber*	PETIT, Cat. *in* Journ. Conch., t. II, p. 387.
1851	C. 5	— *griseus* Lk	PETIT, *ibid.*, p. 387.
1851	C. 5	— *sulcatus* Born	PETIT, *ibid.*, p. 387.
1851		— *unicolor* (Lk)	PETIT, *ibid.*, p. 387.
1852	D. 1	— *unicolor* Sow.	REEVE (*non* Lam.), Conch. Icon., pl. V, fig. 24A, 24B.
1853	A. 5	— *glaber*	REEVE, *ibid.*, pl. XIV, fig. 53A.
1853	E.	— —	REEVE, *ibid.*, pl. XIV, fig. 53B.
1853	C. 5	— *sulcatus* Born	REEVE, *ibid.*, pl. XIII, fig. 50.
1853		— *glaber*	DOUBLIER, Catal. Moll. *in* Prodr. hist. nat. du Var, p. 111.
1853		— *griseus* Lk	DOUBLIER, *ibid.*, p. 111.
1853		— *unicolor* Lk	DOUBLIER, *ibid.*, p. 111.
1855	A. 1	— *glaber* Lin.	HANLEY, Ipsa Linn. Conch., p. 110.
1856	C. 5	— *sulcatus*	JEFFREYS, Piedm. Coast, p. 25.

1858	B; C. 1, 3, 5	*Pecten glaber* var. A.	von Martens, Uber *P. glaber* und *sulcatus*, *in* Malakozoologische Blätter, t. V, p. 67.
1858	D. 1, 3	— — var. B.	von Martens, *ibid.*, p. 68.
1858	A. 1, 3, 5	— — var. C.	von Martens, *ibid.*, p. 68.
1858		— —	Gay, Catal. Moll. *in* Bull. Soc. sc. du Var, p. 203.
1858	C. ?	— *griseus* Lk	Gay, *ibid.*, p. 204.
1862	B.	— *glaber*	Chenu, Manuel de Conch., t. II, p. 184, fig. 931.
1866	S.L.	— —	Brusina, Contrib. pella Fauna Dalm. p. 103 (*ex parte*).
1867	B.	— —	Weinkauff, Conchyl. des Mittelm., t. I, p. 255.
1867	C.	— — var. C.	Weinkauff, *ibid.*, p. 255.
1867	D.	— — var. D.	Weinkauff, *ibid.*, p. 256.
1869	S.L.	— —	Petit, Catal. Test. mar., p. 77.
1870	S.L.	— —	Aradas et Benoit, Conch. viv. mar. della Sic., p. 96 (*ex parte*).
1870	C. 1, 5	— *sulcatus* Born	Hidalgo, Mol. mar., p. 122 (sub nom. *P. glaber*), pl. XXXII A, fig. 7, 8; pl. XXXIII, fig. 2, 3, 4, 5; pl. XXXIV, fig. 2.
1878	S.L.	— *glaber*	Monterosato, Enum. e Sin., p. 4.
1879	C.	— *griseus* Lk	Clément, Catal. Moll. du Gard *in* Études d'hist. nat., p. 68.
1879	S.L.	— *glaber*	Granger, Moll. de Cette, p. 25.
1880	S.L.	— —	Stossich, Prosp. della Fauna del Mare Adriatico *in* Boll. della Soc. Adr. di sc. nat., p. 174 (*ex parte*).
1883		— —	Marion, Topogr. zool. du Golfe de Marseille, pp. 26, 34.
1883	C.	— —	Dautzenberg, Liste Coq. de Gabès, p. 8.
1885	C.	— *sulcatus* Born	de Gregorio, Studi su talune Conch. medit., p. 185.
1886	S.L.	— *glaber*	Granger, Mollusques biv. de France, p. 43.
1886	C.	— —	Nobre, Faune malac. des Bassins du Tage et du Sado *in* Journ. Conch., t. XXXIV, p. 35.

1886	A.B.	*Pecten glaber*	LOCARD, Prodr. de Malac. franç., p. 507.
1886	C.	— *griseus* Lk	LOCARD, *ibid.*, p. 507.
1888	A.	— *glaber* Lin.	KOBELT, Prodr. Faunæ Moll. test. maria europ. inhabit., p. 432.
1888	C.	— — var. (1)	KOBELT, *ibid.*, p. 433.
1888	B.	— — var. (2)	KOBELT, *ibid.*, p. 433.
1888	D.	— — var. (3)	KOBELT, *ibid.*, p. 433.
1888	B.	— *distans* Lk	LOCARD, Monographie Genre *Pecten*, p. 61.
1888	C.	— *griseus* Lk	LOCARD, *ibid.*, p. 65.
1888	C.	— *sulcatus* Born	LOCARD, *ibid.*, p. 69.
1888	A.	— *unicolor* Lk	LOCARD, *ibid.*, p. 72.
1888	E.	— *anisopleurus*	LOCARD, *ibid.*, p. 86.

Pecten proteus Solander.

Pl. XX, fig. 4, 5, 6 (type); 7, 8 (variété).

1784	b.5	*Pecten glaber*	CHEMNITZ, Conch. Cab., t. VII, p. 338 (*ex parte*); pl. LXVII, fig. 642 (et 643?) (*tantum*).
1819	b.	— —	LAMARCK, Anim. sans vert., t. VI, Ire partie.
1825	b.5	— —	BLAINVILLE, Manuel de Malac., p. 525, pl. LXII, fig. 4.
1826	b.	— —	RISSO, Europ. mérid., t. IV, p. 295.
1832	b.	— —	DESHAYES, Encycl. méthodique, t. III, p. 720.
1836	S.L.	— —	SCACCHI, Catal. Conch. Regni Neap., p. 3 (*ex parte*).
1836	b.	— —	LAMARCK, Anim. sans vert., édit. Desh., t. VII, p. 137.
1843-1850	b.	— —	CHENU, Illust. Conch., pl. XVII, fig. 1 à 3; pl. XVIII, fig. 1 à 11a; pl. XIX, fig. 2 à 6; pl. XXXIX, fig. 8, 9.
1847	b.	— —	SOWERBY, Thesaurus Conch., p. 58, pl. XVIII, fig. 169, 170.
1847	a. 3	— *proteus* Sol.	SOWERBY, *ibid.*, p. 59, pl. XIII, fig. 53.
1847	a. 2	— — —	SOWERBY, *ibid.*, p. 59, pl. XIII, fig. 54.
1847	a. 1	— — —	SOWERBY, *ibid.*, p. 59, pl. XIV, fig. 83.
1847	a. 5	— — —	SOWERBY, *ibid.*, p. 59, pl. XIV, fig. 84.

1848		*Pecten*	*glaber*	RÉQUIEN, Coq. de Corse, p. 31.
1853	a. 1	—	*proteus* Sol.	REEVE, Conch. Icon., pl. XV, fig. 55^{a}.
1853	a. 2	—	— —	REEVE, *ibid.*, pl. XV, fig. 55^{b}.
1853	a. 5	—	— —	REEVE, *ibid.*, pl. XV, fig. 55^{c}.
1853	a. 6	—	— —	REEVE, *ibid.*, pl. XV, fig. 55^{d}.
1858	b.	—	*glaber* var. D.	VON MARTENS, Uber *P. glaber* und *sulcatus in* Malokozoologische Blätter, t. V, p. 69.
1858	b.	—	— var. E.	VON MARTENS, *ibid.*, p. 69.
1858	a.	—	— var. F.	VON MARTENS, *ibid.*, p. 69.
1858	a.	—	— var. G.	VON MARTENS, *ibid.*, p. 69.
1866	S.L.	—	—	BRUSINA, Contr. pella Fauna Dalm., p. 103.
1867	b.	—	— var. B.	WEINKAUFF, Conch. des Mittelm., t. I, p. 255.
1867	b.	—	— var. E.	WEINKAUFF, *ibid.*, p. 256.
1867	a.	—	— var. F.	WEINKAUFF, *ibid.*, p. 256.
1867	a.	—	— var. G.	WEINKAUFF, *ibid.*, p. 256.
1869	S.L.	—	*proteus* Sol.	PETIT, Catal. Test. mar., p. 77.
1870	S.L.	—	*glaber*	ARADAS et BENOIT, Conch. viv. mar. della Sic., p. 96 (*ex parte*).
1878	S.L.	—	—	MONTEROSATO, Enum. et Sinon., p. 4 (*ex parte*).
1880	S.L.	—	—	STOSSICH, Prospetto della Fauna del Mare Adr. *in* Boll. della Soc. Adr. di sc. nat., p. 174 (*ex parte*).
1888	S.L.	—	*proteus* Sol.	KOBELT, Prodr. Faunæ Moll. Test. maria europæa inhab., p. 432.
1888	b.	—	*glaber*	LOCARD, Monogr. Genre *Pecten*, p. 76.
1888	a.	—	*proteus* Sol.	LOCARD, *ibid.*, p. 83.

Obs. — Le *P. glaber* est une espèce très polymorphe et qui présente de grandes difficultés au point de vue de la nomenclature.

Dans la synonymie qui précède, nous avons présenté séparément toutes les références qui se rapportent, selon nous, au *P. proteus;* et nous avons groupé dans chacune des deux listes toutes les variétés de forme et de coloration.

L'attribution de certaines références est difficile et parfois même impossible, car les auteurs ont compris ces espèces dans une acception plus ou moins large et souvent sans indiquer quelles formes ils voulaient désigner. Afin d'éclaircir la question dans la mesure de nos moyens, nous avons inscrit, chaque fois que cela nous a été possible, immédiatement après les dates, des lettres et des numéros correspondant aux variétés de forme et de coloration mentionnées plus loin.

Chemnitz a compris sous le nom de *P. solaris* : 1° une variété jaune du *P. glaber* var. *sulcata*, 2° la variété *succinea* du *P. hyalinus*. De plus, il a mal interprété le *P. solaris* de Born, qui n'est autre chose qu'une variété jaune du *P. opercularis*.

Le *P. distans* de Reeve est une espèce des îles Philippines, différente du *P. distans* de Lamarck.

Dans l'étude que nous venons de faire du *P. glaber* et des diverses formes méditerranéennes qui se rattachent plus ou moins directement à cette espèce, nous avons tout d'abord cherché à fixer le type du *P. glaber* de Linné. Notre tâche eût été facile si plusieurs naturalistes n'avaient malheureusement embrouillé la question. C'est à Lamarck qu'il faut remonter pour trouver l'origine de la confusion qui n'a cessé de régner depuis au sujet de ce type : au lieu de s'en tenir à la description et aux références du *Systema Naturæ*, Lamarck a introduit dans sa diagnose des termes qui ne concordent nullement avec ceux dont s'est servi le créateur de l'espèce. Si nous lisons attentivement la courte diagnose donnée par Linné, nous voyons, en effet, qu'il s'agit d'une coquille pourvue de dix côtes rayonnantes peu saillantes, à surface glabre, d'une coloration rouge uniforme. De plus, la figure de l'ouvrage de Gualtieri (pl. LXXIII, fig. H) citée à l'appui, concorde bien avec cette description : elle possède dix côtes rayonnantes égales. La référence de Regenfuss, donnée aussi par Linné, n'est d'aucune utilité, car les figurations de cet auteur sont tout à fait mauvaises.

Les renseignements fournis par Linné sont amplement suffisants pour reconnaître la forme qu'il a eue en vue et que l'on rencontre fréquemment dans la Méditerranée. Mais Lamarck, au lieu d'en tenir compte, base son *P. glaber* sur les fig. 642 et 643 de Chemnitz (*Conchylien Cabinet*, t. VII, pl. LXVII) qui représentent une tout autre forme. Partant de là, il décrit l'espèce en disant qu'elle est pourvue de côtes alternativement plus fortes et plus faibles, que les intervalles de ces côtes sont striés, que la coloration est très variée. On est en droit de se demander pourquoi Lamarck a choisi de préférence les deux figures du *Conchylien Cabinet* que nous venons de mentionner, alors que Chemnitz a donné sous le nom de *P. glaber* cinq figures très disparates (641 à 645). Nous considérons donc le *P. glaber* de Lamarck comme une forme très différente du *P. glaber* de Linné et nous ne pouvons approuver Lamarck lorsqu'il attribue à Chemnitz la paternité d'une espèce que cet auteur a comprise d'une manière encore plus large que ne l'avait fait Linné.

Parmi les auteurs qui se sont occupés depuis du *P. glaber*, les uns, tels que von Martens et Weinkauff, réunissent sous ce nom toutes les formes qui s'en rapprochent plus ou moins; les autres, au contraire, adoptent, comme l'a fait récemment M. Locard, la manière de voir de Lamarck.

En résumé, nous considérons comme étant le vrai *P. glaber* de Linné, la forme à dix côtes égales que nous avons figurée (pl. XIX, fig. 1, 2) et nous y rattachons, à titre de variétés seulement, les *P. distans* Lk., *P. sulcatus* Born, *P. anisopleurus* Locard et le *P. unicolor* Sowerby (*non* Lamarck). Quant au *P. proteus* Sol. nous le regardons comme assez éloigné pour constituer une espèce distincte et nous lui adjoignons comme variété le *P. glaber* Auct. (*non* Linné).

Diagnose. — Coquille, diam. umbono-ventral 49 millim., diam. antéro-post. 49 millim., épaisseur 18 millim., solide, subéquivalve, subéquilatérale, de forme arrondie, à sommets anguleux peu saillants.

Valve droite un peu moins convexe que la gauche, garnie de dix ou onze côtes rayonnantes subégales, légèrement anguleuses près du sommet, ensuite bien arrondies, les extrêmes plus faibles et parfois bifides. Surface du test lisse avec des stries d'accroissement à peine visibles à l'œil nu. Oreillettes grandes, subégales, la postérieure triangulaire, à contour externe un peu sinueux; l'antérieure un peu plus grande, à échancrure byssale médiocre, faiblement denticulée à la base.

Intérieur de la valve droite un peu luisant, garni de côtes rayonnantes aplaties, correspondant aux espaces intercostaux de l'extérieur et limitées, près du bord ventral, par des plis bien saillants. Impression du muscle adducteur arrondie, bien marquée, située postérieurement. Fossette ligamentaire triangulaire assez large.

Valve gauche semblable à la droite, mais avec les côtes rayonnantes un peu plus étroites, plus élevées, légèrement carénées au sommet. On observe souvent sur cette valve, et notamment dans les intervalles des côtes, des stries rayonnantes très obsolètes.

Coloration externe des deux valves d'un beau rouge vermillon uniforme. Coloration interne d'un rouge plus clair; impressions du muscle adducteur entourées d'une callosité blanche.

Variétés. — De même que nous n'avons pu nous abstenir, en présence de la confusion qui règne entre les *P. glaber* et *P. proteus*, de présenter la synonymie de cette dernière espèce, bien qu'elle n'ait jamais été authentiquement recueillie sur les côtes françaises de la Méditerranée, de même nous nous voyons forcés de signaler aussi les principales variétés du *P. proteus*.

Après avoir indiqué par des lettres majuscules les variétés de forme et par des chiffres les variétés de coloration du *P. glaber*, nous avons indiqué, pour le *P. proteus*, les variétés *ex forma* par des lettres minuscules et les variétés *ex colore* par des chiffres.

Nous n'avons pas cru qu'il fût nécessaire de pousser très loin la recherche des variétés chez ces deux espèces essentiellement polymorphes, et nous nous sommes bornés à parler de celles qui ont été admises comme spécifiquement distinctes par certains auteurs.

Ainsi que nous l'avons dit plus haut, le *P. glaber* de Linné est, selon nous, une coquille à dix côtes égales et à surface lisse ou faiblement costulée dans les espaces intercostaux. Nous avons désigné cette forme par la lettre A.

Var. ex forma B, *distans* Lamarck. Plus grande que le type, de forme bien arrondie, à bord ventral largement festonné. Côtes rayonnantes égales au nombre de dix, bien limitées et assez largement espacées. Test plutôt mince. Cette variété est admirablement représentée dans les *Illustrations conchyliologiques* de Chenu, pl. XXI, fig. 11 à 14. La valve droite est constamment plus claire que la gauche chez la var. *distans*, souvent elle est entièrement blanche alors même que la gauche est brillamment colorée (Voir notre pl. XIX, fig. 3, 4, 5, 6).

Var. ex forma C, *sulcata* Born = *P. sulcatus* Lamarck = *P. griseus* Lk. De taille moyenne ou petite, avec les costulations bien développées sur les côtes ainsi que dans les intervalles. Chez cette variété, les valves sont plus convexes que chez le *P. glaber* type et la var. *distans;* de plus, elles sont toutes deux à peu près également colorées (Voir notre pl. XX, fig. 1, 2).

Var ex forma D, *pontica* B. D. D. = *unicolor* Sowerby, Reeve (*non* Lamarck). Chez cette variété, nettement inéquivalve, que nous avons représentée pl. XX, fig. 3, la valve droite est presque tout à fait plane, tandis que la gauche est bien convexe et sa forme est souvent assez irrégulière et un peu oblique. La coloration semble plus constante que celle des var. *distans* et *sulcata :* nous n'en connaissons, en effet, que des spécimens monochromes et nous ne pensons pas qu'elle présente jamais la coloration bigarrée.

Nous n'avons pu conserver le nom *unicolor* sous lequel Sowerby et Reeve ont parfaitement décrit et figuré la présente variété, car il existait déjà un *P. unicolor* Lamarck que nous considérons comme identique au *P. glaber* de Linné. C'est donc à tort que M. Locard a fait figurer dans la synonymie du *P. unicolor* Lk les références de Sowerby et de Reeve qui se rapportent à une forme très différente.

Var. ex forma E, *anisopleura* Locard. M. Locard a proposé récemment le nom de *P. anisopleurus* pour une forme représentée par Reeve (*Conch. icon.*, fig. 53 B) et qu'il place dans le même groupe que le *P. proteus*. Mais il nous semble que si la figuration de Reeve est exacte, elle se rapporte bien mieux à une forme du *P. glaber* tel que nous le comprenons. La fig. 53 B du *Conchologia iconica* a, en effet, l'aspect général du *P. glaber;* mais avec dix côtes alternativement plus fortes et plus faibles. Ce caractère pourrait justifier l'opinion qu'il s'agit là du *P. glaber* de Lamarck (*non* Linné); mais comme les auteurs sont généralement d'accord pour voir dans le *P. glaber* de Lamarck la forme à côtes alternantes du *P. proteus,* nous croyons plus sage d'accepter cette manière de voir, plutôt que d'introduire une nouvelle difficulté dans la nomenclature déjà si compliquée des deux espèces en question.

Nous avons désigné par le n° 1, dans la synonymie, la coloration rouge vermillon uniforme qui est celle du type linnéen.

Var ex colore 2, *virgo* Lamarck. Le *P. virgo* a été établi par Lamarck sur des exemplaires appartenant à la forme typique du *P. glaber;* mais d'une coloration blanche, avec des maculations roses.

M. Weinkauff a introduit le *P. virgo* dans la synonymie du *P. hyalinus.* C'est là une erreur qu'il importe de rectifier. La diagnose de Lamarck pourrait prêter à l'équivoque si la dimension indiquée, 44 millimètres de largeur, n'était incompatible avec celle du *P. hyalinus.* La seule référence donnée par Lamarck est la fig. H de la pl. LXXIII de Gualtieri, et bien que Lamarck l'indique comme douteuse elle est tellement éloignée du *P. hyalinus* qu'il n'est pas possible de supposer que cet auteur ait pu y voir la moindre ressemblance avec cette espèce. D'autre part, M. Locard nous apprend (*Monogr. du Genre Pecten,* p. 73) que le *P. virgo* est représenté dans la collection de Lamarck par un exemplaire un peu roulé et d'ailleurs identique au *P. unicolor* Lk (= *glaber* type). Enfin le *P. virgo* est fort bien représenté dans les *Illustrations conchyliologiques,* pl. XX, fig. 6, 6 A, 7, 7 A, et tout le monde sait que lorsque le Dr Chenu a publié ce grand ouvrage, il avait entre les mains la collection Delessert qui renfermait alors toute la collection Lamarck.

Var. ex colore 3, *citrina* Poli. D'un beau jaune uniforme. Cette coloration se rencontre aussi bien chez le *P. glaber* type que chez les var. *sulcata* et *pontica.*

Var. ex colore 4, *albida.* Entièrement blanche ou blanche avec quelques taches brunes dans la région apicale.

Var. ex colore 5, *variegata* von Martens. Diversement bigarrée ou marbrée de noir, de brun foncé et de blanc sur un fond gris cendré ou brun. Nous réunissons ici les var. *marmorea, zonata, punctata* et *hypogramma* de M. Locard, qui peuvent être considérées comme des sous-variétés.

Variétés du P. proteus Sol.

Le type du *P. proteus* est la coquille à cinq plis rayonnants très larges que nous avons désignée dans la synonymie par la lettre *a* et que nous avons représentée pl. XX, fig. 4, 5, 6.

Var. ex forma 1, *prœterita* B.D.D. = *glaber* Lamarck (*non* Linné). Cette forme se distingue du *P. proteus* type par sa forme plus arrondie, son test plus mince et par ses plis beaucoup moins saillants, au nombre de dix alternativement plus forts et plus faibles : elle correspond, chez le *P. proteus*, à la var. *anisopleura* du *P. glaber* (voir notre pl. XX, fig. 7, 8).

Aucun type de coloration n'ayant été fixé pour le *P. proteus*, nous choisissons celle d'un rouge vermillon uniforme et nous l'indiquons par le nº 1 dans la synonymie.

Var. ex colore 2, *violacea* Locard. Valve gauche d'un beau violet uniforme; valve droite blanche, plus ou moins lavée de violet (voir notre pl. XX, fig. 4). Cette coloration n'a pas d'analogue chez le *P. glaber*.

Var. ex colore 3, *lutea* B.D.D. Les deux valves sont d'un jaune brillant uniforme chez cette variété qui correspond à la var. *citrina* du *P. glaber*.

Var. ex colore 4, *fusca* B.D.D. Valve gauche d'un brun foncé monochrome. Valve droite blanche.

Var. ex colore 5, *picta* B.D.D. Valve gauche diversement bigarrée de brun, de gris et de blanc; valve droite tantôt entièrement blanche, tantôt blanche avec quelques taches brunes dans la région apicale. Cette variété que nous avons représentée pl. XX, fig. 6, correspond à la var. *variegata* du *P. glaber*.

Var. ex colore 6, *radiata* B.D.D. Chez cette variété, les plis rayonnants sont d'une nuance plus foncée que le fond, et ils sont souvent accompagnés, dans les espaces intercostaux, d'une ou de plusieurs lignes rayonnantes également foncées.

Habitat. — Peu abondant à Port-Vendres, Banuyls, Collioure, principalement la var. *sulcata;* la var. *distans* qui était autrefois abondante à Cette semble avoir disparu aujourd'hui de cette localité.

Dispersion. — Toute la Méditerranée, l'Adriatique et la mer Noire. La forme typique et la var. *distans* sont surtout abondantes sur les côtes de l'Italie méridionale et de la Sicile. La var. *sulcata* vit plutôt sur les côtes de France et d'Espagne. La var. *pontica* n'a encore été rencontrée que dans la mer Noire et dans les lagunes de Venise. L'habitat du *P. proteus* paraît être limité à l'Adriatique.

Notre espèce n'a encore été trouvée dans l'océan Atlantique que sur les côtes du Portugal (Nobre).

L'*Ostrea glabra* de Montagu est le *P. septemradiatus* de Müller.

Origine. — Le *P. glaber* est signalé, à l'état fossile, dans le pleistocène de la Sicile et dans le pliocène de diverses parties de l'Italie (Rome, Castelarquato, Bologne, etc.). Le Dr Companyo l'a cité du pliocène du Roussillon; mais il n'a pas été retrouvé par Fontannes et il est possible que l'espèce ait été confondue avec certaines variétés du *P. scrabellus* L. qui est extrêmement abondant à Millas.

La grande confusion dont sa synonymie est entourée a pu contribuer à masquer son extension géologique. On peut citer comme formes ancestrales, dans le miocène : *P. simplex* Michelotti et *P. Richthofeni* Hilber.

Pecten flexuosus Poli, sp. (*Ostrea*).

Pl. XXI, fig. 2, 7, 8, 9, 10 (type); 1, 3, 4, 5, 6 (variétés).

1795	*Ostrea flexuosa*	Poli, Test. utr. Sic., t. II, p. 161, pl. XXVIII, fig. 11.
1795	— *plica*	Poli (*non* Linné), Test. utr. Sic., t. II, p. 159, pl. XXVIII, fig. 1, 2, 3.
1819	*Pecten flexuosus* Poli	Lamarck, Anim. sans vert., t. VI, Ire partie, p. 173.
1819	— *isabella*	Lamarck, Anim. sans vert., t. VI, Ire partie, p. 169.
1819?	— *flagellatus*	Lamarck, Anim. sans vert., t. VI, Ire partie, p. 167.
1826	— *flexuosus* Poli	Payraudeau, Moll. de Corse, p. 74.
1826	— *inflexus*	Payraudeau (*non* Poli, *nec* Lamarck), Moll. de Corse, p. 75.
1826	— *flexuosus* Poli	Risso, Europe mérid., t. IV, p. 302.
1826	— *plicatulus*	Risso, Europe mérid., t. IV, p. 296.
1836	— *glaber*	Scacchi (*non* Linné, *nec* Lamarck), Catal. Conch. Regni Neap., p. 3 (*ex parte*).
1836	— *polymorphus* (Bronn)	Philippi, Enum. Moll. Sic., t. I, p. 79, pl. V, fig. 18 à 21.
1836	— *flexuosus* Poli	Lamarck, Anim. sans vert., édit. Desh., t. VII, p. 144.
1836	— *isabella*	Lamarck, Anim. sans vert., édit. Desh., t. VII, p. 139.
1836?	— *flagellatus*	Lamarck, Anim. sans vert., édit. Desh., t. VII, p. 135.
1841	— *isabella* Lamk	Delessert, Recueil de Coq., pl. XVI, fig. 8^a, 8^b, 9.
1843-1850	— *flexuosus* Poli	Chenu, Illustr. Conch., pl. XXX, fig. 3, 3^a, 3^b.
1843-1850	— *inflexus*	Chenu (*non* Poli, *nec* Lamarck), Illustr. Conch., pl. XXX, fig. 4, 4^a, 4^b, 5, 6, 7, 8, 9.

1843-1850	*Pecten isabella* Lamk	CHENU, Illustr. Conch., pl. XXI, fig. 7, 7a, 8, 9, 10, 10a.
1844	— *polymorphus* (Bronn)	PHILIPPI, Enum. Moll. Sic., t. II, p. 57.
1844	— — —	FORBES, Rep. Æg. Invert., p. 146.
1846	— — —	VÉRANY, Catal. Inv. mar del Golfo di Genova en Nizza, p. 13.
1847	— *flexuosus* Poli	SOWERBY, Thesaurus Conch., t. I, p. 60, pl. XIX, fig. 200 à 205.
1847	— *flagellatus* Lamk	SOWERBY, Thesaurus Conch., t. I, p. 58, pl. XIII, fig. 41-43.
1848	— *flexuosus* Poli	RÉQUIEN, Coq. de Corse, p. 32.
1853	— — —	REEVE, Conch. Icon., pl. XVI, fig. 61.
1853	— *polymorphus* (Bronn)	DOUBLIER, Catal. Moll. *in* Prodr. hist. nat. du Var, p. 112.
1856	— — —	JEFFREYS, Piedm. Coast, p. 25.
1866	— — —	BRUSINA, Contrib. pella Fauna Dalm., p. 44.
1867	— *flexuosus* Poli	WEINKAUFF, Conch. des Mittelm., t. I, p. 257.
1869	— *polymorphus* (Bronn)	PETIT, Catal. Test. mar., p. 76.
1870	— *flexuosus* Poli	ARADAS et BENOIT, Conch. viv. mar. della Sic., p. 97.
1870	— — —	HIDALGO, Mol. mar., pl. XXXII, fig. 3 à 7; pl. XXXVa, fig. 5, 6.
1878	— — —	MONTEROSATO, Enum. e Sinon., p. 4.
1879	— — —	GRANGER, Moll. de Cette, p. 25.
1879	— — —	CLÉMENT, Catal. Moll. du Gard *in* Études d'hist. nat., p. 69.
1880	— *polymorphus* (Bronn)	STOSSICH, Prosp. della Fauna del Mare Adriatico, p. 174.
1883	— *flexuosus* Poli	MARION, Topogr. zool. du Golfe de Marseille, pp. 34, 67, 70, 77, 80, 86, 90, 106.
1883	— — —	MARION, Consid. sur les Faunes profondes, pp. 41, 44.
1885	— — —	DE GREGORIO, Studi su talune Conch. medit., p. 184.
1886	— — —	GRANGER, Moll. biv. de France, p. 46.
1886	— — —	LOCARD, Prodr. de Malac. franç., p. 543.
1886	— — —	NOBRE, Faune des bassins du Tage et du Sado, *in* Journ. Conch. t. XXXIV, p. 35.

1888 *Pecten flexuosus* Poli	Kobelt, Prodr. Faunæ Moll. test. maria europ. inhab., p. 432.
1888 — — —	Locard, Monogr. Genre *Pecten*, p. 105.
1888 — *flagellatus* Lamk	Locard, Monogr. genre *Pecten*, p. 109.

Obs. — La réunion des *P. flexuosus* Poli et *P. plica* Poli (*non* Linné) est généralement admise; le second n'est que la forme pyxoïde du premier. Le nom spécifique *plica* a été employé à tort par Poli; l'*Ostrea plica* Linné étant une espèce exotique de l'océan Indien, qui a quelque ressemblance extérieure avec l'espèce de la Méditerranée dont nous nous occupons, mais qui s'en éloigne beaucoup par la structure de sa charnière qui est garnie d'une série de plis dentiformes très saillants. Il faut donc adopter le nom de *P. flexuosus* pour la présente espèce.

Le *P. isabella* Lamarck, n'est autre chose que le jeune âge du *P. flexuosus*, d'une coloration marbrée de blanc et de rouge vif.

Si nous avons indiqué avec doute dans notre synonymie le *P. flagellatus* de Lamarck, c'est que cette espèce a été diversement interprétée. C'est ainsi que Delessert a fait figurer sous ce nom des coquilles que l'on ne peut rapporter qu'à la forme striée du *P. hyalinus*. D'un autre côté, M. Locard, conservant le *P. flagellatus* comme espèce distincte, cite comme la représentant convenablement la fig. 2 du *P. plica* de Poli, tandis qu'il considère les fig. 1 et 3 du même *P. plica* comme appartenant au *P. flexuosus*. En agissant ainsi, M. Locard n'a évidemment pas remarqué la phrase suivante de Poli (p. 160) : « Concham hanc in fig. 1 et 2, tab. XXVIII, exhibuimus, ut ambarum valvarum adfectiones paterent. Denticulos marginales in fig. 3, quæ valvas patulas repræsentat, conspicere juvat, » qui démontre clairement que la fig. 1 représente la valve droite, et la fig. 3 la valve gauche *du même individu*.

Bronn a groupé sous le nom de *P. polymorphus* plusieurs formes fossiles du pliocène italien et a considéré le *P. flexuosus* comme le jeune âge de la même espèce. Philippi a repris ce nom pour le *P. flexuosus* vivant et en a indiqué huit variétés de forme.

Diagnose. — Coquille, diamètre umbono-ventral, 28 millim., diamètre antéro-postérieur 31 millim., épaisseur 10 millim., assez solide, subéquivalve, subéquilatérale, de forme arrondie, à sommets anguleux peu saillants, bord ventral largement festonné.

Valve droite un peu plus convexe que la gauche, surface garnie de six côtes obsolètes à leur origine, mais s'élargissant rapidement et devenant bientôt saillantes et arrondies. Les quatre médianes sont fortes et un peu plus larges que les intervalles, les deux extrêmes sont faibles et peu apparentes. Dans le voisinage du sommet, les côtes sont partagées par des sillons rayonnants qui s'atténuent ensuite et disparaissent souvent tout à fait. Toute la surface est traversée par des stries d'accroissement extrêmement fines et serrées qui ne sont visibles qu'à l'aide d'une loupe. Oreillettes grandes, subégales : la postérieure triangulaire à contour externe un peu sinueux est ornée de cordons rayonnants peu développés; l'antérieure un peu plus grande, est munie d'une échancrure byssale étroite, assez profonde, denticulée à la base et présente quatre ou cinq cordons rayonnants dont le supérieur constitue un bourrelet saillant, imbriqué.

Face interne de la valve droite concave, lisse et luisante, reproduisant en sens inverse les reliefs et les creux de l'extérieur; bord cardinal rectiligne, fossette ligamentaire triangulaire, médiocre, accompagnée de chaque côté d'un pli allongé. Bords latéraux simples, tranchants, bord ventral largement ondulé. Des costules filiformes bordent les côtes rayonnantes et se terminent le long du bord ventral en une série de petits dentelons.

Valve gauche un peu plus aplatie que la droite, ornée de cinq côtes rayonnantes subégales dont les deux extrêmes sont ordinairement bifides. Les détails de la sculpture sont les mêmes que ceux de la valve droite, avec cette seule différence, que l'oreillette antérieure présente un cordon rayonnant de plus.

La coloration consiste en un fond blanc rosé, finement moucheté et linéolé de brun rouge, le tout parsemé de taches irrégulières brunes et de petites maculations d'un blanc opaque. Sur la valve droite les couleurs sont toujours plus atténuées.

Variétés. — Le type du *P. flexuosus* tel qu'il est représenté par Poli, pl. XXVIII, fig. 11, étant une coquille à plis rayonnants très saillants et à bord ventral largement ondulé, non infléchi, nous citerons comme variétés :

Var. ex forma 1, *inflata* Locard. Plus renflée que la forme typique.

Var. ex forma 2, *pyxoïdea* Locard = *O. plica* Poli (*non* Linné) = *Pecten glaber* var. *margine-inflexo* Scacchi = *Pecten flexuosus* var. *inflexa* Monterosato (*non P. inflexus* Poli) = *Pecten inflexus* Payraudeau (*non* Poli *nec* Lamarck). Nous avons adopté pour cette variété le nom proposé récemment par M. Locard, de préférence à celui de var. *inflexa* sous lequel elle avait été indiquée par M. de Monterosato, à cause de l'existence d'un *Pecten inflexus* Poli, synonyme de *P. clavatus* du même auteur. Elle est caractérisée par l'infléchissement de chaque valve, à proximité du bord ventral qui est alors plus ou moins renflé et régulièrement strié dans le sens longitudinal. Cette variété que nous avons figurée pl. XXI, fig. 1, 3, 4, a été bien représentée par Poli sous le nom d'*O. plica* et par Chenu, *Illustrations conchyliologiques*, pl. XXX, fig. 4 à 9.

Var. ex forma 3, *duplicata* Locard = *P. flexuosus* var. *bis-inflexa* Monterosato = ? *Pecten glaber* var. *dorso-gibbo* Scacchi. Chez cette curieuse variété que l'on rencontre assez fréquemment, le bord ventral après s'être infléchi à une certaine époque de la croissance, a repris ensuite sa direction normale et se termine enfin par une seconde inflexion, de telle sorte que l'on croirait voir une coquille plus petite posée sur un autre plus grande. Les oreillettes présentent la même apparence de superposition (voir notre pl. XXI, fig. 5).

Var. ex forma 4, *bifida* Locard. Avec une ou deux côtes de la valve gauche bifides.

Var. ex forma 5, *biradiata* Tiberi = var. *alterninus* de Gregorio. Dans cette variété toutes les côtes de la valve droite sont bifides, et celles de la valve gauche sont au nombre de dix, alternativement plus fortes et plus faibles; de plus, toute la surface est garnie de costules rayonnantes plus ou moins bien développées. Cette forme très aberrante a un peu l'aspect de certaines variétés du *P. proteus*. Elle a été figurée par Hidalgo, pl. XXXV A, fig. 5, et nous en avons représenté un exemplaire pl. XXI, fig. 6.

Var. ex colore 1, *concolor* Philippi. Monochrome; Philippi indique les nuances suivantes : *cinnabrina* (rouge vermillon), *crocea* (jaune safran), *ferruginea* (brun ferrugineux), *fulva* (fauve), *flavescens* (d'un gris jaunâtre), *lactea* (entièrement blanche), *badia* (brun rouge). M. Locard cite encore les var. *rosea* et *violacea* que nous réunissons à la var. *concolor*.

Var. ex colore 2, *maculata* Loc. = *marmorea* Loc. Nous réunissons ici les colorations diversement mélangées de taches ou de marbrures, tantôt foncées sur fond blanc, tantôt blanches sur fond foncé. Philippi a décrit en quelques mots cinq de ces combinaisons de dessin et de couleur, mais il en existe encore bien d'autres et nous ne croyons d'aucune utilité de les décrire.

Var. ex colore 3, *lineolata* Locard. De nuance pâle avec des lignes rayonnantes étroites, blanchâtres.

Var. ex colore 4, *zonata* Locard. De nuance foncée, avec des zones concentriques assez larges, à bords mal définis.

M. de Gregorio a indiqué sous le nom de var. *gazus* une forme mince, déprimée, luisante, lisse, avec les côtes un peu obsolètes, blanche avec le sommet jaune. Ces caractères nous paraissent s'éloigner tellement de ceux du *P. flexuosus* que nous sommes plutôt disposés à croire que la var. *gazus* appartient à une autre espèce.

Habitat. — Rare à Port-Vendres, Banyuls. Nous avons reçu de M. Dehlinger une valve de la var. *duplicata*, recueillie par lui sur la plage de la Nouvelle.

Dispersion. — Méditerranée et Adriatique; océan Atlantique, sur les côtes du Portugal et à Madère (Mac Andrew).

Origine. — L'origine miocène du *P. flexuosus* est douteuse, mais il est bien connu du pliocène de l'Italie, de l'Algérie et de l'Archipel. C'est probablement aussi l'espèce du pliocène du Roussillon qui figure sous le nom de *P. plica* dans la liste de Companyo.

Pecten hyalinus Poli, sp. (*Ostrea*).

Pl. XXI, fig. 11 (type), 12 à 17 (variétés).

1784	*Pecten solaris*	CHEMNITZ (*non* Born), Conch. Cab., t. VII, p. 336, pl. LXVII, fig. 639 (*tantum*).
1795	*Ostrea hyalina*	POLI, Test. utr. Sic., t. II, p. 159, pl. XXVIII, fig. 6.
1819?	*Pecten pellucidus*	LAMARCK, Anim. sans vert., t. VI, Ire partie, p. 176.
1826	— — (Lk)	PAYRAUDEAU, Moll. de Corse, p. 73.
1826	— *succineus*	RISSO, Europe mérid., t. IV, p. 297, fig. 153.
1826	— *pulcherrimus*	RISSO, Europe mérid., t. IV, p. 298, fig. 157.
1836	— *hyalinus* Poli	SCACCHI, Catal. Conch. Regni Neap., p. 1.
1836	— — —	PHILIPPI, Enum. Moll. Sic., t. I, p. 80.
1836?	— *pellucidus*	LAMARCK, Anim. sans vert., édit. Desh., t. VII, p. 151.
1841	— *flagellatus*	DELESSERT (*non* Lamarck), Recueil de Coq., pl. XVI, fig. 4 A, 4 B, 7 A, 7 B.
1844	— *hyalinus* Poli	PHILIPPI, Enum. Moll. Sic., t. II, p. 57.
1844	— — —	FORBES, Rep. Æg. Invert., p. 146.
1844	— *pellucidus* (Lk)	POTIEZ et MICHAUD, Galerie de Douai, t. II, p. 91.
1847	— *hyalinus* Poli	SOWERBY, Thesaurus Conch., t. I, p. 58, pl. XVIII, fig. 66, 67.
1848	— — —	RÉQUIEN, Coq. de Corse, p. 32.
1848	— *succineus* Risso	RÉQUIEN, Coq. de Corse, p. 32.
1848	— *pellucidus* (Lk)	RÉQUIEN, Coq. de Corse, p. 32.
1853	— *hyalinus* Poli	REEVE, Conch. Icon., pl. XXXII, fig. 146.
1853	— *pellucidus* (Lk)	DOUBLIER, Catal. Moll. *in* Prodr. hist. nat. du Var, p. 112.
1856	— *hyalinus* Poli	JEFFREYS, Piedm. Coast, p. 25.

1858 *Pecten hyalinus* Poli — GAY, Catal. Moll. *in* Bull. Soc. scient. du Var, p. 208.
1866 — — — BRUSINA, Contrib. pella Fauna Dalm., p. 103.
1867 — — — WEINKAUFF, Conch. des Mittelm., t. I, p. 262.
1869 — — — PETIT, Catal. Test. mar., p. 78.
1870 — — — ARADAS et BENOIT, Conch. viv. mar. della Sic., p. 99.
1870 — — — HIDALGO, Moluscos marin., pl. XXXIV, fig. 3, 4.
1878 *Pleuronectia* (?) *hyalina* Poli — MONTEROSATO, Enum. e Sinon., p. 5.
1878 *Pecten hyalinus* Poli — ISSEL, Crociera del Violante, p. 41.
1879 — *succineus* Risso — GRANGER, Moll. de Cette, p. 25.
1880 — *hyalinus* Poli — STOSSICH, Prosp. della Fauna del Mare Adriatico, p. 175.
1883 — — — MARION, Topogr. zool. du Golfe de Marseille, pp. 57, 61, 67.
1883 — — — DAUTZENBERG, Liste Coq. de Gabès, p. 8.
1884 — — — MONTEROSATO, Conch. litt. medit., p. 2 (excl. syn. *virgo* Lk).
1885 — — — DE GREGORIO, Studi su talune Conch. medit., p. 183.
1886 — — — LOCARD, Prodr. de Malac. franç., p. 514.
1886 — (Pleuronectia) — — DAUTZENBERG, Nouvelle Liste Coq. de Cannes, p. 2.
1886 — — — GRANGER, Moll. biv. de France, p. 46.
1888 — — — KOBELT, Prodr. Faunæ Moll. test. maria europ. inhab., p. 433.
1888 — — — LOCARD, Monogr. Genre *Pecten*, p. 125.

Obs. — Le *P. hyalinus* est une espèce bien caractérisée qui n'a pas d'analogues dans les mers d'Europe; aussi sa synonymie est-elle assez facile à établir. Payraudeau a attribué à la présente espèce le nom de *P. pellucidus* Lamarck; mais cette appellation doit être rejetée, car Lamarck dit que son espèce possède 21 côtes serrées alors qu'on ne compte au plus chez le *P. hyalinus* qu'une quinzaine de côtes plus ou moins obsolètes.

Les figures données par Delessert sous le nom de *P. flagellatus* représentent incontestablement le *P. hyalinus*.

Quant à l'assimilation proposée par Weinkauff du *P. virgo* à l'espèce dont nous nous occupons en ce moment, elle nous semble tout à fait erronée, car s'il est vrai que la courte diagnose originale du *P. virgo* peut s'adapter à la rigueur au *P. hyalinus*, la dimension (larg. 44 mill.), est de beaucoup supérieure à celle des plus grands spécimens de cette espèce; d'un autre côté, la figure de Gualtieri (pl. LXIII, fig. H), bien que citée avec doute par Lamarck, prouve qu'il s'agit d'une coquille très différente. Enfin les figurations publiées par le Dr Chenu (*Illustrations conchyliologiques*, pl. XX, fig. 6, 7) ont probablement été exécutées d'après les types de Lamarck qui faisaient alors partie de la collection Delessert, et ces figures représentent un *Pecten* de taille assez grande, à côtes bien convexes, au nombre de dix, qui ne constitue évidemment qu'une variété de coloration du *P. glaber*. Nous ajouterons que les figures de Chenu concordent d'une manière satisfaisante avec celle de Gualtieri.

Diagnose. — Coquille, diamètre umbono-ventral 23 millim.; diam. antéro-post. 25 millim.; épaisseur 7 millim., mince, subpellucide, luisante, subéquivalve, subéquilatérale, de forme arrondie, un peu transverse.

Valve droite garnie d'environ onze côtes rayonnantes arrondies, peu saillantes et de nombreux cordons également rayonnants qui règnent sur les côtes aussi bien que dans leurs intervalles. Les stries d'accroissement sont très fines et ne peuvent être observées qu'à l'aide de la loupe. Oreillettes subégales : la postérieure est triangulaire, à bord externe un peu sinueux et à costules rayonnantes fines; l'antérieure est pourvue d'une échancrure byssale assez profonde, denticulée à la base, et possède cinq costules rayonnantes. Bourrelet très faible ne dépassant presque pas le bord cardinal.

Face interne de la valve droite lisse et luisante traversée par des cordons rayonnants disposés deux par deux; chaque paire correspond aux limites d'un espace intercostal de l'extérieur. Impression du muscle adducteur arrondie, située vers le côté postérieur. Bord cardinal rectiligne; fossette ligamentaire triangulaire très petite.

Valve gauche semblable à la valve droite; mais avec l'oreillette antérieure triangulaire à contour externe faiblement sinueux.

Coloration d'un gris rosé subhyalin, orné de mouchetures et de linéoles irrégulières d'un blanc opaque.

Variétés. — Le type du *P. hyalinus* est assez difficile à fixer, car si d'une part la figuration de Poli représente une forme à sculpture rayonnante bien marquée, de l'autre cet auteur dit dans sa diagnose, que la surface est lisse et que les côtes sont si peu apparentes qu'on ne peut les apercevoir qu'en éclairant la coquille par le travers. M. Locard a pris pour type la forme figurée et nous n'avons aucune raison pour ne point suivre son exemple.

Var. ex forma 1, *semicostata* Monterosato = *lævigata* Locard. Test presque lisse, à côtes effacées : c'est la forme qui concorde avec la diagnose de Poli (voir notre pl. XXI, fig. 12, 13).

Var. ex forma 2, *quinquecostata* Locard. « Avec cinq côtes plus marquées que les autres. »

Var. ex forma 3, *undaticolor* Locard. Les stries d'accroissement fines et serrées sont bien visibles dans cette variété et elles donnent au test « un faciès moiré, chatoyant » (Locard). Nous avons rencontré à Port-Vendres un spécimen qui répond à la définition de M. Locard.

Var. ex colore 1, *succinea* Risso. D'une belle coloration jaune d'ambre uniforme (voir notre pl. XXI, fig. 14 à 17).

Var. ex colore 2, *coccinea* Brusina = *ferruginea* Locard. Rouge ou brune, monochrome.

Var. ex colore 3, *nivosa* Monterosato = *albida* Locard. Presque tout à fait blanche.

Var. ex colore 4, *luteola* Locard. « D'un jaune très pâle, le plus souvent avec quelques légères maculations blanchâtres. »

Var. ex colore 5, *niveoradiata* de Gregorio. De toutes nuances, avec des rayons blancs. Nous rapportons à cette variété un spécimen de Port-Vendres d'une coloration jaune d'ambre, orné sur la valve gauche de cinq rayons blancs articulés de petites taches rouges.

Nous citerons encore les variétés de coloration *maculata* Loc., *marmorea* Loc., *pulcherrima* (Risso) Loc., qui ne nous semblent pas s'écarter suffisamment de la coloration typique pour constituer des variétés spéciales.

Habitat. — Peu commun à Port-Vendres, Banyuls, le type et les variétés *semicostata*, *undaticolor*, *succinea* et *nivcoradiata*.

Dispersion. — Méditerranée et Adriatique.

Origine. — Nous ne connaissons cette espèce à l'état fossile que dans le postpliocène de Sicile (Philippi, Monterosato).

Sous-genre CHLAMYS Bolten, 1798.

Ce sous-genre comprend les *Pecten* à coquille presque équivalve et a pour type le *P. islandicus* Chemnitz.

Pecten varius Linné sp. (*Ostrea*).

Pl. XV, fig. 1, 2, 3, 4, 5, 6, 7 (type) ; 8 (variété).

1766	*Ostrea varia*	Linné, Syst. Nat., édit. XII, p. 1146.
1777	— — Lin.	Pennant, Brit. Zool., t. IV, p. 221, pl. LXIV, fig. 1.
1778	*Pecten monotis*	da Costa, Brit. Conch., p. 151, pl. CX, fig. 1, 2, 4, 5, 7, 9.

1780	*Ostrea varia*	Lin.	BORN, Test. Mus. Cæs. Vindob., p. 104.
1784	*Pecten varius*		CHEMNITZ, Conch. Cab., t. VII, p. 331, pl. LXVI, fig. 633, 634.
1790	*Ostrea varia*		LINNÉ-GMELIN, Syst. Nat., édit. XIII, p. 3324.
1792	— —	Lin.	OLIVI, Zool. Adr., p. 119.
1795	— —	—	POLI, Test. utr. Sic., t. II, p. 163, pl. XXVIII, fig. 10.
1803	— —	—	DONOVAN, Brit. Shells, t. I, pl. I, fig. 1.
1803	*Pecten varius*	—	MONTAGU, Test. brit., p. 146.
1804	*Ostrea varia*	—	MATON et RACKETT, Desc. Catal. *in* Trans. linn. Soc., t. VIII, p. 97.
1819	*Pecten varius*	—	LAMARCK, Anim. sans vert., t. VI, Ire partie, p. 175.
1822	— —	—	TURTON, Dithyra Brit., p. 214.
1826	— —	—	PAYRAUDEAU, Moll. de Corse, p. 74.
1826	— —	—	RISSO, Europe mérid., t. IV, p. 303.
1827	— —	—	BROWN, Illust. of the Conch. of Gr. Brit. and Ireland, pl. XXXIII, fig. 4.
1832	— —	—	DESHAYES, Encycl. méthod., p. 725, pl. CCXIII, fig. 5.
1836	— —	—	SCACCHI, Catal. Conch. Regni Neap., p. 3.
1836	— —	—	PHILIPPI, Enum. Moll. Sic., t. I, p. 84.
1836	— —	—	LAMARCK, Anim. sans vert., édit. Desh., t. VII, p. 147.
1844	— —	—	PHILIPPI, Enum. Moll. Sic., t. II, p. 58.
1844	— —	—	FORBES, Rep. Æg. Invert., p. 146.
1847	— —	—	SOWERBY, Thes. Conch., t. I, p. 76, pl. XIX, fig. 214 à 218.
1848	— —	—	RÉQUIEN, Coq. de Corse, p. 32.
1848	— —	—	FORBES et HANLEY, Brit. Moll., t. II, p. 273, pl. L, fig. 1.
1851	— —	—	PETIT, Catal. *in* Journ. de Conch., t. II, p. 388.
1853	— —	—	REEVE, Conch. Icon., pl. XXV, fig. 102 *a*, *b*.
1853	— —	—	DOUBLIER, Catal. Moll. *in* Prodr. hist. nat. du Var, p. 111.
1855	*Ostrea varia*	—	HANLEY, Ipsa Linn. Conch., p. 109.
1856	*Pecten varius*	—	JEFFREYS, Piedm. Coast, p. 25.
1858	— —	—	GAY, Moll. du Var *in* Bull. Soc. sc. du Var, p. 206.
1859	— —	—	SOWERBY, Illus. Ind. brit. Sh., pl. IX, fig 2, 3.
1863	— —	—	JEFFREYS, Brit. Conch., t. II, p. 53; t. V, p. 166; pl. XXII, fig. 2.
1865	— —	—	FISCHER, Gironde *in* Actes Soc. linn. de Bordeaux, p. 62.
1866	— —	—	BRUSINA, Contrib. pella Fauna Dalm., p. 103.
1867	— —	—	WEINKAUFF, Conch. des Mittelm., t. I, p. 248.
1869	— —	—	PETIT, Catal. Test. mar., p. 75.

1870 *Pecten varius* Lin. ARADAS et BENOIT, Conch. viv. mar. della Sic., p. 95.
1870 — — — HIDALGO, Moluscos mar., pl. XXXV[a] fig. 1,2; pl. XXXVI, fig. 1 à 5.
1878 — — — MONTEROSATO, Enum. e Sinon., p. 4.
1878 — — — ISSEL, Crociera del Violante, p. 42.
1878 — — — FISCHER, Brachiop. et Moll. du litt. océanique de France, p. 11.
1879 — — — GRANGER, Moll. de Cette, p. 26.
1879 — — — CLÉMENT, Catal. Moll. du Gard *in* Études d'hist. nat., p. 68.
1880 — — — STOSSICH, Prosp. della Fauna del Mare Adriatico, p. 176.
1883 — — — MARION, Topogr. zool. du Golfe de Marseille, pp. 86, 106.
1883 — — — MARION, Consid. sur les Faun. prof., pp. 28, 44.
1883 — — — DAUTZENBERG, Liste Coq. de Gabès, p. 8.
1885 — — — DE GREGORIO, Studi su talune Conch. medit., p. 181.
1886 — — — GRANGER, Moll. biv. de France, p. 44.
1886 — — — LOCARD, Prodr. de Malac. franç., p. 509.
1886 *Chlamys varia* — FISCHER, Manuel de Conch., p. 944, fig. 711, 713, 714.
1888 *Pecten varius* — KOBELT, Prodr. Faunæ Moll. test. maria europ. inhab., p. 439.
1888 — — — LOCARD, Monogr. genre *Pecten*, p. 30.

Obs. — Deshayes a introduit dans la synonymie du *P. varius* diverses espèces établies par Gmelin sur des figures de Gualtieri, de Lister et de Regenfuss. Ce sont les *Ostrea muricata, punctata, aculeata, subrufa* (*non* Pennant), *ochroleuca, mustellina, flammea, incarnata* et *versicolor* (p. 3331, non *O. versicolor* p. 3319). Le texte de Gmelin et les figures indiquées comme références par cet auteur ne sont pas assez précises pour qu'il nous paraisse utile de conserver ces noms dans la nomenclature.

Les seuls *Pecten* des mers d'Europe qui aient quelque rapport avec le *P. varius* sont : le *P. multistriatus* Poli et le *P. niveus* Macgillivray. Le premier se distingue toujours du *varius* par sa taille plus petite, sa forme plus haute en proportion, ses côtes rayonnantes plus nombreuses, plus délicatement imbriquées, etc. Le second est une espèce des mers du Nord et des grands fonds de l'Atlantique, parfaitement caractérisée méconnue seulement par certains auteurs qui lui ont attribué à tort la variété blanche du *P. varius*. Le *P. niveus* est toujours plus mince, d'une forme plus arrondie, ses côtes rayonnantes sont plus nombreuses, plus étroites, plus régulières, etc. Le *P. cristularis* Ads et Reeve est une espèce de la Nouvelle-Calédonie et de l'Australie qui présente une analogie surprenante avec le *P. varius.*

Diagnose. — Coquille, diamètre umbono-ventral 57 millim., diam. antéro-post. 52 millim., épaisseur 16 millim., assez solide, subéquivalve, presque équilatérale, de forme ovale allongée.

Valve droite à peine moins convexe que la gauche, à sommet aigu, garnie d'environ trente côtes rayonnantes arrondies à peu près égales aux intervalles qui les séparent. Ces côtes sont garnies de squamules imbriquées, irrégulièrement disposées, assez espacées et parfois très développées. Oreillettes très inégales, garnies de cordons rayonnants imbriqués : la postérieure est petite, triangulaire, obliquement tronquée; l'antérieure est grande, munie d'une échancrure byssale large, profonde et denticulée à la base. Le bourrelet marginal ne dépasse guère le bord cardinal que vers l'extrémité de la grande oreillette.

Face interne de la valve droite lisse et luisante, garnie de côtes rayonnantes qui correspondent aux espaces intercostaux de l'extérieur. Bord cardinal rectiligne, muni au centre d'une fossette ligamentaire triangulaire relativement grande, et de chaque côté de deux plis rayonnants. Impression du muscle adducteur arrondie, peu apparente, située vers le côté postérieur.

Valve gauche à peine plus convexe que la droite, à sculpture semblable, mais avec les imbrications ordinairement plus développées. Oreillettes inégales : la postérieure petite, triangulaire, obliquement tronquée; l'antérieure grande, à contour externe faiblement sinueux.

Face interne de la valve gauche semblable à celle de la valve droite. Le bord cardinal ne porte qu'un pli au lieu de deux.

Coloration très variable, le plus souvent d'un rouge brique terne; la valve droite est à peine plus claire que la gauche. L'intérieur des valves présente la même coloration que l'extérieur, mais atténuée par un enduit blanchâtre peu épais.

Variétés. — En lisant la diagnose du *Systema Naturæ*, nous voyons que le type de l'*O. varia* de Linné possédait trente côtes rayonnantes imbriquées. La référence de Gualtieri ne nous apprend rien de plus, car sa figure R (pl. LXXIV) est des plus médiocres.

D'autre part, si nous examinons une série importante de *P. varius*, nous voyons que le nombre des côtes oscille généralement entre 28 et 32 et qu'il dépasse rarement ce nombre. On peut donc prendre pour type la forme la plus commune qui possède une trentaine de côtes bien limitées, garnies de squamules bien développées et que l'on rencontre en égale abondance dans la Méditerranée et dans l'océan Atlantique. Linné n'ayant indiqué aucune coloration, nous considérerons comme typique celle que l'on rencontre le plus souvent sur les côtes du Roussillon : elle est d'un rouge terne uniforme ou marbré de blanc grisâtre.

Il ne nous semble pas utile de distinguer, au point de vue de la forme, les var. *arzella* et *gapera* de M. le marquis de Gregorio, car elles ont été établies d'après les figurations 102[a] et 102[b] de la planche XXV du *Conchologia iconica*, que nous considérons comme typiques. En effet, la fig. 102[a] (*arzella*) porte 32 côtes avec les imbrications bien développées et nous ne pouvons la distinguer du type que par sa coloration d'un beau rouge vermillon. La figure 102[b] (*gapera*) représente un exemplaire pourvu de 29 ou 30 côtes, d'une coloration grise violacée marbrée de brun et de gris clair, avec les imbrications très développées.

Var. ex forma 1, *major* Locard. « De grande taille, atteignant et dépassant 60 millim. de hauteur. » Nous possédons plusieurs spécimens de cette taille, recueillis à Port-Vendres.

Var. ex forma 2, *strangulata* Locard. « D'un galbe relativement très étroit (haut. 38, larg. 30 millim.). » Se rencontre fréquemment dans le Roussillon.

Var. ex forma 3, *rotundata* Locard. D'une forme bien arrondie (haut. 38, larg. 38 millim.), à côtes rayonnantes au nombre de 36 à 40. Nous avons récolté à la jetée de Penbron, près du Croisic, quelques spécimens de cette forme qui nous semble peu commune; nous en avons figuré un pl. XV, fig. 8.

Var. ex forma 4, *pyxoïdea* nov. var. Avec le bord ventral infléchi dans les deux valves, comme chez certaines formes des *P. clavatus* et *P. flexuosus*. S'il s'agissait d'un exemplaire isolé, il vaudrait peut-être mieux considérer ce cas comme une monstruosité accidentelle; mais nous en connaissons un certain nombre d'échantillons : l'un de nous en a recueilli deux à la jetée de Penbron; il en existe dans la collection Cailliaud, au Muşée de Nantes, nous en avons reçu un très beau spécimen de M. Lemarié, provenant de la Charente-Inférieure, etc.

Var. ex forma 5, *lævigata* Locard. Avec les imbrications très peu développées.

Var. ex colore 1, *alba* Scacchi. Tout à fait blanche.

Var. ex colore 2, *grisea* Locard. D'un gris clair, tantôt uniforme, tantôt un peu rosé au sommet.

Var. ex colore 3, *rosacea* Locard. D'un rose carnéolé uniforme ou orné de zones un peu plus foncées.

Var. ex colore 4, *fulva* Clément. D'un fauve clair uniforme.

Var. ex colore 5, *lutea* Scacchi. D'un jaune paille ou citron.

Var. ex colore 6, *aurantia* Clément. D'un beau jaune orangé plus ou moins vif et souvent maculé de blanc.

Var. ex colore 7, *rubra* Scacchi. D'un rouge vermillon vif, souvent maculé de blanc.

Var. ex colore 8, *rubro-fusca* Scacchi. D'un brun foncé avec les sommets d'un rouge vermillon.

Var. ex colore 9, *ferruginea* Locard. « D'un rouge ferrugineux plus ou moins foncé. »

Var. ex colore 10, *atra* Locard. Presque entièrement noire.

Var. ex colore 11, *violacea* Clément. D'un violet plus ou moins foncé, uniforme ou orné de zones alternativement plus claires et plus foncées.

Var. ex colore 12, *zonata* Locard. Avec des zones concentriques bien marquées : cette variété se trouve combinée avec la plupart des colorations indiquées ci-dessus.

Habitat. — Très abondant sur toutes les côtes du Roussillon, le type et les var. *major, strangulata, alba, aurantia, rubra, rubro-fusca, ferruginea*, etc.

Dispersion. — Méditerranée et Adriatique. Océan Atlantique, sur les côtes d'Espagne, du Portugal, de France et d'Angleterre. Nous venons d'en recevoir de M. Lynge de beaux spécimens recueillis sur les côtes du Danemark.

Origine. — Le *P. varius* est connu de la plupart des gisements pliocènes et pleistocènes du midi de la France (Nice, Roussillon), de l'Italie, de la Grèce, de l'Algérie, du Portugal. En Angleterre, on ne l'a rencontré que dans les lits glaciaires pleistocènes. Sa présence dans le terrain miocène de la Loire n'est pas bien établie. Dans le miocène du bassin méditerranéen, il est représenté par des formes voisines, telles que : *P. subvarius* d'Orb., *P. nimius* Font., et en Portugal par le *P. Costai* Font.

Pecten multistriatus Poli sp. (*Ostrea*).

Pl. XVI, fig. 1, 2, 3, 4, 5.

1766 (?) *Ostrea pusio*	Linné, Syst. Nat., édit. XII, p. 1146.
1795 — *multistriata*	Poli, Test. utr. Sic., t. II, p. 164, pl. XXVIII, fig. 14.
1819 (?) *Pecten pusio* Lin.	Lamarck, Anim. sans vert., t. VI, 1re partie, p. 177.
1822 (†) *Ostrea* — —	Turton, Dyth. Brit., p. 215, pl. XVII, fig. 2.
1826 *Pecten* — Lk	Payraudeau, Moll. de Corse, p. 74.
1826 (?) — — Lin.	Risso, Europe mérid., t. IV, p. 301.
1826 — *multistriatus* Poli	Risso, Europe mérid., t. IV, p. 301.
1827 (†) — *spinosus*	Brown, Illustr. of the Conch. of Gr. Brit. and Ireland, p. 73, pl. XXIV, fig. 8.
1834 — *pusio* Lk	d'Orbigny, Moll. des îles Canaries, p. 102.

1836 *Pecten pusio* Lin. — SCACCHI, Catal. Conch. Regni Neap., p. 4.

1836 — — Lk — PHILIPPI, Enum. Moll. Sic., t. I, p. 84.

1836 (?) — — Lin. — LAMARCK, Anim. sans vert., éd. Desh., t. VII, p. 152.

1844 — — Lk — PHILIPPI, Enum. Moll. Sic., t. II, p. 58.

1844 — — Lin. — FORBES, Rep. Æg. Invert., p. 146.

1846 — — — VÉRANY, Catal. Invert. mar. di Genova e Nizza, p. 13.

1847 — — — SOWERBY, Thesaurus Conch., t. I, p. 72, pl. XIV, fig. 62 à 65.

1848 — — Lk — RÉQUIEN, Coq. de Corse, p. 33.

1848 (†) — — Lin. — FORBES et HANLEY, Brit. Moll., t. II, p. 278, pl. LI, fig. 7.

1851 — — — PETIT, Catal. *in* Journ. Conch., t. II, p. 388.

1853 — — — REEVE, Conch. Icon., pl. XXXIII, fig. 157.

1853 — — — DOUBLIER, Catal. Moll. *in* Prodr. hist. nat. du Var, p. 111.

1855 (?) — — — HANLEY, Ipsa Linn. Conch., p. 109.

1856 — — — JEFFREYS, Piedm. Coast, p. 25.

1860 — *multistriatus* Poli PETIT, Catal. *in* Journ. Conch. suppl., t. VIII, p. 242.

1863 (†) — *pusio* Lin. — JEFFREYS, Brit. Conch., t. II, p. 51 (*ex parte*); t. V, p. 166, pl. XXII, fig. 1 A (*tantum*).

1866 — — Lk — BRUSINA, Contr. pella Fauna Dalm., p. 103.

1867 — — Lin. — WEINKAUFF, Conch. des Mittelm., t. I, p. 246 (*ex parte*).

1869 — — — PETIT, Catal. Test. mar., p. 75 (excl. var.).

1870 — — — ARADAS et BENOIT, Conch. viv. mar. della Sic., p. 95.

1870 — — — HIDALGO, Mol. mar., pl. XXXII A, fig. 3 à 5.

1878 — *multistriatus* Poli MONTEROSATO, Enum. e Sinon., p. 4.

1880 — *pusio* Lin. — STOSSICH, Prosp. della Fauna del Mare Adriatico, p. 176.

1883 — *multistriatus* Poli MARION, Topogr. zool. du Golfe de Marseille, pp. 34, 59, 61, 67, 76, 80, 106.

1883 — — — MARION, Consid. sur les Faunes prof., p. 44.

1883 *Pecten multistriatus* Poli DAUTZENBERG, Liste Coq. de Gabès, p. 7.
1884 — — — MONTEROSATO, Conch. litt. medit., p. 2.
1886 — — — DAUTZENBERG, Nouv. Liste de Cannes, p 2.
1886 — *pusio* Lin. LOCARD, Prodr. de Malac. franç., p. 510 (*ex parte*).
1886 — — — GRANGER, Moll. biv. de France, p. 45.
1888 — — — KOBELT, Prodr. Faunæ Moll. test. maria europ. inhab., p. 437.
1888 — *multistriatus* Poli LOCARD, Monogr. Genre *Pecten*, p. 37.

Obs. — Ainsi que l'explique Hanley, il est impossible de savoir sur quelle forme Linné a établi son *Ostrea pusio :* la diagnose est insuffisante et la boîte qui porte le nom d'*O. pusio*, dans la collection de Linné, renferme des valves dépareillées de plusieurs espèces différentes, parmi lesquelles on reconnaît, en plus de la présente espèce, le *P. albolineatus* de Sowerby, le *P. islandicus* de Chemnitz, à l'état jeune, etc. Dans ces circonstances, il vaut mieux éliminer de la nomenclature le nom de *P. pusio*, d'autant plus qu'il a été diversement interprété : c'est ainsi que Nyst et d'autres après lui ont appliqué ce nom à une forme du pliocène d'Anvers, bien plus voisine du *P. islandicus* que du *multistriatus*.

Le *P. pusio* de Lamarck est incertain : il devra probablement être rapporté au *P. varius* jeune. Nous avons donc fait précéder, dans la synonymie, les références de Linné et de Lamarck d'un point de doute.

Quant à la description de Poli, elle est tellement nette et complète, qu'il ne peut y avoir le moindre doute sur l'identification de son espèce.

Les naturalistes ne sont pas d'accord au sujet de la forme océanique décrite par da Costa sous le nom de *P. distortus* (= *sinuosus* Gmelin). Les uns la réunissent au *P. multistriatus*, tandis que d'autres la regardent comme tout à fait différente. Libre à l'état jeune, le *P. distortus*, lorsqu'il arrive à une certaine période de son accroissement, se fixe par sa valve droite sur des pierres, des coquilles mortes, etc. Il prend alors les aspects les plus bizarres et est tellement différent des *Pecten* normaux, que certains auteurs ont cru devoir le placer dans un autre genre (Hinnites). C'est cette forme adhérente et déformée qui se rencontre le plus fréquemment dans l'océan Atlantique ; elle semble, au contraire, ne pas exister dans la Méditerranée (1). Il existe, par contre, dans l'Océan, une forme parfaitement régulière qu'il n'est pas possible de distinguer d'avec celle de la Méditerranée et qui, d'un autre

(1) Notons cependant que M. de Monterosato a signalé sur les côtes d'Afrique une forme irrégulière *semidistorta*, qui se rapproche du *P. distortus* (*Notizie intorno ad alcune Conchiglie delle coste d' Africa* in *Bull. Soc. malac. Ital.*, p. 215).

côté, ne peut guère être séparée du *P. distortus*, puisqu'on la trouve faisant partie des mêmes colonies et ayant, selon toutes probabilités, la même origine.

Nous devons à M. le Dr Daniel des spécimens recueillis à Brest; à MM. Chevreux, Nicollon, Prié et Lehuédé, de nombreux échantillons provenant des parages du Croisic, notamment de l'îlot du Four, et parmi les coquilles déformées, nous trouvons, par-ci par-là, un exemplaire de forme bien régulière et sans aucune trace d'adhérence. Tel est celui de Brest que nous avons représenté pl. XVI, fig. 5, à côté de quelques *P. distortus* typiques (fig. 6, 7, 8, 9).

En présence d'une telle similitude d'un côté et d'une telle dissemblance de l'autre, il nous est difficile de conclure et nous croyons que la question ne pourra être résolue que par un examen anatomique très minutieux et une étude, sur place, de l'une et de l'autre forme.

Nous avons limité la synonymie aux références qui s'appliquent à la forme libre et régulière, quelle que soit sa provenance; mais nous avons fait précéder du signe † celles qui concernent les exemplaires océaniques, afin d'en faciliter au besoin la séparation.

Le *P. multistriatus* se rapproche du *P. varius* par sa forme générale; mais il se distingue toujours de cette espèce par ses côtes rayonnantes plus nombreuses, plus serrées, inégales entre elles, ainsi que par ses imbrications beaucoup plus nombreuses et plus fines.

Diagnose. — Coquille, diamètre umbono-ventral 31 millim., diam. antéro-post. 26 millim., épaisseur 12 millim., assez solide, subéquivalve, presque équilatérale, de forme ovale allongée, souvent un peu irrégulière.

Valve droite garnie de côtes rayonnantes au nombre d'une vingtaine dans le voisinage du sommet; deux ou trois côtes, ordinairement un peu moins fortes, viennent ensuite s'intercaler entre chacune des premières, de sorte que le bord ventral de la coquille est pourvu de 60 à 80 côtes inégales entre elles. Toutes ces côtes sont ornées de squamules imbriquées fines et nombreuses qui rendent la coquille très rude au toucher. Si l'on examine le test au microscope, on observe que les intervalles des côtes sont traversés par des stries divariquées très fines. Oreillettes très inégales : la postérieure est très petite et porte des côtes rayonnantes semblables à celles de la surface de la valve; l'antérieure est grande, pourvue d'une échancrure byssale profonde, denticulée à la base. Cette oreillette possède quatre ou cinq cordons rayonnants relativement forts, traversés par des plis d'accroissement squameux. Bourrelet irrégulièrement denticulé, ne dépassant le bord cardinal que vers l'extrémité de la grande oreillette.

Face interne de la valve droite lisse et luisante, garnie de côtes rayonnantes qui correspondent aux espaces intercostaux de l'extérieur. Bord cardinal rectiligne, avec une fossette triangulaire étroite et des plis rayonnants très obsolètes. Impression du muscle adducteur arrondie, très peu apparente, située postérieurement.

Valve gauche semblable à la valve droite, mais avec les imbrications un peu plus développées. Oreillettes inégales : la postérieure très petite, l'antérieure grande à contour externe un peu sinueux.

Face interne de la valve gauche semblable à celle de la valve droite, mais avec un seul pli de chaque côté sur le bord cardinal.

Coloration d'un rouge vermillon parsemé de ponctuations blanchâtres (Poli). La valve droite est à peine plus claire que la gauche. Intérieur des valves présentant la coloration de l'extérieur atténuée par un enduit blanchâtre, luisant, peu épais.

Variétés :

Var. ex forma 1, *elongata* Locard. Forme étroite très allongée.

Var. ex colore 1, *rubra* Monterosato = *rufula* Locard. D'un beau rouge vermillon uniforme.

Var. ex colore 2, *flava* Monts. = *lutea* Locard. D'un jaune pâle.

Var. ex colore 3, *violacea* Monts. Entièrement violette ou blanchâtre, avec des zones concentriques violettes.

Var. ex colore 4, *aurantiaca* Locard. Rouge orangée avec ou sans maculations blanchâtres.

Si le polymorphisme occasionnel de cette espèce était bien établi, il faudrait citer comme variété ex forma la plus importante, la var. *distorta* da Costa.

Habitat. — Assez abondant à Paulilles, Port-Vendres, Collioure.

Dispersion. — Méditerranée et Adriatique, océan Atlantique aux îles Canaries (d'Orbigny) et aux Açores (dragages de l'*Hirondelle*). M. le Dr Jullien nous a rapporté des valves du *P. multistriatus* draguées par lui au Grand-Cess (côte de Libéria), et Weinkauff, dans son Catalogue des coquilles marines des mers d'Europe (1873), signale cette espèce au cap de Bonne-Espérance.

Origine. — Cette espèce, très répandue à l'état fossile, est ordinairement indiquée par les paléontologues sous le nom de *P. pusio*. Elle apparaît dans le miocène de la Loire, de la Bretagne et de l'Anjou, dans celui de la Gironde, du bassin du Rhône, de la Suisse, de l'Autriche, de la Bohême et de l'Italie.

On la retrouve dans le pliocène du Nord, en Belgique (Edeghem), à Anvers (où la plupart des exemplaires indiqués sous le nom de *P. pusio* doivent être rapprochés du *P. islandicus*), en Angleterre, dans le Cotentin, la Loire-Inférieure. Elle existe également dans le pliocène du Midi : Roussillon, vallée du Rhône, Alpes-Maritimes, ainsi que dans une foule de gisements de l'Italie, de la Sicile et de l'Algérie.

Le *P. pusio* existe également dans les couches pleistocènes de la Sicile et de l'Archipel.

Le *P. striatus* Sowerby (*non* Müller *nec* Munster) du crag, devenu *P. substriatus* pour d'Orbigny, est synonyme du *multistriatus*.

Deshayes a décrit en 1824, sous le nom de *P. multistriatus*, une espèce du bassin de Paris, différente de celle de Poli. Ce double emploi semble avoir jusqu'ici passé inaperçu. Nous proposons le nom de *P. Bouryi* pour l'espèce fossile du calcaire grossier.

Le *P. distortus* a été signalé dans le pliocène italien (Cantraine, Seguenza) et jusque dans le pleistocène (Monterosato). Sa disparition du bassin méditerranéen est donc fort récente.

Sous-genre : PALLIOLUM Monterosato 1884.

Type : P. incomparabilis Risso. Ce sous-genre comprend des espèces à test mince, à surface finement striée ou légèrement imbriquée et dépourvues de côtes dans l'intérieur des valves.

Pecten incomparabilis Risso.

Pl. XVI, fig. 18, 19.

1826	*Pecten incomparabilis*	Risso, Europe mérid., t. IV, p. 302, fig. 154.
1826	— *vitreus*	Risso (*non* Chemnitz), Europe mérid., t. IV, p. 303, fig. 156.
1836	— *Testæ* (Bivona mss.)	Philippi, Enum. Moll. Sic., t. I, p. 81, pl. V, fig. 17, 17 a.
1844	— — Biv.	Philippi, Enum. Moll. Sic., t. II, p. 57.
1844	— — —	Forbes, Rep. Æg. Invert., p. 146.
1846	— — —	Vérany, Catal. Inv. mar. di Genova e Nizza, p. 13.
1848	— — —	Réquien, Coq. de Corse, p. 98.
1851	— — —	Petit, Catal. *in* Journ. Conch., t. II, p. 389.
1853	— — —	Doublier, Catal. Moll. *in* Prodr. hist. nat. du Var, p. 112.
1856	— — —	Jeffreys, Piedm. Coast, p. 25.
1858	— — —	Gay, Catal. Moll. du Var *in* Bull. Soc. sc. du Var, p. 208.
1858	— *Forestii* (Martin mss.)	Gay, Catal. Moll. du Var *in* Bull. Soc. sc. du Var, p. 209.
1862	— *Testæ* Biv.	Weinkauff, Catal. Alg. *in* Journ. Conch., t. X, p. 330.
1866	— — —	Brusina, Contrib. pella Fauna Dalm., p. 103.

1867	*Pecten Testæ* Biv.	Weinkauff, Conch. des Mittelm., t. I, p. 263.
1869	— — —	Petit, Catal. Test. mar., p. 78.
1870	— — —	Aradas et Benoit, Conch. vir. mar. della Sic., p. 100.
1870	— — —	Hidalgo, Molusc. mar., pl. XXXV A, fig. 8 à 10.
1872	— — —	Monterosato, Not. int. alle Conch. medit., p. 27.
1878	— — —	Monterosato, Enum. e Sinon., p. 4.
1880	— — —	Stossich, Prosp. della Fauna del Mare Adriatico, p. 175.
1883	— — —	Marion, Topogr. zoolog. du Golfe de Marseille, pp. 59, 67, 80, 83, 90, 106.
1883	— — —	Marion, Consid. sur les Faunes profondes, pp. 17, 28, 41, 44.
1884	— *incomparabilis* Risso	Monterosato, Conch. litt. medit., p. 2.
1884	*Palliolum* — —	Monterosato, Nom., Gen. e Spec., p. 5.
1886	*Pecten* — —	Locard, Prodr. de Malac. franç., p. 515.
1886	— *Testæ* Biv.	Granger, Moll. biv. de France, p. 47.
1886	*Chlamys* (Palliolum) — —	Fischer, Manuel de Conch., p. 944.
1888	*Pecten Testæ* Biv.	Kobelt, Prodr. Faunæ Moll. test. mar. europ. inhab., p. 438.
1888	— *incomparabilis* Risso	Locard, Monogr. Genre *Pecten*, p. 131.

Obs. — C'est à M. de Monterosato que nous devons la reprise du nom de *P. incomparabilis* Risso qui a incontestablement la priorité sur celui de *P. Testæ*. La forme océanique décrite sous les noms *P. aculeatus* Jeffr. = *furtivus* Lovén, puis rattachée à titre de variété au *P. striatus* par MM. Forbes et Hanley, et au *P. Testæ* (= *incomparabilis*) par MM. Jeffreys et Fischer, nous semble assez différente de l'espèce méditerranéenne dont nous nous occupons ici, pour constituer une espèce distincte. Nous sommes arrivés à cette conclusion, après avoir étudié la forme océanique sur de nombreux spécimens de différents âges dragués dans le golfe de Gascogne par S. A. le prince Albert de Monaco. Nous avons pu constater que cette forme ne diffère pas uniquement du *P. incomparabilis* par la présence de costules rayonnantes, imbriquées chez les exemplaires adultes; mais que les stries divergentes et les ponctuations sont toujours plus fortes et plus espacées et composent une sculpture bien plus grossière que celle de la forme méditerranéenne.

Le *P. striatus* Müller qui a été confondu par quelques auteurs avec la forme océanique dont nous venons de parler, est une espèce bien différente dont les caractères ont été parfaitement mis en lumière par Jeffreys; ils résident surtout dans la sculpture de la valve gauche, ainsi que dans la conformation de l'oreillette antérieure de cette même valve dont le contour externe est beaucoup moins sinueux.

Diagnose. — Coquille, diamètre umbono-ventral 11 millim., diamètre antéro-postérieur 12 millim., épaisseur 4 millim., mince, pellucide, presque équivalve et équilatérale, de forme arrondie. Sommets anguleux assez saillants, oreillettes inégales; les postérieures sont petites, triangulaires, à contours externes très obliques, les antérieures sont beaucoup plus grandes et celle de la valve droite est munie d'une échancrure byssale assez grande finement denticulée à la base.

La face externe des valves semble lisse et luisante lorsqu'on l'observe à l'œil nu, mais on remarque à l'aide de la loupe, que toute l'étendue du test est garnie de stries rayonnantes fines et serrées. Ces stries dirigées en ligne droite du sommet vers le bord ventral, dans la région médiane des valves, sont ensuite élégamment arquées dans les régions latérales; elles sont coupées par des stries d'accroissement concentriques très fines. Les oreillettes sont sculptées comme le reste de la coquille, à l'exception de l'oreillette antérieure de la valve droite, qui porte au-dessus du sillon byssal cinq ou six costulations rayonnantes imbriquées, dont la supérieure dépasse le bord cardinal et forme un bourrelet finement denticulé.

Intérieur des valves entièrement lisse et luisant, laissant apercevoir par transparence les stries de l'extérieur. Fossettes ligamentaires petites, triangulaires, bords latéraux et bord ventral simples et tranchants.

Coloration d'un blanc jaunâtre hyalin orné sur la valve gauche de linéoles d'un blanc opaque disposées en zigzags, et sur la valve droite d'une réticulation également blanche et opaque.

Variétés. — Considérant le *P. aculeatus* Jeffr. (= *furtivus* Lovén) comme spécifiquement distinct du *P. incomparabilis*, nous n'avons à citer aucune variété de forme remarquable.

La var. ex forma *elongata* établie par M. Locard, pour ce qu'il regarde comme la forme océanique du *P. incomparabilis*, n'est autre chose, selon nous, que l'état jeune du *P. aculeatus*, alors que les costules imbriquées ne se sont pas encore développées. Nous avons, en effet, observé tous les passages entre cet état et celui de la coquille adulte qui représente le vrai *P. aculeatus;* de telle sorte que si l'on admet la réunion de la forme de l'Océan au *P. incomparabilis*, on est fatalement conduit à admettre aussi le *P. aculeatus* comme variété de la même espèce.

M. de Monterosato a signalé, chez le *P. incomparabilis*, une variété méditerranéenne à rayons légèrement imbriqués (*P. Tornabeni* Biondi), qui est peut-être le *P. aculeatus*.

Var. ex colore 1, *vitrea* Risso = *albida* Locard = *grisea* Locard. D'un blanc hyalin à peine coloré.

Var. ex colore 2, *lactea, apice rubello* Philippi.

Var. ex colore 3, *pallide carnea* Phil. D'un rose carnéolé pâle.

Var. ex colore 4, *violacea* Locard. D'un rouge violacé, un peu pâle, monochrome.

Var. ex colore 5, *sulfurea* Phil. = *succinea* Loc. D'un jaune ambré uniforme.

Var. ex colore 6, *aurantia* Phil. = *aurantiaca* Loc. D'un rouge orangé plus ou moins foncé.

Var. ex colore 7, *radiata* Locard. D'un rose plus ou moins foncé, avec de trois à cinq lignes rayonnantes simulant des côtes, constituées par de fines marbrures.

Var. ex colore 8, *maculata* Locard = *marmorea* Loc. = *sanguinea, maculis pallidis marmorata* Phil. = *flavida, maculis magnis rufo-sanguineis* Phil. = *vinacea, fascia mediana lata, angulata, alba* Phil. = *rosea* Loc. Nous réunissons ici tous les exemplaires marbrés, tachetés ou linéolés de blanc, de rouge ou de brun sur diverses nuances de fond, car nous croyons inutile de dénommer un certain nombre de ces colorations alors qu'il est difficile de trouver deux exemplaires semblables.

Habitat. — Rare à Paulilles, Port-Vendres.

Dispersion. — Méditerranée et Adriatique. Douteux dans l'océan Atlantique.

Origine. — Cette espèce, à cause de sa petite taille et de sa fragilité, a pu échapper à bien des recherches. On ne l'a signalée que dans le pliocène et le pleistocène de diverses parties de l'Italie.

Typ. Oberthür, Rennes-Paris (317-89).

Famille AVICULIDÆ (Swainson) Fischer emend.

Comme le fait observer M. le docteur P. Fischer, dans son *Manuel de Conchyliologie*, p. 950, la famille des *Aviculidæ* est l'une des plus critiques parmi les *Pélécypodes*, à cause du nombre et de la diversité des genres vivants et fossiles qui la composent. Elle comprend à la fois des mollusques monomyaires, tels que les *Avicula*, *Vulsella*, *Crenatula*, *Perna*, d'autres dimyaires, tels que les *Pinna*, et il n'est cependant pas possible de les répartir dans deux familles distinctes, à cause de leur grande similitude sous tous les autres rapports.

Dès 1819, Férussac a réuni dans la famille des *Aviculea*, un groupe de genres qui entrent tous dans la famille des *Aviculidæ* telle que l'a délimitée M. le docteur Fischer. Swainson, en établissant, en 1840, la famille des *Aviculidæ*, y a fait entrer également les *Mytilus;* mais les caractères anatomiques des *Mytilidæ* ainsi que la structure de leur test sont tellement différents de ceux des *Aviculidæ*, qu'il est difficile d'admettre la réunion de ces deux groupes dans une même famille. C'est donc à Férussac que revient le mérite d'avoir créé la famille qui nous occupe, et si nous nous servons de préférence du vocable *Aviculidæ*, c'est uniquement à cause de la désinence *idæ*, qui est plus conforme aux règles généralement adoptées pour la nomenclature.

Le test des *Aviculidæ* est fragile, et si on l'examine au microscope, on voit qu'il est composé de deux couches : l'une, supérieure, mince, lamelleuse, horizontale; l'autre, inférieure, épaisse, constituée par des fibres prismatiques perpendiculaires à la surface.

La famille des *Aviculidæ* a été divisée par M. Fischer en huit sous-familles, dont deux seulement nous intéressent ici :

a. — Sous-famille *Aviculinæ* Fischer, 1886, comprenant des mollusques monomyaires à coquilles pourvues d'oreillettes. Elle est représentée dans la faune actuelle par les genres *Avicula* et *Malleus*.

b. — Sous-famille *Pinninæ* Fischer, 1886. Cette section avait déjà été établie comme famille distincte, par Leach, en 1819, sous le nom de *Pinnidæ*. Elle ne comprend, dans la faune actuelle que le seul genre *Pinna*, composé de mollusques dimyaires, à coquilles dépourvues d'oreillettes, bâillantes du côté postérieur.

TABLEAU DES GENRES ET ESPÈCES

Genre **Avicula** Klein	*A. hirundo* Linné.
— **Pinna** Linné	1. *P. pectinata* Linné.
— — —	2. *P. nobilis* Linné.

Genre AVICULA Klein, 1753.

Ce genre a été établi et bien limité par Klein (*Tentamen methodi ostracologicæ*, p. 120). C'est à tort que Bruguière y avait adjoint, en 1792, les *Malleus* qui ont été éliminés par Lamarck en 1801.

Avicula hirundo (Linné) Poli, sp. (*Mytilus*).

Pl. XXII, fig. 1, 2, 3, 4.

1767	*Mytilus hirundo*	Linné, Syst. Nat., edit. XII, p. 1159 (*ex parte*).
1785	— — Lin.	Chemnitz, Conch. Cab., t. VIII, p. 142, pl. LXXXI, fig. 725.
1795	— — —	Poli, Test. utr. Sic., t. II, p. 221, pl. XXXII, fig. 17-21.
1817	— — var. F.	Dillwyn, Descr. Catal. of recent Sh., t. I, p. 320.
1819	— — Lin.	Turton, Conch. Dict., p. 108, pl. I, fig. 7.
1819	*Avicula tarentina*	Lamarck, Anim. sans vert., t. VI, 1re partie, p. 148.
1822	— *hirundo* Lin.	Turton, Dithyra brit., p. 220, pl. XVI, fig. 3, 4.
1826	— *tarentina* Lk	Risso, Europe mérid., t. IV, p. 308.
1826	— *aculeata*	Risso, Europe mérid., t. IV, p. 308.
1827	— *anglica*	Brown, Illustr. of the Conch. of Gr. Brit. and Ireland, pl. XXI, fig. 3.

1829 *Mytilus hirundo* Lin. O.-G. Costa, Catal. Sist., p. 59.

1830 *Avicula tarentina* Lk Deshayes, Encycl. méthod., t. II, p. 99, pl. CLXXVIII, fig. 8.

1834 — — — d'Orbigny, Mollusques des Iles Canaries, p. 102.

1836 — — — Scacchi, Cat. Conch. Regni Neap., p. 4.

1836 — — — Philippi, Enum. Moll. Sic., t. I, p. 76.

1836 — — Lamarck, Anim. sans vert., édit. Desh., t. VII, p. 99.

1844 — — Lk Philippi, Enum. Moll. Sic., t. II, p. 55.

1844 — — — Forbes, Repert. Æg. Invert., p. 145.

1844 — — — Potiez et Michaud, Galerie de Douai, t. II, p. 106.

1844 — *hirundo* Lin. Thorpe, Brit. mar. Conch., p. 113, pl. VIII, fig. 109.

1846 — *tarentina* Lk Vérany, Catal. Invert. del Golfo di Genova e Nizza, p. 13.

1848 — — — Réquien, Coq. de Corse, p. 31.

1848 — — — Deshayes, Exploration scient. de l'Algérie, pl. CXXXIX.

1851 — — — Petit, Catal. *in* Journ. Conch., t. II, p. 386.

1852 — *britannica* Leach, Synopsis of the Moll. of Gr. Brit., p. 340.

1853 — *tarentina* Lk Forbes et Hanley, Brit. Moll., t. II, p. 251, pl. XLII, fig. 1-3; animal : pl. S, fig. 4.

1853 — — — Doublier, Catal. Moll. du Var, *in* Prodr. Hist. nat. du Var, p. 111.

1855 *Mytilus hirundo* Lin. Hanley, Ipsa Linn. Conch., p. 147.

1856 *Avicula tarentina* Lk Jeffreys, Piedm. Coast, p. 25.

1857 — — — Reeve, Conch. Icon., pl. XIII, fig. 47a, 47b.

1858 — *hirundo* Poli Gay, Moll. du Var, *in* Bull. Soc. scient. du Var, p. 200.

1858 — *tarentina* Lk Drouet, Moll. mar. des Iles Açores, p. 44.

1859 — — — Sowerby, Illustr. Ind. brit. Sh., pl. VIII, fig. 15.

1863 — *hirundo* Lin. Jeffreys, Brit. Conch., t. II, p. 95; t. V, p. 170, pl. XXV, fig. 6.

1865 — *tarentina* Lk Cailliaud, Catal. Loire-Inf., p. 116.

1866 — *atlantica* Fischer (*non* Lk), Gironde, p. 62.

1866 — *tarentina* Lk Brusina, Contrib. pella fauna dei Moll. Dalm., p. 101.

1867 — — — Weinkauff, Conchyl. des Mittelm., t. II, p. 230.

1869 — — — Petit, Catal. Test. mar., p. 73.

1870 — — — Aradas et Benoit, Conch. viv. mar. della Sic., p. 90.

1870 — — — Hidalgo, Mol. mar., pl. LVIIA, fig. 3.

1870 — *hirundo* Lin. Jeffreys, Mediterranean Moll., p. 4.

1873	*Avicula tarentina* Lk	Clément, Cat. Moll. du Gard, *in* Études d'Hist. nat., p. 69.
1878	— — —	Monterosato, Enum. e Sinon., p. 5.
1878	— — —	Fischer, Brachiop. et Moll. du litt. océan. de la France, p. 11.
1879	— *hirundo* Lin.	Jeffreys, Lightn. and Porcup. Exp. *in* Proc. Zool. Soc. of London, p. 565.
1879	— *tarentina* Lk	Granger, Catal. Moll. de Cette, p. 26.
1880	— — —	Stossich, Prosp. della fauna del mare Adriatico, p. 170.
1880	— *hirundo* Lin.	Servain, Catal. Ile d'Yeu, p. 26.
1883	— — —	Daniel, Faune malac. de Brest, *in* Journ. Conch., t. XXXI, p. 258.
1883	— *tarentina* Lk	Marion, Considérations sur les faunes profondes de la Médit., pp. 28, 37, 44.
1886	— — —	Granger, Moll. biv. de France, p. 52, pl. IV, fig. 1.
1886	— — —	Locard, Prodr. de Malac. franç., p. 501.
1888	— — —	Kobelt, Prodr. Faunæ moll. test. maria europ. inhab., p. 430.

Obs. — Nous avons beaucoup hésité avant de nous décider à adopter le nom d'*hirundo* pour l'*Avicula* des mers d'Europe.

Le *Mytilus hirundo*, tel que l'a compris Linné, renfermait, en effet, tous les *Avicula* connus de son temps et on a pu reconnaître, tant parmi ses références, que parmi les échantillons de sa collection, en plus de l'espèce européenne, celles que l'on désigne aujourd'hui sous les noms de : *A. crocea* Lk ; *A. semisagitta* Lk ; et *A. macroptera* Lk. Mais s'il suffisait, pour rejeter un nom linnéen, qu'il ait été compris dans un sens trop large au point de vue de l'état actuel de la science, il ne subsisterait qu'un bien petit nombre des espèces du *Systema Naturæ*. Il est vrai que la plupart des noms des autres espèces ont été consacrés par l'usage, tandis que, pour notre *Avicula*, c'est celui de *tarentina* Lamarck qui a été plus généralement employé.

Ce qui nous a décidés à reprendre le nom *hirundo*, c'est que, dès 1795, Poli l'a appliqué spécialement à la coquille de la Méditerranée et que, depuis lors, ce nom n'a pas été employé dans un sens différent.

Diagnose.— Coquille, diamètre umbono-ventral 70 millim., diamètre antéro-post. 98 millim. ; épaisseur 22 millim., très inéquilatérale, ailée, légèrement inéquivalve (la valve gauche étant un peu plus convexe que la droite), obliquement ovale et pourvue d'oreillettes inégales : les postérieures, profondément échancrées par un sinus arrondi, se prolongeant en une expansion ensiforme, allongée et étroite ; les antérieures beaucoup plus courtes, de forme triangulaire ; celle de la valve droite est échancrée par un sinus byssal assez grand. Sommets petits, aigus, dépassant un peu le bord cardinal. Bord cardinal rectiligne; bord ventral arrondi. Test mince, d'une grande fragilité, surtout vers les bords et à l'extrémité des oreillettes. Stries d'accroissement nombreuses, donnant naissance à des lamelles concentriques, irrégulièrement frangées. Ces lamelles sont couchées sur le test et leurs foliations se superposent; mais il arrive le plus souvent, chez les individus adultes, que cette sculpture, qui est fort délicate, disparaît plus ou moins complètement. La surface est alors luisante et presque lisse.

Intérieur des valves lisse, luisant, garni d'une couche de nacre irisée, qui n'atteint pas les bords et laisse à découvert une zone marginale très large du côté ventral. Charnière étroite, présentant, sur la valve gauche, une petite dent cardinale arrondie et une dent latérale lamelliforme, allongée; et, sur la valve droite, deux petites dents cardinales et une dent latérale semblable à celle de la valve gauche. Ligament assez court, peu épais, terminé en pointe du côté postérieur.

Chez les individus vieux, il se forme, à l'extérieur une aire ligamentaire profonde, taillée en biseau. Impression du muscle adducteur des valves grande, bien marquée, située vers le milieu de la partie nacrée. Coloration d'un jaune sale, un peu transparent, orné de nombreux rayons violacés irréguliers qui partent du sommet et sont plus ou moins interrompus. Coloration de l'intérieur semblable à celle de l'extérieur, dans la zone marginale laissée à découvert par la nacre. Nacre irisée de bleu, de vert et de rose. Byssus fibreux et touffu.

Variétés. — L'*Avicula hirundo* est assez variable sous le rapport de l'épaisseur du test, de la longueur du rostre ainsi que de la forme générale qui est plus ou moins oblique. Les exemplaires qui ont pu se développer à l'abri des chocs ou des frottements, conservent leurs squamules et constituent l'*Avicula aculeata* de Risso. Le sinus postérieur est plus ou moins ouvert ou rétréci. La coloration est, tantôt presque uniformément grise jaunâtre, tantôt les rayons violacés sont bien apparents. Mais, en somme, toutes ces variations sont plutôt individuelles et ne peuvent guère servir à l'établissement de variétés. M. Marion signale, dans le golfe de Marseille, une var. *minor*.

Habitat. — Assez abondant à Port-Vendres.

Dispersion. — Méditerranée et Adriatique; océan Atlantique, depuis les côtes d'Angleterre jusqu'aux îles Canaries et Açores. L'*A. hirundo* forme, le long des côtes océaniques de France, des bancs importants, à une profondeur d'environ 130 mètres, où il vit en compagnie de l'*Ostrea cochlear* Poli. MM. de Boury et Nicollon nous en ont envoyé de nombreux spécimens, dragués au large d'Arcachon et du Croisic, et nous avons pu nous convaincre, en les examinant, de l'identité absolue des échantillons de l'Océan et de ceux de la Méditerranée.

Origine. — Cette espèce forme un banc dans les marnes sableuses du pliocène de Banyuls (Companyo). M. Fontannes, après une comparaison minutieuse avec la forme actuelle, a été conduit à créer pour ces fossiles la var. *Companyoi* Font. Les débris recueillis dans le Coralline Crag d'Angleterre et déterminés d'abord comme *Av. tarentina*, par M. Wood, ont été ensuite, élevés au rang d'espèce distincte par le même auteur, sous le nom d'*Av. phalænoïdes*. C'est une forme épaisse, peu oblique, qui serait intermédiaire entre l'espèce vivante et l'*Av. phalænacea* Bast., du miocène. Les autres citations dans le pliocène du Portugal et de l'Italie, restent douteuses, de même que celle du pleistocène de Sicile (Philippi).

Genre PINNA (Aristote) LINNÉ, 1758.

La grande espèce méditerranéenne de ce genre était déjà désignée sous le nom de πίννα par Aristote. Les naturalistes de la Renaissance : Aldrovande, Belon, Rondelet, ont employé la même appellation, qui a été conservée depuis lors par tradition. Linné a distingué huit espèces dans son genre *Pinna*. Lamarck, en 1799, a pris pour type le *P. rudis* Linné. Le genre *Mya* Scopoli, 1773 (*non* Linné), est synonyme.

Pinna pectinata Linné.

Pl. XXIII, fig. 1 (type) ; 2, 3 (var.).

1767	*Pinna pectinata*	LINNÉ, Syst. Nat., edit. XII, p. 1160.
1777	— *ingens*	PENNANT, Brit. Zool., t. IV, p. 115.
1777	— *fragilis*	PENNANT, Brit. Zool., t. IV, p. 114, pl. LIX, fig. 80.
1778	— *muricata*	DA COSTA (*non* Linné), Brit. Conch., p. 240, pl. XVI, fig. 3.
1786	— *pectinata* Lin.	SCHRŒTER, Einleit. in die Conchylienk., t. III, p. 475.
1790	— — —	LINNÉ-GMELIN, Syst. Nat., édit. XIII, p. 3363.
1795	— *rudis*	POLI (*non* Linné), Test. utr. Sic., t. II, p. 226, pl. XXXIII, fig. 3.
1799	— *muricata*	DONOVAN (*non* Linné, *nec* Poli), Brit. Shells, t. I, pl. X.
1803	— *lævis*	DONOVAN, Brit. Shells, t. V, pl. CLII.
1803	— *pectinata* Lin.	MONTAGU, Test. brit., t. I, p. 178.
1803	— *ingens* Penn.	MONTAGU, Test. brit., t. I, p. 180 ; suppl., p. 72.
1804	— *ingens* Penn.	MATON et RACKETT, Trans. Linn. Soc., t. VIII, p. 112.

1804	*Pinna muricata*	Maton et Rackett (*non* Linné, *nec* Poli), Trans. Linn. Soc., t. VIII, p. 113.
1812	— *pectinata* Lin.	Pennant, Brit. Zool., 2e édit., t. IV, p. 243, pl. LXXII.
1812	— *ingens*	Pennant, Brit. Zool., 2e édit., t. IV, p. 244.
1817	— — Penn.	Dillwyn, Descr. Catal., t. I, p. 325.
1817	— *pectinata* Lin.	Dillwyn, Descr. Catal., t. 1, p. 325.
1819	— — —	Turton, Conch. Dict., p. 148, pl. II, fig. 11.
1819	— — —	Lamarck, Anim. sans vert., t. VI, 1re partie, p. 133.
1819	— *ingens* Penn.	Lamarck, Anim. sans vert., t. VI, 1re partie, p. 134.
1822	— — —	Turton, Dithyra Brit., p. 221, pl. XX, fig. 1.
1822	— *fragilis* Penn.	Turton, Dithyra Brit., p. 222, pl. XX, fig. 2.
1822	— *pectinata*	Turton, Dithyra Brit., p. 223, pl. XIX, fig. 1.
1822	— *papyracea*	Turton, Dithyra Brit., p. 224, pl. XX, fig. 3.
1826	— *rudis*	Payraudeau (*non* Linné), Moll. de Corse, p. 69.
1832	— *pectinata* Lin.	Deshayes, Encyclopédie méthod., t. III, p. 769 (pl. CC, fig. 5).
1835	— *ingens* Penn.	Bouchard-Chantereaux, Catal. Boulon., p. 29.
1836	— *pectinata* Lin.	Philippi, Enum. Moll. Sic., t. I, p. 74 (*ex parte*).
1836	— — —	Lamarck, Anim. sans vert., édit. Desh., t. VII, p. 64.
1836	— *ingens* Penn.	Lamarck, Anim. sans vert., édit. Desh., t. VII, p. 66.
1844	— *truncata*	Philippi, Enum. Moll. Sic., t. II, p. 54, pl. XVI, fig. 1.
1844	— *pectinata* Lin.	Philippi, Enum. Moll. Sic., t. II, p. 54 (*ex parte*).
1844	— *ingens* Penn.	Thorpe, Brit. mar. Conch., p. 111.
1844	— *fragilis* Penn.	Thorpe, Brit. mar. Conch., p. 111.
1844	— *papyracea* Turt.	Thorpe, Brit. mar. Conch., p. 112.
1848	— *pectinata* Lin.	Réquien, Coq. de Corse, p. 30.
1851	— — —	Petit, Catal. *in* Journ. Conch., t. II, p. 385.
1851	— *ingens* Penn.	Petit, Catal. *in* Journ. Conch., t. II, p. 385.
1852	— *fragilis* Penn.	Leach, Synopsis Moll. Gr. Brit., p. 329.
1852	— *elegans*	Leach, Synopsis Moll. Gr. Brit., p. 330.
1853	— *pectinata* Lin.	Forbes et Hanley, Brit. Moll., t. II, p. 255, pl. XLIII, fig. 1, 2, et pl. LIII, fig. 8.
1855	— — —	Hanley, Ipsa Linn. Conch., p. 149.
1856	— — —	Jeffreys, Piedm. Coast, p. 25.

1858 *Pinna ingens* Penn. REEVE, Conch. Icon., pl. XXVIII, fig. 53.
1858 — *pectinata* Lin. REEVE, Conch. Icon., pl. XXII, fig. 42.
1858 — *truncata* Phil. REEVE, Conch. Icon., pl. XIX, fig. 35.
1859 — — — SOWERBY, Illustr. Index brit. Sh., pl. VIII, fig. 16.
1863, 1869 *Pinna rudis* JEFFREYS (*non* Linné), Brit. Conch., t. II, p. 99, pl. de titre et pl. III, fig. 1; t. V, p. 170, pl. XXVI.
1865 *Pinna pectinata* Lin. CAILLIAUD, Catal. Loire-Inf., p. 117.
1865 — *muricata* CAILLIAUD (*non* Linné, *nec* Poli), Catal. Loire-Inf., p. 117.
1865 — *rudis* FISCHER (*non* Linné), Gironde, p. 61.
1866 — *pectinata* Lin. BRUSINA, Contrib. pella fauna dei Moll. Dalm., p. 101.
1866 — — — ED. VON MARTENS, Ann. and Mag. nat. Hist., p. 85.
1866 — *truncata* Phil. ED. VON MARTENS, Ann. and. Mag. nat. Hist., p. 85.
1866 — *ingens* Penn. ED. VON MARTENS, Ann. and. Mag. nat. Hist., p. 85.
1867 — *pectinata* Lin. WEINKAUFF, Conch. des Mittelm., t. I, p. 232.
1869 — — — TAPPARONE-CANEFRI, Ind. Moll. test. di Spezia, p. 139.
1869 — *truncata* Phil. PETIT, Catal. Test. mar., p. 73.
1869 — *rudis* PETIT (*non* Linné), Catal. Test. mar., p. 73.
1870 — *pectinata* Lin. ARADAS et BENOIT, Conch. viv. mar. della Sic., p. 90.
1872 — — — MONTEROSATO, Not. int. alle Conch. Medit., p. 18.
1875 — — — CLÉMENT, Cat. Moll. du Gard, *in* Études d'Hist. nat., p. 70.
1878 — *truncata* Phil. MONTEROSATO, Enum. e Sinon., p. 5.
1879 — *pectinata* Lin. GRANGER, Catal. Moll. de Cette, p. 26.
1879 — *rudis* JEFFREYS (*non* Linné), Lightning and Porcupine Exped. *in* Proc. Zool. Soc. of London, p. 565.
1880 — *pectinata* Lin. STOSSICH, Prosp. della fauna del mare Adriatico, p. 170.
1880 — *rudis* SERVAIN (*non* Linné), Catal. Moll. Ile d'Yeu, p. 26.
1883 — — DANIEL (*non* Linné), Faune malac. de Brest, p. 257.
1883 — *pectinata* Lin. DANIEL, Faune malac. de Brest, p. 257.
1884 — *truncata* Phil. MONTEROSATO, Nom., Gen. e Spec., p. 8.
1884 — *pectinata* Lin. NOBRE, Moll. marinhos do Noroeste de Portugal, p. 21.

1886 *Pinna rudis*	GRANGER (*non* Linné), Moll. biv. de France, p. 55 (excl. fig. 3, pl. IV).
1886 — *pectinata* Lin.	LOCARD, Prodr. de Malac. franç., p. 501.
1886 — *truncata* Phil.	LOCARD, Prodr. de Malac. franç., p. 502.
1888 — *pectinata* Lin.	KOBELT, Prodr. faunæ Moll. test. maria europ. inhab., p. 420.

Obs. — Nous n'avons pas admis le *P. mucronata* de Poli comme une forme du *P. pectinata*. La figure de l'ouvrage de Poli (pl. XXXIII, fig. 4) représente une coquille ornée sur chaque valve de huit côtes rayonnantes dont quatre sont lisses et alternent avec quatre côtes garnies de squamules espacées très fortes et longues. Nous croyons que M. de Monterosato (*Nomencl. Gen. e Spec.*, p. 8) a eu raison de regarder cette forme comme spécifiquement distincte, bien que par son contour général et son bord ventral dépourvu de côtes rayonnantes, elle présente une certaine analogie avec le *P. pectinata*.

Nous avons aussi écarté de la synonymie le *P. muricata* de Montagu, qui a représenté sous ce nom une espèce bien différente, garnie de côtes longitudinales régulières, arrondies, au nombre de neuf, portant quelques squamules très grandes. Il faudra probablement rapporter cette figuration de Montagu au vrai *P. rudis* Linné, des Antilles.

On peut encore ajouter à la liste des synonymes : *P. Philippii* Aradas (*non* Maravigna).

Diagnose. — Coquille, diamètre dorso-ventral 163 millim.; diam. antéro-post. 200 millim.; épaisseur 60 millim., équivalve, trigone, cunéiforme et sans oreillettes en avant, élargie, tronquée ou faiblement arrondie et bâillante en arrière. Sommets terminaux. Test relativement peu épais, fragile, assez translucide, luisant, garni, à partir des sommets et jusque vers les deux tiers de la longueur totale, de quelques côtes rayonnantes étroites, plus ou moins obsolètes et ondulées. Ces côtes, dont le nombre varie de 5 à 10, sont toutes situées du côté dorsal et sur la région médiane; il n'en existe pas dans le voisinage du bord ventral. Stries d'accroissement concentriques, très obliques et bien développées dans la région ventrale, beaucoup moins marquées sur le reste de la surface. Bord ligamentaire rectiligne; bord ventral sinueux du côté antérieur, ensuite légèrement arrondi; bord postérieur plus ou moins brusquement tronqué formant ordinairement un angle presque droit avec le bord dorsal et se reliant au bord ventral par un contour légèrement arrondi. Fente byssale bâillante, allongée. Intérieur des valves luisant, recouvert, dans la région antérieure, d'une couche de nacre peu épaisse; mais très irisée qui se prolonge davantage du côté dorsal. Impressions du muscle adducteur antérieur des valves petites, placées sous les crochets; impressions du muscle adducteur postérieur grandes, arrondies, situées à l'extrémité postérieure de la partie nacrée, du côté dorsal. Coloration externe d'un jaune corné sale teinté de noir vers les sommets. Coloration interne semblable à celle de l'extérieur. Byssus grand, composé de fibres soyeuses d'un brun foncé, à reflets dorés.

Variétés. — Le *P. pectinata* est au moins aussi variable que le *P. nobilis*, aussi plusieurs de ses formes ont-elles reçu des noms particuliers. Mais si le type du *P. nobilis* est difficile à fixer, il n'en est heureusement pas ainsi de celui du *P. pectinata*. La figure A de la pl. 79, de Gualtieri, seule référence indiquée par Linné, représente, en effet, très exactement la coquille de grande taille, à côtes rayonnantes, non squameuses, qui a été nommée par la suite : *P. ingens* par Pennant; *P. fragilis* par Turton; *P. truncata* par Philippi. Poli a donné à la forme type le nom de *P. rudis;* mais après les renseignements fournis par Hanley sur le *P. rudis* de Linné, les auteurs se sont presque tous accordés à reconnaître dans cette espèce linnéenne un *Pinna* des Indes occidentales bien représenté par Chemnitz (*Conch. Cab.*, pl. LXXXVIII, fig. 773) et par Reeve (*Conch. iconica*, pl. X, fig. 19). C'est là une coquille de coloration rouge orangée, assez solide, garnie de côtes larges, arrondies, portant des squamules peu nombreuses, grandes et irrégulières. Contrairement à l'opinion des autres naturalistes, M. Jeffreys a continué à employer le nom de *P. rudis* pour désigner le *P. pectinata* des côtes anglaises.

Var. ex forma 1, *lævis* Donovan. Ne diffère du type que par sa forme arquée et son bord postérieur arrondi. Cette variété correspond à la variété *incurvata* Born, chez le *P. nobilis*. Reeve l'a représentée, pl. XXVIII, fig. 53, sous le nom de *P. ingens*.

Var. ex forma 2, *angusta* Weinkauff (*Conch. des Mittelm.*, t. I, p. 233). Moins élargie, en proportion, que le type et souvent pourvue d'un plus grand nombre de côtes rayonnantes lisses. Le *P. papyracea* Turton représente cette variété et les figures du *British Conchology* de Jeffreys (t. II, planche du titre, et t. V, pl. XXVI), représentent des spécimens à côtes nombreuses. Nous avons représenté, pl. XXIII, fig. 2, un exemplaire de cette variété, provenant du Roussillon.

Var. ex forma 3, *spinulosa* B.D.D. (pl. XXIII, fig. 3). De la même forme allongée que la var. *angusta;* mais avec les côtes rayonnantes garnies de squamules peu saillantes, imbriquées, assez espacées.

La région ventrale est souvent aussi parsemée de petites squamules. L'aspect de certains exemplaires bien caractérisés de cette variété semblerait assez différent du *P. pectinata* type, pour justifier une séparation spécifique, si l'on ne tenait pas compte des nombreux intermédiaires dont la fig. 42 de la pl. XXII du *Conch. iconica* fournit un exemple.

La variété *spinulosa* a été regardée comme le type du *P. pectinata* par Turton qui a donné d'autres noms aux formes non squameuses. Da Costa et Donovan ont bien représenté la var. *spinulosa* sous le nom de *P. muricata.*

Monstr. *Jojenia* Aradas. Cette forme que nous ne connaissons pas, a été établie comme variété d'après un exemplaire unique recueilli à Aci-Trezza (Aradas et Benoit, *Conch. viv. mar. della Sicilia*, p. 91). M. de Monterosato la considère comme une monstruosité du *P. pectinata.*

M. le marquis de Gregorio a signalé une var. *fundazzensis* très voisine du *P. Philippii* Aradas.

Habitat. — Assez abondant à Port-Vendres, dans le port. Des spécimens jeunes se rencontrent souvent rejetés sur les plages sablonneuses.

Dispersion. — Méditerranée et Adriatique. Océan Atlantique, sur les côtes d'Angleterre, de France et de Portugal. Nous avons pu constater par la comparaison de nos spécimens du Roussillon avec ceux qui nous ont été envoyés d'Arcachon par M. de Boury et des parages du Croisic par M. Nicollon, que la forme typique du *P. pectinata* se trouve tout à fait semblable dans l'Océan et dans la Méditerranée. La forme *spinulosa* est plus rare sur les côtes de France et son extrême fragilité la rend difficile à obtenir intacte; S. A. le prince Albert de Monaco l'a draguée en 1886 dans le golfe de Gascogne, par 90 mètres de profondeur.

Le *P. japonica* Hanley, du Japon, tel qu'il est représenté par Reeve, d'après un spécimen jeune (*Conch. icon.*, pl. XXV, fig. 47), ressemble beaucoup à la var. *angusta* du *P. pectinata;* mais M. Dunker qui a eu sous les yeux des exemplaires plus adultes, identifie cette espèce avec le *P. Chemnitzii* Hanley (*Index Moll. maris Japonici*, p. 231).

Origine. — Le *P. pectinata* est cité du pliocène d'Italie, au Monte-Mario, près de Rome, et à Bologne. M. Wood rapporte avec doute à cette espèce quelques fragments du pliocène d'Angleterre. Pleistocène de Ficarazzi (Monterosato).

Pinna nobilis Linné.

Pl. XXIV, fig. 1, 2.

1767	*Pinna nobilis*	Linné, Syst. Nat., edit. XII, p. 1160.
1780	— — Lin.	Born, Test. Mus. Cæs. Vindob., p. 132, vign. p. 131.
1780	— *incurvata*	Born, Test. Mus. Cæs. Vindob., p. 133.
1785	— *nobilis*	Chemnitz, Conchyl. Cabin., p. 226, pl. LXXXIX, fig. 776 (*tantum*).
1785	— *gigas*	Chemnitz, Conchyl. Cabin., p. 244, pl. XCIII, fig. 787.
1785	— *aculeato-squamosa*	Chemnitz, Conchyl. Cabin., p. 228, pl. LXXXIX, fig. 777.

1785	*Pinna obeliscus*	CHEMNITZ, Conchyl. Cabin., p. 239, pl. XCII, fig. 784.
1786	— *nobilis* Lin.	SCHRŒTER, Einleit. in die Conchylienk., t. III, p. 477.
1786	— *rotundata*	SCHRŒTER (*non* Linné), Einleit. in die Conchylienk., t. III, p. 479.
1790	— *nobilis* Lin.	GMELIN *in* LINNÉ, Syst. Nat., édit. XIII, p. 3264.
1790	— *rotundata*	GMELIN (*non* Linné), Syst. Nat., édit. XIII, p. 3365.
1790	— *squamosa*	GMELIN *in* LINNÉ, Syst. Nat., édit. XIII, p. 3365.
1793	— *nobilis* Lin.	VON SALIS MARSCHLINS, Reise ins Kœnigr. Neapel, p. 406.
1795	— — —	POLI, Test. utr. Sic., t. II, p. 229, pl. XXXV, fig. 1, 2.
1795	— *muricata*	POLI (*non* Linné), Test. utr. Sic., t. II, p. 228, pl. XXXIV, fig. 1 (*tantum*).
1817	— *nobilis* Lin.	DILLWYN, Descr. Catal., p. 327.
1817	— *squamosa* Gm.	DILLWYN, Descr. Catal., p. 329.
1817	— *rotundata*	DILLWYN (*non* Linné), Descr. Catal., p. 329.
1819	— *nobilis* Lin.	LAMARCK, Anim. sans vert., t. VI, 1re partie, p. 131.
1819	— *squamosa* Gm.	LAMARCK, Anim. sans vert., t. VI, 1re partie, p. 132.
1825	— *nobilis* Lin.	BLAINVILLE, Manuel de Malac., p. 534, pl. LXIV, fig. 1.
1826	— — —	PAYRAUDEAU, Moll. de Corse, p. 69.
1826	— — —	RISSO, Europe mérid., t. IV, p. 308.
1829	— — —	O.-G. COSTA, Catal. Sist., p. 60.
1829	— *muricata*	O.-G. COSTA (*non* Linné), Catal. Sist., p. 60.
1835	— *nobilis* Lin.	DESHAYES, Traité élément. de Conch., pl. XXXVIII, fig. 1, 2.
1836	— — —	SCACCHI, Catal. Conch. Regni Neap., p. 4.
1836	— *muricata*	SCACCHI (*non* Linné), Catal. Conch. Regni Neap., p. 4.
1836	— *squamosa* Gm.	PHILIPPI, Enum. Moll. Sic., t. I, p. 74.
1836	— *muricata*	PHILIPPI (*non* Linné), Enum. Moll. Sic., t. I, p. 75.
1836	— *nobilis* Lin.	LAMARCK, Anim. sans vert., édit. Desh., t. VII, p. 62.
1836	— *squamosa* Gm.	LAMARCK, Anim. sans vert., édit. Desh., t. VII, p. 63.
1836	— *rotundata*	DESHAYES *in* LAMARCK, Anim. sans vert., t. VII, p. 63 (note).

1844 *Pinna squamosa* Gm. PHILIPPI, Enum. Moll. Sic., t. II, p. 54.
1844 — *muricata* PHILIPPI (*non* Linné), Enum. Moll. Sic., t. II, p. 54.
1844 — *squamosa* Gm. FORBES, Rep. Æg. Invert., p. 145.
1846 — — — VÉRANY, Catal. Invert. Genova e Nizza, p. 13.
1848 — *squammosa* (*sic*) Gm. RÉQUIEN, Coq. de Corse, p. 30.
1848 — *muricata* RÉQUIEN (*non* Linné), Coq. de Corse, p. 31.
1851 — *squamosa* Gm. PETIT, Catal. *in* Journ. Conch., t. II, p. 385.
1855 — *nobilis* Lin. HANLEY, Ipsa Linn. Conch., p. 149.
1856 — *muricata* JEFFREYS (*non* Linné), Piedm. Coast, p. 25.
1857 — *nobilis* Lin. H. et A. ADAMS, Genera of recent Moll., t. II, p. 529, pl. CXXIII, fig. 4.
1858 — *rotundata* GAY (*non* Linné), Catal. Moll. biv. du Var, p. 199.
1858 — *nobilis* Lin. REEVE, Conch. Icon., pl. XXX, fig. 57.
1858 — *rotundata* REEVE (*non* Linné), Conch. Icon., pl. II, fig. 3.
1858 — *aculeato-squamosa* Chemn. REEVE, Conch. Icon., pl. VI, fig. 10.
1862 — *squamosa* Gm. WEINKAUFF, Catal. Alg. *in* Journ. Conch., t. X, p. 328.
1862 — *muricata* WEINKAUFF (*non* Linné), Catal. Alg. *in* Journ. Conch., t. X, p. 329.
1862 — *nobilis* Lin. CHENU, Manuel de Conch., t. II, p. 164, fig. 820.
1866 — *squammosa* (*sic*) Gm. BRUSINA, Contrib. pella fauna dei Moll. Dalm., p. 101.
1866 — *obeliscus* Chemn. ED. VON MARTENS, Annals and Magaz. of nat. Hist., p. 86.
1866 — *nobilis* ED. VON MARTENS, Annals and Magaz. of nat. Hist., p. 86.
1866 — *aculeato-squamosa* Chemn. ED. VON MARTENS, Annals and Magaz. of nat. Hist., p. 86.
1867 — *nobilis* Lin. WEINKAUFF, Conch. des Mittelm., t. I, p. 236.
1867 — — — HIDALGO, Catal. Moll. Esp. et Baléares, *in* Journ. Conch., t. XV, p. 167.
1869 — — — PETIT, Cat. Test. mar., p. 72.
1869 — — — TAPPARONE-CANEFRI, Ind. Moll. test. di Spezia, p. 138.
1870 — — — ARADAS et BENOIT, Conch. viv. mar. della Sic., p. 92.

1873 *Pinna nobilis* Lin.	JEFFREYS, Some Remarks on the Moll. of the Medit. *in* Rep. Brit. Ass. for Adv. of Science, p. 113.
1878 — — —	MONTEROSATO, Enum. e Sinon., p. 5.
1880 — *squamosa* Gm.	STOSSICH, Prosp. della fauna del mare Adriatico, p. 170.
1883 — *nobilis* Lin.	DAUTZENBERG, Liste Coq. de Gabès, p. 8.
1884 — — —	MONTEROSATO, Nomencl., Gen. e Spec., p. 7.
1884 — *angustana* (Lam.)	MONTEROSATO, Nomencl., Gen. e Spec., p. 8.
1886 — *nobilis* Lin.	LOCARD, Prodr. de Malac. franç., p. 502.
1886 — — —	GRANGER, Moll. biv. de France, p. 54, pl. IV, fig. 2.
1888 — — —	KOBELT, Prodr. faunæ Moll. test. maria europ. inhab., p. 419.

Obs.— D'après Petit de la Saussaie, les *P. vitrea* Gmelin, *P. bullata* Gmelin et *P. marginata* Lamarck auraient été établis tous les trois sur des exemplaires jeunes du *P. nobilis*. Nous croyons qu'il en est effectivement ainsi du *P. vitrea;* mais le *P. bullata* est basé par Gmelin sur la même fig. G de la pl. 79 de Gualtieri, qui a déjà été prise par Linné pour type de son *P. rotundata*. Pour admettre le *P. bullata* dans la synonymie du *nobilis*, il faudrait donc considérer aussi le *P. rotundata* comme identique à la même espèce. Nous indiquerons plus loin les raisons qui nous font écarter cette manière de voir. Quant au *P. marginata* Lamarck, il doit suivre le sort du *P. bullata*, puisque Lamarck l'a aussi établi sur la fig. G de la pl. 79 de Gualtieri, en indiquant le *P. bullata* Gmel. comme synonyme : il ne s'agit donc là que d'une substitution de nom. Le *Pinna cornuformis* Chiereghini (voir Brusina : *Ipsa Chiereghini Conch.*, p. 110) a été établi sur un exemplaire jeune du *P. nobilis*.

Le *P. nobilis* est le plus grand des mollusques pélécypodes des mers d'Europe. Les dimensions que nous indiquons dans la diagnose sont celles de l'exemplaire figuré; mais cette taille est souvent dépassée : nous en avons reçu, de notre ami M. Ad. Dollfus, un spécimen de Menton qui a 62 centimètres du sommet au bord postérieur, et M. Hidalgo, dans son *Catalogue des Mollusques testacés marins des côtes de l'Espagne et des îles Baléares*, publié en 1867, dans le *Journal de Conchyliologie*, dit (p. 169) que la taille de cette espèce atteint environ un mètre de longueur.

Le *P. nobilis* ne peut être confondu avec aucun autre *Pinna* des mers d'Europe : les nombreuses squamules plus ou moins tubuleuses qui garnissent son test, le font aisément reconnaître. Le *P. pernula*

Chemnitz (*Conchylien Cabinet*, pl. XCII, fig. 785), que nous n'avons pas rencontré sur les côtes du Roussillon, constitue bien une autre espèce, ornée de côtes rayonnantes (au nombre de six seulement, dans la région antérieure), garnies de squamules très grandes, relevées et espacées. Chez les exemplaires bien adultes, une rangée de squamules moins fortes, vient s'intercaler, sur la région postérieure, entre chacune des rangées principales. La coloration interne est rouge comme celle du *P. nobilis*, mais les lobes nacrés sont à peu près de même longueur. On peut citer comme synonymes du *P. pernula* : *P. mucronata* Poli; *P. rudis* Philippi (*non* Linné); *P. Philippii* Maravigna, etc.

Diagnose. — Coquille, diam. dorso-ventral 180 millim.; diam. antéro-post. 410 millim.; épaisseur 68 millim.; équivalve, trigone; cunéiforme et sans oreillettes du côté antérieur, élargie, arrondie et bâillante du côté postérieur. Sommets terminaux. Une carène obtuse, submédiane, part du sommet et s'efface vers le milieu de la longueur totale. Test relativement peu épais, fragile, assez translucide, garni, dans la région antérieure, de côtes longitudinales rayonnantes, au nombre d'une vingtaine, souvent alternativement plus fortes et plus faibles. Stries d'accroissement concentriques, nombreuses, lamelleuses, plus rapprochées vers l'extrémité postérieure et se développant en squamules saillantes, tubuleuses, fragiles et plus ou moins longues. Bord ligamentaire droit, occupant presque les deux tiers de la longueur de la coquille; bord ventral à peu près rectiligne; bord postérieur arrondi. Intérieur des valves lisse et luisant, irrégulièrement bosselé, présentant, dans la région antérieure, un sillon submédian qui correspond à la carène externe. Une couche de nacre s'étale de chaque côté de ce sillon, garnissant le test à partir des sommets, jusque vers le milieu de la longueur totale, où elle est nettement limitée; cette couche se prolonge un peu plus du côté ventral; impressions du muscle adducteur antérieur des valves petites, placées sous les crochets; impressions du muscle adducteur postérieur des valves, grandes, arrondies, situées à l'extrémité inférieure des lobes nacrés, du côté dorsal. Coloration externe d'un brun corné, avec les squamules un peu plus claires. Coloration interne d'un brun rouge. Nacre d'un blanc jaunâtre irisé. Byssus composé de fibres longues, soyeuses d'une belle nuance mordorée. L'animal du *P. nobilis* sécrète parfois des perles assez volumineuses. M. de Monterosato a eu l'obligeance de nous en offrir deux, l'une blanche et l'autre noire, provenant de spécimens pêchés à Palerme.

Variétés. — Le *Pinna nobilis* est un mollusque des plus variables, qui a donné lieu à la création de plusieurs espèces distinctes. Mais un examen attentif de nombreux spécimens de différentes localités, ainsi que des documents bibliographiques ne permet pas de maintenir ces divisions et nous suivons l'exemple de MM. Weinkauff, Hidalgo, Kobelt, etc., en rattachant au *P. nobilis*, à titre de simples variétés, les différentes formes qui en ont été séparées par quelques naturalistes. Avant de nous occuper de ces variétés, nous allons passer en revue l'opinion des principaux auteurs.

Born, le premier, a séparé sous le nom de *P. incurvata* une forme figurée par Gualtieri, pl. 80, qui ne diffère du type que parce qu'elle est plus allongée et arquée.

Chemnitz a poussé plus loin le démembrement, il a établi trois espèces : *P. gigas seu maxima; P. aculeato-squamosa* et *P. obeliscus* pour trois formes, tandis qu'il a conservé le nom de *P. nobilis* pour deux coquilles très disparates, dont l'une n'est qu'une forme du *P. pectinata*, tandis que l'autre est une variété assez exceptionnelle du *P. nobilis*, pourvue de squamules peu nombreuses, espacées et alignées en séries longitudinales régulières.

Schrœter a attribué le nom de *P. rotundata* à la forme arquée du *nobilis*, déjà décrite par Born comme *P. incurvata;* mais il suffit de voir la figure de Gualtieri (pl. 79, fig. C), sur laquelle est établi le *P. rotundata* du *Systema Naturæ*, pour se convaincre qu'il s'agit là d'une coquille très jeune, mince, à peu près impossible à identifier, et dans tous les cas, absolument différente de la forme arquée visée par cet auteur.

Gmelin a donné le nom de *P. squamosa* à la coquille figurée par Gualtieri, pl. 78, fig. A; par Chemnitz, pl. 92, fig. 784; par Lister, pl. 374, fig. 215, et enfin par d'Argenville, pl. 22, fig. B. Toutes ces figurations sont bien concordantes et celle de d'Argenville est indiquée par Linné lui-même comme référence de son *P. nobilis*. Le *P. squamosa* Gmelin est donc synonyme du *P. nobilis* type. Gmelin a ensuite suivi l'exemple de Schrœter, en donnant le nom de *P. rotundata* à la forme arquée. Enfin, il réunit sous le nom de *P. nobilis* des coquilles qui n'ont entre elles aucune analogie : on trouve, en effet, avec la référence de Chemnitz (*Conch. Cab.*, pl. 89, fig. 775) qui représente une forme du *P. pectinata*, les fig. 776 et 777 du même auteur, qui représentent, la première, une variété du *P. nobilis* à squamules rares; la seconde, une variété à squamules longues et nombreuses, puis, encore, les fig. 785 et 769 du *Conchylien Cabinet*, dans lesquelles on reconnaît une autre espèce méditerranéenne : le *P. pernula* Chemnitz.

Poli a mieux compris le *P. nobilis* de Linné; mais il a séparé sous le nom de *P. muricata* une forme à squamules très irrégulières et foliacées plutôt que tubuleuses, laquelle ne s'écarte guère du type linnéen tel que nous le comprenons. Or, le *P. muricata* de Linné (*Museum Lud-Ulricæ* et *Syst. Nat.*), est une espèce assez obscure, à côtes alternativement inermes et squameuses, caractère qui ne convient à aucun des *Pinna* de la faune européenne; mais qui s'applique d'une manière satisfaisante à l'espèce des Indes occidentales figurée par Chemnitz (*Conch. Cab.*, pl. 91, fig. 781) et par Reeve (*Conch. icon.*, pl. XIII, fig. 23).

Lamarck a séparé le *P. squamosa* du *P. nobilis;* mais il règne une telle confusion parmi les références qu'il donne, que l'on doit se contenter de l'examen des diagnoses. On voit alors que Lamarck comprenait sous le nom de *P. nobilis* des coquilles à squamules tubuleuses, tandis qu'il réservait le nom de *P. squamosa* à celles dont le test porte des squamules plus foliacées et plus aplaties.

Reeve a nommé *P. nobilis* une coquille à squamules très nombreuses, longues et tubuleuses; *aculeato-squamosa* une coquille à squamules encore plus nombreuses; mais plus petites et, enfin, *rotundata* une forme qui se rapproche beaucoup du type linnéen.

En 1866, M. von Martens a publié dans les *Annals and Magazine of natural History* une étude sur les formes du *P. nobilis.* Il en admettait alors trois comme espèces différentes : *P. nobilis*, *P. obeliscus* et *P. aculeato-squamosa.* Toutefois, son opinion n'a pas tardé à se modifier, comme nous l'apprend M. Weinkauff, à qui il écrivait, dès 1867, qu'il était d'avis de considérer ces trois formes comme des variétés d'une seule espèce.

M. Weinkauff reprenant l'étude du *P. nobilis*, en présence de matériaux importants, confirme la dernière manière de voir de M. von Martens; mais il envisage la question sous un aspect un peu différent, car il base ses principales variétés sur des divergences de forme, tandis que M. von Martens considérait comme primordiaux les caractères fournis par l'allure des squamules.

Nous nous rallions plus volontiers à l'opinion de M. von Martens qu'à celle de M. Weinkauff, car il est facile de constater, lorsqu'on possède une bonne série d'échantillons, que l'obliquité de la coquille et le contour plus ou moins arrondi ou tronqué de l'extrémité postérieure, varient beaucoup, selon l'âge, chez le *P. nobilis.* M. Hidalgo qui a observé le développement de ce mollusque à Mahon, où il est fort abondant, a fait connaître (*Journal de Conch.*, t. XV, p. 167) la grande influence de l'âge sur la forme et sur l'ornementation du test.

Il est difficile de fixer exactement le type du *P. nobilis.* Des références indiquées par Linné celle de Bonanni (fig. 24) représente un individu très étroit, allongé et tronqué du côté postérieur, tandis que celle de d'Argenville (pl. 22, fig. B) nous montre une coquille plus trigone, à bord postérieur bien arrondi. M. Weinkauff a pris pour type une forme grande, très elliptique du côté postérieur et assez fortement arquée du côté dorsal, figurée par Chemnitz (*Conch. Cab.*, pl. 93, fig. 787), sous le nom de *Pinna gigas, seu maxima*. Ce choix nous paraît arbitraire, car il n'est justifié, ni par la courte diagnose de Linné, ni par les références que nous venons de mentionner. Nous avons cru plus rationnel d'adopter pour type la forme la plus normale et la plus répandue, d'autant plus qu'elle est bien représentée par l'une des deux références de Linné (celle de d'Argenville) et que Poli a interprété dans le même sens l'espèce linnéenne, en la figurant pl. XXXV, fig. 1, 2.

On peut encore citer comme représentant d'une manière satisfaisante le type, tel que nous le comprenons, les figurations suivantes :

Chemnitz (*Conch. Cab.*), pl. XCII, fig. 784 (*P. obeliscus*).

Encyclopédie méthodique, pl. CC, fig. 1, 2.

Blainville (*Manuel de Malacologie*), pl. LXIV, fig. 1.

Deshayes (*Traité élémentaire de Conch.*), pl. XXXVIII, fig. 1, 2.

H. et A. Adams (*Genera of recent Mollusca*), pl. CXXIII, fig. 4.

Chenu (*Manuel de Conch.*), p. CLXIV, fig. 820.

Reeve (*Conch. icon.*), pl. II, fig. 3 (*P. rotundata*).

Var. ex forma 1, *angustana* (Lamarck) Monterosato. Chez cette forme, plus allongée et plus mince que le type, les squamules ne se développent qu'à un âge assez avancé, de sorte que, chez les spécimens adultes, le tiers postérieur seul est garni de squamules courtes et aplaties. Il nous paraît difficile d'admettre la reprise du *P. angustana* pour une forme du *P. nobilis*, car la courte diagnose de Lamarck n'est accompagnée d'aucune citation de figure et l'on ne peut guère invoquer comme argument, en faveur de cette restauration, que l'indication de l'habitat méditerranéen.

Var. ex forma 2, *incurvata* Born = *P. gigas seu maxima* Chemnitz = *P. nobilis* (type) Weinkauff (*non* Linné). De grande taille, allongée, arquée du côté dorsal, sinueuse du côté ventral, très elliptique vers l'extrémité postérieure. Gualtieri a représenté, pl. LXXX, un exemplaire décapé de cette variété.

Var. ex forma 3, *Polii* B.D.D. = *muricata* Poli (*non* Linné) = *P. nobilis* var. γ 2, Weinkauff. Diffère du type par sa forme un peu inéquilatérale, ainsi que par ses squamules grandes, foliacées, peu tubuleuses, très irrégulières, repliées en arrière et enchevêtrées les unes avec les autres. Cette variété a été figurée par Born (vignette p. 131).

Var. ex forma 4, *aculeato-squamosa* Chemnitz (*Conch. Cab.*, pl. LXXXIX, fig. 777). Forme trigone, à côté postérieur arrondi. Test garni de squamules tubuleuses extrêmement nombreuses, serrées, plus effilées, plus longues et plus régulièrement disposées que celles de la variété *Polii*.

Nous trouvons dans Reeve (*Conch. icon.*, pl. VI, fig. 10), sous le nom de *P. aculeato-squamosa*, une forme plus oblique, à squamules aussi nombreuses, mais plus irrégulières, qui est intermédiaire entre cette variété et la précédente, et pl. XXX, fig. 57, du même ouvrage, sous le nom de *P. nobilis*, une coquille à squamules plus fortes, très développées, qui peut aussi être regardée comme constituant un passage entre les deux mêmes variétés.

Var. ex forma 5, *rarisquama* B.D.D. = *P. nobilis* (*altera*) Chemnitz (*Conch. Cab.*, pl. LXXXIX, fig. 776) = *P. nobilis*, var. γ 1, *inæquilatera* Weinkauff. Coquille inéquilatérale, à squamules tubuleuses, peu nombreuses, régulièrement espacées et disposées en séries rayonnantes, au nombre d'une vingtaine seulement. M. Gouin a bien voulu nous envoyer un échantillon de cette remarquable variété, recueilli par lui à Arzew. M. de Gregorio a établi (*Studi su talune Conch. medit. viv. e foss.*, pp. 199 et suiv.) plusieurs autres variétés qu'il nous est difficile d'apprécier vu l'absence de figures.

Habitat. — Port-Vendres, dans le port, la forme typique.

Dispersion. — Méditerranée et Adriatique. Le *P. nobilis* n'a pas été rencontré dans l'océan Atlantique.

Origine. — La forme ancestrale de cette espèce paraît devoir être recherchée dans le *P. nobilis* de Brocchi et de Michelotti, du miocène de Turin, devenu le *P. Brocchii* d'Orbigny. Cette même forme existe aussi dans le miocène du bassin de Vienne et du Bordelais, et M. Coppi la signale également dans le pliocène du Parmesan. M. Fontannes a établi la variété *millasiensis* pour la forme fossile des Pyrénées-Orientales.

Le *P. nobilis* vrai a été rencontré dans le pleistocène de la Sicile et de l'Archipel.

Famille MYTILIDÆ Fleming, 1828.

La famille des *Mytilacea*, créée par Cuvier en 1817, renfermait des genres très disparates. Lamarck lui a assigné, en 1819, des limites plus rationnelles; mais il y comprenait encore les *Pinna*. Férussac l'a mieux comprise en 1821, en n'y faisant entrer que les genres *Mytilus*, *Modiola* et *Lithodomus*. La famille des *Mytilidæ* de Fleming ne renferme que les trois mêmes genres et nous n'avons adopté ce nom plus récent que parce que sa désinence est plus correcte. M. Deshayes, en 1864, conservait encore le genre *Pinna* dans la famille des *Mytilidæ*.

Les mollusques de cette famille diffèrent de ceux de la famille des *Aviculidæ* par la présence d'un siphon anal et par la structure non fibreuse de leurs coquilles. Les genres dont nous avons à nous occuper ici appartiennent tous à la sous-famille des *Mytilinæ*.

TABLEAU DES GENRES ET ESPÈCES

Genre I. **Mytilus** Linné	1. *M. galloprovincialis* Lamarck.
S.-g. *Mytilaster* Monterosato	2. *M. minimus* Poli.
— — —	3. *M. lineatus* Gmelin.
— — —	4. *M. solidus* H. Martin.
Genre II. **Modiola** Lamarck....	1. *M. barbata* Linné.
— —	2. *M. adriatica* Lamarck.
III. **Lithodomus** Cuvier..	*L. lithophaga* Linné.
IV. **Modiolaria** Lovén...	1. *M. marmorata* Forbes.
— — ...	2. *M. costulata* Risso.
S.-g. *Gregariella* Monterosato	3. *M. sulcata* Risso.

Genre MYTILUS Linné, 1758.

Les coquilles de ce genre ont été désignées dès l'antiquité, par les écrivains grecs et latins, sous les noms de *μίτυλος*, *mitulus*, *mitylus*, *mytulus* et *mytilus*. Rondelet, en 1554, les appelait *mytulus*.

Linné, en reprenant cette ancienne dénomination a eu le tort de s'en servir dans un sens beaucoup trop large. Son genre *Mytilus* a dû être successivement réduit par divers naturalistes pour arriver à ne plus renfermer aujourd'hui que des mollusques à coquilles cunéiformes en avant, à crochets terminaux, pourvues de dents cardinales petites ou obsolètes.

Le sous-genre *Mytilaster* a été établi en 1884 par M. de Monterosato pour un groupe de petits *Mytilus*, pourvus au bord dorsal interne des valves, d'une série de petites crénelures.

Les *Mytilus* sont répandus dans toutes les mers et toutes les grandes espèces de ce genre sont comestibles. Leur valeur, au point de vue de l'alimentation, a été appréciée dès l'antiquité et ils sont aujourd'hui l'objet d'un commerce d'autant plus important, que leur prodigieuse fécondité et la rapidité de leur croissance ont été encore augmentées par l'élevage (Voir : « Note sur la rapidité de l'accroissement des *Mytilus,* » par M. P. Fischer, *Journal de Conchyliologie*, 1864, pp. 5 à 7). L'industrie qui a pour but de favoriser le développement des moules et d'améliorer leurs qualités gastronomiques, a reçu le nom de *Mytiliculture* et est pratiquée sur une vaste échelle dans les mers d'Europe. On trouvera des détails fort complets et intéressants sur les procédés employés, dans le travail de M. Fischer : « Faune Conchyliologique marine » du département de la Gironde, p. 31, chap. VI : les Moules du bassin » d'Arcachon — Mytiliculture dans la baie de l'Aiguillon, à Esnandes, » Marsilly, Charron. » M. Albert Granger a aussi traité ce sujet avec une remarquable compétence dans son ouvrage sur les mollusques bivalves de France (pp. 55 et suiv.). Enfin, M. Issel a publié une étude étendue sur les diverses méthodes de culture employées dans la Méditerranée (*Istruzioni pratiche per l'Ostricoltura e la Mitilicoltura*, Genova, 1882).

Mytilus galloprovincialis Lamarck.

Pl. XXV, fig. 1, 2, 3, 4 (type); 5, 6, 7, 8, 9, 10, 11, 12, 13 (var.).

1795 *Mytilus edulis* — POLI (*non* Linné), Test. utr. Sic. t. II, p. 194, pl. XXXI, fig. 1 à 13.

1795 — *sagittatus* — POLI, Test. utr. Sic., t. II, p. 208, pl. XXXII, fig. 2, 3.

1795 — *flavus* — POLI, Test. utr. Sic., t. II, p. 207, pl. XXXII, fig. 4.

1819 — *galloprovincialis* — LAMARCK, Anim. sans vert., t. VI, 1re partie, p. 126.

1819 — *hesperianus* — LAMARCK, Anim. sans vert., t. VI, 1re partie, p. 127.

1826 — *galloprovincialis* Lk — PAYRAUDEAU, Moll. de Corse, p. 68.

1826 — *hesperianus* Lk — PAYRAUDEAU, Moll. de Corse, p. 68, pl. II, fig. 5.

1826	*Mytilus sagittatus* Poli	RISSO, Europe mérid., t. IV, p. 322.
1829	— *galloprovincialis* Lk	O.-G. COSTA, Catal. Sist., p. 58.
1836	— —	PHILIPPI, Enum. Moll. Sic., t. I, p. 72, pl. V, fig. 12, 13.
1836	— —	LAMARCK, Anim. sans vert., édit. Desh., t. VII, p. 46.
1836	— *hesperianus*	LAMARCK, Anim. sans vert., édit. Desh., t. VII, p. 48.
1836	— *edulis*	SCACCHI (*non* Linné), Catal. Conch. Regni Neap., p. 4.
1844	— *Gallo provincialis* Lk	POTIEZ et MICHAUD, Galerie de Douai, t. II, p. 127.
1844	— *galloprovincialis* —	PHILIPPI, Enum. Moll. Sic., t. II, p. 53.
1844	— — —	FORBES, Rep. Æg. Invert., p. 145.
1848	— — —	RÉQUIEN, Coq. de Corse, p. 30.
1848	— *hesperianus* —	RÉQUIEN, Coq. de Corse, p. 30.
1851	— *galloprovincialis* —	PETIT, Catal. *in* Journ. Conch., t. II, p. 383.
1851	— *hesperianus* —	PETIT, Cat. *in* Journ. Conch., t. II, p. 385.
1858	— *galloprovincialis* —	REEVE, Conch. icon., pl. IX, fig. 39.
1858	— *edulis*	REEVE (*non* Linné), Conch. icon., pl. VIII, fig. 33a (*tantum*).
1858	— *flavus* Poli	REEVE, Conch. icon., pl. I, fig. 1.
1859	— *galloprovincialis* Lk	SOWERBY, Illustr. Index brit. Sh., pl. VII, fig. 20.
1863	— *edulis* L., var. *gallo-provincialis* Lk.	JEFFREYS (*non* Lin.), Brit. Conch., t. II, p. 105.
1867	— *edulis* L., var.	WEINKAUFF (*non* Lin.), Conch. des Mittelm., t. I, p. 225.
1869	— — — —	PETIT (*non* Linné), Catal. Test. mar., p. 71 (*ex parte*).
1869	— *galloprovincialis* Lk	PETIT, Catal. Test. mar., p. 72.
1870	— *edulis*	HIDALGO (*non* Linné), Mol. mar., pl. XXV, fig. 1 à 5.
1870	— *galloprovincialis* Lk	ANCEY, Catal. Moll. mar. du Cap Pinède, p. 6.
1870	— — —	ARADAS et BENOIT, Conch. viv. mar. della Sic., p. 89.
1873	— *edulis*, var. *gallopro-vincialis* Lk	JEFFREYS (*non* Linné), On some species of Japanese mar. Shells which inhabit also the N. Atlantic, *in* Linn. Soc. Journ., t. XII, p. 103.
1877	— *edulis*	SABATIER (*non* Linné), Recherches anatomiques sur la Moule, *in* Ann. Sc. nat., 6e série, t. V, p. 1.

1878	*Mytilus galloprovincialis* Lk	MONTEROSATO, Enum. e Sinon., p. 5.
1879	— — —	CLÉMENT, Catal. Moll. du Gard, *in* Etudes d'Hist. nat., p. 70.
1883	— *edulis*, var. *galloprovincialis* Lk	G. DOLLFUS (*non* Linné), Catal. Palavas, p. 3.
1883	— *galloprovincialis* Lk	MARION, Esquisse d'une topogr. zool. du golfe de Marseille, pp. 22, 24, 26, 31, 33, 34, 38, 44, 46.
1883	— — —	DANIEL, Faune malac. Brest, *in* Journ. Conch., t. XXXI, p. 256.
1884	— — —	NOBRE, Moll. marinhos do Noroeste de Portugal, p. 21.
1884	— — —	PÉPRATX, Moll. de la plage de la Franqui, *in* Bull. Soc. des Pyr.-Or., t. XXVI, p. 226.
1884	— — —	MONTEROSATO, Nomencl., Gen. e Spec., p. 9.
1886	— — —	LOCARD, Prodr. de Malac. franç., pp. 496, 600.
1886	— — —	DAUTZENBERG, Nouvelle Liste de Coq. de Cannes, p. 2.
1888	— — —	KOBELT, Prodr. faunæ Moll. test. Maria europ. inhabit., p. 421.
1889	— —	LOCARD, Revision des esp. franç. du genre Mytilus, p. 93, pl. V, fig. 2.
1889	— *herculeus* Monts.	LOCARD, Revision, etc., p. 88, pl. III, fig. 1.
1889	— *pelecinus*	LOCARD, Revision, etc., p. 98, pl. IV, fig. 1.
1889?	— *trigonus*	LOCARD, Revision, etc., p. 102, pl. V, fig. 3.
1889	— *glocinus*	LOCARD, Revision, etc., p. 107, pl. V, fig. 1.
1889	— *retusus* Lk, var. *acrocyrta*	LOCARD, Revision, etc., p. 132, pl. IV, fig. 2.

Obs. — Le *M. galloprovincialis* a été regardé par beaucoup de naturalistes comme une variété du *M. edulis* Linné; mais M. Krukenberg a fait connaître (*Vergleichend- physiologische Studien*, II Reihe, I Abtheilung, p. 176; Heidelberg, 1882), qu'il existe des différences anatomiques suffisantes entre ces mollusques, pour justifier le maintien des deux espèces. Cette opinion a été confirmée par M. le professeur Spirid. Brusina (*Appunti ed Osservazioni sull' ultimo lavoro di J. Gwyn Jeffreys*, 1886).

Si l'on se place exclusivement au point de vue conchyliologique, la question est difficile à résoudre, car il existe des formes étroites et allongées du *M. galloprovincialis* qui se rapprochent du *M. edulis* et des formes courtes et larges du *M. edulis* qu'il est difficile de distinguer du *M. galloprovincialis*.

Nous avons hésité à adopter le nom de *M. ungulatus* Linné, au lieu de celui, plus récent, de *M. galloprovincialis;* mais nous avons dû renoncer à cette idée en présence de l'impossibilité où l'on se trouve de reconnaître le vrai *M. ungulatus*. En effet, des deux spécimens étiquetés sous ce nom dans la collection linnéenne, l'un est, comme nous l'apprend M. Hanley, un exemplaire grand, tordu et très arqué du *M. edulis*, tandis que l'autre, que M. Hanley a fait figurer : *Ipsa Linn. Conch.*, pl. II, fig. 4, est une forme presque typique du *M. galloprovincialis*. Les références de la douzième édition du *Systema Naturæ* compliquent encore la question : nous y trouvons, en plus des figures de Gualtieri (pl. 91, fig. E), dans lesquelles on peut reconnaître la var. *herculea* du *M. galloprovincialis*, et de celle de Regenfuss (pl. XIV, fig. 47), qui se rapproche du *M. edulis* type, la référence de la fig. 199 de la pl. CCCLX de Lister, qui représente une coquille exotique nommée plus tard *M. canalis* par Lamarck. Quant au *M. ungulatus* de Lamarck (*non* Linné), c'est une grande espèce de l'Amérique Méridionale, rapportée par MM. de Humboldt et Bonpland. En présence d'une telle confusion, nous croyons qu'il vaut mieux bannir complètement de la nomenclature le nom de *M. ungulatus*.

Bien que nous n'ayons à nous occuper ici que des Mollusques du Roussillon et que le *M. edulis* n'ait pas été rencontré dans cette partie de notre littoral, nous ne pouvons le passer sous silence et nous indiquerons brièvement les caractères du type et des différentes formes qui ont été regardées comme variétés par certains naturalistes et comme espèces distinctes par d'autres.

Mytilus edulis Linné

TYPE

Pl. XXVI, fig. 1, 2, 3, 4.

Cette espèce a été comprise d'une manière fort large par Linné, ainsi qu'on le voit par le texte du *Systema Naturæ*, ainsi que par les nombreuses références indiquées. Dans la nécessité de choisir un type, nous croyons que le mieux est de s'en rapporter aux spécimens de la collection de Linné, qui concordent, comme nous l'apprend Hanley, avec la figure donnée par Turton : *Dithyra Brit.*, pl. XV, fig. 1. Cette figure représente un individu un peu jeune, à rayons bien marqués, de la forme banale de la mer du Nord et des côtes d'Angleterre, qui est généralement acceptée comme type par les auteurs. Ainsi limité, le *M. edulis* est caractérisé par sa forme ovale allongée, à peine anguleuse du côté dorsal. Ce type a été bien figuré par da Costa (*Brit. Conch.*, pl. XV, fig. 5) sous le nom de *M. vulgaris;* par Brown (*Illustr. Conch. Gr. Brit. and Ireland*, pl. XXIX, fig. 11); par Sowerby (*Illustr. Index brit. Shells*, pl. VII, fig. 18); par Jeffreys (*Brit. Conch.*, t. V, pl. XXVII, fig. 1), etc. Nous avons reçu le *M. edulis* type des côtes océaniques de France (Esnandes, etc.), ainsi que de Lisbonne (Delgado).

Var. ex forma 1, *elegans* Brown (*Illustr. Conch. Gr. Brit. and Ireland*, pl. XXIX, fig. 14, 15). Forme plus allongée que le type et plus cylindroïde, qui a été prise pour type du *M. edulis* par M. Locard et qui est figurée comme tel par cet auteur, *Revision des espèces françaises appartenant au genre Mytilus*, pl. III, fig. 2 et pl. IV, fig. 4. Nous avons figuré, pl. XXVI, fig. 586, un spécimen de cette variété provenant de Brest.

Var. ex forma 2, *retusa* Lamarck (*Anim. sans vert.*, t. VI, 1re partie, p. 127). M. Locard a élucidé et figuré (*Revision*, etc., pl. IV, fig. 3), le type du *Mytilus retusus* de Lamarck. Ce type provenant d'Ouistreham (Calvados) est représenté dans la collection du Muséum de Paris par deux exemplaires étiquetés de la main de leur auteur.

La variété *retusa* diffère du type du *M. edulis*, par sa forme plus renflée ainsi que par son angle dorsal plus prononcé et plus éloigné de l'extrémité antérieure de la coquille.

Var. ex forma 3, *abbreviata* Lamarck (*Anim. sans vert.*, t. VI, 1re partie, p. 127). Le *Mytilus abbreviatus* a été établi, comme l'indique son auteur, sur des spécimens « recueillis dans la Manche, à l'embou- » chure de la Somme et à une profondeur telle qu'on ne la trouve que » dans les grandes marées des équinoxes, lorsque les eaux retirées la » mettent à découvert. » Nous ne pouvons voir dans cette forme qu'une variété courte et large du *M. edulis*. Le *M. abbreviatus* de Lamarck a été figuré par le baron Delessert (*Recueil de Coq.*, pl. XIV, fig. 1a, 1b) et la même forme a été représentée par Potiez et Michaud (*Galerie de Douai*, pl. LIV, fig. 1), ainsi que par M. Locard (*Revision*, etc., pl. III, fig. 4) — Voir notre pl. XXVI, fig. 8 et 9.

Var. ex forma 4, *uncinata* B.D.D. = *Mytilus incurvatus* Auct. (*non* Pennant). Coquille épaisse, de petite taille, fortement incurvée, qu'il n'est pas possible de maintenir au rang d'espèce. Nous avons, en effet, constaté sur divers points du littoral breton, que les *Mytilus* attachés aux rochers dans la zone laissée à découvert pendant plusieurs heures à chaque marée, répondent bien à la forme dont nous nous occupons en ce moment, tandis que ceux qui vivent dans une zone plus profonde, sont plus voisins du *M. edulis* type. Si ces deux formes étaient nettement séparées l'une de l'autre, on pourrait à la rigueur les considérer comme appartenant à deux espèces, cantonnées à des profondeurs différentes;

mais il n'en est pas ainsi, car si l'on suit, à marée basse, la base d'une pointe rocheuse s'avançant dans la mer, on voit les deux formes se fondre insensiblement l'une avec l'autre. Nous avons été amenés à changer le nom de cette variété parce que le *Mytilus incurvatus*, tel qu'il est décrit et figuré par Pennant (*Brit. Zool.*, p. 95, pl. LXIV, fig. 74), représente incontestablement un *Modiola barbata* L. dépourvu de ses barbules. La forme générale, l'épiderme épais et rugueux, la coloration violacée de l'intérieur ne peuvent laisser subsister aucun doute à cet égard.

La var. *uncinata* a été bien représentée par Brown (*Illustr. Conch. Gr. Brit. and Ireland*, pl. XXVII, fig. 12); par Maton et Rackett (*Linn. Trans.*, pl. III, fig. 7). La figuration donnée par M. Locard (*Revision*, etc., pl. IV, fig. 5) est bien moins caractérisée. Nous avons représenté cette variété pl. XXVI, fig. 10, 11, 12 et 13.

Var. ex forma 5, *petasunculina* Locard = *Mytilus petasunculinus* Locard (*Revision*, etc., p. 115, pl. V, fig. 4). Cette forme, figurée aussi par M. Hidalgo (pl. XXVI, fig. 3), ne nous paraît guère différer de la variété *uncinata* : elle est seulement un peu plus élargie et plus comprimée.

Var. ex forma 6, *obesa* B.D.D. Coquille très ventrue et renflée (diam. dorso-ventral 35 millim.; diam. antéro-post. 60 millim.; épaisseur 33 millim.). Test très épais et lourd; stries d'accroissement irrégulières, très marquées. Nous possédons des échantillons de cette variété, provenant de Villers-sur-Mer, de Beuzeval, du Croisic, de Brest, etc. M. le commandant L. Morlet vient de nous en remettre de fort beaux spécimens, recueillis par lui à l'entrée du port de Boulogne. Nous l'avons figurée pl. XXVI, fig. 7.

Var. ex forma 7, *spathulina* Locard (*Revision*, etc., p. 134, pl. III, fig. 3). Cette variété à sommet arrondi nous semble représenter chez le *M. edulis* l'équivalent de la var. *hesperiana* Lk chez le *M. galloprovincialis*.

Var. ex forma 8, *modiolæformis* B.D.D. MM. Meyer et Möbius ont décrit et figuré en 1872 (*Fauna der Kieler Bucht*, p. 73, pl. XI), sous le nom de *Mytilus edulis*, une forme très différente de toutes les variétés qui précèdent : son test est épais et lourd; elle est très renflée, large et arrondie à l'extrémité antérieure, et par sa forme générale elle se rapproche beaucoup du *Modiola modiolus* Linné. Ses dents cardinales sont bien développées et son épiderme est épais et noir ou brun foncé. M. Lynge nous a envoyé des spécimens de cette variété, provenant de Strib (Danemark).

Var. ex colore 1, *flavida* Locard. D'une nuance blonde uniforme, ou ornée de rayons étroits, peu nombreux. Parmi les échantillons de cette variété recueillis par l'un de nous à Penbron, près du Croisic, il s'en trouve un qui offre cette particularité, que l'une des deux valves est unicolore et jaune, tandis que l'autre présente la coloration bleuâtre et rayonnée du *M. edulis* type.

Var. ex colore 2, *pellucida* Pennant (*Brit. Zool.*, p. 112, pl. LXIII, fig. 75). Le *Mytilus pellucidus* de Pennant constitue à peine une variété : il a été établi sur des spécimens peu adultes, chez lesquels le test, encore peu épais, est transparent et orné de rayons bien marqués. Brown a donné une bonne figure de cet état : *Illustration of the Conchology of Great Britain and Ireland*, pl. XXIX, fig. 13.

Le *M. edulis* varie tellement, sous tous les rapports, qu'il serait facile de multiplier encore les variétés de forme aussi bien que de coloration. Nous nous sommes contentés d'indiquer les plus importantes et nous allons maintenant nous occuper du *M. galloprovincialis*.

Diagnose. — Coquille : diam. dorso-ventral 40 millim.; diam. antéro-postérieur 73 millim.; épaisseur 29 millim. (dimensions relevées par M. Locard sur l'échantillon type de Lamarck), équivalve, de forme subquadrangulaire, allongée, renflée en avant, comprimée en arrière et du côté dorsal. Fente byssale étroite, allongée. Sommets terminaux, incurvés et un peu écartés. Test assez épais dans la région antérieure, beaucoup plus mince vers les bords dorsal et postérieur. Épiderme très adhérent, plus ou moins luisant. Stries d'accroissement nombreuses, assez fines. Intérieur des valves lisse, peu brillant. Bord ligamentaire court, presque droit, incliné en avant et formant un angle bien marqué à sa jonction avec le bord dorsal. Bord dorsal rectiligne ou faiblement sinueux, se reliant au bord postérieur par une courbe régulière. Bord postérieur arrondi. Bord ventral droit ou légèrement renflé dans sa partie moyenne. Charnière pourvue de trois ou quatre petites denticulations, parfois obsolètes. Ligament interne peu épais. Impressions du muscle adducteur antérieur des valves petites, situées sous les crochets; impressions de l'adducteur postérieur des valves grandes, arrondies; impressions des muscles adducteurs du pied, petites, étroites et profondes, situées près des sommets, un peu au-dessous du ligament; impressions palléales bien marquées. Coloration externe d'un noir uniforme passant au roux ferrugineux dans le voisinage des sommets et dans la région ventrale. Coloration interne d'un gris bleuâtre, parfois légèrement irisé, passant au blanc opaque du côté antérieur et laissant à découvert une zone marginale noirâtre.

Variétés. — M. Locard a fait représenter (*Revision*, etc., pl. V, fig. 2) le spécimen typique de cette espèce conservé dans les galeries du Muséum de Paris. C'est une coquille à bord ligamentaire court, avec l'angle situé très haut et le bord dorsal presque parallèle au bord ventral, ce qui lui donne un aspect subquadrangulaire. Cette forme a été parfaitement représentée par Reeve (*Conchologia iconica*, pl. IX, fig. 39).

Var. ex forma 1, *herculea* Monterosato = *Mytilus herculeus* Locard. Cette variété, remarquable par sa taille gigantesque (diam. antéro-postérieur 140 millim.), a été établie par M. de Monterosato sur des spécimens provenant de Sciacca, en Sicile. Nous en possédons des exemplaires aussi grands, pêchés dans le Roussillon et à Barcelone. Notre fig. 5 (pl. XXV) représente un échantillon de cette provenance.

M. le professeur Issel ayant eu l'obligeance de nous envoyer une excellente série composée d'échantillons de différents âges et recueillis dans la localité de Sciacca, il nous a été possible de bien apprécier cette variété : nous avons pu constater que la position de l'angle dorsal n'est pas constante, que les sommets deviennent saillants et aigus avec l'âge; mais qu'ils ne sont pas proéminents chez les individus jeunes; que la sinuosité du bord ventral est plus ou moins accusée, enfin qu'il ne subsiste pour distinguer la variété *herculea* du *M. galloprovincialis* type que la grande taille des exemplaires adultes.

Var. ex forma 2, *dilatata* Philippi (*Enum. Moll. Sic.*, t. I, pl. V, fig. 13). Très dilatée du côté dorsal, avec l'angle situé vers le milieu de la longueur totale. C'est la forme que l'on rencontre le plus fréquemment sur le littoral du Roussillon et à Barcelone. Nous croyons que le *M. trigonus* de M. Locard (*Revision*, etc., p. 102, pl. V, fig. 3) est synonyme, bien qu'il s'agisse là d'une coquille recueillie à Dunkerque et que M. Locard l'indique comme plus abondant dans la Manche et dans l'Océan que dans la Méditerranée. Voir notre pl. XXV, fig. 6, 7. M. Delgado vient de nous communiquer des exemplaires de cette variété recueillis à Tavira (sud du Portugal).

Var. ex forma 3, *angustata* Philippi (*Enum. Moll. Sic.*, t. I, pl. V, fig. 12). Forme étroite, qui se rapproche un peu du *M. edulis*. Son diamètre dorso-ventral est égal à la moitié de son diamètre antéro-postérieur. M. Dorgebray nous en a envoyé plusieurs exemplaires recueillis entre Barcelone et Tarragone.

Var. ex forma 4, *glocina* Locard. Établie comme espèce distincte du *M. galloprovincialis*, par M. Locard (*Revision*, etc., p. 107, pl. V, fig. 1), d'après des spécimens provenant de Cette; mais elle n'en diffère que par son bord ligamentaire arqué et plus allongé, ce qui reporte l'angle dorsal en arrière; son bord postérieur est aussi un peu plus étroit.

Var. ex forma 5, *pelecina* Locard (*Revision*, etc., p. 98, pl. IV, fig. 1). Cette variété est caractérisée par son sommet étroit, sa région ventrale convexe et son bord postérieur largement arrondi. Tous les spécimens d'Arcachon que nous avons sous les yeux sont d'une coloration brune rougeâtre assez particulière. Voir notre pl. XXV, fig. 8, 9).

Var. ex forma 6, *acrocyrta* Locard = *Mytilus retusus* Lamarck, var. *acrocyrta* Loc. (*Revision*, etc., p. 132, pl. IV, fig. 2). Grande et belle coquille, très renflée dans la région antérieure, plus allongée que le *M. galloprovincialis* type, avec le bord ligamentaire plus long et l'angle dorsal situé vers le milieu de la longueur totale. Elle est surtout remarquable par son épiderme très luisant, d'un beau noir passant au roux, avec les sommets et la région ventrale d'un jaune souvent nuancé de vert ou de rouge. Nos plus grands spécimens mesurent : diam. dorso-ventral 38 millim.; diam. antéro-post. 86 millim.; épaisseur 30 millim. Nous avons sous les yeux de nombreux spécimens de cette variété recueillis par M. Chevreux au Croisic, sur les chaînes des bouées; par M. de Boury, à Arcachon, également sur les chaînes des bouées des passes; par M. de Wildt dans la baie de Douarnenez; par M. Delgado, sur les côtes du Portugal : à l'embouchure du Tage, à Peniche, à Aveiro et à Varzim. Nous l'avons également trouvée sur les côtes du Roussillon, en compagnie du *M. galloprovincialis* type, et de la variété *dilatata* : nous possédons de cette région plusieurs exemplaires intermédiaires qui semblent bien prouver que la var. *acrocyrta* appartient au *M. galloprovincialis* et non pas au *M. edulis*. Aussi sommes-nous surpris de voir que M. Locard l'ait placée dans le groupe du *M. edulis*, en la considérant comme une simple variété du *M. retusus* Lamarck. Nous avons vu plus haut que le *M. retusus* diffère peu du *M. edulis* type. La variété *acrocyrta* n'est nullement un produit d'élevage comme le croit M. Locard, car c'est bien spontanément qu'elle se développe, aussi bien sur les chaînes des bouées, dans l'Océan, que sur le littoral du Roussillon, dans la Méditerranée. Nous avons figuré pl. XXV, fig. 10 et 11, un échantillon de cette variété provenant du Roussillon, et fig. 12 et 13 un autre provenant du Croisic.

Var. ex forma 7, *hesperiana* Lamarck = *Mytilus hesperianus* Lamarck (*Animaux sans vertèbres*, t. VI, 1re partie, p. 127). D'après la diagnose originale et l'habitat : « Méditerranée, sur les côtes d'Espagne, » indiqué par Lamarck, il est permis de croire que le *M. hesperianus* est la forme allongée, à peu près également développée du côté ventral et du côté dorsal, qui a été retrouvée dans la même région par M. Hidalgo et figurée par lui : *Mol. mar. de España*, pl. XXV, fig. 3. C'est à tort, selon nous, que M. Locard a rapporté cette figuration de M. Hidalgo au vrai *M. edulis*, et notre manière de voir se trouve confirmée par la figure de Payraudeau (*Moll. de Corse*, pl. II, fig. 5), ainsi que par M. Recluz, qui a étiqueté, dans sa collection, sous le nom de *M. hisperianus* Lk (*sic*), des spécimens présentant la même forme subéquilatérale, à région antérieure usée, qui concordent bien avec la fig. 3 de M. Hidalgo. L'un de nous a recueilli la var. *hesperiana* à Porto (Portugal).

Monstr. 1, *sagittatus* Poli (*Test. utr. Sic.*, t. II, p. 208, pl. XXXII, fig. 2, 3). Le *Mytilus sagittatus* de Poli n'est autre chose qu'un *M. galloprovincialis* déformé, de couleur jaunâtre, avec quelques rayons foncés. A une certaine période d'accroissement, les valves se sont brusquement rapprochées, de sorte que, vu de profil, le *M. sagittatus* semble composé de deux coquilles superposées. Cette anomalie rappelle celle que présente la var. *duplicata* Loc. du *Pecten flexuosus* Poli. Bien que le *M. sagittatus* soit incontestablement une forme du *Mytilus* décrit beaucoup plus tard par Lamarck, sous le nom de *M. galloprovincialis*, nous n'avons pas cru devoir reprendre ce nom ancien, car Poli l'a attribué à une déformation exceptionnelle, tandis qu'il donnait à la forme normale le nom de *M. edulis*.

Monstr. 2. Nous avons observé parmi les échantillons de sa collection, que M. le marquis de Monterosato a eu l'obligeance de nous communiquer, quelques exemplaires du *M. galloprovincialis* qui présentent les déformations les plus bizarres : l'un a les bords postérieurs des valves repliés dans l'intérieur; un autre est partagé au milieu par un sillon longitudinal et sa portion ventrale se prolonge en un rostre arrondi qui dépasse de six millimètres le bord postérieur de la portion dorsale.

M. A. Vayssière vient de faire connaître, dans le *Journal de Conchyliologie*, t. XXXVII (1889), p. 213, pl. X, fig. 1 à 3, l'anatomie d'une remarquable malformation du *M. galloprovincialis* (nommé par lui *M. edulis*), chez laquelle la coquille est bâillante à l'extrémité postérieure. De ce côté, les bords sont renversés en dehors de manière à former une sorte de collerette à bords sinueux.

Var. ex colore *flava* Poli = *Mytilus flavus* Poli (*Test. utr. Sic.*, t. II, p. 207, pl. XXXII, fig. 4) = *M. galloprovincialis* var. *flava* Philippi. Fauve ou d'un brun rougeâtre uniforme. Cette variété correspond à la var. *flavida* du *M. edulis;* elle a été bien figurée par Reeve (*Conch. icon.*, pl. I, fig. 1). De même que pour le *M. sagittatus*, nous n'avons pas cru devoir substituer l'ancien nom de *M. flavus* à celui de *galloprovincialis*, parce qu'il n'a été proposé par Poli que pour une coloration exceptionnelle.

Habitat. — Abondant sur tout le littoral du Roussillon : le type et les variétés *herculea*, *dilatata*, *acrocyrta* et *flava*.

Dispersion. — Le *Mytilus galloprovincialis* vit dans toute la Méditerranée, la mer Adriatique et la mer Noire. M. Chaper nous en a rapporté de Constantinople des spécimens qui appartiennent à la var. *acrocyrta*, et nous en possédons de Sébastopol qui sont intermédiaires entre cette variété et le *M. galloprovincialis* type.

Le *M. galloprovincialis* vit aussi dans l'océan Atlantique; mais il y est bien plus rare que dans la Méditerranée, et c'est surtout la variété *acrocyrta* que l'on y rencontre. L'un de nous a recueilli la forme type à Cherbourg, mais il est possible qu'elle y ait été introduite, attachée à des navires venant de la Méditerranée.

La distribution géographique du *M. edulis* Linné est aussi très étendue : on le rencontre sur toute l'étendue des côtes océaniques de l'Europe; mais son habitat méditerranéen est plus douteux.

Les *Mytilus* sont souvent transportés, pour l'alimentation, à de grandes distances de leurs lieux d'origine; c'est ainsi que M. Bofill a acheté au marché de Barcelone des *M. edulis*, qui provenaient certainement des bouchots d'Esnandes (Charente-Inférieure), alors que les *Mytilus* qui vivent sur les côtes d'Espagne, depuis Barcelone jusqu'à Tarragone, appartiennent tous au *M. galloprovincialis*, comme nous avons pu le constater en examinant les nombreux spécimens que M. Dorgebray a bien voulu recueillir pour nous dans ces parages.

Origine. — On ne peut indiquer avec certitude le *M. galloprovincialis* que du pliocène d'Italie : Monte-Mario, Modenais, Parmesan, Astésan, Calabre. Les citations de M. Wood du pliocène d'Angleterre sont douteuses. M. Seguenza le mentionne dans le pleistocène de la Calabre.

Le *Mytilus aquitanicus* Mayer, du miocène du Bordelais, est une grande espèce qui offre une analogie intéressante avec le *M. galloprovincialis* et a une grande extension.

Les *Mytilus*, si abondants dans les mers de l'époque actuelle, ne paraissent pas avoir eu, à beaucoup près, la même importance pendant les périodes géologiques antérieures : ils sont assez rares à l'état fossile et presque toujours mal conservés.

M. Wood a distingué dans les crags d'Angleterre cinq des variétés du *Mytilus edulis* que nous avons mentionnées. Cette espèce existe aussi dans le pleistocène du nord de l'Europe (plages soulevées de Norwège).

M. D. Brauns, dans sa *Géologie des environs de Tokio* (1881), a signalé le *M. edulis* comme vivant dans les mers du Japon et comme existant à l'état fossile dans le pleistocène de ce pays.

Mytilus lineatus (Gmelin) Lamarck.

Pl. XXIX, fig. 1, 2 (type); 3, 4, 5, 6 (var.).

1785?	*Mytilus confusus*, etc.	CHEMNITZ, Conch. Cab., t. VIII, p. 175, pl. LXXXIV, fig. 753, nᵒˢ 1, 2.
1790?	— *lineatus*	GMELIN *in* LINNÉ, Systema Naturæ, edit. XIII, p. 3359.
1819	— — (Gmel.)	LAMARCK, Anim. sans vert., t. VI, 1re partie, p. 128.

1835	*Mytilus crispus*	CANTRAINE, Diagn. esp. nouv. *in* Bull. Acad. royale Bruxelles, p. 397 (extr. p. 26).
1836	— *lineatus* (Gmel.)	LAMARCK, Anim. sans vert., édit. Desh., t. VII, p. 49.
1844	— *minimus* var.	PHILIPPI (*non* Poli), Enum. Moll. Sic., t. II, p. 53.
1863	— *crispus* Cantr.	PETIT, Catal. *in* Journ. Conch., t. XI, p. 330.
1864	— *Baldi*	BRUSINA, Conch. Dalm. ined., p. 39.
1866	— —	BRUSINA, Contrib. pella fauna dei Moll. Dalm., p. 100.
1867	— *crispus* Cantr.	WEINKAUFF, Conchyl. des Mittelm., t. I, p. 230.
1869	— — —	PETIT, Catal. Test. mar., p. 72.
1870	— *lineatus* (Gmel.)	ARADAS et BENOIT, Conch. viv. mar. della Sic., p. 311.
1878	— *crispus* Cantr.	MONTEROSATO, Enum. e Sinon., p. 5.
1880	— *lineatus* (Gmel.)	STOSSICH, Prosp. della Fauna del mare Adriatico, p. 168.
1883	— *crispus* Cantr.	MARION, Esq. d'une topogr. zool. du golfe de Marseille, p. 48.
1884	*Mytilaster lineatus* (Gmel.)	MONTEROSATO, Nom. Gen. e Spec., p. 10.
1886	*Mytilus crispus* Cantr.	LOCARD, Prodr. de Malac. franç., p. 499.
1888	— — —	KOBELT, Prodr. faunæ Moll. test. Maria europ. inhab., p. 422.
1889	— *lineatus* (Gmel.)	LOCARD, Revision des esp. franc. du genre Mytilus *in* Bull. Soc. Malac. de France, p. 142, pl. V, fig. 6.

Obs. — Le choix du nom à attribuer à cette espèce présente une certaine difficulté. Le *Mytilus lineatus* de Gmelin est, en effet, établi uniquement sur une référence de Chemnitz qui avait déjà attribué à cette espèce le nom de *Mytilus confusus*, etc. Pas plus que l'auteur du *Conchylien Cabinet*, Gmelin n'indique d'habitat et sa diagnose n'est pas plus précise. Comme d'autre part la figuration donnée par Chemnitz est plus que médiocre, il n'y aurait pas lieu de tenir compte de ces anciens noms, si Lamarck n'avait repris celui de *M. lineatus* en le précisant, le décrivant d'une manière plus complète et en indiquant que ce *Mytilus* vit à Chioggia, près de Venise. Le nom de *M. confusus* est le plus ancien et devrait être repris si Chemnitz l'avait employé dans le sens binominal; mais il n'en est pas ainsi, car il n'est que le premier mot de toute une phrase descriptive. Nous préférons donc adopter le nom de *M. lineatus*, en l'attribuant à Lamarck qui, le premier, a rendu cette espèce reconnaissable en faisant connaître son habitat européen.

Il est probable que le *Mytilus denticulatus* Renieri est synonyme du *lineatus*, car Nardo nous apprend dans son étude des espèces de Renieri que cette coquille ressemble au *Mytilus exustus* des Antilles, qui possède une sculpture analogue.

Il est impossible de confondre le *M. lineatus* avec aucun autre *Mytilus* méditerranéen : il est trop bien caractérisé par sa sculpture irrégulièrement chevronnée.

Le *M. exustus* Lk, espèce ornée de stries rayonnantes plus accusées et originaire des Antilles, est aujourd'hui acclimaté à Barcelone, d'où M. Bofil nous en a envoyé des exemplaires.

Diagnose. — Coquille, diam. dorso-ventral 10 1/2 millim., diam. antéro-post. 20 millim., épaisseur 8 1/2 millim., équivalve, renflée en avant, déclive et arrondie en arrière; un peu dilatée du côté dorsal où elle décrit un angle très obtus. Fente byssale allongée, à bords plus ou moins écartés. Forme subtriangulaire, acuminée du côté antérieur, arrondie du côté postérieur. Sommets terminaux. Test solide, recouvert d'un épiderme peu luisant, si ce n'est dans la partie antérieure de la région ventrale. Surface traversée par des plis d'accroissement et ornée de nombreux reliefs onduleux disposés en chevrons serrés et irréguliers; du côté dorsal, cette sculpture est plus régulière et disposée en lignes parallèles. Intérieur des valves lisse, nacré. Bord ligamentaire rectiligne fortement incliné en avant; bord ventral sinueux au milieu; bord postérieur arrondi et formant un angle obtus à son point de jonction avec le bord ligamentaire. Charnière pourvue de deux petites dents cardinales. On observe sur le bord ligamentaire, dans l'espace compris entre l'extrémité du ligament et l'angle dorsal, une série de petites crénelures. Ligament interne assez fort. Impressions musculaires semblables à celles du *M. galloprovincialis*, peu visibles dans la forme typique; mais s'accusant davantage dans la var. *Lamarcki*. Coloration externe d'un brun marron, un peu plus clair du côté antérieur. Intérieur des valves, orné d'une belle nacre, agréablement nuancée de pourpre, surtout vers les bords.

Variétés.— De même que la plupart des Mytilidés des mers d'Europe, le *M. lineatus* présente une certaine variabilité. Lamarck avait déjà distingué une forme un peu courbée correspondant à la var. *incurvata* Auct. (*non* Penn.), du *M. edulis*.

Var. ex forma 1, *Lamarcki* B.D.D. Coquille épaisse, solide, de forme allongée, très renflée, fortement sinueuse du côté ventral, à peine anguleuse du côté dorsal. Plis d'accroissement très marqués. M. le docteur del Prete a eu l'obligeance de nous envoyer des spécimens de cette variété, provenant de Venise : nous en avons figuré deux, pl. XXIX, fig. 3, 4, 5 et 6.

Habitat. — Rare à Port-Vendres.

Dispersion. — Cette espèce peu répandue dans la Méditerranée est plus abondante dans la mer Adriatique et notamment à Venise où elle acquiert aussi de plus grandes dimensions. Elle n'a pas encore été signalée dans l'océan Atlantique.

Origine. — Nous ne croyons pas que ce *Mytilus* ait été indiqué à l'état fossile.

Mytilus minimus Poli.

Pl. XXIX, fig. 7, 8, 9, 10.

1795	*Mytilus minimus*	Poli, Test. utr. Sic., t. II, p. 209, pl. XXXII, fig. 1.
1826	— — Poli	Payraudeau, Moll. de Corse, p. 69.
1826	— — —	Risso, Europe mérid., t. IV, p. 321.
1829	— — —	O.-G. Costa, Catal. sist., p. 59.
1836	— — —	Scacchi, Catal. Conch. Regni Neap., p. 4.
1836	— — —	Philippi, Enum. Moll. Sic., t. I, p. 73.
1836	— — —	Deshayes *in* Lamarck, Anim. sans vert., 2e édit., t. VII, p. 49.
1844	— — —	Philippi, Enum. Moll. Sic., t. II, p. 53.
1844	— — —	Forbes, Rep. Æg,. Invert., p. 145.
1844	— — —	Potiez et Michaud, Galerie de Douai, t. II, p. 127, pl. LIV, fig. 6, 7.
1846	— — —	Vérany, Catal. Invert. di Genova e Nizza, p. 13.
1848	— — —	Réquien, Coq. de Corse, p. 30.
1848	— *cylindraceus*	Réquien, Coq. de Corse, p. 30.
1851	— *minimus* Poli	Petit, Catal. *in* Journ. Conch., t. II, p. 384 (*ex parte*).
1856	— — —	Jeffreys, Piedm. Coast, p. 25.
1858	— — —	Reeve, Conch. Icon., pl. XI, fig. 56.
1866	— — —	Brusina, Contrib. pella fauna dei Moll. Dalm., p. 100.
1867	— — —	Weinkauff, Conchyl. des Mittelm., t. I, p. 229.
1869	— — —	Fischer, Gironde, 1er suppl. *in* Act. Soc. Linn. Bord., t. XXVII, p. 113.
1870	— *liburnicus*	Chiereghini *in* Brusina, Ipsa Chiereg. Conch., p. 107.
1870	— *minimus* Poli	Hidalgo, Mol. mar., pl. XXVI, fig. 4, 5.
1878	— — —	Monterosato, Enum. e Sinon., p. 5.
1878	— — —	Fischer, Brachiop. et Moll. du litt. océan. de France, p. 11.
1878	— — —	Issel, Crociera del Violante, p. 41.
1879	— — —	Granger, Catal. Moll. de Cette, p. 27.

1884	*Mytilaster minimus* Poli	MONTEROSATO, Nomencl., Gen. e Spec., p. 10.
1884	*Mytilus* — —	NOBRE, Moll. marinh. do Noroeste de Portugal, p. 21.
1886	— — —	LOCARD, Prodr. de Malac. franç., p. 499.
1886	— *cylindraceus* Réq.	LOCARD, Prodr. de Malac. franç., p. 500.
1886	— (*Mytilaster*) *minimus* Poli	DAUTZENBERG, Nouv. Liste Coq. de Cannes, p. 2.
1886	— *minimus* Poli	GRANGER, Moll. biv. de France, p. 63.
1888	— — —	KOBELT, Prodr. faunæ Moll. test. Maria europ. inhab., p. 422.
1889	— — —	LOCARD, Revision des esp. franc. appart. au genre Mytilus *in* Bull. Soc. malac. de France, t. VI, p. 148, pl. V, fig. 8.
1889	— *cylindraceus* Réq.	LOCARD, Revision des esp. franç. appart. au genre Mytilus *in* Bull. Soc. malac. de France, t. VI, p. 152, pl. V, fig. 7.

Obs. — D'après Philippi, le *Mytilus lacustris* Costa (*Corrisp. zool.*, p. 47), est synonyme et d'après M. de Monterosato, il en est de même du *Mytilus Blondeli* H. Martin mss.

Le *M. minimus* présente une assez grande variabilité pour que quelques auteurs aient essayé de le diviser. Réquien, le premier, a donné le nom de *M. cylindraceus* à une forme allongée et cylindrique de cette espèce. Toutefois, comme le fait observer M. Locard, la figuration donnée par Poli représente précisément des individus étroits et allongés: Poli étant le créateur du *M. minimus,* il faut nécessairement prendre pour type la forme décrite et figurée dans son ouvrage. Aussi sommes-nous surpris de voir plus loin M. Locard critiquer la figure de Poli et dire : « Elle laisse à désirer sous le rapport de l'exactitude et représente une coquille d'un galbe un peu trop étroitement allongée, et qui dès lors peut être confondue avec le *Mytilus cylindraceus.* » Cette manière de voir ne pourrait être admise que si la forme figurée par Poli n'avait jamais été retrouvée. Mais il n'en est pas ainsi, et la fig. 1 de la pl. XXXII de Poli représente un groupe d'une quinzaine d'individus présentant tous une forme allongée et cylindrique qu'on rencontre fréquemment.

Le type du *M. minimus* ne peut donc différer, selon nous, du *M. cylindraceus* de Réquien, et s'il y avait lieu de démembrer l'espèce, c'est à la forme moins allongée, plus triangulaire, qu'il conviendrait d'attribuer un autre nom. Mais nous ne sommes point d'avis qu'il soit utile de séparer les deux formes, car les diverses espèces européennes du genre *Mytilus* présentent toutes des variations analogues : on rencontre chez chacune d'elles des formes élargies, anguleuses du côté dorsal et d'autres étroites, renflées, à côté dorsal arrondi.

Diagnose. — Coquille, diam. dorso-ventral 6 millim.; diam. antéro-post. 15 millim.; épaisseur 6 millim.; équivalve, subcylindracée, ovale allongée, renflée en avant, déclive et arrondie en arrière, faiblement dilatée du côté dorsal où elle décrit un angle très obtus. Fente byssale petite, à bords peu écartés. Sommets subterminaux, petits, incurvés. Test peu épais, recouvert d'un épiderme assez luisant. Surface traversée par de nombreuses lignes d'accroissement irrégulières. Intérieur des valves lisse, nacré. Bord ligamentaire légèrement arqué, incliné en avant, présentant une fossette ligamentaire étroite, allongée, à la suite de laquelle on observe une série de petites crénelures marginales. Bord postérieur arrondi et formant un angle très obtus à son point de jonction avec le bord ligamentaire. Bord ventral un peu sinueux au milieu. Charnière pourvue de deux ou trois petites dents cardinales, souvent obsolètes. Ligament interne, assez fort. Impressions musculaires bien marquées, semblables à celles du *M. galloprovincialis*. Coloration externe d'un brun marron, plus claire et tirant sur le jaune ou le rouge dans la partie antérieure de la région ventrale. Un rayon clair part du sommet et aboutit vers le milieu du bord ventral. Intérieur des valves recouvert d'une couche de nacre assez brillante, à reflets pourprés.

Variétés. — Nous avons indiqué plus haut la raison qui nous a fait admettre comme typique du *M. minimus*, la forme allongée et cylindracée à laquelle Réquien a donné le nom de *M. cylindraceus* et que Philippi a désignée sous celui de var. *angustata*.

Var. ex forma 1, *dilatata* Philippi. Forme large, dilatée du côté dorsal, qui a été bien représentée par M. Hidalgo : pl. XXVI, fig. 4, 5.

Var. ex forma 2, *incurvata* Philippi. A bord ventral fortement arqué.

Var. ex forma 3, *minutissima* Monterosato. De très petite taille, mince, et de forme sagittée.

Var. ex colore 1, *pallida* B.D.D. presque blanche, sous un épiderme jaune clair. Nous indiquons cette variété de coloration d'après des exemplaires recueillis à Saint-Jean-de-Luz par M. Adrien Dollfus.

Habitat. — Assez abondant sur les rochers à Paulilles, Banyuls, etc.; c'est la var. *dilatata* qui s'y trouve le plus fréquemment.

Dispersion. — Méditerranée et Adriatique. Océan Atlantique, sur les côtes du Portugal et dans la partie méridionale du golfe de Gascogne. Plus rare au nord de l'embouchure de la Gironde.

Origine. — La seule citation authentique de cette espèce, dans le pliocène, est celle de M. Coppi, qui l'a rencontrée dans le Modenais. Le *M. plebeius* Dubois, de Volhynie, devra peut-être être identifié avec la présente espèce. Pleistocène de la Calabre (Philippi).

Goldfuss a nommé *M. minimus*, en 1838, une espèce du lias, qui devra par conséquent changer de nom.

Mytilus solidus H. Martin, sp. (*Modiola*).

Pl. XXIX, fig. 11, 12, 13 et 14.

	Modiola solida	H. MARTIN, mss. (teste Monterosato).
1872	*Mytilus lineatus* Gm., var. *solida.*	MONTEROSATO, Not. int. alle Conch. Medit., p. 18.
1877	*Mytilus lithophagus*	STOSSICH, Bull. Soc. Adriat., t. V, III, p. 192.
1880	— —	STOSSICH, Prosp. della fauna del mare Adriatico, p. 168.
1884	*Mytilaster solidus* H. Mart.	MONTEROSATO, Nomencl. Gen. e Spec., p. 10.
1886	*Mytilus* — —	LOCARD, Prodr. de Malac. franc., p. 500.
1888	— — —	KOBELT, Prodr. faunæ Moll. test. maria europæa inhabit., p. 422.
1889	— — —	LOCARD, Revision des esp. franç. du genre Mytilus, p. 155 (pl. V, fig. 4?).

Obs. — Ce *Mytilus* découvert aux Martigues par M. Henri Martin et nommé par lui *Modiola solida*, dans sa collection, a été publié pour la première fois en 1872 par M. le marquis de Monterosato, qui le considérait alors comme une variété du *Mytilus lineatus*. Le *M. solidus* est admis aujourd'hui comme parfaitement distinct du *M. lineatus*, aussi bien que du *M. minimus* : il se distingue du premier par l'absence de sculpture chevronnée et du second par son test plus solide, sa forme plus courte, la nacre de son intérieur, etc., et enfin, de ces deux espèces par sa coloration blanchâtre et son épiderme fauve, peu adhérent et non luisant.

Diagnose. — Coquille, diamètre dorso-ventral 9 millim.; diamètre antéro-postérieur 13 millim.; épaisseur 7 millim.; équivalve, fortement renflée et carénée, déclive et arrondie en arrière, un peu dilatée du côté dorsal où elle forme un angle obtus. Fente byssale très étroite, allongée. Forme générale subtriangulaire. Sommets terminaux incurvés, contigus. Test solide, un peu transparent, recouvert d'un épiderme mince, peu adhérent. Des stries d'accroissement nombreuses donnent à la surface un aspect rugueux. Intérieur des valves luisant, nacré. Bord ligamentaire rectiligne incliné en avant; bord ventral un peu sinueux; bord postérieur arrondi, se joignant au bord ligamentaire par une courbe régulière. Charnière ne portant que deux ou trois dentelons, parfois obsolètes. A la suite du ligament, on observe, sur le bord dorsal, une série marginale de petites crénelures. Ligament interne fort. Coloration externe blanchâtre sous un épiderme fauve clair. Intérieur des valves garni d'une couche de nacre blanche à reflets opalins.

Variétés. — M. Locard signale une série de variétés qui se rencontreraient plus particulièrement, selon lui, chez les spécimens de provenance océanique (?). Les exemplaires méditerranéens que nous avons sous les yeux présentent de nombreuses variations de contours; mais elles ne nous semblent pas assez importantes pour motiver la création de variétés.

Habitat. — Très rare à Paulilles.

Dispersion. — Méditerranée, aux Martigues (H. Martin), Viareggio (Dr del Prete); Palerme (Monterosato); Adriatique (Stossich). M. Locard signale aussi ce mollusque sur les côtes océaniques de France et il en figure (Revision des esp. franç. appartenant au genre *Mytilus*, in *Bull. Soc. malac. de France*, pl. V, fig. 4) un exemplaire de Brest. Mais l'examen de cette figure nous laisse quelque doute au sujet de l'identité de cette forme de l'océan avec le *M. solidus*. Nous n'avons, en effet, jamais rencontré le vrai *M. solidus* dans l'océan Atlantique.

Origine. — Cette espèce n'a pas encore été signalée à l'état fossile.

Genre MODIOLA Lamarck, 1801.

Lamarck a établi, dès 1799, le genre *Modiolus*, en prenant pour type le *Mytilus modiolus* Linné. Cuvier en a publié l'anatomie en 1800. En 1801, Lamarck a remplacé le nom *Modiolus* par celui de *Modiola*, qui est aujourd'hui généralement employé.

Lister et Klein avaient désigné le *M. modiolus* sous le nom de *Musculus* qui était considéré comme synonyme de *Mytilus* par les auteurs de la Renaissance.

Les naturalistes anglais ont vivement combattu le genre *Modiola*. Gray lui a substitué celui de *Volsella*, publié par Scopoli, en 1877, dans un ouvrage devenu fort rare. Mais il existait déjà un genre *Vulsella*, établi, dès 1711, par Rumphius et adopté depuis lors pour un autre groupe de mollusques pélécypodes. Or, il est probable que le mot *Volsella* est le résultat d'une faute d'impression et que Scopoli a voulu écrire *Vulsella*. Mais, alors même qu'il n'en serait pas ainsi, nous ne croyons pas qu'il soit utile de conserver dans la nomenclature, pour deux genres différents, deux noms aussi semblables.

MM. Adams ont proposé de reprendre pour les *Modiola* le nom de *Perna* Adanson, 1757. Mais comme ce genre d'Adanson renfermait des coquilles tellement disparates que Retzius, en 1788, puis Bruguière, en 1792, l'ont employé, le premier pour des *Mytilus*, le second pour l'*Ostrea perna* Linné, on ne pourrait l'interpréter aujourd'hui dans un troisième sens sans introduire une grande confusion dans la nomenclature. On remarquera que MM. Adams ont placé le *M. modiolus*, à la fois dans la liste des espèces typiques de leur genre *Perna* et dans celle du sous-genre *Brachydonta* Swainson. Or ce dernier groupe a été créé pour le *Modiola sulcata* et pour des formes à dents nombreuses, petites et crénelées, tandis que la charnière du *M. modiolus* est dépourvue de dents.

Le genre *Amygdalus* Mühlfeld, 1811, fondé sur le *Mytilus luteus* de la Méditerranée, doit passer en synonymie.

Modiola barbata Linné, sp. (*Mytilus*).

Pl. XXVII, fig. 1, 2, 3, 4 (type); 5, 6, 7, 8, 9 (var.).

1767 *Mytilus barbatus* LINNÉ, Syst. Nat., edit. XII, p. 1156.

1790 — — LINNÉ-GMELIN, Syst. Nat., edit. XIII, p. 3353.

1795 — — Lin. POLI, Test. utr. Sic., t. II, p. 210, pl. XXXII, fig. 6, 7, 8.

1803 — — — MONTAGU, Test. brit., t. I, p. 161.

1814 *Modiola Gibsii* LEACH, Zoological Miscellany, t. II, p. 34, pl. LXXII, fig. 2.

1819 — *barbata* Lin. LAMARCK, Anim. sans vert., t. VI, 1re partie, p. 114 (*ex parte*).

1822 — *Gibsii* Leach TURTON, Dithyra brit., p. 200.

1826 — *barbata* Lin. PAYRAUDEAU, Moll. de Corse, p. 66.

1826 *Modiolus barbatus* — RISSO, Europe mérid., t. IV, p. 323.

1829 *Mytilus* — — O.-G. COSTA, Catal. Sist., p. 59.

1830 — — — DESHAYES, Encycl. méthod., t. II, p. 567.

1835 *Modiola papuana* BOUCHARD-CHANTEREAUX (*non* Lamarck), Catal. Boulon., p. 26 (*ex parte*).

1836 *Mytilus barbatus* Lin. SCACCHI, Catal. Conch. Regni Neap., p. 4.

1836 — — — PHILIPPI, Enum. Moll. Sic., t. I, p. 70.

1836 *Modiola barbata* — LAMARCK, Anim. sans vert., édit. Desh., t. VII, p. 22.

1844 — — — PHILIPPI, Enum. Moll. Sic., t. II, p. 50.

1844 — — — FORBES, Rep. Æg. Invert., p. 145.

1844 — — — POTIEZ et MICHAUD, Galerie de Douai, t. II, p. 129.

1844 — *Gibsii* Leach THORPE, Brit. mar. Conch., p. 107.

1846 — *barbata* Lin. VÉRANY, Catal. Invert. Genova e Nizza, p. 13.

1848 — — — RÉQUIEN, Coq. de Corse, p. 29.

1851 — — — PETIT, Catal. *in* Journ. Conch., t. II, p. 382.

1852 *Mytilus Gibbsianus* LEACH, Synopsis, p. 332.

1853 *Modiola barbata* Lin. FORBES et HANLEY, Brit. Moll., t. II, p. 190, pl. XLIV, fig. 4.
1855 *Mytilus barbatus* — HANLEY, Ipsa Linn. Conch., p. 141.
1856 *Modiola barbata* Lin. JEFFREYS, Piedm. Coast, p. 25.
1857 — — — REEVE, Conch. icon., pl. III, fig. 9, 10.
1858 — — — GAY, Catal. Moll. du Var, p. 196.
1859 — — — SOWERBY, Illustr. Ind. brit. Sh., pl. VII, fig. 9.
1862 — — — CHENU, Manuel de Conch., t. II, p. 154, fig. 756.
1863, 1869 *Mytilus barbatus* Lin. JEFFREYS, Brit. Conch., t. II, p. 114; t. V, p. 171, pl. XXVII, fig. 3.
1865 *Modiola barbata* Lin. CAILLIAUD, Cat. Loire-Inférieure, 108.
1865 — — — FISCHER, Gironde, p. 60.
1866 — — — BRUSINA, Contrib. pella fauna dei Moll. Dalm., p. 101.
1867 — — — WEINKAUFF, Conchyl. des Mittelm., t. I, p. 217.
1868 — — — J. COLBEAU, Liste gén. des Moll. viv. de la Belgique, p. 27.
1869 — — — PETIT, Catal. Test. mar., p. 71.
1870 — — — ARADAS et BENOIT, Conch. viv. mar. della Sic., p. 86.
1870 — — — ANCEY, Cal. Moll. mar. du cap Pinède, p. 6.
1870 — — — HIDALGO, Mol. mar., pl. LXXV, fig. 3.
1876 *Mytilus barbatus* — DUPREY, Catal. Coq. de Jersey, p. 2.
1878 *Modiola barbata* — MONTEROSATO, Enum. e Sinon., p. 5.
1879 — — — GRANGER, Catal. Moll. de Cette, p. 27.
1879 *Mytilus barbatus* — JEFFREYS, Lightn. and Porcup. Exp. *in* Proc. Zool. Soc. of London, p. 567.
1880 *Modiola barbata* — SERVAIN, Catal. Ile d'Yeu, p. 25.
1883 — — — MARION, Esq. d'une topogr. zool. du golfe de Marseille, pp. 27, 34, 38, 46, 50, 56, 57, 61, 67.
1883 — — — DANIEL, Faune malac. de Brest, p. 256.
1883 — — — DAUTZENBERG, Liste Coq. de Gabès, p. 8.
1883 — — — G. DOLLFUS, Catal. Palavas, p. 3.
1884 — — — MONTEROSATO, Nomencl. Gen. e Spec., p. 10.
1884 — — — NOBRE, Moll. marinhos do Noroeste de Portugal, p. 20.
1886 — — — DAUTZENBERG, Nouv. Liste Coq. de Cannes, p. 2.
1886 — — — LOCARD, Prodr. de Malac. franç., p. 491.
1886 — — — SMITH, Report on the Lamellibranchiata. Voyage of H.M.S. Challenger, pp. 22, 275.
1886 — — — GRANGER, Moll. biv. de France, p. 64, pl. IV, fig. 7.

1887 *Modiola barbata* Lin. DAUTZENBERG, Excursion malac. à Saint-Lunaire, p. 11.
1888 — — — KOBELT, Prodr. faunæ Moll. test. Maria europ. inhab., p. 423.
1888 — — — LOCARD, Revision des esp. franç. du genre Modiola, p. 88, pl. I, fig. 1.
1888 — *mytiloides* LOCARD, Revision des esp. franç. du genre Modiola, p. 92, pl. I, fig. 2.
1888 — *pterota* LOCARD, Revision des esp. franç. du genre Modiola, p. 95, pl. I, fig. 3.

Obs. — D'après M. de Monterosato, il faut ajouter à la synonymie le *Modiola villosa* Nardo, et d'après Montagu, le *M. curtus* de Pennant et de Turton est aussi la même coquille.

Il n'y a aucun doute sur l'identité de cette espèce, telle qu'elle est indiquée dans la douzième édition du *Systema Naturæ :* les références indiquées par Linné sont satisfaisantes, et M. Hanley a constaté que les spécimens de la collection linnéenne appartiennent bien au *M. barbata*, tel qu'il a été compris depuis par tous les auteurs.

Toutefois, le *M. barbata* du *Fauna suecica* a probablement été établi sur des spécimens jeunes du *M. modiolus*, car il semble bien établi aujourd'hui que le *M. barbata* n'existe pas dans les mers du nord de l'Europe.

On ne peut confondre le *M. barbata* avec aucun de ses congénères méditerranéens : l'épaisseur et la rugosité de son test, ainsi que son épiderme le font aisément reconnaître. Le *M. phaseolina* Philippi, qui lui ressemble un peu au premier aspect, se distingue par sa taille plus petite, sa forme plus ovale et plus régulièrement renflée, ses stries d'accroissement plus fines; les barbules de son épiderme plus clairsemées, plus effilées, non denticulées, etc.

Diagnose. — Coquille, diamètre dorso-ventral 24 millim.; diamètre antéro-post. 45 millim.; épaisseur 20 millim.; équivalve, très inéquilatérale, fortement renflée et carénée, comprimée et arrondie en arrière, dilatée et comprimée du côté dorsal où elle décrit un angle obtus. Fente byssale assez ouverte, un peu allongée. Forme générale irrégulièrement triangulaire. Sommets incurvés, situés tout près de l'extrémité antérieure. Test solide, recouvert d'un épiderme luisant, surtout dans la partie antérieure de la région ventrale; cet épiderme est rendu rugueux par des stries d'accroissement nombreuses, bien développées et plus ou moins régulières. Des barbules épidermiques longues, fortes, larges à leur point d'insertion, effilées à leur extrémité, partent de chaque lamelle d'accroissement et recouvrent les régions dorsale et postérieure de la coquille, ne laissant à nu que le voisinage des sommets et la partie antéro-ventrale.

Lorsqu'on examine les barbules à la loupe, on remarque qu'elles portent, du côté qui regarde le bord ventral de la coquille, de petites expansions spiniformes, disposées en dents de scie. Intérieur des valves lisse, luisant, un peu nacré. Bord ligamentaire presque rectiligne, fortement incliné en avant; bord antérieur petit, arrondi, très court, ne dépassant guère les sommets; bord ventral sinueux au milieu; bord postérieur arrondi, formant un angle obtus à son point de jonction avec le bord ligamentaire. Charnière dépourvue de dents. Ligament interne fort, assez épais.

Coloration externe d'un brun marron, orné d'un rayon jaunâtre plus ou moins clair qui part des sommets et se dirige vers le milieu du bord ventral. La partie antéro-dorsale est souvent teintée d'un rouge plus ou moins intense ou d'un violet plus ou moins foncé. Face interne des valves gris bleuâtre, un peu irisée et lavée de taches pourpres, souvent disposées en zones concentriques.

Variétés. — La taille et la forme du *M. barbata* sont assez variables; mais nous ne pensons pas qu'il y ait lieu de suivre l'exemple de M. Locard qui établit deux espèces distinctes pour deux des formes les plus aberrantes. Nous possédons, en effet, une série d'échantillons qui nous permet d'affirmer que ces formes se relient insensiblement les unes aux autres.

Var. ex forma 1, *dilatata* Philippi = *pterota* Loc. Cette variété que nous avons représentée pl. XXVII, fig. 8, 9, est caractérisée par un grand développement de la région postéro-dorsale, dont l'angle est plus aigu que chez le type.

Var. ex forma 2, *angustata* Philippi = *mytiloïdes* Loc. Forme allongée, étroite. Nous avons figuré pl. XXVII, fig. 7, un spécimen de cette variété qui mesure 80 millim. de diamètre antéro-postérieur : il provient de la collection du docteur Daniel.

Le *Mytilus villosus* Chiereghini = *Modiola villosa* Nardo (Brusina, *Ipsa Chieregh. Conch.*, p. 108, est aussi une forme allongée du *Modiola barbata*.

Var. ex forma 3, *major* Locard. Atteint 68 millim. de longueur. Nous possédons cette variété du golfe de Naples, provenant de la collection du docteur Tiberi.

Var. ex forma 4, *curvata* Locard. Très solide, étroite et arquée. Cette forme se rencontre fréquemment chez des spécimens recueillis dans des fentes de rochers où ils ont été gênés et n'ont pu se développer normalement. Nous en avons représenté pl. XXVII, fig. 5 et 6, un exemplaire recueilli par l'un de nous, au Croisic (Loire-Inférieure).

Monstr.— M. Jeffreys signale une monstruosité inéquivalve chez laquelle l'une des valves est presque plane et beaucoup plus petite que l'autre.

Var. ex colore 1, *rubra* Réquien = *rosea* Locard. D'un beau rouge vermillon, excepté dans la région ventrale.

Var. ex colore 2, *brunnea* Réquien. D'une coloration très foncée. Nous croyons pouvoir rattacher à cette variété les var. *fusca, ferruginea* et *subnigra* de M. Locard.

Var. ex colore 3, *luteola* Locard. D'une teinte jaunâtre clair.

Habitat. — Assez abondant à Port-Vendres, Paulilles, Banyuls : le type et les variétés : *curvata*, *rubra*, *brunnea* et *luteola*.

Dispersion. — Méditerranée et Adriatique. Océan Atlantique, depuis les côtes de Belgique et d'Angleterre jusqu'au détroit de Gibraltar. M. Jeffreys a signalé cette espèce comme vivant également au Japon, dans la baie de Tokio; cet habitat exotique se trouve confirmé par M. Smith qui nous apprend qu'elle a été recueillie par le *Challenger* à Kobé (Japon), par 50 brasses de profondeur. Elle n'a pas encore été signalée des archipels de l'Atlantique (Madère, Canaries, Cap-Vert, Açores).

Origine. — Cette espèce paraît débuter dans le pliocène, car la citation de M. Mayer dans l'Helvétien de la Suisse nous semble douteuse, les fossiles de cet étage étant tous à l'état de moules. On la rencontre à la fois dans le pliocène de la Grèce (Fuchs), de l'Italie du nord et du midi, de l'Algérie et des Pyrénées-Orientales à Millas et à Banyuls (Fontannes); enfin, dans le pliocène supérieur d'Angleterre (Red Crag-Wood). Elle est citée du pleistocène de Calabre par Seguenza.

Modiola adriatica Lamarck.

Pl. XXVIII, fig. 1 (type); 2 à 11 (var.).

1819 *Modiola adriatica* — LAMARCK, Anim. sans vert., t. VI, 1re partie, p. 112.

1826 — *albicosta* — PAYRAUDEAU (*non* Lamarck), Moll. de Corse, p. 67.

1826? *Modiolus papuana* (sic) — RISSO (*non* Lamarck), Europe mérid., t. IV, p. 323.

1827 *Modiola* — juv. — BROWN (*non* Lamarck), Illustr. of the Conch. of Gr. Brit. and Ireland, p. 77, pl. XXVII, fig. 5, 6.

1836 — *Cavolinii* — SCACCHI, Catal. Conch. Regni Neap., p. 4.

1836 — *tulipa* — PHILIPPI (*non* Lamarck), Enum. Moll. Sic., t. I, p. 69.

1836 — *adriatica* — LAMARCK, Anim. sans vert., édit. Desh., t. VII, p. 20.

1844 — *tulipa* — PHILIPPI (*non* Lamarck), Enum. Moll. Sic., t. II, p. 50.

1844 *Modiola tulipa*		FORBES (*non* Lamarck), Rep. Æg. Invert., p. 145.
1844 —	*adriatica* Lk	POTIEZ et MICHAUD, Galerie de Douai, t. II, p. 129.
1848 —	*albicosta*	RÉQUIEN (*non* Lamarck), Coq. de Corse, p. 29.
1851 —	—	PETIT (*non* Lamarck), Catal. *in* Journ. Conch., t. II, p. 382.
1853 —	*tulipa*	FORBES et HANLEY (*non* Lamarck), Brit. Moll., t. II, p. 187, pl. XLV, fig. 7; pl. XLVIII, fig. 6, et pl. Q, fig. 6 (animal).
1856 —	*lævis*	DANILO et SANDRI, Elenconom., I, p. 10.
1856 —	*tulipa*	JEFFREYS (*non* Lamarck), Piedmontese Coast, p. 25.
1859 —	*radiata* Hanley	SOWERBY, Illustr. Ind. brit. Sh., pl. VII, fig. 8.
1859 —	*ovalis* (?)	SOWERBY, Illustr. Ind. brit. Sh., pl. VII, fig. 7.
1863, 1869 *Mytilus adriaticus* Lk		JEFFREYS, Brit. Conch., t. II, pl. 116.
1865 *Modiola adriatica* Lk		CAILLIAUD, Catal. Loire-Inf., p. 108.
1865 —	*radiata* Hanley	CAILLIAUD, Catal. Loire-Inf., p. 109.
1865 —	*adriatica* Lk	FISCHER, Gironde, p. 60.
1866 —	*imberbis*	BRUSINA, Contrib. pella fauna dei Moll. Dalm., p. 43.
1866 —	*lævis* Dan. et Sand.	BRUSINA, Contrib. pella fauna dei Moll. Dalm., pp. 41, 101.
1866 —	*Cavolini* Scacchi	BRUSINA, Contrib. pella fauna dei Moll. Dalm., p. 101.
1867 —	*Adriatica* Lk	WEINKAUFF, Conchyl. des Mittelm., t. I, p. 219.
1869 —	*barbata* var.	PETIT (*non* Linné), Catal. Test. mar., p. 71.
1869 —	*adriatica* Lk	TAPPARONE-CANEFRI, Ind. Moll. test. di Spezia, p. 137.
1870 —	— —	ARADAS et BENOIT, Conch. viv. mar. della Sic., p. 86.
1870 —	— —	HIDALGO, Moluscos mar., pl. LXXV, fig. 7 à 9.
1873 —	— —	CLÉMENT, Catal. Moll. du Gard. *in* Etudes d'Hist. nat., p. 71.
1876 *Mytilus adriaticus*	—	DUPREY, Catal. Coq. de Jersey, p. 2.
1878 *Modiola adriatica*	—	MONTEROSATO, Enum. e Sinon., p. 6.
1879 —	— —	GRANGER, Moll. de Cette, p. 27.
1879 —	*tulipa*	GRANGER (*non* Lamarck), Moll. de Cette, p. 27.
1879 *Mytilus adriaticus*	—	JEFFREYS, Lightn. and Porcup. Exp. *in* Proc. Zool. Soc. of London, p. 566.

1880	*Modiola adriatica* Lk	SERVAIN, Catal. Ile d'Yeu, p. 26.
1880	— — —	STOSSICH, Prosp. della Fauna del mare Adriatico, p. 169.
1883	— — —	DANIEL, Faune malacol. de Brest *in* Journ. Conch., p. 256.
1883	— *tulipa*	DANIEL (*non* Lamarck), Faune malac. de Brest, *in* Journ. Conch., p. 256.
1883	— *adriatica* Lk	MARION, Esquisse d'une topogr. zool. du golfe de Marseille, pp. 27, 34.
1883	— — —	DAUTZENBERG, Liste Coq. de Gabès, p. 8.
1884	— *tulipa* —	PEPRATX (*non* Lamarck), Moll. de la Franqui *in* Soc. Pyr.-Or., t. XXVI, p. 226.
1884	— *adriatica* —	MONTEROSATO, Nomencl. Gen. e Spec., p. 11.
1886	— — —	GRANGER, Moll. biv. de France, p. 64, pl. IV, fig. 6.
1886	— — —	LOCARD, Prodr. de Malac. franç., p. 492.
1886	— *Lamarckiana*	LOCARD, Prodr. de Malac. franç., p. 493.
1886	— *strangulata*	LOCARD, Prodr. de Malac. franç., p. 493.
1888	— *adriatica* Lk	KOBELT, Prodr. faunæ Moll. test. mar. europ. inhab., p. 423.
1888	— — —	LOCARD, Revision des espèces franç. appartenant au genre *Modiola*, *in* Bull. Soc. malac. de France, p. 99, pl. 1, fig. 4.
1888	— *ovalis* Sow.	LOCARD, *ibid.*, p. 103, pl. I, fig. 5.
1888	— *Lamarckiana*	LOCARD, *ibid.*, p. 106, pl. I, fig. 6.
1888	— *radiata* Hanley	LOCARD, *ibid.*, p. 109, pl. I, fig. 7.
1888	— *strangulata*	LOCARD, *ibid.*, p. 113, pl. I, fig. 8.
1888	— *brachytera*	LOCARD, *ibid.*, p. 116, pl. I, fig. 9.

Obs. — Philippi et plusieurs autres naturalistes ont nommé la présente espèce, *M. tulipa*; mais il a été reconnu depuis que cette appellation doit être réservée à une coquille des Antilles voisine du *M. adriatica*, mais qui en diffère par sa taille plus grande, son test plus épais, son épiderme barbu moins caduc, ainsi que par sa coloration plus brillante. Le *Modiola albicosta* Lamarck, confondu également avec l'espèce européenne par Payraudeau, est une coquille très différente, encore beaucoup plus grande que le *M. tulipa*, plus allongée et habitant la Tasmanie. Le *M. papuana* Lamarck est une grande espèce des mers du nord de l'Europe, bien connue sous le nom plus ancien de *M. modiolus* Linné. C'est donc par erreur que Risso a employé le vocable *papuana* pour une forme méditerranéenne et il est probable qu'il a eu en vue le *M. adriatica*.

Diagnose. — Coquille, diamètre dorso-ventral, 22 millim.; diamètre antéro-post. 41 millim.; épaisseur 19 millim.; équivalve, très inéquilatérale, renflée en avant et présentant une carène convexe qui s'élargit et s'atténue vers l'extrémité postérieure. Fente byssale peu bâillante, allongée. Contour ovalaire, atténué en avant, arrondi en arrière. Sommets incurvés, contigus, situés à une distance relativement assez grande de l'extrémité antérieure. Test mince, recouvert d'un épiderme lisse, luisant. Stries d'accroissement concentriques, plus ou moins irrégulièrement espacées. Intérieur des valves lisse, luisant, garni d'une couche de nacre peu épaisse et faiblement irisée. Bord ligamentaire très légèrement arqué, incliné en avant, présentant un sillon ligamentaire allongé, renforcé au-dessous par une lamelle nacrée assez épaisse. Bord antérieur petit, arrondi; bord ventral presque rectiligne ou légèrement sinueux; bord postérieur arrondi. Charnière dépourvue de dents. Ligament interne peu épais. Impressions musculaires à peine visibles. Coloration externe fauve, ornée, dans la région dorsale, de lignes longitudinales rougeâtres, plus ou moins interrompues et parfois décomposées en petites flammules anguleuses. Le nombre et la largeur de ces lignes sont très variables. Un rayon monochrome d'un jaune clair part du sommet et occupe, en s'élargissant, l'espace compris entre la région postéro-dorsale et la région antéro-ventrale. Cette dernière est aussi monochrome, mais plus luisante que le reste de la surface et elle est teintée de fauve foncé. Face interne des valves nacrée, à reflets bleuâtres, laissant voir, par transparence, les rayons colorés de l'extérieur.

Variétés. — Le *Modiola adriatica* présente de nombreuses variations. M. Locard, dans sa *Revision des espèces françaises du genre Modiola*, admet six espèces distinctes qu'il ne nous est pas possible de considérer autrement que comme des modifications du *M. adriatica*. Le type de Lamarck serait assez difficile à préciser si l'on n'avait à sa disposition que la courte diagnose de l'auteur. Nous ne possédons pas de spécimens du *M. adriatica* provenant de la localité typique de Chioggia; mais M. Locard, qui a étudié à Genève la collection de Lamarck, nous apprend que les figurations données par Hidalgo (pl. LXXV, fig. 7, 8 et 9) sont celles qui se rapportent le mieux au type. Ces figures représentent des coquilles d'un contour bien ovale (surtout les fig. 7 et 9).

Var. ex forma et colore 1, *ovalis* Sowerby. Cette forme, dont nous devons à M. Norman plusieurs exemplaires provenant de Falmouth, est surtout caractérisée par son peu de convexité et par sa coloration d'un jaune sale, rayonnée de brun verdâtre; mais son contour est assez variable, l'angle dorsal étant plus ou moins prononcé et le bord ventral étant tantôt rectiligne, tantôt sinueux.

Var. ex forma et colore 2, *radiata* Hanley (Voir notre pl. XXVIII, fig. 2 à 7). De taille plutôt petite, de forme un peu plus courte que le type; test assez mince, orné de rayons bien colorés qui se détachent sur un fond jaune clair ou rosé. M. Chevreux a dragué cette jolie variété, en grande abondance, dans la baie de la Turballe, près du Croisic.

Var. ex forma 3, *Lamarckiana* Locard (*Revision*, etc., pl. I, fig. 6). Très renflée, atteignant de grandes dimensions.

Var. ex forma 4, *strangulata* Locard (*Revision*, etc., pl. I, fig. 8). Très étroite, allongée, avec la sinuosité du bord ventral bien accusée.

Var. ex forma 5, *brachytera* Locard (*Revision*, etc., pl. I, fig. 9). Courte, avec la région dorsale bien développée et anguleuse.

Habitat. — Assez abondant, rejeté sur la plage de la Franqui : la forme typique; mais concordant mieux avec la fig. 8 qu'avec les fig. 7 et 9 de la pl. LXXV de M. Hidalgo. Nous avons également recueilli vivante, à Port-Vendres, une autre forme intermédiaire entre les variétés *Lamarckiana* et *strangulata* et nous en avons représenté deux spécimens (pl. XXVIII, fig. 8, 9, 10 et 11).

Dispersion. — Méditerranée et Adriatique. Océan Atlantique, depuis les côtes d'Angleterre jusqu'au détroit de Gibraltar.

Origine. — Seguenza a signalé avec doute cette espèce dans le zancléen (pliocène ancien, à faune profonde) de la Calabre, et il donne comme synonyme le *M. Cavolini* Scacchi. M. Foresti l'indique du pliocène du Bolonais et M. de Monterosato du pleistocène du Monte-Pellegrino.

Genre **LITHODOMUS** Cuvier, 1817.

Type *Mytilus lithophagus* Linné. Ce type a été classé par les anciens auteurs, tels que Lister, Tournefort, d'Argenville, dans le genre *Pholas*. Lang paraît l'avoir distingué sous le nom générique de *Dactylus*, qui avait déjà été employé pour des *Pholas* par Pline, pour des *Belemnites* par Agricola, etc. Linné a mieux compris les affinités des *Lithodomus* en les plaçant parmi les *Mytilus*.

Les auteurs français du XVIIIe siècle ont désigné le *L. lithophaga* sous le nom de « datte marine, » et Bolten, dans son ouvrage introuvable de 1798, a créé pour le même type linnéen le genre *Lithophaga* qu'il nous semble bien inutile de reprendre aujourd'hui. Enfin Megerle von Mühlfeld a employé en 1811 le nom de genre *Lithophagus*, qu'il a remplacé lui-même peu de temps après pour éviter la répétition du même mot, comme noms générique et spécifique, par celui de *Lithoglyphus* Adams (Megerle *in* Hartmann, 1821). Gray et Adams ont adopté ce dernier nom. Blainville et Vérany écrivent *Lithodoma*.

Nous ne savons pourquoi Deshayes dans les *Animaux sans vertèbres du bassin de Paris* a attribué le genre *Lithodomus* à Megerle von Mühlfeld.

Lithodomus lithophaga Linné, sp. (*Mytilus*).

Pl. XXVIII, fig. 12, 13, 14 et 15.

1767	*Mytilus lithophagus*	LINNÉ, Syst. Nat., edit. XII, p. 1156 (*ex parte*).
1785	— — Lin.	CHEMNITZ, Conch. Cab., t. VIII, p. 147 (*ex parte*), pl. LXXXII, fig. 730 (*tantum*).
1790	— —	LINNÉ-GMELIN, Systema Nat., edit. XIII, p. 3351 (*ex parte*).
1793	— *lytophagus*	VON SALIS MARSCHLINS, Reise ins Kœnigr. Neapel, p. 400.
1795	— *lithophagus* Lin.	POLI, Test. utr. Sic., p. 214, pl. XXXII, fig. 9, 10, 11.
1804	— — —	MATON et RACKETT, An account of some remark. Shells, etc., *in* Trans. Linn. Soc., t. VIII, pl. VI, fig. 1.
1817	*Lithodomus dactylus*	CUVIER, Règne animal, p. 471.
1819	*Modiola lithophaga* Lin.	LAMARCK, Anim. sans vert., t. VI, 1re partie, p. 115.
1825	— — —	BLAINVILLE, Manuel de Malac., p. 532, pl. LXIV, fig. 4.
1826	*Lithodomus lithophagus* Lin.	PAYRAUDEAU, Moll. de Corse, p. 68.
1826	— *dactylus* Cuv.	RISSO, Europe mérid., t. IV, p. 325.
1829	*Mytilus lithophagus* Lin.	O.-G. COSTA, Catal. Sist., p. 59.
1830	— — —	DESHAYES, Encycl. méthod., t. II, p. 571 (pl. CCXXI, fig. 5-7).
1836	*Lithodomus* — —	SCACCHI, Catal. Conch. Regni Neap., p. 4.
1836	*Modiola lithophaga* —	PHILIPPI, Enum. Moll. Sic., t. I, p. 71.
1836	— — —	LAMARCK, Anim. sans vert., édit. Desh., t. VII, p. 26.
1844	— — —	PHILIPPI, Enum. Moll. Sic., t. II, p. 51.
1844	*Lithodomus lithophagus* Lin.	FORBES, Rep. Æg. Invert., p. 145.
1846	*Lithodoma lithophaga* —	VÉRANY, Catal. Invert. Genova e Nizza, p. 13.
1848	*Lithodomus lithophagus* —	RÉQUIEN, Coq. de Corse, p. 30.
1848	— *inflatus*	RÉQUIEN, Coq. de Corse, p. 30.
1848	*Mytilus lithophagus* Lin.	DESHAYES, Explorat. scient. de l'Algérie, pl. CXXX.
1851	*Lithodomus lithophagus* Lin.	PETIT, Catal. *in* Journ. de Conch., t. II, p. 382.

1855	*Mytilus lithophagus* Lin.	Hanley, Ipsa Linn. Conch., p. 139.
1856	*Modiola lithophaga* —	Jeffreys, Piedm. Coast, p. 25.
1857	*Lithodomus lithophagus* Lin.	Reeve, Conch. Icon., pl. II, fig. 9.
1857	*Lithophaga lithoglypha* Meusch.	H. et A. Adams, Genera of recent Sh., t. II, p. 518; pl. CXXI, fig. 5.
1858	*Modiola lithophaga* —	Gay, Catal. Moll. biv. du Var, p. 196.
1862	*Lithodomus lithophagus* —	Chenu, Manuel de Conch., t. II, p. 156, fig. 771.
1866	— — —	Brusina, Contrib. pella fauna dei Moll. Dalm., p. 101.
1867	— — —	Weinkauff, Conchylien des Mittelm., t. I, p. 221.
1869	— — —	Petit, Catal. Test. mar., p. 69.
1870	— — —	Aradas et Benoit, Conch. viv. mar. della Sic., p. 88.
1870	— — —	Hidalgo, Mol. mar., pl. XXVI, fig. 9.
1873	— — —	Jeffreys, Some Remarks on the Moll. of the Mediterranean *in* Rep. Brit. Assoc. for adv. of sc., p. 113.
1873	*Modiola lithophaga* —	Clément, Catal. Moll. du Gard, p. 71.
1878	*Lithodomus lithophagus* —	Monterosato, Enum. e Sinon., p. 6.
1879	— — —	Granger, Moll. de Cette, p. 27.
1880	— — —	Stossich, Prosp. della fauna del mare Adr., p. 169.
1883	— — —	Marion, Esquisse d'une topogr. zool. du golfe de Marseille, pp. 50, 52, 76, 77.
1886	— — —	Granger, Moll. biv. de France, p. 68, vignette p. 67, et pl. V, fig. 2.
1886	— — —	Locard, Prodr. de Malac. franç., p. 500.
1888	— — —	Kobelt, Prodr. faunæ Moll. test. Maria europ. inhabit., p. 429.

Obs. — Le *Mytilus lithophagus* de Linné comprend deux formes que l'on regarde aujourd'hui comme distinctes. M. Hanley nous apprend, en effet, que la collection linnéenne renferme, avec la coquille de la Méditerranée, une autre espèce de l'océan Indien qui a été séparée depuis sous le nom de *Lithodomus teres* par Philippi (*Abbildungen*, p. 148, pl. I (XIII[c]), fig. 3). Elles sont d'ailleurs extrêmement voisines et le *L. teres* ne se distingue guère de son congénère européen que par sa forme plus allongée et par sa coloration plus foncée.

Il n'existe dans la Méditerranée que deux *Lithodomus* : le *L. lithophagus* L. et le *L. aristatus* Solander (= *caudigerus* Auct.). Nous n'avons pas rencontré ce dernier sur les côtes du Roussillon; il est surtout caractérisé par son côté postérieur atténué, prolongé et terminé par deux appendices calcaires rostriformes, adventifs et croisés. M. le docteur Fischer a établi, dans son *Manuel*, en 1886, le sous-genre *Myoforceps* pour le groupe d'espèces auquel appartient le *L. aristatus*.

On sera peut-être surpris de voir que nous ayons écrit *Lithodomus lithophaga* et non *lithophagus*. La raison en est que le mot latin *domus* étant féminin, il en est de même du mot composé *Lithodomus*.

Diagnose. — Coquille, diamètre dorso-ventral 18 millim.; diamètre antéro-post. 57 millim.; épaisseur 16 millim.; équivalve, très inéquilatérale, de forme presque cylindrique, comprimée à l'extrémité postérieure, arrondie aux deux bouts. Sommets petits, incurvés, situés à une faible distance de l'extrémité antérieure. Test peu épais, recouvert d'un épiderme assez luisant, et orné, dans la région médiane, de stries fines, serrées, parallèles et dirigées presque verticalement. Ces stries sont plus ou moins interrompues, selon que les stries d'accroissement sont plus ou moins fortes. Le reste de la surface est lisse et ne présente que des stries d'accroissement qui sont toujours plus développées aux extrémités. Intérieur des valves un peu luisant, faiblement nacré et plus ou moins ondulé par les lignes d'accroissement. Bord ligamentaire rectiligne un peu incliné vers le côté antérieur; bord antérieur court, arrondi; bord ventral presque droit; bord postérieur arrondi, se joignant au bord ligamentaire par un angle très obtus. Pas de dents à la charnière. Ligament interne assez long, fort et épais. Impressions musculaires postérieures plutôt grandes, arrondies, à peine visibles. Coloration externe d'un brun fauve uniforme. Coloration interne d'un blanc bleuâtre ou jaunâtre.

Variétés. — Var. ex forma 1, *inflata* Réquien = *curta* Monterosato, moins allongée et plus renflée que le type.

Var. ex forma 2, *rugosa* Monterosato, avec les plis d'accroissement nombreux et bien développés.

Habitat. — Assez rare à Port-Vendres.

Dispersion. — Méditerranée et Adriatique. Cette espèce est citée par Thorpe comme ayant été rencontrée dans le calcaire sur les côtes d'Angleterre; mais il est certain qu'il s'agit d'un bloc de pierre perforé par des *Lithodomus* et amené avec du lest, car le *L. lithophaga* n'a jamais été signalé depuis lors dans l'océan Atlantique.

Origine. — Le *L. lithophaga* apparaît dans le miocène de l'Europe occidentale; nous nous sommes assurés de l'identité des spécimens des faluns de la Touraine avec ceux de la faune actuelle. Il existe, dans la molasse de la Suisse, de la vallée du Rhône, de la Corse et des îles Baléares, et il a été aussi signalé dans le miocène de la Volhynie et de la Pologne. Cette espèce est beaucoup moins connue dans le pliocène : nous ne la trouvons citée de cet étage que dans le Roussillon (Companyo), la vallée du Rhône (Fontannes), et à Asti (Sismonda).

M. Mayer, qui a étudié les *Lithodomus* fossiles, a créé plusieurs espèces provenant de la molasse de divers pays : *Lith. Duboisi*, *L. avitensis*, *L. Lyellanus*, etc.

Le *Lith. Deshayesi* Dixon (=? *L. sublithophagus* d'Orb.), de l'éocène parisien, est tellement voisin de l'espèce actuelle, que Deshayes l'avait nommé *lithophagus* dans son premier ouvrage.

Genre **MODIOLARIA** Beck, 1846.

Type *Mytilus discors* Linné. Ce genre a été établi par Beck, en 1846, dans une brochure très rare, et il a été consacré par Lovén dans le cours de la même année.

Swainson avait proposé en 1840, pour la même section, le genre *Lanistes* qui ne peut être conservé puisqu'il existe un genre de même nom créé par Montfort, dès 1810, pour une section des *Ampullaria*. C'est à cause de ce double emploi que Gray avait remplacé, en 1847, le nom de *Lanistes* par celui de *Lanistina* qui tombe en synonymie, puisqu'il est plus récent que celui de Beck.

Ce genre a été regardé à tort par MM. Adams comme un sous-genre des *Crenella* de Brown (1827), dont le type est le *Mytilus decussatus* Montagu. Sa place a été mieux comprise par Deshayes qui en a fait un sous-genre des *Modiola*. Depuis, M. le docteur Fischer, dans son *Manuel*, l'a considéré comme constituant un genre distinct, et enfin, M. Cossmann, dans son *Catalogue des Coquilles fossiles du bassin de Paris*, a subdivisé le genre *Modiolaria* en trois sections en y introduisant les deux sous-genres : *Seminodiola* et *Planimodiola*. M. de Monterosato a créé en 1884, pour le *Modiolaria sulcata* Risso, un genre *Gregariella* caractérisé par la présence d'un épiderme barbu dans la région postérieure.

Modiolaria marmorata Forbes, sp. (*Mytilus*).

Pl. XXIX, fig. 15, 16, 17, 18, 19, 20.

1778 *Mytilus discors* — da Costa (*non* Linné), Brit. Conch., p. 221, pl. XVII, fig. 1.

1795 — — Poli (*non* Linné), Test. utr. Sic., t. II, p. 211, pl. XXXII, fig. 15.

1804	*Mytilus discors*	MONTAGU (*non* Linné), Test. brit., p. 167.
1804	— —	MATON et RACKETT (*non* Linné), Descr. Catal. *in* Trans. Linn. Soc., t. VIII, p. 111 (excl. var.), pl. III, fig. 8.
1819	— —	TURTON (*non* Linné), Conch. Dict., p. 112.
1819	*Modiola discrepans*	LAMARCK (*non* Montagu), Anim. sans vert., t. VI, Ire partie, p. 114.
1822	*Mytilus discors*	TURTON (*non* Linné), Dithyra brit., p. 201, pl. XV, fig. 4, 5.
1826	*Modiola discrepans*	PAYRAUDEAU (*non* Montagu), Moll. de Corse, p. 67.
1826	*Modiolus discors*	RISSO (*non* Linné), Europe mérid., t. IV, p. 324.
1829	*Mytilus* —	O.-G. COSTA (*non* Linné), Catal. Sist., p. 59.
1830	— *discrepans*	DESHAYES (*non* Montagu), Encycl. méthod., t. II, p. 567.
1835	*Modiola* —	BOUCHARD-CHANTEREAUX (*non* Montagu), Catal. Boul., p. 26.
1836	— —	LAMARCK (*non* Montagu), Anim. sans vert., édit. Desh., t. VII, p. 23.
1836	— *discors*	DESHAYES (*non* Linné) *in* LAMARCK, Anim. sans vert., 2e édit., t. VII, p. 24 (note).
1836	— *discrepans*	SCACCHI (*non* Montagu), Catal. Conch. Regni Neap., p. 4.
1836	— —	PHILIPPI (*non* Montagu), Enum. Moll. Sic., t. I, p. 70.
1838	*Mytilus* (*Modiola*) *marmorata*	FORBES, Malacologia Monensis, p. 44.
1844	*Modiola discrepans*	PHILIPPI (*non* Montagu), Enum. Moll. Sic., t. II, p. 50, pl. XV, fig. 11.
1844	— *Poliana*	PHILIPPI, Zeitschrift für Malacozoologie, p. 101.
1844	— *discrepans*	POTIEZ et MICHAUD, Galerie de Douai, t. II, p. 132.
1844	— *marmorata*	FORBES, Rep. Æg. Invert., p. 145.
1846	— *discrepans*	VÉRANY (*non* Montagu), Catal. Invert. Genova e Nizza, p. 13.
1848	— —	RÉQUIEN (*non* Montagu), Coq. de Corse, p. 30.
1851	— *discors*	PETIT (*non* Linné), Catal. *in* Journ. Conch., t. II, p. 383.

1853	*Crenella marmorata*	FORBES et HANLEY, Brit. Moll., t. II, p. 198, pl. XLV, fig. 4.
1856	— — Forb.	JEFFREYS, Piedm. Coast, p. 25.
1858	*Modiola* — —	REEVE, Conch. icon., pl. XI, fig. 81 et 87.
1858	— *discors*	GAY (*non* Linné), Catal. Moll. biv. du Var, p. 197.
1859	*Crenella marmorata* Forb.	SOWERBY, Illustr. Ind. brit. Sh., pl. VII, fig. 14.
1863	*Modiolaria* — —	JEFFREYS, Brit. Conch., t. II, p. 122; t. V (1869), p. 171, pl. XXVIII, fig. 1.
1865	*Crenella* — —	CAILLIAUD, Catal. Loire-Inf., p. 111.
1865	— — —	FISCHER, Gironde, p. 59.
1866	— *discrepans*	BRUSINA (*non* Montagu), Contrib. pella fauna dei Moll. Dalm., p. 100.
1867	*Modiolaria marmorata* Forb.	WEINKAUFF, Conch. des Mittelm., t. I, p. 214.
1869	— — —	PETIT, Catal. Test. mar., p. 70.
1869	— — —	TAPPARONE-CANEFRI, Index Moll. test. di Spezia, p. 136.
1870	*Modiola* — —	ARADAS et BENOIT, Conch. viv. mar. della Sic., p. 85.
1870	*Modiolaria* — —	JEFFREYS, Medit. Mollusca, p. 4.
1870	— — —	HIDALGO, Mol. mar., pl. LXXV, fig. 1.
1872	— — —	MEYER et MÖBIUS, Fauna der Kieler Bucht, p. 83, pl. XII, fig. 10-13.
1873	— — —	JEFFREYS, On some species of Japanese mar. Shells which inhabit also the N. Atl. *in* Linn. Soc. Journ., t. XII, p. 103.
1873	*Modiola discrepans*	CLÉMENT (*non* Montagu), Catal. Moll. du Gard *in* Etudes d'hist. nat., p. 71.
1878	*Modiolaria marmorata* Forb.	MONTEROSATO, Enum. e Sinon., p. 6.
1879	— *discrepans*	GRANGER (*non* Montagu), Moll. de Cette, p. 27.
1879	— *marmorata* Forb.	JEFFREYS, Lightn. and Porcup. Exp. *in* Proc. Zool. Soc. of London, p. 568.
1883	— — —	MARION, Esquisse d'une topogr. zool. du golfe de Marseille, pp. 22, 34, 67, 70, 106.
1883	— *discors*	G. DOLLFUS (*non* Linné), Catal. Palavas, p. 3.

1883 *Modiolaria marmorata* Forb. Duprey, Catal. Coq. Jersey, Suppl. *in* Ann. and Mag. nat. hist., p. 186.
1883 — — — Daniel, Faune malacolog. Brest, p. 255.
1884 — — — Nobre, Moll. marinh. do Noroeste de Portugal, p. 20.
1886 — — — Granger, Moll. biv. de France, p. 66.
1886 — — — Locard, Prodr. de Malac. franç., p. 494.
1887 — — — Dautzenberg, Excursion mal. à Saint-Lunaire, p. 11.
1888 — — — Kobelt, Prodr. Faunæ Moll. test. Maria europ. inhab., p. 469.

Obs. — La synonymie de la présente espèce est assez difficile à établir. Da Costa, qui l'a figurée le premier (pl. XVII, fig. 1), lui a donné le nom de *M. discors* Linné, et plusieurs naturalistes tels que Poli, Montagu, Turton, Deshayes, ont suivi son exemple. Mais il suffit de lire attentivement la diagnose assez étendue du *Systema Naturæ* (p. 1159), pour se convaincre que c'est à une autre espèce, habitant le nord de l'Europe et dont nous avons figuré un spécimen, pl. XXIX, fig. 21 et 22, que ce nom linnéen doit être réservé. L'habitat indiqué par Linné est d'ailleurs la Norwège et l'Islande. Montagu a parfaitement distingué ces deux espèces; mais, tandis qu'il nommait *M. discors* celle que nous désignons sous le nom de *M. marmorata*, il attribuait au véritable *M. discors* de Linné le nom de *M. discrepans*. Plus tard, Lamarck a employé le nom de *discrepans* pour le *marmorata*, et il a décrit, sous le nom de *M. discors*, un grand *Modiolaria* des mers australes, nommé depuis *M. impacta* par Hermann. Deshayes, en voulant élucider la question (*Animaux sans vertèbres*, 2e édit., t. VII, p. 23, note), n'a fait que la compliquer, car il a interprété en sens diamétralement contraires le *M. discrepans* de Lamarck et le *M. discrepans* de Montagu.

En résumé, voici comment il faut rétablir les faits.

Le *M. discors* Linné est un mollusque des mers boréales dont l'habitat méditerranéen demande à être confirmé. Sa coquille est plus grande que celle du *M. marmorata*, plus épaisse, moins renflée; les sillons de la région antérieure sont de moitié moins nombreux et ceux de la région postérieure sont obsolètes ou manquent complètement.

Le *M. discors* de da Costa, Poli, Montagu, Maton, Turton et de tous les auteurs qui se sont servis de ce nom pour désigner une forme méditerranéenne, est l'espèce décrite depuis par Forbes, sous le nom de *M. marmorata*.

Le *M. discors* de Lamarck est une espèce australienne = *M. impacta* Herm.

Le *M. discrepans* Montagu est synonyme du *M. discors* Linné.

Le *M. discrepans* de Lamarck est le *M. marmorata*, puisqu'il est établi sur la fig. 1 de la pl. XVII de da Costa et que la description concorde bien avec cette référence.

Le *M. discors* de Deshayes est le *M. marmorata*.

Le *M. discrepans* de Deshayes est le *M. discors* Linné.

M. de Monterosato a proposé, en 1883 (*Conch. littorali medit.*, p. 4), de reprendre pour le *M. marmorata* le nom de *M. subpicta* (*Modiolus subpictus* Cantraine, *Diagn. esp. nouv.*, p. 27, 1835), qui aurait la priorité sur celui de Forbes (1838). Mais il ne nous semble pas démontré qu'il s'agisse bien de la même espèce; les mots « la partie antérieure n'offre que trois ou quatre sillons » ne sont pas applicables au *M. marmorata* et ne pourraient convenir qu'au *M. sulcata* Risso ou au *M. discors* Linné. Nous n'avons donc pas fait figurer dans la synonymie le nom de *M. subpictus* que l'on fera bien, croyons-nous, de laisser dans l'oubli.

Les *M. discors* et *M. marmorata* ont été admirablement décrits et figurés par MM. Meyer et Möbius dans leur ouvrage sur la faune malacologique de la baie de Kiel.

Diagnose. — Coquille, diamètre dorso-ventral, 11 millim.; diamètre antéro-post., 17 millim.; épaisseur, 11 millim.; très inéquilatérale, très convexe et gibbeuse, subcylindrique, de forme allongée, subrhomboïdale. Sommets renflés, incurvés, situés tout près de l'extrémité antérieure. Test mince, partagé en trois régions nettement séparées : l'une, antérieure, est garnie de 15 à 20 stries rayonnantes; la seconde, médiane, est un peu déprimée et complètement dépourvue de stries rayonnantes; la troisième, postérieure, présente de 25 à 35 stries rayonnantes un peu plus fines que celles de la région antérieure. Toute la surface est traversée par des stries d'accroissement fines et est recouverte d'un épiderme mince et luisant. Fente byssale obsolète.

L'intérieur des valves reproduit en sens inverse les détails de la sculpture externe et est garni d'une couche de nacre mince, faiblement irisée. Bord ligamentaire court, presque droit, un peu incliné en avant; bord antérieur finement crénelé, arrondi; bord ventral lisse, à peu près rectiligne; bord postérieur finement crénelé, arrondi. Ligament interne assez fort. Impressions musculaires invisibles.

Coloration blanchâtre, marbrée de taches d'un rouge lie de vin plus ou moins apparentes et parfois disposées en zigzags. Épiderme d'un vert d'eau très clair.

Variétés. — Les variations sont trop peu importantes chez le

M. marmorata pour qu'il nous semble utile de les désigner par des noms spéciaux : elles consistent principalement dans la forme plus ou moins allongée et dans la coloration de l'épiderme qui est parfois nuancé de rose ou de fauve clair. Le nombre des stries rayonnantes n'est pas constant, mais il se maintient dans les limites indiquées dans notre diagnose.

Habitat. — Paulilles, Banyuls, Port-Vendres, dans les *Ascidies.*

Dispersion. — Méditerranée et Adriatique. Océan Atlantique, depuis les côtes de Norwège (Danielssen) et d'Angleterre jusqu'à celles du Maroc (Mac Andrew). M. Carpenter l'a aussi indiqué sur le littoral occidental de l'Amérique du Nord, sous le nom de *Crenella discrepans.*

Origine. — Le *M. marmorata* a été cité par Nyst dans le miocène supérieur d'Edeghem (Belgique). Il est connu du pliocène d'Angleterre et du pleistocène d'Italie. Le *Modiolaria seminuda* Deshayes, de l'éocène du bassin de Paris, est une forme ancestrale intéressante.

Modiolaria costulata Risso, sp. (*Modiolus*).

Pl. XXIX, fig. 23, 24, 25, 26, 27 et 28.

1826	*Modiolus costulatus*			Risso, Europe mérid., t. IV, p. 324, pl. XI, fig. 165.
1836	*Modiola discors*			Scacchi (*non* Linné *nec* Auct.), Catal. Conch. Regni Neap., p. 4.
1844	—	*costulata* Risso		Philippi, Enum. Moll. Sic., t. II, p. 50, pl. XV, fig. 10.
1846	—	—	—	Vérany, Catal. Invert. Genova e Nizza, p. 13.
1848	—	—	—	Réquien, Coq. de Corse, p. 30.
1853	*Crenella*	—	—	Forbes et Hanley, Brit. Moll., t. II, p. 205, pl. XLV, fig. 1.
1856	—	—	—	Jeffreys, Piedm. Coast, p. 25.
1858	*Modiola*	—	—	Reeve, Conch. icon., pl. X, fig. 68.
1859	*Crenella*	—	—	Sowerby, Illustr. Ind. brit. Sh., pl. VII, fig. 15.
1863 1869	*Modiolaria*	—	—	Jeffreys, Brit. Conch., t. II, p. 125; t. V, p. 171, pl. XXVIII, fig. 2.
1865	*Crenella*	—	—	Cailliaud, Catal. Loire-Inf., p. 111.
1867	*Modiolaria*	—	—	Weinkauff, Conchyl. des Mittelm., t. I, p. 215.
1869	—	—	—	Petit, Catal. Test. mar., p. 70.
1869	*Crenella*	—	—	Fischer, Gironde, 1er suppl., *in* Act. Soc. Linn. Bord., p. 111.
1870	*Modiola*	—	—	Aradas et Benoit, Conch. viv. mar. della Sic., p. 85.
1870	*Modiolaria*	—	—	Hidalgo, Mol. mar., pl. LXXV, fig. 2.

1878 *Modiolaria costulata* Risso MONTEROSATO, Enum. e Sinon., p. 6.
1880 *Crenella* — — STOSSICH, Prosp. della Fauna del mare Adriatico, p. 168.
1883 *Modiolaria* — — MARION, Esquisse d'une topogr. zool. du golfe de Marseille, pp. 48, 67.
1883 — — — MARION, Consid. sur les faunes prof. de la Médit., p. 28.
1884 — — — NOBRE, Moluscos marinh. do Noroeste de Portugal, p. 20.
1884 — — — MONTEROSATO, Nomencl., Gen. e Spec., p. 12.
1886 — — — LOCARD, Prodr. de Malac. franç., p. 495.
1886 — — — DAUTZENBERG, Nouv. Liste de Coq. de Cannes, p. 2.
1886 — — — GRANGER, Moll. biv. de la France, p. 66.
1888 — — — KOBELT, Prodr. faunæ Moll. test. maria europ. inhab., p. 425.

Obs. — Le *M. costulata* est plus petit et beaucoup plus comprimé que le *marmorata;* sa forme est plus ovale; les stries rayonnantes de sa région antérieure sont plus fortes et moins nombreuses; sa coloration est beaucoup plus vive et la nacre de l'intérieur beaucoup plus irisée. Il se rapprocherait plutôt du *M. discors* Linné, par le nombre de ses stries rayonnantes et par son test comprimé; mais il s'éloigne de cette espèce par sa petite taille, son test mince, sa forme ovale, sa coloration, etc.

Diagnose. — Coquille, diamètre dorso-ventral, 6 millim.; diamètre antéro-post., 10 millim.; épaisseur, 5 millim.; très inéquilatérale, convexe, de forme ovale, à peine plus étroite en avant. Sommets petits, incurvés, situés près de l'extrémité antérieure. Test mince, partagé en trois régions : l'une, antérieure, est garnie d'une dizaine de stries rayonnantes assez espacées; la seconde, médiane, est un peu déprimée et complètement dépourvue de stries rayonnantes; la troisième, postérieure, présente de 20 à 30 stries rayonnantes superficielles, mais un peu plus marquées au bord de la coquille. Toute la surface est traversée par des stries d'accroissement fines et nombreuses et est recouverte d'un épiderme mince et luisant. L'intérieur des valves reproduit en sens inverse les détails de la sculpture externe et est garni d'une couche de nacre très mince, bien irisée. Bord ligamentaire un peu arqué, incliné en avant; bord antérieur légèrement crénelé, court, arrondi; bord ventral lisse, presque droit; bord postérieur très finement crénelé, arqué. Ligament interne assez fort. Impressions musculaires invisibles. Coloration blanchâtre ornée de taches pourpres souvent disposées en zigzags. Épiderme d'un beau vert, souvent très intense.

Variétés. — Les variations que nous avons pu observer chez cette espèce ne sont pas plus importantes que celles que nous avons signalées chez le *M. marmorata.*

Habitat. — Rare à Paulilles.

Dispersion. — Méditerranée et Adriatique. Océan Atlantique, sur les côtes d'Angleterre, de France et du Portugal. Le *M. costulata* indiqué par d'Orbigny comme vivant à Orotava (*Mollusques des îles Canaries*, p. 103, pl. VII[B], fig. 23 à 25) est une tout autre espèce, bien plus voisine du *M. sulcata* Risso que de celle-ci : son épiderme est pourvu, dans la région postérieure, de fibres touffues, longues et ramifiées; son bord ventral est fortement sinueux.

Origine. — D'après M. Mayer, cette espèce débuterait dans le miocène de la Suisse. Elle existe dans le pliocène d'Italie : Monte-Mario, Calabre, ainsi que dans le pliocène du nord de l'Europe : Red Crag et Coralline Crag (Wood). M. Nyst l'a citée du miocène supérieur d'Edeghem. Enfin, on la rencontre dans le pleistocène de la Sicile.

Modiolaria sulcata Risso, sp. (*Modiolus*).

Pl. XXIX, fig. 29, 30, 31 et 32.

1826	*Modiolus sulcatus*	Risso, Europe mérid., t. IV, p. 324.
1835	— *barbatellus*	Cantraine, Diagn. de quelques espèces nouv. (Bulletin Acad. Brux.), p. 26.
1836	*Modiola Petagnæ*	Scacchi, Catal. Conch. Regni Neap., p. 4.
1836	— *costulata*	Philippi (*non* Risso), Enum. Moll. Sic., t. I, p. 70, pl. V, fig. 11.
1844	— *Petagnæ* Sc.	Philippi, Enum. Moll. Sic., t. II, p. 51.
1857	— — —	Reeve, Conch. icon., pl. VIII, fig. 46.
1857	— — —	Petit, Catal. suppl. *in* Journ. Conch., t. VI, p. 363.
1865	— — —	Cailliaud, Catal. Loire-Inf., p. 109.
1866	— — —	Brusina, Contrib. pella fauna dei Moll. Dalm., p. 101.
1867	*Modiolaria* — —	Weinkauff, Conch. des Mittelm., t. I, p. 216.
1869	*Modiola* — —	Petit, Catal. Test. mar., p. 71.
1869	*Modiolaria* — —	Tapparone-Canefri, Ind. Moll. test. di Spezia, p. 136.
1869	*Crenella* — —	Fischer, Gironde, 1er suppl., p. 111.
1870	*Modiola* — —	Aradas et Benoit, Conch. viv. mar. della Sic., p. 85.
1870	— — —	Hidalgo, Moluscos mar., pl. LXXV, fig. 4, 5.
1872	*Modiolaria* — —	Monterosato, Not. int. alle Conch. medit., p. 19.

1878 *Modiolaria Petagnæ* Sc. MONTEROSATO, Enum. e Sinon., p. 6.
1880 *Modiola* — — STOSSICH, Prosp. della fauna del Mare Adr., p. 169.
1883 *Modiolaria* — — DAUTZENBERG, Liste Coq. de Gabès, p. 9.
1884 *Gregariella sulcata* Risso MONTEROSATO, Nomencl. Gen. e Spec., p. 11.
1886 *Modiola* — — LOCARD, Prodr. de Malac. franç., p. 493.
1886 *Modiolaria Petagnæ* Sc. GRANGER, Moll. biv. de France, p. 66.
1888 *Modiola (Gregariella) sulcata* Risso. KOBELT, Prodr. faunæ Mollusc. test. maria europ. inhab., p. 425.

Obs. — La diagnose de Risso est peu précise; aussi n'est-ce que tout récemment que M. de Monterosato a proposé de reprendre pour la présente espèce le nom de *M. sulcata*. On ne peut que se féliciter de cette restauration qui est d'ailleurs parfaitement justifiée, puisque c'est la seule espèce méditerranéenne à laquelle s'appliquent les seuls bons caractères indiqués par Risso : coquille oblongue, épiderme brun. La reprise de l'ancien nom a aussi l'avantage d'écarter une question de priorité embarrassante. En effet, le nom de *M. Petagnæ* a été publié en 1836; mais Philippi le mentionne comme ayant été établi par Scacchi dès 1832. Or, en 1835, Cantraine publiait la même espèce sous le nom de *Modiolus barbatellus*. C'est donc cette dernière appellation qu'il faudrait admettre, à moins que le nom donné par Scacchi ait été réellement publié dès 1832, ce qu'il est difficile d'établir aujourd'hui.

Le *M. sulcata* se distingue nettement par sa forme allongée, presque cylindrique, sa coloration brune et l'épiderme barbu qui garnit la partie postérieure des valves; aussi sa synonymie est-elle facile à établir.

Des exemplaires du *M. sulcata*, provenant d'Agde, figurent dans la collection de Recluz sous le nom de *Modiola rupestris* Recluz.

Le *Modiolaria gibberula* Cailliaud = *subclavata* Libassi, appartient au même groupe, mais il constitue une espèce bien distincte, très renflée antérieurement, de coloration blanche, etc.

Diagnose. — Coquille, diamètre dorso-ventral, 8 millim.; diamètre antéro-post., 18 millim.; épaisseur, 10 millim.; très inéquilatérale, très convexe, de forme subcylindrique. Sommets incurvés, situés à une très faible distance de l'extrémité antérieure. Côté antérieur très court, arrondi; côté postérieur long, gibbeux. Test mince. La surface de la partie antérieure de la coquille (1/3 environ) est recouverte d'un épiderme assez luisant et presque lisse : on n'y observe que des plis d'accroissement plus ou moins prononcés et parfois quelques stries rayonnantes obsolètes sur l'extrémité antérieure. La surface de la partie postérieure (2/3 environ) est plus mate, porte de nombreuses stries rayonnantes fines qui forment une sorte de réticulation par suite de leur rencontre avec les stries d'accroissement; l'épiderme est garni, dans cette région, de barbules capillaires longues et serrées, très adhérentes.

Intérieur des valves lisse, luisant, un peu nacré. Bord ligamentaire rectiligne, incliné vers le côté antérieur; bord antérieur court, arrondi; bord ventral légèrement sinueux; bord postérieur arrondi, un peu dilaté et formant un angle obtus à son point de jonction avec le bord ligamentaire. Charnière sans dents proprement dites, mais garnie, de chaque côté du ligament, d'une série de petites crénelures. Ligament interne fort, assez épais. Impressions musculaires postérieures arrondies, peu distinctes.

Coloration externe d'un brun marron foncé, un peu plus claire vers les sommets. Coloration interne d'un blanc bleuâtre, teinté de pourpre du côté postérieur. Byssus épais, soyeux, d'un brun jaunâtre.

Variétés. — Cette espèce est assez constante : elle ne varie guère que par la présence ou l'absence de stries rayonnantes obsolètes sur la région antérieure des valves.

Habitat. — Très rare à Paulilles, Collioure.

Dispersion. — Méditerranée et Adriatique. Océan Atlantique : îlot du Four (Cailliaud). Nous en possédons également quelques exemplaires dragués par M. le marquis de Folin dans la fosse de Cap-Breton.

Origine. — Pliocène de Sienne (Pantanelli), pleistocène du Monte-Pellegrino (Monterosato).

Typ. Oberthür, Rennes—Paris (262-90)

Famille ARCIDÆ Gray, 1840

Cette famille fondée par Lamarck, en 1809, sous le nom d'*Arcacea*, est bien homogène. Depuis, elle a été réduite par Fleming et d'Orbigny qui en ont éliminé les *Trigoniidæ* et les *Nuculidæ*.

TABLEAU DES GENRES ET ESPÈCES

Genre **Arca** Linné..................	1 *A. Noe* Linné.
	2 *A. tetragona* Poli.
Sous-genre *Barbatia* Gray	3 *A. barbata* Linné.
— *Fossularca* Cossmann ...	4 *A. lactea* Linné.
— *Acar* Gray.............	5 *A. pulchella* Reeve.
— *Anadara* Gray	6 *A. diluvii* Lamarck.
Genre **Pectunculus** Lamarck.	
Sous-genre *Axinea* Poli............	1 *P. glycimeris* Linné.
	2 *P. pilosus* Linné.
	3 *P. bimaculatus* Poli.
	4 *P. violacescens* Lamarck.

Genre ARCA Linné, 1758.

L'*Arca Noe* a été choisi par Lamarck, en 1799, pour type de ce genre.

Le nom d'*Arca* remonte à Rumphius (1711) et se retrouve chez plusieurs anciens auteurs tels que Gualtieri, d'Argenville, etc. Klein et Gray ont distribué les *Arca* dans plusieurs genres différents qui peuvent être utilisés comme sections.

L'apparition du genre *Arca* à la surface du globe est fort ancienne et date d'avant la formation silurienne (Nyst.).

Arca Noe Linné.

Pl. XXX, fig. 1, 2, 3, 4, 5 (type) et 6 (var.).

1767 *Arca Noæ* Linné, Syst. Nat., édit. XII, p. 1140.
1784 — — Lin. Chemnitz, Conch. Cab., t. VII, p. 177 (*ex parte*), pl. LIII, fig. 529 (*tantum*).
1790 — — — Linné-Gmelin, Syst. Nat., édit. XIII, p. 3306 (*ex parte*).
1792 — — — Olivi, Zoologia Adriatica, p. 115.
1792 — — — Bruguière, Encyclopédie méthodique, p. 97; pl. CCCIII, fig. 1*a*, *b*, *c*.
1795 — — — Poli, Test. utr. Sic., t. II, p. 128, pl. XXIV, fig. 1, 2.
1819 — — — Lamarck, Anim. sans vert., t. VI, 1re partie, p. 37.
1825 — — — Blainville, Manuel de Malacol., p. 535, pl. LXV, fig. 2.
1826 — — — Payraudeau, Moll. de Corse, p. 60.
1826 — — — Risso, Europe mérid., t. IV, p. 312.
1830 — — — Blainville, Faune française, pl. VII, fig. 3, 3*a*, 3*b*.
1834 — — — d'Orbigny, Moll. des îles Canaries, p. 104.
1835 — *Noe* — Lamarck, Anim. sans vert., édit. Desh., t. VI, p. 461.
1836 — *Noæ* — Scacchi, Catal. Conch. Regni Neap., p. 4.
1836 — — — Philippi, Enum. Moll. Sic., t. I, p. 56.
1844 — — — Philippi, Enum. Moll. Sic., t. II, p. 42.
1844 — — — Forbes, Rep. Æg. Invert., p. 144.
1844 — — — Reeve, Conch. Icon., pl. XI, fig. 72.
1846 — *Noe* — Verany, Catal. Invert. del Golfo di Genova e Nizza, p. 13.
1847 — *Noæ* — Philippi, Abbildungen, t. III, p. 27, pl. IV, fig. 1.
1848 — — — Requien, Coq. de Corse, p. 28.
1851 — — — Petit, Catal. *in* Journ. de Conch., t. II, p. 378.
1855 — — — Hanley, Ipsa Linnæi Conch., p. 91.
1856 — — — Jeffreys, Piedm. Coast., p. 25.

1858 *Arca Noæ* Lin. Gay, Catal. Moll. du Var, *in* Bull. Soc. scient. du Var, p. 189.
1862 — — — Chenu, Manuel de Conch., t. II, p. 172, fig. 854.
1865 — — — Fischer, Faune Conchyl. de Port-Saïd, *in* Journ. Conch., t. XIII, p. 243.
1866 — — — Brusina, Contrib. pella fauna dei Moll. Dalm., p. 102.
1867 — — — Weinkauff, Conchylien des Mittelmeeres, t. I, p. 190.
1868 — — — Mayer, Catal. Syst. Mus. de Zurich, 3e cahier, p. 65.
1869 — — — Petit, Catal. test. mar., p. 63.
1870 — — — Aradas et Benoit, Conch. viv. mar. della Sic., p. 78.
1870 — — — Hidalgo, Mol. mar., p. 132, pl. LXIX, fig. 2, 3.
1873 — — — Clément, Catal. du Gard, p. 71.
1878 — — — Monterosato, Enum. e Sinon., p. 7.
1879 — — — Granger, Moll. de Cette, p. 28.
1880 — — — Stossich, Prosp. della Fauna del mare Adriatico, p. 171.
1883 — — — Dautzenberg, Liste coq. de Gabès, p. 9.
1886 — — — Locard, Prodr. de Malac. franç., p. 479.
1886 — *Noe* — Granger, Mollusques bivalves de France, p. 71, pl. V, fig. 5.
1888 — *Noæ* — Kobelt, Prodr. Faunæ Moll. test. maria europ. inhab., p. 411.
1889 — — — Carus, Prodr. Faunæ Medit., vol. II, pars I, p. 87.

Obs. — Ainsi que nous l'apprend Hanley, la coquille qui est étiquetée sous le nom d'*Arca Noæ* dans la collection de Linné, est bien l'espèce méditerranéenne dont nous nous occupons et concorde avec la figuration de Reeve : *Conchologia Iconica*, pl. XI, fig. 72.

L'*Arca Noe* a été figuré dès 1553 par Belon (*de Aquatilibus*, p. 396) et par Rondelet, en 1558 (livre I, *des Poissons*, p. 20, édition française), d'une manière très suffisante pour ne laisser aucun doute sur son identité. Le *Mussole* d'Adanson, considéré comme différent et nommé *Arca despecta* par M. Fischer, est une forme du Sénégal fort voisine et peut-être même identique. D'après M. Brusina (*Ipsa Chiereghini Conch.*, p. 91), l'*Arca Gualtierii* Renieri, est synonyme.

Nous croyons pouvoir suivre sans inconvénient l'exemple de Deshayes en écrivant *Noe*, au lieu de *Noæ*, puisqu'il s'agit d'un nom propre invariable.

Diagnose. — Coquille, diamètre umbono-ventral 31 millim.; diamètre antéro-post. 68 millim.; épaisseur 39 millim., équivalve, très inéquilatérale, solide, renflée, de forme transverse subquadrangulaire. Sommets saillants, incurvés, très écartés, séparés par une aire cardinale large et plane, de forme losangique. Bord ventral arqué, sinueux et baillant vers son milieu; bord antérieur obliquement tronqué; bord postérieur atténué, rostré et échancré par un sinus. Surface des valves ornée de nombreuses côtes rayonnantes coupées par des stries d'accroissement nombreuses et irrégulières; les côtes sont plus fortes aux deux extrémités. Une dépression très accentuée part du sommet et aboutit au milieu du côté postérieur où elle détermine un sinus plus ou moins profond.

Intérieur des valves lisse et luisant. Bord cardinal rectiligne, étroit et pourvu d'une série de petites dents presque égales entre elles : celles du milieu sont perpendiculaires et serrées, tandis que celles des extrémités sont très légèrement divergentes et un peu plus espacées. Les autres bords sont simples, légèrement plissés ou ondulés; mais non denticulés. Impression du muscle adducteur antérieur des valves, arrondie; impression du muscle adducteur postérieur des valves, plus grande et subrectangulaire; impression du muscle adducteur antérieur du byssus petite, arrondie, située tout près du bord cardinal; impression du muscle adducteur postérieur du byssus grande, lancéolée et située aussi le long du bord cardinal. Impression palléale simple, suivant le contour du bord ventral.

Ligament externe, mince et appliqué sur l'aire cardinale qu'il recouvre en grande partie. Des sillons, disposés en forme de losanges emboîtés, servent de points d'attache au ligament. Byssus épais et solide. L'épiderme fibreux et squameux aux extrémités, ne persiste guère que vers les bords.

Coloration d'un blanc jaunâtre avec des flammules d'un brun ferrugineux, plus ou moins apparentes et disposées en zigzags. Coloration interne blanche maculée de brun et de roux, avec des flammules plus ou moins nébuleuses, disposées en zigzags.

Variétés. — L'*Arca Noe* présente de nombreuses variations : sa forme est plus ou moins transverse, plus ou moins atténuée et échancrée du côté postérieur. Sa sculpture présente des côtes plus ou moins nombreuses, plus ou moins fortes, tantôt subégales, tantôt alternativement fortes et faibles. L'ouverture destinée au passage du byssus est plus ou moins grande. L'aire cardinale est plus ou moins élargie ou allongée. Les sillons ligamentaires, ordinairement disposés en une seule série concentrique, forment parfois deux séries qui s'enchevêtrent plus ou moins l'une avec l'autre. Le ligament occupe ordinairement un espace moins grand chez les spécimens jeunes que chez les adultes. Malgré toutes ces différences, nous ne croyons pas qu'il soit utile d'établir de nombreuses variétés (ni à plus forte raison d'espèces), car la plupart des formes ne présentent guère de constance et comme elles passent de l'une à l'autre, elles doivent plutôt être regardées comme des variations individuelles.

Var. ex forma 1, *abbreviata* B. D. D. plus courte, en proportion et plus haute. Nous avons représenté, pl. XXX, fig. 6, un spécimen de cette variété, provenant du Roussillon.

Var. ex forma 2, *transversa* B. D. D. plus allongée.

Var. ex forma 3, *clausa* B. D. D. Sans aucune trace d'ouverture pour le passage du byssus. Nous devons un exemplaire de cette variété à M. Doublet, qui l'a recueilli à Bône.

Habitat. — Assez commun à Port-Vendres, Banyuls, Collioure, etc.

Dispersion.— Toute la Méditerranée et l'Adriatique. Semble manquer dans la mer Noire. Océan Atlantique, sur les côtes du Sénégal (Chevreux) et aux îles Canaries (d'Orbigny).

Origine. — L'*Arca biangula* Lamarck, de l'éocène, présente une assez sérieuse analogie avec notre espèce. L'*Arca Noe* apparaît dans le miocène du Bordelais, de la Touraine, de l'Italie, de la Suisse, de l'Autriche, de la Bohême et des Açores (Mayer). Il se propage dans le pliocène des Pyrénées-Orientales (Companyo), de la vallée du Rhône, du Portugal, de l'Italie centrale et septentrionale, ainsi que de la Sicile. On le connaît enfin du pleistocène de Sicile, de Rhodes, de Chypre, de Corinthe et dans les plages soulevées de Nice, de l'Algérie et des îles Baléares.

Arca tetragona Poli.

Pl. XXXI, fig. 1, 2, 3, 4, 5 (type); 6, 7, 8, 9 10, 11, 12 (var.).

1795	*Arca tetragona*	POLI, Test. utr. Sic., t. II, p. 137, pl. XXV, fig. 12, 13.
1799	— *tortuosa*	PENNANT (*non* Linné), Brit. Zool., t. IV, p. 97.
1803	— *fusca* Solander mss.	DONOVAN (*non* Bruguière), Brit. Shells, t. V, pl. CLVIII, fig. 3, 4.
1803	— *Noæ*	MONTAGU (*non* Linné), Test. Brit., p. 139, pl. IV, fig. 3.
1808	— *fusca*	MONTAGU (*non* Bruguière), Test. Brit. Suppl., p. 51.
1812	— *Noæ*	PENNANT (*non* Linné), Brit. Zool., 2e édit., t. IV, p. 215.
1812	— *fusca*	PENNANT (*non* Bruguière), Brit. Zool., 2e édit., t. IV, p. 215.
1819	— *tetragona* Poli	LAMARCK, Anim. sans vert., t. VI, 1re partie, p. 37 (*pro parte*).
1819	— *cardissa*	LAMARCK, Anim. sans vert., t. VI, 1re partie, p. 38.
1822	— *Noæ*	TURTON (*non* Linné), Dithyra Brit., p. 166.

1822 *Arca tetragona*	TURTON, Dithyra Brit., p. 167, pl. XIII, fig. 1.
1822 — *fusca*	TURTON (*non* Bruguière), Dithyra Brit., p. 167.
1826 — *tetragona* Poli	PAYRAUDEAU, Moll. de Corse, p. 61.
1826 — — —	RISSO, Europe mérid., t. IV, p. 313.
1827 — *Noæ*	BROWN (*non* Linné), Illustr. of the Conch. of Gr. Brit. and Ireland, 2e édit., p. 86, pl. XXXIII, fig. 1, 2, 3.
1827 — *fusca*	BROWN (*non* Bruguière), Illustr. of the Conch. of Gr. Brit. and Ireland, 2e édit., p. 86, pl. XXXIII, fig. 4, 5.
1827 — *tetragona* Poli	BROWN, Illustr. of the Conch. of Gr. Brit. and Ireland, 2e édit., p. 86, pl. XXXIII, fig. 20, 21.
1830 — — —	BLAINVILLE, Faune franç., pl. VII, fig. 2.
1835 — — —	LAMARCK, Anim. sans vert., édit. Desh., t. VI, p. 461.
1835 — *cardissa*	LAMARCK, Anim. sans vert., édit. Desh., t. VI, p. 463.
1835 — *navicularis*	DESHAYES *in* LAMARCK (*non* Bruguière), Anim. sans vert., 2e édit., t. VI, p. 461 (note).
1836 — *tetragona* Poli	SCACCHI, Catal. Conch. Regn. Neap., p. 4.
1836 — — —	PHILIPPI, Enum. Moll. Sic., t. I, p. 57.
1838 — — —	FORBES, Malac. Monensis, p. 41.
1841 — *cardissa* Lamarck	DELESSERT, Recueil de Coq., pl. XI, fig. 14.
1844 — *tetragona* Poli	FORBES, Rep. Æg. Invert., p. 144.
1844 — *navicularis*	PHILIPPI (*non* Bruguière), Enum. Moll. Sic., t. II, p. 42.
1844 — *tetragona* Poli	REEVE, Conch. Icon., pl. XV, fig. 100.
1844 — *britannica*	REEVE, Conch. Icon., pl. XV, fig. 98.
1846 — *navicularis*	LOVÉN (*non* Bruguière), Index Moll. Skand., 187.
1846 — *tetragona* Poli	VÉRANY, Catal. Invert. del Golfo di Genova e Nizza, p. 13.
1848 — *navicularis*	RÉQUIEN (*non* Bruguière), Coq. de Corse, p. 28.
1851 — *tetragona* Poli	PETIT, Catal. *in* Journ. Conch., t. II, p. 378.
1853 — — —	FORBES et HANLEY, Brit. Moll., t. II, p. 234, pl. XLIV, fig. 9, 10; pl. P., fig. 1.
1856 — — —	JEFFREYS, Piedm. Coast., p. 25.
1859 — — —	SOWERBY, Illustr. Index Brit. Shells, pl. VIII, fig. 10.

1863	*Arca tetragona* Poli	JEFFREYS, Brit. Conch., t. II, p. 180, t. V (1869), p. 176, pl. XXX, fig. 6.
1865	— — —	CAILLIAUD, Catal. Loire-Inf., p. 113.
1866	— *navicularis*	BRUSINA (*non* Bruguière), Contrib. pella fauna Dalm., p. 102.
1867	— *tetragona* Poli	WEINKAUFF, Conch. des Mittelm., t. I, p. 192.
1868	— — —	MAYER, Catal. syst. et descr. Mus. de Zurich, 3e cahier, p. 67.
1869	— — —	PETIT, Catal. test. mar., p. 63.
1870	— — —	ARADAS et BENOIT, Conch. viv. mar. della Sicilia, p. 79.
1870	— — —	HIDALGO, Mol. mar., p. 132, pl. LXIX, fig. 4, 5.
1878	— — —	MONTEROSATO, Enum. e Sinon., p. 7.
1880	— *navicularis*	STOSSICH (*non* Bruguière), Prosp. della fauna del mare Adriatico, p. 171.
1883	— *tetragona* Poli	DANIEL, Catal. Moll. de Brest, in Journ. Conch., t. XXXI, p. 255.
1883	— — —	MARION, Esq. topogr. Zool. du golfe de Marseille, pp. 67, 80, 90, 98, 106.
1883	— — —	MARION, Considérations sur les faunes prof. de la Médit., pp. 28, 37.
1886	— — —	LOCARD, Prodr. de Malac. franç., p. 479.
1886	— *cardissa* Lamk	LOCARD, Prodr. de Malac. franç., p. 480.
1886	— *tetragona* Poli	GRANGER, Moll. biv. de France, p. 71.
1886	— *cardissa* Lamk.	GRANGER, Moll. biv. de France, p. 72.
1888	— *tetragona* Poli	KOBELT, Prodr. Faunæ Moll. test. maria europ. inhab., p. 411.
1888	— — —	SERVAIN, Catal. Concarneau, p. 114.
1889	— — —	CARUS, Prodr. Faunæ Medit., vol. II, pars I, p. 87.

Obs. — La synonymie de cette espèce est fort compliquée parce qu'elle a été confondue avec diverses coquilles très différentes. C'est ainsi que Turton, Donovan, Pennant et plusieurs autres anciens auteurs l'ont assimilée à l'*Arca Noe* de Linné, espèce méditerranéenne qui n'a jamais été recueillie authentiquement sur les côtes d'Angleterre ni sur le littoral océanique de la France et ne semble pas remonter au-delà de Saint-Sébastien (Asturies).

Deshayes et quelques auteurs après lui, ont désigné l'*A. tetragona* sous le nom d'*A. navicularis* Bruguière; mais il est généralement admis aujourd'hui que cette espèce de Bruguière, basée sur la fig. 533 de Chemnitz, est une forme des Antilles plus voisine de l'*A. Noe* que de l'*A. tetragona*.

Montagu, Pennant, Turton, Brown, Thorpe, l'ont encore désigné sous le nom d'*Arca fusca* Solander mss.; mais il existe une espèce exotique appelée précédemment du même nom par Bruguière et qui appartient à la section *Barbatia*. Enfin, le nom d'*Arca tortuosa* employée par Müller (Prodome) et par Pennant, provient de l'assimilation erronée de notre espèce à une coquille de l'Océan Indien : l'*Arca tortuosa* de Linné, qui est classée aujourd'hui dans le genre *Parallelipipedum*.

Ajoutons encore que plusieurs naturalistes ont attribué des noms différents à de simples variétés et à des déformations.

L'*Arca tetragona* se distingue surtout de l'*Arca Noe* par sa taille plus faible, par sa carène aigüe et par son bord postérieur rectiligne, non échancré; le bord ventral des valves est denticulé à l'intérieur, enfin le ligament qui occupe un espace plus restreint sur l'aire cardinale, est constamment divisé en deux régions triangulaires au lieu de former une seule région losangique, comme celui de l'*Arca Noe*.

Diagnose. — Coquille, diamètre umbono-ventral 13 millim.; diamètre antéro-postérieur 29 millim., épaisseur 16 mill., équivalve, très inéquilatérale, assez solide, de forme transverse, subquadrangulaire. Sommets saillants, incurvés, très écartés, séparés par une aire cardinale large, plane, de forme losangique. Bord ventral arqué, baillant vers son milieu; côté postérieur obliquement tronqué, rectiligne. Surface nettement divisée par une carène aigüe qui part des sommets et aboutit au point de jonction du bord postérieur et du bord ventral. La région antérieure qui comprend toute la surface depuis la carène jusqu'à l'extrémité antérieure, est garnie de côtes rayonnantes fines, nombreuses et serrées, un peu plus fortes à l'extrémité antérieure et coupées par des stries d'accroissement qui déterminent une réticulation dans laquelle dominent les côtes rayonnantes. La région postérieure comprise entre la carène et le bord cardinal, ne présente que trois ou quatre côtes rayonnantes larges et peu saillantes. Intérieur des valves lisse et luisant. Bord cardinal rectiligne, pourvu d'une série de dents, petites et perpendiculaires au milieu, plus fortes et divergentes aux extrémités. Bord postérieur rectiligne pourvu de trois ou quatre ondulations obsolètes. Bord ventral et bord antérieur finement denticulés. Impressions musculaires semblables à celles de l'*Arca Noe*. Ligament externe très mince et appliqué sur l'aire cardinale, dont il ne recouvre qu'une faible partie. Il est de plus séparé en deux régions subtriangulaires ou sagittées, dont les sillons disposés en losanges emboîtés forment ordinairement une série distincte dans chaque région. Byssus épais, solide. Épiderme squameux, ne persistant d'habitude que le long du bord ventral et sur les carènes. Coloration d'un blanc sale passant au brun ferrugineux du côté postérieur. L'aire cardinale présente des lignes fauves obliques sur un fond gris clair. Coloration interne des valves blanche, lavée de brun clair du côté postérieur.

Variétés. — Le type de l'*A. tetragona* est la forme méditerranéenne régulière, rectangulaire et tronquée presque à angle droit du côté postérieur. Nous l'avons représenté pl. XXXI, fig. 1 à 5.

Var. ex forma 1. *britannica* Reeve. C'est la forme de l'Océan Atlantique que les anciens auteurs anglais ont désignée sous le nom de *Noe*, *fusca* et *tortuosa*. Elle se distingue du type par son contour moins régulier ainsi que par son côté postérieur plus obliquement tronqué et rostré à l'extrémité.

Var. ex forma 2. *cardissa* Lamarck. Forme océanique décrite comme espèce distincte par Lamarck, mais qui n'est, en réalité qu'une déformation due à une condition spéciale d'habitat. L'*Arca cardissa* vit, en effet, fixé dans des anfractuosités de roches et lorsqu'il se trouve arrêté dans son développement par les parois qui l'enserrent, il en arrive, afin d'être un peu moins à l'étroit, à user par frottement les couches extérieures de sa coquille, de telle sorte qu'il n'est parfois plus protégé que par une cloison calcaire mince et transparente. La forme de la coquille se modifie également de la façon la plus bizarre de sorte qu'il est souvent difficile de reconnaître l'espèce. Nous en possédons des séries fort intéressantes recueillies sur le rocher du Four par M. Lehuédé, au large de l'île d'Yeu par M. Chevreux, au sud de Belle-Ile par M. Nicollon et à Concarneau par M. Ad. Dollfus. Nos fig. 6, 7, 8, 9, 10, 11 et 12 de la pl. XXXI en représentent quelques spécimens.

Habitat. — Peu commun à Banyuls et à Port-Vendres où il se rencontre dans des fonds vaseux, vivant en colonies sur des valves de *Pecten jacobæus*, de *Pinna pectinata*, etc.

Dispersion. — Toute la Méditerranée et l'Adriatique, L'Océan Atlantique depuis les îles Shetland (Jeffreys), l'Angleterre et les côtes françaises, jusqu'aux îles du Cap-Vert (Rochebrune) et aux Açores (Talisman, Challenger, Hirondelle). La distribution bathymétrique de cette espèce est fort étendue : on l'a recueillie depuis le niveau des basses mers jusqu'à 1,287 mètres de profondeur.

Origine. — L'*A. tetragona* apparaît dans le miocène, où il est peu répandu. Nous le voyons cité dans le miocène de la Corse (Locard), d'Edeghem (Nyst) et des Açores (Mayer). Il est commun dans le pliocène d'Angleterre, où l'on rencontre aussi les variétés *britannica* et *cardissa* (Wood); dans le pliocène d'Italie, d'Espagne, de la vallée du Rhône (Fontannes). Enfin, il existe dans le pleistocène de Nice et de la Sicile. L'*Arca laudunensis* Deshayes, de l'éocène, se rapproche de l'*A. tetragona*.

Les *Arca nodulosa* et *puella* de Bell sont à peine des variétés.

Sous-genre BARBATIA Gray, 1840.

Type : *Arca barbata* Linné. Ce groupe comprend des espèces de forme transverse, subovale, à aire ligamentaire étroite.

Arca barbata Linné.

Pl. XXXII, fig. 1, 2, 3, 4, 5 (type); 6, 7 et 8 (var.).

1767 *Arca barbata* LINNÉ, Syst. Nat., édit. XII, p. 1140.
1780 — — Lin. BORN, Test. Mus. Cæs. Vindob., p. 88.
1784 — — — CHEMNITZ, Conch. Cab., t. VII, pl. LIV, fig. 535.
1786 — — — SCHRŒTER, Einleitung in die Conchylienk., t. III, p. 262.
1790 — — — LINNÉ-GMELIN, Syst. Nat , édit. XIII, p. 3306.
1792 — — — BRUGUIÈRE, Encyclopédie méthod., p. 101, pl. CCCIX, fig. 1.
1792 — — — OLIVI, Zool. Adr., p. 115.
1793 — — — VON SALIS-MARSCHLINS, Reise ins Kœn. Neapel, p. 391.
1795 — — — POLI, Test. utr. Sic., t. II, p. 135, pl. XXV, fig. 6, 7.
1819 — — — LAMARCK, Anim. sans vert., t. VI, 1re partie, p. 39.
1819 — *reticulata* TURTON, Conch. Dict., p. 7.
1822 — — TURTON, Dithyra brit., pp. 168 et 259.
1825 — *barbata* Lin. BLAINVILLE, Manuel de Malac., p. 535, pl. LXV, fig. 1.
1826 — — — PAYRAUDEAU, Moll. de Corse, p. 61.
1826 — — — RISSO, Europe mérid., t. IV, p. 313.
1835 — — — LAMARCK, Anim. sans vert., édit. Desh., t. VI, p. 465.
1835 — — — DESHAYES, Traité élém. de Conch., pl. XXXV, fig. 18, 19.
1836 — — — SCACCHI, Catal. Conch. Regn. Neap., p. 4.
1836 — — — PHILIPPI, Enum. Moll. Sic., t. I, p. 57.
1844 — — — BROWN, Illustr. of the Conch. of Gr. Brit. and Ireland, 2e édit., p. 86, pl. XXXIII, fig. 7.
1844 — — — FORBES, Rep. Æg. Invert., p. 144.
1844 — — — PHILIPPI, Enum. Moll. Sic., t. II, p. 42.
1844 — — — REEVE, Conch. Icon., pl. XIII, fig. 83.
1846 — — — VÉRANY, Catal. Invert. Genova e Nizza, p. 13.
1848 — — — RÉQUIEN, Coq. de Corse, p. 28.
1848 — — — DESHAYES, Expl. scient. de l'Algérie, pl. CXIX, fig. 1 à 7.
1851 — — — PETIT, Catal. *in* Journ. Conch., t. II, p. 379.

1855 *Arca barbata* Lin. HANLEY, Ipsa Linn. Conch., p. 92.
1856 — — — JEFFREYS, Piedm. Coast., p 25.
1858 — — — GAY, Catal. Moll. du Var *in* Bull. Soc. scient. du Var, p. 190.
1862 — — — CHENU, Manuel de Conch., t. II, p. 171, fig. 853.
1866 *Barbatia* — — BRUSINA, Contrib. pella fauna dei Moll. Dalm., p. 102.
1867 *Arca* — — WEINKAUFF, Conch. des Mittelm., t. I, p. 194.
1868 — — — MAYER, Catal. Syst. Mus. de Zurich, 3e cahier, p. 90.
1869 — — — TAPPARONE-CANEFRI, Ind. Sist. dei Moll. test. dei dint. di Spezia e del suo Golfo, p. 140.
1869 — — — PETIT, Catal. test. mar., p. 63.
1870 — — — ARADAS et BENOIT, Conch. viv. mar. della Sic., p. 78.
1870 — — — HIDALGO, Mol. marin., p. 132, pl. LXVII, fig. 1.
1873 — — — CLÉMENT, Catal. du Gard, p. 71.
1878 — — — MONTEROSATO, Enum. e Sinon., p. 7.
1878 — (Barbatia) — — ISSEL, Crociera del Violante, p. 39.
1879 — — — GRANGER, Moll. de Cette, p. 28.
1880 — — — STOSSICH, Prosp. della Fauna del Mare Adr., p. 171.
1883 — — — G. DOLLFUS, Liste Moll. de Palavas, p. 3.
1883 — — — DAUTZENBERG, Coq. de Gabès, p. 9.
1886 — — — DAUTZENBERG, Nouv. Liste Moll. de Cannes, p. 1.
1886 — — — LOCARD, Prodr. de Malac. franç., p. 482.
1886 — — — GRANGER, Moll. biv. de France, p. 72, pl. V, fig. 6.
1888 — — — KOBELT, Prodr. faunæ Moll. test. maria europ. inhab., p. 470.
1889 — — — J.-V. CARUS, Prodr. faunæ Medit., p. 88.

Obs. — L'*Arca barbata* a été décrit par Rondelet (édition française de 1558, livre des Poissons, p. 8), sous le nom de *Chametrachea*. D'après Petit de la Saussaye, l'*Arca cylindrica* Wood, est synonyme.

Diagnose. — Coquille, diamètre umbono-ventral, 25 millim.; diamètre antéro-post. 53 millim.; épaisseur 17 millim., équivalve, inéquilatérale, solide, de forme transverse, subovale. Sommets un peu saillants, assez rapprochés, séparés par une aire cardinale étroite, taillée en biseau. Bord ventral arqué, légèrement sinueux et baillant. Surface des valves garnie de côtes rayonnantes très nombreuses, presque contiguës, coupées par des stries d'accroissement concentriques qui les rendent granuleuses. Ces côtes sont subégales sur toute la surface qui parait finement et régulièrement treillisée. Si on examine la sculpture de plus près on remarque que quelques espaces intercostaux, au nombre de douze à quinze, sont un peu plus larges que les autres. Intérieur des valves lisse et luisant. Bord cardinal rectiligne à l'extérieur, un peu arqué à l'intérieur et pourvu d'une série de dents dont les médianes sont très petites, souvent même obsolètes, tandis que celles des extrémités sont divergentes et assez fortes. Les autres bords sont simples, non denticulés. Impressions des muscles adducteurs des valves arrondies; impression palléale simple. Ligament externe épais, composé de lamelles chitineuses serrées qui s'insèrent dans les sillons disposés sur l'aire cardinale en une série de losanges emboîtés. Byssus très épais et solide. L'épiderme velu, brun foncé et luisant se développe dans les intervalles des côtes rayonnantes et notamment dans les espaces plus larges que nous avons signalés, de manière à présenter des séries rayonnantes plus touffues. Coloration d'un brun ferrugineux, avec une tache blanchâtre dans la région des sommets. Intérieur des valves d'un blanc sale, lavé de brun, surtout du côté postérieur.

Variétés. — L'*Arca barbata* est fort variable et présente quelques formes extrêmes auxquelles il nous semble utile d'attribuer des noms, car elles se rencontrent fréquemment. Mais il s'agit d'abord de fixer le type de l'espèce. Les références du *Systema naturæ* représentent toutes une forme plutôt transverse et à contour assez régulièrement ovale. Hanley cite la fig. 33 de la pl. XIII de Reeve, comme représentant d'une manière satisfaisante le type conservé avec son étiquette dans la collection de Linné. Cette figuration représente un spécimen dont le diamètre antéro-post. : 70 millim., est exactement double du diamètre umbono-ventral; son contour est régulièrement ovale. Nos fig. 1 et 2 représentent donc d'une manière satisfaisante le type linnéen.

Var. ex forma 1, *elongata* B. D. D. Très transverse, presque équilatérale : diamètre antéro-post. 55 millim.; diamètre umbono-ventral 18 millim. Nous avons figuré, pl. XXXII, fig. 6, un exemplaire de cette variété, qui nous a été envoyé de Bône (Algérie), par M. Doublet.

Var. ex forma 2, *contracta* B. D. D. Également très transverse et subéquilatérale, avec le bord ventral rentrant au milieu. L'exemplaire de cette variété que nous figurons, pl. XXXII, fig. 7, provient du Roussillon.

Var. ex forma 3, *expansa* B. D. D. Atténuée du côté antérieur et largement dilatée du côté postérieur. Cette variété, dont nous figurons un spécimen du Roussillon, pl. XXXII, fig. 8, se rencontre fréquemment. Nous l'avons aussi recueillie à Marseille et M. Doublet nous l'a envoyée de Bône.

Habitat. — Assez commun à Port-Vendres, Banyuls, Collioure, etc.

Dispersion. — Bien que cette espèce ait été indiquée par Brown, Turton, etc., comme vivant sur les côtes d'Angleterre et par Collard des

Cherres comme ayant été rencontrée sur le littoral de la Bretagne, son habitat authentique semble limité, en dehors de la Méditerranée et de l'Adriatique, à la côte méridionale d'Espagne (Hidalgo) et aux îles du Cap-Vert (Rochebrune).

Origine. — On trouve dans l'éocène des formes voisines de l'*Arca barbata*, telles que : *A. magellanoides* Desh., et *A. barbatula* Lamarck. L'espèce apparaît dès l'oligocène du Médoc (Benoist) et est commune dans le miocène du Bordelais, de la Touraine, de la Suisse, de toute l'Italie, du bassin de Vienne, de la Bohême et des Açores. On la rencontre dans le pliocène des Pyrénées-Orientales (Fontannes), de la vallée du Rhône, du Portugal et de l'Italie. Enfin, elle est signalée dans le pleistocène de Nice, des îles Baléares, de Livourne, de la Calabre, de Rhodes et de Chypre.

Sous-genre FOSSULARCA Cossmann, 1887.

Type. : *Arca quadrilatera* Lamark. Cette section a pour caractère principal la présence, sur l'aire cardinale, de sillons perpendiculaires au bord cardinal.

Arca lactea Linné.

Pl. XXXVII, fig. 1, 2, 3, 4, 5 (type) ; 6 (var.).

1767	*Arca lactea*	Linné, Syst. Nat., édit. XII, p. 1141.
1777	— *barbata*	Pennant (*non* Linné), Brit. Zool., t. IV, p. 98, pl. LVIII, fig. 59.
1778	— *lactea* Lin.	da Costa, Brit. Conch., p. 171, pl. XI, fig. 5.
1786	— — —	Schrœter, Einleitung in die Conchylienk., t. III, p. 265.
1790	— — —	Linné-Gmelin, Syst. Nat., édit. XIII, p. 3309 (excl. var.).
1792	— — —	Bruguière, Encycl. méthod., t. I, p. 108 (excl. syn. Adansoni).
1795	— *modiolus*	Poli (*non* Linné), Test. utr. Sic., t. II, p. 137, pl. XXV, fig. 20, 21.
1799	— *crinita*	Pulteney, Catal. Dorset., p. 35.
1802	— *lactea* Lin.	Donovan, Brit. Shells, t. IV, pl. CXXXV.
1803	— — —	Montagu, Test. brit., p. 138.
1804	— — —	Maton et Rackett, Descr. Catal. Brit. Test. *in* Trans. Linn. Soc., t. VIII, p. 92.
1817	— — —	Dillwyn, Descr. Catal., t. I, p. 236 (excl. syn. plur.).
1819	— — —	Lamarck, Anim. sans vert., t. VI, 1re partie, p. 40.

1819	*Arca perforans*	Turton, Conch. Dict., p. 9.
1822	— —	Turton, Dithyra brit., p. 169, pl. XIII, fig. 2, 3.
1826	— *Quoyi*	Payraudeau, Moll. de Corse, p. 62, pl. I, fig. 40-43.
1826	— *Gaimardi*	Payraudeau, Moll. de Corse, p. 61, pl. I, fig. 36-39.
1826	— *lactea* Lin.	Risso, Europe mérid., t. IV, p. 313.
1826	— *reticulata*	Risso, Europe mérid., t. IV, p. 311, pl. XII, fig. 171.
1827	— *lactea* Lin.	Brown, Illustr. of the Conch. of Gr. Brit. and Irel., 2e édit., p. 86, pl. XXXIII, fig. 6.
1829	— — —	Costa, Catal. Sist., pp. 44, 46.
1835	— — —	Lamarck, Anim. sans vert., édit. Desh., t. VI, p. 467.
1835	— *Gaimardi* Payr.	Deshayes *in* Lamarck, Anim. sans vert., 2e édit., t. VI, p. 476.
1836	— *modiolus*	Scacchi (*non* Linné), Catal. Conch. Regn. Neap., p. 4.
1836	— *lactea* Lin.	Philippi, Enum Moll. Sic., t. I, p. 57.
1844	— — —	Philippi, Enum. Moll. Sic., t. II, p. 42.
1844	— — —	Forbes, Rep. Æg. Invert., p. 144.
1844	— *nodulosa*	Potiez et Michaud (*non* Müller), Galerie de Douai, t. II, p. 111.
1844	— *lactea* Lin.	Reeve, Conch. Icon., pl. XVII, fig. 116.
1844	— *striata*	Reeve, Conch. Icon., pl. XVII, fig. 121.
1846	— *lactea* Lin.	Vérany, Catal. Invert. del Golfo di Genova e Nizza, p. 13.
1848	— — —	Réquien, Coq. de Corse, p. 28.
1848	— — —	Deshayes, Explorat. Scient. de l'Algérie, pl. CXXIV, fig. 1 à 7.
1848	— *Gaimardi* Payr.	Deshayes, Explorat. scient. de l'Algérie, pl. CXXIV, fig. 8 à 11.
1851	— *lactea* Lin.	Petit, Catal. *in* Journ. Conch., t. II, p. 378.
1851	— *Quoyi* Payr.	Petit, Catal. *in* Journ. Conch,, t. II, p. 379.
1851	— *Gaimardi* Payr.	Petit, Catal. *in* Journ. Conch., t. II, p. 379.
1852	— *Pennantiana*	Leach, Synopsis of the Moll. of Gr. Brit., p. 337.
1853	— *lactea* Lin.	Forbes et Hanley, Brit. Moll., t. II, p. 238; pl. XLVI, fig. 1 à 3.
1855	— — —	Hanley, Ipsa Linn. Conch., p. 93.
1856	— — —	Jeffreys, Piedm. Coast., p. 25.
1858	— *Quoyi* Payr.	Gay, Catal. Moll. du Var, *in* Bull. Soc. sc. du Var, p. 191.
1858	— *Gaimardi* Payr.	Gay, Catal. Moll. du Var, *in* Bull. Soc. sc. du Var, p. 191.
1859	— *lactea* Lin.	Sowerby, Illustr. Index brit. Shells, pl. VIII, fig. 8, 9.

1863	*Arca lactea* Lin.	JEFFREYS, Brit. Conch., t. II, p. 177 et t. V (1869), p. 175, pl. XXX, fig. 5.
1865	— — —	CAILLIAUD, Catal. Loire-Inf., p. 115.
1867	— — —	WEINKAUFF, Conch. des Mittelm., t. I, p. 196.
1868	— — —	MAYER, Catal. syst. et descr. des foss. tert. du Musée de Zurich, 3e cahier, p. 95.
1869	— — —	PETIT, Catal. test. mar., p. 64.
1870	— — —	ARADAS et BENOIT, Conch. viv. mar. della Sicilia, p. 179.
1870	— — —	HIDALGO, Mol. mar., p. 133, pl. LXIX, fig. 6, 7.
1873	— — —	CLÉMENT, Catal. du Gard, p. 72.
1878	— — —	MONTEROSATO, Enum. e Sinon., p. 7.
1879	— — —	GRANGER, Moll. de Cette, p. 28.
1883	— — —	G. DOLLFUS, Liste Moll. de Palavas, p. 3.
1883	— — —	DAUTZENBERG, Liste Coq. de Gabès, p. 3.
1886	— — —	LOCARD, Prodr. de Malac. franç., p. 480.
1886	— *Quoyi* Payr.	LOCARD, Prodr. de Malac. franç., p. 481.
1886	— *Gaimardi* Payr.	LOCARD, Prodr. de Malac. franç., p. 481.
1886	— *lactea* Lin.	GRANGER, Moll. biv. de France, p. 72, pl. V, fig. 7, 8.
1888	— — —	KOBELT, Prodr. faunæ Moll. test. maria europ. inhab., p. 412.
1888	— — —	SERVAIN, Catal. Concarneau, p. 115.
1888	— *Gaymardi* Payr.	SERVAIN, Catal. Concarneau, p. 115.
1889	— *lactea* Lin.	J.-V. CARUS, Prodr. Faunæ medit., p. 87.

Obs. — Bien que la diagnose de l'*Arca lactea* soit peu précise dans le *Systema Naturæ*, les Conchyliologistes y ont reconnu, grâce à l'indication d'habitat, la coquille européenne dont nous nous occupons en ce moment. Cette identification a été confirmée par Hanley qui en a retrouvé des valves dans la collection de Linné.

C'est à tort que Poli a assimilé la présente espèce à l'*Arca modiolus* de Linné, qui est, comme l'a démontré Hanley (*Ipsa Linn. Conch.*, p. 92), un *Modiola* des Indes occidentales (*Modiola sulcata* Lamarck).

Le *Jabet* d'Adanson qui a été compris dans la synonymie de l'*A. lactea* par Bruguière et par quelques autres naturalistes, est une espèce du Sénégal faisant partie du même groupe; mais bien distincte et qui a été nommée *Arca afra* par Gmelin.

Diagnose. — Coquille, diamètre umbono-ventral, 13 millim., diamètre antéro-post. 14 millim., épaisseur 7 millim., équivalve, un peu inéquilatérale, solide, renflée, de forme subquadrangulaire. Sommets saillants incurvés, séparés par une aire cardinale étroite, excavée, de forme losangique allongée, sillonnée perpendiculairement au bord cardinal. Bord ventral presque rectiligne, non baillant; bord antérieur arrondi; bord postérieur obliquement tronqué, se reliant au bord ventral par une ligne courbe. Surface des valves garnie de côtes rayonnantes fines, nombreuses, inégales, presque toujours alternativement plus fortes et plus faibles, et de cordons concentriques plus fins que les côtes. Des sillons concentriques bien marqués indiquent les diverses périodes d'accroissement. Une carène obtuse, à peine sensible, part du sommet pour aboutir au point de jonction du bord ventral et du bord postérieur. Intérieur des valves lisse et luisant. Bord cardinal rectiligne pourvu d'une série de dents, petites et perpendiculaires dans la partie médiane, plus fortes et divergentes aux extrémités. Les autres bords sont finement denticulés. Impressions des muscles adducteurs des valves grandes, subégales et se prolongeant presque jusqu'au fond, sous les crochets. Impression du muscle adducteur postérieur du byssus ovale, assez grande; impression du muscle adducteur antérieur du byssus plus petite et arrondie; ces deux impressions sont situées tout près du bord cardinal. Ligament externe grand, en forme de losange, assez épais, strié perpendiculairement à la charnière. Epiderme velu, court, ne persistant que le long du bord ventral et sur le côté postérieur. Coloration d'un blanc jaunâtre uniforme; épiderme brun clair; intérieur des valves d'un blanc de lait.

Variétés. — Il est assez difficile de savoir quelle est la forme type de l'*Arca lactea* car le *Systema Naturæ* n'indique aucune référence. Hanley nous apprend, d'ailleurs, que la collection linnéenne n'en renferme que quelques valves roulées. L'habitat méditerranéen indiqué par Linné ne permet pas de préciser davantage, puisque les formes extrêmes décrites par Payraudeau comme espèces distinctes sous les noms d'*A. Quoyi* et *A. Gaimardi* existent toutes deux dans cette mer aussi bien que dans l'Océan Atlantique. La plupart des naturalistes modernes ont choisi pour type la forme la plus normale qui correspond à l'*A. Quoyi* de Payraudeau et nous n'hésitons pas à adopter cette opinion.

Var. ex forma 1, *Gaimardi* Payr. = *A. rosea* Chiereghini (teste Brusina) = *A. lactea* var. *inflata* Brusina. C'est une forme très convexe, presque globuleuse qui se rencontre dans certaines localités chez les spécimens très vieux. M. Servain fait observer que l'épiderme est plus abondant et plus mou chez cette variété que chez le type. Nous avons représenté, pl. XXXVII, fig. 6, un échantillon de cette variété recueilli à Toulon. Notre ami, M. Chevreux nous en a aussi offert plusieurs spécimens recueillis par lui sur le rocher du Four.

Var. ex forma 2, *lactanea*, Wood, Crag. Mollusca, pl. X, fig 2. Caractérisée par son aire ligamentaire très allongée.

Habitat. — Assez abondant à Port-Vendres, Banyuls, Paulilles, Collioure.

Dispersion. — Se rencontre avec les mêmes variations dans la Méditerranée et dans l'Océan Atlantique, depuis les côtes d'Angleterre jusqu'aux îles Canaries.

Origine. — Le type du sous-genre : *A. quadrilatera* de l'éocène est assez voisin de l'*A. lactea.* On rencontre la présente espèce dans le miocène de la vallée du Rhône, de la Touraine, de la Suisse, de l'Italie, du bassin de Vienne, de la Hongrie, de la Bohême, du plateau Volhyni-Podolien et des Açores (Mayer). Tournouër l'a également citée du miocène de Salies-de-Béarn. Dans le pliocène, elle est connue de Millas (Companyo) où elle est fort rare, de la vallée du Rhône, du Cotentin, de Lenham (Crag Corallien), du Diestien de Belgique et du sud de l'Italie et de la Sicile. On la connaît du pleistocène de Rhodes, Chypre, Corinthe, du Monte-Pellegrino et de Nice. M. Fontannes a nommé var. *ardessica* une forme plus régulièrement ovale qu'il a figurée dans son ouvrage pl. IX, fig. 10 et 11.

Sous-genre ACAR Gray, 1857.

Type : *Arca donaciformis* Reeve. Ce groupe comprend des espèces à surface profondément treillissée et à côté postérieur subcaréné.

Arca pulchella Reeve.

Pl. XXXVII, fig. 7, 8, 9, 10, 11, 12, 13, 14.

1795 *Arca imbricata* POLI (*non* Bruguière), Test. utr. Sic., t. II, p. 145, pl. XXV, fig. 10, 11.
1836 — — SCACCHI (*non* Bruguière), Catal. Conch. Regn. Neap., p. 4.
1836 — — PHILIPPI (*non* Bruguière), Enum. Moll. Sic., t. I, p. 58.
1844 — — PHILIPPI (*non* Bruguière), Enum. Moll. Sic., t. II, p. 42.
1844 — — FORBES (*non* Bruguière), Rep. Æg. Invert., p. 144.
1844 — *pulchella* REEVE, Conch. Icon., pl. XVII, fig. 122.
1848 — *imbricata* RÉQUIEN (*non* Bruguière), Coq. de Corse, p. 28.
1867 — — WEINKAUFF (*non* Bruguière), Conchyl. des Mittelm., t. I, p. 200.
1868 — *pulchella* Reeve MAYER, Cat. foss. tert. Mus. Zurich., 3e cahier, p. 78.
1869 — *clathrata* PETIT (*non* Defrance), Catal. test. mar., p. 64.

1870 *Arca imbricata*		ARADAS et BENOIT (*non* Bruguière), Conch. viv. mar. della Sic., p 80.
1878 — *pulchella* Reeve		MONTEROSATO, Enum. e Sinon., p. 7.
1886 — — —		LOCARD, Prodr. de Malac. franç., p. 481.
1888 — *imbricata*		KOBELT (*non* Bruguière), Prodr. faunæ Moll. test. maria europ. inhab., p. 413.
1889 — —		J.-V. CARUS, Prodr. Faunæ medit., p. 89.

Obs. — Le caractère essentiel de l'*A. pulchella* consistant dans ses côtes rayonnantes creuses, suffit à faire aisément reconnaître les exemplaires frais; mais lorsque le test est usé par le frottement, il devient difficile de distinguer cette espèce d'avec l'*A. clathrata* Defrance, du miocène. Nous ne pensons cependant pas qu'il y ait lieu de réunir les deux formes, comme l'ont fait quelques naturalistes, car nous n'avons pu observer sur aucun des nombreux spécimens de l'*A. clathrata* de Pontlevoy, Manthelan, etc., aucune trace de la structure vésiculeuse des côtes : elles y sont, au contraire, toujours pleines. Nous ferons encore observer que l'espèce fossile du miocène atteint des dimensions bien plus grandes que l'espèce vivante.

Il n'est pas possible de conserver à l'espèce dont nous nous occupons le nom d'*A. imbricata* qui lui a été attribué par Poli en 1795, à cause de l'existence d'une autre espèce, appartenant au groupe des *Arca* (*sensu stricto*), à laquelle Bruguière avait donné le même nom dès 1792.

Diagnose. — Coquille, diamètre umbono-ventral, 7 millimètres; diamètre antéro-post. 10 millim.; épaisseur 5 millim.; équivalve, un peu inéquilatérale, assez solide, renflée, de forme subquadrangulaire. Sommets saillants, incurvés, séparés par une aire cardinale de forme losangique allongée, très étroite et taillée en biseau. Bord ventral presque rectiligne, non baillant; bord antérieur arrondi; bord postérieur tronqué obliquement et formant un angle aigu à sa jonction avec le bord ventral. Surface des valves garnie de côtes rayonnantes fortes, creuses, coupées par des sillons concentriques très profonds qui déterminent une réticulation grossière composée de vésicules noduleuses. Lorsque ces vésicules sont brisées, ce qui a lieu chez tous les spécimens plus ou moins roulés, le test, ainsi dénudé, présente une sculpture imbriquée et un aspect très différent. Une carène assez aiguë part du sommet et aboutit au point de jonction du bord postérieur et du bord ventral. Intérieur des valves lisse et luisant. Bord cardinal rectiligne pourvu d'une série de dents peu nombreuses, tuberculiformes au milieu, allongées et divergentes aux extrémités. Les autres bords sont festonnés. Impressions musculaires semblables à celles de l'*Arca lactea*. Ligament peu visible. Epiderme nul. Coloration d'un blanc jaunâtre uniforme.

Variétés. — L'*A. pulchella* est une espèce peu abondante dans les collections et nous n'avons observé chez les exemplaires, de diverses localités méditerranéennes que nous possédons, aucune forme assez différente du type pour mériter d'être indiquée comme variété.

Habitat. — Banyuls, dragué dans la zône coralligène.

Dispersion. — Méditerranée; sur les côtes de France, de Corse, d'Italie, de Sicile, de l'Algérie et dans l'Archipel; Adriatique (Weinkauff); Océan Atlantique, à Madère (Mac-Andrew, d'Orbigny) et aux Iles du Cap-Vert (Rochebrune).

Origine. — On peut trouver dès l'éocène, chez les *Arca lamellosa* Desh et *Lyelli* Desh., des formes voisines de l'*A. pulchella.* Les divers dépôts miocènes de l'Europe (Touraine, Gironde, Vienne, Bohème, etc.) renferment une forme très analogue décrite par Defrance sous le nom d'*A. clathrata*; mais nous avons déjà dit que nous ne sommes pas d'avis de la considérer comme semblable. Le véritable *A. pulchella* est connu du pliocène de l'Italie, de la vallée du Rhône, de Millas (Companyo) et il se propage dans le pleistocène de la Sicile, de Livourne, des Iles Baléares (Hermite), etc.

D'après l'abbé Brugnone, l'*A. peregrina* Libassi, du Monte Pellegrino, serait une variété de l'*A. pulchella*.

Deshayes a fait observer que les *Arca clathrata* Mac Coy (1844) et *Arca clathrata* Reeve (1844) sont des espèces différentes de l'*A. clathrata* Defrance. M. de Gregorio a proposé pour des formes non figurées, que nous ne connaissons pas; mais qui paraissent se rattacher à la même espèce, les noms de *A. merilla*, *A. pirpa* et *A. partannensis.*

Sous-genre ANADARA Gray, 1847.

= Anomalocardia Klein, 1853 (*ex parte*). Type : *Pectunculus anadara* Adanson (1757). Ce groupe bien naturel comprend les *Arca* équivalves, ornés de côtes rayonnantes et dépourvus de byssus.

Arca diluvii Lamarck.

Pl. XXXI, fig. 13, 14, 15, 16, 17.

1795	*Arca antiquata*	Poli (*non* Linné), Test, utr. Sic., t. II, p. 146, pl. XXV, fig. 14, 15.
1819	— *diluvii*	Lamarck, Anim. sans vert., t. VI, 1re partie, p. 45 (excl. var. b.).
1826	— *antiquata*	Payraudeau (*non* Linné), Moll. de Corse, p. 61.
1826	— —	Risso (*non* Linné), Europe mérid., t. IV, p. 311.
1829	— —	O.-G. Costa (*non* Linné), Catal. Sist., p. 45.

1835 *Arca diluvii*	LAMARCK, Animaux sans vert., édition Deshayes, t. VI, p. 476.
1836 — *antiquata*	SCACCHI (*non* Linné), Catal. Conch. Regn. Neap., p. 4.
1836 — —	PHILIPPI (*non* Linné), Enum. Moll. Sic., t. I, p. 59, pl. V, fig. 2.
1844 — *diluvii* Lam.	PHILIPPI, Enum. Moll. Sic., t. II, p. 43.
1862 — — —	WEINKAUFF, Catal. *in* Journ. Conch., t. X, p. 324.
1867 — — —	WEINKAUFF, Conchyl. des Mittelm., t. I, p. 198 (*ex parte*).
1868 — *Polii*	MAYER, Catal. Syst. et descr. des fossiles tertiaires du Musée de Zurich, 3e cahier, p. 75.
1870 — *diluvii* var. *inflato-subglobosa*	ARADAS et BENOIT, Conch. viv. mar. della Sic., p. 80.
1877 — *Polii* Mayer	MONTEROSATO, Notizie sulle Conch. della rada di Civitavecchia, p. 7.
1878 — — —	MONTEROSATO, Enum. e Sinon., p. 7.
1880 — — —	MONTEROSATO, Nota sopra alcune Conch. Coralligene del Mediterraneo, p. 245.
1883 — — —	DEL PRETE, Conch. coralligene del Mare di Sciacca, *in* Bull. della Soc. Malac. Ital., p. 255.
1886 — *diluvii* Lamarck	HIDALGO, Catal. Mol. recogidos en Bayona de Galicia, *in* Rev. de los Progresos de las Ciencias, t. XXI, p. 400.
1886 — *Polii* Mayer	LOCARD, Prodr. de Malac. franç., p. 478.
1888 — *diluvii* Lam.	KOBELT, Prodr. faunæ Moll. test. maria europ. inhab., p. 412.
1889 — —	J.-V. CARUS, Prodr. faunæ medit., p. 90.

Obs. — L'*Arca antiquata* de Linné est une espèce douteuse, mais il semble prouvé par les recherches de Hanley et de Mayer que ce nom doit, dans tous les cas, être réservé à une coquille exotique et non à la forme méditerranéenne dont nous nous occupons en ce moment. En effet, l'exemplaire conservé avec son étiquette originale dans la collection de Linné et figuré par Hanley (*Ipsa Linn. Conch.*, pl. IV, fig. 3), se rapporterait d'après Cuming, à l'*Arca maculosa* de Reeve (*Conch. Icon*, pl. IV, fig. 24) et la comparaison des figures citées paraît autoriser cette manière de voir. Une autre coquille qui, selon Hanley, aurait été introduite plus tard dans la collection de Linné et qui est aussi figurée par cet auteur : *Ipsa Linn. Conch.*, pl. I, fig. 4, se rapporte indubitablement à l'*Arca scapha* Meuschen. Les *A. maculosa* et *A. scapha*, appartiennent d'ailleurs au même groupe que l'*A. diluvii* et habitent l'Océan Indien.

L'*Arca diluvii* de Lamarck est complexe et comprend plusieurs formes fossiles de différents niveaux du tertiaire. Deshayes, en 1835 (Anim. sans vert., 2e édit., t. VI, p. 476, note), a choisi pour type de l'espèce la forme vivante nommée *A. antiquata*, par Poli; et ce choix se trouve justifié par la présence, dans la collection du Muséum de Paris, du spécimen typique étiqueté de la main de Lamarck, qui provient du Plaisantin, d'où il avait été rapporté par Cuvier.

Lamarck a indiqué deux variétés, de l'*Arca diluvii* : l'une (*a*) *testa tumida subinæquivalvis*, dont le type est conservé au Muséum de Paris, a été établie, ainsi que nous avons pu le constater *de visu*, sur un échantillon très vieux et un peu écrasé de l'*A. diluvii*, chez lequel, par suite de la compression, l'une des valves déborde un peu sur l'autre; l'autre (*b*) *testa æquivalvis*, renferme des fossiles de Sienne, du Bordelais et de la Touraine. M. de Monterosato qui avait cherché à Genève le type de l'*A. diluvii*, dit qu'il n'y a trouvé sous ce nom, dans la collection Delessert, que l'espèce du miocène de la Touraine, nommée *A. turonica*, par Dujardin. Cet échantillon peut donc être regardé comme le type de la variété (*b*) de Lamarck.

Comme nous l'expliquerons plus loin il existe dans la Méditerranée deux formes très différentes, et beaucoup d'auteurs n'ayant pas pris la peine d'indiquer clairement celles qu'ils avaient en vue, nous avons dû laisser de côté un grand nombre de références qui pourraient se rapporter aussi bien à l'*A. corbuloides* qu'à l'*A. diluvii*.

Diagnose. — Coquille, diamètre umbono-ventral 28 millim.; diamètre antéro-postérieur 36 millim.; épaisseur 28 millim., équivalve, inéquilatérale, solide, épaisse, renflée, de forme ovale-subquadrangulaire. Sommets gros, saillants, fortement incurvés, assez écartés, séparés par une aire cardinale excavée, de forme losangique. Bord ventral arqué, non baillant; bord antérieur arrondi; bord postérieur obliquement tronqué, relié au bord ventral par une ligne courbe. Surface des valves garnie de côtes rayonnantes subégales, au nombre de 25 ou 26, de même largeur que les intervalles qui les séparent. Des plis d'accroissement concentriques fins et serrés rendent les côtes granuleuses et sont surtout bien marqués dans les espaces intercostaux. Une dépression médiocre part du sommet pour aboutir au côté postérieur et est limitée par une carène obtuse, arrondie. Intérieur des valves lisse et luisant. Bord cardinal rectiligne, pourvu d'une série de dents, petites et perpendiculaires au milieu, un peu plus fortes et divergentes aux extrémités. Les autres bords sont garnis de denticulations fortes qui correspondent aux extrémités des espaces intercostaux. Impressions des muscles adducteurs des valves grandes, calleuses; impressions des muscles adducteurs du byssus indistinctes. Impression palléale entière. Ligament externe assez épais, recouvrant presque entièrement l'aire cardinale et présentant des sillons disposés en une ou plusieurs séries de losanges emboîtés. L'épiderme court et velu remplit les espaces intercostaux. Coloration blanchâtre teintée de roux ferrugineux. Intérieur des valves d'un blanc jaunâtre ou rosé.

Variétés. — Il existe dans la Méditerranée une autre forme du groupe *Anadara* qui a été considérée par certains auteurs comme une variété de l'*A. diluvii* et par d'autres comme une espèce différente. M. de Monterosato, après l'avoir désignée dans ses publications antérieures comme variété *grandis* de l'*Arca Polii*, l'a érigée au rang d'espèce en 1878, sous le nom d'*Arca corbuloides*.

Il est certain que cette forme, que nous avons figurée comme terme de comparaison (pl. XXXI, fig. 18), bien qu'elle n'ait pas encore été rencontrée sur notre littoral du Roussillon; présente des caractères assez importants pour justifier une distinction spécifique : elle est plus équilatérale, plus transverse, ses côtes sont plus granuleuses et plus nombreuses (on en compte ordinairement 33); son côté postérieur n'est pas tronqué, mais bien arrondi.

L'*Arca Weinkauffi* Crosse, à crochets très écartés, semble constituer plutôt une monstruosité qu'une variété, à moins toutefois qu'il s'agisse là d'une coquille exotique introduite par erreur dans la collection du Musée d'Alger, comme l'a suggéré M. de Monterosato (*Nota sopra alcune Conch. Coralligene del Medit.* p. 245, 1880).

Habitat. — Très rare à Banyuls où il vit dans la zône coralligène.

Dispersion. — Diverses localités méditerranéennes : côtes de Provence, de la Corse, d'Italie, de Sicile, d'Algérie, etc. N'a pas été indiqué dans l'Adriatique. Océan Atlantique, aux îles du Cap-Vert (Rochebrune).

Origine. — Apparait dans le miocène de l'Italie, de la Corse, du bassin de Vienne et s'étend au nord, jusqu'à Edeghem et à l'est, jusqu'en Serbie, en Roumanie et dans la Russie méridionale. Pliocène de Millas (Companyo), de la vallée du Rhône (Fontannes), de l'Algérie (Nicaise), de l'Italie et de Lenham (Angleterre), d'après les échantillons recueillis par l'un de nous avec M. Reid. Pleistocène du bassin méditerranéen : Rhodes et Sicile.

L'*Arca didyma* Brocchi, est établi sur le jeune âge de l'*A. diluvii*.

Genre PECTUNCULUS Lister.

Type : *Arca pectunculus* Linné. Le mot *Pectunculus* a été emprunté à Pline par Scaliger, comme traduction de Κτεις employé par Aristote. D'autres auteurs ont traduit ce mot grec par *Pecten*. Lister a employé le nom de *Pectunculus* pour un groupe nombreux comprenant des *Arca*, des *Mactra* et de vrais *Pectunculus*, parmi lesquels le *glycymeris*. Adanson qui l'a également adopté, ne l'a pas mieux défini. C'est à Lamarck qu'est due la réduction du genre dans les limites acceptées aujourd'hui. C'est à tort que Gray et Adams ont élevé au rang de genre *Axinæa* Poli, tandis qu'ils ont considéré les *Pectunculus* comme sous-genre. M. le Dr Fischer a rétabli la vraie tradition en conservant le genre *Pectunculus*, avec *Axinæa* comme sous-genre.

Le groupe typique, qui n'a pas de représentant dans les mers d'Europe, comprend des coquilles ornées de fortes côtes rayonnantes.

Sous-genre AXINÆA Poli, 1795.

Type : *Arca pilosa* Linné. Cette section est caractérisée par une surface externe ornée de stries rayonnantes fines et souvent obsolètes.

Pectunculus glycymeris Linné, sp. (*Arca*).

Pl. XXXIV, fig. 1, 2, 3, 4 (type) et 5, 6 (var.).

1767	*Arca glycymeris*	LINNÉ, Syst. Nat., édit. XII, p. 1143.
1777	— — Lin.	PENNANT, Brit. Zool., t. IV, p. 98, pl. LVIII, fig. 58.
1778	*Glycymeris orbiculata*	DA COSTA, Brit. Conch., p. 168, pl. XI, fig. 2.
1795	*Arca glycimeris* Lin.	POLI, Test. utr. Sic., t. II, p. 144, pl. XXVI, fig. 1.
1800	— — —	DONOVAN, Brit. Sh., t. II, pl. XXXVII, fig. 2.
1803	— *pilosa*	MONTAGU (*non* Linné), Test. brit., p. 136 et suppl., p. 53.
1804	— *glycymeris* Lin.	MATON et RACKETT, Descr. Catal. of Brit. test., *in* Trans. Linn. Soc., t. VIII, p. 93, pl. III, fig. 3.
1804	— *pilosa*	MATON et RACKETT, (*non* Linné), Descr. Catal. of Brit. test., *in* Trans. Linn. Soc., t. VIII, p. 94, pl. III, fig. 4.
1817	— *glycymeris* Lin.	DILLWYN, Descr. Catal. of rec. Shells, t. I, p. 241.
1819	— — —	TURTON, Conch. Dict., p. 7.
1819	— *pilosa*	TURTON (*non* Linné), Conch. Dict., p. 6.
1819	— *minima*	TURTON, Conch. Dict., p. 8.
1819	*Pectunculus marmoratus*	LAMARCK, Animaux sans vert., t. VI, 1re partie, p. 50.

1819 *Pectunculus glycimeris* Lin. Lamarck, Animaux sans vert., t. VI, 1re partie, p. 49 (*ex parte*).
1822 — *glycymeris* — Turton, Dithyra brit., p. 171, pl. XII, fig. 1.
1822 — *pilosus* Turton (*non* Linné), Dithyra brit., p. 172, pl. XII, fig. 2.
1822 — *undatus* Turton (*non* Linné), Dithyra brit., p. 173, pl. XII, fig. 3, 4.
1822 — *decussatus* Turton (*non* Linné), Dithyra brit., p. 173, pl. XII, fig. 5.
1822 — *nummarius* Turton (*non* Linné), Dithyra brit., p. 174, pl. XII, fig 6.
1825 — *pilosus* Blainville (*non* Linné), Manuel de Malac., p. 536, pl. LXV *bis*, fig. 3.
1827 — *glycimeris* Lin. Brown, Illustr. of the Conch. of Gr. Brit. and Ireland, p. 85, pl. XXXIII, fig. 8, 9.
1827 — *pilosus* Brown, (*non* Linné), Illustr. of the Conch. of Gr. Brit. and Ireland., p. 85, pl. XXXIII, fig. 10, 11.
1843 — *glycimeris* Lin. Reeve, Conch. Icon., pl. III, fig. 12A, 12B.
1851 — *pilosus* Petit (*non* Linné), Catal. *in* Journ. de Conch , t. II, p. 380.
1853 — — Deshayes (*non* Lin.), Traité élém. de Conch., pl. XXXIV, fig. 23, 24.
1855 *Arca glycymeris* Lin. Hanley, Ipsa Linn. Conch., p. 98.
1859 *Pectunculus* — — Sowerby, Illustr. Ind. brit. Shells, pl. VIII, fig. 13.
1863 — — — Jeffreys, Brit. Conch., t. II, p. 166; t. V (1869), p. 175, pl. XXX, fig. 2.
1867 — — — Weinkauff, Conch. des Mittelm., t. I, p. 183 (*ex parte*).
1868 — — — Weinkauff, Conch. des Mittelm., t. II, suppl. p. 436 (*ex parte*).
1868 — — — Mayer, Catal. coq. tert. du Mus. de Zurich, 3e cahier, p. 112 (*ex parte*).
1870 — — — Hidalgo, Mol. mar., pl. LXXII, fig. 8.
1884 — — — Monterosato, Nomencl. gen. e spec., p. 14.
1886 — — — Locard, Prodr. de Malac. franç., p. 476.
1888 — — — Kobelt, Prodr. faunæ Moll. test. maria europ. inhab., p. 415 (*ex parte*).
1889 — — — J.-V. Carus, Prodr. faunæ medit., p. 90 (*ex parte*).

Obs. — Plusieurs naturalistes ont étudié les *Pectunculus glycymeris* et *pilosus* et ont émis à leur sujet des opinions diverses : les uns les considèrent comme deux formes d'une même espèce, les autres comme deux espèces distinctes. Nous allons à notre tour, exposer notre manière de voir.

Si nous reprenons les descriptions originales, nous constatons que Linné a appliqué le nom de *glycymeris* à une forme un peu inéquilatérale, tandis qu'il réservait celui de *pilosus* pour une forme équilatérale. Il dit, en effet, à propos de l'*Arca pilosa* : « testa suborbiculata *æquilatera*, pilosa, simillima *A. glycymeri*, sed testa perfecte regularis *A. glycymeris* vero parum irregularis est. » Les autres caractères indiqués n'ont pas d'importance car ils sont communs aux deux espèces.

Passant à la comparaison des références, nous voyons que celles de Rumphius (pl. XLVII, fig. 1); Bonanni (fig. 60, 61); Gualtieri (pl. LXXXII, fig. C et D), citées comme représentant le *glycymeris*, sont bien des *Pectunculus* équilatéraux, tandis que les références de Bonanni (fig. 80) et de Gualtieri (pl. LXXIII, fig. A), citées comme représentant le *pilosus*, sont des *Pectunculus* inéquilatéraux. Malheureusement toutes ces images sont plus que médiocres et il serait téméraire d'affirmer qu'aucune d'elles représente une coquille européenne. Nous ne nous occuperons des références de Belon et de Rondelet qui ne fournissent aucun enseignement utile au point de vue de la détermination spécifique que pour rappeler que ces anciens auteurs avaient déjà employé le nom de *Chama glycymeris* pour désigner un *Pectunculus* européen. La référence d'Adanson (pl. XVIII, fig. 10) s'applique à l'espèce du Sénégal nommé *P. stellatus* par Gmelin. Mais, à côté de toutes ces références douteuses, il reste dans le *Systema Naturæ* celle de Lister qui représente sans aucune équivoque (pl. CCXLVII, fig. 82) et sous le nom de *Chama glycymeris Bellonii*, le *Pectunculus glycymeris* tel que le comprennent la plupart des auteurs anglais : Pennant, Donovan, Forbes, Jeffreys, Hanley. Si l'on tient compte que l'habitat mentionné par Linné « ad insulam Garnsey » est précisément celui qui est inscrit sur la planche de Lister, on arrive à conclure que la figuration de cet auteur est bien le type du *P. glycymeris*. Enfin Hanley nous apprend que l'exemplaire étiqueté de la collection linnéenne concorde bien avec la figure de Lister ainsi qu'avec celle de Turton (Dithyra brit. pl. XII, fig. 3) qui représentent toutes les deux la forme commune de la Manche et des côtes de Bretagne photographiée par nous (pl. XXXIV, fig. 1, 2).

Le type du *P. pilosus* serait plus difficile à préciser, car nous avons vu que ses seules références : Bonanni (fig. 80) et Gualtieri (pl. LXXIII, fig. A) sont très médiocres, si Hanley ne nous apprenait qu'il existe dans la collection de Linné un beau spécimen concordant sous le rapport de la taille, de la coloration et de l'épiderme, avec la fig. 565 du

Conchylien Cabinet; mais qui est d'un contour plus orbiculaire, comme l'exemplaire figuré dans l'Encyclopédie méthodique (pl. CCCX fig. 2). Le spécimen figuré par nous (pl. XXXIII, fig. 1) représente on ne peut mieux le type ainsi compris du *P. pilosus*, tandis que nos figures 6 et 7 se rapprochent de la forme un peu irrégulière figurée dans le Conchylien Cabinet.

Les deux types étant ainsi fixés, nous ferons observer que le *P. glycymeris* conserve parfois jusqu'à l'âge adulte une forme équilatérale, comme nous avons pu le constater chez des exemplaires de Brest, qui nous ont été communiqués par M. le professeur Bavay; que la coloration externe consistant chez le *glycymeris* type, en flammules anguleuses brunes sur un fond blanc, est souvent d'un brun presqu'uniforme; enfin, que la coloration interne, blanche chez le *glycymeris* type est quelquefois maculée de brun. Chez le *P. pilosus* nous rencontrons une variété un peu inéquilatérale, plus grande, plus aplatie et à sommets moins renflés, qui pourrait être prise au premier abord pour une forme du *glycymeris*.

Mais malgré ces tendances de rapprochement de part et d'autre, certains caractères d'apparence secondaire, tels que les plis d'accroissement, fins chez le *pilosus*, gros et saillants chez le *glycymeris*, l'inflexion plus prononcée des sommets vers le côté postérieur, ainsi que la sculpture rayonnante plus développée chez le *pilosus*, nous paraissent assez constants pour justifier le maintien des deux espèces.

Sous le nom de *P. glycymeris*, Lamarck a confondu le vrai *glycymeris* de l'Océan et le *P. bimaculatus* de la Méditerranée.

Diagnose. — Coquille, diamètre umbono-ventral 65 millim., diamètre antéro-postérieur 66 millim.; épaisseur 43 millim., équivalve inéquilatérale, solide, de forme suborbiculaire, légèrement tronquée du côté postérieur. Sommets médiocrement renflés, incurvés et faiblement opisthogyres, c'est-à-dire inclinés du côté postérieur. Aire cardinale ordinairement étroite, de forme lancéolée, profondément taillée en biseau. Surface pourvue de plis d'accroissement forts et saillants ainsi que de stries concentriques et d'autres rayonnantes extrêmement fines formant un réseau à mailles quadrangulaires qu'il n'est guère possible de distinguer sans l'aide de la loupe. Intérieur des valves mat au milieu, luisant et porcelané sur les bords. Bord cardinal plus ou moins haut, garni d'une série de dents inégales, celles des extrémités étant fortes et divergentes tandis que celles du milieu s'oblitèrent chez les individus adultes. Les autres bords sont garnis de denticulations aplaties plus ou moins sillonnées au milieu. Impressions des muscles adducteurs des valves subquadrangulaires, limitées l'une et l'autre, du côté interne, par une carène: celle de l'impression postérieure est aiguë, celle de l'impression antérieure obtuse. Impression palléale entière. Ligament externe chitineux, chevronné, très épais. Épiderme brun foncé velouté fin et serré, ne persistant ordinairement que près des bords. Coloration blanche, ornée de flammules anguleuses brunes très irrégulières. Coloration interne des valves blanche ou légèrement teintée de fauve clair.

Variétés. — Var. ex forma et colore. *Bavayi* B. D. D. D'une forme presque équilatérale, largement maculée de brun dans l'intérieur. Nous avons représenté (pl. XXXIV, fig. 5, 6) un exemplaire de cette belle variété recueilli à Brest, par notre ami M. le professeur Bavay, à qui nous nous faisons un plaisir de la dédier.

Var. ex colore. *obscura* B. D. D. A flammules peu apparentes petites et nombreuses, donnant à toute la surface un aspect d'un brun presque uniforme. Nous avons sous les yeux de nombreux échantillons de cette variété provenant de Brest (Bavay), du Croisic (Chevreux, Nicollon) et d'Arcachon (Durègne et de Boury).

Habitat. — Deux exemplaires jeunes rejetés sur la plage de La Franqui.

Dispersion. — En plus des deux spécimens du Roussillon, dont nous avons figuré l'un pl. XXXIV, fig. 3, 4, un autre nous a été envoyé par M. Doublet qui l'a recueilli à Bône (Algérie). Mais cette espèce paraît être fort peu répandue dans la Méditerranée et la plupart des coquilles mentionnées sous ce nom par les auteurs qui se sont occupés de la faune de cette mer, doivent être rapportées au *P. bimaculatus* Poli.

Le *P. glycymeris* est au contraire très abondant dans l'Océan Atlantique notamment sur les côtes de France et d'Angleterre.

Origine. — Le véritable *P. glycymeris* est connu du Crag rouge d'Angleterre. Il est douteux à Anvers ainsi que dans le pliocène italien. Il est répandu dans le pleistocène de Tarente (Philippi), Ficarazzi (Monterosato), Rhodes (Fischer). Enfin, il a été signalé par Brauns dans un dépôt fossilifère du Japon, d'âge pliocène ou pleistocène. Les autres citations nous paraissent douteuses.

Pectunculus pilosus Linné, sp. (*Arca*).

Pl. XXXIII, fig. 1 (type); fig. 2 à 7 (var.).

1767	*Arca pilosa*	Linné, Syst. Nat., édit. XII, p. 1143.
1780	— — Lin.	Born, Test. Mus. Cæs. Vindob., p. 92.
1784	— — —	Chemnitz, Conch. Cab., t. VII, p. 231, pl. LVII, fig. 565, 566.
1795	— — —	Poli, Test. utr. Sic., t. II, p. 138, pl. XXVI, fig. 2, 3, 4.
1817	— — —	Dillwyn, Descr. Catal. of rec. Shells, t. I, p. 242.

1819 *Pectunculus pilosus* Lin. Lamarck, Animaux sans vert., t. VI, 1re partie, p. 49.

1826 — — — Payraudeau, Moll. de Corse, p. 63.

1826 — — — Risso, Europe mérid., t. IV, p. 317.

1835 — — — Lamarck, Anim. sans vert., édit. Desh., t. VI, p. 488.

1836 — — — Scacchi, Catal. Conch. Regn. Neap., p. 4.

1836 — — — Philippi, Enum. Moll. Sic., t. I, p. 61.

1843 — — — Reeve, Conch. Icon., pl. III, fig. 13.

1844 — — — Potiez et Michaud, Galerie de Douai, t. II, p. 114 (*ex parte*).

1844 — — — Forbes, Rep. Æg. Invert., p. 144.

1844 — — — Philippi, Enum. Moll. Sic., t. II, p. 44.

1848 — — — Deshayes, Explor. scient. de l'Algérie, pl. CXXVI.

1848 — — — Réquien, Coq. de Corse, p. 28.

1851 — — — Petit, Catal. *in* Journ. Conch., t. II, p. 386 (*ex parte*).

1853 — *glycimeris* Deshayes (*non* Linné), Traité élém. de Conch., pl. XXXIV, fig. 21, 22.

1855 *Arca pilosa* Hanley, Ipsa Linn. Conch., p. 98.

1856 *Pectunculus pilosus* — Jeffreys, Piedm. Coast., p. 25.

1866 *Axinea pilosa* — Brusina, Contrib. pella fauna dei Moll. Dalm., p. 102.

1867 *Pectunculus glycimeris* Weinkauff (*non* Linné), Conch. des Mittelm., t. I, p. 183 (*ex parte*).

1868 — — — Weinkauff (*non* Linné), Conch. des Mittelm., t. II, suppl., p. 436 (*ex parte*).

1868 — — — Mayer (*non* Linné), Catal. des coq. tert. du Musée de Zurich, 3e cahier, p. 112 (*ex parte*).

1869 — *pilosus* Lin. Petit, Catal. test. mar., p. 65 (excl. synon. plur.).

1870 — — — Hidalgo, Mol. mar., pl. LXXII, fig. 7.

1870 — — — Aradas et Benoit, Conch. viv. mar. della Sic., p. 82.

1873 — — — Clément, Catal. coq. du Gard, *in* Etudes d'Hist. Nat., p. 72,

1878 — — — Monterosato, Enum. e Sinon., p. 7.

1880 — — — Stossich, Prosp. della fauna del mare Adr., *in* Boll. Soc. Adr. di Sc. Nat., p. 172.

1883 — — — Marion, Esq. topogr. du golfe de Marseille, pp. 83, 85.

1884 — — — Monterosato, Nomencl. gen. e spec., p. 14.

1884 *Pectunculus glycimeris* PEPRATX (*non* Linné), Moll. de la plage de La Franqui, *in* Soc. agric., scient. et litt. des Pyr.-Or., p. 226.

1886 — *pilosus* Lin. LOCARD, Prodr. de Malac. franç., p. 478.

1888 — *glycimeris* KOBELT (*non* Linné), Prodr. faunæ Moll. test. maria europ. inhab., p. 415 (*ex parte*).

1889 — — — J.-V. CARUS (*non* Linné), Prodr. faunæ Medit., p. 90 (*ex parte*).

Obs. — Nous avons déjà exposé, à propos du *P. glycymeris*, les raisons qui nous ont décidés à regarder la présente espèce comme distincte de celle-là. Nous ajouterons aux caractères différentiels signalés, que l'intérieur du *P. pilosus* est constamment maculé de brun, tandis que celui du *P. glycymeris* est le plus souvent blanc, que lorsque le *P. pilosus* n'est pas roulé, la partie de son test non revêtue d'épiderme velu, l'est encore d'une couche d'épiderme lisse d'un brun marron. En comparant nos figures 4 et 5, on verra que celle n° 4 représente l'une des valves non décapée et celle n° 5 l'autre valve du même individu, décapée, de manière à montrer la coloration de la coquille dépourvue de tout épiderme.

Diagnose. — Coquille, diamètre umbono-ventral 69 millim., diamètre antéro-postérieur 63 millim., épaisseur 40 millim., équivalve, subéquilatérale, solide, de forme orbiculaire. Sommets renflés, saillants, incurvés, opisthogyres. Aire cardinale plus ou moins large, de forme lancéolée, taillée en biseau. Surface ornée de stries concentriques fines et de stries rayonnantes également fines et nombreuses ; on observe de plus, dans la région des sommets, des costules rayonnantes espacées, plus ou moins obsolètes, mais toujours plus visibles du côté postérieur. Intérieur des valves mat au milieu, luisant et porcelané sur les bords. Bord cardinal plus ou moins haut, garni d'une série de dents inégales, celles des extrémités étant beaucoup plus fortes que celles du milieu ; celles-ci s'oblitèrent même complètement chez les individus très adultes. Les autres bords sont garnis de denticulations aplaties, plus ou moins profondément sillonnées au milieu. Impressions des muscles adducteurs des valves subquadrangulaires, limitées l'une et l'autre, du côté interne, par une carène : celle de l'impression postérieure est aiguë, celle de l'impression antérieure, obtuse. Impression palléale simple. Ligament externe chitineux, chevronné, très épais. Épiderme brun foncé velouté, fin et serré, persistant sur une grande partie de la surface, chez les exemplaires frais. Coloration fauve obscurément flammulée de brun. Coloration interne des valves blanche, avec une large tache brune, plus foncée du côté postérieur.

Variétés. — Var. ex forma 1, *neapolitana* B. D. D. Un peu inéquilatérale, dilatée du côté postérieur, et d'une forme comprimée. Nous avons représenté, pl. XXXIII, fig. 2, un échantillon de cette variété provenant du golfe de Naples où elle est abondante. Nous l'avons aussi recueillie à Marseille.

Var. ex forma 2, *tumida* B. D. D. Très renflée, presque globuleuse. Les exemplaires de cette variété figurés pl. XXXIII, fig. 3, 6 et 7, proviennent du Roussillon.

Var. ex forma 3, *subtruncata* B. D. D., tronquée du côté postérieur. Nous avons représenté, pl. XXXIII, fig. 4 et 5, un spécimen de cette variété provenant du Roussillon. C'est la variété (*a*) de Lamarck, comme nous l'avons constaté d'après l'exemplaire conservé dans la collection du Muséum.

Habitat. — Port-Vendres, Banyuls, La Franqui.

Dispersion. — Méditerranée et Adriatique. Nous ne pensons pas que le *P. pilosus* vive réellement dans l'Océan Atlantique, car nous n'en avons pas rencontré un seul spécimen parmi des centaines recueillis par nous-mêmes ou envoyés de cette provenance par nos correspondants. Aussi nous croyons-nous en droit de supposer que toutes les indications de localités extra-méditerranéennes, doivent être rapportées à l'une ou l'autre des deux variétés du *P. glycymeris* que nous avons signalées et plus spécialement à la variété *Bavayi*.

Origine. — Cette espèce remonte à la période miocène : on l'a signalée de cet étage dans le Bordelais, le Portugal, l'Italie, le bassin de Vienne, la Russie, l'Algérie (Nicaise) et les Açores. On la rencontre dans le pliocène de la Loire-Inférieure (Vasseur), de l'Italie, de l'Espagne et de l'Algérie. Dans le pliocène du Nord elle paraît être représentée par le *P. variabilis* Sowerby. Enfin, elle est connue du pleistocène de Livourne (Appelius), de la Calabre (Seguenza), de Corinthe (Fuchs), du Monte Pellegrino (Monterosato), de l'Algérie (Bayle) et du Cap Vert (Rochebrune).

Pectunculus bimaculatus Poli, sp. (*Arca*).

Pl. XXXV, fig. 1, 2.

1795	*Arca bimaculata*	Poli, Test. utr. Sic., t. II, p. 143, pl. XXV, fig. 17, 18.
1819	*Pectunculus glycimeris*	Lamarck (*non* Linné), Anim. sans vert., t. VI, 1re partie, p. 49 (*ex parte*).
1826	— *bimaculatus* Poli	Risso, Europe mérid., t. IV, p. 316.

1835	*Pectunculus glycimeris*	LAMARCK (*non* Linné), Anim. sans vert., édit. Desh., t. VI, p. 485 (*ex parte*).
1836	— *bimaculatus* Poli	SCACCHI, Catal. Conch. Regn. Neap., p. 4.
1836	— *glycimeris*	PHILIPPI (*non* Linné), Enum. Moll. Sic., t. I, p. 60.
1843	— *siculus*	REEVE, Conch. Icon., pl. VII, fig. 41.
1844	— *glycimeris*	PHILIPPI (*non* Linné), Enum. Moll. Sic., t. II, p. 44.
1844	— —	FORBES (*non* Linné), Rep. Æg. Invert., p. 144.
1848	— —	RÉQUIEN (*non* Linné), Coq. de Corse, p. 28.
1851	— —	PETIT (*non* Linné), Catal. *in* Journ. Conch., t. II, p. 379.
1862	— —	WEINKAUFF (*non* Linné), Catal. *in* Journ. Conch., t. X, p. 325.
1866	*Axinea glycimeris*	BRUSINA (*non* Linné), Contr. pella fauna Dalm., p. 102.
1867	*Pectunculus siculus* Reeve	HIDALGO, Catal. *in* Journ. Conch., t. XV, p. 172.
1867	— *pilosus*	WEINKAUFF (*non* Linné), Conch. des Mittelm., t. I, p. 186.
1868	— *bimaculatus* Poli	WEINKAUFF, Conch. des Mittelm., t. II (suppl.), p. 437.
1868	— *stellatus*	MAYER (*non* Gmelin), Catal. des Moll. tert. du Musée de Zurich., 3e cahier, p. 113.
1869	— *glycimeris*	PETIT (*non* Linné), Catal. test. mar., p. 64.
1870	— —	ARADAS et BENOIT (*non* Linné), Conch. viv. mar. della Sic., p. 81.
1870	— *bimaculatus* Poli	HIDALGO, Mol. mar., pl. LXXIII, fig. 5, 6.
1873	— *glycimeris*	CLÉMENT (*non* Linné), Catal. Coq. du Gard, *in* Etudes d'Hist. Nat., p. 72.
1878	— *bimaculatus* Poli	MONTEROSATO, Enum. e Sinon., p. 7.
1880	— *glycimeris*	STOSSICH (*non* Linné), Prosp. della fauna del mare Adr., p. 172.
1883	— *bimaculatus* Poli	MARION, Esq. topogr. du golfe de Marseille, pp. 70, 80, 94.
1884	— — —	MONTEROSATO, Nomencl. gen. e spec., p. 14.
1886	— — —	LOCARD, Prodr. de Malac. franç., p. 477.

1886 *Pectunculus glycimeris*	GRANGER (*non* Linné), Moll. biv. de France, p. 73, pl. V, fig. 9 (*ex parte*).
1888 — *bimaculatus* Poli	KOBELT, Prodr. faunæ Moll. test. maria europ. inhab., p. 415.
1889 — — —	J.-V. CARUS, Prodr. faunæ Médit., p. 91.

Obs. — Bien que la figuration de Poli représente un spécimen peu adulte (diamètre umbono-ventral 53 millim.; diam. antéro-post. 54 millim.; épaisseur 25 millim.), la lecture attentive de son texte ne laisse subsister aucun doute sur l'identification de cette espèce. Poli dit, en effet, que certains spécimens atteignent quatre pouces de diamètre, que les valves sont alors extraordinairement épaisses et que la forme devient presque globuleuse. Les caractères qu'il indique comme essentiels sont la forme équilatérale et la présence, sur les crochets, de deux petites taches blanches arrondies.

On s'accorde généralement à considérer comme synonymes les *Pectunculus* fossiles d'Altavilla nommés *P. sulcatus* et *P. punctatus* par Calcara.

Le *P. siculus* de Reeve est identique au *P. bimaculatus* et la figure 41 du Conchologia Iconica représente un spécimen d'assez grande taille.

Lamarck a apporté quelque trouble dans la synonymie des *Pectunculus* européens, en confondant sous le nom de *glycimeris* la présente espèce et le vrai *glycimeris*.

Quant au *Venus stellata* Gmelin (Syst. Nat. édit. XIII, p. 3289), basé sur la figure 62 de Bonanni et identifié par M. Mayer avec le *bimaculatus*, nous le considérons comme une espèce bien spéciale, de taille moyenne, de forme équilatérale, peu convexe, ornée sur les sommets d'une grande étoile blanche bien caractéristique et qui vit dans l'Océan Atlantique, sur les côtes du Sénégal et du Portugal.

A l'état adulte, le *P. bimaculatus* est facile à reconnaître par sa taille qui dépasse de beaucoup celle de ses congénères européens. Sa forme équilatérale, sa coloration d'un brun roux orné de zônes concentriques plus foncées, les deux petites taches blanches des sommets, sont des caractères assez constants pour qu'il soit facile de distinguer même les exemplaires jeunes, d'avec les *P. glycimeris* et *pilosus*.

Diagnose. — Coquille, diamètre umbono-ventral 103 millim.; diamètre antéro-postérieur 115 millim., épaisseur 84 millim., équivalve, presque équilatérale, très solide, épaisse et pesante, fortement renflée, de forme tantôt parfaitement orbiculaire, tantôt plus ou moins transverse. Sommets petits, saillants, plus ou moins écartés, non inclinés latéralement. Aire cardinale plus ou moins large, de forme lancéolée et taillée en biseau. Toute la surface est traversée par des stries rayonnantes fines et serrées et par des plis d'accroissement bien marqués, assez régulièrement espacés. Côté antérieur arrondi; côté postérieur légèrement tronqué. Intérieur des valves mat et rugueux au milieu, luisant et porcelané entre l'impression palléale et le bord ventral. Bord cardinal étroit, rectiligne en dehors, dépourvu de dents au milieu et présentant, de chaque côté, une série de dents très inégales : celles des extrémités étant beaucoup plus fortes que les autres. Les autres bords sont garnis de denticulations aplaties plus ou moins sillonnées au milieu. Impressions des muscles adducteurs des valves subquadrangulaires, limitées du côté interne par une carène. Impression palléale simple. Ligament externe, chitineux, chevronné, très épais. Épiderme velouté, très fin et serré. Coloration fauve, avec des zônes concentriques brunes et présentant sur le sommet, dans chaque valve, une petite tache blanche arrondie d'environ deux millimètres de diamètre. Coloration interne d'un blanc jaunâtre plus ou moins maculé de brun, surtout du côté postérieur.

Variétés. — Le *P. bimaculatus* ne varie guère que par sa forme tantôt bien arrondie tantôt plus ou moins transverse.

Habitat. — Nous n'avons recueilli que quelques grandes valves roulées, sur la plage de La Franqui.

Dispersion. — Divers points de la Méditerranée et, dans la mer Adriatique, à Sebenico (Lischke). L'exemplaire que nous avons représenté nous a été rapporté du canal d'Eubée par notre confrère M. Chaper, qui en a recueilli de nombreux spécimens dans cette localité.

Origine. — C'est probablement à cette espèce qu'il faudra rapporter les nombreuses citations de grands *Pectunculus* du miocène du Bordelais, de la Vallée du Rhône, de la Suisse, du bassin de Vienne et de l'Italie septentrionale. Le *P. bimaculatus* a été trouvé dans le pliocène de Millas et de Banyuls (Companyo), de l'Italie et dans le pleistocène de la Calabre, de la Sicile et de Rhodes.

Pectunculus violacescens Lamarck.

Pl. XXXVI, fig. 1, 2, 3, 4 (type) et 5, 6, 7 (var.).

1795 *Arca glycimeris* — Poli (*non* Linné), Test. utr. Sic., t. II, p. 144, pl. XXVI, fig. 1.

1819 *Pectunculus violacescens* — Lamarck, Anim. sans vert., t. VI, 1re partie, p. 52.

1826 — — Lam. Payraudeau, Moll. de Corse, p. 63, pl. II, fig. 1.

1835 *Pectunculus violacescens* LAMARCK, Anim. sans vert., édit. Desh., t. VI, p. 492.

1836 — — Lam. PHILIPPI, Enum. Moll. Sic., t. I, p. 61.

1841 — — — DELESSERT, Recueil de Coq., pl. XII, fig. 2.

1843 — — — REEVE, Conch. Icon., pl. II, fig. 9.

1844 — — — PHILIPPI, Enum. Moll. Sic., t. II, p. 44.

1844 — *violaceus* — FORBES, Rep. Æg. Invert., p. 144.

1844 — *violacescens* — POTIEZ et MICHAUD, Galerie de Douai, t. II, p. 116.

1846 — — — VÉRANY, Catal. Invert. del Golfo di Genova e Nizza, p. 13.

1848 — — — RÉQUIEN, Coq. de Corse, p. 28.

1851 — — — PETIT, Catal. *in* Journ. Conch., t. II, p. 380.

1853 — — — DOUBLIER, Catal. Moll. du Var, *in* Prodr. Hist. Nat. du Var, p. 111.

1856 — *violascens* — JEFFREYS, Piedm. Coast., p. 25.

1858 — *violacescens* — GAY, Catal. Biv. du Var, *in* Bull. Soc. Sc. du Var, p. 193.

1866 *Axinea violascens* — BRUSINA, Contrib. pella fauna Dalm., p. 103.

1867 *Pectunculus insubricus* WEINKAUFF, (*non* Brocchi), Conchyl. des Mittelm., t. I, p. 187.

1868 — *violacescens* — MAYER, Catal. Moll. tert. du Musée de Zurich, 3e cahier, p. 106.

1869 — — — PETIT, Catal. test. mar., p. 65.

1870 — — — ARADAS et BENOIT, Conch. viv. mar. della Sic., p. 82.

1870 — *gaditanus* HIDALGO (*non* Gmelin), Mol. mar., p. 134, pl. LXXIII, fig. 2, 3.

1873 — *violacescens* — CLÉMENT, Catal. Moll. du Gard, *in* Et. d'Hist. Nat., p. 72.

1878 — — — MONTEROSATO, Enum. e Sinon., p. 7.

1878 — — — ISSEL, Crociera del Violante, p. 39.

1879 — — — GRANGER, Moll. de Cette, p. 28.

1880 — *insubricus* STOSSICH (*non* Brocchi), Prosp. della fauna Adr., *in* Boll. Soc. Adr. di Sc. Nat., p. 172.

1883 — *violacescens* — DAUTZENBERG, Liste Coq. de Gabès, p. 9.

1883 — — — G. DOLLFUS, Liste Coq. de Palavas, p. 3.

1884 — — — MONTEROSATO, Nomencl. gen. e spec., p. 14.

1884 *Pectunculus obliquatus* Rayn. MONTEROSATO, Nomencl. gen. e spec., p. 15.

1884 — *violacescens* Lam. PÉPRATX, Moll. de la plage de La Franqui, *in* Soc. Agric. scient. et litt. des Pyr.-Orient., p. 227.

1886 — — — GRANGER, Moll. biv. de France, p. 74.

1886 — — — DAUTZENBERG, Nouvelle liste Coq. de Cannes, p. 2.

1886 — — — LOCARD, Prodr. de Malac. franç., p. 478.

1888 — *insubricus* KOBELT (*non* Brocchi), Prodr. faunæ Moll. test. maria europ. inhab., p. 416.

1889 — — J.-V. CARUS (*non* Brocchi), Prodr. faunæ medit., p. 91.

Obs. — L'examen de la description et de la figure de l'*Arca glycimeris* du grand ouvrage de Poli, nous a convaincus qu'il s'agit bien là de l'espèce décrite plus tard sous le nom de *Pectunculus violacescens* par Lamarck.

Weinkauff et quelques autres zoologistes ayant regardé les *P. violacescens* Lamarck et *Arca insubrica* Brocchi comme identiques, ont adopté ce dernier nom; mais M. Mayer a démontré (Moll. tertiaires du Musée de Zurich, p. 115) que le *P. insubricus* est parfaitement distinct du *violacescens* et qu'il faut plutôt le rattacher à l'*Arca inflata* Brocchi. Par contre, M. Mayer regarde l'*Arca romulæa* Brocchi comme étant identique au *P. violacescens;* mais il s'est abstenu de reprendre cet ancien nom.

D'autre part, M. de Stefani que nous avons consulté, nous écrit que l'*Arca romulæa* de Brocchi, n'est autre chose qu'un moule spathique du *Pectunculus pilosus*.

Nous avons limité la synonymie du *P. violacescens* aux références qui s'appliquent sans aucune équivoque à cette espèce.

Plusieurs autres noms ont été attribués par divers naturalistes à des coquilles jeunes des *Pectunculus* de la Méditerranée sans qu'il soit possible d'acquérir la certitude qu'il s'agisse plutôt de l'une que de l'autre des espèces qui vivent dans cette mer. Nous nous contenterons d'énumérer ici ces différents noms en indiquant la manière de voir des auteurs les plus compétents :

Arca nummaria Linné (*Syst. Nat.*, édit. XII, p. 1143) décrit très sommairement, aurait été établi, d'après Hanley (*Ipsa Linn. Conch.*, p. 100) sur des spécimens jeunes du *P. violacescens*.

Arca pallens Linné (*Syst. Nat.*, édit. XII, p. 1142). Forme toute-àfait incertaine. MM. Hanley et Mörch, ont émis l'idée, sans aucune démonstration, que ce pourrait être le *P. violacescens*.

Cardium gaditanum Gmelin (*Syst. Nat.*, édit. XIII, p. 3255) a été assimilé par M. Hidalgo au *P. violacescens*, mais la description sommaire de Gmelin, pas plus que la référence de Bonanni (fig. 63), ne nous paraissent justifier cette restauration.

Pectunculus reticulatus Risso (*Europe mérid.*, t. IV, p. 315, pl. XI, fig. 160) est probablement le jeune âge du *violacescens*.

Pectunculus pilosellus Risso (*Europe mérid.*, t. IV, p. 316) est établi sur une coquille très jeune, de 1 centimètre de longueur qui est aussi regardée par M. de Monterosato comme appartenant au *violacescens*.

Pectunculus lineatus Philippi (*Enum. Moll.*, *Sic.*, t. I, p. 62, pl. V, fig. 4), regardé par quelques auteurs comme le jeune âge du *violacescens* est, au contraire, comme l'a dit M. de Monterosato, l'état jeune du *P. pilosus*.

Nous ne nous expliquons pas que Weinkauff ait pu voir dans le *P. stellatus* de Gmelin une variété de *violacescens* : c'est une espèce bien différente, qui se rapprocherait plutôt du *P. bimaculatus*; mais que nous considérons comme bien spéciale.

Le *P. violacescens* se distingue aisément de ses congénères méditerranéens par sa forme subquadrangulaire et par sa coloration.

Diagnose. — Coquille, diamètre umbono-ventral 53 millim., diamètre antéro-postérieur 60 millim., épaisseur 36 millim., équivalve, un peu inéquilatérale, solide, mais moins épaisse que celle des autres espèces européennes, renflée, de forme subquadrangulaire transverse. Sommets saillants contigus, non inclinés latéralement. Aire cardinale étroite, lancéolée, profonde et taillée en biseau. Surface traversée par des stries concentriques, plus profondes dans la région des sommets, plus superficielles, serrées et onduleuses vers les bords. D'autres stries rayonnantes, plus fines que les stries concentriques, donnent à la région des sommets un aspect treillissé et s'oblitèrent sur le reste de la surface. Côté antérieur arrondi, côté postérieur un peu tronqué obliquement, plus renflé que le côté antérieur et présentant une carène très obtuse qui part des sommets et aboutit au point de rencontre du bord ventral et du bord postérieur. Intérieur des valves lisse, mat au milieu, luisant dans l'espace compris entre l'impression palléale et le bord de la coquille. Bord cardinal rectiligne, long, étroit, dépourvu de dents au milieu et présentant de chaque côté une série de dents fortes et obliques. Les autres bords sont garnis de denticulations aplaties, plus ou moins sillonnées au milieu. Impressions des muscles adducteurs des valves subquadrangulaires, limitées du côté interne par une carène qui se prolonge vers le fond de la coquille. Impression palléale simple. Ligament chitineux très épais et remplissant presque entièrement l'aire cardinale. Epiderme mince, luisant, très légèrement velouté vers les bords. Coloration d'un gris violacé, uniforme, avec des lignes rayonnantes blanchâtres régulièrement espacées. Intérieur des valves blanc ou rosé parfois un peu maculé de brun violacé du côté postérieur.

Variétés. — Var. ex forma 1, *obliquata* Rayneval et Ponzi (1854). Décrite comme espèce distincte d'après des fossiles de Monte Mario, cette forme a été retrouvée vivante dans l'Adriatique et remplace, dans cette mer le *P. violacescens* typique. M. de Monterosato rapporte à cette forme les références de MM. Brusina et Stossich. La var. *obliquata* est plus aplatie et plus oblique que le type; elle est d'une teinte violette et uniforme, tant à l'intérieur qu'à l'extérieur. Nous en avons représenté, pl. XXXVI, fig. 5, un spécimen recueilli à Chioggia par M. de Monterosato.

Var. ex forma et colore 2, *zonalis* Lamarck. Plus solide, plus renflée, à peine plus large que haute, légèrement bicarénée du côté postérieur, d'une coloration grise cendrée, ornée de zones concentriques plus foncées et de flammules blanchâtres irrégulières. Les deux spécimens que nous avons figurés pl. XXXVI, fig. 6, 7, sous le nom de var. *solida*, appartiennent à cette forme; il faut donc leur attribuer de préférence le nom de var. *zonalis* Lamarck. Ils nous ont été envoyés par M. Ponsan qui nous a affirmé les avoir reçus de Fontarabie. Nous possédons la même variété provenant des côtes d'Algérie.

Var. ex colore 1, *pallida* B. D. D. Coquille parsemée de petites flammules grises sur un fond entièrement blanc.

Var. ex colore 2, *violacea* Réquien (Catal. Coq. de Corse, p. 28).

Habitat. — Commun, rejeté sur la plage de La Franqui.

Dispersion. — Le type est répandu dans la Méditerranée; la variété *obliquata* n'est connue que de l'Adriatique; la variété *solida* vit sur les côtes d'Algérie et, dans l'Océan Atlantique, sur les côtes méridionales d'Espagne, à Fontarabie (Ponsan) et aux îles du Cap Vert (Rochebrune).

Origine. — Miocène de la Suisse et de Salies de Béarn (Tournouër). Pliocène d'Italie, de la vallée du Rhône et de Millas (Fontannes). Pleistocène de la Calabre, de Chypre, de Rhodes, de l'Égypte (Mayer), de la Sicile, des îles Baléares et de l'Algérie. D'après Kobelt, les *Pectunculus transversus* et *nudicardo* de Lamarck décrits d'après des fossiles du pliocène italien etc., seraient tous deux synonymes du *violacescens*.

Famille NUCULIDÆ d'Orbigny, 1844

Les mollusques classés aujourd'hui dans cette famille, créée aux dépens des *Arcidæ*, se distinguent principalement par des caractères anatomiques. Les *Nuculidæ* fossiles du Piémont ont fait l'objet d'une monographie publiée en 1875 par Bellardi et ceux de la Calabre et de la Sicile, d'un travail considérable de Seguenza (1877).

Genre *Nucula* Lamarck.........	*N. nucleus* Linné.
— *Leda* Schumacher........	*L. fragilis* Chemnitz.
S. g. *Lembulus* Leach *in* Risso..	*L. pella* Linné.

Genre NUCULA Lamarck, 1799.

Type : *Nucula nucleus* Linné, sp. (*Arca*). Ce genre comprend des mollusques à coquilles opisthogyres et nacrées à l'intérieur.

Nucula nucleus Linné, sp. (*Arca*).

Pl. XXXVII, fig. 15, 16, 17, 18, 19, 20, 21 (type) ; 22, 23, 24, 25 (var.).

1767 *Arca nucleus*	Linné, Syst. Nat., édit. XII, p. 1143.
1777 — — Lin.	Pennant, Brit. Zool., t. IV, p. 98.
1778 *Glycimeris argentea*	da Costa, Brit. Conch., p. 170, pl. XV, fig. 6 (à droite).
1784 *Arca nucleus* Lin.	Chemnitz, Conch. Cab., t. VII, p. 241, pl. LVIII, fig. 574 *a* et *b*.
1790 — —	Linné-Gmelin, Syst. Nat., édit. XIII, p. 3314.
1790 *Donax argenteus*	Gmelin *in* Linné, Syst. Nat., éd. XIII, p. 3265.
1790 *Tellina adriatica*	Gmelin *in* Linné, Syst. Nat., éd. XIII, p. 3243.
1792 *Arca margaritacea*	Bruguière, Encycl. Méthod., p. 109, pl. CCCXI, fig. 3.
1792 — *nucleus* Lin.	Olivi, Zool. Adr., p. 116.
1795 — — —	Poli, Test. utr. Sic., t. II, p. 215; pl. XXV, fig. 8, 9.
1803 — — —	Donovan, Brit. Sh., t. II, pl. LXIII.
1804 — — —	Maton et Rackett, Descr. Catal. *in* Trans. Linn. Soc., t. VIII, p. 95.
1819 *Nucula margaritacea* Brug.	Lamarck, Anim. sans vert., t. VI, 1re partie, p. 59.

1819 *Arca nucleus* Lin. TURTON, Conch. Dict., p. 8, pl. I, fig. 1, 2.
1822 *Nucula nucleus* Lin. TURTON, Dithyra brit., p. 176; pl. XIII, fig. 4.
1825 — *margaritacea* Brug. BLAINVILLE, Manuel de Malacol., pl. LXV, fig. 15.
1825 *Arca nucleus* Lin. DE GERVILLE, Catalogue Coq. de la Manche, p. 196.
1826 — *margaritacea* Lam. PAYRAUDEAU, Moll. de Corse, p. 64.
1826 — — — RISSO, Europe mérid., t. IV, p. 319.
1827 — — — BROWN, Illustr. of the Conch. of Great Brit. and Ireland, 2e édit., p. 85, pl. XXXIII, fig. 12.
1830 — — — COLLARD DES CHERRES, Catal. test. du Finistère, p. 27.
1835 — — — BOUCHARD-CHANTEREAUX, Catal. Moll. du Boulonnais, p. 25.
1835 *Nucula* — — LAMARCK, Anim. sans vert., édit. Desh., t. VI, p. 506.
1836 — *nucleus* Lin. SCACCHI, Catal. Conch. Regn. Neap., p. 4.
1836 — *margaritacea* Lam. PHILIPPI, Enum. Moll. Sic., t. I, p. 64.
1844 — — — PHILIPPI, Enum. Moll. Sic., t. II, p. 45.
1844 — — — FORBES, Rep. Æg. Invert., p. 145.
1844 — — — POTIEZ et MICHAUD, Galerie de Douai, t. II, p. 119.
1846 — — — VÉRANY, Catal. Invert. del Golfo di Genova e Nizza, p. 13,
1848 — — — RÉQUIEN, Coq. de Corse, p. 29.
1848 — — — DESHAYES, Expl. scient. de l'Algérie, pl. CXVI et CXVII.
1851 — — — PETIT, Catal. *in* Journ. Conch., t. II, p. 380.
1853 — — — DESHAYES, Traité élémentaire de Conch., t. II, p. 308, pl. XXXIV, fig. 11 à 13.
1853 — *nucleus* Lin. FORBES et HANLEY, Brit. Moll., t. II, p. 215, pl. XLVII, fig. 7 et 8.
1853 — *margaritacea* Lam. DOUBLIER, Bivalves du Var, *in* Prodr. Hist. Nat. du Var, p. 111.
1855 *Arca nucleus* Lin. HANLEY, Ipsa Linn. Conch., p. 100.
1856 *Nucula* — — JEFFREYS, Piedm. Coast., p. 25.
1858 — — — GAY, Catal. Moll. du Var *in* Bull. Soc. scient. du Var, p. 194.
1859 — — — SOWERBY, Illustr. Index brit. Shells, pl. VIII, fig. 1.
1863 — — — JEFFREYS, Brit. Conch., t. II, p. 143; t. V (1869), p. 172, pl. XXIX, fig. 2

1865	*Nucula nucleus* Lin.	CAILLIAUD, Catal. Loire-Inf., p. 111.
1865	— — —	FISCHER, Gironde, p. 58.
1866	— — —	BRUSINA, Contrib. pella fauna Dalm., p. 103.
1867	— — —	WEINKAUFF, Conch. des Mittelm., t. I, p. 204.
1869	— — —	PETIT, Catal. test. mar., p. 66.
1870	— — —	ARADAS et BENOIT, Conch. viv. mar. della Sic., p. 88.
1870	— — —	HIDALGO, Mol. mar., pl. LXXII, fig. 5.
1870	— — —	ANCEY, Catal. Moll. Cap Pinède, p. 6.
1870	— — —	SERVAIN, Catal. coq. mar. de Granville, p. 13.
1871	— — —	REEVE, Conch. Icon., pl. 1, fig. 2.
1873	— *margaritacea* Lam.	CLÉMENT, Catal. coq. du Gard, *in* Et. d'Hist. Nat., p. 72.
1875	— *nucleus* Lin.	BELLARDI, Monogr. delle Nuculidi del Piemonte e della Liguria, p. 5.
1878	— — —	G.-O. SARS, Moll. Arct. Norv., p. 32.
1878	— — —	MONTEROSATO, Enum. e Sinon., p. 6.
1880	— — —	STOSSICH, Prosp. della Fauna del Mare Adriat., p. 173.
1883	— — —	DANIEL, Catal. Moll. de Brest, *in* Journ. Conch., t. XXXI, p. 254.
1883	— — —	G. DOLLFUS, Catal. Palavas, p. 3.
1883	— — —	MARION, Esq. topogr. du golfe de Marseille, pp. 26, 27, 34, 38, 51, 61, 77, 83, 85, 86, 90, 106.
1883	— — —	MARION, Consid. sur les faunes prof. de la Médit., pp. 17, 28, 44.
1886	— — —	DAUTZENBERG, Nouv. liste de Cannes, p. 2.
1886	— *margaritacea* Lam.	GRANGER, Moll. biv. de France, p. 75.
1886	— *nucleus* Lin.	LOCARD, Prodr. de Malac. franç., p. 483.
1888	— — —	KOBELT, Prodr. faunæ Moll. test. maria europ. inhab., p. 399.
1888	— *nucleata* (Loc.)	SERVAIN, Catal. Concarneau, p. 116.
1889	— *nucleus* Lin.	J.-V. CARUS, Prodr. faunæ Medit., p. 93.

Obs. — Comme le fait observer Hanley, c'est uniquement par tradition que l'*Arca nucleus* de Linné est considéré comme étant la présente espèce. La diagnose du Systema Naturæ est tellement incomplète qu'il est impossible d'y reconnaître l'espèce; elle n'est d'ailleurs accompagnée d'aucune référence. Mais l'appellation de *Nucula nucleus* est si bien consacrée par l'usage, qu'il nous paraît inutile de l'abandonner aujourd'hui, d'autant plus qu'elle ne donne lieu à aucune équivoque. Lamark a préféré employer le nom de *margaritacea*, bien qu'il cite dans la synonymie l'*Arca nucleus* Linné.

L'anatomie du *N. nucleus* a été étudiée par Recluz, en 1862, dans le journal de Conchyliologie (p. 120).

Diagnose. — Coquille, diamètre umbono-ventral 10 millim.; diamètre antéro-post. 11 millim. 1/2; épaisseur 6 millim. 1/2, équivalve très inéquilatérale, opisthogyre, solide, de forme subtriangulaire. Sommets petits, contigus, incurvés et inclinés en arrière. Lunule indistincte; corselet ovale, un peu saillant, limité par un sillon bien marqué. Surface présentant des plis d'accroissement concentriques irréguliers et des stries rayonnantes superficielles à peine visibles. Côté antérieur grand, elliptique; côté postérieur très court, presque rectiligne. Intérieur des valves nacré très brillant. Bord cardinal arqué, présentant, au milieu, un cuilleron ligamentaire relativement grand et fort, et, de chaque côté, une série de dents longues, effilées et tellement minces, qu'il est presque impossible de séparer les valves sans en briser une partie. Les autres bords sont finement denticulés. Impressions des muscles adducteurs des valves, subquadrangulaires, à peu près égales; impression palléale simple. Ligament interne, petit. Épiderme lisse au premier aspect; mais montrant sous un grossissement de 30 à 40 diamètres, des stries concentriques très fines et ondulées. Coloration blanche sous un épiderme jaune sale ou brun plus ou moins foncé. Intérieur recouvert d'une nacre blanche.

Variétés. — Var. ex-forma et colore 1 *radiata* Forbes et Hanley. Considérée comme espèce distincte par plusieurs naturalistes, n'est qu'une remarquable variété du *N. nucleus*, comme l'a démontré M. Jeffreys. Elle se distingue du type par sa forme plus oblique, plus développée du côté antérieur, moins convexe, sa taille souvent plus forte et sa coloration qui présente des rayons bruns sur un fond jaune verdâtre : voir notre pl. XXXVII, fig. 22, 23, 24 et 25.

Voici les principales références qui s'appliquent à cette variété :

1853 *Nucula radiata* FORBES et HANLEY, Brit. Moll., p. 220, pl. XLVII, fig. 4, 5; pl. XLVIII, fig. 7.
1856 — — F. et H. JEFFREYS, Pied. Coast., p. 25.
1859 — — — SOWERBY, Illustr. Ind. brit. Sh., pl. VIII, fig. 3.
1863 — *nucleus* L. var. JEFFREYS, Brit. Conch., t. II, p. 144; t. V (1869), pl. XXIV, fig. 2 *a*.
1865 — *radiata* F. et H. CAILLIAUD, Catal. Loire-Inf., p. 112.
1867 — *nucleus* L. var. WEINKAUFF, Conch. des Mittelm., t. I, p. 205.

1869 *Nucula radiata* F. et H. Petit, Catal. test. mar., p. 66.
1870 — — — Reeve, Conch. Icon., pl. II, fig. 12.
1870 — — — Hidalgo, Mol. mar., pl. LXXII, fig. 6.
1886 — — — Locard, Prodr. de Malac. franç., p. 484.
1886 — *nucleus* L. var. Granger, Moll. biv. de France, p. 75.
1888 — *radiata* F. et H. Kobelt, Prodr. faunæ Moll. test. maria europ. inhab., p. 400.
1889 — — — J.-V. Carus, Prodr. faunæ Medit., p, 93.

Var. ex forma 2, *obliqua* Monterosato (Enum. e Sinon., p. 6). Forme méditerranéenne oblique et aplatie qui correspond assez bien à la variété *radiata* de l'Océan; mais n'atteint pas une taille aussi forte et ne présente pas de rayons colorés. Cette forme a été recueillie dans le golfe de Gabès, par M. de Nerville (Dautzenberg, liste des Coquilles du golfe de Gabès, p. 9).

Var. ex forma 3, *major* Monterosato.

Var. ex forma 4, *minor* Monterosato.

Var. ex forma 5, *minima* Monterosato = *perminima* Monterosato. Citée par M. Marion (Consid. sur les faunes profondes de la Méditerranée, p. 44).

Var. ex colore 1, *capillaris* Monterosato, ornée de linéoles capillaires rayonnantes, noirâtres.

Habitat. — Assez commun à Port-Vendres, Collioure, Paulilles, Banyuls, etc.

Dispersion. — Méditerranée et Adriatique, le type et les variétés *obliqua*, *major*, *minor*, *minima* et *capillaris*. Océan Atlantique depuis les côtes de Norwège jusqu'à celles du Portugal, le type et la variété *radiata*.

Origine. — On peut retrouver des formes voisines dans l'éocène, sous le nom de *N. fragilis* Deshayes et dans l'oligocène sous le nom de *N. Greppini* Deshayes. Le *N. nucleus* apparaît dans le miocène de la vallée du Rhône, de la Suisse, de l'Italie, de la Sicile, de l'Autriche, de la Bohême et de la Volhynie. Il se propage dans le pliocène de la vallée du Rhône, des Pyrénées-Orientales : Banyuls (Fontannes), de l'Espagne, de l'Italie, de l'Algérie, du Cotentin, de la Belgique et de l'Angleterre. Sa distribution dans le pleistocène est aussi importante : Nice, Ischia, Sicile, Rhodes, Cos, Corinthe, etc.

Selon M. Seguenza, le *N. Mayeri* Hoernes, serait une forme intermédiaire entre le *N. nucleus* et le *N. placentina* Lamarck.

Genre LEDA Schumacher, 1817.

Type : *Arca rostrata* Chemnitz. M. Cossmann a créé pour les *Leda* une famille spéciale à cause de l'existence d'un sinus palléal chez ces mollusques; il a préferé pour le genre le nom de *Nuculana* Link (1807), mais cette restauration nous semble peu opportune car le travail de Link a été détruit dans un incendie et n'est connu que par le catalogue Yoldi de Mörch (1854).

Leda fragilis Chemnitz, sp. (*Arca*).

Pl. XXXVII, fig. 26, 27, 28, 29, 30, 31.

1784 *Arca fragilis*	CHEMNITZ, Conch. Cab., t. VII, p. 199, pl. LV, fig. 546.
1790 — *pella*	GMELIN (*non* Linné), Syst. Nat., édit. XIII, p. 3307.
1792 — —	OLIVI (*non* Linné), Zool. Adr., p. 115.
1814 — *minuta*	BROCCHI (*non* Fabricius), Conch. foss. subap., p. 482, pl. XI, fig. 4.
1826 *Nucula pella*	PAYRAUDEAU (*non* Linné), Moll. de Corse, p. 64.
1826? *Lembulus deltoideus*	RISSO (*non* Lamarck), Eur. Mérid., t. IV, p. 320, pl. XI, fig. 164.
1836 *Nucula minuta*	SCACCHI (*non* Fabricius), Catal. Conch. Regn. Neap., p. 4.
1836 — *striata*	PHILIPPI (*non* Lamarck), Enum. Moll. Sic., t. I, p. 64.
1844 — *minuta*	PHILIPPI (*non* Fabricius), Enum. Moll. Sic., t. II, p. 46.
1844 — *striata*	FORBES, Rep. Æg. Invert., p. 145.
1844 — *commutata*	PHILIPPI, Zeitschrift für Malac., p. 101.
1848 — *pella*	RÉQUIEN (*non* Linné), Coq. de Corse, p. 29.
1851 — —	PETIT (*non* Linné), Catal. *in* Journ. Conch., t. II, p. 381.
1853 — *striata*	SANDRI (*non* Lamarck), Elenco nomin., t. I, p. 11.
1853 — *acuminata*	EICHWALD, Lethea rossica, t. III, p. 72, pl. IV, fig. 13, 14.
1856 *Leda minuta*	JEFFREYS (*non* Fabricius), Piedm. Coast., p. 25.
1863 — *commutata* Phil.	HANLEY *in* SOWERBY, Thes. Conch., pl. CCXXVIII, fig. 80, 81.
1866 — *minuta*	BRUSINA (*non* Fabricius), Contrib. pella fauna dei Moll. Dalm., p. 103.
1867 — *commutata* Phil.	WEINKAUFF, Conch. des Mittelm., t. I, p. 207.
1869 — — —	FISCHER, Gironde, 1[er] suppl., *in* Actes Soc. Linn. Bord., t. XXVII, p. 110.

1869 *Leda commutata* Phil.	PETIT, Catal. test. mar., p. 68.
1870 — — —	ARADAS et BENOIT, Conch. viv. mar. della Sic., p, 84.
1875 — — —	BELLARDI, Monografia delle Nuculidi del Piemonte e della Liguria, p. 17.
1878 — — —	FISCHER, Brachiop. et Moll. du littoral océanique de la France, p. 10.
1878 *Lembulus commutatus* Phil.	MONTEROSATO, Enum. e Sinon., p. 6.
1879 *Leda fragilis* Chemn.	JEFFREYS, Lightn. and Porcup. Exp. *in* Proc. Zool. Soc. of London, p. 575.
1880 — *commutata* Phil.	STOSSICH, Prosp. della Fauna del Mare Adr. *in* Boll. Soc. Adr. di Sc. Nat., p. 73.
1883 *Lembulus commutatus* Phil.	MARION, Esq. topogr. du golfe de Marseille, pp. 85, 86, 90, 106.
1883 — — —	MARION, Consid. sur les faunes profondes de la Médit., pp. 17, 28, 41.
1886 *Leda commutata* —	LOCARD, Prodr. de Malac. franç., p. 486.
1886 — *fragilis* Chemn.	LOCARD, Prodr. de Malac. franç., p. 486.
1886 — *commutata* Phil.	GRANGER, Moll. biv. de France, p. 76.
1888 — — —	KOBELT, Prodr. faunæ Moll. test. maria europ. inhab., p. 403.
1889 — — —	J.-V. CARUS, Prodr. faunæ medit., p. 95.

Obs. — Il est absolument certain que l'*Arca fragilis* de Chemnitz est la même espèce que celle nommée plus tard *Nucula commutata* par Philippi : la description, l'habitat indiqué et la figuration du Conchylien Cabinet ne peuvent laisser subsister aucun doute à cet égard et comme Chemnitz a employé en cette circonstance la nomenclature binominale, il n'y a aucune raison pour ne pas conserver cet ancien nom.

Le *L. minuta* Fabricius, assimilé à la présente espèce par Brocchi, Scacchi, Philippi, etc., est une forme du nord de l'Europe, très différente du *L. fragilis*. Quant au *L. striata* Lamarck (Annales du Muséum, t. IX, pl. XVIII, fig. 4), c'est une coquille fossile de l'éocène du bassin de Paris, appartenant au même groupe; mais cependant bien distincte. C'est donc à tort que ce nom a été employé par quelques auteurs pour désigner le *L. fragilis*. Enfin, le *Lembulus deltoideus*, bien que sommairement décrit et mal figuré par Risso, d'après un fossile de la Trinité, est probablement identique au *L. fragilis*; mais ce n'est pas le *Nucula deltoidea* Lamark, fossile de Grignon.

Diagnose. — Coquille, diamètre umbono-ventral 5 millim.; diamètre antéro-postérieur 8 millim.; épaisseur 3 millim. 1/2, équivalve inéquilatérale, opisthogyre, solide convexe, de forme ovale-transverse, rostrée et acuminée du côté postérieur, pourvue du côté antérieur d'une carène obtuse. Bord antérieur arrondi; bord ventral arqué, échancré en deçà du rostre par un sinus très faible. Sommets contigus. Lunule petite, allongée, peu distincte; corselet de forme ovale, acuminé aux deux extrémités. Surface un peu luisante traversée par des sillons concentriques profonds. Intérieur des valves lisse et luisant, non nacré. Bord cardinal fort, présentant au milieu une fossette ligamentaire petite, en forme de cuilleron et, de chaque côté, une série de dents chevronnées, fines et très saillantes; les autres bords sont simples, non denticulés. Impressions des muscles adducteurs des valves petites, ovalaires; impression palléale échancrée du côté postérieur par un sinus profond et assez large. Ligament interne petit, brun, corné, situé sous les crochets. Épiderme lisse, d'un fauve clair. Coloration blanche uniforme.

Variétés. — Var. ex-forma 1 *turgida* Monterosato, très renflée et moins transverse que le type.

Var. ex-forma 2 *depressa* Monterosato, moins convexe, plus aplatie que le type.

Habitat. — Très rare à Banyuls, Paulilles.

Dispersion. — Méditerranée et Adriatique; Océan Atlantique : Cap Trafalgar (Mac Andrew); Gironde (Fischer); draguée récemment dans le golfe de Gascogne et notamment dans les parages de Belle-Ile par S. A. le Prince de Monaco et par M. Ed. Chevreux.

Origine.— Les *Leda striata* Lamarck et *Galeottiana* Nyst, de l'éocène, pourraient être regardés comme des formes ancestrales du *L. fragilis* qui apparaît d'une manière certaine dans le miocène de la Touraine, du Piémont, de la Toscane, de la Sicile, du bassin de Vienne et de la Bohême. On le connaît du pliocène de Millas (Fontannes), de la vallée du Rhône, de la Gironde, de toute l'Italie, de l'Andalousie (Bergeron), du Portugal et de l'Algérie, ainsi que du pleistocène de Nice, de Livourne, de Calabre, de Sicile, de Rhodes et de Corinthe.

Bellardi et Seguenza ont établi, pour des formes fossiles, les variétés suivantes :

A. — *consanguinea* Bellardi, rostre aigu, côtes fines et serrées.

B. — *inflata* Seguenza, forme courte renflée, à côtes espacées; est probablement la même que la var. *turgida* Monterosato.

C. — *lamellosa* Seguenza, forme courte, à côtes espacées et très saillantes.

D. — *calatabianensis* Seguenza. Forme comprimée, à lamelles nombreuses fines et peu saillantes = ? var. *depressa* Monterosato.

Sous-genre LEMBULUS Risso, 1826.

Le genre *Lembulus* tel qu'il a été compris par Risso, peut être considéré comme synonyme de *Leda*. C'est Bellardi qui a proposé, en 1875 de reprendre ce nom et de l'appliquer à une section qui aurait pour type le *Leda pella* et serait caractérisée par une sculpture composée de stries obliques et par la présence d'un rostre bicaréné.

Leda pella Linné, sp. (*Arca*).

Pl. XXXVII, fig. 32, 33, 34, 35.

1767 *Arca pella*	Linné, Syst. Nat., édit. XII, p. 1141.
1795 — *interrupta*	Poli, Test. utr. Sic., t. II, p. 136, pl. XXV, fig. 4, 5.
1819 *Nucula emarginata*	Lamarck, Anim. sans vert., t. VI, 1re partie, p. 60.
1823 — *bicarinata*	Borson, Oritt. Piem., t. III, p. 122, pl. I, fig. 1.
1826 — *emarginata* Lam.	Payraudeau, Moll. de Corse, p. 65.
1826 *Lembulus Rossianus*	Risso, Europe mérid., t. IV, p. 320, pl. XI, fig. 166.
1832 *Nucula fabula*	Sowerby, Conch. Ill, Nucula, fig. 13,
1835 — *emarginata*	Lamarck, Anim. sans vert., édit. Desh., t. VI, p. 508.
1836 — *pella* Linné	Scacchi, Catal. Conch. Regni Neap., p. 4.
1836 — *emarginata* Lam.	Philippi, Enum. Moll. Sic., t. I, p. 64.
1844 — — —	Philippi, Enum. Moll. Sic., t. II, p. 45.
1844 *Leda* — —	Forbes, Rep. Æg. Invert., p. 145.
1848 — *pella* Lin.	Deshayes, Exploration scient. de l'Algérie, t. II, pl. CXV.
1848 *Nucula interrupta* Poli	Réquien, Coq. de Corse, p. 29.
1850 — *pella* Lin.	Deshayes, Traité élément. de Conch., t. II, p. 287, pl. XXXIV, fig. 8, 10.
1851 — *emarginata* Lam.	Petit, Catal. *in* Journ. Conch., t. II, p. 381.
1855 *Arca pella* Lin.	Hanley, Ipsa Linn. Conch., p. 93.
1856 *Leda emarginata* Lam.	Jeffreys, Piedm. Coast., p. 25.
1858 *Nucula interrupta* Poli	Gay, Bivalves du Var, *in* Bull. Soc. sc. du Var, p. 194.
1859 — *emarginata* Lam.	Chenu, Manuel de Conch., t. II, p. 178, fig. 893.
1862 *Leda* — —	Weinkauff, Catal. Algérie, *in* Journ. Conch., t. X, p. 326.
1863 — *pella* Lin.	Hanley, *in* Sowerby, Thes. Conch., pl. CCXXVIII, fig. 65, 66.

1866	*Leda emarginata* Lam.	BRUSINA, Contrib. pella fauna dei Moll. Dalm., p. 103.
1867	— *pella* Lin	WEINKAUFF, Conch. des Mittelm., t. I, p. 209.
1869	— — —	PETIT, Catal. test. mar., p. 68.
1870	— — —	ARADAS et BENOIT, Conch. viv. mar. della Sic., p. 84.
1870	— — —	HIDALGO, Mol. mar., pl. LXXIV, fig. 9, 10.
1871	*Lœda* — —	REEVE, Conch. Icon., pl. VII, fig. 43.
1873	*Leda emarginata* Lam.	CLÉMENT, Catal. du Gard, *in* Et. d'Hist. Nat., p. 72.
1875	— *pella* Lin.	BELLARDI, Monografia delle Nuculidi del Piemonte e della Liguria, p. 15.
1878	*Lembulus pella* Lin.	MONTEROSATO, Enum. e Sinon., p. 6.
1878	*Leda* — —	ISSEL, Crociera del Violante, p. 40.
1880	— — —	STOSSICH, Prospetto della Fauna del Mare Adriatico, *in* Boll. Soc. Adr. di Sc. Nat., p. 174.
1883	*Lembulus* — —	MARION, Esq. topogr. du golfe de Marseille, p. 85.
1883	— — —	MARION, Considérations sur les faunes prof. de la Médit., p. 17.
1883	— — —	DAUTZENBERG, Liste Coq. de Gabès, p. 9.
1886	*Leda* — —	LOCARD, Prodr. de Malac. franç., p. 486.
1886	— — —	GRANGER, Moll. biv. de France, p. 76.
1888	— — —	KOBELT, Prodr. Faunæ Moll. test. maria europ. inhab., p. 403.
1889	— — —	J.-V. CARUS, Prodr. Faunæ Medit., p. 95.

Obs. — La description de l'*Arca pella* et son habitat méditerranéen indiqué par Linné ne laissent aucun doute sur l'identification de la présente espèce.

Le *Nucula emarginata* a été établi par Lamark sur une coquille fossile du miocène du Bordelais qui ne nous semble pas devoir être regardée comme spécifiquement distincte du *L. pella;* elle en diffère ordinairement par sa taille plus faible, les stries obliques de sa surface plus espacées et par la présence dans la région des sommets, de quelques plis transverses; mais ces caractères ne sont pas constants et nous les avons vus s'atténuer et même disparaître chez certains spécimens. Lamarck dit bien que son *Nucula emarginata* est différent du *pella;* mais il ne faut pas perdre de vue que pour cet auteur, l'*Arca pella* de Linné était l'espèce que nous avons décrite plus haut sous le nom de *Leda fragilis.*

Diagnose. — Coquille, diamètre umbono-ventral 9 millim.; diamètre antéro-postérieur 15 millim.; épaisseur 7 millim., équivalve, inéquilatérale, solide, convexe, de forme ovale-transverse, rostrée, tronquée et bicarénée du côté postérieur, faiblement unicarénée du côté antérieur. Bord antérieur arrondi, bord ventral régulièrement arqué. Sommets contigus. Lunule allongée, ovale, acuminée aux deux extrémités; corselet en forme de losange, nettement limité. Surface luisante ornée de nombreuses stries flexueuses obliques, et de stries d'accroissement concentriques très fines. Rostre garni de stries transverses fortes et flexueuses. Intérieur des valves lisse et luisant, non nacré. Bord cardinal fort, présentant au milieu une fossette ligamentaire petite, en forme de cuilleron, et, de chaque côté, une série de dents anguleuses fines et très saillantes. Les autres bords sont simples, non denticulés; le bord postérieur présente une sinuosité bien marquée. Impressions musculaires semblables à celles du *L. fragilis*. Ligament interne, corné, de couleur brune, situé sous les crochets. Épiderme lisse, très mince, transparent, d'un jaune pâle. Coloration blanche ou légèrement rosée, uniforme ou présentant parfois une ou deux zônes concentriques violacées.

Variétés. — Nous ne connaissons, à l'état vivant, aucune variété de cette espèce.

Habitat. — Plages de Leucate et de Canet (valves rejetées); Banyuls (zône coralligène), toujours rare.

Dispersion. — Méditerranée et Adriatique, Océan Atlantique, sur les côtes méridionales d'Espagne (Mac Andrew).

Origine. — Miocène de la Touraine, de la Gironde, de la Suisse et du bassin de Vienne. Pliocène d'Italie et du Cotentin. Pleistocène de Nice, de Livourne, de la Calabre, de Sicile, de Rhodes, de Cos et de Corinthe.

Famille CARDITIDÆ d'Orbigny

Cette famille a été établie par Férussac, dès 1821, sous le nom de *Carditæ;* elle a été adoptée par la plupart des conchyliologues avec des variations de désinence : *Carditacea* Menke; *Carditadæ* Fléming, etc.

MM. Adams et M. Cossmann l'ont fondue dans la famille des *Astartidæ* et Mörch l'a réunie aux *Chamidæ*; mais elle possède des caractères assez définis pour mériter d'être conservée comme famille spéciale.

TABLEAU DES GENRES ET ESPÈCES

Genre **Venericardia** Lamarck.	
Sous-genre *Actinobolus* Klein...........	*V. antiquata* Linné.
Genre **Cardita** Bruguière................	*C. calyculata* Linné.
Sous-genre *Glans* Megerle von Mühlfeld...	*C. trapezia* Linné.

Genre VENERICARDIA Lamarck

Ce genre a été créé par Lamarck en 1801 avec le *Venus imbricata* Gmelin, comme type. Cette espèce de Gmelin est basée sur la figure 52 de la pl. CDXCVII de Lister, espèce fossile du Bassin de Paris qui avait été envoyée à Lister par Tournefort. Le même type a été conservé par Mörch, Gray, Stoliczka, etc.

Deshayes a réuni le genre *Venericardia* au genre *Cardita*, comme possédant des animaux semblables et ne présentant que des modifications insensibles dans la conformation de la charnière.

18

Sous-genre ACTINOBOLUS (Klein) Mœrch, 1854

Type : *Cardita sulcata* Bruguière (= *antiquata* Linné). Le genre *Actinobolus* de Klein est très confus puisqu'il renferme des *Cardiidæ*, des *Veneridæ* et des *Lucinidæ*. Il n'a été précisé qu'en 1854 par Mörch qui l'a préféré au genre *Venericardia*. Mais cette substitution, adoptée par MM. Adams, ne peut prévaloir sur le genre *Venericardia* bien établi par Lamarck dès 1801 et le nom *Actinobolus* ne peut être conservé que pour une section.

Venericardia antiquata Linné, sp. *Chama*

Pl. XXXVIII fig. 1, 2, 3, 4, 5 (type); 6, 7, 8, 9 (var.)

1767	*Chama antiquata*	Linné, Syst. Nat., édit. XII, p. 1138 (*ex parte*).
1790	— —	Linné-Gmelin, Syst. Nat., édit. XIII, p. 3300 (*ex parte*).
1792	*Cardita sulcata*	Bruguière (*non* Solander), Encyclopédie méthodique, p. 405.
1795	*Chama antiquata* Lin.	Poli, Test. utr. Sic., t. II, p. 115, pl. XXIII, fig. 12, 13, 14.
1817	— —	Dillwyn, Descr. Catal , p. 215.
1819	*Cardita sulcata*	Lamarck (*non* Solander), Anim. sans vert., t. VI, 1re partie, p. 21.
1826	*Venericardia sulcata*	Payraudeau, (*non* Solander), Moll. de Corse, p. 54.
1826	*Cardita* —	Risso (*non* Solander), Europe mérid., t. IV, p. 325.
1835	— —	Lamarck (*non* Solander), Anim. sans vert., édition Desh., t. VI, p. 425.
1836	— *antiquata* Lin.	Scacchi, Catal. Conch. Regni Neap., p. 4.
1836	— *sulcata*	Philippi (*non* Solander), Enum. Moll. Sic., t. I, p. 53.
1836	— *turgida*	Philippi (*non* Solander), Enum. Moll. Sic., t. I, p. 54.
1843	— *sulcata*	Reeve (*non* Solander), Conch. Icon., pl. VII, fig. 35A, 35B.
1844	— —	Philippi (*non* Solander), Enum. Moll. Sic., t. II, p. 40.
1844	— —	Forbes (*non* Solander), Rep. Æg. Invert., p. 144.

1844	*Venericardia sulcata*	Potiez et Michaud (*non* Solander), Galerie de Douai, t. II, p. 162.
1846	*Cardita* —	Vérany (*non* Solander), Catal. Invert. mar. di Genova e Nizza, p. 13.
1848	— —	Réquien (*non* Solander), Coq. de Corse, p. 27.
1848	— —	Deshayes (*non* Solander), Expl. scient. de l'Algérie, pl. CII, fig. 1 à 6; pl. CIII, fig. 1 à 4; pl. CIV, fig. 1 à 6.
1851	— —	Petit (*non* Solander), Catal. *in* Journ. Conch., t. II, p. 376.
1853	— —	Doublier (*non* Solander), Prodr. Hist. Nat. du Var, p. 110.
1855	*Chama antiquata* Lin.	Hanley, Ipsa Linn. Conch., p. 86.
1856	*Cardita sulcata*	Jeffreys (*non* Solander), Piedm. Coast., p. 25.
1858	*Actinobolus sulcatus*	H. et A. Adams (*non* Solander), Genera of recent Moll., t. II, p. 486; pl. CXVI, fig. 2.
1858	*Cardita antiquata* Lin.	Gay, Bivalves du Var, *in* Bull. Soc. Sc. du Var, p. 186.
1862	— *sulcata*	Chenu (*non* Solander), Manuel de Conch., t. II, p. 135, fig. 644.
1862	— —	Weinkauff (*non* Solander), Catal. Alg. *in* Journ. Conch., t. X, p. 323.
1866	*Actinobolus sulcatus*	Brusina (*non* Solander), Contrib. pella fauna dei Moll. Dalm., p. 100.
1867	*Cardita sulcata*	Weinkauff (*non* Solander), Conch. des Mittelm., t. II, p. 152.
1869	— —	Petit (*non* Solander), Catal. test. mar., p. 59.
1869	— —	Tapparone-Canefri (*non* Solander). Moll. test. di Spezia, p. 133.
1870	— —	Jeffreys (*non* Solander), Medit. Moll., p. 7.
1870	— —	Hidalgo (*non* Solander), Mol. mar., p. 140 pl. LVII a, fig. 8, 9.
1870	— —	Aradas et Benoit (*non* Solander), Conch. viv. mar. della Sic., p. 77.
1878	— *antiquata* Lin.	Monterosato, Enum. e Sinon., p. 10.
1878	— — —	Issel, Crociera del Violante, p. 37.
1880	— *sulcata*	Stossich (*non* Solander), Prosp. della fauna del Mare Adr., *in* Boll. Soc. Adr. di Sc. Nat. p. 167.
1883	— *antiquata* Lin.	Marion, Esq. topogr. zool. du golfe de Marseille, pp. 27, 35, 38, 46, 51, 61, 67, 106.
1883	— — —	Dautzenberg, Liste Coq. de Gabès, p. 11.

1884 *Cardita sulcata* TRYON (*non* Solander), Struct. and Syst. Conch., t. III, p. 231, pl. CXXIII, fig. 67.

1885 — *antiquata* Lin. DE GREGORIO, Studi su talune Conch. medit. p. 146.

1886 — — — DAUTZENBERG, Nouv. liste Coq. de Cannes, p. 1.

1886 — *sulcata* LOCARD (*non* Solander), Prodr. de Malac. franç., p. 456.

1886 — *laxa* LOCARD, Prodr. de Malac. franç., pp. 457. 598.

1886 — *sulcata* GRANGER (*non* Solander), Moll. biv. de France, p. 130, pl. IX, fig. 12.

1887 — (Venericardia) *sulcata*. FISCHER (*non* Solander), Manuel de Conch, p. 1010.

1888 — — KOBELT (*non* Solander), Prodr. faunæ Moll. test. maria europ. inhab., p. 388.

1889 *Venericardia* — CARUS (*non* Solander), Prodr. faunæ medit., p. 99.

1891 *Cardita sulcata* BRUSINA (*non* Solander), Elenco dei Moll. lamellibr. dei dint di Zara del Dr Danilo e Sandri, p. 12.

1892 — *antiquata* Lin. LOCARD, Coq. mar. des Côtes de France, p. 308, fig. 287.

1892 — *laxa* LOCARD, Coq. mar. des Côtes de France, p. 308.

Obs. — Le *Chama antiquata* de Linné est une espèce des plus douteuses. Si nous examinons les références du *Systema Naturæ*, nous voyons, en effet, que celle de Bonanni représente seule notre coquille méditerranéenne, tandis que celle d'Adanson s'applique au *Cardita ajar*, du Sénégal, et celle de Gualtieri à un *Cardita* de forme trigone et à côtes rayonnantes nombreuses, qu'il n'est pas possible d'identifier. La courte description « *C. testa subcordata, sulcis longitudinalibus, striisque transversis* » peut s'appliquer à la plupart des *Venericardia* et l'*habitat* « *in Oceano africano*, » ferait croire qu'il s'agit du *C. ajar*.

Hanley a constaté la présence dans la collection de Linné de la coquille méditerranéenne dont nous nous occupons; mais il nous apprend qu'il existe aussi, dans le même tiroir une espèce exotique du même groupe et qu'il croit être le *Cardita bicolor* Lamarck. Il suppose que ce second spécimen a pu être introduit plus tard dans la collection de Linné par sir J. Smith.

En présence de cette incertitude, la plupart des naturalistes ont écarté le nom linnéen et lui ont préféré celui de *sulcata* Bruguière, au sujet duquel il n'y a pas d'équivoque. Malheureusement cette appellation ne peut être conservée pour notre espèce parce qu'il existe un fossile éocène bien connu du même groupe, décrit dès 1776 sous le nom de : *Cardita sulcata* par Solander (*in* Brander).

Dans ces circonstances, et pour éviter de proposer un nom nouveau, nous nous décidons à suivre l'exemple de ceux qui ont conservé le nom *antiquata*, qui a, d'ailleurs, été employé et précisé dès 1795, par Poli, pour l'espèce méditerranéenne.

Philippi, dans son premier volume avait cité comme espèce méditerranéenne spéciale le *C. turgida* Lamarck; mais il a rectifié cette erreur dans son deuxième volume, en disant qu'il avait attribué ce nom à une variété *major* du *C. antiquata*.

Quant au véritable *C. turgida* de Lamarck, il est synonyme de *C. bicolor* Lamarck et de *C. antiquata* Lamarck (*non* Linné), espèce de l'Océan Indien.

Diagnose. — Coquille, diamètre umbono-ventral 30 millim.; diamètre antéro-postérieur 31 millim.; épaisseur 25 millim.; très épaisse et pesante, équivalve, inéquilatérale, subglobuleuse. Côté antérieur arrondi; côté postérieur subtronqué et légèrement bianguleux. Sommets très proéminents, contigus et incurvés antérieurement. Aire ligamentaire étroite et profonde; lunule petite, déprimée. Surface ornée de 18 à 20 côtes rayonnantes convexes, plus larges que leurs intervalles; celles de la région postérieure sont plus faibles et contiguës. Les côtes rayonnantes sont coupées par des sillons concentriques qui les divisent en tubercules transverses obtus et irréguliers.

Intérieur des valves lisse et luisant. Aire cardinale de la valve droite pourvue d'une petite dent latérale antérieure obsolète et de deux dents cardinales obliques, dont l'une, antérieure, épaisse, très saillante, est accompagnée en avant d'une fossette arrondie et en arrière d'un sillon large et profond; l'autre, postérieure, est lamelleuse et marginale. Aire cardinale de la valve gauche pourvue de deux dents cardinales obliques : l'une antérieure, trigone; l'autre, postérieure, particulièrement saillante, arquée, allongée, et d'une dent latérale postérieure, marginale faible. Bord antérieur et bord ventral pourvus de grosses crénelures. Impressions des muscles adducteurs des valves bien marquées : l'antérieure est réniforme; la postérieure subquadrangulaire; elles sont surmontées chacune d'une petite impression du muscle adducteur du pied. Impression palléale entière. Ligament enfoncé, peu épais, corné, noirâtre.

Coloration externe blanche, ornée de taches brunes et fauves disposées en zones concentriques onduleuses. Coloration interne blanche. Épiderme épais, très adhérent au test, d'un brun roux.

Variétés. — Var. ex forma 1, *elata* B. D. D. Dans cette variété, le côté postérieur est très court et la coquille est plus haute en proportion. Voir notre pl. XXXVIII, fig. 8, 9.

Var. ex forma 2, *trapezoidea* Monterosato. De forme trapezoïde, plus large que le type et moins renflée. M. Locard a érigé récemment cette variété au rang d'espèce, sous le nom de *Cardita laxa;* mais les passages qui la relient à la forme typique étant nombreux, nous ne voyons aucune utilité à suivre son exemple. Nous avons représenté cette variété pl. XXXVIII, fig. 6, 7.

Var. ex colore, *pallidior* B. D. D. Coloration externe d'un fauve clair, sans taches.

M. de Gregorio a mentionné (*Studi su talune Conch. medit.*, pp. 146, 386), diverses variétés vivantes et fossiles qu'il ne nous a pas été possible d'identifier, faute de figurations.

Habitat. — Peu abondant à Port-Vendres, Banyuls. Zone sublittorale, jusqu'à 75 mètres de profondeur.

Dispersion. — Méditerranée et Adriatique. Océan Atlantique, sur les côtes du Portugal.

Origine. — D'après M. Mayer, cette espèce existerait dans la Molasse de la Suisse. Nous croyons pouvoir lui assimiler le *C. Partschii* Goldfuss, *in* Hœrnes, du Miocène de Vienne ainsi que le *C. Matheroni* Mayer, des couches à Congéries du bassin du Rhône. Dubois de Montpéreux l'a figurée du Miocène de Podolie, sous le nom de *C. intermedia;* mais ce n'est pas le *C. intermedia* de Basterot. Elle est connue du Pliocène du bassin méditerranéen : Banyuls, Millas (sous les noms de *C. etrusca* Lamarck et de *C. Matheroni* Mayer); Parme, Plaisance, Monte-Mario, Calabre, Sicile, Algérie, Rhodes (*C. rhodiensis* Fischer) et Corinthe. On la rencontre également dans le Pleistocène de la Calabre et du Monte-Pellegrino.

Genre CARDITA Bruguière, 1792

Type : *Chama calyculata* Linné. Ce type a été choisi par Lamarck en 1799. En 1801, cet auteur l'a remplacé par le *C. variegata* Bruguière, espèce d'ailleurs fort voisine du *calyculata.* Gray et Deshayes ont conservé la manière de voir de Lamarck. Mörch, dans le *Catalogue de la collection Yoldi*, a inutilement bouleversé la nomenclature des *Cardita :* il a placé les *Venericardia* et les *Glans* dans le genre *Actinobolus* de Klein, les vrais *Cardita* dans les genres *Mytilocardita* Anton et *Beguina* Bolten (*ex parte*) et, enfin, l'*Isocardia cor* dans le genre *Cardita.*

Les genres *Mytilicardia* Blainville, 1825, *Mytilocardita* Anton et *Jesonia* Gray tombent en synonymie, puisque les deux premiers ont pour type le *C. calyculata* et le troisième, le *C. Jeson* qui appartient également à la section typique.

Cardita calyculata Linné, sp. (*Chama*)

Pl. XXXVIII fig. 10, 11, 12, 13 (type); 14, 15, 16, 17, 18, 19, 20 (var.).

1767	*Chama calyculata*	LINNÉ, Syst. Nat., édit. XII, p. 1138.
1786	— — Lin.	SCHRŒTER, Einleit in die Conchylienk., t. III, p. 238 (*ex parte*).
1790	— —	LINNÉ-GMELIN, Syst. Nat., édit. XIII, p. 3301 (*ex parte*).
1792	*Cardita* — Lin.	BRUGUIÈRE, Encycl. Méthod., p. 408 (*ex parte*).
1795	*Chama* — —	POLI, Test. utr. Sic., t. II, p. 119, pl. XXIII, fig. 7, 8, 9.
1817	— — —	DILLWYN, Descr. Catal., t. I, p. 217 (*ex parte*).
1819	*Cardita sinuata*	LAMARCK, Anim. sans vert., t. VI, 1re partie, p. 25.
1825	— *calyculata* Lin.	BLAINVILLE, Manuel de Malac., p. 540, pl. LXIX, fig. 1, 1A.
1826	— *sinuata* Lam.	PAYRAUDEAU, Moll. de Corse, p. 59.
1826	— *calyculata* Lin.	RISSO, Europe mérid., t. IV, p. 326.
1835	— — —	DESHAYES *in* LAMARCK, Anim. sans vert., 2e édit., t. VI, p. 431 (*note*).
1835	— *sinuata*	LAMARCK, Anim. sans vert., édit. Desh., t. VI, p. 433.
1836	— *calyculata* Lin.	SCACCHI, Catal., Conch. Regn. Neap., p. 4.
1836	— — —	PHILIPPI, Enum. Moll. Sic., t. I, p. 54.
1843	— — —	REEVE, Conch. Icon., pl. 1, fig. 1.
1844	— — —	PHILIPPI, Enum. Moll. Sic., t. II, p. 41.
1844	— — —	FORBES, Rep. Æg. Invert., p. 144.
1844	— — —	POTIEZ et MICHAUD, Galerie de Douai, t. II, p. 160.
1846	— — —	VÉRANY, Catal. Invert. mar. di Genova e Nizza, p. 13.
1848	— — —	REQUIEN, Coq. de Corse, p. 27.
1848	— — —	DESHAYES, Expl. scient. de l'Algérie, pl. CV, fig. 1 à 7; pl. CVI, fig. 1 à 5; pl. CVII, fig. 1 à 6.
1851	— — —	PETIT, Catal. *in* Journ. Conch., t. II, p. 376.
1853	— *sinuata* Lam.	DOUBLIER, Prodr. Hist. Nat. du Var, p. 110.
1855	*Chama calyculata* Lin.	HANLEY, Ipsa Linn. Conch., p. 87.
1856	*Cardita* — —	JEFFREYS, Piedm. Coast., p. 25.

1858	*Cardita calyculata* Lin.	GAY, Bivalves du Var, *in* Bull. Soc. sc. du Var, p. 188.
1858	— *sinuata* Lam.	DROUET, Moll. mar. des Açores, p. 46.
1858	*Mytilicardia calyculata* Lin.	H. et A. ADAMS, Genera of recent Moll., t. II, p. 488, pl. CXVI, fig. 3, 3A.
1862	*Cardita* — —	WEINKAUFF, Catal. Algérie, *in* Journ. Conch., t. X, p. 323.
1866	*Mytilicardia* — —	BRUSINA, Contrib. pella fauna dei Moll. Dalm., p. 100.
1867	*Cardita* — —	WEINKAUFF, Conchyl. des Mittelm., t. I, p. 156.
1869	— — —	PETIT, Catal. test. mar., p. 59.
1869	*Mytilicardia* — —	TAPPARONE-CANEFRI, Moll. test. di Spezia, p. 133.
1870	*Cardita* — —	ANCEY, Catal. Moll. mar. du Cap Pinède, p. 5.
1870	— — —	ARADAS et BENOIT, Conch. viv. mar. della Sic., p. 77.
1870	— — —	HIDALGO, Mol. marin., p. 141, pl. LVIIA, fig. 4, 5.
1878	— — —	MONTEROSATO, Enum. e Sinon., p. 10.
1880	— — —	STOSSICH, Prosp. della fauna Adr. *in* Boll. Soc. Adr. di sc. Nat., p. 167.
1881	— — —	JEFFREYS, Lightning and Porcupine Exp. *in* Proc. Zool. Soc. of London, p. 705.
1883	— — —	DAUTZENBERG, Liste Coq. de Gabès, p. 11.
1883	— — —	MARION, Esq. topogr. zool. du golfe de Marseille, pp. 26, 44.
1885	— — —	DE GREGORIO, Studi su talune Conch. Medit., pp. 154 et 387.
1886	— — —	GRANGER, Moll. biv. de France, p. 130, pl. IX, fig. 13.
1886	— — —	LOCARD, Prodr. de Malac. franç., p. 458.
1886	— — —	DAUTZENBERG, Nouvelle liste Coq. de Cannes, p. 1.
1887	— — —	FISCHER, Manuel de Conch., p. 1012, pl. XX, fig. 5.
1888	— — —	KOBELT, Prodr. Faunæ Moll. test. maria europ. inhab., p. 389.
1889	— — —	CARUS, Prodr. Faunæ Medit., p. 100.

1889 *Cardita calyculata* Lin. DAUTZENBERG, Contrib. à la faune Malac. des Açores, *in* Camp. Scient. de l'*Hirondelle*, p. 80.

1890 — — — ARTURO BOFILL Y POCH, Moll. mar. de Llansá, p. 21.

1890 — — — DAUTZENBERG, Récoltes de l'abbé Culliéret aux îles Canaries et au Sénégal, p. 16.

1891 — — — DAUTZENBERG, Moll. du voyage de la *Melita*, p. 9.

1891 — — — BRUSINA, Elenco dei Moll. lamellibr. dei dint. di Zara, del Dr Danilo e Sandri, p. 12.

1892 — — — LOCARD, Coq. mar. des côtes de France, p. 309.

1892 — *formosula* — LOCARD, Coq. mar. des côtes de France, p. 310.

Obs. — Les figures indiquées comme références par Linné pour son *Chama calyculata* représentent plusieurs mollusques différents; celle de Gualtieri (pl. XC, fig. F), bien que fort grossière, est la seule qui puisse être considérée comme se rapportant à la coquille dont nous nous occupons. Celle d'Adanson (pl. XV, fig. 8) est une espèce du Sénégal nommée *Jéson* par cet auteur, *Cardita rufescens* par Lamarck et *Cardita senegalensis* par Reeve. Des deux figurations de Lister, celle nº 184 représente le *Cardita variegata* Bruguière, de l'Océan Indien et celle nº 185 le *Cardita pectunculus* Dillwyn, de Madagascar. On se trouverait donc fort embarrassé si Hanley ne faisait observer que dans la dixième édition du *Systema Naturæ*, la seule citation est celle de Gualtieri, que, d'un autre côté, il existe dans la collection de Linné plusieurs spécimens de la coquille méditerranéenne et seulement, dans une autre boîte et mélangée à diverses coquilles, une valve du *C. variegata*. Enfin, l'habitat méditerranéen inscrit dans le *Systema Naturæ* plaide aussi en faveur de l'identification, généralement admise de cette espèce linnéenne.

Le *Cardita calyculata* Lamarck est différent de celui de Linné, comme l'a bien démontré Deshayes dans la 2e édition des *Animaux sans vertèbres* et doit tomber en synonymie du *Cardita variegata* Bruguière. Il en est de même du *C. subaspera* Lamarck.

Par contre, l'on s'accorde généralement à voir le *C. calyculata* de Linné dans le *C. sinuata* de Lamarck, bien qu'il soit décrit sommairement, sans références et sans indication d'habitat.

D'après M. Hidalgo, il faut ajouter à la synonymie le *C. canaliculata* Luis Salvador.

Diagnose. — Coquille, diamètre umbono-ventral 13 millim.; diamètre antéro-postérieur 23 millim.; épaisseur 15 millim.; solide, équivalve, très inéquilatérale, close ou légèrement bâillante vers le milieu du bord ventral. Forme subquadrangulaire. Région antérieure très courte, obliquement tronquée; région postérieure très grande, dilatée, bord ventral plus ou moins sinueux. Sommets petits, contigus, incurvés antérieurement. Pas de corselet; lunule petite, ovale, déprimée. Surface ornée de 17 ou 18 côtes rayonnantes; celles de la région antérieure sont arrondies, presque contiguës et garnies de nombreuses lamelles imbriquées; celles de la région postérieure sont plus fortes, plus écartées, anguleuses et garnies de lamelles moins nombreuses mais se développant en squamules saillantes.

Intérieur des valves lisse et luisant, traversé par des sillons rayonnants peu profonds qui correspondent aux côtes de l'extérieur et déterminent de grosses crénelures le long des bords.

Charnière de la valve droite portant deux dents cardinales postérieures allongées, lamelliformes, presque parallèles et une petite dent latérale antérieure. Charnière de la valve gauche portant une dent cardinale antérieure courte, une dent cardinale postérieure allongée, lamelliforme et une dent latérale postérieure très faible. Impressions du muscle adducteur antérieur des valves arrondies, un peu enfoncées; impressions du muscle adducteur postérieur des valves plus grande, plus superficielle; impressions du muscle adducteur postérieur du pied placées au-dessus de celles du muscle adducteur des valves et confluentes. Ligament allongé, enfoncé.

Coloration externe blanche, ornée du côté postérieur de larges taches et de ponctuations brunes. Coloration interne blanche, plus ou moins maculée de brun du côté postérieur.

Variétés. — Le *C. calyculata* est souvent déformé par suite de son habitat dans des crevasses de roches ou dans des trous abandonnés de mollusques perforants; la surface de son test est ordinairement encroûtée par des algues calcaires, des serpules, etc., qui en altèrent la sculpture.

Var. ex forma 1, *oblonga* Réquien, plus allongée transversalement que le type. Voir notre pl. XXXVIII, fig. 17, 18, 19.

Var. ex forma 2, *obtusata* Réquien = *decurtata* Monterosato = *formosula* Locard. Décrite comme espèce spéciale par M. Locard, cette variété diffère du type par sa forme plus raccourcie et plus renflée; sa sculpture est granuleuse et serrée et ne possède pas de squamules saillantes sur les côtes de la région postérieure. Voir notre pl. XXXVIII, fig. 14, 15, 16.

Var. ex forma 3, *obsoleta* Dautzenberg. Cette variété se distingue par ses côtes obsolètes, faiblement granuleuses dans la région antérieure, lisses et dépourvues de squamules dans la région postérieure. Elle a été bien figurée par Hidalgo pl. LVIIA, fig. 5; et nous représentons pl. XXXVIII, fig. 20, l'exemplaire du golfe de Gabès qui nous a servi de type : *Liste de coquilles du golfe de Gabès*, p. 11.

Var. ex colore 1, *unicolor* B. D. D. D'un blanc jaunâtre uniforme.

Habitat. — Abondant à Port-Vendres, Paulilles, Collioure, Banyuls : le type et les variétés *oblonga* et *obtusata*. Zones littorale et sublittorale.

Dispersion. — Méditerranée et Adriatique; Océan Atlantique, sur les côtes du Portugal, du Maroc, ainsi qu'aux îles Madère, Canaries et Açores. Distribution bathymétrique, d'après Jeffreys : de 0 à 218m.

Origine. — Miocène de la Touraine, du Bordelais (*C. elongata* Bronn), du Portugal, des Açores, de la Suisse, du bassin de Vienne, de la Bohême et de Turin. Pliocène du Cotentin, du Roussillon (var. *diglypta* Fontannes), de la vallée du Rhône, de divers points de l'Italie, de la Sicile, de Grèce et de Chypre. Pleistocène des îles Baléares et de Livourne.

Weinkauff réunit au *C. calyculata* les *C. Auingeri* Hœrnes et *C. elongata* Bronn, *in* Hœrnes. Quant au *C. elongata* var. *semivarians* Fontannes, du Roussillon, nous croyons que c'est la forme indiquée par nous sous le nom de var. *oblonga* Réquien.

Sous-genre GLANS Megerle von Mühlfeld, 1811

Type : *Cardita trapezia* Linné.

Cardita trapezia Linné, sp. *Chama*

Pl. XXXVIII, fig. 21, 22, 23, 24, 25.

1767 *Chama trapezia*	LINNÉ, Syst. Nat., édit. XII, p. 1138.
1776 — — Lin.	MULLER, Zool., Dan. Prodr., p. 247.
1786 — — —	SCHROETER, Einleit. in die Conchylienk. t. III, p. 236; pl. VIII, fig. 17.
1788 *Cardita* — —	CHEMNITZ, Conch. Cab., t. XI, p. 240, pl. 204, fig. 2005, 2006.
1790 *Chama* — —	LINNÉ - GMELIN, Syst. Nat., édit. XIII, p. 3301.
1792 *Cardita* — —	BRUGUIÈRE, Encycl. Méthod., p. 407, pl. CCXXXIV, fig. 7.
1795 *Chama muricata*	POLI, Test. utr. Sic., t. II, p. 121, pl. XXIII, fig. 22.

1817	*Chama trapezia* Lin.	Dillwyn, Descr. Catal., t. I, p. 216.
1819	*Cardita* — —	Lamarck, Anim. sans vert., t. VI, 1re partie, p. 23.
1819	— *squamosa*	Lamarck, Anim. sans vert., t. VI, 1re partie, p. 22.
1826	— — Lam.	Payraudeau, Moll. de Corse, p. 59.
1826	— *muricata* Poli	Risso, Europe mér., t. IV, p. 325,
1835	— *trapezia* Lin.	Lamarck, Anim. sans vert., édit. Desh., t. VI, p. 429.
1835	— *squamosa*	Lamarck, Anim. sans vert., édit. Desh., t. VI, p. 427.
1836	— *muricata* Poli	Scacchi, Catal. Conch. Regn. Neap., p. 4.
1836	— *trapezia* Lin.	Philippi, Enum. Moll. Sic., t. I, p. 54.
1843	— — —	Reeve, Conch. Icon., pl. IV, fig. 15.
1844	— — —	Philippi, Enum. Moll. Sic., t. II, p. 41.
1844	— — —	Forbes, Rep. Aeg. Invert., p. 144.
1844	— — —	Potiez et Michaud, Galerie de Douai, t. II, p. 161.
1846	— — —	Vérany, Catal. Invert. mar. di Genova e Nizza, p. 13.
1848	— — —	Réquien, Coq. de Corse, p. 27.
1851	— — —	Petit, Catal. *in* Journ. Conch., t. II, p. 376.
1853	— — —	Doublier, Prodr. Hist. Nat. du Var, p. 110.
1853	— *squamosa* Lam.	Doublier, Prodr. Hist. Nat. du Var, p. 110.
1855	*Chama trapezia* Lin.	Hanley, Ipsa Linn. Conch., p. 86.
1856	*Cardita* — —	Jeffreys, Piedm. Coast., p. 25.
1858	*Mytilicardia* (*Glans*) *trapezia*	L. H. et A. Adams, Genera of recent Moll., t. II, p. 489.
1858	*Cardita trapezia* Lin.	Gay, Bivalves du Var, *in* Bull. Soc. sc. du Var, p. 187.
1862	— — —	Chenu, Manuel de Conch., t. II, p. 136, fig. 653.
1862	— — —	Weinkauff, Catal. Alg. *in* Journ. Conch., t. X, p. 323.
1866	*Mytilicardia* — —	Brusina, Contrib. pella fauna dei Moll. Dalm., p. 100.
1867	*Cardita* — —	Weinkauff, Conchyl. des Mittelm., t. I, p. 154.
1869	— — —	Petit, Catal. test. mar., p. 60.
• 1869	*Mytilicardia* — —	Tapparone-Canefri, Moll. test. di Spezia, p. 133.

1870	*Cardita trapezia* Lin.	Aradas et Benoit, Conch. viv. mar. della Sic., p. 77.
1870	— — —	Jeffreys, Medit. Moll., p. 7.
1870	— — —	Ancey, Catal. Moll. mar. du cap Pinède, p. 5.
1870	— — —	Hidalgo, Mol. marin., p. 141, pl. LVIIa, fig. 7.
1878	— — —	Issel, Crociera del Violante, p. 37.
1878	— — —	Monterosato, Enum. e Sinon., p. 10.
1879	— — —	Clément, Catal. coq. du Gard, *in* Études d'Hist. Nat., p. 75.
1880	— — —	Stossich, Prosp. della fauna del mare Adr. *in* Boll. Soc. Adr. di Sc. Nat., p. 167.
1883	— — —	Dautzenberg, Liste coq. de Gabès, p. 11.
1883	— — —	Marion, Esq. topogr. zool. du golfe de Marseille, pp. 35, 58, 59, 61.
1883	— — —	Marion, Consid. sur les faunes profondes de la Médit., pp. 44, 46.
1885	— — —	De Gregorio, Studi su talune Conch. medit., p. 151.
1886	— — —	Locard, Prodr. de Malac. franç., p. 457.
1886	— — —	Dautzenberg, Nouv. liste de coq. de Cannes, p. 1.
1886	— — —	Granger, Moll. biv. de France, p. 131.
1887	—(*Glans*)— —	Fischer, Manuel de Conch., p. 1012.
1888	— — —	Kobelt, Prodr. faunæ Moll. test. maria europ. inhab., p. 388.
1889	— — —	Carus, Prodr. faunæ medit., p. 99.
1891	— — —	Brusina, Elenco dei Moll. lamellibr. dei dint. di Zara del Dr Danilo e Sandri, p. 12.
1892	— — —	Locard, Coq. mar. des côtes de France, p. 309.

Obs. — Le *C. trapezia* diffère du *C. calyculata* par sa forme plus courte, son contour plus rectangulaire, ses côtes plus régulières, imbriquées d'une manière plus égale.

Bien que Linné n'ait cité aucune figuration de son *Chama trapezia* et que l'habitat *in Oceano norvegico* ne puisse s'appliquer à cette coquille dont l'habitat est beaucoup plus méridional, la description du *Systema*

Naturæ est assez précise pour que le doute ne puisse être permis. Hanley nous apprend, d'ailleurs, que la présente espèce existe avec son étiquette originale dans la collection de Linné.

Il est certain que le *C. squamosa* de Lamarck est synonyme du *C. trapezia* de Linné, quisqu'il est basé sur le *C. muricata* de Poli, qui n'est qu'une forme grande de cette espèce.

Diagnose. — Coquille, diamètre umbono-ventral 8 millim.; diamètre antéro-post. 12 millim.; épaisseur 8 millim.; solide, équivalve, très inéquilatérale, close, de forme quadrangulaire. Région antérieure très courte, obliquement tronquée; région postérieure très grande, bianguleuse et légèrement sinueuse; bord ventral presque rectiligne. Sommets renflés, contigus, incurvés antérieurement. Pas de corselet, lunule petite, arrondie, déprimée. Surface ornée d'une vingtaine de côtes rayonnantes garnies d'imbrications assez grosses dont quelques-unes se relèvent en squamules courtes dans la région postérieure.

Intérieur des valves lisse et luisant, traversé par des sillons obsolètes qui correspondent aux côtes de l'extérieur et déterminent de fortes crénelures le long des bords. Charnière et impressions musculaires semblables à celles du *C. calyculata*. Ligament très étroit, à peine visible à l'extérieur.

Coloration externe blanchâtre, avec des zones brunes confluentes vers l'extrémité postérieure. Coloration interne d'un gris sale largement maculée de brun du côté postérieur.

Variétés. — Var. ex forma, *muricata* Poli = *squamosa* Lamarck plus grande que le type, avec les squamules plus développées.

Var. ex colore 1, *albida* Monterosato. Entièrement blanche.

Var. ex colore 2, *rosea* Monterosato, d'un beau rose uniforme.

Var. ex colore 3, *sulphurea* B. D. D. Cette coloration, d'un jaune de soufre, sans taches, a été signalée par M. de Monterosato (Notizie intorno ad alcune Conchiglie delle coste d'Africa, *in Bull. Soc. Malac. Ital.*, t. V, p. 215); mais il ne lui a pas été attribué de nom. Nous en avons reçu de M. de Nerville un spécimen recueilli par lui à Djerba.

Habitat. — Très rare à Paulilles.

Dispersion. — Méditerranée et Adriatique. Océan Atlantique au cap Sainte-Marie (sud du Portugal). Habitat bathymétrique jusqu'à 73 mètres (Jeffreys).

Origine. — Cette espèce est abondante dans le Miocène de la Touraine et plus rare dans celui du Bordelais, dans la Molasse de la Suisse et le calcaire de Leitha, du bassin de Vienne. Elle est peu commune dans le Pliocène de l'Italie, de la Grèce, de Rhodes et de Chypre. Pleistocène de Calabre et de Sicile.

Famille LASÆIDÆ Gray, 1840 (*emend.*)

C'est à Gray que revient le mérite d'avoir groupé dans une famille spéciale, à laquelle il donna le nom de *Lasiadæ*, les genres pour lesquels Deshayes établit quelques années plus tard la famille des *Erycinidæ* et Sowerby celle des *Kellyadæ*. La loi de priorité nous fait un devoir d'adopter le nom le plus ancien dont nous nous permettons toutefois de corriger l'orthographe afin de le mettre d'accord avec son étymologie.

TABLEAU DES GENRES ET ESPÈCES

Genre **Kellyia** Turton.
Sous-genre *Bornia* Philippi........... *K. sebetia* O. G. Costa.
Genre **Montaguia** Turton.............. *M. bidentata* Montagu.
Genre **Lasæa** Leach, in Brown.......... *L. rubra* Montagu.
Genre **Lepton** Turton................. *L. squamosum* Montagu.

GENRE KELLYIA TURTON, 1822 (*emend.*)

Ce genre, créé par Turton, qui dit le dédier à M. O'Kelly, naturaliste de Dublin, doit être orthographié *Kellyia* et non *Kellia*. Turton y introduisit deux espèces : le *Mya suborbicularis* Montagu, qui a été classé par Brown, en 1827, dans son genre *Tellimya* et le *Cardium rubrum* Montagu, pris par ce même auteur pour type du genre *Lasæa*. Il résulterait de cette manière de faire de Brown que le genre *Kellyia* ne renfermerait plus rien. Il faut donc que le *Mya suborbicularis* soit conservé comme type du genre *Kellyia*, non seulement parce qu'il est cité le premier par Turton, mais aussi parce que la seconde espèce (*C. rubrum*) avait déjà été choisie par Leach pour type du genre *Lasæa*.

Le genre *Bornia* de Philippi peut être conservé comme section, avec le *K. sebetia* comme type.

Kellyia sebetia Costa, sp. (*Cyclas*)

Pl. XXXIX, fig. 1, 2.

1829	*Cyclas sebetia*		COSTA, Catal. Sist. pl. II, fig. 6.
1836	*Erycina crenulata*		SCACCHI, Catal. Conch. Regn. Neap. p. 6.
1836	*Bornia corbuloides*	(Bivona mss.)	PHILIPPI, Enum. Moll. Sic., t. I, p. 14, pl. 1, fig. 15.
1844	—	— —	PHILIPPI, Enum. Moll. Sic., t. II, p. 11.
1844	*Kellia*	— Phil.	FORBES, Report. Aeg. Invert., p. 142.
1844	*Erycina*	— —	RECLUZ, Prodr. Monogr. genre *Erycina* in Revue zool. Soc. cuviérienne, p. 327.
1860	...	— —	PETIT, Catal. suppl., *in* Journ. Conch., t. VIII, p. 235.

1862 *Erycina Geoffroyi* — Chenu (*non* Payraudeau) Manuel de Conch., t. II, p. 124, fig. 394, 394 B.
1862 *Kellia corbuloides* Phil. Weinkauff, Catal. *in* Journ. Conch., t. X, p. 310.
1866 — — — Brusina, Contrib. pella fauna dei Moll. Dalm., p. 99.
1867 *Bornia* — — Weinkauff, Conch. des Mittelm., t. I, p. 178.
1869 — — — Petit, Catal. test. mar., p. 43.
1869 *Kellia* — — Tapparone-Canefri, Moll. test. di Spezia, p. 130.
1870 *Bornia* — — Aradas et Benoit, Conch. viv. mar. della Sic., p. 41.
1870 — — — Hidalgo, Mol. mar., p. 144.
1870 — — — Ancey, Catal. Moll. mar. Cap. Pinède, p. 3.
1876 *Kellia* — — Monterosato, Not. sulle Conch. della rada di Civitavecchia *in* Ann. Mus. Civ. di Genova, t. IX, p. 413.
1878 *Bornia* — — Monterosato, Enum. e Sinon., p. 10.
1878 — — — Issel, Crociera del Violante, p. 39.
1880 *Kellia* — — Stossich, Prosp. della fauna del mare Adr. *in* Boll. Soc. Adr. di Sc. Nat., p. 164.
1883 *Bornia* — — Dautzenberg, Liste coq. de Gabès, p. 10.
1886 — — — Locard, Prod. de Malac. franç., p. 472.
1886 — — — Dautzenberg, Nouvelle liste de Cannes, p. 1.
1886 *Kellia* — — Granger, Moll. biv. de France, p. 110.
1888 *Bornia* — — Kobelt, Prodr. faunæ Moll. test. maria europ. inhab., p. 380.
1889 — — — Carus, Prodr. faunæ Medit., p. 105.
1891 *Bornia* — — Brusina, Elenco dei Moll. lamell. dei dint. di Zara del Dr Danilo e Sandri. p. 12.
1892 *Kellya* — — Locard, Coq. mar. des côtes de France, p. 319.

Obs. — Cette espèce est plus connue sous le nom de *corbuloides* emprunté en 1836 par Philippi à Bivona qui l'avait étiquetée dans sa collection : *Erycina corbuloides*. Mais comme elle a été figurée et nommée dès 1829 par Costa : *Cyclas sebetia*, la loi de priorité nous force à reprendre cette ancienne appellation.

Diagnose. — Coquille diamètre umbono-ventral 5 millim. 1/2; diam. antéro-post. 7 millim. 1/4; épaisseur 3 millim., mince, un peu hyaline, équivale, équilatérale, de forme subtrigone, comprimée vers le bord ventral. Sommets assez saillants, contigus. Surface lisse et luisante ne présentant que des stries d'accroissement fines.

Intérieur des valves lisse. Charnière de la valve droite pourvue au centre d'une échancrure profonde, arrondie.

Variétés. — Nous n'en connaissons aucune variété de forme ni de coloration.

Habitat. — Rare à Port-Vendres, Collioure, Paulilles.

Dispersion. — Méditerranée et Adriatique. Océan Atlantique à Faro (Portugal).

Origine. — Miocène du bassin de Vienne, du Bordelais et du Modenais. Pliocène du Crag d'Angleterre, de la vallée du Rhône (?), de l'Italie centrale et de la Calabre. Pleistocène de Calabre.

Genre MONTAGUIA Turton, 1822 (*emend.*)

Type : *Mya bidentata* Montagu. Ce genre ayant été dédié à Montagu, doit être orthographié *Montaguia* et non *Montacuta*. Le genre *Montaguia* établi en 1825 par Desmarets, pour des Crustacés et le genre *Montagua* créé par Fleming, en 1828, pour des Nudibranches, doivent recevoir d'autres appellations.

Montaguia bidentata Montagu sp. (*Mya*).

Pl. XXXIX fig. 3, 4.

1803	*Mya bidentata*	Montagu, Test. brit., p. 44, pl. suppl. XXVI, fig. 6.
1804	— — Mont.	Maton et Rackett, Descr. Catal., *in* Trans. Linn. Soc., p. 41.
1817	— — —	Dillwyn, Desr. Catal., of rec. Shells, t. I, p. 45.
1819	— — —	Turton, Conch. Dict., p. 102.
1822	*Montacuta* — —	Turton, Dithyra brit., p. 60.
1844	*Erycina* — —	Recluz, Prod. Monogr., genre *Erycine*, *in* Revue Zool., Soc. Cuviérienne, p. 331.
1844	— *nucleola*	Recluz, Prodr. Monogr. genre *Erycine*, *in* Revue Zool., Soc. Cuviérienne, p. 328.
1844	*Tellimya bidentata* Mont.	Brown, Illustr. of the Conch., of Great Brit. and Irel., 2e édit., p. 107. pl. XLIV, fig. 8, 9.
1848	*Montacuta* — —	Forbes et Hanley, Britt. Moll., t. II, p. 75, pl. XVIII, fig. 6, 6a.
1856	— — —	Jeffreys, Piedm. Coast., p. 25.
1857	*Erycina* — —	Petit, Catal. Suppl., *in* Journ. Conch., t. VI, p. 359.
1859	*Montacuta* — —	Sowerby, Illustr. Ind., pl. VI, fig. 2.

1862 *Tellimya bidentata* Mont. CHENU, Manuel de Conch., t. II, p. 127, fig. 610.

1863, 1869 *Montacuta* — — JEFFREYS, Brit. Conch., t. II, p. 208; t. V., p. 177, pl. XXXI, fig. 8.

1865 — — — CAILLIAUD, Catal. Loire-Inf., p. 94.

1866 — — — WEINKAUFF, Catal., 2e Suppl., *in* Journ. Conch., t. XIV, p. 229.

1867 — — — WEINKAUFF, Conch. des Mittelm., t. I. p. 176.

1867 *Montaguia* — — TASLÉ, Catal. Morbihan, p. 18.

1868 *Montacuta* — — COLBEAU, Liste Moll. viv. de Belgique, p. 26.

1869 *Erycina* — — FISCHER, Gironde, 1er Suppl. p. 108.

1869 *Montacuta* — — TAPPARONE-CANEFRI, Moll. test. di Spezia, p. 131.

1870 — — — ARADAS et BENOIT, Conch. viv. mar. della, Sic., p. 40.

1870 — — — PETIT, Catal. test. mar., p. 43.

1870 — — — JEFFREYS, Medit. Moll., p. 6.

1870 — — — HIDALGO, Mol. mar., p. 143.

1872 — — — MEYER et MÖBIUS, Fauna der Kielerbucht, p. 85, pl. XIII, fig. 7, 11.

1878 — — — G. O. SARS, Fauna Moll. Arct. Norv., p. 69, pl. XIX, fig. 17A, 17B.

1878 — — — MONTEROSATO, Enum. e Sinon., p. 8.

1878 — — — FISCHER, Brachiop. et Moll. du litt. océanique de France, p. 10.

1881 — — — JEFFREYS, Lightn. and Porcup. Exp. *in* Proc. Zool. Soc. of London, p. 698.

1882 — — — JEFFREYS, Lightn. and Procup. Exp., *in* Proc. Zool. Soc. of London, p. 684.

1883 — — — DANIEL, Faune malac. de Brest, *in* Journ. Conch., t. XXXI, p. 251.

1883 — — — DAUTZENBERG, Liste coq. de Gabès, p. 9.

1883 — — — DUPREY, Catal. Jersey, Suppl., *in* Annals and Mag., Nat. Hist., p. 186.

1886 — — — GRANGER, Moll. biv. de France, p. 111, pl. VIII, fig. 13.

1886 *Montaguia* — — LOCARD, Prodr. de Malac. franç., p. 470.

1886 *Montacuta* — — SPARRE-SCHNEIDER, Tromsösundets Mollusk fauna, p. 85.

1887 — — — FISCHER, Manuel de Conch., p. 1027.

1888 — — — KOBELT, Prodr. Faunae Moll. test. maria europ. inhab., p. 381.

1889 *Montacuta bidentata* Mont. Carus; Prod. Faunæ Medit. p. 105.
1890 — — — Dautzenberg, Catal. Moll. du Pouliguen, p. 4.
1892 *Montaguia* — — Locard, Coq. mar. des côtes de France, p. 320, fig. 303.

Obs. — Le *Montaguia bidentata* diffère du *M. ferruginosa* Montagu, que nous n'avons pas recueilli dans le Roussillon, par sa taille plus faible, ses sommets plus saillants et sa forme moins transverse.

Diagnose. — Coquille, diamètre umbono-ventral 2 millim. 1/2, diamètre antéro-post. 3 millim. 1/2, épaisseur 1 millim. 1/2, petite, mince, équivalve, inéquilatérale, close, de forme ovale. Le côté antérieur est le plus grand et son contour est bien arrondi; le côté antérieur, plus court, est faiblement tronqué. Sommets petits, contigus. Surface lisse, traversée seulement par des stries d'accroissement.

Intérieur des valves lisse et luisant; bords simples, non denticulés. Bord cardinal interrompu par une échancrure médiane anguleuse, accompagnée de chaque côté par une forte dent latérale divergente. Sous l'échancrure, on observe un cuilleron concave qui supporte un cartilage interne épais et globuleux. Impression des muscles adducteurs des valves ovales, peu distinctes; impression palléale entière.

Coloration blanche uniforme. Épiderme assez épais, jaunâtre.

Habitat. — Rare à Canet et Paulilles, valves rejetées sur les plages.

Dispersion. — Méditerranée et Adriatique (*Roth*, *teste Hœrnes*). Océan Atlantique, depuis le Finmark et les îles Færoë, jusqu'au détroit de Gibraltar et Madère. Habitat bathymétrique très étendu : depuis la zone sublittorale jusqu'à 2,500 mètres (Expédition du *Porcupine*). M. Jeffreys l'indique encore, d'après Verrill, des côtes de la Nouvelle Angleterre; mais il nous semble douteux que la forme de cette provenance, nommée *Montacuta elevata* par Stimpson, soit la même que celle des mers d'Europe.

Origine. — Cette espèce est connue du Pliocène d'Angleterre (Suffolk, Cornwall), de Belgique et de Normandie. Elle est citée du Pliocène d'Italie (Monte-Mario, Calabre), et de l'Andalousie par M. Bergeron. Pleistocène de Norwège, d'Angleterre, de Calabre et de Sicile. M. de Monterosato indique comme synonymes douteux : *Arcinella lævis* Philippi et *Erycina faba* Nyst.

Genre LASÆA Leach, in Brown, 1827.

Type. — *Cardium rubrum* Montagu (= *Kellyia rubra* Turton). Ce genre a été accepté par Gray, Forbes et Hanley et par la plupart des naturalistes anglais. Les genres *Cycladina* Cantraine, 1835, *Poronia*

Recluz, 1843, *Autonoë* Leach, 1852, basés sur le même type, tombent en synonymie. Le *L. rubra* a été classé par Scacchi dans le genre *Erycina* et par Philippi dans le genre *Bornia.*

Lasæa rubra Montagu, sp. (*Cardium.*)

Pl. XXXIX, fig. 5, 6 (var. *major*).

1803	*Cardium rubrum*	MONTAGU, Test. brit., p. 83, pl. suppl. XXVII, fig. 4.
1804	— — Mont.	MATON et RACKETT, Descr. Catal. *in* Trans. Linn. Soc., t. VIII, p. 66.
1817	— — —	DILLWYN, Descr, Catal, p. 131.
1819	*Tellina rubra* —	TURTON, Conch. Dict., p. 168.
1822	*Kellia* — —	TURTON, Dithyra brit., p. 57, pl. XI, fig. 7, 8.
1825	*Cardium rubrum* —	DE GERVILLE, Catal. Manche, p. 188.
1835	*Cycladina Adansoni*	CANTRAINE, Diagnose d'esp. nouv. *in* Bull. Acad. Bruxelles, p. 29.
1836	*Erycina violacea*	SCACCHI, Catal. Conch. Regni Neap., p. 6., pl. unique, fig. 3, 4.
1836	*Bornia seminulum*	PHILIPPI, Enum. Moll. Sic., t. I, p. 14, pl. I, fig. 16.
1843	*Poronia rubra* Mont.	RECLUZ, Monogr. du genre Poronia, *in* Revue Soc. zool. Cuviérienne, p. 175.
1844	*Kellia* — —	FORBES, Rep. Aeg. Invert., p. 142.
1844	*Lasœa* — —	BROWN, Illustr. of the Conch. of Gr. Brit. and Ireland, p. 93, pl. XXXVI, fig. 17, 18.
1844	*Bornia seminulum*	PHILIPPI, Enum. Moll. Sic., t. II, p. 11.
1845	*Poronia rubra* Mont.	RECLUZ *in* CHENU, Illustrations Conchyliologiques, pl. I, fig 3 à 3D; 4 à 4C.
1848	*Kellia* — —	FORBES et HANLEY, Brit. Moll., t. II, p. 94, pl. XXXVI, fig. 5, 7.
1848	*Bornia seminulum* Phil.	DESHAYES, Expl. scient. de l'Algérie, pl. XLIII, fig. 8 à 11; pl. XLIII A, fig. 6 à 8.
1851	*Poronia rubra* Mont.	PETIT, Catal. *in* Journ. Conch., t. II, p. 285.
1852	*Autonoë* — —	LEACH, Synopsis, p. 288.
1853	*Poronia* — —	DOUBLIER, Prodr. Hist. Nat. du Var, p. 108.

1855	*Kellia rubra* Mont.	Clark, Brit. Mar. test. Moll., p. 92.
1856	— — —	Jeffreys, Piedm. Coast, p. 25.
1858	*Lasæa* — —	H. et A. Adams, Genera of Recent Moll., t. II, p. 474; pl. CXIV, fig. 7 à 7c.
1858	*Poronia* — —	Gay, Bivalves du Var, *in* Bull. Soc. sc. du Var, p. 155.
1859	*Kellia* — —	Sowerby, Illustr. Index brit. Sh., pl. VI, fig. 7, 8.
1860	— — —	Macé, Catal. Cherbourg et Valognes, p. 25.
1862	— — —	Chenu, Manuel de Conch., t. II, p. 125, fig. 596.
1862	— *seminulum* Phil.	Chenu, Manuel de Conch., t. II, p. 125, fig. 599.
1863	*Lasæa rubra* Mont.	Jeffreys, Brit. Conch., t. II., p. 219; t. V (1869), p. 179, pl. XXXII, fig. 1.
1865	— — —	Cailliaud, Catal. Loire-Inf., p. 95.
1866	*Kellia (Poronia)* — —	Weinkauff, Catal. Alg., 2e Suppl., *in* Journ. Conch., t. XIV, p. 229.
1866	— — —	Brusina, Contrib. pella fauna dei Moll. Dalm., p. 99.
1867	*Poronia* — —	Weinkauff, Conchyl. des Mittel., t. 1, p. 177.
1867	— — —	Taslé, Catal. Morbihan, p. 19.
1869	— — —	Petit, Catal. test. mar., p. 44.
1869	— — —	Fischer, Gironde, 1er Suppl., p. 108.
1869	— — —	Tapparone-Canefri, Moll. test. di Spezia, p. 130.
1870	*Bornia* — —	Aradas et Benoit, Conch. viv. mar. della Sic., p. 41.
1870	*Lasæa* — —	Hidalgo, Mol. mar., p. 144.
1876	— — —	Duprey, Catal. Jersey, *in* Ann. and Mag. Nat. Hist., p. 2.
1878	*Poronia* — —	Fischer, Brachiop. et Moll. du litt. océanique de France, p. 10.
1880	*Kellia* — —	Stossich, Prosp. della fauna del mare Adr., *in* Boll. Soc. Adr. di Sc. Nat., p. 165.
1880	*Lasæa* — —	Servain, Catal. Coq. mar de l'île d'Yeu, p. 22.
1880	*Lasæa* — —	Jeffreys, French Deep-Sea Expl. in the Bay of Biscay, p. 7.
1881	— — —	Jeffreys, Lightn. and Porcup. Exp. *in* Proc. zool. Soc. of London, p. 699.

1883 *Poronia* *rubra* Mont. Daniel, Faune Malac. de Brest, *in* Journ. Concl., t. XXXI, p. 252.

1884 *Lasæa* — — Tryon, Struct. and Syst. Conch., t. III, p. 219, pl. CXX, fig. 90.

1886 *Lesæa* — — Locard, Prodr. de Malac. franç., p. 469.

1886 *Poronia* — — Granger, Moll. biv. de France, p. 112, pl. VIII, fig. 15.

1887 *Lasæa* — — Fischer, Manuel de Conch., p. 1028, pl. XIX, fig. 12.

1887 — — — Dautzenberg, Excursion Malac. à Saint-Lunaire, p. 7.

1888 — — — Kobelt, Prodr. faunæ Moll. test. maria europ. inhab., p. 385.

1889 — — — Carus, Prodr. faunæ medit., p. 107.

1892 — — — Locard, Coq. mar. des côtes de France, p. 320, fig. 302.

Obs. — Cantraine, en 1835, a donné à des exemplaires méditerranéens de ce mollusque le nom de *Cycladina Adansoni*, en les considérant comme identiques à ceux du Sénégal désignés par Adanson sous le nom de *Poron*. Plus tard, Recluz, dans sa monographie du genre *Poronia*, publiée dans les *Illustrations Conchyliologiques* de Chenu, considère le *Poron* comme une espèce indépendante et lui attribue le nom de *Poronia Adansoniana*, tandis qu'il conserve pour les spécimens européens le nom de *Poronia rubra*.

Si les exemplaires des deux provenances différentes appartiennent respectivement à deux espèces distinctes, il faudra reprendre pour ceux du Sénégal le nom de *Lasæa Poron* Adanson, qui aura pour synonyme *Poronia Adansoniana* Recluz (*non* Cantraine), tandis que le *Cycladina Adansoni* devra, dans tous les cas, entrer dans la synonymie du *L. rubra*. L'examen des figures des *Illustrations Conchyliologiques*, et des échantillons de la collection de Recluz qui sont en notre possession, nous fait croire qu'il s'agit bien de deux espèces : la forme du Sénégal est plus arrondie, moins transverse, ses bords cardinaux sont plus étroits, pourvus de dents plus faibles; enfin, sa coloration est d'un jaune clair à peine teinté de rose sur la charnière.

Jeffreys nous apprend que le *Kellia rubra* de Gould n'est pas la présente espèce, mais bien le *Cyamium minutum* de Turton.

Diagnose. — Coquille, diamètre umbono-ventral 2 millim. 1/2; diamètre antéro-postérieur 3 millim.; épaisseur 2 millim.; petite, assez solide, équivalve, un peu inéquilatérale, close, renflée, de forme arrondie. Côté antérieur un peu plus grand que le côté postérieur; sommets obtus, contigus. Surface peu luisante, ornée de stries concentriques fines, serrées, un peu onduleuses et de lignes d'accroissement bien marquées.

Intérieur des valves lisse, peu luisant mais légèrement nacré. Bords cardinaux larges et épais, échancrés au milieu et portant, sur la valve droite, deux dents latérales triangulaires et pointues; sur la valve gauche, deux dents latérales semblables et, de plus, une très petite dent cardinale saillante placée sous le crochet. Les dents latérales de l'une des valves correspondent à des fossettes dans l'autre valve. Impressions des muscles adducteurs des valves superficielles; mais plus luisantes que le fond; impression palléale entière, peu visible. Bords des valves simples. Cartilage interne grand, fixé sur un cuilleron oblique qui borde le dessous de la dent latérale postérieure.

Coloration externe blanche, teintée de rose du côté postérieur et le long des bords. Coloration interne semblable, avec la charnière plus colorée que le reste du test. Epiderme jaunâtre, assez épais.

Variétés. — Var. ex forma *major* B. D. D. Atteignant diamètre umbono-ventral 4 millim.; diamètre antéro-post. 5 millim; épaisseur 4 millim. Cette variété ne paraît exister que dans la Méditerranée.

Var. ex colore *pallida* Jeffreys. D'une coloration jaune pâle uniforme.

Habitat. — Rare à Port-Vendres, Paulilles : la variété *major*.

Dispersion. — Méditerranée et Adriatique. Océan Atlantique, depuis les côtes du Groënland jusqu'au détroit de Gibraltar. Le *L. rubra* a aussi été signalé de diverses localités exotiques; mais les matériaux que nous possédons ne nous suffisent pas pour vérifier s'il s'agit d'une seule espèce ou bien d'espèces similaires mais possédant des caractères propres pouvant permettre de les séparer. Dans le doute, nous avons éliminé de la synonymie les références qui concernent des spécimens de provenance non européenne. Nous avons dit plus haut ce que nous pensons de la forme du Sénégal; Kraus a aussi signalé la présence, sur le littoral de l'Afrique australe, d'un mollusque qu'il assimile au *L. rubra*. Stearns l'indique de l'Alaska; Carpenter de la Californie; Philippi du détroit de Magellan et du Japon; M. Vélain des îles Saint-Paul et Amsterdam; enfin, Jeffreys la mentionne, d'après Cuming, de la côte occidentale de l'Amérique du Sud. Des exemplaires de cette dernière provenance (Callao, rapportés par M. Petit de la Saussaye) ont été étudiés par Recluz (*Illustrations conchyliologiques*, p. 2, pl. I, fig. 2) et cet auteur dit qu'ils diffèrent du *Poron* d'Adanson par leur taille plus petite, leur forme plus inéquilatérale, leurs crochets moins saillants; il leur donne le nom de *Poronia Petitiana*.

Sur nos côtes océaniques, où nous l'avons observé souvent, le *L. rubra* vit au-dessus de la limite des marées ordinaires, parmi les touffes de *Lichina pygmæa;* nous avons recueilli en grand nombre la variété *pallida* à l'entrée du port du Croisic, sous des pierres qui ne sont baignées qu'au moment des fortes marées. « C'est, dit Clark, le plus terrestre des bivalves. »

Origine. — Miocène du Portugal (Ribeiro). Pliocène d'Angleterre (Suffolk, Cornwall), du Cotentin, du Monte-Mario et de la Calabre. M. Brauns l'indique encore du Pliocène du Japon. Pleistocène de Ficarazzi.

Genre LEPTON Turton, 1822

Type : *Solen squamosus* Montagu. Ce genre a été adopté par les conchyliologues sans autres modifications que l'introduction de sections pour des espèces dont nous n'avons pas à nous occuper ici.

Lepton squamosum Montagu. sp. (*Solen*).

Pl. XXXIX, fig. 7, 8, 9.

1803	*Solen squamosus*	Montagu, Test. brit., t. II, p. 565.
1804	— — Mont.	Maton et Rackett, Descr. Catal., *in* Trans. Linn. Soc. t VIII, p. 48.
1817	— — —	Dillwyn, Descr. Catal., t. I, p. 70.
1819	— — —	Turton, Conch. Dict., p. 164.
1822	*Lepton squamosum* —	Turton, Dithyra brit., p. 62, pl. VI, fig. 1-3.
1827	*Psammobia punctura*	Brown, Ill. of the Conch. of Gr. Brit. and Irel., 1re édit., pl. XVI fig. 7.
1844	*Lepton squamosum* Mont.	Brown, Ill. of the Conch. of Gr. Brit. and Irel. 2e édit., p. 111, pl. XL, fig. 7.
1848	— — —	Forbes et Hanley, Brit. Moll., t. II, p. 98, pl. XCVI, fig. 8, 9.
1855	— — —	Clark, Brit. mar. test. Moll., p. 75.
1858	— — —	H. et A. Adams, Genera of recent Moll., t. II, p. 478, pl. CXV, fig. 1, 1 A, 1 B.
1859	— — —	Sowerby, Illustr. Index brit. sh., pl. VI, fig. 9.
1862	— — —	Chenu, Manuel de Conch., t. II, p. 127, fig. 607.

1863-1869 *Lepton squamosum* Mont. Jeffreys, Brit. Conch., t. II, p. 194; t. V, p. 177, pl. XXXI, fig. 2.

1865 — — — Cailliaud, Catal. Loire-Inf., p. 96.

1867 — — — Weinkauff, Conchyl. des Mittelm., t. I, p. 181.

1869 — — — Petit, Catal. test. mar., p. 44.

1870 — — — Hidalgo, Mol. mar., p. 143.

1874 — — — Fischer, Gironde, 2e suppl., p. 175.

1878 — — — Fischer, Brachiop. et Moll. du litt. océan. de France, p. 10.

1878 — — — Monterosato, Enum. e Simon, p. 7.

1881 — — — Jeffreys, Lightn. and Porcup. Exp., *in* Proc. Zool. Soc. of London, p. 694.

1883 — — — Dautzenberg, Liste coq. de Gabès, p. 9.

1883 — — — Daniel, Faune malac. de Brest, *in* Journ, Conch., t. XXXI, p. 251.

1884 — — — Monterosato, Nomencl. gen. e spec., p. 15.

1884 — — — Tryon, Struct. and Syst. Conch., t. III, p. 220, pl. CXX, fig. 61.

1886 — — — Granger, Moll. biv. de France, p. 113, fig. 12; pl. VIII, fig. 16.

1886 — — — Locard, Prodr. de Malac. franç., p. 472.

1887 — — — Fischer, Manuel de Conch., p. 1029, fig. 774; pl. XIX, fig. 14.

1888 — — — Kobelt, Prodr. faunæ Moll, test. maria europ. inhab., p. 384.

1889 — — — Carus, Prodr. faunæ Medit. p, 108.

1891 — — — Norman, Lepton squamosum, a commensal, *in* Ann. and Mag. Nat. Hist., pp. 276, 387.

1892 — — — Locard, Coq. mar. des côtes de France, p. 322.

Obs. — M. Norman a rencontré le *Lepton squamosum* vivant dans des trous creusés par un crustacé fouisseur : *Gebia stellata* et il a publié une note intéressante qui tendrait à prouver le commensalisme de cette espèce et de quelques autres du même genre.

Diagnose. — Coquille, diamètre umbono-ventral 6 millim., diam. antéro-post. 7 millim. 1/2, épaisseur 2 millim., mince, fragile, équivalve, équilatérale, close, très comprimée, de forme subquadrangulaire. Sommets petits, contigus, un peu saillants. Surface assez luisante, ornée de petites fossettes arrondies, disposées en quinconce et déterminant un réseau très régulier visible seulement à la loupe.

Intérieur des valves lisse, iridescent, orné de stries rayonnantes très fines et irrégulières. Bords cardinaux larges, échancrés au milieu et portant sous les crochets une petite dent cardinale et de chaque côté de l'échancrure une dent latérale allongée lamelliforme. Bords simples. Impression des muscles adducteurs des valves à peine visibles ; impression palléale entière.

Coloration d'un blanc subhyalin. Épiderme très mince, hyalin, un peu iridescent.

Habitat. — Très rare à Banyuls, dans la zone coralligène.

Dispersion. — Cette espèce n'a encore été signalée que d'un petit nombre de points de la partie occidentale de la Méditerranée : Iles Baléares, îles d'Hyères, etc. Dans l'Océan Atlantique, elle vit depuis les côtes de la Norwège jusqu'au détroit de Gibraltar. L'un de nous l'a recueillie à Beuzeval (Calvados).

Origine. — Le *L. squamosum* n'a été cité à l'état fossile que par un petit nombre d'auteurs : Coralline Crag (Wood), Pliocène du Monte-Mario (Conti) et de Corinthe (Fuchs). Pleistocène de Ficarazzi (Monterosato).

Famille GALEOMMIDÆ Gray, 1840

Les Mollusques de cette famille présentent des caractères très particuliers. Leur coquille est en partie recouverte par le manteau.

TABLEAU

Genre **Galeomma** Turton.................... *G. Turtoni* Sowerby.

Genre GALEOMMA Turton, 1825.

Type *Galeomma Turtoni* Sowerby. Les genres *Hiatella* Costa (1828), *non* Daudin (1802) et *Parthenope* Scacchi (1836), sont synonymes.

Galeomma Turtoni Sowerby.

Pl. XXXIX, fig. 10, 11, 12, 13.

1825	*Galeomma Turtoni*	Sowerby, Descr. of some new brit. sh. *in* Zool. Journ., t. II, p. 361, pl. XIII, fig. 1.
1828	*Hiatella Polii*	Costa, Ann. Sc. Nat. t. XV, p. 100.
1830	*Galeomma Turtoni*	Sowerby, Genera of shells fig. 1, 2, 3.
1835	— — Sow.	Deshayes *in* Lamarck, Anim. sans vert. 2e édit., t. VI, p. 180.
1836	*Parthenope formosa*	Scacchi, Catal. Conch. Regn. Neap., p. 4.
1839	*Galeomma Turtoni* Sow.	Philippi *in* Wiegman's Arch., p. 117.
1839	— — —	Deshayes, Traité élém. de Conch., pl. XI, fig. 13-17.
1844	— — —	Philippi, Enum. Moll. Sic., t. II, p. 18, pl. XIV, fig. 4.
1844	— — —	Brown, Illustr. of the Conch. of Gr. Brit. and Irel., 2e édit., p. 114, pl. XXIII, fig. 15, 16.
1848	— — —	Réquien, Coq. de Corse, p. 16.
1848	— — —	Deshayes, Expl. scient. de l'Algérie, pl. LXXXI, fig. 11 à 15; pl. LXXXII.
1848	— — —	Forbes et Hanley, Brit. Moll., t. II, p. 105, pl. XXXV, fig 11; pl. O, fig. 5 (animal).
1851	— — —	Petit, Catal., *in* Journ. Conch., t. II, p 288.

1853 *Galeomma Turtonnii* Sow. Doublier, Prodr. Hist. Nat. du Var, p. 108.
1855 — *Turtoni* — Clark, Brit. mar. test. Moll., p. 72.
1856 — — — Jeffreys, Piedm. Coast., p. 25.
1858 — — — Gay, Bivalves du Var, *in* Bull. Soc. sc. du Var, p. 159.
1858 — — — H et A. Adams Genera of recent Moll., t. II, p. 479, pl. CXV, fig. 3, 3A, 3B.
1859 — — — Sowerby, Illustr. Index brit. sh., pl. VI, fig. 14, 15.
1862 — — — Chenu, Manuel de Conch., t. II, p. 128, fig. 611.
1863 — — — Jeffreys, Brit. Conch., t. II, p. 188; t. V (1869) p. 176. pl. XXXI, fig. 1, 1 A.
1865 — — — Cailliaud, Catal. Loire-Inf., p. 96.
1866 — — — Brusina, Contrib., pella fauna dei Moll. Dalm., p. 1.
1867 — — — Weinkauff, Conchyl. des Mittelm., t. I, p. 182.
1868? — — — Colbeau, Liste moll. viv. de Belgique, p. 26.
1869 — — — Petit, Catal. test. mar., p. 44.
1869 — — — Fischer, Gironde, 1er suppl., p. 108.
1870 — — — Aradas et Benoit, Conch. viv. mar. della Sic. p. 42.
1870 — — — Hidalgo, Moll. mar., p. 143.
1870 — — — Ancey, Catal. moll. mar. du Cap Pinède, p. 3.
1874 — — — Reeve, Conch. Icon. pl. I, fig. 1A, 1B, 1C.
1878 — — — Fischer, Brachiop. et Moll. du litt. océan. de France, p. 10.
1878 — — — Monterosato, Enum. e Sinon., p. 7.
1880 — — — Stossich, Prosp. della fauna del mare Adr. *in* Boll. Soc. Adr. di Sc. Nat., p. 166.
1883 — — — G. Dollfus, Liste coq. de Palavas, p. 3.
1883 — — — Daniel, Faune malac. de Brest, *in* Journ. Conch. t. XXXI, p. 250.
1883 — — — Marion, Esq. topogr. zool. du golfe de Marseille, p. 26.
1884 — — — Tryon, Struct. and. Syst. Conch., t. III, p. 222, pl. CXX, fig. 1.
1886 — — — Locard, Prodr. de Malac. franç., p. 475.

1886 *Galeomma Turtoni* Sow. Granger, Moll. biv. de France, p. 117, pl. IX, fig. 2.
1887 — — — Fischer, Manuel de Conch., p. 1031, pl. XIX, fig. 15.
1888 — — — Kobelt, Prodr., faunæ Moll. test. maria europ. inhab., p. 387.
1889 — — — Carus, Prodr. faunæ medit., p. 109.
1891 — — — Brusina, Elenco dei Moll. lamell. dei dint. di Zara del Dr Danilo e Sandri, p. 16.
1892 — — — Locard, Coq. mar. des côtes de France, p. 322, fig. 305.

Obs. — Cette espèce avait été décrite par Turton dans un travail qui ne fut publié qu'après sa mort. Comme il la supposait unique de son genre, il avait négligé de lui attribuer un nom spécifique et il ne l'avait désignée que sous le nom de *Galeomma*. C'est en faisant paraître le travail de Turton que les éditeurs du « Zoological Journal », lui dédièrent l'espèce dont il s'était occupé.

D'après Nardo, le *Tellina aperta* de Renier serait le *G. Turtoni*; mais comme dans le *Tavola alfabetica*, Renier se borne à dire : « espèce qui n'a été ni décrite ni figurée », nous ne croyons pas que cette assimilation doive être admise.

Petit de la Saussaye indique encore comme synonyme le *Psammobia punctura* Brown.

Clark, après avoir observé l'animal du *Galeomma Turtoni*, l'avait placé dans la famille des *Arcidæ;* mais des études anatomiques plus récentes, dues à Mittre, Deshayes, etc., ont fait connaître qu'il possède des caractères assez particuliers pour mériter une place à part dans la série malacologique.

Diagnose. — Coquille, diamètre umbono-ventral 4 millim.; diam. antéro-post. 9 millim.; épaisseur 4 millim., assez solide, équivalve, à peu près équilatérale, renflée, de forme ovale-transverse. Bord ventral largement bâillant sur toute sa longueur. Sommets très petits, presque contigus. Surface ornée de cordons rayonnants nombreux plus étroits que leurs intervalles, souvent bifurqués à proximité du bord ventral et du bord antérieur. D'autres cordons concentriques nombreux déterminent, par leur entrecroisement avec les cordons rayonnants, un réseau plus ou moins serré et légèrement noduleux aux points d'intersection.

Intérieur des valves légèrement rugueux, un peu luisant, finement et irrégulièrement crénelé le long des bords. Bords cardinaux simples, rectilignes, sans dents, pourvus au centre d'une très petite fossette ligamentaire. Impressions des muscles adducteurs des valves petites, ovales, écartées, un peu plus luisantes que le reste du test. Impression palléale entière.

Coloration d'un blanc opaque uniforme. Pas d'épiderme.

Variétés. — M. Brusina (Contrib. etc., p. 42), a décrit sous le nom de *Galeomma pilum*, une forme de l'Adriatique, moins longue, plus ovale, moins déprimée, ayant le bord ventral plus ouvert et possédant un test plus épais, plus lourd, etc. L'examen des spécimens de diverses provenances que nous possédons et dont plusieurs présentent plus ou moins les caractères indiqués par M. Brusina, nous fait croire qu'il ne s'agit là que d'une variété du *G. Turtoni*.

Habitat. — Très rare à Banyuls, Paulilles.

Dispersion. — Méditerranée et Adriatique. Océan Atlantique, depuis les côtes d'Angleterre, jusqu'au détroit de Gibraltar.

Origine. — Ce Mollusque paraît constituer une acquisition de la faune actuelle, car il n'a jamais été signalé à l'état fossile. L'indication de Jeffreys, qui en a rencontré à Biot, à une lieue de la mer, une valve mélangée à d'autres espèces actuellement vivantes dans la Méditerranée, ne suffit pas pour démontrer son existence à l'époque Postpliocène, car il ne s'agit probablement là que d'un apport accidentel.

Famille CARDIIDÆ Broderip.

Famille établie par Lamarck, en 1809, sous le nom de *Cardiadæ* qui a été remplacé en 1839, par Broderip, par celui plus correct de *Cardiidæ*.

TABLEAU DES GENRES ET DES ESPÈCES

Genre Cardium Linné..............	*C. aculeatum* Linné.
— —	*C. tuberculatum* Linné.
— —	*C. echinatum* Linné.
— —	*C. paucicostatum* Sowerby.
— —	*C. erinaceum* Lamarck.
S.-g. *Parvicardium* Monterosato...	*C. commutatum* B. D. D.
	C. exiguum Gmelin.
	C. papillosum Poli.
S.-g. *Cerastoderma* Poli..........	*C. edule* Linné.
S.-g. *Lævicardium* Swainson......	*C. norvegicum* Spengler.
	C. oblongum Chemnitz.

Genre CARDIUM Linné 1758

Ce genre linnéen, orthographié *Bucardium* dans les premières éditions du *Systema Naturæ* est l'un des plus importants de la classe des Pélécypodes. Lamarck lui a assigné comme type, en 1799, le *C. aculeatum*, qu'il a remplacé, en 1801, par celui de *C. costatum*. La loi de priorité imposant le maintien du premier type, il s'ensuit que le genre *Acanthocardia*, établi par Gray, en 1847, avec le *C. aculeatum* comme type, tombe en synonymie. Par contre, le sous-genre *Tropidocardium* proposé en 1868 par Rœmer pour le *C. costatum*, pourra être conservé.

Les noms de *Bucardium*, *Bucardita*, *Cardiolithes*, ont été employés par d'anciens auteurs : Aldrovande, Lister, etc.

Toutes les grosses espèces de nos mers appartiennent à la section typique du genre *Cardium*.

Cardium aculeatum Linné.

Pl. XL, fig. 1, 2, 3, 4, 5, 6, 7.

1767 *Cardium aculeatum* Linné, Syst. Nat., edit. XII, p. 1122.
1777 — — Lin. Pennant, Brit. Zool., t. IV, p. 90, pl. L, fig. 37.

1778	*Cardium*	*aculeatum*	Lin.	DA COSTA, Brit. Conch., p. 175.
1786	—	—	—	SCHRŒTER, Einleit. in die Conchylienk., t. III, p. 33.
1790	—	—		LINNÉ-GMELIN, Syst. Nat., édit. XIII, p. 3247.
1791	—	—	Lin.	POLI, Test. utr. Sic., t. I, p. 60, pl. XVII. fig. 1, 3.
1792	—	—	—	BRUGUIÈRE, Encycl. Méthod., p. 216, pl. CCXCVIII, fig. 1.
1799	—	—	—	DONOVAN, Brit. Sh., t. I, pl. VI.
1803	—	—	—	MONTAGU, Test. brit., p. 77; suppl. (1807), p. 30.
1804	—	—	—	MATON et RACKETT, Descr. Catal., *in* Trans. Linn. Soc., t. XIII, p. 62.
1817	—	—	—	DILLWYN, Descr. Catal., p. 114.
1819	—	—	—	LAMARCK, Anim. sans vert., t. VI, p. 7.
1819	—	—	—	TURTON, Conch. Dict., p. 28.
1822	—	—	—	TURTON, Dithyra brit., p. 180, pl. XIII, fig. 6, 7.
1825	—	—	—	DE GERVILLE, Catal. Manche, p. 187.
1826	—	—	—	PAYRAUDEAU, Moll. de Corse, p. 55.
1826	—	—	—	RISSO, Europe mérid., t. IV, p. 331.
1829	—	—	—	O. G. COSTA, Catal. Sist. pp. 28, 29.
1830	—	*aiguillonné*	—	BLAINVILLE, Faune franç., pl. VIII, fig. 6, 6A.
1830	—	*aculeatum*	—	COLLARD DES CHERRES, Catal. Finistère, p. 25.
1835	—	—	—	LAMARCK, Anim. sans vert., édit. Desh., t. VI, p. 397.
1836	—	—	—	SCACCHI, Catal. Conch. Regni Neap., p. 7.
1836	—	—	—	PHILIPPI, Enum. Moll. Sic., t. I, p. 50.
1844	—	—	—	BROWN, Illustr. of the Conch. of Gr. Brit. and Ireland, 2e édit., p. 87, pl. XXXIV, fig. 1, 2, 3, 4, 5, 7.
1844	—	—	—	PHILIPPI, Enum. Moll. Sic., t. II, p. 37.
1844	—	—	—	POTIEZ et MICHAUD, Galerie de Douai, t. II, p. 180.
1844	—	—	—	REEVE, Conch. Icon., pl. IV, fig. 17; pl. VII, fig. 17.
1846	—	—	—	VÉRANY, Catal. Invert. mar. di Genova e Nizza, p. 13.
1848	—	—	—	RÉQUIEN, Coq. de Corse, p. 26.
1848	—	—	—	FORBES et HANLEY, Brit. Moll., t. II, p. 4, pl. XXXIII, fig. 1.

1851 *Cardium aculeatum* Lin. PETIT, Catal. *in* Journ. de Conch., t. II, p. 373.
1852 — — — LEACH, Synopsis, p. 316.
1855 — — — HANLEY, Ipsa Linn. Conch., p. 47.
1856 — — — JEFFREYS, Piedm. Coast., p. 24.
1858 — — — GAY, Bivalves du Var, *in* Bull. Soc. Sc. du Var, p. 185.
1859 — — — SOWERBY, Illustr. Index brit. sh., pl. V, fig. 9.
1860 — — — MACÉ, Catal. Cherbourg et Valognes, p. 25.
1862 — — — WEINKAUFF, Catal. Alg., *in* Journ. Conch., t. X, p. 320.
1862 — — — CHENU, Manuel de Conch., t. II, p. 108, fig. 491.
1863 — — — JEFFREYS, Brit. Conch., t. II, p. 268; t. V (1869), p. 180, pl. XXXIV, fig. 1, 1 A.
1865 — — — FISCHER, Gironde, p. 56.
1865 — — — CAILLIAUD, Catal. Loire-Inf., p. 88.
1866 — — — BRUSINA Contrib. pella fauna dei Moll. Dalm., p. 97.
1867 — — — TASLÉ, Catal. Morbihan, p. 16.
1869 — — — TAPPARONE-CANEFRI, Moll. test. di Spezia, p. 123.
1869 — — — PETIT, Catal. test. mar., p. 60.
1870 — — — ARADAS et BENOIT, Conch. viv. mar. della Sic., p. 72.
1870 — — — ANCEY, Catal. Moll. mar. du Cap Pinède, p. 5.
1870 — — — HIDALGO, Mol. mar., p. 149, pl. XXXIX, fig. 1.
1878 — — — MONTEROSATO, Enum. e Sinon., p. 10.
1878 — — — FISCHER, Brachiop. et Moll. du litt. océan. de France, p. 9.
1879 — — — GRANGER, Catal. Moll. de Cette, p. 29.
1879 — — — CLÉMENT, Catal. Moll. du Gard, *in* Etudes d'Hist. Nat., p. 73.
1880 — — — SERVAIN, Catal. coq. mar. de l'Ile d'Yeu, p. 19.
1880 — — — STOSSICH, Prosp. della Fauna del mare Adr., *in* Boll. Soc. Adr. di Sc. Nat., p. 156.
1881 — — — JEFFREYS, Lightn. and Porcup. Exp., *in* Proc. Zool. Soc. of London, p. 706.
1883 — — — DANIEL, Faune Malac. de Brest, *in* Journ. Conch., t. XXXI, p. 247.

1883 *Cardium aculeatum* Lin. Marion, Esq. topogr. zool. du Golfe de Marseille, p. 77.

1883 — — — Marion, Consid. sur les Faunes prof. de la Médit., p. 28.

1884 — — — Jeffreys, Lightn. and Procup. Exp. *in* Proc. Zool. Soc. of London, p. 145.

1884 —(Acanthocardia)— — Tryon, Struct. and. Syst. Conch. t. III, p. 193, pl. CXVI, fig. 75.

1884 — — — Nobre, Catal. Moll. obs. dans le Sud-Ouest, p. 16.

1886 — — — Granger, Moll. biv. de France, p. 101, pl. VIII, fig. 5.

1887 — — — Fischer, Manuel de Conch., p. 1037.

1888 — — — Kobelt, Prodr. Faunæ Moll. test. maria europ. inhab., p. 363.

1889 — — — Carus, Prodr. Faunæ Medit., p. 110.

1890 — — — Dautzenberg, Catal. Moll. mar. du Pouliguen, p. 4.

1891 — — — Dautzenberg, Moll. du Voyage de la Melita, p. 9.

1891 — — — Brusina, Elenco dei Moll. lamell. dei dint. di Zara del Dr Danilo e Sandri, p. 13.

1892 — — — Locard, Coq. mar. des côtes de France, p. 304.

Obs. — Le *Cardium aculeatum* est l'une des rares espèces du *Systema naturæ* au sujet de laquelle il n'existe aucune équivoque. Aussi sa synonymie est-elle fort simple, tous les auteurs l'ayant désigné, à l'état adulte, sous son nom linnéen. C'est avec intention que nous avons laissé de côté les références qui se rapportent au jeune âge de ce mollusque, car il est difficile de savoir, dans la plupart des cas, si les appellations : *Cardium ciliare* Lin. et *Cardium parvum* da Costa, s'appliquent à la présente espèce, au *C. echinatum* jeune, ou au *C. paucicostatum*.

Le *C. aculeatum* est nettement caractérisé par sa surface luisante et presque lisse, ses tubercules épineux, sa forme tronquée du côté postérieur ; aussi, ne peut-on le confondre avec aucun de ses congénères, lorsqu'on se trouve en présence d'individus adultes. Il n'en est pas tout à fait de même lorsqu'il s'agit d'exemplaires jeunes ; toutefois, un examen attentif permet d'arriver facilement à une détermination exacte des coquilles non adultes des trois espèces dont le jeune âge a été souvent mal interprété.

Dans cet état, le *C. aculeatum* présente, en effet, déjà la forme générale des spécimens adultes : bord cardinal large, bord postérieur tronqué et bâillant ; il est plus mince et plus coloré que le jeune *C. echinatum* ; enfin, lorsqu'on possède des échantillons en bon état de conservation, les tubercules épineux, longs, minces et comprimés latéralement suffisent à le faire reconnaître.

Le *C. echinatum* jeune, qui, d'après Hanley, serait le véritable *C. ciliare* de Linné, est plus arrondi que l'*aculeatum*, plus solide, entièrement clos, sa surface est mate et rugueuse et ses tubercules sont courts et papilleux.

Le *C. paucicostatum* non adulte est plus arrondi et plus oblique que l'*aculeatum*, entièrement clos et présente des tubercules courts et papilleux. Il se distingue du jeune *echinatum* par son test mince et sa surface moins rugueuse. Enfin, il diffère de ces deux espèces par le nombre toujours moindre de ses côtes rayonnantes.

Diagnose. — Coquille, diamètre umbono-ventral, 65 millim ; diamètre antéro-post., 71 millim.; épaisseur, 60 millim.; solide, équivalve, inéquilatérale, faiblement bâillante du côté postérieur, cordiforme. Côté antérieur arrondi, côté postérieur obliquement tronqué et obtusément anguleux à son point de rencontre avec le bord ventral. Sommets très renflés, proéminents, rapprochés, fortement incurvés antérieurement. Surface ornée de 20 côtes rayonnantes armées de tubercules épineux : les côtes latérales sont étroites et peu saillantes, tandis que celles du milieu des valves sont larges et bien convexes. Les tubercules sont gros, épais et papilleux sur les cinq ou six côtes antérieures ; sur celles du milieu, ils se développent en crochets recourbés vers l'extrémité postérieure de la coquille, enfin, sur les sept ou huit dernières côtes, ils sont longs et redressés. On observe également des stries concentriques, plus apparentes dans les intervalles des côtes, mais la surface est d'apparence lisse et assez luisante.

Intérieur des valves lisse et un peu luisant, pourvu de sillons rayonnants, larges et bien marqués qui correspondent aux côtes de l'extérieur. Bord ventral fortement festonné. Charnière de la valve droite portant : 2 petites dents cardinales pointues, rapprochées et presque superposées, 2 dents latérales antérieures divergentes, dont l'inférieure est la plus forte et une dent latérale postérieure aussi forte que cette dernière. Charnière de la valve gauche portant 2 petites dents cardinales semblables à celles de la valve droite, une dent latérale antérieure forte et une dent latérale postérieure faible. Impressions des muscles adducteurs des valves à peine visibles, de forme ovale ; impression palléale entière, indistincte. Ligament externe, épais et saillant, inséré sur des nymphes placées en arrière des crochets.

Coloration externe fauve, avec des zones concentriques inégales alternativement plus claires et plus foncées. Côté postérieur teinté de brun violacé. Coloration interne d'un blanc jaunâtre, avec le bord postérieur teinté de brun. Ligament brun foncé. Epiderme fibreux peu adhérent au test et ne persistant que le long des bords.

Variétés. — Le *C. aculeatum* ne présente aucune forme assez différente du type pour qu'il nous paraisse utile de lui attribuer un nom de variété.

Var. ex colore *alba* Philippi. Cette variété, d'une coloration blanche uniforme a aussi été mentionnée par M. de Monterosato. Nous en avons recueilli un spécimen sur la plage de La Franqui.

Monstruosité. — Nous possédons un exemplaire présentant le long du bord un dédoublement du test qui lui donne l'aspect de deux coquilles emboîtées l'une dans l'autre.

Habitat. — Commun rejeté vivant et mort sur les plages sableuses du Roussillon.

Dispersion. — Méditerranée et Adriatique. Océan Atlantique, depuis la Manche jusqu'à Mogador. Trois ou quatre spécimens isolés ont été trouvés sur les côtes de la Hollande et à Bergen; mais cet habitat septentrional a besoin d'être confirmé par de nouvelles découvertes; car il s'agit probablement, comme le fait remarquer Jeffreys, de coquilles rejetées avec du lest par des bateaux qui font le voyage entre ces parages et la Méditerranée pour le transport de la morue.

Origine. — Cette espèce est citée par M. Mayer de la Molasse de la Suisse et par M. Benoist du Miocène supérieur de la Gironde. Elle est répandue dans le Pliocène méditerranéen : vallée du Rhône, haute Italie, Italie centrale, Calabre, Morée, Rhodes, ainsi que dans le Pleistocène du Livournais, du Monte-Pellegrino et de Ficarazzi.

Cardium tuberculatum Linné.

Pl. XLI, fig. 1, 2, 3, 5, 6 (type), 4, 7 (var.)

1758 *Cardium tuberculatum* Lin. LINNÉ, Syst. Nat. édit. X, p. 673.
1767 — — LINNÉ, Syst. Nat. édit. XII, p. 1122.
1767 — *rusticum* LINNÉ, Syst. Nat. édit. XII, p. 1124.
1780 — *tuberculatum* Lin. BORN, Test. Mus. Caes. Vindob., p. 44.
1780 — *rusticum* — BORN, Test. Mus. Caes. Vindob., p. 49.
1786 — *tuberculatum* — SCHROETER, Einleit. in die Conchylienk., t. III, p. 36.
1790 — — LINNÉ-GMELIN, Syst. Nat., édit. XIII, p. 3248.
1790 — *rusticum* LINNÉ-GMELIN, Syst. Nat., édit. XIII, p. 3252.

1791	*Cardium rusticum*	Lin.	POLI, Test. utr. Sic., t. I, p. 116, pl. XVI, fig. 5.
1792	— *tuberculatum*	—	BRUGUIÈRE, Encycl. méthod., p. 219, pl. CCC, fig. 1.
1801	— —	—	DONOVAN, Brit. Sh., t. III, pl. CVII, fig. 2.
1804	— —	—	MATON et RACKETT, Descr. Catal., *in* Trans. Linn. Soc., t. VIII, p. 64.
1807	— *echinatum* Lin. var.		MONTAGU (*non* Linné), Test. Brit. Suppl. p. 33.
1817	— *tuberculatum*	Lin.	DILLWYN, Descr. Catal., t. I, p. 117.
1819	— —	—	LAMARCK, Anim. sans vert., t. VI, 1re partie, p. 8.
1820	— *tuberculare*		SOWERBY, Genera of Shells, fig. 3.
1822	— *tuberculatum*	Lin.	TURTON, Dithyra brit., p. 181.
1826	— —	—	PAYRAUDEAU, Moll. de Corse, p. 55.
1826	— —	—	RISSO, Europe mérid., t. IV, p. 335.
1826	— *rusticum*	—	RISSO, Europe mérid., t. IV, p. 334 (excl. syn. *Lamarcki*).
1829	— *tuberculatum*	—	O. G. COSTA, Catal. Sist., p. 28.
1830	— *tuberculé*		BLAINVILLE, Faune franç., pl. VIII, fig. 4.
1830	— *tuberculatum*	Lin.	COLLARD DES CHERRES, Catal. du Finistère, p. 26.
1834	— —	—	D'ORBIGNY, Moll. des Iles Canaries, p. 105.
1835	— —	—	LAMARCK, Anim. sans vert., édit. Desh., t. VI, p. 397 (excl. la note).
1836	— *rusticum*	—	SCACCHI, Catal. Conch. Regni Neap., p. 7.
1836	— *tuberculatum*	—	PHILIPPI, Enum. Moll. Sic., t. I, p. 50.
1844	— —	—	PHILIPPI, Enum. Moll. Sic., t. II, p. 37.
1844	— —	—	POTIEZ et MICHAUD, Galerie de Douai, p. 186.
1844	— —	—	BROWN, Illustr. of the Conch. of Great. Brit. and Irel., 2e édit., p. 87, pl. XXXIV, fig. 9.
1844	— *rusticum*	—	REEVE, Conch. Icon, pl. III, fig. 16.
1848	— *tuberculatum*	—	RÉQUIEN, Coq. de Corse, p. 26.
1848	— *rusticum*	—	FORBES et HANLEY, Brit. Moll., t. II, p. 11, pl. XXXI, fig. 3, 4.
1851	— *tuberculatum*	—	PETIT, Catal., *in* Journ. Conch., t. II, p. 373.
1852	— —	—	LEACH, Synopsis, p. 317.

1853	*Cardium*	*tuberculatum*	Lin.	DOUBLIER, Prodr. Hist. Nat. du Var., p. 110.
1855	—	—	—	HANLEY, Ipsa Linn. Conch., p. 48.
1856	—	*rusticum*	—	HANLEY, Ipsa, Linn. Conch., p. 52.
1856	—	*tuberculatum*	—	JEFFREYS, Piedm. Coast., p. 24.
1858	—	—	—	GAY, Bivalves du Var., *in* Bull. Soc. Sc. du Var, p. 183.
1859	—	*rusticum*	—	SOWERBY, Illustr. Index brit. Sh., pl. V, fig. 10.
1860	—	*tuberculatum*	—	MACÉ, Catal. Cherbourg et Valognes, p. 110.
1862	—	—	—	WEINKAUFF, Catal. Alg., *in* Journ. Conch., t. X, p. 320.
1862	—	*rusticum*	—	CHENU, Manuel de Conch., t. II, p. 108, fig. 492.
1863	—	*tuberculatum*	—	JEFFREYS, Brit. Conch., t. II, p. 273; t. V (1869), p. 181, pl. XXXIV, fig. 3.
1865	—	—	—	CAILLIAUD, Catal. Loire-Inf., p. 89.
1865	—	—	—	FISCHER, Gironde, p. 56.
1866	—	—	—	BRUSINA, Contrib. pella fauna dei Moll. Dalm., p. 97.
1867	—	—	—	WEINKAUFF, Conchyl. des Mittelm., t. 1, p. 136.
1867	—	—	—	TASLÉ, Catal. Morbihan, p. 16 (excl. syn. *ciliare* Donovan).
1869	—	—	—	PETIT, Catal. test. mar., p. 61.
1869	—	—	—	TAPPARONE-CANEFRI, Moll. test. di Spezia, p. 124.
1870	—	—	—	ARADAS et BENOIT, Conch. viv. mar. della Sic., p. 73.
1870	—	—	—	ANCEY, Catal. Moll. mar. du Cap Pinède, p. 5.
1870	—	—	—	HIDALGO, Mol. mar., pl. XXXVIII, fig. 1 à 5.
1876	—	—	—	DUPREY, Catal. Jersey, *in* Ann. and Mag. Nat. Hist., p. 2.
1878	—	—	—	MONTEROSATO, Enum. e Sinon., p. 10.
1878	—	—	—	FISCHER, Brachiop. et Moll. du litt. océanique de France, p. 9
1878	—	—	—	ISSEL, Crociera del Violante, p. 37.
1879	—	—	—	GRANGER, Moll. de Cette, p. 29.
1879	—	*echinatum*	Var.	CLÉMENT (*non* Linné), Catal. Moll. du Gard, *in* Études d'Hist. Nat., p. 74.
1880	—	*tuberculatum*	Lin.	STOSSICH, Prospetto della fauna del mare Adr., *in* Boll. Soc. Adr. di Sc. nat., p. 158.

1881 *Cardium tuberculatum* Lin. JEFFREYS, Lightning and Porcupine Exp., *in* Proc. Zool. Soc. of London, p. 707.

1882 — — — JEFFREYS, Lightning and Porcupine Exp., *in* Proc. Zool. Soc. of London, p. 685.

1883 — — — DANIEL, Faune Malac. de Brest., *in* Journ. Conch., t. XXXI, p. 247.

1883 — — — G. DOLLFUS, Liste coq. de Palavas, p. 3.

1883 — — — DAUTZENBERG, Liste des Coq. de Gabès, p. 10.

1883 — — — MARION, Esq. topogr. zool. du Golfe de Marseille, pp. 54, 106.

1883 — — — MARION, Consid. sur les faunes prof. de la Médit., p. 41.

1884 — — — PÉPRATX, Moll. de la plage de La Franqui, *in* Bull. Soc. Agric. Sc. et litt. des Pyrénées-Orientales, p. 227.

1886 — — — DAUTZENBERG, Nouvelle liste de Coq. de Cannes, p. 1.

1886 — — — LOCARD, Prodr. de Malac. franç., p. 449.

1886 — — — GRANGER, Moll. biv. de France, p. 101, pl. VIII, fig. 4.

1888 — — — KOBELT, Prodr. faunæ Moll. test. maria europ. inhab., p. 364.

1889 — — — CARUS, Prodr. faunæ Médit., p. 112.

1889 — — — NOBRE, Contribuções para a Fauna Malac. da Madeira, p. 9.

1891 — — — BRUSINA, Elenco dei Moll. lamell. dei dint. di zara del Dr Danilo e Sandri, p. 13.

1892 — — — LOCARD, Coq. mar. des côtes de France, p. 302, fig. 282.

Obs. — Linné donne comme références de son *Cardium tuberculatum*, 1° la fig. 11 de la planche XLVIII de Rumphius qui représente incontestablement la coquille méditerranéenne dont nous venons d'établir la synonymie; 2° la fig. L de la planche XXIII de d'Argenville, qui est un *Hemicardium*. Mais il faut tenir compte que cette seconde figure, présentée de côté, est si mal dessinée que c'est seulement par le texte de d'Argenville renfermant les mots : « cœur triangulaire, etc., » qu'on peut se rendre compte de la conformation de la coquille que le dessinateur a voulu reproduire. D'un autre côté, Hanley nous dit que Linné ne possédait pas dans sa collection le *C. tuberculatum*. Enfin on ne trouve pas d'indication d'habitat dans le *Systema naturæ*. Il s'agit, en somme, d'une assimilation consacrée par l'usage, et comme la description de Linné n'a rien d'incompatible avec notre espèce, il n'y a aucun motif pour ne pas lui conserver le nom de *tuberculatum*. Le *Cardium rusticum* de Linné est sans aucun doute la même espèce, car si les figurations de Rondelet sont médiocres, si celle de Rumphius est citée à tort puisqu'elle représente un *Arca* voisin de l'*Arca granosa*, par contre celle de Gualtieri et de Regenfuss sont excellentes. La description concorde d'ailleurs parfaitement et l'habitat indiqué est la Méditerranée et l'Europe méridionale.

D'après ce que nous venons d'exposer, il pourrait sembler préférable de choisir le nom de *rusticum* puisqu'il désigne plus clairement la présente espèce. Nous croyons toutefois qu'il vaut mieux lui conserver celui de *tuberculatum*, parce que ce nom est inscrit dans le *Systema naturæ* sous le n° 81, tandis que le *rusticum* porte le n° 91 et que Chemnitz, Lamarck et plusieurs autres naturalistes ont employé ce dernier nom dans un sens différent, en l'attribuant à une forme oblique du *C. edule*.

C'est à tort que Deshayes dit dans la deuxième édition des *animaux sans vertèbres* que le *C. tuberculatum* est une variété du *C. erinaceum*.

Diagnose. — Coquille, diamètre umbono-ventral 60 millim.; diamètre antéro-post. 63 millim.; épaisseur 50 millim.; très épaisse et pesante, équivalve, inéquilatérale, entièrement close, cordiforme. Côté antérieur arrondi; côté postérieur légèrement tronqué. Sommets renflés, proéminents, rapprochés, fortement incurvés. Surface ornée de 24 côtes rayonnantes : celles de la région antérieure sont fortes, arrondies, aussi larges que leurs intervalles et pourvues de tubercules papilleux, irréguliers, peu saillants. Les autres côtes deviennent de plus en plus étroites et anguleuses en se rapprochant de l'extrémité postérieure de la coquille; elles sont dépourvues de tubercules ou n'en possèdent que vers le bord ventral. Toute la surface est traversée par des stries onduleuses serrées et irrégulières, plus marquées dans les espaces intercostaux.

Intérieur des valves lisse et un peu luisant, pourvu de sillons rayonnants qui correspondent aux côtes de l'extérieur. Bords festonnés. Charnière semblable à celle du *C. aculeatum*. Impressions des muscles adducteurs des valves subégales, peu apparentes; impression palléale entière, indistincte. Ligament externe, bien saillant, inséré sur des nymphes situées en arrière des crochets.

Coloration externe fauve, avec des zones concentriques d'un brun plus ou moins intense, parfois presque noires. Épiderme mince, fibreux, d'un jaune sale.

Variétés. — Var. ex forma 1, *elegans* Brusina. Pourvue de côtes élevées et garnies de tubercules. Interstices des côtes ornées de stries transverses onduleuses. Lunule enfoncée.

Var. ex forma 2, *mutica* B. D. D. Dépourvue de tubercules sur les côtes rayonnantes (Voir notre pl. XLI, fig. 4).

Var. ex forma 3, *minor* Monterosato.

Var. ex forma et colore 4, *citrina* Brusina. Cette belle variété dont nous représentons un spécimen pl. XLI, fig. 7, nous a été envoyée de Prévésa (Albanie), par M. Nic. Conemenoz. Elle se distingue par ses côtes anguleuses au sommet, au nombre de 19 seulement, au lieu de 24, ainsi que par sa coloration d'un jaune citron avec des fascies d'un brun foncé.

Var. ex colore 1, *alba* Monterosato = *lactea* Clément = *albida* Brusina. D'un blanc de lait uniforme.

Var. ex colore 2, *unifasciata* Brusina. Blanche, avec une seule fascie transverse brune.

Var. ex colore 3, *zonata* Monterosato = *multifasciata* Brusina. Blanche, avec plusieurs zones concentriques brunes, bien apparentes.

Var. ex colore 4, *fusca* Pépratx. Brune, avec des zones concentriques noirâtres.

Var ex colore 5, *vittata* Brusina. Caractérisée par un rayon blanc qui embrasse la dix-septième côte et les deux espaces intercostaux qui l'accompagnent.

Habitat. — Abondant, rejeté mort et vivant sur les plages de sable du Roussillon, le type et les variétés *mutica, alba, zonata* et *fusca*.

Dispersion. — Méditerranée et Adriatique. Océan Atlantique, depuis la Manche jusqu'au Portugal, Madère et les Canaries. Zone littorale, jusqu'à 73 mètres de profondeur (Jeffreys).

Origine. — M. Mayer cite le *C. tuberculatum* dans la Molasse de la Suisse. On le connaît du Pliocène d'Angleterre (Cornwall), d'Italie, de Grèce et de Rhodes et il a été indiqué du même étage en Belgique. Il est répandu dans le Pleistocène de la Hollande, des Iles Britanniques, des Alpes-Maritimes (Vaugrenier, A. Dollfus), des Iles Baléares, du Livournais, de la Calabre et de la Sicile.

Cardium echinatum Linné.

Pl. XLII, fig. 1, 2 (type); 3, 4, 5 (var.).

1767	*Cardium echinatum*	Linné, Syst. Nat., edit. XII, p. 1122.
1778	— — Linné	Da Costa, Brit Conch., p. 176, pl. XIV, fig. 2.

1786	*Cardium echinatum* Linné	SCHRŒTER, Einleit. in die Conchylienk, t. III, p. 34.
1790	— — —	LINNÉ-GMELIN, Syst. Nat., édit. XIII, p. 3247.
1790	— *flexuosum*	GMELIN *in* LINNÉ, Syst. Nat., édit. XIII, p. 3255.
1791	— *mucronatum*	POLI, Testr. utr. Sic., t. I, p. 59, pl. XVII, fig. 7 et 8.
1801	— *echinatum* Linné	DONOVAN, Brit. Shells, t. III, pl. CVII, fig. 1.
1803	— — —	MONTAGU, Test. brit., p. 78.
1804	— — —	MATON et RACKETT, Descr. Catal. *in* Trans. Linn. Soc., t. VIII, p. 63.
1817	— — —	DILLWYN, Descr. Catal., t. I, p. 116.
1819	— — —	LAMARCK, Anim. sans vert., t. VI, 1re partie, p. 7.
1819	— — —	TURTON, Conch. Dict., p. 29.
1822	— — —	TURTON, Dithyra brit., p. 183.
1825	— — —	DE GERVILLE, Catal. Manche, p. 188.
1826	— — —	RISSO, Europe mérid., t. IV, p. 332.
1826	— *mucronatum* Poli	RISSO, Europe mérid., t. IV, p. 333
1830	— *hérissé*	BLAINVILLE, Faune franç., pl. VIII, fig. 5, 5A.
1830	— *echinatum* Linné.	COLLARD DES CHERRES, Test. mar. du Finistère, p. 25.
1835	— — —	BOUCHARD-CHANTEREAUX, Catal. Boulon., p. 22.
1835	— — —	LAMARCK, Anim. sans vert., édit. Desh., t. VI, p. 396.
1836	— *mucronatum* Poli	SCACCHI, Catal. Conch. Regn. Neap., p. 7.
1836	— *echinatum* Linné	PHILIPPI, Enum. Moll. Sic., t. I, p. 49.
1844	— — —	PHILIPPI, Enum. Moll. Sic., t. II, p. 37.
1844	— — —	FORBES, Rep. Æg. Invert., p. 144.
1844	— — —	POTIEZ et MICHAUD, Galerie de Douai, t. II, p. 182.
1844	— — —	BROWN, Illustr. of the Conch. of Gr. Brit. and Ireland, 2e édit., p. 87, pl. XXXIV, fig. 6, 8.

1844 *Cardium echinatum* Linné — Reeve, Conch. Icon., pl. VII, fig. 34.

1846 — — — Vérany, Catal. Invert. mar. di Genova e Nizza, p. 13.

1848 — — — Forbes et Hanley, Brit. Moll., t. II, p. 7, pl. XXXIII, fig. 2 et pl. N, fig. 3 (animal).

1851 — — — Petit, Catal. *in* Journ. Conch., t. II, p. 373.

1852 — — — Leach, Synopsis, p. 316.

1855 — — — Hanley, Ipsa Linn. Conch., p. 47.

1856 — — — Jeffreys, Piedm. Coast., p. 24.

1858 — — — Gay, Bivalves du Var, *in* Bull. Soc. sc. du Var, p. 184.

1859 — — — Sowerby, Illustr. Index Brit. Shells, pl. V, fig. 11.

1860 — — — Macé, Catal. Cherbourg et Valognes, p. 25.

1862 — — — Weinkauff, Catal. Alg. *in* Journ. Conch., t. X, p. 319.

1863 — — — Jeffreys, Brit. Conch., t. II, p. 270; t. V (1869), p. 181. pl. XXXIV, fig. 2.

1865 — — — Cailliaud, Catal. Loire-Infér., p. 88.

1865 — — — Fischer, Gironde, p. 56.

1866 — — — Brusina, Contr. pella fauna dei Moll. Dalm., p. 97.

1867 — — — Weinkauff, Conch. des Mittelm., t. I, p. 133.

1867 — — — Taslé, Catal. Morbihan, p. 16.

1868 — — — Colbeau, Liste Moll. viv. de Belgique, p. 25.

1869 — — — Tapparone-Canefri, Moll. test. di Spezia, p. 124.

1869 — — — Petit, Catal. test. mar., p. 60.

1870 — — — Jeffreys, Médit. Moll., p. 7.

1870 — — — Aradas et Benoit, Conch. viv. mar. della Sic., p. 72.

1870 — — — Ancey, Catal. Moll. mar. du cap Pinède, p. 5.

1870 — — — Hidalgo, Moll. mar., p. 149, pl. XXXVII, fig. 1.

1870 — *mucronatum* Poli — Hidalgo, Moll. mar., p. 149, pl. XXXVII, fig. 2.

1876 — *echinatum* Linné — Duprey, Catal. Jersey, *in* Ann. and Mag. Nat. Hist., p. 2.

1878 *Cardium echinatum* Linné		G. O. Sars, Moll. Reg. Arct. Norv., p. 46.
1878	— — —	Monterosato, Enum. e Sinon p. 10.
1878	— — —	Fischer, Brachiop. et Moll. du litt. océan. de France, p. 9.
1879	— — —	Granger, Catal. Moll. de Cette, p. 29.
1879	— — —	Clément, Catal. Moll du Gard, *in* Études d'Hist. nat., p. 73.
1880	— — —	Stossich, Prospetto della fauna del mare Adr. *in* Boll. Soc. Adr. di Sc. Nat., p. 157.
1880	— — —	Servain, Catal. Coq. mar. de l'île d'Yeu, p. 19.
1881	— — —	Jeffreys, Lightn. and Porcup. Exp. *in* Proc. zool. Soc. of London, p. 706.
1882	— — —	Jeffreys, Lightn. and Porcup. Exp. *in* Proc. zool. Soc. of London, p. 685.
1883	— — —	Marion, Esq. topogr. zool. du golfe de Marseille, pp. 87, 104, 106.
1883	— — —	Marion, Consid. sur les faunes prof. de la Médit., p. 28.
1883	— — —	Daniel, Faune malac. de Brest, *in* Journ. Conch., t. XXXI, p. 247.
1884	— — —	Nobre, Moll. mar. do Noroeste de Portugal, p. 16.
1884	— *mucronatum* Poli	Monterosato, Nomencl. gen. e Spec., p. 18.
1884	— *echinatum* Lin.	Nobre, Catal. des Moll. obs. dans le Sud-Ouest, p. 16.
1884	— — —	Pépratx, Moll. de la plage de la Franqui, *in* Bull. Soc. Agric. sc. et littéraire des Pyr.-Or., p. 227.
1886	— — —	Locard, Prod. de Malac. franç., p. 448.
1886	— *mucronatum* Poli	Locard, Prod. de Malac. franç., p. 448.
1886	— *echinatum* Linn.	Granger, Moll. biv. de France, p. 102.
1886	— — —	Sparre-Schneider, Tromsösundets Molluskfauna, p. 73.

1887	*Cardium echinatum* Linné	DAUTZENBERG, Excurs. malac. à Saint-Lunaire, p. 10.
1888	— — —	KOBELT, Prodr. faunæ Moll. test. maria europ. inhab., p. 363.
1889	— — —	NOBRE, Contrib. para a Fauna malac. da Madeira, p. 9.
1889	— — —	CARUS, Prodr. faunæ Medit., p. 111.
1889	— *mucronatum* Poli	CARUS, Prodr. faunæ Medit., p. 111.
1890	— *echinatum* Linné.	DAUTZENBERG, Catal. moll. du Pouliguen, p. 4.
1891	— — —	BRUSINA, Elenco dei Moll. lamell. dei dint. di Zara del Dr Danilo e Sandri, p. 13.
1891	— *Duregnei* de Boury mss.	MONTEROSATO, Relazione fra i Moll. del quaternario e le specie viventi, p. 2.
1891	— *propexum*	MONTEROSATO, Relazione fra i Moll. del quaternario e le specie viventi, p. 2.
1892	— *echinatum* Linn.	LOCARD, Coq. mar. des côtes de France, p. 303.
1892	— *mucronatum* Poli	LOCARD, Coq. mar. des côtes de France, p. 303.
1892	— *bullatum*	LOCARD (*non* LAMARCK), Coq. mar. des côtes de France, p. 303.

Obs. — Il ne peut y avoir aucun doute sur l'identification de cette espèce linnéenne : la description convient bien à la coquille que la plupart des naturalistes ont indiquée sous ce nom; les références sont concordantes, à l'exception de celle de Gualtieri pl. LXXII, fig. B, qui représente le *C. paucicostatum*. Hanley nous apprend, d'ailleurs, que c'est bien le *C. echinatum* des auteurs anglais qui est étiqueté sous ce nom dans la collection de Linné.

Cette espèce commune a été décrite par Rondelet sous le nom de *Concha echinata*, qui, bien que pré-linnéen, a survécu aux modifications introduites dans la nomenclature par l'institution du système binominal.

Turton a émis, le premier, l'opinion que le *Cardium ciliare* de Linné, ne serait autre chose que le jeune âge du *C. echinatum* et Hanley a, en effet, constaté la présence, dans la collection de Linné, d'un jeune *C. echinatum* portant le nom de *C. ciliare*. Mais les auteurs ont si diversement interprété le *C. ciliare* : les uns le considérant comme une espèce spéciale, d'autres y voyant le jeune âge du *C. aculeatum*, d'autres le jeune âge du *C. echinatum*, d'autres, enfin, l'assimilant au *C. paucicostatum*, qu'il nous semble préférable d'éliminer complètement ce nom de la nomenclature.

Diagnose. — Coquille, diamètre umbono-ventral, 60 millim.; diam. antéro-post. 59 millim.; épaisseur 45 millim.; épaisse, solide, équivalve, inéquilatérale, close, cordiforme. Côté antérieur arrondi, côté postérieur faiblement tronqué. Sommets renflés, proéminents, rapprochés et incurvés. Surface ornée de 19 ou 20 côtes rayonnantes convexes, de même largeur que leurs intervalles, excepté celles de la région postérieure, qui sont plus étroites et moins saillantes. Les côtes sont divisées par un sillon médian dans lequel vient s'insérer un cordon étroit armé de nombreux tubercules papilleux plus développés et plus nombreux sur les côtes antérieures; plus petits, pointus et plus rares sur les côtes postérieures. La sculpture concentrique consiste en stries onduleuses serrées et irrégulières qui sont obsolètes sur les côtes, mais bien marquées dans leurs intervalles.

Intérieur des valves lisse, peu luisant, pourvu de sillons qui correspondent aux côtes de l'extérieur. Bords festonnés. Charnière et impressions musculaires semblables à celles du *C. tuberculatum*. Ligament externe, relativement petit, porté par des nymphes situées en arrière des crochets.

Coloration externe fauve claire obscurément zonée de clair et de foncé; région postérieure teintée de brun. Coloration interne blanche.

Variétés. — Var. ex forma 1, *Duregnei* (de Boury mss.). Monterosato 1891 = *bullata* Locard 1892 (*non* Lamarck). Forme globuleuse, lourde, à côtes plus larges que leurs intervalles, aplaties et pourvues d'un sillon médian très accusé; surface très rugueuse; coloration plus claire que celle du type. M. Locard, en décrivant cette forme comme espèce distincte de l'*echinatum*, sous le nom de *C. bullatum*, ne s'est pas aperçu qu'il existait déjà un *Cardium bullatum* de Lamarck, établi sur le *Solen bullatus* de Linné. Cette circonstance nous permet de lui restituer le nom sous lequel M. de Boury nous en avait envoyé, il y a longtemps, des exemplaires recueillis par lui à Arcachon. Voir notre pl. XLII, fig. 3.

Var. ex forma 2, *mucronata* Poli. Peu oblique, à sommet subcentral, plus équilatérale et plus élargi que le type, à bord cardinal plus large. Ses côtes, au nombre de 19-20, portent des papilles plus fortes, transverses, spatuliformes, nombreuses et rapprochées près du bord ventral.

Ces caractères, assez constants, ont amené plusieurs conchyliologues à regarder le *C. mucronatum* comme une espèce distincte de l'*echinatum;* mais la comparaison d'un grand nombre d'exemplaires nous a engagés à ne l'admettre que comme la variété méditerranéenne de cette espèce.

Le nombre des côtes est, en effet, le même et la différente conformation des papilles, de même que la forme plus équilatérale ne nous semblent pas suffisantes pour motiver une séparation spécifique, car beaucoup d'autres *Cardium* présentent des variations analogues. Voir notre pl. XLII, fig. 4, 5.

Var. ex forma 3, *propexum* Monterosato = *tenuis costis angustioribus* Mörch. Cette forme indiquée par Mörch comme une variété du *C. echinatum*, a été considérée par M. de Monterosato comme une espèce distincte. Elle se rapprocherait, d'après cet auteur, du *C. Deshayesi* Payr. mais possède un plus grand nombre de côtes; sa forme est plus transverse et ses papilles sont adossées les unes aux autres. N'ayant pas eu l'occasion de voir cette forme, nous l'indiquons sous toutes réserves comme une variété du *C. echinatum*.

Quelques auteurs ont regardé le *C. Deshayesi* Payraudeau comme une variété du *C. echinatum*; mais cette coquille fort rare dans la Méditerranée, nous semble trop différente pour ne pas être conservée comme espèce distincte : ses côtes sont plus nombreuses (24 au lieu de 19 ou 20), ses papilles nombreuses, sont très grandes, minces et cupuliformes. Nous en avons représenté pl. XLIII, fig. 6, 7, un spécimen provenant de Sardaigne.

Habitat. — La variété *mucronata* est fréquemment rejetée, morte et vivante, sur la plage de la Franqui.

Dispersion. — La forme typique ne paraît pas exister dans la Méditerranée, tandis que la variété *mucronata* a été signalée de la plupart des localités de cette mer ainsi que de l'Adriatique et de la mer de Marmara. Dans l'Océan Atlantique, le type et la variété *Duregnei* vivent depuis l'Islande jusqu'au Maroc. Le *C. echinatum* a aussi été signalé à Madère et aux îles Canaries; mais nous ne savons pas par laquelle de ses formes il s'y trouve représenté.

Origine. — Le *Cardium* du Miocène de la Touraine indiqué par Dujardin sous le nom de *C. echinatum* a été nommé depuis *C. turonicum* par M. Mayer : c'est une coquille de petite taille qui peut être regardée comme une forme ancestrale de l'espèce actuelle. Le *C. echinatum* de Dubois de Montpéreux, provenant du Miocène de la Galicie, a été distingué par Hilber sous le nom de *C. præechinatum*. On cite le *C. echinatum* de la Molasse de la Suisse et du Jura, du Miocène de la Gironde, du Portugal et de l'Algérie. Il est connu du Pliocène d'Angleterre (Norfolk, Cornwall), de la Vallée du Rhône, de l'Italie sptentrionale (marnes de Gênes, Issel), du Modénais, de la Calabre, de la Sicile (*C. Brocchii* Mayer) et de Rhodes. Son extension est grande dans le Pleistocène : on le connaît des plages soulevées de Norwège, des alluvions anciennes de la Hollande, du Livournais, de la Calabre, de la Sicile et de l'Algérie.

Cardium paucicostatum Sowerby.

Pl. XLIV, fig. 1, 2, 3, 4, 5 (type); 6, 7, 8 (var.).

1791	*Cardium*	*ciliare*	POLI (*non* Linné), Test., utr., Sic., t. I, pl. XVI, fig. 20.
1819	—	—	LAMARCK (*non* Linné), Anim. sans vert., t. VI, p. 6.
1825	—	—	DE GERVILLE (*non* Linné), Catal. Manche, p. 187.
1826	—	—	PAYRAUDEAU (*non* Linné), Moll. de Corse, p. 58.
1826	—	—	RISSO (*non* Linné), Europe mérid., t. IV, p. 335.
1836	—	—	SCACCHI (*non* Linné), Catal. Conch. Regn. Neap., p. 7.
1836	—	—	PHILIPPI (*non* Linné), Enum. Moll. Sic., t. I, p. 49.
1839	—	*paucicostatum*	SOWERBY, Ill. Conch. g. *Cardium*, pl. I, fig. 20.
1844	—	*ciliare*	PHILIPPI (non Linné), Enum. Moll. Sic., t. II, p. 37.
1844	—	—	RÉQUIEN (*non* Linné), Coq. de Corse, p. 26.
1844	—	*paucicostatum* Sow.	REEVE, Conch. Icon., pl. IV, fig. 18.
1862	—	*ciliare*	WEINKAUFF (*non* Linné), Catal. *in* Journ. Conch., t. X, p. 320.
1866	—	—	BRUSINA (*non* Linné), Contrib. pella fauna Dalm., p. 97.
1867	—	*echinatum*	WEINKAUFF (*non* Linné), Conch. des Mittelm., t. I, p. 134 (*ex parte*).
1869	—	*paucicostatum* Sow.	PETIT, Catal. test. mar., p. 60.
1869	—	— —	FISCHER, Gironde, 1er suppl., p. 106.
1870	—	— —	ARADAS et BENOIT, Conch. viv. mar. della Sic., p. 72.
1870	—	— —	HIDALGO, Mol. mar., p. 150, pl. XXXVII, fig. 4.
1878	—	— —	MONTEROSATO, Enum. e Sinon., p. 10.
1878	—	— —	FISCHER, Brachiop. et Moll. du litt. océan. de France, p. 9.
1879	—	— —	GRANGER, Catal. Moll. de Cette, p. 29.

1880 *Cardium ciliare* STOSSICH (*non* Linné), Prosp. della fauna Adr., *in* Boll. Soc. Adr., di Sc. Nat., p. 157.

1881 — — — JEFFREYS (*non* Linné), Lightning and Procup. Exp., *in* Proc. Zool. Soc. of Lond., p. 706.

1883 — *paucicostatum* Sow. MARION, Esq. topogr. zool. du golfe de Marseille, pp. 25, 26, 35, 38, 80, 98, 104, 106.

1883 — — — DANIEL, Faune malac. de Brest, *in* Journ. Conch., t. XXXI, p. 248.

1886 — — — LOCARD, Prodr. de Malac. franç., p. 449.

1886 — — — GRANGER, Moll. biv. de France, p. 103, pl. VIII, fig. 6.

1889 — — — CARUS, Prodr. Faunæ Medit., p. 111.

1889 — — — NOBRE, Contrib. para a Fauna malac. da Madeira, p. 9.

1890 — — — DAUTZENBERG, Catal. Moll. du Pouliguen, p. 4.

1891 — *ciliare* BRUSINA (*non* Linné), Elenco dei Moll. lamell. dei dint. di Zara del Dr Danilo e Sandri, p. 13.

1892 — *paucicostatum* Sow. LOCARD, Coq. mar. des côtes de France, p. 304.

Obs. — Nous avons vu plus haut combien les auteurs ont varié d'opinion au sujet du *C. ciliare* de Linné. Poli et plusieurs autres après lui, ont attribué ce nom à la présente espèce; mais il paraît bien démontré aujourd'hui que cette interprétation ne peut être admise et que le véritable *C. ciliare* de Linné est le jeune âge du *C. echinatum*. C'est assurément du *C. echinatum* que le *C. paucicostatum* se rapproche le plus, mais il diffère toujours de cette espèce par sa taille plus faible, ses côtes moins nombreuses (16 ou 17, au lieu de 19 ou 20), et moins saillantes.

Diagnose. — Coquille, diamètre umbono-ventral 30 millim.; diamètre antéro-post. 31 millim.; épaisseur 22 millim.; assez mince, équivalve, inéquilatérale, close. Côté antérieur arrondi, côté postérieur arrondi et dilaté. Sommets renflés, proéminents, rapprochés et incurvés antérieurement. Surface ornée de 16 ou 17 côtes rayonnantes convexes, larges, peu saillantes; celles de la région postérieure sont plus étroites que les autres. Les côtes portent un cordon médian saillant, qui leur donne un aspect anguleux et sur ce cordon prennent naissance des tubercules papilleux. Ces tubercules sont ordinairement transverses et développés en cuillerons dans la région antérieure, tandis qu'ils sont toujours plus petits dans la région postérieure. Surface lisse et luisante dans le voisinage des sommets, aussi bien sur les côtes que dans leurs intervalles. Le reste du test est mat et sculpté de nombreuses rides transverses onduleuses et irrégulièrement ponctuées qui s'observent sur les côtes de même que dans leurs intervalles.

Intérieur des valves lisse, peu luisant, pourvu de sillons correspondant aux côtes de l'extérieur. Bords largement festonnés. Charnière semblable à celle du *C. echinatum*, mais moins forte et pourvue de dents plus faibles. Impressions musculaires semblables à celle de la même espèce. Ligament externe étroit, allongé, inséré sur des nymphes situées en arrière des crochets.

Coloration externe fauve, ornée de zones concentriques alternativement plus foncées et plus claires, assez apparentes; région des sommets d'un gris rosé; région postérieure teintée de brun. Coloration interne d'un fauve carnéolé.

Variétés. — Le type du *C. paucicostatum* est la forme subéquilatérale que nous avons représentée, pl. XLIV, fig. 1 à 5 et qui concorde bien avec la figuration de Sowerby : Ill. Conch., pl. I, fig. 20.

Var. ex forma, *producta* B. D. D. Beaucoup plus oblique que le type : côté antérieur arrondi, côté postérieur dilaté et comprimé. Voir notre pl. XLIV, fig. 6, 7, 8.

Var. ex colore, *alba* B. D. D., entièrement blanche. Nous avons reçu cette variété de M. Chevreux qui l'a draguée dans la baie de Quiberon, par 10 mètres de profondeur (fond de vase).

Var. ex colore 2, *pallida* B. D. D. Blanche surtout dans la région des sommets, avec des zones concentriques d'un fauve clair et teintée de brun le long du bord postérieur. Nous avons rencontré cette variété dans la baie du Pouliguen et elle a aussi été recueillie à Quiberon, avec la précédente, par M. Chevreux.

Habitat. — Peu commun sur la plage de La Franqui, le type et la variété *producta*.

Dispersion. — Méditerranée et Adriatique. Océan Atlantique, depuis les côtes d'Angleterre jusqu'au détroit de Gibraltar. Tous les spécimens de provenance méditerranéenne que nous avons observés sont plus minces, plus colorés et ordinairement plus grands que ceux de provenance océanique.

Origine. — Le *C. paucicostatum* est signalé dans le Miocène de la Gironde par Benoist et du Portugal par Sowerby, *in* Smith. Il a aussi été indiqué du Pliocène de l'Italie centrale et méridionale, ainsi que de l'île de Cos. Le *Cardium aculeatum* var. *perrugosa* Fontannes du Pliocène de Banyuls et de Millas est certainement la présente espèce. Il est enfin cité du Pleistocène de la Calabre. L'emploi confus qui a été fait du nom de *C. ciliare*, ne permet pas d'établir d'une manière complète la distribution de cette espèce à l'état fossile, aussi n'avons-nous mentionné que les localités où elle a été signalée sous le nom de *C. paucicostatum*.

Cardium erinaceum Lamarck.

Pl. XLIII, fig. 1, 2, 3, 4, 5.

1791	*Cardium echinatum*	POLI, (*non* Linné) Test. ut. Sic., t. I, pl. XVII, fig. 4, 5.
1792	— —	BRUGUIÈRE (*non* Linné), Encyclopédie méthod., p. 217, pl. CCXCVII, fig. 5.
1817	— *spinosum* Solander mss.	DILLWYN (*non* Sowerby), Descr. Catal., p. 115.
1819	— *erinaceum*	LAMARCK, Anim. sans vert., t. VI, 1re partie, p. 8.
1826	— — Lam.	PAYRAUDEAU, Moll. de Corse, p. 57.
1835	— — —	LAMARCK, Anim. sans vert., édit. Desh., t. VI, p. 397.
1836	— *echinatum*	SCACCHI (*non* Linné), Catal. Conch. Regn. Neap., p. 7.
1836	— *erinaceum* Lam.	PHILIPPI, Enum. Moll. Sic., t. I, p. 50.
1844	— — —	PHILIPPI, Enum. Moll. Sic., t. II, p. 37.
1844	— — —	FORBES, Rep. Æg. Invert., p. 144.
1844	— — —	POTIEZ et MICHAUD, Galerie de Douai, t. II, p. 181.
1844	— — —	REEVE, Conch. Icon., pl. XII, fig. 62.
1851	— — —	PETIT, Catal. *in* Journ. Conch., t. II, p. 373.
1856	— — —	JEFFREYS, Piedm. Coast., p. 24.
1862	— — —	WEINKAUFF, Catal. Alg. *in* Journ. Conch., t. X, p. 320.
1866	— — —	BRUSINA, Contrib. pella fauna dei Moll. Dalm., p. 97.
1867	— — —	WEINKAUFF, Conchyl. des Mittelm., t. I, p. 132.
1869	— — —	PETIT, Catal. test. mar., p. 60.
1870	— — —	ARADAS et BENOIT, Conch. viv. mar. della Sic., p. 71.
1870	— — —	HIDALGO, Mol. mar., p. 149, pl. XLI, fig. 1.
1873	— — —	JEFFREYS, Some remarks on the Moll. of the Medit. *in* Rep. Brit. Ass. for Adv. of Sc., p. 113.

1878 *Cardium erinaceum* Lam. MONTEROSATO, Enum. e Sinon., p. 10.
1879 — — — CLÉMENT, Gatal. Moll. du Gard, *in* Etudes d'Hist. nat., p. 74.
1880 — — — STOSSICH, Prosp. della fauna Adr. *in* Boll. Soc. Adr. di Sc. Nat., p. 158.
1881 — — — JEFFREYS, Lightn. and Porcup. Exp. *in* Proc. Zool. Soc. Lond., p. 717.
1886 — — — GRANGER, Moll. biv. de France, p. 102.
1886 — — — LOCARD, Prodr. de Malac. franç., p. 447.
1888 — — — KOBELT, Prodr. faunæ Moll. test. maria europ. inhab., p. 362.
1889 — — — CARUS, Prodr. faunæ medit., p. 110.
1891 — — — BRUSINA, Elenco dei Moll. lamell. dei dint. di Zara del Dr Danilo e Sandri, p. 13.
1892 — — — LOCARD, Coq. mar. des côtes de France, p. 304.

Obs. — Cette belle espèce ne peut être rapprochée que du *C. aculeatum ;* mais elle s'en distingue au premier aspect par ses côtes plus nombreuses et ses tubercules également beaucoup plus nombreux. La conformation des côtes est aussi fort différente : tandis que celles du *C. aculeatum* sont régulièrement convexes, celles du *C. erinaceum* sont planes au-dessus et coupées à angles droits de chaque côté. Enfin, le *C. erinaceum* est entièrement clos, tandis que la coquille de l'*aculeatum* est toujours un peu bâillante du côté postérieur.

Poli et Bruguière ont attribué à ce *Cardium* le nom d'*echinatum* qui appartient sans conteste à une espèce linnéenne bien différente. Dillwyn, en 1817, lui a donné le nom de *spinosum* sous lequel il avait été étiqueté par Solander, sans tenir compte que, dès 1804, Sowerby (Brit. Miscel., p. 65, pl. XXXII) avait employé le même nom pour désigner le jeune âge du *C. aculeatum*.

Diagnose. — Coquille, diamètre umbono-ventral 55 millim.; diamètre antéro-post. 57 millim.; épaisseur 45 millim., solide, équivalve, inéquilatérale, close, cordiforme. Côté antérieur arrondi, côté postérieur faiblement tronqué. Sommets renflés, proéminents, rapprochés, fortement incurvés antérieurement. Surface ornée de trente-cinq côtes rayonnantes lisses, de même largeur que leurs intervalles et armées de tubercules très nombreux, disposés en séries concentriques régulières.

Les côtes, bien saillantes sur toute l'étendue de la coquille, sont planes au-dessus; celles de la région postérieure sont un peu plus larges que les autres. Les espaces intercostaux sont striés transversalement. Les tubercules sont gros et papilleux sur les côtes antérieures; sur les côtes suivantes ils se transforment en crochets fortement recourbés vers l'extrémité postérieure de la coquille; ils se redressent ensuite insensiblement et deviennent franchement épineux sur les côtes postérieures.

Intérieur des valves lisse et un peu luisant, pourvu de sillons rayonnants qui correspondent aux côtes de l'extérieur; bords festonnés. Charnière de la valve droite portant deux petites dents cardinales pointues, rapprochées et superposées, deux dents latérales antérieures dont l'inférieure est un peu plus forte, et une dent latérale postérieure. Charnière de la valve gauche portant deux petites dents cardinales pointues, presque superposées, une dent latérale antérieure saillante et une dent latérale postérieure faible. Impressions des muscles adducteurs des valves subégales, assez visibles; impression palléale entière, indistincte. Ligament externe bien saillant, inséré sur des nymphes placées en arrière des crochets.

Coloration externe d'un fauve clair presque uniforme. Coloration interne d'un blanc rosé avec les reliefs, correspondant aux sillons externes, teintés de rose violacé.

Variétés. — Le *C. erinaceum* paraît assez constant dans sa forme aussi bien que dans son ornementation, et nous n'avons rencontré aucune variation assez importante pour mériter d'être signalée.

Var. ex colore, *alba* Monterosato. Entièrement blanche.

Habitat. — Très rarement rejeté sur la plage de la Franqui.

Dispersion. — Méditerranée et Adriatique. Son habitat dans l'Océan Atlantique n'a jamais été authentiquement constaté : Collard des Cherres l'a mentionné du Finistère; mais seulement d'après l'indication de M. de Kermorvan. Jeffreys en a dragué en 1870, pendant l'expédition du Lightning, un fragment de valve au large du cap Sagres.

Origine. — Molasse de la Suisse (Mayer); Pliocène d'Italie et de Rhodes; Pleistocène de Livourne, de la Calabre et de la Sicile.

Cardium papillosum Poli

Pl. XLIV, fig. 9, 10, 11, 12 (type); 13, 14, 15 (var.)

1791 *Cardium papillosum* Poli, Test. utr. Sic., t. 1, p. 56, pl. XVI, fig. 2, 3, 4.

1804 — *planatum* Renier, Tavola alfab., p. 6, nº 73.

1819 — *scobinatum* Lamarck, Anim. sans vert., t. VI, 1re partie, p. 14.

1826 *Cardium Polii* Payraudeau, Moll. de Corse, p. 57.
1826 — *papillosum* Poli Risso, Europe mérid., t. IV, p. 333.
1829 — — — O.-G. Costa, Catal. sist., p. 28.
1835 — *scobinatum* Lamarck, Anim. sans vert., édit. Desh., t. VI, p. 408.
1836 — *papillosum* Poli Scacchi, Catal. Conch. Regni Neap., p. 7.
1836 — — — Philippi, Enum. Moll. Sic., t. I, p. 51.
1844 — — — Philippi, Enum. Moll. Sic., t. II, p. 38.
1844 — — — Reeve, Conch. Icon., pl. XX, fig. 111.
1844 — — — Forbes, Rep. Æg. Invert., p. 144.
1847 — *planatum* Ren. Nardo, Elenco dei nuov. gen. e delle spec. nuov. registr. dal Pr. Renier, *in* Biogr. Scient. del fu Renier, p. 29.
1848 — *papillosum* Poli Réquien, Coq. de Corse, p. 26.
1848 — *scobinatum* Lam. Réquien, Coq. de Corse, p. 98.
1851 — *papillosum* Poli Petit, Catal. *in* Journ. Conch., t. II, p. 374.
1853 — *Polii* Payr. Doublier, Prodr. Hist. Nat. du Var, p. 110.
1853 — *scobinatum* Lam. Doublier, Prodr. Hist. Nat. du Var, p. 110.
1856 — *papillosum* Poli Jeffreys, Piedm. Coast, p. 24.
1858 — — — Gay, Bivalves du Var, *in* Bull. Soc. Sc. du Var, p. 184.
1859 — — — Sowerby, Ill. Ind. brit. sh. pl. V, fig. 5.
1862 — — — Weinkauff, Catal. Alg. *in* Journ. Conch., t. X, p. 320.
1863 — — — Jeffreys, Brit. Conch., t. II, p. 275; t. V (1869), p. 181, pl. XXXV, fig. 1.
1865 — — — Cailliaud, Catal. Loire-Inf., p. 90.
1866 — — — Brusina, Contrib. pella Fauna dei Moll. Dalm., p. 97.
1867 — — — Taslé, Catal. Morbihan, p. 16.
1867 — — — Weinkauff, Conch. des Mittelm., t. I, p. 138.
1869 — — — Petit, Catal. test. mar., p. 62.
1869 — — — Fischer, Gironde, 1er suppl., p. 106.
1869 — — — Tapparone-Canefri, Moll. test. della Spezia, p. 125.
1870 — — — Ancey, Catal. Moll. mar. du cap Pinède, p. 5.

1870 *Cardium papillosum* Poli ARADAS et BENOIT, Conch. viv. mar. della Sic., p. 73.
1870 — — — JEFFREYS, Medit. Moll., p. 7.
1870 — — — HIDALGO, Mol. mar., p. 151, pl. XL A, fig. 1.
1878 — — — MONTEROSATO, Enum. e Sinon, p. 10.
1878 — — — FISCHER, Brachiop. et Moll. du litt. océan. de France, p. 9.
1878 — — — ISSEL, Crociera del Violante, p. 37.
1879 — *Polii* Payr. CLÉMENT, Catal. Moll. du Gard, *in* Etudes d'Hist. Nat., p. 74.
1880 — *papillosum* Poli STOSSICH, Prosp. della fauna Adr., *in* Boll. Soc. Adr. di Sc. Nat., p. 158.
1881 — — — JEFFREYS, Lightn. and Porcup. Exp., *in* Proc. Zool. Soc. of Lond., p. 707.
1883 — — — G. DOLLFUS, Liste coq. de Palavas, p. 3.
1883 — — — DANIEL. Faune malac. de Brest, *in* Journ. Conch., t. XXXI, p. 248.
1883 — — — DEL PRETE, Conch. corall. del mare di Sciacca, *in* Bull. Soc. Malac. Ital., t. IX, p. 255.
1883 — — — DAUTZENBERG, Liste coq. de Gabès, p. 10.
1883 — — — MARION, Esq. topogr. zool. du golfe de Marseille, pp. 26, 27, 35, 59, 61, 67, 70, 76, 77, 80, 87, 90, 106.
1883 — — — MARION, Consid. sur les faunes prof. de la Médit., pp. 17, 28, 44.
1884 — — — JEFFREYS, Lightn. and Porcup. exp., *in* Proc. Zool. Soc. of Lond., p. 707.
1884 — — — NOBRE, Moll. mar. do Noroeste de Portugal, p. 16.
1885 — — — SMITH, Challenger Exp., t. XIII, Part. 35, p. 158.
1886 — — — DAUTZENBERG, Nouv. liste coq. de de Cannes, p. 1.
1886 — — — LOCARD. Prodr. de Malac. franç., p. 452.
1886 — — — GRANGER, Moll. biv. de France p. 104.
1888 — — — KOBELT, Prodr. Faunæ Moll. test maria europ. inhab., p. 365.
1889 — — — CARUS, Prodr. Faunæ Medit., p. 113.
1889 — — — NOBRE, Contribuções para a Faun malac. di Madeira, p. 9.

1889 *Cardium papillosum* Poli Dautzenberg, Contrib. à la Faune malac. des Açores, *in* Camp. scient. de l'*Hirondelle*, p. 81.

1890 — — — Arturo Bofill y Poch., Moll. mar. de Llansá, p. 21.

1891 — — — Dautzenberg, Moll. Voy. de la Melita, p. 44.

1891 — — — Brusina, Elenco dei Moll. lamell. dei dint. di Zara del Dr Danilo e Sandri, p. 13.

1892 — — — Locard, Coq. mar. des côtes de France, p. 305, fig. 285.

Obs. — Le *C. papillosum* est bien caractérisé par sa forme arrondie, aussi haute que large, par son ornementation composée de côtes lisses garnies de tubercules papilleux subégaux et régulièrement disposés sur toute la surface de la coquille; enfin, par les séries d'incisions des espaces intercostaux.

Diagnose. — Coquille, diamètre umbono-ventral 15 millim.; diamètre antéro-post. 16 millim.; épaisseur 11 millim.; assez solide, équivalve, peu inéquilatérale, close, de forme arrondie. Côté antérieur arrondi; côté postérieur à peine tronqué. Sommets petits, assez proéminents, contigus. Surface ornée de 24 côtes : les antérieures larges, presque contiguës, les autres séparées par des intervalles de même largeur qu'elles-mêmes. Ces côtes sont garnies de tubercules obtus, arrondis, régulièrement disposés. Dans les espaces intercostaux, on observe des séries de stries ou plutôt d'incisions transverses bien marquées.

Intérieur des valves lisse et luisant, orné de sillons rayonnants peu profonds, souvent même obsolètes, qui correspondent aux côtes externes. Bords crénelés. Charnières et impressions musculaires semblables à celles des *Cardium* de la section typique. Ligament petit, peu saillant.

Coloration externe d'un blanc jaunâtre plus ou moins ornée, dans les régions apicale et postérieure, de taches brunes formant des zones concentriques interrompues. Coloration interne blanche, maculée de brun du côté postérieur et présentant deux rayons divergents de même nuance qui partent des sommets et se prolongent jusque vers le milieu des valves. Epiderme lisse, jaunâtre, bien adhérent au test.

Variétés. — Var. ex forma 1, *obliquata* (Aradas) Monterosato, plus oblique et plus inéquilatérale que le type.

Var. ex forma 2, *maxima* B. D. D., diamètre umbono-ventral 25 millim.; diamètre antéro-postérieur 25 millim. Cette variété, remarquable par l'épaisseur de son test et par ses dimensions de beaucoup supérieures à celles des spécimens méditerranéens, a été draguée, en 1888, par le

Prince de Monaco entre Pico et Fayal (Açores) par 130 mètres de profondeur. Nous l'avons représentée pl. XLIV, fig. 13.

Var. ex colore 1, *aurea* B. D. D. Coloration externe d'un jaune d'or uniforme. Coloration interne blanche, teintée de jaune d'or dans le fond des valves.

Var. ex colore 2, *maculata* Brusina. Ornée de fascies onduleuses brunes, voir notre pl. XLIV, fig. 14, 15.

Habitat. — Assez commun à Collioure, Paulilles, Banyuls.

Dispersion. — Méditerranée et Adriatique. Océan Atlantique depuis la Manche jusqu'au Maroc, au Sénégal (recueilli à Gorée par M. Chevreux), aux îles Canaries, Madère et Açores. Habitat batymétrique de 4 à 220 mètres.

Origine. — Ce n'est pas le *C. papillosum* Goldfuss, espèce de l'Oligocène de l'Allemagne du Nord, qui est devenue le *C. scobinula* Mérian. Le vrai *C. papillosum* Poli est commun dans le Miocène de la Touraine, de l'Anjou, du Bordelais, du Portugal, des Açores, du Piémont, de la Suisse, du bassin de Vienne et de la Bohême. Il est répandu dans le Pliocène de Lenham (Angleterre), de Saint-Ert (Cornwall), du Cotentin, de la vallée du Rhône, de Millas, de Banyuls, du Piémont, de l'Italie centrale et méridionale, de la Grèce, de Chypre, de Rhodes et de Cos. Dans le Pleistocène, on le connaît de la plage soulevée de la baie de Barnstaple (Prestwich), ainsi que de Livourne, de la Calabre et de la Sicile.

Sous-genre PARVICARDIUM Monterosato

Type : *Cardium parvum* Philippi (= *exiguum*, var. *commutata* B. D. D. Cette section a été proposée en 1884 par M. de Monterosato pour les petites espèces obliques et papilleuses du genre *Cardium*.

Cardium exiguum Gmelin

Pl. XLV, fig. 1, 2, 3, 4, 5, 6 (type), 7 à 22 (var.).

1790 *Cardium exiguum* — Gmelin *in* Linné, Syst. Nat., édit. XIII, p. 3255.
1799 — *pygmæum* — Donovan, Brit. Shells., t. I, pl. XXXII, fig. 3.
1803 — *exiguum* Gmel. — Montagu, Test. brit., p. 82.
1804 — — — — Renier, Tavola alfabetica, p. 6, nos 68 et 69.
1804 — — — — Maton et Rackett, Descr. Catal. *in* Trans. Linn. Soc. of Lond., t. VIII, p. 61.
1817 — — — — Dillwyn, Descr. Catal., t. I, p. 114.
1819 — — — — Turton, Conch. Dict., p. 31.

1819	*Cardium exiguum* Gmel.	LAMARCK, Anim. sans vert., t. VI, 1re partie, p. 14.
1822	— — —	TURTON, Dithyra brit., p. 186.
1825	— — —	DE GERVILLE, Catal. Manche, p. 186.
1830	— — —	COLLARD DES CHERRES, Catal. Finistère. p. 26.
1835	— — —	LAMARCK, Anim. sans vert., édit. Desh., t. VI, p. 408.
1836	— — —	SCACCHI, Catal. Conch. Regni Neap., p. 7.
1836	— *subangulatum*	SCACCHI, Catal. Conch. Regni Neap., p. 7.
1836	— *exiguum* Gmel.	PHILIPPI, Enum. Moll. Sic., t. I, p. 51.
1839	— *parasiticum*	O.-G. COSTA, Cenni sulla fauna Sicil. *in* Corrisp. zool., p. 62.
1839	— *siculum*	SOWERBY, Conch. Illustr., fig. 31.
1844	— *exiguum* Gmel.	FORBES, Rep. Aeg. Invert., p. 144.
1844	— — —	PHILIPPI, Enum. Moll. Sic., t. II, p. 38.
1844	— *parvum*	PHILIPPI (*non* Da Costa), Enum. Moll. Sic., t. II, p. 39, pl. XIV, fig. 17A, 17B.
1844	— *exiguum* Gmel.	BROWN, Ill. Conch. of Gr. Brit. and Irel., p. 88, pl. XXXV, fig. 10 (mala).
1844	— — —	REEVE, Conch. Icon., pl. XXI, fig. 121.
1844	— *stellatum*	REEVE, Conch. Icon., pl. XX, fig. 109.
1848	— *exiguum* Gmel	RÉQUIEN, Coq. de Corse, p. 27.
1848	— *parvum*	RÉQUIEN (*non* Da Costa), Coq. de Corse, p. 27.
1848	— *pygmæum* Don.	FORBES et HANLEY, Brit. Moll., t. II, p. 29, pl. XXXII, fig. 8.
1849	— *exiguum* Gmel.	MIDDENDORF, Malac. rossica, t. III, p. 37.
1851	— — —	PETIT, Catal. *in* Journ. Conch., t. II, p. 375.
1851	— *subangulatum* Sc.	PETIT, Catal. *in* Journ. Conch., t. II, p. 375.
1852	— *exiguum* Gmel.	LEACH, Synopsis, p. 319.

1853	*Cardium exiguum* Gmel.	Doublier, Prodr. Hist. Nat. du Var, p. 110.
1853	— *subangulatum* Sc.	Doublier, Prodr. Hist. Natur. du Var, p. 110.
1856	— *pygmæum* Don.	Jeffreys, Piedm. Coast., p 24.
1858	— *exiguum* Gmel.	Gay, Biv. du Var, *in* Bull. Soc. Sc. du Var, p. 182.
1858	— *subangulatum* Sc.	Gay, Biv. du Var, *in* Bull. Soc. Sc. du Var, p. 183.
1859	— *pygmæum* Don.	Sowerby, Illustr. Ind. brit. Sh. pl. V, fig. 4.
1860	— *exiguum* Gmel.	Macé, Catal. Cherbourg et Valognes, p. 26.
1862	— *subangulatum* Sc.	Weinkauff, Catal. Alg. *in* Journ., Conch., t. X, p. 321.
1862	— *parvum*	Weinkauff (*non* Da Costa), Catal, Alg., *in* Journ. Conch., t. X, p. 321.
1863	— *exiguum* Gmel.	Jeffreys, Brit. Conch., t. II, p 278, t. V (1869), p. 181, pl. XXXV, fig. 2.
1865	— — —	Cailliaud, Catal. Loire-Inf., p. 90.
1865	— — —	Fischer, Gironde, p. 57.
1866	— — —	Brusina, Contrib. pella fauna dei Moll. Dalm., p. 97.
1866	— *parvum*	Brusina (*non* Da Costa), Contrib. pella fauna dei Moll. Dalm., p. 97.
1867	— *exiguum* —	Weinkauff, Conch. des Mittelm., t. I, p. 141.
1867	— — —	Taslé, Catal. Morbihan, p. 17.
1869	— — —	Tapparone-Canefri, Moll. test. di Spezia, p. 125.
1869	— *parvum*	Tapparone-Canefri (*non* Da Costa), Moll. test. di Spezia, p. 126.
1869	— *exiguum* Gmel.	Petit, Catal. test. mar., p. 62.
1870	— — —	Jeffreys, Medit. Moll., p. 7.
1870	— — —	Ancey, Catal. Moll. mar. du cap Pinède, p. 6.
1870	— — —	Aradas et Benoit, Conch. viv. mar. della Sic., p. 74.
1870	— — —	Hidalgo, Mol. mar., p. 151, pl. XLa, fig. 2-4.
1874	— — —	Von Martens, Vorderasiatische Conch., p. 76.

1876	*Cardium exiguum* Gmel.	DUPREY, Catal. Jersey, *in* Ann. and Mag. Nat. Hist., p. 2.
1878	— — —	ISSEL, Crociera del Violante, p. 37.
1878	— *parvum*	ISSEL (*non* Da Costa), Crociera del Violante, p. 37.
1878	— *exiguum* Gmel.	G. O. SARS, Moll. arct. Norv., p. 47.
1878	— — —	MONTEROSATO, Enum. e Sinon., p. 10.
1878	— *parvum*	MONTEROSATO (*non* Da Costa), Enum. e Sinon., p. 10.
1878	— *exiguum* Gmel.	FISCHER, Brachiop. et Moll. du litt. océan. de France, p. 9.
1879	— — —	CLÉMENT, Catal. Moll. du Gard, *in* Études d'Hist. Nat., p. 74.
1879	— — —	GRANGER, Catal. Moll. Cette, p. 29.
1880	— — —	STOSSICH, Prosp. della fauna Adr. *in* Boll. Soc. Adr. di Sc. Nat., p. 158.
1880	— — —	SERVAIN, Catal. Coq. mar. de l'Ile d'Yeu, p. 20.
1881	— — —	JEFFREYS, Lightn. and Porcup. Exp. *in* Proc. Zool. Soc. of Lond., p. 707.
1883	— — —	G. DOLLFUS, Liste coq. de Palavas, p. 3.
1883	— — —	DANIEL, Faune malac. de Brest, *in* Journ. Conch., t. XXXI, p. 248.
1883	— — —	MARION, Esq. topogr. zool. du Golfe de Marseille, pp. 26, 35, 46, 61, 67, 106.
1883	— — —	DAUTZENBERG, Liste coq. de Gabès, p. 10.
1883	— *parvum*	DAUTZENBERG, (*non* Da Costa), Liste coq. de Gabès, p. 10.
1883	— *siculum* Sow.	DAUTZENBERG, Liste coq. de Gabès, p. 10.
1884	— *exiguum* Gmel.	NOBRE, Moll. marin. do Noroeste de Portugal, p. 16.
1884	*Parvicardium parvum*	MONTEROSATO (*non* Da Costa), Nomencl. gen. e spec., p. 19.
1886	*Cardium exiguum* Gmel.	LOCARD, Prodr. de Malac. franç., p. 452.

1886	*Cardium exiguum* Gmel.	GRANGER, Moll. bivalves de France, p. 104.
1886	— — —	DAUTZENBERG, Nouv. liste coq. de Cannes, p. 1.
1886	— *parvum*	DAUTZENBERG (*non* Da Costa), Nouv. liste coq. de Cannes, p. 1.
1887	— *exiguum* Gmel.	DAUTZENBERG, Excursion malac. à Saint-Lunaire, p. 10.
1887	— (*Parvicardium*) *parvum*	FISCHER *non* Da Costa), Manuel de Conch., p. 1037.
1888	— *exiguum* Gmel.	KOBELT, Prodr. Faunæ Moll. test. maria europ. inhab., p. 365.
1889	— — —	NOBRE, Contribuções para a Fauna malac. da Madeira, p. 9.
1889	— — —	CARUS, Prodr. Faunæ Medit., p. 113.
1891	— — —	BRUSINA, Elenco dei Moll. dei dint. di Zara del Dr Danilo e Sandri, p. 13.
1891	— *parvum*	BRUSINA (*non* Da Costa), Elenco dei Moll. lamell. dei dint. di Zara del Dr Danilo e Sandri, p. 13.
1892	— *exiguum* Gmel.	LOCARD, Coq. mar. des côtes de France, p. 306.
1892	— *parvum*	LOCARD (*non* Da Costa), Coq. mar. des côtes de France, p. 306.

Obs. — Le nom de cette espèce a été emprunté par Gmelin à Lister, qui l'avait figurée avec la légende : *Pectunculus exiguus subfuscus*.

Le *Cardium muricatulum* Montagu (Test. brit. p. 85), est le jeune âge de l'*exiguum* et, d'après Petit de la Saussaye, il en serait de même du *C. Helleri* Brusina.

Le *C. exiguum* est une espèce très polymorphe et ses différentes formes ont été tantôt réunies, tantôt séparées par les conchyliologues. Après un examen attentif des nombreux échantillons de diverses provenances que nous possédons, nous nous sommes décidés à les classer comme variétés d'une même espèce, car elles sont reliées les unes aux autres par de nombreux intermédiaires.

Diagnose. — Coquille, diamètre umbono-ventral, 11 millim., diam. antéro-post. 14 millim., épaisseur 10 millim., assez épaisse, équivalve, inéquilatérale, close, de forme subquadrangulaire. Côté antérieur, légèrement rostré; côté postérieur tronqué et bianguleux. Région antérieure convexe, séparée de la région postérieure par un angle bien marqué. Sommets médiocres, contigus. Surface ornée de 22 côtes rayonnantes : les antérieures sont garnies de tubercules arrondis, les autres, plus aplaties et plus larges, sont dépourvues de tubercules. Intervalles des côtes garnies de stries profondes, qui ont l'aspect de ponctuations.

Intérieur des valves lisse et assez luisant, pourvu de sillons rayonnants, qui correspondent aux côtes de l'extérieur; bords crénelés. Charnière de la valve droite portant 2 petites dents cardinales obtuses, 2 dents latérales antérieures rapprochées, dont la supérieure est très petite et 1 dent latérale postérieure écartée.

Charnière de la valve gauche portant 2 dents cardinales peu développées, 1 dent latérale antérieure rapprochée, assez forte et 1 dent latérale postérieure faible. Impressions musculaires médiocres, bien marquées. Ligament allongé, étroit, enfoncé.

Coloration externe d'un blanc sale plus ou moins teinté de brun violacé sur la région postérieure. Coloration interne blanche, teintée de brun du côté postérieur.

Variétés. — Le *C. exiguum* ayant été basé par Gmelin sur la fig. 154 de la planche 317 de Lister, qui représente une coquille de provenance anglaise, comme l'indique la lettre A qui l'accompagne, nous considérons comme typique la forme la plus ordinaire des mers du Nord et de l'Océan Atlantique. Ce type a été représenté par Donovan, Reeve, Sowerby (*Illustrated Index*), Jeffreys (*British Conchology*) et par Hidalgo : pl. XLA, fig. 3 et 4; nous l'avons figuré pl. XLV fig. 1 à 6. Il vit aussi dans la Méditerranée.

Var. ex forma, 1 *subquadrata* Jeffreys. Coquille rhomboïdale, ayant le côté postérieur plus développé et le bord dorsal droit. Sillons intercostaux striés transversalement, mais non ponctués. (*British Conchology*, t. II, p. 279).

Var. ex forma 2, *hirta* B. D. D. Ayant toutes les côtes garnies de tubercules. Nous avons représenté pl. XLV, fig. 7, 8 un exemplaire de cette variété provenant du Croisic.

Var. ex forma et col. 3, *commutata* B. D. D. = *Cardium parvum* Philippi (*non* Da Costa) *ex parte*. Le nom de *C. parvum* ayant été employé dès 1778 par Da Costa pour désigner le jeune âge du *C. aculeatum* ou du *C. echinatum*, nous nous voyons forcés de donner à cette forme un nom nouveau. La var. *commutata* diffère du type par sa forme plus ovale-transverse, moins renflée et à peine anguleuse entre les régions antérieure et postérieure. Les espaces intercostaux sont lisses partout ou bien présentent dans la région antérieure seule des ponctuations obsolètes. Le test est mince et la coloration foncée, composée de larges zones concentriques brunes, alternant avec des zones d'un gris sale, plus étroites. Quelques-unes des côtes de la région postérieure, sont ordinairement articulées de points blancs. Cette variété bien décrite et figurée par Philippi (*Enum. Moll. Sic.,* t. II, p. 39, pl. XIV, fig. 17), d'après des spécimens du lac Fusaro, vit également dans les lagunes ou étangs des côtes méditerranéennes de France. Nous en avons représenté pl. XLV, fig. 9, 10, 11, 12, des exemplaires provenant de l'étang de Berre.

Var. ex forma et col. 4, *scripta* B. D. D. = *Cardium parvum* Philippi (*non* Da Costa), *ex parte*. Chez cette variété, constamment plus petite que la var. *commutata*, les espaces intercostaux sont bien ponctués et la coloration, d'un blanc jaunâtre, est ornée, sur la région postérieure, d'une large tache brune plus ou moins interrompue. La var. *scripta* est très commune dans la Méditerranée : sur les côtes de France, de Corse, d'Algérie, de Sicile, etc. C'est elle que la plupart des conchyliologues modernes ont désignée sous le nom de *Cardium parvum* Philippi. Voir notre pl. XLV, fig. 13 à 18.

Var. ex forma et col. 5, *subangulata* Scacchi = *sicula* Sowerby = *stellata* Reeve = *aquilina* Mittre. Plus grande que le type : diamètre umbono-ventral 15 millim., diamètre antéro-post. 17 millim., épaisseur 13 millim. Cette variété possède de 23 à 26 côtes aplaties, ses sommets sont très renflés et saillants, sa région postérieure est très haute et sa région antérieure bien moins convexe que chez le *C. exiguum* type. Les espaces intercostaux sont très légèrement ponctués. La coloration est la même que chez la var. *commutata*. Cette variété est celle qui s'éloigne le plus du type; nous l'avons représentée pl. XLV, fig. 19, 20, 21, 22.

Var. ex colore 1, *albina* Monterosato. Entièrement blanche, tant à l'intérieur qu'à l'extérieur. Cette coloration se rencontre chez la var. *scripta*.

Var. ex colore 2, *flavida* Monterosato. D'un blanc jaunâtre. Cette variété de coloration a également été indiquée chez la var. *scripta*.

Habitat. — Le type et la var. *subangulata* sont rares à la Franqui; la var. *scripta* est commune à Paulilles, Banyuls et Collioure où nous avons aussi rencontré la var. de coloration *albina*.

Dispersion. — Méditerranée, Adriatique et mer Noire. Océan Atlantique depuis le Finmark jusqu'au détroit de Gibraltar. Son aire bathymétrique, indiquée par Jeffreys, est de 0 à 220 mètres.

Origine. — Le *C. exiguum* est connu du Pliocène du Monte-Mario, de la Calabre, de Corinthe et de l'Ile de Cos, ainsi que du Pleistocène de la Calabre.

Sous-g. CERASTODERMA (Poli) Mœrch.

Type : *Cardium edule* Linné. Le genre *Cerastes-Cerastoderma* de Poli (1791) est synonyme du genre *Cardium* Linné. Ce nom a été repris par Mörch, en 1853, dans le catalogue Yoldi, II, p. 34, pour un certain nombre d'espèces parmi lesquelles figure le *C. edule*. Les frères Adams l'ont consacré comme section, en 1858, pour un groupe de *Cardium* qui mérite bien d'être circonscrit et cette appellation a été acceptée depuis par Tryon, Fischer, etc.

Cardium edule Linné

Pl. XLVI, fig. 1, 2, 3, 4 (type), 5 à 10 (var.); Pl. XLVII, fig. 1 à 17 (var.).

1767	*Cardium edule*	Linné, Syst. Nat. édit. XII, p. 1124.
1778	— *vulgare*	Da Costa, Brit. Conch., p. 180, pl. XI, fig. 1.
1782	— —	Chemnitz, Conch. Cab., t. VI, p. 198; pl. XIX, fig. 191 et p. 141, vignette fig. C.
1782	— *rusticum*	Chemnitz (*non* Linné), Conch. Cab., t. VI, p. 201 ; pl. XIX, fig. 197.
1790	— *edule*	Linné-Gmelin, Syst Nat., édit. XIII, p. 3252.
1791	— — Lin.	Poli, Test. utr. Sic., t. I, pl. XVII, fig. 12, 15.
1792	— — —	Bruguière, Encycl. Méthod., p. 220; pl. CCC, fig. 5.
1792	— *glaucum*	Bruguière, Encycl. Méthod., p. 221.
1802	— *edule* Lin.	Donovan, Brit. Shells, t. IV, pl. CXXIV, fig. 1.
1802	— *rusticum*	Donovan (*non* Linné, *nec* Chemnitz, *nec* Lamarck.), Brit. Shells, t. IV, pl. CXXIV, fig. 2.
1803	— *edule* Lin.	Montagu, Test. brit., p. 76.
1803	— *rusticum*	Montagu (*non* Linné), Test. brit. p. 569.
1804	— *clodiense*	Renier, Tavola alfab., p. 6, n° 65.
1804	— *edule* Lin.	Renier, Tavola alfab., p. 6, n° 67.
1804	— *edule* Lin.	Maton et Rackett, Descr. Catal., *in* Trans. Linn. Soc., t. VIII, p. 65.
1817	— — —	Dillwyn, Descr. Catal., p. 127.
1819	— — —	Lamarck, Anim. sans vert., t. VI, 1re partie, p. 12.
1819	— *pectinatum*	Lamarck (*non* Linné), Anim. sans vert., t. VI, 1re partie, p. 12.

1819	*Cardium rusticum*	LAMARCK (*non* Linné), Anim., sans vert., t. VI, 1re partie, p. 12.
1819	— *crenulatum*	LAMARCK, Anim. sans vert., t. VI, 1re partie, p. 13.
1819	— *edule* Lin.	TURTON, Conch. Dict., p. 30.
1822	— — —	TURTON, Dithyra, brit. p. 188.
1825	— — —	BLAINVILLE, Manuel de Malac., pl. LXX *bis*, fig. 3.
1825	— — —	DE GERVILLE, Catal., Manche, p. 187.
1825	— *rusticum*	DE GERVILLE, (*non* Linné); Catal. Manche, p. 187.
1826	— *edule* Lin.	PAYRAUDEAU, Moll. de Corse, p. 58.
1826	— — —	RISSO, Europe mérid. t. IV, p. 334.
1829	— — —	O.-G. COSTA, Catal., Sist., p. 28.
1830	— — —	BLAINVILLE, Faune franç., pl. VIII. fig. 2.
1830	— *rustique*	BLAINVILLE (*non* Linné), Faune française, pl. VIII, fig. 1, 1 A, 1 B.
1830	— *edule* Lin.	COLLARD DES CHERRES, Catal., Finistère, p. 26.
1830	— *rusticum*	COLLARD DES CHERRES, (*non* Linné), Catal. Finistère, p. 26.
1834	— *edule* Lin.	D'ORBIGNY, *in* Webb et Berthelot, Moll. des Iles Canaries, p. 105.
1835	— — —	LAMARCK, Anim. sans vert. édit. Desh., t. VI, p. 406.
1835	— *pectinatum*	LAMARCK, (*non* Linné), Anim. sans vert., édit. Desh., t. VI, p. 405.
1835	— *rusticum*	LAMARCK (*non* Linné), Anim. sans vertèbres, édit. Desh., t. VI, p. 405.
1836	— *crenulatum*	LAMARCK, Anim. sans vert., édit. Desh., t. VI, p. 407.
1835	— *edule* Lin.	BOUCHARD - CHANTEREAUX, Catal. Boulon, p. 23.
1836	— —	SCACCHI, Catal. Conch. Regni Neap., p. 7.
1836	— — —	PHILIPPI, Enum. Moll. Sic., t. I, p. 52, pl. IV, fig. 16.
1836	— *rusticum*	PHILIPPI (*non* Linné), Enum. Moll. Sic., t. I, p. 52, pl. IV, fig. 12 à 14.
1836	— *pectinatum*	PHILIPPI (*non* Linné) Enum., moll. Sic., t. I, p. 52, pl. IV, fig. 15.

1841	*Cardium crenulatum* Lam.	DELESSERT, Recueil de Coq., pl. XI, fig. 5 A, B, C.
1844	— *edule* Lin.	PHILIPPI, Enum. Moll. Sic., t. II, p. 39.
1844	— *rusticum*	PHILIPPI (*non* Linné), Enum. moll., Sic., t. II, p. 38.
1844	— *pectinatum*	PHILIPPI (*non* Linné), Enum. moll, Sic., t. II, p. 39.
1844	— *edule* Lin.	POTIEZ et MICHAUD, Galerie de Douai, t. II, p. 185.
1844	— — —	FORBES, Rep. Æg. Invert. p. 144.
1844	— *rusticum*	FORBES (*non* Linné), Rep. Æg. Invert. p. 144.
1844	— *edule* Lin.	BROWN, Illustr. of the Conch. of Great Brit. and Irel., 2e édit., p. 87, pl. XXXV, fig. 1-7.
1844	— *zonatum*	BROWN, Illustr. of the Conch., of Gr. Brit. and Irel., 2e édit., p. 88, pl. XXXV, fig. 8.
1844	— *edule* Lin.	REEVE, Conch. Icon., pl. IV, fig. 22.
1844	— *Lamarcki*	REEVE, Conch. Icon. pl. XVIII, fig. 93.
1844	— *Eichwaldi*	REEVE, Conch. Icon., pl. XIX, fig. 94.
1845	— *crenulatum* Lam.	REEVE, Conch. Icon., pl. XX, fig. 112.
1845	— *belticum* (Beck.)	REEVE, Conch. Icon., pl. XX, fig. 113.
1846	— *rusticum*	VÉRANY (*non* Linné), Catal. Invert. mar. di Genova e Nizza, p. 13.
1848	— *edule* Lin.	RÉQUIEN, Coq. de Corse, p. 27.
1848	— *rusticum*	RÉQUIEN (*non* Linné), Coq. de Corse, p. 27.
1848	— *edule* Lin.	DESHAYES, Expl. scient. de l'Algérie, pl. XCVII, fig. 1 à 6; pl. XCVIII, fig. 1 à 4; pl. XCIX, pl. XCIX, fig. 1 à 16; pl. C, fig. 1 à 5; pl. CI, fig. 1 à 6.
1848	— — —	FORBES et HANLEY, Brit. Moll., t. II, p. 15; pl. XXXII, fig. 1 à 4 et pl. N, fig. 5 (animal).
1850	— *rusticum*	DESHAYES, (*non* Linné), Traité élém. de Conch., pl. XXV, fig. 1, 2.
1851	— *edule* Lin.	PETIT, Catal. *in* Journ. Conch., t. II, p. 374.

1851	*Cardium crenulatum* Lam.	Petit, Catal. *in* Journ. Conch., t. II, p. 374.
1851	— *rusticum*	Petit (*non* Linné), Catal. *in* Journ. Conch., t. II, p. 375.
1852	— *edule* Lin.	Leach, Synopsis, p. 318.
1853	— — —	Doublier, Prodr., Hist. Nat. du Var, p. 110.
1853	— *pectinatum* Lam.	Doublier, Prodr. Hist. Nat. du Var, p. 110.
1855	— *edule* Lin.	Hanley, Ipsa Linn. Conch., p. 52.
1856	— — —	Jeffreys, Piedm. Coast, p. 24.
1858	— (Cerastoderma) *edule* Lin.	H. et A. Adams, Genera of. rec. Moll. t. II, pp. 454, 456; pl CXI, fig. 6.
1858	— — —	Gay, Bivalves du Var, *in* Bull. Soc. Sc. du Var, p. 181.
1859	— — —	Sowerby, Illustr. Ind. brit. Sh., pl. V, fig. 12.
1862	— — —	Chenu, Manuel de Conch., t. II, p. 108; fig. 493, 494, 495.
1862	— *rusticum*	Weinkauff (*non* Linné) Catal. *in* Journ. Conch., t. X, p. 321.
1862	— *edule* Lin.	Weinkauff, Catal. *in* Journ. Conch., t. X, p. 321.
1863	— — —	Jeffreys, Brit. Conch., t. II, p. 286; t. V (1869), p. 182, pl. XXXV, fig. 5.
1865	— — —	Cailliaud, Catal. Loire-Inf., p. 89.
1865	— — —	Fischer, Gironde, p. 56.
1866	— — —	Brusina, Contrib. pella fauna Dalm., p. 97.
1866	— *pectinatum*	Brusina (*non* Linné), Contrib. pella fauna Dalm., p. 97.
1866	— *crassum*	Brusina (*non* Defr.), Contrib. pella fauna Dalm., p. 97.
1866	— *clodiense* (Ren.)	Brusina, Contrib. pella fauna Dalm., p. 97.
1866	— *rusticum*	Brusina (*non* Linné) Contrib. pella fauna Dalm. p. 97.
1867	— *edule* Lin.	Weinkauff, Conch. des Mittelm., t. I, p. 144.
1867	— — —	Taslé, Catal. Morbihan., p. 17.
1867	— *belgicum*	De Malzine, Faune Malac. de Belgique, p. 26, pl. 1, fig. 5, 6.
1868	— *edule* Lin.	Colbeau, Liste Moll. viv. de Belgique, p. 25.
1868	— *belticum* Beck.	Colbeau, Liste Moll. viv. de Belgique, p. 25.

1868	*Cardium belgicum* de Malz.	COLBEAU, Liste Moll. viv. de Belgique, p. 25.
1869	— *isthmicus*	ISSEL, Malac. del Mar. Rosso, p. 74.
1869	— *edule* Lin.	TAPPARONE-CANEFRI, Moll. test. di Spezia, p. 125.
1869	— *rusticum*	TAPPARONE-CANEFRI (*non* Linné), moll. test. di Spezia, p. 124.
1869	— *edule* Lin.	PETIT, Catal. test. mar., p. 61.
1870	— — —	BRUSINA, Ipsa Chiereghini Conch., p. 69.
1870	— — —	ARADAS et BENOIT, Conch. viv. mar. della Sic., p. 74.
1870	— — —	HIDALGO, Moll. mar., p. 150, pl. XXXIX, fig. 2, 3, 4, 5.
1872	— *vulgatum*	TRYON, Catal. Fam. *Cardiidæ*, *in* Amer. Journ. of Conch. t. VII, p. 266.
1874	— *edule* Lin.	VON MARTENS, Vorderasiatische, Conch., pp. 76, 83, 90.
1876	— — —	DUPREY, Catal. Jersey, *in* Ann. and. Mag. Nat. Hist. p. 2.
1878	— — —	G.-O. SARS, Moll. Reg. Arct. Norv. p. 45.
1878	— — —	FISCHER, Brachiop. et Moll du litt. océan. de France, p. 9.
1878	— — —	TOURNOUËR, Sur quelques coq. mar. des Chotts Sahariens, pl. VI, fig. 1 à 8.
1878	— *Lamarcki* Reeve	MONTEROSATO, Énum. e Sinon., p. 10.
1879	— *edule* Lin.	CLÉMENT, Catal. Moll. du Gard, *in* Etudes d'Hist. Nat., p. 74.
1879	— — —	GRANGER, Moll. de Cette, p. 28.
1880	— — —	SERVAIN, Catal. Coq. mar. de l'Ile-d'Yeu, p. 20.
1880	— — —	STOSSICH, Prosp. della fauna Adr., *in* Boll. Soc. Adr. di Sc. Nat., p. 159.
1881	— — —	JEFFREYS, Lightn. and. Porcup. Exp. *in* Proc. Zool. Soc. of Lond. p. 708.
1882	— — —	PELSENEER, Études sur la faune litt. de la Belgique, p. 6.
1883	— *Lamarcki* Reeve	MARION, Esq. topogr. zool. du golfe de Marseille, p. 35.
1883	— — —	DAUTZENBERG, Liste Coq. de Gabès, p. 11.

1883	*Cardium edule* Lin.	G. Dollfus, Liste coq. de Palavas, p. 3.
1883	— — —	Daniel, Faune Malac. de Brest, *in* Journ. Conch., t. XXXI, p. 248.
1884	— — —	Pépratx, Moll. de la plage de la Franqui, *in* Bull. Soc. Agric., sc. et litt. des Pyr. Or., p. 227.
1884	— — —	Nobre, Moll. marin. do Noroeste de Portugal, p. 16.
1884	— — —	Nobre, Catal. Moll. obs. dans le Sud-Ouest, p. 17.
1884	— (Cerastoderma) *edule* Lin.	Tryon, Struct. and. Syst. Conch., t. III, p. 193, pl. CXVI, fig. 76.
1886	— — —	Granger, Moll. biv. de France, p. 100, pl. VIII, fig. 3.
1886	— — —	Locard, Prodr. de Malac. franc., pp. 450, 598.
1886	— *obtritum*	Locard, Prodr. de Malac. franç., pp. 451, 598.
1886	— *Lamarcki* Reeve	Locard, Prodr. de Malac. franç., pp. 451, 598.
1886	— *crenulatum* Lam.	Locard, Prodr. de Malac. franç., pp. 452, 598.
1886	— *edule* Lin.	Sparre-Schneider, Tromsösundets Molluskfauna, p. 73.
1887	— — —	Dautzenberg, Excursion malac., à Saint-Lunaire, p. 10.
1887	— (Cerastoderma) *edule* Lin.	Fischer, Manuel de Conch., p. 1037.
1888	— — —	Kobelt, Prodr. faunæ Moll. test. maria europ. inhab., p. 364.
1889	— — —	Bateson, On some variations of *Cardium edule, in* Phil. Trans., Roy. Soc. of Lond. t. CLXXX, pp. 297, 330; pl. XXVI, fig. 1 à 13.
1889	— — —	Carus, Prodr. faunæ Medit., p. 112.
1890	— — —	Dautzenberg, Catal. Moll. du Pouliguen, p. 4.
1890	— — —	Arturo bofill y poch, Mol. mar. de Llansá, p. 20.
1891	— — —	Brusina, Elenco dei Moll. lamell. dei dint. di Zara, p. 13.
1891	— *clodiense* (Ren.)	Brusina, Elenco dei Moll. lamell. dei dint. di Zara, p. 13.
1891	— *pectinatum*	Brusina (*non* Linné), Elenco dei Moll. lamell. dei dint. di Zara, p. 13.

1891 *Cardium rusticum*	Brusina (*non* Linné), Elenco dei Moll. lamell. dei dint di Zara, p. 13.
1891 — *crassum*	Brusina (*non* Defr.), Elenco dei Moll. lamell. dei dint di Zara, p. 13.
1892 — *edule* Lin.	Locard, Coq. mar. des côtes de France, p. 305, fig. 284.
1892 *obtritum*	Locard, Coq. mar. des côtes de France, p. 305.
1892 — *Lamarcki* Reeve	Locard, Coq. mar. des côtes de France, p. 305.

Obs. — Si nous parcourons la liste synonymique qui précède, nous voyons que cette espèce très polymorphe n'y figure pas sous moins de 16 noms spécifiques différents, et encore avons-nous laissé de côté ceux qui ont été donnés aux formes très aberrantes de la Mer Caspienne et de la Mer d'Aral, ainsi que ceux qui s'appliquent spécialement à des formes fossiles.

Le *C. pectinatum* de Lamarck, n'est pas du tout celui de Linné. L'espèce que Linné a nommée ainsi est un *Cardium* des îles Canaries, connu aujourd'hui sous le nom de *C. æolicum* et qui appartient à un tout autre groupe.

Diagnose. — Coquille, diamètre umbono-ventral 34 millim.; diam. antéro-post. 40 mill.; épaisseur 30 millim.; solide, équivalve, inéquilatérale, close, de forme ovale, subrhomboïdale, renflée. Côté antérieur plus court, arrondi; côté postérieur plus grand, un peu dilaté, comprimé et obscurément tronqué. Sommets proéminents, incurvés et rapprochés. Lunule indistincte. Surface mate ornée de 26 côtes rayonnantes obtuses, subégales, plus larges que leurs intervalles, armées, surtout dans la région antérieure, de squamules transverses, lamelleuses, peu saillantes, imbriquées et réfléchies. Des stries d'accroissement nombreuses, irrégulières et onduleuses, règnent sur les côtes aussi bien que dans leurs intervalles. A l'aide d'un fort grossissement, on aperçoit des stries rayonnantes très fines qui coupent les lignes d'accroissement et donnent au test un aspect chagriné.

Intérieur des valves lisse, plus luisant le long des bords, traversé par des sillons rayonnants, étroits et obsolètes dans la concavité des valves, profonds et plus larges vers les bords où ils déterminent de fortes crénelures. Charnière de la valve droite portant 2 petites dents cardinales divergentes inégales, 2 dents latérales antérieures, dont l'inférieure est la plus forte et 2 dents latérales postérieures dont l'inférieure est la plus forte. Charnière de la valve gauche portant 2 petites dents cardinales divergentes inégales, 2 dents latérales antérieures dont la supérieure est la plus forte et 2 dents latérales postérieures dont la supérieure est la plus forte. Impressions des muscles adducteurs des valves bien marquées ; impression palléale entière, légèrement festonnée. Ligament externe court, saillant, inséré sur des nymphes placées en arrière des crochets.

Coloration externe blanche ; coloration interne blanche, maculée de brun foncé du côté postérieur.

Epiderme mince, fibreux, d'un gris jaunâtre, ne persistant que près des bords.

Variétés. — Les variations du *Cardium edule* présentent un sujet d'étude du plus grand intérêt. Ce Mollusque permet, en effet, mieux que tout autre, d'observer les modifications qui peuvent être apportées au test et à ses différentes parties par suite de changements dans les conditions d'existence de l'espèce. C'est de tous les bivalves des mers d'Europe celui qui résiste le mieux à des changements importants de climat et de salure des eaux. Son aire de dispersion s'étend depuis la Norwège jusqu'en Egypte, et, tandis qu'il subsiste presque seul dans les eaux sursalées des marais salants et des lagunes, il arrive d'autre part à s'acclimater dans l'eau saumâtre et jusque dans l'eau douce.

M. Bateson, dans un récent travail, a tiré des conclusions fort intéressantes des rapports qui existent entre les variations de cette espèce et les modifications des milieux où elle vit. En étudiant le *C. edule* dans les dépôts littoraux qui se succèdent en terrasses autour de la Mer d'Aral, qui est depuis longtemps en voie de dessiccation et dont l'eau se sature par conséquent de plus en plus, il a observé des transformations progressives dans la forme, l'épaisseur et l'ornementation de la coquille. A mesure que l'on descend vers le rivage actuel de la Mer d'Aral, le volume, l'épaisseur et le poids de la coquille s'affaiblissent ; la forme générale devient plus inéquilatérale, le nombre des côtes diminue, tombant de 20 à 14, tandis que la coloration s'accentue et devient d'un brun noirâtre presque uniforme. D'autres observations faites en Egypte par M. Bateson, il résulte au contraire que chez le *C. edule* qui vit dans l'eau douce des lacs Ramleh, la coquille acquiert une épaisseur et un poids sensiblement supérieurs à ceux du *C. edule* des eaux saturées.

Nous ajouterons que nos observations personnelles sur le *C. edule* des étangs et des marais salants du midi de la France et de la Loire-Inférieure, confirment en tous points les faits signalés par M. Bateson. Il s'agit donc là d'un phénomène d'ordre général, puisque la coquille se modifie de la même manière chaque fois que la salure de l'eau augmente ou diminue. Nous dirons toutefois que la variation de la forme générale, des rapports de la hauteur à la largeur et de l'extension de la région postérieure, sont des caractères moins constants que les autres.

On comprend que dans de telles conditions, le nombre des variétés déjà établies pour les différentes formes du *C. edule*, soit considérable. Les auteurs qui ont étudié la faune malacologique d'une région plus ou moins limitée, y ont remarqué entre les individus de cette espèce des divergences assez notables pour qu'ils aient jugé utile de les décrire soit comme variétés, soit même comme espèces spéciales ; mais un travail comparatif de toutes les formes des diverses régions européennes ainsi que des formes fossiles des terrains tertiaires, reste encore à faire. Le cadre de cette publication ne nous permet pas d'entreprendre une tâche aussi étendue et elle ne nous paraît, d'ailleurs, pouvoir être menée à bien que si l'on se donne la peine de réunir au préalable une collection spéciale, comprenant des échantillons nombreux d'un très grand nombre de localités et accompagnés des indications les plus complètes sur leurs conditions d'habitat.

Nous nous bornerons à signaler les variétés que l'on rencontre le plus souvent ou dont il est le plus fréquemment question dans la littérature, tout en tâchant de les préciser aussi exactement que possible.

Mais avant de passer à l'examen des variétés, il importe de bien fixer le type de l'espèce. Des figurations indiquées comme références par Linné, ainsi que de l'examen des spécimens de sa collection étudiés par Hanley, il résulte qu'il s'agit de la forme banale de la Mer du Nord et des côtes océaniques de France, figurée par Lister (Hist. Anim. Angliæ, p. 189, pl. V, fig. 34), que nous avons représentée pl. XLVI, fig. 1, 2, 3, 4. Elle est solide, un peu inéquilatérale et possède 24 côtes. Parmi les figurations de la forme typique, nous considérons comme les meilleures : Da Costa (pl. XI, fig. 1); Brown (pl. XXXV, fig. 2); Reeve (pl. IV, fig. 22) ; Adams (pl. CXI, fig. 6) et Tryon (pl. CXVI, fig. 76).

Var. ex forma, *major* B. D. D. Coquille très grande : diamètre umbono-ventral 43 millim., diamètre antéro-post. 53 millim., très épaisse, affectant la forme générale du type ; mais possédant jusqu'à 27 côtes. L'exemplaire de cette variété que nous figurons pl. XLVI, fig. 6, a été recueilli par l'un de nous à St-Pair, près de Granville. Brown l'a bien représentée par la fig. 1 de sa pl. XXXV, d'après un spécimen provenant de Waterford (Irlande).

Var. ex forma 2, *belgica* de Malzine = *obtrita* Locard = *crenulata* Jeffreys (*non* Lamarck). Coquille solide, grande, beaucoup plus équilatérale que le type, plus transverse, à sommets submédians. Diamètre umbono-ventral 35 millim., diam. antéro-post. 45 millim. Côtes rayonnantes au nombre de 25 : celles de la région médiane presque perpendiculaires au bord ventral, celle des deux extrémités divergentes. Cette forme est commune dans la Mer du Nord et dans la Manche et M. Doublet nous l'a également envoyée de Bône (Algérie). L'exemplaire que nous avons figuré pl. XLVI, fig. 9, 10, provient de Berck-sur-Mer (Pas-de-

Calais). Cette variété a été bien représentée par Blainville (Manuel de Malacologie, pl. LXX*bis*, fig. 3), et par Hidalgo (Mol. Mar., pl. XXXIX, fig. 4).

Var. ex forma 3, *crenulata* Lamarck. Décrite comme espèce par Lamarck, cette forme a été figurée par Delessert (Recueil de Coquilles, pl. XI, fig. 5A, 5B, 5C). Elle est arrondie : diamètre umbono-ventral 24 millim.; diam. antéro post. 26 millim., ses côtes, au nombre de 20, sont larges, presque contiguës et garnies de squamules imbriquées, peu nombreuses. Nous n'avons rencontré aucun spécimen concordant exactement avec cette figuration. La variété à laquelle Jeffreys a appliqué le nom de *crenulata*, n'est pas celle-ci ; mais bien la var. *belgica* de Malzine. Reeve a figuré (Conch. Icon, pl. XX, fig. 112), sous le nom de *C. crenulatum*, une forme petite, à imbrications nombreuses et serrées, qui n'est pas non plus celle de Lamarck.

Var. ex forma 4, *Batesoni* B. D. D. = *pectinata* Lamarck (*non* Linné). Forme arrondie, à test peu épais, voisine de la précédente ; mais pourvue de côtes plus étroites, au nombre de 25. M. de Boury a recueilli à Arcachon et nous avons rencontré à Piriac, cette variété qui se trouve représentée par les fig. 7, 8, de notre pl. XLVI. La fig. 194 de la pl. XIX de Chemnitz, ainsi que la fig 3 de la pl. XXXV de Brown, représentent bien cette variété, tandis que celle donnée par Philippi, pl. IV, fig. 15, sous le nom de *C. pectinatum*, est beaucoup moins satisfaisante.

Le *C. pectinatum* de Lamarck n'étant pas du tout celui de Linné, comme nous l'avons vu plus haut, nous avons été forcés de donner un nom nouveau à la forme que Lamarck a eu l'intention d'indiquer et nous la dédions à M. Bateson.

Reeve a figuré sous le nom de *Cardium arcuatum* Montagu (Conchologia Iconica, pl. XXII, fig. 133) une forme qui nous paraît devoir être rapportée à la présente variété. Mais il a commis là une étrange erreur, car la coquille bien décrite et représentée par Montagu (Test. brit., p. 85, pl. III, fig. 2) sous le nom de *C. arcuatum*, n'est autre chose que le *Lucina* (*Loripes*) *commutata* Philippi !

Var ex forma 5, *altior* B. D. D. Coquille solide, inéquilatérale et haute : diamètre umbono-ventral 38 mill ; diam. antéro-post. 38 millim., pourvue de côtes convexes très fortes, presque contiguës, au nombre de 23. Cette variété que nous avons figurée pl. XLVII, fig. 1, diffère de la var. *Lamarcki*, avec laquelle elle a le plus de ressemblance, par sa forme plus haute, ses côtes plus fortes, plus larges et moins nombreuses. Elle a été recueillie à Arcachon par M. de Boury et nous en trouvons une excellente figuration dans Brown : pl. XXXV, fig. 7. Jeffreys a représenté pl. XXXV, fig. 5 (British Conchology), une coquille qui se rapproche sensiblement de la var. *altior*.

Var. ex forma 6, *beltica* (Beck, mss.) Reeve-Conch. Icon., pl. XX, fig. 113. Coquille de petite taille : diamètre umbono-ventral 21 millim.; diam. antéro-post. 25 mill., mince, oblique, comprimée et prolongée à l'extrémité postérieure. Côtes aplaties, étroites, lisses, écartées, au nombre d'une trentaine. Coloration blanchâtre, avec les côtes médianes et postérieures d'un brun noirâtre. Mer Baltique. M. Lynge nous a envoyé de Copenhague de petits exemplaires de cette variété ; nous avons figuré l'un d'eux, pl. XLVII, fig. 2, 3. Philippi a représenté dans son *Enumeratio Molluscorum Siciliæ*, pl. IV, fig. 16, un exemplaire du *C. edule* qu'il considère comme typique et qui provient de la Baltique. Il diffère du spécimen figuré par Reeve : par sa forme un peu moins oblique ; ses côtes sont au nombre de 26 et celles du milieu sont ornées de ponctuations orangées.

Var. ex forma 7, *Lamarcki* Reeve = *C. rusticum* Chemnitz, Lamarck et auct. (*non* Linné). Coquille solide, très inéquilatérale, arrondie du côté antérieur, comprimée et rostrée à l'extrémité postérieure, pourvue de côtes plus étroites que celle de la var. *altior* et au nombre de 26. L'exemplaire figuré par Reeve est de très forte taille; il mesure : diamètre umbono-ventral 33 millim.; diam. antéro-post. 41 millim. Cette variété que nous représentons pl. XLVII, fig. 8, 9, 10, est bien connue d'un grand nombre de localités méditerranéennes et Von Martens nous dit qu'elle existe aussi dans la Mer Noire, la Mer d'Azow et la Mer Caspienne. Beaucoup d'auteurs l'ont confondue avec d'autres formes et notamment avec celles des eaux sursalées dont nous nous occuperons plus loin. Les figurations qui se rapportent sans aucun doute à la var. Lamarcki, sont : Chemnitz (Conch. Cab., t. VI, pl. XIX, fig. 197) ; Poli (Test. utr. Sic., pl. XVII, fig. 12-15); Blainville (Faune française, pl. VIII, fig. 1, 1 A, 1 B) ; Philippi (Enum. Moll. Sic., pl. IV, fig. 13, 14); Hidalgo (Mol. mar., pl. XXXIX, fig. 2, 3).

Nous avons vu, lorsque nous nous sommes occupés du *C. tuberculatum*, que le véritable *C. rusticum* de Linné est certainement synonyme de cette espèce-là. C'est donc à tort que Chemnitz, Lamarck et beaucoup d'autres naturalistes ont attribué ce nom linnéen à la forme oblique et rostrée du *C. edule*.

Var. ex forma 8, *isthmica* Issel. Coquille solide, très convexe, inéquilatérale, diamètre umbono-ventral 29 millim.; diam. antéro-post. 34 millim., pourvue de côtes fortes, rapprochées, au nombre de 20. Surface luisante. Coloration d'un jaune clair passant au brun verdâtre à l'extrémité postérieure. Cette variété a été décrite par M. Issel, d'après des spécimens de la plage du désert d'Attaka, près de Suez, et il y a rapporté la figure 11 de la pl. IX de la « Description de l'Egypte », de Savigny. Le Dr Jousseaume nous en a offert des échantillons recueillis par lui à Suez, ce qui nous a permis de la figurer pl. XLVII, fig. 11. La var. *isthmica* a aussi été rencontrée par M. Bateson dans l'eau douce des lacs Ramleh.

Var. ex forma 9, *umbonata* Wood. Coquille très épaisse et lourde, de forme haute, peu inéquilatérale ; diamètre umbono-ventral 32 millim.; diam. antéro-post. 33 millim. Sommets très renflés et saillants, côtes fortes, au nombre de 21. Bord cardinal épais armé de dents fortes. Cette remarquable variété, décrite par Wood (Crag. Moll., pl. XIV, fig. 26), d'après un fossile du Pliocène d'Angleterre, a été recueillie par M. F. de Nerville sur la côte de Tunisie, au sud de Sfax. Nous la figurons pl. XLVII, fig. 12.

Nous croyons que la forme de la Mer Adriatique rapportée par M. Brusina au *C. crassum* Defrance, *in* Philippi, t. I, pl. IV, fig. 17, est identique à celle-ci.

Var. ex forma 10, *clodiensis* (Renier) Brocchi Conch., foss. subap., pl. XIII, fig. 3. Cette variété est très nettement caractérisée par sa taille médiocre, son test mince, sa forme presque équilatérale, très transverse et très comprimée ; elle possède 22 côtes rayonnantes. Nous l'avons représentée pl. XLVII, fig. 6, 7, d'après des spécimens rapportés du Chott Ouargla ; elle a été décrite de cette même provenance sous le nom de var. *fragilis* par M. Tournouër. Nous ne pensons pas qu'il y ait lieu de mettre en doute l'identité du *C. clodiense* de Renier avec la coquille figurée sous ce nom en 1814 par Brocchi. Nardo, dans son étude sur le travail de Renier, confirme d'ailleurs notre manière de voir. MM. Brusina et de Monterosato ont toutefois attribué le nom de *C. clodiense* à une forme très différente que nous désignerons plus loin comme var. *quadrata*.

Var. ex forma 11, *paludosa* B. D. D. Cette variété se rapproche par sa forme oblique, de la var. *Lamarcki* ; mais elle en diffère par son test très mince, ses côtes étroites, très écartées, au nombre de 24. M. Adrien Dollfus nous en a rapporté plusieurs exemplaires recueillis par lui dans l'étang de Bigouglia (Corse). Voir notre pl. XLVII, fig. 13.

Var. ex forma 12, *quadrata* B. D. D. = *clodiensis* Brusina, Monterosato (*non* Renier, *nec* Brocchi). Forme subquadrangulaire, haute, un peu oblique, tronquée du côté postérieur. Test peu épais, recouvert d'une épiderme jaunâtre, mince, luisant, finement lamelleux le long du bord ventral. Côtes au nombre de 25 à 30, garnies de stries fines, serrées et un peu onduleuses, qui se transforment, dans la région antérieure, en imbrications obsolètes.

Coloration d'un blanc sale, orné de maculations brunes disposées en zones concentriques irrégulières. Cette variété que nous avions indiquée sous le nom de var. *Lamarcki* dans notre catalogue des Mollusques marins de la baie du Pouliguen, est extrêmement abondante dans le marais salants de la Loire-Inférieure, ainsi que dans l'étang de Leucate; elle peut être considérée comme la forme la plus habituelle des eaux sursaturées de l'Europe Occidentale. Nous l'avons représentée pl. XLVII, fig. 14, 15, 16, 17. Il est probable que Bruguière a eu cette forme en vue, lorsqu'il a décrit son *Cardium glaucum*; il dit, en effet, que cette espèce est très abondante sur les côtes du Languedoc.

Var. ex forma 13, *libenicensis* Brusina (Ipsa Chiereghini Conch., p. 70). Voisine de la précédente; mais s'en écartant par sa taille plus faible, ne dépassant pas 11 millim. 1/2 de hauteur et 13 millim. de largeur. Voir notre pl. XLVII, fig. 4, 5.

Var. ex forma 14, *parva* Brusina (Elenco dei Moll. lamell. dei dint. di Zara, p. 13). Constamment de très petite taille, 6 millim. × 6 millim.

Var. ex forma et colore 15, *fluviatilis* Witham (Trans. Wern. Soc., t. V, p. 577). Cette variété que nous ne connaissons que par la fig. 4 de la pl. XXXV de Brown, est caractérisée par son test mince et sa coloration d'un brun de rouille. Elle provient de Lough-Strangford, en Irlande.

Var. ex forma 16, *Eichwaldi* Reeve. C'est une coquille de petite taille, assez épaisse, renflée, à côtes fortes qui nous paraît moins éloignée du type que les variétés *Lamarcki*, *paludosa*, *quadrata*, etc.

Nous ne pouvons nous occuper, faute de matériaux suffisants, des différentes formes très particulières qui vivent dans la Mer Noire, la Mer Caspienne et la Mer d'Aral et qui ont d'ailleurs fait l'objet de travaux importants dus à Eichwald, Middendorf, Krynicki, Gmelin, Siemaschko, Pallas, Georgi, Bateson, etc. Elles présentent, en plus des variations de contour, d'épaisseur du test, de disposition et d'écartement des côtes, des modifications profondes dans la conformation de la charnière.

Var. ex colore 1, *maculata* Dautzenberg (Catal. Moll. mar. de la baie du Pouliguen, p. 4). Blanche avec une large tache brune bien limitée et qui s'étend sur toute la région postérieure. Cette coloration se rencontre chez le *C. edule* type. Voir notre pl. XLVI, fig. 5.

Var. ex colore 2, *fulva* Dautzenberg (Catal. Moll. mar. de la baie du Pouliguen, p. 4). D'un fauve brunâtre presque uniforme. Forme typique.

Var. ex colore 3, *aureotincta* B. D. D. Coloration jaunâtre, avec les espaces intercostaux de la région postérieure d'un beau jaune d'or, sur lesquels les côtes elles-mêmes se détachent en bleu-gris. Nous avons rencontré cette variété dans la baie du Pouliguen, chez la forme typique.

Var. ex colore 4, *zonata* Brown (*C. zonatum* Brown. Illustr. of the Conch. of Gr. Brit. and Ireland, p. 88, pl. XXXV, fig. 8). Ornée de lignes concentriques brunes bien marquées.

Var. ex colore 5, *marmorata* Brusina. Ornée de marbrures brunes disposées en zones concentriques irrégulières. Cette coloration se rencontre chez les variétés *quadrata* et *libenicensis.*

Monstruosité 1, *inæquivalvis* B. D. D. Valve gauche beaucoup plus grande, plus convexe que la droite, avec le sommet plus développé et plus saillant, ce qui donne à la coquille un aspect gryphoïde. Nous en possédons un exemplaire recueilli dans les parages du Pouliguen (Loire-Inférieure), par M. Prié.

Monstruosité 2, *duplicata* B. D. D. Coquille à bord ventral dédoublé, ce qui lui donne l'aspect de deux exemplaires emboîtés l'un dans l'autre.

En plus de ces deux monstruosités qui ne paraissent pas dues à des causes accidentelles puisque leurs coquilles ne portent aucune trace de lésion, ni aucune cicatrice, nous avons recueilli sur la plage du Pouliguen un exemplaire complètement déformé du côté postérieur à la suite de réparations faites par le mollusque; il est irrégulièrement bossué et présente entre les valves une large ouverture sinueuse.

Habitat. — La variété *Lamarcki* est très commune sur la plage de la Franqui et la var. *quadrata* dans l'étang de Leucate.

Dispersion. — Toute la Méditerranée, l'Adriatique, la Mer Noire, la Mer d'Azow, la Mer Caspienne, la Mer d'Aral, Suez, les lacs Maréotis et Ramleh, Océan Atlantique, depuis les côtes d'Islande et du Finmarck jusqu'au Maroc et aux îles Canaries. Le *C. edule* est une espèce essentiellement littorale dont l'habitat, en profondeur ne paraît pas dépasser une vingtaine de mètres. Dans la Manche et l'Océan on le trouve vivant dans le sable, à mi-marée. Il est comestible et on le rencontre actuellement dans presque tous les marchés aux poissons de l'Europe.

Origine. — Le *C. edule* apparaît sous une forme de petite taille dans le Miocène de la Touraine, du Bordelais, de l'Algérie, de la Suisse et de l'Autriche. Il se développe dans le Pliocène d'Angleterre, de Belgique, du Cotentin, de la Vallée du Rhône, de l'Italie septentrionale, centrale et méridionale, de l'Epire, de la Morée, de plusieurs îles de l'Archipel, de l'Algérie. Il se retrouve dans le Pleistocène des plages soulevées de la Suède et de la Norwège, des alluvions glaciaires de l'Allemagne du Nord, du diluvium littoral de Hollande, de la Belgique et de toute l'Angleterre. Il existe également dans le Pleistocène de la Vendée, des îles Baléares, de Sardaigne, d'Algérie, du Livournais. On le connait enfin des dépôts alluviaux des Chotts d'Algérie, de Tunisie, d'Egypte et de toute la région Aralo-Caspienne.

Sous-genre LÆVICARDIUM Swainson, 1840

Type : *Cardium europæum* Wood (= *norvegicum* Spengler). Ce groupe, considéré par Swainson et par Gray, comme une simple section, a été élevé au rang de genre par MM. Adams. Nous suivons l'exemple de M. Fischer en le considérant comme un simple sous-genre des *Cardium*.

Cardium norvegicum Spengler.

Pl. XLVIII, fig. 1, 2, 3 (type), 4 à 12 (var.).

1778 *Cardium lævigatum* — Da Costa (*non* Linné), Brit. Conch., p. 178, pl. XIII, fig. 6.

1790 — *norvegicum* — Spengler, Skrifter af Naturhistorie Selskabet, t. I, p. 42.

1790 — *crassum* — Gmelin *in* Linné (*non* Defr.), Syst. Nat., édit. XIII, p. 3254.

1791 — *lævigatum* — Poli (*non* Linné), Test. utr. Sic., t. I, pl. XVII, fig. 10, 11.

1800 — — Donovan (*non* Linné), Brit. Shells, t. II, pl. LIV.

1803 — — Montagu (*non* Linné), Test. brit. p. 80.

1804 — — Maton et Rackett (*non* Linné), Descr. Catal., *in* Trans, Linn. Soc., t. VIII, p. 65.

1817 — — Dillwyn (*non* Linné), Descr. Catal., t. I, p. 123.

1819 — — Turton (*non* Linné), Conch. Dict., p. 31.

1819 — *serratum* — Lamarck (*non* Linné), Animaux sans vert., t. VI, 1re partie, p. 11.

1822 — *lævigatum* — Turton (*non* Linné), Dithyra brit., p. 190.

1822 — *serratum* — Turton (*non* Linné), Dithyra brit., p. 192, pl. XIII, fig. 15.

1825 — *lævigatum* — de Gerville, (*non* Linné), Catal. Coq. Manche, p. 187.

1826 — — Risso (*non* Linné), Europe mérid., t. IV, p. 332.

1829 — — O.-G. Costa (*non* Linné), Catal. Sist., pp. 28, 30.

1830 — *serratum* — Collard des Cherres (*non* Linné), Catal. Finistère, p. 26.

1835 — — Lamarck (*non* Linné), Anim. sans vert., édit. Desh., t. VI, p. 401.

1835 *Cardium serratum* BOUCHARD - CHANTEREAUX (*non* Linné), Catal. Moll. Boulon, p. 23.

1836 — *lævigatum* SCACCHI (*non* Linné), Catal. Conch., Regni Neap., p. 7.

1836 — — PHILIPPI (*non* Linné), Enum. Moll. Sic., t. I, p. 50.

1844 — — BROWN, (*non* Linné), Illustr. Conch. of Great Brit. and Irel., 2e édit., p. 88, pl. XXXV, fig. 12-15.

1844 — — PHILIPPI (*non* Linné), Enum. Moll., Sic., t. II, p. 37.

1844 — — FORBES (*non* Linné), Rep. Æg. Invert., p. 144.

1844 — *serratum* POTIEZ et MICHAUD (*non* Linné), Galerie de Douai, t. II, p. 178.

1844 — *lævigatum* POTIEZ et MICHAUD (*non* Linné), Galerie de Douai, t. II, p. 181 (*ex parte*).

1844 — *vitellinum* REEVE, Conch. Icon., pl. VII, fig. 37.

1844 — *Pennanti* REEVE, Conch. Icon., pl. IX, fig. 48.

1845 — *oblongum* REEVE (*non* Chemnitz, *nec* Gmelin), Conch. Icon. (*ex parte*), pl. XV, fig. 71 (*tantum*).

1846 — *lævigatum* VÉRANY (*non* Linné), Catal. Invert. di Genova e Nizza, p. 13.

1848 — — RÉQUIEN (*non* Linné), Coq. de Corse, p. 26 (*non* p. 98).

1848 — *norvegicum* Spengl. FORBES et HANLEY, Brit. Moll., t. II, p. 35, pl. XXXI, fig. 1, 2; et pl. N, fig. 1 (animal).

1851 — *serratum* PETIT (*non* Linné), Catal. *in* Journ. Conch., t. II, p. 375.

1852 — *lævigatum* LEACH (*non* Linné), Synopsis, p. 320.

1853 — — DOUBLIER (*non* Linné), Prodr. Hist. du Var, p. 110.

1856 — *norvegicum* Spengl. JEFFREYS, Piedm. Coast., p. 25 (*ex parte*).

1858 *Lævicardium* — — H. et A. ADAMS, Genera of recent Moll., t. II, p. 457, pl. CXII, fig. 2, 2A, 2B.

1859 *Cardium* — — SOWERBY, Illustr. Index, Brit., Sh., pl. V, fig. 13.

1860 — *serratum* MACÉ (*non* Linné), Catal. Cherbourg et Valognes, p. 26.

1862	*Cardium*	*serratum*	Spengl.	WEINKAUFF (*non* Linné), Catal. Alg. *in* Journ. Conch., t. X, p. 320.
1863,1869	—	*norvegicum*	Spengl.	JEFFREYS, Brit. Conch., t. II, p. 296; t. V, p. 182, pl. XXXV, fig. 7.
1865	—	—	—	FISCHER, Gironde, p. 57.
1865	—	—	—	CAILLIAUD, Catal. Loire-Inf. p. 89.
1866	—	*lævigatum*		BRUSINA (*non* Linné), Contrib. pella Fauna dei Moll. Dalm. p. 98.
1867	—	*norvegicum*	Spengl.	TASLÉ, Catal. Morbihan, p. 17.
1867	—	—	—	WEINKAUFF, Conch. des Mittelm., t. I, p. 146.
1868	*Lævicardium*	—	—	COLBEAU, Liste Moll. viv. de Belgique, p. 26.
1869	*Cardium*	—	—	PETIT, Catal. test. mar., p. 61.
1870	—	—	—	ARADAS et BENOIT, Conch. viv. mar. della Sic., p. 75.
1870	—	—	—	HIDALGO, Mol. mar., p. 150, pl. XL, fig. 1, 2.
1870	—	*oblongum*		HIDALGO (*non* Chtz.), Mol. mar., pl. XL, fig. 3 (*tantum*).
1876	—	*norvegicum*	Spengl.	DUPREY, Catal. Jersey, *in* Annals and Mag. of Nat. Hist., p. 2.
1878	—	—	—	FISCHER, Brachiop. et Moll. du litt. océanique de France, p. 9.
1878	— (Lævicardium)	—	—	ISSEL, Crociera del Violante, p. 37.
1878	—	—	—	MONTEROSATO, Enum. e Sinon., p. 10.
1880	—	—	—	SERVAIN, Catal. Coq. mar. de l'île d'Yeu, p. 21.
1880	*Lævicardium*	—	—	STOSSICH, Prosp. della fauna Adr., *in* Boll. Soc. Adr. di Sc. Nat., p. 160.
1881	*Cardium*	—	—	JEFFREYS, Lightning and Porcupine Exp., *in* Proc. Zool. Soc. of London, p. 709.
1882	—	—	—	JEFFREYS, Lightning and Porcupine Exp., *in* Proc. Zool. Soc. of London, p. 685.
1883	—	—	—	DANIEL, Faune Malac. de Brest, *in* Journ. Conch., t. XXXI, p. 249.
1883	—	—	—	MARION, Esq. topogr. zool. du Golfe de Marseille, pp. 28, 77, 87.
1884	—	—	—	NOBRE, Moll. marin. do Noroeste de Portugal, p. 17.
1884	—	—	—	NOBRE, Catal. Moll. obs. dans le Sud-Ouest, p. 17.

1886 *Cardium norvegicum* Spengl. Locard, Prodr. de Malac. franç., p. 454.
1886 — — — Granger, Moll. biv. de France, p. 103.
1886 — (Lævicardium) — — Dautzenberg, Nouvelle liste de Coq. de Cannes, p. 1.
1887 — — — Fischer, Manuel de Conch., p. 1038.
1888 — — — Kobelt, Prodr. faunæ Moll. test. maria europ. inhab., p. 367.
1889 — (Lævicardium) — — Carus, Prodr. faunæ Medit., p. 114.
1891 *Lævicardium* — — Dautzenberg, Moll. du Voyage de la *Melita*, p. 44.
1891 *Cardium lævigatum* Brusina (*non* Linné), Elenco dei Moll. lamell. dei dint. di Zara del Dr Danilo e Sandri, p. 13.
1892 — *norvegicum* Spengl. Locard, Coq. mar. des côtes de France, p. 307, fig. 286.

Obs. — C'est à tort que l'on a, pendant longtemps, attribué à la présente espèce les noms de *C. lævigatum* Linné et *C. serratum* Linné. Hanley a, en effet, démontré, d'après l'examen de la collection de Linné que le premier est la coquille des îles Philippines décrite par Chemnitz (Conch. Cab. t. VI, p. 190, pl. XVIII, fig. 184), sous le nom de *C. papyraceum* et qui appartient au sous-genre *Papyridea*, tandis que le second est une espèce bien connue des Antilles, à laquelle Lamarck a malheureusement appliqué le nom de *lævigatum*. Lamarck a encore augmenté la confusion en désignant le *C. norvegicum* sous le nom de *C. serratum*.

Le *C. crassum* Gmelin (*non* Defr.) a été rapporté par plusieurs auteurs au *C. oblongum*; mais c'est bien le *norvegicum*.

Le *C. oblongum* est si voisin du *norvegicum* et surtout de sa variété *gibba* Jeffreys, qu'on serait tenté de suivre l'exemple de quelques auteurs en le rattachant à celui-ci, à titre de variété. Mais Weinkauff, qui a observé les animaux des deux espèces, a constaté que les différences de conformation et de granulation du pied, etc., déjà signalées par Poli, sont bien constantes et justifient la séparation des deux espèces.

Diagnose. — Coquille, diamètre umbono-ventral 54 millim., diam. antéro-post. 57 millim., épaisseur 33 millim., solide, équivalve, inéquilatérale, close ou très légèrement bâillante du côté postérieur. Contour subtrigone. Côté antérieur arrondi, côté postérieur un peu dilaté. Sommets petits, un peu proéminents, contigus. Surface lisse et luisante dans la région des sommets; ornée, sur le reste du test, de côtes rayonnantes aplaties, obsolètes, un peu plus visibles dans la région médiane qu'aux extrémités antérieure et postérieure. La sculpture concentrique ne consiste qu'en lignes d'accroissement plus ou moins marquées.

Intérieur des valves lisse et luisant, présentant, le long des bords, des sillons rayonnants courts, alternant avec des côtes aplaties pourvues elles-mêmes d'un sillon médian. Charnière de la valve droite portant 2 petites dents cardinales, 2 dents latérales antérieures et 1 dent latérale postérieure. Charnière de la valve gauche portant 2 petites dents cardinales, 1 dent latérale antérieure et 1 dent latérale postérieure. Impressions des muscles adducteurs des valves médiocres, subégales, peu marquées; impression palléale simple, indistincte. Ligament assez fort, allongé, un peu saillant.

Coloration externe blanchâtre, flammulée de fauve et de rose dans la région apicale. Coloration interne d'un blanc un peu rosé. Épiderme mince, lisse, de coloration jaune sale.

Variétés. — Nous considérons comme type du *Cardium norvegicum* la forme qui se rencontre le plus fréquemment dans la zone littorale de la Mer du Nord et des côtes océaniques de France. Elle a été bien figurée par Da Costa, Donovan et Brown sous le nom de *C. lævigatum*, puis par Reeve sous ceux de *C. Pennanti* Beck mss. et *C. vittellinum* Reeve. Cette dernière figuration représente un exemplaire un peu jeune, de coloration orangée.

Var. ex forma 1, *ponderosa* B. D. D., pl. XLVIII, fig. 4. Épaisse, lourde, moins oblique, plus équilatérale que le type, plus large que haute (diam. umbono-ventral 65 millim., diam. antéro-post. 71 millim.). De beaux spécimens de cette variété, recueillis dans les parages du Croisic nous ont été envoyés par M. Nicollon.

Var ex forma 2, *devians* B. D. D., pl. XLVIII, fig. 6. Forme très oblique, très inéquilatérale, dilatée et comprimée du côté postérieur. L'exemplaire figuré provient de Brest.

Var. ex forma 3, *rotunda* Jeffreys. Plus comprimée et plus arrondie que le type.

Var. ex forma 4, *gibba* Jeffreys, pl. XLVIII, fig. 5. Oblique, ovale, renflée, peu épaisse, avec les sillons rayonnants bien marqués. Cette variété, voisine de la var. *mediterranea*, est, de toutes les formes du *C. norvegicum*, celle qui se rapproche le plus du *C. oblongum*. Nous l'avons reçue des parages du Croisic (Nicollon), ainsi que du large d'Arcachon (de Boury). Elle habite une zone plus profonde que les autres formes (125 mètres environ).

Var. ex forma 5, *mediterranea* B. D. D., pl. XLVIII, fig. 7, 8, 9. C'est la seule forme que nous connaissions du *C. norvegicum* dans la Méditerranée. Elle est de taille médiocre, ovale, renflée, mince, ses côtes rayonnantes sont obsolètes et sa coloration claire. C'est à cette variété que doivent être rapportées toutes les citations du *C. norvegicum* dans la Méditerranée.

Var. ex forma 6, *senegalensis* Dautzenberg. De petite taille mince, ornée de taches et de flammules brunes. Cette variété a été rapportée de Dakar et de Gorée, où elle est abondante, par notre confrère, M. Chevreux. Voir notre pl. XLVIII, fig. 10, 11, 12, 13.

Var. ex colore 1, *pallida* Jeffreys. D'un jaune paille uniforme.

Var. ex colore 2, *marmorata* B. D. D. Ornée de larges flammules rougeâtres.

Var. ex colore 3, *lineolata* B. D. D. Ornée de linéoles rayonnantes orangées.

Habitat. — Rare à Port-Vendres : la var. *mediterranea.*

Dispersion. — Méditerranée et Adriatique : la var. *mediterranea.* Océan Atlantique depuis le Finmark et les îles Færoë jusqu'au Sénégal (var. *senegalensis*), Madère et les îles Canaries.

Origine. — La forme typique apparaît dans le Pliocène du Nord (Angleterre et Belgique), où elle a été indiquée sous le nom de *C. decorticatum* S. Wood. Le *C. oblongum* var. *comitatensis* Fontannes, de Saint-Ariès et de Millas (pl. VI, fig. 12-15) est certainement une forme du *C. norvegicum*. La présente espèce est également indiquée du Pleistocène d'Angleterre, de la Calabre et de Ficarazzi en Sicile.

Cardium oblongum (Chemnitz) Gmelin

Pl. XLIX, fig. 1, 2, 3, 4.

1780	*Cardium*	*flavum*	Born (*non* Linné), Test. Mus. Cæs. Vindob, p. 47, pl. III, fig. 8.
1782	—	*oblongum*, etc.	Chemnitz, Conch. Cab., t. VI, p. 195, pl. XIX, fig. 190.
1790	—	— Chtz.	Gmelin *in* Linné, Syst. Nat., édit. XIII, p. 3254.
1791	—	*flavum*	Poli (*non* Linné), Test. utr. Sic., t. I, p. 63, pl. XVII, fig. 9.
1817	—	*oblongum* Chtz.	Dillwyn, Descr. Catal. p. 122.
1819	—	*sulcatum*	Lamarck, Animaux sans vert., t. VI, 1re partie, p. 10.
1826	—	— Lam.	Payraudeau, Moll. de Corse, p. 58.
1826	—	— —	Risso, Europe mérid., t. IV, p. 332.
1829	—	*flavum*	O.-G. Costa (*non* Linné), Catal. Sist., pp. 28, 30.
1830	—	*sillonné*	Blainville, Faune française, pl. VIII, fig. 3.
1835	—	*oblongum* Chtz.	Deshayes *in* Lamarck, Anim. sans vert., 2e édit., t. VI, p. 401 (note).

1836	*Cardium flavum*	SCACCHI (*non* Linné), Catal. Conch. Regn. Neap., p. 8.
1836	— *sulcatum* Lam.	PHILIPPI, Enum. Moll. Sic., t. I, p. 50.
1844	— — —	PHILIPPI, Enum. Moll. Sic., t. II, p. 37.
1844	— — —	REEVE, Conch. Icon., pl. XVI, fig. 79.
1844	— — —	POTIEZ et MICHAUD, Galerie de Douai, t. II, p. 184.
1846	— — —	VÉRANY, Catal. Invert. di Genova e Nizza, p. 13.
1848	— *oblongum* Chtz.	RÉQUIEN, Coq. de Corse, pp. 26, 98.
1856	— *norvegicum*	JEFFREYS (*non* Spengler), Piedm. Coast., p. 25 (*ex parte*).
1858	— *oblongum* Chtz.	GAY, Bivalves du Var, *in* Bull. Soc. Sc. du Var, p. 181.
1862	— *sulcatum* Lam.	WEINKAUFF, Catal. Alg. *in* Journ. Conch., t. X, p. 320.
1866	— *oblongum* Chtz.	BRUSINA, Contrib. pella fauna dei Moll. Dalm., p. 98.
1867	— — —	WEINKAUFF, Conchyl. des Mittelm., t. I, p. 149.
1869	— — —	PETIT, Catal. test. mar., p. 61.
1870	— — —	ARADAS et BENOIT, Conch. viv. mar. della Sic., p. 76.
1870	— — —	JEFFREYS, Medit. Moll., p. 7.
1870	— — —	HIDALGO, Mol. mar., p. 150, pl. XL, fig. 1, 2.
1873	— — —	JEFFREYS, Some remarks on Moll. of the Medit., *in* Rep. Brit. Ass. for. Adv. of. Sc. p. 113.
1878	— — —	MONTEROSATO, Enum. e Sinon., p. 10.
1879	— — —	CLÉMENT, Catal. Moll. du Gard, *in* Études d'Hist. Nat., p. 74.
1879	— — —	GRANGER, Catal. Moll. de Cette, p. 29.
1880	— — —	STOSSICH, Prosp. della Fauna Adr. *in* Boll. Soc. Adr. di Sc. Nat., p. 160.
1883	— — —	G. DOLLFUS, Liste Coq. de Palavas, p. 3.
1883?	— *serratum*	DANIEL (*non* Linné), Faune Malac. de Brest, *in* Journ. Conch., t. XXXI, p. 249.
1883	— *oblongum* Chtz.	MARION, Esq. topogr. zool. du Golfe de Marseille, pp. 26, 67, 70, 77, 80, 90, 98.

1883 *Cardium oblongum* Chtz. MARION, Consid. sur les faunes prof. de la Médit., p. 28.

1884 — — — PÉPRATX, Moll. de la Plage de La Franqui, *in* Bull. Soc. Agric. Sc. et litt. des Pyr.-Or., p. 227.

1884 *Lævicardium oblongum* Chtz. MONTEROSATO, Nomencl. gen. e spec., p. 19.

1886 *Cardium* — — LOCARD, Prodr. de Malac. franç., p. 455.

1886 — — — GRANGER, Moll. biv. de France, p. 103, pl. VIII, fig. 7.

1888 — — — KOBELT, Prodr. faunæ Moll. test. maria, europ. inhab., p. 368.

1889 — — — CARUS, Prodr. Faunæ Medit., p. 115.

1891 — — — BRUSINA, Elenco dei Moll. lamell. dei dint. di Zara del Dr Danilo e Sandri, p. 13.

1892 — — — LOCARD, Coq. mar. des côtes de France, p. 307.

Obs. — Le *C. oblongum* est toujours d'une forme plus haute, moins transverse que le *C. norvegicum;* ses côtes rayonnantes sont beaucoup plus accusées et ne règnent que sur la région médiane des valves. Ces caractères qui sont bien constants, suffisent à établir la distinction des deux espèces lorsqu'on se trouve en présence du *C. norvegicum* type ou de ses variétés *ponderosa*, *rotunda*, *devians*. Mais la variété *gibba* Jeffreys se rapproche beaucoup plus de la présente espèce et plusieurs des naturalistes qui se sont occupés de la faune océanique l'ont confondue avec le *C. oblongum*. Les exemplaires de cette variété que nous possédons du Croisic et d'Arcachon, nous ont permis d'étudier la question et nous croyons pouvoir la résoudre dans le même sens que l'a fait Jeffreys. Chez la var. *gibba* du *C. norvegicum*, le diamètre umbono-ventral n'est jamais aussi long, en proportion, que chez le *C. oblongum* et les côtes ne sont jamais aussi saillantes; le contour est plus régulièrement ovale, la coquille est sensiblement plus renflée, enfin, la coloration flammulée des sommets est bien celle du *C. norvegicum*.

Diagnose. — Coquille, diamètre umbono-ventral 73 millim.; diam. antéro-post. 56 millim.; épaisseur 46 millim.; épaisse, équivalve, inéquilatérale, close ou très légèrement bâillante du côté postérieur, d'une forme ovale allongée, toujours sensiblement plus haute que large. Côté antérieur arrondi; côté postérieur faiblement tronqué. Sommets médiocres, assez proéminents, contigus. Surface lisse et luisante près des sommets, ornée sur le reste de la région médiane d'environ

27 côtes rayonnantes aplaties, régulières et bien marquées. Les régions antérieure et postérieure ne présentent que des traces des côtes obsolètes. La sculpture concentrique ne consiste qu'en lignes d'accroissement plus ou moins marquées.

Intérieur des valves lisse et un peu luisant, présentant des sillons rayonnants obsolètes qui déterminent vers le bord ventral une série de crénelures bien marquées. Charnière et impressions musculaires semblables à celles du *C. norvegicum*. Ligament fort et saillant.

Coloration externe d'un blanc rosé, parfois ornée de petits flammules dans la région des sommets. Coloration interne blanche. Epiderme d'un brun roux, plus foncé vers le bord ventral.

Variétés. — Chez certains individus, les côtes rayonnantes sont un peu moins saillantes que chez d'autres; la hauteur de la coquille varie un peu par rapport à sa largeur; mais ces variations ne nous paraissent pas assez accusées pour mériter de recevoir des noms.

Habitat. — Très rare, rejeté sur la plage de la Franqui.

Dispersion. — Méditerranée et Adriatique. Les citations de cette espèce dans l'Océan Atlantique nous paraissent devoir être rapportées à la var. *gibba* du *C. norvegicum*.

Origine. — Le *C. oblongum* débuterait, selon M. Mayer, dans le Miocène de la Suisse. Il est connu du Pliocène d'Italie et de Rhodes et du Pleistocène du Livournais, de la Calabre et de la Sicile.

Famille CHAMIDÆ Lamarck

Cette famille établie par Lamarck, en 1809, dans sa *Philosophie Zoologique* pour une réunion de genres assez disparates, a été épurée successivement, en 1812 et 1819 par son auteur même. Elle a été confirmée par Cuvier et acceptée par Blainville, Fléming, d'Orbigny, Swainson, etc. Gray l'a réduite, en 1840, aux genres *Chama* et *Diceras*.

TABLEAU DES ESPÈCES

Genre **Chama** Linné.................... *Ch. gryphoides* Linné.
Ch. gryphina Lamarck.

Genre CHAMA Linné, 1758

Type : *Chama lazarus* Linné. Le nom de *Chama* a été employé par Aristote et par Pline sans qu'il soit possible de savoir exactement à quel bivalve ils l'appliquaient. Belon et Rondelet ont donné le nom de *Chama* à des mollusques qui, depuis, ont pris place dans différents genres. Lister et Rumphius n'ont guère mieux délimité ce genre dont Klein faisait une classe composée d'éléments également fort disparates. Linné en 1758 et 1767, puis Bruguière, en 1792, ont péniblement commencé la circonscription du genre *Chama* et Lamarck l'a enfin précisé en 1799 en choisissant pour type le *Chama lazarus* qui a été adopté par Gray, Mörch et Adams. Les espèces méditerranéennes peuvent être considérées comme appartenant à la section typique.

Chama gryphoides Linné

Pl, L, fig. 1, 2, 3, 4.

1767 *Chama gryphoides* Linné, Syst. Nat., édit. XII, p. 1139.
1790 — — Linné-Gmelin, Syst. Nat., édit. XIII, p. 3302 (*ex parte*).
1792 — — Lin. Bruguière, Encycl. méthod., p. 388 (*ex parte*).
1795 — — — Poli, Test. utr. Sic., t. II, p. 122, pl. XXIII, fig. 3, 4, 20.
1817 — — — Dillwyn, Descr. Catal., p. 221 (*ex parte*).
1819 — — — Lamarck, Anim. sans vert., t. VI, 1re partie, p. 94.
1826 — — — Payraudeau, Moll. de Corse, p. 66.
1826 — — — Risso, Europ. mérid., t. IV, p. 330.
1829 — — — O.-G. Costa, Catal. Sist., pp. 42, 44.
1829 — *unicornis* O.-G. Costa (*non* Bruguière), Catal. Sist., pp. 42, 44.
1834 — *gryphoides* Lin. D'Orbigny, Moll. des Iles Canaries, p. 104.
1835 — — — Lamarck, Anim. sans vert., édit. Desh., t. VI, p. 581.
1836 — — — Scacchi, Catal. Conch. Regn. Neap., p. 7.
1836 — — — Philippi, Enum. Moll. Sic., t. I, p. 68.
1836 — *unicornis* Philippi (*non* Bruguière), Enum. Moll. Sic., t. I, p. 68.
1844 — *gryphoides* Lin. Philippi, Enum. Moll. Sic., t. II, p. 49.
1844 — — — Forbes, Rep. Æg. Invert., p. 145.

1844 *Chama gryphoides* Lin. POTIEZ et MICHAUD, Galerie de Douai, t. II, p. 174.
1846 — — — VÉRANY, Catal. Invert. di Genova e Nizza, p. 13.
1848 — — — RÉQUIEN, Coq. de Corse, p. 29.
1851 — — — PETIT, Catal. *in* Journ. Conch., t. II, p. 381.
1851 — *unicornis* PETIT (*non* Bruguière), Catal. *in* Journ. Conch., t. II, p. 381.
1853 — *gryphoides* Lin. DOUBLIER, Prodr. Hist. Nat. du Var, p. 111.
1855 — — — HANLEY, Ipsa Linn. Conch., p. 89.
1856 — — — JEFFREYS, Piedm. Coast., p. 25.
1858 — — — GAY, Bivalves du Var, *in* Bull. Soc. sc. du Var, p. 195.
1862 — — — WEINKAUFF, Catal. Alg. *in* Journ. Conch., t. X, p. 327.
1866 — — — BRUSINA, Contrib. pella Fauna dei Moll. Dalm., p. 98.
1866 — *unicornis* BRUSINA (*non* Bruguière), Contrib pella Fauna dei Moll. Dalm., p. 98.
1867 — *griphoides* — WEINKAUFF, Conchyl. des Mittelm., t. I, p. 150.
1869 — — — PETIT, Catal. test. mar., p. 63.
1869 — — — TAPPARONE-CANEFRI, Moll. testac. di Spezia, p. 126.
1870 — — — JEFFREYS, Medit. Moll., p. 7.
1870 — — — ARADAS et BENOIT, Conch. viv. mar. della Sic., p. 76.
1870 — — — ANCEY, Catal. Moll. mar. du cap Pinède, p. 6.
1870 — — — HIDALGO, Mol. mar., p. 148, pl. XLA, fig. 5, 6.
1878 — — — MONTEROSATO, Enum. e Sinon., p. 11.
1879 — — — CLÉMENT, Catal. Moll. du Gard, *in* Études d'Hist. Nat., p. 73.
1880 — — — STOSSICH, Prosp. della fauna Adr., *in* Boll. Soc. Adr. di sc. nat., p. 161.
1880 — *unicornis* STOSSICH (*non* Bruguière), Prosp. della fauna Adr., *in* Boll. Soc. Adr. di sc. Nat., p. 162.
1881 — *gryphoides* Lin. JEFFREYS, Lightn. and Porcup. Exp. *in* Proc. Zool. Soc. of London, p. 709 (*ex parte*).
1883 — — — DAUTZENBERG, Liste Coq. de Gabès, p. 12.
1883 — — — G. DOLLFUS, Liste Coq. de Palavas, p. 3.

1883 *Chama gryphoides* Lin. Marion, Esq. topogr. zool. du golfe de Marseille, pp. 46, 61, 76.
1884 — *griphoides* — Nobre, Moll. marin. de Noroeste de Portugal, p. 18.
1885 — *gryphoides* — Smith, Challenger Exped., t. XIII, part. 35, p. 171.
1886 — — — Granger, Moll. biv. de France, p. 98, pl. VIII, fig. 2.
1886 — — — Locard, Prodr. de Malac. franç., p. 458.
1886 — — — Dautzenberg, Nouv. liste Coq. de Cannes, p. 1.
1888 — — — Kobelt, Prodr. faunæ Moll. test. maria europ. inhab. p. 391.
1889 — — — Carus, Prodr. faunæ medit., p. 115.
1889 — — — Dautzenberg, Contrib. à la faune Malac. des Açores *in* Camp. Scient. de l'*Hirondelle,* p. 82.
1890 — — — Arturo Bofill, Moll. mar. de Llansá, p. 20.
1891 — — — Brusina, Elenco dei Moll. lamell. dei dint. di Zara del Dr Danilo e Sandri, p. 14.
1892 — — — Locard, Coq. mar. des côtes de France, p. 311, fig. 291.

Obs. — Les figures indiquées par Linné comme références de son *Chama gryphoides* appartiennent à des espèces différentes, la plupart indéterminables. On peut, cependant, reconnaître dans les figurations de Lister : pl. CCXII et pl. CCXV, fig. 50, le *Chama macerophylla* Chemnitz, des Antilles, et dans le *Jataron* d'Adanson, Voyage au Sénégal, pl. XV-GII, l'espèce nommée plus tard *Chama senegalensis* par Reeve. Il faudrait donc rejeter ce nom, si l'indication de l'habitat méditerranéen et la présence, dans la collection de Linné, de quelques valves de la coquille européenne, ne permettaient d'accepter l'interprétation qui a été faite de l'espèce, par Lamarck, et qui a été depuis consacrée par l'usage.

Il est impossible de reconnaître le *Chama unicornis* de Bruguière : les références indiquées par cet auteur représentent, en effet, plusieurs espèces différentes dont aucune ne nous paraît pouvoir être identifiée avec notre coquille méditerranéenne. Philippi et Réquien ont employé ce nom pour désigner une variété, ou plutôt une monstruosité du *Ch. gryphoides*, chez laquelle le crochet de la valve inférieure est développé en corne d'abondance.

Deshayes (Anim. sans vert., 2e édit., t. VI, p. 584, note), assimile le *Ch. asperella* de Lamarck au *Ch. gryphoides*; mais cette opinion nous semble d'autant plus contestable que Lamarck donne comme habitat de son espèce, les mers australes. C'est par suite d'une erreur de détermination qu'Audonin a rapporté la fig. 8 de la planche XIV de Savigny au *Ch. gryphoides*; elle représente, en réalité l'espèce de la Mer Rouge décrite par Reeve sous le nom de *Ch. Ruppelii.*

Les *Ch. aculeata*, *cavernosa* et *lazarus* de Risso, sont probablement synonymes.

Diagnose. — Coquille, diamètre umbono-ventral, 21 millim.; diamètre antéro-post., 19 millim.; épaisseur, 14 millim., épaisse, solide, inéquivalve, inéquilatérale, s'attachant par l'une de ses valves. Valve inférieure ou fixée, plus grande et plus concave que la supérieure. Valve supérieure arrondie, operculiforme. Sommets enroulés en spirale de gauche à droite. Surface garnie de lamelles concentriques irrégulières, fournissant des squamules foliacées ou épineuses. Ces squamules sont peu nombreuses et fortes sur la valve inférieure, tandis qu'elles sont petites et nombreuses sur la valve supérieure.

Intérieur des valves lisse, pourvu au pourtour de crénelures fines et serrées. Charnière de la valve inférieure forte, portant deux dents cardinales : l'une antérieure très forte, irrégulièrement sillonnée, est séparée par une fossette profonde de la seconde qui est postérieure, arquée, étroite et contiguë à la nymphe. Charnière de la valve supérieure forte, portant une fossette cardinale antérieure profonde, sillonnée et une dent cardinale oblique, arquée, accompagnée d'une fossette oblique, étroite, peu profonde. Impressions des muscles adducteurs des valves grandes; impression palléale entière. Ligament externe, placé dans une rainure marginale profonde qui se prolonge jusque sous les crochets.

Coloration externe blanche. Intérieur des valves blanc, lavé de brun violacé.

Variétés. — Plusieurs naturalistes ont considéré le *Ch. gryphina* Lamarck, comme une variété inverse du *Ch. gryphoides*. Nous indiquerons plus loin les motifs qui nous empêchent de partager cette opinion.

Les noms de *Ch. bicornis* Linné et de *Ch. unicornis* Bruguière ont été employés pour désigner des formes du *Ch. gryphoides*. Mais ces assimilations sont plus que douteuses et s'appliquent à des monstruosités accidentelles, plutôt qu'à des variétés.

Jeffreys cite une variété *dissimilis* et M. de Gregorio une variété *spongilla* que nous ne connaissons pas.

Var. ex colore 1, *ridella* de Gregorio. Blanche, avec les lamelles bariolées de rouge et le sommet teinté de rose.

Var. ex colore 2, *morga* de Gregorio. Coloration externe rougeâtre. Impressions musculaires teintées de rouge.

Habitat. — Rare à Port-Vendres, Paulilles. Zone sublittorale.

Dispersion. — Méditerranée et Adriatique. Océan Atlantique sur les côtes du Portugal (Nobre), aux îles Canaries et Açores.

Origine. — La citation, par Philippi, de cette espèce dans le Miocène de l'Allemagne du nord, est très douteuse. Elle est connue du Miocène de Touraine, de la Vallée du Rhône, de Suisse, du Bassin de Vienne, du Piémont, du Modenais, de la Calabre et des Açores. Pliocène de Millas, de Barcelone, de la Vallée du Rhône, de toute l'Italie, de Grèce, de Céphalonie, de Rhodes, de Chypre et d'Algérie (Douera). Pleistocène du Livournais, de Calabre et des îles Baléares.

Chama gryphina Lamarck

Pl. L, fig. 5, 6, 7, 8.

1804	*Chama sinistrorsa*	BROCCHI (*non* Bruguière), Conch. foss. subap., t. II, p. 519.
1819	— *gryphina*	LAMARCK, Anim. sans vert., t. VI, 1re partie, p. 97.
1835	— —	LAMARCK, Anim. sans vert., édit. Desh., t. VI, p. 587.
1836	— *sinistrorsa*	SCACCHI (*non* Bruguière), Catal. Conch. Regn. Neap., p. 7.
1836	— *gryphina* Lam.	PHILIPPI, Enum. Moll. Sic., t. I, p. 68.
1844	— — —	PHILIPPI, Enum. Moll. Sic., t. II, p. 49.
1847	— — —	REEVE, Conch. Icon., pl. VIII, fig. 43.
1848	— — —	RÉQUIEN, Coq. de Corse, p. 29.
1853	— *christella*	DOUBLIER (*non* Lamarck), Prodr. hist. Nat. du Var, p. 111.
1862	— *gryphina* Lam.	WEINKAUFF, Catal. Alg., *in* Journ. Conch., t. X, p. 327.
1866	— — —	BRUSINA, Contrib. pella fauna dei Moll. Dalm., p. 98.
1867	— *sinistrorsa*	WEINKAUFF (*non* Bruguière), Conch. des Mittelm., t. I, p. 151.
1869	— *gryphina* Lam.	PETIT, Catal. test. mar., p. 63.
1869	— *sinistrorsa*	TAPPARONE-CANEFRI (*non* Bruguière), Moll. test. di Spezia, p. 127.
1870	— *gryphina* Lam.	ARADAS et BENOIT, Conch. viv. mar. della Sic., p. 76.
1870	— — —	HIDALGO, Mol. mar., p. 148, pl. XLA, fig. 7.
1876	— — —	MONTEROSATO, Not. sulle Conch. della rada di Civitavecchia, *in* Ann. Mus. Civ. di Genova, t. IX, p. 414.
1878	— — —	MONTEROSATO, Enum. e Sinon., p. 11.

1879 *Chama gryphina* Lam. Clément, Catal. Moll. du Gard, *in* Études d'Hist. Nat., p. 73.

1880 — — — Stossich, Prosp. della fauna Adr., *in* Boll. Soc. Adr. di Sc. Nat , p. 162.

1881 — *gryphoides* Jeffreys (*non* Linné), Lightn. and Porcup. Exp., *in* Proc. zool. Soc. of Lond., p. 709 (*ex parte*).

1883 — *gryphina* Lam. Marion, Esq. topogr. zool. du Golfe de Marseille, p. 28.

1883 — — — Dautzenberg, Liste Coq. de Gabès, p. 12.

1886 — *sinistrorsa* Locard (*non* Bruguière), Prodr. Malac. franç., p. 459.

1886 — *gryphina* Lam. Granger, Moll. biv. de France, p. 98.

1886 — *sinistrorsa* Kobelt (*non* Bruguière), Prodr. faunæ Moll. test. maria europ. inhab., p. 391.

1889 — — Carus (*non* Bruguière), Prodr. faunæ Médit., p. 116.

1889 — *gryphina* Lam. Nobre, Contribuções para a fauna da Madeira, p. 8.

1891 — — — Brusina, Elenco dei Moll. lamell. dei dint. di Zara del Dr Danilo e Sandri, p. 14.

1892 — *sinistrorsa* Locard, Coq. mar. des côtes de France, p. 311.

Obs. — Le *Ch. gryphina* diffère du *Ch. gryphoides* par l'enroulement en sens inverse de ses sommets. On pourrait le considérer comme une variété sénestre de cette espèce s'il ne s'en éloignait par sa taille plus forte, ses squamules plus larges et moins nombreuses, surtout sur la valve supérieure; enfin, par sa coloration interne, qui est orangée ou verdâtre au lieu de blanche teintée de brun violacé.

Il est fort difficile de savoir ce qu'est exactement le *Chama sinistrorsa* de Bruguière. Les figures de Lister et de Klein, citées par cet auteur, sont informes; celles de Favanne sont fort médiocres; enfin, celle de Chemnitz, qui porte le n° 992, pourrait à la rigueur être considérée comme représentant le *Ch. gryphina*, si la grande taille et la coloration ne portaient à croire qu'il s'agit plutôt du *Ch. Ruppellii* Reeve, d'autant plus que l'habitat indiqué par Bruguière est l'Océan des Grandes-Indes. Les auteurs qui ont conservé à la présente espèce le nom de *Ch. sinistrorsa* en l'attribuant à Brocchi, ont dérogé aux règles de la nomenclature puisque Bruguière l'avait employé, avant Brocchi, dans un sens différent.

Diagnose. — Coquille, diamètre umbono-ventral 32 millim.; diamètre antéro-post. 30 millim.; épaisseur 22 millim.; très épaisse, solide, inéquivalve, inéquilatérale, s'attachant par l'une de ses valves. Valve inférieure fixée, plus grande et plus convexe que la supérieure. Valve supérieure arrondie, operculiforme. Sommets contournés en spirale de droite à gauche. Surface externe garnie de lamelles concentriques nombreuses et irrégulières fournissant sur les deux valves des expansions foliacées larges et peu nombreuses.

Intérieur des valves lisse, pourvu le long des bords de crénelures fines et serrées. Charnière, impressions musculaires et ligaments semblables à ceux du *Ch. gryphoides*, mais disposés en sens inverse.

Coloration externe d'un blanc sale. Intérieur des valves d'un gris plus ou moins teinté de jaune orangé ou de vert olive.

Habitat. — Rare à Port-Vendres.

Dispersion. — Méditerranée et Adriatique. Océan Atlantique, à Madère (Nobre).

Origine. — Miocène de Touraine, de l'Anjou, du Bordelais, de Salies de Béarn, de la vallée du Rhône, de la Suisse, du bassin de Vienne, du Piémont et de l'Italie centrale. Pliocène d'Angleterre, de toute l'Italie, de la Sicile, de la Grèce et de Rhodes.

M. de Gregorio a indiqué (*Studi su talune Conch. medit. viv. e foss.*, p. 209), quelques variétés fossiles qu'il nous est impossible d'apprécier, faute de figurations.

Famille ISOCARDIIDÆ B. D. D.

Pictet a établi cette famille en 1855, sous le nom de *Cyprinidæ*, dans son *Traité de Paléontologie*, t. III, p. 463, en disant : « Je forme une petite famille pour les coquilles qui ont des rapports à la fois avec les *Cyrènes*, les *Cardium* et les *Vénus*, sans s'associer complètement à aucun de ces groupes. » D'Orbigny et Deshayes, en étudiant l'anatomie du *Cyprina islandica*, avaient bien vu que ce mollusque ne pouvait rester confondu avec les *Vénéridés;* mais tandis que Deshayes le plaçait dans les *Cardiidæ*, d'Orbigny le transportait dans la famille des *Carditidæ*. Son étendue a été modifiée. Tryon ne lui accorde qu'une importance très faible, tandis que M. Fischer lui attribue une extension beaucoup plus large.

Le nom de *Cyprinidæ* ne peut être conservé pour cette famille, car il a été employé plus anciennement pour désigner une famille de poissons. C'est pourquoi nous lui avons substitué le nom d'*Isocardiidæ*, de préférence à celui de *Glossidæ* employé par MM. Stoliczka et Cossmann, le genre *Glossus* de Poli ne nous paraissant pas devoir être substitué au genre *Isocardia*, ainsi que nous l'expliquerons plus loin.

TABLEAU DES GENRES ET ESPÈCES

Genre **Isocardia** Klein................ *I. cor* Linné.

Genre **Coralliophaga** Blainville........ *C. lithophagella* Lamark.

Genre ISOCARDIA (KLEIN, 1753) LAMARCK

Type : *Chama cor* Linné. Le nom *Isocardia* a été rétabli par Lamarck, en 1799, pour un *Chama* de Linné qui avait été placé parmi les *Cardita* par Bruguière; il provenait de Klein qui avait groupé sous ce nom générique un bon nombre d'espèces disparates, parmi lesquelles figure l'*Isocardia cor,* avec les références reconnaissables de Bonanni II, fig. 88, et de Lister, pl. CCLXXV, fig. 111. Lamarck avait toute liberté de choisir un type, et c'est à tort que Mörch a employé, en 1854, le mot *Isocardia* pour une espèce de la Chine, tandis qu'il transportait l'*Isocardia cor* dans le genre *Cardita*.

Gray a essayé de rétablir le genre *Glossus* de Poli (1795), sous le prétexte que le genre *Isocardia* de Lamarck n'était pas complètement celui de Klein; mais cette manière de voir n'a été adoptée par aucun des conchyliologues modernes. MM. Adams ont fait du genre *Isocardia* un sous-genre des *Cardium*, sans se préoccuper du type fixé par Lamarck, et ils ont attribué à l'*Isocardia cor* le nom générique de *Bucardia* Lister, qui, d'après Lister lui-même, n'est qu'une forme orthographique de *Cardium*. Blainville, et Risso ont écrit *Isocardium*.

Isocardia cor Linné sp. (*Chama*)

Pl. LI, fig. 1, 2, 3, 4, 5.

1767 *Chama cor* — LINNÉ, Syst. Nat., édit. XII, p. 1137.
1780 — — Lin. BORN, Test. Mus. Cæs. Vindob., p. 80.
1784 — — — CHEMNITZ, Conch. Cab., t. VII, p. 101, pl. XLVIII, fig. 483.
1786 — — — SCHRŒTER, Einleit. in die Conchylienk., t. III, p. 228.
1790 — — — LINNÉ-GMELIN, Syst. Nat., édit. XIII, p. 3299.
1792 — — — OLIVI, Zool. Adriatica, p. 114.
1792 *Cardita* — — BRUGUIÈRE, Encycl. Méthod., t. I, p. 403, pl. CCXXXII, fig. 1 A à 1 D.
1795 *Chama* — — POLI, Test. utr. Sic., t. II, p. 113, pl. XXIII, fig. 1, 2; pl. XV, fig. 34, 35, 36.
1801 *Isocardia globosa* LAMARCK, Système des Animaux sans vertèbres, p. 118.
1802 *Chama cor* Lin. DONOVAN, Brit. Shells, t. IV, pl. CXXXIV.
1804 — — — MONTAGU, Test. Brit., p. 134; t. II, p. 579; suppl. (1807), p. 50.
1804 — — — MATON et RACKETT, Descr. Catal., *in* Trans. Linn. Soc., t. VIII, p. 90.
1817 — — — DILLWYN, Descr. Catal., t. I, p. 212.

1817	*Bucardia*	*communis*	SCHUMACHER, Essai d'un nouveau Syst., p. 144, pl. XIII, fig. 2 A, B.
1819	*Chama*	*cor* Lin.	TURTON, Conch. Dict., p. 32, pl. V, fig. 17.
1819	*Isocardia*	— —	LAMARCK, Animaux sans vert., t. VI, 1re partie, p. 31.
1822	—	— —	TURTON, Dithyra brit., p. 193, pl. XIV.
1825	*Isocardium*	— —	BLAINVILLE, Manuel de Malac., p. 545, pl. LXIX, fig. 2, 2 A.
1826	*Isocardia*	— —	PAYRAUDEAU, Moll. de Corse, p. 60.
1826	*Isocardium*	— —	RISSO, Europe Mérid., t. IV, p. 330.
1829	*Isocardia*	— —	O.-G. COSTA, Catal. Sist., p. 42.
1830	—	— —	DESHAYES, Encycl. Méthod., t. II, p. 321,
1835	—	— —	LAMARCK, Anim. sans vert., édit. Desh., t. VI, p. 445.
1836	—	— —	SCACCHI, Catal. Conch. Regn. Neap, p. 7.
1836	—	— —	PHILIPPI Enum. Moll. Sic., t. I, p. 56.
1844	—	— —	BROWN, Illustr. of the Conch. of Gr. Brit. and Ireland, 2e édit., p. 86, pl. XXX, fig. 9; pl. XXX', fig. 5.
1844	—	— —	POTIEZ et MICHAUD, Galerie de Douai, t. II, p. 176.
1844	—	— —	PHILIPPI, Enum. Moll. Sic., t. II, p. 41.
1845	*Isocardia*	*cor* Lin.	REEVE, Conch. Icon., pl. 1, fig. 3.
1845	—	*hibernica*	REEVE, Conch. Icon., pl. I, fig. 4.
1846	—	*cor* Lin.	VÉRANY, Catal. Invert. mar. di Genova e Nizza, p. 13.
1848	—	— —	RÉQUIEN, Cop. de Corse, p. 28.
1848	—	— —	FORBES et HANLEY, Brit. Moll., t. I, p. 472, pl. XXXIV, fig. 2, et pl. N., fig. 6 (animal).
1851	—	— —	PETIT, Catal. *in* Journ. Conch., t. II, p. 377.
1852	—	— —	LEACH, Synopsis, p. 309.
1853	—	— —	DOUBLIER, Prodr. Hist. Nat. du Var, p. 110.
1853	—	— —	DESHAYES, Traité élém. de Conch., pl. XXIII, fig. 10, 11.
1855	*Chama*	— —	HANLEY, Ipsa Linn. Conch., p. 84.
1856	*Isocardia*	— —	JEFFREYS, Piedm. Coast. p. 24.
1858	*Bucardia*	— —	H. et A. ADAMS, Genera of rec. Moll., t. II, p. 461; pl. CXII, fig. 5 A, 5 B.
1858	*Isocardia*	— —	GAY, Bivalves du Var, *in* Bull. Soc. Sc. du Var, p. 189.
1859	—	— —	SOWERBY, Illustr. Index brit, sh., pl. V, fig. 3.
1862	—	— —	WEINKAUFF, Catal. Alg., *in* Journ. Conch., t. X, p. 324.
1862	—	— —	CHENU, Manuel de Conch., t. II, p. 113, fig. 530-532.
1863	—	— —	JEFFREYS, Brit. Conch., t. II, p. 298; t. V (1869), p. 182, pl. XXXVI, fig. 1, 1 A.
1865	—	— —	CAILLIAUD, Catal. Loire-Inf., p. 87.
1865	—	— —	FISCHER, Gironde, p. 55.
1866	Glossoderma	— —	BRUSINA, Contrib. pella fauna dei Moll. Dalm., p. 98.
1867	*Isocardia*	— —	WEINKAUFF, Conch. des Mittelm., t. I, p. 128.

1867 *Isocardia cor* Lin. Taslé, Catal. Morbihan, p. 16.
1870 — — — Jeffreys, Medit. Moll., p. 7.
1870 — — — Aradas et Benoit, Conch. viv. mar. della Sic., p. 69.
1870 — — — Hidalgo, Moll. marin., p. 152, pl. XLIX, fig. 1, 2.
1876 — — — Jeffreys, Moll. of the Valorons Exp. *in* Ann. and Mag. of Nat. Hist., p. 493.
1878 — — — Fischer, Brachiop. et Moll. du litt. océanique de France, p. 9.
1878 — — — Monterosato, Enum. e Sinon., p. 11.
1879 — — — Clément, Catal. Moll. du Gard, *in* Etudes d'Hist. Nat., p. 75.
1879 — — — Granger, Catal. Moll. Cette, p. 30.
1880 — — — Stossich, Prosp. della fauna Adr., *in* Boll. Soc. Adr. di Sc. Nat., p. 161.
1880 — — — Servain, Catal. Coq. mar. de l'île d'Yeu, p. 19.
1880 — — — Jeffreys, French Deep Sea Expl. *in* the Bay of Biscay, p. 7.
1881 — — — Jeffreys, Lightn. and Porcup. Exp., *in* Proc. Zool Soc. of London, p. 710.
1883 — — — Daniel, Faune malac. de Brest, *in* Journ. Conch., t. XXXI, p. 247.
1883 — — — Marion, Esq. topogr. zool. du golfe de Marseille, pp. 106, 107.
1884 — — — Tryon, Struct. and Syst, Conch., t. III, p. 189, pl. CXIV, fig. 53-55.
1884 — — — Jeffreys, Lightn. and Porcup. Exp., *in* Proc. zool. Soc. of Lond., p. 710.
1886 — — — Granger, Moll. biv. de France, p. 129, pl. IX, fig. 11.
1886 — — — Locard, Prodr. de Malac. franç., p. 446.
1887 — — — Fischer, Manuel de Conch., p. 1074, fig. 831 ; pl. XX, fig. 3.
1888 — — — Kobelt, Prodr. faunæ Moll. test. Maria europ. inhab., p. 368.
1889 — — — Carus, Prodr. faunæ Medit, p. 116.
1889 — — — Dautzenberg, Contrib. à la Faune Malac. des Açores, *in* Camp. Scient. de l'*Hirondelle*, p. 82.
1891 — — — Brusina, Elenco dei Moll. lamell. dei dint. di Zara del Dr Danilo e Sandri, p. 16.
1892 — — — Locard, Coq. mar. des côtes de France, p. 299, fig. 278.

Obs. — L'*Isocardia cor* est l'une des plus belles coquilles de la faune européenne. La forme tout à fait spéciale de ses crochets l'a fait remarquer dès l'antiquité par les architectes qui lui ont emprunté le motif d'ornementation appelé « *ove.* »

Jeffreys affirme que le *Kellia abyssicola* Forbes (= *Venus miliaris Philippi* = *Kelliella abyssicola* M. Sars), n'est autre chose que l'état embryonnaire de l'*Isocardia cor* : il possédait une série ininterrompue d'échantillons, depuis une 1/2 ligne jusqu'à un pouce de diamètre démontrant l'exactitude de cette opinion, qui est d'ailleurs assez généralement admise aujourd'hui.

Diagnose. — Coquille, diamètre umbono-ventral 75 millim., diam. antéro-post. 82 millim.; épaisseur 65 millim.; solide, équivalve, inéquilatérale, close, cordiforme, globuleuse. Sommets écartés, renflés, fortement enroulés en avant. Pas de corselet, lunule incomplète. Côté antérieur subrostré; côté postérieur obscurément bianguleux. Surface lisse, peu luisante, traversée par des stries et des plis d'accroissement concentriques.

Intérieur des valves lisse et mat dans le fond, luisant à la périphérie. Charnière portant sur chaque valve 2 dents cardinales transverses, parallèles, séparées par une fossette étroite, remarquablement profonde, et 1 dent latérale postérieure écartée. Impressions des muscles adducteurs des valves luisantes, l'antérieure subquadrangulaire et assez profonde, la postérieure arrondie et superficielle; impression palléale entière. Ligament externe fort saillant, plus large en arrière qu'en avant.

Coloration externe blanche, parsemée de très petites flammules fauves nombreuses et serrées. Coloration interne blanche, teintée de rose chair dans le fond. Epiderme composé de fibres transversales fines et serrées, entrecroisées par des fibres longitudinales fines et onduleuses, de coloration brune foncée.

Variétés. — Reeve a séparé sous le nom d'*Isocardia hibernica* les spécimens océaniques qu'il considérait comme différant, au point de vue spécifique, de ceux de la Méditerranée; mais un examen attentif de nombreux échantillons de ces deux provenances ne nous ont pas permis de constater entre eux des différences suffisantes, même pour l'établissement d'une variété.

Habitat. — Très rare à Port-Vendres, Banyuls.

Dispersion. — Méditerranée et Adriatique. Océan Atlantique, depuis les îles Loffoden, jusqu'aux Açores. Habitat bathymétrique, de 7 à 3400 mètres (Jeffreys).

Origine. — L'*Isocardia cor* est cité du Miocène de Suisse, d'Autriche, de Bohême et de Galicie; il est connu du Pliocène d'Angleterre (Lenham, Suffolk), de Belgique, de la vallée du Rhône, de Biot, de Millas, de l'Andalousie, d'Italie, d'Algérie, de Corfou, de Céphalonie et de Rhodes et du Pleistocène de la Calabre et de la Sicile.

Genre CORALLIOPHAGA Blainville 1824

Type : *Carolliophaga carditoides* Blainville = *Chama coralliophaga* Gmelin. Ce genre, créé par Blainville dans le Dictionnaire des sciences naturelles, a été adopté par Cuvier, Gray, Adams, etc. Sa place dans la classification a été fort discutée : Swainson le plaçait dans le voisinage des *Saxicava,* Adáms auprès des *Tapes,* Deshayes près des *Cardium.* M. Fischer l'a introduit avec le genre *Isocardia,* dans la famille des *Cyprinidæ.*

Les espèces qui composent ce genre avaient été classées par Bruguière parmi les *Cardita,* par Lamarck, en partie dans son genre *Cypricardia* et en partie dans le genre *Cardita* et, enfin, par Schumacher dans son genre *Libitina.*

L'espèce de la Méditerranée que nous allons décrire appartient au groupe typique.

Coralliophaga lithophagella Lamarck sp. *Cardita*

Pl. L, fig. 9, 10, 11, 12 (type) ; 13, 14, 15, 16 (var.)

1819	*Cardita lithophagella*	LAMARCK, Anim. sans vert., t. VI, 1re partie, p. 26.
1826	*Byssomya Guerini*	PAYRAUDEAU, Moll. de Corse, p. 32, pl. I, fig. 6-8.
1826	*Cypricardia coralliophaga*	RISSO (*non* Lamarck), Europe mérid., t. IV, p. 327.
1835	*Cardita lithophagella*	LAMARCK, Anim. sans vert., édit. Desh., t. VI, p. 435.
1835	*Saxicava Guerini* Payr.	DESHAYES *in* LAMARCK, Anim. sans vert., 2e édit., t. VI, p. 153.
1836	*Byssomia Guerinii* —	SCACCHI, Catal. Conch. Regn. Neap., p. 5.
1841	*Cardita lithophagella* Lam.	DELESSERT, Recueil de Coq., pl. XI, fig. 11 *a, b, c, d.*
1844	*Saxicava Guerini* Payr.	PHILIPPI, Enum. Moll. Sic., t. II, p. 19.
1845	*Venerupis Romani*	CALCARA, Cenno sui. Moll. viv. e foss. della Sic., p. 12.
1847	*Cypricardia Renieri*	NARDO, Elenco dei nuov. gen. e delle spec. nuov. registr. nei lavori del Pr. Renier, p. 29.
1848	*Saxicava Guerini* Payr.	RÉQUIEN, Coq. de Corse, p. 16.
1850	*Cypricardia coralliophaga*	MITTRE (*non* Lamarck) Notice sur le genre Cypricarde *in* Journ. Conch., t. I, p. 126, pl. VII, fig. 1, 2.
1851	*Cardita lithophagella* Lam.	PETIT, Catal, *in* Journ. Conch., t. II, p. 377.
1862	*Cypricardia Renieri* Nardo.	WEINKAUFF, Catal. Alg. *in* Journ. Conch., t, X, p. 312.
1863	*Cardita lithophagella* Lam.	PETIT, Obs. sur le Catal. Alg. de Weinkauff, *in* Journ. Conch., t. XI, p. 141.

1863 *Cypricardia lithophagella* Lam. Jeffreys, Brit, Conch., t. II, p. 263, t. V (1869), p. 180.

1865 — — — Cailliaud, Catal. Loire-Inf., p. 91.

1866 *Coralliophaga coralliophaga* Brusina (*non* Lamarck), Contrib. pella fauna dei Moll. Dalm., p. 97.

1867 *Cypricardia lithophagella* Lam. Weinkauff, Conchyl. des Mittelm., t. I, p. 95.

1869 *Coralliophaga* — — Petit, Catal. test. mar., p. 52.

1870 *Cypricardia* — — Aradas et Benoit, Conch., viv. mar. della Sic., p. 53.

1870 — *Guerini* Payr. Aradas et Benoit, Conch. viv. mar. della Sic., p. 54.

1870 *Coralliophaga lithophagella* Lam. Hidalgo, Mol. mar., p. 152, pl. XLIX, fig. 8 (sub. non. *Cypricardia* d°).

1874 — — — Fischer, Gironde, 2e suppl. *in* Actes Soc. Lin. de Bord., t. XXIX, p. 175.

1878 *Cypricardia* — — Monterosato, Enum. e Sinon. p. 10.

1878 *Coralliophaga* — — Fischer, Brachiop. et Moll. du litt. océan. de France, p. 8.

1880 *Cypricardia* — — Stossich, Prosp. della fauna del mare Adr. *in* Boll. della Soc. Adr. di sc. nat., p. 156.

1886 — — — Locard, Prodr. de Malac. franç., p. 458.

1888 — — — Kobelt, Prodr. faunæ Moll. test. maria europ. inhab., p. 390.

1889 — — — Carus, Prodr. faunæ Medit., p. 117.

1891 — *Renieri* Nardo Brusina, Elenco dei Moll. lamell. dei dint. di Zara del Dr Danilo e Sandri, p. 14.

1892 — — — Locard, Coq. mar. des côtes de France, p. 310, fig. 289.

Obs. — Nardo a assimilé à cette espèce le *Mytilus dentatus* de Renier, en lui donnant le nom de *Cypricardia Renieri*, afin d'éviter une confusion avec le *Mytilus denticulatus* Gmelin, espèce voisine du *Mytilus exustus*. Cette raison n'est assurément pas suffisante pour motiver un changement de nom; mais l'identité du *M. dentatus* ne nous paraît pas assez bien démontrée pour qu'il y ait lieu de reprendre cette ancienne appellation.

D'après Weinkauff, le *Venus gibba* Sandri, serait synonyme et, d'après Carus, il en serait de même du *Byssomya fragilis* Costa.

Diagnose. — Coquille, diamètre umbono-ventral, 15 mill.; diamètre antéro-post., 26 millim., épaisseur, 11 mill., assez solide, équivalve, inéquilatérale, close, de forme oblongue, subquadrangulaire, subcylindrique. Côté antérieur court, arrondi. Côté postérieur tronqué, bianguleux; bord ventral rectiligne. Sommets très petits, à peine saillants. Surface un peu luisante, ornée de stries concentriques fines et nombreuses, et de lignes d'accroissement.

Intérieur des valves lisse et mat au fond, un peu luisant au pourtour. Charnière portant sur chaque valve 2 dents cardinales obliques et une dent latérale postérieure, lamelliforme peu saillante. On observe de plus une petite dent latérale antérieure dans la valve gauche. Impressions du muscle adducteur antérieur des valves petites, bien marquées, rugueuses; impressions du muscle adducteur postérieur des valves plus grandes, arrondies et presque superficielles. Impression palléale bien marquée, pourvue, du côté postérieur, d'un sinus large, anguleux au sommet.

Coloration externe blanche avec les sommets d'un brun clair; coloration interne entièrement blanche.

Variétés. — Par suite de son habitat fréquent dans des trous abandonnés de Mollusques perforants, la coquille du *C. lithophagella* se déforme souvent et a été désignée dans cet état sous le nom de :

Var. ex forma *Guerini* Payraudeau. De forme ovale, plus ou moins irrégulièrement sinueuse, avec le côté antérieur très court et le côté postérieur largement arrondi et dilaté.

Habitat. — Rare à Banyuls, Paulilles, Collioure.

Dispersion. — Méditerranée et Adriatique. Océan Atlantique sur les côtes de France.

Origine. — Cette espèce est citée du Miocène de Suisse par M. Mayer et de Madère, sous le nom de *C. nucleus* Mayer. Pliocène de la Vallée du Rhône et d'Italie; Pleistocène de Calabre et de Sicile.

Cocconi indique et figure de nombreuses variétés fossiles : *ovata*, *subangulata*, *inflata*, *conglobata*. Le *Cypricardia mediterranea* Deshayes est probablement synonyme.

Typ. Oberthür, Rennes—Paris (441-92)

Famille VENERIDÆ Leach, 1819.

Avant l'établissement de la famille des *Veneridæ* par Leach dans le *Journal de Physique*, les coquilles qui la composent avaient été classées parmi les *Conchæ* par Adanson, Linné et Lamarck. Ce dernier auteur, malgré de nombreuses corrections, conservait encore à cette famille une extension trop considérable. Deshayes, Agassiz et quelques autres naturalistes ont maintenu le nom de *Conchæ*; mais Latreille, Fleming, Gray et les principaux classificateurs modernes ont préféré adopter la famille des *Veneridæ* qui renferme un groupe de genres plus homogène.

TABLEAU DES GENRES ET ESPÈCES

G. **Meretrix** Lamarck.............	
S.-g. *Callista* Poli..............	1 *M. chione* Linné.
— *Pitar* Adanson............	2 *M. rudis* Poli.
G. **Gouldia** C. B. Adams...........	*G. minima* Montagu.
G. **Dosinia** Scopoli................	1 *D. exoleta* Linné.
— —	2 *D. lupinus* Linné.
G. **Venus** Linné.	
S.-g. *Chamelæa* Klein.........	1 *V. gallina* Linné.
— *Ventricola* Rœmer........	2 *V. verrucosa* Linné.
— — —	3 *V. casina* Linné.
— *Timoclea* Leach..........	4 *V. ovata* Pennant.
— *Clausinella* Gray.........	5 *V. fasciata* Da Costa.

G. **Lucinopsis** Forbes et Hanley...	1 *L. undata* Pennant.
S.-g. *Lajonkairia* Deshayes.....	2 *L. Lajonkairei* Payraudeau.
G. **Tapes** Megerle von Mühlfeld....	1 *T. rhomboides* Pennant.
S.-g. *Pullastra* Sowerby........	2 *T. pullastra* Montagu.
— — —	3 *T. aureus* Gmelin.
— *Amygdala* Rœmer........	4 *T. decussatus* Linné.
G. **Venerupis** Lamarck...........	*V. irus* Linné.

Genre MERETRIX Lamarck, 1798.

Lamarck a scindé, en 1798, le grand genre *Venus* de Linné en ne considérant comme de vrais *Venus* que le groupe d'espèces ayant pour type le *V. mercenaria* et en créant le genre *Meretrix* pour le *Venus meretrix* devenu *Meretrix labiosa* Lamarck (1801) pour éviter une répétition de mots (Cette espèce est généralement connue sous le nom de *Venus impudica* Chemnitz).

En 1801, il créait ou restaurait, en outre, les sections : *Paphia*, *Petricola* et *Capsa*.

En 1806 (*Annales du Museum*, t. VII, p. 133), Lamarck a substitué au nom de *Meretrix* celui de *Cytherea*, en disant : « Il s'agit ici des mêmes coquilles que j'ai nommées *Méretrices* dans mon *Système des Animaux sans vertèbres* et comme la liste des espèces de ces coquilles n'est pas encore publiée, j'ai cru devoir profiter de cette circonstance pour donner à leur genre un nom plus convenable. » Le nom de *Cytherea* est donc strictement synonyme et doit être rayé purement et simplement de la nomenclature.

Les *Meretrix* sont caractérisés par la présence d'une dent particulière séparée des autres dents cardinales, située sous la lunule dans la valve gauche et correspondant à une fossette dans l'autre valve.

Sous-genre CALLISTA Poli, 1791.

Cette appellation, créée pour diverses espèces de *Mactra*, ainsi que pour le *Meretrix chione*, etc., ne peut être admise que pour désigner une section.

Mörch, en 1853, a proposé de conserver ce nom pour le groupe de *M. chione*, et il n'y a pas d'inconvénient à le maintenir avec cette signification.

Meretrix chione Linné.

Pl. LII, fig. 1 à 10.

1758	*Venus chione*	LINNÉ, Syst. Nat., édit. X, p. 686 (*ex parte*).
1767	— —	LINNÉ, Syst. Nat., édit. XII, p. 1131.
1778	*Pectunculus glaber*	DA COSTA, Brit. Conch., p. 184, pl. XIV, fig. 7.
1780	*Venus chione* Lin.	BORN., Test. Mus. Caes. Vindob., p. 63.
1782	— — —	CHEMNITZ, Conch. Cab., t. VI, p. 344, pl. XXXII, fig. 343.
1786	— — —	SCHRŒTER, Einleit. in die Conchylienk, t. III, p. 124.
1790	— — —	LINNÉ-GMELIN, Syst. Nat., éd. XIII, p. 3272 (excl. var. β et γ).
1792	— — —	OLIVI, Zool. Adr., p. 108.
1795	— — —	POLI, Test. utr. Sic., t. II, p. 85, pl. XX, fig. 1, 2.
1799	— — —	DONOVAN, Brit. Shells, t. I, pl. XVII.
1803	— — —	MONTAGU, Test. brit., p. 115.
1807	— — —	MATON et RACKETT, Descr. Catal. *in* Trans. Linn. Soc., t. VIII, p. 84.
1813	— — —	PULTENEY, Catal. Dorsetsh, p. 35, pl. VI, fig. 7.
1817	— — —	DILLWYN, Descr. Catal., t. I, p. 178.
1818	*Cytherea* — —	LAMARCK, Anim. sans vert., t. V, p. 566.
1819	*Venus* — —	TURTON, Conch. Dict., p. 239.
1822	*Cytherea* — —	TURTON, Dithyra brit., p. 160, pl. VIII, fig. 11.
1825	*Venus* — —	WOOD, Index testac., p. 35, pl. VII, fig. 44.
1825	— — —	BLAINVILLE, Manuel de Malac., p. 556, pl. LXXIV, fig. 5.
1825	— — —	DE GERVILLE, Catal. Manche, p. 193.
1826	*Cytherea* — —	PAYRAUDEAU, Moll. de Corse, p. 47.
1826	— — —	RISSO, Europe mérid., t. IV, p. 354.
1826	— *lævigata* —	RISSO (*non* Lamarck), Europe mérid., t. IV, p. 354.
1827	*Cytheria chione* Lin.	BROWN, Illustr. of the Conch. of Gr. Brit. and Irel., pl. XIX, fig. 2.
1828	*Cytherea* — —	FLEMING, Brit. Anim. p. 444.
1829	*Venus* (*Cytherea*) *chione* Lin	COSTA, Catal. sist. p. 34, 40.
1830	*Cytherea* — —	DESHAYES, Encycl. méthod t. II, p. 56; t. I, pl. CCLXVI, fig. 1A, 1B.

1830 *Cytherea chione* Lin.	Collard des Cherres, Catal. Finistère, p. 22.
1835 — — —	Lamarck, Anim. sans vert., édit. Desh., t. VI, p. 305.
1836 *Venus* — —	Scacchi, Catal. Conch. Regni Neap., p. 7.
1836 *Cytherea* — —	Philippi, Enum. Moll. Sic., t. I, p. 40.
1838 *Venus* — —	Maravigna, Mém. pour servir à l'Hist. Nat. de la Sicile, p. 76.
1839 *Cytherea* — —	Agassiz, Moules d'Acéphales viv., p. 36, pl. VII, fig. 7-9.
1842 *Venus* — —	Hanley, Catal. recent Shells, p. 98.
1843-1850 *Cytherea* — —	Chenu, Illustr. Conch., pl. XIV, fig. 10, 10A, 10B.
1844 *Venus* — —	Potiez et Michaud, Galerie de Douai, t. II, p. 226.
1844 *Cytherea* — —	Forbes, Rep. Æg. Invert. p. 144.
1844 — — —	Philippi, Enum. Moll. Sic., t. II, p. 31.
1844 — — —	Brown, Illustr. of the Conch. of Gr. Brit. and Irel., 2e édit., p. 91, pl. XXXVII, fig. 2.
1844 — — —	Thorpe, Brit. Mar. Conch., p. 83.
1846 — — —	Verany, Catal. Invert. di Genova e Nizza, p. 13.
1848 — — —	Réquien, Coq. de Corse, p. 23.
1848 — — —	Forbes et Hanley, Brit. Moll., t. I, p. 396; pl. XXVII et pl. L, fig. 8 (*animal*).
1851 — — —	Petit, Catal. *in* Journ. Conch., t. II, p. 296.
1851 *Dione glaber* Da C.	Gray, List of Brit. Anim. *in* the Coll. of the Brit. Mus., part VII, p. 6.
1852 *Chione coccinea* Poli.	Leach, Synopsis, p. 303.
1853 *Dione chione* Lin.	Deshayes, Catal. Brit. Mus., p. 56.
1854 *Venus* (*Cytherea*) *chione* Lin.	Herklotz, Dieren van Nederland, p. 137.
1855 *Venus* — —	Hanley, Ipsa Linn. Conch., p. 69.
1855 *Cytherea* — —	Sowerby, Thesaurus Conch., p. 628; pl. CXXXII, fig. 98.
1856 — — —	Jeffreys, Piedm. Coast. p. 24.
1857 *Venus* — —	Rœmer, Krit. Unters., p. 38.
1858 *Callista* — —	H. et A. Adams, Genera of recent Moll., t. II, p. 425; pl. CVIII, fig. 1.

1858 *Cytherea chione* Lin. — Drouet, Moll. mar. des Açores, p. 47.

1859 — — — Sowerby, Illustr. Index Brit. Sh., pl. IV, fig. 23.

1860 — — — Macé, Catal. Moll. Cherbourg et Valognes, p. 23.

1862 — — — Weinkauff, Catal. Algérie *in* Journ. Conch., t. X, p. 317.

1862 *Callista* — — Rœmer, Malakozool. Blätter, t. VIII, p. 175.

1863 *Venus* — — Jeffreys, Brit. Conch., t. II, p. 332; t. V (1869), p. 184, pl. XXXVIII, fig. 6.

1863 *Dione* — — Reeve, Conchologia Iconica G. Dione, fig. 13.

1865 *Cytherea* — — Fischer, Gironde, p. 55.

1865 — — — Stossich, Enum. dei Moll. del Golfo di Trieste, p. 31.

1865 — — — Cailliaud, Catal. Loire-Inf., p. 83.

1866 *Cytherea* (*Callista*) *chione* Lin. Rœmer, Monogr. G. Venus, p. 45, pl. XIII, fig. 1.

1866 *Callista* — — Brusina, Contrib. pella fauna dei Moll. Dalm., p. 96.

1867 *Cytherea* — — Taslé, Catal. Morbihan, p. 14.

1868 *Callista* — — Colbeau, Liste Moll. de Belgique, p. 25.

1869 *Cytherea* — — Pfeiffer, *in* Martini et Chemnitz Conch. Cab., 2e édit. p. 10, pl. I, fig. 8.

1869 — — — Petit, Catal. test. mar., p. 54.

1869 — — — Appelius, Conch. del Mar Tirreno, *in* Bull. Malac. Ital., p. 13.

1870 — — — Aradas et Benoit, Conch. viv. mar. della Sic., p. 54.

1870 — — — Ancey, Catal. Moll. Cap Pinède, p. 5.

1870 *Callista* — — Hidalgo, Mol. mar. G. Cytherea, p. 2; Catal. gen., p. 153; pl. VII, fig. 5; pl. VIII, fig. 1, 2, 3.

1872 *Cytherea* — — Monterosato, Notizie int. alle Conch. Medit., p. 23.

1875 — — — Monterosato, Nuova Rivista, p. 16.

1878 — — — Issel, Crociera del Violante, p. 36.

1878 — — — Monterosato, Enum. e Sinon., p. 12.

1879 — — — Granger, Catal. Moll. de Cette, p. 31.

1879 *Cytherea chione* Lin. — Clément, Catal. Moll. du Gard, *in* Etudes d'Hist. Nat., p. 76.

1880 — — — Servain, Catal. Coq. mar. Ile d'Yeu, p. 18.

1880 — — — Stossich, Prosp della fauna del Mare Adr., *in* Boll. Soc. Adr. di Sc. Nat. p. 149.

1881 *Venus* — — Jeffreys, Lightn. and Porcup. Exp., *in* Proc. Zool. Soc. London, p. 716.

1883 *Cytherea* — — Daniel, Faune Malac. de Brest, *in* Journ. Conch., t. XXXI, p. 245.

1883 — — — G. Dollfus, Catal. Palavas, p. 3.

1883 — — — Marion, Esq. topogr. zool. du Golfe de Marseille, *in* Ann. Mus. Hist. Nat. de Marseille, p. 53.

1884 — — — Pépratx, Moll. de la Plage de la Franqui, *in* Soc. Agric. Sc. et Litt. des Pyr.-Or., t. XXVI, p. 227.

1884 — — — Nobre, Catal. Moll. sud-ouest Portugal, p. 18.

1886 — — — Granger, Moll. biv. de France, p. 136; pl. X, fig. 4.

1886 — (*Callista*) *chione* Lin. — E.-A. Smith, Challenger Exp., p. 10, 132.

1886 *Cytherea* — — Locard, Prodr. de Malac. franç., p. 428.

1887 *Meretrix* (*Callista*) — — Fischer, Manuel de Conch., p. 1079; p. 900, fig. 655.

1887 *Cytherea* — — Nobre, Faune Malac. des Possess. Port. de l'Afrique occident. p. 13.

1888 — — — A. Dollfus, Les Plages du Croisic, p. 16.

1888 — — — Servain, Catal. Coq. Concarneau, p. 98.

1888 — — — Kobelt, Prodr. Faunæ Moll. test. maria europ. inhab., p. 350.

1889 *Meretrix* (*Callista*) — — Dautzenberg, Contrib. à la Faune malac. des Açores, *in* Résult. Camp. Scient. du Prince de Monaco, p. 82.

1889 *Cytherea* — — Nobre, Contr. Fauna malac. da Madeira, p. 10.

1889 — — — Carus, Prodr. Faunæ Medit., p. 117.

1890 *Meretrix* (*Callista*) — — Dautzenberg, Catal. Moll. Pouliguen, p. 4.

1891 *Cytherea chione* Lin.	BRUSINA, Elenco dei Moll. lamell. di Zara, p. 15.
1892 — — —	LOCARD, Coq. mar. des côtes de France, p. 284, fig. 195.
1892 — — —	BIZET, Malacoz. de Picardie, p. 172.

Obs. — Parmi les citations du *Systema Naturæ*, celles de Gualtieri et de Regenfuss représentent exactement l'espèce dont il est question ici. Bien qu'il n'en soit pas de même des références de Rumphius et de d'Argenville qui se rapportent à des coquilles exotiques, il n'y a pas lieu de discuter l'opinion des auteurs qui ont tous attribué à cette espèce le nom de *chione*, d'autant plus que Hanley nous a appris qu'elle existe sous ce nom dans la collection de Linné.

Poli, selon son système habituel, tout en adoptant le nom de *Venus chione* pour la coquille, a donné à l'animal de cette espèce le nom de *Callista coccinea*, nom qui a été repris par Leach, en 1852.

Nous avons écarté de la synonymie le *Cytherea nitidula* Lamarck (*Animaux sans vertèbres*, t. V, p. 566), que MM. Jeffreys, Petit, Réquien et Hidalgo considèrent comme le jeune âge du *Meretrix chione*, tandis que d'autres naturalistes y ont vu une espèce spéciale et appartenant même à un autre groupe : Rœmer l'a classé parmi les *Tivela*, et M. Locard l'a rapproché du *Venus rudis* Poli. Ces divergences d'opinion proviennent de ce que les figurations de l'espèce de Lamarck dans l'ouvrage de Delessert (*Recueil des Coq.*, pl. VIII, fig. 4A, 4B, 4C), prêtent à l'équivoque. Nous constatons, d'ailleurs, que les contours de ces figures ne coïncident pas avec ceux des jeunes exemplaires du *M. chione*.

Lamarck a attribué le même nom spécifique *nitidula* à deux de ses *Cythérées* : l'une vivante de la Méditerranée (1818), l'autre fossile de l'Eocène de Grignon (1806).

Gray a encore nommé cette espèce *Chione vulgaris*.

Diagnose. — Coquille, diamètre umbono-ventral 65 millim.; diamètre antéro-postérieur 82 millim.; épaisseur 41 millim.; épaisse, solide, équivalve, inéquilatérale, de forme ovale transverse. Sommets renflés, contigus, incurvés antérieurement. Lunule lancéolée, limitée par un sillon bien marqué. Corselet profond, allongé, non circonscrit. Surface luisante, pourvue de stries concentriques fines et irrégulières et de zônes d'accroissement au nombre d'une douzaine. A l'aide d'une forte loupe et sous un éclairage oblique, on observe de plus des stries rayonnantes nombreuses et très délicates.

Intérieur des valves mat au centre. Impressions musculaires et palléale luisantes et irisées. Bords simples, non denticulés. Plateau cardinal fort, assez large. Charnière de la valve droite pourvue de deux dents cardinales antérieures courtes, rapprochées, proéminentes, comprimée latéralement et d'une dent cardinale postérieure oblique, allongée presque parallèle au bord dorsal. Il existe de plus, du côté antérieur deux dents latérales obtuses, transverses, séparées par une fossett profonde. Charnière de la valve gauche pourvue de deux dents cardinale courtes, divergentes, d'une dent latérale antérieure courte, triangulaire bien saillante et d'une dent latérale postérieure petite et mince, situé le long du ligament. Impressions des muscles adducteurs des valves grandes, bien apparentes. Impression palléale large, pourvue d'un sinu grand, largement ouvert, anguleux au sommet.

Coloration fauve ornée de rayons de différentes largeurs, plus ou moins foncés et ordinairement articulés de taches quadrangulaires brunes, notamment dans le voisinage des sommets. On peut égalemen observer chez la plupart des exemplaires, des zones concentrique irrégulières, plus ou moins apparentes, d'un gris bleuté ou d'un brun clair. Intérieur des valves blanc jaunâtre dans la partie mate, blanc bleuâtre dans les parties luisantes.

Épiderme assez épais, luisant, comme vernissé, bien adhérent, reproduisant, en les accentuant un peu, les fines stries rayonnantes du test. Ligament allongé, saillant, d'un brun foncé.

Variétés.— La forme de cette espèce varie sous le rapport de l'épaisseur ainsi que dans la relation du diamètre antéro-postérieur avec le diamètre umbono-ventral. Si nous adoptons comme type la figuration de Gualtieri qui mesure 82 millim. de diamètre antéro-postérieur et 65 millim. de diamètre umbono-ventral, nous appellerons :

Var. ex forma 1, *elongata* B. D. D., une forme qui mesure 88 millim., de diamètre antéro-postérieur et 65 millim. de diamètre umbono-ventral (Voir notre pl. LII, fig. 10).

Var. ex forma 2, *brevior* B. D. D., une forme qui mesure 68 millim. de diamètre antéro-postérieur et 58 millim. de diamètre umbono-ventral (Voir notre pl. LII, fig. 8, 9).

Var. ex forma 3, *major* B. D. D. Nous proposons ce nom pour des exemplaires qui atteignent 110 millim. de diamètre antéro-postérieur et 85 millim. de diamètre umbono-ventral, tels que celui de la collection Benoit, signalé par MM. Aradas et Benoit.

La coloration du *M. chione* est fort variable et a donné lieu à l'établissement de nombreuses variétés, notamment de la part de Scacchi, Deshayes, Hidalgo. Les plus remarquables sont :

Var. ex colore 1, *pallens* Scacchi = *tota alba* Desh. = *lutescenti albida unicolor* Hidalgo, figurée par M. Hidalgo, *Mol. mar.* pl. VIII, fig. 1. Deshayes nous apprend qu'il existe un exemplaire de cette variété au British Museum et nous en avons reçu de beaux spécimens de

M. Joly, provenant d'Alger : ils sont entièrement blancs sous un épiderme gris jaunâtre.

Var. ex colore 2, *rosea* Scacchi = *rosea vix radiata et zonata* Hidalgo (*Mol. mar.*, pl. VIII, fig. 3). D'un beau rose carminé. Nous avons reçu cette remarquable variété de M. Nicollon qui en a obtenu quelques spécimens dans les parages du Croisic. Elle a aussi été rencontrée à Lanninon, par le docteur Daniel.

Nous ne citerons que pour mémoire les variétés *fulva nigro radiata* et *albo-fasciata* de Scacchi, ainsi que celles établies par M. Hidalgo, sous les noms de *radiis fuscis interruptis promiscue ornata* (pl. VIII, fig. 2); *radiata, zonis concentricis obsoletis*; *zonis concentricis olivaceis*, qui sont toutes fort voisines de la coloration typique.

Habitat. — Commun sur les plages sableuses du littoral et notamment à la Franqui.

Dispersion. — Toute la Méditerranée et l'Adriatique. Océan Atlantique depuis les côtes d'Angleterre et d'Irlande jusqu'aux îles Canaries, Madères et Açores. Quelques auteurs ont cité cette espèce comme vivant également aux Antilles; mais ce fait n'a pas été confirmé. Sowerby (*Thesaurus Conch.*) dit que les exemplaires de la collection Cuming proviennent de Mazatlan, et Carpenter l'indique également de la côte occidentale de l'Amérique centrale. Mais comme ni Adams ni Gould n'ont rencontré l'espèce dont nous nous occupons, dans ces parages, nous avons tout lieu de croire qu'il s'agit là du *M. squalida*, espèce voisine; mais, cependant, bien distincte. Distribution bathymétrique : 0-215 mètres.

Origine. — Les citations du Miocène des Açores, de Turin et de Saint-Jean de Marsac, par Mayer; d'Anvers, par Nyst, nous paraissent incertaines.

Pliocène d'Angleterre (Lenham beds); de Belgique (?); de Millas, Banyuls; de la vallée du Rhône; de l'Italie septentrionale, centrale et méridionale; de Rhodes; de Chypre; d'Orléansville (Algérie); de Madère. Pleistocène du Livournais, de la Calabre et de la Sicile.

Sous-genre PITAR Rœmer, 1857.

Type : Le *Pitar* Adanson = *Venus tumens* Gmelin. Rœmer a substitué, en 1867, le nom de *Caryatis* à celui de *Pitar*, qu'il avait accepté précédemment, pour la seule raison, insuffisante selon nous, que ce nom d'Adanson est barbare.

MM. Adams ont placé les espèces de ce groupe dans le genre *Callista*.

Meretrix rudis Poli, sp. (*Venus*).

Pl. LIII, fig. 1 à 11.

1795	*Venus rudis*	Poli, Test. utr. Sic., t. II, p. 94; pl. XX, fig. 15, 16.
1818	*Cytherea venetiana*	Lamarck, Anim. sans vert., t. V, p. 569.
1829	*Venus nux*	Costa (*non* Gmelin), Catal. Sist., p. 35, 41.
1835	*Cytherea venetiana*	Lamarck, Anim. sans vert., édit. Desh., t. VI, p. 310.
1836	*Venus rudis* Poli	Scacchi, Catal. Conch. Regni Neap., p. 7.
1836	— *venetiana* Lam.	Philippi, Enum. Moll. Sic., t. I, p. 40.
1837	— *ochropicta*	Krynicki, Bull. Soc. Natur. de Moscou, II, p. 64.
1838	— *venetiana* Lam.	Maravigna, Mém. Sic., p. 76.
1841	— — —	Delessert, Recueil de Coq., pl. IX, fig. 9.
1842	*Cytherea* — —	Hanley, Recent biv. Shells, p. 100, pl. XIII, fig. 34.
1844	— — —	Forbes, Rep. Æg... Invert., p. 144.
1844	— *rudis* Poli	Philippi, Enum. Moll. Sic., t. II, p. 32.
1844	— *venetiana* Lam.	Potiez et Michaud, Galerie de Douai, t. II, p. 230.
1846	— — —	Chenu, Illustr. Conch., pl. VIII, fig. 5, 5a, 5b.
1848	— *rudis* Poli	Réquien, Coq. de Corse, p. 23.
1849	*Venus (Cytherea) rudis* Poli	Middendorff, Malac. Rossica, III, p. 55.
1851	*Cytherea venetiana* Lam.	Petit, Catal. *in* Journ. Conch., t. II, p. 296.
1853	*Dione rudis* Poli	Deshayes, Catal. Veneridæ of the Brit. Mus. p. 72.
1853	*Cytherea venetiana* Lam.	Doublier, Catal. Moll. du Var, *in* Prodr. Hist. Nat. du Var, p. 109.
1855	— — —	Sowerby, Thes. Conch., t. II, p. 640; pl. CXXXVI, fig. 197, 198, 199.
1856	— — —	Jeffreys, Piedm. Coast. p. 24.
1857	— *nux* —	Rœmer (*non* Gmelin), Krit. Unters., p. 108.
1858	*Venus rudis* Poli	Gay, Catal. Biv. du Var, *in* Bull. Soc. Sc. du Var, p. 171.

1862	*Cytherea rudis* Poli	WEINKAUFF, Catal. Alg. *in* Journ. Conch., t. X, p. 317.
1862	*Caryatis nux*	RŒMER (*non* Gmelin), Malak. Blätter, t. IX, p. 79.
1865	*Cytherea venetiana* Lam.	STOSSICH, Enum. Moll. del Golfo di Trieste, p. 31.
1866	*Callista nux*	BRUSINA (*non* Gmelin), Contrib. pella Fauna Dalm. p. 96.
1867	*Cytherea rudis* Poli	WEINKAUFF, Conch. des Mittelm., t. I, p. 117.
1867	— (*Caryatis*) *rudis* Poli	RŒMER, Monogr. G. Venus, t. I., p. 116, pl. XXXI, fig. 4, 4A, 4B, 4C.
1869	— — —	TAPPARONE-CANEFRI, Moll. test. di Spezia, p. 118.
1869	— — —	APPELIUS, Conch. del Mar. Tirreno, *in* Bull. Malac. Ital., p. 14.
1869	— — —	PFEIFFER, *in* Martini et Chemnitz. Conch. Cab., 2e édit., p. 34, pl. XI, fig. 9, 10.
1870	— — —	ARADAS et BENOIT, Conch. viv. mar. della Sic., p. 55.
1870	— *mediterranea* Tiberi mss.	ARADAS et BENOIT, Conch. viv. mar. della Sic., p. 55.
1870	— *rudis* Poli	ANCEY, Catal. Moll. mar. Cap Pinède, p. 5.
1870	*Caryatis* — —	HIDALGO, Mol. mar. *G. Cytherea*, p. 5; Catal. gen., p. 154; pl. VIII, fig. 6, 7.
1872	*Venus* — —	MONTEROSATO, Notizie int. alle Conch. Medit., p. 23.
1875	— — —	MONTEROSATO, Nuova Rivista, p. 16.
1878	— — —	MONTEROSATO, Enum. e Sinon., p. 11.
1878	— *mediterranea* Tib.	MONTEROSATO, Enum. e Sinon., p. 12.
1878	— *rudis* Poli	ISSEL, Crociera del Violante, p. 36.
1879	*Cytherea venetiana* Lam.	GRANGER, Moll. de Cette, p. 31.
1880	— *rudis* Poli.	STOSSICH, Prosp. della Fauna Adr. *in* Boll. Soc. Adr. di Sc. Nat., t. V, p. 150.
1881	*Venus* — —	JEFFREYS, Lightn. and Procup. Exp. *in* Proc. Zool. Soc. Lond., p. 714.

1883 *Venus rudis* Poli.	MARION, Esq. topog. zool. du Golfe de Marseille, p. 24, 26, 28, 35, 38, 61, 70, 81, 87, 90, 94, 96, 106.
1883 — — —	MARION, Consid. sur les Faunes prof. de la Médit., p. 17, 28, 41, 45, 46.
1883 — *mediterranea* Tib.	DEL PRETE, Conch. corall. del Mare di Sciacca, *in* Bull. Soc. Malac. Ital., p. 256.
1883 — *rudis* Poli	DAUTZENBERG, Liste Coq. de Gabès, p. 12.
1886 *Cytherea* — —	GRANGER, Moll. Biv. de France, p. 137, pl. X, fig. 5.
1886 — — —	LOCARD, Prodr. de Malac. franç., p. 429.
1888 — — —	KOBELT, Prodr. Faunæ Moll. test. maria europ. inhab., p. 351.
1889 — — —	CARUS, Prodr. Faunæ Medit., p. 118.
1889 — *mediterranea* Tib.	CARUS, Prodr. Faunæ Medit., p. 118.
1891 *Cytherea venetiana* Lam.	BRUSINA, Elenco dei Moll. lamell. di Zara, p. 15.
1891 *Meretrix (Pitar) mediterranea* Tib.	DAUTZENBERG, Contr. Faune Malac. Golfe de Gascogne, p. 15, pl. XVII, fig. 12, 13, 14, 15.
1892 — *rudis* Poli	LOCARD, Coq. mar. de France, p. 284, fig. 265.
1892 — *gracilenta*	LOCARD, Coq. mar. de France, p. 284.
1892 — *rugata*	LOCARD, Coq. mar. de France, p. 285.

Obs. — Quelques auteurs ont réuni le *M. rudis* au *Venus nux* Gmelin. Mais c'est là une erreur manifeste, car la figure 39 de Bonanni sur laquelle Gmelin a établi son espèce, représente une coquille tout à fait différente : le *V. effossa* Bivona selon toute probabilité.

M. Brusina (*Ipsa Chiereghini Conch.*) indique que Chiereghini avait nommé la présente espèce *Venus deiphobra* dans son manuscrit. Le *Venus pectunculus* Gmelin in Renier (1804) est probablement synonyme.

Le *M. rudis* ne peut être comparé à aucune autre espèce européenne.

Diagnose. — Coquille, diamètre umbono-ventral 22 millim.; diam. antéro-post. 26 millim.; épaisseur 16 millim.; assez solide, équivalve, à peine inéquilatérale. Forme ovale transverse, un peu trigone. Sommets renflés, saillants, contigus, incurvés antérieurement. Lunule lancéolée, limitée par une strie très superficielle. Corselet indistinct. Surface un peu luisante, surtout dans la région apicale, pourvue de nombreuses stries concentriques inégales et de sillons marquant les périodes d'accroissement du test.

Intérieur des valves luisant. Bords simples, non denticulés. Plateau cardinal assez fort. Charnière de la valve droite pourvue : 1° de trois dents cardinales : l'antérieure très petite, la médiane forte, saillante et acuminée, la postérieure forte, allongée et bifide; 2° de deux dents latérales antérieures très inégales, séparées par une fossette profonde. Charnière de la valve gauche pourvue : 1° de trois dents cardinales : l'antérieure étroite comprimée latéralement; la médiane forte, la postérieure allongée lamelliforme; 2° d'une dent latérale antérieure allongée. Impressions des muscles adducteurs des valves médiocres, arrondies. Impression palléale large, pourvue d'un sinus trigone très ouvert.

Coloration externe d'un gris sale, orné de rayons bruns interrompus. Lunule brune. Coloration interne blanche plus ou moins teintée de brun violacé le long du bord cardinal et du bord postérieur. Epiderme mince, jaunâtre, assez adhérent. Ligament brun, corné, très profondément enchâssé.

Variétés. — Var. ex forma et colore 1. *mediterranea* (Tiberi mss) Aradas et Benoit. Se distingue du type par sa surface ornée de nombreux sillons concentriques bien marqués, ainsi que par sa coloration entièrement blanche. Cette variété a été figurée en 1891 par l'un de nous (Contr. Faune malac. du golfe de Gascogne *in* mém. Soc. Zool. de France p. 618, pl. XVII fig. 12 à 15) comme espèce spéciale; mais une comparaison attentive de spécimens de diverses provenances ne nous permet plus de maintenir cette opinion. (Voir notre pl. LIII, fig. 6, 7).

Var. ex forma 2, *gracilenta* Locard. Plus petite, plus transverse et moins renflée que le type.

Var. ex forma 3, *rugata* Locard. Forme courte, subtrigone, très renflée. L'exemplaire représenté sur notre pl. LIII, fig. 5, appartient à cette variété.

La coloration du *M. rudis* tel qu'il est figuré par Poli, consiste en un fond blanc orné de rayons bruns interrompus.

Var. ex colore 1 *scripta* Brusina = *maculis lineisque rufis angularibus transversim faciata* Hidalgo. Les rayons sont remplacés par des zigzags plus ou moins disposés en zones transversales. Cette variété a été représentée par M. Hidalgo, pl. VIII, fig. 7, et nous l'avons fait figurer sur notre pl. LIII, fig. 8, 9.

Var. ex colore 2, *radiata* B. D. D. Blanche, avec des rayons bruns non interrompus. Cette variété, figurée par M. Hidalgo, pl. VIII, fig. 6, est également représentée sur notre pl. LIII, fig. 10.

Var. ex colore 3, *castanea, albido-radiata* Hidalgo. D'une coloration fauve avec des rayons blancs. Nous avons fait figurer, pl. LIII, fig. 11, un exemplaire de cette variété provenant de la mer Adriatique. Elle paraît assez rare.

Habitat. — Très rare à Banyuls, Port-Vendres.

Dispersion. — Méditerranée, Mer Adriatique, Mer de Marmara et Mer Noire. Océan Atlantique, dans le Golfe de Gascogne, au cap Bojador (Fischer, Comptes Rendus, 1883) et à Sainte-Hélène (Smith-Proc. Zool. Soc., 1890).

Origine. — Miocène de Suisse, de Styrie et de Hongrie; d'Italie, d'Algérie et des Açores. Pliocène d'Angleterre, de Belgique, de la vallée du Rhône, des Pyrénées-Orientales (Millas, Banyuls), de la Catalogne, de l'Italie septentrionale, centrale et méridionale, d'Algérie, de Rhodes et de Cos. Pleistocène de Calabre, du Livournais et de la Sicile (Monte Pellegrino).

D'après M. de Monterosato (*ex typo*), le *Venus pectunculus* Brocchi est certainement synonyme.

Le *Venus rudis* Dujardin (= *Venus Dujardini* Hoernes), du Miocène de Touraine, est une espèce voisine; mais cependant distincte.

Genre GOULDIA, C. B. Adams, 1847 (= Thetis Adams, 1845, *non* Sowerby, 1826).

Type : *Gouldia cerina* C. B. Adams.

Le genre *Gouldia* tel qu'il a été créé par C. B. Adams, comprend deux espèces disparates et comme il n'a pas indiqué l'une d'elles comme type, M. Dall (Report on the Mollusca of the Blake expedition, 1881, p. 262), a pu choisir comme tel la première décrite : *G. cerina*, type auquel l'espèce européenne généralement désignée sous le nom de *Circe minima*, se rattache intimement.

D'un autre côté M. Smith a préféré prendre pour type l'autre espèce citée par Adams : *Gouldia parva* et comme il considère avec raison que ce mollusque est un vrai *Crassatella*, il supprime purement et simplement le genre *Gouldia*. Il maintient le *Venus minima* de Montagu dans le genre *Circe* et transporte le *Gouldia cerina* dans le genre *Lioconcha*.

Nous ne pouvons admettre cette manière de faire qui, d'une part, classe notre espèce européenne dans un autre genre que le *G. cerina*, alors que ces deux mollusques sont extrêmement voisins et qui, de l'autre, fait disparaître le genre *Gouldia*. D'ailleurs, le *G. minima* diffère trop des vrais *Circe* pour qu'il nous paraisse possible de le placer dans ce genre.

Gouldia minima Montagu sp. (*Venus*).

Pl. LIX, fig. 24 à 35.

1793 *Venus scripta* — VON SALIS MARSCHLINS (*non* Linné) Reise ins Kœn. Neap. p. 389.
1803 — *minima* — MONTAGU, Test. brit., p. 121, pl. III, fig. 3.
1807 — *triangularis* — MONTAGU, Test. brit. suppl., p. 577, pl. XVII, fig 3.
1807 — *minima* Mtg. — MATON et RACKETT, Descr. Catal., *in* Trans. Linn. Soc. t. VIII, p. 81.
1807 — *triangularis* — MATON et RACKETT, Descr. Catal., *in* Trans. Linn. Soc. t. VIII, p. 83.
1812 — *minima* — PENNANT, Brit. Zool., new edit. t. IV, p. 203.
1817 — — — DILLWYN, Descr. Catal., t. I, p. 166.
1818 — *pumila* — LAMARCK, Anim. sans vert., t. V, p. 607.
1818 — *inquinata* — LAMARCK, Anim. sans vert., t. V, p. 607.
1819 — *minima* Mtg. — TURTON, Conch. Dict., p. 236.
1819 — *triangularis* — TURTON, Conch. Dict., p. 238.
1822 *Cyprina minima* — TURTON, Dithyra brit., p. 137.
1822 — *triangularis* — TURTON, Dithyra brit., p. 136, pl. XI, fig. 19, 20.
1825 *Venus minima* — WOOD, Index testac., p. 34, pl. VII, fig. 17.
1825 — *triangularis* — WOOD, Index testac., p. 35, pl. VII, fig. 35.
1825 *Venus inquinata* Lam. — DE GERVILLE, Catal. Coq. Manche. p. 193.
1827 *Cytheria minima* Mtg. — BROWN, Illustr. of the Conch. of Gr. Brit. and Ireland, 1re édit. pl. XIX, fig. 3.
1827 — *minuta* — BROWN, Illustr. of the Conch. of Gr. Brit. and Ireland, 1re édit. pl. XIX, fig. 4.
1827 *Exoleta orbiculata* juv. — BROWN, Illustr. of the Conch. of Gr. Brit. and Irel., pl. XX, fig. 19 et 20 (*tantum*).
1830 *Venus inquinata* Lam. — COLLARD DES CHERRES, Catal. Finistère, p. 24.
1836 — *Cyrilli* — SCACCHI, Catal. Conch. Regn. Neap. p. 7.
1836 *Cytherea apicalis* — PHILIPPI, Enum. Moll. Sic. t. I, p. 40, pl. IV, fig. 5.
1844 *Venus pumila* — LAMARCK, Anim. sans vert., édit. Desh. t. VI, p. 370.
1844 — *inquinata* — LAMARCK, Anim. sans vert., édit. Desh. t. VI, p. 370.
1844 — *apicalis* Phil. — FORBES, Rep. Æg. Invert., p. 144.
1844 *Cytherea Cyrilli* Sc. — PHILIPPI. Enum. Moll., Sic. t. II, p. 32.
1844 *Cyprina minima* Mtg. — THORPE, Brit. mar. Conch. p. 82.
1844 — *triangularis* — THORPE, Brit. mar. Conch. p. 82.

1844 *Cytherea minima* Mtg. BROWN, Illustr. of the Conch. of Gr. Brit. and Irel., 2e édit. p. 92, pl. XXXVII, fig. 3.

1844 — *minuta* BROWN, Illustr. of the Conch. of Gr. Brit. and Irel., 2e édit. p. 92, pl. XXXVII, fig. 4.

1845 *Cytherea Sismondæ* CALCARA, Cenno sui Moll. viv. e foss. della Sic. p. 13.

1848 *Circe minima* Mtg. FORBES et HANLEY, Brit. Moll. t. I, p. 446, pl. XXVI, fig. 4, 5, 6, 8; pl. M. fig. 3 (*animal*).

1848 *Cytherea Cyrilli* Sc. RÉQUIEN, Coq. de Corse, p. 97.

1851 *Venus pumila* Lam. PETIT Catal. *in* Journ. Conch. t. II, p. 300.

1851 *Circe minima* Mtg. GRAY, List. Brit. Anim. *in* the Coll. of the Brit. Mus. p. 6.

1852 *Chione* — — LEACH, Synopsis, p. 303.

1853 *Circe* — — DESHAYES, Catal. Veneridæ *in* the Coll. of the Brit. Mus. p. 87.

1855 — — — SOWERBY, Thesaurus Conch. t. II, p. 653, pl. CXXXVIII, fig. 18-21; pl. CLXIII, fig. 55-58.

1856 — — — JEFFREYS, Piedm. Coast., p. 24.

1858 *Gouldia* — — H. et A. ADAMS, Genera of recent Moll. t. II, p. 484.

1858 *Venus pumila* Lam. GAY, Catal. Moll. du Var, *in* Bull. Soc. Sc. du Var, p. 175.

1859 *Circe minima* Mtg. SOWERBY, Illustr. Index Brit. Sh. pl. V, fig. 2.

1862 *Lioconcha Cyrilli* Sc. RŒMER, Malakozool. Blätter, t. IX, p. 149.

1862 *Cytherea Cyrillus* — WEINKAUFF, Catal. Algérie *in* Journ. Conch. t. X, p. 317.

1863 *Cytherea* (*Circe*) *minima* Mtg. RŒMER, Malakozool. Blätter, t. X, p. 12.

1863 *Circe minima* Mtg. JEFFREYS, Brit. Conch. t. II, p. 322, pl. VI, fig. 4; t. V. (1869), p. 183, pl. XXXVII, fig. 6.

1863 — — — REEVE, Conch. Iconica, pl. IV, fig. 14A, 14B, 14C.

1865 — — — CAILLIAUD, Catal. Loire-Inf., p. 86.

1865 *Cytherea Cyrilli* Sc. STOSSICH, Enum. Moll. del Golfo di Trieste, p. 31.

1866 *Callista Cyrilli* — BRUSINA, Contrib. pella fauna dei Moll. Dalm. p. 96.

1867 *Circe minima* Mtg. WEINKAUFF, Conchyl. des Mittelm. t. I, p. 122.

1868 — — — COLBEAU, Liste Moll. Belgique, p. 25.

1868 *Lioconcha Cyrilli* Sc. RŒMER, Monogr. G. Venus, t. I, p. 170, pl. XLVI, fig. 5.

1869	*Circe minima* Mtg.	RŒMER, Monogr., G. Venus, t. I, p. 214, pl. LVIII, fig. 4.
1869	— — —	PETIT, Catal. test. mar. p. 57.
1869	— — —	PFEIFFER, *in* Martini et Chemnitz, Conch. Cab. 2e édit. p. 63, pl. XXII, fig. 13 à 15.
1869	— *Cyrilli* Sc.	PFEIFFER, *in* Martini et Chemnitz, Conch. Cab., 2e édit. p. 65, pl. XXIV, fig. 1 à 6.
1869	*Circe minima* Mtg.	FISCHER, Gironde, 1er suppl., *in* Actes Soc. Linn. Bordeaux, t. XXVII, p. 107.
1869	— — —	TAPPARONE-CANEFRI, Ind. Sist. Moll. test. di Spezia, p. 119.
1870	*Cytherea* (Circe) — —	ARADAS et BENOIT, Conch. viv. mar. della Sic. p. 56.
1870	*Cytherea* — —	HIDALGO, Moll. mar., Catal. gen. p. 154, pl. XXVI A, fig. 4 à 9 (sub nom *Circe minima*).
1872	*Circe* — —	MONTEROSATO, Not. int. alle, Conch. Medit. p. 23.
1875	— — —	MONTEROSATO, Poche Note sulla Conch. Medit. p. 10.
1875	— — —	MONTEROSATO, Nuova Rivista, p. 16.
1878	— — —	ISSEL, Crociera del Violante, p. 36.
1878	— — —	FISCHER, Brachiop. et Moll. du litt. oc. de France, p. 9.
1878	— — —	MONTEROSATO, Enum. e Sinon., p. 11.
1880	*Cytherea Cyrilli* Sc.	STOSSICH, Prosp. della Fauna Adr., *in* Boll. Soc. Adr. di Sc. Nat. p. 150.
1881	*Circe minima* Mtg.	JEFFREYS, Lightn. and Porcup. Exp. *in* Proc. Zool. Soc. London, p. 713.
1883	— — —	MARION, Esq. topogr. zool. du Golfe de Marseille. *in* Ann. Mus. Hist. Nat. de Marseille, pp. 26, 27, 35, 38, 51, 61, 67, 76, 80, 85, 90, 106.
1883	— — —	MARION, Consid. sur les faunes prof., *in* Ann. Mus. Hist. Nat. Marseille, pp. 28, 44.
1883	— — —	DAUTZENBERG, Liste Coq. de Gabès, p. 12.
1885	— — —	E. A. SMITH, Report Challenger Exp. t. XV. pp. 9, 10, 148.
1886	— — —	GRANGER, Bivalves de France, p. 128, pl. IX, fig. 10.
1886	— — —	LOCARD, Prodr. de Malac. franç., p. 445.
1887	*Circe* (Gouldia) *minima* Mtg.	FISCHER, Manuel de Conch., p. 1081.
1887	*Circe* — —	KOBELT, Prodr. Faunæ Moll. test. maria europ. inhab., p. 397.
1888	— — —	SERVAIN, Catal. Coq. Concarneau, p. 105.

1889 *Circe minima* Mtg. CARUS. Prodr. Faunæ Medit. p. 119.

1889 — — — DAUTZENBERG, Contrib. Faune Malac. Açores, *in* Résult. Camp. Sc. Prince de Monaco, p. 82.

1889 — — — NOBRE, Contr. Fauna Malac. da Madeira, p. 10.

1890 — — — BOFILL, Mol. mar. de Llansá, p. 21.

1891 *Circe* (Gouldia) *minima* Mtg. DAUTZENBERG, Contrib. Faune Malac. Golfe de Gascogne, p. 8.

1891 *Cytherea Cyrilli* Scacchi BRUSINA, Elenco dei Moll. lamell. di Zara, p. 15.

1892 *Circe minima* Mont. LOCARD, Coq. mar. des côtes de France, p. 301, fig. 281.

1892 — *striata* LOCARD, Coq. mar. des côtes de France, p. 302.

1892 — *undulata* LOCARD, Coq. mar. des côtes de France, p. 302.

Obs. — Cette espèce a été bien décrite; mais assez mal figurée par Montagu, sous le nom de *Venus minima*. Le *Venus triangularis* du même auteur n'est qu'une variété de la même espèce.

Le *Venus inquinata* Lamarck a été établi sur un exemplaire unique du *G. minima*, recueilli dans la Manche par M. de Gerville.

D'après M. Brusina, il faut ajouter à la synonymie les *Venus æthra*, *argia* et *scripta* de Chiereghini.

Les figures 19 et 20 de la pl. XX de Brown (1re édition), indiquées comme le jeune âge du *Dosinia exoleta* représentent bien la forme la plus habituelle du *G. minima*.

Diagnose. — Coquille, diamètre umbono-ventral 9 millim.; diamètre antéro-post. 10 millim.; épaisseur 5 millim.; solide, équivalve, à peine inéquilatérale. Côté antérieur un peu plus court que le côté postérieur. Forme trigone, arrondie du côté ventral. Sommets petits, contigus, légèrement incurvés antérieurement. Lunule lancéolée, plane, limitée par un sillon peu profond; mais bien marqué. Corselet peu distinct. Surface un peu luisante, pourvue de nombreuses stries concentriques inégales et de sillons marquant les périodes d'accroissement.

Intérieur des valves luisant. Bords simples, non denticulés. Plateau cardinal assez fort. Charnière pourvue dans chaque valve de trois dents cardinales divergentes subégales. Il existe de plus deux dents latérales antérieures dans la valve droite et une dent latérale antérieure dans la valve gauche. Impressions des muscles adducteurs ovales, peu marquées. Impression palléale large, limitée par une ligne qui ne présente qu'une très légère sinuosité à son point de jonction avec l'impression musculaire postérieure.

Coloration externe d'un rose carnéolé, orné de deux lignes rayonnantes blanches, disposées en V renversé. Chacune de ces lignes est terminée près du bord ventral par une tache rouge. Coloration interne blanche. Épiderme mince, subtransparent. Ligament corné, court, très profondément enchâssé.

Variétés. — Var. ex forma 1, *triangularis* Montagu. Forme haute, solide, subtriangulaire, à surface presque lisse, ne présentant que des sillons d'accroissement et des stries concentriques obsolètes. Coloration d'un blanc jaunâtre uniforme (Voir notre pl. LIX, fig. 28, 29).

Var. ex forma 2, *striata* Locard. Forme arrondie, renflée, presque équilatérale, à sommets saillants.

Var. ex forma 3, *undulata* Locard. De même forme que la var. *striata* mais encore plus renflée. Surface ornée de rides onduleuses qui lui donnent un aspect chagriné.

Var. ex forma 4, *minor* Marion (*Considérations sur les faunes profondes de la Méditerranée*, p. 44).

Jeffreys avait indiqué en 1859 (*Additional gleanings in British Conchology*, p. 5), deux variétés: *latior* et *complanata*, dont il n'est plus question dans son grand ouvrage sur les Mollusques d'Angleterre.

La coloration indiquée par Montagu pour le *G. minima* et que nous avons adoptée dans notre diagnose, consiste en un fond carnéolé, orné de deux lignes blanches divergentes, partant des sommets et terminées chacune près du bord ventral par une tache rouge.

Var. ex colore 1, *versicolor* Scacchi = *marmorata* Monterosato. Diversement tachetée ou marbrée de brun sur un fond blanc. Cette variété qui est la plus fréquente, a été représentée par M. Hidalgo : pl. XXVI A, fig. 5, 6, 8. Nous en avons figuré un exemplaire sur notre pl. LIX, fig. 32, 33.

Var. ex colore 2, *zigzag* Monterosato = *alba, maculis trigonis nigricantibus* Scacchi. Cette jolie variété qui ne paraît pas être rare dans la Méditerranée est caractérisée par deux séries rayonnantes de larges taches noires isolées. Elle a été parfaitement figurée par M. Hidalgo : pl. XXVI A, fig. 4 et nos fig. 30 et 31, pl. LIX s'y rapportent également.

Var. ex colore 3, *mirabilis* B. D. D. Ornée de linéoles brunes ondulées, bien apparentes et parallèles. Ces linéoles ne suivent pas les stries concentriques; mais traversent obliquement la surface de la coquille. Peut-être la variété *alba lineolis fuvis transversis* de Scacchi est-elle la même? Voir notre pl. LIX, fig. 34.

Var. ex colore 4, *penicillata* B. D. D. Ornée de nombreuses linéoles longitudinales non interrompues dont quelques-unes s'entrecroisent au milieu des valves. Cette variété a été représentée sur la pl. XXVI A de M. Hidalgo, fig. 9. Nous en figurons, pl. LIX, fig. 35, un exemplaire dragué par M. Chevreux sur les fonds de Basse-Kikerie, près le Croisic.

Var. ex colore 5, *omnino alba* Scacchi. D'un blanc uniforme. La fig. 7 de la pl. XXVI A de M. Hidalgo peut être rapportée à cette variété.

Var. ex colore 6, *citrina* B. D. D. D'un beau jaune citron uniforme.

Var. ex colore 7, *rubicunda* B. D. D. Nous attribuons ce nom à une variété d'un beau rouge uniforme, qui nous a été communiquée par M. le Dr Bavay, de Brest.

Habitat. — Assez répandu à Paulilles, Collioure et Banyuls, dans la zone coralligène, les variétés : *versicolor*, *zigzag*, *citrina* et *mirabilis*.

Dispersion. — Méditerranée et Adriatique. Océan Atlantique, depuis les côtes de Norwège jusqu'aux Iles Canaries, Madère et Açores.

Origine. — Cette espèce apparaît dans le Miocène de l'Europe centrale : Suisse, Bassin de Vienne, Bohême, Galicie, Calabre. Son extension pendant la période Pliocène est très vaste : elle est citée d'Angleterre, de Belgique, de la Loire-Inférieure, de Millas, Banyuls, de la vallée du Rhône, d'un grand nombre de points de l'Italie centrale et méridionale, de Sicile, de Catalogne, de Grèce et des Iles de l'Archipel. Dans le Pleistocène, nous pouvons la signaler de Livourne, de la Calabre et de la Sicile.

Genre DOSINIA Scopoli 1771.

Type : *Chama Dosin* Adanson. La restauration par Gray, en 1840, avec l'orthographe : *Dosina*, de ce genre parfaitement défini par Scopoli, a fait tomber en synonymie les genres *Arthemis* Poli (Type : *V. exoleta* Lin), *Arctoe* Risso, *Exoleta* Brown, *Asa* Leach et *Amphitœa* Leach.

Les espèces de ce genre avaient été confondues avec les *Pectunculus* par Lister, avec les *Venus* par Linné, Chemnitz, Gmelin et avec les *Cytherea* par Lamarck, Sowerby, Philippi, etc.

Avant la reprise du nom *Dosinia*, Blainville, Gray, Agassiz, Nyst, etc., avaient accepté le genre *Arthemis*.

Dosinia exoleta Linné sp. (*Venus*).

Pl. LIV fig. 1 à 11.

1757	*Chama cotan*	Adanson, Voyage au Sénégal, p. 224, pl. XVI, fig. 4.
1758	*Venus exoleta*	Linné, Syst. Nat. édit. X, p. 688.
1767	— —	Linné, Syst. Nat. édit. XII, p. 1134 (pars.).
1777	— —	Pennant, Brit. Zool., t. IV, p. 94, pl. LIV, fig. 49 (*ex parte*).
1778	*Pectunculus capillaceus*	Da Costa, Brit. Conch., p. 187, pl. XII, fig. 5 (*excl. syn.*).

1780 *Venus exoleta* Lin. — Born, Test. Mus. Cæs. Vindob., p. 73, pl. V, fig. 9.

1784 — — — Chemnitz, Conch. Cab., t. VII, p. 18, pl. XXXVIII, fig. 404 (*tantum*).

1786 — — — Schrœter, Einleit. in die Conchylienk, t. III. p. 142.

1790 — — — Linné-Gmelin, Syst. Nat., édit. XIII, p. 3284 (*ex parte*).

1795 — — — Poli, Test. utr. Sic., t. II, p. 98, pl. XXI, fig. 9, 10, 11.

1803 — — — Montagu, Test. Brit., p. 116 (*excl. syn.*).

1804 — — — Donovan, Brit. Shells, t. II, pl. XLII, fig. 1.

1804 — — — Maton et Rackett, Descr. Catal., *in* Trans. Linn. Soc., t. VIII, p. 87, pl. III, fig. 1.

1812 — — — var. Pennant, Brit. Zool., 4e édit. t. IV, p. 209, pl. LVII, fig. 3 (*tantum*).

1813 — — — Pulteney, Catal. Dorsetsh., p. 35, pl. VIII, fig. 5.

1817 — — — Dillwyn, Descr. Catal., t. I, p. 195 (*ex parte*).

1818 *Cytherea* — — Lamarck, Anim. sans vert. t. V, p. 572.

1819 *Venus* — — Turton, Conch. Dict., p. 241.

1822 *Cytherea* — — Turton, Dithyra brit., p. 162, pl. VIII, fig. 7.

1822 — *sinuata* Turton (*non* Gmelin), Dithyra brit. (*ex parte*), pl. X, fig. 10, 11 (*tantum*).

1825 *Venus exoleta* Lin. Blainville, Manuel de Malac., p. 556, pl. LXXIV, fig. 2.

1825 — — — Wood, Index testac., p. 38, pl. VIII, fig. 83.

1825 — — — De Gerville, Catal. Moll. Manche, p. 26.

1826 *Cytherea* — — Payraudeau, Moll. de Corse, p. 47.

1826 *Capsa* — — Risso, Europe mérid., t. IV, p. 351.

1826 *Arctoe fulva* Risso, Europe mérid., t. IV, p. 361, pl. XI, fig. 163.

1827 *Exoleta orbiculata* Brown, Illustr. of the Conch. of Gr. Brit. and Irel. pl. XX, fig. 3 (*tantum*).

1827 *Exoleta radula* Brown, Illustr. of the Conch. of Gr. Brit. and Irel., pl. XX, fig. 1.

1828 *Cytherea exoleta* Lin. Fleming, Brit. animals, p. 445.

1829 *Venus* — — Costa, Catal. Sist., pp. 34, 41.

1830 *Cytherea* — — Deshayes, Encycl. méthod., t. II, p. 58, pl. CCLXXIX, fig. 5 a, 5 b.

1830 — — — Collard des Cherres, Catal. Test. Finistère, p. 22.

1835	*Cytherea exoleta* Lin.	LAMARCK, Anim. sans vert., édit Desh., t. VI, p. 314.
1835	— — —	BOUCHARD CHANTEREAUX, Catal. Boulonnais, p. 21.
1836	*Venus (Cytherea)* —	SCACCHI, Catal. Conch. Regni Neap., p. 7.
1836	*Cytherea* — —	PHILIPPI, Enum. Moll. Sic., t. I, p. 41.
1838	*Artemis* — —	FORBES, Malac. Monensis, p. 51.
1838	*Venus* — —	MARAVIGNA, Mém. Sicile, p. 76.
1842	*Cytherea* — —	HANLEY, Recent biv. Snells, p. 102.
1842	— *(Arthemis)* —	PHILIPPI, Abbildungen, t. I, p. 171.
1843	*Cytherea* — —	CHENU, Illustr. Conch., pl. X, fig. 4, 4 A, 4 B.
1843	*Dosinia* — —	DESHAYES, Traité élém. de Conch., t. I, p. 619, pl. XX, fig. 9, 10, 11.
1844	*Cytherea* — —	POTIEZ et MICHAUD, galerie de Douai, t. II, p. 225.
1844	*Artemis* — —	BROWN, Illustr. of the Conch. of Gr. Brit. and Irel., 2e édit., p. 92, pl. XXXVI, fig. 1, 3.
1844	*Cytherea* — —	PHILIPPI, Enum. Moll. Sic., t. II, p. 32.
1844	— — —	THORPE. Brit. mar. Conch., p. 84.
1845	*Arthemis* — —	AGASSIZ, Icon. coq. tert., p. 20, pl. III, fig. 15 à 17.
1845	— *complanata*	AGASSIZ, Icon. coq. tert., p. 25, pl. III, fig. 18 à 21.
1846	*Artemis exoleta* Lin.	LOVÉN, Index Moll. Scand., p. 193.
1847	*Asa* — —	LEACH, *in* Ann. and Mag. N. Hist. t. XX, p. 272.
1848	*Cytherea* — —	RÉQUIEN, Coq. de Corse, p. 23.
1848	*Artemis* — —	FORBES et HANLEY, Brit. Moll., t. I, p. 428, pl. XXVIII, fig. 3, 4.
1850	— — —	REEVE, Conch. Icon., pl. V, fig. 29 A, 29 B.
1850	— *radiata*	REEVE, Conch. Icon., pl. VII, fig. 37.
1851	*Arthemis exoleta* Lin.	PETIT, Catal. *in* Journ. Conch., t. II, p. 295.
1851	*Dosinia* — —	GRAY, List. Brit. anim. in the Brit. Mus., p. 3.
1852	*Amphitœa* — —	LEACH, Synopsis, p. 312.
1853	*Dosinia* —	DESHAYES, Catal. *Veneridæ* in the Brit. Mus., p. 11.
1855	*Artemis* —	SOWERBY, Thes. Conch., t. II, p. 658, pl. CXLI, fig. 12, 13, 14.
1855	*Venus* — —	HANLEY, Ipsa Linn. Conch., p. 76.
1856	*Artemis* — —	JEFFREYS, Piedm. Coast., p. 24.
1857	*Venus (Artemis)* —	ROEMER, Krit. Unters., p. 90.
1858	*Dosinia* — —	H. et A. ADAMS, Genera of rec. Moll., t. II, p. 430, pl. CVIII, fig. 5 A, 5 B.

1858	*Arthemis colan* Adans.	GAY, Moll. du Var, *in* Bull. Soc. Sc. du Var., p. 169.
1859	*Artemis exoleta* Lin.	SOWERBY, Illustr. Ind. Brit. Sh. pl. IV, fig. 10.
1860	*Arthemis* — —	MACÉ, Catal. Cherbourg et Valognes, p. 23.
1862	*Dosinia* — —	RŒMER, Monogr. G. Dosinia, p. 31.
1863	*Venus* — —	JEFFREYS, Brit. Conch., t. II, p. 327, t. V (1869), p. 184, pl. XXXVIII, fig. 1.
1865	*Dosinia* — —	STOSSICH, Enum. Moll. del Golfo di Trieste, p. 31.
1865	— — —	FISCHER, Gironde, p. 55.
1865	— — —	CAILLIAUD, Catal., Loire-Inf., p. 85.
1866	— — —	BRUSINA, Contr. pella Fauna Dalm., p. 96.
1867	*Artemis* — —	WEINKAUFF, Conch. des Mittelm., t. I, p. 120.
1867	*Dosinia* — —	TASLÉ, Catal. Morbihan, p. 14.
1868	— — —	COLBEAU, Liste Moll. Belgique, p. 25.
1869	— — —	PFEIFFER *in* Martini et Chemnitz, Conch. Cab. 2 édit. p. 90, pl. IX, fig. 6, pl. XIX, fig. 4, pl. XXVII, fig. 1 à 3.
1869	*Artemis* — —	PETIT, Catal. test. mar., p. 56.
1870	*Cytherea* — —	ARADAS et BENOIT, Conch. viv. mar. della Sic., p. 56.
1870	*Dosinia* — —	HIDALGO, Mol. mar. Dosinia, p. 2, Cat. gen., p. 153, pl. VII, fig. 1, 2, 3, 4.
1872	*Artemis* — —	MONTEROSATO, Notizie int. alle Conch. medit. p. 23.
1875	*Venus* (Dosinia) *exoleta* Lin.	MONTEROSATO, Nuova Rivista, p. 16.
1878	*Dosinia exoleta* Lin.	MONTEROSATO, Enum. e Sinon., p. 12.
1878	— — —	FISCHER, Gironde, p. 55.
1879	*Artemis* — —	GRANGER, Moll. de Cette, p. 31.
1880	*Dosinia* — —	STOSSICH, Prosp. della Fauna Adr., *in* Boll. Soc. Adr. di Sc. Nat., p. 150.
1881	*Venus* — —	JEFFREYS, Lightn. and Porcup. Exp. *in* Proc. Zool. Soc. Lond., p. 714.
1883	*Dosinia* — —	MARION, Esq. topogr. zool. du Golfe de Marseille, *in* Ann. Mus. Hist. Nat., p. 26.
1884	— — —	NOBRE, Catal. Moll. du Sud-Ouest du Portugal, p. 18.
1884	— — —	NOBRE, Moll. mar. do Noroeste de Portugal, p. 15.
1886	— — —	LOCARD, Prodr. de Malac. franç., p. 427.
1886	*Artemis* — —	GRANGER, Moll. biv. de France, p. 138.
1887	*Dosinia* — —	DAUTZENBERG, Exc. malac. à Saint-Lun., p. 10.

1888	*Dosinia exoleta* Lin.	KOBELT, Prodr. Moll. Faunæ, test. maria europ. inhab., p. 349.
1889	— — —	CARUS, Prodr. Faunæ Medit., p. 119.
1890	— — —	DAUTZENBERG, Liste Moll. du Pouliguen, p. 4.
1890	— — —	BOFILL, Mol. mar. de Llansá, p. 22.
1891	— — —	DAUTZENBERG, Contrib. Faune malac. du Golfe de Gascogne, p. 8.
1891	— *radiata* Reeve	DAUTZENBERG, Voyage de la Melita, p. 62.
1892	— *exoleta* Lin.	LOCARD, Coq. mar. des côtes de France, p. 287.
1892	— *complanata*	LOCARD (non Agassiz), Coq. mar. des côtes de France, p. 287.
1892	*Artemis exoleta* Lin.	BIZET. Malacoz. de Picardie, p. 172.

Obs. — La description du *Venus exoleta* dans la 12ᵉ édition du *Systema Naturæ* est satisfaisante, mais elle est accompagnée de citations dont la plupart doivent être éliminées : la seule qui puisse être regardée comme se rapportant sans aucun doute à l'espèce nommée depuis *exoleta* par la plupart des auteurs, est celle de Lister : pl. CCXCI, fig. 127; mais il faut remarquer que, par suite d'une erreur typographique, les numéros de la planche et de la figure de Lister ont été imprimés comme se rapportant à l'ouvrage de Petiver.

Nous savons par l'étude que Hanley a faite de la collection de Linné, qu'il s'y trouve, réunis sous le nom de *V. exoleta*, des exemplaires de la présente espèce et d'autres du *V. lupinus*. Mais il ne faut pas perdre de vue que Linné, après avoir regardé dans la 10ᵉ édition, le *V. lupinus* comme une espèce spéciale, l'a rattaché dans la 12ᵉ édition au *V. exoleta*, comme variété. Comme d'un autre côté la description ne peut convenir qu'à l'*exoleta*, l'identification de cette espèce ne présente aucun doute.

La plupart des anciens auteurs : Pennant, Da Costa, Turton, Montagu, etc., ont confondu le *V. lupinus* (= *lincta*) avec l'*exoleta* ou bien l'ont regardé comme le jeune âge ou comme une variété de cette espèce.

Poli a nommé l'animal de ce Mollusque : *Arthemis pudica*.

Turton a figuré le *D. exoleta* sous le nom de *Venus sinuata* Gmelin; tandis que son texte se rapporte évidemment au *D. lupinus*.

Diagnose. — Coquille, diamètre umbono-ventral, 32 millim., diam. antéro-post. 36 millim., épaisseur 17 millim., solide, équivalve, inéquilatérale, de forme discoïde, lenticulaire. Côté antérieur plus court que le côté postérieur. Sommets écartés et incurvés antérieurement. Lunule cordiforme, saillante au milieu et limitée par un sillon très profond.

Corselet profond, étroit, allongé. Surface un peu luisante, pourvue de nombreuses lamelles concentriques aplaties, légèrement réfléchies vers le sommet, et de quelques sillons concentriques correspondant aux périodes d'accroissement. Les lamelles se prolongent sur la lunule.

Intérieur des valves mat au centre. Impressions musculaires et palléale luisantes. Plateau cardinal fort, large, flexueux. Charnière de la valve droite pourvue de trois dents cardinales divergentes : les deux antérieures courtes, acuminées, très proéminentes et comprimées latéralement; la postérieure moins saillante et bifide. Charnière de la valve gauche pourvue de quatre dents cardinales : l'antérieure petite et tuberculiforme, la deuxième acuminée, très proéminente et comprimée latéralement; la troisième forte, subtriangulaire; la quatrième, ou postérieure, étroite, lamelliforme. Impressions des muscles adducteurs des valves ovales, bien marquées. Impression palléale large et pourvue d'un sinus très profond.

Coloration externe d'un blanc sale orné de deux larges rayons fauves et de linéoles de même couleur disposées en zigzags. Épiderme mince, jaunâtre, peu persistant. Ligament corné, très profondément enchâssé.

Variétés. — Au point de vue de la forme, le *D. exoleta* varie par sa taille, son plus ou moins de convexité et sa sculpture plus ou moins grossière ou délicate. Sa coloration présente, au contraire, des différences nombreuses et a fourni matière à l'établissement de plusieurs variétés.

Var. ex forma 1, *Cotan* Adanson = *radiata* Reeve. Une comparaison attentive de cette forme sénégalienne avec le *D. exoleta* ne nous permet pas de la considérer comme constituant une espèce différente. Les rayons bruns indiqués par Reeve comme caractéristiques, ne sont pas constants car nous avons sous les yeux des spécimens recueillis à Gorée par M. Chevreux qui présentent la coloration fauve avec un seul rayon médian blanc, si fréquente chez l'*exoleta*. La forme est d'ailleurs identique à celle de cette espèce et la seule différence appréciable consiste dans la sculpture un peu plus accusée.

Var. ex forma 2, *complanata* Locard. Plus comprimée que le type et un peu tronquée du côté antérieur (Voir notre pl. LIV, fig. 3, 4).

Var. ex forma 3, *ponderosa* B. D. D. Coquille épaisse et lourde, plus haute en proportion que le type : diamètre umbono-ventral, 32 millim., diamètre antéro-post. 33 millim., épaisseur 19 millim., sculpture plus grossière et plus irrégulière; coloration terne uniforme ou ne présentant que des rayons ou des taches obsolètes. Nous avons représenté pl. LIV, fig. 9, un spécimen de cette variété provenant de Lannion.

Var. ex forma 4, *major* B. D. D., atteignant 49 millim. de haut et 51 millim. de large.

La coloration typique ne pouvant être précisée, nous avons choisi celle indiquée par notre diagnose et dont les fig. 1 et 2 de notre pl. LIV fournissent l'exemple.

Var. ex colore 1, *albo sordida* Scacchi = *omnino albescens* Poli = *unicolor alba* Hidalgo. Entièrement blanche ou grisâtre.

Var. ex colore 2, *castanea* B. D. D. = *omnino rufo-castanea* Hidalgo. D'un brun marron uniforme.

Var. ex colore 3, *zigzag* B. D. D. = *albida lineis fulvis angulatis picta* Hidalgo. A fond blanc orné de linéoles fauves ou rosées disposées en zigzags. La fig. 10 de notre pl. LIV, représente un spécimen de cette variété provenant du golfe de Naples. Elle a été figurée par Hidalgo, pl. VII, fig. 4.

Var. ex colore 4, *interrupta* B. D. D. = *albida radiis latis sanguineis vel fuscis interruptis* Poli, = *albida, antice posticeque lineis roseis angulatis ornata* Hidalgo. Cette variété, figurée par Hidalgo pl. VII, fig. 2, présente un rayon médian blanc, accompagné de chaque côté de flammules et de linéoles irrégulières. Les fig. 7 et 8 de notre pl. LIV se rapportent à cette variété.

Var. ex colore 5, *radians* B. D. D. = *flava radiis albis fulvisque* Poli = *purpurascens, radiis albis pyramidalibus arcuatis* Poli = *albida medio triradiata, radiis latiusculis, junctis, centrali albo, lateralibus pallide castaneis* Hidalgo (Moll. mar. pl. VII, fig. 1) = *pallide fulva, medio radio albo angusto notata* Hidalgo = *pallide castanea, medio albo late uniradiata* Hidalgo. Ornée d'un rayon blanc médian, accompagné de chaque côté d'un rayon brun qui tantôt se confond avec la coloration de l'extrémité de la coquille, et tantôt se détache sur un fond plus clair (Voir notre pl. LIV, fig. 11).

Var. ex colore 6, *zonata* B. D. D. Ornée de taches anguleuses disposées en zones concentriques (Voir notre pl. LIV, fig. 6).

Var. ex colore 7, *parcipicta* B. D. D. Blanche avec de petites taches brunes anguleuses disposées sur deux ou plusieurs séries rayonnantes. La fig. 5 de notre pl. LIV, représente un spécimen de cette variété provenant de Roscoff.

Var. ex colore 8, *umbonibus roseis* B. D. D. Teintée de rose aux sommets.

Nous n'avons pu identifier d'une manière certaine les variétés : *nivea radiis, lineisque roseis speciosissima* Poli et *albida lineis roseis angulatis confluentibus pulcherrime radiata* Hidalgo.

Habitat. — Commun sur les plages sablonneuses du Roussillon : La Franqui, etc.

Dispersion. — Méditerranée et Adriatique. Océan Atlantique, depuis la Norwège et les Iles Shetland jusqu'au Sénégal.

Origine. — Miocène du Bassin de la Loire, du Portugal, d'Algérie, de Corse, de Suisse et d'Autriche. Pliocène d'Angleterre (Crag de Suffolk, sables de Lenham, argile de Saint-Erth.), d'Anvers, du Roussillon, (Millas et Banyuls), des Alpes-Maritimes, de la Catalogne, de la Vallée du Rhône, de Parme, de Plaisance, de Bologne, de Rome, de Rhodes, Chypre, etc. Pleistocène de Calabre, Sicile. M. Brauns l'a enfin cité du terrain tertiaire supérieur du Japon (Geolog. of Tokio, 1881, p. 22; pl. VI, fig. 22).

Dosinia lupinus Linné sp. (*Venus*)

Pl. LV, fig. 1 à 11.

1758 *Venus lupinus* — LINNÉ, Syst. Nat., édit. X, p. 689.

1767 — *exoleta* var. β — LINNÉ, Syst. Nat., édit. XII, p. 1134.

1777 — — — PENNANT (*non* Linné), Brit. Zool., t. IV, p. 93, pl. LIV, fig. 49 (excl. var.).

1790 — — var. β — LINNÉ-GMELIN, Syst. Nat., édit. XIII, p. 3284.

1795 — — var. *lupinus* Lin. — POLI, Test. utr. Sic., t. II, p. 99; Expl. des pl., p. 50. (*sub nom. V. lupinus*); pl. XXI, fig. 8.

1799 — *lincta* — PULTENEY, Catal. Portland, pl. I, fig. 14.

1803 — *exoleta* juv. — MONTAGU, Test. Brit., p. 117.

1804 — — var. — MATON et RACKETT, Descr. Catal. *in* Trans. Linn. Soc. t. VIII, p. 87; pl. III, fig. 2.

1812 — — — PENNANT (*non* Linné), Brit. Zool., t. IV, p. 209, pl. LIX, fig. 1 (excl. var.)

1813 — — var. — PULTENEY, Catal. Dorsetsh, p. 35, pl. I, fig. 13.

1817 — — juv. — DILLWYN, Descr. Catal., t. I, p. 196.

1818 *Cytherea lincta* Pult. — LAMARCK, Anim. sans vert., t. V, p. 573.

1818 — *lunaris* — LAMARCK, Anim. sans vert., t. V, p. 572.

1819 *Venus sinuata* — TURTON (*non* Gmelin), Conch. Dict., p. 242 (*ex parte*).

1822 *Cytherea* — — TURTON (*non* Gmelin), Dithyra Brit. p. 163 (excl. fig.).

1826 — *lunaris* Lam. — PAYRAUDEAU, Moll. de Corse, p. 48.

1826 *Arctoe nitidissima*	RISSO, Europe mérid., t. IV, p. 361, pl. XI, fig. 161.
1827 *Exoleta lincta* Pult.	BROWN, Illustr. of the Conch. of Gr. Brit. and Irel., pl. XX, fig. 4.
1827 — *orbiculata*	BROWN, Illustr. of the Conch. of Gr. Brit. and Irel., pl. XX, fig. 2 (*tantum*).
1828 *Cytherea lincta* Pult.	FLEMING, Brit. Anim. p. 445.
1829 *Venus lupinus* Lin.	COSTA, Catal. Sist., p. 34, 40.
1830 *Cytherea lincta* Pult.	COLLARD DES CHERRES, Catal. test. Finist., p. 22.
1830 — — —	DESHAYES, Encycl. méthod., t. II, p. 58.
1835 — — —	LAMARCK, Anim. sans vert., édit. Desh., t. VI, p. 315.
1835 — *lunaris*	LAMARCK, Anim. sans vert., édit. Desh., t. VI, p. 314.
1836 *Venus lupinus* Lin.	SCACCHI, Catal. Conch. Regn. Neap., p. 7.
1836 *Cytherea lincta* Pult.	PHILIPPI, Enum. Moll. Sic., t. I, p. 41.
1838 *Artemis* — —	FORBES, Malac. Monensis, p. 51.
1838 *Venus* — —	MARAVIGNA, Mém. Sic., p. 76.
1842 *Cytherea* — —	HANLEY, Recent biv. Shells, p. 102.
1842 — *lunaris* Lam.	HANLEY, Recent biv. Shells, p. 101, pl. XIII, fig. 31.
1842 — (*Arthemis*) *lincta* Pult.	PHILIPPI, Abbildungen, t. I, p. 171.
1842 — — *lupinus* Lin.	PHILIPPI, Abbildungen, t. I, p. 171.
1843 *Cytherea lincta* Pult.	CHENU, Illustr. Conch., pl. X, fig. 8, 8ᵃ, 8ᵇ.
1843 — *lunaris* Lam.	CHENU, Illustr. Conch., pl. X, fig. 7, 7ᵃ, 7ᵇ.
1843 *Dosinia lincta* Pult.	DESHAYES, Traité élém. de Conch., t. I, p. 621, pl. XX, fig. 12, 13.
1844 *Cytherea lincta* Pult.	PHILIPPI, Enum. Moll. Sic., t. II, p. 32.
1844 *Artemis* — —	FORBES, Rep. Æg. Invert., p. 144.
1844 *Cytherea* — —	THORPE, Brit. mar. Conch., p. 84.
1844 — — —	POTIEZ et MICHAUD, Galerie de Douai, t. II, p. 228.
1844 — *lunaris* Lam.	POTIEZ et MICHAUD, Galerie de Douai, t. II, p. 228.

1845 *Arthemis lincta* Pult.	AGASSIZ, Icon. Coq. tert., p. 22, pl. III, fig. 11 a 14.
1845 — *Philippii*	AGASSIZ, Icon. Coq. tert., p. 26, pl. III, fig. 1 à 6.
1846 *Artemis lincta* Pult.	LOVÉN, Index Moll. Scand., p. 37.
1846 — *comta*	LOVÉN, Index Moll. Scand., p. 37.
1848 *Cytherea lincta* Pult.	RÉQUIEN, Coq. de Corse, p. 23.
1848 *Artemis* — —	FORBES et HANLEY, Brit. Moll., t. I, p. 431; pl. XXVIII, fig. 5, 6.
1848 *Arthemis lupinus* Lin.	DESHAYES, Expl. sc. de l'Algérie, pl. XCIV et XCIV^A^.
1850 *Artemis lincta* Pult.	REEVE, Conch. Iconica, pl. I, fig. 2.
1850 — *lunaris* Lam.	REEVE, Conch., Iconica, pl. IX, fig. 50.
1851 *Dosinia lincta* Pult.	GRAY, List. of Brit. anim. *in* the Brit. Mus., p. 4.
1851 *Arthemis* — —	PETIT, Catal. *in* Journ. Conch., t. II, p. 296.
1853 *Dosinia* — —	DESHAYES, Catal. Veneridæ of the Brit. Mus., p. 17.
1853 — *lupinus* Lin.	DESHAYES, Catal. Veneridæ of the Brit. Mus., p. 17.
1853 *Cytherea lincta* Pult.	DOUBLIER, Catal. Moll. du Var, *in* Prodr. Hist. Nat. du Var, p. 109.
1855 *Artemis* — —	SOWERBY, Thes. Conch., t. II, p. 653, pl. CXLI, fig. 16.
1855 — *lunaris* Lam.	SOWERBY, Thes. Conch., t. II, p. 663, pl. CXLII, fig. 33.
1856 — *lincta* Pult.	JEFFREYS, Piedm. Coast, p. 24.
1858 *Dosinia Lupina* Lin.	H. et A. ADAMS, Genera of rec. Moll., t. II, p. 43; pl. CVIII, fig. 5.
1858 *Arthemis lupinus* Lin.	GAY, Catal. biv. du Var, *in* Bull. Soc. sc. du Var, p. 170.
1859 *Artemis lincta* Pult.	SOWERBY, Illustr. Index brit. Sh., pl. IV, fig. 11.
1862 *Dosinia* — —	RŒMER, Monogr. G. Dosinia, p. 39, pl. VII, fig. 3, 3^a^, 3^b^.
1862 — *lupinus* Lin.	RŒMER, Monogr. G. Dosinia, p. 25, pl. V, fig. 1.
1862 — *comta* Lovén	RŒMER, Monogr. G. Dosinia, p. 40, pl. VII, fig. 4, 4^a^, 4^b^.

1862 *Artemis lincta* Pult.	WEINKAUFF, Catal. Algérie, *in* Journ. Conch., t. X, p. 317.
1863 *Venus* — —	JEFFREYS, Brit. Conch., t. II, p. 330; t. V (1869), p. 184, pl. XXXVIII, fig. 2.
1865 *Dosinia* — —	STOSSICH, Enum. Moll. del Golfo di Trieste, p. 31.
1865 — — —	FISCHER, Gironde, p. 55.
1865 — — —	CAILLIAUD, Catal., Loire-Inf., p. 85.
1866 — — —	BRUSINA, Contrib. pella Fauna Dalm., p. 96.
1867 *Artemis lupinus* Lin.	WEINKAUFF, Conch. des Mittelm., t. I, p. 119.
1868 *Cytherea lincta* Pult.	BELTRÉMIEUX, Faune viv., Charente-Inf., p. 12.
1868 *Dosinia* — —	COLBEAU, Liste Moll. de Belgique, p. 25.
1869 *Artemis* — —	PETIT, Catal. test. mar., p. 57.
1869 *Dosinia* — —	PFEIFFER, *in* Martini et Chemnitz, Conch. Cab., 2e édit., p. 99, pl. XXVI, fig. 1, 2.
1869 — *lupinus* Lin.	PFEIFFER, *in* Martini et Chemnitz, Conch. Cab., 2e édit., p. 101, pl. XXVI, fig. 6, 7.
1869 — — —	TAPPARONE-CANEFRI, Moll. test. di Spezia, p. 119.
1869 *Artemis* — —	APPELIUS, Conch. del Mar. Tirreno *in* Bull. Malac., Ital., p. 14.
1870 *Cytherea* (*Artemis*) *lincta* Pult.	ARADAS et BENOIT, Conch. viv. mar. della Sic., p. 55.
1870 *Dosinia* — —	HIDALGO, Mol. mar. G. Dosinia, p. 5; Catal. gén., p. 153; pl. VIII, fig. 4, 5; pl. XXI, fig. 3; pl. LXXX, fig. 8.
1872 *Artemis lupinus* Lin.	MONTEROSATO, Notizie ad alc. Conch. Medit., p. 23.
1875 *Venus* (*Dosinia*) *lupinus* Lin.	MONTEROSATO, Nuova Rivista, p. 16.
1878 *Dosinia lincta* Pult.	MONTEROSATO, Enum. e Sinon., p. 12.
1878 — *lupinus* Lin.	MONTEROSATO, Enum. e Sinon., p. 12.
1878 — *lincta* Pult.	FISCHER, Brachiop. et Moll. du litt. océan. de France, p. 9.
1878 *Artemis lupinus* Lin.	ISSEL, Crociera del Violante, p. 35.

1879	*Artemis lunaris* Lam.	GRANGER, Moll. de Cette, p. 31.
1880	*Dosinia lupinus* Lin.	STOSSICH, Prosp. della Fauna Adr. *in* Boll. Soc. Adr. di Sc. Nat., p. 151.
1881	*Venus lincta* Pult.	JEFFREYS, Lightn. and. Porcup. Exp. *in* Proc. Zool. Soc. Lond., p. 714.
1883	*Dosinia* — —	MARION, Esq. topogr. zool. du Golfe de Marseille, pp. 24, 53, 54. 87.
1884	— — —	NOBRE, Catal. Moll. du Sud-Ouest du Portugal, p. 18.
1884	— — —	NOBRE, Moll. mar. do Noroeste de Portugal, p. 15.
1886	— — —	DAUTZENBERG, Nouv. liste coq. de Cannes, p. 1.
1886	*Artemis* — —	GRANGER, Moll. biv. de France, p. 138.
1886	*Dosinia* — —	LOCARD, Prodr. de Malac. franç., p. 427.
1886	— *lupinus* Lin.	LOCARD, Prodr. de Malac. franç., p. 426.
1886	— *Rissoana*	LOCARD, Prodr. de Malac. franç., pp. 427, 594.
1886	— *inflata*	LOCARD, Prodr. de Malac. franç., pp. 427, 594.
1888	— *lincta* Pult.	KOBELT, Prodr. Faunæ Moll. test. maria europ. inhab., p. 349.
1888	— *lupinus* Lin.	KOBELT, Prodr. Faunæ Moll. test. maria europ. inhab., p. 350.
1888	— *comta* Lovén.	KOBELT, Prodr. Faunæ Moll. test. maria europ. inhab., p. 349.
1889	— *lincta* Pult.	CARUS, Prodr. Faunæ Medit., p. 120.
1889	— *lupinus* Lin.	CARUS, Prodr. Faunæ Medit., p. 120.
1890	— *lincta* Pult.	DAUTZENBERG, Liste Moll. Pouliguen, p. 4.
1891	— — —	DAUTZENBERG, Contrib. Faune Malac. du Golfe de Gascogne, p. 8.
1891	*Cytherea* — —	BRUSINA, Elenco dei Moll. lamell. di Zara, p. 15
1892	*Dosinia* — —	LOCARD, Coq. mar. des côtes de France, p. 286.

1892 *Dosinia lupinina*	Locard, Coq. mar. des côtes de France, p. 286, fig. 267.
1892 — *Rissoiana*	Locard, Coq. mar. des côtes de France, p. 286.
1892 — *inflata*	Locard, Coq. mar. des côtes de France, p. 287.
1892 *Artemis lincta* Pult.	Bizet, Malacoz. de Picardie, p. 172.

Obs. — Linné après avoir nommé cette espèce *Venus lupinus* dans la 10e édition du *Systema Naturæ*, l'a ensuite rattachée à titre de variété à son *Venus exoleta* dans la 12e édition. Hanley en a trouvé des spécimens dans la collection linnéenne, mélangés au *V. exoleta*. Il ne peut donc exister aucun doute sur son identification qui a d'ailleurs été confirmée par Poli en 1795 et le nom de *lupinus* doit être préféré à celui de *lincta* Pulteney, qui ne date que de 1799.

La plupart des naturalistes qui se sont occupés de la Faune européenne ont considéré le *Dosinia lupinus* comme une espèce différente du *lincta*. L'examen d'un grand nombre d'échantillons de diverses localités océaniques et méditerranéennes ne nous permet pas d'accepter cette opinion, car nous avons trouvé dans des séries d'exemplaires provenant d'Alger, de Viareggio, de Cette, etc., des individus qu'il est impossible de différencier d'avec certains spécimens du golfe de Gascogne M. Hidalgo nous apprend aussi que ces deux formes extrêmes se rencontrent simultanément, et accompagnées d'intermédiaires, sur le littoral de la Galice.

On peut dire, toutefois, que la forme typique (*lupinus*) qui est aplatie, luisante et finement striée, domine dans la Méditerranée, tandis que c'est la forme plus renflée, plus arrondie et pourvue de stries concentriques plus fortes (*lincta*), qui domine dans l'Océan Atlantique. Les caractères que nous venons d'indiquer sont d'ailleurs fort inconstants et ne peuvent, selon nous, motiver la séparation des *D. lupinus* et *lincta*.

M. Brusina (*Ipsa Chiereghini* Conch.) signale que la présente espèce a été nommée *Venus pensylvanica* Linné par Chiereghini. Mais l'on sait que ce nom linnéen s'applique à un *Lucina* bien connu, des Antilles.

M. Locard a jugé opportun de remplacer le nom spécifique *lupinus* par celui de *lupinina*. Ce procédé doit être condamné, car s'il peut paraître préférable d'employer plutôt des adjectifs pour les noms d'espèces, les règles de nomenclature votées par les congrès zoologiques, autorisent parfaitement aussi l'usage de substantifs. Ces soi-disant corrections ont d'ailleurs l'inconvénient de compliquer la synonymie et d'altérer parfois les noms originaux, au point de les rendre méconnaissables.

Le *Dosin* d'Adanson, dont nous devons à M. Chevreux des spécimens recueillis à Dakar, est fort voisin du *D. lupinus;* peut-être n'en est-il qu'une variété. De plus, M. Sowerby « *Marine shells of south Africa*, 1892, p. 60 » cite sous le nom de *Dosinia lincta*, une coquille du cap de Bonne-Espérance qu'il considère comme identique à notre espèce européenne.

Le *Venus lactea* Donovan, cité par quelques auteurs dans la synonymie du *D. lupinus* doit être écarté, car la description de Donovan aussi bien que sa figuration se rapportent à une variété du *Venus casina.*

Diagnose. — Coquille, diamètre umbono-ventral 28 millim.; diamètre antéro-postérieur 30 millim., épaisseur 13 millim., solide, équivalve, inéquilatérale, de forme discoïde, lenticulaire un peu trigone. Côté antérieur plus court que le côté postérieur. Sommets assez saillants, un peu écartés et incurvés antérieurement. Lunule cordiforme enfoncée, très convexe au milieu et limitée par un sillon bien marqué. Corselet profond, étroit, allongé. Surface luisante, pourvue de nombreuses stries concentriques fines et serrées, de quelques sillons concentriques correspondant aux périodes d'accroissement et, enfin, de stries rayonnantes très superficielles et visibles seulement sous certains jeux de lumière. Les stries concentriques se prolongent sur la lunule.

Intérieur des valves mat au centre. Impressions musculaires et impression palléale luisantes. Bords simples, non denticulés. Plateau cardinal large, flexueux. Charnière de la valve droite pourvue de trois dents cardinales divergentes : l'antérieure courte, lamelliforme; la médiane forte, rapprochée de l'antérieure; la postérieure écartée de la médiane, étroite, allongée et bifide dans toute sa longueur. Charnière de la valve gauche pourvue de trois dents cardinales divergentes : l'antérieure étroite, lamelliforme, légèrement bifide; la médiane plus forte; la postérieure lamelliforme, non bifide. Impressions des muscles adducteurs des valves ovales, bien marquées. Impression palléale très large, pourvue d'un sinus très grand et profond.

Coloration externe d'un blanc de lait uniforme, légèrement teinté de jaune dans la région apicale. Coloration interne blanche. Épiderme très mince, peu persistant. Ligament corné, brun, profondément enchâssé.

Variétés. — Nous adoptons comme type de cette espèce la figuration de Poli, pl. XXI, fig. 8, qui représente la forme la plus commune dans la Méditerranée. Le *D. lunaris* Lamarck est identique au type.

Var. ex forma 1, *lincta* Pulteney. Plus solide et plus convexe que le type, à sculpture concentrique plus forte. C'est sous cet aspect que le *D. lupinus* se présente le plus souvent dans l'Océan Atlantique (Voir notre pl. LV, fig. 7 à 11).

Var. ex forma 2, *comta* Lovén = *compta* Jeffreys. Plus petite que la var. *lincta*, pourvue de stries concentriques plus profondes et d'une charnière plus forte.

Var. ex forma 3, *Rissoiana* Locard. Forme méditerranéenne plus renflée et plus haute en proportion que le type. Sinus palléal plus étroit et plus infléchi.

Var. ex forma 4. *inflata* Locard. Forme océanique plus petite, plus renflée, plus arrondie que le type, à sommets plus saillants. Sinus palléal plus large et plus court.

Var. ex colore, *rufescens* B.D.D. D'une coloration rousse violacée, avec les sommets teintés de brun. Cette variété a été représentée par M. Hidalgo (pl. LXXX, fig. 8). Nous la possédons des côtes d'Angleterre.

Réquien indique les variétés de coloration *alba* et *albo zonata* qui ne diffèrent guère de la coloration typique.

Habitat. — Rare sur les plages de Leucate et de la Franqui.

Dispersion. — Toute la Méditerranée et l'Adriatique, Océan Atlantique, depuis les côtes de Norwège et d'Islande jusqu'au Maroc. Distribution bathymétrique 0 à 165 mètres.

Sur les côtes du Sénégal on rencontre une espèce représentative fort voisine : le *Dosin* d'Adanson, caractérisé par sa taille plus forte, ses stries rayonnantes un peu plus accusées, etc.

Origine. — La présence de cette espèce dans le Miocène est bien prouvée, Hœrnes l'a citée du Bassin de Vienne, et Mayer de la Molasse de Suisse. Nous la retrouvons dans le Miocène de la Touraine et du Bordelais sous les deux formes : *lupinus* et *lincta*. Elle se développe largement dans le Pliocène des Crags d'Angleterre, d'Anvers, du Cotentin, de Millas et de Banyuls, de la Catalogne, de la Vallée du Rhône, de l'Italie du Nord, du Centre et du Midi, de l'Algérie, de la Grèce et de Rhodes. On la retrouve dans le Pleistocène de Norwège, d'Amsterdam, des plages soulevées de Biot, de Libourne, de la Calabre et de Sicile.

Genre VENUS Linné, 1758.

Ce genre linnéen renferme des formes très disparates, parmi lesquelles Lamarck a choisi comme type, en 1798, le *Venus mercenaria* Linné. En 1801, ce même auteur a substitué à ce type le *Venus verrucosa*, ce qui a causé quelque perturbation dans la nomenclature, car certains auteurs tels que Gray et Hermannsen n'ont pas eu entre les mains le premier volume des *Mémoires de la Société d'Histoire Naturelle de Paris*, dans lequel le *Prodrome* de Lamarck a été publié. L'adoption du type de 1798, entraîne la disparition du genre *Mercenaria* Schumacher.

Linné paraît avoir puisé l'idée du genre *Venus* dans d'Argenville qui a figuré plusieurs espèces sous le nom de *Concha Veneris.* Quelques anciens auteurs : Aldrovande, Major, Lister avaient désigné sous ce même nom de *Concha Veneris* des Gastéropodes qui sont classés aujourd'hui dans le genre *Cypræa.*

Nous ne possédons dans les mers d'Europe, aucune espèce du groupe typique du genre *Venus.*

Sous-genre CHAMELÆA (Klein, 1753) Mœrch, 1853.

Cette section qui comprend les *Venus* sillonnés concentriquement, a reçu diverses appellations parmi lesquelles il est difficile de faire un choix. En effet, Klein, en 1753, a compris dans son genre *Chamelæa,* plusieurs espèces disparates et ce n'est qu'en 1853 que Mörch l'a précisé en prenant pour type le *Venus gallina*, qui seul avait été représenté par Klein, d'après une figuration de Lister.

Brown, en 1827, a proposé, pour trois espèces de *Venus* des côtes d'Angleterre, le genre *Ortygia*, qui n'est guère mieux composé que celui de Klein, puisque ces trois espèces ne peuvent être maintenues dans la même section. Ce nom a cependant été préféré par M. le Dr Paul Fischer, bien que Brown lui-même l'ait abandonné dans la 2e édition de son ouvrage.

En 1852, Leach a proposé pour le *Venus gallina* le genre *Hermione* qui ne peut être maintenu à cause de l'existence, dès 1828, d'un genre d'Annélide du même nom.

Pour nous conformer à la loi de priorité, nous avons donc adopté le nom de *Chamelæa* (Klein) Mörch 1853.

Venus gallina Linné.

Pl. LVI, fig. 1 à 15.

1767	*Venus gallina*	Linné, Syst. Nat., édit. XII, p. 1130.
1777	— *rugosa*	Pennant (*non* Linné), Brit. Zool., t. IV, p. 95, pl. LVI, fig. 50.
1778	*Pectunculus striatulus*	Da Costa, Brit. Conch., p. 191, pl. XII, fig. 2.
1780	*Venus sinuata*	Born, Mus. Cæs. Vindob., p. 62, vignette, p. 57, fig. b.
1782	— *gallina* Lin.	Chemnitz, Conch. Cab., t. VI, p. 311, pl. XXX, fig. 308-310.
1786	— — —	Schrœter, Einleit. in die Conchylienk., t. III, p. 118.
1790	— — —	Linné-Gmelin, Syst. Nat., édit. XIII, p. 3270.
1790	— *lusitanica*	Gmelin *in* Linné, Syst. Nat., édit. XIII, p. 3281.

1795	*Venus gallina* Lin.	POLI, Test. utr. Sic., t. II, p. 92, pl. XXI, fig. 5-7.
1799	— *casina*	SOLANDER, mss. *in* PULTENEY (*non* Linné), Catal. Dorset, p. 33, pl. VIII, fig. 2.
1803	— *striatulus* Da C.	DONOVAN, Brit. Sh., t. II, pl. LXVIII.
1804	— *gallina* Lin.	MATON et RACKETT, Descr. Catal. *in* Trans. Linn. Soc., t. VIII, p. 82.
1804	— — —	RENIERI, Tavola Alfabetica, p. 6, n° 107.
1811	— *laminosa*	LASKEY, North Brit. test. *in* Wern. Soc., t. I, p. 384, pl. VIII, fig. 16.
1812	— *gallina* Lin.	PENNANT, Brit. Zool., édit. II, t. IV, p. 205, pl. LIX, fig. 50.
1812	— *laminosa* Lask.	PENNANT, Brit. Zool., édit. II, t. IV, p. 202.
1812	— *subcordata*	PENNANT, Brit. Zool., édit, II, t. IV, p. 204.
1817	— *gallina* Lin.	DILLWYN, Descr. Catal., t. I, p. 168.
1818	— — —	LAMARCK, Anim. s. vert., t. V, p. 591.
1819	— — —	TURTON, Conch. Dict., p. 234.
1819	— *laminosa* Lask.	TURTON, Conch. Dict., p. 233.
1822	— *gallina* Lin.	TURTON, Dithyra brit., p. 149, pl. IX, fig. 2.
1822	— *laminosa* Lask.	TURTON, Dithyra brit., p. 148, pl. X, fig. 4.
1822	— *pallida*	TURTON, Dithyra brit., p. 150, pl. X, fig. 5.
1825	— *gallina* Lin.	WOOD, Index testac., p. 34, pl. VII, fig. 23.
1825	— — —	DE GERVILLE, Catal. Coq. Manche, p. 193.
1826	— — —	PAYRAUDEAU, Moll. de Corse, p. 49.
1827	*Ortygia* — —	BROWN, Ill. of the Conch. of Gr. Brit. and Irel., pl. XX, fig. 11.
1827	— *sulcata*	BROWN, Ill. of the Conch. of Gr. Brit. and Irel., pl. XX, fig. 12.
1827	— *costata*	BROWN, Ill. of the Conch. of Gr. Brit. and Irel., pl. XX, fig. 13.
1827	— *subcordata*	BROWN, Ill. of the Conch of Gr. Brit. and Irel., pl. XIX, fig. 14, 15.
1827	— *rugosa*	BROWN (*non* Linné), Ill. of the Conch. of Gr. Brit. and Irel., pl. XX, fig. 14.
1828	*Venus* —	FLEMING (*non* Linné), Brit. anim., p. 448.
1829	— *gallina* Lin.	COSTA, Catal. Sist., p. 34, 35.
1830	— — —	COLLARD DES CHERRES, Catal. test. Finistère, p. 23.

1832	*Venus gallina* Lin.	DESHAYES, Encycl. Méthod., t. III, p. 1117, pl. CCLXVIII, fig. 3A, 3B.
1835	— — —	LAMARCK, Anim. sans vert., édit. Desh., t. VI, p. 347.
1836	— — —	SCACCHI, Catal. Conch. Regni Neap., p. 7.
1836	— — —	PHILIPPI, Enum. Moll. Sic., t. I, p. 44.
1838	— *Pennonti*	FORBES, Malac. Monensis, p. 52.
1838	— *gallina* Lin.	MARAVIGNA, Mém. Sic., p. 75.
1841	— *Prideauxiana*	COUCH, Cornish Fauna, 2e part., p. 26.
1843	— *gallina* Lin.	DESHAYES, Traité élém. de Conch., t. I, p. 555, 556, pl. XXI, fig. 3, 4.
1844	— — —	POTIEZ et MICHAUD, Galerie de Douai, t. II, p. 237.
1844	— — —	FORBES, Rep. Æg. Invert., p. 144.
1844	— — —	PHILIPPI, Enum. Moll. Sic., t. II, p. 34.
1844	— — —	BROWN, Illustr. of the Conch. of Gr. Brit. and. Ired., éd. II, p. 89, pl. XXXVI, fig. 11.
1844	— *laminosa* Lask.	BROWN, Illustr. of the Conch. of Gr. Brit. and Irel., édit. II, p. 90, pl. XXXVII, fig. 14, 15.
1844	— *sulcata*	BROWN, Illustr. of the Conch. of Gr. Brit. and Irel., édit. II, p. 90, pl. XXXVI, fig. 12.
1844	— *costata*	BROWN, Illustr. of the Conch. of Gr. Brit. and Irel., édit. II, p. 90, pl. XXXVI, fig. 13.
1844	— *rugosa*	BROWN, Illustr. of the Conch. of Gr. Brit. and Irel., édit. II, p. 90, pl. XXXVI, fig. 14.
1846	— *gallina* Lin.	VÉRANY, Catal. Invert. di Genova e Nizza, p. 13.
1846	— *striatula* Da C.	LOVÉN, Index Moll. Scand. p. 37.
1846	— *gallina* Lin.	CHENU, Illustr. Conch., pl. VIII, fig. 6, 6 A, 6 B.
1848	— — —	RÉQUIEN, Coq. de Corse, p. 24.
1848	— — —	DESHAYES, Expl. scient. de l'Algérie, t. I, pl. LXXXIX, fig. 1 à 3; pl. XC, fig. 1 à 4; pl. XCIII, fig. 3 à 5.
1848	— *striatula* Da C.	FORBES et HANLEY, Brit. Moll., t. I, p. 408, pl. XXIII, fig. 4; pl. XXIV, fig. 4 et pl. XXVI, fig. 9 à 11.
1849	— *gallina* Lin.	MIDDENDORF, Malac. Rossica, t. III, p. 54.
1851	— — —	PETIT, Catal. *in* Journ. Conch., t. II, p. 299.
1851	*Chione* (Ortygia) *gallina* Lin.	GRAY, List of Brit. anim. in the Brit. Mus., p. 10.

1852	*Hermione gallina* Lin.	LEACH, Synopsis, p. 306.
1852	— *laminosa* Lask.	LEACH, Synopsis, p. 306.
1853	*Chione gallina* Lin.	DESHAYES, Catal. Veneridæ in the Brit. Mus., p. 143.
1853	— *striatula* Da C.	DESHAYES, Catal. Veneridæ in the Brit. Mus., p. 144.
1853	— *pallida* Turt.	DESHAYES, Catal. Veneridæ in the Brit. Mus., p. 145.
1855	*Venus gallina* Lin.	HANLEY, Ipsa Linn. Conch., p. 66.
1855	— — —	SOWERBY, Thes. Conch., t. II, p. 734, pl. CLXI, fig. 202, 203.
1855	— *sriatula* Da C.	SOWERBY, Thes. Conch., t. II, p. 734, pl. CLVIII, fig. 134, 135, 136.
1856	— — —	JEFFREYS, Piedm. Coast., p. 24.
1857	— *gallina* Lin.	RŒMER, Krit. Unters, p. 31.
1859	— *striata*	SOWERBY, Illustr. Ind. Brit. Sh., pl. IV, fig. 16.
1860	— *gallina* Lin.	MACÉ, Catal. Moll. de Cherbourg et Valognes, p. 23.
1862	— — —	WEINKAUFF, Catal. Algérie *in* Journ. Conch., t. X, p. 319.
1863	— — —	JEFFREYS, Brit. Conch., t. II, p. 344, t. V (1869), p. 184, pl. XXXIX, fig. 2, 3.
1863	— *striatula* Da C.	REEVE, Conch. Icon., pl. XVII, fig. 75, pl. XX, fig. 91A, 91B.
1865	— *gallina* Lin.	STOSSICH, Enum. Moll. del Golfo di Trieste, p. 30.
1865	— — —	FISCHER, Gironde, p. 54.
1865	— — —	CAILLIAUD, Catal. Loire-Inf., p. 84.
1866	*Chione* — —	BRUSINA, Contr. pella Fauna Dalm., p. 95.
1866	— *senilis* Broc.	BRUSINA, Contr. pella Fauna Dalm., p. 95.
1867	*Venus gallina* Lin.	WEINKAUFF, Conch. des Mittelm., t. I, p. 112.
1867	— — —	TASLÉ, Catal. Moll. Morbihan, p. 13.
1868	— — —	COLBEAU, Liste Moll. Belgique, p. 25.
1869	— — —	PFEIFFER, *in* MARTINI et CHEMNITZ, Conch. Cab., 2ᵉ édit., p. 171, pl. XVI, fig. 1 à 3; pl. XXIII, fig. 4.
1869	— *striatula* Da C.	PFEIFFER *in* Martini et Chemnitz. Conch. Cab., 2ᵉ édit., p. 189, pl. XXIII, fig. 5, 6.
1869	— *gallina* Lin.	APPELIUS, Conch. del mar Tirreno, *in* Bull. Malac. Ital., p. 13.
1869	— *striatula* Da C.	TAPPARONE-CANEFRI, Moll. test. di Spezia, p. 118.

1869 *Venus gallina* Lin. PETIT, Catal. test. mar., p. 56.
1870 — — — ANCEY, Catal. Moll. Cap Pinède, p. 5.
1870 — — — ARADAS et BENOIT, Conch. viv. mar. della Sic., p. 67.
1870 — — — HIDALGO, Mol. mar. Catal. gen., p. 155, pl. XXIV, fig. 2 à 4; pl. XXIII, fig. 2 à 7.
1872 — — — MONTEROSATO, Notizie int. alle Conch. medit., p. 23.
1875 — — — MONTEROSATO, Nuova Rivista, p. 16.
1878 — — — FISCHER, Moll. et Brach. du litt. océan. de France, p. 9.
1878 — — — ISSEL, Crociera del Violante, p. 36.
1879 — — — GRANGER, Catal. Moll. Cette, p. 30.
1880 — — — SERVAIN, Catal. Coq. Ile d'Yeu, p. 17.
1880 — — — STOSSICH, Prosp. della Fauna Adr. *in* Boll. Soc. Adr. di Sc. Nat., p. 153.
1881 — — — JEFFREYS, Lightn. and Porcup. Exp. *in* Proc. Zool. Soc. Lond., p. 716.
1883 — — — DANIEL, Faune malac. Brest *in* Journ. Conch., t. XXXI, p. 244.
1883 — — — G. DOLLFUS, Liste Coq. Palavas, p. 3.
1883 — — — DAUTZENBERG, Liste Coq. Gabès, p. 12.
1883 — — — MARION, Esq. topogr. zool. Golfe de Marseille *in* Ann. Mus. de Marseille, p. 24, 54, 61.
1884 — — — NOBRE, Catal. Moll. sud-ouest du Portugal, p. 18.
1884 — — — NOBRE, Moll. mar. do Noroeste de Portugal, p. 15.
1886 — (Chamelæa) *gallina* Lin. DAUTZENBERG, Nouvelle liste Coq. de Cannes, p. 1.
1886 — — — GRANGER, Bivalves de France, p. 134, pl. X, fig. 2.
1886 — — — LOCARD, Prodr. de Malac. franç., p. 432.
1888 — — — SERVAIN, Catal. Coq. Ile d'Yeu, p. 17.
1888 — — — KOBELT, Prodr. Faunæ Moll. test. maria europ. inhab., p. 353.
1889 — — — CARUS, Prodr. Faunæ Medit., p. 123.
1890 — (Chamelæa) — — DAUTZENBERG, Moll. du Pouliguen, p. 4.
1890 — — — BOFILL, Mol. mar. de Llansá, p. 22.
1891 — — — BRUSINA, Moll. lamell. di Zara, p. 26.
1892 — — — LOCARD, Coq. mar. des côtes de France, p. 289.
1892 — *striatula* Da C. LOCARD, Coq. mar. des côtes de France, p. 289.
1892 — *nuculata* LOCARD, Coq. mar. des côtes de France, p. 289.

Obs. — Hanley nous apprend qu'il a trouvé dans la collection linnéenne des spécimens de l'espèce dont nous nous occupons en ce moment, renfermés dans un papier sur lequel était écrit de la main de Linné le nom de *Venus gallina*. Il ne peut donc y avoir aucun doute sur l'identification de cette espèce, bien que les figurations citées de Bonanni (pl XXI, fig. 64, 65) représentent le *Meretrix chione*. Il s'agit là, sans doute, d'une simple erreur matérielle et il faudrait lire pl. XVII, fig. 45. La référence de Bonanni a d'ailleurs été rayée dans l'exemplaire du *Systema Naturæ* annoté par le fils de Linné.

Il ne nous est pas possible d'admettre l'opinion de Rœmer et de Weinkauff qui s'appuient sur ce que le sinus palléal est plus profond, le contour de la coquille plus transverse et plus rostré postérieurement chez le *Venus striatula* Da Costa que chez le *Venus gallina*, pour séparer ces deux formes. Nous nous sommes convaincus par l'examen d'un grand nombre d'échantillons que ces caractères ne présentent aucune fixité et nous possédons, d'ailleurs, des spécimens de diverses localités qui les relient si intimement que nous nous sommes décidés à considérer le *V. striatula* comme une simple variété du *gallina*. Mac Andrew dans un Rapport au professeur Forbes, dit en parlant de ses dragages au large du cap Santa Maria (Algarve) : « Les *Venus* de cette localité semblent intermédiaires entre le *gallina* de la Méditerranée et le *striata* (*striatula*) de nos mers, de sorte qu'on finira sans doute par les considérer comme des variétés d'une même espèce. » Cette opinion a été aussi partagée par Jeffreys.

Dillwyn a cité comme synonyme le *Venus cruentata* Gmelin ; mais cette assimilation est fort douteuse. Des références indiquées par Gmelin, celles de Lister (pl. CCCXCVI, fig. 243) et de Klein (pl. X, fig. 50), qui n'est que la copie de celle de Lister, représentent peut-être la forme transverse du *gallina ;* mais elles sont si peu probantes que Mörch les a attribuées à l'*Astarte elliptica*. La troisième référence de Gmelin : Lister, pl. CCCCIII, fig. 247, représente certainement le *Tapes edulis*. Dans ces conditions, il vaut mieux rayer ce nom de la synonymie.

Le *Venus Wauaria* de Gmelin établi sur la figure 12 de la planche VII de Regenfuss nous paraît bien être le *gallina* et ce n'est dans aucun cas le *Lioconcha arabica* comme le prétend Rœmer dans ses *Recherches* sur les espèces du genre *Venus*.

Quant au *V. lusitanica* Gmelin, établi sur la figure 45 de Bonanni, c'est incontestablement le *gallina*.

Poli a attribué à l'animal de la présente espèce le nom de *Callista candida*.

Diagnose. — Coquille, diamètre umbono-ventral 30 millim.; diamètre antéro-postérieur 35 millim.; épaisseur 19 millim. ; épaisse, solide, convexe, équivalve, inéquilatérale, de forme subtrigone. Côté antérieur arrondi, plus court que le côté postérieur qui est obscurément tronqué. Sommets petits, rapprochés mais non contigus, incurvés antérieurement. Lunule cordiforme, enfoncée, saillante au milieu, à contour nettement limité. Corselet large, lancéolé, assez profond, limité par une carène aiguë près des sommets et s'effaçant ensuite graduellement. Surface assez luisante, garnie de sillons concentriques profonds qui confluent dans la région antérieure et se subdivisent irrégulièrement du côté postérieur de la coquille où ils se prolongent à l'état de stries fines et régulières jusque sur le corselet. Toute la surface est de plus pourvue d'une striation rayonnante obsolète, visible seulement sous un fort grossissement.

Intérieur des valves mat au centre. Impressions musculaires et impression palléale luisantes et légèrement irisées. Bord ventral finement crénelé. Charnière de la valve droite pourvue de trois dents cardinales divergentes : l'antérieure comprimée latéralement, la médiane plus forte et subtriangulaire; la postérieure allongée et à peu près parallèle au bord dorsal. Dans cette valve, la couche extérieure du test déborde sur le plateau cardinal, le long du bord dorsal, en une sorte de lamelle dans laquelle s'emboîte la partie correspondante de la valve gauche, lorsque la coquille est close. Charnière de la valve gauche pourvue de deux dents cardinales courtes, divergentes et d'une troisième dent cardinale très étroite et lamelleuse qui longe le bord dorsal. Impressions des muscles adducteurs distinctes, médiocres. Impression palléale large pourvue d'un sinus petit, triangulaire.

Coloration blanchâtre ornée de linéoles brunes nombreuses et disposées en chevrons. Intérieur des valves blanc, orné du côté postérieur d'une large tache brune violacée, qui s'étend sur l'impression musculaire et sur le sinus palléal.

Épiderme très mince, ne persistant que sur le corselet. Ligament assez court, saillant, d'un brun jaunâtre.

Variétés. — Étant donnée la variabilité du *V. gallina*, le choix d'un type est difficile. Nous pensons toutefois devoir nous en tenir à la figure de Lister (Conch., pl. CCLXXXII, fig. 120) qui est probablement la plus ancienne représentation de cette espèce et qui est assez bien dessinée pour qu'il soit impossible d'y voir autre chose que la forme la plus commune de la Méditerranée. D'ailleurs, selon Hanley, le *V. gallina* de la 10me édition du *Systema Naturæ* est indubitablement cette forme méditerranéenne. Dans la 12me édition, Linné a ajouté la localité : Norwège, indiquant par là qu'il assimilait complètement la forme du Nord à celle de la Méditerranée.

Var. ex forma 1, *striatula* Da Costa. Cette forme, qui vit plus particulièrement dans l'Océan Atlantique, se distingue du type par sa taille plus faible, sa surface mate et ses stries concentriques beaucoup plus nombreuses. Nous avons représenté pl. LVI, fig. 8, un exemplaire de cette variété provenant d'Écosse et qui concorde fort bien avec la figuration de Da Costa.

Var. ex forma 2, *laminosa* Laskey = *Pennanti* Forbes. Voisine de la variété *striatula;* mais plus grande, plus transverse et possédant une sculpture plus lamelleuse : les lamelles sont écartées et leurs intervalles présentent une striation rayonnante bien marquée. Voir notre pl. LVI, fig. 13, 14.

Var. ex forma 3, *triangularis* Jeffreys. De petite taille, plus haute en proportion : diam. umb.-ventr. 18 millim., diam. antéro-post. 19 millim. Nous avons représenté pl. LVI, fig. 9 à 12, des spécimens de cette variété recueillis par l'un de nous sur la plage du Pouliguen.

Var. ex forma 4, *gibba* Jeffreys. Plus ventrue et renflée que la var. *striatula*, celle-ci possède une surface plutôt luisante et de nombreuses côtes concentriques irrégulières; confluentes ou bifurquées à l'extrémité postérieure. C'est une forme assez rare sur les côtes d'Angleterre et qui se rapproche beaucoup du type méditerranéen (Voir notre pl. LVI, fig. 15).

Var. ex forma 5, *major* B. D. D. De très grande taille, atteignant : diam. umbono-ventr. 38 millim.; diam. antéro-post. 42 millim. Nous possédons de beaux spécimens de cette variété, provenant de Gibraltar. L'un d'eux est figuré sur notre pl. LVI, fig. 3.

Var. ex forma 6, *minor* B. D. D. De petite taille : diam. umbono-ventr. 15 millim.; diam. antéro-post. 18 millim. Nous établissons cette variété sur des exemplaires recueillis par notre ami M. Chaper, à Kerasunde (mer Noire). Voir Pl. LVI, fig. 4, 5.

Var. ex forma 7, *parva* Brusina. De petite taille, mais différant de la précédente par sa sculpture beaucoup plus grossière.

Var. ex colore 1, *radiata* Réquien. Ornée de rayons bien marqués, alternativement clairs et foncés. Les exemplaires figurés pl. LVI, fig. 1, 2, appartiennent à cette variété.

Var. ex colore 2, *flava* B. D. D. D'une teinte fauve claire uniforme. Gibraltar et Roussillon.

Var. ex colore 3, *alba* B. D. D. Entièrement blanche. Gibraltar.

Nous considérons la variété *marmorata* Réquien comme étant la coloration typique de cette espèce.

Habitat. — Peu commun sur les plages de la Franqui, Leucate, Canet, le type et les variétés de coloration *radiata* et *flava*.

Dispersion. — Toute la Méditerranée, l'Adriatique, la mer Noire et la mer Caspienne; Océan Atlantique, depuis les côtes de la Norwège et de l'Islande jusqu'au Maroc. D'après Allcock, la variété *laminosa* aurait été trouvée sur la côte orientale du Japon.

Distribution bathymétrique, 0-215 mètres.

Origine. — Les citations du Miocène sont douteuses. Pliocène de la Catalogne, de Toscane, de la Calabre et de l'Algérie. Pleistocène de Norwège, d'Angleterre, de la France méridionale, d'Italie, des Baléares (Hermite); de la Sicile (Monterosato, sous le nom de *Venus gallina* var. *senilis* Brocchi).

D'après M. de Monterosato, le *Venus aphrodite* de Brocchi a été décrit et figuré d'après un exemplaire décapé du *Venus gallina*.

Sous-genre VENTRICOLA Rœmer, 1867.

Le Dr Fischer, dans son Manuel de Conchyliologie a choisi pour type de ce sous-genre le *Venus rugosa* Chemnitz qui est la première des espèces citées par Rœmer. Le *Venus verrucosa* appartient certainement à la même section.

L'adoption du *Venus mercenaria*, par Lamarck, en 1798, comme type du genre *Venus*, a entraîné la création d'un sous-genre pour le groupe d'espèces auquel appartient le *Venus verrucosa*.

Le *V. verrucosa* a été placé par Mörch dans le genre *Omphaloclathrum* de Klein; mais cette classification ne peut être adoptée, car le genre de Klein ne renferme que deux espèces, connues aujourd'hui sous les noms de *V. puerpera* et *V. reticulata*, qui sont assez éloignées du *verrucosa* pour que Rœmer et la plupart des malacologistes modernes les aient placées dans des sections différentes.

Gray, en 1840, a compris le *V. verrucosa* dans son genre *Dosina*, lequel ne peut subsister à cause de l'existence du genre plus ancien *Dosinia* Scopoli, qui a une tout autre signification.

Enfin le *V. verrucosa* a encore été pris pour type du genre *Callista* par Leach, en 1852 (*non Callista* Poli, 1791).

Rœmer a donc eu raison d'établir une nouvelle section pour le groupe dont nous nous occupons.

Venus verrucosa Linné.

Pl. LVII, fig. 1 à 8.

1767	*Venus verrucosa*	Linné, Syst. Nat., édit. XII, p. 1130.
1767	— *erycina*	Pennant (*non* Linné), Brit. Zool., t. IV, p. 94, pl. LIV, fig. 48.
1778	*Pectunculus strigatus*	Da Costa, Brit. Conch., p. 185, pl. XII, fig. 1.
1780	*Venus verrucosa* Linn.	Born, Test. Mus. Cæs. Vindob., p. 60, pl. IV, fig. 7.
1782	— — —	Chemnitz, Conch. Cab., t. VI, p. 303, pl. XXIX, fig. 299a, 299b, 300.

1786 *Venus verrucosa* Linn. SCHRŒTER, Einleit. in die Conchylienk., t. III, p. 114.
1790 — — — LINNÉ-GMELIN, Syst. Nat., edit. XIII, p. 3269.
1795 — — — POLI, Test. utr. Sic., t. II, p. 90, pl. XXI, fig. 18, 19.
1803 — — — DONOVAN, Brit. Sh., t. II, pl. XLIV.
1803 — — — MONTAGU, Test. brit., p. 112.
1803 — *subcordata* — MONTAGU, Test. brit., p. 121, pl. III, fig. 1.
1804 — *verrucosa* Linn. MATON et RACKETT, Descr. Catal., *in* Trans. Linn. Soc., t. VIII, p. 78.
1812 — — — PENNANT, Brit. Zool., new edit., t. IV, p. 201, pl. LVII, fig. 1.
1813 — — — PULTENEY, Catal. Dorsetshire, p. 34, pl. VIII, fig. 1.
1817 — — — DILLWYN, Descr. Catal., t. I, p. 163.
1818 — — — LAMARCK, Anim. s. vert., t. V, p. 586 (*excl. var*).
1819 — — — TURTON, Conch. Dict., p. 231.
1822 — — — TURTON, Dithyra brit., p. 140.
1822 — *cancellata* TURTON (*non* Linn. *nec* Donovan), Dithyra brit., p. 144, pl. X, fig. 3.
1825 — *verrucosa* Linn. WOOD, Index testac., p. 33, pl. VII, fig. 12.
1825 — — — DE GERVILLE, Catal. coq. de la Manche, p. 192.
1826 — — — PAYRAUDEAU, Moll. de Corse, p. 48.
1826 — *Lemanii* PAYRAUDEAU, Moll. de Corse, p. 53, pl. I, fig. 29-31.
1827 *Clausina verrucosa* Linn. BROWN, Illustr. of the Conch. of Gr. Brit. and Irel., pl. XX, fig. 16.
1828 *Venus* — — FLEMING, Brit. Animals, p. 446.
1829 — — — COSTA, Catal. sist., p. 34, 35.
1830 — — — COLLARD DES CHERRES, Catal. test. Finistère, p. 23.
1832 — — — DESHAYES, Encycl. Méthod., t. III, p. 1113.
1832 — — — DESHAYES, Expl. sc. de Morée, p. 99.
1834 — — — D'ORBIGNY, Moll. des îles Canaries, p. 106.
1835 — — — LAMARCK, Anim. sans vert. édit. Desh., t. VI, p. 338.
1836 — — — SCACCHI, Catal. Conch. Regn. Neap., p. 7.
1836 — — — PHILIPPI, Enum. Moll. Sic., t. I, p. 43.
1838 — — — MARAVIGNA, Mém. Sicile, p. 75.

1842	*Venus verrucosa* Linn.	Hanley, Catal. Recent bivalve Shells, p. 110.
1843	— — —	Deshayes. Traité élém. de Conch., t. I, p. 554, 559; pl. XXI, fig. 1, 2.
1844	— — —	Potiez et Michaud, Galerie de Douai, t. II, p. 239.
1844	— *Lemani* Payr.	Potiez et Michaud, Galerie de Douai, t. II, p. 235.
1844	— *verrucosa* Linn.	Forbes, Rep. Æg. Invert., p. 144.
1844	— — —	Philippi, Enum. Moll. Sic., t. II, p. 34.
1844	— — —	Brown, Illustr. of the Conch. of Gr. Brit., and Irel., 2me édit., p. 90, pl. XXXVI, fig. 16.
1844	— — —	Thorpe, Brit. mar. Conch., p. 85.
1844	— *cancellata*	Thorpe (*non* Linné, *nec* Donovan), Brit. mar. Conch., p. 87.
1844	— *subcordata* Mont.	Thorpe, Brit. mar. Conch., p. 87.
1845	— *verrucosa* Linn.	Agassiz, Iconographie des Coquilles tertiaires, p. 32, pl. V, fig. 1 à 8.
1846	— — —	Vérany, Catal. Invert. di Genova e Nizza, p. 13.
1846-58	— — —	Chenu, Illustr. Conch., pl. I, fig. 4, 4a, 4b, 5, 5a.
1848	— — —	Krauss, Sudafr. Moll., p. 10.
1848	— — —	Réquien, Coq. de Corse, p. 23.
1848	— — —	Forbes et Hanley, Brit. Moll., t. I, p. 401, pl. XXIV, fig. 3.
1848	— — —	Deshayes, Expl. Sc. de l'Algérie, t. I, pl. LXXXIX, fig. 4-7; pl. XC, fig. 5; pl. XCII.
1851	— — —	Gray, List. of Brit. anim. *in* the Coll. of the Brit. Mus., p. 7.
1851	— — —	Petit, Catal. *in* Journ. Conch., t. II, p. 299.
1852	*Calista* — —	Leach, Synopsis, p. 305.
1853	*Venus* — —	Deshayes, Catal. Veneridæ of the Brit. Mus., p. 98.
1855	— — —	Sowerby, Thes. Conch., t. II, p. 727; pl. CLX, fig. 182, 183.
1855	— — —	Hanley, Ipsa Linn. Conch., p. 65.
1856	— — —	Jeffreys, Piedm. Coast., p. 24.
1857	— — —	Rœmer, Krit. Unters., p. 26.
1859	— — —	Sowerby, Illustr. Ind. brit. Sh., pl. IV, fig. 13.
1862	— — —	Weinkauff, Catal. Alg. *in* Journ. Conch., t. X, p. 319.

1862 *Venus verrucosa* Linn. CHENU, Manuel de Conch., t. II, p. 81, fig. 348-350.
1863 — — — JEFFREYS, Brit. Conch., t. II, p. 339; t. V (1869), p. 184, pl. XXXVIII, fig. 6.
1863 — — — REEVE, Conch. Icon., pl. XII, fig. 40A, 40B.
1865 — — — REIBISCH, Capverdische Moll. *in* Malak. Bl., t. XII, p. 126.
1865 — — — CAILLIAUD, Catal. Loire-Inf., p. 83.
1865 — — — FISCHER, Gironde, p. 54.
1865 — — — STOSSICH, Enum. Moll. del Golfo di Trieste, p. 30.
1866 — — — BRUSINA, Contrib. pella Fauna Dalm., p. 95.
1867 — — — TASLÉ, Catal. Morbihan, p. 13.
1867 — — — WEINKAUFF, Conch. des Mittelm., t. I, p. 110.
1868 — — — COLBEAU, Liste Moll. de Belg., p. 24.
1869 — — — PETIT, Catal. test. mar., p. 55.
1869 — — — PFEIFFER, *in* Martini et Chemnitz Conch. Cab., 2me édit., p. 135; pl. VIII, fig. 1-3.
1869 — — — TAPPARONE-CANEFRI, Moll. test. di Spezia, p. 117.
1869 — — — APPELIUS, Conch. del mar, Tirreno, *in* Bull. Malac. Ital., p. 13.
1870 — — — ARADAS et BENOIT, Conch. viv. mar. della Sic., p. 66.
1870 — — — HIDALGO, Mol. mar. Catal. gen., p. 154; pl. XXII, fig. 3, 4.
1870 — — — ANCEY, Catal. Moll. Cap Pinède, p. 5.
1872 — — — MONTEROSATO, Notizie int. alle Conch. Medit., p. 23
1875 — — — MONTEROSATO, Nuova Rivista, p. 16.
1878 — — — MONTEROSATO, Enum. e Sinon., p. 11.
1878 — — — ISSEL, Crociera del Violante, p. 36.
1878 — — — FISCHER, Brachiop. et Moll. du litt. océan. de France, p. 9.
1879 — — — GRANGER, Catal. Moll. de Cette, p. 30.
1880 — — — STOSSICH, Prosp. della fauna Adr., *in* Boll. Soc. Adr. di Sc. Nat., p. 152.
1880 — — — SERVAIN, Cat. Coq. Ile d'Yeu, p. 17.
1883 — — — DANIEL, Faune Malac. Brest, *in* Journ. Conch., t. XXXI, p. 244.
1883 — — — DAUTZENBERG, Liste Coq. de Gabès, p. 12.

1883 *Venus verrucosa* Linn. G. Dollfus, Liste Coq. de Palavas, p. 3.
1884 — — — Nobre, Catal. Moll. sud-ouest du Portugal, p. 18.
1884 — — — Nobre, Mol. mar. do Noroeste de Portugal, p. 14.
1884 — — — Pépratx, Moll. de la Franqui, *in* Bull. Soc. Agric. Sc. et litt. des Pyr.-Or., p. 227.
1886 — — — Granger, Bivalves de France, p. 133, pl. IX, fig. 14.
1886 — — — Locard, Prod. de Malac. franç., p. 430.
1887 — — — Dautzenberg, Excursion St-Lunaire, p. 9.
1888 — — — Kobelt, Prodr. Faunæ Moll. test. maria europ. inhab., p. 351.
1888 — — — A. Dollfus, Les Plages du Croisic, p. 16.
1888 — — — Servain, Catal. Coq. Concarneau, p. 99.
1889 — — — Carus, Prodr. Faunæ Médit., p. 121.
1890 — — — Dautzenberg, Récoltes malac. Cullièret, p. 17.
1890 — — — Dautzenberg, Moll. du Pouliguen, p. 4.
1890 — — — Bofill, Moll, mar. de Llansá, p. 22.
1891 — — — Dautzenberg, Voyage de la *Melita*, p. 45.
1891 — — — Brusina, Moll. lamell. di Zara, p. 28.
1892 — — — Locard, Coq. mar. des côtes de France, p. 2>8, fig. 269.
1892 — — — Bizet, Malacoz. de Picardie, p. 171.

Obs. — La citation de *Gualteri* : pl. LXXV, fig. H (indiquée 11 dans le *Systema Naturæ*, par suite d'une erreur d'impression), représente bien la présente coquille. Hanley nous apprend, d'ailleurs, qu'elle existe sous ce nom dans la collection de Linné. Il ne peut donc y avoir aucun doute au sujet de son identification, et, comme il s'agit d'une espèce facile à reconnaître, sa synonymie est peu compliquée. Les *Venus subcordata* Montagu et *Lemani* Payraudeau ont été établis sur des exemplaires jeunes, et, selon Renieri, il en est de même du *Venus cancellata* Olivi (*non* Linné). Poli a donné à l'animal de cette espèce le nom de *Callista gemella* tandis qu'il désignait la coquille sous le nom de *Venus verrucosa*.

Le *V. verrucosa* est un mollusque comestible fort apprécié dans certaines localités. A Marseille on le nomme *Praire*. Il a été l'objet, au point de vue de sa propagation artificielle, comme aliment, d'une note de M. Ch. Bretagne, publiée en 1863 dans le *Bulletin de la Société impériale d'acclimatation.*

Le *Venus simulans*, décrit d'abord par Sowerby, en 1844, d'après des spécimens fossiles, et retrouvé ensuite vivant aux îles du Cap-Vert, par Dunker qui l'a nommé *Venus nodosa*, puis par M. de Rochebrune, est une espèce fort voisine du *V. verrucosa*, mais qui peut être distinguée par une sculpture plus grossière, etc.

Le *Clonisse* d'Adanson est mal figuré et il est difficile de savoir à quelle espèce il faut le rapporter. D'Orbigny, dans son ouvrage sur les Mollusques des Canaries l'a cependant considéré comme synonyme du *V. verrucosa*. Les spécimens qui nous ont été rapportés de Dakar, par M. Chevreux, se rapportent au *V. simulans*.

Diagnose. — Coquille, diamètre umbono-ventral 39 millim.; diamètre antéro-postérieur 42 millim.; épaisseur 27 millim., très solide et lourde, équivalve, inéquilatérale, de forme arrondie, subglobuleuse. Côté antérieur plus court que le côté postérieur. Sommets renflés, contigus, incurvés antérieurement. Lunule cordiforme, limitée par un sillon bien marqué. Corselet assez large, profond, allongé, bien limité et plus grand sur la valve gauche que sur la valve droite. Surface terne, pourvue de lamelles concentriques fortes, assez régulièrement espacées, réfléchies vers le sommet, tuberculeuses dans les régions antérieure et postérieure de la coquille. Du côté postérieur, ces tubercules sont ordinairement disposés en séries obliques, divergentes. Les intervalles des lamelles sont garnis d'autres lamelles concentriques plus fines. On observe, en outre, des stries rayonnantes qui sont plus apparentes dans les intervalles des lamelles, surtout dans le voisinage des sommets.

Intérieur des valves un peu luisant. Bords finement crénelés, à l'exception de celui de la région siphonale. Plateau cardinal fort, large. Charnière de la valve droite pourvue de trois dents cardinales divergentes, séparées par des fossettes profondes : la dent antérieure, plus petite que les deux autres, est étroite et comprimée latéralement; la médiane, plus forte, est légèrement bifide ; la postérieure, moins saillante, est plus allongée et presque parallèle au bord dorsal. Charnière de la valve gauche pourvue de trois dents cardinales divergentes, analogues à celles de la valve droite; mais, ici, la dent postérieure est plus étroite. M. Fischer signale la présence occasionnelle d'un denticule latéral antérieur que nous avons également observé chez un grand nombre de spécimens. Impressions des muscles adducteurs assez grandes, arrondies. Impression palléale large, pourvue d'un sinus étroit, assez profond, acuminé au sommet.

Coloration externe d'un brun jaunâtre présentant parfois trois ou quatre rayons bruns plus ou moins interrompus. Coloration interne blanche, avec une tache irrégulière brune violacée du côté postérieur. Epiderme fibreux brun, ne persistant que vers les bords de la coquille. Ligament étroit, profondément enchâssé, d'un brun foncé.

Variétés. — Nous considérons comme représentant le type de cette espèce, la forme arrondie figurée par *Gualtieri* et qui mesure : diamètre umbono-ventral 39 millim.; diamètre antéro-postérieur 42 millim.

Var. ex forma 1, *major* B. D. D. De grande taille, atteignant jusqu'à 60 millim. de diamètre umbono-ventral et 65 millim. de diamètre antéro-postérieur.

Var. ex forma 2, *transversa* B. D. D. Peu convexe et plus transverse que le type : diamètre umbono-ventral 43 millim.; diamètre antéro-postérieur 50 millim.; épaisseur 28 millim. (Voir notre pl. LVII, fig. 8).

Var. ex forma 3, *tumida* B. D. D. Forme arrondie extrêmement globuleuse, bord ventral fortement épaissi : diamètre umbono-ventral 42 millim.; diamètre antéro-postérieur 46 millim.; épaisseur 40 millim. Les figures 5 et 5A de la pl. I de Chenu (Illustr. Conch.), représentent cette variété que nous avons aussi fait figurer sur notre pl. LVII, fig. 7.

Var. ex colore 1, *albolimbata* Brusina (*Moll. lamell. di Zara*). De petite taille et caractérisée par la coloration blanche du bord. Trouvée à Brevilacqua par M. Brusina.

Var. ex colore 2, *ornata* B. D. D. Ornée de rayons interrompus en flammules anguleuses brunes accompagnées sur toute la surface de linéoles rayonnantes nombreuses de même couleur ou rosées. Cette jolie variété nous a été rapportée de El Golfo (Ile de Lanzarote), par M. Ch. Alluaud.

Monstr. — *Inæquivalvis* B. D. D. Nous possédons deux spécimens de cette monstruosité recueillis au Croisic par M. Nicollon : l'un a la valve gauche plus convexe que la droite, tandis que dans l'autre exemplaire la valve droite est de beaucoup la plus grande.

Habitat. — Commun à Port-Vendres, Banyuls, Paulilles, etc.

Dispersion. — Toute la Méditerranée et l'Adriatique. Océan Atlantique depuis les côtes d'Angleterre et d'Irlande jusqu'aux îles Canaries, Madère et du Cap-Vert. Cité aussi de la côte occidentale d'Afrique et du Cap de Bonne-Espérance (Krauss, Sowerby), par des auteurs qui ont considéré le *V. simulans* comme une simple variété.

Origine. — Les citations du Miocène de la Suisse (Mayer) et de Turin (Michelotti), ne sont pas certaines; mais la présence de cette espèce est incontestable dans le Pliocène de la Catalogne, de Millas et de Banyuls, de la vallée du Rhône, de l'Italie septentrionale, centrale et méridionale, de Grèce et de l'Archipel. On la trouve dans le Pleistocène : terrain glaciaire d'Angleterre, Alpes-Maritimes, Livourne, Calabre et Santa-Flavia.

Venus casina Linné.

Pl. LVIII, fig. 1 à 8.

1767	*Venus casina*	LINNÉ, Syst. Nat., édit. XII, p. 1130.
1778	*Pectunculus membranaceus*	DA COSTA, Brit. Conch., p. 193, pl. XIII, fig. 4 (*à gauche*).
1782	*Venus casina* Lin.	CHEMNITZ, Conch. Cab. t. VI, p. 306, pl. XXIX, fig. 301, 302.
1786	— — —	SCHRŒTER, Einleit. in die Conchylienk., t. III, p. 115, pl. VIII, fig. 6.
1790	— — —	LINNÉ-GMELIN, Syst. Nat., éd. XIII, p. 3269.
1803	— *cancellata*	DONOVAN (*non* Linné), Brit. Shells, t. IV, pl. CXV.
1803	— *lactea*	DONOVAN, Brit. Shells, t. V., pl. CXLIX.
1804	— *casina* Lin.	MATON et RACKETT, Descr. Catal., *in* Trans. Linn. Soc., t. VIII, p. 79, pl. II, fig. 1.
1804	— *lactea* Don.	MATON et RACKETT, Descr. Catal., *in* Trans Linn. Soc., t. VIII, p. 79.
1807	— *cassina* Lin.	MONTAGU, Test. Brit. Suppl., p. 47.
1807	— *reflexa*	MONTAGU, Test. Brit. Suppl., p. 40, 168.
1807	— *lactea* Donov.	MONTAGU, Test. Brit. Suppl., p. 46.
1811	— *reflexa* Mont.	LASKEY, Wern. Soc. Mém. I, p. 384, pl. VIII, fig. 1.
1812	— *casina* Lin.	PENNANT, Brit. Zool, édit. II, t. IV, p. 202, pl. LVII, fig. 2.
1812	— *reflexa* Mont.	PENNANT, Brit. Zool., édit. II, t. IV, p. 208.
1817	— *casina* Lin.	DILLWYN, Descr. Catal., t. I, p. 165.
1817	— *reflexa* Mont.	DILLWYN, Descr., Catal., t. I, p. 168.
1818	— *casina* Lin.	LAMARCK, Anim. s. vert., t. V, p. 587.
1818	— *discina*	LAMARCK, Anim. s. vert., t. V, p. 586.
1819	— *casina* Lin.	TURTON, Conch. Dict., p. 232.
1819	— *reflexa* Mont.	TURTON, Conch. Dict., p. 233.
1822	— *casina* Lin.	TURTON, Dithyra brit., p. 141, pl. IX, fig. 1.
1822	— *reflexa* Mont.	TURTON, Dithyra brit., p. 142, pl. X, fig. 1, 2.
1825	— *casina* Lin.	WOOD, Index testac., p. 34, pl. VII, fig. 14.
1825	— — —	BLAINVILLE, Manuel de Malac., p. 557, pl. LXXV, fig. 6.

1825	*Venus casina* Lin.	De Gerville, Catal. Coq. Manche, p. 192.
1826	— — —	Payraudeau, Moll. de Corse, p. 49.
1826	— *Rusterucii*	Payraudeau, Moll. de Corse, p. 52, pl. 1, fig. 26-28.
1827	*Clausina cassina* Lin.	Brown, Illustr. of the Conch. of Gr. Brit. and Irel., pl. XX, fig. 15.
1827	— *reflexa* Mont.	Brown, Illustr. of the Conch. of Gr. Brit. and Irel., pl. XIX, fig. 12, 13.
1828	*Venus cassina* Lin.	Fleming, Brit. Anim., p. 446.
1828	— *reflexa* Mont.	Fleming, Brit. Anim., p. 446.
1829	— *casina* Lin.	Costa, Catal. Sist., p. 34, 35.
1830	— — —	Collard des Cherres, Catal. test. Finistère, p. 23.
1832	— — —	Deshayes, Encycl. Méthod. t. III, p. 1114.
1832	— *casinula*	Deshayes, Expéd. Sc. de Morée, p. 101, pl. XVIII, fig. 18, 19.
1835	— *casina* Lin.	Lamarck, Anim. s. vert., édit. Desh., t. VI, p. 340.
1835	— *discina*	Lamarck, Anim. s. vert., édit. Desh., t. VI, p. 338.
1836	— — Lam.	Philippi, Enum. Moll. Sic., t. I, p. 42.
1838	— *cassina* Lin.	Forbes, Malac. Monensis, p. 52.
1842	— *casina* —	Hanley, Catal. Recent biv. Shells, p. 111.
1842	— *reflexa* Mont.	Hanley, Catal. Recent biv. Shells, p. 110, pl. XVI, fig. 10.
1843	— *casina* Lin.	Deshayes, Traité élém. de Conch., t. I, p. 554.
1844	— — —	Philippi, Enum. Moll. Sic., t. II, p. 34.
1844	— — —	Brown, Illustr. of the Conch. of Gr. Brit. and Irel., 2e édit., p. 91, pl. XXXVI, fig. 15.
1844	— *cassina* —	Thorpe, Brit. mar. Conch., p. 86.
1844	— *discina* Lam.	Thorpe, Brit. mar. Conch., p. 86.
1844	— *reflexa* Mont.	Brown, Illustr. of the Conch. of Gr. Brit. and Irel., 2e édit., p. 91, pl. XXXVII, fig. 12, 13.
1846	— *casina* Lin.	Lovén, Index Moll. Scand., p. 37.
1848	— — —	Réquien, Coq. de Corse, p. 24.
1848	— — —	Forbes et Hanley, Brit. Moll., t. I, p. 405, pl. XXIV, fig. 1, 5, 6.

1851 *Venus casina* Lin.	PETIT, Catal. *in* Journ. Conch., t. II, p. 299.
1851 — *reflexa* Mont.	PETIT, Catal. *in* Journ. Conch. t. II, p. 299.
1851 — *casina* Lin.	GRAY, List. of Brit. anim. *in* the Brit. Mus., p. 8.
1852 *Callista* — —	LEACH, Synopsis, p. 305.
1852 *Hermione reflexa* Mont.	LEACH, Synopsis, p. 307.
1853 *Venus casina* Lin.	DESHAYES, Catal. Veneridæ of the Brit. Mus., p. 100.
1855 — — —	SOWERBY, Thes. Conch., t. II, p. 726; pl. CLX, fig. 177-180.
1855 — — —	HANLEY, Ipsa Linn. Conch., p. 65.
1856 — — —	JEFFREYS, Piedm. Coast. p. 24.
1857 — — —	RŒMER, Krit. Unters., p. 29.
1858 — *Giraudi*	GAY, Catal. Moll. du Var, *in* Bull. Soc. Sc. du Var, p. 172.
1859 — *casina* Lin.	SOWERBY, Illustr. Ind. brit. Sh., pl. IV, fig. 12.
1860 — — —	MACÉ, Catal. Moll. Cherbourg et Valognes, p. 23.
1862 — *reflexa* Mont.	WEINKAUFF, Catal. Alg., *in* Journ. Conch., t. X, p. 319.
1863 — *casina* Lin.	REEVE, Conch. Icon., pl. V, fig. 15.
1863 — — —	JEFFREYS, Brit. Conch., t. II, p. 337; t. V (1869), p. 184; pl. XXXVIII, fig. 5.
1865 — — —	CAILLIAUD, Catal. Loire-Inf., p. 84.
1866 — — —	BRUSINA, Contrib. pella fauna Dalm., p. 95.
1867 — — —	TASLÉ, Catal. Moll. Morbihan, p. 13.
1867 — — —	WEINKAUFF, Conch. des Mittelm., t. I, p. 108.
1868 — — —	COLBEAU, Liste Moll. Belgique, p. 24.
1868 — — —	BELTRÉMIEUX, Faune viv. Charente-Inf., p. 12.
1869 — — —	PFEIFFER, *in* Martini et Chemnitz. Conch. Cab., 2e éd., p. 137, pl. VIII, fig. 4, 5.
1869 — — —	FISCHER, Gironde, 1er suppl, *in* Actes Soc. Linn. Bord., t. XXVII, p. 105.
1869 — — —	APPELIUS, Conch. del mar Tirreno, *in* Bull. Malac. Ital., p. 13.
1869 — — —	PETIT, Catal. test. mar., p. 55.
1870 — — —	ARADAS et BENOIT, Conch. viv. mar. della Sic., p. 62, pl. II, fig. 2A, 2B; fig. 3A, 3B, 3C, 3D.

1870	*Venus cygnus*	ARADAS et BENOIT (*non* Lamarck), Conch. viv. mar della Sic., p. 57-60, pl. II, fig. 1A, 1B, 1C, 1D.
1870	— *casina* Lin.	HIDALGO, Mol. Mar. Catal. gen. p 155; pl. XXII, fig. 1, 2.
1872	— — —	MONTEROSATO, Notizie int. alle Conch. Medit., p. 23.
1875	— — —	MONTEROSATO, Poche note sulla Conch. Medit., p. 10.
1875	— — —	MONTEROSATO, Nuova Rivista, p. 16.
1878	— — —	FISCHER, Moll. et Brach. du litt. océan. de France, p. 9.
1878	— *Joenia*	BENOIT et GRANATA, Boll. Malac. Ital., p. 61, pl. III, fig. 1.
1878	— *casina* Lin.	MONTEROSATO, Enum. e Sinon., p. 11.
1878	— *Rusterucci* Payr.	MONTEROSATO, Enum. e Sinon., p. 11.
1880	— *casina* Lin.	STOSSICH, Prosp. della fauna Adr., *in* Boll. Soc. Adr. di Sc. Nat. p. 152.
1880	— — —	MONTEROSATO, Nota sopra alc. Conch. Medit., *in* Bull. Soc. Malac. Ital., t. VI, p. 247.
1880	— *Rusterucci* Payr.	MONTEROSATO, Nota sopra alc. Conch. Medit., *in* Bull. Soc. Malac. Ital., t. IV, p. 248.
1881	— *casina* Lin.	JEFFREYS, Lightn. and Procup. Exped., *in* Proc. Zool. Soc. London, p. 715.
1883	— — —	DANIEL, Faune Malac. Brest, *in* Journ. Conch., t. XXXI, p. 244.
1883	— — —	MARION, Esq. topogr. zool. du Golfe de Marseille, *in* Ann. Mus. Hist. Nat. de Mars., p. 67, 70, 81, 85, 87, 90, 106.
1883	— — —	MARION, Consid. sur les Faunes prof., p. 28, 41, 45, 46.
1884	— — —	NOBRE, Catal. Moll. du sud-ouest du Portugal, p. 18.
1884	— — —	NOBRE, Moll. mar. do Noroeste de Portugal, p. 15.
1886	— — —	E.-A. SMITH, Report Challenger Exp., t. XIII, p. 120.
1886	— — —	GRANGER, Bivalves de France, p. 134.
1886	— — —	LOCARD, Prodr. de Malac. franç., p. 431.

1886	*Venus Rusterucii* Payr.	LOCARD, Prodr. de Malac. franç., p. 431.
1886	— *Giraudi* Gay.	LOCARD, Prodr. de Malac. franç., p. 431.
1888	— *casina* Lin.	KOBELT, Prodr. Faunæ Moll. test. maria europ. inhab., p. 352.
1889	— — —	DAUTZENBERG, Contrib. Faune Malac. Açores, *in* Résult. Camp. Sc. Prince de Monaco, p. 83.
1889	— — —	NOBRE, Contr. Fauna Malac. da Madeira, p. 9.
1889	— — —	CARUS, Prodr. Faunæ Medit., p. 121.
1891	— (*Ventricola*) *casina* Lin.	DAUTZENBERG, Contrib. faune Malac. Golfe de Gascogne, p. 8.
1891	— — —	BRUSINA, Moll. lamell. di Zara, p. 25.
1892	— — —	LOCARD, Coq. mar. des côtes de France, p. 288.
1892	— *Rusterucii* Payr.	LOCARD, Coq. mar. des côtes de France, p. 288.
1892	— *casina* Lin.	BIZET, Malacoz. de Picardie, p. 171.

Obs. — La description originale du *V. casina* est tout à fait insuffisante et elle n'est accompagnée d'aucune référence; mais l'indication de l'habitat : *in Oceano europæo* et l'existence d'un spécimen fossile dans la collection de Linné, alors que la description du *Systema Naturæ* est suivie de la mention : *frequenter etiam fossilis*, peuvent justifier la tradition qui attribue ce nom à la présente espèce.

MM. Aradas et Benoit ont cru reconnaître le *V. Cygnus* de Lamarck chez la variété méditerranéenne que nous désignons sous le nom de var. *Aradasi;* mais cette opinion ne peut être admise car le *V. Cygnus* a été trop sommairement décrit par Lamarck pour qu'il soit possible de l'identifier avec certitude. Weinkauff et d'autres auteurs ont cru qu'il s'agissait du *Venus multilamella*.

D'après Petit, il faudrait encore ajouter à la synonymie le *V. consobrina* Deshayes.

Les *Venus rosalina* Rang (*Magasin de zoologie*, pl. XLII) et *Venus declivis* Sowerby (*Thesaurus Conch.*, t. II, p. 730, pl. CLVII, fig. 123, 124), provenant tous deux de l'Afrique occidentale, sont fort voisins du *V. casina*.

Par sa forme générale, le *V. casina* se rapproche du *verrucosa;* mais il est moins renflé et se distingue surtout de cette espèce par sa sculpture composée de lames concentriques non tuberculeuses mais renversées et foliacées du côté postérieur, par ses stries rayonnantes beaucoup plus faibles; enfin, par son sinus palléal sensiblement plus ouvert.

Diagnose. — Coquille, diamètre umbono-ventral 43 millim.; diamètre antéro-post. 48 millim., épaisseur 28 millim., très solide et lourde, équivalve, inéquilatérale, de forme arrondie lenticulaire. Côté antérieur plus court que le côté postérieur. Sommets renflés, contigus, incurvés antérieurement. Lunule cordiforme, limitée par un sillon bien marqué. Corselet assez large, profond, allongé, bien limité et plus grand sur la valve gauche que sur la valve droite. Surface terne, pourvue de lamelles concentriques fortes, élevées, irrégulièrement espacées, réfléchies vers le sommet. Ces lamelles se renversent du côté postérieur, se développent en foliations plus ou moins frangées au bord et ne sont jamais tuberculeuses. Entre les lamelles principales, on en observe d'autres plus faibles, en nombre très variable. Sculpture rayonnante composée de stries obsolètes, excepté dans la région postérieure.

Intérieur des valves mat au centre; impressions musculaires et impression palléale luisantes. Bords garnis de fines denticulations qui s'oblitèrent, sur le côté postérieur, chez les exemplaires adultes. Charnière de la valve droite pourvue de trois dents cardinales divergentes : l'antérieure petite et comprimée latéralement; la médiane forte et saillante; la postérieure allongée et légèrement bifide. Charnière de la valve gauche pourvue de trois dents cardinales divergentes : l'antérieure forte, saillante et comprimée latéralement; la médiane plus large et légèrement bifide; la postérieure, faible, allongée. On remarque de plus sur cette valve un petit dentelon situé à la base de la dent antérieure. Impressions des muscles adducteurs grandes, bien marquées, de forme ovale. Impression palléale large, pourvue d'un sinus triangulaire largement ouvert. Épiderme fibreux, ne persistant que vers les bords. Ligament corné étroit, profondément enchâssé, d'un brun foncé.

Coloration d'un blanc jaunâtre, orné de quelques rayons rougeâtres plus ou moins colorés et souvent interrompus. Bord externe du corselet articulé de linéoles de même nuance dans la valve gauche.

Variétés. — Le type du *Venus casina* serait difficile à fixer si Gmelin ne l'avait précisé dès 1790 en prenant pour références les fig. 301 et 302 du Conchylien Cabinet. Ces figurations, bien qu'un peu grossières et exécutées d'après un exemplaire fruste, représentent incontestablement la forme de grande taille commune sur nos côtes de l'Océan et que nous avons représentée pl. LVIII, fig. 1, 2. Le *Venus reflexa* de Montagu, bien figuré par Turton : *Dithyra brit.*, pl. X, fig. 1, 2, est conforme au type.

Var. ex forma 1, *discina* Lamarck = ? *Venus lactea* Donov. Forme océanique de taille moyenne (35 millim.), aplatie et pourvue de lames transverses égales et régulièrement espacées.

Var. ex forma 2, *Rusterucii* Payraudeau. Forme méditerranéenne ne présentant guère avec la *discina* d'autre différence que sa taille plus petite (20 millim. de diam. ant. post.).

Var. ex forma 3, *Aradasi* B. D. D. = *V. cygnus* Aradas et Benoit (*non* Lamarck), forme méditerranéenne peu convexe, à lamelles libres, fines et nombreuses. Nous avons représenté, pl. LVIII, fig. 5, 6, 7, des exemplaires de cette variété, provenant du Roussillon.

Var. ex forma 4, *corsicana* Aradas et Benoit. Forme courte, pourvue de lamelles épaisses, nombreuses, rapprochées et souvent soudées ensemble deux par deux ou trois par trois, excepté dans la région postérieure où elles se séparent et se relèvent. Cette variété a été représentée par Aradas et Benoit : *Conch. viv. mar.*, pl. II, fig. 2 A, 2 B. Nous croyons que la variété *grosse-lamellosa* de Réquien est synonyme de celle-ci.

Var. ex forma 5, *siciliana* Aradas et Benoit = *globosa* Monterosato. Plus renflée, encore plus courte que la précédente, très épaisse et pour ainsi dire globuleuse, ornée de lamelles nombreuses, très rapprochées et moins élevées du côté postérieur. Cette variété représentée par MM. Aradas et Benoit : *loc. cit.*, pl. II, fig. 3 A, 3 B, 3 C, 3 D, a également été figurée par MM. Benoit et Granata : *Bollettino Malacologico Italiano*, pl. III, fig. 2.

Var. ex colore *picta* B. D. D. Avec les rayons bruns larges, très colorés et divisés en taches anguleuses qui donnent à la coquille un aspect marbré. Cette coloration s'observe surtout chez les variétés de forme : *corsicana* et *siciliana*. Nous en avons représenté un spécimen Pl. LVIII, fig. 8.

Habitat. — Rare à Port-Vendres, Banyuls : la variété *Aradasi*.

Dispersion. — Peu commun, depuis la Norwège jusqu'aux îles Canaries et Madère. Méditerranée et Adriatique. Habitat bathymétrique de 0 à 145 brasses (Jeffreys).

Origine. — Douteux dans le Miocène de la Suisse (Mayer). Pliocène d'Angleterre, de Belgique, de San-Miniato, de Livourne, de la Calabre et de la Grèce (Fuchs). Pleistocène d'Angleterre, de Calabre et de Sicile.

Sous-genre TIMOCLEA, Leach, in Brown, 1827

Type : *Venus ovata* Pennant.

Cette section a été adoptée par Gray en 1847, Mörch en 1853; Chenu, en 1859 et par la plupart des naturalistes modernes. C'est à tort que Paetel a placé le *Venus ovata* dans le genre *Omphaloclathrum* de Klein, établi pour deux espèces appartenant à un groupe très différent. Les genres *Pasiphæ* Leach, *in* Gray, 1852 et *Leukoma* Rœmer, 1857, sont synonymes.

Venus ovata Pennant.

Pl. LIX, fig. 12 à 23.

1767	*Venus ovata*	PENNANT, Brit. Zool., t. IV, p. 97, pl. LVI, fig. 56.
1803	— — Penn.	MONTAGU, Test. brit., p. 120.
1804	— — —	MATON et RACKETT, Descr. Catal. *in* Trans. Linn. Soc., t. VIII, p. 85, pl. II, fig. 4.
1812	— —	PENNANT, Brit. Zool. new. edit., t. IV, p. 206. pl. LIX, fig. 56.
1814	— *radiata*	BROCCHI (*non* Chemnitz, *nec* Sowerby), Conch. foss. subapenn., t. II, p. 543, pl. XIV, fig. 3.
1817	— *ovata* Penn.	DILLWYN, Descr. Catal., t. I, p. 171.
1818	— — —	LAMARCK, Anim. s. vert., t. V, p. 607.
1818	— *pectinula*	LAMARCK, Anim. s. vert., t. V, p. 592.
1819	— *ovata* Penn.	TURTON, Conch. Dict., p. 239.
1822	— — —	TURTON, Dithyra brit., p. 150, pl. IX, fig. 3.
1825	— — —	WOOD, Index, testac., p. 34, pl. VII, fig. 30.
1825	— — —	DE GERVILLE, Catal. Coq. Manche, p. 194.
1827	*Timoclea* — —	BROWN, Illustr. of the Conch. of Gr. Brit. and Irel, pl. XIX, fig. 11.
1830	*Venus pectinula* Lam.	COLLARD DES CHERRES, Catal. test. Finistère, p. 23.
1835	— *ovata* Penn.	LAMARCK, Anim. s. vert., édit. Desh., t. VI, p. 348.
1835	— *pectinula*	LAMARCK, Anim. s. vert., édit. Desh., t. VI. p. 348.
1835	— *ovata* Penn.	BOUCHARD-CHANTEREAUX, Moll. mar. du Boulonnais, p. 22.
1836	— *radiata* Broc.	SCACCHI (*non* Chemnitz, *nec* Sowerby), Catal. Conch. Regn. Neap., p. 7.
1836	— — —	PHILIPPI (*non* Chemnitz, *nec* Sowerby), Enum. Moll. Sic., t. I, p. 44.
1838	— — —	MARAVIGNA (*non* Chemnitz, *nec* Sowerby), Mém. Sic., p. 75.

1838 *Venus ovata* Penn. — FORBES, Malac. Monensis, p. 52.

1841 — *pectinula* Lam. — DELESSERT, Recueil de Coq., pl. X, fig. 3.

1843 — *ovata* Penn. — DESHAYES, Traité élém. de Conch., t. I, p. 556, 569, pl. XX, fig. 17, 18 (*sub nom. V. radiata* Broc.).

1844 — — — FORBES, Rep. Æg. Invert., p. 144.

1844 *Timoclea* — — BROWN, Ill. of the Conch. of Gr. Brit. and Irel. edit. II, p. 91, pl. XXXVII, fig. 11.

1844 *Venus radiata* Broc. — PHILIPPI (*non* Chemnitz, *nec* Sowerby), Enum. Moll. Sic., t. II, p. 34.

1846 — *pectinula* Lam. — CHENU, Illustr. Conch. G. Venus, pl. VIII, fig. 7, 7 A, 7 B.

1846 — *ovata* Penn. — LOVÉN, Index. Moll. Scand. p. 38.

1848 — *radiata* Broc. — RÉQUIEN (*non* Chemnitz, *nec* Sowerby), Coq. de Corse, p. 25.

1848 — *ovata* Penn. — FORBES et HANLEY. Brit. Moll., t. I, p. 419; pl. XXIV, fig. 2; pl. XXVI, fig. 1; pl. L, fig. 6 (animal).

1851 — — — PETIT, Catal. *in* Journ. Conch., t. II, p. 299.

1851 *Chione* (*Timoclea*) *ovata* Penn. GRAY, List. of Brit. anim. in the Brit. Mus., p. 11.

1852 *Pasiphaë Pennantia* — LEACH, Synopsis, p. 308.

1853 *Chione ovata* Penn. — DESHAYES, Catal. Veneridæ, *in* the Brit. Mus., p. 130.

1855 *Venus* — — SOWERBY, Thes. Conch., t. II, p. 718; pl. CLVII, fig. 99, 100.

1856 — — — JEFFREYS, Piedm. Coast., p. 24.

1858 *Chione* — — H. et A. ADAMS, Genera of recent Moll., t. II, p. 421.

1859 *Venus* — — SOWERBY, Illustr. Ind. brit. Sh., pl. IV, fig 15.

1862 — *radiata* Broc. — WEINKAUFF (*non* Chemnitz, *nec* Sowerby), Catal. Alg., *in* Journ. Conch., t. X, p. 319.

1863 — *ovata* Penn. — JEFFREYS, Brit. Conch., t. II, p. 342; t. V (1869), p. 184; pl. XXXIX, fig. 1, 1 A.

1864 — — — REEVE, Conch. Icon., pl. XXVI. fig. 137 A, 137 B.

1865 *Cytherea radiata* Broc. — STOSSICH (*non* Chemnitz, *nec* Sowerby), Enum. Moll. del Golfo di Trieste, p. 31.

1865	*Venus ovata* Penn.	CAILLIAUD, Catal. Loire-Inf., p. [illegible]4.
1865	— — —	FISCHER, Gironde, p. 54.
1866	*Chione* — —	BRUSINA, Contrib. pella Fauna Dalm., p. 95.
1867	*Venus* — —	TASLÉ, Catal. Moll. Morbihan, p. 13.
1867	— — —	WEINKAUFF, Conch., des Mittelm., t. 1, p. 114.
1869	— — —	PETIT, Catal. test. mar., p. 56.
1869	— — —	PFEIFFER, *in* Martini et Chemnitz, Conch. Cab., 2e édit., p. 124, pl. II, fig. 4, 4*.
1869	— — —	TAPPARONE-CANEFRI, Moll. test. di Spezia, p. 118.
1869	— — —	APPELIUS, Conch. del Mar. Tirreno, *in* Bull. Malac. Ital., p. 13.
1870	— — —	ANCEY, Catal. Moll., Cap Pinède, p. 5.
1870	— — —	ARADAS et BENOIT, Conch. viv. mar, della Sic., p. 67.
1870	— — —	HIDALGO, Mol. mar. Catal. gén., p. 155, pl. XXIV, fig. 1; pl. LXXIII, fig. 1.
1872	— — —	MONTEROSATO, Notizie int. alle Conch. Medit., p. 23.
1875	— — —	MONTEROSATO, Nuova Rivista, p. 16.
1878	— — —	MONTEROSATO, Enum. e Sinon., p. 11.
1878	— — —	ISSEL, Crociera del Violante, p. 36.
1878	— — —	FISCHER, Brach. et Moll. du litt. océan. de France, p. 9.
1880	— — —	STOSSICH, Prosp. della Fauna Adr. *in* Boll. Soc. Adr. di Sc. Nat., p. 151.
1881	— — —	JEFFREYS, Lightn. and Porcup. Exp. *in* Proc. Zool. Soc. Lond., p. 716.
1883	— — —	DANIEL, Faune Malac. Brest, *in* Journ. Conch., t. XXXI, p. 244.
1883	— — —	DEL PRETE, Conch. Corallig. del mare di Sciacca, *in* Bull. Malac. Ital., p. 256.

1883	*Venus ovata* Penn.	MARION, Esq. topogr. zool. du Golfe de Marseille, *in* Ann. Mus. Hist. Nat. Marseille, p. 35, 38, 61, 70, 81, 85, 87, 90, 93, 98, 106.
1883	— — —	MARION, Consid. sur les Faunes prof. de la Médit., *in* Ann. Mus. Hist. Nat. Mars. p. 17, 28, 37, 41, 46.
1886	— (*Chione*) *ovata* Penn.	E.-A. SMITH, Report Challenger Exp., p. 124.
1886	— (*Timoclea*) — —	DAUTZENBERG, Nouvelle liste coq. de Cannes, p. 1.
1886	— — —	LOCARD, Prodr. de Malac. franç., p. 433.
1886	— — —	GRANGER, Bivalves de France, p. 135.
1887	— — —	DAUTZENBERG, Exc. malac. à Saint-Lunaire, p. 9.
1888	— — —	KOBELT, Prodr. Faunæ Moll. test. maria europ. inhab., p. 353.
1888	— — —	SERVAIN, Catal. coq. Concarneau, p. 101.
1889	— — —	DAUTZENBERG, Contrib. Faune Malac. Açores *in* Résult. Camp. Sc. Prince de Monaco, p. 82.
1889	— — —	CARUS, Prodr. Faunæ Medit., p. 122.
1891	— *radiata* Broc.	BRUSINA (*non* Chemnitz, *nec* Sowerby), Moll. lamell. di Zara, p. 27.
1891	— (*Timoclea*) *ovata* Penn.	DAUTZENBERG, Contr. Faune Malac. Golfe de Gascogne, p. 8.
1892	— — —	LOCARD, Coq. mar. des Côtes de France, p. 290.

Obs. — D'après Jeffreys on peut encore ajouter à la synonymie : *Cardium striatum* Walker et *Venus crenulata* Solander.

Le nom de *Venus spadicea* employé par Renieri (*Tavola alfab.*, p. 6, n° 123) sans aucune explication se rapporte probablement au *V. ovata*; mais comme il est emprunté à Gmelin qui l'avait établi pour désigner une coquille figurée par Lister pl. CCCXL, fig. 177, laquelle n'a rien de commun avec celle-ci, nous nous abstenons de faire figurer cette référence dans notre tableau.

D'autre part, M. Brusina nous apprend que Chiereghini a désigné cette espèce sous les noms de *Venus Myrrha*, *V. spadicea* et *V. alope*.

Le *Venus ovata* a été figuré d'une manière très satisfaisante par Pennant et ne possède pas d'analogues dans la Faune européenne.

Diagnose. — Coquille, diamètre umbono-ventral 12 millim. 1/2; diamètre antéro post. 15 millim.; épaisseur 8 millim., solide, équivalve, peu inéquilatérale, de forme ovale. Sommets petits, contigus, très faiblement incurvés vers le côté antérieur. Lunule ovale, lancéolée, nettement limitée par un sillon. Pas de corselet. Surface terne à l'exception des sommets qui sont luisants. Sculpture composée de côtes rayonnantes étroites, peu saillantes, au nombre d'une quarantaine, dont quelques-unes deviennent bifides vers le bord ventral. Ces côtes sont coupées par de nombreuses stries concentriques qui déterminent des granulations et donnent à la coquille un aspect treillissé.

Intérieur des valves assez luisant; impressions musculaires et palléale plus luisantes et légèrement iridescentes. Bords finement crénelés. Plateau cardinal assez fort. Charnière de la valve droite pourvue de trois dents cardinales divergentes, subégales. Charnière de la valve gauche pourvue de trois dents cardinales dont la médiane est bifide. Impressions des muscles adducteurs grandes, bien marquées, de forme ovale. Impression palléale large pourvue d'un sinus petit, largement ouvert et anguleux au sommet.

Coloration externe d'un fauve sale uniforme, avec les sommets blanchâtres. Coloration interne d'un blanc de lait, parfois teinté de rose. Épiderme très mince peu persistant. Ligament très étroit, corné, jaunâtre.

Variétés. — Var. ex forma 1, *trigona* Jeffreys. D'un contour plus triangulaire que le type (Voir notre pl. LIX, fig. 16, 17).

Var. ex forma 2, *transversa* B. D. D., plus transverse que le type (Voir notre pl. LIX, fig. 18, 19).

Var. ex forma 3, *paucicostata* B. D. D. Côtes rayonnantes moins nombreuses, plus fortes et plus espacées. L'exemplaire représenté sur notre pl. LIX, fig. 20, 21, a été recueillie par M. le Dr Bavay à l'embouchure de la Doseu (Rivière de Morlaix).

Var. ex colore 1, *lutea* Jeffreys entièrement jaune ou blanchâtre.

Var. ex colore 2, *marmorata* B. D. D Diversement marbrée de taches et de flammules brunes et blanches. Les exemplaires représentés sur notre pl. LIX, fig. 22, 23 proviennent des parages du Croisic (Nicollon.).

Habitat. — Rare à Paulilles, Banyuls.

Dispersion. — Méditerranée, Adriatique, Mer de Marmara. Océan Atlantique, depuis les côtes de Norwège jusqu'au détroit de Gibraltar. Sa distribution bathymétrique est très étendue : on le rencontre depuis le niveau des basses mers jusque vers 2,000 mètres de profondeur.

Origine. — Le *Venus ovata* apparaît dans le Miocène de la Touraine, du Bordelais, de Salies-de-Béarn, de l'Italie septentrionale et méridionale et du Bassin de Vienne (à Grund). Il passe dans le Pliocène d'Angleterre, de Belgique, de la vallée du Rhône, des Pyrénées-Orientales (Millas, Banyuls), de la Catalogne, de l'Andalousie, de toute l'Italie, de la Sicile, de la Grèce, de Rhodes, puis dans le Pleistocène d'Amsterdam, des côtes d'Angleterre, des plages soulevées de la Suède et de la Norwège, du Livournais, de la Calabre, de la Sicile (Monte Pellegrino et Santa Flavia); enfin M. Mayer l'a signalé du Pleistocène des Açores.

Sous-genre CLAUSINELLA Gray, 1851

Type : *Pectunculus fasciatus* Da Costa.

Ce type a été classé par Lister et par Da Costa parmi les *Pectunculus.* Il faisait partie du genre très hétérogène : *Circomphalos* de Klein qui n'a été précisé par Mörch (*Catal. Yoldi*, p. 23), qu'en 1853 et qui ne peut donc prendre date que depuis cette époque. C'est donc à tort qu'il a été adopté par MM. Adams en 1857.

En 1827, Brown avait créé pour le *V. fasciata*, accompagné d'autres *Venus*, tels que *V. verrucosa* et *V. casina* un genre *Clausina* qui ne peut être accepté puisqu'il ne s'applique pas spécialement au groupe du *V. fasciata*. Jeffreys, en 1847, a employé le nom *Clausina* dans un sens très différent, l'appliquant à des *Axinus*.

C'est donc avec raison que Gray a créé en 1851 le genre *Clausinella*.

Le genre *Zucleica* Leach (1852) est synonyme.

Enfin Rœmer, en 1857, a proposé pour des espèces très voisines du *V. fasciata*, le genre *Anaïtis* qui tombe par conséquent aussi en synonymie.

Venus fasciata Da Costa, sp. (*Pectunculus*)

Pl. LIX, fig. 1 à 11.

1778 *Pectunculus fasciatus*	Da Costa, Brit. Conch., p. 188, pl. XIII, fig. 3.
1782 *Anus rugosa*, etc.	Chemnitz, Conch. Cab. t. VI, p. 290, pl. XXVII, fig 277,278.
1786 *Venus fasciata*	Schrœter, Einleit. in die Conchylienk, t. III, p. 153.
1790 — *paphia* var. b.	Gmelin *in* Linné (*non* Linné), Syst. Nat., édit. XIII, p. 3268.
1799 — *fasciata* Da C.	Pulteney (*non* Linné), Catal. Dorset., p. 34.
1803 — *paphia*	Montagu (*non* Linné), Test. brit., p. 110.
1804 — *fasciata* Da C.	Donovan, Brit. sh., t. V, pl. CLXX, fig. 1, 2.

1804	*Venus fasciata* Da C.	MATON et RACKETT, Descr. Catal. *in* Trans. Lin. Soc., t. VIII, p. 80.
1804	— *paphia*	RENIER (*non* Linné), Tavola Alfab., p. 6.
1812	— *fasciata* Da C.	PENNANT, Brit. Zool., new edit. t. IV, p. 203.
1812	— *dysera*	PENNANT (*non* Linné), Brit. Zool. new. edit. t. IV, p. 204.
1817	— *fasciata* Da C.	DILLWYN, Descr. Catal., t. I, p. 159.
1819	— — —	TURTON, Conch. Dict., p. 234.
1822	— — —	TURTON, Dithyra brit., p. 146, pl. VIII, fig. 9.
1825	— — —	WOOD, Index testac., p. 33, pl. VII, fig. 3.
1825	— — —	DE GERVILLE, Catal. Coq. Manche, p. 192.
1826	— *Brongniarti*	PAYRAUDEAU, Moll. de Corse, p. 51, pl. I, fig. 23-25.
1826	— *paphia*	RISSO (*non* Linné) Europe Mérid., t. IV, p. 356.
1826	— *biradiata*	RISSO, Europe Mérid., t. IV, p 357.
1827	*Clausina fasciata* Da C.	BROWN, Illustr. of the Conch. of Gr. Brit. and Irel., pl. XX, fig. 10.
1829	*Venus paphia*	COSTA (*non* Linné), Catal. Sist., p. 34, 39.
1829	— *dysera*	COSTA (*non* Linné), Catal. Sist., p. 34, 39.
1835	— *fasciata* Da C.	DESHAYES, *in* LAMARCK Anim. s. vert., 2e édit., t. VI, p. 370.
1836	— *dysera*	SCACCHI (*non* Linné). Catal. Conch. Regni Neap., p. 7.
1836	— *Brongniarti* Payr.	PHILIPPI, Enum. Moll. Sic. t. I, p. 43.
1838	— *fasciata* Da C.	FORBES, Malac. Monensis, p. 52.
1838	— *Brongniarti* Payr.	MARAVIGNA, Mém. Sic., p. 75.
1843	— *fasciata* Da C.	DESHAYES, Traité Élém. de Conch., t. I, p. 562, pl. XX, fig. 4, 5.
1843	— *gradata*	DESHAYES, Traité Élém. de Conch., t. I, p. 555.
1844	— *Brongniarti* Payr.	POTIEZ et MICHAUD, Galerie de Douai, t. II, p. 232.
1844	— *fasciata* Da C.	FORBES, Rep. Æg. Invert., p. 144.
1844	— — —	PHILIPPI, Enum. Moll. Sic., t. II, p. 34.
1844	— — —	BROWN, Illustr. of the Conch. of Gr. Brit. and Irel., p. 91, pl. XXXVI, fig. 10.

1846 *Venus fasciata* Da C. — Lovén, Index Moll. Scand., p. 37.
1848 — — — Réquien, Coq. de Corse, p. 24.
1848 — *Duminyi* Réquien, Coq. de Corse, p. 24.
1848 — *Philippiæ* Réquien, Coq. de Corse, p. 24.
1848 — *Busschœrdi* Réquien, Coq. de Corse, p. 24.
1848 — *fasciata* Da C. Forbes et Hanley, Brit. Moll., t. I, p. 415, pl. XXIII, fig. 3; pl. XXVI, fig. 7; pl. L. fig. 7 (animal).
1848 — — — Deshayes, Explor. Sc. de l'Algérie, t. 1, pl. XCIII, fig. 1, 2 (animal).
1849 — *dysera* Middendorff (*non* Linné), Malac. Rossica, III, p. 55.
1851 — *fasciata* Da C. Petit, Catal. *in* Journ. Conch., t. II, p 300.
1851 *Chione* (Clausinella) *fasciata* Da C. Gray, List. of Brit. anim. *in* the Brit. Mus., p. 12.
1852 *Zucleïca* — — Leach, Synopsis, p. 307.
1853 *Chione* — — Deshayes, Catal. Veneridæ of the Brit. Mus., p. 127.
1855 *Venus* — — Sowerby, Thes. Conch., t. II, p. 722; pl. CLVII, fig. 114, 115.
1859 — — — Sowerby, Illustr. Ind. brit. Sh., pl. IV, fig. 14.
1859 — — — Herklotz, Dieren van Nederland, p. 136.
1862 — — — Weinkauff, Catal. Alg. *in* Journ. Conch., t. X, p. 319.
1863 — — — Jeffreys, Brit. Conch., t. II, p. 334; t. V (1869), p. 184, pl. XXXVIII, fig. 4.
1863 — — — Reeve, Conch. Icon., pl. XXII, fig. 108.
1865 — — — Fischer, Gironde, p. 54.
1865 — — — Stossich, Enum. Moll. del Golfo di Trieste, p. 30.
1865 — — — Cailliaud, Catal. Loire-Inf., p. 85.
1866 *Chione* — — Brusina, Contrib. pella Fauna Dalm., p. 95.
1867 *Venus* — — Taslé, Catal. Moll. Morbihan, p. 13.
1867 — — — Weinkauff, Conch. des Mittelm., t. I, p. 109.
1868 — — — Colbeau, Liste Moll. Belgique, p. 24.
1869 — — — Pfeiffer, *in* Martini et Chemnitz, Conch. Cab., 2e édit., p. 131, pl. VII, fig. 7, 8.
1869 — — — Petit, Catal. test. mar., p. 56.

1870	*Venus fasciata* Da C.	Aradas et Benoit, Conch. viv. mar. della Sic. p. 66.
1870	— *casina*	Chiereghini (*non* Linné) *in* Brusina, Ipsa Chieregh. Conch., p. 74.
1870	— *fasciata* Da C.	Hidalgo, Moll. mar. Catal. gén., p. 155; pl. XXIV, fig. 5-12.
1872	— — —	Monterosato, Notizie int. alle Conch. Medit., p. 23.
1875	— — —	Monterosato, Nuova Rivista, p. 16.
1878	— *Brongniarti* Payr.	Monterosato, Enum. e Sinon., p. 11.
1878	— *fasciata* Da C.	Fischer, Brachiop. et Moll. du litt. océan. de France, p. 9.
1880	— — —	Servain, Catal. Coq. Ile d'Yeu, p. 18.
1880	— — —	Stossich, Prosp. della Fauna Adr. *in* Boll. Soc. Adr. di Sc. Nat., p. 151.
1881	— — —	Jeffreys, Lightn. and Porcup. Exp., *in* Proc. Zool. Soc. Lond., p. 715.
1883	— — —	Daniel, Faune malac. Brest, *in* Journ. Conch., t. XXXI, p. 244.
1883	— — —	G. Dollfus, Liste coq. Palavas, p. 3.
1883	— *Brongniarti* Payr.	Marion, Esq. topogr. zool. du Golfe de Marseille, *in* Ann. Mus. Hist. Nat. de Mars., p. 70, 77, 81, 85, 87, 90, 93.
1883	— — —	Marion, Consid. sur les Faunes prof. de la Médit., *in* Ann. Mus. Hist. Nat. de Marseille, pp. 28, 41.
1884	— *fasciata* Da Costa	Nobre, Catal. Moll. du Sud-Ouest du Portugal, p. 18.
1884	— — —	Nobre, Moll. mar. do Noroeste de Portugal, p. 15.
1886	— — —	Granger, Bivalves de France, p. 135, pl. X, fig. 3.
1886	— — —	Locard, Prodr. de Malac. franç., p. 433.
1886	— *Brongniarti* Payr.	Locard, Prodr. de Malac. franç., p. 433.
1888	— *fasciata* Da C.	Kobelt, Prodr. Faunæ Moll. test. maria europ. inhab., p. 352.
1888	— — —	Servain, Catal. Coq. Concarneau, p. 100.

1889	*Venus fasciata* Da C.	Carus, Prodr. Faunæ Medit., p. 122.
1889	— — —	Nobre, Contr. Fauna Malac. da Madeira, p. 9.
1890	— (Anaitis) — —	Dautzenberg, Moll. du Pouliguen, p. 4.
1891	— — —	Brusina, Moll. lamell. di Zara, p. 26.
1891	— — — —	Dautzenberg, Contr. Faune Malac., Golfe de Gascogne, p. 8.
1892	— — —	Locard, Coq. mar. des côtes de France, p. 290, fig. 270.
1892	— *Brongniarti* Payr.	Locard, Coq. mar. des côtes de France, p. 290.
1892	— *fasciata* Da C.	Bizet, Malacoz. de Picardie, p. 171.

Obs. — Quelques anciens auteurs ont attribué à cette espèce les noms de *Venus paphia* et *Venus dysera* Linné; mais il est reconnu aujourd'hui que ces noms linnéens s'appliquent avec certitude à des espèces exotiques.

Les *Venus Duminyi*, *Busschœrdi* et *Philippiæ* de Réquien, constituent à peine des variétés du *V. fasciata*. Quant au *Venus fasciata* Gmelin (*non* Da Costa), établi sur la figure 66 de Bonanni, c'est certainement un *Mactra* et probablement le *M. stultorum* Linné.

Par sa forme générale, c'est du *Venus gallina* que le *V. fasciata* se rapproche le plus; mais il est toujours facile de le distinguer de cette espèce par ses côtes concentriques fortes, espacées; par sa lunule moins enfoncée; par sa coloration, etc.

Diagnose. — Coquille, diamètre umbono-ventral 19 millim., diamètre antéro-post. 22 millim., épaisseur 10 millim., épaisse, solide, équivalve, inéquilatérale, de forme subtriangulaire. Côté antérieur plus court que le côté postérieur, excavé dans la région lunulaire, ensuite arrondi. Côté postérieur tronqué formant un angle obtus avec le bord ventral qui est régulièrement arqué. Sommets petits, saillants, incurvés antérieurement et divergents. Lunule cordiforme, limitée par une strie peu accentuée. Corselet profond, allongé. Surface peu luisante, pourvue de fortes côtes concentriques, assez régulièrement espacées, anguleuses au sommet et légèrement creusées en gouttière sur leur face supérieure. Toute la surface est en outre garnie de stries transverses fines et nombreuses. Sculpture rayonnante ne consistant qu'en stries microscopiques.

Intérieur des valves mat au centre. Impressions musculaires et impression palléale luisantes. Bords finement crénelés, à l'exception du côté postérieur. Plateau cardinal fort. Charnière de la valve droite pourvue de trois dents cardinales divergentes : l'antérieure petite, peu saillante; la médiane forte, triangulaire et proéminente; la postérieure forte, allongée. Charnière de la valve gauche pourvue de trois dents cardinales divergentes : l'antérieure très saillante et comprimée latéralement, la médiane forte et triangulaire; la postérieure faible, allongée. Impressions des muscles adducteurs bien marquées, de forme ovale. Impression palléale large et pourvue d'un sinus étroit, peu profond.

Coloration externe d'un brun rougeâtre, ornée de rayons plus foncés, peu apparents. Lunule teintée de brun. Coloration interne blanche, souvent teintée de brun violacé du côté postérieur.

Épiderme mince, peu adhérent ne persistant que le long des bords. Ligament brun, corné, profondément enchâssé et à peine visible à l'extérieur.

Variétés. — La figure originale de cette espèce dans le British Conchology de Da Costa, représente un exemplaire de taille moyenne (diamètre umbono-ventral 19 millim., diamètre antéro-post. 22 millim.), à côtes concentriques régulièrement espacées. La coloration est d'un brun clair, ornée de trois rayons plus foncés mais peu apparents. Les fig. 1 et 2 de notre pl. LIX représentent la forme typique.

Var. ex forma 1, *rudis* B. D. D. Plus grande et plus haute en proportion que le type (25 millim. de diamètre umbono-ventral et 26 millim. de diamètre antéro-post.). Les côtes concentriques sont arrondies, soudées entre elles deux par deux, trois par trois ou quatre par quatre et se présentent sous l'aspect de bourrelets successifs, séparés par des sillons. C'est sous cet aspect que le *V. fasciata* se rencontre le plus souvent sur nos côtes de l'Océan. Nous en avons figuré pl. LIX, fig. 5, 6, 7 des spécimens provenant du Croisic.

Var. ex forma 2, *raricostata* Jeffreys. Forme océanique de petite taille à côtes peu nombreuses.

Var, ex forma 3, *Brongniarti* Payraudeau. Forme méditerranéenne pourvue de larges côtes transverses peu nombreuses, fortes, tranchantes au bord et réfléchies vers le sommet (Voir notre pl. LIX, fig. 8 et 9).

Var. ex forma 4, *scalaris* Bronn. Forme décrite d'abord à l'état fossile et que l'on trouve également vivante dans la Méditerranée. Elle est voisine de la var. *Brongniarti*, mais possède des côtes encore moins nombreuses et qui deviennent épineuses à leur extrémité postérieure. Nous avons représenté cette variété sur notre pl. LIX, fig. 10 et 11.

Var. ex colore 1, *alba*, *maculis spadiceis triradiata* Deshayes. Blanche, avec trois rayons d'un brun clair ou rosé, plus ou moins interrompus.

Var. ex colore 2, *luteola*, *immaculata* Deshayes. D'un jaune orangé uniforme.

Var. ex colore 3, *luteola, fusco, triradiata* Deshayes = *luteola triradiata, radiis rubescentibus* Deshayes. Jaune orangée avec des rayons bruns ou rougeâtres plus ou moins prononcés, au nombre de trois. Notre fig. 5 représente cette coloration chez la var. ex forma *rudis*.

Var. ex colore 4, *radiata* Jeffreys = *luteola, rubro multiradiata* Deshayes. Ornée de nombreuses linéoles rayonnantes d'un brun rouge, tantôt disposées par paires, tantôt isolées et alternativement plus larges et plus étroites qui se détachent sur un fond rosé ou jaunâtre. L'exemplaire de la var. *rudis* représenté sur notre pl. LIX, fig. 7, offre un exemple de cette coloration.

Var. ex colore 5, *rubro fusca immaculata* Deshayes. D'un brun carminé foncé uniforme ou ornée de rayons noirâtres obsolètes.

Var. ex colore 6, *lilacina* B. D. D. D'un rose violacé clair, ornée de rayons bruns.

Var. ex colore 7, *zigzag* B. D. D. Fond carnéolé orné de rayons bruns accompagnés de nombreuses linéoles très fines disposées en chevrons (Voir notre pl. LIX, fig. 6).

Toutes les variétés de coloration que nous venons d'indiquer appartiennent à la var. ex forma *rudis* et ont été recueillies au Croisic par l'un de nous, ainsi que par M. Nicollon.

Habitat. — Très rare à Banyuls, Paulilles, les variétés *Brongniarti* et *scalaris*.

Dispersion. — Méditerranée, Adriatique et Bosphore. Océan Atlantique depuis le nord de la Norwège jusqu'à Madère (Nobre). Jeffreys l'indique aussi du Nord du Japon.

Origine. — Cette espèce apparaît d'abord dans le Miocène de la Touraine, de l'Italie, de la Suisse, de l'Autriche, de la Bohême et de la Volhynie. Elle se retrouve dans le Pliocène d'Angleterre, de Millas, de la Vallée du Rhône, de l'Italie, de l'Espagne, de la Grèce et de l'Archipel. Sa distribution est à peu près la même dans le Pleistocène : elle est connue des lits glaciaires de l'Angleterre, de la Calabre et de la Sicile.

Genre LUCINOPSIS Forbes et Hanley, 1848

Le genre *Lucinopsis* a été établi pour une coquille des mers d'Europe, connue depuis longtemps et que ses caractères mixtes avaient fait placer dans les genres les plus divers. Le *Venus undata* Pennant, devint en effet un *Lucina* pour Turton, Brown, Lamarck, etc., un *Artemis* pour Alder et Recluz, un *Cytherea* pour Macgillivray, etc.

En 1847, dans les Proceedings de la Société zoologique de Londres, Gray a restauré pour le *Tellina rotundata* de Montagu un genre *Mysia* Leach mss. *in* Lamarck, 1818, qui comprenait à la fois le *Venus undata* Pennant et le *Tellina rotundata* Montagu. En 1851, Gray a changé d'opinion et a attribué le nom de *Mysia* au *Venus undata*. Mais cette nouvelle interprétation du genre de Leach n'était plus possible par suite de l'établissement, dans l'intervalle, en 1848, du genre *Lucinopsis* de Forbes et Hanley. Wood a élucidé cette question : *Gray Mollusca*, t. II, p. 148.

Lucinopsis undata Pennant sp. (*Venus*).

Pl. LIII, fig. 12 à 18.

1777 *Venus undata* — Pennant, Brit. Zool., t. IV, pl. LVIII, fig. 51.
1803 — — Penn. — Montagu, Test. brit., p. 117.
1804 — — — Donovan, Brit. Shells, t. IV, pl. CXXI.
1804 — — — — Maton et Rackett, Descr. Catal., *in* Trans. Linn. Soc., t. VIII, p. 86.
1817 — — — — Dillwyn, Descr. Catal., t. I, p. 197.
1818 *Lucina* — — — Lamarck, Anim. sans vert., t. V, p. 543.
1819 *Venus* — — — Turton, Conch. Dict., p. 241, pl. XIV, fig. 54.
1822 *Lucina* — — — Turton, Dithyra brit., p. 115.
1825 *Venus* — — — Wood, Index testac., p. 39, pl. VIII, fig. 87.
1827 *Lucina* — — — Brown, Illustr. of the Conch. of Gr. Brit. and Irel., pl. XVII, fig. 1, 2.
1835 — — — — Lamarck, Anim. sans vert., édit. Desh., t. VI, p. 229.
1836 — *caduca* — Scacchi, Catal. Conch. Regni Neap., p. 5.
1836 *Tellina* — — Scacchi, Not. Conch. foss. Gravina, p. 15, pl. I, fig. 5.
1836 *Venus incompta* — Philippi, Enum. Moll. Sic., t. I., p. 44, pl. IV, fig. 9.
1838 *Lucina undata* Penn. — Forbes, Malac. Monensis, p. 47.
1842 — — — — Hanley, Recent biv. Shells, p. 76.

1843	*Cytherea*	*undata*	Penn.	MACGILLIVRAY, Moll. Aberdeen, p. 263.
1844	*Lucina*	—	—	BROWN, Ill. of the Conch. of Gr. Brit. and Irel., 2e édit., p. 98, pl. XXXIX, fig. 1, 2.
1844	*Artemis*	—	—	RECLUZ, *in* Revue zoologique, p. 300.
1844	*Venus*	—	—	PHILIPPI, Enum. Moll. Sic., t. II, p. 34.
1846	—	—	—	LOVÉN, Index Moll. Scand., p. 38.
1848	—	—	—	RÉQUIEN, Coq. de Corse, p. 97.
1848	*Artemis*	—	—	ALDER, Catal. Northumb. and Durham, p. 81.
1848	*Lucinopsis*	—	—	FORBES et HANLEY, Brit. Moll., t. I, p. 435, pl. XXVIII, fig. 1, 2 et pl. M, fig. 2 (animal).
1851	*Mysia*	—	—	GRAY, List. Brit. anim. *in* the Brit. Mus., p. 5.
1851	*Lucina*	—	—	PETIT, Catal., *in* Journ. Conch., t. II, p. 293.
1853	*Cyclina?*	—	—	DESHAYES, Catal. Veneridæ of the Brit. Mus., p. 33.
1855	*Lucinopsis*	—	—	SOWERBY, Thes. Conch., t. II, p. 676; pl. CXLIV, fig. 88, 89.
1856	—	—	—	JEFFREYS, Piedm. Coast., p. 24.
1859	*Lucina*	—	—	HERKLOTZ, Dieren van Nederland, p. 140.
1862	*Lucinopsis*	—	—	CHENU, Manuel de Conch., t. II, p. 71, fig. 302.
1863	—	—	—	JEFFREYS, Brit. Conch., t. II, p. 363; t. V (1869), p. 186, pl. XL, fig. 1.
1865	*Cyclina*	—	—	CAILLIAUD, Catal. Loire-Inf., p. 86.
1865	*Lucinopsis*	—	—	FISCHER, Gironde, p. 55.
1865	*Venus*	—	—	STOSSICH, Enum. Moll. del Golfo di Trieste, p. 30.
1866	*Lucinopsis*	—	—	BRUSINA, Contr. pella fauna Dalm., p. 94.
1866	—	*corrugata*		BRUSINA, Contr. pella fauna Dalm., p. 41.
1867	—	*undata*	Penn.	TASLÉ, Catal. Morbihan, p. 14.
1867	—	—	—	WEINKAUFF, Conch. des Mittelm., t. I, p. 94.
1869	—	—	—	PFEIFFER, *in* Martini et Chemnitz, Conch. Cab., 2e édit., p. 118, pl. XXXI, fig. 4 à 8.
1869	—	—	—	PETIT, Catal. test. mar., p. 57.
1869	—	—	—	TAPPARONE-CANEFRI, Moll. test. di Spezia, p. 114.
1869	—	—	—	APPELIUS, Conch. del mar. Tirreno, *in* Bull. Malac. Ital., p. 12.
1870	—	—	—	ARADAS et BENOIT, Conch. viv. mar. della Sic., p. 54.
1870	—	—	—	HIDALGO, Moll. mar. Catal. gen., p. 157.

1872 *Lucinopsis undata* Penn. MONTEROSATO, Notizie int. alle Conch. medit., p. 24.
1875 — — — MONTEROSATO, Nuova Rivista, p. 16.
1878 — — — MONTEROSATO, Enum. e Sinon., p. 12.
1878 — — — FISCHER, Brach. et Moll. du littoral océan. de France, p. 9.
1880 — — — STOSSICH, Prosp. della Fauna Adr., *in* Boll. Soc. Adr. di Sc. Nat., t. V, p. 145.
1880 — *corrugata* Brus. STOSSICH, Prosp. della Fauna Adr. *in* Boll. Soc. Adr. di Sc. Nat., t. V, p. 145.
1881 — *undata* Penn. JEFFREYS, Lightn. and Procup. Exp. *in* Proc. zool. Soc. Lond., p. 718.
1883 — — — DAUTZENBERG, Liste coq. de Gabès, p. 13.
1883 — — — G. DOLLFUS, Liste coq. de Palavas, p. 3.
1884 — — — NOBRE, Catal. Moll. Sud-Ouest du Portugal, p. 18.
1884 — — — NOBRE, Moll. mar. do Noroeste de Portugal, p. 16.
1886 — — — LOCARD, Prodr. de Malac. franç., p. 425.
1886 — — — GRANGER, Moll. biv. de France, p. 139, pl. X, fig. 8.
1888 — — — SERVAIN, Catal. coq. mar. Concarneau, p. 97.
1888 — — — KOBELT, Prodr. Faunæ Moll. test. maria europ. inhab., p. 348.
1889 — — — CARUS, Prodr. Faunæ medit., p. 124.
1890 — — — DAUTZENBERG, Liste Moll. Pouliguen, p. 4.
1892 — — — LOCARD, Coq. mar. de France, p. 285.

Obs. — D'après M. Brusina, Chiereghini avait nommé cette espèce *Venus creusa* et son jeune âge *Tellina cærulea.*

Le *L. undata* a été confondu par quelques naturalistes (Bouchard-Chantereaux, Collard des Cherres, etc.), avec le *Diplodonta rotundata*, de sorte qu'il n'est guère possible de savoir lequel de ces deux mollusques ils ont rencontré. De même, Leach (*Synopsis*, p. 313), a indiqué comme synonymes de son *Glocomene Montaguana*, à la fois le *Tellina rotundata* Montagu et le *Tellina undata* Pulteney.

Le *Venus sinuosa* Pennant est fort douteux : il a été regardé par les uns comme une monstruosité du *Tapes aureus*, par les autres comme une déformation du *L. undata.*

Diagnose. — Coquille diamètre umbono-ventral 26 millim.; diam. antéro-post., 28 millim.; épaisseur 14 millim., mince, un peu transparente, de forme suborbiculaire. Sommets petits, presque contigus, à peine incurvés antérieurement. Lunule lancéolée, assez profonde, limitée par un sillon peu apparent. Surface luisante, traversée par des stries concentriques nombreuses, fines et régulières, ainsi que par quelques sillons d'accroissement.

Intérieur des valves mat ; impressions musculaires et palléale luisantes. Bords simples, tranchants. Plateau cardinal étroit. Charnière de la valve droite pourvue de deux dents cardinales courtes, divergentes, formant un V renversé, la postérieure légèrement bifide. Charnière de la valve gauche pourvue de trois dents cardinales : celle du milieu courte, forte, triangulaire et bifide; les deux autres plus allongées, divergentes et lamelleuses. Impressions des muscles adducteurs des valves grandes, inégales, bien marquées : l'antérieure pyriforme; la postérieure plus grande et ovale. Impression palléale large, pourvue d'un sinus très grand, arrondi au sommet et pénétrant au-delà du milieu de la coquille.

Coloration blanche lavée de jaune ocracé, surtout dans le voisinage des sommets. Épiderme mince, vernissé, un peu iridescent et présentant sous un fort grossissement une striation rayonnante extrêmement fine. Ligament corné, allongé, d'un brun clair, saillant à l'extérieur de la coquille.

Variétés. — Var. ex forma 1, *ventrosa* Jeffreys. Plus petite et plus ventrue que le type (Voir notre pl. LIII, fig. 17, 18).

Var. ex forma 2, *æqualis* Jeffreys. Coquille équilatérale comprimée antérieurement, sommets médians et très proéminents.

Var. ex forma 3, *corrugata* Brusina. Diffère du type par sa taille plus faible, sa forme beaucoup moins renflée et sa surface plus finement et plus régulièrement striée.

Habitat. — Très rare sur les plages sableuses : La Franqui.

Dispersion. — Méditerranée et Adriatique. Océan Atlantique depuis les îles Loffoden, jusqu'à Mogador. Distribution bathymétrique de 5m50 à 237m (Jeffreys).

Origine. — L'histoire géologique de cette espèce est peu connue. Elle a été citée du Pliocène d'Angleterre par Wood, d'Anvers par Mourlon, de Modène par Coppi et du Monte Mario. Pleistocène de Scandinavie, d'Angleterre, de Livourne et du Monte Pellegrino.

Sous-genre LAJONKAIRIA Deshayes

Le genre *Lajonkairia* a été établi par Deshayes, en 1854 dans la 2e partie du Catalogue des Bivalves du British Museum (p. 217). Cet auteur le considérait comme faisant partie de la famille du *Petricoladæ*.

Lucinopsis Lajonkairei Payraudeau sp. (*Venerupis*).

Pl. LXVII, fig. 1 à 8.

1807?	*Venus substriata*	MONTAGU, Test. Brit. Suppl., p. 48, pl. XXIX, fig. 6.
1819?	— — Mont.	TURTON, Conch. Dict., p. 245.
1822?	— — —	TURTON, Dithyra Brit., p. 151.
1826	*Venerupis La Jonkairii*	PAYRAUDEAU, Moll. de Corse, p. 36, pl. I, fig. 11, 12.
1835	— *Lajonkairii* Payr.	DESHAYES, *in* LAMARCK, Anim. s. vert., édit. II, t. VI, p. 164.
1836	*Venus candida* (Gm.)	SCACCHI, Catal. Conch. Regni Neap., p. 7.
1836	*Venerupis decussata*	PHILIPPI, Enum. Moll. Sic., t. I, p. 22, pl. III, fig. 5.
1844	— —	PHILIPPI, Enum. Moll. Sic., t. II, p. 20.
1844	— — Phil.	FORBES, Rep. Æg. Invert., p. 143.
1848	— — —	RÉQUIEN, Coq. de Corse, p. 17.
1848	— *Lajonkairii* Payr.	RÉQUIEN, Coq. de Corse, p. 17.
1848?	*Venus substriata* Mont.	FORBES et HANLEY, Brit. Moll., t. I, p. 159.
1848	*Venerupis decussata* Phil.	DESHAYES, Expl. Scient. de l'Algérie, pl. LXVI, fig. 10 à 13.
1851	— *Lajonkairii* Payr.	PETIT, Catal., *in* Journ. Conch., t. II, p. 289.
1855	*Tapes substriata* Mont.	SOWERBY, Thes. Conch., t. II, p. 695; pl. CL, fig. 116, 117.
1855	— *Lajonkarii* Payr.	SOWERBY, Thes. Conch., t. II, p. 695; pl. CL, fig. 120.
1855	— *subquadrata*	SOWERBY, Thes. Conch., t. II, p. 695; pl. CL, fig. 119.
1858	*Venerupis Lajonkairii* Payr.	GAY, Catal. Moll. du Var, *in* Bull. Soc. Sc. du Var, p. 158.
1862	*Rupellaria decussata* Phil.	WEINKAUFF, Catal. Alg., *in* Journ. Conch., t. X, p. 312.
1862	*Lucinopsis Lajonkairii* Payr.	CHENU, Manuel de Conch., t. II, p. 289.
1865	*Venerupis decussata* Phil.	STOSSICH, Enum. Moll. del Golfo di Trieste, p. 32.
1866	*Rupellaria* — —	BRUSINA, Contr. pella Fauna Dalm., p. 97.
1867	*Venerupis substriata* Mont.	WEINKAUFF, Conch. des Mittelm., t. I, p. 93.
1867	— *Lajonkairi* Payr.	WEINKAUFF, Conch. des Mittelm., t. I, p. 93.
1869	— *substriata* Mont.	PETIT, Catal. test. mar., p. 52

1869	*Venerupis Lajonquairei* Payr.	Petit, Catal. test. mar., p. 52.
1869	— *substriata* Mont.	Tapparone-Canefri, Moll. test. di Spezia, p. 121.
1870	— — —	Aradas et Benoit, Conch. viv. mar. della Sic., p. 53.
1870	*Lucinopsis decussata* Phil.	Hidalgo, Moll. mar. Catal. gen., p. 157, pl. LXVII, fig. 7.
1872	*Venerupis Lajonkairi* Payr.	Monterosato, Notizie int. alle Conch. Medit., p. 27.
1875	— *La Jonkairii* —	Monterosato, Nuova Rivista, p. 19.
1878	— — —	Monterosato, Enum. e Sinon, p. 15.
1878	— *Lajonkairii* —	Issel, Crociera del Violante, p. 33.
1879	— — —	Monterosato, Notizie ad alc. Conch. delle Coste d'Africa, *in* Bull. Malac. Ital., t. V, p. 216.
1880	— *substriata* Mont.	Stossich, Prosp. della fauna Adr. *in* Boll. Soc. Adr. di Sc. Nat., p. 156.
1886	— *substriatus* —	Locard, Prodr. de Malac. franç., p. 380.
1886	— *Lajonkairi* Payr.	Locard, Prodr. de Malac. franç., p. 380.
1886	— *Lajonkairei* —	Dautzenberg, Nouv. liste coq. de Cannes, p. 1.
1888	— *substriata* Mont.	Kobelt, Prodr. Faunæ Moll. test. maria europ. inhab., p. 359.
1888	— *Lajonkairi* Payr.	Kobelt, Prodr. Faunæ Moll. test. maria europ. inhab., p. 360.
1889	*Lucinopsis substriata* Mont.	Carus, Prodr. Faunæ Medit., p. 124.
1889	*Venerupis Lajonkairii* Payr.	Carus, Prodr. Faunæ Medit., p. 129.
1892	— *substriatus* Mont.	Locard, Coq. mar. des côtes de France, p. 253.
1892	— *Lajonkairi* Payr.	Locard, Coq. mar. des côtes de France, p. 253.

Obs. — Nous n'avons pas cru devoir suivre, à cause du doute qui subsiste au sujet de cette espèce de Montagu, l'exemple de quelques auteurs qui ont repris l'ancien nom *substriata*. La description pourrait permettre l'identification avec le *Lajonkairei*, si elle n'était accompagnée d'une figure représentant une coquille fortement sillonnée dans le sens longitudinal. Nous avons préféré employer un nom plus récent mais qui ne prête pas à l'équivoque.

D'après Carus, le *Petricola mirula* de Gregorio, serait une monstruosité du *L. Lajonkairei*.

Diagnose. — Coquille, diamètre umbono-ventral 22 millim.; diamètre antéro-post. 24 millim.; épaisseur 12 millim.; assez solide, équivalve, à peine inéquilatérale, de forme arrondie, subrhomboïdale. Sommets renflés, contigus, incurvés antérieurement. Surface terne pourvue de nombreuses costules rayonnantes et de stries d'accroissement concentriques irrégulières qui rendent les costules un peu granuleuses. Pas de lunule.

Intérieur des valves luisant, à bords simples, non denticulés. Charnière de la valve droite pourvue de deux dents cardinales divergentes, dont la postérieure est bifide. Charnière de la valve gauche pourvue de deux dents cardinales divergentes, dont l'antérieure, plus forte et plus saillante est bilobée à son sommet. Impressions des muscles adducteurs grandes, semi-lunaires. Impression palléale large pourvue d'un sinus énorme, très profond et anguleux au sommet. Coloration externe d'un blanc sale, plus ou moins teintée de roux ferrugineux. Coloration interne blanche.

Pas d'épiderme persistant. Ligament corné brun, entièrement caché.

Variétés. — Le type du *L. Lajonkairei* est presque équilatéral. Nous n'avons rencontré aucun spécimen concordant exactement avec la figuration originale de Payraudeau; mais les fig. 1 et 2 de notre pl. LXVII s'en rapprochent sous tous les rapports, sauf qu'elles sont un peu plus inéquilatérales.

Var. ex forma 1, *decussata* Philippi. Forme très inéquilatérale, constamment plus petite que le type et à contour subquadrangulaire. Les fig. 7 et 8 de notre pl. LXVII représentent cette variété.

Habitat. — Très rare à Banyuls, Collioure : la variété *decussata* Philippi.

Dispersion. — Méditerranée et mer Adriatique. Même si l'on admettait l'identité des *Venus substriata* Montagu et *V. Lajonkairei* Payraudeau, l'habitat de ce Mollusque dans l'Océan Atlantique resterait fort douteux car il n'a été confirmé ni par Forbes et Hanley, ni par Jeffreys.

Origine. — Citée du Miocène du Bordelais, de la Suisse (Mayer) et du Bassin de Vienne (Hœrnes), cette espèce se propage dans le Pliocène d'Angleterre et d'Italie ainsi que dans le Pleistocène de la Sicile.

Genre TAPES Megerle von Muhlfeldt, 1811

Type : *Tapes litteratus* Linné.

Ce genre, adopté par Schumacher, en 1817, par Gray, en 1842, puis, non sans répugnance, par Deshayes, est cependant parfaitement circonscrit et il n'est pas aisé de le diviser en sections de quelque valeur. Aussi est-ce à tort que certains auteurs : Chenu, Tryon, etc., ont considéré les

Pullastra de Sowerby comme génériquement distincts des *Tapes*, car ils ont tout au plus l'importance d'un sous-genre. Nous conservons dans la section typique les espèces qui sont sillonnées concentriquement d'une manière tout à fait dominante comme le *Tapes litteratus* Linné. Le genre *Parembola* Rœmer, 1857, est synonyme.

Les *Tapes* sont très abondants dans les mers d'Europe et comme ils sont extrêmement variables au point de vue de la forme, de la sculpture et de la coloration, ils ont fourni l'occasion aux naturalistes de créer parmi eux un nombre considérable d'espèces. M. Locard dans son *Étude critique* des *Tapes* de France n'en cite pas moins de vingt-six, réparties en cinq groupes. Pour arriver à ce résultat, il a non seulement repris la plupart des noms établis par ses prédécesseurs, mais il en a encore ajouté un bon nombre. Il serait aisé, en suivant ce système, d'enrichir encore les catalogues de bien des *Tapes* nouveaux. Mais notre manière d'envisager l'espèce n'est pas la même et nous croyons plus utile de grouper sous un même nom les formes entre lesquelles il est facile de trouver de nombreux intermédiaires. Nous n'admettons pas que les variations de galbe ou de contour puissent être considérées comme des caractères suffisants pour justifier chez les *Tapes* l'établissement de nombreuses espèces, car nous possédons des séries d'échantillons recueillis dans les mêmes localités et provenant sans aucun doute des mêmes colonies et qui présentent, sous ce rapport, des différences considérables. Il faut, à notre avis, tenir compte de l'ensemble des caractères fournis par la sculpture aussi bien que par la forme, etc., pour répartir les individus en espèces et variétés.

Tapes rhomboides Pennant sp. (*Venus*).

Pl. LX, fig. 1 à 13.

1767	*Venus virginea*	LINNÉ, Syst. Nat., édit. XII, p. 1136 (*ex parte*).
1777	— *rhomboides*	PENNANT, Brit. Zool., t. IV, p. 97, pl. LV.
1784	— *edulis*, etc.	CHEMNITZ, Conch. Cab., t. VII, p. 60; pl. XLIII, fig. 457, 458.
1786	— *virginea*	SCHRŒTER, Einleit in die Conchylienk., t. III, p. 151.
1790	— —	LINNÉ-GMELIN, Syst. Nat., édit. XIII, p. 3294 (*ex parte*).
1790	— *sanguinolenta*	GMELIN *in* LINNÉ, Syst. Nat., édit. XIII, p. 3295.
1792?	— *longona*	OLIVI, Zool. Adr., p. 109, pl. IV, fig. 4 (mala).
1803	— *virginea*	MONTAGU, Test. Brit., p. 128, 576.

1804	*Venus virginea*	Maton et Rackett, Descr. Catal. *in* Trans. Linn. Soc., t. VIII, p. 89; pl. II; fig. 8.
1804	— —	Renier, Tavola alfabetica delle conch. Adriatiche VI, 125, 128.
1812	— —	Pennant, Brit. Zool., 2e édit., t. IV, p. 212, pl. LVIII, fig. 5.
1817	— —	Dillwyn, Descr. Catal., t. I, p. 207 (excl. syn. plur.).
1818	— —	Lamarck, Anim. sans vert., t. V, p. 600.
1819	— —	Turton, Conch. Dict., p. 246.
1822	— —	Turton, Dithyra Brit., p. 156; pl. VIII, fig. 8.
1822	— *sarniensis*	Turton, Dithyra brit., p. 153, pl. X, fig. 6.
1825	— *virginea*	Wood, Index testac., p. 40; pl. VIII, fig. 110.
1825	— —	De Gerville, Catal. Manche, p. 27.
1827	— —	Brown, Illustr. of the Conch. of Gr. Brit. and Irel., pl. XIX, fig. 8, 9; pl. XX, fig. 6 (tantum).
1828	*Venerupis* —	Fleming, Brit. anim., p. 452.
1830	*Venus* —	Collard des Cherres, Catal. Test. Finistère, p. 24.
1835	— —	Lamarck, Anim. sans vert., édit. Desh., t. VI, p. 360.
1835	— —	Bouchard - Chantereaux, Catal. Boulonnais, p. 23.
1842	— —	Hanley, Recent biv. Shells, p. 123.
1844	— —	Potiez et Michaud, galerie de Douai, t. II, p. 239 (*ex parte*).
1844	*Pullastra* —	Brown, Illustr. of the Conch. of Gr. Brit. and Irel., 2e édit., p. 89, pl. XXXVI, fig. 6 et pl. XXXVII, fig. 8, 9.
1844	*Venus* —	Thorpe, Brit. mar. Conch., p. 92.
1844	— *sarniensis* Turt.	Thorpe, Brit. mar. Conch., p. 91.
1844	*Venerupis virginea*	Macgillivray, Moll. Aberdeen, p. 269.
1846	*Venus virago*	Lovén, Index Moll. Scand., p. 38.
1848	— *edulis* Chemn.	Réquien, Coq. de Corse, p. 25.
1848	*Tapes virginea*	Forbes et Hanley, Brit. Moll., t. I, p. 388, pl. XXV, fig. 4, 6.
1851	*Pullastra rhomboides* Penn.	Petit, Catal. *in* Journ. Conch., t. II, p. 294.
1852	*Capsa virginea*	Leach, Synopsis, p. 299.
1853	*Tapes* —	Deshayes, Catal. *Veneridæ* in the Brit. Mus., p. 172.

1855 *Venus virginea*	Hanley, Ipsa Linn. Conch., p. 81.
1855 *Pullastra* —	Sowerby, Thes. Conch., t. II, p. 690, pl. CXLIX, fig. 81 à 84.
1856 *Tapes* —	Jeffreys, Piedm. Coast., p. 24 (excl. syn.).
1857 — *edulis* Chemn.	Rœmer, Krit. Unters., p. 129 (*ex parte*).
1859 — *virginea*	Sowerby, Illustr. Ind. Brit. Sh. pl. IV, fig. 8.
1860 — —	Macé, Catal. Cherbourg et Valognes, p. 24.
1863 — *virgineus*	Jeffreys, Brit. Conch., t. II, p. 352; t. V (1869), p. 185, pl. XXXIX, fig. 5.
1864 — *edulis* Chemn.	Rœmer, Malak. Blätter, t. XI, p. 42.
1864 — *virgineus*	Reeve, Conch. Icon., pl. IV, fig. 17 a, 17 b.
1864? — *vitulata*	Reeve, Conch. Icon., pl. IV, fig. 15 a, 15 b.
1865 — *virginea*	Fischer, Gironde, p. 54.
1865 — *virgineus*	Cailliaud, Catal., Loire-Inf., p. 81.
1867 — *rhomboides* Penn.	Taslé, Catal. Morbihan, p. 12.
1867 — *edulis* Chemn.	Weinkauff, Conch. des Mittelm., t. I, p. 101.
1868 — *virginea*	Colbeau, Liste Moll. de Belgique, p. 25.
1869 — —	Petit, Catal. test. mar., p. 53.
1869 *Venus edulis* Chemn.	Pfeiffer, *in* Martini et Chemnitz, Conch. Cab., 2e édit., p. 181, pl. XXI, fig. 9.
1870 *Tapes virginea*	Ancey, Catal. Moll. Cap Pinède, p. 4.
1870 — *edulis* Chemn.	Rœmer, Monogr. G. Venus, t. II, p. 58; pl. XXI, fig. 2, 2 a à 2 d.
1870 — *rhomboides* Penn.	Hidalgo, Mol. mar. Catal. gen., p. 156, pl. XLIV, fig. 1, 2; pl. XLVII a, fig. 9.
1872 — *edulis* Chemn.	Monterosato, Notizie int. alle Conch. Medit. p. 23.
1875 — — —	Monterosato, Nuova Rivista, p. 16.
1878 — — —	Monterosato, Enum. e Sinon., p. 12.
1878 — *virgineus*	Fischer, Brachiop. et Moll. du litt. océan. de France, p. 9.
1878 — *edulis* Chemn.	Issel, Crociera del Violante, p. 35.
1880 — *virgineus*	Servain, Catal. Coq. mar. Ile d'Yeu, p. 17.
1880 *Venus edulis* Chemn.	Stossich, Prosp. della Fauna Adr. *in* Boll. Soc. Adr. di Sc. Nat., p. 154.

1881	*Tapes virgineus*	JEFFREYS, Lightn. and Porcup. Exp., *in* Proc. Zool. Lond., p. 717.
1883	— —	DANIEL, Faune malac. Brest, *in* Journ. Conch., t. XXXI, p. 243.
1884	—	NOBRE, Catal. Moll. du Sud-Ouest du Portugal, p. 19.
1885	— —	NOBRE, Moll. mar. do Noroeste de Portugal, p. 14.
1886	— *edulis* Chemn.	LOCARD, Prodr. de Malac. franç., p. 440.
1886	— — —	LOCARD, Étude crit. des *Tapes* de France, *in* Bull. Soc. Malac. de France, p. 311, pl. VIII, fig. 7.
1886	— *lepidulus*	LOCARD, Étude crit. des *Tapes* de France, *in* Bull. Soc. Malac. de France, p. 317, pl. VIII, fig. 11.
1887	— *edulis* Chemn.	DAUTZENBERG, Exc. malac. à Saint-Lunaire, p. 9.
1887	— *virgineus*	DAUTZENBERG, Exc. malac. à Saint-Lunaire, p. 9.
1888	— *edulis* Chemn.	SERVAIN, Catal. Coq. mar. Concarneau, p. 103.
1888	— *lepidulus* Loc.	SERVAIN, Catal. Coq. mar. Concarneau, p. 104.
1888	— *geographicus*	SERVAIN (*non* Linné), Catal. Coq. mar. Concarneau, p. 104.
1888	— *edulis* Chemn.	KOBELT, Prodr. Faunæ Moll. maria europ. inhab., p. 357.
1888	— — —	BOFILL, Catal. Coll. Martorell, p. 76.
1889	— — —	CARUS, Prodr. Faunæ Medit., p. 127.
1890	— *virgineus*	DAUTZENBERG, Liste Moll. Pouliguen, p. 4.
1891	— —	DAUTZENBERG, Contrib. Faune malac. du Golfe de Gascogne, p. 8.
1892	— *edulis* Chemn.	LOCARD, Coq. mar. de France, p. 297, fig. 276.
1892	— *lepidulus*	LOCARD, Coq. mar. de France, p. 297.

Obs. — La plupart des auteurs ont attribué à cette espèce le nom de *virgineus* Linné, et il est certain que Linné l'a désignée ainsi; mais en comprenant sous la même dénomination une coquille exotique fort différente à laquelle Lamarck a donné depuis le nom de *Tapes rimularis*. Les espèces linnéennes étant presque toutes conçues dans un sens très large, il n'y aurait pas d'inconvénient à conserver pour la coquille européenne, le nom de *virgineus*, si la diagnose du *Systema naturæ* pouvait lui convenir. Mais il n'en est pas ainsi, et la description s'applique, au contraire, fort bien au *Tapes rimularis*. Dans ces circonstances, nous choisissons, comme l'ont déjà fait Petit, Taslé et Hidalgo, le nom de *Tapes rhomboides* Penn., qui ne prête pas à l'équivoque et de préférence à celui de *Tapes edulis* Chemnitz, accepté par Réquien, Mac Andrew, Rœmer, Weinkauff, Locard, etc., qui est moins ancien et a, de plus, l'inconvénient de n'avoir pas été créé conformément aux règles de la nomenclature binominale.

Le *Tapes floridellus* Lamarck, figuré dans l'Atlas de Delessert : pl. X, fig. 2, nous semble être une forme un peu tronquée du côté postérieur du *T. rhomboides*.

Rœmer a rapporté le *Venus sanguinolenta* de Gmelin au *Tapes decussatus;* mais la description originale, de même que la fig. 68 de Bonanni sur laquelle cette espèce est fondée, s'appliquent beaucoup mieux au *T. rhomboides*.

C'est à tort que quelques naturalistes ont considéré le *Venus phaseolina* de Lamarck comme étant identique au *T. rhomboides*. Les figures de cette espèce de Lamarck fournies par Delessert : pl. X, fig. 4A, 4B, 4C, paraissent représenter une forme exotique.

D'après Petit de la Saussaye, le *Venus innominata* Danilo et Sandri, est encore synonyme.

Nous ferons enfin remarquer que le *Tellina rhomboides* Gmelin (non *Venus rhomboides* Pennant), établi sur la fig. 20 de la pl. IV de Lister (Anim. Angl.), doit entrer dans la synonymie du *Tapes pullastra*.

Diagnose. — Coquille, diamètre umbono-ventral 20 millim. ; diamètre antéro-post. 33 millim. ; épaisseur 12 millim., solide, équivalve, inéquilatérale, de forme ovale transverse. Sommets peu renflés, contigus, incurvés antérieurement. Lunule lancéolée, étroite, plane, limitée par une strie très faible. Corselet allongé, peu distinct. Surface luisante, surtout dans la région des sommets qui est lisse. Le reste du test est pourvu de costules concentriques aplaties, nombreuses, dont quelques-unes sont confluentes, soit au milieu, soit aux extrémités de la coquille. Ces costules sont parfois obsolètes sur la moitié supérieure de la région médiane, tandis qu'elles existent toujours et sont plus fortes sur la région postérieure. Les sillons d'accroissement sont plus ou moins marqués.

Intérieur des valves assez luisant dans toute son étendue. Bords simples. Plateau cardinal assez épais. Charnière de la valve droite pourvue de trois dents cardinales courtes : l'antérieure est simple, étroite et peu saillante, les deux autres sont sensiblement plus fortes, plus saillantes et bifides. Charnière de la valve gauche pourvue de trois dents cardinales courtes : l'antérieure simple et haute, la médiane forte et bifide, la postérieure simple, très étroite et peu saillante. Impressions des muscles adducteurs arrondies; impression palléale large pourvue d'un sinus assez large et profond.

Coloration externe d'un brun clair marbré de brun foncé et de blanc. Coloration interne blanche, souvent teintée sous les sommets d'une grande tache d'un rouge carnéolé. Épiderme très mince presque toujours absent. Ligament corné, allongé, brun et faisant saillie à l'extérieur de la coquille.

Variétés. — Le type figuré par Pennant est de petite taille et de forme très transverse. Il correspond à la variété *elongata* Jeffreys. Les fig. 1, 2 de notre pl. LX, concordent exactement avec ce type.

Var. ex forma 1 *edulis* (Chemnitz), auct. = *sarniensis* Turton. Plus solide, plus épaisse et plus haute en proportion que le type : diamètre umbono-ventral 27 millim.; diamètre antéro-post. 39 millim.; épaisseur 16 millim. Nos fig. 7 à 13, pl. LX, appartiennent à cette variété; celle nº 7 a les mêmes dimensions que la fig. 457 de Chemnitz, tandis que celle nº 9 présente la coloration ponctuée de cette même figure.

Var. ex forma 2 *lepidula* Locard. Intermédiaire entre le type et la variété *edulis* : diamètre umbono-ventral 28-30 millim.; diamètre antéro-post. 42-45 millim.; épaisseur 14-16 millim. (Voir notre pl. LX, fig. 4, 5).

Var. ex forma 3 *curta* Locard. Encore plus haute en proportion que la variété *edulis* : diamètre umbono-ventral 27 millim., diamètre antéro-post. 36 millim. (Voir notre pl. LX, fig. 10, 11, 12).

Var. ex forma 4 *major* B. D. D. Nous possédons un exemplaire de cette grande forme, recueilli sur les côtes d'Angleterre par M. Jeffreys et qui mesure : diamètre umbono-ventral 40 millim., diamètre antéro-post. 57 millim., épaisseur 24 millim. Nous en avons représenté un autre spécimen un peu moins grand (pl. LX, fig. 9).

M. Locard cite encore, pour la forme *edulis*, les variétés *minor*, *oblonga*, *rotundata*, *ventricosa*, *depressa* et *sublævigata*, puis pour la forme *lepida*, les variétés : *minor*, *intermedia*, *subrhombea*, *elliptica*, *depressa*, *globulosa*, qui nous paraissent toutes de valeur secondaire et ne sont, d'ailleurs, pas décrites.

Var. ex colore 1, *albida* Locard. Entièrement blanche.

Var. ex colore 2, *rosea* Locard. D'un beau rose carminé, sans tache.

Var. ex colore 3, *lutea* Locard. D'un jaune clair.

Var. ex colore 4, *fulva* Locard. D'un brun roux uniforme.

Var. ex colore 5, *marmorea* Locard. Diversement marbrée de fauve ou de rose violacé et de blanc (Voir notre pl. LX, fig. 13).

Var. ex colore 6, *radiata* Locard. Plus ou moins marbrée et ornée de deux rayons blancs bien marqués (Voir notre pl. LX, fig. 6).

Var. ex colore 7, *heligmogramma* Locard. Blanche, avec des flammules et des ponctuations brunes (Voir notre pl. LX, fig. 8).

M. Locard indique encore les variétés de coloration *punctata* et *lyrata*.

Habitat. — Bien que cette espèce n'ait pas été recueillie par nous sur le littoral du Roussillon, nous l'avons mentionnée parce que nous en possédons quelques exemplaires envoyés autrefois par le Dr Penchinat à l'abbé Dupuy, avec indication de cette provenance. De plus, M. Granger nous en a envoyé de Cette un exemplaire que nous figurons pl. LX, fig. 10, 11.

Dispersion. — Peu répandue dans la Méditerranée et la partie méridionale de l'Adriatique, cette espèce est au contraire fort commune dans l'Océan Atlantique, depuis le Finmarck et les îles Feroë jusqu'au détroit de Gibraltar.

Origine. — Les citations du Miocène, sous le nom de *Tapes vetula* sont douteuses. Dans le Pliocène, cette espèce est connue du Crag d'Angleterre, de Saint-Erth (Cornwall), de Belgique (?), d'Italie, de Sicile, de Rhodes et de Cos. Pleistocène d'Uddevala, d'Angleterre et du Monte-Pellegrino.

Sous-genre PULLASTRA Sowerby, 1827.

Type : *Venus pullastra* Linné. Cette section comprend les espèces finement treillissées et chez lesquelles la sculpture rayonnante est subégale à la sculpture concentrique.

Le genre *Capsa* Leach, 1817 (*non* Lamarck, 1801), est synonyme et il en est de même du genre *Myrsus* Adams, 1858, qui a pour type le *Tapes corrugatus* Gmelin, de l'Afrique occidentale, espèce tellement voisine du *pullastra*, qu'elle a été regardée souvent comme n'en constituant qu'une variété.

Tapes pullastra Montagu, sp. (*Venus*).

Pl. LXI, fig. 1 à 14 ; pl. LXII, fig. 1 et 3 à 14.

1778 *Cuneus reticulatus*	Da Costa, Brit. Conch., p. 202 (*pars*).
1790 *Tellina rhomboides*	Gmelin *in* Linné (non *Venus rhomboides* Penn.), Syst. Nat., édit. XIII, p. 3237, excl. var β (*ex parte*), pl. XIV, fig. 4.
1802 *Venus saxatilis*	Fleuriau de Bellevue, Mém., *in* Journ. Phys., t. LIV, p. 345 (*ex parte*).
1803 — *pullastra*	Montagu, Test. brit., p. 125.
1803 — *perforans*	Montagu, Test. brit., p. 127, pl. III, fig. 6.
1804 — *pullastra* Mtg.	Maton et Rackett, Descr. Catal., *in* Trans. Linn., Soc., t. VIII, p. 88, pl. II, fig. 7.

1804 — *perforans* Mtg. MATON et RACKETT, Descr. Catal., *in* Trans. Linn. Soc., t. VIII, p. 89.
1813 — *pullastra* — PULTENEY, Catal. Dorsetsh., p. 36, pl. I, fig. 8.
1817 — *senegalensis* DILLWYN (*non* Gmelin), Descr. Catal., t. I, p. 206 (*ex parte*).
1817 — *perforans* Mtg. DILLWYN, Descr. Catal., t. I, p. 206.
1818 — *pullastra* — LAMARCK, Anim. sans vert., t. V, p. 598.
1818 *Venerupis perforans* — LAMARCK, Anim. sans vert., t. V, p. 506.
1818 — *nucleus* LAMARCK, Anim. sans vert., t. V, p. 507.
1819 *Venus pullastra* Mtg. TURTON, Conch. Dict., p. 244.
1819 — *perforans* — TURTON, Conch. Dict., p. 245.
1822 — *pullastra* — TURTON, Dithyra brit., p. 159.
1822 *Venerupis perforans* Mtg. TURTON, Dithyra brit., p. 29, pl. II, fig. 15 à 18.
1825 *Venus pullastra* — WOOD, Index testac., p. 40, pl. VIII, fig. 109.
1825 — *senegalensis* WOOD (*non* Gmelin), Index testac., p. 40, pl. VIII, fig. 106.
1825 — *perforans* Mtg. WOOD, Index testac., p. 40, pl. VIII, fig. 108.
1825 — *pullastra* — DE GERVILLE, Catal. Manche, p. 27.
1825 — *perforans* — DE GERVILLE, Catal. Manche, p. 26.
1827 — *pullastra* — BROWN, Illustr. of the Conch. of Gr. Brit. and Irel., pl. XIX, fig. 7.
1827 — *perforans* — BROWN, Illustr. of the Conch. of Gr. Brit. and Irel., pl. XIX, fig. 10.
1828 *Venerupis pullastra* Mtg. FLEMING, Brit. anim., p. 451.
1828 — *perforans* — FLEMING, Brit. anim., p. 451.
1830 *Venus pullastra* — COLLARD DES CHERRES, Catal. test. Finist., p. 23.
1830 *Venerupis perforans* — COLLARD DES CHERRES, Catal. test. Finist., p. 17.
1830 — *nucleus* Lam. COLLARD DES CHERRES, Catal. test. Finist., p. 17.
1835 *Venus pullastra* Mtg. LAMARCK, Anim. sans vert., édit. Desh., t. VI, p. 357.
1835 *Venerupis perforans* — LAMARCK, Anim. sans vert., édit. Desh., t. VI, p. 162.
1835 — *nucleus* LAMARCK, Anim. sans vert., édit. Desh., t. VI, p. 162.
1835 *Venus pullastra* Mtg. BOUCHARD-CHANTEREAUX, Catal. Boulonnais, p. 21.
1835 *Venerupis perforans* — BOUCHARD-CHANTEREAUX, Catal. Boulonnais, p. 16.

1835 *Venerupis nucleus* Lam. BOUCHARD-CHANTEREAUX, Catal. Boulonnais, p. 17.
1838 *Venus pullastra* Mtg. FORBES, Malac. Monensis, p. 53.
1841 *Venerupis nucleus* Lam. DELESSERT, Rec. de Coq., pl. V, fig. 1A à 1E.
1842 *Venus pullastra* Mtg. HANLEY, Recent Biv. Shells, p. 122.
1842 *Venerupis perforans* — HANLEY, Recent Biv. Shells, p. 54.
1842 — *nucleus* Lam. HANLEY, Recent Biv. Shells, p. 54.
1844 *Venus pullastra* Mtg. THORPE, Brit. mar. Conch., p. 94.
1844 *Venerupis perforans* — THORPE, Brit. mar. Conch., p. 61.
1844 *Pullastra vulgaris* BROWN, Illustr. of the Conch. of Gr. Brit. and Irel., 2e édit. p. 89, pl. XXXVII, fig. 7.
1844 — *perforans* Mtg. BROWN, Illustr. of the Conch. of Gr. Brit. and Irel., 2e édit., p. 89, pl. XXXVII, fig. 10.
1844 *Venus pullastra* — POTIEZ et MICHAUD, Galerie de Douai, t. II, p. 234.
1844 *Venerupis perforans* — POTIEZ et MICHAUD, Galerie de Douai, t. II, p. 241.
1844 — *nucleus* Lam. POTIEZ et MICHAUD, Galerie de Douai, t. II, p. 240.
1844 — *pullastra* Mtg. MACGILLIVRAY, Moll. Aberdeen, p. 269.
1846 *Venus plagia* JEFFREYS, Ann. and Mag. of Nat. Hist., t. XIX, p. 313.
1846 — *pullastra* Mtg. LOVÉN, Index Moll. Scand., p. 38.
1848 — — — FORBES et HANLEY, Brit. Moll., t. I, p. 383, pl. XXV, fig. 2, 3; pl. L, fig. 5, 5A (*animal*).
1851 *Pullastra senegalensis* PETIT (*non* Gmelin), Catal. *in* Journ. Conch., t. II, p. 297.
1851 — *perforans* Mtg. PETIT, Catal. *in* Journ. Conch., t. II, p. 298.
1852 *Capsa pullastra* — LEACH, Synopsis, p. 300.
1852 — *perforans* — LEACH, Synopsis, p. 300.
1853 *Tapes pullastra* — DESHAYES, Catal. Veneridæ in the brit. Mus., p. 180.
1855 — — — SOWERBY, Thes. Conch., t. II, p. 693, pl. CXLIX, fig. 85, 86.
1856 — — — JEFFREYS, Piedm. Coast., p. 24 (excl. var.)
1857 *Venus senegalensis* RŒMER (*non* Gmelin), Krit. Unters., p. 82 (*ex parte*).
1858 — (*Pullastra*) *lunot* GAY (*non* Adanson), Catal. Biv. du Var, *in* Bull. Soc. sc. du Var, p. 176.
1859 *Tapes pullastra* Mtg. SOWERBY, Illustr. Ind. brit. Sh., pl. IV, fig. 4, 5.

1860	*Tapes pullastra* Mtg.	MACÉ, Catal. Cherb. et Valognes, p. 24.
1862	— *perforans* —	WEINKAUFF, Catal. Algérie, *in* Journ. Conch., t. X, p. 318.
1863	— *pullastra* —	JEFFREYS, Brit. Conch., t. II, p. 355; t. V (1869), p. 185, pl. XXXIX, fig. 6.
1864	— *senegalensis*	RŒMER (*non* Gmelin), Malak. Blätter, t. XI, p. 71 (*ex parte*).
1864	— *pullastra* Mtg.	REEVE, Conch. Icon., pl. XI, fig. 58A, 58B.
1865	— — —	FISCHER, Gironde, p. 52.
1865	— — —	CAILLIAUD, Catal. Loire-Infér., p. 81.
1865	*Venerupis perforans* —	CAILLIAUD, Catal. Loire-Inf., p. 60.
1867	*Tapes pullastra* —	TASLÉ, Catal. Morbihan, p. 13.
1868	— — —	COLBEAU, Liste Moll. Belgique, p. 25.
1869	— — —	PETIT, Catal. test. mar., p. 53.
1869	*Venus senegalensis* Gm.	PFEIFFER, *in* MARTINI et CHEMNITZ, Conch. Cab., 2e édit., p. 187, pl. XXIII, fig. 7 à 10.
1870	*Tapes pullastra* Mtg.	ANCEY, Catal. Moll. mar. Cap Pinède, p. 4.
1870	— *senegalensis*	HIDALGO (*non* Gmelin), Mol. mar. Catal. gen. p. 156, pl. XLIII, fig. 1 à 7; pl. XLVIIA, fig. 8.
1871	— —	RŒMER (*non* Gmelin), Monogr. G. Venus, t. II, p. 84 (*ex parte*), pl. XXX, fig. 1A à 1D (*tantum*).
1877	— *pullastra* Mtg.	MONTEROSATO, Note sur quelques coq. d'Algérie, *in* Journ. Conch., t. XXV, p. 27.
1878	— — —	FISCHER, Brachiop. et Moll. du litt. océan. de France, p. 9.
1878	— — —	MONTEROSATO, Enum. e Sinon., p. 12.
1880	— — —	SERVAIN, Catal. Coq. mar. Ile d'Yeu, p. 16.
1883	— — —	DANIEL, Faune Malac. Brest, *in* Journ. Conch., t. XXXI, p. 242.
1884	— — —	NOBRE, Catal. Moll. du Sud-Ouest du Portugal, p. 19.
1884	— — —	NOBRE, Moll. mar. do Noroeste de Portugal, p. 14.
1886	— *pullaster* —	LOCARD, Prodr. de Malac. franç., p. 436.
1886	— *saxatilis* Fl.	LOCARD, Prodr. de Malac. franç., p. 436.
1886	— *reconditus*	LOCARD, Prodr. de Malac. franç., p. 435.

1886 *Venerupis perforans* Mtg. LOCARD, Prodr. de Malac. franç., p. 380.
1886 — *nucleus* Lam. LOCARD, Prodr. de Malac. franç., p. 380.
1886 *Tapes pullaster* Mtg. LOCARD, Étude crit. des *Tapes* de France, *in* Bull. Soc. Malac. de France, p. 253, pl. VII, fig. 3.
1886 — *saxatilis* Fl. LOCARD, Étude crit. des *Tapes* de France, *in* Bull. Soc. Malac. de France, p. 261.
1886 — *pullicenus* LOCARD, Étude crit. des *Tapes* de France, *in* Bull. Soc. Malac. de France, p. 259, pl. VII, fig. 4.
1887 — *pullaster* Mtg. DAUTZENBERG, Excursion Malac. à St-Lunaire, p. 8.
1888 — — — SERVAIN, Catal. Coq. mar. Concarneau, p. 102.
1888 — *pullicenus* Loc. SERVAIN, Catal. Coq. mar. Concarneau, p. 102.
1888 — *pullastra* Mtg. KOBELT, Prodr. Faunæ Moll. test. maria europ. inhab., p. 354.
1888 *Venerupis nucleus* Lam. KOBELT, Prodr. Faunæ Moll. test. maria europ. inhab., p. 360.
1889 *Tapes pullaster* Mtg. CARUS, Prodr. Faunæ Medit., p. 128.
1890 — — — DAUTZENBERG, Liste Moll. Pouliguen, p. 4.
1892 — *pullastra* — BIZET, Malacoz. de Picardie, p. 173.
1892 — *pullaster* — LOCARD, Coq. mar. de France, p. 291
1892 — *saxatilis* Fl. LOCARD, Coq. mar. de France, p. 292.
1892 — *pullicenus* LOCARD, Coq. mar. de France, p. 292.
1892 *Venerupis perforans* Mtg. LOCARD, Coq. mar. de France, p. 253.
1892 — *nucleatus* LOCARD, Coq. mar. de France, p. 253.

Obs. — Le *Tapes pullastra* a été bien décrit par Montagu qui a indiqué les caractères par lesquels il se distingue du *T. decussatus*; mais il a eu le tort de citer à l'appui une figure du Conchylien Cabinet qui représente une coquille exotique tout à fait différente. Maton et Rackett ont précisé l'espèce de Montagu en en donnant une figuration satisfaisante.

Nous avons conservé à cette espèce le nom de *pullastra*, bien que Da Costa l'ait figurée, dès 1778, sous celui de *Cuneus reticulatus*. Mais il convient de remarquer que cet auteur, dans son texte, indique clairement qu'il comprenait sous la même dénomination le *Tapes decussatus* ainsi que la présente espèce.

Nous n'avons pas cru devoir reprendre non plus le nom *saxatilis* Fleuriau, quoiqu'il date de 1802, parce qu'il s'applique à une coquille déformée par suite de son mode d'habitat.

Le nom générique *Tapes* étant masculin, M. Locard a cru devoir écrire *Tapes pullaster* au lieu de *pullastra;* mais c'est une faute, car le mot latin *pullastra* est un substantif et non un adjectif.

La plupart des auteurs ont regardé le *Tapes geographicus* comme différent du *pullastra*; mais l'examen d'un grand nombre d'échantillons ne nous permet pas d'accepter cette opinion. Les seuls caractères qui permettent de distinguer le *T. geographicus* du *pullastra* sont la taille plus petite et la sculpture moins accentuée. Nous avons toutefois établi séparément la synonymie de chacune de ces deux formes, tant afin d'éviter la confusion résultant d'une liste de citations trop longue, que pour permettre à ceux de nos lecteurs qui ne partageraient pas notre avis, de trouver réunies les références qui se rapportent à chacune d'elles.

Quant au *Tapes saxatilis*, qui a aussi été séparé du *pullastra* par de nombreux conchyliologues, il ne constitue, en réalité, qu'une déformation due à son habitat spécial et nous ne pouvons mieux faire que de citer ce qu'en dit le Dr Fischer (Gironde, p. 53) :

« Le polymorphisme du *T. pullastra* est extrêmement remarquable » et sa principale cause doit être recherchée dans les conditions d'exis- » tence des animaux.

» En effet, nous avons trouvé cette espèce, tantôt libre, enfoncée dans » le sable vaseux et vivant à la manière des autres *Tapes*, tantôt perfo- » rante, tantôt logée dans des trous où elle était retenue au moyen de » son byssus. »

Au cours de diverses excursions sur le littoral de la Manche et de l'Océan, nous avons pu, en recueillant en place de nombreux spécimens, nous assurer de l'exactitude de ces observations et constater qu'il ne s'agit bien là que d'une seule et même espèce.

Le *Venerupis nucleus* Lamarck, n'est qu'une forme petite et rabougrie de la variété *saxatilis.*

Le *Venus senegalensis* Gmelin, qui a été introduit quelquefois dans la synonymie du *T. pullastra*, est basé sur le *Lunot* d'Adanson qui nous paraît assez différent pour justifier son maintien à l'état d'espèce spéciale. En effet, les spécimens que M. Chevreux nous a rapportés de Dakar, et ceux que le Dr Fischer a eu l'obligeance de nous communiquer diffèrent tous de notre coquille européenne par leur sculpture composée de sillons transverses bien marqués, onduleux et interrompus en zigzags, qui donnent à la surface un aspect chagriné très particulier. Nous avons représenté, comme terme de comparaison, pl. LXII, fig. 2, un spécimen de cette espèce, provenant de Dakar. Cette espèce a été nommée aussi *Venus corrugata* par Gmelin. On la rencontre sur toute la côte occidentale d'Afrique, jusqu'au cap de Bonne-Espérance et les exemplaires de cette dernière provenance ont été nommés *Tapes dactyloides* par Sowerby.

On peut encore ajouter à la synonymie du *T. pullastra* les *Venus pallustris* Mawe et *vulgaris* Sowerby.

Diagnose. — Coquille, diamètre umbono-ventral 20 millim.; diamètre antéro-post. 32 millim.; épaisseur 15 millim.; solide, équivalve, inéquilatérale, de forme ovale, subrhomboïdale. Sommets renflés, contigus, incurvés antérieurement. Lunule lancéolée, très peu apparente. Surface terne, pourvue de nombreuses stries rayonnantes très rapprochées et de stries concentriques également nombreuses, qui produisent un treillis fin et serré, visible seulement à l'aide de la loupe. Les stries rayonnantes sont à peu près égales aux stries concentriques dans la région médiane; mais, aux deux extrémités des valves, et surtout à l'extrémité postérieure, elles deviennent confluentes, onduleuses, irrégulières et dominent les autres. Les périodes d'accroissement sont indiquées par des sillons concentriques plus ou moins marqués.

Intérieur des valves mat au centre. Impressions musculaires et palléale luisantes, bien marquées. Bords simples, non denticulés. Charnière semblable à celle du *T. decussatus*. Impressions des muscles adducteurs arrondies. Impression palléale large pourvue d'un sinus encore plus grand que celui du *T. decussatus*.

Coloration externe d'un gris fauve parsemée de flammules anguleuses formant des dessins variés et produisant souvent, par leur réunion, l'indication de trois rayons. Coloration interne blanche teintée de violet le long du côté postérieur du plateau cardinal, et possédant une large tache de même couleur à l'extrémité postérieure des valves.

Épiderme et ligament comme chez le *T. decussatus*.

Variétés. — Var. ex forma 1, *saxatilis*, Fleuriau de Bellevue = *perforans* Montagu = *nucleus* Lamarck = *irregularis* Kobelt. Cette variété, dont nous avons indiqué plus haut le mode d'habitat, se présente sous les formes les plus diverses : elle est tantôt très allongée transversalement, tantôt au contraire très haute et presque quadrangulaire; d'autres exemplaires, dont le développement a été contrarié, sont sinueux et complètement déformés. Mais on peut dire qu'en général la var. *saxatilis* est caractérisée par sa taille plutôt petite, par sa sculpture plus rugueuse et plus lamelleuse à l'extrémité postérieure et, enfin, par son aspect encore plus terne et d'un gris uniforme. Nous avons représenté, pl. LXI, fig. 5, 6, des spécimens de cette variété provenant du Pouliguen et, pl. LXI, fig. 7 à 12, d'autres exemplaires recueillis à L'Éguille (Charente-Inférieure), par M. Ratier.

Var. ex forma 2, *ovata* Jeffreys = *Tapes pullicenus* Locard. Plus transverse, plus convexe et plus régulièrement ovale que le type. Côté antérieur court et arrondi, côté postérieur allongé.

Var. ex forma 3, *oblonga* Jeffreys. Coquille encore plus transverse que la var. *ovata* et prolongée aux deux extrémités (Voir notre pl. LXI, fig. 13, 14).

Var. ex forma 4, *plagia* Jeffreys. Prolongée du côté postérieur qui se relève comme chez le *Lutraria elliptica* var. *oblonga*, tandis que le côté antérieur présente une incurvation correspondante et est obliquement tronqué (Jeffreys, Brit. Conch., p. 357).

Var. ex forma 5, *major* B. D. D. Si l'on prend pour type la figure de Maton qui n'a que 20 millim. de diamètre umbono-ventral et 32 millim. de diamètre antéro-postérieur, on pourra classer sous ce nom les coquilles de dimensions sensiblement plus fortes. La plus grande taille qu'il nous a été donné d'observer chez cette espèce est : diam. umb.-ventr. 42 millim., diam. antéro-post. 59 millim., épaisseur 30 millim. C'est celle d'un exemplaire recueilli par l'un de nous au Croisic.

Var. ex colore 1, *albida* Locard. Entièrement blanche (Voir Hidalgo, pl. XLIII, fig. 4).

Var. ex colore 2, *lutea* Locard. Jaune ou jaune orangé uniforme : Hidalgo, pl. XLIII, fig. 7.

Var. ex colore 3, *violacea* Locard. D'une teinte rose violacée ornée de deux rayons blancs bien marqués. Sommets teintés de violet foncé. La fig. 6 de la pl. XLIII de M. Hidalgo représente un exemplaire de cette variété ; mais beaucoup moins vivement coloré que celui que nous avons figuré pl. LXII, fig. 1, et qui provient du Croisic (Nicollon).

Var. ex colore 4, *zonata* Locard.

Var. ex colore 5, *bizonata* Locard.

Var. ex colore 6, *lyrata* Locard. Établie sur la fig. 3 de la pl. XLIII de M. Hidalgo, cette variété est caractérisée par des rayons blancs articulés de taches brunes.

Var. ex colore 7, *bipartita* B. D. D. Ornée de larges flammules brunes sur la région postérieure, tandis que le reste de la surface est uniformément blanc ou jaunâtre.

Var. ex colore 8, *dissimilis* B. D. D. Dans cette varité l'une des valves est entièrement blanche, tandis que l'autre présente, le long du bord dorsal, un large rayon brun.

Toutes les variétés de forme et de coloration qui précèdent se rapportent au *Tapes pullastra*, tel que l'ont compris la plupart des auteurs.

Var. ex forma 6 et colore 9, geographica Gmelin, sp. (*Venus*).

Pl. LXII, fig. 3 à 14.

1784 *Venus geographica*, etc.	Chemnitz, Conch. Cab., t. VII, p. 45, pl. XLII, fig. 440.
1786 *Die geographische Venus*	Schrœter, Einleit. in die Conchylienk., t. III, p. 171.

1790	*Venus geographica*	GMELIN *in* Linné, Syst. Nat., éd. XIII, p. 3293).
1790	— *punctulata*	GMELIN *in* LINNÉ, Syst. Nat., édit. XIII, p. 3281.
1795	— *litterata*	POLI (*non* Linné), Test. utr. Sic., t. II, p. 101, pl. XXI, fig. 12, 13.
1817	— *geographica* Gm.	DILLWYN, Descr. Catal., t. I, p. 203.
1818	— — —	LAMARCK, Anim. sans vert. t. V, p. 597.
1825	— — —	WOOD, Index testac., p. 40, pl. VIII, fig. 102.
1826	— — —	PAYRAUDEAU, Moll. de Corse, p. 51.
1826	— — —	RISSO, Europe mérid., t. IV, p. 355.
1826	— *litterata*	RISSO (*non* Linné), Europe mérid., t. IV, p. 356.
1829	— *geographica* Gm.	COSTA, Catal. Sist., p. 34, 36.
1829	— *Tenorii*	COSTA, Catal. Sist. p. 34, 37; pl. II, fig. 8A, 8B, 8C.
1832	— *geographica* Gm.	DESHAYES, Encycl. méthod., t. III, p. 1120.
1832	— — —	DESHAYES, Expl. sc. de Morée, p. 100.
1835	— — —	LAMARCK, Anim. sans vert., édit. Desh., t. VI, p. 355.
1836	— — —	SCACCHI, Catal. Conch. Regn. Neap., p. 7.
1836	— — —	PHILIPPI, Enum. Moll. Sic., t. I, p. 45.
1838	— — —	MARAVIGNA, Mém. Sic., p. 75.
1842	— — —	HANLEY, Recent biv. Shells, p. 121.
1844	— — —	PHILIPPI, Enum. Moll. Sic., t. II, p. 35.
1844	— — —	POTIEZ et MICHAUD, Galerie de Douai, t. II, p. 235.
1844	*Pullastra aurea* Gm. var.	FORBES, Rep. Æg. Invert. p. 144.
1846	*Venus geographica* Gm.	VÉRANY, Catal. Invert. di Genova e Nizza, p. 13.
1848	— — —	RÉQUIEN, Coq. de Corse, p. 26.
1848	*Pullastra* — —	DESHAYES, Expl. sc. de l'Algérie, pl. LXXXV.
1851	— — —	PETIT, Catal. *in* Journ. Conch., t. II, p. 297.
1851	— *glandina*	PETIT (*non* Lamarck), Catal., *in* Journ. Conch., t. II, p. 297.
1853	*Tapes geographica* Gm.	DESHAYES, Catal. Veneridæ, *in* the Brit. Mus. p. 182.
1855	— — —	SOWERBY, Thes. Conch., t. II, p. 692, pl. CXLIX, fig. 87 à 91.
1856	— *pullastra* var.	JEFFREYS, Piedm. Coast., p. 24.
1856	*Venus saxicola*	DANILO et SANDRI, Elenco nomin.
1856	— *lithophaga*	DANILO et SANDRI, Elenco nomin.

1857 *Tapes geographica* Gm. — Rœmer, Krit. Unters., p. 122.
1858 *Venus* (Pullastra) — — Gay, Catal. Moll. du Var, *in* Bull. Soc. Sc. du Var, p. 177.
1862 *Tapes* — — Weinkauff, Catal. Algérie *in* Journ. Conch. t. X, p. 318.
1864 — — — Rœmer, Malak. Blätter, t. XI, p. 76.
1864 — — — Reeve, Conch. Icon., pl. XIII, fig. 71.
1865 — — — Stossich, Enum. Moll. del Golfo di Trieste, p. 31.
1866 — — — Brusina, Contrib. pella Fauna Dalm., p. 96.
1866 — *saxicola* Dan. Brusina, Contrib. pella Fauna Dalm., p. 96.
1867 — *geographica* Gm. Weinkauff, Conchyl. des Mittelm. t. I, p. 105.
1869 — — — Petit, Catal. test. mar., p. 54.
1869 — — — Tapparone-Canefri, Moll. test. di Spezia, p. 120.
1869 *Venus* — — Pfeiffer, *in* Martini et Chemnitz, Conch. Cab., 2e édit., p. 164, pl. XV, fig. 4.
1869 *Tapes* — — Appelius, Conch. del mar. Tirreno, *in* Bull. Malac. Ital., p. 13.
1870 — — — Ancey, Catal. Moll. mar. Cap Pinède, p. 5.
1870 *Venus* (Tapes) — — Aradas et Benoit, Conch. viv. mar. della Sic., p. 69.
1870 *Tapes geographicus* — Hidalgo, Mol. mar. Catal. gen., p. 156, pl. XLIV, fig. 3 à 12.
1871 — *geographica* — Rœmer, Monogr. G. Venus, p. 88, pl. XXXI, fig. 1 à 1E.
1872 — *geographicus* — Monterosato, Notizie int. alle Conch. Medit., p. 23.
1875 — — — Monterosato, Nuova Rivista, p. 16.
1878 — — — Monterosato, Enum. e Sinon., p. 12.
1879 — *geographica* — Granger, Moll. de Cette, p. 32.
1880 *Venus* — — Stossich, Prosp. della fauna Adr., *in* Boll. Soc. Adr. di Sc. Nat., p. 154.
1881 *Tapes geographicus* — Jeffreys, Lightn. and Porcup. Exp. *in* Proc. Zool. Soc. London, p. 717 (*ex parte*).
1883 — — — Marion, Esq. topog. zool. du Golfe de Marseille, p. 25, 27, 33, 35, 38, 61.
1883 — *geographica* — G. Dollfus, Liste Coq. de Palavas, p. 3.
1883 — *geographicus* — Dautzenberg, Liste Coq. de Gabès, p. 12.

1886 *Tapes geographicus* Gm. Locard, Prodr. de Malac. franç., p. 441.
1886 — — — Locard, Etude crit. des *Tapes* de France, *in* Bull. Soc. Malac. de France, p. 322.
1886 — — — Dautzenberg, Nouv. liste de Coq. de Cannes, p. 1.
1888 — — — Kobelt, Prodr. Faunæ Moll. test. maria europ. inhab., p. 358.
1889 — — — Carus, Prodr. Faunæ Medit., p. 127.
1890 — — — Bofill, Moll. mar. de Llansá, p. 23.
1891 *Venus geographica* — Brusina, Elenco dei Moll. di Zara, p. 26.
1892 *Tapes geographicus* — Locard, Coq. mar. de France, p. 298.

Obs. — Le nom *geographicus* a été emprunté par Gmelin à Chemnitz qui l'avait employé dans une phrase décrivant la forme dont nous venons de donner la synonymie et qui est fort bien représentée : Conchylien cabinet, t. VII, pl. XLII, *fig.* 440.

Schrœter et Gmelin ont ajouté à cette référence de Chemnitz, celle de Gualtieri : pl. LXXXVI, fig. H, qui doit être éliminée, car elle représente un *Tapes* de forme ovale transverse, peu déterminable; mais en tout cas bien différent de celui décrit par Chemnitz.

Le *Venus punctulata* Gmelin, établi sur la figure 46 de Bonanni, représente une simple variété de coloration et doit, par conséquent, passer en synonymie.

D'après Rœmer (Malakozoologische Blätter, 1864, p. 77), le *Tapes glandina* Lamarck est une coquille des îles Philippines, dont il possédait des spécimens concordant avec la figuration de Delessert (Recueil de Coq., pl. X, fig. 7). En reprenant ce nom pour désigner une forme européenne, Petit de la Saussaye a donc commis une erreur d'identification.

La variété *geographica* se distingue du *T. pullastra* typique par sa taille toujours plus faible, sa forme ordinairement plus transverse et sa sculpture plus délicate. Les stries rayonnantes sont surtout moins accentuées et sont même parfois obsolètes sur la partie médiane des valves. Enfin la coloration est souvent plus brillante et présente certains dessins que l'on ne rencontre pas chez le type du *T. pullastra*. C'est ainsi que la coloration originale de la variété *geographica*, telle qu'elle a été représentée par Chemnitz, se compose de linéoles brunes dirigées obliquement en sens opposés et formant par leur entrecroisement un réseau à larges mailles.

Nous ne nous expliquons pas que la forme *geographica* qui a plus d'affinité avec le *T. pullastra* qu'avec aucun autre *Tapes* européen, ait pu être classé par M. Locard dans le groupe du *Tapes rhomboides*. C'est ce rapprochement malheureux qui a conduit M. Servain à citer dans son Catalogue des Coquilles de Concarneau, sous le nom de *Tapes geographicus*, une simple variété de coloration du *Tapes rhomboides*.

La var. *geographica* présente de nombreuses variétés de coloration qui ont été décrites par Philippi. La var. *reticulata* de cet auteur étant conforme à celle de la figuration originale de Chemnitz, il reste à mentionner les suivantes :

Var. ex colore 1, *marmorata* Phil. Blanchâtre, diversement marbrée de fauve et de brun, et rayonnée de blanc (Voir notre pl. LXII, fig. 7 à 11).

Var. ex colore 2, *catenata* B. D. D. = *catenifera* Phil. (*non* Lamarck). Marbrée et ornée de rayons étroits articulés de blanc et de brun, au nombre de quatre, ou plus. Nous avons représenté cette variété, pl. LXII, fig. 12, d'après un échantillon qui nous a été envoyé de Cette par M. Granger. M. Hidalgo l'a figurée pl. XLIV, fig. 11.

Var. ex colore 3, *rufa* Phil. D'une teinte rousse, à peine ponctuée de clair, souvent brunâtre à l'extrémité postérieure.

Var. ex colore 4, *apicalis* Phil. Marbrée, teintée de brun du côté postérieur et de violet foncé sur les sommets.

Var. ex colore 5, *rosea* Phil. D'un rose intense du côté postérieur et plus clair du côté antérieur, souvent ornée de rayons blancs et teintée de violet aux sommets.

Var. ex colore 6, *albida* Phil. Entièrement blanche, à peine roussâtre à l'extrémité postérieure (Voir notre pl. LXII, fig. 13 et Hidalgo, pl. XLIV, fig. 5).

Var. ex colore 7, *adusta* B. D. D. = *bicolor* Phil. (non *bicolor* Lamarck, etc.). Blanche, avec un rayon brun noirâtre qui règne le long du bord dorsal et parfois sur l'une des deux valves seulement. Notre fig. 14, pl. LXII, fournit un exemple de cette dernière coloration : la valve gauche seule possède un rayon brun. Voir aussi Hidalgo, pl. XLIV, fig. 9.

Habitat. — Assez commun à Port-Vendres, Paulilles, etc.; la variété *geographica* avec sa coloration typique et d'autres, telles que : *marmorata*, *apicalis*, *rufa*, *albida*, etc.

Dispersion. — Le *T. pullastra* typique vit dans l'Océan Atlantique depuis le Finmark jusqu'au Portugal. M. de Monterosato en signale aussi de petits exemplaires sur la côte algérienne.

La var. *geographica* est répandue dans toute la Méditerranée et la mer Adriatique. Jeffreys, considérant le *T. corrugatus* comme appartenant à la même espèce, le cite aussi de l'Afrique occidentale et du cap de Bonne-Espérance. Enfin, il l'indique encore comme vivant au Japon.

Origine. — Le *T. pullastra* n'apparaît que dans le Crag d'Angleterre et de Saint-Erth (sous le nom de *T. perovalis* Wood). Pleistocène de Suède et d'Angleterre. La var. *geographica* n'est signalée à l'état fossile que du Pliocène de Castel Arquato par M. Cocconi.

Tapes aureus Gmelin sp. (*Venus*).

Pl. LXIII, fig. 1 à 15 ; pl. LXIV, fig. 1 à 13.

1790 A. *Venus aurea* — GMELIN *in* LINNÉ, Syst. Nat., édit. XIII, p. 3288.

1795 C. — *læta* — POLI (*non* Linné), Test. utr. Sic., t. II, p. 94, pl. XXI, fig. 1, 2, 3, 4.

1803 A. — *aurea* Gm. — MONTAGU, Test. Brit., p. 129.

1804 A. — — — — MATON et RACKETT, Trans. Linn., Soc., t. VIII, p. 9, pl. II, fig. 9.

1812 A. — — — — PENNANT, Brit. Zool., 2ᵉ édit., t. IV, p. 212, pl. LX, fig. supér.

1813 A. — — — — PULTENEY, Catal. Dorsetsh., p. 36.

1817 A. — — — — DILLWYN, Descr. Catal., t. I, p. 207.

1818 A. — — — — LAMARCK, Anim. sans vert., t. V, p. 600.

1818 C. — *florida* — LAMARCK (*non* Poli), Anim. sans vert., édit. t. V, p. 602.

1818 C. — *catenifera* — LAMARCK, Anim. sans vert., t. V, p. 603.

1818 C. — *bicolor* — LAMARCK, Anim. sans vert., t. V, p. 603.

1818 C. — *petalina* — LAMARCK, Anim. sans vert., t. V, p. 603.

1818 T. — *texturata* — LAMARCK, Anim. sans vert., t. V, p. 597.

1818 T. — *floridella* — LAMARCK, Anim. sans vert., t. V, p. 603.

1818 P. — *pulchella* — LAMARCK, Anim. sans vert., t. V, p. 603.

1819 A. — *aurea* Gm. — TURTON, Conch. Dict., p. 247.

1822 A. — — — — TURTON, Dithyra brit., p. 157; pl. IX, fig. 7, 8.

1822 A. — *sinuosa* — TURTON, Dithyra brit., p. 154; pl. X, fig. 9.

1822 A. — *ænea* — TURTON (*non* Locard), Dithyra brit., p. 152, pl. X, fig. 7.

1822 A. — *nitens* — TURTON (*non* Scacchi), Dithyra brit., p. 157, pl. X, fig. 8.

1825 A. — *aurea* Gm. — WOOD, Index testac., p. 40, pl. VIII, fig. 111.

1825 A. — — — — DE GERVILLE, Catal. Manche, p. 26.

1826	*Venus aurea* Gm.	PAYRAUDEAU, Moll. de Corse, p. 50.
1826 C.	— *florida* Lk.	PAYRAUDEAU (*non* Poli), Moll. de Corse, p. 51.
1826 C.	— *Beudanti*	PAYRAUDEAU, Moll. de Corse, p. 53, pl. I, fig. 32.
1826	— *aurea* Gm.	RISSO, Europe mérid., t. IV, p. 357.
1826 C.	— *bicolor*	RISSO, Europe mérid., t. IV, p. 357.
1826 P.	— *pulchella* Lk.	RISSO, Europe mérid., t. IV, p. 358.
1826 C.	— *petalina* Lk.	RISSO, Europe mérid., t. IV, p. 358.
1827 A.	— *aurea* Gm.	BROWN, Illustr. of the Conch. of Gr. Brit. and Irel., 1re édit., pl. XX, fig. 5, 8.
1827 A.	— *virginea*	BROWN (*non* Linn. *nec* auct.), Illustr. of the Conch. of Gr. Brit. and Irel., pl. XX, fig. 7 (*tantum*).
1828 A.	— *aurea* Gm.	FLEMING, Brit. Anim., p. 449.
1828 A.	— *ænea* Turt.	FLEMING, Brit. anim., p. 449.
1828 A.	— *nitens* Turt.	FLEMING, Brit. anim., p. 449.
1829 C.	— *florida* Lk.	O. G. COSTA, Catal. Sist., p. 34, 38.
1829	— *rariflamma*	O. G. COSTA (*non* Lamarck), Catal. Sist., p. 34, 38.
1829 C.	— *bicolor* Lk.	O. G. COSTA, Catal. Sist., p. 34, 38.
1829 C.	— *petalina* Lk.	O. G. COSTA, Catal. Sist., p. 34, 39.
1830 A.	— *aurea* Gm.	COLLARD DES CHERRES, Catal. test. Finistère, p. 24.
1830	— *pulchella* Lk.	COLLARD DES CHERRES, Catal. test. Finistère, p. 24.
1835 A.	— *aurea* Gm.	LAMARCK, Anim. sans vert., édit. Desh., t. VI, p. 360.
1835 C.	— *florida*	LAMARCK (*non* Poli), Anim. sans vert., édit. Deshayes, t. VI, p. 364.
1835 C.	— *catenifera*	LAMARCK, Anim. sans vert., édit. Desh., t. VI, p. 366.
1835 C.	— *bicolor*	LAMARCK, Anim., sans vert., édit. Deshayes, t. VI, p. 365.
1835 C.	— *petalina*	LAMARCK, Anim. sans vert., édit. Deshayes, t. VI, p. 365.
1835 T.	— *texturata*	LAMARCK, Anim. sans vert., édit. Deshayes, t. VI, p. 355.
1835 T.	— *floridella*	LAMARCK, Anim. sans vert., édit. Deshayes, t. VI, p. 365.
1835 P.	— *pulchella*	LAMARCK, Anim. sans vert., édit. Desh., t. VI, p. 366.
1836	— *aurea*	PHILIPPI, Enum. Moll. Sic., t. 1, p. 47.

1836 C. *Venus virginea* PHILIPPI (*non* Linné, *nec* auct.), Enum. Moll. Sic., t. I, p. 46.

1836 C. — *Beudanti* Payr. PHILIPPI, Enum. Moll. Sic., t. I, p. 47 (*note*).

1836 C. — *virginea* SCACCHI (*non* Linné, *nec* auct.), Catal. Conch. Regn. Neap., p. 7.

1838 C. *Venus virginea* MARAVIGNA (*non* Linné, *nec* auct.), Mém. Sicile, p. 75.

1839 T. *Pullastra texturata* Lk. ANTON, Verz. Conch. Samml., p. 8.

1841 T. *Venus floridella* Lk. DELESSERT, Rec. de Coq., pl. X, fig. 2A, 2B, 2C.

1841 P. — *pulchella* Lk. DELESSERT, Rec. de Coq., pl. X, fig. 9A, 9B, 9C, 9D.

1842 A. — *aurea* Gmel. HANLEY, Recent biv. Sh., p. 123.

1842 C. — *florida* Lk. HANLEY, Recent biv. Sh., p. 124, pl. XVI, fig. 14.

1842 C. — *petalina* Lk. HANLEY, Recent biv. Sh., p. 124, pl. IX, fig. 8.

1842 T. — *floridella* Lk. HANLEY, Recent biv. Sh., p. 125.

1842 P. — *pulchella* Lk. HANLEY, Recent biv. Sh., p. 125, pl. XIII, fig. 39.

1844 — *aurea* Gm. PHILIPPI, Enum. Moll. Sic., t. II, p. 35.

1844 C. — *læta* PHILIPPI (*non* Linné), Enum. Moll. Sic., t. II, p. 35.

1844 C. — *Beudanti* Payr. PHILIPPI, Enum. Moll. Sic., t. II, p. 35.

1844 — *aurea* Gm. FORBES, Rep. Æg. Invert., p. 144.

1844 — *virginea* FORBES (*non* Linné, *nec* auct.), Rep. Æg. Invert., p. 144.

1844 A. — *aurea* Gm. BROWN, Illustr. of the Conch. of Gr. Brit., and Irel., 2e édit., p. 89, pl. XXXVI, fig. 5, 7, 8.

1844 A. — — — THORPE, Brit. mar. Conch., p. 92.

1844 A. — *ænea* Turt. THORPE, Brit. mar. Conch., p. 91.

1844 A. — *nitens* — THORPE, Brit. mar. Conch., p. 93.

1844 A. — *aurea* Gm. POTIEZ et MICHAUD, Galerie de Douai, t. II, p. 233.

1844 C. — *florida* Lk. POTIEZ et MICHAUD, Galerie de Douai, t. II, p. 234.

1844 — *virginea* POTIEZ et MICHAUD (*non* Linné, *nec* auct.), Galerie de Douai, t. II, p. 239.

1844 C. — *bicolor* Lk. POTIEZ et MICHAUD, Galerie de Douai, t. II, p. 231.

1844 T. — *floridella* Lk. POTIEZ et MICHAUD, Galerie de Douai, t. II, p. 234.

1844 C. *Venus Beudanti* Payr. — POTIEZ et MICHAUD, Galerie de Douai, t. II, p. 231.
1846 A. — *aurea* Gmel. — LOVÉN, Index Moll. Scand., p. 38.
1846 C. — *bicolor* Poli. — VÉRANY, Catal. Invert. di Genova e Nizza, p. 13.
1848 P. *Tapes castrensis* — DESHAYES, Expl. scient. de l'Algérie, pl. LXXXVI.
1848 *Venus aurea* Gm. — RÉQUIEN, Coq. de Corse, p. 25.
1848 C. — *florida* Lk. — RÉQUIEN, Coq. de Corse, p. 25.
1848 C. — *bicolor* Lk. — RÉQUIEN, Coq. de Corse, p. 25.
1848 C. — *Beudanti* Payr. — RÉQUIEN, Coq. de Corse, p. 26.
1848 C. — *Pallei* — RÉQUIEN, Coq. de Corse, p. 25.
1848 T. — *picturata* — RÉQUIEN, Coq. de Corse, p. 25.
1849 A. — *aurea* Gm. — MIDDENDORFF, Malac. Rossica, III, p. 53.
1851 A. *Pullastra* — — — PETIT, Catal., *in* Journ. Conch., t. II, p. 298.
1851 C. — *florida* Lk. — PETIT, Catal., *in* Journ. Conch., t. II, p. 298.
1851 C. — *bicolor* Lk. — PETIT, Catal., *in* Journ. Conch., t. II, p. 298.
1851 P. — *pulchella* Lk. — PETIT, Catal., *in* Journ. Conch. t. II, p. 298.
1851 C. — *Beudanti* Payr. — PETIT, Catal., *in* Journ. Conch., t. II, p. 299.
1852 A. *Capsa deflorata* — LEACH (non *Venus deflorata* Lin.), Synopsis, p. 300.
1853 A. *Tapes aurea* Gm. — FORBES et HANLEY, Brit. Moll., t. I, p. 392, pl. XXV, fig. 5.
1853 A. — — — DESHAYES, Catal. Veneridæ, *in* the Coll. of the Brit. Mus., p. 173..
1853 C. — *petalina* Lk. — DESHAYES, Catal. Veneridæ Brit. Mus., p. 175.
1853 C. — *florida* Lk. — DESHAYES, Catal. Veneridæ Brit. Mus., p. 174.
1853 T. — *texturata* Lk. — DESHAYES, Catal. Veneridæ Brit. Mus., p. 174.
1853 T. — *floridella* Lk. — DESHAYES, Catal. Veneridæ Brit. Mus., p. 175.
1853 T. — *acuminata* Sow. — DESHAYES, Catal. Veneridæ Brit. Mus., p. 174.
1853 P. — *pulchella* Lk. — DESHAYES, Catal. Veneridæ Brit. Mus., p. 186.
1853 P. — *castrensis* — DESHAYES. Catal. Veneridæ Brit. Mus., p. 176.
1855 A. — *aurea* Gm. — SOWERBY, Thes. Conch., t. II, p. 689, pl. CXLIX, fig. 108-110.

1855 C.	— *petalina* Lk.	SOWERBY, Thes. Conch., t. II, p. 689, pl. CXLIX, fig. 104.
1855 C.	— *florida* Lk.	SOWERBY, Thes. Conch., t. II, p. 688, pl. CXLIX, fig. 112, 113.
1855 C.	— *catenifera* Lk.	SOWERBY, Thes. Conch., t. II, p. 686, pl. CXLIX, fig. 106, 107.
1855 T.	— *texturata* Lk.	SOWERBY, Thes. Conch., t. II, p. 690; pl. CXLIX, fig. 111.
1855 T.	— *floridella* Lk.	SOWERBY, Thes. Conch., t. II, p. 688; pl. CXLIX, fig. 96-98.
1855 T.	— *acuminata*	SOWERBY, Thes. Conch., t. II, p. 689, pl. CXLIX, fig. 105.
1856	— *aurea* Gm.	JEFFREYS, Piedm. Coast., p. 24.
1856 C.	— *læta* Poli	JEFFREYS, Piedm. Coast., p. 24.
1856 C.	— *virginea*	JEFFREYS (*non* Linné), Piedm. Coast., p. 24.
1857 A.	*Venus aurea* Gm.	RŒMER, Krit. Unters., p. 106.
1857	— *virginea*	RŒMER (*non* Lin.), Krit. Unters., p. 127 (*ex parte*).
1858	*Venus* (*Pullastra*) *aurea* Gm.	GAY, Catal. Biv. du Var, *in* Bull. Soc. Sc. du Var, p. 178.
1858 C.	— — *florida* Lk.	GAY, Catal. Biv. du Var, *in* Bull. Soc. Sc. du Var, p. 178.
1859 A.	*Tapes aurea* Gm.	SOWERBY, Illustr. Ind. brit. Sh., pl. IV, fig. 7.
1860 A.	— — —	MACÉ, Catal. Cherbourg et Valognes, p. 24.
1862 C.	— *læta* Poli	WEINKAUFF, Catal. Alg., *in* Journ. Conch., t. X, p. 318.
1862 C.	— *Beudanti* Payr.	WEINKAUFF, Catal. Alg., *in* Journ. Conch., t. X, p. 318.
1862 C.	— *bicolor*	WEINKAUFF, Catal. Alg., *in* Journ. Conch., t. X, p. 318.
1863 A.	— *aureus* Gm.	JEFFREYS, Brit. Conch., t. II, p. 349, t. V (1869), p. 185; pl. XXXIX, fig. 4.
1864	*Venus* (*Tapes*) *aurea*	WEINKAUFF, Catal. suppl. Alg., *in* Journ. Conch., t. XII, p. 10.
1864 C.	*Tapes florida* Lk.	RŒMER, Malak. Blätter, t. XI, p. 74.
1864 T.	— *texturata* Lk.	RŒMER, Malak. Blätter, t. XI, p. 60.
1864	— *amygdala* Meusch.	RŒMER, Malak. Blätter, t. XI, p. 58.
1864 P.	— *pulchella* Lk.	RŒMER, Malak. Blätter, t. XI, p. 70.
1864 P.	— *castrensis* Desh.	RŒMER, Malak. Blätter, t. XI, p. 61.
1864 A.	— *aurea* Gm.	REEVE, Conch. Icon., pl. VIII, fig. 37A, 37B.
1864 C.	— *petalina* Lk.	REEVE, Conch. Icon., pl. X, fig. 54.

1864	T.	*Tapes florida*	REEVE (*non* Lamarck), Conch. Icon., pl. XIII, fig. 74.
1864	T.	— *texturata* Lk.	REEVE, Conch. Icon., pl. XIII, fig. 70.
1864	T.	— *floridella* Lk.	REEVE, Conch. Icon., pl. X, fig. 53A, 53B.
1865	A.	— *aurea* Gm.	FISCHER, Gironde, p. 54.
1865	A.	— — —	CAILLIAUD, Catal. Loire-Inf., p. 81.
1865		— — —	STOSSICH, Enum. Moll. del Golfo di Trieste, p. 31.
1865	C.	— *læta* Poli	STOSSICH, Enum. Moll. del Golfo di Trieste, p. 31.
1865	C.	— *Beudanti* Payr.	STOSSICH, Enum. Moll. del Golfo di Trieste, p. 31.
1865	C.	— *Hœberti*	BRUSINA, Conch. Dalm. ined., p. 31.
1866		— *aurea* Gm.	BRUSINA, Contr. pella Fauna Dalm., p. 96.
1866	C.	— *florida* Lk.	BRUSINA, Contr. pella Fauna Dalm., p. 96.
1866	C.	— *petalina* Lk.	BRUSINA, Contr. pella Fauna Dalm., p. 96.
1866	C.	— *Hœbertiana*	BRUSINA, Contr. pella Fauna Dalm., p. 96.
1866	P.	— *pulchella*	WEINKAUFF, Catal. Suppl. Alg. *in* Journ. Conch., t. XIV, p. 232.
1867		— *aurea* Gm.	WEINKAUFF, Conch. des Mittelm., t. I, p. 98.
1867	C.	— *læta* Poli	WEINKAUFF, Conch. des Mittelm., t. I, p. 99.
1867	P.	— *pulchella* Lk.	WEINKAUFF, Conch. des Mittelm., t. I, p. 104.
1867	A.	— *aurea* Gm.	TASLÉ, Catal. Morbihan, p. 12.
1869	A.	— — —	PETIT, Catal. test. mar., p. 53.
1869	C.	— *læta* Poli	PETIT, Catal. test. mar., p. 54.
1869	C.	— *petalina* Lk.	PETIT, Catal. test. mar., p. 54.
1869	P.	— *pulchella* Lk.	PETIT, Catal. test. mar., p. 54.
1869	T.	— *picturata* Réq.	PETIT, Catal. test. mar., p. 54.
1869	C.	— *Pallei* Réq.	PETIT, Catal. test. mar., p. 54.
1869		— *aurea* Gm.	TAPPARONE-CANEFRI, Moll. test. di Spezia, p. 120.
1869	C.	— *læta* Poli	TAPPARONE-CANEFRI, Moll. test. di Spezia, p. 120.
1869	C.	— *Beudanti* Payr.	TAPPARONE-CANEFRI, Moll. test, di Spezia, p. 120.
1869		— *aurea* Gm.	APPELIUS, Conch. del Mar. Tirreno, *in* Bull. Malac. Ital., p. 12.
1869	C.	— *læta* Poli	APPELIUS, Conch. del Mar. Tirreno, *in* Bull. Malac. Ital., p. 12.

1870	*Venus (Tapes) aurea* Gm.	ARADAS et BENOIT, Conch. viv. mar. della Sic., p. 68.
1870 C.	— — *læta* Poli	ARADAS et BENOIT, Conch. viv. mar. della Sic., p. 68.
1870 C.	— — *Beudanti* Payr.	ARADAS et BENOIT, Conch. viv. mar. della Sic., p. 68.
1870 A.	*Tapes aureus* Gm.	HIDALGO, Mol. mar., p. 157; pl. XLVA, fig. 1 à 6; pl. XLVI, fig. 1 à 7.
1870 C.	— *floridus* Lk.	HIDALGO, Mol. mar., p. 157; pl. XLV, fig. 1 à 12; pl. XLVIIA, fig. 7 (*tantum*).
1870 T.	— — —	HIDALGO, Mol. mar., p. 157; pl. XLVA, fig. 7 à 10; pl. XLVIIA, fig. 5, 6.
1870 T.	— *texturatus* Lk.	HIDALGO, Mol. mar., p. 156; pl. XLVI, fig. 8, 9; pl. XLVIA, fig. 1 à 7; pl. XLVII, fig. 1 à 7; pl. XLVIIA, fig. 10.
1870	— *aurea* Gm.	ANCEY, Catal. Moll. mar. Cap Pinède, p. 4.
1870 C.	— *petalina* Lk.	ANCEY, Catal. Moll. mar. Cap Pinède, p. 5.
1870 C.	— *læta* Poli	ANCEY, Catal. Moll. mar. Cap Pinède, p. 4.
1871 A.	— *amygdala* Meusch.	RŒMER, Monogr. G. *Venus*, t. II, p. 64, pl. XXII, fig. 1C, 1D, 1F, 1G.
1871 T.	— — —	RŒMER, Monogr. G. *Venus*, t. II, p. 61, pl. XXII, fig. 1, 1A, 1B, 1E.
1871 C.	— *florida* Lk.	RŒMER, Monogr. G. *Venus*, t. II, p. 86, pl. XXX, fig. 2, 2A, 2B, 2C, 2D, 2E (*tantum*).
1871 T.	— — —	RŒMER, Monogr. G. *Venus*, t. II, p. 86, pl. XXX, fig. 2F (*tantum*).
1871	— *floridella* Lk.	RŒMER, Monogr. G. *Venus*, t. II, p. 63, pl. XXII, fig. 2, 2A, 2B, 2C.
1871 T.	— *pulchella* Lk.	RŒMER, Monogr. G. *Venus*, t. II, p. 65, pl. XXIII, fig. 2, 2A, 2B, 2C, 2D, 2E.
1872	— *aureus* Gm.	MONTEROSATO, Notizie int. alle Conch. Medit., p. 23.
1872 P.	— *pulchellus* Lk.	MONTEROSATO, Notizie int. alle Conch. Medit., p. 23.
1875	— *aureus* Gm.	MONTEROSATO, Nuova Rivista, p. 16.
1875 P.	— *pulchellus* Lk.	MONTEROSATO, Nuova Rivista, p. 16.

1878	*Tapes aureus* Gm.	MONTEROSATO, Enum. e Sinon., p. 12.
1878 C.	— *floridus* Lk.	MONTEROSATO, Enum. e Sinon., p. 12.
1878 T.	— *texturatus* Lk.	MONTEROSATO, Enum. e Sinon., p. 12.
1878 P.	— *pulchellus* Lk.	MONTEROSATO, Enum. e Sinon., p. 12.
1878	— *aureus* Gm.	ISSEL, Crociera del Violante, p. 35.
1878 A.	— — —	FISCHER, Brachiop. et Moll. du litt. océan. de France, p. 9.
1879	— *virgineus*	GRANGER (*non* Linné, *nec* auct.), Moll. de Cette, p. 32.
1880 A.	— *aureus* Gm.	SERVAIN, Catal. Coq. mar. Ile d'Yeu, p. 17.
1880	*Venus aurea* —	STOSSICH, Prosp. della Fauna Adr. *in* Boll. Soc. Adr. di Sc. Nat., t. V, p. 155.
1880 C.	— *læta* Poli	STOSSICH, Prosp. della Fauna Adr. *in* Boll. Soc. Adr. di Sc. Nat., t. V, p. 153.
1881	*Tapes aureus* Gm.	JEFFREYS, Lightn. and Porcup. Exp. *in* Proc. Zool. Soc. of Lond., p. 7, 8.
1883 A.	— — —	DANIEL, Faune malac. Brest, *in* Journ. Conch., t. XXXI, p. 243.
1883 A.	— *bicolor*	DANIEL (*non* Lk.), Faune malac. Brest, *in* Journ. Conch., t. XXXI, p. 243.
1883 E.	— *aureus* Gm.	DAUTZENBERG, Liste Coq. de Gabès, p. 12.
1883	— — —	MARION, Esq. topogr. Zool. du golfe de Marseille, *in* Ann. Mus. Hist. Nat. de Marseille, p. 24, 25, 27, 35, 38, 39, 51, 53, 61.
1883 C.	— *floridus* Lk.	MARION, Esq. topogr. Zool. du golfe de Marseille, *in* Ann. Mus. Hist. Nat. de Marseille, p. 33, 35, 51, 61.
1884 A.	— *aureus* Gm.	NOBRE, Catal. Moll. du Sud-Ouest du Portugal, p. 19.
1884 A.	— — —	NOBRE, Moll. mar. do Noroeste de Portugal, p. 14.
1886 A.	— *aureus* Gm.	LOCARD, Prodr. de Malac. franç., p. 439.
1886 C.	— *floridus* Lk.	LOCARD, Prodr. de Malac. franç., p. 438.

1886 C.	*Tapes bicolor* Lk.	LOCARD, Prodr. de Malac. franç., p. 438.
1886 C.	— *petalinus* Lk.	LOCARD, Prodr. de Malac. franç., p. 438.
1886 C.	— *Beudanti* Payr.	LOCARD, Prodr. de Malac. franç., p. 439.
1886 T.	— *texturatus* Lk.	LOCARD, Prodr. de Malac. franç., p. 437.
1886 T.	— *floridellus* Lk.	LOCARD, Prodr. de Malac. franç., p. 437.
1886 A.	— *aureus* Gm.	LOCARD, Ét. crit. *Tapes*, *in* Bull. Soc. malac. France, p. 300.
1886 A.	— *Servaini*	LOCARD, Ét. crit. *Tapes*, *in* Bull. Soc. malac. France, p. 309, pl. VIII, fig. 1.
1886 C.	— *anthemodus*	LOCARD, Ét. crit. *Tapes*, *in* Bull. Soc. malac. France, p. 290, pl. VIII, fig. 4.
1886 C.	— *bicolor*	LOCARD, Ét. crit. *Tapes*, *in* Bull. Soc. malac. France, p. 287, pl. VIII, fig. 8.
1886 C.	— *petalinus* Lk.	LOCARD, Ét. crit. *Tapes*, *in* Bull. Soc. malac. France, p. 280, pl. VIII, fig. 2.
1886 C.	— *Beudanti* Payr.	LOCARD, Ét. crit. *Tapes*, *in* Bull. Soc. malac. France, p. 294, pl. VIII, fig. 6.
1886 C.	— *Grangeri*	LOCARD, Ét. crit. *Tapes*, *in* Bull. Soc. malac. France, p. 276, pl. VII, fig. 7.
1886 C.	— *Rochebrunei*	LOCARD, Ét. crit. *Tapes*, *in* Bull. Soc. malac. France, p. 278, pl. VIII, fig. 5.
1886 C.	— *Bourguignati*	LOCARD, Ét. crit. *Tapes*, *in* Bull. Soc. malac. France, p. 285, pl. VIII, fig. 9.
1886 T.	— *texturatus* Lk.	LOCARD, Ét. crit. *Tapes*, *in* Bull. Soc. malac. France, p. 267.
1886 T.	— *Mabillei*	LOCARD, Ét. crit. *Tapes*, *in* Bull. Soc. malac. France, p. 270, pl. VII, fig. 5.
1886 T.	— *nitidosus*	LOCARD, Ét. crit. *Tapes*, *in* Bull. Soc. malac. France, p. 272, pl. VII, fig. 6.
1886 T.	— *floridellus* Lk.	LOCARD, Ét. crit. *Tapes*, *in* Bull. Soc. malac. France, p. 283.
1886 T.	— *rostratus*	LOCARD, Ét. crit. *Tapes*, *in* Bull. Soc. malac. France, p. 274, pl. VII, fig. 8.

1886 T.	*Tapes retortus*	LOCARD, Et. crit. *Tapes*, *in* Bull. Soc. malac. France, p. 304, pl. VIII, fig. 10.
1886 T.	— *æneus*	LOCARD (*non* Turton), Et. crit. *Tapes*, *in* Bull. Soc. malac. France, p. 306, pl. VIII, fig. 3.
1886 P.	— *pulchellus* Lk.	LOCARD, Et. crit. *Tapes*, *in* Bull. Soc. malac. France, p. 319.
1886 C.	— *aureus* Gm.	DAUTZENBERG, Nouv. liste Coq. de Cannes, p. 1.
1887 A.	— — —	DAUTZENBERG, Excurs. malac. à Saint-Lunaire, p. 8.
1888 A.	— — —	SERVAIN, Catal. Coq. mar. Concarneau, p. 102.
1888	— — —	KOBELT, Prodr. Faunæ Moll. test. maria europ. inhab., p. 357.
1888 C.	— *lætus* Poli	KOBELT, Prodr. Faunæ Moll. test., p. 356.
1888 C.	— *bicolor* Lk.	KOBELT, Prodr. Faunæ Moll. test., p. 356.
1888 C.	— *petalinus* Lk.	KOBELT, Prodr. Faunæ Moll. test., p. 355.
1888 C.	— *Rochebrunei* Loc.	KOBELT, Prodr. Faunæ Moll. test., p. 355.
1888 C.	— *Hœberti* Brus.	KOBELT, Prodr. Faunæ Moll. test., p. 358.
1888 T.	— *texturatus* Lk.	KOBELT, Prodr. Faunæ Moll. test., p. 355.
1888 T.	— *floridellus* Lk.	KOBELT, Prodr. Faunæ Moll. test., p. 356.
1888 P.	— *pulchellus* Lk.	KOBELT, Prodr. Faunæ Moll. test., p. 357.
1889	— *aureus* Gm.	CARUS, Prodr. Faunæ Medit., p. 126.
1889 C.	— *lætus* Poli	CARUS, Prodr. Faunæ Medit., p. 126.
1889 C.	— *bicolor* Lk.	CARUS, Prodr. Faunæ Medit., p. 126.
1889 C.	— *petalinus* Lk.	CARUS, Prodr. Faune Medit., p. 125.
1889 C.	— *Rochebrunei* Loc.	CARUS, Prodr. Faunæ Medit., p. 125.
1889 C.	— *Hœberti* Brus.	CARUS, Prodr. Faunæ Medit., p. 128.
1889 T.	— *texturatus* Lk.	CARUS, Prodr. Faunæ Medit., p. 125.
1889 T.	— *floridellus* Lk.	CARUS, Prodr. Faunæ Medit., p. 126.
1889 P.	— *pulchellus* Lk.	CARUS, Prodr. Faunæ Medit., p. 127.
1890 T.	— *æneus*	BOFILL (*non* Turton), Moll. mar. de Llansá, p. 22.
1890 C.	— *anthemodus* Loc.	BOFILL, Mol. mar. de Llansá, p. 23.
1891	*Venus aurea* Gm.	BRUSINA, Moll. lamell. di Zara, p. 25.
1891 C.	— *Beudanti* Payr.	BRUSINA, Moll. lamell. di Zara, p. 25.

1891 C. *Venus læta* Poli — Brusina, Moll. lamell. di Zara, p. 27.

Obs. — Il ne peut y avoir aucun doute sur l'identité du *Venus aurea* de Gmelin car il est établi sur la fig. 249 de la pl. 404 de Lister qui représente admirablement l'espèce à laquelle ce nom est généralement attribué.

Pennant, dans sa 2e édition, indique qu'il avait nommé cette espèce *Tellina rugosa* dans la première édition de son *British Zoology;* mais comme il existe un *Tellina rugosa* de Born, nous ne croyons pas utile de restaurer cet ancien nom.

Le *Venus sinuosa* de Pennant (*Brit. Zool.*, t. IV, pl. LV, fig. 1 A et 2e édit., t. IV, p. 213, pl. LVIII, fig. 4), a été regardé par beaucoup d'auteurs comme une monstruosité du *Tapes aureus;* mais comme Pennant dit qu'il s'agit d'une coquille mince, cette figure peut aussi bien être attribuée à une déformation du *Lucinopsis undata*. C'est donc un nom douteux qu'il convient d'écarter de la synonymie.

D'après Pulteney (*Catal Dorsetsh*, p. 36), le *Venus nebulosa* Solander, du Museum Portlandicum, serait synonyme du *Tapes aureus*.

Enfin, selon M. Brusina (*Ipsa Chiereghini Conch.*, p. 76), les *Venus Danæ*, *corinna*, *maja* et *Polyxena* de Chiereghini, sont synonymes du *T. aureus* var. *catenifera*.

Diagnose. — Coquille, diamètre umbono-ventral 22 millim. ; diamètre antéro-postérieur 27 millim., épaisseur 14 millim., solide, équivalve, inéquilatérale, de forme arrendie un peu transverse. Sommets renflés, contigus, incurvés antérieurement. Lunule lancéolée plus luisante que le reste du test et limitée par un sillon bien marqué. Surface terne ou très légèrement luisante, pourvue de nombreux sillons concentriques dont quelques-uns confluent aux extrémités de la coquille. On observe aussi des stries rayonnantes irrégulières, peu profondes, plus ou moins interrompues et parfois obsolètes.

Intérieur des valves luisant. Impressions musculaires bien marquées; bords simples, non denticulés. Charnière semblable à celle du *Tapes pullastra*. Impressions des muscles adducteurs arrondies; impression palléale large, pourvue d'un sinus grand et arrondi au sommet.

Coloration externe d'un blanc jaunâtre plus ou moins lavé de brun sur la région postérieure et ornée de rayons plus foncés ainsi que de linéoles brunes qui s'entrecroisent de manière à former un réseau plus ou moins apparent. Intérieur d'un jaune d'or, plus foncé dans la concavité des valves. Épiderme très mince, luisant ; ligament externe, corné, brun.

Variétés. — En examinant un grand nombre de spécimens de provenances diverses, on arrive à distinguer chez cette espèce polymorphe, en plus du type, un certain nombre de variétés principales autour de chacune desquelles viennent se grouper de nombreuses variations d'importance secondaire.

Dans notre liste synonymique, nous avons indiqué par des lettres majuscules suivant immédiatement les dates de publication, les références qui se rapportent, soit au type, soit à l'une des formes que nous considérons comme variétés principales :

A, signifie qu'il s'agit du type ou de l'une de ses mutations.

C, qu'il s'agit de la variété *catenifera* ou de l'une de ses mutations.

T, qu'il s'agit de la variété *texturata* ou de l'une de ses mutations.

P, qu'il s'agit de la variété *pulchella* ou de l'une de ses mutations.

E, qu'il s'agit de la variété *elongata*.

Lorsqu'un auteur a compris l'espèce dans un sens plus ou moins étendu ou bien, lorsqu'il est impossible de reconnaître quelle forme il a eu spécialement en vue, la référence n'est précédée d'aucune lettre.

Le choix du type du *T. aureus* est aisé, car la figuration de Lister (pl. CCCCIV, fig. 249), sur laquelle s'est appuyé Gmelin, représente un spécimen anglais de la forme qui se rencontre le plus fréquemment dans la mer du Nord, la Manche et l'Océan Atlantique. Nous avons représenté, pl. LXIII, fig. 1, 2, 3, 4, des spécimens qui concordent exactement avec la figure de Lister et proviennent de Saint-Lunaire (Ille-et-Vilaine).

Le *T. aureus* type, présente un certain nombre de mutations de taille, de forme, de sculpture et de coloration dont les principales sont :

Mutatio ex forma 1, *major*. De grande taille, atteignant : diamètre umbono-ventral 29 millim., diamètre antéro-post. 38 millim. Le spécimen de cette variété que nous avons représenté pl. LXIII, fig. 5, a été recueilli par l'un de nous au Croisic.

Mutatio ex forma 2, *ovata* Jeffreys = *Tapes Servaini* Locard. De petite taille, solide, de forme renflée, ovale, transverse, sculpture concentrique faible. Nous avons représenté, pl. LXIII, fig. 9, 10, des spécimens de cette mutation, provenant de Saint-Lunaire. Cette forme océanique se rapproche beaucoup de la var. *catenifera* de la Méditerranée.

Mutatio ex forma 3, *quadrata* Jeffreys (*Brit. Conch.*, t. II, p. 350). Coquille comprimée et à contour subquadrangulaire par suite de la direction plus rectiligne du bord dorsal.

Mutatio ex forma 4, *ænea* Turton. Turton a établi son *Venus ænea* sur des spécimens du *Tapes aureus* presque typiques; mais présentant une surface luisante et à reflets bronzés, état qui est uniquement dû à la persistance de l'épiderme. M. Locard n'a pas compris l'espèce de Turton et la figuration qu'il fournit pl. VIII, fig. 3, d'un exemplaire provenant de Nice, ne ressemble pas à celle du *Dithyra britannica*.

Mutatio ex forma 5, *nitens* Turton. Le *Venus nitens* de Turton est caractérisé par son test mince, un peu transparent et de coloration rougeâtre : ce n'est, en somme, qu'un *Tapes aureus* apauvri. Scacchi a employé plus tard le nom de *nitens* pour désigner un *Tapes* de la Méditerranée, tout à fait différent du *nitens* de Turton, et qui constitue une espèce bien spéciale caractérisée par sa forme rhomboïdale, son test mince et surtout par sa surface lisse, luisante et comme vernissée. Aussi M. Locard a-t-il eu raison, en conservant cette espèce de Scacchi de lui attribuer le nom nouveau de *Tapes lucens*.

Le *Tapes lucens* est l'un des mollusques les plus rares de la Méditerranée; il est, en général, peu connu. Notre excellent ami, M. Chevreux, nous en a offert un spécimen dragué par lui dans la baie de l'Ile Rousse (Corse), par 40 mètres de profondeur. Cet échantillon concorde exactement avec la fig. 14 de la pl. XIV de Philippi et nous l'avons fait photographier sur notre pl. LXIV, fig. 14.

Mutatio ex forma 6, *rugata* B. D. D., forme typique, solide, à surface terne et sculpture concentrique fortement accusée et ondulée. L'exemplaire de cette mutation que nous avons représenté pl. LXIII, fig. 7, provient de Beikos (Bosphore).

Mutatio ex colore 1, *albida*. Entièrement blanche.

Mutatio ex colore 2, *partita* B. D. D. = *bicolor* Locard et auct. (*non* Lamarck). Blanche, avec un large rayon brun couvrant l'extrémité postérieure de la coquille. Ce rayon existe tantôt sur les deux valves tantôt sur l'une des valves seulement. Le *Venus bicolor* Lamarck présente la même coloration; mais chez la variété *catenifera*.

Nous avons rencontré la mutation *partita* chez un exemplaire de la forme *major* recueilli à Jersey par M. Duprey et que nous avons figuré pl. LXIII, fig. 6. La fig. 8 de la même planche représente la même coloration chez la forme *ovata*.

Var. ex forma 1, *catenifera* Lamarck = *læta* Poli (*non* Linné) = *florida* Lamarck (*non* Poli) = *bicolor* Lamarck = *petalina* Lamarck = *Beudanti* Payraudeau = *virginea* Scacchi, Philippi (*non* Linné *nec auct.*) = *Pallei* Réquien = *Hæberti* Brusina = *anthemodus* Locard = *Grangeri* Locard = *Rochebrunei* Locard = *Bourguignati* Locard. De forme bien ovale, moins convexe et plus transverse que le type. Test plutôt mince. Coloration blanchâtre, ornée de quatre rayons bruns articulés.

Cette variété, parfaitement représentée par Poli, pl. XXI, fig. 1 à 4 et que nous avons figurée, pl. LXIII, fig. 11, ne peut malheureusement conserver le nom de *læta* que lui avait donné cet auteur, à cause de l'existence dans le *Systema Naturæ* d'un *Venus læta* qui est une coquille exotique tout à fait différente, représentée par Hanley : *Ipsa Linnæi Conch.*, pl. I, fig. 2, 3.

Lamarck en substituant au nom de *læta* celui de *florida*, ne s'est pas aperçu qu'il existait déjà dans Poli un *Venus florida* qui n'est autre chose que le *Tapes decussatus*.

En présence de cette confusion, nous avons adopté le nom *catenifera* Lamarck, qui, d'après Deshayes, qui en a vu le type, s'applique certainement à la même forme.

Mutatio ex forma 1, *Bourguignati* Locard. Ét. crit. des *Tapes*, pl. VIII, fig. 9. Forme très transverse et rostrée à l'extrémité postérieure (Voir notre pl. LXIII, fig. 13).

Mutatio ex forma 2, *Grangeri* Locard. Ét. crit. du *Tapes*, pl. VII, fig. 7. Cette forme constitue un passage entre la var. *catenifera* et la var. *texturata*.

Mutatio ex colore 1, *alba* Scacchi. Entièrement blanche.

Mutatio ex colore 2, *bicolor* Lamarck = *Rochebrunei* Locard = *partim alba partim nigricans* Scacchi, ne diffère que par sa forme plus transverse et son test plus mince de la mutation *partita* du *Tapes aureus* type (Voir notre pl. LXIII, fig. 14).

Mutatio ex colore 3, *rufa* Philippi. Unicolore, d'un brun fauve.

Mutatio ex colore 4, *reticulata* Philippi = *cancellata* Brusina. Ornée de linéoles rougeâtres entrecroisées.

Mutatio ex colore 5, *marmorata* Philippi = *lineis nigricantibus angulatis* Scacchi. Ornée de linéoles disposées en zigzags. Cette mutation établie par Scacchi sur la fig. 43 de la pl. XVII de Bonanni, a également été représentée par Poli : pl. XXI, fig. 1, et nous l'avons figurée sur notre pl. LXIII : fig. 12.

Mutatio ex colore 6, *variegata* Scacchi. Fond clair parsemé de taches brunes peu nombreuses. C'est par erreur que Scacchi indique le *V. rariflamma* Lamarck comme se rapportant à cette mutation. Le vrai *V. rariflamma* est, en effet, un *Tapes* du Sénégal qui n'a de rapports avec aucun de ses congénères européens.

Mutatio ex colore 7, *petalina* Lamarck = *Beudanti* Payraudeau = *nigricans*, *fulvo-biradiata* Scacchi = *violacea*, *albo-biradiata* Scacchi d'une teinte violacée plus ou moins foncée, sans taches, avec deux rayons blanchâtres divergents. Nous avons représenté pl. LXIII, fig. 15, un exemplaire de cette mutation.

Var. ex forma II, *texturata* Lamarck = *floridella* Lamarck = *acuminata* Sowerby = *florida* Reeve (*non* Lamarck, *nec* Poli) = *picturata* Réquien = *Mabillei* Locard = *nitidosa* Locard = *rostrata* Locard = *retorta* Locard = *ænea* Locard (*non* Turton).

Le *Venus texturata* a été établi par Lamarck sur la fig. 443 de la pl. XLII du *Conchylien Cabinet* (t. VII). C'est une coquille de taille relativement grande, à contour ovale, entièrement couverte d'un réseau de linéoles brunes. Les fig. 1, 2, 3 de notre pl. LXIV représentent des spécimens qui concordent parfaitement avec celui figuré par Chemnitz.

Mutatio ex forma et colore 1, *Mabillei* Locard. Ét. Crit. *Tapes*, pl. VII, fig. 5. = *abbreviata* Kobelt. Moins transverse et plus haute en proportion que la var. *texturata*, cette mutation est aussi caractérisée par sa coloration qui consiste en un fond clair orné sur le côté postérieur de larges flammules ombrées d'un brun violacé. Nous avons représenté pl. LXIV, fig. 4, 5 des spécimens de cette variété provenant de Toulon.

Mutatio ex forma et colore 2, *rostrata* Locard, *Ét. Crit. Tapes*, pl. VII, fig. 8. Forme irrégulière, transverse, à bord ventral sinueux du côté postérieur. Coloration fort voisine de celle du *T. aureus* type (Voir notre pl. LXIV, fig. 8).

Mutatio ex forma et colore 3, *retorta* Locard. *Ét. Crit. des Tapes*, pl. VIII, fig. 10. Par sa forme et sa coloration cette mutation se rapproche beaucoup du *Tapes aureus* type; mais son test plus mince et son aspect luisant la rattachent à la var. *texturata* (Voir notre pl. LXIV, fig. 7).

Mutatio ex forma et colore 4, *floridella* Lamarck. Forme subrhomboïdale; test assez solide, surface presque lisse dans la région médiane. Coloration d'un rose carminé, avec deux rayons blancs divergents, et des petites flammules blanches et rouges. Cette forme de Lamarck est fort douteuse et lorsqu'on examine avec attention la figuration de Delessert, on se demande s'il ne s'agirait pas aussi bien d'une variété du *Tapes rhomboides*.

Mutatio ex colore 1, *albida* Locard. Entièrement blanche ou grisâtre.

Mutatio ex colore 2, *lutea* Locard = *fusca* Locard = *brunnea* Locard. D'une teinte fauve uniforme plus ou moins foncée.

Mutatio ex colore 3, *violacea* Locard = *rosacea* Locard. D'une coloration violette ou rosée.

Mutatio ex colore 4, *bicolor* Locard (*non* Lamarck). Présentant, de même que la mut. *partita* du *T. aureus* type et la mut. *bicolor* Lamarck de la variété *catenifera*, un rayon brun sur l'extrémité postérieure des valves.

Mutatio ex colore 5, *radiata* B. D. D. D'un gris violacé, avec les sommets teintés de violet foncé et deux rayons blancs divergents. Cette mutation que nous avons représentée pl. LXIV, fig. 6, est l'analogue de la mut. *petalina* de la var. *catenifera*.

Les variations de dessin sont pour ainsi dire innombrables chez la variété *texturata* et l'on peut affirmer sans exagération qu'il est difficile de rencontrer deux spécimens semblables entre eux sous ce rapport. M. Locard a cité les suivantes : *maculata*, *marmorata*, *lyrata*, *zonata*, *bizonata*, *quadrizonata*, *flammea*, *heligmogramma*.

Var. ex forma III, *pulchella* Lamarck = *castrensis* Deshayes. Cette petite forme à contour rhomboïdal, de coloration fauve avec des rayons articulés peu apparents, a été figurée par Deshayes · *Expl. Sc. de l'Algérie*, pl. LXXXVI et comme elle est peu connue, nous sommes heureux de pouvoir figurer pl. LXIV, fig. 9, 10, grâce à l'obligeance de M. Douvillé, un exemplaire typique du *T. castrensis* qui fait partie de la collection de Deshayes, possédée aujourd'hui par l'École des Mines.

Le *Venus castrensis* Linné est une coquille exotique appartenant au genre *Lioconcha*.

Var. ex forma IV, *elongata* Dautzenberg (*Liste Coq. de Gabès*, p. 12). Nous devons à M. Chevreux de nombreux spécimens de *Tapes aureus* recueillis par lui dans la Baie des Surkennis et, en les comparant avec ceux qui nous ont été rapportés il y a quelques années, de Sfax, par M. de Nerville, nous avons pu nous assurer qu'il s'agit là d'une variété locale bien spéciale, très variable sous le rapport de la forme, comme on le voit par les fig. 12 et 13 de notre pl. LXIV; mais qui présente constamment un aspect particulier : surface très luisante, sculpture concentrique fine et régulière, sculpture rayonnante bien marquée, coloration très claire, d'un blanc jaunâtre ou carnéolé, tantôt uniforme, tantôt présentant quelques indications vagues de dessins, notamment à l'extrémité postérieure et le long du bord ventral.

Habitat. — Le *Tapes aureus* est très commun sur tout le littoral du Roussillon : les variétés *catenifera* et *texturata* accompagnées de nombreuses mutations de forme et de coloration.

Dispersion. — Toute la Méditerranée, l'Adriatique et la Mer Noire. Océan Atlantique depuis les îles Loffoden jusqu'au détroit de Gibraltar de 0 à 20 brasses.

Le *Tapes aureus* typique vit surtout dans l'Océan Atlantique; mais on rencontre aussi, dans la Méditerranée, des formes qui se rattachent de très près à ce type; telle est par exemple la mutation *rugata* du Bosphore.

La variété *catenifera* paraît spéciale à la Méditerranée où elle est fort répandue. Remarquons toutefois que la mutation *ovata* Jeffreys de l'Océan, s'en rapproche par sa forme ovale et transverse.

La variété *texturata* ne paraît exister que dans la Méditerranée et elle est particulièrement abondante sur le littoral de France et d'Espagne.

La variété *pulchella* n'est connue d'une manière certaine que des côtes d'Algérie.

La variété *elongata* paraît localisée dans le Golfe de Gabès.

Origine. — Cette espèce est citée du Pliocène d'Angleterre et du Pleistocène d'Angleterre et de Suède. M. Lorié a figuré sous le nom de *Tapes virgineus* var. *major*, une grande forme du *Tapes aureus*, provenant du Pleistocène d'un forage à Amsterdam.

La variété *catenifera* est citée du Pliocène de l'Italie septentrionale (Modenais, S. Miniato), par MM. Coppi et de Stefanis.

La variété *texturata* est indiquée, par Wood et par Jeffreys, du Pliocène d'Angleterre.

Sous-genre AMYGDALA Rœmer, 1857.

Type : *Venus decussata* Linné. Cette section comprend les *Tapes* à surface nettement treillissée et chez lesquels la sculpture rayonnante domine la sculpture concentrique.

Tapes decussatus Linné sp. (*Venus*).

Pl. LXV, fig. 1 à 8 ; pl. LXVI, fig. 1 à 8.

1767	*Venus decussata*	LINNÉ, Syst. Nat., édit. XII, p. 1135.
1777	— *litterata*	PENNANT (*non* Linné), Brit. Zool., t. IV, p. 96, pl. LVII, fig. 53.
1778	*Cuneus reticulatus*	DA COSTA, Brit. Conch., p. 202 (*ex parte*. — excl. fig.)
1780	*Venus deflorata*	BORN (*non* Linné), Test. Mus. Cæs. Vindob., p. 68, pl. V, fig. 2, 3.
1784	— *decussata* Lin.	CHEMNITZ, Conch. Cab., t. VII. p. 58, pl. XLIII, fig. 455, 456,
1786	— — —	SCHRŒTER, Einleit. in die Conchylienk., p. 150.
1790	— — —	LINNÉ-GMELIN, Syst. Nat., édit. XIII, p. 3294.
1790	— *fusca*	GMELIN *in* LINNÉ, Syst. Nat., édit. XIII, p. 3281.
1790	— *variegata*	GMELIN *in* LINNÉ, Syst. Nat., édit. XIII, p. 3281.
1792	— *decussata* Lin.	OLIVI, Zool. Adr., p. 108.
1793	— *obscura*	GMELIN *in* LINNÉ, Syst. Nat., édit. XIII, p. 3289.
1795	— *florida*	POLI, Test. utr. Sic., t. II, p. 97, pl. XXI, fig. 16, 17.
1803	— *decussata* Lin.	MONTAGU, Test. brit., p. 124.
1803	— — —	DONOVAN, Brit. Shells, t. II, pl. LXVII.
1804	— — —	MATON et RACKETT, Descr. Catal., *in* Trans. Lin. Soc., t. VIII, p. 88, pl. II, fig. 6.
1813	— — —	PULTENEY, Catal. Dorsetsh, p. 36.
1817	— — —	DILLWYN, Descr. Catal., t. I, p. 205.
1818	— — —	LAMARCK, Anim. sans vert., t. V, p. 597.
1819	— — —	TURTON, Conch. Dict., p. 244.

1822	*Venus decussata* Lin.	TURTON, Dithyra brit., p. 158, pl. VIII, fig. 10.
1825	— — —	BLAINVILLE, Manuel de Malac., p. 557; pl. LXXV, fig. 1.
1825	— — —	WOOD, Index testac., p. 40, pl. VIII, fig. 107.
1825	— — —	DE GERVILLE, Catal. Manche, p. 27.
1826	— — —	PAYRAUDEAU, Moll. de Corse, p. 50.
1827	— — —	BROWN, Illustr. of the Conch. of Gr. Brit. and Irel., pl. XIX, fig. 5, 6.
1829	— — —	COSTA, Catal. Sist., p. 34, 39.
1830	— — —	COLLARD DES CHERRES, Catal. test. Finistère, p. 23.
1832	— — —	DESHAYES, Encycl. méthod. t. III, p. 1120; pl. CCXXXIII, fig. 4.
1832	— — —	DESHAYES, Expéd. Sc. de Morée, p. 100.
1835	— — —	LAMARCK, Anim. sans vert., édit. Desh., t. VI, p. 356.
1835	— — —	BOUCHARD-CHANTEREAUX, Catal. Boulonnais, p. 21.
1836	— — —	SCACCHI, Catal. Conch. Regni Neap., p. 7.
1836	— — —	PHILIPPI, Enum. Moll. Sic., t. I, p. 45.
1838	— — —	MARAVIGNA, Mém. Sic., p. 75.
1842	— — —	HANLEY, Rec. biv. Shells, p. 122.
1844	— — —	POTIEZ et MICHAUD, Galerie de Douai, t. II, p. 233.
1844	— — —	PHILIPPI, Enum. Moll. Sic. t. II, p. 35.
1844	— — —	THORPE, Brit. mar. Conch. p. 93.
1844	*Pullastra* — —	FORBES, Rep. Æg. Invert., p. 144.
1846	*Venus* — —	VERANY, Catal. Invert. di Genova e Nizza, p. 13.
1848	— — —	DESHAYES, Expl. sc. de l'Algérie, pl. LXXXIII, pl. LXXXIV, pl. LXXXVII.
1848	— — —	RÉQUIEN, Coq. de Corse, p. 25.
1848	*Tapes* — —	FORBES et HANLEY, Brit. Moll. t. I, p. 379, pl. XXV, fig. 1.
1851	*Pullastra* — —	PETIT, Catal. *in* Journ. Conch., t. II, p. 296.
1852	*Capsa reticulata*	LEACH, Synopsis, p. 301.
1853	*Tapes decussata* Lin.	DESHAYES, Catal. Veneridæ in the Brit. Mus., p. 177.
1855	*Venus* — —	HANLEY, Ipsa Linn. Conch., p. 81.

1855	*Tapes decussata* Lin.	Sowerby, Thes. Conch., p. 693, pl. CL, fig. 115, 115*.
1856	— — —	Jeffreys, Piedm. Coast., p. 24.
1857	— — —	Rœmer, Krit. Unters, p. 125.
1858	*Venus* (Pullastra) *decussata* Lin.	Gay, Catal. biv. du Var, *in* Bull. Soc. sc. du Var, p. 176.
1859	*Tapes* — —	Sowerby, Illustr. Index Brit. Sh., pl. IV, fig. 6.
1860	— — —	Macé, Catal. Cherbourg et Valognes, p. 23.
1862	— — —	Chenu, Manuel de Conch., t. II, p. 94, fig. 419.
1862	— — —	Weinkauff, Catal. Algérie, *in* Journ. Conch., t. X, p. 317.
1863	— — —	Jeffreys, Brit. Conch., t. II, p. 359; t. V (1869), p. 185, pl. XXXIX, fig. 7.
1864	— — —	Rœmer, Malak. Blätter, t. XI, p. 65.
1864	— — —	Reeve, Conch. Icon., pl. XI, fig. 57a, 57b.
1865	— — —	Fischer, Gironde, p. 53.
1865	— — —	Cailliaud Catal., Loire-Inf., p. 80.
1865	— — —	Stossich, Enum. Moll. del Golfo di Trieste, p. 31.
1866	— — —	Brusina, Contrib. pella fauna Dalm., p. 96.
1867	— *decussatus* —	Taslé, Catal. Morbihan, p. 12.
1867	— *decussata* —	Weinkauff, Conch. des Mittelm., t. I, p. 97.
1868	— — —	Colbeau, Liste Moll. de Belg., p. 25.
1869	*Venus* — —	Pfeiffer, *in* Martini et Chemnitz Conch. Cab., 2e édit., p. 179; pl. XXI, fig. 11, 12.
1869	*Tapes* — —	Petit, Catal. test. mar., p. 53.
1869	— — —	Tapparone-Canefri, Moll. test. di Spezia, p. 119.
1869	— *decussatus* —	Appelius, Conch. del mar. Tirreno, *in* Bull. Malac. Ital., p. 12.
1870	*Venus* (*Tapes*) *decussata* —	Aradas et Benoit, Conch. viv. mar. della Sic., p. 67.
1870	*Tapes* — —	Ancey, Catal. Moll. mar. Cap Pinède, p. 4.
1870	— *decussatus* Lin.	Hidalgo, Mol. mar. Catal. gen., p. 156; pl. XLII, fig. 1 à 7.
1871	— *decussata* —	Rœmer, Monogr. G. Venus, t. II, p. 72; pl. XXV, fig. 1, 1a, 1b, 1c.
1872	— *decussatus* —	Monterosato, Notizie int. alle Conch. Medit., p. 23.

1875	*Tapes decussatus* Lin.	Monterosato, Nuova Rivista, p. 16.
1878	— — —	Monterosato, Enum. e Sinon., p. 12.
1878	— — —	Fischer, Brachiop. et Moll. du litt. océan. de France, p. 9.
1879	— *decussata* —	Granger, Catal. Moll. Cette, p. 31.
1880	*Venus* — —	Stossich, Prosp. della Fauna Adr. *in* Boll. Soc. Adr. di Sc. Nat., p. 154.
1880	*Tapes decussatus* —	Servain, Catal. Coq. mar. Ile d'Yeu, p. 16.
1883	— — —	Daniel, Faune malac. Brest, *in* Journ. Conch., t. XXXI, p. 243.
1883	— — —	Dautzenberg, Liste Coq. de Gabès, p. 12.
1883	— — —	Marion, Esq. topogr. zool. du Golfe de Marseille, p. 24, 25, 33, 35, 38, 50, 51, 53.
1883	— *decussata* —	G. Dollfus, Liste Coq. Palavas, p. 3.
1884	— *decussatus* —	Nobre, Catal. Moll. du Sud-Ouest du Portugal, p. 18.
1884	— — —	Nobre, Mol. mar. do Noroeste de Portugal, p. 14.
1886	— — —	Locard, Étude crit. des *Tapes* de France, *in* Bull. Soc. Malac. de France, p. 243, pl. VII, fig. 1.
1886	— *extensus*	Locard, Étude crit. des *Tapes* de France, *in* Bull. Soc. Malac. de France, p. 249, pl. VII, fig. 2.
1886	— *decussatus* Lin.	Granger, Bivalves de France, p. 141, pl. X, fig. 9.
1886	— — —	Locard, Prod. de Malac. franç., p. 434.
1886	— *extensus*	Locard, Prodr. de Malac. franç., p. 435, 595.
1886	— *decussatus* Lin.	Dautzenberg, Nouv. liste Coq. de Cannes, p. 1.
1887	— — —	Dautzenberg, Excurs. malac. St-Lunaire, p. 8.
1888	— — —	Kobelt, Prodr. Faunæ Moll. test. maria europ. inhab., p. 354.
1888	— — —	Servain, Catal. Coq. Concarneau, p. 101.
1889	— — —	Carus, Prodr. Faunæ Medit., p. 124.
1890	— — —	Bofill, Mol. mar. de Llansá, p. 22.

1890 *Tapes decussatus* Lin.	Dautzenberg, Moll. Pouliguen, p. 4.
1891 — — —	Dautzenberg, Contrib. Faune Malac. du Golfe de Gascogne, p. 8.
1891 *Venus decussata* —	Brusina, Elenco dei Moll. di Zara, p. 25.
1892 *Tapes decussatus* —	Bizet, Malacoz. de Picardie, p. 175.
1892 — — —	Locard, Coq. mar. de France, p. 291, fig. 272.
1892 — *extensus*	Locard, Coq. mar. de France, p. 291.

Obs. — Dans le « Systema Naturæ », l'habitat indiqué pour le *Venus decussata* est l'Océan Indien. Il semblerait donc que Linné avait en vue une coquille exotique; mais Hanley nous apprend que des spécimens méditerranéens, concordant bien avec les figures 455 et 456 de Chemnitz, existent seuls dans la collection de Linné sous le nom de *V. decussata*. Ce nom ayant d'ailleurs été adopté depuis par la plupart des naturalistes pour désigner l'espèce dont nous nous occupons, il n'y a aucune raison pour ne pas se conformer à cette tradition.

M. Locard s'est appuyé sur les termes : « antice angulata » employés par Linné, pour conclure que la forme rhomboïdale et fortement treillissée qui prédomine sur notre littoral océanique devait être considérée comme le véritable *Venus decussata*. L'autre forme plus transverse, plus ovale et plus finement sculptée qui vit surtout dans la Méditerranée, lui paraissant assez différente pour constituer une espèce distincte, il lui a attribué le nom de *Tapes extensus*. Or, nous venons de voir que Hanley n'a trouvé dans la collection de Linné que des spécimens méditerranéens et si nous poursuivons l'histoire du *V. decussata*, dans la XIIIe édition du *Systema Naturæ*, nous voyons que Gmelin lui a assigné la Méditerranée pour habitat. Parmi les figurations citées par cet auteur, celles de Gualtieri sont grossières et ne prouvent rien; par contre, celles du *Conchylien Cabinet* (t. VII, pl. XLIII, fig. 455, 456), sont excellentes et représentent bien des spécimens méditerranéens à sculpture longitudinale dominante. Dans son texte, Chemnitz ne cite d'ailleurs que la Méditerranée comme provenance. Enfin, les figures 2 et 3 de la planche V de Born, représentent encore la même forme méditerranéenne. Le type le plus anciennement précisé est donc incontestablement celui de la Méditerranée et, dès lors, le *Tapes extensus* Locard tombe en synonymie de ce type.

Da Costa a confondu sous le nom de *Cuneus reticulatus* la présente espèce et le *Tapes pullastra*, comme le montre sa description. Il paraît cependant avoir eu plutôt en vue le *pullastra*, car il indique que l'intérieur des valves présente une tache violette du côté postérieur. Sa figuration (pl. XIV, fig. 4) représente, d'ailleurs, certainement le *T. pullastra*.

D'après M. Brusina (Ipsa Chicreghini Conch.) le *Venus Vesta* Chieregh., est synonyme.

En nommant cette espèce *Venus florida*, Poli l'assimilait à tort au *V. deflorata* de Linné et la raison qu'il invoque (p. 97, note), pour justifier cette substitution de nom, est que l'appellation linnéenne n'est pas décente.

Le *T. decussatus* se distingue à première vue du *T. pullastra* par sa forme moins transverse et par sa surface plus fortement treillissée.

Diagnose. — Coquille, diamètre umbono-ventral 39 millim.; diamètre antéro-postérieur 56 millim.; épaisseur 26 millim., solide, équivalve, inéquilatérale, de forme ovale-transverse, tronquée du côté postérieur. Sommets renflés, contigus, incurvés antérieurement. Lunule lancéolée, peu apparente; mais toujours facile à distinguer, par suite de l'absence de costules rayonnantes. Surface terne ou très légèrement luisante, pourvue de costules rayonnantes très nombreuses, inégales, plus fortes aux deux extrémités de la coquille. Ces costules sont coupées par des stries concentriques, fines sur la partie médiane des valves, mais beaucoup plus fortes sur leurs extrémités où elles déterminent une sculpture nettement treillissée. Les périodes d'accroissement du test sont indiquées par des sillons concentriques bien marqués.

Intérieur des valves mat au centre; impressions musculaires et palléale très luisantes. Bords simples, non denticulés. Plateau cardinal étroit. Charnière de la valve droite pourvue de trois dents cardinales très aiguës, saillantes et comprimées latéralement : l'antérieure petite et simple, les deux autres plus fortes et bifides au sommet. Charnière de la valve gauche pourvue de trois dents cardinales : l'antérieure pointue et très saillante, la médiane plus forte et bifide au sommet, la postérieure très étroite et plus faible. Impressions des muscles adducteurs des valves grandes, subtrigones, bien marquées. Impression palléale large, pourvue d'un sinus grand, largement ouvert, arrondi au sommet.

Coloration externe fauve, parsemée de taches et de ponctuations plus claires ainsi que de flammules brunes très irrégulières qui, par leur disposition, produisent parfois trois rayons divergents. Coloration interne d'un blanc jaunâtre ou bleuâtre. Une petite tache violette allongée orne le côté postérieur du plateau cardinal. Épiderme fibreux, peu persistant. Ligament fort, corné, d'un brun foncé et faisant saillie à l'extérieur de la coquille.

Variétés. — Quelques auteurs ont cru devoir scinder de *T. decussatus* et considérer comme espèces distinctes ses deux formes les plus aberrantes. Cette manière de voir ne peut être admise lorsqu'on se trouve en présence de matériaux importants. Notre variété *intermedia* est, en effet, intermédiaire entre ces formes extrêmes et nous possédons en outre des spécimens qui relient cette variété, d'une part au type et de l'autre à la variété *fusca*.

Pour les motifs que nous avons exposés plus haut, nous considérons comme type la forme méditerranéenne telle qu'elle est représentée par Chemnitz, fig. 455 et 456.

Var. ex forma 1, *intermedia* B. D. D. Cette variété est absolument intermédiaire entre le type et la variété *fusca*, tant sous le rapport de la forme que de la sculpture. Nous l'avons représentée, pl. LXV, fig. 5, d'après un exemplaire recueilli à Port-de-Boucq, par M. Adrien Dollfus.

Var. ex forma 2, *tumida* Brusina (*Elenco dei Moll. lamell. di Zara*, p. 25). Plus renflée que le type et plus élégamment striée.

Var. ex forma 3, *depauperata* Monterosato (Messine).

Var. ex forma 4, *fusca* Gmelin = *obscura* Gmelin. Gmelin a établi son *Venus fusca* sur une très bonne figuration de Lister (pl. CCCCXXIII, fig. 271), qui représente, sous le nom de *Chama fusca*, un spécimen des côtes d'Angleterre. C'est sous cet aspect que le *Tapes decussatus* se présente habituellement dans la Manche et sur notre littoral océanique. Le *Venus obscura* décrit par Gmelin, quelques pages plus loin que le *V. fusca*, est synonyme, puisqu'il est basé sur la même figure de Lister.

La variété *fusca* est celle qui s'éloigne le plus du type : elle est moins transverse, plus solide, plus rhomboïdale, sa surface est plus grossièrement sculptée et plus nettement treillissée, enfin, elle est ordinairement d'une coloration brune orangée uniforme. Nous en avons représenté, pl. LXVI, fig. 4, 5, des spécimens provenant du Pouliguen.

Var. ex forma 5, *quadrangula* Jeffreys. De petite taille, d'une forme plus quadrangulaire et plus convexe que la variété *fusca*. Nous avons représenté, pl. LXVI, fig. 6, un exemplaire de cette variété provenant de Bantry (Irlande).

Var. ex forma 6, *major* B. D. D. De grande taille, atteignant 80 millim. de diamètre antéro-postérieur.

Var. ex colore 1, *lactea* Philippi, entièrement blanche.

Var. ex colore 2, *grisea* Brusina. D'un gris uniforme.

Var. ex colore 3, *citrina* Brusina. D'un jaune citron ou orangé, sans taches, ou ne présentant que quelques petites maculations sur le côté postérieur (Voir notre pl. LXV, fig. 6).

Var. ex colore 4, *albo-limbata* Brusina. Ornée d'une zone blanche le long du bord ventral.

Var. ex colore 5, *violascens* Brusina. Fond de la coloration violet.

Var. ex colore 6, *radiata* B. D. D. Ornée de rayons bien marqués.

Nous avons représenté un exemplaire de cette variété (pl. LXV, fig. 7) recueilli à Djerba, par M. Chevreux.

Les six variétés de coloration qui précèdent se rapportent à la forme typique.

Var. ex colore 7, *albida* B. D. D. Entièrement blanche.

Var. ex colore 8, *varians* B. D. D. Plus ou moins ornée de taches et de ponctuations brunes (Voir notre pl. LXVI, fig. 7).

Var. ex colore 9, *texta* B. D. D. Ornée de linéoles brunes disposées en zigzags et formant réseau. Nous avons fait figurer cette variété sur notre pl. LXVI, fig. 8, d'après un spécimen du Pouliguen.

Var. ex colore 10, *umbonibus-violaceis* B. D. D. Ayant les sommets teintés de violet.

Ces quatre dernières variétés de coloration se rapportent à la var. *fusca*.

Monstr. 1, *superfœtata* Brusina. Avec des plis d'accroissement tellement marqués, qu'elle semble composée de plusieurs valves superposées.

Monstr. 2, *plicata* Monterosato. Déformée par un sillon partant du sommet et occasionnant une forte inflexion du bord ventral. Nous avons représenté, pl. LXV, fig. 8, un spécimen provenant de Mahon et qui présente cette anomalie.

Monstr. 3, *biplicata* Monterosato. Semblable à la monstruosité précédente, mais déformée par deux sillons rayonnants.

Ces trois monstruosités se rapportent au *T. decussatus* type.

Habitat. — Commun à Port-Vendres, Banyuls, Collioure, etc.; mais d'une taille plutôt au-dessous de la moyenne. Les grands exemplaires sont rares.

Dispersion. — Le type vit dans toute la Méditerranée et l'Adriatique, et nous possédons d'Arcachon et du Pouliguen des exemplaires qui ne peuvent guère en être séparés.

La variété *intermedia* a été rencontrée à Port-de-Boucq, à Marseille, à Minorque, etc.

La variété *fusca* vit principalement dans l'Océan Atlantique, depuis l'Angleterre jusqu'au Portugal ; mais parmi les nombreux spécimens de Djerba (Tunisie), recueillis par notre ami M. Chevreux, il en est qui ne diffèrent en rien de certains exemplaires bretons de la var. *fusca*.

Jeffreys (*On some species of Japanese marine Shells and Fishes*, in *Linnean Society's Journal-Zoology*, t. XII, p. 103), affirme qu'il est impossible de distinguer le *Tapes indicus* du *decussatus* par un autre caractère que la différence d'origine. Si cette manière de voir était admise, l'aire de dispersion de notre espèce se trouverait singulièrement étendue.

Origine. — Pliocène de Millas et de Banyuls, de la vallée du Rhône, de l'Italie septentrionale. Pleistocène d'Angleterre, d'Amsterdam, de la Calabre.

M. Brauns, en le citant du Tertiaire supérieur du Japon, a adopté l'opinion de Jeffreys qui assimile le *T. indicus* au *decussatus*.

Deshayes, dans son ouvrage sur les *Coquilles fossiles des environs de Paris*, a figuré, pl. XXIII, fig. 89, sous le nom de *Venus decussata*, comme provenant de l'Oligocène d'Orsay, une coquille qui n'a pas été retrouvée depuis et qui n'appartient vraisemblablement pas à cette faune.

Genre VENERUPIS Lamarck, 1818.

Type : *Donax irus* Linné. Ce genre a été adopté par la plupart des naturalistes. Les espèces qui le composent avaient été placées par les anciens auteurs parmi les *Tellina*, les *Donax* et les *Venus*. Sowerby les a classées dans le genre *Pullastra*. Le genre *Irus* Oken (*ex parte*), est synonyme.

Des modifications ont été apportées, sans motif sérieux, à l'orthographe du nom de ce genre : Swainson a écrit : *Venerirupa* et Vérany : *Venerirupis*.

C'est à tort que divers auteurs tels que Gray, Adams et Tryon (*Struct. and Syst. Conch.*, t. III, p. 174), ont considéré le nom de *Venerupis* comme synonyme de *Rupellaria* Fleuriau de Bellevue, genre établi pour deux coquilles : *Rupellaria striata* Fl. et *Rupellaria reticulata* Fl., qui ne sont que des variétés d'une seule et même espèce décrite par Retzius, sous le nom de *Petricola lithophaga*.

Deshayes, dans son ouvrage sur les *Animaux sans Vertèbres du bassin de Paris*, a parfaitement élucidé la question : Fleuriau a bien parlé d'un genre à établir pour le *Donax irus*, mais il ne lui a attribué aucun nom, tandis que les espèces décrites par lui, en 1802-1803, sous le nom de *Rupellaria* sont incontestablement des *Petricola* Lamarck (1801).

Venerupis irus Linné sp. (*Donax*).

Pl. LXVII, fig. 9 à 18.

1767 *Donax irus*	LINNÉ, Syst. Nat., édit. XII, p. 1128.
1777 *Tellina cornubiensis*	PENNANT, Brit. Zool., t. IV, p. 89.
1778 *Cuneus foliatus*	DA COSTA, Brit. Conch., p. 204, pl. XV, fig. 6 (*gauche*).
1782 *Donax irus* Lin.	CHEMNITZ, Conch. Cab., t. VI, p. 271, pl. XXVI, fig. 268 à 270.
1786 — — —	SCHROETER, Einleit. in die Conchylienk., t. III, p. 100.

1790	*Donax irus* Lin.	Linné-Gmelin, Syst. Nat., édit. XIII, p. 3265.
1791	— — —	Poli, Test. utr. Sic., t. I, p. 82; pl. X, fig. 1, 2; pl. XIX, fig. 25, 26.
1792	*Venus cancellata*	Olivi (*non* Linné), Zool. Adr., p. 107.
1803	*Donax irus* Lin.	Montagu, Test. brit., p. 108, 573.
1803	— — —	Donovan, Brit. Shells, t. I, pl. XXIX, fig. 2.
1804	— — —	Maton et Rackett, Descr. Catal. *in* Trans. Linn. Soc., t. VIII, p. 77.
1804	*Venus Bottarii*	Renier, Tavola Alfab., p. 6, n° 93.
1812	*Donax irus* Lin.	Pennant, Brit. Zool., edit. II, t. IV, p. 200.
1813	— — —	Pulteney, Catal. Dorsetsh., p. 34, pl. XII, fig. 6.
1817	— — —	Dillwyn, Descr. Catal., t. I, p. 156 (syn. plur. excl.).
1818	*Venerupis irus* Lin.	Lamarck, Anim. s. vert., t. V, p. 507.
1819	*Donax* — —	Turton, Conch. Dict., p. 43.
1822	*Petricola* — —	Turton, Dithyra brit., p. 26, pl. II, fig. 14.
1825	*Venerupis* — —	Blainville, Manuel de Malac., p. 559 (excl. fig.).
1825	*Donax* — —	Wood, Index testac., p. 32, pl. VI, fig. 21.
1825	— — —	de Gerville, Catal. Coq. Manche, p. 23.
1826	*Venerupis* — —	Payraudeau, Moll. de Corse, p. 35.
1826	— — —	Risso, Europe Mérid., t. IV, p. 363.
1827	*Venus* — —	Brown, Illustr. of the Conch. of Gr. Brit. and Irel., pl. XX, fig. 9.
1828	*Venerupis* — —	Fleming, Brit. Anim., p. 451.
1830	— — —	Collard des Cherres, Catal. test. Finistère, p. 17.
1832	— — —	Deshayes, Encycl. Méthod., t. III, p. 1110.
1832	— — —	Deshayes, Expl. Sc. de Morée, p. 91.
1835	— — —	Lamarck, Anim. s. vert., édit. Desh., t. VI, p. 163.
1836	— — —	Scacchi, Catal. Conch. Regni Neap. p. 7.
1836	— — —	Philippi, Enum. Moll. Sic., t. I, p. 21.
1838	— — —	Maravigna, Mém. Sic., p. 76.
1842	— — —	Hanley, Recent Biv. Shells, p. 54.
1843	— — —	Deshayes, Traité élém. de Conch., p. 503, pl. XII, fig. 16, 17, 18.
1844	— — —	Potiez et Michaud, Galerie de Douai, t. II, p. 240.

1844 *Pullastra irus* Lin.		BROWN, Illustr. of the Conch. of Gr. Brit. and Irel., édit. II, p. 89, pl. XXXVI, fig. 9.
1844 *Venerupis* — —		PHILIPPI, Enum. Moll. Sic., t. II, p. 20.
1844 — — —		FORBES, Rep. Æg. Invert., p. 143.
1844 — — —		THORPE, Brit. mar. Conch., p. 60.
1846 *Venerirupis* — —		VÉRANY, Catal. Invert. di Genova e Nizza, p. 13.
1848 *Venerupis* — —		DESHAYES, Expl. Sc. de l'Algérie, pl. LXVI, fig. 14 à 17.
1848 — — —		RÉQUIEN, Coq. de Corse, p. 17.
1848 — — —		FORBES et HANLEY, Brit. Moll., t. I, p. 156, pl. VII, fig. 1 à 3; pl. G fig. 2 (animal).
1851 — — —		GRAY, List of Brit. anim. in the Brit. Mus., p. 48.
1851 — — —		PETIT, Catal. *in* Journ. Conch., t. II, p. 289.
1852 *Capsa* — —		LEACH, Synopsis, p. 299.
1855 *Venerupis* — —		SOWERBY, Thes. Conch., t. II, p. 763; pl. CLXIV, fig. 1; pl. CLXV, fig. 31, 32.
1855 *Donax* — —		HANLEY, Ipsa Linn. Conch., p. 63.
1856 *Venerupis* — —		JEFFREYS, Piedm. Coast. p. 23.
1858 *Rupellaria* — —		H. et A. ADAMS, Genera of recent Moll. t. II, p. 438; pl. CIX, fig. 4, 4A, 4B.
1858 *Venerupis* — —		GAY, Catal. biv. du Var, *in* Bull. Soc. Sc. du Var, p. 157.
1859 — — —		SOWERBY, Illustr. Ind. brit. Sh., pl. I, fig. 18.
1860 — — —		MACÉ, Catal. Coq. Cherbourg et Valognes, p. 24.
1862 — — —		CHENU, Manuel de Conch., t. II, p. 95, fig. 425.
1862 *Rupellaria* — —		WEINKAUFF, Catal. Alg., *in* Journ. Conch., t. X, p. 312.
1865 *Venerupis* — —		JEFFREYS, Brit. Conch., t. III, p. 86, pl. III, fig. 4; t. V (1869), pl. LI, fig. 5.
1865 — — —		STOSSICH, Enum. Moll. del Golfo di Trieste, p. 31.
1865 — *crenata*		STOSSICH (*non* Lamarck), Enum. Moll. del Golfo di Trieste, p. 31.
1865 — *irus* Lin.		CAILLIAUD, Catal. Loire-Inf., p. 59.
1865 — — —		FISCHER, Gironde, p. 52.
1866 *Rupellaria* — —		BRUSINA, Contrib. pella fauna Dalm., p. 97.

1867	*Venerupis irus* Lin.	WEINKAUFF, Conch. des Mittelm., t. I, p. 91.
1867	— — —	TASLÉ, Catal. Morbihan, p. 11.
1868	— — —	BELTRÉMIEUX, Faune viv. Charente-Inf., p. 12.
1869	— — —	TAPPARONE-CANEFRI, Moll. test. di Spezia, p. 121.
1869	— — —	PETIT, Catal. test. mar., p. 52.
1870	— — —	ARADAS et BENOIT, Conch. viv. mar. della Sic., p. 53.
1872	— — —	MONTEROSATO, Notizie int. alle Conch. Medit., p. 27.
1875	— — —	MONTEROSATO, Nuova Rivista, p. 19.
1878	— — —	MONTEROSATO, Enum. e Sinon., p. 15.
1878	— — —	FISCHER, Brach. et Moll. du litt. océan. de France, p. 8.
1879	— — —	GRANGER, Moll. de Cette, p. 32.
1879	— — —	MONTEROSATO, Notizie int. ad alc. Conch. delle Coste d'Africa, *in* Bull. Soc. Malac. Ital., t. V, p. 216.
1880	— — —	STOSSICH, Prosp. della Fauna Adr., *in* Boll. Soc. Adr. di Sc. Nat., t. V, p. 155.
1881	— — —	JEFFREYS, Lightn. and. Porcup. Exp., *in* Proc. Zool. Soc. Lond., p. 716.
1883	— — —	DANIEL, Faune Malac. Brest, *in* Journ. Conch., t. XXXI, p. 242.
1883	— — —	G. DOLLFUS, Liste Coq. Palavas, p. 3.
1883	— — —	DAUTZENBERG, Liste Coq. de Gabès, p. 14.
1884	— — —	NOBRE, Catal. Moll. du Sud-Ouest du Portugal, p. 19.
1884	— — —	NOBRE, Moll. mar. do Noroeste de Portugal, p. 14.
1886	— — —	LOCARD, Prodr. de Malac. franç., p. 379.
1886	— — —	SMITH, Report Challenger Exp., p. 113.
1886	— — —	DAUTZENBERG, Nouvelle liste Coq. de Cannes, p. 1.
1888	— — —	KOBELT, Prodr. Faunæ Moll. test. maria europ. inhab., p. 359.
1888	— — —	SERVAIN, Catal. Coq. Concarneau, p. 81.
1889	— — —	DE GREGORIO, Esame di tal. Moll. viv. e terz., p. 5.
1889	— — —	CARUS, Prodr. Faunæ Medit., p. 128.
1889	— — —	NOBRE, Contr. Fauna Malac. da Madeira, p. 9.
1890	— — —	BOFILL, Moll. mar. de Llansá, p. 23.

1890 *Venerupis irus* Lin.	DAUTZENBERG, Réc. Culliéret aux Canaries et au Sénégal, p. 17.
1892 — *irusianus*	LOCARD, Coq. mar. des côtes de France, p. 253.

Obs. — Espèce linnéenne au sujet de laquelle il n'y a pas d'équivoque : la description est suffisante, la référence de Gualtieri (pl. XCV, fig. A), la représente d'une manière convenable; enfin Hanley nous fait savoir que la collection de Linné renferme des spécimens de la présente espèce et qu'il n'y existe aucune autre coquille à laquelle la diagnose du Systema Naturæ puisse s'appliquer.

Le *Venerupis crenata* de Lamarck est une espèce exotique ressemblant assez, à première vue au *V. irus;* c'est par erreur que Stossich a attribué ce nom à une forme de l'Adriatique.

D'après Brusina (Ipsa Chiereghini Conch., p. 80), le *Venus cancellata* var. A, de Chiereghini, est synonyme.

Diagnose. — Coquille, diam. umbono-ventral 15 mill., diam. antéro-post. 23 millim., épaisseur 10 millim., médiocrement solide, équivalve, très inéquilatérale, de forme subquadrangulaire transverse. Côté antérieur arrondi, beaucoup plus court que le côté postérieur qui est fortement tronqué. Bord dorsal et bord ventral presque rectilignes et parallèles entre eux. Sommets petits, inclinés du côté antérieur. Pas de lunule ni de corselet apparents. Surface ornée de lamelles concentriques minces, plus ou moins régulièrement espacées, au nombre d'une vingtaine, plus développées et foliacées aux deux extrémités de la coquille, mais surtout du côté postérieur. Le test est traversé par de nombreuses stries rayonnantes qui règnent sur les lamelles aussi bien que dans leurs intervalles et on observe également, entre les lamelles, de fines stries concentriques.

Intérieur des valves mat au centre. Impressions musculaires, impression palléale et sinus palléal luisants. Bords simples, non denticulés. Plateau cardinal étroit, profondément creusé en gouttière le long du bord dorsal, par la fossette ligamentaire. Charnière de la valve droite pourvue de trois dents cardinales : l'antérieure faible, les deux autres plus fortes et bifides. Charnière de la valve gauche pourvue de trois dents cardinales : la postérieure faible, les deux autres plus fortes et bifides. Impressions des muscles adducteurs des valves bien marquées, inégales : celles du muscle adducteur postérieur sont petites, arrondies; celles du muscle adducteur antérieur sont plus grandes, ovales et situées tout près du bord antérieur. Impression palléale bien marquée, pourvue d'un sinus largement ouvert, anguleux au sommet.

Coloration d'un blanc jaunâtre mat, uniforme. Intérieur des valves blanc ou teinté de brun violacé le long du bord dorsal et du bord postérieur. Épiderme très mince, rarement persistant. Ligament corné jaunâtre ou brun, profondément enfoncé.

Variétés. — Le *V. irus* vit ordinairement dans des trous creusés dans la pierre par des mollusques perforants, aussi est-il très souvent déformé. Il n'est pas rare de rencontrer des individus arrondis, parfois même plus hauts que larges : Var *subrotunda* Réquien = *Barrensis* de Gregorio (Voir notre pl. LXVII, fig. 17); d'autres très allongés transversalement : var. *oblonga* Réquien (Voir notre pl. LXVII, fig. 13, 14); d'autres enfin fortement sinueux (Voir notre pl. LXVII, fig. 18). Mais ces divergences dues au mode d'habitat, ne doivent être considérées que comme des déformations accidentelles; nous croyons qu'il en est de même des variétés *timba* et *docilis* établies par M. de Gregorio.

Var. ex forma 1, *crebrilamellata* B. D. D. Coquille épaisse, de forme haute, ornée de lamelles concentriques nombreuses et contiguës. Nous possédons des exemplaires de cette variété pêchés dans le Golfe de Naples. Nous en avons représenté un, pl. LXVII, fig. 15, 16.

Var. ex colore 1, *flava* Monterosato. D'une teinte jaune orangée uniforme.

Var. ex colore 2, *rosea* Monterosato. D'une coloration rosée.

Var. ex colore 3, *bicolor* Monterosato. Ornée, du côté postérieur, d'une large tache d'un brun violacé, visible à l'extérieur aussi bien qu'à l'intérieur des valves (Voir notre pl. LXVII, fig. 19).

Var. ex colore 4, *tricolor* Monterosato. Semblable à la précédente, mais avec la tache s'étendant sur presque toute la surface et présentant, en outre, des linéoles parallèles, obliques, d'un brun rougeâtre qui partent du bord dorsal et se terminent au bord ventral et au bord antérieur.

Les variétés de coloration *flava, rosea* et *tricolor* ne peuvent guère être observées que sur des exemplaires jeunes. Chez les spécimens adultes, le sommet seul conserve des traces de ces colorations, le reste du test est blanchâtre, comme le type.

Habitat. — Peu abondant à Port-Vendres, Paulilles, le type et les variétés de coloration *flava* et *bicolor*.

Dispersion. — Depuis les côtes d'Angleterre jusqu'au détroit de Gibraltar; Canaries, Madère; toute la Méditerranée, l'Adriatique et la mer Noire. Distribution bathymétrique 0-70 br.

Origine. — Miocène du Bordelais (Benoist); de Vienne (Hœrnes); Pliocène d'Angleterre, du Cotentin, de Banyuls (Fontannes), de la Calabre, de la Morée et de Rhodes; Pleistocène de Calabre (Seguenza) et de Rhodes.

Famille PETRICOLIDÆ d'Orbigny, 1837.

Cette famille a été établie en 1830, sous le nom de *Petricolea*, par Deshayes (Encyclopédie méthod.), pour un groupe de genres peu homogène : *Petricola, Saxicava, Venerupis, Hiatella* et *Byssomya*. En 1837, d'Orbigny, en employant le vocable plus correct *Petricolidæ*, en a réduit l'étendue aux genres *Petricola* et *Saxicava*. En 1853, Gray l'a conservée sous le nom de *Petricoladæ* pour les genres *Petricola, Naranio* et *Lajonkairia*. En 1857, MM. Adams ont repris le nom *Petricolidæ* en n'y maintenant que les genres *Petricola* et *Venerupis*. Deshayes, en 1858 (Anim. sans vert. du bassin de Paris), a restauré l'ancien nom *Lithophaga* Lamarck pour les genres *Petricola* et *Venerupis*. Enfin, le Dr Fischer, dans son Manuel, adopte le nom *Petricolidæ* et limite cette famille aux genres *Petricola* (avec *Choristodon* comme sous-genre) et *Naranio*.

TABLEAU

Genre **Petricola** Lamarck............. *P. lithophaga* Retzius.

Genre PETRICOLA Lamarck, 1801.

Type : *Venus lithophaga* Retzius. Ce genre, généralement adopté sans contestation, a pour synonyme : *Rupellaria* Fleuriau de Bellevue, 1802, qui comprenait deux espèces : *Rupellaria reticulata* et *striata* Fleuriau, toutes deux identiques au *Venus lithophaga*.

MM. Adams ont donc eu tort de substituer au nom générique *Venerupis* Lamarck, celui de *Rupellaria* Fleuriau, puisque ce dernier est plus récent et possède le même type que le genre *Petricola*.

Petricola lithophaga Retzius, sp. (*Venus*).

Pl. LXVII, fig. 20 à 28.

1786 *Venus lithophaga*	Retzius, Mém. de l'Acad. Roy. de Turin, t. III (*Mém. des Correspondants*), p. 11 à 14, fig. 1, 2.
1790 — — Retz.	Gmelin *in* Linné, Syst. Nat., édit. XIII, p. 3295.
1791 *Tellina* — —	Poli, Test. utr. Sic., t. I, pl. VII, fig. 14, 15.
1792 *Venus* — —	Olivi, Zool. Adr., p. 108.
1802 *Rupellaria striata*	Fleuriau de Bellevue, Mém. sur les Moll. lithophages, *in* Journ. Physique, t. LIV, p. 3.
1802 — *reticulata*	Fleuriau de Bellevue, Mém. sur les Moll. lithophages, *in* Journ. Physique, t. LIV, p. 3.
1808 *Mya decussata*	Montagu, Test. Brit. Suppl., p. 20, pl. XXVIII, fig. 1.
1815 — — Mtg.	Wood, General Conch., p. 99.
1817 — — —	Dillwyn, Descr. Catal., t. I, p. 46.
1818 *Petricola striata* Fl.	Lamarck, Anim. sans vert., t. V, p. 504.
1818 — *costellata*	Lamarck, Anim. sans vert., t. V. p. 504.
1818 — *roccellaria*	Lamarck, Anim. sans vert., t. V, p. 504.
1818 — *ruperella*	Lamarck, Anim. sans vert., t. V, p. 505.
1818 — *semilamellata*	Lamarck, Anim. sans vert., t. V, p. 503.
1819 *Mya decussata* Mtg.	Turton, Conch. Dict., p. 102.
1822 *Sphenia* — —	Turton, Dithyra brit., p. 38.
1825 *Mya* — —	Wood, Index testac., p. 11, pl. II, fig. 7.
1825 *Venerupis lamellosa*	Blainville, Manuel de Malac. p. 559, pl. LXXVI, fig. 2 (*sub nom.* Vénérupe pétricole).
1826 *Petricola striata* Lam.	Payraudeau, Moll. de Corse, p. 35.
1826 — *costellata* —	Payraudeau, Moll. de Corse, p. 35.
1827 *Mya decussata* Mtg.	Brown, Ill. of the Conch. of Gr. Brit. and Irel., pl. X, fig. 3.
1828 — — —	Fleming, Brit. anim., p. 466.

1828	*Petricola striata* Lam.	Wood, Index testac. Suppl. II, p. 5, pl. XI, fig. 44.
1828	— *costellata* —	Wood, Index testac. Suppl. II, p. 5, pl. XI, fig. 45.
1828	— *roccellaria* —	Wood, Index testac. Suppl. II, p. 5, pl. XI, fig. 46.
1828	— *ruperella* —	Wood, Index testac. Suppl. II, p. 5, pl. XI, fig. 47.
1830	— *striata* Lam.	Collard des Cherres, Catal. test. Finistère, p. 17.
1830	— *ruperella* Lam.	Collard des Cherres, Catal. test. Finistère, p. 17.
1832	— — —	Deshayes, Encycl. Méth., t. III, p. 747.
1834	— *roccellaria* —	Deshayes, Traité Élém. de Conch., t. I, p. 495, pl. XII, fig. 7.
1834	— *rariflamma*	Deshayes, Traité Élém. de Conch., t. I, p. 494, pl. XII, fig. 10, 11, 12.
1835	— *striata*	Lamarck, Anim. sans vert., édit. Desh., t. VI, p. 158.
1835	— *costellata*	Lamarck, Anim. sans vert., édit. Desh., t. VI, p. 158.
1835	— *roccellaria*	Lamarck, Anim. sans vert., édit. Desh., t. VI, p. 158.
1835	— *ruperella*	Lamarck, Anim. sans vert., édit. Desh., t. VI, p. 159.
1835	— *semilamellata*	Lamarck, Anim. sans vert., édit. Desh., t. VI, p. 157.
1835	— *striata* Lam.	Bouchard-Chantereaux, Moll. du Boulonnais, p. 16.
1836	*Venerupis lithophaga* Retz.	Scacchi, Catal. Conch. Regni Neap., p. 7.
1836	*Petricola* — —	Philippi, Enum. Moll. Sic., t. I, p. 21, pl. III, fig. 6.
1838	— — —	Maravigna, Mém. Sicile, p. 76.
1841	— *striata* Lam.	Delessert, Recueil de Coq., pl. IV, fig. 11A, 11B, 11C.
1841	— *costellata* —	Delessert, Recueil de Coq., pl. IV, fig. 12A, 12B, 12C.
1841	— *rocellaria* —	Delessert, Recueil de Coq., pl. IV, fig. 13A, 13B, 13C.
1841	— *ruperella* —	Delessert, Recueil de Coq., pl. IV, fig. 14A, 14B, 14C.
1842	— *striata* —	Hanley, Recent Shells, p. 52; Suppl. pl. XI, fig. 44.

1842	*Petricola costellata* Lam.	HANLEY, Recent Shells, p. 52; Suppl. pl. XI, fig. 45.
1842	— *rocellaria* —	HANLEY, Recent Shells, p. 52; Suppl. pl. XI, fig. 46.
1842	— *ruperella* —	HANLEY, Recent Shells, p. 52; Suppl. pl. XI, fig. 47.
1844	— *roccellaria* —	POTIEZ et MICHAUD, Galerie de Douai, t. II, p. 241.
1844	— *striata* —	POTIEZ et MICHAUD, Galerie de Douai, t. II, p. 241.
1844	— *lithophaga* Retz.	PHILIPPI, Enum. Moll. Sic., t. II, p. 20.
1844	*Sphenia decussata* Mtg.	BROWN, Illustr. of the Conch. of Gr. Brit. and Irel., 2e édit., p. 104, pl. XLV, fig. 3.
1844	*Mya* — —	THORPE, Brit. mar. Conch., p. 41.
1848	*Petricola striata* Lam.	RÉQUIEN, Coq. de Corse, p. 17.
1848	— *costellata* —	RÉQUIEN, Coq. de Corse, p. 17.
1848	— *roccellaria* —	RÉQUIEN, Coq. de Corse, p. 17.
1848	— *lithophaga* Retz.	FORBES et HANLEY, Brit. Moll., t. I, p. 151; pl. VI fig. 9, 10; pl. G, fig. 1 (*animal*).
1848	— — —	DESHAYES, Expl. Sc. de l'Algérie, pl. LXVI, fig. 5-9; pl. LXVII; pl. LXVIIA.
1848?	— *hyalina*	DESHAYES, Expl. Sc. de l'Algérie, pl. LXVI, fig. 1-4.
1851	— *striata* Lam.	PETIT, Catal. *in* Journ. Conch., t. II, p. 289.
1851	— *costellata* —	PETIT, Catal. *in* Journ. Conch., t. II, p. 289.
1851	— *ruperella* —	PETIT, Catal. *in* Journ. Conch., t. II, p. 289.
1851	— *roccellaria* —	PETIT, Catal. *in* Journ. Conch., t. II, p. 289.
1852	— — —	SOWERBY JUN., Conch. Man., 4e édit., pl. IV, fig. 91.
1853	— *lithophaga* Retz.	DESHAYES, Catal. Biv. Sh. in the Brit. Mus., p. 209.
1853	— *rariflamma*	DESHAYES, Catal. Biv. Sh. in the Brit. Mus., p. 210.
1859	— *lithophaga* Retz.	SOWERBY, Ill. Ind. Brit. Sh., pl. 1, fig. 17.
1862	— — —	CHENU, Manuel de Conch., t. II, p. 100, fig. 449.
1862	— *striata* Lam.	CHENU, Manuel de Conch., t. II, p. 100, fig. 448, 450.

1865	*Petricola*	*lithophaga*	Retz.	Fischer, Gironde, p. 52.
1865	—	—	—	Stossich, Enum. Moll. del Golfo di Trieste, p. 32.
1865	—	*roccellaria*	Lam.	Cailliaud, Catal. Loire-Inf., p. 56.
1866	—	*lithophaga*	Retz.	Brusina, Contrib. pella Fauna Dalm., p. 97.
1867	—	—	—	Weinkauff, Conch. des Mittelm. t. I, p. 90.
1867	—	—	—	Taslé, Catal. Morbihan, p. 11.
1869	—	—	—	Petit, Catal. test. mar., p. 52.
1869	—	—	—	Tapparone-Canefri, Moll. test. di Spezia, p. 121.
1869	—	—	—	Appelius, Conch. del Mar. Tirreno, *in* Bull. Malac. Ital., p. 11.
1870	—	—	—	Aradas et Benoit, Conch. viv. mar. della Sic., p. 52.
1870	—	—	—	Ancey, Catal. Moll. mar. Cap Pinède, p. 4.
1872	—	*lythophaga*	—	Monterosato, Notizie int. alle Conch. Medit., p. 27.
1875	—	—	—	Monterosato, Nuova Rivista, p. 19.
1878	—	—	—	Fischer, Brach. et Moll. du litt. océan. de France, p. 8.
1878	—	—	—	Monterosato, Enum. e Sinon., p. 15.
1879	—	—	—	Granger, Catal. Moll. Cette, p. 32.
1880	—	—	—	Servain, Catal. Coq. mar. Ile d'Yeu, p. 16.
1880	—	—	—	Stossich, Prosp. della Fauna Adr. *in* Boll. Soc. Adr. di Sc. Nat., t. V, p. 156.
1883	—	—	—	Dautzenberg, Liste Coq. de Gabès, p. 14.
1884	—	—	—	Nobre, Catal. Moll. sud-ouest du Portugal, p. 19.
1884	—	—	—	Nobre, Moll. mar. do Noroeste de Portugal, p. 13.
1886	—	—	—	Locard, Prodr. de Malac. franç., p. 381.
1886	—	*semilamellata*	Lam.	Locard, Prodr. de Malac. franç., p. 381.
1886	—	*costellata*	—	Locard, Prodr. de Malac. franç., p. 382.
1886	—	*ruperella*	—	Locard, Prodr. de Malac. franç., p. 382.

1886 *Petricola rocellaria* Lam. LOCARD, Prod. de Malac. franç., p. 382.

1886 — *lithophaga* Retz. DAUTZENBERG, Nouvelle liste de Cannes, p. 1.

1888 — — — KOBELT, Prodr. Faunæ Moll. test. maria europ. inhab., p. 358.

1889 — — — CARUS, Prodr. Faunæ Medit., p. 129.

1892 — — — LOCARD, Coq. mar. des côtes de France, p. 254, fig. 232.

1892 — *semilamellata* Lam. LOCARD, Coq. mar. des côtes de France, p. 254.

1892 — *costellata* — LOCARD, Coq. mar. des côtes de France, p. 254.

1892 — *ruperella* — LOCARD, Coq. mar. des côtes de France, p. 254.

1892 — *rocellaria* — LOCARD, Coq. mar. des côtes de France, p. 255.

Obs. — Le *Petricola lithophaga* est un mollusque perforant qui s'attaque parfois à des roches très dures. M. le Dr del Prete nous en a envoyé, de Viareggio, des spécimens *in situ* logés dans un calcaire tellement dur qu'il est difficile de l'entamer avec une pointe d'acier.

Diagnose. — Coquille, diamètre umbono-ventral 15 millim.; diamètre antéro-postérieur 20 millim., épaisseur 13 millim., assez mince, équivalve, inéquilatérale, de forme ovale-transverse, très renflée du côté antérieur, atténuée et un peu baillante du côté postérieur. Sommets contigus. Lunule et corselet non définis. Surface terne, pourvue de costules rayonnantes, plus ou moins effacées sur la région antérieure, mais toujours bien marquées sur la région postérieure. On observe de plus, de nombreuses stries concentriques extrêmement fines et des plis d'accroissement plus ou moins lamelleux. Intérieur des valves luisant et irisé au centre. Bords simples, tranchants. Plateau cardinal faible, étroit. Charnière de la valve droite pourvue de deux dents cardinales presque parallèles, bien saillantes dont la postérieure est bifide. Charnière de la valve gauche semblable à celle de la valve droite; mais ici, c'est la dent antérieure qui est bifide. Impressions des muscles adducteurs des valves indistinctes. Impression palléale large, pourvue d'un sinus large et profond.

Coloration externe d'un blanc sale uniforme. Coloration interne d'un blanc de lait, irisée vers le centre et souvent maculée de brun à l'extrémité postérieure.

Épiderme mince, jaunâtre; ligament externe, corné, brun.

Variétés. — Par suite de son mode d'habitat et des obstacles que les animaux rencontrent, les coquilles du *P. lithophaga* sont souvent déformées.

Si nous examinons la figuration originale fournie par Retzius, nous voyons que le type de cette espèce est de forme ovale, peu rostrée à l'extrémité postérieure et qu'il est pourvu d'une sculpture assez grossière.

Lamarck a établi quatre espèces qui sont à peine des variétés du *lithophaga* : les différences qu'il a signalées dans la conformation des charnières sont dues à des brisures accidentelles des dents qui sont fort fragiles. D'autre part, en comparant les figures de ces espèces dans l'Atlas de Delessert, avec une nombreuse série de spécimens, on constate qu'il s'agit de différences individuelles plutôt que de variétés, car il est difficile d'assimiler la plupart des échantillons que l'on a sous les yeux à l'une de ces figures plutôt qu'à une autre. Le *P. rocellaria* paraît identique au type de Retzius; le *P. ruperella* n'en diffère que par sa forme un peu plus rostrée à l'extrémité postérieure et le *P. costellata* par ses côtes rayonnantes plus fortes et qui déterminent des crénelures le long du bord ventral.

La seule forme qui nous paraisse mériter d'être conservée comme une bonne variété est :

Var. ex forma 1, *striata* Fleuriau, de forme oblique, de grande taille, à sculpture rayonnante composée de costules plus fines et plus nombreuses que chez le type. Nous avons représenté cette variété, pl. LXVII, fig. 26, 27, 28.

Habitat. — Rare à Paulilles, Banyuls, le type et la variété *striata*.

Dispersion. — Toute la Méditerranée et l'Adriatique. Océan Atlantique, depuis les côtes d'Angleterre jusqu'au détroit de Gibraltar.

Origine. — Miocène de la Suisse et du bassin de Vienne. Pliocène du Roussillon, de l'Hérault, de la vallée du Rhône, de l'Italie septentrionale et centrale, de la Sicile, de l'Archipel.

Typ. Oberthür, Rennes — Paris (840-93)

Famille DONACIDÆ Fleming, 1828.

Cette famille créée par Fleming dans un sens trop étendu, a été réduite et confirmée en 1848 par Deshayes dans son Traité élémentaire de Conchyliologie, t. I, p. 438. Elle est antérieure à celle établie, en 1845, sous le même nom par Lacordaire pour un groupe de Coléoptères.

TABLEAU DES GENRES ET ESPÈCES

Genre **Donax** Linné..............	1 *D. trunculus* Linné.
— — —	2 *D. venustus* Poli.
— — —	3 *D. semistriatus* Poli.
Sous-genre **Capsella** Gray........	4 *D. variegatus* Gmelin.

Genre DONAX Linné, 1758.

Type : *Donax trunculus* Linné.

Le nom de *Donax* a été emprunté à Pline par Linné.

Nous sommes en désaccord avec plusieurs classificateurs qui ont admis pour type du genre *Donax* le *D. rugosus*, substitué par Lamarck lui-même, en 1801, au *D. trunculus* qu'il avait indiqué comme type en 1798. Ce changement, adopté par Schumacher en 1817, puis par Gray, Adams, Chenu, Paetel, etc., a donné lieu à l'établissement bien inutile d'un sous-genre (*Serrula* Chemnitz) pour les espèces du groupe du *D. trunculus*, puisque la loi de priorité exige le maintien du premier type indiqué. C'est donc bien le *D. trunculus* et les espèces du même groupe qu'il faut considérer comme composant la section typique du genre *Donax*.

Le genre *Cuneus* établi par Da Costa, en 1778, comprenait des coquilles disparates classées aujourd'hui parmi les *Tapes*, les *Venerupis* et les *Donax*. En 1848, Gray l'a interprété dans le sens d'un groupe de *Donax* et, en 1858, MM. Adams l'ont adopté pour une section des *Tapes* Von Mühlfeld, en 1811, avait employé le même nom pour désigner les *Sunetta*.

Les *Donax* ont été placés parmi les *Tellines*, par Adanson, et parmi les *Peronæa*, par Poli.

L'étude des *Donax* de la Méditerranée nous a amenés à n'admettre dans le groupe typique que trois espèces : *D. trunculus*, *D. semistriatus* et *D. venustus*, et encore n'est-ce qu'avec une certaine hésitation que nous avons séparé les deux dernières, car nous possédons d'Alger et de Corse des exemplaires recueillis par M. Chevreux qui paraissent les relier entre elles. Bien que M. de Monterosato, dans sa note sur les *Donax* de la Méditerranée publiée dans le *Naturalista Siciliano*, admette six espèces; notre opinion ne diffère guère de la sienne, puisqu'il dit : « Le *D. clodiensis* est commun à Chioggia où il » remplace le *semistriatus* avec lequel il a été confondu; mais c'est » probablement une forme locale de cette espèce comme le *D. Cattanianus* l'est du *venustus* et le *D. adriaticus* du *trunculus*. » On voit par là qu'il n'attache qu'une valeur secondaire à trois de ses espèces, puisqu'il les regarde comme des formes locales des trois autres. Pour nous, ces formes locales n'ont droit qu'au rang de variété.

Donax trunculus (Linné) Born.

Pl. LXVIII, fig. 1, 2, 3, 4 (type) et 5, 6, 7, 8 (var.).

1767 *Donax trunculus* — Linné, Syst. Nat., édit. XII, p. 1127 (*ex parte*).
1780 — — Lin. — Born, Test. Mus. Cæs. Vindob., p. 54, pl. IV, fig. 3, 4.
1782 *Serrula lævigata* — Chemnitz, Conch. Cab., t. VI, p. 259, pl. XXVI, fig. 253, 254.
1786 *Donax trunculus* Lin. — Schrœter, Einleit. in die Conchylienk., t. III, p. 94.
1790 — — — — Linné-Gmelin, Syst. Nat., édit. XIII, p. 3263.
1792 — — — — Olivi, Zool. Adr., p. 106.
1795 — — — — Poli, Test. utr. Sic., t. II, p. 76, pl. XIX, fig. 12, 13.
1804 — — — — Renier, Tavola alfab., p. 14, n° 88.
1817 — — — — Dillwyn, Descr. Catal., t. I, p. 150 (*ex parte*).
1818 — — — — Lamarck, Anim. sans vert., t. V, p. 551.
1825 — — — — Wood, Index testac., p. 31, pl. VI, fig. 5.
1825 — — — — De Gerville, Catal. Manche, p. 191.
1826 — — — Payraudeau, Moll. Corse, p. 45.
1826 — *anatinum* — Payraudeau (*non* Lam.), Moll. de Corse, p. 46.
1826 — *trunculus* Lin. — Risso, Europe mérid., t. IV, p. 339.
1826 — *rhomboideus* — Risso, Europe mérid., t. IV, p. 340.
1830 — *trunculus* Lin. — Collard des Cherres, Catal. test. Finistère, p. 21.

1830	*Donace tronquée*	Blainville, Faune franç. Lamellibr., pl. IX, fig. 4.
1830	*Donax trunculus* Lin.	Eichwald, Naturh. Skizzen von Lithauen, p. 208.
1832	— — —	Deshayes, Exp. sc. de Morée, t. III, 1re partie, p. 93.
1835	— — —	Lamarck, Anim. sans vert., édit. Desh., t. VI, p. 248.
1836	— — —	Scacchi, Catal. Conch. Regn. Neap., p. 7.
1836	— — —	Philippi, Enum. Moll. Sic., t. I, p. 36.
1837	— *anatinum*	Krynicki (*non* Lam.), Bullet. Natur. de Moscou, p. 62.
1837	— *Julianæ* (Andrj.)	Krynicki, Bullet. Natur. de Moscou, p. 62.
1838	— *trunculus* Lin.	Maravigna, Mém. Sicile, p. 74.
1844	— — —	Philippi, Enum. Moll. Sic., t. II, p. 28.
1844	— — —	Forbes, Rep. Æg. Invert., p. 143.
1844	— — —	Potiez et Michaud, Galerie de Douai, t. II, p. 197.
1846	— — —	Lovén, Index. Moll. Scand., p. 196.
1846	— — —	Vérany, Catal. Invert. di Genova e Nizza, p. 13.
1847	— — —	Siemaschko, Bullet. Natur. Moscou, t. XX, p. 127.
1847	— *anatinum*	Siemaschko (*non* Lam.), Bullet. des Natur. de Moscou, t. XX, p. 127.
1848	— *trunculus* Lin.	Réquien, Coq. de Corse, p. 22.
1848	— *anatinum*	Réquien (*non* Lam.), Coq. de Corse, p. 21.
1848	— *brevis*	Réquien, Coq. de Corse, p. 22.
1848	— *trunculus* Lin.	Deshayes, Expl. sc. de l'Algérie, p. 600, pl. LXXIV, fig. 1 à 5; pl. LXXV (excl. syn. plur.).
1849	— — —	Middendorff, Malacologia Rossica, part. III, p. 63.
1851	— — —	Petit, Catal. *in* Journ. Conch., t. II, p. 294.
1853	— — —	Forbes et Hanley, Brit. Moll., t. I, p. 338.
1853	— *anatinum*	Doublier (*non* Lam.), Catal. Coq. mar. du Var, *in* Prodr. Hist. Nat. du Var, p. 109.

1854	*Donax trunculus* Lin.	Reeve, Conch. Icon., pl. IV, fig. 23A, 23B.
1856	— — —	Jeffreys, Piedm. Coast, p. 24.
1856	*Capsa* — —	Hanley, Recent biv. Shells, p. 87, pl. XI, fig. 38.
1858	*Donax anatinum*	Gay (*non* Lam.), Catal. Moll. du Var, p. 168.
1862	— (*Serrula*) *trunculus* Lin.	Chenu, Manuel de Conch., t. II, p. 72, 73, fig. 314 et 319.
1862	— — —	Weinkauff, Catal. Alg., *in* Journ. Conch., t. X, p. 316.
1863	— — —	Jeffreys, Brit. Conch., t. II, p. 407; t. V (1869), p. 188, pl. XLII, fig. 7.
1865	— — —	Stossich, Enum. Moll. del Golfo di Trieste, p. 30.
1865	— *anatinum*	Fischer (*non* Lam.), Gironde, p. 51.
1866	— *trunculus* Lin.	Brusina, Contrib. pella Fauna Dalm., p. 94.
1866	— — —	Sowerby, Thes. Conch., t. III, p. 313, pl. CCLXXXII, fig. 58, 59, 60.
1867	— — —	Weinkauff, Conch. des Mittelm., t. I, p. 61.
1867	— — —	Taslé, Catal. Moll. Morbihan, p. 10.
1869	— — —	Roemer, Monogr., *in* Conch. Cab., p. 27, pl. II, fig. 1, 2; pl. VI, fig. 1 à 6.
1869	— — —	Tapparone-Canefri, Moll. test. di Spezia e del suo Golfo, p. 115.
1869	— *Bellardii*	Tapparone-Canefri, Moll. test. di Spezia e del suo Golfo, p. 115.
1869	— *trunculus* Lin.	Petit, Catal. test. mar., p. 45 (excl. syn. plur.).
1869	— *brevis* Réq.	Petit, Catal. test. mar., p. 46.
1870	— *trunculus* Lin.	Aradas et Benoit, Conch. viv. mar. della Sic., p. 43.
1870	— — —	Hidalgo, Mol. mar. Catal. gen., p. 161; pl. XLVIII, fig. 1 à 4.
1870	— — —	Brusina, Ipsa Chiereghini Conch., p. 72.
1872	— — —	Monterosato, Not. int. alle Conch., medit., p. 25.
1875	— — —	Monterosato, Nuova Rivista, p. 17.
1878	— — —	Monterosato, Enum. e Sinon, p. 13.

1878	*Donax trunculus* Lin.	Issel, Crociera del Violante, p. 34.
1878	— — —	Fischer, Brachiop. et Moll. du litt. océan. de France, p. 8.
1879	— *anatinum*	Clément (*non* Lam.), Catal. Moll. du Gard, *in* Etudes d'Hist. Nat., p. 80.
1880	— *trunculus* Lin.	Stossich, Prosp. della Fauna del mare Adr., *in* Boll. della Soc. Adr. di Sc. Nat., t. V, p. 146.
1881	— — —	Jeffreys, Lightn. and Procup. Exp., *in* Proc. Zool. Soc. of London, p. 723.
1882	— — —	Dautzenberg, Liste Coq. de Cannes, p. 2.
1882	— — —	Bertin, Revision des Donacidées du Muséum, *in* Nouv. Arch. du Mus., 2e série, t. IV, p. 86.
1883	— — —	Dautzenberg, Liste Coq. de Gabès, p. 13.
1883	— — —	G. Dollfus, Liste Coq. Palavas, p. 3.
1883	— — —	Daniel, Faune malac. de Brest, *in* Journ. Conch., t. XXXI, p. 241.
1884	*Serrula* — —	Monterosato, Nomencl. gen. e spec., p. 24.
1884	— *adriatica*	Monterosato, Nomencl. gen. e spec., p. 25.
1886	*Donax anatinum*	Granger (*non* Lam.), Coq. biv. de France, p. 162.
1886	— (*Serrula*) *trunculus* Lin.	Dautzenberg, Nouv. liste Coq. de Cannes, p. 1.
1886	— — —	Locard, Prodr. de Malac. franç., pp. 412, 591.
1886	— *trunculatus*	Locard, Prodr. de Malac. franç., p. 412 (*note*).
1886	— *trunculus* Lin.	Hidalgo, Catal. de los Mol. recog. en Bayona de Galicia, *in* Revista de Ciencias, t. XXI, pp. 382, 403.
1888	— — —	Kobelt, Prodr. Faunæ Moll. test. maria europ. inhab., p. 346.
1889	— — —	Carus, Prodr. Faunæ medit., p. 133 (*ex parte*).

1889 *Serrula trunculus* Lin. — MONTEROSATO, Nota ai *Donax* del Mediterraneo, p. 1, pl. II, fig. 1, 1A.

1889 — *adriatica* — MONTEROSATO, Nota ai *Donax* del Medit., p. 2, pl. II, fig. 2.

Obs. — Le *Donax trunculus* du *Systema Naturæ* est mal défini et comprend, comme l'a démontré Hanley, d'après l'examen des spécimens de la collection de Linné, deux formes que tout le monde s'accorde aujourd'hui à considérer comme appartenant à deux espèces différentes. Il serait donc difficile de conserver à l'une plutôt qu'à l'autre le nom de *trunculus*, si Born n'avait très bien représenté sous cette dénomination, dès 1780, celle dont nous nous occupons ici. L'autre espèce comprise par Linné sous le nom de *trunculus* est le *Donax vittatus* da Costa = *anatinus* Lamarck, qui est très commun sur tout notre littoral de l'Océan et de la Manche.

Le *D. trunculus* est toujours facile à distinguer du *vittatus* par sa forme plus brusquement tronquée du côté postérieur, par l'inégalité de ses valves : le bord dorsal de la valve gauche dépassant toujours un peu celui de la valve droite, enfin, par l'absence de denticulations sur le bord postérieur de l'intérieur des valves. Mais il existe une grande confusion dans la littérature conchyologique, par suite d'interprétations diverses de l'espèce linnéenne :

C'est ainsi, par exemple, que les anciens auteurs anglais ont presque tous attribué le nom de *trunculus* au *Donax vittatus*. D'un autre côté, plusieurs naturalistes ont indiqué le *D. trunculus*, sous le nom de *D. anatinum* Lamarck. Or, il résulte de l'examen que nous avons pu faire au Muséum de Paris, des types de Lamarck qui s'y trouvent conservés, que le *D. anatinum* Lk. est absolument identique au *D. vittatus* Da Costa.

Afin d'élucider complètement la question, nous avons cru devoir établir, après avoir parlé du *D. trunculus*, la synonymie du *D. vittatus*, bien que cette dernière espèce n'appartienne pas à la faune du Roussillon.

Le *D. brevis* Réquien et le *D. Bellardii* Tapp. Can., ont été établis sur des exemplaires jeunes du *D. trunculus*.

Utilisé comme comestible, le *D. trunculus* est connu depuis fort longtemps : Belon (de Aquat. lib. II, p. 407) le nommait *Flion*; Rondelet et Aldrovande le désignaient sous le nom de *Tellina*, enfin, il est appelé aujourd'hui *Tellineras* à Barcelone, *Clonis* à Alger, *Calcinella* à la Spezia, *T[illegible]inola* à Naples, *Cazzouello* à Venise, etc.

Diagnose. — Coquille, diamètre umbono-ventral 17 millim.; diamètre antéro-postérieur 31 millim.; épaisseur 11 millim.; cunéiforme, solide, légèrement inéquivalve, le bord dorsal de la valve gauche dépassant toujours plus ou moins celui de la valve droite; inéquilatérale. Sommets petits, opisthogyres. Côté antérieur arrondi, beaucoup plus long que le côté postérieur, qui est court et obliquement tronqué. La surface, luisante et lisse au premier aspect, présente cependant, lorsqu'on l'examine avec attention, des stries d'accroissement peu profondes mais un peu plus marquées à l'extrémité antérieure et des stries rayonnantes superficielles qui s'effacent complètement aux deux extrémités de la coquille. Lunule assez profonde, allongée, lancéolée, limitée sur chaque valve par une carène obtuse. Corselet indistinct. Intérieur des valves lisse. Impressions des muscles adducteurs et impression palléale bien marquées, plus luisantes que le reste du test. Sinus palléal profond, arrondi. Plateau cardinal étroit, pourvu : sur la valve droite, de deux dents cardinales contiguës, l'antérieure plus forte et triangulaire, la postérieure comprimée latéralement et bifide; d'une dent latérale antérieure lamelliforme et d'une dent latérale postérieure courte, peu saillante; sur la valve gauche, de deux dents cardinales divergentes, dont l'antérieure est bifide. Ces dents sont séparées par une fossette triangulaire. Il existe de plus une dent latérale postérieure, courte, peu saillante. Bord ventral pourvu de denticulations bien marquées, qui s'effacent aux extrémités, de telle sorte que les bords antérieur et postérieur en sont tout à fait dépourvus. Epiderme mince, très adhérent au test; ligament court, corné, profondément enchâssé et très saillant à l'extérieur.

Coloration externe blanche, irrégulièrement rayonnée de brun violacé clair. Coloration interne blanche vers les bords et d'un violet intense dans le fond des valves. Épiderme jaunâtre. Ligament brun foncé.

Variétés. — Nous avons choisi pour type de cette espèce la figure de Born qui la représente parfaitement sous son aspect le plus habituel. Sa coloration est blanche, avec des rayons bruns de différentes largeurs.

Var. ex forma et colore 1, *adriatica* Monterosato. Plus haute en proportion, moins brusquement tronquée, plus anguleuse et plus aiguë à l'extrémité postérieure, cette variété se distingue encore du type par son bord ventral plus arqué, son épiderme plus caduc vers les sommets et sa coloration blanche, avec des zones concentriques violacées peu nombreuses. Nous en représentons, pl. LXVIII, fig. 5, un exemplaire recueilli à Chioggia par M. de Monterosato.

Var. ex forma et colore 2, *Julianæ* Andrjeiovski (teste Middendorff) = *pontica* Monterosato mss. Encore moins brusquement tronquée et moins anguleuse que la var. *adriatica*, cette forme, d'un contour presque ovale, présente le plus souvent une coloration blanche ornée de zones concentriques violacées; mais Middendorff signale aussi des individus bruns ornés de rayons blancs. Nous avons figuré, pl. LXVIII, fig. 6, un exemplaire de la variété *Julianæ*, provenant de Crimée.

Var. ex forma 3, *subplana* Monterosato (Nota intorno ai Donax del Mediterraneo p. 1). Plus large en proportion et plus aplatie que le type. Côtes de Provence (Monterosato).

Var. ex forma 4, *maxima* B.D.D. = var. *atlantica* Kobelt, 1888 (*non Donax atlanticus Hidalgo* 1867). Forme très grande (diamètre umbono-ventral 26 millim., diamètre antéro-postérieur 47 millim., épaisseur 15 millim.) qui vit en abondance sur nos côtes océaniques et notamment dans le bassin d'Arcachon, d'où elle nous a été rapportée par MM. de Boury et Vignal. Voir notre pl. LXVIII, fig. 7. Cette variété est bien représentée par Sowerby : Thesaurus Conch., fig. 59, et par Reeve, fig. 23 A. M. Vignal en a recueilli à la pointe Pereire de nombreux spécimens dont le test est en grande partie dépouillé d'épiderme et érodé aux sommets.

Var. ex forma 5, *ponderosa* B.D.D. Coquille extrêmement renflée, épaisse et lourde (diamètre umbono-ventral 22 millim., diamètre antéro-postérieur 36 millim., épaisseur 15 millim.). Nous avons représenté, pl. LXVIII, fig. 8, un échantillon de cette variété provenant de Trouville. Elle nous a également été rapportée de l'île d'Oléron par M. Ed. Chevreux.

Var. ex colore 1, *fulva* Poli (*tota concha fulva*). D'un fauve violacé uniforme. Roussillon ! Alger (Joly), etc.

Var. ex colore 2, *albida* Monterosato = *tota concha ex albo viridescens* Poli. Blanche ou d'un blanc verdâtre, sans rayons. Roussillon ! Alger (Joly), plage de Sfax (de Nerville), etc.

Var. ex colore 3, *zonata* Monterosato. Blanche avec des zones concentriques colorées bien marquées.

Var. ex colore 4, *radiata* Monterosato. Fond de la coloration brun ou fauve avec des rayons blancs ou jaunâtres plus ou moins nombreux. Alger (Joly), etc. Les variétés : *b*) *purpurascens radiis subflavis* et *c*) *fulva, radiis albis vel flavescentibus*, de Poli, peuvent être rapportées à celle-ci.

Var. ex colore 5, *flaveola* (Gemellaro) Aradas et Benoît. Intérieur des valves teinté de jaune sous les sommets. Roussillon ! Alger (Joly), etc.

Habitat. — Assez commun sur les plages sableuses du Roussillon : Leucate, La Franqui, etc., le type et les variétés de coloration *fulva*, *albida* et *flaveola*.

Dispersion. — Toute la Méditerranée, la mer Adriatique et la mer Noire. Océan Atlantique : abondant sur les côtes de France, très rare sur celles d'Angleterre. Les localités : Norwège (Lovén) et Danemark (Musée de Copenhague, teste Jeffreys) nous paraissent douteuses. Le *D. trunculus* a encore été signalé à Mogador et aux îles Madères et Canaries ; mais nous n'en avons jamais vu de ces provenances.

Origine. — Peu connue à l'état fossile, cette espèce ne peut être indiquée avec certitude que du Pliocène de Sicile, de la Calabre, de l'Italie centrale et des Alpes-Maritimes. Quant au *Donax* cité du Pliocène d'Angleterre sous le nom de *trunculus*, il doit être rapporté, d'après l'examen des figurations de Wood, à la grande forme du *D. vittatus.*

Donax vittatus Da Costa sp. (*Cuneus*).

Pl. LXVIII, fig. 9, 10, 11, 12, 13.

1767	*Donax trunculus*	Linné, Syst. Nat, edit XII, p. 1127 (*ex parte*).
1778	*Cuneus vittatus*	Da Costa, Brit. Conch. p. 207, pl. XIV, fig. 3.
1804	*Donax trunculus*	Donovan, Brit. Sh. t. I, pl. XXIX, fig. 1.
1804	— —	Maton et Rackett, Descr. Catal. of Brit. test. *in* Trans. Linn. Soc. t. VIII, p. 74.
1808	— —	Montagu, Test. brit. p. 103.
1812	— —	Pennant, Brit. Zool. p. 198, pl. LVIII, fig. 1.
1813	— —	Pulteney, Catal. Dorset., p. 33, pl. VI, fig. 3.
1818	— *anatinum*	Lamarck, Anim. sans vert. t. V, p. 552.
1819	— *trunculus*	Turton, Conch. Dict., p. 41.
1822	— —	Turton, Dithyra brit., p. 123.
1822	— *rubra*	Turton, Dithyra brit., p. 127, pl. X, fig. 14.
1825	— *trunculus*	De Gerville, Catal. Manche, p. 23.
1827	— —	Brown, Illustr., of the Conch. of Gr. Brit. and Irel., pl. XVII, fig. 11.
1828	— —	Fleming, Brit. Anim., p. 433.
1828	— *rubra*	Fleming, Brit. Anim., p. 434.
1830	*Donace des Canards*	Blainville, Faune franç., Lamellibranches, pl. IX, fig. 3.
1835	*Donax anatinum*	Lamarck, Anim. sans vert. édit. Desh., t. VI, p. 249.
1838	— *trunculus*	Forbes, Malac. Monensis, p. 46.
1844	— *anatinum* Lk.	Thorpe, Brit. mar. Conch., p. 77.
1844	— *rubra* Turt.	Thorpe, Brit. mar. Conch., p. 79.
1844	— *trunculus*	Macgillivray, Moll. anim. of. Scotl., p. 275.
1844	— *anatinum* Lk.	Potiez et Michaud, Galerie de Douai, t. II, p. 195 (*ex parte*).
1844	— *trunculus*	Brown, Illustr. of the Conch. of Gr. Brit. and Irel., 2e édit., p. 97, pl. XXXIX, fig. 11.
1844	— *rubra* Turt.	Brown, Illustr. of the Conch. of Gr. Brit. and Irel., 2e édit., p. 97, pl. XXXIX, fig. 13.
1851	— *anatinum* Lk.	Petit, Catal. *in* Journ. de Conch., t. II, p. 294.

1851 *Donax vittatus* Da C. Gray, List of Brit. anim., *in* the Brit. Mus. p. 46.
1852 — *trunculus* Leach, Synopsis, p. 298.
1853 — *anatinus* Lk. Forbes et Hanley, Brit. Moll., t. I, p. 332, pl. XXI, fig. 4, 5, 6; pl. K, fig. 7 (animal).
1854 — — — Reeve, Conch. Icon., pl. IV, fig. 19.
1859 — — — Sowerby, Illustr. Ind. brit. Sh. pl. III, fig. 19.
1863 — *vittatus* Da C. Jeffreys, Brit. Conch. t. II, p. 402; t. V (1869), p. 188, pl. XLII, fig. 5.
1865 — *anatinum* Lk. Cailliaud, Catal. Loire-Inf., p. 76.
1865 — *semistriata* Cailliaud, (*non* Poli) Catal. Loire-Inf. p. 76.
1866 — *vittatus* Da C. Sowerby, Thes. Conch. t. III, p. 313 (*ex parte*), pl. CCLXXXII, fig. 66 à 69 (*tantum*).
1867 — *atlanticus* Hidalgo, Catal. Moll. test. mar. d'Espagne et des Baléares *in* Journ. de Conch., t. XV, p. 139.
1867 — *vittatus* Da C. Taslé, Catal. Moll. Morbihan, p. 11.
1868 — *anatinus* Lk. Colbeau, Moll. viv. de Belgique, p. 24.
1869 — *venustus* Rœmer (*non* Poli), Monogr. *in* Syst. Conch. Cab., p. 31 (*ex parte*); pl. VI, fig. 10 à 20.
1869 — *semistriatus* Rœmer (*non* Poli), Monogr. *in* Syst. Conch. Cab. p. 33 (*ex parte*); pl. VII fig. 4 (*tantum*).
1870 — *vittatus* Da C. Hidalgo, Mol. mar., Catal. gen., p. 161; pl. XLVIII, fig. 7, 8.
1880 — — — Servain, Catal. coq. mar. Ile d'Yeu, p. 15.
1881 — — — Jeffreys, Lightn. and. Porcup. Exp. *in* Proc. Zool. Soc. of London, p. 723 (excl. loc. plur.).
1882 — — — Bertin, Revision des Donacidées du Mus. *in* Nouv. Arch. Mus. 2e série, t. IV, p. 87.
1883 — — — Daniel, Faune malac. de Brest, *in* Journ. de Conch. t. XXXI, p. 242.
1886 — — — Locard, Prodr. de Malac. franç., p. 413.
1886 — *anatinus* Lk. Locard, Prodr. de Malac. franç. p. 412 (excl. syn. Jeffreys).
1886 — *vittatus* Da C. Hidalgo, Catal. de los Mol. recogidos en Bayona de Galicia *in* Revista de Ciencias, t. XXI, p. 403.
1887 — — — Dautzenberg, Exc. malac. à Saint-Lunaire, p. 7.
1888 — — — A. Dollfus, Les plages du Croisic, p. 12, 16.
1888 — *anatinus* Lk. A. Dollfus, Les plages du Croisic, p. 16.
1888 — *vittatus* Da C. Servain, Catal. coq. mar. Concarneau, p. 92.
1888 — *anatinus* Lk. Servain, Catal. coq. mar. Concarneau, p. 92.

1888 *Donax vittatus* Da C. Kobelt, Prodr. Faunæ Moll. test. maria europ. inhab., p. 347.
1890 — — — Dautzenberg, Liste Moll. du Pouliguen, p. 4.
1890 — *anatinus* Lk. Dautzenberg, Liste Moll. du Pouliguen, p. 4.
1892 — *vittatus* Da C. Locard, Coq. mar. de France, p. 282.
1892 — *anatinus* Lk. Locard, Coq. mar. de France, p. 281.
1892 — — — Bizet, Malacoz. de Picardie, p. 178.
1892 — *vittatus* Da C. Bizet, Malacoz. de Picardie, p. 178.
1893 — — — Dautzenberg, Liste Moll. mar. Granville et Saint-Pair, p. 18.
1894 — *Serrula* — — Dautzenberg, Moll. de Saint-Jean de Luz, et Guétharry, p. 3.

Obs. — Nous avons vu plus haut que Linné a confondu sous le nom de *D. trunculus* deux espèces différentes : 1° celle à laquelle nous avons conservé cette appellation et 2° celle que Da Costa a décrite, en 1778, sous le nom de *Cuneus vittatus*. Plus tard, en 1818, Lamarck a publié un *Donax anatinum* qui a été l'objet d'appréciations très variées, comme on peut le voir en parcourant les listes synonymiques des *Donax trunculus*, *vittatus*, *venustus* et *semistriatus*. Comme c'est l'insuffisance même de la description de Lamarck qui a été la cause de ces divergences d'opinion, il nous eût été impossible d'apporter aucun éclaircissement à la question, si nous n'avions pu examiner au Muséum de Paris des échantillons de la collection de Lamarck portant le nom de *Donax anatinum* avec la mention : « trouvés dans l'estomac de macreuses à Saint-Valery. » Or, dans son ouvrage sur les animaux sans vertèbres, Lamarck dit : « coquille commune, dont on ne trouve aucune figure bonne à citer. On en rencontre souvent, par quantité, dans le jabot des canards-macreuses. » Nous sommes donc convaincus que les exemplaires du Muséum appartiennent bien à l'espèce que Lamarck a désignée sous le nom de *D. anatinum*. Or, ils sont absolument identiques au *Donax vittatus* Da Costa.

Quant au *vittatus* Lamarck figuré par Delessert : Recueil de Coq., pl. VI, fig. 12 A, 12 B, c'est une coquille exotique; mais nous croyons qu'il y a là une erreur de Delessert, car Lamarck indique qu'il possède cette espèce de l'Océan britannique donnée par M. Leach.

Nous n'avons fait figurer dans la synonymie d'aucune des espèces européennes le *Donax* publié par Deshayes dans l'Expédition de Morée (t. III, 1re partie, p. 94; pl. XVIII, fig. 3, 4), sous le nom d'*anatinum* parce qu'il n'est guère possible de l'identifier avec certitude. Les figures semblent en effet se rapporter au *D. vittatus* Da Costa, de l'Atlantique; mais comme Deshayes dit dans son texte que le milieu des valves est treillissé, plusieurs auteurs ont cru qu'il s'agissait là du *D. semistriatus* : cette interprétation n'est pas acceptable car la taille et la forme de la figure en question ne sont pas celles du *semistriatus*. Enfin M. de Monterosato a cru reconnaître dans ce *D. anatinum* de l'Exp. de Morée la variété *adriatica* du *D. trunculus*.

Dans son Traité élémentaire de Conchyliologie, Deshayes a réuni sous le nom de *D. trunculus* et le vrai *trunculus* et le *vittatus* avec ses variétés. Il a assimilé la forme de la mer Noire à la grande variété du *vittatus* que nous désignons sous le nom de var. *maxima*; mais ses échantillons-types, qui sont conservés à l'École des Mines et que nous avons pu étudier, sont identiques à ceux que nous possédons de la même provenance : ils sont absolument dépourvus de crénelures sur le bord postérieur de l'intérieur des valves et ne peuvent donc être rattachés qu'au vrai *D. trunculus* à titre de variété.

Variétés. — Le type du *Donax vittatus*, que nous avons représenté pl. LXVIII, fig. 9, 10, ne possède que des stries rayonnantes dans la région médiane; elles sont à peine visibles dans la région postérieure et manquent totalement dans la région antérieure. On n'y voit aucune trace de sculpture transverse. La coloration extérieure est blanche avec des zones concentriques violettes très apparentes et des rayons obsolètes, sous un épiderme brun clair. L'intérieur des valves est uniformément violet.

Var. ex forma 1 *atlantica* Hidalgo = *semistriatus* Cailliaud, etc. (*non* Poli) (Voir notre pl. LXVIII, fig. 11, 12). Chez cette variété, les stries rayonnantes sont plus profondes et il existe en outre des sillons transverses qui occupent plus de la moitié postérieure de la coquille où ils déterminent un treillis. A partir du corselet, ces sillons deviennent onduleux. Cette forme qui a été assimilée par Cailliaud et par quelques autres auteurs au *D. semistriatus*, n'est certainement qu'une variété du *D. vittatus* comme nous avons pu nous en assurer en présence de milliers d'exemplaires recueillis par nous-mêmes ainsi que par plusieurs de nos amis sur divers points de notre littoral océanique : les passages de la forme lisse à celle fortement treillissée sont innombrables, et se rencontrent dans toutes les localités en compagnie des deux extrêmes.

Si on compare la var. *atlantica* au *D. semistriatus*, on constate que sa forme est très différente : ses sommets sont plus médians, moins reportés en arrière, plus saillants; son extrémité antérieure est plus dilatée, son extrémité postérieure moins anguleuse; son corselet est moins nettement limité, de sorte que la coquille est moins tronquée du côté postérieur; les sillons transverses sont toujours plus forts et onduleux chez la var. *atlantica* tandis qu'ils sont plus fins et parallèles au bord ventral chez le *D. semistriatus*. Enfin, tandis que chez la présente variété les sillons transverses s'effacent insensiblement du côté antérieur de la coquille, ils s'arrêtent brusquement chez le *D. semistriatus*.

Var. ex forma 2, *magna* Damon mss. (*in* Coll. Mus. paris.). Plus grande et plus solide que le *D. vittatus* type, cette variété a été considérée par beaucoup d'auteurs comme étant le vrai *Donax anatinum* de Lamarck. Mais nous avons vu que le *D. anatinum* est identique au type du *D. vittatus*. Dans cette circonstance, nous avons encore été aidés par l'existence au Muséum d'exemplaires provenant de la collection de Lamarck et portant le nom de *D. anatinum* var. 2. Ils sont identiques à la forme que nous avons en vue en ce moment. D'autre part, Lamarck indique dans son ouvrage une var. 2 du *D. anatinum* en la caractérisant par les mots « testa majore, radiis interruptis » qui s'appliquent fort bien à cette variété. Nous lui attribuons le nom de *magna* qui figure sur un autre carton de la collection du Muséum portant des exemplaires envoyés par M. Damon. Les figures 13 et 14 de notre pl. LXVIII représentent un spécimen de la var. *magna* recueilli par l'un de nous à Middelkerke.

Donax venustus Poli.

Pl. LXIX, fig. 1, 2, 3, 4 (type) et 5, 6, 7, 8, 9, 10 (var.).

1795	*Donax venusta*	Poli, Test. utr., Sic., t. II, p. 77, pl. XIX, fig. 23, 24.
1826	— — Poli	Risso, Europe mérid., t. IV, p. 339.
1826	— *modesta*	Risso, Europe mérid., t. IV, p. 340.
1832	— *fabagella*	Deshayes (*non* Lam.), Expéd. sc. de Morée, t. III, 1re part., p. 94, pl, XVIII, fig. 20, 21, 22.
1836	— *venusta* Poli	Scacchi, Catal Conch. Regn. Neap., p. 7.
1836	— — —	Philippi, Enum. Moll. Sic., t. I, p. 36.
1837	— *fabagella*	Krynicki (*non* Lam.), Bull. Nat. de Moscou, p. 62.
1838	— *venusta* Poli	Maravigna, Mém. Sic., p. 74.
1844	— — —	Philippi, Enum. Moll. Sic, t. II, p. 28.
1844	— *anatinum*	Potiez et Michaud (*non* Lam). Galerie de Douai, t. II, p. 195 (*ex parte*).
1846	— *venusta* Poli	Vérany, Catal. Invert. di Genova e Nizza, p. 13.
1848	— — —	Réquien, Coq. de Corse, p. 22.
1848	— *venustus* —	Deshayes, Expl. sc. de l'Algérie, p. 604; pl. LXXIV, fig. 6 à 8.
1854	— *venusta* —	Reeve, Conch. Icon., pl. VII, fig. 44.
1858	— *venustus* —	H. et A. Adams, Genera of rec. Moll., t. II, p. 404; pl. CIV, fig. 5.

1866	*Donax venusta* Poli	BRUSINA, Contrib. pella Fauna Dalm., p. 94.
1866	— *Cattaniana*	BRUSINA, Contrib. pella Fauna Dalm., pp. 42, 94.
1866	— *vittatus*	SOWERBY (*non* Da Costa), Thes. Conch., t. III, p. 313 (*ex parte*); pl. CCLXXXII, fig. 71 à 74 (*tantum*).
1867	— *venusta* Poli	WEINKAUFF, Conchyl. des Mittelm., t. I, p. 63.
1869	— — —	PETIT, Catal. test. mar., p. 45.
1870	— — —	ARADAS et BENOIT, Conch. viv. mar. della Sic., p. 43.
1872	— *vittatus*	MONTEROSATO (*non* Da Costa), Not. int. alle Conch. medit., p. 25.
1875	— *venusta* Poli	MONTEROSATO, Nuova Rivista, p. 17.
1878	— *venustus* —	MONTEROSATO, Enum. e Sinon., p. 13.
1880	— — —	STOSSICH, Prospetto della Fauna del mare Adr. *in* Boll. della Soc. Adr. di Sc. nat., t. V, p. 146.
1880	— *Cattaniana* Brus.	STOSSICH, Prospetto della Fauna del mare Adr. *in* Boll. della Soc. Adr. di Sc. Nat., t. V, p. 147.
1881	— *venustus* Poli	JEFFREYS, Lightn. and Porcup. Exp. *in* Proc. Zool. Soc., p. 723.
1882	— — —	BERTIN, Revision des Donacidées du Muséum, *in* Nouv. Arch. Mus., 2e série, t. IV, p. 88.
1882	— — —	JEFFREYS, Lightn. and Porcup. Exp. *in* Proc. Zool. Soc., 685.
1882	— — —	DAUTZENBERG, Liste Coq. de Cannes, p. 2.
1882	*Serrula venusta* —	ROCHEBRUNE, Cap Vert, *in* Nlles Arch. Mus., 2e série, t. IV, p. 257.
1883	*Donax venustus* —	DAUTZENBERG, Liste Coq. de Gabès, p. 13.
1883	— — —	G. DOLLFUS, Liste Coq. de Palavas, p. 3.
1883	— — —	MARION, Esq. Topogr. Zool. du golfe de Marseille, *in* Ann. Mus. Hist. Nat. Marseille, t. I, p. 54.
1884	*Serrula venusta* —	MONTEROSATO, Nomencl. gen. e spec., p. 25.
1884	— *Cattaniana* Brus.	MONTEROSATO, Nomencl. gen. e spec., p. 25.
1886	*Donax venustus* Poli	DAUTZENBERG, Nouv. liste Coq. de Cannes, p. 1.
1886	— — —	LOCARD, Prodr. de Malac. franç., p. 413, 592.

1888	*Donax venusta* Poli	Kobelt, Prodr. Faunæ Moll. test. maria europ. inhab., p. 347.
1888	— *Cattaniana* Brus.	Kobelt, Prodr. Faunæ Moll. test. maria europ. inhabit., p. 348.
1889	— *venustus* Poli	Carus, Prodr. Faunæ medit., p. 134.
1889	— *venusta* —	Monterosato, Nota int. ai Donax del Medit., p. 2, pl. II, fig. 6, 6a.
1892	— *venustus* —	Locard, Coq. mar. de France, p. 282.

Obs. — Bien que nous n'ayons pas rencontré le *D. venustus* sur le littoral du Roussillon, il y existe probablement, puisque l'un de nous l'a rencontré à Palavas. Nous avons d'ailleurs cru indispensable de décrire et de figurer cette espèce afin d'éviter à l'avenir la confusion regrettable qui a été faite entre elle et divers autres *Donax* européens. Hidalgo a considéré, et avec raison peut-être, le *D. venustus* comme une simple variété du *D. semistriatus* : nous avons, en effet, reçu de M. Ed. Chevreux des exemplaires dragués par lui dans le Golfe d'Ajaccio et qui paraissent constituer entre les deux espèces un passage que nous avons désigné sous le nom de var. *intermedia*. Quoi qu'il en soit, le *D. venustus*, tel qu'il a été décrit par Poli, ne possède pas de treillis sur la moitié antérieure de la surface des valves et sa sculpture consiste uniquement en forts sillons transverses, situés sur le corselet.

L'opinion émise par Weinkauff (*Suppl. alle Conch. del Mediterraneo in Bulletino Malacologico italiano*, t. III, p. 18), que le *D. venustus* ne serait qu'une variété du *D. trunculus* est absolument erronée, car ces deux espèces diffèrent par des caractères des plus importants : le *D. trunculus* est inéquivalve, tandis que le *D. venustus* est équivalve; le bord postérieur est toujours lisse chez le *trunculus*, tandis qu'il est toujours crénelé chez le *venustus*, etc.

D'après Krynicki, le *Donax radiata* Andrj. mss. serait encore synonyme.

Diagnose. — Coquille, diamètre umbono-ventral 11 millim.; diamètre antéro-postérieur 23 millim.; épaisseur 7 millim.; assez solide, ovale-transverse, équivalve, inéquilatérale. Sommets petits, opisthogyres. Côté antérieur arrondi, côté postérieur obliquement tronqué. Surface luisante pourvue sur l'extrémité postérieure et seulement à partir de l'angle obtus qui limite cette région, de sillons transverses bien marqués. Le reste de la coquille ne présente que des stries d'accroissement très faibles et des stries rayonnantes tout à fait superficielles. Lunule étroite, lancéolée, profonde, limitée par une carène obsolète. Intérieur des valves lisse. Impressions des muscles adducteurs et impression palléale un peu plus luisantes que le reste du test. Sinus palléal profond, arrondi. Plateau cardinal étroit. Charnière de la valve droite composée de deux dents cardinales contiguës, d'une dent latérale antérieure lamelliforme, allongée et d'une dent latérale postérieure courte, assez saillante. Charnière de la valve gauche composée de deux dents cardinales divergentes séparées par une fossette triangulaire et d'une dent latérale postérieure courte, bien saillante. Bord ventral et bord postérieur crénelés, bord dorsal lisse. Epiderme mince, très adhérent au test. Ligament court, corné, profondément enchâssé et saillant à l'extérieur.

Coloration externe brune, ornée de trois rayons blancs subégaux. Coloration interne d'un violet très foncé étroitement marginé de blanc le long du bord ventral. Epiderme jaunâtre. Ligament brun.

Variétés. — Var. ex forma 1. *Cattaniana* Brusina. Voir notre pl. LXIX, fig. 5, 6, 7, 8. Diffère du type par sa forme un peu plus haute en proportion de la largeur.

Var. ex forma 2. *elongata* Monterosato. Un peu plus transverse que le type.

Var. ex forma 3. *intermedia* B. D. D. Cette variété ressemble à la précédente par sa forme; mais les sillons transverses se prolongent chez elle jusque vers le milieu des valves; par ce caractère, elle se rapproche du *Donax semistriatus*. L'exemplaire de cette variété que nous représentons, pl. LXIX, fig. 9, 10, a été dragué par M. Chevreux dans le golfe d'Ajaccio à une profondeur de 50 mètres.

Var. ex colore 1. *albina* Monterosato. Entièrement blanche tant à l'intérieur qu'à l'extérieur. Cette variété se rencontre chez le type ainsi que chez les variétés de forme *Cattaniana* et *elongata*.

Habitat. — La localité la plus rapprochée du Roussillon où cette espèce a été rencontrée est Palavas (Hérault).

Dispersion. — Méditerranée, depuis Gibraltar jusqu'à la mer Egée; l'Egypte (Vassel), l'Adriatique, la mer Noire.

Océan Atlantique, à Madère, selon Jeffreys et au Iles du Cap-Vert, selon Rochebrune.

Origine. — Peu connu à l'état fossile, le *D. venustus* est représenté à l'époque miocène par les *D. gibbosulus* Mayer et *transversus* Deshayes. M. A. Bell le cite du pliocène de Sicile. Il existe avec certitude dans le pleistocène des Baléares, de la Calabre, de la Sicile et de l'Archipel.

Donax semistriatus Poli.

Pl. LXIX, fig. 11, 12, 13, 14 (type) et 15, 16, 17, 18, 19 (var.).

1795	*Donax semistriata*	Poli, Test. utr. Sic., t. II, p. 79, pl. XIX, fig. 7.
1818?	— *fabagella*	Lamarck, Anim. sans vert., t. V, p. 552.
1826	— *semistriata* Poli.	Risso, Europe mérid., t. IV, p. 341.

1826	*Donax trifasciata*	Risso, Europe mérid., t. IV, p. 340.
1836	— *semistriata* Poli.	Scacchi, Catal. Conch. Regni Neap., p. 7.
1836	— — —	Philippi, Enum. Moll. Sic., t. I, p. 36, pl. III, fig. 12.
1838	— — —	Maravigna, Mém. Sic., p. 74.
1844	— — —	Philippi, Enum. Moll. Sic., t. II, p. 28.
1844	— *fabagella*	Potiez et Michaud, Galerie de Douai, t. II, p. 196.
1844	— *semistriata* Poli.	Forbes, Rep. Æg. Invert., p. 143.
1846	— — —	Vérany, Catal. Invert. di Genova e Nizza, p. 13.
1848	— — —	Réquien, Coq. de Corse, p. 22.
1848	— — —	Deshayes, Expl. sc. de l'Algérie, p. 602.
1851	— — —	Petit, Catal. *in* Journ. Conch., t. II, p. 294.
1854	— — —	Reeve, Conch. Icon. pl. IV, fig. 25.
1856	— *anatinus*	Jeffreys (*non* Lam.), Piedm. Coast., p. 24.
1862	— *semistriata* Poli.	Weinkauff, Catal. Algérie *in* Journ. Conch., t. X, p. 316.
1865	— — —	Stossich, Enum. Moll. del Golfo di Trieste, p. 30.
1865	— — —	Fischer, Faune Conch. de Port-Saïd *in* Journ. Conch., t. XIII, p. 243.
1866	— — —	Brusina, Contrib. pella Fauna Dalm., p. 42, 94.
1866	*Donax vittatus* var. *semistriata*	Sowerby, Thes. Conch. t. III, p. 313, pl. CCLXXII, fig. 70.
1867	— *semistriata* Poli	Weinkauff, Conch. des Mittelm., t. I, p. 64.
1869	— — —	Petit, Catal. test. mar., p. 45.
1869	— — —	Tapparone-Canefri, Moll. test. di Spezia e del suo Golfo, p. 115.
1870	— — —	Aradas et Benoit, Conch. viv. mar. della Sic., p. 44.
1870	— *violacea* Chieregh.	Brusina, Ipsa Chiereghini Conch., p. 72.
1870?	— *fabagella*	Ancey, Catal. Moll. Cap Pinède, p. 4.
1870	— *semistriatus* Poli	Hidalgo, Mol. mar. Catal. gen. p. 161, pl. XLVIII, fig. 5, 6.
1872	— — —	Monterosato, Not. int. alle Conch. medit., p. 25.
1875	— *semistriata*	Monterosato, Nuova Rivista, p. 17.
1878	— *semistriatus*	Monterosato, Enum. e Sinon., p. 13.
1880	— — —	Stossich, Prospetto della Fauna del mare Adr. *in* Boll. Adr. di Sc. Nat., t. V, p. 147.
1882	— — —	Dautzenberg, Liste Coq. de Cannes, p. 2.

1882	*Donax semistriatus* Poli	Bertin, Revision des Donacidées du Muséum, *in* Nouv. Arch. Mus., 2e série, t. IV, p. 88.
1883	— — —	G. Dollfus, Liste Coq. Palavas, p. 3.
1883	— — —	Dautzenberg, Liste Coq. de Gabès, p. 13.
1883	— — —	Marion, Esq. Topogr. Zool. du golfe de Marseille *in* Ann. Mus. Hist. Nat. Marseille, t. I, p. 54.
1884	*Serrula semistriata* —	Monterosato, Nomencl. gen. e spec., p. 26.
1884	— *clodiensis*	Monterosato, Nomencl. gen. e spec., p. 26.
1886	*Donax semistriatus* Poli	Dautzenberg, Nouv. liste Coq. de Cannes, p. 1.
1886	— — —	Locard, Prodr. de Malac. franç., p. 414, 592.
1888	— *semistriata* —	Kobelt, Prodr. Faunæ Moll. test. maria europ. inhab., p. 347 (*excl. loc.* Atlant.).
1888	— *clodiensis* Monts.	Kobelt, Prodr. Faunæ Moll. test. maria europ. inhab., p. 348.
1889	— *semistriata* Poli	Monterosato, Nota int. ai *Donax* del Medit. p. 3, pl. II, fig. 3, 3A.
1889	— *clodiensis*	Monterosato, Nota int. ai *Donax* del Medit. p. 3, pl. II, fig. 4, 4A.
1889	— *semistriatus* Poli	Carus, Prodr. Faunæ Medit., p. 133 (*ex parte*).
1889	— *clodiensis* Monts.	Carus, Prodr. Faunæ Medit., p. 134.
1890	— *semistriata* Poli	Fischer *in* Vassel, Faunes de l'isthme de Suez, p. 5.
1891	— — —	Brusina, Moll. lamellibr. di Zara, p. 15.
1892	— *semistriatus* —	Locard, Coq. mar. de France, p. 282, fig. 262.

Obs. — Bien que le *D. semistriatus* soit fort voisin du *D. venustus*, le treillis fin et régulier qui orne plus de la moitié de la surface du test, suffit à le faire reconnaître au premier aspect.

C'est bien à tort que Cailliaud et quelques autres naturalistes ont assimilé au *D. semistriatus* une forme océanique du *D. vittatus* que M. Hidalgo a séparée sous le nom de *D. atlanticus* et qui ne constitue en réalité qu'une variété de cette espèce, comme nous l'avons démontré plus haut.

Diagnose. — Coquille, diamètre umbono-ventral 11 millim., diamètre antéro-postérieur 25 millim., épaisseur 8 millim., solide, équivalve, inéquilatérale, ovale tranverse. Sommets petits, anguleux, opisthogyres. Côté antérieur arrondi, côté postérieur obliquement tronqué. Surface luisante, pourvue de sillons transverses fins et nombreux qui garnissent le corselet ainsi que les deux tiers environ de la surface. Ces sillons dont quelques-uns sont confluents, s'arrêtent brusquement suivant une ligne qui part du sommet et aboutit au bord ventral ; l'extrémité antérieure de la coquille est complètement lisse. Des stries rayonnantes bien marquées règnent sur toute la région occupée par les sillons transverses, qui se trouve ainsi finement treillisée. Il n'existe pas de stries rayonnantes sur le corselet qui n'est pourvu que de sillons transverses. Intérieur des valves lisse : impressions musculaires et charnière semblables à celles du *D. venustus*. Bord ventral et bord postérieur crénelés ; bord dorsal lisse. Epiderme mince, très adhérent au test ; ligament court, corné, profondément enchâssé, saillant à l'extérieur.

Coloration externe d'un fauve clair orné de zones concentriques violacées et d'un large rayon médian brunâtre accompagné de chaque côté d'un rayon blanchâtre. Corselet teinté de brun. Coloration interne violette avec un rayon blanc. La région postérieure est d'un violet beaucoup plus foncé que celui de la région antérieure.

Epiderme jaunâtre. Ligament brun.

Variétés. — Var. ex forma et col. *clodiensis* Monterosato. De forme subtrigone, à bord ventral assez arqué. Coloration tirant sur le violet. Nous représentons, pl. LXIX, fig. 18, 19, un exemplaire recueilli par M. de Monterosato, à Chioggia, et, fig. 16 et 17, un spécimen de la même variété provenant du Roussillon.

Var. ex forma *rostrata* Fischer, *in* Vassel : Faunes de l'isthme de Suez, p. 5. Nous faisons figurer, pl. LXIX, fig. 15, un exemplaire de cette variété recueilli à Port-Saïd, par M. Vassel ; il est plus transverse et moins convexe que le type (Diamètre umbono-ventral 12 millim., diamètre antéro-postérieur 25 millim., épaisseur 6 millim.).

Var. ex colore *alba* Monterosato. Entièrement blanche, Patras (Conemenoz), Roussillon ! Alger (Joly).

Habitat. — Assez abondant sur les plages de Leucate et de La Franqui. Le type et la variété *alba*.

Dispersion. — Toute la Méditerranée et la mer Adriatique. N'a pas été signalé dans la mer Noire. Toutes les citations de cette espèce dans l'Océan Atlantique doivent être rapportées à la variété *atlantica* Hidalgo du *Donax vittatus* Da Costa.

Origine. — Pliocène du bassin méditerranéen : Plaisancien, Modénais, Toscane, Sicile ; pleistocène des Alpes-Maritimes et de la Calabre.

Sous-genre CAPSELLA Gray, 1851.

M. Scudder, dans le *Nomenclator Zoologicus* (suppl. list., p. 59), cite un genre *Capsella* Guilding, 1825, qui ferait tomber en synonymie celui de Gray ; mais c'est là une erreur manifeste, car le genre établi à cette époque par Guilding dans les Transactions de la Société linnéenne de Londres est orthographié *Caprella* et a été basé sur l'*Auricula caprella* Lamarck.

Le nom de *Capsella* proposé par Gray, en 1851, pour les *Donax* du groupe du *variegatus* peut donc être conservé.

Quelques auteurs ont placé le *Donax variegatus* dans le genre *Capsa*. Mais ce genre a été établi par Bruguière, en 1796, sans aucune description et seulement par l'inscription du mot *Capsa*, en haut de la pl. CCXXXI de l'Encyclopédie. Sur cette planche figurent des espèces disparates et qui n'ont aucun rapport avec notre espèce européenne. Le premier type indiqué par Lamarck pour le genre *Capsa* est le *Tellina angulata* Linné. En 1801, il a remplacé ce type par le *Capsa rugosa* (*Venus deflorata* Linné). Blainville a ensuite indiqué, en 1824, pour le même genre, dans le Dictionnaire des Sc. Nat., comme le type : *Iphigenia lævigata*. On voit donc que le nom générique *Capsa* ne peut, en aucun cas, être appliqué au *D. variegatus*. La confusion a encore été augmentée par Leach, 1817 (*in* Gray, 1847), qui a compris dans son genre *Capsa* le *Tapes pullastra* et le *Venerupis irus*.

Donax variegatus Gmelin.

Pl. LXX, fig. 1, 2, 3 (type) et 4, 5, 6, 7, 8, 9 (var.).

1790	*Tellina variegata*	Gmelin *in* Linné, Syst. Nat., édit. XIII, p. 3237 (excl. var. β et γ).
1790	— *vinacea*	Gmelin *in* Linné, Syst. Nat., édit. XIII, p. 3238.
1795	— *polita*	Poli, Test. utr., Sic., t. I, p. 44, pl. XXI, fig. 14, 15.
1803	*Donax complanata*	Montagu, Test. brit. p. 106, pl. V, fig. 4.
1804	— — Mtg.	Maton et Rackett, Descr. Cat., *in* Trans. Linn. Soc. of London, t. VIII, p. 75.
1817	— — —	Dillwyn, Descr. Catal., t. I, p. 150.
1819	— — —	Turton, Conch. Dict., p. 42.
1822	— — —	Turton, Dithyra brit., p. 125, pl. VII, fig. 12, 13.
1825	— — —	Wood, Index testac., p. 31, pl. VI, fig. 6.
1825	— — —	De Gerville, Catal. Manche, p. 23.
1826	*Capsa* — —	Payraudeau, Moll. de Corse, p. 46.
1826	*Tellina polita* Poli	Risso, Europe mérid., t. IV, p. 346.
1827	*Donax complanata* Mtg.	Brown, Illustr. of the Conch. of Gr. Brit. and Irel., pl. XVII, fig. 10.
1828	— — —	Fleming, Brit. anim., p. 433.
1829	*Psammobia polita* Poli	Costa, Catal. Sist., p. 14, 20.
1830	*Donace applatie* (sic)	Blainville, Faune franç., Lamellibranches, pl. IX, fig. 2.
1830	— — —	Deshayes, Encycl. méthod., t. II, p. 98.

1835	*Donax complanata* Mtg.	DESHAYES *in* LAMARCK, Anim. sans vert., 2e édit., t. VI, p. 249.
1836	— *polita* Poli	SCACCHI, Catal. Conch. Regni Neap., p. 7.
1836	— *longa*	PHILIPPI (*non* Bronn.), Enum. Moll. Sic., t. I, p. 37, pl. III, fig. 13.
1838	— *polita* Poli	MARAVIGNA, Mém. Sic., p. 74.
1844	*Capsa complanata* Mtg.	BROWN, Illustr. of the Conch. of Gr. Brit. and Irel., 2e édit., p. 96, pl. XXXIX, fig. 10.
1844	— — —	POTIEZ et MICHAUD, Galerie de Douai, t. II, p. 221.
1844	*Donax* — —	THORPE, Brit. mar. Conch., p. 78.
1844	— — —	FORBES, Rep. Æg. Invert., p. 143.
1844	— — —	PHILIPPI, Enum. Moll. Sic., t. II, p. 28.
1848	— *variegata* Gmel.	DESHAYES, Expl. sc. de l'Algérie, p. 605.
1848	— *complanata* Mtg.	RÉQUIEN, Coq. de Corse, p. 22.
1851	— (*Capsella*) *polita* Poli	GRAY, List of Brit. Moll. in the Brit. Mus., part. VII, p. 47.
1851	— *complanata* Mtg.	PETIT, Catal., *in* Journ. de Conch., t. II, p. 294.
1851	— (*Capsella*) *politus* Poli	GRAY, List of Brit. Anim., *in* the Brit. Mus., p. 47.
1852	— *variegata* Gmel.	LEACH, Synopsis, p. 297.
1853	— *politus* Poli	FORBES et HANLEY, Brit. Moll. t. I, p. 336, pl. XXI, fig. 7.
1853	*Capsella violacea* Meusch.	MŒRCH, Catal. Yoldi, II, p. 18.
1854	*Donax polita* Poli	REEVE, Conch. Icon, pl. VI, fig. 42.
1856	— *complanata* Mtg.	HANLEY, Recent biv. Shells, p. 86.
1859	— *politus* Poli	SOWERBY, Illustr. Ind. brit. Sh. pl. III, fig. 20.
1862	— *complanata* Mtg.	WEINKAUFF, Catal. Algérie, *in* Journ. de Conch., t. X, p. 316.
1863	— *politus* Poli	JEFFREYS, Brit. Conch., t. II, p. 408; t. V (1869), pl. XLII, fig. 6.
1865	— *complanata* Mtg.	CAILLIAUD, Catal. Loire-Inf., p. 76.
1865	— — —	STOSSICH, Enum. Moll. del Golfo di Trieste, p. 30.
1866	— *politus* Poli	SOWERBY, Thes. Conch., t. III, p. 314, pl. CCLXXXII, fig. 84 et 85 (juv.).
1866	*Iphigenia lævigata*	BRUSINA (*non* Gmelin). Contr. pella Fauna Dalm., p. 94.
1867	*Donax polita* Poli	WEINKAUFF, Conch. des Mittelm., t. I, p. 67.
1867	— *politus* —	TASLÉ, Catal. Morbihan, p. 11.
1868	— (*Capsella*) *politus* Poli	TRYON, Catal. fam. *Tellinidæ*, *in* Amer. Journ. of Conch., t. IV (appendix), p. 114.

1868	*Donax politus* Poli	COLBEAU, Moll. viv. de Belgique, p. 24.
1869	— *vinaceus* Gmel.	RŒMER, Monogr., *in* Syst. Conch. Cab., p. 101, pl. XVIII, fig. 5 à 9.
1869	— *polita* Poli	PETIT, Catal. test. mar., p. 45 (excl. syn. *longa* Bronn).
1869	— *politus* —	FISCHER, Gironde, 1er suppl., *in* Actes Soc. Linn. Bord., t. XXVII, p. 105.
1870	— *Polita* —	ARADAS et BENOIT, Conch. viv. mar. della Sic., p. 44.
1870	— *politus* —	SERVAIN, Catal. Coq. Granville, p. 9.
1870	— *polita* —	ANCEY, Catal. Moll. cap Pinède, p. 4.
1870	— *politus* —	HIDALGO, Mol. mar. Catal. gen., p. 160, pl. XLVIII, fig. 9, 10.
1872	— — —	MONTEROSATO, Not. int. alle Conch. medit., p. 25.
1875	— *polita* —	MONTEROSATO, Nuova Rivista, p. 17.
1876	— *politus* —	DUPREY, Catal. Jersey, p. 3.
1878	— — —	ISSEL, Crociera del Violante, p. 34.
1878	— — —	FISCHER, Brachiop. et Moll. du litt. océan. de France, p. 8.
1878	— — —	MONTEROSATO, Enum. e Sinon., p. 13.
1880	— *vinaceus* Gmel.	STOSSICH, Prosp. della Fauna del mare Adr., *in* Boll. della Soc. Adr. di Sc. nat., t. V, p. 147.
1880	— *politus* Poli	SERVAIN, Catal. Coq. mar. Ile d'Yeu, p. 15.
1883	— — —	DANIEL, Faune malac. de Brest, *in* Journ. Conch., t. XXXI, p. 242.
1884	*Capsella polita* —	MONTEROSATO, Nomencl. gen. e spec., p. 26.
1886	*Donax politus* —	GRANGER, Moll. biv. de France, p. 164.
1886	— — —	LOCARD, Prodr. de Malac. franç. p. 411, 591.
1887	— — —	DAUTZENBERG, Exc. malac. à Saint-Lunaire, p. 7.
1888	— — —	A. DOLLFUS, Les Plages du Croisic, p. 16.
1888	— — —	SERVAIN, Catal. Coq. mar. Concarneau, p. 91.
1888	— — —	KOBELT, Prodr. Faunæ Moll. test. maria europ. inhab., p. 347.
1889	— (*Capsella*) *polita* Poli	MONTEROSATO, Nota int. ai Donax del Mediterraneo, p. 4.
1889	— *politus* —	CARUS, Prodr. Faunæ Medit., p. 134.
1890	— — —	DAUTZENBERG, Liste Moll. Pouliguen, p. 4.

1891 *Donax (Capsella) politus* Poli DAUTZENBERG, Contrib. Faune malac. Golfe de Gascogne, p. 8.
1891 — *complanatus* Mtg. BRUSINA, Moll. lamell. di Zara, p. 15.
1892 — *politus* Poli LOCARD, Coq. mar. de France, p. 280, 281, fig. 260.
1892 — *complanata* Mtg. BIZET, Malacoz. de Picardie, p. 178.
1893 — (*Capsella*) *politus* Poli DAUTZENBERG, Liste Moll. Granville et Saint-Pair, p. 18.

Obs. — Le *Tellina variegata* Gmelin (1790, *non* Poli 1791), établi sur la fig. 227 de la pl. CCCLXXXIV de Lister, est certainement cette espèce; mais il faut écarter les variétés β et γ, qui se rapportent, la première, au *Tellina donacina*, la seconde au *Donacilla cornea*. Le *Tellina vinacea* du même auteur, établi sur la fig. 42 de Bonanni (2e partie) est aussi certainement la même espèce. Rœmer qui a bien connu ces faits dit qu'il choisit le nom de *vinacea*, parce qu'il précède l'autre dans l'ouvrage de Gmelin. Or, c'est le contraire de la réalité puisque le *T. vinacea* figure à la page 3238 et le *variegata* à la page 3237 de la 13e édition du *Systema Naturæ*. C'est donc le nom *variegata* qui est le plus ancien et que nous adoptons. Il a été emprunté par Gmelin à Lister, qui a désigné cette coquille par les mots : « Tellina variegata, unico radio sive plagulo albescente conspicuo. »

Mœrch (Catalogue Yoldi, II, p. 18), a repris le nom spécifique *violacea* publié par Meuschen, dès 1787, dans le catalogue de la vente Gevers (Museum Geversianum, p. 458, n° 1742). Ce nom, plus ancien que ceux donnés par Gmelin, devrait être préféré si la référence de Lister (fig. 227), fournie par Meuschen, n'était accompagnée des mots : « alba striis violaceis radiata » qui ne conviennent pas à notre coquille et, en outre, de deux autres références : l'une de Linné (n° 59), qui est le *Tellina donacina*, et l'autre de Gualtieri (pl. LXXXVIII, fig. H) qu'il est impossible d'identifier. En présence de renseignements aussi douteux, il vaut mieux, à notre avis, négliger le nom de *violacea*.

D'après Dillwyn le *D. lævigata* Solander mss. serait synonyme.

Poli a appelé l'animal de cette espèce *Peronæa brevirostris* et sa coquille *Peronæoderma politum*.

C'est par erreur que M. Brusina avait assimilé autrefois cette espèce à l'*Iphigenia lævigata* Gmelin qui est une coquille bien connue de la côte occidentale d'Afrique, appartenant à un genre différent.

Le *D. variegatus* se distingue de tous ses congénères européens par l'absence de crénelures sur les bords internes des valves; il est moins anguleux à l'extrémité postérieure. Le large rayon blanc est aussi très caractéristique et ne manque que chez la variété albine.

Diagnose. — Coquille, diamètre umbono-ventral 18 millim.; diamètre antéro-postérieur 36 millim.; épaisseur 10 millim.; assez solide, équivalve, inéquilatérale, de forme ovale transverse. Sommets petits, anguleux, contigus, opisthogyres. Côté antérieur arrondi, plus grand que le côté postérieur; côté postérieur trigone, formant un angle émoussé à sa rencontre avec le bord ventral; bord ventral régulièrement arqué. Surface lisse et très luisante, ne présentant que des stries d'accroissement superficielles. Lunule peu profonde, non limitée. Corselet indistinct. Intérieur des valves lisse et luisant, à bords simples, non denticulés. Impression du muscle adducteur antérieur des valves subtriangulaire; impression du muscle adducteur postérieur arrondie; impression palléale échancrée par un sinus profond. Plateau cardinal étroit. Charnière de la valve droite composée de deux dents cardinales divergentes, peu développées, d'une dent latérale antérieure lamelliforme, allongée et d'une dent latérale postérieure courte et faible.

Coloration externe d'un gris jaunâtre parsemé de nombreuses taches anguleuses brunes et blanches qui forment une sorte de réseau nébuleux. Un rayon blanchâtre part du sommet et se prolonge, en s'élargissant, jusqu'au bord ventral. Ce rayon est accentué par les taches brunes qui sont plus foncées sur ses bords que sur le reste de la coquille. Coloration interne mélangée de blanc, d'orangé et de violet. Épiderme mince, luisant, jaunâtre, très persistant. Ligament petit, corné, brun, faisant saillie à l'extérieur.

Variétés. — Gmelin ayant basé son *Tellina variegata* sur la fig. 227 de Lister, c'est cette figuration qui doit être regardée comme représentant le type. Notre fig. 2, pl. LXX, concorde bien avec elle.

Le *D. variegatus* est peu variable sous le rapport de la forme; mais il présente quelques variétés de coloration.

Var. ex colore 1, *saturata* B. D. D. D'une coloration plus brillante: les maculations brunes sont plus foncées et accompagnées de zones concentriques bien marquées. Voir notre pl. LXX, fig. 5.

Var. ex colore 2, *tristis* B. D. D. Sommets teintés de violet foncé. Coloration interne entièrement violette. Voir notre pl. LXX, fig. 4, 8, 9.

Var. ex colore 3, *læta* B. D. D. Coloration générale très claire, ornée sur les sommets d'une petite tache d'un rose vif. Coloration interne claire. Voir notre pl. LXX, fig. 6.

Var. ex colore 4, *albida* B. D. D. D'un blanc jaunâtre uniforme, sans rayon. Philippi a signalé cette variété et Hidalgo l'a représentée pl. XLVIII, fig. 10, de son ouvrage. Nous en avons figuré pl. LXX, fig. 7, un exemplaire dragué au large du Croisic.

Habitat. — Peu commun sur la partie sablonneuse du littoral roussillonnais, le type et la variété *tristis*.

Dispersion. — Méditerranée et Adriatique. Océan Atlantique depuis les côtes d'Angleterre et d'Irlande jusqu'au détroit de Gibraltar. Le *D. variegatus* habite une zone plus profonde que ses congénères européens ; on le rencontre depuis 5 et jusqu'à 30 brasses de profondeur.

Origine. — D'après M. Locard, cette espèce existerait dans le miocène de la Corse ; mais c'est là une citation isolée basée sur un moule interne. Elle est plus certaine dans le pliocène des Alpes-Maritimes, de la Calabre, du Plaisancien et de la Sicile, ainsi que dans le pliocène du Nord, Coralline crag, Red crag, à Lenham et dans les sables d'Anvers (Nyst.). Enfin, Seguenza la mentionne dans le pleistocène de Reggio.

Famille PSAMMOBIIDÆ Deshayes, 1845.

Fleming avait établi, en 1828, sous le nom de *Psammobiadæ*, une famille comprenant les genres *Psammobia* et *Astarte* qui n'ont entre eux aucune analogie.

Les *Psammobia* ont une grande ressemblance extérieure avec les *Tellina*, et Gray, Woodward, Adams, Chenu, Tryon, etc., les ont classés dans le voisinage des *Tellinidæ*, bien que Deshayes eût démontré depuis longtemps que la structure de leurs branchies devait les faire rapprocher plutôt des *Solen* que des *Tellina*.

TABLEAU DES GENRES ET ESPÈCES

Genre **Psammobia** Lamarck .... 1. *Ps. færoensis* Chemnitz.
Sous-genre *Psammocola* Blainville . 2. *Ps. depressa* Pennant.

Genre PSAMMOBIA Lamarck, 1818.

Type : *Psammobia færœensis* Chemnitz.

Le genre *Psammobia*, tel qu'il a été créé par Lamarck aux dépens des *Tellina* et de quelques genres voisins, n'est pas très bien défini. Le genre *Psammotæa* qui suit dans l'ouvrage de Lamarck, a été adjoint au précédent par Blainville, en 1824. C'est Gray qui a précisé, en 1851, le type du genre, en indiquant le *Ps. færœensis*.

Schumacher avait établi, en 1817, un an avant Lamarck, un genre *Gari* comprenant deux espèces : *Gari vulgaris* et *Gari papyracea*. Le *Gari vulgaris* renferme plusieurs formes considérées aujourd'hui comme constituant des espèces différentes ; mais qui appartiennent toutefois au genre dont nous nous occupons en ce moment. Quant au *Gari papyracea*, c'est un *Tellina* qui doit par conséquent être éliminé. Malgré toute notre répugnance pour les résurrections de noms plus ou moins tombés dans l'oubli, nous nous serions décidés à nous conformer à la loi de priorité, si le vocable *Gari* n'était un mot barbare, qui, d'après les règles adoptées par le Congrès de Zoologie, ne pourrait être employé que s'il était latinisé. Nous avons donc préféré conserver le nom *Psammobia* qui est généralement admis aujourd'hui.

Quelques auteurs modernes, Fischer, Pætel, Tryon, etc., ont admis le genre *Psammobia* pour les coquilles du groupe du *færœensis* et ont conservé le nom *Gari* pour celles du groupe du *depressa*.

Psammobia færœensis Chemnitz sp. (*Tellina*).

Pl. LXX, fig. 10, 11, 12, 13, 14, 15, 16 (var.).

1761	*Tellina incarnata*	Linné, Fauna Suecica, 2e édit., p. 517 (*non* Linné : Systema Naturæ, 1758).
1777	— —	Pennant, Brit. zool., t. IV, p. 88 ; pl. XLVIII, fig. 31.
1778	— *radiata*	Da Costa (*non* Linné), Brit. Conch., p. 209, pl. XIV, fig. 1.
1780	— *angulata*	Born (*non* Linné), Test. Mus. Caes. Vindob., p. 30, pl. II, fig. 5.
1782	— *Ferroensis*	Chemnitz, Conch., Cab., t. VI, p. 99, pl. X, fig. 91.
1786	*Die Ferroische Telline*	Schroeter, Einleit. in die Conchylienk., III, p. 4.
1790	*Tellina ferœensis*	Gmelin *in* Linné, Syst. Nat. edit. XIII, p. 3235.
1790	— *Bornii*	Gmelin *in* Linné, Syst. Nat. edit. XIII, p. 3231.

1790	*Tellina trifasciata*	GMELIN *in* LINNÉ (an Linné?), Syst. Nat. édit. XIII, p. 3233.
1798	— *truncata*	SPENGLER (*non* Linné), Skriv. Nat. Selsk., t. IV, 2e p., p. 70.
1801	— *Fervensis*	WOOD, Hinges of Brit. Biv. *in* Trans. Linn. Soc., t. VI, p. 163; pl. XV, fig. 20, 21.
1803	— *fervensis*	MONTAGU, Test. brit., p. 55.
1804	— *trifasciata* Gm.	DONOVAN, Brit. Sh., pl. LX.
1804	— *Ferrœensis* Ch.	MATON et RACKETT, Descr. Catal. *in* Trans. Linn. Soc., t. VIII, p. 49.
1804	— *Bornii* Gmel.	RENIER, Tavola alfab., p. 6, nº 37.
1804	— *Fervensis* Gmel.	RENIER, Tavola alfab., p. 6, nº 43.
1804	— *trifasciata* Gmel.	RENIER, Tavola alfab., p. 6, nº 61.
1804	— *muricata*	RENIER, Tavola alfab., p. 6, nº 50.
1812	*Psammobia Ferrœensis* Ch.	PENNANT, Brit. Zool. new edit., p. 177; pl. L, fig. 3.
1813	*Tellina ferrœensis*	PULTENEY, Catal. Dorsetsh., p. 29, pl. VI, fig. 1.
1817	— *ferrœensis*	DILLWYN, Descr. Catal., t. I, p. 77.
1817	*Gari vulgaris*	SCHUMACHER, Nouv. Syst., p. 131; pl. IX, fig. 2 (*ex parte*).
1818	*Psammobia feroensis* Ch.	LAMARCK, Anim. sans vert., t. V, p. 512.
1819	*Tellina Ferroensis* —	TURTON, Conch. Dict., p. 171.
1822	*Psammobia* — —	TURTON, Dithyra brit., p. 94; pl. VIII, fig. 1.
1825	*Tellina Ferrœensis* —	WOOD, Index testac., p. 19; pl. IV, fig. 36.
1825	— *Ferroensis* —	DE GERVILLE, Catal. Manche, p. 14.
1827	*Psammobia ferrœensis* —	BROWN, Illustr. of the Conch. of Gr. Brit. and Irel., pl. XVI, fig. 1, 2.
1828	— *Ferroensis*	FLEMING, Brit. Anim., p. 438.
1830	— *feroensis* —	COLLARD DES CHERRES, Catal. test. Finistère, p. 18.
1835	*Tellina Ferrœensis* —	WOOD, Gen. Conch., p. 164; pl. XLV, fig. 1.
1835	*Psammobia feroensis* —	LAMARCK, Anim. sans vert., édit. Desh., t. VI, p. 172.
1836	— *muricata* Ren.	SCACCHI, Catal. Conch. Regn. Neap., p. 5 (excl. syn.).
1836	— *feroensis* Ch.	PHILIPPI, Enum. Moll. Sic., t. I, p. 23; pl. III, fig. 7 (fossile).
1838	— *ferroensis* —	FORBES, Malac. Monensis, p. 55.
1844	— — —	FORBES, Rep. Æg., Invert., p. 143.
1844	— *feroensis* —	PHILIPPI, Enum. Moll. Sic., t. II, p. 20.

1844 *Psammobia ferrœensis* Ch. BROWN, Illustr. of the Conch. of Gr. Brit. and Irel. new edit., p. 101; pl. XL, fig. 1, 2.
1844 — *Ferœensis* — MACGILLIVRAY, Moll. anim. of Scotl., p. 284.
1844 — *Ferroensis* — THORPE, Brit. Mar. Conch., p. 64.
1846 — *ferœensis* — LOVÉN, Index Moll. Scand., p. 196.
1848 — *Feroensis* — RÉQUIEN, Coq. de Corse, p. 17.
1848 — *incarnata* Lin. DESHAYES, Expl. Sc. de l'Algérie, p. 576.
1850 — — — DESHAYES, Traité élém. de Conch., p. 418; pl. XIII, fig. 9, 10.
1851 — *feroensis* Ch. PETIT, Catal. *in* Journ. Conch., t. II, p. 290.
1851 — *ferroensis* — GRAY, List of Brit. anim., in the Brit. Mus., p. 36.
1852 — *incarnata* Lin. LEACH, Synopsis, p. 294.
1853 — *Ferroensis* Ch. FORBES et HANLEY, Brit. Moll., t. I, p. 274; pl. XIX, fig. 3.
1856 — *ferroensis* — REEVE, Conch. Icon., pl. V, fig. 33.
1856 — *Ferroensis* — HANLEY, Recent biv. Sh., p. 57.
1858 *Gari Ferrœensis* — H. et A. ADAMS, Genera of rec. Moll., t. II, p. 390.
1858 *Psammobia Feroensis* — CHENU, Illustr. Conch. G. *Psammobia*, pl. I, fig. 6, 6A, 6B.
1859 — *ferroensis* — SOWERBY, Illustr. Ind. brit. Sh., pl. III, fig. 1.
1860 — *feroensis* — MACÉ, Catal. Cherbourg et Valognes, p. 21.
1862 — — — CHENU, Manuel de Conch., t. II, p. 64, fig. 258.
1862 — *Feroensis* — WEINKAUFF, Catal. Algérie *in* Journ. Conch., t. X, p. 312.
1863 — *Ferrœensis* — JEFFREYS, Brit. Conch., t. II, p. 396; t. V (1869), p. 187; pl. XLII, fig. 3.
1865 — *ferroënsis* — STOSSICH, Enum. Moll. Golfo di Trieste, p. 29.
1865 — *Ferroensis* — CAILLIAUD, Catal. Loire-Inf., p. 70.
1865 — — — FISCHER, Gironde, p. 51.
1866 — *Ferroënsis* — BRUSINA, Contrib. pella Fauna Dalm., p. 93.
1867 — *ferroensis* — TASLÉ, Catal. Morbihan, p. 10.
1867 — *Ferroensis* — WEINKAUFF, Conch. des Mittelm., t. I, p. 70.
1868 — *ferroensis* — COLBEAU, Moll. viv. de Belgique, p. 24.

1870 *Tellina gari* Chieregh. BRUSINA, Ipsa Chieregh. Conch., p. 57.

1870 — *Bornii* Gm. BRUSINA, Ipsa Chieregh. Conch., p. 57.

1870 — *ferruginea* Chier. BRUSINA, Ipsa Chieregh. Conch., p. 58.

1870 *Psammobia Feroensis* Ch. ARADAS et BENOIT, Conch. viv. mar. della Sic., p. 51.

1870 — *Ferroensis* — ANCEY, Catal. Cap Pinède, p. 4.

1870 — — — WOODWARD, Manuel de Malac., édit. franç., p. 496, pl. XXI, fig. 9.

1870 — *ferrœensis* — JEFFREYS, Médit. Moll., p. 8.

1870 — *Ferroensis* — HIDALGO, Mol. mar. Catal. gen. p. 162; pl. LXX, fig. 6, 7.

1872 — *Ferrœensis* — MONTEROSATO, Not. int. alle Conch. medit., p. 24.

1875 — *Ferroensis* — MONTEROSATO, Nuova Rivista, p. 17.

1876 — *ferroensis* — DUPREY, Catal. Jersey, p. 3.

1878 — — — G. O. SARS, Moll. Reg. Arct. Norv., p. 79.

1878 — *Ferroensis* — MONTEROSATO, Enum. e Sinon., p. 13.

1878 — *Feroensis* — FISCHER, Brachiop. et Moll. du litt. océan. de France, p. 8.

1879 — *foerensis* — CLÉMENT, Catal. Moll. Gard *in* Et. d'Hist. Nat., p. 80.

1879 — *Ferroensis* — GRANGER, Moll. de Cette, p. 34.

1880 — — — STOSSICH, Prosp. della Fauna Adr. *in* Boll. Soc. Adr. di Sc. Nat., p. 145.

1880 — *ferroensis* — SERVAIN, Catal. Ile d'Yeu, p. 14.

1881 — — — JEFFREYS, Lightn. and Porcup. Exp. *in* Proc. Zool. Soc., p. 722.

1881 *Gari incarnata* Lin. BERTIN, Revision des Garidées *in* Nouv. Arch. Mus., p. 108.

1883 *Psammobia Ferroensis* Ch. DANIEL, Faune malac. Brest *in* Journ. Conch., t. XXXI, p. 241.

1883 — — — MARION, Esq. Topogr. Zool. du Golfe de Marseille, *in* Ann. Mus. Hist. Nat. Marseille, t. I, pp. 26, 70, 77, 85, 90, 93.

1886 — — — LOCARD, Prodr. de Malac. franç. p. 415.

1886 — — — GRANGER, Moll. biv. de France, p. 158, pl. XII, fig. 10.

1886 — — — HIDALGO, Catal. Bayona de Galicia *in* Rev. de los Progresos de as Ciencias, p. 382.

1888 — *ferroensis* — SERVAIN, Catal. Concarneau, p. 93.

1888 *Psammobia ferroensis* Ch. Martorell et Bofill y Poch, Catal. de la Coleccion Martorell, p. 72.
1888 — *ferrœensis* — Kobelt, Prodr. Faunæ Moll. test. maria europ. inhab., p. 344.
1888 — *feroensis* — A. Dollfus, Les plages du Croisic, p. 16.
1889 — *ferroensis* — Carus, Prodr. Faunæ medit., p. 135.
1889 — — — Dautzenberg, Contr. Faune malac. des Açores, p. 84.
1890 — *feroensis* — Dautzenberg, Liste Moll. Pouliguen, p. 4.
1891 — *ferroensis* — Brusina, Moll. lamell. di Zara, p. 22.
1891 — *færœensis* — Dautzenberg, Voyage de la Melita, p. 9, 48.
1892 — *Ferroensis* — Locard, Moll. mar. de France, p. 283.
1894 — *færœensis* — Dautzenberg, Moll. de St-Jean-de-Luz et Guéthary, p. 1.

Obs. — Linné a décrit dans ses ouvrages un *Tellina incarnata* qui peut être interprété comme étant, soit le *Psammobia færœensis*, soit un *Tellina* nommé plus tard *squalida* par Pulteney.

Dans la 10e édition du *Systema Naturæ* (1758), la description : « T. ovato compresso-planiuscula, natibus submucronatis — Testa magnitudine extimi pollicis, simillima *T. planatæ* sed incarnata radio uno alterove pallido. Cardo extus prominens » semble bien se rapporter au *T. squalida*. Sa comparaison avec le *T. planata* ainsi que la coloration indiquée conviennent en effet à cette espèce. Mais Linné donne deux références : 1o la fig. 8 de Lister (Appendix ad Hist. Animalium Angliæ, etc.) (1), qui représente sans aucun doute le *Psammobia færœensis* et 2o une figure de Gualtieri (pl. LXXXVIII, fig. M), assez médiocre qui peut être assimilée au *Tellina squalida* mais en aucun cas au *Ps. færœensis*.

Dans la 2e édition du *Fauna Suecica* (1761), Linné cite un *Tellina incarnata* qu'il décrit comme suit : « Tellina incarnata, testa ovata compresso-planiuscula, natibus submucronatis. — Concha testa ovata : altero latere angulo plano a cardine ad ambitum. — Lister App. 32 fig. 8. Concha rugosa tellinæformis lineola quadam paululum eminente ab ipso cardine ad imum ambitum donata. — Descr. testa parva, magnitudine Fabæ, lævis, rugis minimis transversis; ubi valvæ coëunt, ab

(1) Cet Appendice de Lister, publié à York, en 1681, est fort rare puisque nous n'avons pu le trouver à Paris dans aucune bibliothèque et qu'il manque aussi dans celle du British Museum. Nous sommes donc fort reconnaissants à M. Bullen Newton qui a pris la peine de décalquer pour nous sur l'exemplaire de la Société Royale de Londres les figures de cet ouvrage qu'il nous était utile de connaître.

altero latere cardinis, testa plana est versus rictum. » Bien que la première phrase de cette description soit la même que dans le *Systema Naturæ*, il ressort des autres caractères indiqués qu'il s'agit certainement là du *Psammobia færœensis*. On remarquera, d'ailleurs, que la figuration de Lister est seule invoquée et qu'il n'est plus question de celle de Gualtieri.

Les faits que nous venons d'exposer peuvent être résumés ainsi :

1. Linné a décrit, en 1758, sous le nom de *Tellina incarnata*, une coquille dont la description et l'une des deux références conviennent au *T. squalida* mais dont l'autre référence s'applique au *Ps. færœensis*. Les probabilités sont donc ici en faveur du *T. squalida*.

2. Dans la 2e édition du *Fauna Suecica* (1861), Linné a donné le nom de *Tellina incarnata* à une coquille qui est certainement le *Ps. færœensis*.

Comme c'est en 1758 que l'espèce a été créée, il n'y aurait évidemment pas à s'occuper de ce que Linné en a dit en 1761, s'il ne régnait dès l'origine un certain doute à cause de la discordance des références. Cette fois encore M. Hanley (Ipsa Linn. Conch., p. 39) nous tire d'embarras en nous apprenant que le *Tellina squalida* existe dans la collection de Linné sous le nom de *Tellina incarnata*, tandis que le *Ps. færœensis* ne s'y trouve pas. Il devient dès lors à peu près certain que le nom de *Tellina incarnata* doit être réservé au *T. squalida*.

Jeffreys pense que le *Tellina trifasciata* de Linné pourrait aussi être regardé comme étant le *Ps. færœensis* parce que la 12e édition du *Systema Naturæ* indique pour référence à cette espèce la fig. 8 de l'Appendice de Lister qui est citée également pour le *T. incarnata*. Mais il faut remarquer que cette référence de Lister n'a été ajoutée que dans la 12e édition du *Systema* et qu'elle n'existe ni dans la 10e édition du même ouvrage, ni dans le *Fauna Suecica*. Enfin, Hanley nous fait savoir que la collection de Linné renferme sous le nom de *T. trifasciata* une coquille exotique nommée par Delessert *Donax vittatus* (laquelle n'est pas du tout le *Donax vittatus* de Da Costa).

C'est tout à fait par hasard que Chemnitz a employé la nomenclature binominale pour désigner la présente espèce, car, d'habitude, les coquilles décrites dans le Conchylien Cabinet, le sont par toute une phrase descriptive.

On peut voir par notre liste synonymique combien les auteurs ont varié dans la manière d'orthographier le nom spécifique : nous nous conformons à la règle approuvée par le Congrès Zoologique de Paris en écrivant *færœensis* (p. 361).

Diagnose. — Coquille, diamètre umbono-ventral 27 millim., diamètre antéro-postérieur, 57 millim., épaisseur .. millim. (dimensions de la figure de Chemnitz), assez solide, équivalve, un peu inéquilatérale, à peine bâillante aux extrémités. Forme transverse. Bord antérieur arrondi; bord postérieur obliquement tronqué et biangulcux; bord ventral arqué et un peu sinueux à son extrémité postérieure. Sommets petits, anguleux, contigus. Surface peu luisante, pourvue de deux côtes rayonnantes; l'une limite un corselet étroit, lancéolé, assez profond; l'autre relie le sommet à l'angle inférieur du bord postérieur. Des cordons concentriques fins et nombreux, parfois obsolètes sur le milieu des valves, sont toujours un peu plus développés aux extrémités et deviennent même un peu lamelleux sur la région postérieure. Sur l'aire comprise entre les deux côtes rayonnantes, on observe plusieurs cordons rayonnants qui rendent cette partie de la coquille légèrement treillissée. Intérieur des valves lisse et luisant. Impression du muscle adducteur antérieur des valves ovalaire; impression du muscle adducteur postérieur arrondie; impression palléale échancrée par un *sinus* profond; impression de l'adducteur du pied petite, située sous les crochets. Bord cardinal convexe en avant, rectiligne en arrière des sommets, où il présente une nymphe plus allongée et moins saillante que celle du *Ps. depressa*. Charnière de la valve droite composée de deux dents cardinales divergentes subégales et bifides. Charnière de la valve gauche composée de deux dents cardinales : l'antérieure forte est bifide, la postérieure faible, oblique et appliquée sur la nymphe.

Coloration externe fauve, ornée de rayons d'un rose violacé et de zones concentriques de même nuance. Coloration interne violacée, plus claire dans le fond des valves. Epiderme caduc, ridé, d'un brun jaunâtre. Ligament corné, brun, saillant à l'extérieur.

Variétés. — Le type figuré par Chemnitz représente un exemplaire exceptionnellement grand et d'une forme plus haute par rapport à la largeur que celle qu'on rencontre habituellement; il a en effet 27 millim. de diamètre umbono-ventral et 57 millim. de diamètre antéro-postérieur. L'angle qui limite la région postérieure paraît assez peu accentué.

Var. ex forma 1, *elongata* Jeffreys (Brit. Conch., t. II, p. 397). Coquille plus large que le type et plus prolongée aux deux extrémités. C'est à cette variété qu'il faut rapporter tous les exemplaires, tant méditerranéens qu'océaniques, que nous avons pu nous procurer (Voir notre pl. LXX, fig. 10, 11, 12, 13, 14, 15 et 16).

Var. ex colore 1, *violacea* B. D. D. D'une teinte violette ou rose violacée. Nous possédons un exemplaire de cette variété dragué au large d'Arcachon (collection de Boury).

Var. ex colore 2, *albida* B. D. D. D'un blanc sale sans rayons. Nous possédons un exemplaire de cette variété provenant d'Anglesea (collection du Dr Tiberi).

Habitat. — Nous n'avons recueilli qu'une valve de cette espèce à Banyuls.

Dispersion. — Méditerranée et Adriatique. Océan Atlantique, depuis les côtes de la Norwège, de l'Islande et des îles Færœ, jusqu'au Sénégal, à Dakar et à Gorée (Chevreux), aux Canaries (Mac Andrew, Chevreux) et aux Açores (Expédition du « Talisman »).

Origine. — Une espèce du même groupe que celle-ci apparaît dans le miocène de la Touraine sous la forme de *Ps. affinis* Dujardin. Les citations du miocène de la Suisse sont peu certaines. Le *Ps. færœensis* existe dans le pliocène de l'Angleterre, de la Belgique, des Pyrénées-Orientales (Companyo). Fontannes a signalé de cette provenance une variété de petite taille qu'il a désignée sous le nom var. *pyrenaica*. On le retrouve dans le pliocène des Alpes-Maritimes, de l'Italie septentrionale, centrale et méridionale, où il est allié au *Ps. uniradiata* Brocchi, espèce très voisine, dont M. Cocconi a extrait une variété de grande taille sous le nom de *Ps. Hoernesi*. Enfin on le cite du Pleistocène de la Calabre, de la Sicile et de divers autres points du bassin méditerranéen.

Sous-genre PSAMMOCOLA Blainville, 1824.

Type : *Ps. vespertinalis* (= *vespertina* = *depressa*). Cette section a été établie par Blainville dans le Dictionnaire des Sciences naturelles, t. XXXII, p. 349.

Gray a signalé en 1847 que le genre *Azor* de Leach se rapportait à la fois au *Ps. depressa* et au *Solenocurtus antiquatus*. Mais ce genre de Leach qui comprend en effet ces deux espèces a été précisé par Brown qui l'a réservé, en 1844, au seul *Sol. antiquatus*. Il ne peut donc être employé dans un autre sens.

Psammobia depressa Pennant sp. (*Tellina*).

Pl. LXXI, fig. 1 (type), 2, 3, 4, 5, 6, 7 (var.).

1761 ? *Tellina radiata*	Linné, Fauna Suecica, édit. II (*non* Syst. Nat.).
1777 — *depressa*	Pennant (*non* Pennant, 1812), Brit. Zool., t. IV, p. 73, pl. XLVII, fig. 27.
1780 — *gari*	Born (*non* Lin.), Test. Mus. Caes. Vindob., p. 31, pl. II, fig. 6, 7.
1782 *Solen Lux vespertina*	Chemnitz, Conch. Cab., t. VI, p. 72; pl. VII, fig. 59, 60.
1790 — *vespertinus* (Ch.).	Gmelin *in* Linné, Syst. Nat., édit. XIII, p. 3228.

1791	*Tellina gari*	Poli (*non* Lin.), Test. utr. Sic., t. I, p. 41; pl. XV, fig. 19, 21, 23.
1792	— —	Olivi (*non* Lin.), Zool. Adr., p. 100.
1793	*Solen vesperus*	Von Salis Marschlins, Reise ins Koen. Neap., p. 382.
1793	— *violaceus*	Von Salis Marschlins, Reise ins Koen. Neap., p. 382, pl. IX, fig. 12 A, 12 B.
1794	— *pictus*	Spengler, Skrivt. af Naturhist. Selskab., t. III, part. 2, p. 107 (excl. var.).
1803	— *vespertinus* (Ch.)	Montagu, Test. brit., p. 54.
1804	*Tellina variabilis*	Donovan, Brit. Sh., t. II, pl. XLI, fig. 2.
1804	*Solen vespertinus* (Ch.)	Maton et Rackett, Descr. Catal. *in* Trans. Linn. Soc., t. VIII, p. 47.
1804	— — —	Renier, Tavola alfab., n° 32.
1812	— — —	Pennant, Brit. Zool. new edit., t. IV, p. 174, pl. L, fig. 2.
1813	— — —	Pulteney, Catal. Dorsetsh., p. 29; pl. V, fig. 1.
1817	*Tellina albida*	Dillwyn (*non* Lin.?), Descr. Catal., t. I, p. 78.
1818	*Psammobia vespertina* (Ch.)	Lamarck, Anim. sans vert., t. V, p. 513.
1818	— *florida*	Lamarck, Anim. sans vert., t. V, p. 513.
1819	*Solen vespertinus* (Ch.)	Turton, Conch. Dict., p. 163.
1822	*Psammobia vespertina* (Ch.)	Turton, Dithyra brit., p. 92; pl. VI, fig. 10 (juv.).
1822	— *florida* Lk.	Turton, Dithyra brit., p. 86; pl. VI, fig. 9 (juv.).
1825	*Psammocola vespertinalis*	Blainville, Manuel de Malac., p. 567; pl. LXXVII, fig. 4.
1825	*Solen vespertinus* (Ch.)	De Gerville, Catal. Manche, p. 13.
1825	— — —	Wood, Index testac., p. 16; pl. III (Solen), fig. 27.
1826	*Psammobia vespertina* (Ch.)	Payraudeau, Moll. de Corse, p. 37.
1826	— *florida* Lk.	Payraudeau, Moll. de Corse, p. 37.
1827	— *vespertina* (Ch.)	Brown, Illustr. of the Conch. of Gr. Brit. and Irel., pl. XVI, fig. 3.
1828	*Sanguinolaria* — —	Fleming, Brit. Anim., p. 460.
1829	*Psammobia gari*	Costa (*non* Lin.), Catal. Sist., p. 14, 19.
1830	— *vespertina* (Ch.)	Collard des Cherres, Catal. Finistère, p. 18.

1832	*Psammobia vespertina* (Ch.)	DESHAYES, Encycl. méth., t. III, p. 851, pl. CCXXVII, fig. 3.
1832	— *florida* Lk.	DESHAYES, Encycl. méth., t. III, p. 851.
1832	— — —	MARAVIGNA, Mém. Sic., p. 76.
1832	— *fragilis*	MARAVIGNA, Mém. Sic., p. 76.
1834	— *vespertina* (Ch.)	D'ORBIGNY, Moll. des Canaries, p. 107.
1835	*Solen vespertinus* —	WOOD, Gen. Conch., p. 135; pl. XXXIII, fig. 2, 3.
1835	*Psammobia vespertina* —	LAMARCK, Anim. sans vert., édit. Desh., t. VI, p. 173.
1835	— *florida*	LAMARCK, Anim. sans vert., édit. Desh., t. VI, p. 174.
1836	— *gari*	SCACCHI (*non* Linné), Catal. Conch. Regn. Neap., p. 5.
1836	— *vespertina* (Ch.)	PHILIPPI, Enum. Moll. Sic., t. I, p. 22.
1842	— — —	HANLEY, Rec. Biv. Sh., p. 57.
1844	*Psammocola vespertinalis*	POTIEZ et MICHAUD, Galerie de Douai, t. II, p. 220.
1844	— *florida* Lk.	POTIEZ et MICHAUD, Galerie de Douai, t. II, p. 218.
1844	*Psammobia vespertina* (Ch.)	FORBES, Rep. Æg. Invert., p. 143.
1844	— — —	PHILIPPI, Enum. Moll. Sic., t. II, p. 21.
1844	— — —	BROWN, Illustr. of the Conch. of Gr. Brit. and Irel., 2e édit., p. 102, pl. XL, fig. 3.
1844	*Sanguinolaria* — —	THORPE, Brit. mar. Conch., p. 65.
1846	*Psammobia* — —	LOVÉN, Index Moll. Scand., p. 40.
1848	— — —	DESHAYES, Expl. Sc. de l'Algérie, p. 578; pl. LXXVII, pl. LXXVIIA.
1848	— — —	RÉQUIEN, Coq. de Corse, p. 17.
1851	— — —	PETIT, Catal. *in* Journ. Conch., t. II, p. 289.
1851	— (*Azor*) — —	GRAY, List of Brit. Anim. *in* the Brit. Mus., p. 35.
1852	*Gobræus variabilis*	LEACH, Synopsis, p. 265.
1853	*Psammobia vespertina* (Ch.)	FORBES et HANLEY, Brit. Moll., t. I, p. 271; pl. XIX, fig. 1, 2.
1858	— — —	GAY, Catal. Moll. du Var, *in* Bull. Soc. Sc. du Var, p. 160.
1859	— — —	SOWERBY, Illustr. Ind. brit. sh., pl. III, fig. 4.
1860	— — —	MACÉ, Catal. Cherbourg et Valognes, p. 21.

1862	*Psammobia vespertina* (Ch.)	WEINKAUFF, Catal. Algérie, *in* Journ. Conch., t. X, p. 312.
1863	— — —	JEFFREYS, Brit. Conch., t. II, p. 398; t. V (1869), p. 187, pl. XLII, fig. 4.
1865	— — —	FISCHER, Gironde, p. 51.
1865	— — —	CAILLIAUD, Catal. Loire-Inf., p. 69.
1865	— — —	STOSSICH, Enum. dei Moll. del Golfo di Trieste, p. 29.
1865	— — —	REEVE, Conch. Icon., pl. III, fig. 17.
1866	— — —	BRUSINA, Contr. pella Fauna dei Moll. Dalm., p. 93.
1867	— — —	TASLÉ, Catal. Morbihan, p. 10.
1868	*Psammocola depressa*	TYRON, Catal. *Tellinidæ*, *in* American Journ. of Conch., t. IV, p. 76.
1869	*Psammobia vespertina* (Ch.)	PETIT, Catal. test. mar., p. 51.
1869	— — —	TAPPARONE - CANEFRI, Moll. di Spezia, p. 111.
1870	— — —	ARADAS et BENOIT, Conch. viv. mar. della Sic., p. 51.
1870	— — —	ANCEY, Catal. Cap Pinède, p. 4.
1870	— — —	HIDALGO, Mol. mar. Catal. gen., p. 162; pl. LXX, fig. 1 à 5.
1870	*Solen vespertinus* —	BRUSINA, Ipsa Chieregh. Conch., p. 51.
1872	*Psammobia vespertina* —	MONTEROSATO, Not. int. alle Conch. medit., p. 24.
1875	— — —	MONTEROSATO, Nuova Rivista, p. 17.
1876	— — —	DUPREY, Catal. Jersey, p. 3.
1877	— — —	MONTEROSATO, Catal. Algérie, *in* Journ. Conch., t. XXV, p. 28.
1878	— — —	FISCHER, Brachiop. et Moll. du litt. océan. de France, p. 8.
1878	— — —	MONTEROSATO, Enum. e Sinon, p. 13.
1879	— — —	CLÉMENT, Catal. Moll. du Gard, *in* Et. d'Hist. nat., p. 80.
1880	— — —	SERVAIN, Catal. Ile d'Yeu, p. 15.
1880	— — —	STOSSICH, Prosp. della Fauna Adr. *in* Boll. Soc. Adr. di Sc. Nat., p. 146.
1881	— — —	JEFFREYS, Lightn. and Porcup. Exp., *in* Proc. Zool. Soc., p. 723.
1881	*Gari* (*Psammocola*) — —	BERTIN, Revision des Garidées du Mus., *in* Nouv. Arch. du Mus., 2e série, t. III, p. 118.
1883	*Psammobia* — —	MARION, Esq. Topogr. Zool. du golfe de Marseille, *in* Ann. Mus. Hist. Nat. Marseille, t. I, pp. 26, 27, 35, 61.

1883 *Psammobia vespertina* (Ch.) G. Dollfus, Liste Coq. Palavas, p. 3.

1883 — — — Daniel, Faune Malac. Brest, *in* Journ. Conch., t. XXXI, p. 241.

1884 — — — De Gregorio, Studi su talune Conch. Medit., p. 193.

1884 — — — Monterosato, Nomencl. gen. e Spec., p. 24.

1886 — — — Hidalgo, Catal. Bayona de Galicia, *in* Rev. de los Progresos de las Ciencias, p. 382.

1886 — — — Locard, Prodr. de Malac. franç., p. 414.

1886 — — — Granger, Moll. biv. de France, p. 157; pl. XII, fig. 9.

1887 — — — Fischer, Manuel de Conch., p. 1104, fig. 845.

1887 — — — Dautzenberg, Exc. malac. à Saint-Lunaire, p. 8.

1888 — — — Servain, Catal. Concarneau, p. 93.

1888 — — — Kobelt, Prodr. Faunæ Moll. test. maria europ. inhab., p. 343.

1888 — — — A. Dollfus, Les Plages du Croisic, p. 16.

1889 — — — Carus, Prodr. Faunæ medit., p. 135.

1890 — — — Dautzenberg, Réc. abbé Culliéret aux Canaries, etc., p. 17.

1890 — (Psammocola) — — Dautzenberg, Liste Moll. Pouliguen, p. 4.

1890 — — — Bofill y Poch, Mol. mar. de Llansa, p. 24.

1891 — — — Brusina, Moll. Lamell. di Zara, p. 22.

1892 — — — Locard, Coq. mar. de France, p. 282, fig. 263.

1893 — — — Dautzenberg, Liste Moll. Granville et Saint-Pair, p. 18.

Obs. — Born, Poli et quelques autres naturalistes ont voulu reconnaître la présente espèce dans le *Tellina gari* de Linné. Mais la description du Systema Naturæ : « testa ovali ; Striis transversis recurvatis; dentibus lateralibus obsoletis » est trop vague pour qu'il soit possible de l'appliquer à un *Psammobia* plutôt qu'à un autre. Des références citées, l'une, de Rumphius (pl. XLV, fig. D), représente une coquille exotique nommée plus tard *Psammotea serotina* par Lamarck ; l'autre de d'Argeville (pl. XXV, fig. I) représente le *Ps. depressa*. D'autre part, l'habitat indiqué par Linné est « in Oceano Indico. » Enfin, Hanley n'a trouvé dans la collection linnéenne, ni le *Ps. serotina*, ni le *Ps. depressa* et il démontre que si l'on s'en rapportait à la description plus détaillée donnée par Linné dans le Museum Ludovicæ Ulricæ, on serait tenté de reconnaître dans le *T. gari*, le *Psammobia færœensis* ! Il résulte de tout cela que le *Tellina gari* est impossible à identifier.

C'est à tort que l'on attribue la paternité du nom spécifique *vespertina* à Chemnitz, car cet auteur, dans le Conchylien Cabinet, a employé le nom de *Solen Lux-Vespertina*. C'est en réalité, Gmelin qui, tout en empruntant le mot *vespertina* à Chemnitz, a nommé l'espèce d'une manière conforme aux règles de la nomenclature binaire.

Mais il existe un nom plus ancien que celui généralement admis de *vespertina*. En effet, dès 1777, Pennant a décrit et figuré cette espèce sous le nom de *Tellina depressa*. Il est vrai que cette appellation a été abandonnée plus tard par les éditeurs de la nouvelle édition de l'ouvrage de Pennant publiée en 1812; que, de plus, le nom de *Tellina depressa* a été employé en 1799 par Pulteney, puis par d'autres naturalistes pour désigner une coquille tout à fait différente; mais ces motifs ne suffisent pas pour faire écarter un nom qui a incontestablement la priorité sur celui de *vespertina*.

Plusieurs auteurs ont rejeté le nom spécifique *depressa* Pennant, sous prétexte qu'il existait un *Tellina depressa* plus ancien, de Linné. Mais c'est en vain qu'on chercherait ce nom dans les ouvrages de Linné, car il n'a été créé qu'en 1790, par Gmelin, dans la 13e édition *du Systema Naturæ* pour une coquille européenne nommée *Tellina squalida* par Pulteney.

Le *Tellina radiata* publié par Linné dans la 10e et dans la 12e édition du *Systema Naturæ* (1758 et 1767) est un *Tellina* très commun sur les côtes des Antilles et que Hanley a retrouvé, avec son étiquette, dans la collection de Linné. Il ne peut donc y avoir de doute à son égard et l'indication de son habitat européen est une simple erreur. Quant au *Tellina radiata* de la 2e édition du *Fauna Suecica* (1761), il a été introduit par plusieurs malacologistes dans la synonymie du *Ps. depressa*; mais cette opinion nous paraît mal fondée. Quelle que soit, en effet, la manière large dont Linné a compris ses espèces, il nous semble impossible qu'il ait pu publier sous le même nom, à quelques années d'intervalle, deux coquilles aussi différentes que le *Tellina radiata* des Antilles et le *Psammobia depressa* de nos mers.

Dillwyn a tenté d'assimiler le *Ps. depressa* au *Tellina albida* de Linné; mais la description originale ne lui convient pas et Hanley, en étudiant de près la question arrive à conclure qu'il est impossible d'interpréter cette espèce linnéenne d'une manière satisfaisante.

L'acharnement qu'on a mis, comme nous venons de le voir, à rechercher le *Ps. depressa* parmi les *Tellina* du *Systema Naturæ*, provient de ce qu'il paraît surprenant que Linné n'ait pas connu une coquille européenne aussi commune. Mais il ne faut pas oublier que Hanley n'en a trouvé aucun spécimen dans la collection du savant suédois.

Le *Ps. florida* établi par Lamarck pour une coquille provenant de Chioggia, près de Venise, avec la référence de Poli, pl. XV, fig. 19 et 21 est certainement synonyme, bien que quelques auteurs aient cru devoir le conserver comme espèce distincte.

Quant au *Ps. fragilis* Lamarck, c'est une espèce tellement douteuse qu'il est considéré par les uns comme le jeune âge du *Ps. depressa* et par d'autres comme synonyme du *Ps. tellinella.*

Le *Ps. depressa* diffère du *Ps. færœensis* par sa taille plus forte, sa forme plus haute en proportion de la largeur, plus ovale, non rostrée et ne possédant pas de côtes rayonnantes du côté postérieur, etc.

Le *Ps. intermedia* Deshayes, peu répandu dans les collections a été figuré par Adanson (Voyage au Sénégal, pl. XVII, fig. 20), sous le nom de *Gatan*. Il vit également sur les côtes du Portugal et, dans la Méditerranée, sur celles de l'Algérie. Cette forme se rapproche beaucoup du *Ps. depressa*; mais sa surface est ornée de nombreuses costules concentriques onduleuses; plus ou moins confluentes, fines dans le voisinage des sommets et très fortes sur le reste de la surface; le bord postérieur est aussi plus anguleux à son point de jonction avec le bord ventral. Nous en avons représenté un exemplaire sur notre pl. LXX, fig. 17, 18.

Le *Ps. depressa* est très apprécié comme comestible aux îles Canaries.

Diagnose. — Coquille, diamètre umbono-ventral 29 millim., diamètre antéro-postérieur 54 millim., épaisseur 15 millim., solide, équivalve, un peu inéquilatérale, faiblement bâillante aux deux extrémités. Forme ovale transverse, côté antérieur arrondi; côté postérieur subtronqué. Sommets petits, contigus. Surface assez luisante, pourvue de stries d'accroissement concentriques nombreuses, confluentes, un peu plus marquées dans la région postérieure et de stries rayonnantes très superficielles, interrompues. Intérieur des valves lisse et luisant. Bords simples, tranchants. Impression du muscle adducteur antérieur des valves ovalaire; impression du muscle adducteur postérieur arrondie. Impression palléale échancrée par un sinus profond. Impression de l'adducteur du pied petite, située sous les crochets. Bord cardinal étroit mais solide, portant une nymphe courte très saillante. Charnière de la valve droite composée de deux dents cardinales divergentes, subégales, saillantes et bifides. Charnière de la valve gauche composée de deux dents cardinales : l'antérieure forte, saillante et bifide; la postérieure faible, oblique et appliquée sur la nymphe.

Coloration externe d'un gris uniforme. Coloration interne d'un blanc jaunâtre. Epiderme assez épais, ridé, caduc, d'un brun jaunâtre. Ligament corné brun, très saillant à l'extérieur.

Variétés. — Comme nous adoptons pour cette espèce le nom qui lui a été donné par Pennant, c'est la figuration du British Zoology qui doit être regardée comme représentant le type. Cette figure est malheureusement noire et le texte ne parle pas de la coloration. Mais si nous considérons qu'il s'agit d'un spécimen de provenance anglaise et que la figure originale ne présente aucune indication de rayons, nous pouvons déduire que Pennant a eu sous les yeux une coquille de coloration blanchâtre uniforme qu'on rencontre très fréquemment dans l'Océan Atlantique et que nous représentons, pl. LXXI, fig. 1.

Var. ex forma et col. 1, *lactea* Jeffreys. D'un blanc de lait. Toutes les dents de la charnière sont plus saillantes et recourbées chez cette variété et la petite dent de la valve gauche, au lieu d'être laminaire, est triangulaire et pointue.

Var. ex forma et col. 2, *livida* Jeffreys. Coquille plus ovale, plus haute, en proportion de la largeur, d'une teinte fauve sans rayons; mais ornée de petites linéoles foncées. Cette variété présente un angle postérieur assez marqué. Nous l'avons rencontrée dans l'Océan (Croisic, etc.) et aussi sur le littoral du Roussillon. Voir notre pl. LXXI, fig. 2.

Var. ex colore 1, *normalis* B.D.D. Nous donnons ce nom à la coloration qui se voit le plus souvent chez les spécimens de provenance atlantique et qui a été regardée comme typique par la plupart des conchyliologues. Elle est d'un blanc jaunâtre avec des rayons violets plus ou moins marqués et des taches blanches, anguleuses, très petites, irrégulièrement parsemées sur toute la surface. Voir notre pl. LXXI, fig. 3, 4.

Var. ex colore 2, *cærulescens* Réquien = *magis violacea, radiis intensioribus* Lamarck = *natibus atrocæruleis, radiis rubroviolaceis, intus cærulea* Philippi = *violacea* Monterosato, Brusina. Cette coloration, beaucoup plus intense, tant à l'intérieur qu'à l'extérieur que celle des exemplaires provenant des côtes océaniques de France et d'Angleterre, est la plus répandue dans la Méditerranée et l'Adriatique. Nous l'avons représentée, pl. LXXI, fig. 5, 6, 7.

Var. ex colore 3, *rosea* Réquien, Brusina *natibus albis zonis radiisque pluribus violaceis* Philippi. Se distingue de la variété précédente par ses rayons d'un violet plutôt rosé que bleuâtre, ainsi que par la coloration blanche des sommets.

Var. ex colore 4, *florida* Lamarck = *natibus pulchre et intense roseis, radiis rubris interruptis, intus pulchre crocea* Philippi. Cette variété d'une coloration externe semblable à la précédente, mais tirant encore plus sur le rouge, est surtout caractérisée par la teinte jaune de l'intérieur. M. Ch. Alluaud nous l'a rapportée de l'île de Lanzarote (Archipel des Canaries).

Var. ex colore 5, *flavescens* Réquien = *subflava*, *natibus pulchre aurantiis*, *radiis interruptis pallide rubris aut flavis*, *intus crocea* Philippi = *flavida* Monterosato = *flava* Brusina = *gantica* de Gregorio. Chez cette variété, c'est le jaune qui domine dans la coloration, tant à l'intérieur qu'à l'extérieur. Nous la possédons des côtes océaniques de France ainsi que de la Méditerranée.

Philippi a encore décrit, sans les nommer, les variétés suivantes basées surtout sur la teinte des sommets :

1. *Natibus rubroviolaceis, radiis zonisve nullis, intus pallide violacea.*

2. *Natibus violaceo-rubris, zonis violaceis, radiis obsoletis.*

3. *Natibus albidis, vix rubentibus, zonis violaceis, radiis obsoletis.*

Habitat. — Le *Ps. depressa* est peu commun sur les plages de Leucate et de la Franqui.

Dispersion. — Méditerranée et Adriatique. Océan Atlantique depuis Bergen (Jeffreys) jusqu'à Mogador et aux îles Canaries. Sowerby l'indique également de Port-Elisabeth (Cap de Bonne-Espérance).

Origine. — Douteux de la Molasse de la Suisse, car nous croyons qu'il s'agit là d'une espèce voisine : *Ps. Labordei*, du miocène du Bordelais. On connaît le *Ps. depressa* du pliocène d'Angleterre et d'Italie et du pleistocène de la Calabre.

Famille SOLENIDÆ Latreille, 1825.

Cette famille a été fondée par Lamarck en 1819 sous le nom de *Solenacea* et elle a été généralement adoptée depuis sans autres modifications que des variations d'étendue et des changements de désinences. Nous avons choisi la forme la plus correcte au point de vue de la règle fixée en 1889 par le Congrès International de Zoologie de Paris (Article XVI, VI, § 41), pour les noms des familles.

TABLEAU DES GENRES ET ESPÈCES

Genre **Solen** Linné............	*S. marginatus* Pennant.
— **Ensis** Schumacher......	1. *E. ensis* Linné.
	2. *E. siliqua* Linné.
— **Pharus** Leach..........	*Ph. legumen* Linné.
— **Solenocurtus** Blainville.	1. *S. strigilatus* Linné.
	2. *S. candidus* Renier.
Sous-genre *Azor* Leach........	3. *S. antiquatus* Pulteney.

Genre SOLEN (Aristote) LINNÉ, 1757.

Type : *Solen vagina* Linné.

Le type de ce genre a été fixé par Lamarck en 1798 et en 1801. Ainsi que l'a fait observer Deshayes, le genre *Solen* est un des rares exemples d'un mot conservé sans changement d'interprétation depuis l'antiquité jusqu'à nos jours. Il a été employé par Rondelet, Gesner et Johnston, puis par Aldrovande (1606), Lister (1686), etc.

Un grand nombre de sections ont été établies par von Mühlfeld en 1811, par Schumacher en 1817, par Blainville en 1824, etc.

Deshayes, après une étude attentive des animaux, a indiqué les sections qu'il est nécessaire d'ériger en genres.

Le genre *Vagina* v. Mühlfeld doit disparaître puisqu'il a été établi sur le type même du genre *Solen*. Il en est de même du genre *Listera* Leach (*in* Gray, 1852).

Solen marginatus Pennant.

Pl. LXXII, fig. 1, 2 (type) et 3 (var.).

1758 *Solen vagina* LINNÉ, Syst. Nat., édit. X, p. 672 (*ex parte*).
1767 — — LINNÉ, Syst. Nat., édit. XII, p. 1113 (*ex parte*).
1777 — *marginatus* PENNANT, Brit. Zool. t. IV, p. 83, pl. XCIV, fig. 21.
1784 — *vagina* Lin. SCHRŒTER, Einleit., in die Conchylienk., t. II, p. 623.
1790 — — — LINNÉ GMELIN, Syst. Nat. édit. XIII, p. 3223.
1791 — — — POLI, Test. utr. Sic. t. I, p. 16; pl. X, fig. 5, 6, 8, 9, 10.
1792 — — — OLIVI, Zool. Adr. p. 97.
1793 — — — VON SALIS MARSCHLINS, Reise ins Kön Neap, p. 382.
1801 — — — W. WOOD, Hinges of brit. Biv. *in* Trans. Linn. Soc. t. VI, p. 160, pl. XIV, fig. 10.
1803 — — — MONTAGU, Test. Brit. p. 48 et suppl. p. 25.
1804 — *marginatus* DONOVAN, Brit. Sh. t. V, pl. CX.
1804 — *vagina* Lin. MATON et RACKETT, Descr. Catal. *in* Trans. Linn. Soc. t. VIII, p. 42.
1812 — — — PENNANT, Brit. Zool. New édit. t. IV, p. 171; pl. XLIX, fig. 1.
1813 — — — PULTENEY, Catal. Dorsetsh. p. 28; pl. IV, fig. 8.
1817 — — — SCHUMACHER, Nouveau Syst. p. 124; pl. VI, fig. 3A, 3B.
1817 — — — DILLWYN, Descr. Catal. t. I, p. 57 (*ex parte*).
1818 — — — LAMARCK, Anim. sans vert., t. V, p. 451 (excl. var.).
1819 — — — TURTON, Conch. Dict. p. 159.
1822 — — — TURTON, Dithyra brit. p. 79; pl. VI, fig. 4.
1825 — — — WOOD, Index testac. p. 13; pl. III, fig. 3.
1825 — — — BLAINVILLE, Manuel de Malac. p. 570, pl. LXXIX, fig. 2.
1825 — — — DE GERVILLE, Catal. Manche, p. 12.
1826 — — — PAYRAUDEAU, Moll. de Corse, p. 26.
1827 — — — BROWN, Illustr. of the Conch. of Gr. Brit. and Irel. pl. XIII, fig. 2.
1828 — — — FLEMING, Brit. Anim. p. 458.
1829 — — — O. G. COSTA, Catal. Sist. de Test. delle Due. Sic. p. 12.
1830 — — — COLLARD DES CHERRES, Catal. test. Finistère, p. 10.
1832 — — — DESHAYES, Encycl. Méthod. t. III, p. 959, pl. CCXXII, fig. 1A, 1B, 1C.

1833 *Solen vagina* Lin. Deshayes, Expl. Sc. de Morée, p. 85.

1835 — — — Lamarck, Anim. sans vert. édit. Desh., t. VI, p. 53 (Note).

1835 — — — Bouchard-Chantereaux, Catal. Moll. Boulonnais, p. 9.

1835 — — — Wood, General. Conch. p. 119; pl. XXVII, fig. 1.

1836 — — — Scacchi, Catal. Conch. Regn. Neap., p. 5.

1836 — — — Philippi, Enum. Moll. Sic. t. I, p. 4.

1838 — — — Maravigna, Mém. Sic. p. 76.

1841 — — — Reeve, Conch. Syst. t. I, p. 43; pl. XXV, fig. 2.

1844 — — — Brown, Illustr. of the Conch. of Gr. Brit. and Irel., 2e édit., p. 112; pl. XLVII, fig. 2, 2.

1844 — — — Philippi, Enum. Moll. Sic., t. II., p. 4.

1844 — — — Thorpe, Brit. mar. Conch., p. 34.

1844 — — — Potiez et Michaud, Galerie de Douai, t. II, p. 262.

1846 — — — Lovén, Index Moll. Scand., p. 203.

1848 — — — Réquien, Coq. de Corse, p. 14.

1848 — — — Deshayes, Expl. Sc. de l'Algérie, p. 179; pl. X, fig. 1 à 5; pl. XI, fig. 5 à 8; pl. XIV; pl. XV; pl. XVI; pl. XVII; pl. XVIII.

1849 — — — Middendorff, Malac. Rossica III, p. 79.

1850 — — — Deshayes, Traité élém. de Conch. t. I, 2e p. p. 107, pl. VI, fig. 4, 5, 6.

1851 — — — Petit, Catal. *in* Journ. Conch. t. II, p. 280.

1851 — — — Philippi, Abbildungen : G. Solen, p. 2, pl. 1, fig. 4.

1851 — — — Gray, List. of Brit. Anim. *in* the Brit. Mus., p. 58.

1852 *Listera* — — Leach, Synopsis, p. 261.

1853 *Solen marginatus* Forbes et Hanley, Brit. Moll., t. I, p. 242; pl. I, fig. 3; pl. XIV, fig. 1 et pl. I, fig. 3 (animal).

1855 — *vagina* Lin. Hanley, Ipsa Linn. Conch., p. 29 (*exparte*).

1856 — — — Hanley, Rec. biv. sh., p. 11.

1858 — — — H. et A. Adams, Genera of rec. Moll. t. II, p. 341; pl. XCII, fig. 1, 1A, 1B.

1858 — — — Gay, Catal., Moll. du Var, *in* Bull. Soc. Sc. du Var, p. 148.

1858 — *marginatus* Drouet, Moll. mar. des Açores, p. 47.

1858 — *vagina* Lin. Chenu, Illustr. Conch. G. Solen, pl. 1, fig. 1.

1859 — *marginatus* Sowerby, Ill. Ind. brit. Sh. pl. II, fig. 10.

1860 — *vagina* Lin. Macé, Catal. Cherbourg et Valognes, p. 19.

1862 *Solen vagina* Lin. CHENU, Manuel de Conch. t. II, p. 20, fig. 84, 85.
1862 — — — WEINKAUFF, Catal. Algérie, *in* Journ., Conch., t. X, p. 307.
1865 — — — JEFFREYS, Brit. Conch. t. III, p. 20; t. V (1869), pl. XLVII, fig. 3.
1865 — — — STOSSICH, Enum. Moll. Golfo di Trieste, p. 27.
1865 — — — CAILLIAUD, Catal. Loire-Inf., p. 67.
1865 — *marginatus* FISCHER, Gironde, p. 43.
1866 — *vagina* Lin. BRUSINA, Contr. pella Fauna Dalm., p. 90.
1867 — — — CONRAD, Catal. Solenidæ *in* Amer. Journ. of Conch., t. III, p. 29.
1867 — — — WEINKAUFF, Conch. des Mittelm. t. I, p. 9.
1867 — *marginatus* TASLÉ, Catal. Morbihan, p. 3.
1868 — *vagina* Lin. COLBEAU, Moll. viv. de Belgique, p. 23.
1869 — — — PETIT, Catal. test. mar. p. 32.
1869 — — — TAPPARONE-CANEFRI, Moll. test. di Spezia, p. 106.
1870 — — — SERVAIN, Catal. Granville, p. 3.
1870 — — — ANCEY, Catal. Cap. Pinède, p. 2.
1870 — — — BRUSINA, Ipsa Chieregh. Conch., p. 49.
1870 — — — ARADAS et BENOIT, Conch. viv. mar. della Sic., p. 19.
1870 — *marginatus* HIDALGO, Mol. mar. Cat. gen., p. 180; pl. XXVIII, fig. 1 (sub nom. *S. Vagina*).
1872 — *vagina* Lin. MONTEROSATO, Not. int. alle Conch. medit. p. 26.
1874 — *marginatus* REEVE, Conch. Icon., pl. II, fig. 4.
1875 — *vagina* Lin. MONTEROSATO, Nuova Rivista, p. 18.
1876 — — — DUPREY, Catal. Jersey, p. 3.
1878 — — — MONTEROSATO, Enum. e Sinon., p. 14.
1878 — *marginatus* FISCHER, Brachiop. et Moll. du litt. océan. de France, p. 7.
1879 — *vagina* Lin. GRANGER, Moll. de Cette, p. 35.
1879 — — — CLÉMENT, Catal. Moll. du Gard, *in* Et. d'Hist. Nat., p. 82.
1880 — — — STOSSICH, Prosp. della Fauna Adr. *in* Boll. Soc. Adr. di Sc. Nat., p. 135.
1880 — — — SERVAIN, Catal. Ile d'Yeu, p. 8.
1883 — — — DANIEL, Faune Malac. Brest, *in* Journ. Conch. t. XXXI, p. 228.
1883 — — — MARION, Esq. Topogr. Zool. du Golfe de Marseille, *in* Ann. Mus. Hist. Nat. Marseille, t. I, p. 54.
1886 — — — GRANGER, Moll. biv. de France p. 165; pl. XIII, fig. 6.
1886 — — — LOCARD, Prodr. de Malac. franç. p. 370.

1886 *Solen marginatus* HIDALGO, Catal. Bayona de Galicia *in* Rev. de los Progresos de las Ciencias, p. 384.
1887 — *vagina* Lin. DAUTZENBERG, Exc. malac. à St-Lunaire, p. 4.
1888 — — — KOBELT, Prodr. Faunæ Moll. test. maria europ. inhab., p. 334.
1888 — — — A. DOLLFUS, Les plages du Croisic, p. 16.
1888 — — — SERVAIN, Catal. Concarneau, p. 78.
1889 — — — DAUTZENBERG, Contrib. Faune des Açores, p. 84.
1889 — — — CARUS, Prodr. Faunæ medit., p. 139.
1890 — *marginatus* DAUTZENBERG, Liste Pouliguen, p. 4.
1891 — *vagina* Lin. BRUSINA, Moll. lamell. di Zara, p. 23.
1892 — — — BIZET, Malacoz. de Picardie, p. 179.
1892 — — — LOCARD, Moll. mar. de France, p. 248, fig. 226.
1893 — *marginatus* DAUTZENBERG, Liste Granville et St-Pair, p. 18.

Obs. — Le *Solen vagina* est caractérisé dans la 10ᵉ édition du *Systema Naturæ* par les mots : « S. testa lineari recta : extremitate altera marginata, cardinibus unidentatis. » Les termes « extremitate altera marginata » et l'indication d'habitat : « *in* M. Europæo, Indico, » ont engagé la plupart des conchyliologues à reconnaître dans cette espèce linéenne, le *Solen* européen dont nous nous occupons ici.

Mais, si nous examinons les quatre références citées par Linné, nous voyons que trois d'entre elles : *Rumphius*, pl. XLV, fig. M; d'*Argenville*, pl. XXVII, fig. K, et *Klein*, pl. XI, fig. 65, représentent une coquille de l'Océan Indien, nommée plus tard *Solen brevis*, par Gray. La quatrième : *Gualteri*, pl. 95, fig. D, dans laquelle Hanley et d'autres ont cru reconnaître notre *Solen* européen, est une figuration fort grossière qui ne présente aucune trace de sillon à l'extrémité antérieure. Aussi, ne pouvons-nous admettre que cette référence ait la moindre valeur, car la figure en question ressemble bien plus au *Solen truncatus* Wood, de Ceylan, qu'à la présente espèce. Quant aux termes « extremitate altera marginata, » rien ne prouve que Linné ait voulu désigner par là l'étranglement si caractéristique de notre espèce, car ils peuvent aussi bien s'appliquer au bourrelet très apparent qui règne le long du bord interne antérieur chez les *Solen brevis* et *truncatus*. De plus, Hanley a constaté la présence, dans la collection de Linné d'un exemplaire du *Solen brevis* tel qu'il a été figuré par Mawe (Conchol., pl. V, fig. 2), tandis qu'il n'y a pas rencontré notre espèce européenne.

Il résulte de cet ensemble de faits que si Linné a confondu sous l'appellation de *S. vagina* une coquille exotique et la coquille d'Europe, à laquelle ce nom a été attribué depuis, c'est plutôt à la forme exotique que ce nom doit être conservé. Il est, dès lors, bien préférable d'adopter pour la présente espèce le nom de *Solen marginatus* Pennant, qui ne prête nullement à l'équivoque.

Poli a nommé l'animal de cette espèce *Hypogœa tentaculata* et sa coquille *Hypogœoderma vagina*.

Belon et Rondelet ont cru que le *S. siliqua* était le mâle et le *S. marginatus* la femelle d'une même espèce.

Desmoulins a décrit (*Actes Soc. Linn. de Bordeaux*, t. V, p. 113) un *Solen curtus* dont il possédait un exemplaire unique provenant de Cette. Cette coquille étudiée de nouveau et figurée par Recluz (*Mélanges Malac.*, p. 38, pl. IV, fig. 1 à 4), ne possède aucune trace d'étranglement à l'extrémité antérieure. Elle est donc très différente du *S. marginatus* et se rapproche au contraire de quelques espèces exotiques, telles que *S. truncatus* Sow., *S. abbreviatus* Sow., *S. marginatus* Koch (*non* Pennant), etc. La présence à Cette de cette forme, qui n'a pas été retrouvée depuis dans la Méditerranée, est probablement due à un apport accidentel et nous croyons pouvoir la regarder comme exotique, jusqu'à preuve contraire. Il en est de même d'un *Solen Schultzeanus* qui présente une grande analogie avec le *S. curtus* et qui a été décrit, en 1850, par Dunker (*Zeitschr. für Malakoz.*, p. 31), puis figuré par le même auteur : *Novitates Conch.*, pl. III, fig. 1, comme provenant de l'embouchure du Tage.

Les *Solen* et notamment le *S. marginatus* se pêchent sur les côtes de Bretagne, soit au moyen d'un fil de fer terminé en crochet qu'on introduit dans les trous en forme de 8 qui indiquent la présence du mollusque dans le sable, soit au moyen d'une pincée de gros sel qu'on dépose à l'entrée de ce trou au moment de la marée montante; l'animal ne tarde pas alors à remonter à la surface du sol et on assiste souvent à un phénomène d'autotomie : il se sépare brusquement d'une partie de ses siphons.

Diagnose. — Coquille, diamètre umbono-ventral 22 millim.; diamètre antéro-postérieur 125 millim.; épaisseur 15 millim., subcylindrique, médiocrement solide, très allongée transversalement, équivalve, très inéquilatérale, ouverte aux deux extrémités. Sommets indistincts, antérieurs, terminaux. Bord dorsal et bord ventral rectilignes et parallèles entre eux. Bord antérieur obliquement tronqué et précédé d'un étranglement produit par un sillon profond. Bord postérieur tronqué à angle droit. Surface peu luisante, pourvue de stries d'accroissement parallèles au bord ventral, puis au bord postérieur. Ces stries changent brusquement de direction suivant une ligne peu marquée qui, partant des sommets, aboutit à l'angle inférieur du bord postérieur et divise la surface des valves en deux aires triangulaires. Intérieur des valves lisse et luisant, à bords simples et tranchants. Impression du muscle adducteur antérieur des valves étroite, allongée, parallèle au bord dorsal; impression de l'adducteur postérieur irrégulièrement ovale, éloignée des sommets. Impression palléale onduleuse le long du bord ventral, échancrée antérieurement par un sinus triangulaire peu profond et, postérieurement, par un sinus profond, bilobé au sommet. Les impressions musculaires sont pourvues de stries rayonnantes fines. Dans chaque valve, le bord antérieur est accompagné d'un bourrelet épais, correspondant au sillon externe et le bord cardinal est épaissi par une nymphe allongée qui sert de support au ligament. Charnière composée dans chaque valve d'une dent cardinale unique très saillante et comprimée latéralement.

Coloration externe blanchâtre, plus ou moins teintée de fauve. Coloration interne d'un blanc uniforme.

Épiderme peu persistant, mince, luisant, verdâtre, se prolongeant au delà des bords en une membrane. Ligament corné, solide, brun, faisant saillie à l'extérieur.

Variétés. — Le *Solen marginatus* est bien constant dans sa forme et ne présente guère que des variations de taille et de coloration. Le type, figuré par Pennant, est de la taille qui se récolte habituellement sur le littoral de l'Europe occidentale. Il mesure 125 millim. de longueur.

Var. ex forma *major* B.D.D. Diamètre umbono-ventral 28 millim.; diamètre antéro-postérieur 155 millim.; épaisseur 18 millim. Nous avons rencontré cette grande forme sur les côtes du Roussillon, ainsi qu'à Berck-sur-Mer, dans le Pas-de-Calais. La fig. 3 de notre pl. LXXII représente un exemplaire de cette variété provenant du Roussillon.

Var. ex colore *adusta* B.D.D. D'une teinte fauve ocracée. Très commune sur toutes nos côtes de l'Océan; nous ne l'avons pas vue provenant de la Méditerranée.

Habitat. — Les plages sableuses du Roussillon, le type et la var. *major*.

Dispersion. — Toute la Méditerranée, l'Adriatique et la mer Noire. Océan Atlantique, depuis les côtes de la Grande-Bretagne jusqu'au détroit de Gibraltar. Il a encore été signalé de la Scandinavie par Lovén, des Açores par Drouët et par Jeffreys et, enfin, de Port-Elisabeth (cap de Bonne-Espérance) par Sowerby.

Origine. — La diffusion de cette espèce est considérable à l'état fossile. Une forme ancestrale voisine semble débuter dans l'éocène du bassin de Paris, de la Belgique et du Cotentin, sous le nom de *Solen vaginalis* Desh. Une autre forme, également voisine, a été signalée dans le miocène du Bordelais, sous le nom de *Solen burdigalensis* Desh. Enfin, le *Solen siliquarius* Dujardin, du miocène de la Touraine, diffère à peine de la présente espèce.

Le *S. marginatus* est indiqué sous le nom de *S. vagina* dans le miocène du Portugal, de la vallée du Rhône, de la Suisse, de l'Autriche, de la Hongrie, de la Galicie et de la Calabre. Il se poursuit dans le pliocène de la Catalogne, des Pyrénées-Orientales, de la vallée du Rhône, des Alpes-Maritimes, de la Toscane, du Modénais, du Plaisancien, de la Sicile, de l'Algérie et de la Grèce. Enfin, il est connu du pleistocène des Alpes-Maritimes et de la Sicile.

Genre ENSIS Schumacher, 1817.

Type : *Solen ensis* Linné.

Ce genre a été adopté sans discussion par tous ceux qui ont jugé utile de subdiviser le grand genre *Solen*. Deshayes, en se basant sur l'étude des caractères de la coquille et de l'animal, a prouvé la nécessité de considérer le genre *Ensis* comme bien distinct du genre *Solen*.

Ensis ensis Linné sp. (*Solen*).

Pl. LXXIII, fig. 1, 2, 3 (type) et 4, 5 (var.).

1758 *Solen ensis* — Linné, Syst. Nat., édit. X, p. 672.
1767 — — — Linné, Syst. Nat., édit. XII, p. 1114.
1777 — — Lin. — Pennant, Brit. Zool., t. VI, p. 84, pl. XLV, fig. 22.
1778 — — — — Da Costa, Brit. Conch., p. 237.
1780 — — — — Born, Test. Mus. Cæs. Vindob., p. 24.
1782 — — — — Chemnitz, Conch. Cab., t. VI, p. 46, pl. IV, fig. 29, 30.
1784 — — — — Schrœter, Einleit. in die Conchylienk., t. II, p. 626, pl. VII, fig. 7.
1790 — — — — Poli, Test. utr. Sic., t. I, p. 18, pl. XI, fig. 14.
1792 — — — — Olivi, Zool. Adr., p. 97.
1793 — — — — Von Salis Marschlins, Reise ins Kœn. Neap., p. 382.
1794 — — — — Spengler, Skrift. af Naturhist. Selsk., t. III, 2e p., p. 90.
1803 — — — — Montagu, Test. brit., 48.
1804 — — — — Donovan, Brit. Sh., t. II, pl. L.
1804 — — — — Maton et Rackett, Descr. Catal., *in* Trans. Linn. Soc., t. VIII, p. 44.
1812 — — — — Pennant, Brit. Zool. new edit., t. IV, p. 172, pl. XLVIII, fig. 2.
1813 — — — — Pulteney, Catal. Dorsetsh., p. 28, pl. IV, fig. 3.
1817 — — — — Dillwyn, Descr. Catal., t. I, p. 59.
1817 *Ensis magnus* — Schumacher, Nouv. Syst., p. 143, pl. XIV, fig. 1a, 1b.

1818	*Solen ensis* Lin.	LAMARCK, anim. sans vert., t. V, p. 452.
1819	— — —	TURTON, Conch. Dict., p. 160, pl. XV, fig. 61.
1822	— — —	TURTON, Dithyra brit., p. 82.
1825	— — —	WOOD, Index testac., p. 14, pl. III, fig. 6.
1825	— — —	DE GERVILLE, Catal. Manche, p. 13.
1826	— — —	PAYRAUDEAU, Moll. de Corse, p. 27.
1826	— — —	RISSO, Europe mérid., t. IV, p. 374.
1827	— — —	BROWN, Illustr. of the Conch. of Gr. Brit. and. Irel., pl. XIII, fig. 10.
1828	— — —	FLEMING, Brit. anim., p. 459.
1829	— — —	O. G. COSTA, Catal. sist., p. 12.
1830	— — —	COLLARD DES CHERRES, Catal. test. Finist., p. 10.
1832	— — —	DESHAYES, Encycl. Méthod., t. III, p. 959, pl. CCXXIII, fig. 2.
1835	— — —	LAMARCK, Anim. sans vert., édit. Desh., t. VI, p. 55.
1835	— — —	BOUCHARD-CHANTEREAUX, Catal. Boulon., p. 9.
1835	— — —	WOOD, Gen. Conch., p. 122, pl. XXVIII, fig. 1, 2.
1836	— — —	SCACCHI, Catal. Conch., Regn. Neap., p. 5.
1836	— — —	PHILIPPI, Enum. Moll. Sic., t. I, p. 4.
1838	— — —	MARAVIGNA, Mém. Sicile, p. 77.
1840	*Ensatella europæa*	SWAINSON, Treatise on Malacology, p. 365.
1843	*Solen ensis* Lin.	DE KAY, Zoology of New-York, p. 242, pl. XXXIII, fig. 313.
1844	— — —	POTIEZ et MICHAUD, Galerie de Douai, t. II, p. 263.
1844	— — —	PHILIPPI, Enum. Moll., Sic., t. II, p. 4.
1844	— — —	BROWN, Illustr. of the Conch. of Gr. Brit. and Irel., 2e édit., p. 113, pl. XLVII, fig. 10, 10.
1844	— — —	MACGILLIVRAY, Moll. anim. of Scotl., p. 282.
1844	— — —	THORPE, Brit. mar. conch., p. 35.
1846	— — —	LOVÉN, Index Moll. Scand., p. 203.
1846	— — —	VÉRANY, Catal. Invert. di Genova e Nizza, p. 13.
1848	*Solen ensis* Lin.	DESHAYES, Expl. Sc. de l'Algérie, p. 183, pl. XI, fig. 1 à 4; pl. XVIIIB, fig. 2 à 7; pl. XVIIIC.
1848	— — —	RÉQUIEN, Coq. de Corse, p. 14.
1849	— — —	MIDDENDORFF, Malac. Rossica, III, p. 79.
1851	— — —	PETIT, Catal., *in* Journ. Conch., t. II, p. 280.

1851 *Ensis falcata* (Poli)	Gray, List of brit. anim. in the Brit. Mus., p. 59.
1852 *Solen ensis* Lin.	Leach, Synopsis, p. 260.
1853 — — —	Forbes et Hanley, Brit. Moll., t. I, p. 250; pl. XIV, fig. 2.
1855 — — —	Hanley, Ipsa Linn. Conch., p. 29.
1856 — — —	Hanley, Recent biv. Sh., p. 11.
1858 — *ensis minor* Lin.	Chenu, Illustr. Conch., pl. III, fig. 5, 6.
1858 — *ensis major*	Chenu, Illustr. Conch., pl. III, fig. 2.
1858 *Ensis ensis* Lin.	H. et A. Adams, Genera of rec. Moll., t. II, p. 342, pl. XCII, fig. 2, 2A, 2B.
1858 *Solen* — —	Gay, Catal. Moll. du Var, *in* Bull. Soc. Sc. du Var, p. 148.
1859 — — —	Sowerby, Ill. Ind. brit. Sh., pl. II, fig. 13.
1860 — — —	Macé, Catal. Cherbourg et Valognes, p. 19.
1862 — — —	Weinkauff, Catal. Algérie, *in* Journ. Conch., t. X, p. 307.
1862 *Ensis* — —	Chenu, Manuel de Conch., t. II, p. 21, fig. 87.
1865 *Solen* — —	Jeffreys, Brit. Conch., t. III, p. 16; t. V (1869), p. 190, pl. XLVII, fig. 1.
1865 — — —	Cailliaud, Catal. Loire-Inf., p. 67.
1865 — — —	Fischer, Gironde, p. 43.
1865 *Ensis* — —	Stossich, Enum. dei Moll. del Golfo di Trieste, p. 27.
1866 — — —	Brusina, Contrib. pella Fauna Dalm., p. 90.
1867 *Solen* — —	Taslé, Catal. Morbihan, p. 3.
1867 — — —	Weinkauff, Conch. des Mittelm., t. I, p. 12.
1867 *Ensis* — —	Conrad, Catal. Solenidæ, *in* Amer. Journ. of Conch., t. III, p. 26.
1868 — — —	Colbeau, Moll. viv. de Belgique, p. 23.
1869 *Solen* — —	Petit, Catal. test. mar., p. 32.
1870 — — —	Servain, Catal. Granville, p. 3.
1870 — — —	Brusina, Ipsa Chieregh. Conch., p. 49.
1870 — — —	Ancey, Catal. Moll. cap Pinède, p. 2.
1870 — — —	Aradas et Benoit, Conch. viv. mar. della Sic., p. 20.
1870 *Ensis* — —	Hidalgo, Mol. mar. Catal. gen., p. 179, pl. XXVIII, fig. 2 (sub nom. *Solen ensis*).
1872 *Solen* — —	Monterosato, Not. int. alle Conch. medit., p. 26.
1874 — — —	Reeve, Conch. Icon., pl. I, fig. 3.
1875 — (*Ensis*) *ensis* Lin.	Monterosato, Nuova Rivista, p. 18.
1876 — — —	Duprey, Catal. Jersey, p. 3.
1878 — — —	Monterosato, Enum. e Sinon., p. 14.

1878 *Solen ensis* Lin. — FISCHER, Brachiop. et Moll. du litt. océan. de France, p. 7.
1878 — — — G. O. SARS, Moll. Reg. Arct. Norv., p. 80.
1879 — — — CLÉMENT, Catal. Moll. du Gard, *in* Et. d'Hist. Nat., p. 82.
1879 — — — GRANGER, Moll. de Cette, p. 36.
1880 — — — SERVAIN, Catal. Ile d'Yeu, p. 8.
1880 *Ensis* — — STOSSICH, Prosp. della Fauna Adr., *in* Boll. Soc. Adr. di Sc. Nat., p. 136.
1883 *Solen (Ensis) ensis* Lin. DANIEL, Faune malac. Brest, *in* Journ. Conch., t. XXXI, p. 228.
1883 — — — MARION, Esq. Topogr. Zool. du Golfe de Marseille, *in* Ann. Mus. Hist. Nat. Marseille, t. I, p. 54.
1884 — — — JONAS COLLIN, Om Limfjordens mar. Fauna, p. 111.
1886 — — — GRANGER, Moll. biv. de France, p. 166, pl. XIII, fig. 7.
1886 — — — LOCARD, Prodr. de Malac. franç., p. 371.
1886 — *ensiformis* LOCARD (*non* S. Wood), Prodr. de Malac. franç., p. 371 (*note*).
1886 — *ensis* Lin. SPARRE-SCHNEIDER, Unders. af dyrelivet i de arktiske fjorde, *in* Tromsœ mus. aarshefter, VIII, p. 89.
1886 *Ensis Ensis* — HIDALGO, Catal. Bayona de Galicia, *in* Rev. de los Progresos de las Ciencias, p. 384.
1887 *Solen ensis* — DAUTZENBERG, Exc. malac. à St-Lunaire, p. 5.
1888 — (*Ensis*) *ensis* Lin. KOBELT, Prodr. Faunæ Moll. test. maria europ. inhab., p. 335.
1888 — — — A. DOLLFUS, Les plages du Croisic, p. 16.
1889 — (*Ensis*) — — CARUS, Prodr. Faunæ medit., p. 139.
1890 — — — DAUTZENBERG, Liste Moll. Pouliguen, p. 4.
1891 — — — BRUSINA, Moll. lamell. di Zara, p. 23.
1892 — — — LOCARD, Moll. mar. de France, p. 248.
1892 — — — BIZET, Malacoz. de Picardie, p. 179.
1893 — — — DAUTZENBERG, Moll. Granville et St-Pair, p. 18.

Obs. — Afin d'éviter la répétition du même mot : *Ensis ensis* pour le type de ce genre, Schumacher l'a désigné sous le nom d'*Ensis magnus*. Pour la même raison, Gray a emprunté à Poli le nom spécifique *falcata* donné par cet auteur à l'animal et non à la coquille et Swainson, en créant pour le même groupe un genre *Ensatella*, a nommé l'espèce typique : *Ensatella europæa*.

Le *Solen ensis* de Linné est décrit dans des termes : « testa utraque extremitate rotundata est et præcedente (*siliqua*) minor ac magis arcuata » qui ne peuvent prêter à l'équivoque. Hanley a d'ailleurs constaté la présence dans la collection linnéenne de la coquille à laquelle ce nom a été généralement conservé.

Poli a nommé l'animal de cette espèce *Hypogæa falcata* et sa coquille *Hypogæoderma ensis*.

C'est par hasard que cette espèce a été indiquée, par Lister, d'une manière binominale : *Solen curvus* (*Hist. Conch.*, pl. CCCCXI, fig. 257).

L'*Ensis ensis* diffère de l'*Ensis siliqua* par sa forme arquée, plus étroite, par ses extrémités plus arrondies, etc.

Diagnose. — Coquille, diamètre umbono-ventral 20 millim.; diamètre antéro-postérieur 130 millim.; épaisseur 11 millim.; médiocrement solide, subcylindrique, toujours plus ou moins arquée, très allongée transversalement, équivalve, très inéquilatérale, ouverte aux deux extrémités. Sommets indistincts, terminaux. Bord dorsal un peu concave; bord ventral convexe; bords antérieur et postérieur brusquement tronqués, arrondis aux angles. Surface luisante pourvue de stries d'accroissement parallèles au bord ventral, puis au bord postérieur et décrivant une série d'angles un peu obtus suivant une ligne légèrement arquée qui part du sommet et aboutit à l'angle inférieur du bord postérieur. Une autre ligne rayonnante plus marquée limite le corselet. Intérieur des valves lisse et luisant. Bords simples, tranchants. Impression du muscle adducteur antérieur des valves grande, allongée, de forme elliptique. Impression du muscle adducteur postérieur irrégulièrement subquadrangulaire. Impression palléale entière en avant, ondulée du côté ventral et échancrée postérieurement par un sinus médiocre, subtriangulaire. La coquille est épaissie à son extrémité antérieure et renforcée le long du bord dorsal par une nymphe servant de support au ligament et limitée postérieurement par une encoche ligamentaire bien marquée. Charnière de la valve droite composée d'une dent cardinale saillante et d'une dent latérale allongée, appliquée, se relevant à l'extrémité en une petite pointe aiguë. Charnière de la valve gauche composée de deux dents cardinales fortes, saillantes, et d'une dent latérale dont l'extrémité recouvre celle de la dent latérale de la valve droite.

Coloration externe blanche, ornée de zones violacées plus ou moins interrompues qui suivent les stries d'accroissement et sont surtout visibles sur l'aire triangulaire supérieure où l'épiderme est très mince et transparent. Coloration interne blanche, légèrement marbrée de violet. Épiderme luisant très mince et transparent sur l'aire supérieure, plus épais et d'un brun jaunâtre ou verdâtre sur le reste de la coquille dont il dépasse les bords. Ligament corné, d'un brun noirâtre faisant saillie à l'extérieur.

Variétés. — Les références fournies par Linné pour son *Solen ensis* sont : 1° une figure de Lister (Appendix ad Hist. Animalium Angliæ, etc., pl. unique, fig. 9) qui représente d'une façon grossière une coquille de grande taille dans laquelle il est cependant facile de reconnaître l'*Ensis siliqua*, et 2° une figure de d'Argenville (pl. XXVII, fig. L) qui représente certainement un exemplaire de taille moyenne de l'*Ensis ensis*. D'autre part, Hanley nous apprend que l'exemplaire conservé dans la collection linnéenne correspond aux fig. 1 et 2 de la pl. XXVIII du *General Conchology* de Wood, lesquelles représentent une coquille de petite taille (hauteur 10 millim., largeur 82 millim.). Le type ne se trouvant ainsi nullement indiqué, nous choisissons de préférence la forme qui vit le plus ordinairement dans l'Océan Atlantique. Nos fig. 1, 2, 3 (pl. LXXIII) représentent ce type.

Var. ex forma 1, *major* Colbeau. De très grande taille : diamètre umbono-ventral 24 millim.; diamètre antéro-postérieur 175 millim.

Var. ex forma 2, *minor* Réquien, Monterosato. Forme méditerranéenne plus mince que le type et de petites dimensions : diamètre umbono-ventral 10 mill.; diamètre antéro-postérieur 72 millim.

Var. ex colore *alba* Daniel. Variété albine trouvée en 1856, par M. Daniel, sur la côte de Saint-Marc, près Poullec-Alor (Finistère).

Habitat. — Commun sur les plages de Leucate et de la Franqui : la variété *minor*.

Dispersion. — Méditerranée et Adriatique. Océan Atlantique, depuis les côtes de la Norwège jusqu'au détroit de Gibraltar. L'*E. ensis* a encore été cité de la côte orientale de l'Amérique boréale par quelques naturalistes américains et de la mer d'Okhotsk, par Middendorff.

Origine. — Une forme voisine de l'oligocène de l'Allemagne du Nord a été séparée de cette espèce sous le nom de *Solen Haussmanni*, par Philippi. La forme également voisine du bassin de Vienne est devenue le *Solen Rollei* Hoernes. M. Mayer l'indique du miocène des Açores. L'*E. ensis* est connu du pliocène de la Catalogne, du Roussillon, du Modénais, du Parmesan, de la Ligurie, des environs de Rome et il a été cité, au nord, du pliocène d'Angleterre. Enfin, il existe dans le pleistocène de la Calabre, de la Sicile, de l'Angleterre, de l'Irlande, de l'Écosse et des Pays-Bas.

Ensis siliqua Linné sp. (*Solen*).

Pl. LXXIV, fig. 1, 2, 3 (type) et 4 (var.).

1758	*Solen siliqua*	Linné, Syst. Nat., édit. X, p. 672.
1767	— —	Linné, Syst. Nat., édit. XII, p. 1113.
1777	— — Lin.	Pennant, Brit. Zool., t. IV, p. 83, pl. XIV, fig. 20.

1778 *Solen siliqua* Lin. — Da Costa, Brit. Conch., p. 235, pl. XVII, fig. 5.

1784 — — — Schrœter, Einleit. in die Conchylienk., t. II, p. 624, pl. VII, fig. 6.

1790 — — — Linné-Gmelin, Syst. Nat., édit. XIII, p. 3223.

1791 — — — Poli, Test. utr. Sic., t. I, p. 9, pl. I, fig. 10; pl. X, fig. 11 à 17; pl. XI, fig. 12, 13.

1792 — — — Olivi, Zool. Adr., p. 97.

1794 — — — Spengler, Skrift. af naturhist. Selsk., t. III, 2e p., p. 88.

1801 — — — W. Wood, Hinges of brit. biv., *in* Linn. Trans., t. VI, p. 159, pl. XIV, fig. 10.

1803 — — — Montagu, Test. brit., p. 46.

1803 — *novacula* — Montagu, Test. brit., p. 47.

1804 — *siliqua* Lin. — Donovan, Brit. Sh., t. II, pl. XLVI.

1804 — — — Maton et Rackett, Descr. Catal., *in* Trans. Linn. Soc., t. VIII, p. 43.

1804 — *novacula* Mont. — Maton et Rackett, Descr. Catal., in Trans. Linn. Soc., t. VIII, p 44.

1804 — *siliqua* Lin. — Renier, Tavola alfab., p. 5, nº 29.

1812 — — — Pennant, Brit. Zool. new édit., t. IV, p. 171, pl. XLVIII, fig. 1.

1813 — — — Pulteney, Catal. Dorsetsh., p. 28, pl. II, fig. 5.

1817 — — — Dillwyn, Descr. Catal., t. I, p. 58.

1818 — — — Lamarck, Anim. sans vert., t. V, p. 451.

1819 — — — Turton, Conch. Dict., p. 158.

1819 — *novacula* Mont. — Turton, Conch. Dict., p. 159.

1822 — *siliqua* Lin. — Turton, Dithyra brit., p. 80, pl. VI, fig. 5.

1822 — *novacula* Mont. — Turton, Dithyra brit., p. 80.

1822 — *ligula* — Turton, Dithyra brit., p. 81, pl. VI, fig. 6.

1825 — *siliqua* Lin. — Wood, Index testac., p. 13, pl. III, *Solen*, fig. 1.

1826 — — — Risso, Europe mérid., t. IV, p. 374.

1827 — — — Brown, Illustr. of the Conch. of Gr. Brit. and Irel., pl. XIII, fig. 3.

1828 — — — Fleming, Brit. anim., p. 459.

1828 — *novacula* Mont. — Fleming, Brit. anim., p. 459.

1829 — *siliqua* Lin. — O. G. Costa, Catal. Sist., p 12.

1830 — — — Collard des Cherres, Catal. test. Finistère, p. 10.

1832 — — — Deshayes, Encycl. méthod., t. III, p. 959, pl. CCXXII, fig. 2A, 2B, 2C.

1835	*Solen siliqua* Lin.	Lamarck, Anim. sans vert., édit. Desh., t. VI, p. 55.
1835	— — —	Wood, General Conch. I, p. 118, pl. XXVI, fig. 1, 2.
1835	— — —	Bouchard-Chantereaux, Catal. Boulonnais, p. 9.
1836	— — —	Scacchi, Catal. Conch. Regni Neap., p. 5.
1836	— — —	Philippi, Enum. Moll. Sic., t. I., p. 4.
1838	— — —	Forbes, Malac. Monensis, p. 55.
1838	— — —	Maravigna, Mém. Sicile, p. 77.
1844	— — —	Potiez et Michaud, Galerie de Douai, t. II, p. 264.
1844	— — —	Forbes, Rep. Æg. Invert., p. 142.
1844	— — —	Philippi, Enum. Moll. Sic., t. II, p. 5.
1844	— — —	Brown, Illustr. of the Conch. of Gr. Brit. and Irel., 2e édit., p. 112, pl. XLVII, fig. 3, 3*.
1844	— *ligula* Turt.	Brown, Illustr. of the Conch. of Gr. Brit. and Irel., 2e édit., p. 112, pl. XLVII, fig. 2 (*supra*).
1844	— *siliqua* Lin.	Thorpe, Brit. mar. Conch., p. 35.
1844	— *novacula* Mont.	Thorpe, Brit. mar. Conch., p. 35.
1844	— *siliqua* Lin.	Macgillivray, Moll. Anim. of Scotl., p. 282.
1846	— — —	Vérany, Catal. Invert. di Genova e Nizza, p. 13.
1848	— — —	Deshayes, Expl. sc. de l'Algérie, p. 181.
1848	— — —	Réquien, Coq. de Corse, p. 14.
1850	— — —	Deshayes, Traité élém. de Conch., t. I, 2e partie, p. 105, pl. VI, fig. 1, 2, 3.
1851	— — —	Petit, Catal. *in* Journ. Conch., t. II, p. 280.
1851	*Ensis* — —	Gray, List of brit. anim. in the Brit. Mus., p. 59.
1852	*Solen* — —	Leach, Synopsis, p. 261.
1853	— — —	Forbes et Hanley, Brit. Moll., t. I, p. 246, pl. XIV, fig. 3; pl. I, fig. 1 (*animal*).
1855	— — —	Hanley, Ipsa Linn. Conch., p. 29.
1856	— — —	Jeffreys, Piedm. Coast., p. 24.
1856	— — —	Hanley, Recent biv. Sh., p. 11.
1858	— — —	Chenu, Illustr. Conch. pl. III, fig. 1.
1858	— *siliqua minor*	Chenu, Illustr. Conch., pl. III, fig. 3.
1858	— *siliqua* Lin.	Gay, Catal. Moll. Var, *in* Bull. Soc. Sc. du Var., p. 149.
1859	— — —	Sowerby, Illustr. Ind. brit. Sh., pl. II, fig. 15.

1862 *Ensis siliqua* Lin.	CHENU, Manuel de Conch., t. II, p. 21, fig. 89, 90.
1862 *Solen* — —	WEINKAUFF, Catal. Algérie, *in* Journ. Conch., t. X, p. 307.
1865 — — —	JEFFREYS, Brit. Conch., t. III, p. 18, t. V (1869), p. 190; pl. XLVII, fig. 2.
1865 — — —	CAILLIAUD, Catal. Loire-Inf., p. 66.
1865 — — —	FISCHER, Gironde, p. 43.
1865 *Ensis* — —	STOSSICH, Enum. Moll. Golfo di Trieste, p. 27.
1866 — — —	BRUSINA, Contrib. pella Fauna Dalm., p. 90.
1867 *Solen* — —	TASLÉ, Catal. Morbihan, p. 3.
1867 — — —	WEINKAUFF, Conch. des Mittelm., t. I, p. 11.
1867 *Ensis* — —	CONRAD, Catal. Solenidæ, *in* Amer. Journ. of Conch., t. III, p. 27.
1868 — — —	COLBEAU, Moll. viv. de Belgique, p. 23.
1869 *Solen* — —	PETIT, Catal. test. mar., p. 31.
1869 — — —	TAPPARONE-CANEFRI, Moll. test. di Spezia, p. 107.
1870 — — —	ARADAS et BENOIT, Conch. viv. mar. della Sic., p. 20.
1870 — — —	BRUSINA, Ipsa Chiereghini Conch., p. 49.
1870 — — —	ANCEY, Catal. Moll. cap Pinède, p. 2.
1870 — — —	HIDALGO, Mol. mar. Catal. gen., p. 179, pl. XXVIII, fig. 3 (sub nom. *Solen siliqua*).
1872 *Solen* — —	MONTEROSATO, Not. int. alle Conch. medit., p. 26.
1874 — *vagina*	REEVE (*non* Linné), Conch., Icon., pl. I, fig. 2.
1875 — (*Ensis*) *siliqua* Lin.	MONTEROSATO, Nuova Rivista, p. 18.
1876 — — —	DUPREY, Catal. Jersey, p. 3.
1878 — — —	FISCHER, Brachiop. et Moll. du litt. océan. de France, p. 7.
1878 — — —	MONTEROSATO, Enum. e Sinon., p. 14.
1879 — — —	GRANGER, Moll. de Cette, p. 36.
1879 — — —	CLÉMENT, Moll. du Gard, *in* Et. d'Hist. Nat., p. 82.
1880 — — —	SERVAIN, Catal. Ile d'Yeu, p. 8.
1880 *Ensis* — —	STOSSICH, Prosp. della Fauna Adr., *in* Boll. della Soc. Adr. di Sc. Nat., p. 136.
1883 *Solen* (*Ensis*) — —	DANIEL, Faune malac. Brest, *in* Journ. Conch., t. XXXI, p. 228.

1883 *Solen siliqua* Lin. Marion, Esq. Topogr. Zool. du Golfe de Marseille, *in* Ann. Mus. Hist. Nat. de Marseille, t. I, p. 54.
1886 — — — Locard, Prodr. de Malac. franç., p. 372.
1886 — *siliquosa* Locard, Prodr. de Malac. franç., p. 372 (*note*).
1886 — *siliqua* Lin. Granger, Moll. biv. de France, p. 166, pl. XIII, fig. 5.
1886 *Ensis Siliqua* — Hidalgo, Catal. Bayona de Galicia, *in* Rev. de los Progresos de las Ciencias, p. 384.
1888 *Solen (Ensis) siliqua* Lin. Kobelt, Prodr. Faunæ Moll. test. maria europ. inhab., p. 335.
1888 — — — A. Dollfus, Les plages du Croisic, p. 16.
1888 — *siliquosa* Loc. Servain, Catal. Concarneau, p. 78.
1889 — (*Ensis*) *siliqua* Lin. Carus, Prodr. Faunæ medit., p. 140.
1890 — — — Dautzenberg, Liste Moll. Pouliguen, p. 4.
1891 — — — Brusina, Moll. lamell. di Zara, p. 23.
1892 — — — Bizet, Malacoz. de Picardie, p. 179.
1892 — *siliquosa* Locard, Moll. mar. de France, p. 249.

Obs. — Cette espèce linnéenne ne présente aucune équivoque; Hanley nous dit, d'ailleurs, qu'il en existe, sous le nom de *Solen siliqua*, un exemplaire dans la collection de ce naturaliste.

Le *Solen vagina* de Born est établi sur un spécimen du Musée de Vienne, qui, d'après Braun, serait le *siliqua*. Cette opinion paraît bien fondée, car Born dit qu'il considère le *siliqua* comme une simple variété du *vagina;* de plus, il a représenté, sur la vignette du bas de la page 23 de son ouvrage, une coquille qui est certainement le *siliqua*.

Le *Solen novacula* a été établi par Montagu pour des exemplaires du *siliqua* dont la charnière incomplète ne possédait qu'une seule dent cardinale sur chaque valve et était dépourvue de dents latérales.

Le *Solen ligula* de Turton est basé sur un *siliqua* présentant une différence de conformation de la dent cardinale de la valve droite.

Les *Solen novacula* et *ligula* ont d'ailleurs été depuis longtemps rejetés en synonymie du *siliqua*.

L'animal de la présente espèce a été nommé *Hypogœa crinita* et sa coquille *Hypogœoderma siliqua* par Poli.

D'après Nardo (Elenco dei nuov. gen. e sp. registrate nei lavori del Pr. Stef. Andrea Renier, p. 29), le *Solen conversus* de Renier n'est autre chose qu'une monstruosité du *siliqua*.

L'*Ensis siliqua* est récolté comme comestible, aussi bien sur les côtes d'Angleterre et de Bretagne que sur celles de la Méditerranée. Le trou, à ouverture ovale, qu'il creuse dans le sable, a un trajet oblique de 60 à 70 degrés (Daniel). Il se pêche à la pioche ou au moyen de gros sel placé à l'entrée du trou au moment de la marée montante.

L'*E. siliqua* diffère de l'*E. ensis* par sa forme droite, non arquée, plus haute en proportion de sa largeur, ainsi que par ses extrémités plus brusquement tronquées, moins arrondies.

Il ne peut être confondu avec le *Solen marginatus*, car il ne présente aucune trace d'un étranglement antérieur; sa charnière est tout à fait différente : elle possède deux dents cardinales au lieu d'une, dans la valve gauche et des dents latérales bien développées, alors qu'il n'en existe pas chez le *S. marginatus*. Sa forme est plus comprimée, moins cylindrique, etc.

Diagnose. — Coquille, diamètre umbono-ventral 30 millim.; diamètre antéro-postérieur 181 millim.; épaisseur 18 millim.; subcylindrique, solide, très allongée transversalement, équivalve, très inéquilatérale, ouverte aux deux extrémités. Sommets indistincts, antérieurs, terminaux. Bord dorsal et bord ventral rectilignes et parallèles entre eux; bord antérieur et bord postérieur brusquement et un peu obliquement tronqués. Surface luisante, pourvue de stries d'accroissement peu marquées qui changent brusquement de direction suivant un sillon plus ou moins accentué partant du sommet et aboutissant à l'angle inférieur du bord postérieur. Ce sillon partage la surface en deux aires triangulaires; un autre sillon semblable limite le corselet qui est fusiforme et relativement large. Intérieur des valves lisse et luisant, à bord simples, tranchants. Impression du muscle adducteur antérieur des valves très longue, elliptique et parallèle au bord dorsal; impression du muscle adducteur postérieur beaucoup plus petite, subovale, très éloignée des sommets. Impression palléale entière en avant, ondulée du côté ventral et échancrée en arrière par un sinus large, peu profond, sub-bilobé au sommet. La coquille est épaissie à l'extrémité antérieure. Bord cardinal consolidé par une nymphe servant de support au ligament et limitée postérieurement par une encoche ligamentaire bien marquée. Charnière de la valve droite composée d'une dent cardinale saillante, comprimée latéralement et d'une dent latérale allongée, appliquée sur la nymphe et se relevant à l'extrémité en forme de crochet. Charnière de la valve gauche composée de deux dents cardinales fortes, saillantes, qui enserrent étroitement la dent cardinale de la valve opposée et d'une dent latérale semblable à celle de la valve droite.

Coloration externe blanche, ornée de zones violacées plus ou moins interrompues qui suivent la direction des lignes d'accroissement et sont surtout apparentes sur l'aire triangulaire supérieure. Coloration interne blanche, laissant apercevoir par transparence des traces des zones violacées de l'extérieur. Epiderme corné, mince, luisant, comme vernissé, peu persistant, de coloration jaune verdâtre et dépassant les bords. Ligament corné d'un brun foncé, faisant saillie à l'extérieur.

Variétés. — L'*Ensis siliqua* est fort variable sous le rapport de la taille et les références fournies par Linné comprennent des figures dont les dimensions varient de 13 à 24 millim. de diamètre umbono-ventral et de 90 à 182 millim. de diamètre antéro-postérieur. Dans ces circonstances le choix du type serait difficile, si Hanley ne nous apprenait que l'exemplaire conservé dans la collection de Linné concorde avec la fig. 1 de la pl. XXVI du General Conchology de Wood, qui représente la forme très grande, vivant dans l'Océan Atlantique. L'habitat indiqué par Linné : « in Oceano Europæo » et la référence de Lister (Anim. Angliæ, pl. V, fig. 37), confirment d'ailleurs qu'il a bien eu en vue la coquille océanique que nous figurons, pl. LXXIV, fig. 1, 2, 3. Nous ferons remarquer que les dimensions des figurations de Lister et de Wood peuvent être dépassées, car nous avons recueilli dans la baie du Pouliguen un exemplaire qui atteint 200 millim. de diamètre antéro-postérieur.

Var. ex forma 1, *arcuata* Jeffreys. Ordinairement plus petite et plus ou moins courbée, mais aussi haute que le type par rapport à la largeur.

Var. ex forma 2, *minor* Monterosato. Ce nom peut être appliqué à tous les spécimens méditerranéens que nous avons pu voir. L'*E. siliqua* paraît, en effet, ne jamais atteindre dans cette mer la grande taille des exemplaires de l'Océan et les plus grands que nous ayons sous les yeux n'ont que 135 millim. de diamètre antéro-postérieur. Nous avons représenté la var. *minor*, pl. LXXIV, fig. 4.

Var. ex colore : Costa mentionne une variété entièrement blanche avec épiderme fauve, que nous n'avons pas rencontrée : tous nos échantillons présentent des bandes violacées plus ou moins accentuées.

Habitat. — Assez commun, rejeté sur les plages de La Franqui et de Leucate : la var. *minor*.

Dispersion. — La var. *minor* se trouve dans toute la Méditerranée et l'Adriatique; le type, dans l'Océan Atlantique, depuis les côtes de Norwège et d'Ecosse, jusque sur celles de l'Espagne. MM. Aradas et Benoît le disent commun sur le littoral nord-est de l'Amérique du Nord; mais cet habitat est bien douteux, car Conrad ne l'indique que comme européen dans son catalogue des *Solenidæ* (Amer. Journ. of Conch., 1867).

Origine. — Nous croyons qu'il faut attendre la confirmation de l'existence de cette espèce dans le miocène. Dans le pliocène, elle est indiquée par Companyo à Perpignan et par Seguenza en Calabre. Les autres citations sont de l'Europe septentrionale : pliocène d'Angleterre (Wood), d'Anvers (Nyst.); pleistocène d'Angleterre, d'Irlande et de Norwège.

Genre PHARUS LEACH, in GRAY, 1840.

Type : *Solen legumen* Linné.

Ce genre manuscrit de Leach a été publié en 1840 par Gray, dans un catalogue du British Museum. Leach lui a substitué plus tard, sans donner aucun motif, le nom *Artusius* sous lequel le *S. legumen* figure dans le Synopsis édité par Gray, en 1852.

Le genre *Polia* d'Orbigny (1843), tombe en synonymie, bien que Ch. Desmoulins ait essayé de le faire adopter. Il en va de même du genre *Ceratisolen* créé par Forbes et Hanley en 1848, pour le même type.

Blainville avait placé les *Pharus* dans la 3e section de son genre *Solecurtus*.

Pharus legumen Linné sp. (*Solen*).

Pl. LXXV, fig. 1, 2, 3, 4 (type) et 5, 6, 7, 8 (var.).

1758 *Solen Legumen* — LINNÉ, Syst. Nat., edit. X, p. 672.
1767 — — LINNÉ, Syst. Nat., edit., XII, p. 1114.
1777 — *legumen* Lin. PENNANT, Brit. Zool., t. IV, p. 84; pl. XLVI, fig. 23.
1778 — — — DA COSTA, Brit. Conch., p. 238.
1780 — — — BORN, Test. Mus. Caes. Vindob., p. 25, pl. II, fig. 1, 2.
1782 — — — CHEMNITZ, Conch. Cab., t. VI, p. 49, pl. V, fig. 32 à 34.
1784 — — — SCHRŒTER, Einleit. in die Conchylienk., t. II, p. 627.
1790 — — — LINNÉ-GMELIN, Syst. Nat. edit. XIII, p. 3224.
1791 — — — POLI, Test. utr. Sic., t. 1, p. 19; pl. XI, fig. 15.
1792 — — — OLIVI, Zool. Adr., p. 97.
1794 — — — SPENGLER, Skrift. af Naturhist. Selsk., t. III, 2e p., p. 93.
1803 — — — MONTAGU, Test. brit., p. 50.
1804 — — — DONOVAN, Brit. sh., t. II, pl. LIII.
1804 — — — MATON et RACKETT, Descr. Catal., *in* Trans. Linn. Soc., t. VIII, p. 45.
1804 — — — RENIER, Tavola alfab., p. 5, no 28.
1812 — — — PENNANT, Brit. Zool. new edit., t. IV, p. 173, pl. XLIX, fig. 3.
1813 — — — PULTENEY, Catal. Dorsetsh., p. 29, pl. IV, fig. 4.

1817	*Solen legumen* Lin.	Dillwyn, Descr. Catal., t. I, p. 60.
1818	— — —	Lamarck, Anim. sans vert., t. V, p. 453.
1819	— — —	Turton, Conch. Dict., p. 162.
1822	*Psammobia legumen* Lin.	Turton, Dithyra brit., p. 90.
1825	*Solecurtus* — —	Blainville, Manuel de Malac., p. 569; pl. LXXX, fig. 1.
1825	*Solen* — —	Wood, Index testac., p. 14; pl. III, fig. 8.
1826	— — —	Payraudeau, Moll. de Corse, p. 27.
1826	— — —	Risso, Europe mérid., t. IV, p. 374.
1827	— — —	Brown, Illustr. of the Conch. of Gr. Brit. and Irel., pl. XIII, fig. 8, 9.
1828	— — —	Fleming, Brit. anim., p. 459.
1829	— — —	Costa, Catal. sist., p. 12.
1830	— — —	Collard des Cherres, Catal. test. Finistère, p. 11.
1832	— — —	Deshayes, Encycl. Méthod., t. III, p. 961; pl. CCXXV, fig. 3.
1832	*Solecurtoides legumen* Lin.	Desmoulins, Act. Soc. Linn. Bord., t. V, p. 113.
1833	*Solen* — —	Deshayes, Exp. Sc. de Morée, p. 85.
1835	— — —	Lamarck, Anim. sans vert., édit. Desh., t. VI, p. 57.
1835	— — —	Wood, General Conch., p. 124; pl. XXVIII, fig. 4, 5.
1836	— — —	Scacchi, Catal. Conch. Regn. Neap., p. 5.
1836	— *Legumen* —	Philippi, Enum. Moll. Sic., t. I, p. 4.
1838	— *legumen* —	Maravigna, Mém. Sicile, p. 77.
1844	— — —	Potiez et Michaud, Galerie de Douai, t. II, p. 262.
1844	— — —	Philippi, Enum. Moll. Sic., t. II, p. 5.
1844	— — —	Thorpe, Brit. mar. Conch., p. 36.
1844	*Solenocurtus legumen* —	Brown, Illustr. of the Conch. of Gr. Brit. and Irel., 2e édit., p. 113, pl. XLVII, fig. 8, 9, 9*.
1848	*Solen* — —	Deshayes, Expl. sc. de l'Algérie, t. I, p. 185; pl. XII; pl. XIII; pl. XVIII A; pl. XVIII B, fig. 1.
1848	— — —	Réquien, Coq. de Corse, p. 14.

1850	*Solen legumen*	Lin.	Deshayes, Traité élém. de Conch., t. I, 2e p., p. 110; pl. VI, fig. 8, 9, 10.
1851	*Solecurtus* —	—	Petit, Catal. *in* Journ. Conch., t. II, p. 281.
1851	*Pharus* —	—	Gray, List of brit. anim. in the Brit. Mus., p. 60.
1852	*Artusius* —	—	Leach, Synopsis, p. 263.
1853	*Ceratisolen* —	—	Forbes et Hanley, Brit. Moll., t. I, p. 256; pl. XIII, fig. 2; pl. I, fig. 4 (animal).
1855	*Solen* —	—	Hanley, Ipsa Linn. Conch., p. 30.
1856	— —	—	Hanley, Recent biv. Sh., p. 13.
1858	— —	—	Chenu, Illustr. Conch. G. *Solen*, pl. II, fig. 1, 5.
1858	*Pharus* —	—	H. et A. Adams, Genera of rec. Moll., t. II, p. 343; pl. XCII, fig. 3, 3a, 3b.
1859	*Ceratisolen* —	—	Sowerby, Illustr. Ind. brit. sh., pl. II, fig. 11.
1862	*Pharus* —	—	Chenu, Manuel de Conch., t. II, p. 22, fig. 95.
1862	*Cultellus* —	—	Weinkauff, Catal. Algérie, *in* Journ. Conch., t. X, p. 307.
1865	*Ceratisolen* —	—	Jeffreys, Brit. Conch., t. III, p. 10; t. V (1869), p. 190, pl. XLVI, fig. 3.
1865	— —	—	Fischer, Gironde, p. 44.
1865	*Pharus* —	—	Stossich, Enum. Moll. del Golfo di Trieste, p. 28.
1865	*Solecurtus* —	—	Cailliaud, Catal. Loire-Inf., p. 68.
1866	*Pharus* —	—	Brusina, Contrib. pella Fauna Dalm., p. 90.
1867	*Ceratisolen* —	—	Weinkauff, Conch. des Mittelm., t. I, p. 15.
1867	— —	—	Taslé, Catal. Morbihan, p. 3.
1867	*Pharus* —	—	Conrad, Catal. Solenidæ *in* Amer. Journ. of Conch., t. III, p. 26.
1869	*Solen* —	—	Petit, Catal. test. mar., p. 32.
1869	*Pharus* —	—	Tapparone-Canefri, Moll. test. di Spezia, p. 107.
1870	*Solen* —	—	Aradas et Benoit, Conch. viv. mar. della Sic., p. 20.
1870	— —	—	Brusina, Ipsa Chieregh. Conch., p. 50.
1870	— —	—	Ancey, Catal. Moll. Cap Pinède, p. 2.

1870 *Ceratisolen legumen* Lin.	HIDALGO, Mol. mar. Catal. gen., p. 179; pl. XXVIII, fig. 4.
1872 — — —	MONTEROSATO, Not. int. alle Conch. medit., p. 26.
1874 *Pharus* — —	REEVE, Conch. Icon., pl. I, fig. 1A, 1B.
1875 *Solen* (Ceratisolen) — —	MONTEROSATO, Nuova Rivista, p. 18.
1878 *Ceratisolen* — —	MONTEROSATO, Enum. e Sinon, p. 14.
1878 — — —	FISCHER, Brachiop. et Moll. du litt. océan. de France, p. 7.
1879 — — —	GRANGER, Moll. de Cette, p. 36.
1879 *Solen* — —	CLÉMENT, Catal. Moll. du Var, *in* Et. d'Hist. Nat., p. 82.
1880 *Pharus* — —	STOSSICH, Prosp. della Fauna Adr., *in* Boll. della Soc. Adr. di Sc. Nat., p. 136.
1880 *Ceratisolen* — —	SERVAIN, Catal. Ile d'Yeu, p. 9.
1883 *Solen* (Ceratisolen) — —	DANIEL, Faune malac. Brest, *in* Journ. Conch., t. XXXI, p. 229.
1883 *Ceratisolen* — —	MARION, Esq. Topogr. Zool. du golfe de Marseille, *in* Ann. Mus. Hist. Nat. Marseille, t. I, p. 54.
1883 — — —	DUPREY, Catal. Jersey, Suppl. *in* Ann. and Mag. Nat. Hist., p. 187.
1886 — — —	GRANGER, Moll. biv. de France, p. 167, pl. XIII, fig. 8.
1886 — — —	LOCARD, Prodr. de Malac. franç., p. 373.
1886 — *leguminiformis*	LOCARD, Prodr. de Malac. franç., p. 373 (*note*).
1886 — *Legumen* Lin.	HIDALGO, Catal. Bayona de Galicia, *in* Rev. de los Progresos de las Ciencias, p. 384.
1888 — *legumen* —	KOBELT, Prodr. Faunæ Moll. test. maria europ. inhab., p. 336.
1888 — — —	A. DOLLFUS, Les plages du Croisic, p. 16.
1888 — *leguminiformis* Loc.	SERVAIN, Catal. Concarneau, p. 79.
1889 — *legumen* Lin.	CARUS, Prodr. Faunæ medit., p. 140.
1890 *Pharus* — —	DAUTZENBERG, Liste Moll. Pouliguen, p. 4.
1891 *Solen* — —	BRUSINA, Moll. lamell. di Zara, p. 23.

1892 *Ceratisolen legumen* Lin. LOCARD, Moll. mar. de France, pp. 249, 250, fig. 228.

1892 *Solen* — — BIZET, Malacoz. de Picardie, p. 180.

Obs. — Il n'y a aucune équivoque au sujet de cette espèce : les références indiquées dans le *Systema Naturæ* sont bonnes, sauf celle d'Adanson (voyage au Sénégal, pl. XIX, fig. 3, *Le Molan*), qui n'a du reste été ajoutée que dans la 12e édition.

Poli a nommé l'animal de la présente espèce : *Hypogæa hirundo* et sa coquille *Hypogæoderma legumen.*

Diagnose. — Coquille, diamètre umbono-ventral 13 millim., diamètre antéro-postérieur 55 millim., épaisseur 6 millim., mince et fragile, équivalve, subéquilatérale, ouverte aux deux extrémités. Sommets indistincts situés un peu en avant du milieu. Forme elliptique, transverse, comprimée. Surface luisante, ornée de stries d'accroissement nombreuses, irrégulières et, dans la région médiane, de stries rayonnantes très fines. Le corselet est indiqué par une dépression très étroite qui longe le bord dorsal, en arrière du ligament. Intérieur des valves lisse et luisant. Bords simples, tranchants. Impression du muscle adducteur antérieur des valves elliptique, très longue; impression du muscle adducteur postérieur très éloignée du sommet, de forme semilunaire. Impression palléale entière en avant, ondulée du côté ventral et échancrée du côté postérieur par un *sinus* large et assez profond. On observe en outre, sous les crochets, deux petites impressions des muscles adducteurs du pied. L'intérieur de chaque valve est consolidé par une nymphe courte peu développée, qui sert de support au ligament; par une côte rayonnante qui part du crochet et s'avance jusque vers le milieu de la distance du bord ventral et, enfin, par une lame qui longe le bord dorsal antérieur. Charnière de la valve droite composée de deux dents cardinales divergentes : l'antérieure, légèrement bifide, est comprimée latéralement, tandis que la postérieure, oblique, est comprimée dans le sens opposé. Charnière de la valve gauche composée de trois dents cardinales : les deux antérieures rapprochées, très saillantes; l'autre semblable à la dent postérieure de la valve droite.

Coloration externe d'un blanc légèrement carnéolé, surtout dans le voisinage des sommets. Coloration interne d'un blanc grisâtre subhyalin, sur lequel les dents et les côtes de renforcement se détachent en blanc pur.

Epiderme mince, luisant, assez caduc, d'un ton olivâtre clair, dépassant les bords de la coquille. Ligament assez court, corné, d'un brun foncé, formant saillie à l'extérieur.

Variétés. — Le type du *Ph. legumen* est facile à fixer car Linné a pris soin d'indiquer son habitat méditerranéen et plus spécialement algérien. Les deux références : *Plancus* (pl. III, fig. V) et *Gualtieri* (pl. XCI, fig. A) représentent toutes deux la forme de petite taille qui domine dans la Méditerranée et qui mesure : diam. umb.-ventr. 15 millim., diam. antéro-post. 55 millim.

Var. ex forma 1, *major* B. D. D. De taille beaucoup plus forte que le type, cette variété semble spéciale à l'Océan Atlantique : nous en avons recueilli au Pouliguen un exemplaire mesurant 25 millim. de diam. umbono-ventral et 115 millim. de diam. antéro-postérieur (voir notre pl. LXXV, fig. 5, 6, 7, 8. M. de Monterosato ayant considéré cette grande forme comme le type du *Ph. legumen*, a indiqué celle plus petite de la Méditerranée sous le nom de var. *minor*.

Habitat. — Assez rare sur les plages sablonneuses : Leucate, La Franqui.

Dispersion. — Toute la Méditerranée et l'Adriatique. Océan Atlantique depuis les côtes d'Angleterre jusqu'à Mogador (Mac Andrew). M. Sowerby (Marine Shells of South Africa, p. 55) l'indique encore de Port-Elisabeth (Cap de Bonne-Espérance).

Origine. — La coquille du miocène du Bordelais citée d'abord sous le nom de *Polia legumen*, a été ensuite reconnue comme constituant une espèce distincte de celle qui vit actuellement en Europe, Desmoulins l'a nommée *Polia saucatsensis*. M. Benoît a confirmé cette opinion. C'est probablement à ce *P. saucatsensis* qu'il y aura lieu de rapporter les divers *Ph. legumen* cités de la molasse de Suisse et du bassin de Vienne.

Le *Ph. legumen* est connu du pliocène de la Catalogne, des Alpes-Maritimes, du Parmesan, de la Toscane, ainsi que du pleistocène de Biot (Depontailler).

Genre **SOLENOCURTUS** Blainville, 1824 (emend. Sowerby, 1839).

Type : *Solen strigilatus* Linné.

Le genre *Solecurtus* était divisé par Blainville en trois sections ayant pour types, la première le *S. radiatus*, la deuxième le *S. strigilatus* et la troisième le *S. legumen*. Deshayes l'a réduit en 1835 en n'y conservant que les espèces de la deuxième section.

Quelques auteurs s'en rapportant à Hermannsen, ont préféré adopter pour ce genre le nom *Macha* Oken comme étant plus ancien; mais Deshayes a rectifié cette erreur en faisant observer que le genre *Macha* n'a été publié par Oken qu'en 1835 et non en 1815.

Hermannsen a proposé, en 1847, de remplacer le nom *Solecurtus*, incorrectement formé au point de vue étymologique, par *Cyrtosolen*; mais il avait été devancé par Sowerby qui, dès 1839, l'avait nommé *Solenocurtus*, forme également correcte et qui a l'avantage de moins dénaturer le nom primitif.

Solenocurtus strigilatus Linné sp. (*Solen*).

Pl. LXXVI, fig. 1, 2, 3, 4, 5.

1758 *Solen strigilatus* — Linné, Syst. Nat., édit. X, p. 673.

1767 — — Linné, Syst. Nat., édit. XII, p. 1115.

1780 — — Lin. Born, Test. Mus. Caes. Vindob., p. 26.

1782 — — — Chemnitz, Conch. Cab., t. VI, p. 57, pl. VI, fig. 41, 42.

1784 — — — Schroeter, Einleit., *in* die Conchylienk., t. II, p. 629.

1790 — — — Linné-Gmelin, Syst. Nat., edit. XIII, p. 3225 (excl. var. B.).

1791 — — — Poli, Test. utr. Sic., t. I, p. 21, pl. XII, fig. 1 à 10.

1792 — — — Olivi, Zool. Adr., p. 97.

1793 — — — Von Salis Marschlins, Reise ins Koen. Neap., p. 382.

1794 — — — Spengler, Skrift. af Naturhist. Selsk., t. III, 2e p., p. 100.

1804 — — — Renier, Tavola alfab., p. 5, n° 30.

1817 — — — Dillwyn, Descr. Catal., p. 64.

1818 — — — Lamarck, Anim. s. vert., t. V, p. 455.

1819 — — — Turton, Conch. Dict., p. 161 (ex parte), pl. XIII, fig. 53.

1825 *Solecurtus* — — Blainville, Manuel de Malac., p. 569, pl. LXXIX, fig. 4.

1825 *Solen* — — Wood, Index testac., p. 14, pl. III, fig. 12.

1826 — — — Payraudeau, Moll. de Corse, p. 28.

1826 *Psammobia strigilata* Lin. Risso, Europe mér., t. IV, p. 375.

1829 *Solen strigillatus* — O. G. Costa, Catal. Sist., p. 12.

1832 — — — Deshayes, Encycl. Méthod., t. III, p. 962; pl. CCXXIV, fig. 3.

1833 — *strigilatus* — Deshayes, Exp. Sc. de Morée, p. 86.

1835 — — — Lamarck, Anim. sans vert., édit. Desh., t. VI, p. 60.

1835 — — — Wood, General Conch., p. 127; pl. XXX, fig. 1.

1836 — — — Scacchi, Catal. Conch. Regn. Neap., p. 5.

1836 — — — Philippi, Enum. Moll. Sic., t. I, p. 5 (excl. var.).

1838 — — — Maravigna, Mém. Sicile, p. 77.

1841 — — — Reeve, Conch. Syst. I, p. 45; pl. XXVI, fig. 3, 4.

1844 — — — Potiez et Michaud, Galerie de Douai, t. II, p. 263.

1844 *Solecurtus strigilatus* Lin. Forbes, Rep. Æg. Invert., p. 142.
1844 — — — Philippi, Enum. Moll. Sic., t. II, p. 5.
1846 *Solen strigillatus* — Vérany, Catal. Invert. di Genova e Nizza, p. 13.
1848 *Solecurtus strigilatus* — Réquien, Coq. de Corse, p. 14.
1848 — — — Deshayes, Expl. Sc. de l'Algérie, t. I, p. 207.
1850 — — — Deshayes, Traité élém. de Conch., t. I, 2e p., p. 119.
1851 *Macha strigilata* — Gray, List of brit. anim. *in* the Brit. Mus., p. 61.
1851 *Solecurtus strigilatus* — Petit, Catal. *in* Journ. Conch., t. II, p. 281.
1853 — — — Forbes et Hanley, Brit. Moll., t. I, p. 268.
1855 *Solen* — — Hanley, Ipsa Linn. Conch., p. 31.
1856 *Solecurtus* — — Jeffreys, Piedm. Coast, p. 24.
1858 — — — Gay, Moll. du Var, *in* Bull. Soc. Sc. du Var, p. 149.
1858 *Solen* — — Chenu, Illustr. Conch., pl. IV. fig. 1 a, 1 b, 1 c; pl. VI, fig. 1, 1 a.
1858 *Macha strigilata* — H. et A. Adams, Genera of rec. Moll., t. II, p. 346; pl. XCIII, fig. 4 a, 4 b.
1862 *Solecurtus strigillatus* — Weinkauff, Catal. Algérie, *in* Journ. Conch., t. X, p. 307.
1865 — — — Stossich, Enum. dei Moll. del Golfo di Trieste, p. 28.
1866 *Macha strigillata* — Brusina, Contr. pella Fauna Dalm., p. 91.
1867 — — — Conrad, Catal. *Solenidæ*, *in* Amer. Journ. of Conch., t. III, p. 24.
1867 *Solecurtus strigillatus* — Weinkauff, Conch. des Mittelm., t. I, p. 16.
1869 — — — Petit, Catal. test. mar., p. 32.
1869 — *strigilatus* — Tapparone-Canefri, Moll. test. di Spezia, p. 107.
1870 — — — Aradas et Benoit, Conch. viv. mar. della Sic., p. 20.
1870 — — — Hidalgo, Mol. mar. Cat. gen., p. 178; pl. XXVI a, fig. 10.
1870 *Solen* — — Brusina, Ipsa Chieregh. Conch., p. 50.
1872 *Solecurtus* — — Monterosato, Not. int. alle Conch. medit., p. 26.
1874 — — — Reeve, Conch. Icon., pl. I, fig. 4.
1875 — — — Monterosato, Nuova Rivista, p. 18.
1878 — — — Monterosato, Enum. e Sinon., p. 14.
1878 — — — Issel, Crociera del Violante, p. 33.

1879 *Solecurtus strigilatus* Lin. GRANGER, Moll. de Cette, p. 36.
1879 — *strigillatus* — CLÉMENT, Catal. Moll. du Gard, *in* Et. d'Hist. Nat., p. 82.
1880 — — — STOSSICH, Prosp. della Fauna Adr. *in* Boll. della Soc. Adr. di Sc. Nat., p. 137.
1884 — *strigilatus* — MONTEROSATO, Nomencl. gen. e spec., p. 30.
1886 — — — LOCARD, Prodr. de Malac. franç., p. 374.
1886 — *strigillatus* — GRANGER, Moll. biv. de France, p. 167; pl. XIII, fig. 9.
1888 — — — KOBELT, Prodr. Faunæ Moll. test. maria europ. inhab., p. 336.
1889 — *strigilatus* — CARUS, Prodr. Faunæ medit., p. 137.
1891 — *strigillatus* — BRUSINA, Moll. lamell. di Zara, p. 23.
1892 *Solenocurtus* — — LOCARD, Moll. mar. de France, p. 250, fig. 229.

Obs. — Le *S. strigilatus* est très anciennement connu : c'est probablement le πελωρις des auteurs grecs et très certainement le *Chama peloris* de Rondelet.

Poli a nommé l'animal de cette espèce *Hypogæa variegata* et sa coquille *Hypogæoderma strigilata*.

Linné, dans la dixième édition du *Systema Naturæ* donne comme références une figuration de Bonanni (fig. 77) et une autre de Gualtieri (pl. XCI, fig. C), qui représentent bien toutes deux la présente espèce. Hanley a également retrouvé dans la collection linnéenne un spécimen concordant avec la fig. 4 de la pl. XXVI du *Conchologia systematica* de Reeve, qui la représente admirablement. Il ne peut donc y avoir le moindre doute sur son identité.

C'est à tort que Linné, dans sa douzième édition, a ajouté une référence d'Adanson (*Voyage au Sénégal*, pl. XIX, fig. 2, qui représente sous le nom de *Golar*, une coquille très différente.

Diagnose. — Coquille, diamètre umbono-ventral 33 millim.; diamètre antéro-postérieur 75 millim.; épaisseur 25 millim.; assez solide, équivalve, subéquilatérale, largement ouverte aux deux extrémités et jusque vers les sommets. Forme transverse, subquadrangulaire, arrondie à chaque extrémité. Sommets submédians, un peu plus rapprochés de l'extrémité antérieure, petits et contigus. Surface assez luisante pourvue de stries d'accroissement nombreuses et burinée obliquement par des stries onduleuses, parallèles entre elles et irrégulièrement espacées. Intérieur des valves lisse, luisant. Bords simples, tranchants. Impression du muscle adducteur antérieur des valves ovale; impression du muscle adducteur postérieur pyriforme et confluente avec l'impression de l'adducteur du pied. Impression palléale échancrée postérieurement par un sinus très large et très profond, arrondi au sommet. On observe de plus, sous les crochets, une impression musculaire profonde, semilunaire. Bord cardinal épais, à nymphes élevées. Charnière composée sur chaque valve de deux dents cardinales divergentes, en forme de crochets qui s'emboîtent étroitement les unes avec les autres. Ces dents sont tellement fragiles qu'il est difficile d'écarter complètement les valves sans en briser une partie, de sorte qu'il est rare de trouver un exemplaire qui les ait conservées intactes. Coloration externe d'un beau rose, plus clair vers les sommets et orné, sur le milieu des valves, de deux rayons blancs divergents. Coloration interne blanchâtre dans le voisinage des crochets et ensuite d'un beau rose. Les rayons blancs de l'extérieur déterminent deux taches blanches sur le bord ventral.

Épiderme corné très caduc, assez épais, d'un jaune olivâtre. Ligament corné, brun, faisant saillie à l'extérieur.

Variétés. — Le *S. strigilatus* est une espèce bien nette et constante, qui a été généralement bien comprise et n'a motivé, de la part des auteurs, la création d'aucune variété. Le *S. candidus* Renier, considéré par quelques anciens naturalistes comme variété du *strigilatus* est admis depuis longtemps comme espèce distincte.

Habitat. — Vit en grande abandonce, enfoui dans le sable à une faible profondeur, sur les plages de Leucate et de La Franqui.

Dispersion. — Méditerranée et Adriatique. Océan Atlantique sur les côtes méridionales du Portugal : Faro (Hidalgo). Les citations de l'Afrique occidentale se rapportent au *Golar* d'Adanson, espèce distincte.

Origine. — Cette espèce présente une filiation assez marquée depuis le *S. Lamarcki* Desh., de l'éocène parisien, le *S. Philippii* Speyer, de l'oligocène de l'Allemagne du Nord et le *S. Basteroti* Desh., du miocène.

Les citations du miocène se rapportent au Bordelais, au Portugal, au Piémont, à la Suisse, l'Autriche, la Hongrie, la Calabre et jusqu'aux Açores (Mayer). Il est ensuite signalé dans le pliocène de l'Angleterre, de la Belgique, des Pyrénées-Orientales (*S. Serresi* Fontannes), de la vallée du Rhône, des Alpes-Maritimes, de la Catalogne, de la Ligurie, de la Toscane, du Modénais, des environs de Rome, de la Calabre et de la Grèce. Enfin, il est connu du pleistocène de Calabre et de Sicile.

Solenocurtus candidus Renier sp. (*Solen*).

Pl. LXXVII, fig. 1, 2, 3, 4, 5 (type) et 6 (var.).

1782 *Solen strigilatus* var.	CHEMNITZ, Conch. Cab., t. VI, p. 60, pl. VI, fig. 43.
1790 — — —	GMELIN *in* LINNÉ, Syst. Nat. édit. XIII, p. 3225.

1792 *Solen strigilatus* var. — OLIVI, Zool. Adr., p. 99 (note *a*).
1804 — *candidus* — RENIER, Tavola alfab., p. 6, n° 24.
1819 — *strigilatus* — TURTON (*non* Lin.), Conch. Dict., p. 161 (*ex parte* = *excl. fig.*).
1822 *Psammobia strigilata* — TURTON (*non* Lin.), Dithyra brit., p. 97, pl. VI, fig. 13.
1822 — *scopula* — TURTON, Dithyra brit., pp. 98, 258; pl. VI, fig. 11, 12.
1825 *Solen strigilatus* — DE GERVILLE (*non* Lin.), Catal. Manche, p. 13.
1828 *Psammobia strigilata* — FLEMING (*non* Lin.), Brit. Anim., p. 439.
1828 — *scopula* Turt. — FLEMING, Brit. Anim., p. 439.
1833 *Solen candidus* Ren. — DESHAYES, Exp. sc. de Morée, p. 85.
1834 *Solecurtus* — — — DESHAYES, Traité élém. de Conch., t. I, 2e partie, p. 122; pl. VI, fig. 11 à 13.
1836 *Solen strigilatus* var. *alba* — SCACCHI, Catal. Conch. Regni Neap., p. 5.
1836 — — — *β*. — PHILIPPI, Enum. Moll. Sic, t. I, p. 5.
1838 — — — — FORBES, Malac. Monensis, p. 56.
1844 — *candidus* Ren. — THORPE, Brit. mar. Conch., p. 38.
1844 — *scopula* Turt. — THORPE, Brit. mar. Conch., p. 38.
1844 *Solecurtus candidus* Ren. — PHILIPPI, Enum. Moll. Sic., t. II, p. 5.
1847 *Solen albicans* (Chieregh) — NARDO, Sinon. moderna delle sp. di Chiereghini, p. 20.
1848 *Solecurtus candidus* Ren. — DESHAYES, Expl. sc. de l'Algérie, p. 208, pl. X, fig. 6 à 10.
1850 — — — — DESHAYES, Traité élém. de Conch., t. I, 2e partie, p. 122; pl. VI, fig. 11, 12, 13.
1851 *Macha candida* — — GRAY, List of Brit. anim., *in* the Brit. Mus., p. 61.
1852 *Adasius Loscombeus* — LEACH, Synopsis, p. 266.
1853 *Solecurtus candidus* Ren. — FORBES et HANLEY, Brit. Moll., t. I, p. 263, pl. XV, fig. 1, 2.
1856 — — — — JEFFREYS, Piedm. Coast, p. 24.
1856 *Solen strigilatus* — HANLEY (*non* Lin.), Recent biv. Sh., p. 14 (*ex parte*).
1857 *Solecurtus candidus* Ren. — PETIT, Catal. suppl. *in* Journ. Conch., t. VI, p. 355.
1858 — *strigilatus* var. *A.* — GAY, Catal. Moll. du Var, *in* Bull. Soc. Sc. du Var, p. 150.
1858 *Solen scopula* Turt. — CHENU, Illustr. Conch., pl. VI, fig. 7.
1858 — *gallicus* — CHENU, Illustr. Conch., pl. VI, fig. 8.
1858 *Macha candida* Ren. — H. et A. ADAMS, Genera of rec. Moll., t. II, p. 346; pl. XCIII, fig. 4.

1859 *Solecurtus candidus* Ren. Sowerby, Illustr. Ind. brit. Sh., pl. II, fig. 18.
1860 — *strigilatus* Macé (*non* Lin.), Catal. Cherbourg et Valognes, p. 19.
1862 — — Chenu (*non* Lin.), Manuel de Conch., t. II, p. 24, fig. 107.
1862 — *candidus* Ren. Weinkauff, Catal. Alg., *in* Journ. Conch., t. X, p. 308.
1865 — — — Jeffreys, Brit. Conch., t. III, p. 3; t. V (1869), p. 190; pl. XLVI, fig. 1.
1865 — — — Stossich, Enum. Moll. del Golfo di Trieste, p. 28.
1865 — — — Cailliaud, Catal. Loire-Inf., p. 68.
1865 — — — Fischer, Gironde, p. 44.
1866 *Macha candida* — Brusina, Contrib. pella Fauna Dalm., p. 91.
1867 *Solecurtus candidus* — Taslé, Catal. Morbihan, p. 3.
1867 — — — Weinkauff, Conch. des Mittelm., t. I, p. 18.
1867 *Macha candida* — Conrad, Catal. Solenidæ, *in* Amer. Journ. of Conch., t. III, p. 24.
1869 *Solecurtus candidus* — Petit, Catal. test. mar., p. 32.
1869 — — — Tapparone-Canefri, Moll. test. di Spezia, p. 108.
1870 — — — Aradas et Benoit, Conch. viv. mar. della Sic., p. 21.
1870 — — — Hidalgo, Mol. mar., Catal. gen., p. 178; pl. XXVIa, fig. 12.
1870 *Solen albicans* (Ch.) Brusina, Ipsa Chiereghini Conch., p. 50.
1872 *Solecurtus strigilatus* var. Monterosato, Not. int. alle Conch. medit., p. 26.
1874 — *candidus* Ren. Reeve, Conch. Icon., pl. III, fig. 17.
1875 — — — Monterosato, Nuova Rivista, p. 18.
1876 — — — Duprey, Catal. Jersey, p. 3.
1878 — — — Monterosato, Enum. e Sinon., p. 14.
1878 — — — Fischer, Brachiop. et Moll. du litt. océan. de France, p. 7.
1879 — — — Granger, Moll. de Cette, p. 36.
1880 — — — Stossich, Prospetto della Fauna Adr., *in* Boll. Soc. Adr. di Sc. nat., p. 137.
1883 — — — Daniel, Faune malac. Brest, *in* Journ. Conch., t. XXXI, p. 229.
1883 — — — Marion, Esq. topogr. Zool. du Golfe de Marseille, *in* Ann. Mus. Hist. Nat. Marseille, t. I, p. 81.

1884	*Solecurtus candidus* Ren.	MONTEROSATO, Nomencl. gen. e spec., p. 30.
1886	— — —	GRANGER, Moll. biv. de France, p. 168.
1886	— — —	LOCARD, Prodr. de Malac. franç., p. 375.
1888	— — —	KOBELT, Prodr. Faunæ Moll. test. maria europ. inhab., p. 337.
1888	— — —	SERVAIN, Catal. Concarneau, p. 80.
1889	— — —	CARUS, Prodr. Faunæ medit., p. 138.
1891	— — —	BRUSINA, Moll. lamell. di Zara, p. 23.
1892	— — —	LOCARD, Moll. mar. de France, p. 250.
1892	— *scopulosus*	LOCARD, Moll. mar. de France, p. 250.

Obs. — Les anciens auteurs avaient regardé cette espèce comme une simple variété, de coloration blanche, du *S. strigilatus*. C'est à Renier que revient le mérite d'en avoir reconnu les caractères distinctifs.

Le *Solen multistriatus* publié par Scacchi (*Not. int. alle Conch. ed a Zoofiti fossili di Gravina in Puglia*, p. 76, pl. 1, fig. 1), est une petite coquille qui ne ressemble à aucun des échantillons vivants que nous avons pu examiner. Aussi croyons-nous devoir réserver toute opinion à son sujet, bien qu'Aradas et quelques autres naturalistes l'aient citée comme habitant encore actuellement la Méditerranée.

M. de Monterosato (*Nomencl. gen. e spec.*), réserve le nom de *S. candidus* aux spécimens de l'Adriatique et de la Méditerranée et il attribue le nom de *S. scopula* Turton à ceux de provenance océanique, pour lesquels il établit la synonymie suivante :

multistriatus	SCACCHI (fossile de Gravina).	
—	PHILIPPI	(id.).
candidus	JEFFREYS (*non* Renier), Brit. Conchology.	
scopula	JEFFREYS, Proc. Zool. Soc. (1881).	

Les matériaux que nous possédons ne nous permettent pas d'adopter l'opinion de notre savant confrère. Nous avons, en effet, reçu de Venise, localité typique de Renier, par l'entremise de M. Vignal, une forme *identique* à celle que nous possédons de divers points des côtes d'Angleterre et du littoral océanique français, comme on pourra le constater en comparant les fig. 1, 2 et 3 de notre pl. LXXVII. C'est là, selon nous, le vrai *S. candidus* de Renier et il y a lieu de rejeter en synonymie le *S. scopula* établi par Turton pour des exemplaires jeunes de la même forme. Quant au *S. multistriatus*, nous avons fait connaître plus haut notre opinion à son égard et nous pouvons ajouter que les figurations de ce fossile dans les publications de Scacchi et de Philippi n'ont pas d'analogie avec celle donnée par Jeffreys dans son *British Conchology*.

Il existe dans la Méditerranée un autre *Solenocurtus*, entièrement blanc dont nous possédons un spécimen envoyé par le Dr Aug. Müller comme provenant de Cette. Il diffère du *candidus* par sa forme beaucoup plus haute par rapport à sa largeur, par ses stries obliques ordinairement plus fines et plus nombreuses; mais surtout par la situation bien plus antérieure des sommets, qui rend la coquille franchement inéquilatérale. Cette forme a été fort bien représentée par Chenu dans les Illustrations conchyliologiques (pl. VI, fig. 4 à 6), sous le nom de *S. albus* Blainville.

Le *S. candidus* diffère du *S. strigilatus* par sa taille plus faible, sa forme plus quadrangulaire, moins arrondie aux extrémités, ainsi que par sa coloration blanche, sans rayons.

Diagnose. — Coquille, diamètre umbono-ventral 27 millim.; diamètre antéro-postérieur 55 millim.; épaisseur 18 millim.; solide, équivalve, un peu plus inéquilatérale que le *S. strigilatus*, largement ouverte aux deux extrémités et jusque vers les sommets. Forme transverse, subquadrangulaire, un peu plus tronquée aux extrémités que le *S. strigilatus*. Sommets petits, contigus. Surface luisante, pourvue de stries d'accroissement nombreuses, irrégulières; burinée obliquement par des incisions onduleuses, parallèles entre elles, irrégulièrement espacées et plus ou moins nombreuses. Intérieur des valves lisse et un peu luisant. Bords simples, tranchants. Impressions musculaires et charnière semblables à celles du *S. strigilatus*.

Coloration externe d'un blanc jaunâtre, sans rayons; coloration interne d'un blanc uniforme.

Epiderme caduc, membraneux le long des bords, d'un ton olivâtre clair. Ligament corné, brun foncé, faisant saillie à l'extérieur.

Variétés. — Var. ex forma *oblonga* Jeffreys. Moins haute en proportion de sa largeur, et présentant des stries obliques moins nombreuses. C'est cette variété qui a été considérée par beaucoup d'auteurs comme étant le *S. scopula* Turton; mais nous avons déjà vu que ce nom s'applique à des exemplaires jeunes et non à une variété du *S. candidus*.

Cette variété est représentée sur notre pl. LXXVII, fig. 6, d'après un exemplaire provenant de Saint-Malo.

Habitat. — Très rare à La Franqui où nous ne l'avons recueilli qu'une seule fois.

Dispersion. — Méditerranée, Adriatique, Océan Atlantique, depuis les côtes d'Angleterre jusqu'à celles de l'Espagne et du Portugal. Aradas et Benoit le citent aussi des Canaries et de Madère.

Origine. — L'origine déjà ancienne de cette espèce est affirmée par les citations du Mont Leberon (Fischer) et de la Molasse de la Suisse (Mayer). Elle est connue du pliocène de Perpignan, de l'Astesan, du

Plaisancien, de la Calabre, de la Sicile, de la Morée et de Rhodes, ainsi que du pleistocène de la Calabre et du Monte-Pellegrino. Il n'existe pas de citations du Nord ni de l'Ouest.

Sous-genre AZOR Leach, in Brown (1844).

Type : *Solen antiquatus* Pulteney.

Cette section a été précisée par Brown dans la deuxième édition de son ouvrage, p. 113, pour les *Solenocurtus* qui ne possèdent pas de stries diagonales sur les valves.

Solenocurtus antiquatus Pulteney sp. (*Solen*).

Pl. LXXVIII, fig. 1, 2, 3, 4.

1777	*Solen cultellus*	Pennant (*non* Linné), Brit. Zool., t. IV, p. 72, pl. XLVI, fig. 25.
1778	— *Chama-Solen*	Da Costa, Brit. Conch., p. 238.
1799	— *antiquatus*	Pulteney, Hutchin's Dorsetsh., p. 28.
1803	— — Pult.	Montagu, Test. brit. p. 52.
1804	— — —	Donovan, Brit. Sh., pl. CXIV.
1804	— — —	Maton et Rackett, Descr. Catal. *in* Trans. Linn. Soc., t. VIII, p. 46.
1804	— *coarctatus*	Renier (*non* Gmel), Tavola alfab., p. 3, n° 25.
1812	— *antiquatus* Pult.	Pennant, Brit. Zool. new edit., p. 174; pl. XLIX, fig. 4.
1813	— — —	Pulteney, Catal. Dorsetsh., p. 28.
1817	— *coarctatus*	Dillwyn (*non* Gmel.), Descr. Catal., t. I, p. 64 (excl. syn. plur.).
1818	— *antiquatus* Pult.	Lamarck, Anim. sans vert., t. V, p. 454.
1819	— — —	Turton, Conch. Dict., p. 162.
1822	*Psammobia antiquata* Pult.	Turton, Dithyra brit., p. 91.
1825	*Solen antiquatus* —	Wood, Index testac., p. 14; pl. III, fig. 10.
1827	— — —	Brown, Illustr. of the Conch. of Gr. Brit. and Irel., pl. XIII, fig. 6, 7.
1828	— — —	Fleming, Brit. Anim., p. 460.
1829	— *coarctatus*	O. G. Costa (*non* Gmel.), Catal. Sist., p. 12.
1832	— —	Deshayes, Encycl. méth., t. III, p. 961.
1833	— —	Deshayes, Exp. sc. de Morée, p. 85.

1835	— *antiquatus* Pult.	LAMARCK, Anim. sans vert., édit. Desh., t. VI, p. 59.
1835	— — —	WOOD, Gen. Conch., p. 125; pl. XXIX, fig. 3.
1836	— *coarctatus*	SCACCHI (*non* Gmel.), Catal. Conch. Regn. Neap., p. 5.
1836	— —	PHILIPPI (*non* Gmel.), Enum. Moll. Sic., t. I, p. 6.
1838	— —	MARAVIGNA (*non* Gmel.), Mém. Sicile, p. 77.
1844	*Azor antiquatus* Pult.	BROWN, Illustr. of the Conch. of Gr. Brit. and Irel., 2e édit., p. 113; pl. XLVII, fig. 6, 7.
1844	*Solen coarctatus*	FORBES (*non* Gmel.), Rep. Æg., Invert., p. 142.
1844	— —	PHILIPPI (*non* Gmel.), Enum. Moll. Sic., t. II, p. 5 (fossile).
1848	*Solecurtus* —	DESHAYES (*non* Gmel.), Expl. sc. de l'Algérie, p. 210.
1850	*Solen* —	DESHAYES (*non* Gmel.), Traité élém. de Conch., p. 112; pl. V, fig. 8 (sub nom. *Solecurtus coarctatus*).
1851	— —	PETIT (*non* Gmel.), Catal. *in* Journ. Conch., t. II, p. 280.
1851	*Azor* —	GRAY (*non* Gmel.), List of Brit. Anim. *in* the Brit. Mus., p. 62.
1852	— *antiquatus* Pult.	LEACH, Synopsis, p. 264.
1853	*Solecurtus coarctatus*	FORBES et HANLEY (*non* Gmel.), Brit. Moll., t. I, p. 259; pl. XV, fig. 3 et pl. I, fig. 5 (animal).
1856	— —	JEFFREYS (*non* Gmel.), Piedm. Coast., p. 24.
1856	*Solen* —	HANLEY (*non* Gmel.), Rec. Biv. Sh., p 14.
1858	*Macha* (*Azor*) —	H. et A. ADAMS (*non* Gmel.), Gen. of rec. Sh., t. II, p. 347.
1858	*Solen antiquatus* Pult.	CHENU, Illustr. Conch., pl. V, fig. 8, 8A, 8B, 8C.
1859	*Solecurtus coarctatus*	SOWERBY (*non* Gmel.), Ill. Ind. brit. sh., pl. II, fig. 17.
1862	— (*Azor*) —	CHENU (*non* Gmel.), Manuel de Conch., t. II, p. 24, fig. 106, 107.
1862	*Solen* —	WEINKAUFF (*non* Gmel.), Catal. Algérie *in* Journ. Conch., t. X, p. 307.

1865	*Solecurtus antiquatus* Pult.	Jeffreys, Brit. Conch., t. III, p. 6; t. V (1869), p. 190, pl. XLVI, fig. 2.
1865	*Solen coarctatus*	Stossich (*non* Gmel.), Enum. Moll. del Golfo di Trieste, p. 27.
1866	*Azor* —	Brusina (*non* Gmel.), Contrib. pella Fauna Dalm., p. 91.
1867	— —	Conrad (*non* Gmel.), Catal. Solenidæ *in* Amer. Journ. of Conch., t. III, p. 23.
1867	*Solecurtus* —	Weinkauff (*non* Gmel.), Conch. des Mittelm., t. I, p. 19.
1869	— —	Petit (*non* Gmel.), Catal. test. mar., p. 32.
1869	— —	Recluz (*non* Gmel.), Mélanges malac., p. 40.
1869	— —	Tapparone-Canefri (*non* Gmel.), Moll. test. di Spezia, p. 108.
1869	— *antiquatus* Pult.	Fischer, Gironde, 1er suppl. *in* Act. Soc. Linn. Bord., t. XXVII, p. 103.
1870	— — —	Jeffreys, Médit. Moll., p. 9.
1870	— *coarctatus*	Ancey (*non* Gmel.), Catal. Moll. cap Pinède, p. 2.
1870	— —	Aradas et Benoit (*non* Gmel.), Conch. viv. mar. della Sic., p. 21.
1870	— *antiquatus* Pult.	Hidalgo, Mol. mar. Catal. gen., p. 178, pl. XXVI A, fig. 11.
1872	— — —	Monterosato, Not. int. alle Conch. medit., p. 26.
1874	— — —	Reeve, Conch. Icon., pl. III, fig. 13; pl. IV, fig. 19.
1874	— *coarctatus*	Reeve (*non* Gmel.), Conch. Icon., pl. II, fig. 8.
1875	— *antiquatus* Pult.	Monterosato, Nuova Rivista, p. 18.
1878	— — —	Monterosato, Enum. e Sinon., p. 14.
1878	— *coarctatus*	Fischer (*non* Gmel.), Brachiop. et Moll. du litt. océan. de France, p. 7.
1879	— —	Clément (*non* Gmel.), Catal. Moll. du Gard *in* Et. d'Hist. Nat., p. 82.
1879	— —	Granger (*non* Gmel.), Moll. de Cette, p. 36.
1880	— —	Stossich (*non* Gmel.), Prosp. della Fauna Adr. *in* Boll. della Soc. Adr. di Sc. Nat., p. 137.

1883	*Solecurtus antiquatus* Pult.	DANIEL, Faune malac. Brest, *in* Journ. Conch., t. XXXI, p. 232.
1883	— — —	MARION, Esq. Topogr. Zool. du Golfe de Marseille, *in* Ann. Mus. Hist. Nat. Marseille, pp. 26, 35, 38, 87.
1883	— — —	DEL PRETE, Conch. corallig. di Sciacca, p. 256.
1886	— *coarctatus*	GRANGER (*non* Gmel.), Moll. biv. de France, p. 168.
1886	— *antiquatus* Pult.	LOCARD, Prodr. de Malac. franç., p. 376.
1888	— *coarctatus*	KOBELT (*non* Gmel.), Prodr. Faunæ Moll. test. maria europ. inhab., p. 337.
1889	— —	CARUS (*non* Gmel.), Prodr. Faunæ Medit., p. 138.
1891	*Solen* —	BRUSINA (*non* Gmel.), Moll. lamell. di Zara, p. 23.
1891	*Solenocurtus antiquatus* Pult.	DAUTZENBERG, Contr. à la Faune du golfe de Gascogne, p. 8.
1892	— — —	LOCARD, Moll. mar. de France, p. 251.

Obs. — Comme on peut le voir en parcourant la synonymie de cette espèce, les avis sont partagés pour lui attribuer, soit le nom de *coarctatus* Gmel., soit celui d'*antiquatus* Pult. Le *Solen coarctatus* a été établi par Gmelin sur la fig. 45 de la pl. VI (t. VI) du *Conchylien Cabinet*, qui représente une coquille très voisine de la nôtre; mais, indiquée par Chemnitz comme provenant des iles Nicobar. Or, il existe, en effet, dans ces parages une espèce fort voisine et qui concorde parfaitement avec la figuration que nous venons de citer : nous avons pu nous en assurer par l'examen de nombreux spécimens de notre collection, recueillis à Karikal, par Eudel. Il nous parait donc préférable de réserver le nom de *coarctatus* à cette forme exotique qui a été nommée plus tard *S. emarginatus* par Spengler et *S. abbreviatus* par Gould.

Le *Solen Chama-Solen* a été établi par Da Costa, en 1778, sur une coquille d'Angleterre, nommée précédemment *Solen cultellus*, par Pennant (nom qui ne peut être admis à cause de l'existence d'un *Solen cultellus* Linné, 1758). Il est certain que Da Costa a eu en vue la présente espèce, bien que la référence qu'il indique de Lister, pl. CCCCXXI, fig. 265, représente une coquille de la Barbade, et il y aurait lieu de reprendre le nom de *Chama-Solen* s'il n'était formé contrairement aux règles de la nomenclature binominale.

C'est Renier qui, en 1804, a appliqué le premier le nom de *coarctatus*

Gmelin, à une coquille vivante de l'Adriatique. Ce nom adopté ensuite par Brocchi pour un fossile d'Italie, a été accepté par Lamarck dans le même sens.

Le *S. antiquatus* diffère des *S. strigilatus* et *candidus* par l'absence des incisions obliques qui caractérisent ces deux espèces; par une forme plus ovale, moins tronquée aux extrémités; par le rétrécissement de la coquille au milieu du bord ventral, etc.

Diagnose. — Coquille, diamètre umbono-ventral 20 millim.; diamètre antéro-postérieur 47 millim.; épaisseur 12 millim.; solide, équivalve, subéquilatérale bâillante aux deux extrémités et de chaque côté des sommets du côté dorsal. Sommets très petits, contigus. Forme transverse, un peu rétrécie au milieu, bien arrondie aux extrémités. Surface peu luisante, pourvue de nombreuses stries d'accroissement concentriques irrégulières et d'un sillon très superficiel rayonnant, qui part du sommet et aboutit, en s'élargissant, au milieu du bord ventral. Intérieur des valves lisse, peu luisant. Bords simples, tranchants. Impression du muscle adducteur antérieur des valves ovale; impression du muscle adducteur postérieur arrondie. Impression palléale largement échancrée par un sinus à contour arrondi. On observe, en outre, sous les crochets, un impression très petite de l'adducteur du pied. Bord cardinal étroit, pourvu d'une nymphe courte, peu élevée. Charnière composée, dans chaque valve, de deux dents cardinales bien saillantes, comprimées latéralement, qui s'emboîtent les unes avec les autres. De même que chez les *S. strigilatus* et *candidus*, les dents sont très fragiles et subsistent rarement toutes dans les exemplaires conservés en collection.

Coloration externe d'un blanc opaque; coloration interne d'un blanc mat; impressions musculaires luisantes. Épiderme épais, de couleur jaune verdâtre, assez persistant, fortement ridé et dépassant les bords de la coquille. Ligament corné, brun, faisant saillie à l'extérieur.

Variétés. — Bien que le *S. antiquatus* n'ait pas été figuré par Pulteney, son type peut être trouvé dans l'ouvrage de Pennant puisque Pulteney n'a fait que changer le nom de l'espèce de cet auteur à cause de l'existence d'un homonyme plus ancien (*Solen cultellus* Linné). La figuration de Pennant est très bonne et représente un exemplaire de grande taille (diam. umb.-ventr. 20 millim.; diam. antéro-post. 47 millim.). Comme nous n'avons pas rencontrée de spécimens dépassant beaucoup ces dimensions, le plus grand de notre collection mesurant 23 millim. de diam. umbono-ventral, et 51 de diam. antéro-postérieur, nous nous demandons si la var. *major* n'a pas été établie par M. de Monterosato pour le type lui-même. Il y aurait lieu, s'il en est ainsi, de désigner sous le nom de var. *minor* la variété de taille beaucoup plus petite.

Var. ex forma *transversa* B. D. D. Un peu moins haute que le type, en proportion de la largeur.

Habitat. — Peu commun sur les plages sablonneuses de notre littoral.

Dispersion. — Méditerranée et Adriatique. Océan Atlantique, depuis la Norwège jusqu'aux îles Canaries et Madère.

Origine. — La propagation de cette espèce depuis le miocène jusqu'à l'époque actuelle ne fait pas de doute. Elle est connue du miocène du Bordelais, de la Touraine (teste Deshayes), du Portugal, de la Suisse et de l'Autriche; du pliocène des Pyrénées-Orientales, des Alpes-Maritimes, de la Ligurie, de la Toscane, du Modénais, du Latium, de la Calabre, de l'Algérie, de la Grèce et de l'Archipel; du pleistocène de la Calabre et de la Sicile.

Famille MESODESMATIDÆ Fischer.

Gray a créé cette famille en 1840 pour le seul genre *Mesodesma*, sous le nom de *Mesodesmidæ*. Bientôt après, il a abandonné cette classification en plaçant le genre *Mesodesma* dans la famille peu naturelle des *Paphiadæ*. Adams, Chenu, Woodward, etc., ont classé les *Mesodesma* dans la famille des *Tellinidæ*, bien que Deshayes eût prouvé que ces Mollusques sont fort éloignés des *Tellina* et se rapprochent au contraire des *Mactra*. Fischer a confirmé depuis la manière de voir de Deshayes.

Nous conservons le terme *Mesodesmatidæ* parce que le genre *Mesodesma* peut être admis pour un groupe d'espèces dans la même famille que les genres *Ceronia* Gray et *Donacilla* Lamarck.

Genre **Donacilla** Lamarck.......... *D. cornea* Poli.

Genre DONACILLA Lamarck, 1812.

Type : *Mactra cornea* Poli.

Ce genre a été publié par Lamarck sans aucune description, ni indication de type, dans son *Extrait d'un Cours*, p. 107. Il a été ensuite abandonné par son auteur qui lui a substitué, en 1818, le nom d'*Amphidesma*, en disant : « depuis assez longtemps j'avais établi ce genre dans mes cours, sous le nom de *Donacilla*, parce que l'espèce que je connus d'abord avait l'aspect d'une *Donace*. » Or, cette espèce, connue d'abord par Lamarck, n'étant autre que celle qu'il nomme, en 1818, *Amphidesma donacilla*, avec le *Mactra cornea* Poli comme synonyme, il s'ensuit que le type du genre de 1812 se trouve précisé par Lamarck au moment même où il le remplace par un nom nouveau. Les lois de la nomenclature n'autorisant pas un auteur à substituer arbitrairement un nom générique de sa création à un autre, c'est le genre *Donacilla* qui doit être maintenu.

Deshayes a établi, en 1830, sans indication de type, un genre *Mesodesma* qui comprenait plusieurs coquilles assez disparates, parmi lesquelles le *Mactra cornea* de Poli. Ce genre *Mesodesma* tombe en synonymie de *Donacilla*, malgré les arguments peu probants invoqués par Deshayes dans son *Traité élémentaire de Conchyliologie*, ainsi que l'a fort bien démontré A. d'Orbigny; mais il peut être conservé pour un autre groupe ayant pour type le *M. donacina* Lamarck.

Donacilla cornea Poli sp. (*Mactra*).

Pl. LXXVIII, fig. 5 à 8 (type); 9 à 21 (var.).

1790	*Tellina variegata* var. γ	GMELIN *in* LINNÉ (*nòn* Lin.), Syst. Nat., édit. XIII, p. 3237.
1791	*Mactra cornea*	POLI, Test. utr. Sic., t. I, p. 73, pl. XIX, fig. 8 à 11.
1803	*Donax plebeia*	MONTAGU, Test. brit., p. 107, pl. V, fig. 2.
1804	— — Mont.	MATON et RACKETT, Descr. Catal., *in* Trans. Linn. Soc., t. VIII, p. 76.
1812	— — —	PENNANT, Brit. Zool. new édit., t. IV, p. 199.
1813	— — —	PULTENEY, Catal. Dorsetsh., p. 34, pl. V, fig. 13.
1817	— — —	DILLWYN, Descr. Catal., t. I, p. 152.
1818	*Amphidesma donacilla*	LAMARCK, Anim. sans vert., t. V, p. 490.
1819	*Donax plebeia* Mont.	TURTON, Conch. Dict., p. 42.
1822	— — —	TURTON, Dithyra brit., p. 126.
1824	*Erycina* — —	SOWERBY, Genera of Sh., fig. 3.
1825	*Donax* — —	WOOD, Index testac., p. 82, pl. VI, fig. 9.
1825	— — —	DE GERVILLE, Catal. Manche, p. 23.
1826	*Amphidesma donacilla* Lam.	PAYRAUDEAU, Moll. de Corse, p. 31.
1828	*Donax plebeia* Mont.	FLEMING, Brit. Anim., p. 434.
1829	*Mactra cornea* Poli	O.-G. COSTA, Catal. sist., pp. 31, 32.
1830	*Mesodesma donacilla* Lam.	DESHAYES, Encycl. Méthod., t. II, p. 444.
1830	*Amphidesma* — —	COLLARD DES CHERRES, Catal. test. Finistère, p. 15.
1833	*Mesodesma* — —	DESHAYES, Exp. sc. de Morée, t. III, p. 90.
1835	*Amphidesma* — —	LAMARCK, Anim. sans vert., édit. Desh., t. VI, p. 126.
1836	*Crassatella* (?) *cornea* Poli	SCACCHI, Catal. Conch. Regn. Neap., p. 6.
1836	*Donacilla Lamarcki*	PHILIPPI, Enum. Moll. Sic., t. I, p. 37.
1837	*Donax elliptica*	KRYNICKI, Bullet. Natur. Moscou, p. 62.
1838	*Amphidesma donacilla* Lam.	MARAVIGNA, Mém. Sicile, p. 75.
1841	*Mesodesma* — —	REEVE, Conch. Syst., I, p. 65, pl. XLV, fig. 5.
1842	— — —	HANLEY, Recent biv. Sh., p. 39.
1844	— — —	FORBES, Rep. Æg. Invert., p. 144.

1844 *Mesodesma donacilla* Lam.	PHILIPPI, Enum. Moll. Sic., t. II, p. 29.
1844 — — —	THORPE, Brit. mar. Conch., p. 53.
1844 *Amphidesma* — —	POTIEZ et MICHAUD, Galerie de Douai, t. II, p. 209.
1848 *Mesodesma* — —	DESHAYES, Expl. sc. de l'Algérie, p. 409, pl. XXXIX, XL, XLI et XLII.
1848 — — —	RÉQUIEN, Coq. de Corse, p. 22.
1849 — — —	MIDDENDORFF, Malac. Rossica, III, p. 64.
1850 — *cornea* Poli	DESHAYES, Traité élém. de Conch., p. 315.
1851 — — —	PETIT, Catal. *in* Journ. Conch., t. II, p. 295.
1851 *Paphia* — —	GRAY, List of brit. anim. *in* the Brit. Mus., p. 157.
1852 *Erycina plebeia* Mont.	SOWERBY, Manual, p. 153, fig. 86.
1853 *Mesodesma cornea* Poli	FORBES et HANLEY, Brit. Moll., t. I, p. 348.
1854 — — —	REEVE, Conch. Icon., pl. I, fig. 1.
1856 — *donacilla* Lam.	JEFFREYS, Piedm. Coast., p. 24.
1858 *Donacilla cornea* Poli	H. et A. ADAMS, Genera of rec. Moll., t. II, p. 414, pl. CVI, fig. 4, 4A, 4B.
1858 *Mesodesma* — —	GAY, Catal. Moll. du Var, *in* Bull. Soc. sc. du Var., p. 153.
1860 — *donacilla* Lam.	MACÉ, Catal. Cherbourg et Valognes, p. 22.
1862 *Donacilla* — —	CHENU, Manuel de Conch., t. II, p. 79, fig. 343.
1863 *Amphidesma corneum* Poli	JEFFREYS, Brit. Conch., t. II, p. 414, t. V (1869), p. 188.
1865 *Mesodesma donacilla* Lam.	STOSSICH, Enum. Moll. Golfo di Trieste, p. 30.
1865 — *cornea* Poli	CAILLIAUD, Catal. Loire-Inf., p. 77.
1865 — — —	FISCHER, Gironde, p. 49.
1866 *Donacilla* — —	BRUSINA, Contrib. pella Fauna Dalm., p. 95.
1867 *Mesodesma* — —	TASLÉ, Catal. Morbihan, p. 7.
1867 — — —	WEINKAUFF, Conch. des Mittelm., t. I, p. 50.
1869 — — —	TAPPARONE-CANEFRI, Moll. test. di Spezia, p. 117.
1869 — *donacilla* Lam.	PETIT, Catal. test. mar., p. 46.
1870 *Tellina radiatula*	BRUSINA, Ipsa Chieregh. Conch., p. 55.

1870	*Mesodesma cornea* Poli	ARADAS et BENOIT, Conch. viv. mar. della Sic., p. 44.
1870	— — —	HIDALGO, Mol. mar. Catal. gen., p. 169, pl. XV, fig. 4 à 13.
1872	— — —	MONTEROSATO, Not. int. alle Conch. medit., p. 25.
1875	— — —	MONTEROSATO, Nuova Rivista, p. 17.
1878	— — —	FISCHER, Brachiop. et Moll. des côtes océan. de France, p. 8.
1878	— — —	MONTEROSATO, Enum. e Sinon., p. 13.
1879	— *donacilla* Lam.	CLÉMENT, Catal. Moll. du Gard, *in* Et. d'Hist. Nat., p. 80.
1880	— *cornea* Poli	STOSSICH, Prosp. della Fauna Adr., *in* Boll. Soc. Adr. di Sc. Nat., p. 149.
1881	*Amphidesma corneum* Poli	JEFFREYS, Lightn. and Porcup. Exp., *in* Proc. Z. Soc., p. 923.
1882	*Mesodesma donacina* Lam.	DAUTZENBERG, Liste Coq. de Cannes, p. 2.
1883	— *cornea* Poli	DAUTZENBERG, Liste Coq. de Gabès, p. 13.
1883	— *corneum* —	DANIEL, Faune malac. Brest, *in* Journ. Conch., t. XXXI, p. 236.
1884	— *cornea* —	NOBRE, Catal. Moll. obs. dans le Sud-Ouest, p. 20.
1884	— — —	NOBRE, Moll. mar. do Noroeste de Portugal, p. 13.
1884	*Donacilla* — —	MONTEROSATO, Nomencl. gen. e spec., p. 27.
1886	*Mesodesma* (Donacilla) *cornea* Poli	DAUTZENBERG, Nouv. liste Coq. de Cannes, p. 1.
1886	— *donacilla* Lam.	GRANGER, Biv. de France, p. 162, pl. XIII, fig. 3.
1886	— *cornea* Poli	HIDALGO, Catal. Mol. Bayona de Galicia, *in* Rev. de los Progresos de las Ciencias, p. 383.
1886	— *corneum* Poli	LOCARD, Prodr. de Malac. franç., p. 404.
1888	— *cornea* —	KOBELT, Prodr. Faunæ Moll. test. maria europ. inhab., p. 314.
1888	— — —	A. DOLLFUS, Les plages du Croisic, p. 12.
1888	— *corneum* —	SERVAIN, Catal. Concarneau, p. 88.
1889	— *cornea* —	NOBRE, Contr. para a Fauna malac. da Madeira, p. 10.
1889	— *corneum* —	CARUS, Prodr. Faunæ Medit., p. 141.

1890	*Mesodesma cornea* Lam.	BOFILL Y POCH, Mol. mar. de Llansa, p. 24.
1891	— *donacilla* Lam.	BRUSINA, Moll. lamell. di Zara, p. 18.
1892	— *cornea* Poli.	LOCARD, Coq. mar. de France, p. 269, fig. 248.

Obs. — L'animal de cette espèce a été nommé *Peronæa ramosa* par Poli, et sa coquille *Peronæoderma cornea*.

Gmelin avait considéré le *D. cornea* comme variété de son *Tellina variegata* (*Donax variegatus*).

Diagnose. — Coquille, diamètre umbono-ventral 12 millim.; diamètre antéro-postérieur, 24 millim.; épaisseur 7 millim.; très solide, épaisse, entièrement close, équivale, inéquilatérale. Côté antérieur plus long que le côté postérieur, arrondi à l'extrémité; côté postérieur subtronqué. Sommets petits, anguleux, contigus. Surface lisse et luisante ne présentant que quelques stries d'accroissement. Intérieur des valves lisse et luisant. Bords simples, tranchants. Impressions musculaires profondes, celle du muscle adducteur antérieur des valves pyriforme; celle du muscle adducteur postérieur arrondie. Impression palléale échancrée par un sinus médiocre. Bord cardinal très épais. Charnière de la valve droite portant un cuilleron ligamentaire central, une dent cardinale bifide située en arrière du cuilleron, une dent latérale antérieure forte, allongée et une dent latérale postérieure courte et faible. Charnière de la valve gauche portant deux dents cardinales séparées par le cuilleron ligamentaire, une dent latérale antérieure allongée et une dent latérale postérieure courte et forte.

Coloration externe blanchâtre ornée de nombreuses linéoles brunes, disposées en zigzags et de deux rayons divergents noirâtres, peu apparents. Coloration interne jaunâtre avec une large tache brune foncée au centre. Épiderme mince, transparent, d'un jaune sale, assez persistant. Ligament interne, corné, brun rougeâtre.

Variétés. — Poli a donné de cette espèce plusieurs bonnes figurations qui concordent entre elles sous le rapport de la forme, mais qui présentent des colorations différentes. Comme il n'a pas fixé son type, nous avons choisi comme tel sa première figure (nº 8), qui représente une coquille grise ornée de linéoles brunes disposées en zigzags. Les fig. 5, 6, 7, 8, de notre pl. LXXVIII, se rapportent à ce type.

Var. ex forma 1, *nuculoidea* Stossich. De forme trigone, plus anguleuse que le type, plus haute en proportion de la largeur et plus inéquilatérale. Cette variété indiquée comme très rare à Rovigno par Stossich, nous a été envoyée de Patras par M. Conemenoz et nous la possédons aussi de Minorque (collection D. Dupuy). Elle est représentée sur notre pl. LXXVIII, fig. 9, 10, et M. Hidalgo l'a figurée pl. XL, fig. 5 (numérotée 2 par erreur).

Var. ex forma 2, *transversa* B. D. D. Plus transverse que le type, plus arrondie et moins tronquée à l'extrémité postérieure; sommets plus obtus. Nous représentons, pl. LXXVIII, fig. 11, 12, un exemplaire de cette variété provenant du Roussillon. La fig. 8 de la pl. XV de M. Hidalgo se rapporte à cette forme.

Var. ex colore 1, *nigrosignata* Brusina. Fond blanc ou gris, avec ou sans linéoles et possédant deux rayons divergents noirs, bien apparents, composés de petites flammules anguleuses. Cette variété a été figurée par Poli (pl. XIX, fig. 9) et par M. Hidalgo (pl. XV, fig. 12). Nous en avons représenté des exemplaires sur notre pl. LXXVIII, fig. 13, 14, 15.

Var. ex colore 2, *alboradiata* B. D. D. Représentée par Poli, pl. XIX, fig. 10. Cette variété est caractérisée par un large rayon médian blanc qui se détache nettement sur la coloration grise du reste de la coquille. Nous en avons figuré pl. LXXVIII, fig. 16, un échantillon venant de Naples. La fig. 4 de la pl. XV de l'ouvrage de M. Hidalgo peut être rapportée à cette variété; mais le rayon médian y est moins nettement défini.

Var. ex colore 3, *nigroradiata* B. D. D. Cette variété présente une disposition inverse de la précédente; la coquille est blanche avec un large rayon médian d'un brun foncé. Poli l'a représentée pl. XIX, fig. 11, Hidalgo pl. XV, fig. 6, et nous en figurons sur notre pl. LXXVIII, fig. 17, un exemplaire provenant de Naples.

Var. ex colore 4, *biradiata* B. D. D. De coloration foncée, avec deux rayons blancs divergents. Cette variété est représentée sous deux aspects un peu différents par M. Hidalgo, pl. XV, fig. 8 et 9 Nous en avons figuré un individu, pl. LXXVIII, fig. 18.

Var. ex colore 5, *variegata* B. D. D. Blanche avec des zones concentriques grises, deux larges rayons divergents jaunes ou rougeâtres et de nombreux rayons étroits, formés de petites flammules noires, répandus sur toute la surface. Voir notre pl. LXXVIII, fig. 19, qui représente un exemplaire recueilli à Cannes.

Var. ex colore 6, *fusca* Monterosato d'un brun rouge ou noirâtre uniforme ou avec deux rayons peu apparents plus foncés que la coloration générale. Voir notre pl. LXXVIII, fig. 20, qui représente un exemplaire recueilli à Cannes.

Var. ex colore 7, *crocea* B. D. D. D'un beau jaune d'or. Cette coloration a été représentée par M. Hidalgo, pl. XV, fig. 7.

Var. ex colore 8, *lurida* Brusina. Entièrement blanche ou d'un blanc sale ou jaunâtre sans rayons ni linéoles. La fig. 21 de notre pl. LXXVIII représente un exemplaire de cette variété, recueilli à Naples.

Habitat. — Assez commun sur les plages de Leucate et de La Franqui, ainsi qu'à Banyuls et à Collioure, le type, la var. ex. forma *transversa* et les var. ex colore *nigroradiata* et *lurida*.

Dispersion. — Méditerranée et Adriatique. Plus rare dans la Mer Noire. Océan Atlantique, depuis la Manche jusqu'à Madère (Nobre).

Origine. — Peu commune à l'état fossile, cette espèce n'est citée que du miocène de la Suisse, de l'Autriche, de la Galicie et de l'Egypte; du pliocène des Alpes-Maritimes et de la Grèce et du pleistocène de la Sicile et de la Calabre.

Typ. Oberthür, Rennes—Paris (154-95)

Famille MACTRIDÆ Gray, 1840.

Cette famille bien naturelle établie par Lamarck, dès 1809, sous le nom de *Mactracea* a été généralement adoptée.

TABLEAU DES GENRES ET ESPÈCES

Genre **Mactra** Linné.........	1 *M. glauca* Born.
— — —	2 *M. corallina* Linné.
Sous-genre **Spisula** Gray.....	3 *M. subtruncata* Da Costa.
Genre **Lutraria** Lamarck.....	1 *L. lutraria* Linné.
— — —	2 *L. oblonga* (Chemnitz) Gmelin.

Genre MACTRA Linné, 1767.

Type : *Mactra stultorum* Linné.

Ce genre établi par Linné dans la XIIe édition du *Systema Naturæ* a été adopté aussitôt par Spengler, Gmelin, Bruguière, Lamarck, Cuvier. C'est un genre fort naturel qui n'a subi que peu de modifications. Cependant Lamarck en a extrait les *Lutraria* en 1798, et a choisi pour type du genre *Mactra*, ainsi réduit, le *Mactra stultorum*. Ce type a été confirmé en 1801. C'est donc à tort que Mörch et MM. Adams, après lui, ont pris pour type le *Mactra Spengleri*, ce qui a entraîné une certaine confusion dans l'établissement des sous-genres. Le genre *Mactra* se trouvant alors réduit au *M. Spengleri*, ces auteurs ont rétabli le genre *Trigonella* Da Costa pour le *M. stultorum* et adopté le genre *Spisula* Gray, pour le *Mactra solida* et les espèces du même groupe. Le genre *Spisula* Gray n'a, d'ailleurs, qu'une valeur sous-générique. Gray avait bien mieux compris la question en créant le genre *Schizodesma* pour le *M. Spengleri* et en conservant le genre *Mactra* pour le *stultorum* et les espèces affines.

Antérieurement à Linné (1767), les *Mactra* avaient été placés par Linné lui-même (1758) parmi les *Cardium*, par Gualtieri dans les *Concha*, par Lister dans les *Pectunculus* et les *Tellina*, etc.

Le mot *Mactra* a été emprunté par Linné à l'ancienne nomenclature; mais sans qu'il en ait suivi exactement la tradition. En effet, le genre *Mactra* Klein, 1753, comprend deux espèces : *Mactra Rumphiana* qui représente un *Arca* de forme anguleuse, et *Mactra Bonanni* dont la figure représente un fragment méconnaissable soit d'un *Arca*, soit d'un *Cardita*.

Brown, en 1756 (*The civil and natural history of Jamaica*, p. 416), décrit sous le nom de *Mactra subrotunda*, quatre formes « à charnière arquée, multi-denticulée, » qui appartiennent au genre *Pectunculus* tel que nous le comprenons aujourd'hui.

Mactra glauca Born.

Pl. LXXIX, fig. 1 à 6.

1778	*Mactra glauca*	BORN, Index rerum nat. Mus. Cæs. Vindob., 1re part., p. 40.
1780	— —	BORN, Test. Mus. Cæs. Vindob., p. 51, pl. III, fig. 11, 12.
1782	— *helva*, seu *helvacea*	CHEMNITZ, Conch. Cab., t. VI, p. 234, pl. XXIII, fig. 232, 233.
1786	— *glauca* Born	SCHROETER, Einleit. in die Conchylienk., t. III, p. 84.
1790	— — —	GMELIN *in* LINNÉ, Syst. Nat., édit. XIII, p. 3260.
1795	— *neapolitana*	POLI, Test. utr. Sic., t. II, p. 67, pl. XVIII, fig. 1 à 3.
1803	— *glauca* Born	MONTAGU, Test. brit., p. 571.
1804	— — —	DONOVAN, Brit. Sh., t. IV, pl. CXXV.
1804	— — —	MATON et RACKETT, Descr. Catal. of Brit. test., *in* Trans. Linn. Soc., t. VIII, p. 68.
1817	— — —	DILLWYN, Descr. Catal., t. I, p. 144.
1818	— *helvacea* Chemn.	LAMARCK, Anim. sans vert., t. V, p. 473.
1819	— *glauca* Born	TURTON, Conch. Dict., p. 80.
1822	— — —	TURTON, Dithyra brit., pp. 73, 258.
1825	— — —	WOOD, Index testac., p. 30, pl. VI, fig. 30.
1825	— — —	DE GERVILLE, Catal. Coq. Manche, p. 21.
1826	— *helvacea* Chemn.	PAYRAUDEAU, Moll. de Corse, p. 29.
1827	— *glauca* Born	BROWN, Illustr. of the Conch. of Gr. Brit. and Irel., pl. XV, fig. 1.
1828	— — —	FLEMING, Brit. Anim., p. 428.
1830	— *helvacea* Chemn.	DESHAYES, Encycl. Méthod., t. II, p. 395, pl. CCLVI, fig. 1.
1830	— — —	COLLARD DES CHERRES, Catal. test. Finistère, p. 14.
1835	— — —	LAMARCK, Anim. sans vert., édit. Desh., t. VI, p. 99.
1835	— — —	BOUCHARD-CHANTEREAUX, Catal. Moll. Boulonnais, p. 12.

1836	*Mactra neapolitana* Poli	SCACCHI, Catal. Conch. Regn. Neap., p. 6.
1836	— *helvacea* Chemn.	PHILIPPI, Enum. Moll. Sic., t. I, p. 10.
1838	— — —	MARAVIGNA, Mém. Sic., p. 75.
1842	— — —	HANLEY, Rec. Biv. Sh., p. 29, pl. VI, fig. 30.
1843	— — —	CHENU, Illustr. Conch., pl. II, fig. 3, 4.
1844	— — —	PHILIPPI, Enum. Moll. Sic., t. II, p. 9.
1844	— *glauca* Born	THORPE, Brit. Mar. Conch., p. 48.
1844	— — —	BROWN, Illustr. of the Conch. of Gr. Brit. and Irel., 2e édit., p. 107, pl. XLI, fig. 1.
1848	— *halvacea* Chemn.	RÉQUIEN, Coq. de Corse, p. 15.
1851	— — —	PETIT, Catal., *in* Journ. de Conch., t. II, p. 283.
1853	— — —	FORBES et HANLEY, Brit. Moll., t. I, p. 366; t. IV, pl. XXIII, fig. 2.
1854	— *glauca* Born	REEVE, Conch. Icon, pl. IV, fig. 13.
1855	— *helvacea* Chemn.	CLARK, Hist. of Brit. mar. test. Moll., p. 107.
1858	*Trigonella glauca* Born	H. et A. ADAMS, Genera of rec. Moll., t. II, p. 376.
1859	*Mactra helvacea* Chemn.	SOWERBY, Ill. Ind. brit. Sh., pl. III, fig. 24.
1862	— — —	WEINKAUFF, Catal. Alg., *in* Journ. de Conch., t. X, p. 309.
1863	— *glauca* Born	JEFFREYS, Brit. Conch., t. II, p. 425; t. V (1869), p. 188, pl. XLIII, fig. 5.
1865	— *helvacea* Chemn.	CAILLIAUD, Catal. Loire-Inf., p. 77.
1865	— — —	FISCHER, Gironde, p. 48.
1865	— *sericea*	BRUSINA, Conch. Dalm. ined., p. 33.
1866	— *helvacea* Chemn.	BRUSINA, Contr. pella Fauna Dalm., p. 92.
1867	— — —	WEINKAUFF, Conchyl. des Mittelm., t. I, p. 46.
1867	— — —	CONRAD, Catal. of the Fam. *Mactridæ*, *in* Amer. Journ. of Conch., t. III, p. 37.
1867	— *glauca* Born	CONRAD, Catal. of the Fam. *Mactridæ*, *in* Amer. Journ. of Conch., t. III, p. 37.
1867	— — —	TASLÉ, Catal. Moll. Morbihan, p. 7.
1869	— *helvacea* Chemn.	PETIT, Catal. test. mar., p. 36.
1870	— — —	ARADAS et BENOIT, Conch. viv. mar. della Sic., p. 28.
1870	— — —	HIDALGO, Mol. mar. Catal. gen., p. 169, pl. XXX, fig. 1, 2.
1870	— *glauca* Born	SERVAIN, Catal. Coq. Granville, p. 6.

1872	*Mactra glauca* Born	MONTEROSATO, Notizie int. alle Conch. medit., p. 25.
1875	— — —	MONTEROSATO, Nuova Rivista, p. 17.
1878	— — —	MONTEROSATO, Enum. e Sinon., p. 13.
1878	— *helvacea* Chemn.	FISCHER, Brachiop. et Moll. du litt. océan. de France, p. 7.
1880	— — —	STOSSICH, Prosp. della Fauna del mare Adr., *in* Boll. Soc. Adr. di Sc. Nat., p. 140.
1880	— *glauca* Born	SERVAIN, Catal. Coq. mar. Ile d'Yeu, p. 11.
1883	— — —	DANIEL, Faune malac. Brest, *in* Journ. de Conch., t. XXXI, p. 236.
1884	— *helvacea* Chemn.	WEINKAUFF, Die Gattung *Mactra*, *in* Martini und Chemn. Conch. Cab., nouv. édit., p. 3, pl. 1, fig. 1.
1886	— — —	GRANGER, Biv. de France, p. 148, pl. XI, fig. 8.
1886	— — —	LOCARD, Prodr. de Malac. franç., p. 403.
1887	— — —	DAUTZENBERG, Exc. malac. à Saint-Lunaire, p. 5.
1888	— — —	SERVAIN, Catal. Coq. Concarneau, p. 88.
1888	— — —	KOBELT, Prodr. Faunæ Moll. test. maria europ. inhab., p. 307.
1889	— — —	CARUS, Prodr. Faunæ Medit., p. 142.
1890	— — —	LOCARD, Esp. franç. du G. *Mactra*, *in* Bull. Soc. Malac. de France, t. VII, p. 71.
1890	— *glauca* Born	LOCARD, Esp. franç. du G. *Mactra*, *in* Bull. Soc. Malac. de France, t. VII, p. 67, pl. II, fig. 6.
1891	— *helvacea* Chemn.	BRUSINA, Elenco Moll. lamell. di Zara, p. 17.
1892	— — —	LOCARD, Coq. mar. des côtes de France, p. 268.
1892	— *glauca* Born	LOCARD, Coq. mar. des côtes de France, p. 268, fig. 246.
1893	— *helvacea* Chemn.	DAUTZENBERG, Liste Moll. Granville et Saint-Pair, p. 18.

Obs. — Malgré l'opinion de Lamarck, Deshayes, Weinkauff et Locard, qui considèrent le *Mactra helvacea* Chemnitz comme spécifiquement distinct du *M. glauca* Born, nous ne pouvons nous décider à voir là que deux variétés d'une même espèce. Nous les réunissons donc, en reprenant le nom le plus ancien, comme l'ont fait Jeffreys et nombre d'auteurs avant lui, et avec d'autant moins de scrupule que Chemnitz lui-même a cité le *M. glauca* Born, dans la synonymie de son *M. helva, seu helvacea*.

Le type du *M. glauca* est la forme la plus transverse qui se rencontre souvent dans la Méditerranée et que nous représentons pl. LXXIX, fig. 3, 4. Le nom *helvacea* (Chemn.) Lamarck peut être conservé pour désigner la variété, plus haute en proportion, qui se trouve principalement dans l'Océan Atlantique. Il ne peut être tenu compte de la coloration, car il est évident que Born a fait colorier sa figure d'après un exemplaire usé et ayant séjourné dans la vase : nous possédons des valves recueillies par l'un de nous à Palavas, et qui ont absolument le même aspect.

Le *M. glauca* ne peut être comparé à aucun de ses congénères européens. Il est facile de le reconnaître à ses grandes dimensions et à la conformation de sa charnière.

Diagnose. — Coquille, diamètre umbono-ventral 80 millim., diamètre antéro-postérieur 113 millim. (dimensions de la figure de Born), épaisseur 50 millim., relativement peu solide, équivalve, subéquilatérale, bâillante à l'extrémité antérieure du bord ventral et, surtout, à l'extrémité inférieure du bord postérieur. Forme ovale, subtrigone, médiocrement renflée, plus large que haute. Bord dorsal faiblement arqué du côté antérieur et presque rectiligne du côté postérieur; bord antérieur arrondi; bord postérieur très faiblement anguleux à son point de jonction avec le bord ventral; bord ventral régulièrement arqué. Sommets petits, aigus, inclinés vers le côté antérieur. Lunule lancéolée, peu distincte; corselet convexe, limité par un angle très obtus. Surface assez luisante, ornée de stries concentriques inégales, très fines et nombreuses; quelques-unes d'entre elles, un peu plus prononcées, indiquent des périodes d'accroissement. Ces stries sont confluentes sur l'angle qui limite le corselet, lequel est ridé transversalement. Intérieur des valves assez luisant; impressions musculaires et palléales plus luisantes que le fond et bien marquées. Plateau cardinal très large, à contour interne à peine ondulé. Bords simples, tranchants. Charnière de la valve droite pourvue de deux dents cardinales soudées au sommet et divergeant presque à angle droit; d'un cuilleron triangulaire grand, qui sert de point d'attache au cartilage et est situé immédiatement en arrière des dents cardinales; enfin, de chaque côté, de deux dents latérales lamelleuses, subparallèles. Charnière de la valve gauche pourvue de deux dents cardinales moins divergentes que celles de la valve droite et plus intimement soudées au sommet, accompagnées du côté postérieur d'une lamelle extrêmement mince et fragile; d'un cuilleron semblable à celui de la valve droite; enfin, de chaque côté, d'une dent latérale lamelleuse unique. Impressions des muscles adducteurs des valves grandes : l'antérieure ovale, anguleuse au sommet, la postérieure arrondie. Impression palléale échancrée par un sinus largement ouvert, peu profond, arrondi.

Coloration externe grise, ornée de larges zones concentriques violacées, peu distinctes et de nombreux rayons d'un brun jaunâtre, inégaux et irrégulièrement disposés. Sommets, lunule et corselet plus ou moins teintés de brun. Coloration interne d'un gris bleuâtre, orné de rayons violacés qui correspondent à ceux de l'extérieur. Charnière blanche. Épiderme persistant, excepté vers les crochets, très finement lamelleux, d'un jaune doré, donnant à la surface un aspect satiné à reflets argentés. Cet épiderme est plus épais et plus rugueux sur le corselet. Ligament court, très faible, marginal, inséré dans un sillon profond et étroit, ne faisant pas saillie à l'extérieur de la coquille. Cartilage corné, d'un brun foncé.

Variétés. — Comme nous l'avons déjà dit, il ne peut être tenu compte, au point de vue de la coloration, de la figure donnée par Born, car elle a été exécutée d'après un exemplaire défraîchi. Aussi avons-nous préféré décrire comme typique la coquille ornée de rayons colorés qui est l'état normal de l'espèce.

Var. ex forma 1, *helvacea* (Chemnitz) Lamarck. Plus haute, en proportion, que le type : diamètre umbono-ventral 78 millim.; diamètre antéro-postérieur 100 millim. (dimensions de la figure de Chemnitz). Cette forme est plus répandue dans l'Océan Atlantique, tandis que le type semble dominer dans la Méditerranée. Mais il convient de remarquer qu'il est difficile de rencontrer des spécimens se rapportant convenablement soit au type, soit à la variété *helvacea* : la plupart des exemplaires, tant méditerranéens qu'océaniques, que nous avons sous les yeux, sont intermédiaires entre ces deux extrêmes, ce qui prouve une fois de plus l'inutilité du maintien de deux espèces distinctes.

Var. ex forma 2, *elliptica* Locard. « D'un galbe presque complètement elliptique, très sensiblement équilatéral. Dans cette variété, le bord inférieur est également retroussé à ses deux extrémités. La hauteur n'est que de 73 millim. pour 100 millim. de long » (Locard).

M. Locard rattache cette forme au *M. helvacea*, et il signale en outre des variétés ex. forma *major*, *minor*, *depressa* et *ventricosa*, qui nous paraissent plutôt constituer des variations individuelles.

Var. ex colore 1, *albida* Locard = *monochroma* Locard. D'une coloration blanche ou grisâtre, sans rayons. Nos fig. 5 et 6 (pl. LXXIX), fournissent un exemple de cette coloration chez la forme typique.

M. Locard signale encore chez le *M. glauca*, aussi bien que chez la var. *helvacea*, les colorations *fulva*, *luteolina*, *viridula*, *radiata* (qui est, selon nous, la coloration typique), *maculata* et *zonata*.

Habitat. — Les parties sablonneuses de notre littoral, peu abondant : le type et la var. *helvacea*, ainsi que la var. de coloration *albida*.

Dispersion. — Méditerranée, Adriatique ; Océan Atlantique, depuis les côtes méridionales d'Angleterre jusqu'au détroit de Gibraltar.

Origine. — Cette grande espèce a été rarement mentionnée jusqu'à présent à l'état fossile. Elle a été signalée dans le Pliocène d'Italie par MM. Cocconi, Conti, Foresti, Seguenza, dans le Crag rouge d'Angleterre, à Walton-on-the-Naze ; enfin, dans le Pleistocène du Monte-Pellegrino.

Mactra corallina Linné sp. (*Cardium*).

Pl. LXXX, fig. 1 à 5 (type), 6 à 8 (var.) ; pl. LXXXI, fig. 1 à 10 (var.).

1758 A	*Cardium corallinum*	Linné, Syst. Nat., édit. X, p. 680.
1758 B	— *stultorum*	Linné, Syst. Nat., édit. X, p. 681.
1767 A	*Mactra corallina*	Linné, Syst. Nat., édit. XII, p. 1125.
1768 B	— *stultorum*	Linné, Syst. Nat., édit. XII, p. 1126.
1777 C	*Tellina radiata*	Pennant (*non* Linné), Zool. Brit., t. IV, p. 74, pl. XLIX, fig. 30.
1778 C	*Trigonella* —	Da Costa (*non* Linné), Brit. Conch., p. 196, pl. XII, fig. 3, 3.
1782 A	*Mactra corallina* Lin.	Chemnitz, Conch. Cab., t. VI, p. 223, pl. XXII, fig. 218, 219.
1782 B	— *stultorum* —	Chemnitz, Conch. Cab., t. VI, p. 226, pl. XXII, fig. 224 à 226.
1786 A	— *corallina* —	Schrœter, Einleit. in die Conchylienk., t. III, p. 76.
1786 B	— *stultorum* —	Schrœter, Einleit. in die Conchylienk., t. III, p. 77 (excl. syn. *lisor* Adanson).
1790 A	— *corallina* —	Linné-Gmelin, Syst. Nat., édit. XIII, p. 3258.
1790 B	— *stultorum* —	Linné-Gmelin, Syst. Nat., édit. XIII, p. 3258 (excl. syn. *lisor* Adanson).
1792 A	— *corallina* —	Olivi, Zool. Adr., p. 105.
1792 B	— *stultorum* —	Olivi, Zool. Adr., p. 105.
1795 A, B	— — —	Poli, Test. utr. Sic., t. II, p. 71, pl. XVIII, fig. 10, 11, 12.
1803 C	— — —	Montagu, Test. brit., p. 94.
1804 C	— — —	Donovan, Brit. Sh., t. III, pl. CVI.
1804 C	— — —	Maton et Rackett, Descr. Catal., *in* Trans. Linn. Soc., t. VIII, p. 69.
1804 A	— *corallina* —	Renier, Tavola alfab., p. 12, n°80.

1804 B	*Mactra stultorum* Lin.	RENIER, Tavola alfab., p. 12, n°82.
1808 D	— *cinerea* —	MONTAGU, Test. brit. Suppl., p. 35.
1812 C	— *stultorum* —	PENNANT, Brit. Zool. new édit., t. IV, p. 193.
1813 C	— — —	PULTENEY, Catal. Dorsetsh., p. 32, pl. VIII, fig. 3, 3.
1817 C	— —	DILLWYN, Descr. Catal., t. I, p. 138.
1818 A	— *lactea*	LAMARCK (*non* Poli), Anim. sans vert., t. V, p. 477.
1818 B, C	— *stultorum* Lin.	LAMARCK, Anim. sans vert., t. V, p. 474 (excl. syn. *lisor* Adans).
1819 C	— — —	TURTON, Conch. Dict., p. 81.
1822 C	— — —	TURTON, Dithyra brit., p. 72.
1822 D	— *cinerea* Mont.	TURTON, Dithyra brit., p. 73.
1825 B	— *stultorum* Lin.	BLAINVILLE, Manuel de Malac., p. 553, pl. LXXIII, fig. 5.
1825 C	— — —	DE GERVILLE, Catal. Coq. Manche, p. 20.
1825 A?	— *corallina* —	WOOD, Index testac., p. 29, pl. VI, fig. 14 (*mala*).
1825 C	— *stultorum* —	WOOD, Index. testac., p. 29, pl. VI, fig. 18.
1826 B	— — —	PAYRAUDEAU, Moll. de Corse, p. 29.
1826 A	— *lactea*	RISSO (*non* Poli), Europe mérid., t. IV, p. 367.
1826 B	— *stultorum* Lin.	RISSO, Europ. mér., t. IV, p. 366.
1827 C	— — —	BROWN, Illustr. of the Conch. of Gr. Brit. and Irel., pl. XV, fig. 2.
1828 C	— — —	FLEMING, Brit. Anim., p. 427.
1828 D	— *cinerea* Mont.	FLEMING, Brit. Anim., p. 428.
1829 B	— *stultorum* Lin.	O. G. COSTA, Catal. Sist., pp. 31, 32.
1830 C	— — —	COLLARD DES CHERRES, Catal. test. Finist., p. 14.
1830 D	— *lactea*	COLLARD DES CHERRES (*non* Poli, *nec* Lam.), Catal. test. Finist., p. 14.
1830 A	— —	DESHAYES (*non* Poli), Encycl. Méthod., t. III, p. 397.
1830 B, C	— *stultorum* Lin.	DESHAYES, Encycl. Méthod., t. III, p. 396, pl. CCLVI, fig. 2A, 2B.
1833 A	— *lactea*	DESHAYES (*non* Poli), Exp. Sc. de Morée, t. III, p. 89.
1833 B	— *stultorum* Lin.	DESHAYES, Exp. Sc. de Morée, t. III, p. 88.

1835 A	*Mactra lactea*	LAMARCK (*non* Poli), Anim. sans vert., édit. Desh., t. VI, p. 103.
1835 B, C	— *stultorum* Lin.	LAMARCK, Anim. sans vert., édit. Desh., t. VI, p. 99.
1835 C	— — —	BOUCHARD-CHANTEREAUX, Catal. Moll. Boulonnais, p. 13.
1836 A	— *corallina* —	SCACCHI, Catal. Conch. Regn. Neap., p. 6.
1836 B	— *stultorum* —	SCACCHI, Catal. Conch. Regn. Neap., p. 6.
1836 B	— — —	PHILIPPI, Enum. Moll. Sic., t. I, p. 10, pl. III, fig. 2.
1836 B	— *inflata* (Bronn?)	PHILIPPI, Enum. Moll. Sic., t. I, p. 11, pl. III, fig. 1.
1838 A	— *lactea*	MARAVIGNA (*non* Poli), Mém. Sic., p. 75.
1838 B	— *stultorum* Lin.	MARAVIGNA, Mém. Sic., p. 75.
1838 B	— *fasciata*	MARAVIGNA (*non* Lamarck), Mém. Sic., p. 75.
1842 C	— *stultorum* Lin.	HANLEY, Rec. Biv. Sh., p. 29.
1842 D	— *cinerea* Mont.	HANLEY, Rec. Biv. Sh., p. 29 (note).
1843 B	— *stultorum* Lin.	CHENU, Illustr. Conch., G. *Mactra*, pl. III, fig. 1, 1A, 1B, 1C, 2, 2A, 2B (excl. fig. 3, 3A, 3B = *M. lisor* Adans).
1844 B	— — —	PHILIPPI, Enum. Moll. Sic., t. II, p. 10.
1844 B	— *inflata* (Bronn?)	PHILIPPI, Enum. Moll. Sic., t. II, p. 10.
1844 A	— *lactea*	POTIEZ et MICHAUD (*non* Poli), Galerie de Douai, t. II, p. 248 (excl. syn.).
1844 B, C	— *stultorum* Lin.	POTIEZ et MICHAUD, Galerie de Douai, t. II, p. 248.
1844 C	— — —	BROWN, Illustr. of the Conch. of Gr. Brit. and Irel., 2e édit., p. 107, pl. XLI, fig. 2.
1844 B	— — —	FORBES, Rep. Æg. Invert., p. 142.
1844 C, D	— — —	MACGILLIVRAY, Moll. Anim. of Scotl., p. 287.
1844 C	— — —	THORPE, Brit. Mar. Conch., p. 47.
1844 D	— *cinerea* Mont.	THORPE, Brit. mar. Conch., p. 47.
1846 A	— *lactea*	VÉRANY, Catal. Invert. di Genova e Nizza, p. 13.
1846 B	— *stultorum* Lin.	VÉRANY, Catal. Invert. di Genova e Nizza, p. 13.

1848 A *Mactra corallina* Lin.	DESHAYES, Expl. Sc. de l'Algérie, p. 382, pl. XXXA, fig. 1, 2, 3.
1848 B, C — *stultorum* —	DESHAYES, Expl. Sc. de l'Algérie, p. 379, pl. XXVI, fig. 6 à 9; pl. XXVIII, fig. 1 à 5; pl. XXIX, fig. 1 à 4; pl. XXX, fig. 1 à 9; pl. XXXA, fig. 4, 5, 6.
1848 A — *lactea*	RÉQUIEN (*non* Poli), Coq. de Corse, p. 15.
1848 B — *inflata* (Bronn?)	RÉQUIEN, Coq. de Corse, p. 15.
1848 — *stultorum* Lin.	RÉQUIEN, Coq. de Corse, p. 15.
1851 C — — —	GRAY, List. of brit. Anim. *in* the Brit. Mus., p. 29.
1851 A — *lactea*	PETIT (*non* Poli), Catal. *in* Journ. de Conch., t. II, p. 284.
1851 B, C — *stultorum* Lin.	PETIT, Catal. *in* Journ. de Conch., t. II, p. 284.
1852 C — — —	LEACH, Synopsis, p. 284.
1852 A — *corallina* —	MÖRCH, Catal. Yoldi, II, p. 5.
1852 B — *stultorum* —	MÖRCH, Catal. Yoldi, II, p. 5.
1853 A — *lactea*	DOUBLIER (*non* Poli), Catal. Coq. du Var, *in* Prodr. Hist. Nat. du Var, p. 108.
1853 B — *stultorum* —	DOUBLIER, Catal. Coq. du Var *in* Prodr. Hist. Nat. du Var, p. 108.
1853 C, D — — —	FORBES et HANLEY, Brit. Moll., t. I, p. 362, pl. XXII, fig. 4, 6; pl. XXVI, fig. 2 (D); pl. L, fig. 4 (siphons).
1854 A — *corallina* —	REEVE, Conch. Icon., pl. XI, fig. 50.
1854 B — *inflata* (Bronn?)	REEVE, Conch. Icon., pl. II, fig. 7.
1854 C — *stultorum* Lin.	REEVE, Conch. Icon., pl. IV, fig. 15.
1855 A — *corallina* —	HANLEY, Ipsa Linn. Conch., p. 56.
1855 B — *stultorum* —	HANLEY, Ipsa Linn. Conch., p. 57.
1855 C — — —	CLARK, Brit. mar. test. Moll., p. 104.
1856 B — *inflata* (Bronn?)	JEFFREYS, Piedm. Coast., p. 24.
1858 A *Trigonella corallina* Lin.	H. et A. ADAMS, Genera of rec. Moll., t. II, p. 375.
1858 B — *inflata* (Bronn?)	H. et A. ADAMS, Genera of rec. Moll., t. II, p. 376.
1858 B — *stultorum* Lin.	H. et A. ADAMS, Genera of rec. Moll., t. II, p. 376, pl. XCIX. fig. 1, 1A, 1B.
1858 B *Mactra* — —	GAY, Catal. Biv. du Var, *in* Bull. Soc. Sc. du Var, p. 152.
1859 C — — —	SOWERBY, Illustr. Ind. brit. Sh., pl. III, fig. 21.

1860 C *Mactra stultorum* Lin.	MACÉ, Catal. Moll. Cherbourg et Valognes, p. 22.
1862 A — *lactea*	WEINKAUFF (*non* Poli), Catal. Alg. *in* Journ. de Conch., t. X, p. 309.
1862 B — *stultorum* Lin.	WEINKAUFF, Catal. Alg. *in* Journ. de Conch., t. X, p. 309.
1863 C, D — — —	JEFFREYS, Brit. Conch., t. II, p. 422, t. V (1869), p. 188, pl. XLIII, fig. 4.
1865 C — — —	CAILLIAUD, Catal. Loire-Inf., p. 79.
1865 B — — —	STOSSICH, Enum. dei Moll. del Golfo di Trieste, p. 29.
1865 C — — —	FISCHER, Gironde, p. 48.
1866 A — *lactea*	BRUSINA (*non* Poli), Contrib. pella Fauna Dalm., p. 92.
1866 B — *stultorum* Lin.	BRUSINA, Contrib. pella Fauna Dalm., p. 92.
1867 C — — —	TASLÉ, Catal. Moll. Morbihan, p. 7.
1867 A, B — — —	WEINKAUFF, Conchyl. des Mittelm., t. I, p. 44.
1867 A *Trigonella corallina* Lin.	CONRAD, Catal. *Mactridæ*, *in* Amer. Journ. of Conch., t. III, p. 36.
1867 B — *stultorum* Lin.	CONRAD, Catal. *Mactridæ*, *in* Amer. Journ. of Conch., t. III, p. 40.
1869 A, B, C *Mactra* — —	PETIT, Catal. test. mar., p. 37.
1869 B, A — — —	TAPPARONE-CANEFRI, Ind. Sist. Moll. test. di Spezia, p. 111.
1870 A — *lactea*	ANCEY (*non* Poli), Catal. Moll. Cap Pinède, p. 3.
1870 B, A — *stultorum* —	ARADAS et BENOIT, Conch. viv. mar. della Sic., p. 30.
1870 E — *Paulucci*	ARADAS et BENOIT, Conch. viv. mar. della Sic., p. 30.
1870 C — *stultorum* Lin	WOODWARD, Manuel. de Conch., p. 492, pl. XXI, fig. 1.
1870 A — *candida* (Chier.)	BRUSINA, Ipsa Chiereghinii Conch., p. 71.
1870 A — *corallina* Lin.	BRUSINA, Ipsa Chiereghinii Conch., p. 71.
1870 B — *stultorum* —	BRUSINA, Ipsa Chiereghinii Conch., p. 70.
1870 C — — —	SERVAIN, Catal. Coq. Granville, p. 6.
1870 C, D? — — —	HIDALGO, Mol. mar. Catal. gen., p. 170; pl. XXXI, fig. 1, 2.

1872 A, B, E	*Mactra stultorum* Lin.	MONTEROSATO, Notizie int. alle Conch. medit., p. 25.
1875 A, B, E	— *corallina* —	MONTEROSATO, Nuova Rivista, p. 17.
1876 C	— *stultorum* —	DUPREY, Catal. Jersey, p. 3.
1878 C	— — —	FISCHER, Brachiop. et Moll. du litt. océan. de France, p. 7.
1878 A, B, E	— *corallina* —	MONTEROSATO, Enum. e Sinon, p. 13.
1879 B, A	— *stultorum* —	CLÉMENT, Catal. Moll. du Gard, *in* Et. d'Hist. Nat., p. 81.
1879 B, A	— — —	GRANGER, Moll. de Cette, p. 33.
1880 C	— — —	SERVAIN, Catal. Coq. Ile d'Yeu, p. 11.
1880 A	— *lactea*	STOSSICH, Prosp. della Fauna del mare Adr. *in* Boll. Soc. Adr. di Sc. Nat., p. 140.
1880 B	— *stultorum* Lin.	STOSSICH, Prosp. della Fauna del mare Adr. *in* Boll. Soc. Adr. di Sc. Nat., p. 141.
1881 A à E	— — —	JEFFREYS, Lightn. and Porcup. Exp., *in* Proc. Z. Soc., p. 924.
1883 A, B	— *corallina* —	MARION, Esq. topogr. Zool. du Golfe de Marseille, pp. 54, 61.
1883 B, A	— *stultorum* —	G. DOLLFUS, Liste Coq. Palavas, p. 3.
1883 C	— — —	DANIEL, Faune malac. Brest, *in* Journ. de Conch., t. XXXI, p. 236.
1883 B, A	— *corallina* —	DAUTZENBERG, Liste Coq. de Gabès, p. 13.
1884 C	— (Trigonella) *stultorum* Lin.	JONAS COLLIN, Om Limfjordens mar. Fauna, p. 108.
1886 C	— — —	HIDALGO, Catal. Mol. recog. en Bayona de Galicia, *in* Rev. de los Prog. de las Ciencias, p. 383.
1886 C	— — —	HIDALGO, Lista de las esp. que viven en la Costa Noroeste de Espana, *in* Rev. de los Progr. de las Ciencias, p. 404.
1886 B, C, A	— — —	GRANGER, Moll. biv. de France, p. 149, pl. XI, fig. 9.
1886 A	— *lactea*	LOCARD (*non* Poli), Prodr. de Malac. franç., pp. 403, 590.
1886 B, C	— *stultorum* Lin.	LOCARD, Prod. de Malac. franç., pp. 402, 590.
1887 C	— — —	FISCHER, Manuel de Conch., p. 1116, pl. XXI, fig. 1.

1887 C, D *Mactra stultorum* Lin. DAUTZENBERG, Exc. malac. à Saint-Lunaire, p. 5.

1888 C — — — AD. DOLLFUS, Les Plages du Croisic, p. 16.

1888 C — — — SERVAIN, Catal. Coq. Concarneau, p. 88.

1888 A, B, E — *corallina* — KOBELT, Prodr. Faunæ Moll. test. maria europ. inhab., p. 308.

1888 C, D — *stultorum* — KOBELT, Prodr. Faunæ Moll. test. maria europ. inhab., p. 308.

1889 A, B, E — — — CARUS, Prodr. Faunæ medit., p. 142.

1890 A — *corallina* — LOCARD, Esp. franç. du G. *Mactra*, p. 54, pl. I, fig. 3.

1890 B — *inflata* (Bronn?) LOCARD, Esp. franç. du G. *Mactra*, p. 62, pl. 1, fig. 7.

1890 C — *stultorum* Lin. LOCARD, Esp. franç. du G. *Mactra*, p. 37; pl. I, fig. 4; pl. II, fig. 1 (var. *minor*).

1890 F — *Bourguignati* LOCARD, Esp. franç. du G. *Mactra*, p. 47, pl. I, fig. 5, pl. II, fig. 2 (var. *curta*).

1890 B — *Paulucciæ* LOCARD (*non* Aradas), Esp. franç. du G. *Mactra*, p. 50, pl. I, fig. 8.

1890 C, D — *stultorum* Lin. DAUTZENBERG, Catal. Moll. Pouliguen, p. 4.

1891 A — *lactea* BRUSINA (*non* Poli), Elenco dei Moll. Lamell. di Zara, p. 17.

1891 B — *stultorum* Lin. BRUSINA, Elenco dei Moll. Lamell. di Zara, p. 17.

1892 A — *corallina* — LOCARD, Coq. mar. de France, p. 267.

1892 B — *inflata* (Bronn?) LOCARD, Coq. mar. de France, p. 268.

1892 C — *stultorum* Lin. LOCARD, Coq. mar. de France, p. 267, fig. 245.

1892 F — *Bourguignati* LOCARD, Coq. mar. de France, p. 267.

1892 B — *Paulucciæ* LOCARD (*non* Aradas), Coq. mar. de France, p. 267.

1892 C — *stultorum* Lin. BIZET, Malacoz. de Picardie, p. 174.

1893 C, D — — — DAUTZENBERG, Liste Moll. Granville et Saint-Pair, p. 18.

1894 C — — — DAUTZENBERG, Moll. rec. à Saint-Jean-de-Luz et Guétharry, p. 3.

1894 C — — — DAUTZENBERG, Moll. mar. de St-Jean-de-Luz, p. 1.

1895B,A *Mactra corallina* Lin. DAUTZENBERG, Moll. rec. par la *Melita* en Algérie et Tunisie, p. 11.

Les lettres A, B, C, D, E, F, que nous avons inscrites immédiatement après les dates, dans notre liste synonymique, signifient :

A, qu'il s'agit du *Mactra corallina* Linné, typique.
B, — de la variété *stultorum* Linné.
C, — — *oceanica* B. D. D.
D, — — *cinerea* Montagu.
E, — — *Pauluccicæ* Aradas et Benoit.
F, — — *Bourguignati* Locard.

Obs. — Hanley, dans son étude de la collection linéenne et plusieurs autres naturalistes après lui, se sont évertués à élucider les *Mactra corallina* et *stultorum* à chercher et à reconnaître dans les descriptions et les références des éditions 10 et 12 du « *Systema Naturæ,* » des caractères suffisants pour arriver à en fixer les types. Si nous ouvrons la 10e édition, nous voyons d'abord que le *Cardium corallinum* (devenu *Mactra corallina* dans la 12e), est une coquille de forme trigone arrondie d'un blanc pellucide, ornée de fascies d'un blanc opaque et habitant la Méditerranée. Ces renseignements paraissent indiquer très clairement qu'il s'agit de la coquille que nous avons représentée : pl. LXXX, fig. 1 à 5. Parmi les références, il en est deux, Bonanni et Plancus qui ne peuvent qu'embrouiller la question. En effet, celle de Bonanni (II, fig. 53), représente incontestablement une *Térébratule* et Linné a été vraiment mal inspiré si, comme le croit Hanley, c'est à la description de Bonanni : « Concha » a colore coralii, quo externa facies aspersa illustratur corallina dicta; » interna autem alba est, et levis, » qu'il a emprunté le nom *corallina*. Il n'est pas difficile de comprendre en comparant la description qui précède et la fig. 53, qu'il s'agit là d'un *Brachiopode* exotique à test rouge de corail à l'extérieur, et blanc à l'intérieur. Hanley croit, il est vrai, qu'il y a une substitution de numéro dans la citation et que Linné a eu en vue la fig. 52 de Bonanni. Mais nous ferons remarquer que la description que nous avons citée s'applique sans aucun doute à la fig. 53, puisqu'elle se trouve exactement reproduite dans le « Musée Kircher » et rapportée cette fois à la fig. 54 de la pl. XI de cet ouvrage, laquelle n'est que la copie de la fig. 53 du « Recreatio mentis et oculi. »

La référence de Plancus (pl. III, fig. 4 A) ne peut être rapportée qu'à une *Telline*.

La référence de Rondelet (liv. 1 des Poissons, p. 23), représente sous le nom de coquille *vetade* un *Mactra* qui, en tenant compte de la description et de la provenance indiquée : « Languedoc » ne peut être que le *corallina*. Cet auteur ajoute qu'il n'a pas jugé utile de « pourtraire à

» part une autre du tout semblable hormis qu'elle ha des traits non par » le trauers, mais du haut en bas, les vns rouges, les autres blancs, au » dedans est toute violette. » Ces mots se rapportent sans aucune équivoque au *Cardium stultorum* de Linné.

Enfin, la référence de Gualtieri (pl. LXXI, fig. B) est grossière mais peut fort bien être admise comme représentant le *M. corallina*, puisque cet auteur cite la figuration de Rondelet.

Si nous passons au *Cardium stultorum*, nous voyons dans la 10e édition du *Systema Naturæ*, qu'il s'agit d'une coquille arrondie, équilatérale, lisse, fragile, de coloration pâle ornée de rayons blancs, ce qui serait par trop vague, si cette description n'était accompagnée d'une référence de Gualtieri, pl. LXXI, fig. C, C, C. De ces trois figures, celle de gauche représente deux valves réunies, vues du côté des sommets, celle du milieu représente l'intérieur des deux valves, celle de droite, la face extérieure de la valve gauche. La figure du milieu est absolument informe, tandis que les deux autres représentent, d'une manière satisfaisante, la coquille méditerranéenne colorée à laquelle Bronn a donné plus tard le nom de *Mactra inflata* et que nous avons figurée pl. LXXX, fig. 6, 7, 8.

M. Locard, dans son travail sur les espèces françaises du genre *Mactra*, afin de conserver le nom de *stultorum* à la forme la plus commune de l'Océan Atlantique, a cru pouvoir rejeter les deux bonnes figurations de Gualtieri et interpréter la plus mauvaise comme représentant cette forme atlantique. Nous ne croyons pas qu'il soit permis de le suivre dans cette voie qui est absolument contraire aux intentions du créateur du *Mactra stultorum*, aussi bien qu'à celles de Gualtieri qui a évidemment voulu représenter, sous la même lettre C, la même espèce dans trois positions différentes.

Dans la 12e édition du *Systema*, nous voyons que la diagnose du *Mactra corallina* a été modifiée, mais les termes employés alors conviennent également bien à la coquille désignée dans la 10e édition. Les références sont les mêmes, mais avec une variante dans celle de Bonanni; on lit : III, fig. 5-2, ce qui ne correspond à aucune des figures de Bonanni et n'est donc qu'une erreur typographique, et, avec un point de doute à la suite de la référence de Plancus, ce qui constitue une légère amélioration. Quant au *Mactra stultorum*, il est décrit comme suit, dans la 12e édition : « M. testa subdiaphana, lævi obsolete radiata, intus purpurascenta, vulva gibba » (et non pas *valva gibba* comme le dit M. Locard). Linné ajoute : « Variat colore fusco, cinereo, testaceo, sæpius pallida, radiata » et il indique comme référence la 10e édition. Là non plus, aucun mot ne vient contredire la description originale. Aussi, nous paraît-il logique de prendre comme type du *M. stultorum* de Linné, la forme bien représentée par les deux bonnes figures C de Gualtieri, c'est-à-dire celle qui a été nommée *M. inflata* par Bronn, ainsi que nous l'avons dit plus haut.

Philippi a séparé les *M. stultorum* L. et *M. inflata* Bronn et a représenté l'intérieur d'une valve de chacune des formes auxquelles il attribue ces noms. Le principal caractère différentiel sur lequel il se base est que le *M. stultorum* a l'aréa gibbeux, subcaréné, tandis que l'aréa du *M. inflata* est déprimé et plan. Mais en examinant des séries d'exemplaires, on est forcé de reconnaître que ce caractère n'a rien de constant.

Nous avons examiné avec soin des séries importantes de *Mactra* du groupe *corallina-stultorum*, de diverses provenances et en présence des nombreux intermédiaires qui relient entre elles les formes les plus aberrantes, nous ne pouvons nous décider à voir en celles-ci que des variétés : ni le contour ni l'épaisseur du test, ni le plus ou moins de convexité des valves, ni la coloration ne peuvent fournir des caractères assez stables pour permettre de répartir ces Mollusques en plusieurs espèces. Par contre, la conformation de la charnière est rigoureusement la même chez toutes ces formes, ce qui constitue un argument des plus sérieux en faveur de notre opinion, si l'on tient compte que cette partie de la coquille présente chez les différentes espèces du genre *Mactra* des différences plus ou moins appréciables.

En n'admettant l'existence que d'une seule espèce, nous nous voyons forcés, pour nous conformer à la loi de priorité, d'adopter le nom de *corallina* qui a été publié à la page 680 de la 10e édition du « *Systema Naturæ*, » tandis que celui de *stultorum* ne figure qu'à la page 681.

Schrœter, puis Gmelin ont introduit dans la synonymie de la présente espèce le *Lisor* d'Adanson qui est une coquille de la côte occidentale d'Afrique différant surtout de la nôtre par la présence, sur la lunule et sur le corselet, de sillons transverses bien marqués. C'est donc à tort que plusieurs anciens auteurs ont nommé en français notre espèce : *Mactre Lisor*.

Le *Mactra solida* de Payraudeau n'est certainement pas le *M. solida* de Linné, car il est question dans l'ouvrage de Payraudeau de rayons colorés qui ornent les jeunes exemplaires de son espèce. C'est ce qui a amené M. Weinkauff et quelques autres auteurs à citer le *M. solida* Payr. (*non* Lin.) dans la synonymie du *stultorum ;* mais, comme il est difficile de reconnaître la coquille que Payraudeau a eu en vue, la plupart des références qu'il indique se rapportant au véritable *M. solida* de Linné, il vaut mieux rejeter cette citation.

Lamarck a donné au *M. corallina* typique le nom de *M. lactea*, lequel avait déjà été employé avant lui par Poli pour désigner le *Mactra subtruncata*.

Poli a nommé l'animal de la présente espèce *Callista discolor* et sa coquille *Callistoderma stultorum*.

Diagnose. — Coquille, diamètre umbono-ventral 52 millim.; diamètre antéro-postérieur 60 millim.; épaisseur 34 millim.; médiocrement solide, équivalve, subéquilatérale, à peine bâillante à l'extrémité inférieure du bord postérieur. Forme ovale-trigone, très renflée. Bord antérieur arrondi, bord postérieur légèrement arqué, déterminant tous deux un angle obsolète à leur point de jonction avec le bord ventral qui est régulièrement arrondi. Sommets anguleux, très saillants et renflés, inclinés vers le côté antérieur. Lunule cordiforme, allongée, concave au sommet, ensuite saillante, limitée par un angle plus ou moins accusé, souvent accompagné de quelques stries rayonnantes très légères. Corselet aplati, limité par deux angles obtus, successifs. Surface luisante, ornée de stries concentriques inégales très fines et nombreuses, quelques-unes d'entre elles, plus prononcées, indiquent des périodes d'accroissement. Ces stries sont confluentes à partir de l'angle limitant le corselet, lequel est ridé transversalement. Intérieur des valves un peu luisant, impressions musculaires et palléale plus luisantes que le fond et assez bien marquées. Plateau cardinal large, à contour intérieur ondulé. Bords simples, tranchants. Charnière de la valve droite composée de deux dents cardinales divergentes, d'un cuilleron triangulaire profond qui supporte le cartilage et est situé immédiatement en arrière des dents cardinales, enfin, de chaque côté de deux dents latérales lamelleuses, saillantes, subparallèles. Charnière de la valve gauche composée de deux dents cardinales divergentes, soudées au sommet, accompagnées, du côté postérieur, d'une lamelle parallèle, très mince et fragile, d'un cuilleron large et profond, et de chaque côté d'une dent latérale unique, allongée, lamelleuse, bien saillante. Impressions des muscles adducteurs des valves médiocres : l'antérieure pyriforme, la postérieure arrondie. Impression palléale échancrée par un sinus peu profond, arrondi.

Coloration externe et interne d'un blanc subhyalin, avec des fascies concentriques d'un blanc laiteux, opaque. Épiderme finement lamelleux, peu épais, d'un gris sale, ne persistant que vers les bords, plus épais sur la partie inférieure du corselet. Ligament court, très faible, marginal, ne faisant pas saillie à l'extérieur de la coquille mais se prolongeant dans une rainure étroite, jusque sous les crochets. Cartilage corné, de coloration brune foncée.

Variétés. — Le type du *Mactra corallina* n'est point douteux, c'est la coquille blanche et renflée que nous avons représentée pl. LXXX, fig. 1 à 5.

Var. ex forma 1. *atlantica* B. D. D. = *M. stultorum auctorum* (*non* Linné) = *Tellina radiata* Pennant (*non* Linné). Moins renflée que le type, plus transverse, avec les sommets moins saillants, cette variété présente le même système de coloration que la var. ex colore *stultorum*, mais elle est plus terne et n'est jamais ornée de nuances aussi vives. La charnière ne diffère de celle du *M. corallina* typique que par moins de solidité, la disposition et la conformation des dents sont identiques. Voir notre pl. LXXXI, fig. 1, 2, 3.

Var. ex forma 2, *Paulucciæ* Aradas et Benoit (*non* Locard : Esp. franç. du genre *Mactra*, pl. I, fig. 8). Coquille comprimée, mince, d'une taille inférieure à la moyenne. Le principal caractère de cette variété consiste dans le développement de la lunule et du corselet qui forment, au milieu, une saillie très prononcée. La color. tion est blanchâtre, rosée ou violacée avec des rayons plus ou moins colorés. Voir notre pl. LXXXI, fig. 9, 10.

Var. ex forma 3, *Grangeri* B. D. D. Très haute par rapport à sa largeur, cette variété dont nous représentons pl. LXXXI, fig. 8, un exemplaire provenant de Cette, présente d'une manière encore plus prononcée que chez la variété *Paulucciæ* le développement de la région médiane de la lunule et du corselet. Nous prions M. Granger, auteur d'un excellent catalogue des Mollusques de Cette, d'accepter la dédicace de cette forme remarquable.

Var. ex forma 4, *Bourguignati* Locard (Espèces françaises du genre *Mactra*, pl. I, fig. 5). Cette variété a été établie par M. Locard pour une forme exceptionnellement transverse de notre var. *atlantica*, provenant de l'île de Ré; mais il y a adjoint sous le nom de var. *curta* une autre forme (pl. II, fig. 2) qui nous paraît complètement différente.

Var. ex. forma et colore 5, *lignaria* Monterosato. De petite taille, de forme transverse, bianguleuse en avant et en arrière, cette variété se distingue aussi par une coloration toute spéciale, elle est brune avec des zones concentriques étroites, plus foncées et ses sommets sont teintés d'un violet intense. L'intérieur des valves est brun, avec une bande violette régnant le long de l'impression palléale. Nous avons représenté, pl. LXXXI, fig. 6, 7, un exemplaire de cette variété provenant de Naples.

Var. ex colore 1, *stultorum* Linné (*non* auct.) = *inflata* Bronn. De même forme que le *M. corallina* typique, mais d'une coloration grise avec des zones concentriques violacées et de nombreux rayons fauves de largeur variable et irrégulièrement disposés. Sommets plus ou moins teintés de rose ou de violet. Lunule et corselet souvent teintés de brun jaunâtre. Coloration interne d'un violet plus ou moins vif. Charnière blanche. Nous avons représenté cette variété sur notre pl. LXXX, fig. 6, 7, 8.

Var. ex colore 2, *cinerea* Montagu. Simple variété de coloration de la var. ex forma *atlantica*, celle-ci est dépourvue de rayons; elle est d'une nuance grise uniforme ou parfois légèrement teintée de violet sur les crochets. Nous en avons représenté pl. LXXXI, fig. 4, 5, un exemplaire recueilli à Villers-sur-Mer, par M. Ad. Dollfus.

Habitat. — Très abondant sur toutes les plages sablonneuses du Roussillon, le type et la variété *stultorum* Lin.

Dispersion. Méditerranée, Adriatique, mer Noire, Océan Atlantique, depuis le sud de la Norwège jusqu'au Maroc et aux îles Canaries.

Origine. — Le *M. corallina* n'a pas été rencontré dans le Miocène, il apparaît dans le Pliocène de l'Angleterre, (Coralline Crag et Red Crag), des Pyrénées-Orientales (Companyo), des Alpes-Maritimes et de diverses localités italiennes; mais il est surtout abondant dans le Pleistocène de l'Ecosse, du Lancashire, du Yorkshire, du Norfolk, de Selsey, de la Belgique (Ostende), il est également signalé dans le Pleistocène du bassin méditerranéen aux îles Baléares, en Calabre et en Sicile.

Sous-genre SPISULA GRAY, 1837.

Type : *Mactra solida* Linné.

H. et A. Adams ont remplacé à tort ce type par celui de *Mactra truncata* Montagu.

Cette section, créée pour les *Mactra* dont les dents latérales sont striées perpendiculairement, ne nous paraît avoir que la valeur d'un sous-genre.

Mactra subtruncata Da Costa sp. (*Trigonella*).

Pl. LXXXII, fig. 1 à 5 (type) et fig. 6 à 21 (var.).

1777 *Mactra stultorum* — PENNANT (*non* Linné) Zool. brit. t. IV, pl. 92, pl. LII, fig. 42.
1778 *Trigonella subtruncata* — DA COSTA Brit. Conch. p. 198.
1795 *Mactra lactea* — POLI (*non* Gmelin) Test. utr. Sic. t. II, p. 73, pl. XVIII, fig. 13, 14.
1803 — *subtruncata* Da C. MONTAGU, Test. brit. p. 93; suppl. p. 37, pl. XXVII, fig. 1.
1804 — — — MATON et RACKETT, Descr. Catal. *in* Trans. Linn. Soc. t. VIII, p. 71, pl. I, fig. 11.
1804 — *triangula* RENIER, Tavola alfab. p. 6, nº 83.
1812 — *subtruncata* Da C. PENNANT, Brit. Zool. new édit. t. IV, p. 194, pl. LV, fig. 1.
1813 — — — PULTENEY, Catal. Dorsetsh., p. 32, pl. V, fig. 10.
1819 — — — TURTON, Conch. Dict., p. 82.
1822 — — — TURTON, Dithyra brit., p. 70.

1825	*Mactra subtruncata* Da C.	DE GERVILLE, Catal. coq., Manche, p. 21.
1826	— *triangula* Ren.	RISSO, Europe mérid. t. IV, p. 367.
1827	— *subtruncata* Da C.	BROWN, Illustr. of the Conch. of Gr. Brit. and. Irel., pl. XV, fig. 7.
1827	— *striata*	BROWN, Illustr. of the Conch. of Gr. Brit. and. Irel., pl. XV, fig. 10.
1828	— *subtruncata* Da C.	FLEMING, Brit. Anim., p. 427.
1830	— *lactea*	DESHAYES, (*non* Gmelin) Encycl. Méthod., t. II, p. 397.
1830	— *deltoides*	COLLARD DES CHERRES, Catal. test. Finist., p. 14.
1833	— *triangula* Ren.	DESHAYES, Exp. Sc. de Morée, t. III, p. 88.
1835	— *deltoides*	BOUCHARD-CHANTEREAUX, Catalogue Boulonnais, p. 14.
1835	— *lactea*	DESHAYES *in* LAMARCK (*non* Gmelin), Anim. sans vert., 2e édit., t. VI, p. 103.
1836	— —	SCACCHI (*non* Gmelin) Catal. Conch. Regn. Neap., p. 6.
1836	— *triangula* Ren.	PHILIPPI, Enum. Moll. Sic., t. I, p. 11.
1837	— *Euxinica*	KRYNICKI, *in* Bull. Soc. Nat. Moscou, t. II, p. 63.
1838	— *subtruncata* Da C.	FORBES, Malac. Monensis, p. 43.
1843-1850	— *triangula* Ren.	DESHAYES, Traité élém. de Conch., t. I, 2e p., p. 288, pl. X, fig. 4, 5.
1844	— — —	PHILIPPI, Enum. Moll. Sic. t. II, p. 10.
1844	— (trigonella) *subtruncata* Da C.	PHILIPPI, Abbildungen G. *Mactra*, pp. 2, 12, pl. 1, fig. 4.
1844	— — —	BROWN, Illustr. of the Conch. of Gr. Brit. and Irel. 2e édit., p. 108, pl. XLI, fig. 7.
1844	— *striata*	BROWN, Illustr. of the Conch. of Gr. Brit. and Irel. 2e édit., p. 108, pl. XLI, fig. 10.
1844	— *subtruncata* Da C.	MACGILLIVRAY, Moll. Anim. of Scotl., pp. 217, 289.
1844	— — —	THORPE, Brit. mar. Conch., p. 47.
1846	— — —	LOVÉN, Index Moll. Scand., p. 43.
1847	— *Euxinica* Kryn.	SIEMASCHKO, Bull. Nat. de Moscou, t. XX, p. 129.
1848	— *triangula* Ren.	RÉQUIEN, Coq. de Corse, p. 15.
1848	— — —	DESHAYES, Expl. Sc. de l'Algérie, p. 385, pl. XXVI, fig. 1 à 5.
1849	— — —	MIDDENDORF, Malac. Rossica III, p. 65, pl. XVIII, fig. 11, 12, 13.
1851	*Spisula subtruncata* Da C.	GRAY, List. of Brit. Anim. *in* the Brit. Mus., p. 32.

1851	*Mactra subtruncata* Da C.	Petit, Catal. *in* Journ. de Conch. t. II, p. 284.
1852	*Hemimactra* — —	Mörch, Catal. Yoldi II, p. 4.
1853	*Mactra* — —	Forbes et Hanley, Brit. Moll. t. I, p. 358, pl. L, fig. 3 (siphons), t. IV, pl. XXII, fig. 2.
1854	— — —	Reeve, Conch. Icon. pl. XVII, fig. 90.
1854	— *triangula* Ren.	Reeve, Conch. Icon. pl. XVIII, fig. 94.
1855	— *subtruncata* Da C.	Clark, Brit. mar. test. Moll., p. 105.
1856	— — —	Jeffreys, Piedm. Coast, p. 24.
1857	— — —	Petit, Catal. suppl. *in* Journ. de Conch. t. VI, p. 358.
1858	*Spisula* — —	H. et A. Adams, Genera of rec. Moll. t. II, p. 378.
1858	— *triangula* Ren.	H. et A. Adams, Genera of rec. Moll. t. II, p. 378.
1862	*Hemimactra* — —	Chenu, Manuel de Conch. t. II, p. 56, fig. 233.
1862	*Mactra* — —	Weinkauff, Catal. Alg. *in* Journ. de Conch. t. X, p. 310.
1863	— *subtruncata* Da C.	Jeffreys, Brit. Conch. t. II, p. 419; t. V (1869) p. 188, pl. XLIII, fig. 3.
1865	— *triangula* Ren.	Cailliaud, Catal. Loire-Inf., p. 77.
1865	— *lactea*	Stossich (*non* Gmelin) Enum. dei Moll. del Golfo di Trieste, p. 28.
1865	— *subtruncata* Da C.	Fischer, Gironde, p. 48.
1867	— — —	Conrad, Catal. of the Fam. *Mactridæ* *in* Amer. Journ. of. Conch. t. III, p. 33.
1867	— — —	Taslé, Catal. Morbihan, p. 7.
1867	— *triangula* Ren.	Conrad, Catal. of the Fam. *Mactridæ* *in* Amer. Journ. of Conch. t. III, p. 33.
1867	— — —	Weinkauff, Conchyl. des Mittelm. t. I, p. 48.
1870	— *trigona* (Chier.).	Brusina, Ipsa Chiereghinii Conch., p. 71.
1870	— *subtruncata* Da C.	Servain, Catal. Coq. mar. Granville, p. 6.
1870	— *triangula* Ren.	Ancey, Catal. Moll. cap Pinède, p. 3.
1870	— *subtruncata* Da C.	Hidalgo, Mol. mar. Catal. gen., p. 170, pl. XXX, fig. 3, 4.
1872	— — —	Monterosato, Notizie int alle conch. Medit., p. 25.
1875	— — —	Monterosato, Nuova Rivista, p. 17.
1878	— — —	Monterosato, Enum. e Sinon., p. 13.
1878	— — —	Fischer, Brachiop. et Moll. du litt. océan. de France, p. 8.

1879 *Mactra subtruncata* Da C. Granger, Catal. Moll. Cette, p. 33.
1880 — *lactea* — Stossich (*non* Gmelin) Prosp. della Fauna del mare Adr. *in* Boll. Soc. Adr. di Sc. Nat., p. 140.
1880 — *triangula* Ren. Stossich, Prosp. della Fauna del mare Adr. *in* Boll. Soc. Adr. di Sc. Nat. p. 140.
1880 — *subtruncata* Da C. Servain, Catal. Coq. mar. île d'Yeu, p. 11.
1881 — — — Jeffreys, Lightn. and Porcup. Exp. *in* Proc. Zool. Soc. p. 923.
1883 — — — Marion, Esq. topogr. zool. du Golfe du Marseille, pp. 35, 54, 61.
1883 — *triangula* Ren. Marion, Esq. topogr. Zool. du Golfe de Marseille, p. 26.
1884 — *subtruncata* Da C. Jonas Collin, Om Limfjordens mar. Fauna, p. 109.
1884 — — — Weinkauff, Die Gattung *Mactra in* Martini und Chemnitz Conch. Cab. nouv. édit., p. 35, pl. XI, fig. 7, 8.
1886 — — — Hidalgo, Lista de las esp. mar. que viven en la Costa Noroeste de Espana, *in* Rev. de los Progr. de las Ciencias, p. 404.
1886 — — — Locard, Prodr. de Malac. franç., p. 400.
1886 — *triangula* Ren. Locard, Prodr. de Malac. franç., p. 399.
1886 — — — Granger, Biv. de France, p. 149.
1887 — *subtruncata* Da C. Dautzenberg, Exc. malac. à Saint-Lunaire, p. 6.
1888 — — — Kobelt, Prodr. Faunæ Moll. test. maria europ. inhab., p. 309.
1888 — — — Servain, Catal. Coq. Concarneau, p. 86.
1889 — — — Carus, Prodr. Faunæ Medit., p. 143.
1890 — *triangula* Ren. Locard, Esp. franç. du genre *Mactra*, p. 7, pl. I, fig. 6.
1890 — *subtruncata* Da C. Locard, Esp. franç. du genre *Mactra* p. 12, pl. 1, fig. 2.
1892 — *triangula* Ren. Locard, Coq. mar. de France, p. 266.
1892 — *subtruncata* Da C. Locard, Coq. mar. de France, p. 266.
1894 — (*Hemimactza*) — — Dautzenberg, Moll. rec. à St-Jean-de-Luz et Guéthary, p. 3.

Obs. — Nous avons écarté de la liste ci-dessus le *Mactra deltoides* Lamarck, bien que Collard des Cherres et Bouchard-Chantereaux aient employé ce nom pour désigner le *M. subtruncata* et que d'autres auteurs l'aient cité comme synonyme de cette espèce. Nous considérons comme des plus incertains le *M. deltoides* de Lamarck, qui comprend, à titre de variétés, dans les « Animaux sans vertèbres, » deux fossiles, l'un de l'Éocène de Grignon, l'autre du Miocène du Bordelais.

C'est à tort que Forbes et Hanley ont compris dans la synonymie le *Mactra crassatella* Lamarck figuré par Delessert : Recueil de coquilles, pl. III, fig. 6, qui est, sans aucun doute possible, le *Mactra solida* Linné var. *truncata*.

Nous avons dit plus haut que Weinkauff et quelques autres naturalistes ont regardé le *M. solida* Payraudeau (*non* Linné), comme étant le *M. corallina* var. *stultorum* Lin. Par contre, Deshayes affirme que l'exemplaire typique de Payraudeau, déposé dans la collection du Muséum, est un *M. subtruncata*. Il nous a paru préférable de rayer purement et simplement la référence de Payraudeau, car les citations se rapportent au *M. solida* Lin., la description au *M. corallina* Lin. var. et l'exemplaire type au *M. subtruncata*.

Dans son premier ouvrage sur les mollusques d'Angleterre, Pennant avait appliqué par erreur, ainsi qu'il l'a reconnu lui-même plus tard, le nom de *M. stultorum* à la présente espèce.

Nous ne pouvons comparer le *M. subtruncata* ni au *M. glauca*, ni au *M. corallina*. Il appartient, en effet, à un groupe différent, caractérisé surtout par la striation perpendiculaire des dents latérales et pour lequel Gray a proposé le nom *Spisula*.

Le *M. solida* Linné, espèce très commune sur toutes nos côtes océaniques, mais qui paraît manquer dans la Méditerranée, se distingue de celle-ci par sa taille plus forte, son test plus solide, sa forme plus ovale, moins rostrée à l'extrémité postérieure, ainsi que par son sinus palléal plus profond.

En créant son *Mactra triangula*, Renier dit seulement que cette espèce est voisine du *Tellina triangularis*, etc. Lister, pl. CCCCI, fig. 245; or, cette figuration représente incontestablement le *Mactra subtruncata*.

Diagnose.— Coquille, diamètre umbono-ventral 17 millim.; diamètre antéro-postérieur 22 millim.; épaisseur 11 millim.; solide, équivalve, inéquilatérale, entièrement close. Forme trigone-transverse, médiocrement renflée. Bord antérieur légèrement arrondi et à peine anguleux à son point de rencontre avec le bord ventral; bord postérieur rectiligne et un peu tronqué à son extrémité, où il détermine un angle bien marqué à son point de rencontre avec le bord ventral. Sommets anguleux, renflés, un peu inclinés vers le côté antérieur. Lunule cordiforme, allongée, limitée par un angle bien marqué. Corselet aplati, un peu concave, limité par deux angles successifs bien marqués. Surface assez luisante, traversée par de nombreuses stries concentriques inégales, plus prononcées dans la région antérieure, plus serrées et plus irrégulières entre les deux angles qui limitent le corselet, enfin régulières et bien apparentes sur le corselet lui-même et sur la lunule. Quelques sillons concentriques indiquent des périodes d'accroissement. Intérieur des valves assez luisant. Impressions musculaires et palléale plus luisantes que le fond et bien marquées. Bords simples, tranchants. Plateau cardinal assez fort, à contour intérieur légèrement ondulé. Charnière de la valve droite composée de deux dents cardinales divergentes; d'un cuilleron triangulaire situé immédiatement en arrière des dents cardinales, enfin, de chaque côté, de deux dents latérales lamelleuses subparallèles, striées verticalement sur leur face interne. Charnière de la valve gauche composée de deux dents cardinales soudées au sommet, d'un cuilleron semblable à celui de la valve droite, et, de chaque côté, d'une dent latérale lamelleuse striée verticalement sur ses deux faces. Impression du muscle adducteur antérieur des valves pyriforme; impression du muscle adducteur postérieur plus grande, arrondie; impression palléale échancrée par un sinus médiocrement ouvert, peu profond, arrondi au sommet.

Coloration externe et interne d'un blanc opaque. Épiderme assez épais, lamelleux, gris jaunâtre, persistant, sauf dans la région des crochets. Ligament très court, faible, marginal, ne faisant pas saillie à l'extérieur de la coquille. Cartilage corné brun.

Variétés. — Da Costa n'ayant pas figuré cette espèce, il faut en rechercher le type dans la figuration la plus ancienne qui est due à Pennant (*Zoologia britannica*, pl. LII, fig. 42). C'est une forme banale et de taille médiocre qui vit en abondance sur le littoral de la Manche et de la mer du Nord. Les fig. 1 à 5 de notre pl. LXXXII concordent avec la coquille représentée par Pennant.

Var. ex forma 1, *triangula* Renier. Cette variété figurée par Brocchi (*Conch. foss. subap.*, pl. XIII, fig. 7A, 7B), ne diffère guère du type que par sa forme un peu plus équilatérale, comme on peut s'en convaincre en comparant les exemplaires du Roussillon de notre pl. LXXXII, fig. 6 à 9, avec ceux d'Angleterre et de Hollande, représentés sur la même planche, fig. 1 à 5.

Var. ex forma 2, *inæqualis* Jeffreys (*British Conchology*, t. II, p. 420). Plus grande, plus solide et plus haute que le type, par rapport à sa largeur. Voir notre pl. LXXXII, fig. 10 à 13.

Var. ex forma 3, *striata* Brown (*Illustr. of the Conchology of Gr. Britain and Ireland*, pl. XV, fig. 10). Plus grande et plus épaisse que le type, très gibbeuse, plus profondément et plus complètement striée. Le contour de cette variété décrit souvent un triangle à peu près équilatéral. Voir notre pl. LXXXII, fig. 14, 15.

Var. ex forma 4, *tenuis* Jeffreys (*Brit. Conch.*, t. II, p. 420). Cette variété atteint une grande taille, sa forme est oblique, son test est mince, lisse ou irrégulièrement strié dans la région médiane des valves. Elle est particulièrement abondante à Villers-sur-Mer, où notre ami, M. Ad. Dollfus, en a recueilli des centaines d'exemplaires vivants. C'est l'un de ces spécimens que nous avons figuré pl. LXXXII, fig. 16, 17.

Var. ex forma 5, *Conemenosi* B. D. D. De très petite taille, solide, très renflée, à sommets très développés et proéminents. Plusieurs exemplaires de cette variété qui paraît assez constante, nous ont été envoyés de Patras par M. Conemenos. Nous en avons représenté quelques-uns, pl. LXXXII, fig. 18 à 21.

Habitat. — Peu abondant sur les plages de sable du Roussillon.

Dispersion. — Méditerranée, Adriatique et Mer Noire; Océan Atlantique depuis les côtes du Finmark jusqu'au Maroc.

Origine. — On ne s'explique pas pourquoi divers paléontologues, qui ont reconnu l'impossibilité de distinguer les grands exemplaires du *Mactra triangula* des exemplaires moyens du *Mactra subtruncata*, aient cependant maintenu ces deux noms dans leurs catalogues.

Le *M. subtruncata* est largement distribué à l'état fossile. On le connaît du Miocène de Dingden (Allemagne du Nord), de Belgique, de la Touraine, de l'Anjou, de la Gironde, du Béarn, du Portugal, de la molasse de Suisse, du bassin de Vienne, du Modénais et de la Calabre. Il existe dans le Pliocène des différents niveaux du Crag d'Angleterre, de Belgique (sables supérieurs), du Bosc d'Aubigny, du Cotentin, de la Catalogne, du Roussillon (Fontannes), des Alpes-Maritimes, du Bolonais, du Modénais, du Plaisancien, des environs de Rome, de la Calabre, des environs d'Oran et d'Alger, de Morée et de l'île de Cos. Il est signalé dans le Pleistocène de la Norvège, de l'île de Man, à Holderness, à Selsey, en Hollande et à Ostende, enfin, dans la région méditerranéenne, en Calabre, en Sicile et à Rhodes.

Genre **LUTRARIA** Lamarck, 1798.

Type : *Mya lutraria* Linné = *Lutraria elliptica* Lamarck. Ce genre, établi aux dépens des *Mactra*, a été revisé et admis par Spengler dès 1802 et, ensuite, par la plupart des auteurs. Lamarck, en 1801, a substitué à son type primitif le *Lutraria solenoides* Lamarck (= *L. oblonga* Ch.), qui n'est pas assez éloigné du *L. lutraria* pour justifier l'adoption du sous-genre *Psammophila* proposé par Leach (*in* Brown, 1827). Le genre *Darina* Gray, a été créé pour le *Lutraria solenoides* King, espèce exotique très différente du *L. solenoides* Lamarck, et qui a été nommée depuis *L. Kingi* par le docteur Fischer.

Les *Lutraria* avaient été désignés sous les noms de *Chama*, par Rondelet; de *Concha*, par Aldrovande; de *Mya*, par Linné et Gmelin.

M. Mayer-Eymar a proposé de substituer le nom *Lutaria* à celui de *Lutraria*, à cause de son étymologie; mais cette correction est inutile, car on peut aussi bien admettre que Linné ait fait dériver le nom *lutraria* de *lutra* (loutre), que de *lutarius* (vivant dans la vase).

M. Bayle, dans la collection de l'École des mines, a cru devoir reprendre pour les *Lutraria*, le nom générique *Musculus* Lang, en vertu d'un système qui prétend défendre la recherche des noms de genres au delà de l'année 1722, sous prétexte que Lang doit être regardé comme le fondateur de la classification systématique des Mollusques. Le seul argument qui puisse être invoqué à l'appui de cette théorie, est le titre de l'ouvrage de Lang : « *Methodus nova et facilis testacea marina in suas debitas classes, genera et species distribuendi.* » Est-il suffisant pour qu'il soit permis d'écarter les travaux de ses prédécesseurs, dont plusieurs sont bien autrement importants et renferment nombre de genres au moins aussi bien formés que les siens? Nous ne pouvons nous résoudre à le croire. Dans le cas présent, le nom *Musculus* a d'ailleurs été employé avant Lang, par plusieurs naturalistes, comme synonyme de *Mytilus* et, par conséquent, dans un sens tout à fait différent.

Lutraria lutraria Linné sp. (*Mya*).

Pl. LXXXIII, fig. 1 à 4 (type), 5, 6 (var. angustior).

1758	*Mya lutraria*	Linné, Syst. Nat., édit. X, p. 670.
1761	—	Linné, Fauna Suecica, p. 516.
1764	—	Linné, Mus. Ludov. Ulricæ, p. 470.
1767	*Mactra lutraria*	Linné, Syst. Nat., édit. XII, p. 1126.
1777	—	Pennant, Zool. brit., t. IV, p. 92, pl. LV, fig. 44.
1778	*Chama magna*	Da Costa, Brit. Conch., p. 230 (descr. tantum, excl. fig.).
1782	*Mactra lutraria*	Chemnitz, Conch. Cab., t. VI, p. 239, pl. XXIV, fig. 240, 241.
1786	— —	Schrœter, Einleit. in die Conchylienk., t. III, p. 79.
1790	— —	Linné-Gmelin, Syst. Nat., édit. XIII, p. 3259.
1801	*Lutraria elliptica*	Lamarck, Syst. des Anim. sans vert., p. 120.
1803	*Mactra lutraria*	Montagu, Test. brit., p. 99.
1804	— —	Donovan, Brit. Shells, t. II, pl. LVIII.
1804	— —	Maton et Rackett, Descr. Catal. *in* Trans. Linn. Soc., t. VIII, p. 73.
1812	— —	Pennant, Brit. Zool., new edit., t. IV, p. 195, pl. LV, fig. 3.

1817	*Mactra lutraria*	DILLWYN, Descr. Catal., t. I, p. 146.
1818	*Lutraria elliptica*	LAMARCK, Anim. sans vert., t. V, p. 468.
1819	*Mactra lutraria*	TURTON, Conch. Dict., p. 84.
1822	*Lutraria elliptica*	TURTON, Dithyra brit., p. 65.
1825	*Mactra lutraria*	WOOD, Index testac., p. 31, pl. VI, fig. 36.
1825	— —	DE GERVILLE, Catal. Coq. Manche, p. 22.
1827	*Lutraria elliptica* Lam.	BROWN, Illustr. of. the Conch. of Gr. Brit. and Irel., pl. XII, fig. 2, 3.
1828	*Lutraria vulgaris*	FLEMING, British Anim., p. 464.
1830	— *elliptica* Lam.	COLLARD DES CHERRES, Catal. test., Finistère, p. 13.
1833	— — —	DESHAYES, Expl. scient. de Morée, t. III, p. 87.
1835	— — —	LAMARCK, Anim. sans vert., édit. Deshayes, t. VI, p. 90.
1835	— — —	BOUCHARD-CHANTEREAUX, Catal. Boulonnais, p. 11.
1836	— — —	PHILIPPI, Enum. Moll. Sic., t. I, p. 9.
1838	— — —	FORBES, Malac. Monensis, p. 55.
1842	— — —	HANLEY, Recent biv. Sh., p. 26.
1844	— — —	PHILIPPI, Enum. Moll. Sic., t. II, p. 7.
1844	— — —	POTIEZ et MICHAUD, Galerie de Douai, t. II, p. 251.
1844	— — —	BROWN, Illustr. of the Conch. of Gr. Brit. and Irel., 2e édit., p. 109, pl. XLIII, fig. 2, 3.
1844	— — —	THORPE, Brit. Mar. Conch., p. 45.
1844	— — —	MACGILLIVRAY, Moll. Anim. of Scotl., p. 291.
1848	— — —	DESHAYES, Expl. scient. de l'Algérie, p. 346, pl. XXXIII à XXXVI et pl. XXXVIII, fig. 1 et 4.
1848	— — —	RÉQUIEN, Coq. de Corse, p. 14.
1851	— — —	PETIT, Catal. *in* Journ. de Conch., t. II, p. 282.
1852	— — —	MÖRCH, Catal. Yoldi, II, p. 3.
1852	— — —	LEACH, Synopsis, p. 273.
1853	— — —	FORBES et HANLEY, Brit. Moll., t. I, p. 370; t. IV, pl. XII et H fig. 2 (animal).
1854	— — —	REEVE, Conchol. Icon., pl. I, fig. 3.
1855	*Mactra lutraria* Lin.	HANLEY, Ipsa Linn. Conch., p. 58.

1855 *Mya elliptica* Lam.		CLARK, Hist. of the brit. test. Moll., p. 168.
1858 *Lutraria* — —		CHENU, Illustr. Conch., pl. I, fig. 10.
1858 — — —		H. et A. ADAMS, Genera of rec. Moll., t. II, p. 383; t. III, pl. CI, fig. 5A, 5B.
1859 — — —		SOWERBY, Illustr. Ind. brit. Sh., pl. IV, fig. 2.
1859 —	*intermedia*	SOWERBY, Illustr. Ind. brit. Sh. pl. IV, fig. 1.
1862 —	*elliptica* Lam.	CHENU, Manuel de Conch., t. II, p. 59, fig. 242.
1862 —	— —	WEINKAUFF, Catal. Alg. *in* Journ. de Conch., t. X, p. 308.
1863 —	— —	JEFFREYS, Brit. Conch., t. II, p. 428; t. V (1869), p. 188, pl. XLIV, fig. 1.
1865 —	— —	CAILLIAUD, Catal. Loire-Inf., p. 80.
1865 —	*oblonga*	BRUSINA (*non* Gmelin), Conch. Dalm. ined., p. 36 (*teste ipso*).
1865 —	*elliptica* Lam.	FISCHER, Gironde, p. 47.
1866 —	— —	BRUSINA, Contr. pella Fauna dei Moll. Dalm., p. 92.
1866 —	*oblonga*	BRUSINA (*non* Gmelin), Contr. pella Fauna dei Moll. Dalm., p. 92. (*teste ipso*).
1867 —	*elliptica* Lam.	WEINKAUFF, Conchyl. des Mittelm., t. I, p. 42.
1867 —	— —	TASLÉ, Catal. Moll. Morbihan, p. 6.
1867 —	*lutraria* Lin.	CONRAD, Catal. *Mactridæ in* Amer. Journ. of Conch., t. III, p. 43.
1869 —	*elliptica* Lam.	PETIT, Catal. test. mar., p. 37.
1870 —	— —	SERVAIN, Coq. mar. Granville, p. 7.
1870 —	— —	ARADAS et BENOIT, Conch. viv. mar. della Sic., p. 32.
1870 —	— —	HIDALGO, Mol. mar. *G. Lutraria*, p. 4; Catal. gen., p. 170; pl. VI, fig. 2.
1872 —	— —	MONTEROSATO, Notizie int. alle Conch. medit., p. 25.
1875 —	— —	MONTEROSATO, Nuova Rivista, p. 17.
1878 —	— —	MONTEROSATO, Enum. e Sinon. p. 13.
1878 —	— —	FISCHER, Brachiop. et Moll. du litt. océan. de France, p. 7.
1879 —	— —	GRANGER, Moll. de Cette, p. 33.
1879 —	— —	CLÉMENT, Catal. Moll. du Gard, *in* Et. d'Hist. Nat., p. 81.
1880 —	— —	STOSSICH, Prosp. della Fauna del Mare Adr. *in* Boll. Soc. Adr. di Sc. Nat., p. 141.

1880	*Lutraria elliptica* Lam.	Servain, Catal. Coq. mar., Ile d'Yeu, p. 12.
1881	— — —	Jeffreys, Lightn. and Porcup. exp. part. IV, *in* Proc. Zool. Soc. p. 924.
1883	— — —	G. Dollfus, Liste Coq. Palavas, p. 3.
1883	— — —	Daniel, Faune Malac. Brest *in* Journ. Conch., t. XXXI, p. 234.
1883	— — —	Marion, Esq. topogr. zool. du golfe de Marseille, pp. 26, 106.
1886	— — —	Locard, Prodr. de Malac. franç., p. 398.
1886	— — —	Hidalgo, Catal de los Mol. recog. en Bayona de Galicia *in* Rev. de los progresos de las Ciencias, p. 384.
1886	— — —	Hidalgo, Lista de las especies mar. que viven en la Costa Noroeste de Espana *in* Rev. de los Progr. de las Ciencias, p. 404.
1886	— — —	Granger, Biv. de France, p. 151.
1886	— — —	Dautzenberg, Exc. malac. à Saint-Lunaire, p. 6.
1887	— — —	Fischer, Manuel de Conch., p. 1119.
1888	— — —	Kobelt, Prod. Faunæ Moll. test. maria europ. inhab., p. 310.
1888	— — —	Servain, Catal. Coq. Concarneau, p. 86.
1889	— — —	Carus, Prod. Faunæ Medit., p. 144.
1891	— — —	Brusina, Elenco dei Lamell. di Zara, p. 17.
1891	— *alterutra* Jeffr.	Dautzenberg, Contrib. à la Faune Malac. du Golfe de Gascogne, p. 9.
1892	— *elliptica* Lam.	Locard, Coq. mar. de France, p. 269.
1892	— — —	Bizet, Malacoz. de Picardie, p. 175.
1893	— — — var. *alterutra* Jeffr.	Dautzenberg, Liste Moll., Granville et Saint-Pair, p. 18.

Obs. — Le *Mya lutraria* a été établi par Linné sur la fig. 19 de la pl. IV de Lister (*Historia Animalium Angliæ*), qui représente sans aucun doute possible la coquille appelée plus tard *Lutraria elliptica* par Lamarck, nom sous lequel elle est généralement connue. La répétition du même mot comme nom générique et spécifique était considérée autrefois comme inacceptable; mais il a été décidé depuis, par les Congrès de Zoologie qui se sont occupés de la Nomenclature, que cette répétition peut être admise C'est pourquoi nous avons restitué à cette espèce son nom linnéen. Hanley, dans son étude sur la collection de Linné, dit que le *Lutraria oblonga* y existe sous le nom de *Mactra lutraria* et que l'échantillon est conforme à la fig. 2 de la pl. XLIII de Brown. Or, cette figure représente incontestablement le *L. lutraria* et non le *L. oblonga* : il y a donc là une erreur manifeste de la part de Hanley.

La forme que M. Brusina avait nommée *Lutraria oblonga*, en 1865 et 1866, n'est autre chose, comme il l'a reconnu lui-même dans ses publications ultérieures, qu'une monstruosité du *L. lutraria*.

Les pêcheurs de Bretagne désignent cette grande et belle coquille sous les noms de « Pied de Sabot, » à Brest; de « Lacogne, » à Piriac, etc., et ils la retirent du sable au moyen d'un fil de fer terminé en crochet. Elle se distingue du *L. oblonga* par sa forme plus équilatérale, son contour plus régulièrement elliptique, son test moins épais, par la conformation de sa charnière, enfin, par son épiderme mince, luisant, d'un gris verdâtre.

Diagnose. — Coquille, diamètre umbono-ventral 62 millim.; diamètre antéro-postérieur 117 millim. (dimensions de la fig. 19 de la pl. IV de Lister); épaisseur 30 millim., relativement peu solide, équivalve, inéquilatérale, bâillante tout autour, les valves ne se touchant qu'au sommet et sur une très petite étendue du bord ventral. Forme transverse, elliptique, peu renflée. Bord antérieur arrondi, bord dorsal déclive, légèrement arqué, bord postérieur arrondi, bord ventral arqué et parfois légèrement sinueux vers le milieu. Sommets très petits, contigus, peu saillants. Pas de lunule; corselet à peine indiqué par un ou deux sillons rayonnants obsolètes. Surface un peu luisante, ornée de stries et de plis concentriques irréguliers qui s'accentuent au fur et à mesure de l'accroissement et sont plus développés aux deux extrémités de la coquille. Intérieur des valves un peu luisant. Plateau cardinal allongé, arqué et faisant une forte saillie à l'endroit du cuilleron. Bords simples, tranchants. Charnière de la valve droite composée de deux dents cardinales divergentes et d'un cuilleron triangulaire profond, strié transversalement qui sert de support au cartilage ligamentaire. Ce cuilleron est limité du côté postérieur par une crête, qui simule une troisième dent cardinale, et sur laquelle s'insère le véritable ligament. A la suite de cette crête, on observe encore une lamelle cardinale étroite, peu saillante qui pourrait également être regardée comme une quatrième dent cardinale rudimentaire. Charnière de la valve gauche composée de deux dents cardinales divergentes, courtes, très saillantes, soudées au sommet, d'un cuilleron semblable à celui de la valve droite et, de chaque côté, d'une lamelle semblable à celle observée sur la valve droite. Pas de dents latérales, ni dans l'une ni dans l'autre valve. Impressions du muscle adducteur antérieur des valves semi-lunaires; impressions du muscle adducteur postérieur arrondies; impression palléale très profondément échancrée par un sinus, dont le sommet arrondi, dépasse sensiblement le milieu de la coquille. Le bord inférieur de ce sinus ne se confond pas avec la ligne palléale; mais il en est séparé par un espace anguleux très aigu.

Coloration externe et interne blanche, avec quelques zones concentriques indistinctes, d'un fauve clair. Epiderme membraneux, peu épais, d'un gris verdâtre, finement plissé, ne persistant ordinairement que vers les bords de la coquille, qu'il dépasse. Ligament petit, court, corné, ne faisant pas saillie à l'extérieur; mais pénétrant au contraire un peu dans le plateau cardinal, parallèlement au cartilage, lequel est corné, brun, très résistant.

Variété. — Nous avons vu plus haut que c'est la figuration de Lister (*Anim. Angl.*, pl. IV, fig. 19) qui a servi de base à Linné pour l'établissement de son *Mya lutraria*, et comme elle est satisfaisante, le type de cette espèce se trouve bien fixé. Il n'y a pas lieu de conserver la variété *latior* Philippi qui se confond avec le type lui-même, tel que nous l'avons représenté pl. LXXXIII, fig. 1 à 4.

Var. ex forma *angustior* Philippi, 1844 = *intermedia* Sowerby, 1859 (*non* Deshayes, 1854, qui est une espèce de Madagascar) = *alterutra* Jeffreys, 1863 = *attenuata* Monterosato, 1878. Cette variété importante, qui a été distinguée par plusieurs auteurs, est bien représentée dans Brown (1re édit., pl. XII, fig. 3; 2e édit., pl. XLIII, fig. 3), ainsi que dans l'ouvrage de M. Hidalgo. (*Mol. mar.*, pl. VI, fig. 2) Nous l'avons figurée pl. LXXXIII, fig. 5, 6. Elle est plus petite, plus épaisse et plus transverse que le type; son bord ventral est presque parallèle au bord cardinal et son côté antérieur est obliquement tronqué.

Le *L. gracilis* Conti qui a été cité parfois comme synonyme de la variété *angustior*, est une coquille fossile du Monte-Mario, également transverse; mais mince et régulièrement elliptique.

Bien qu'à première vue, la variété *angustior* semble constituer un intermédiaire entre le *L. lutraria* et le *L. oblonga*, l'examen de la charnière suffit à prouver qu'elle appartient incontestablement à la première de ces espèces.

Il est surprenant que les auteurs qui considèrent le galbe comme jouant un rôle très important dans la spécification des *Pélécypodes* n'aient pas érigé la présente variété au rang d'espèce spéciale, car elle s'éloigne beaucoup du type, sous ce rapport. Mais nous ne pouvons que les approuver d'avoir agi ici comme ils l'ont fait, car il suffit de réunir de nombreux exemplaires de nos bivalves les plus communs pour s'assurer que, dans la plupart des cas, le galbe varie et ne peut servir que comme caractère tout à fait secondaire.

Habitat. — Peu abondant, enfoncé dans le sable des plages de La Franqui et de Leucate, le type et la variété *angustior*.

Distribution. — Méditerranée, Adriatique, Océan Atlantique, depuis les côtes de Norvège jusqu'au détroit de Gibraltar.

Origine. — Nous relevons quelques citations du Miocène : Touraine, Gironde, Portugal, Suisse, Bavière, Autriche-Hongrie, Corse, Algérie. Dans le Pliocène, le *L. lutraria* est connu des terrains tertiaires de l'Est de l'Angleterre, de Lenham, des sables d'Anvers, de la Catalogne, du Roussillon (Companyo), de la vallée du Rhône (Fontannes), des couches à *Congéries* de la même région (Mayer-Eymar), enfin de l'Italie, aux environs de Plaisance, de Bologne, de Rome et en Calabre. Il se rencontre dans le Pleistocène de l'Ecosse, de Selsey, de la Calabre, de la Sicile et de Rhodes.

Lutraria oblonga (Chemnitz) Gmelin sp. (*Mya*).

Pl. LXXXIV, fig. 1, 2, 3, 4, 5, 6, 7.

1778 *Chama magna*	DA COSTA, Brit. Conch., pl. XVII, fig. 4 (excl. descript.).
1782 *Mya oblonga*, etc.	CHEMNITZ, Conch. Cab., t. VI, p. 27, pl. 11, fig. 12.
1790 — — Chemn.	GMELIN *in* LINNÉ, Syst. Nat., édit. XIII, p. 3221.
1801 *Lutraria solenoides*	LAMARCK, Système des Anim. sans vert., p. 120.
1803 *Mactra hians*	MONTAGU, Test. brit., p. 101.
1804 — — Mont.	DONOVAN, Brit. Shells, t. IV, pl. CXL.
1804 — — —	MATON et RACKETT, Descr. Catal., *in* Trans. Linn. Soc., t. VIII, p. 74.
1817 — — —	DILLWYN, Descr. Catal., t. I, p. 146.
1817 *Lutraria oblonga* Ch.	SCHUMACHER, Nouv. Syst., p. 127, pl. VIII, fig. 2A, 2B.
1818 — *solenoides*	LAMARCK, Anim. sans vert., t. V, p. 468.
1819 *Mactra hyans* Mont.	TURTON, Conch. Dict., p. 85, pl. XI, fig. 41.
1822 *Lutraria oblonga* Ch.	TURTON, Dithyra brit., p. 64, pl. V, fig. 6.
1825 — *solenoides* Lam.	BLAINVILLE, Manuel de Malac., p. 566, pl. LXXVII, fig. 3.
1825 *Mactra hians* Mont.	WOOD, Index testac., p. 31, pl. VI, fig. 37.
1825 — — —	DE GERVILLE, Catal. Coq. Manche, p. 22.

1826	*Lutraria solenoides* Lam.	Risso, Europe mérid., t. IV, p. 371.
1827	— *solenoidea* —	Brown, Illustr. of the Conch. of Gr. Brit. and Irel., pl. XII, fig. 1.
1828	— *hians* Mont.	Fleming, Brit. Anim., p. 465.
1830	— *solenoides* Lam.	Deshayes, Encycl. Méthod., t. II, p. 387.
1830	— — —	Collard des Cherres, Catal. test. Finist., p. 13.
1835	— — —	Bouchard-Chantereaux, Catal. Boulonnais, p. 11.
1835	— — —	Lamarck, Anim. sans vert., édit. Desh., t. VI, p. 90.
1841	— — —	Reeve, Conch. Syst., part. II, p. 60, pl. XLI, fig. 1.
1842	— — —	Hanley, Recent biv. Sh., p. 26.
1843	— *oblonga* Ch.	Deshayes, Traité élém. de Conch., p. 267, pl. IX, fig. 9, 10.
1843-1850	— *solenoides* Lam.	Chenu, Illustr. Conch., pl. I, fig. 5, 9.
1844	— — —	Philippi, Enum. Moll. Sic., t. II, p. 7.
1844	— *oblonga* Ch.	Thorpe, Brit. mar. Conch., p. 44.
1844	— *solenoides* Lam.	Potiez et Michaud, Galerie de Douai, t. II, p. 251.
1844	— *solenoidea* —	Brown, Illustr. of the Conch. of Gr. Brit. and Irel., 2e édit., p. 109, pl. XLIII, fig. 1.
1848	— *oblonga* Ch.	Deshayes, Expl. scient. de l'Algérie, t. I, p. 343, pl. XXXI, XXXII (sub nom. *L. solenoides*); pl. XXXVII, fig. 2, 3 (sub nom. *L. oblonga*).
1851	— *hians* Mont.	Petit, Catal. *in* Journ. Conch., t. II, p. 282.
1852	*Psammophila solenoides* Lam.	Leach, Synopsis, p. 274.
1852	*Lutraria magna* Da Costa	Mörch, Catal. Yoldi, II, p. 3.
1853	— *oblonga* Ch.	Forbes et Hanley, Brit. Moll., t. I, p. 374; t. IV, pl. XIII, fig. 1.
1854	— — —	Reeve, Conch. Icon., pl. II, fig. 7.
1855	*Mya* — —	Clark, Hist. of Brit. mar. test. Moll., p. 167.
1858	*Lutraria* — —	H. et A. Adams, Genera of rec. Moll., t. II, p. 383; t. III, pl. CI, fig. 5.
1859	— — —	Sowerby, Illustr. Ind. brit. Sh., pl. IV, fig. 3.

1860	*Lutraria hians* Mont.	MACÉ, Catal. Moll. Cherbourg et Valognes, p. 23 (excl. synon.).
1862	— *oblonga* Ch.	CHENU, Manuel de Conch., t. II, p. 58, fig. 241.
1862	— — —	WEINKAUFF, Catal. Alg. *in* Journ., Conch., t. X, p. 308.
1863	— — —	JEFFREYS, Brit. Conch., t. II, p. 431; t. V (1869), p. 189, pl. XLIV, fig. 2.
1865	— *hians* Mont.	CAILLIAUD, Catal. Loire-Inf. p. 79.
1865	— *solenoides* Lam.	FISCHER, Gironde, p. 47.
1867	— *oblonga* Ch.	TASLÉ, Catal. Morbihan, p. 6.
1867	— — —	CONRAD, Catal. *Mactridæ*, *in* Amer. Journ. of Conch., t. III, p. 43.
1869	— — —	PETIT, Catal. test. mar., p. 38.
1870	— — —	ARADAS et BENOIT, Conch. viv. mar. della Sic., p. 32.
1870	— — —	SERVAIN, Coq. mar. Granville, p. 7.
1870	— — —	HIDALGO, Mol. mar. G. *Lutraria*, p. 2; Catal. gen., p. 170, pl. VI, fig. 1.
1872	— — —	MONTEROSATO, Notizie int. alle Conch. Medit., p. 25.
1875	— — —	MONTEROSATO, Nuova Riv., p. 17.
1878	— — —	FISCHER, Brachiop. et Moll. du litt. océan. de France, p. 7.
1878	— — —	MONTEROSATO, Enum. e Sinon., p. 13.
1879	— — —	CLÉMENT, Catal. Moll. du Gard, *in* Et. d'Hist. Nat., p. 81.
1879	— — —	GRANGER, Moll. de Cette, p. 33.
1880	— — —	SERVAIN, Catal. Coq. mar. Ile d'Yeu, p. 12.
1880	— — —	STOSSICH, Prosp. della Fauna del Mare Adr., *in* Boll. Soc. Adr. d. Sc. Nat., p. 141.
1881	— — —	JEFFREYS, Lightn. and Porcup. Exp. part. IV, *in* Proc. Zool. Soc., p. 925.
1883	— — —	DANIEL, Faune malac. Brest, *in* Journ. de Conch., t. XXXI, p. 235.
1886	— — —	HIDALGO, Catal. Mol. recogidos en Bayona de Galicia, *in* Rev. de los Progr. de las Ciencias, p. 384.

1886	*Lutraria oblonga* Ch.	Hidalgo, Lista de las especies mar. que viven en la costa Noroeste de Espana, *in* Rev. de los Progr. de las Ciencias, p. 404.
1886	— — —	Brusina, Appunti ed Osservazioni sull' ultimo lavoro di Jeffreys, p. 10.
1886	— — —	Locard, Prodr. de Malac. franç., p. 398.
1886	— — —	Granger, Biv. de France, p. 151, pl. XII, fig. 1.
1887	— — —	Dautzenberg, Exc. Malac. à St-Lunaire, p. 6.
1887	— (Psammophila) — —	Fischer, Manuel de Conch., p. 1119.
1888	— — —	Kobelt, Prodr. Faunæ Moll. test. maria europ. inhab., p. 310.
1888	— — —	Servain, Catal. Coq. mar. Concarneau, p. 85.
1888	— — —	Ad. Dollfus, les Plages du Croisic, p. 16.
1889	— — —	Carus, Prodr. Faunæ medit., p. 144.
1890	— — —	Dautzenberg, Catal. Moll. mar. Pouliguen, p. 4.
1891	— — —	Dautzenberg, Voyage de la *Melita*, p. 7.
1892	— *solenoides* Lam.	Bizet, Malacoz. de Picardie, p. 175.
1892	— *oblonga* Ch.	Locard, Coq. mar. de France, p. 269, fig. 247.
1893	— — —	Dautzenberg, Liste Moll. Granville et St-Pair, p. 18.

Obs. — La figuration donnée par Da Costa de son *Chama magna* représente certainement le *Lutraria oblonga*; mais, ainsi que le fait observer avec raison Turton (*Conchol. Dictionary*, p. 86), la description et les références indiquées par cet auteur se rapportent au *L. lutraria*. Dans ces circonstances, il nous paraît préférable de ne pas restaurer un nom abandonné par tous, sauf par Mörch (*Catal. Yoldi*).

Le *L. oblonga* diffère du *L. lutraria* par sa forme plus inéquilatérale, son côté postérieur dilaté et arqué, par son test plus solide, par la conformation de sa charnière, enfin, par son épiderme plus épais, plus foncé et moins adhérent au test.

Diagnose. — Coquille, diamètre umbono-ventral 36 millim.; diamètre antéro-postérieur 81 millim. (dimensions de la figuration de Chemnitz), épaisseur 23 millim., solide, équivalve, très inéquilatérale, bâillante tout autour, les valves ne se touchant qu'au sommet et sur une très faible étendue du bord ventral. Forme ovale très transverse; bord antérieur arrondi, bord dorsal légèrement excavé, bord postérieur tronqué, bord ventral régulièrement arqué. Sommets petits, contigus, peu saillants. Pas de lunule; corselet concave, non limité. Surface terne, ornée de stries et de plis concentriques, plus forts aux deux extrémités de la coquille, et qui s'accentuent au fur et à mesure de l'accroissement. Intérieur des valves un peu luisant. Plateau cardinal court, assez haut. Bords simples, tranchants. Charnière de la valve droite composée de deux dents cardinales divergentes (dont l'antérieure est bifide) séparées par une fossette profonde, et d'un cuilleron triangulaire, grand, oblique, strié transversalement, qui sert de support au cartilage ligamentaire. Charnière de la valve gauche composée de deux dents cardinales divergentes, dont la postérieure est bifide, et d'un cuilleron semblable à celui de la valve droite. Pas de dents latérales ni dans l'une ni dans l'autre valve. Impressions du muscle adducteur antérieur des valves irrégulièrement semi-lunaires; impressions de l'adducteur postérieur arrondies; impression palléale très profondément échancrée par un sinus arrondi au sommet, qui s'avance au delà du milieu de la coquille et dont le bord inférieur se confond avec la ligne palléale.

Coloration externe d'un blanc sale; coloration interne blanche, légèrement lavée de zones concentriques jaunâtres et violacées. Epiderme membraneux, assez épais, peu adhérent, irrégulièrement plissé, dépassant les bords de la coquille, d'une teinte brune verdâtre, toujours plus foncée à l'extrémité postérieure. Ligament court, faible, marginal, ne faisant pas saillie au dehors. Cartilage corné, brun, très solide.

Variétés. — Le *L. oblonga* ne varie guère que dans ses dimensions et dans la courbure plus ou moins accentuée de sa région postérieure. Petit (*Catal. test. mar.*) indique comme variété le *L. dissimilis* Deshayes, espèce fort voisine de l'*oblonga*; mais qu'il n'y aura lieu, à cause de son habitat fort éloigné, de réunir au *L. oblonga* qu'après une comparaison très attentive. Le seul spécimen, en médiocre état, que nous possédons de l'espèce de Deshayes ne nous permet pas de trancher la question : il provient de Fowler's Bay (Australie du Sud) et a été recueilli par M. Tate.

Habitat. — Peu commun, vivant enfoncé dans le sable vaseux, à Leucate et à La Franqui.

Dispersion. — Méditerranée; Océan Atlantique, depuis les côtes occidentales d'Irlande et les côtes méridionales d'Angleterre jusqu'au Maroc, au Sénégal, aux îles du Cap-Vert et au cap de Bonne-Espérance (Sowerby).

M. Brusina (*Appunti ed Osserv. sull' ultimo lavoro di Jeffreys*) dit que le *L. oblonga* doit absolument être exclu du nombre des espèces adriatiques. Il rapporte à une monstruosité du *L. lutraria* une forme très bâillante, rappelant celle du *Panopœa glycymeris* à laquelle Klecak, Stalio, Stossich et lui-même ont attribué le nom de *L. oblonga*.

Origine. — Cette espèce est connue dans le Miocène de la Touraine, de la Gironde, du Portugal, de la Suisse, de l'Autriche-Hongrie, de la Galicie, de Carry (Bouches-du-Rhône), du Piémont et du Modénais; dans le Pliocène de la Catalogne, des Pyrénées-Orientales (Companyo), de l'Hérault, du Bolonais, du Plaisancien, de la campagne de Rome, de la Calabre et de la Sicile; enfin, du Pleistocène de Selsey (Hampshire), de la Calabre, de la Sicile et de Rhodes.

Famille CORBULIDÆ Broderip, 1839.

Cette famille qui avait déjà été pressentie, avant Broderip, par plusieurs auteurs, n'a pas été admise par le docteur P. Fischer qui a compris les genres qui la composent dans la famille des *Myidæ*. Elle nous paraît cependant posséder des caractères assez indépendants pour mériter d'être maintenue.

TABLEAU DES GENRES ET ESPÈCES

Genre **Corbula** Bruguière .... *C. gibba* Olivi.
Genre **Corbulomya** Nyst............. *C. mediterranea* Costa.

Genre CORBULA Bruguière, 1792.

Type : *Corbula sulcata* Lamarck.

Ce type a été choisi par Lamarck, en 1801, et basé sur la fig. 1 de la pl. CCXXX de l'Encyclopédie.

C'est à tort que MM. Adams ont indiqué comme type le *C. gibba*.

Nous ne croyons pas nécessaire d'adopter pour le *C. gibba* le sous-genre *Agina*, proposé par Turton, car il ne diffère du type que dans la limite des caractères spécifiques.

Corbula gibba Olivi sp. (*Tellina*).

Pl. LXXXV, fig. 1 à 6 (type), 7 à 23 (var.).

1792 *Tellina gibba* — Olivi, Zoologia Adriatica, p. 101.
1803 *Mya inequevalvis* — Montagu, Test. brit., p. 38, pl. XXVI, fig. 7.
1804 — *inæquivalvis* Mont. — Maton et Rackett, Descr. Catal, *in* Trans. Linn. Soc., t. VIII, p. 40, pl. I, fig. 6.
1804 *Tellina gibba* Oliv. — Renier, Tavola alfab., p. 6, n° 44.
1812 *Mya inæquivalvis* Mont. — Pennant, Brit. Zool., t. IV, p. 166.
1817 — — — — Dillwyn, Descr. Catal., t. I, p. 55.
1818 *Corbula nucleus* — Lamarck, Anim. sans vert., t. V, p. 496.
1819 *Mya inæquivalvis* Mont. — Turton, Conch. Dict., p. 107.
1822 *Corbula nucleus* Lam. — Turton, Dithyra brit., p. 39, pl. III, fig. 8, 9, 10.
1825 *Mya inæquivalvis* Mont. — Wood, Index testac., p. 13, pl. III, fig. 40.
1825 — — — — De Gerville, Catal. Coq. Manche, p. 11.
1826 *Corbula nucleus* Lam. — Payraudeau, Moll. de Corse, p. 32.
1826 — — — — Risso, Europe mérid., t. IV, p. 364.
1826 — *gibba* Olivi — Risso, Europe mérid., t. IV, p. 364.
1827 — *nucleus* Lam. — Brown, Illustr. of the Conch. of Gr. Brit. and Irel., pl. XIV, fig. 6, 7, 8, 9.
1828 — *striata* (Walker) — Fleming, Brit. Anim., p. 425.
1829 *Tellina olimpica* — O.-G. Costa, Catal. Sist., pp. 14, 27.
1830 *Corbula nucleus* Lam. — Deshayes, Encycl. Méthod., t. III, p. 8, pl. CCXXX, fig. 4a, 4b.
1830 — — — — Collard des Cherres, Catal. test. Finistère, p. 15.
1832 — — — — Deshayes, Expl. Sc. de Morée, p. 86.
1832 — — — — Lamarck, Anim. sans vert., édit. Deshayes, t. VI, p. 139.
1835 — — — — Bouchard-Chantereaux, Catal. Moll. Boulonnais, p. 15.
1836 — *gibba* (Brocchi) — Scacchi, Catal. Conch. Regn. Neap., p. 6.
1836 *Corbula nucleus* Lam. — Philippi, Enum. Moll. Sic., t. I, p. 16.
1838 — — — — Maravigna, Mém. Sic., p. 76.
1841 — — — — Reeve, Conch. Syst., t. I, p. 54, pl. XXXVI, fig. 1.
1842 — — — — Hanley, Recent Sh., p. 46.
1843 — — — — Reeve, Conch. Icon., pl. II, fig. 10a, 10b.

1843 *Corbula nucleus* Lam. — Deshayes, Traité Elém. de Conch., t. I, p. 187, pl. VIII, fig. 7, 8, 9.
1844 — — — Forbes, Rep. Æg. Invert., p. 143.
1844 — — — Philippi, Enum. Moll. Sic., t. II, p. 12.
1844 — — — Potiez et Michaud, Galerie de Douai, t. II, p. 244 (excl. syn. plur.).
1844 — — — Brown, Illustr. of the Conch. of Gr. Brit. and Irel., 2e édit., p. 105, pl. XLII, fig. 7, 8, 9.
1844 — *rosea* (Leach mss.) Brown, Illustr. of the Conch. of Gr. Brit. and Irel., 2e édit., p. 105, pl. XLII, fig. 6.
1844 — *nucleus* Lam. Thorpe, Brit. mar. Conch., p. 56.
1844 — *inæquivalvis* Mont. Macgillivray, Moll. Anim. of Scotl., pp. 221, 303.
1846 — *gibba* Olivi Lovén, Index Moll. Scand., p. 47.
1846 — *rosea* Brown Lovén, Index Moll. Scand., p. 47.
1846 — *nucleus* Lam. Vérany, Invert. di Genova e Nizza, p. 13.
1848 — — — Réquien, Coq. de Corse, p. 16.
1848 — *striata* (Walker) Deshayes, Expl. Scient. de l'Algérie, t. I, p. 231, pl. XX, fig. 1 à 8.
1851 — *inæquivalvis* Mont. Petit, Catal., *in* Journ. Conch., t. II, p. 287.
1851 — *gibba* Olivi Gray, Brit. Moll. in the Brit. Mus., p. 76.
1852 — *nucleus* Lam. Leach, Synopsis, p. 275.
1853 — — — Forbes et Hanley, Brit. Moll., t. I, p. 181; t. IV, pl. IX, fig. 7 à 12.
1853 — *striata* (Walk) Mörch, Catal. Yoldi, II, p. 30.
1853 — *inæquivalvis* Mont. Doublier, Catal. Moll. du Var, *in* Prodr. Hist. Nat. du Var, p. 108.
1853 — *nucleus* Lam. Doublier, Catal. Moll. du Var, *in* Prodr. Hist. Nat. du Var, p. 108.
1854 — — — Herklotz, Bouwstoffen voor eene Fauna van Nederland, p.
1855 — — — Clark, Brit. mar. test. Moll., p. 149.
1855 — *rosea* Brown Clark, Brit. mar. test. Moll., p. 149.
1856 — *nucleus* Lam. Jeffreys, Piedm. Coast., p. 23.
1858 — *gibba* Olivi H. et A. Adams, Genera of rec. Moll., t. II, p. 365; pl. XCV, fig. 3, 3A, 3B.
1858 — — — Gay, Catal. Moll. du Var, *in* Bull. Soc. Sc. du Var, p. 156.
1859 — *nucleus* Lam. Sowerby, Ill. Ind. brit. Sh., pl. I, fig. 22.
1859 — *rosea* Brown Sowerby, Ill. Ind. brit. Sh., pl. I, fig. 23.

1860	*Corbula inæquivalvis* Mont.	Macé, Catal. Moll. Cherbourg et Valognes, p. 20.
1861	— *gibba* Olivi	Sars, Adr. havs Fauna, pp. 8, 18.
1862	— — —	Weinkauff, Catal. Algérie, *in* Journ. Conch., t. X, p. 310.
1865	— — —	Jeffreys, Brit. Conch., t. III, p. 56, pl. II, fig. 5; t. V (1869), p. 192, pl. XLIX, fig. 6.
1865	— *inæquivalvis* Mont.	Cailliaud, Catal. Loire-Inf., p. 61.
1865	— *nucleus* Lam.	Stossich, Enum. dei Moll. del Golfo di Trieste, p. 28.
1865	— — —	Fischer, Gironde, p. 46.
1866	— *gibba* Olivi	Brusina, Contr. pella Fauna Dalm., p. 91.
1867	— — —	Taslé, Catal. Morbihan, p. 4.
1867	— — —	Weinkauff, Conchyl. des Mittelm., t. I, p. 25.
1869	— — —	Tapparone-Canefri, Moll. test. di Spezia, p. 109.
1869	— *inæquivalvis* Mont.	Petit, Catal. test. mar., p. 38.
1870	— — —	Ancey, Catal. Moll. Cap Pinède, p. 3.
1870	*Tellina naticuta* (Chier.)	Brusina, Ipsa Chiereghinii Conch., p. 63.
1870	— *gibba* Olivi	Brusina, Ipsa Chiereghinii Conch., p. 64.
1870	*Corbula* — —	Servain, Coq. mar. Granville, p. 4.
1870	— — —	Aradas et Benoit, Conch. viv. mar. della Sic., p. 33.
1870	— — —	Hidalgo, Mol. mar. Catal. gen., p. 175, pl. XXVI, fig. 6, 7; pl. XXVIa, fig. 2, 3.
1872	— — —	Meyer et Möbius, Fauna der Kieler Bucht, p. 114, pl. XVIII, fig 1 à 5.
1872	— — —	Monterosato, Notizie int. alle Conch. Medit., p. 27.
1875	— — —	Monterosato, Nuova Rivista, p. 19.
1878	— — —	Monterosato, Enum. e Sinon., p. 15.
1878	— — —	Fischer, Brachiop. et Moll. du litt. océan. de France, p. 7.
1878	— — —	Issel, Crociera del Violante, p. 33.
1878	— — —	G.-O. Sars, Moll. Arct. Norv., p. 91.
1879	— *nucleus* Lam.	Granger, Catal. Moll. Cette, p. 37.
1879	— — —	Clément, Catal. Moll. du Gard, *in* Etudes d'Hist. Nat., p. 82.
1880	— *gibba* Olivi	Stossich, Prosp. della Fauna del mare Adr., *in* Boll. Soc. Adr. di Sc. Nat., p. 138.
1880	— — —	Servain, Catal. Coq Ile d'Yeu, p. 9.

Ministère de l'Intérieur.

Direction de la Sûreté Générale.

3e Bureau.

Service du Dépôt Légal

Paris, le 31 mars 1897.

La Bibliothèque Nationale réclame comme manquant à ses collections :

Les Mollusques marins du Roussillon Tome II. Fascicule 21 Pelecypoda. Les 10 planches

Vu M Dautzenberg je donne l'autorisation par lettre de remettre des planches au Dépôt légal.

Monsieur Dautzenberg est prié de vouloir bien faire remettre deux exemplaires de ces planches au Service du Dépôt Légal.

Le Chef du 3e Bureau,

[illegible]

N.B. — Les exemplaires réclamés devront être adressés directement et sous enveloppe, avec la présente note au Chef du 3e Bureau (Dépôt légal) 11, rue des Saussaies.

2/3 rue de l'Université.

1891 — — —

DAUTZENBERG, Contrib. Faune malac. Golfe de Gascogne, p. 9.

1880 — — — SERVAIN, Catal. Coq Ile d'Yeu, p. 9.

1881	*Corbula gibba* Olivi	JEFFREYS, Lightn. and Porcup. Exp., *in* Proc. Zool. Soc., p. 944.
1882	— — —	WIMMER, Fundorte und Tiefvork. einiger Adr. Conch., p. 6.
1882	— *inæquivalvis* Mont.	DAUTZENBERG, Liste Coq. de Cannes, p. 2.
1883	— *nucleus* Lam.	DANIEL, Faune malac. Brest, *in* Journ. Conch., t. XXXI, p. 232.
1883	— *gibba* Olivi	DUPREY, Catal. Jersey, suppl., *in* Ann. and Mag. N. H., p. 187.
1883	— — —	DAUTZENBERG, Liste Coq. de Gabès, p. 14.
1883	— — —	MARION, Esq. topogr. Zool. du Golfe de Marseille, pp. 24, 26, 28, 35, 38, 39, 54, 77, 81, 87, 90, 96, 106.
1883	— — —	MARION, Consid. sur les Faunes profondes, pp. 17, 29.
1883	— *striata* (Walker)	G. DOLLFUS, Liste Coq. Palavas, p. 3.
1884	— *gibba* Olivi	JONAS COLLIN, Om Limfjordens Mar. Fauna, p. 104.
1886	— — —	HIDALGO, Lista de las esp. mar. que viven en la Costa noroeste de Espana, *in* Rev. de los Progr. de las Ciencias, p. 404.
1886	— (*Agina*) — —	DAUTZENBERG, Nouv. liste Coq. de Cannes, p. 1.
1886	— — —	LOCARD, Prodr. de Malac. franç., p. 385.
1886	— *rosea* Brown	LOCARD, Prodr. de Malac. franç., pp. 386, 587.
1886	— *curta*	LOCARD, Prodr. de Malac. franç., pp. 387, 588.
1886	— *nucleus* Lam.	GRANGER, Biv. de France, p. 171.
1887	— *gibba* Olivi	DAUTZENBERG, Exc. malac. à Saint-Lunaire, p. 6.
1888	— — —	SERVAIN, Catal. Coq. mar. Concarneau, p. 82.
1888	— *rosea* Brown	SERVAIN, Catal. Coq. mar. Concarneau, p. 83.
1888	— *curta* Locard	SERVAIN, Catal. Coq. mar. Concarneau, p. 83.
1888	— *gibba* Olivi	KOBELT, Prodr. Faunæ Moll. test. maria europ. inhab., p. 325.
1889	— — —	CARUS, Prod. Faunæ Medit., p. 145.
1890	— — —	DAUTZENBERG, Catal. Moll. Pouliguen, p. 4.
1891	— — —	DAUTZENBERG, Contrib. Faune malac. Golfe de Gascogne, p. 9.

1891 *Corbula nucleus* Lam.	Brusina, Elenc. Moll. lamell. di Zara, p. 14.
1892 — *gibba* Olivi	Locard, Coq. mar. de France, p. 257, fig. 235.
1892 — *rosea* Brown	Locard, Coq. mar. de France, p. 257.
1892 — *curta*	Locard, Coq. mar. de France, p. 258.
1893 — *gibba* Olivi	Dautzenberg, Liste Moll. Granville et St-Pair, p. 19.
1894 — — —	Dautzenberg, Moll. rec à St-Jean-de-Luz et Guétharry, p. 3.
1894 — — —	Dautzenberg, Moll. mar. de St-Jean-de-Luz, p. 1.
1895 — — —	Dautzenberg, Moll. rec. par la *Melita* en Tunisie et en Algérie, p. 11.

Obs. — Cette espèce d'Olivi est basée sur la description et la figure de Ginnani : *Opere postume*, t. II, p. 31, pl. XX, fig. 143. Cette figuration est tout à fait mauvaise; mais la description ne permet pas de douter qu'il s'agisse de l'espèce dont nous nous occupons ici.

Quelques naturalistes : Fleming, Wood et plus tard Deshayes, Mayer, etc., ont cru devoir reprendre pour cette espèce le nom *striata* Walker (1787), comme étant plus ancien que celui de *gibba;* mais, comme le fait observer Hœrnes (*Tert. Moll. des Wiener Beckens*, t. II, p. 35), Walker n'a pas employé le mot *striatum* comme nom spécifique, mais seulement comme terme descriptif dans la phrase : « *Cardium striatum apicibus reflexis.* » On rencontre d'ailleurs, à la page précédente du même ouvrage de Walker, un autre « *Cardium striatum radiatum,* » auquel on devrait attribuer de préférence le nom *striatum*, puisqu'il a été publié avant l'autre, si l'on faisait abstraction des mots qui suivent.

Deshayes, Petit, Aradas, Granger, et d'autres encore, ont identifié au *Corbula porcina* Lamarck, une forme méditerranéenne du *C. gibba*. Mais le *C. porcina* est basé sur les figures 3, 3A, 3B de la pl. CCXXX de l'Encyclopédie, qui représentent une coquille extrêmement transverse et beaucoup plus grande qu'aucune *Corbule* européenne. M. de Monterosato croit que les spécimens cités de Tarente, de Palerme et de Livourne sont probablement le *C. acutangula* Issel, de la Mer Rouge.

Petit a également indiqué, comme vivant dans la Méditerranée (côtes de Provence), le *C. trigona* Hinds; mais c'est là une espèce sénégalienne dont la présence dans les mers d'Europe demanderait à être confirmée.

Quant au *C. revoluta* Brocchi, qu'Aradas et Benoît disent avoir été trouvé dans la Méditerranée à l'état de valves isolées, c'est une espèce fossile bien connue du Miocène et du Pliocène, représentée à l'époque actuelle, au Sénégal, par une forme très voisine, sinon identique, mais dont nous n'avons jamais vu aucun spécimen méditerranéen.

Costa a mentionné (*Catal. Sist.*, p. 14), comme vivant dans le golfe de Tarente, un *Corbula reflexa* Brocchi. Il s'agit là d'un simple *lapsus calami*, puisqu'on trouve à la référence de Brocchi (t. II, p. 516, pl. XII, fig. 6), le *Corbula revoluta*, tandis qu'aucune des *Corbules* de l'ouvrage de Brocchi ne porte le nom de *reflexa*. Nous nous serions abstenus de relever cette erreur, si Petit de la Saussaie, dans son catalogue des testacés marins n'avait introduit ce *Corbula reflexa* comme espèce européenne spéciale.

Le *Corbula mactræformis* Biondi, également cité par Petit comme espèce distincte, est, d'après Aradas, synonyme du *C. porcina* et, par conséquent, du *C. gibba*, puisque Aradas a attribué le nom de *porcina* à une forme du *gibba*, tandis que, d'après M. de Monterosato, l'espèce de Biondi serait le *Corbulomya mediterranea*.

Scacchi a mal compris le *C. gibba* d'Olivi, puisqu'il lui a donné pour synonyme : *Corbulomya mediterranea*, tandis qu'il a assimilé le *C. olimpica* Costa (qui est certainement synonyme de *C. gibba* Olivi) à un autre *Corbula gibba* Brocchi. Il en résulte que le *C. gibba* Scacchi (*non* Olivi) tombe en synonymie du *Corbulomya mediterranea* et que le *C. gibba* (Brocchi) Scacchi, est le vrai *C. gibba* d'Olivi.

Le *Mya purpurea* Montagu (*Test brit. suppl.*, p. 21) a été rapporté par Gray au jeune âge du *C. gibba*, mais cette assimilation nous paraît d'autant plus hasardée qu'il cite également comme synonyme l'*Agina purpurea* Turton, dont la figuration (*Dithyra brit.*, pl. IV, fig. 9), représente incontestablement un *Saxicava rugosa* déformé.

Diagnose. — Coquille, diamètre umbono-ventral 9 millim.; diamètre antéro-postérieur 12 millim.; épaisseur 7 millim.; solide, un peu inéquilatérale, close, très inéquivalve; la valve droite est beaucoup plus grande et plus convexe que la valve gauche, et ses bords dépassent celle-ci sur la plus grande partie de son pourtour. Forme ovale, trigone, un peu rostrée et tronquée à l'extrémité supérieure. Surface de la valve droite plus luisante que celle de la valve gauche, ornée de sillons concentriques nombreux et de quelques lignes d'accroissement bien marquées; elle présente, en outre, vers l'extrémité postérieure, deux angles rayonnants obsolètes, mais plus visibles vers le crochet. Valve gauche beaucoup moins convexe que la valve droite, comprimée latéralement ainsi que du côté ventral. Sa surface est plus terne que celle de la valve droite et sa sculpture concentrique ne consiste qu'en stries d'accroissement très fines et irrégulières; elle présente, du côté postérieur, deux sillons rayonnants bien marqués et sur sa partie médiane quelques costules rayonnantes filiformes, espacées. Sommets très saillants, anguleux, contigus. Intérieur des valves très finement chagriné au fond; impressions musculaires lisses, assez luisantes. Bords simples, tranchants.

Plateau cardinal étroit. Charnière de la valve droite composée d'une dent cardinale forte, très saillante, recourbée au sommet, et, en arrière, d'une fossette profonde qui sert de réceptacle au cartilage ligamentaire. Charnière de la valve gauche composée d'un cuilleron très saillant auquel s'attache le cartilage, et d'une fossette profonde, correspondant à la dent cardinale de la valve droite. Impression du muscle adducteur antérieur des valves semi-lunaires; impression du muscle adducteur postérieur arrondie; impression palléale à peine sinueuse du côté postérieur.

Coloration blanchâtre plus ou moins teintée de brun ferrugineux.

Epiderme assez épais, fibreux, d'un brun roux, ne persistant habituellement que sur la valve gauche.

Variétés. — Nous devons à M. de Monterosato des exemplaires du *C. gibba* provenant de Chioggia, c'est-à-dire à peu près de la localité typique d'Olivi. C'est donc cette forme, représentée pl. LXXXV, fig. 1 à 4, que nous considérons comme le type de l'espèce. Nos fig. 5 et 6 de la même planche sont faites d'après des spécimens similaires du Roussillon.

Var. ex forma 1, *curta* Locard = *conglobata* Monterosato mss. Très globuleuse et moins transverse que le type. Voir notre pl. LXXXV, fig. 7 à 12.

Var. ex forma 2, *maxima* B. D. D. Nous donnons ce nom à une coquille de forte taille : diamètre umbono-ventral 14 millim.; diamètre antéro-postérieur 15 millim., provenant de Dublin et qui nous a été envoyée par M. John Ponsonby. Nous l'avons figurée pl. LXXXV, fig. 19.

Var. ex forma et colore 3, *rosea* Brown. Plus transverse que le type, cette variété se distingue de plus par des stries concentriques plus faibles sur la valve droite et par une coloration rose carminé ou carnéolé.

Var. ex colore 1, *albida* B. D. D. Entièrement blanche. Voir notre pl. LXXXV, fig. 22, 23.

Var. ex colore 2, *sulphurea* Monterosato. D'un jaune de soufre. Nous possédons des spécimens de cette coloration provenant de Gibraltar. Ils appartiennent à la variété ex forma *rosea*.

Var. ex colore 3, *fusca* B. D. D. D'un brun foncé uniforme. Voir notre pl. LXXXV, fig. 21.

Var. ex colore 4, *radiata* B. D. D. D'un rose clair orné sur la valve droite de quelques rayons d'un rose un peu plus foncé que le fond. Voir notre pl. LXXXV, fig. 20.

Habitat. — Sur les plages de Leucate et de La Franqui, le type et les variétés *rosea*, *albida*, *fusca* et *radiata*.

Dispersion. — Méditerranée, Adriatique et mer de Marmara. Océan Atlantique, depuis la Norvège jusqu'aux îles Canaries.

Origine. — Le *C. gibba* est extrêmement répandu à l'état fossile. Il existe dans le bassin de Paris, dès l'Eocène inférieur, des *Corbula* du même groupe plus ou moins faciles à distinguer. Dans l'Oligocène, on peut indiquer comme forme ancestrale le *C. pisum* Sowerby. M. Mayer a signalé le *C. gibba* dans l'Aquitanien. Il est connu du Miocène de Dingden (Allemagne du Nord), de Belgique, de l'Anjou, de la Touraine, de la Gironde, du Béarn, du Portugal, de la vallée du Rhône (var. *neomagensis* Fontannes), de la molasse de la Suisse, du bassin de Vienne, de la Bohême, de la Styrie, de la Hongrie, de la Galicie, de la Volhynie, de la Podolie, de la Russie méridionale, du Piémont, du Modénais et de la Sicile. Il existe également dans le Pliocène de Belgique, de toute la série des crags d'Angleterre, du Cotentin, de l'Andalousie (Bergeron), de la Catalogne (Almera et Bofill), des Pyrénées-Orientales (Companyo), des Alpes-Maritimes, de la vallée du Rhône (var. *transitans* Fontannes), de toute l'Italie: Bolonais, Modénais, Parmesan, Plaisancien, environs de Rome, Calabre, Sicile, de l'Algérie (Bayle), de la Grèce (en Morée et à Corinthe), de l'archipel : îles de Cos et de Rhodes. Il est enfin cité du Pleistocène d'Écosse, de l'île de Man, du Yorkshire, de la Hollande, de la Calabre, de la Sicile (à Santa Flavia) et de l'Archipel.

Genre CORBULOMYA Nyst, 1846.

Type : *Corbulomya complanata* Sowerby.

Le type de ce genre, établi aux dépens des *Corbula*, est une espèce fossile des terrains tertiaires supérieurs.

La conformation de la charnière des *Corbulomya* est assez particulière pour justifier leur séparation générique d'avec les *Corbula*.

Corbulomya mediterranea Costa sp. (*Tellina*).

Pl. LXXXV, fig. 24 à 29 (type), 30 à 35 (var.).

1828 *Tellina mediterranea* — O. G. Costa, Descr. test. Sic., p. 182.
1829 — — O. G. Costa, Catal. Sist., pp. 14, 26; pl. I, fig. 6 (s. n. *Corbula mediterranea*).
1836 *Corbula gibba* — Scacchi (*non* Olivi), Catal. Conch. Regn. Neap., p. 6.
1836 — *mediterranea* Costa — Philippi, Enum. Moll. Sic., t. I, p. 17.

1843	*Tellina parthenopeana*	Delle Chiaje,	Descriz. e Notomia, t. III, pl. XLIII, fig. 35, 36, 37, 43.
1844	*Corbula mediterranea* Costa	Philippi,	Enum. Moll. Sic., t. II, p. 12.
1848	— — —	Réquien,	Coq. de Corse, p. 16.
1848	— — —	Deshayes,	Expl. Sc. de l'Algérie, t. I, p. 233, pl. XXI, fig. 1 à 8.
1856	— *rosea*	Jeffreys (*non* Brown),	Piedm. Coast., p. 23.
1857	— *mediterranea* Costa	Petit,	Catal. suppl., *in* Journ. Conch., t. VI, p. 360.
1862	— *rosea*	Weinkauff (*non* Brown),	Catal. Algérie, *in* Journ. Conch., t. X, p. 311.
1862	— *mediterranea* Costa	Chenu,	Manuel de Conch., t. II, pp. 32, 33, fig. 134.
1865	— — —	Jeffreys,	Brit. Conch., t. III, p. 58; t. V (1869), p. 192, pl. C, fig. 8.
1866	*Corbulomya* — —	Weinkauff,	Catal. Algérie, suppl., *in* Journ. Conch., t. XIV, p. 230.
1867	— — —	Weinkauff,	Conch. des Mittelm., t. I, p. 24.
1869	*Corbula mediterranea* —	Tapparone-Canefri,	Moll. test. di Spezia, p. 110.
1870	— — —	Aradas et Benoit,	Conch. viv. mar. della Sic., p. 32.
1870	*Corbulomya* — —	Hidalgo,	Mol. mar. Catal. gen., p. 176
1872	*Corbula* — —	Monterosato,	Notizie int. alle Conch. medit., p. 27.
1875	— (Corbulomya) — —	Monterosato,	Nuova Rivista, p. 19.
1878	*Corbulomya* — —	Monterosato,	Enum. e Sinon., p. 15.
1881	*Corbula* — —	Jeffreys,	Lightn. and Porcup. Exp., *in* Proc. Zool. Soc., p. 945.
1883	— — —	G. Dollfus,	Liste Coq. Palavas, p. 3.
1883	*Corbulomya* — —	Marion,	Esq. topogr. zool. du Golfe de Marseille, p. 35.
1884	— — —	Monterosato,	Nomencl. gen. e spec., p. 30.
1886	— — —	Locard,	Prodr. de Malac. fr., p. 385.
1887	Corbula (Corbulomya) — —	Fischer,	Manuel de Conch., p. 1124.
1888	*Corbulomya* — —	Kobelt,	Prodr. Faunæ Moll. test. maria europ. inhab., p. 326.
1889	— — —	Carus,	Prodr. Faunæ Medit., p. 146.
1892	— — —	Locard,	Coq. mar. de France, p. 258, fig. 236.

Obs. — Nous avons vu, en parlant du *Corbula gibba*, que Scacchi a attribué également ce nom à la présente espèce.

Le *Corbula rosea* Brown est incontestablement une variété du *C. gibba*. Son identification avec le *Corbulomya mediterranea*, proposée par Jeffreys, doit être rejetée.

D'après M. de Monterosato (Nomencl. gen. e specie, p. 30), le *Lentidium maculatum* de Cristofori et Jan (*Catal. rerum naturalium Mantissa*, p. 4) est synonyme. Nous avons toutefois préféré éliminer cette référence, à cause de la médiocrité de la description originale qui n'est accompagnée d'aucune figure.

M. Brusina (Ipsa Chiereghinii Conch.), nous apprend que Chiereghini a désigné le *Corbulomya mediterranea* sous le nom de *Tellina apelina* Gmelin. Mais le *Tellina apelina* de Gmelin, établi sur les fig. 107, 108 de la pl. XII (t. VI), du Conchylien Cabinet est un véritable *Tellina* exotique, qui ne ressemble pas à notre espèce.

Jeffreys cite comme synonyme le *Corbula physoides* Deshayes (*Mollusques de l'Algérie*, t. I, p. 234; pl. XXII, fig. 4-6). Cette assimilation ne peut être acceptée, car il s'agit là d'une coquille mince, transparente, globuleuse, qui n'appartient même pas aux genres *Corbula* ou *Corbulomya* comme Deshayes lui-même l'avait d'ailleurs pressenti.

Deshayes a certainement mal compris le *Corbula porcina* de Lamarck, car il dit (*Anim. sans vert.*, t. VI, p. 140, en note) que cette espèce est surtout abondante dans les sables de Rimini. Or, M. de Monterosato nous a obligeamment envoyé des spécimens de la coquille abondante à Rimini, qui n'est autre chose qu'une variété *decurtata* du *Corbulomya mediterranea*. Nous en avons représenté quelques-uns, pl. LXXXV, fig. 30 à 33 Quant au vrai *Corbula porcina* de Lamarck, il a été établi, comme nous l'avons vu, sur les fig. 3A, 3B et 3C de la pl. CCXXX de l'Encyclopédie, c'est une coquille exotique plus grande et d'une forme sensiblement différente.

Diagnose. — Coquille, diamètre umbono-ventral 5 millim.; diamètre antéro-postérieur 8 millim.; épaisseur 3 millim.; mince, légèrement inéquivalve, subéquilatérale, le côté antérieur étant à peine plus long que le côté postérieur, close. Forme ovale-transverse, un peu tronquée postérieurement. La valve droite est un peu plus grande et un peu plus convexe que la gauche; ses bords la dépassent faiblement le long du bord ventral et du bord postérieur. Surface des deux valves luisante, assez iridescente, ne présentant que des stries d'accroissement peu nombreuses et irrégulières. Sur la valve droite, on remarque, à l'extrémité postérieure, deux angles rayonnants obsolètes, qui partent du sommet et aboutissent de chaque côté de la troncature du bord postérieur; la valve gauche possède un angle semblable qui aboutit à l'angle inférieur de la même troncature. Sommets très petits, contigus. Intérieur des valves mat dans le fond, très luisant entre le bord ventral et la ligne palléale. Bords simples, tranchants. Plateau cardinal très étroit. Charnière de la valve droite composée d'une dent cardinale antérieure trigone, forte, suivie d'une fossette du cartilage profonde et limitée, en arrière, par un petit dentelon. Charnière de la valve gauche composée d'une dent cardinale antérieure faible, suivie d'une fossette profonde et d'une dent cardinale postérieure très saillante, bifide au sommet. On observe au-dessus de la fossette de la valve gauche une étroite fissure du test qui sert à mettre en communication le cartilage avec le ligament extérieur. Impressions des muscles adducteurs des valves petites, mais bien marquées. Impression palléale entière mais décrivant postérieurement une courbe un peu rentrante.

Coloration d'un blanc jaunâtre ou rosé. Épiderme brun clair, lisse, peu persistant. Ligament extérieur très petit et étroit.

Variétés. — Var. ex forma 1, *minor* Monterosato, de très petite taille.

Var. ex forma 2, *decurtata* Monterosato. Également de petite taille et moins transverse que la variété précédente. Voir notre pl. LXXXV, fig. 30 à 33.

Var. ex forma 3, *solidula* Monterosato. De même forme et de même taille que la var. *decurtata*, mais plus solide. Voir notre pl. LXXXV, fig. 34, 35.

La coloration typique du *C. mediterranea* est d'un fauve corné orné de deux rayons plus clairs. M. de Monterosato l'a désignée sous le nom de *cornea*.

Var. ex colore 1, *fulva* Scacchi d'un fauve uniforme, sans rayons.

Var. ex colore 2, *alba* Scacchi = *albina* Monterosato. Entièrement blanche.

Var. ex colore 3, *sulphurea* Monterosato. D'un jaune de soufre.

Var. ex colore 4, *balaustina* Monterosato. D'une teinte orangée rougeâtre.

Var. ex colore 5, *radiata* Monterosato = *alba*, *fulvo-radiata* Scacchi. Blanche, avec des rayons bruns bien apparents. Cette variété de coloration a été représentée par M. Locard : Coquilles marines de France, fig. 236.

Habitat. — Nous n'avons rencontré que quelques valves dépareillées de cette espèce à Paulilles.

Dispersion. — Méditerranée, sur les côtes de France, d'Italie, de Sardaigne, de Sicile et d'Algérie. Jeffreys l'indique de la mer Adriatique et dit que des valves ont été recueillies sur les côtes d'Angleterre.

Origine. — Cette espèce, probablement peu connue des paléontologues n'a été citée à l'état fossile que par Seguenza, dans le Pliocène et le Pleistocène de la Calabre.

Famille GLYCYMERIDÆ Deshayes, 1839.

Cette famille, établie par Deshayes dans son *Traité élémentaire de Conchyliologie* (p. 124), comprend des genres qui ont été placés par quelques auteurs dans celle des *Saxicavidæ* Swainson, 1835; mais cette dernière, composée de genres disparates doit s'effacer devant la famille beaucoup plus homogène créée par Deshayes.

TABLEAU DES GENRES ET ESPÈCES

Genre *Saxicava* Fleuriau...... 1. *S. arctica* Linné.
2. *S. rugosa* (Lin.) Pennant.

Genre SAXICAVA Fleuriau, 1802.

Type : *Mya arctica* Linné.

Les *Saxicava* ont été fort mal compris par Linné, puisqu'il a placé dans trois genres différents des formes tellement voisines que deux d'entre elles se confondent en une seule espèce et que la troisième est assez voisine pour que plusieurs naturalistes l'aient considérée comme une simple variété de l'autre. Dès que Fabricius eût signalé cette confusion, plusieurs noms génériques furent créés pour grouper ces formes affines : le premier en date est celui qui a été généralement adopté et qui a été établi, en 1802, par Fleuriau de Bellevue, dans le *Bulletin de la Société Philomathique*.

Les anciens auteurs avaient placé les *Saxicava* dans des genres très divers, tels que *Mya*, *Chamæpholas*, *Solen*, *Mytilus*, etc.

Saxicava arctica Linné sp. (*Mya*).

Pl. LXXXVI, fig. 1 à 4 (type); 5 à 11 (var.).

1767 *Mya arctica* — Linné, Syst. Nat., édit. XII, p. 1113.
1767 *Solen minutus* — Linné, Syst. Nat., édit. XII, p. 1115.
1780 *Mya arctica* Lin. — Fabricius, Fauna Groenlandica, p. 407.

1782	*Solen minutus* Lin.	CHEMNITZ, Conch. Cab., t. VI, p. 67. pl. VI, fig. 51.
1784	*Mya arctica* —	SCHRŒTER, Einleit. in die Conchylienk., t. II, p. 611.
1784	*Solen minutus* —	SCHRŒTER, Einleit. in die Conchylienk., t. II, p. 632.
1790	*Mya arctica* —	LINNÉ-GMELIN, Syst. Nat., édit. XIII, p. 3220.
1790	*Solen minutus* —	LINNÉ-GMELIN, Syst. Nat., édit. XIII, p. 3226.
1792	*Cardita arctica* —	BRUGUIÈRE, Encycl. Méthod., t. I, p. 411, pl. CCXXXIV, fig. 4A, 4B.
1795	*Donax rhomboides*	POLI, Test. utr. Sic., t. II, p. 81, pl. XIV, fig. 16; pl. XV, fig. 12, 13, 16.
1801	*Hiatella monoptera*	BOSC, Hist. Nat. Coq., t. III, p. 120, pl. XXI, fig. 1.
1803	*Solen minutus* Lin.	MONTAGU, Test. brit., p. 53, pl. I, fig. 4.
1803	*Mytilus præcisus*	MONTAGU, Test. brit., p. 165, pl. IV, fig. 2.
1804	*Solen minutus* Lin.	MATON et RACKETT, Descr. Catal., *in* Trans. Linn. Soc., p. 47.
1817	— — —	DILLWYN, Descr. Catal., t. I, p. 69.
1817	*Didonta bicarinata*	SCHUMACHER, Essai d'un nouv. Syst., p. 125, pl. VI, fig. 2A, 2B.
1818	*Solen minutus* Lin.	LAMARCK, Anim. sans vert., t. V, p. 453.
1819	*Hiatella arctica* —	LAMARCK, Anim. sans vert., t. VI, p. 30.
1819	*Mya* — —	TURTON, Conch. Dict., p. 104.
1819	*Solen minutus* —	TURTON, Conch. Dict., p. 161.
1822	*Hiatella minuta* —	TURTON, Dithyra brit., p. 24, pl. II, fig. 12.
1822	— *oblonga*	TURTON, Dithyra brit., p. 25, pl. II, fig. 13.
1825	*Rhomboides rugosus*	BLAINVILLE (*non* Lin.), Manuel de Malac., p. 573, pl. LXXX *bis*, fig. 6, 6A, 6B.
1825	*Mya arctica* Lin.	WOOD, Index test., p. 10.
1825	*Solen minutus* Lin.	WOOD, Index test., p. 16, pl. III (*Solen*), fig. 33.
1827	— — —	BROWN, Illustr. of the Conch. of Gr. Brit. and Irel., pl. XIII, fig. 1.
1827	*Pholeobia præcisa* Mont.	BROWN, Illustr. of the Conch. of Gr. Brit. and Irel., pl. IX, fig. 16.
1828	*Hiatella arctica* Lin.	FLEMING, Brit. Anim., p. 461.

1830	*Hyatella arctica* Lin.	Deshayes, Encycl. méthod., t. II, p. 272.
1834	*Saxicava* — —	D'Orbigny, Moll. des Canaries, p. 109.
1835	*Solen minutus* —	Wood, General Conch., p. 139, pl. XXXIV, fig. 5, 6.
1835	— — —	Lamarck, Anim. sans vert., édit. Desh., t. VI, p. 57.
1835	*Hiatella arctica* Lin.	Lamarck, Anim. sans vert., édit. Desh., t. VI, p. 443.
1835	*Saxicava rhomboides* Poli	Deshayes, *in* Lamarck, Anim. sans vert., 2e édit., t. VI, p. 153.
1836	*Rhomboides rugosus*	Scacchi (*non* Lin.), Catal. Conch. Regn. Neap., p. 5.
1836	*Saxicava arctica* Lin.	Philippi, Enum. Moll. Sic., t. I, p. 20, pl. III, fig. 3, 3a, 3b, 3c, 3d.
1838	*Rhomboides rugosus*	Maravigna (*non* Lin.), Mém. Sic., p. 77.
1838	*Saxicava rugosa*, subsp. *arctica* Lin.	Forbes, Malac. Monensis, p. 56.
1841	*Saxicava rugosa*	Reeve (*non* Lin.), Conch. Syst., t. I, part. II, p. 72 (*ex parte*); pl. L, fig. 1 (*tantum*).
1843	— *arctica* Lin.	Deshayes, Traité élém. de Conch., t. I, 2e partie, p. 480, pl. XII, fig. 8, 9.
1844	— — —	MacGillivray, Moll. Anim. of Scotl., p. 285.
1844	— — —	Forbes, Rep. Æg. Invert., p. 143.
1844	— — —	Philippi, Enum. Moll. Sic., t. II, p. 19.
1844	*Hiatella* — —	Potiez et Michaud, Galerie de Douai, t. II, p. 265.
1844	— — —	Thorpe, Brit. Mar. Conch., p. 59.
1844	— *minuta* —	Brown, Illustr. of the Conch. of Gr. Brit. and Irel., 2e édit., p. 103, pl. XLVII, fig. 1.
1844	— *oblonga* Turt.	Brown, Illustr. of the Conch. of Gr. Brit. and Irel., 2e édit., p. 103, pl. XLVII, fig. 15.
1846	*Saxicava arctica* Lin.	Vérany, Invert. di Genova e Nizza, p. 13.
1846	— — —	Lovén, Index Moll. Scand., p. 38.
1848	— — —	Réquien, Coq. de Corse, p. 16.
1848	— — —	Krauss, Südafrik. Moll., p. 2.
1851	— *rhomboides* Poli	Petit, Catal., *in* Journ. de Conch., t. II, p. 288.

1851	*Hiatella minuta* Lin.	Gray, List. of Brit. anim. in the Brit. Mus., p. 89.
1852	— *spinosa*	Leach, Synopsis, p. 258.
1853	*Saxicava arctica* Lin.	Forbes et Hanley, Brit. Moll., t. I, p. 141 ; t. IV, pl. VI, fig. 4, 5, 6.
1853	— — —	Sars (M.), Adr. havs Fauna, p. 6.
1855	*Mya* — —	Hanley, Ipsa Linn. Conch., p. 28.
1855	*Solen minutus* —	Hanley, Ipsa Linn. Conch., p. 32.
1855	*Saxicava arctica* —	Clark, Brit. mar. test. Moll., p. 161.
1856	— — —	Jeffreys, Piedm. Coast., p. 23.
1858	— — —	H. et A. Adams, Genera of rec. Moll., t. II, p. 349.
1859	— — —	Sowerby, Illustr. Ind. brit. Sh., pl. I, fig. 16.
1860	— *rhomboides* Poli	Macé, Catal. Cherbourg et Valognes, p. 20.
1862	— *hiatella*	Chenu, Manuel de Conch., t. II, p. 25, fig. 113.
1862	— *arctica* Lin.	Weinkauff, Catal Alg., *in* Journ. de Conch., t. X, p. 311.
1865	— *rugosa* var. *arctica*	Jeffreys, Brit. Conch., t. III, p. 82; t. V (1869), p. 192, pl. LI, fig. 4.
1865	— *arctica* Lin.	Stossich, Enum. dei Moll. del Golfo di Trieste, p. 28.
1865	— — —	Cailliaud, Catal. Loire-Inf., p. 55.
1865	— — —	Fischer, Gironde, p. 44.
1866	— — —	Brusina, Contrib. pella Fauna Dalm., p. 91.
1866	— *rhomboides* Poli	Brusina, Contrib. pella Fauna Dalm., pp. 40, 91.
1867	— *arctica* Lin.	Taslé, Catal. Morbihan, p. 3.
1867	— *oblonga* Turt.	Taslé, Catal. Morbihan, p. 4.
1867	— *arctica* Lin.	Weinkauff, Conchyl. des Mittelm. t. I, p. 20.
1869	— — —	Tapparone-Canefri, Ind. Sist. dei Moll. test. di Spezia, p. 108.
1869	— — —	Petit, Catal. test. mar., p. 33.
1870	— — —	Mayer-Eymar, Catal. Mus. Zürich, 4e cahier, p. 50 (*ex parte*).
1870	— — —	Aradas et Benoit, Conch. viv. mar. della Sic., p. 22.
1870	— — —	Hidalgo, Mol. mar. Catal. gen, p. 177 (excl. syn.); pl. XLa, fig. 8, 9, 10.
1870	— *rugosa* var. *arctica*	Jeffreys, Medit. Moll., *in* Ann. and Mag. N. H., p. 9.
1872	— — — —	Monterosato, Notizie int. alle Conch. Medit., p. 27.

1875 *Saxicava rugosa* var. *arctica* MONTEROSATO, Nuova Rivista, p. 19.

1875 — *arctica* Lin. REEVE, Conchol. Icon. (*ex parte*), pl. I, fig. 1 (*tantum*).

1875 — *Guerini* REEVE (*non* Payr.), Conch. Icon., pl. I, fig. 10.

1878 — *rugosa* var. *arctica* MONTEROSATO, Enum. e Sinon., p. 15.

1878 — *arctica* Lin. FISCHER, Brachiop. et Moll. du litt. océan. de France, p. 7.

1878 — — — SARS (G. O.), Moll. Arct. Norv., p. 95; pl. XX, fig. 8A, 8B, 8C, 8D.

1879 — — — GRANGER, Catal. Moll. Cette, p. 37.

1880 — — — STOSSICH, Prosp. della Fauna del mare Adr., *in* Boll. Soc. Adr. di Sc. Nat., p. 138.

1880 — *rhomboides* Poli STOSSICH, Prosp. della Fauna del mare Adr., *in* Boll. Soc. Adr. di Sc. Nat., p. 138.

1880 — *rugosa* JEFFREYS (*non* Lin.), Deep Sea Moll. from the Bay of Biscay, *in* Ann. and Mag. N. H., p. 316.

1880 — — JEFFREYS (*non* Lin.), On the french Deep Sea Expl. in the Bay of Biscay, *in* Rep. Brit. Assoc., p. 7.

1881 *Saxicava rugosa* var. *arctica* JEFFREYS, Lightn. and. Porcup. Exp., *in* Proc. Zool. Soc., p. 946.

1883 — *arctica* Lin. G. DOLLFUS, Liste Coq. Palavas, p. 3.

1883 — — — DANIEL, Faune malac. Brest, *in* Journ. de Conch., t. XXXI, p. 230.

1886 — — — HIDALGO, Lista de las esp. mar. que viven en la Costa Noroeste de Esp., *in* Rev. de los Progr. de las Ciencias, p. 404.

1886 — — — LOCARD, Prodr. de Malac. franç., p. 376.

1886 — *minuta* — LOCARD, Prodr. de Malac. franc., p. 377.

1886 — *oblonga* Turt. LOCARD, Prodr. de Malac. franç., p. 378.

1886 — *arctica* Lin. SMITH, Lamellibr. of the Challenger Exp., pp. 4, 9, 12, 13, 14, 24, 78.

1886 — — — GRANGER, Biv. de France, p. 180.

1887 — — — SOWERBY, Thes. Conch., t. V, p. 132, pl. CCCCLXXI, fig. 1.

1888 — — — KOBELT, Prodr. Faunæ Moll. test. maria europ. inhab., p. 305.

1889 — — — CARUS, Prodr. Faunæ Medit., p. 147.

1889 *Saxicava arctica* Lin. DAUTZENBERG, Contrib. à la Faune malac. des Açores, p. 85.

1891 — — — DAUTZENBERG, Contrib. à la Faune malac. du Golfe de Gascogne, p. 9.

1891 — — — BRUSINA, Elenco lamell. di Zara, p. 22.

1892 — — — LOCARD, Coq. mar. de France, p. 251, fig. 230.

1892 — *minuta* — LOCARD, Coq. mar. de France, p. 251.

1892 — *oblonga* Turt. LOCARD, Coq. mar. de France, p. 252.

1892 — *arctica* Lin. SOWERBY, Marine Shells of South Africa, p. 55.

1893 — *rugosa* var. *arctica* NORMAN, A month on the Trondjhem Fjord, *in* Ann. and Mag. N. H., p. 366.

1895 — *arctica* Lin. CLESSIN, Die Familie *Gastrochænidæ*, *in* Mart. und Chemn. Conch. Cab., 2e édit., p. 37, pl. VII, fig. 3 (*tantum*).

Obs. — Il est peu de Mollusques qui aient donné lieu à des interprétations aussi contradictoires que les *Saxicava*. Certains auteurs, tels que Jeffreys, Mayer-Eymar, Smith, croient qu'il n'existe dans les mers d'Europe, qu'une seule espèce extrêmement polymorphe et dont l'aire de dispersion est presque universelle; d'autres, au contraire, sont d'avis que plusieurs des formes européennes méritent d'être regardées comme spécifiquement distinctes. Il ne nous appartient pas de discuter complètement ici cette question qui exigerait l'intervention de nombreuses formes des mers arctiques et de plusieurs autres points du globe, fort éloignés. Nous nous bornerons à dire qu'il nous paraît difficile, dans l'état actuel de nos connaissances, d'admettre la réunion des *S. arctica* et *rugosa* parce que, sans parler des caractères conchyliologiques que nous indiquerons plus loin, ces deux Mollusques se distinguent par des mœurs et des habitats différents. Le *S. arctica* vit dans une zone plus profonde que le *S. rugosa*, il est fixé par un byssus à la surface de grandes coquilles, notamment des *Pecten*. Le *S. rugosa*, au contraire, n'émet pas de byssus et se loge dans l'intérieur des pierres perforées.

Le *Saxicava arctica* Linné (*Mya*), a été bien décrit dans la 12e édition du « *Systema Naturæ* » et, quoiqu'il n'y ait pas de référence indiquée, il ne peut exister aucun doute sur son identification. Hanley en a, en effet, retrouvé dans la collection linnéenne, un exemplaire concordant avec la fig. 12 de la pl. II de Turton (Dithyra britannica), qui peut donc être considérée comme représentant le type de l'espèce. Hanley nous apprend en outre que Linné avait écrit, dans son manuscrit : « cardine subedentulo, » termes qui conviennent mieux au *S. arctica* que ceux de « cardine edentulo » qui se trouvent imprimés dans le *Systema Naturæ*.

Le *Solen minutus* Linné est synonyme de *Mya arctica* Linné comme le prouve la description et comme le confirme une observation écrite par Linné lui-même en marge de son exemplaire du *Systema Naturæ :* « idem cum Mya arctica. »

D'après Gray, le *Chama aculeata* Ström (*Act. Nidros*, t. IV, p. 368, pl. XVI, fig. 24) est synonyme, et, d'après M. Brusina, il en est de même du *Byssomia crispa* Danilo et Sandri et du *Spongyophylla irregularis* Nardo. Poli a nommé l'animal de cette espèce *Hypogaea barbata*

Le *Byssomya Guerini* Payraudeau est synonyme de *Cypricardia lithophagella* Lamarck; mais la coquille représentée par Reeve sous le nom de *Saxicava Guerini* Payraudeau, n'est autre chose que la variété dépourvue de squamules du *S. arctica.*

Nous ne nous expliquons pas pourquoi le *Donax irus* d'Olivi a été introduit parfois dans la synonymie du *S. arctica*, la référence de Linné (sp. 111), aussi bien que les explications fournies par Olivi s'appliquent, en effet, clairement au *Venerupis irus* Linné sp. (*Donax*) et pas du tout au *S. arctica.*

Deshayes a représenté (Expl. sc. de l'Algérie, pl. LXVI, fig. 18, 19) un *Saxicava rubra* dont la coquille se rapproche beaucoup de celle du *S. arctica*, mais dont l'animal est d'une belle coloration rouge.

En plus des différences de mœurs et d'habitat que nous avons déjà indiquées, il existe entre les *S. arctica* et *rugosa* de nombreux caractères conchyliologiques distinctifs qui peuvent être résumés comme suit :

Le *S. arctica* est nettement inéquivalve, la valve gauche s'emboîtant dans la droite qui est plus concave et la dépasse sensiblement du côté ventral et du côté dorsal; le *S. rugosa*, est au contraire, équivalve.

Le *S. arctica* est clos et ne présente qu'une petite échancrure du bord ventral pour le passage du byssus, tandis que le *S. rugosa* est bâillant tout autour, sauf dans la région des sommets.

Les angles rayonnants de la région postérieure qui sont accusés et ordinairement garnis de squamules chez le *S. arctica*, sont obsolètes ou bien font entièrement défaut chez le *S. rugosa.*

Le bord cardinal du *S. arctica* est pourvu dans chaque valve d'un dentelon, alors qu'on n'en voit presque pas de trace sur le bord cardinal du *S. rugosa.*

La forme du *S. arctica* est presque toujours plus inéquilatérale, plus transverse et plus quadrangulaire que celle du *S. rugosa.*

Enfin, le *S. arctica* n'atteint pas une taille aussi forte que celle des grands exemplaires du *S. rugosa* typique.

Diagnose. — Coquille, diamètre umbono-ventral 24 millim., diamètre antéro-postérieur 10 millim , épaisseur 11 millim. (dimensions de la fig. de Turton), assez solide, très inéquilatérale, inéquivalve, la valve gauche s'emboîtant toujours plus ou moins dans la valve droite qui la dépasse sensiblement du côté ventral et du côté dorsal. Coquille close, mais présentant, vers le milieu du bord ventral, une échancrure pour le passage du byssus. Forme rhomboïdale, très transverse, souvent irrégulière. Bord antérieur, court, déclive, bord dorsal rectiligne, bord postérieur tronqué, bord ventral un peu sinueux, subparallèle au bord dorsal. Sommets anguleux, très saillants, incurvés antérieurement. Lunule limitée par un angle assez prononcé. Corselet limité par deux carènes rayonnantes garnies de squamules. Surface terne, irrégulièrement plissée concentriquement. Intérieur des valves peu luisant. Plateau cardinal faible. Charnière composée dans chaque valve d'un dentelon obtus assez distinct. Impressions des muscles adducteurs des valves, irrégulières; impression palléale indistincte.

Coloration blanche uniforme. Épiderme membraneux, jaunâtre, peu adhérent au test. Ligament court, corné, brun, faisant saillie à l'extérieur.

Variétés. — Nous avons vu plus haut que le type retrouvé dans la collection de Linné concorde avec la fig. 12 de la pl. II de Turton (*Dithyra britannica*). Nous avons fait photographier, pl. LXXXVI, fig. 1, 2, 3, 4, des spécimens qui représentent cette forme. Le *Solen minutus* Lin. ne nous paraît être que le jeune âge du *Mya arctica* Lin. et n'avoir pas même la valeur d'une variété.

Var. ex forma 1, *inermis* B. D. D. Semblable au type, mais sans squamules sur les angles qui rayonnent du sommet dans la région postérieure. Voir notre pl. LXXXVI, fig. 5.

Var. ex forma 2, *præcisa* Montagu. Forme allongée, abruptement tronquée du côté antérieur, de sorte que les crochets sont tout à fait terminaux. Nous avons figuré, pl. LXXXVI, fig. 6, 7 et 8, des spécimens de cette variété. Elle est ordinairement dépourvue de squamules sur les angles et les figurations fournies par Montagu, Hidalgo (fig. 8) et par nous-mêmes (fig. 6 et 7), la représentent dans cet état. Mais dans la figure donnée par Deshayes (*Traité élémentaire*, fig. 8) ainsi que dans notre fig. 8, les angles sont nettement squamuleux.

Var. ex forma 3, *oblonga* Turton (*Dithyra* pl. II, fig. 13) = ? var. *ovato-oblonga* Réquien. Cette variété diffère du type par sa forme plus allongée transversalement, par l'absence de squamules sur les angles qui eux-mêmes sont peu accusés. Voir notre pl. LXXXVI, fig. 9, 10, 11.

Var. ex forma 4, *dilatata* B. D. D. Nous proposons ce nom pour désigner la forme très dilatée à l'extrémité postérieure, qui a été bien représentée par Philippi (*Enum. Moll. Sic.*, t. I, pl. III, fig. 3, 3A) et par de Blainville (*Manuel de Malacologie*, pl. LXXX *bis*, fig. 6B). Elle se rapproche d'une forme fossile nommée *Mya elongata* par Brocchi.

Var. ex forma 4, *abbreviata* B. D. D. Diamètre umbono-ventral 9 millim., diamètre antéro-postérieur 15 millim. Cette dénomination s'applique à la forme quadrangulaire très courte figurée par Philippi (*Enum. Moll. Sic.*, t. I, pl. III, fig. 3c).

Nous ne connaissons pas la forme que Réquien a désignée sous le nom de var. *linearis*.

Habitat. — Peu commun, fixé par son byssus sur les valves du *Pecten Jacobæus* pêché à Port-Vendres.

Dispersion. — Méditerranée, Adriatique et Océan Atlantique depuis les côtes de la Norvège jusqu'aux Canaries, Açores, Sainte-Hélène (Smith) et Cap de Bonne-Espérance (Sowerby). M. Smith l'indique également du Japon, de la côte occidentale d'Amérique, d'Australie, de la Nouvelle-Zélande, etc., de 0 à 500 brasses de profondeur.

Origine. — D'après Sandberger, cette espèce remonterait sans modifications importantes jusqu'à l'Oligocène du bassin de Mayence. Dans le Miocène, son extension est considérable : Dingden, en Allemagne, sables noirs d'Anvers; Touraine; Bordelais; Suisse; Autriche; Hongrie; Bohême; Italie, dans le Piémont, le Modénais et les marnes du Vatican. Dans le Pliocène, elle est signalée : du Cotentin, de l'Andalousie (Bergeron), de la Catalogne (Almeira et Bofill), des Pyrénées-Orientales (Companyo), de la vallée du Rhône, des Alpes-Maritimes, du Modénais, du Plaisancien, du Bolonais, de la campagne romaine, de la Calabre, de la Grèce. Dans le Pleistocène, elle se rencontre à Selsey, dans le Glaciaire de l'île de Man, en Sicile, en Calabre et à Rhodes.

De nombreuses variétés fossiles ont été établies par Brocchi et dernièrement, par M. de Gregorio, d'après les figures de Hœrnes.

Beaucoup de paléontologues ayant considéré le *Saxicava rugosa* comme une simple variété de l'*arctica*, bien des localités ont pu nous échapper. Nous remarquons que la distribution géologique des deux formes n'est pas tout à fait la même : tandis que l'*arctica*, descendant de l'Oligocène est très abondant dans le Miocène, il devient relativement rare dans le Pleistocène. Le *rugosa*, rarement cité dans le Miocène, est au contraire abondant dans le Pleistocène du nord de l'Europe.

Saxicava rugosa (Linné) Pennant sp. (*Mytilus*).

Pl. LXXXVI, fig. 12 à 14 (type), 15 à 24 (var.).

1767 ? *Mytilus rugosus* LINNÉ, Syst. Nat. édit. XII, p. 1156.
1777 — — Lin. PENNANT, Zool. Brit., t. IV, p. 110, pl. LXIII, fig. 72.
1778 — — — DA COSTA, Brit. Conch., p. 223.
1790 — — — LINNÉ-GMELIN, Syst. Nat. édit. XIII, p. 3352.
1803 — — — MONTAGU, Test. brit. p. 164.

1804 *Mytilus rugosus* Lin. DONOVAN, Brit. Sh., t. IV, pl. CXLI.
1804 — — — MATON et RACKETT, Descr. Catal. *in* Trans. Linn. Soc., t. VIII, p. 105.
1812 — — — PENNANT, Brit. Zool. new edit., t. IV, p. 235, pl. LXVI, fig. 1.
1813 — — — PULTENEY, Catal. Dorsetsh. 2e édit., p. 39, pl. XIII, fig. 5.
1817 — — — DILLWYN, Descr. Catal. rec. Sh., t. I, p. 304.
1818 *Saxicava rugosa* — LAMARCK, Anim. sans vert., t. V, p. 501.
1818 — *gallicana* LAMARCK, Anim. sans vert., t. V, p. 501.
1819 *Mytilus rugosus* Lin. TURTON, Conchol. Dict., p. 113.
1822 *Saxicava rugosa* — TURTON, Dithyra brit., p. 20, pl. II, fig. 10.
1822 *Agina purpurea* TURTON, Dithyra brit., p. 54, pl. IV, fig. 9.
1825 *Mytilus rugosus* Lin. WOOD, Index test., p. 57, pl. XII (*Mytilus*), fig. 9.
1828 *Hiatella rugosa* — FLEMING, Brit. anim., p. 461.
1828 *Solen purpureus* Turt. FLEMING, Brit. anim., p. 459.
1830 *Saxicava rugosa* Lin. COLLARD DES CHERRES, Catal. test. Finist., p. 16.
1830 — *gallicana* Lam. COLLARD DES CHERRES, Catal. test. Finist., p. 16.
1832 — *rugosa* Lin. DESHAYES, Encycl. Méthod., t. III, p. 927.
1835 — — — LAMARCK, Anim. sans vert., édit. Desh., t. VI, p. 152.
1835 — *gallicana* LAMARCK, Anim. sans vert., édit. Desh., t. VI, p. 152.
1835 — *rugosa* Lin. BOUCHARD-CHANTEREAUX, Catal. Moll. Boulonnais, p. 15.
1838 — — — FORBES, Malac. Monensis, p. 56.
1841 — *gallicana* Lam. DELESSERT, Rec. de Coq., pl. IV, fig. 9A, 9B.
1841 — *rugosa* Lin. REEVE, Conch. Syst., t. I, part. II, p. 72 (*ex parte*), pl. L, fig. 2, 3, 4 (*tantum*).
1842 — — — HANLEY, Rec. biv. Sh., p. 50.
1843 — *gallicana* Lam. DESHAYES, Traité élém. de Conch., t. I, 2e p., p. 483, pl. XII, fig. 1, 2, 3, 4.
1844 — *rugosa* Lin. MACGILLIVRAY, Moll. anim. of Scotl., p. 285.
1844 — — — BROWN, Illustr. of the Conch. of Gr. Brit. and Irel., 2e édit., p. 103, pl. XLVIII, fig. 14, 16.
1844 — *purpurea* — BROWN, Illustr. of the Conch. of Gr. Brit. and Irel., 2e édit., p. 103, pl. XLII, fig. 29, 30, 31.
1844 — *gallicana* Lam. POTIEZ et MICHAUD, Galerie de Douai, t. II, p. 266, pl. LXVIII, fig. 12, 13.
1844 — *rugosa* Lin. POTIEZ et MICHAUD, Galerie de Douai, t. II, p. 267.
1844 *Hiatella* — — THORPE, Brit. mar. Conch., p. 58.
1846 *Saxicava rugosa* Lin. LOVÉN, Index Moll. Scand., p. 38.

1851 *Saxicava rugosa* Lin. PETIT, Catal. *in* Journ. Conch., t. II, p. 288.
1851 — *gallicana* Lam. PETIT, Catal. *in* Journ. Conch., t. II, p. 288.
1852 — *rugosa* Lin. LEACH, Synopsis, p. 257.
1853 — — — FORBES et HANLEY, Britt. Moll., t. I, p. 146, pl. F, fig. 6, t. IV, pl. VI, fig. 7, 8.
1855 *Mytilus rugosus* — HANLEY, Ipsa Linn. Conch., p. 139.
1855 *Saxicava rugosa* — CLARK, Brit. mar. test. Moll., p. 160.
1856 — — var. *gallicana* Lam. HANLEY, Rec. Biv. Sh. Suppl., p. 2, pl. IX, fig. 5.
1858 — *rugosa* Lin. H. et A. ADAMS, Genera of rec. Moll. t. II, p. 349, pl. XCIV, fig. 1, 1A, 1B.
1859 — — — SOWERBY, Illustr. Ind. Brit. Sh., pl. I, fig. 15.
1860 — *gallicana* Lam. MACÉ, Catal. Cherbourg et Valognes, p. 20.
1862 — *rugosa* Lin. CHENU, Manuel de Conch., t. II, p. 25, fig. 111.
1865 — — — FISCHER, Gironde, p. 45.
1865 — — — CAILLIAUD, Catal. Loire-Inf., p. 55.
1865 — — — JEFFREYS, Brit. Conch., t. III, p. 81 (excl. var.) pl. III. fig. 3, t. V (1869), p. 192, pl. LI, fig. 3.
1867 — — — TASLÉ, Catal. Morbihan, p. 3.
1869 — — — PETIT, Catal. test. mar., p. 33. (excl. var.).
1870 — — — WOODWARD, Manuel de Conch., p. 515, pl. XXII, fig. 13.
1870 *Saxicava arctica* MAYER-EYMAR (*non* Lin.) Catal. Mus. Zurich, 4e cahier, p. 50 (*ex parte*).
1870 — *irregularis* NARDO *in* BRUSINA, Ipsa Chiereghinii Conch., p. 72.
1872 — *rugosa* Lin. MEYER et MÖBIUS, Fauna der Kieler-Bucht, p. 124, pl. XX, fig. 1 à 4.
1872 — — — MONTEROSATO, Notizie int. alle Conch. Medit., p. 27 (excl. var.).
1875 — — — var. MONTEROSATO, Nuova Rivista, p. 19.
1875 — — — REEVE, Conch. Icon, pl. I, fig. 3.
1878 — — — var. MONTEROSATO, Enum. e Sinon., p. 15.
1878 — *gallicana* Lam. MONTEROSATO, Enum. e Sinon., p. 15.
1878 — *rugosa* Lin. FISCHER, Brachiop. et Moll. du litt. océan. de France, p. 7.
1879 — — — GRANGER, Catal. Moll. Cette, p. 38.
1880 — — — SERVAIN, Catal. Coq. mar. Ile d'Yeu, p. 9.
1883 — — — DAUTZENBERG, Liste Coq. Gabès, p. 14.
1883 — — — DANIEL, Faune malac. Brest *in* Journ de Conch. t. XXXI, p. 230.
1884 — — — JONAS COLLIN, Om Limfjordens mar. Fauna, p. 103 (excl. syn).
1886 — — — GRANGER, Moll. biv. de France, p. 180.
1886 — — — LOCARD, Prodr. de Malac. franç., p. 378.

1886 *Saxicava gallicana* Lam. LOCARD, Prodr. de Malac. franç., p. 378.
1887 — *rugosa* Lin. SOWERBY, Thes. Conch., t. V, p. 133, pl. CCCCLXXI, fig. 3.
1887 — — — FISCHER, Manuel de Conch., p. 1127, pl. XXII, fig. 13.
1888 — — — SERVAIN, Catal. Coq. Concarneau, p. 80.
1888 — — — KOBELT, Prodr. Faunæ Moll. test. maria europ. inhab., p. 305.
1889 — — — CARUS, Prodr. Faunæ medit., p. 147.
1890 — — — DAUTZENBERG, Catal. Moll. Pouliguen, p. 4.
1891 — — — DAUTZENBERG, Contrib. Faune malac. Golfe de Gascogne, p. 9.
1892 — — — LOCARD, Coq. mar. de France, p. 252.
1892 — *gallicana* Lam. LOCARD, Coq. mar. de France, p. 252.
1893 — *rugosa* Lin. NORMAN, A month on the Trondjhem Fjord, *in* Ann, and Mag. N. H, p. 366.
1894 — — — DAUTZENBERG, Moll. rec. à St-Jean de Luz et à Guétharry, p. 3.
1895 — — — CLESSIN, Die Familie *Gastrochænidæ in* Martini und Chemnitz Conch. Cab. 2e édit., p. 38 (excl. syn. plur.), pl. VI, fig. 7.

Obs. — Linné indique comme références de son *Mytilus rugosus* : 1o une figure très grossière de Gualtieri (pl. VII, fig. D) qui a quelque ressemblance avec la coquille dont nous nous occupons ; mais qui représente, en réalité, un *Unio* puisque Gualtieri dit qu'il s'agit d'une coquille fluviatile nacrée à l'intérieur ; 2o mais avec un point de doute, une figure de Lister (*Hist. Anim. Angliæ*, pl. IV, fig. 21) représentant une coquille qui peut être regardée comme une *Saxicave* de forme très transverse. Hanley a retrouvé dans la collection de Linné des spécimens qui ressemblent assez à cette dernière figure et il les considère comme étant des exemplaires très vieux et frustes du *Saxicava arctica*. Gmelin, au lieu d'éclaircir la question n'a fait que l'embrouiller en ajoutant à la diagnose linnéenne des caractères qui ne conviennent à aucun *Saxicava*, comme, par exemple, la coloration moitié blanche et moitié bleuâtre de l'intérieur des valves. Mais Pennant avait, dès 1777, donné sous le nom de *Mytilus rugosus* une bonne figuration de l'espèce à laquelle les auteurs se sont généralement accordés à attribuer depuis ce nom spécifique. Dans ces circonstances, nous estimons que malgré le peu de précision de l'espèce linnéenne, il y a tout avantage, pour ne pas compliquer la nomenclature, à l'accepter telle qu'elle a été interprétée par Pennant.

Le *S. rugosa* diffère surtout du *S. arctica* en ce que sa coquille est équivalve et bâillante tout autour. On remarque en outre qu'il atteint une taille plus forte, que son bord cardinal est entièrement dépourvu de dent, enfin, que les angles rayonnants de la région postérieure sont très effacés ou qu'ils manquent même souvent tout à fait.

Diagnose. — Coquille, diamètre umbono-ventral 15 millim.; diamètre antéro-postérieur 26 millim.; épaisseur 12 millim. (dimensions de la figure de Pennant), assez solide, inéquilatérale, équivalve ou subéquivalve, bâillante tout autour : les valves ne se touchent que dans la région des crochets. Forme rhomboïdale transverse, un peu irrégulière. Bord antérieur arrondi; bord dorsal un peu arqué; bord postérieur tronqué; bord ventral presque parallèle au bord dorsal. Sommets petits, contigus, incurvés, aplatis et inclinés vers le côté antérieur. Pas de lunule. Corselet faiblement indiqué par deux carènes qui partent des sommets et s'oblitèrent ensuite, l'inférieure seule persistant en un angle très obtus. Surface terne, irrégulièrement plissée concentriquement. Intérieur des valves peu luisant. Plateau cardinal assez épais. Charnière nulle ou composée seulement dans chaque valve d'un petit dentelon obsolète. Impressions des muscles adducteurs des valves, rapprochées, subtrigones; ligne palléale interrompue en plusieurs petites impressions irrégulières. Bords simples, épaissis dans la région postérieure.

Coloration blanche uniforme. Epiderme membraneux, jaunâtre, dépassant les bords de la coquille. Ligament court, corné, brun, faisant saillie à l'extérieur.

Variétés. — En présence de l'incertitude qui règne au sujet de cette espèce dans le *Systema Naturæ*, nous choisissons comme type la forme anciennement représentée par Pennant et avec laquelle notre fig. 13, pl. LXXXVI, concorde bien.

Var. ex forma 1, *transversa* B. D. D. Plus allongée que le type, atténuée et tronquée à l'extrémité postérieure. Cette forme a été parfaitement représentée par Turton (*Dithyra brit.*, pl. II, fig. 10) et notre fig. 24 (pl. LXXXVI) en est également un exemple.

Var. ex forma 2, *gallicana* Lamarck. Subquadrangulaire et de taille faible. Cette variété dont nous avons représenté, pl. LXXXVI, fig. 15, 16, 17, 18 et 19 quelques spécimens recueillis par l'un de nous, à l'îlot du Four (Loire-Inférieure), est celle qui se rencontre le plus fréquemment sur notre littoral océanique.

Monstr., *irregularis* B. D. D. Il arrive souvent que de jeunes *S. rugosa*, s'étant introduits dans des cavités trop étroites ou irrégulières, se trouvent gênés dans leur développement. Il en résulte des déformations variées dont nos fig. 20, 21, 22 et 23 (pl. LXXXVI) fournissent des exemples.

Habitat. — Beaucoup plus rare que le *S. arctica* : nous n'en avons rencontré que peu de valves dans les dépôts littoraux de Paulilles.

Dispersion. — Méditerranée, Adriatique, mer Baltique, mer du Nord et Océan Atlantique depuis les côtes de Norvège jusqu'au détroit de Gibraltar.

Origine. — L'apparition du *S. rugosa* dans le Miocène de la Belgique, est douteuse; mais elle a été bien constatée dans le Pliocène d'Angleterre (*Coralline Crag* et *Red Crag*), de la Hollande, du Cotentin et du Monte-Mario. Cette espèce s'est beaucoup répandue dans le Pleistocène où elle est connue du glaciaire de Bridlington-Quay, de l'île de Man, des graviers de l'Irlande, de la plage soulevée de Selsey, des sables de la Hollande. Elle a été également rencontrée dans le Pleistocène du midi, au Monte Pellegrino, à Ficarazzi, à Altavilla et en Grèce.

Famille GASTROCHÆNIDÆ Gray, 1840.

Cette famille, extraite de celle des *Pholadidæ*, a été acceptée par la plupart des conchyliologues : Woodward, Tryon, Fischer, etc.

TABLEAU DES GENRE ET ESPÈCE

Genre **Gastrochæna** Spengler............. *G. dubia* Pennant.

Genre GASTROCHÆNA Spengler, 1783.

Type : *G. cuneiformis* Spengler (= *hians* Gmelin).

Ce genre, tel qu'il avait été conçu par son auteur, renfermait des Mollusques appartenant à deux groupes différents. L'un comprend des espèces arénicoles (toutes exotiques) qui sécrètent une enveloppe calcaire tubuleuse, claviforme, allongée, striée concentriquement, plus ou moins agglutinante et toujours libre. Bruguière lui a donné, en 1789, le nom générique *Fistulana*, et Lamarck lui a assigné pour type le *G. mumia* Spengler. Le nom *Gastrochæna* a été conservé par Bruguière et par Lamarck pour l'autre groupe qui comprend des espèces perforantes, sécrétant une enveloppe mince, adhérente à la cavité creusée dans la roche par l'animal et qui se prolonge au dehors en un tube calcaire irrégulier, plus ou moins allongé.

Adams, Tryon et quelques autres ont au contraire appliqué le nom de *Gastrochæna* aux *Fistulana* de Lamarck et de Bruguière et ont adopté pour les autres espèces le nom de genre *Rocellaria* Fleuriau de Bellevue. Mais cet exemple ne peut être approuvé, car le genre *Rocellaria* n'a été établi qu'en 1802, alors que le genre *Fistulana* date de 1789.

Deshayes dans son *Traité de Conchyliologie* a cherché à démontrer l'inutilité de deux genres différents pour les *Fistulana* et les *Gastrochæna*, mais sa manière de voir n'a pas été acceptée et l'on s'accorde aujourd'hui pour regarder leur maintien comme parfaitement justifié.

Gastrochæna dubia Pennant sp. (*Mya*).

Pl. LXXXV, fig. 36 à 40.

1777	*Mya dubia*	PENNANT, Zool. brit., t. IV, p. 82, pl. XLIV, fig. 19.
1778	*Chama parva*	DA COSTA, Brit. Conch., p. 234.
1791	*Pholas pusilla*	POLI (*non* Linné), Test. utr. Sic., t. I, p. 50, pl. VII, fig. 12, 13.
1792	— *pusillus*	OLIVI (*non* Linné), Zool. Adr., p. 93.
1799	— *faba*	PULTENEY, Catal. Dorsetsh., p. 27.
1803	*Mya pholadia*	MONTAGU, Test. brit., pp. 28, 559.
1804	— *dubia* Penn.	DONOVAN, Brit. Sh., t. III, pl. CVIII.
1804	— — —	MATON et RACKETT, Descr. Catal., *in* Trans. Linn. Soc., t. VIII, p. 33.
1804	*Pholas hians*	RENIER (*non* Gmelin), Tavola alfab., p. 2, n° 17.
1812	*Mya dubia* Penn.	PENNANT, Brit. Zool., new edit., t. IV, p. 165, pl. XLVII.
1813	— — —	PULTENEY, Catal. Dorsetsh., p. 27.
1817	*Mytilus ambiguus*	DILLWYN, Descr. Catal., t. I, p. 304.
1818	*Gastrochæna modiolina*	LAMARCK, Anim. sans vert., t. V, p. 447.
1819	*Mya dubia* Penn.	TURTON, Conch. Dict., p. 104.
1822	*Gastrochæna pholadia* Mont.	TURTON, Dithyra brit., p. 18, pl. II, fig. 8, 9 (excl. syn. *G. hians* Chemnitz).
1823	— *cuneiformis*	DELLE CHIAJE (*non* Spengler), An. sens. vert., pl. LXXXIII, fig. 16-20.
1825	*Mya dubia* Penn.	DE GERVILLE, Catal. Coq. Manche, p. 10.
1825	— — —	WOOD, Index testac., p. 11, pl. II, (*Mya*), fig. 23.
1827	— *modiolina* Lam.	BROWN, Illustr. of the Conch. of Gr. Brit. and Irel., pl. IX, fig. 13, 14.
1829	*Pholas pusilla*	O.-G. COSTA (*non* Linné), Catal. Sist., p. XI.
1830	*Fistulana hians* Mont.	DESHAYES (*non* Gmelin), Encycl. méthod., t. II, p. 141.

1830	*Gastrochæna modiolina* Lam.	Collard des Cherres, Catal. test. Finist., p. 8.
1835	— — —	Lamarck, Anim. sans vert., édit. Desh., t. VI, p. 49.
1835	*Mya dubia* Penn.	Wood, General Conch., p. 102, pl. XXV, fig. 2, 3.
1835	*Gastrochæna modiolina* Lam.	Bouchard - Chantereaux, Catal. Moll. Boulonnais, p. 8.
1836	— *cuneiformis*	Scacchi (*non* Spengler), Catal. Conch. Regn. Neap., p. 5.
1836	— —	Philippi (*non* Spengler), Enum. Moll. Sic., t. I, p. 2.
1838	— —	Maravigna (*non* Spengler), Mém. Sic., p. 77.
1841	— *modiolina* Lam.	Reeve, Conch. Syst., pl. XX, fig. 1, 2.
1842	— — —	Hanley, Rec. biv. Sh., p. 10.
1843	— — —	Cailliaud, Notice sur le genre *Gastrochène*, *in* Magasin de Zoologie, p. 2, pl. LXIX, LXX, LXXI.
1843-50	— *dubia* Penn.	Deshayes, Traité élém. de Conch., t. I, 2e p., p. 34, pl. II, fig. 4, 5.
1844	— *Pholadia* Mont.	Brown, Illustr. of the Conch. of Gr. Brit. and Irel., 2e édit., p. 116, pl. XLVIII, fig. 13, 14.
1844	— *cuneiformis*	Forbes (*non* Spengler), Rep. Æg. Invert., p. 142.
1844	— *Polii*	Philippi, Enum. Moll. Sic., t. II, p. 3, pl. XIII, fig. 4 (tube).
1844	— —	Jonas, Bemerkungen, etc., *in* Zeitschr. für Malakoz., p. 137.
1844	— *modiolina* Lam.	Thorpe, Brit. mar. Conch., p. 33.
1844	— — —	Potiez et Michaud, Galerie de Douai, t. II, p. 268.
1845	— *Poliana*	Philippi *in* Wiegmann's, Archiv für Naturgesch., p. 186, pl. VII, fig. 1.
1848	— *Polii* Phil.	Réquien, Coq. de Corse, p. 13.
1851	— *modiolina* Lam.	Petit, Catal., *in* Journ. de Conch., t. II, p. 280.
1851	— *dubia* Penn.	Gray, Brit. Anim., *in* the Brit. Mus., p. 57.
1852	— *modiolina* Lam.	Leach, Synopsis, p. 256, pl. III, fig. 3.
1853	— — —	Forbes et Hanley, Brit. Moll., t. I, p. 132, pl. II, fig. 5, 6, 7, 8 et pl. F, fig. 5 (animal).

1853 *Gastrochæna modiolina* Lam. DOUBLIER, Catal. Coq. du Var, *in* Prodr. Hist. Nat. du Var, p. 107.

1855 — — — CLARK, Brit. mar. test. Moll., p. 158.

1858 — — — GAY, Moll. biv. du Var, *in* Bull. des Sc., Belles-Lettres et Arts du Var, p. 147.

1859 — — — SOWERBY, Illustr. Ind. brit. Sh., pl. I, fig. 14.

1860 — — — MACÉ, Catal. Moll. Cherbourg et Valognes, p. 19.

1862 — *dubia* Penn. WEINKAUFF, Catal. Alg., *in* Journ. de Conch., t. X, p. 306.

1862 — — — CHENU, Manuel de Conch., t. II, p. 16, fig. 77.

1865 — — — CAILLIAUD, Catal. Loire-Inf., p. 53.

1865 — — — JEFFREYS, Brit. Conch., t. III, p. 91, pl. III, fig. 5; t. V (1869), p. 193, pl. XLI, fig. 6.

1865 — *Polii* Phil. STOSSICH, Enum. de Moll. del Golfo di Trieste, p. 27.

1865 — *modiolina* Lam. FISCHER, Gironde, p. 38.

1866 *Rocellaria Polii* Phil. BRUSINA, Contrib. pella Fauna Dalm., p. 90.

1867 *Gastrochæna dubia* Penn. WEINKAUFF, Conch. des Mittelm., t. I, p. 2.

1867 — — — TASLÉ, Catal. Morbihan, p. 1.

1869 — — — TAPPARONE-CANEFRI, Ind. Sist. dei Moll. test. di Spezia, p. 106.

1869 — — — PETIT, Catal. test. mar., p. 29.

1870 — — — ANCEY, Catal. Moll. Cap Pinède, p. 1.

1870 — — — ARADAS et BENOIT, Conch. viv. mar. della Sic., p. 18.

1870 — — — HIDALGO, Mol. mar. Catal. gen., p. 183, pl. XLIX, fig. 3, 4.

1870 — *modiolina* Lam. WOODWARD, Manuel de Conch., p. 514, pl. XXIII, fig. 15, 15A.

1872 — *dubia* Penn. MONTEROSATO, Notizie int. alle Conch. medit., p. 27.

1875 — — — MONTEROSATO, Nuova Rivista, p. 19.

1875 — — — REEVE, Conch. Icon., pl. I, fig. 1A, 1B, 1C.

1878 — — — MONTEROSATO, Enum. e Sinon., p. 15.

1878 — — — FISCHER, Brachiop. et Moll. du litt. océan. de France, p. 6.

1879 — *modiolina* Lam. CLÉMENT, Catal. Moll. du Gard, *in* Et. d'Hist. Nat., p. 83.

1880	*Gastrochæna Polii* Phil.	STOSSICH, Prosp. della Fauna del Mare Adr., *in* Boll. Soc. Adr. di Sc. Nat., p. 135.
1883	— *dubia* Penn.	DANIEL, Faune Malac. Brest, *in* Journ. de Conch., t. XXXI, p. 224.
1883	— — —	MARION, Esq. topogr. Zool. du Golfe de Marseille, pp. 27, 46, 50, 85.
1886	— — —	HIDALGO, Lista de las esp. mar. que viven en la Costa Noroeste de Espana, *in* Rev. de los Progr. de las Ciencias, p. 405.
1886	— — —	LOCARD, Prodr. de Malac. franç., p. 369.
1886	— *modiolina* Lam.	GRANGER, Biv. de France, p. 178, pl. XIV, fig. 11.
1887	— *dubia* Penn.	FISCHER, Manuel de Conch., p. 1129, pl. XXIII, fig. 15, 15A.
1888	— — —	AD. DOLLFUS, Les Plages du Croisic, p. 5.
1888	— — —	KOBELT, Prodr. Faunæ Moll. test. maria europ. inhab., p. 303.
1889	— — —	CARUS, Prodr. Faunæ medit., p. 148.
1892	— — —	LOCARD, Coq. mar. de France, p. 247, fig. 225.
1895	— — —	DAUTZENBERG, Moll. rec. par la *Mélita* en Tunisie et en Algérie, p. 11.
1895	— — —	CLESSIN, Die Fam. *Gastrochænidæ*, *in* Martini und Chemnitz Conch. Cab., nouv. édit., p. 4, pl. II, fig. 7 à 9.

Obs. — D'après Daudin (1800, *Recueil de mémoires et de notes*, p. 42), le *Pholas teredula* Pallas est synonyme et d'après Gray, il en est de même du *Gastrochæna faba* Leach mss. (1818).

Poli a eu tort d'assimiler notre espèce au *Pholas pusilla* Linné (*Systema Naturæ*, édit. XII, p. 1111), qui est certainement un vrai *Pholas*, bien que la seule référence Brown (*Hist. Nat. de la Jamaïque*, pl. XL, fig. 11) soit trop peu précise pour qu'il soit possible de reconnaître exactement de quelle espèce il s'agit.

Le *Pholas cuneiformis* Spengler est un *Gastrochæna* des Antilles, distinct de l'espèce européenne; c'est donc par erreur que Turton a employé ce nom pour le *G. dubia*.

Brocchi a considéré la coquille actuelle de la Méditerranée, comme identique à celle qu'on rencontre à l'état fossile dans le Plaisantien et dans la vallée d'Andona, en l'appelant *Pholas hians* Linné. Mais il n'existe pas de *Pholas hians* dans les ouvrages de Linné et ce nom n'apparaît que dans la 13e édition du « *Systema Naturæ.* » C'est, par conséquent, Gmelin qui en est l'auteur. Ce *Pholas hians* de Gmelin est identique au *Gastrochæna cuneiformis* de Spengler, comme l'a démontré Deshayes, dans l'Encyclopédie et il est donc bien différent du *G. dubia*.

Le *Gastrochæna pelagica* de Risso (*Europe méridionale*, t. IV, p. 378) a été introduit par quelques auteurs dans la synonymie du *G. dubia;* mais, comme Risso dit qu'il s'agit d'une coquille inéquivalve, nacrée à l'intérieur et de 160 millim. de long., il est tout à fait inutile de s'occuper ici de cette dénomination.

Ginnani a donné, en 1757 (t. II, p. 35, pl. XXIII, fig. 164), une figuration reconnaissable du *G. dubia*, sous le nom de *Ballano minimo*.

Diagnose. — Coquille, diamètre umbono-ventral 9 millim. ; diamètre antéro-postérieur 20 millim. ; épaisseur 9 millim. (dimensions des figures de Pennant), mince, régulière, équivalve, très inéquilatérale, largement bâillante en avant. Sommets très petits, incurvés, situés tout près de l'extrémité antérieure de la coquille. Forme ovale, transverse; côté antérieur très court, côté postérieur elliptique. Pas de lunule ni de corselet. Surface terne traversée par de nombreux plis concentriques irréguliers. Intérieur des valves un peu luisant. Impressions des muscles adducteurs inégales, la postérieure étant de beaucoup la plus grande. Impression palléale, échancrée par un sinus très profond, anguleux au sommet. Bords simples, tranchants. Plateau cardinal simple, étroit, sans vestige de dents, un peu épaissi sous les crochets.

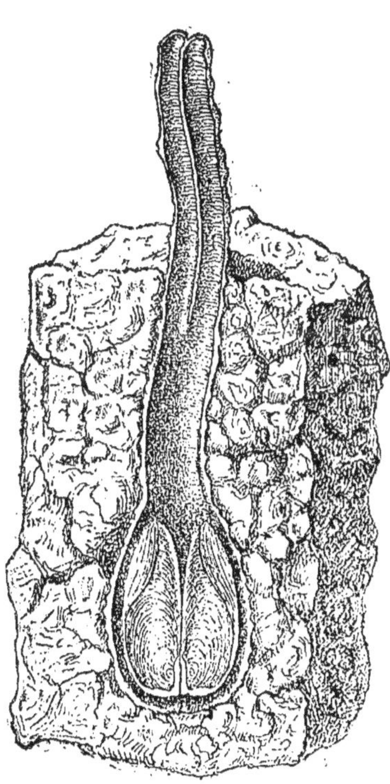

Coloration blanche uniforme. Épiderme membraneux, jaunâtre. Ligament externe, allongé, corné, brun.

L'animal du *Gastrochæna dubia* creuse, dans les roches et dans des valves de coquilles épaisses (*Ostrea*, *Venus*, etc.), une cavité lagéniforme dont il tapisse les parois d'un enduit calcaire lisse, plus ou moins épais et très adhérent. Cette cavité se prolonge, au dehors, en un tube calcaire irrégulier, plus ou moins long, comprimé latéralement et muni, sur chacune de ses faces internes les plus larges, d'une carène qui donne à l'ouverture du tube l'aspect d'un 8. Nous reproduisons ici une figuration de Cailliaud (*Magasin de Zoologie*, pl. LXIX), qui représente une coupe permettant de voir la coquille dans sa station naturelle.

Variétés. — Cette espèce, de caractères fort simples, ne présente pas de variétés.

Habitat. — Rencontré accidentellement à Banyuls dans un fragment de roche rejeté sur le rivage.

Dispersion. — Méditerranée, Adriatique et Océan Atlantique depuis les côtes d'Angleterre jusqu'au détroit de Gibraltar. M. Smith l'a signalé de l'île de Sainte-Hélène sous le nom de *Rocellaria dubia* (*Proc. Zool. Soc.*, 1890). Quant à la citation de la mer Rouge, elle s'applique à une espèce voisine mais cependant distincte, dont le test est plus profondément sillonné.

Origine. — D'après Mayer-Eymar, il faudrait faire remonter l'origine de cette espèce jusqu'à l'Oligocène. Elle est connue du Miocène de la Gironde, du Béarn, de la vallée du Rhône, de la Suisse, de la Bavière, de l'Autriche, de la Hongrie et de la Bohême; du Pliocène de la Belgique, de l'Angleterre, de la Catalogne, de la vallée du Rhône, des Alpes-Maritimes, de l'Italie centrale et méridionale ainsi que de la Grèce; enfin, du Pleistocène de la Calabre, de la Sicile et de l'Archipel.

Famille PHOLADIDÆ Lamarck

Cette famille, établie par Lamarck sous le nom de *Pholadaria*, a été acceptée par tous les auteurs qui ont modifié de diverses manières la terminaison de son nom en même temps que son étendue.

TABLEAU DES GENRES ET ESPÈCES

Genre *Pholas* Linné............ *Ph. dactylus* Linné.
— *Barnea* Leach........... *B. candida* Linné.

Genre PHOLAS Linné, 1759.

Type : *Pholas dactylus* Linné.

Lamarck a choisi ce type en 1798; mais, en 1801, il l'a remplacé par le *Pholas costata* Linné, espèce qui vit aux Antilles et appartient à un autre groupe.

Gray, Adams, Paetel et quelques autres auteurs n'ayant pas connu le premier type de Lamarck ont adopté celui de 1801 et accepté pour le *Ph. dactylus* le genre *Dactylina* Gray. En reprenant le type primitif, le genre *Dactylina* disparaît et il y a lieu d'adopter pour les espèces du groupe du *Ph. costata* le genre *Scobina* proposé par M. Bayle, en 1880.

Le nom de *Pholas* est fort ancien, puisqu'il figure déjà dans Athénée. Il a été également employé par les auteurs de la Renaissance et fixé définitivement par Lister (1687), auquel Linné l'a emprunté.

Cailliaud, après avoir patiemment étudié et observé le percement des roches plus ou moins dures par les *Pholades*, est arrivé à démontrer que ces Mollusques agissent mécaniquement en imprimant à leurs valves des mouvements de rotation (1850, *Journal de Conchyliologie*, pp. 363 et suiv.; 1856, *Mémoire sur les Mollusques perforants*; 1865, *Catalogue Loire-Inférieure*, p. 47). Cette théorie, confirmée par M. Granger (*Bivalves de France*, p. 181), est aujourd'hui généralement admise de préférence à celle qui faisait intervenir dans ce phénomène la sécrétion, par l'animal, d'un acide particulier.

Pholas dactylus Linné.

Pl. LXXXVII, fig. 1 à 5 (type), 6 et 7 (var. *callosa*).

1758	*Pholas dactylus*	Linné, Syst. Nat., édit. X, p. 669.
1761	— —	Linné, Fauna Succica, p. 515.
1767	— —	Linné, Syst. Nat., édit. XII, p. 1110.
1777	— —	Pennant, Zool. brit., t. IV, p. 76, pl. XXXIX, fig. 10.
1778	— *muricatus*	Da Costa, Brit. Conch., p. 244, pl. XVI, fig. 2.
1778	— *Dactilus* Lin.	Born, Index rerum nat. Mus. Cæs. Vindob., p. 7.
1780	— *dactylus* —	Born, Test. Mus. Cæs. Vindob., p. 14, pl. I, fig. 7 et vignette, p. 13.

1785	*Pholas dactylus* Lin.	Chemnitz, Conch. Cab., t. VIII, p. 353, pl. CI, fig. 859.
1786	— — —	Schrœter, Einleit. in die Conchylienk., t. III, p. 536.
1790	— — —	Linné-Gmelin, Syst. Nat., édit. XIII, p. 3214.
1791	— — —	Poli, Test. utr. Sic., t. I, p. 40, pl. VII, fig. 1 à 11 et pl. VIII.
1792	— — —	Olivi, Zool. Adr., p. 93.
1799	— *hians*	Pulteney (*non* Gmelin), Catal. Dorsetsh., p. 26.
1801	— *dactylus* Lin.	Bosc, Hist. Nat. des Coq., t. II, p. 198, pl. V, fig. 1, 2, 3.
1803	— — —	Montagu, Test. brit., pp. 20, 558.
1804	— — —	Donovan, Brit. Sh., t. IV, pl. CXVIII.
1804	— — —	Renier, Tavola alfab., p. 2, nº 16.
1804	— — —	Maton et Rackett, Descr. Catal. *in* Trans. Linn. Soc., t. VIII, p. 30.
1812	— — —	Pennant, Brit. Zool. new edit., t. IV, p. 156, pl. XLII, fig. 1, 1.
1813	— — —	Pulteney, Catal. Dorsetsh. new edit., p. 27, pl. III, fig. 2.
1817	— — —	Dillwyn, Descr. Catal., t. I, p. 35.
1817	— *callosa*	Cuvier, Règne Animal, pl. CXIII fig. 1.
1818	— *dactylus* Lin.	Lamarck, Anim. sans vert., t. V, p. 444.
1818	— *callosa* Cuvier.	Lamarck, Anim. sans vert., t. V, p. 445.
1819	— *dactylus* Lin.	Turton, Conch. Dict., p. 143.
1822	— — —	Turton, Dithyra brit., p. 8.
1825	— — —	De Gerville, Catal. Coq. Manche p. 9.
1825	— — —	Wood, Index testac., p. 8, pl. II. (*Pholas*), fig. 1.
1826	— — —	Risso, Europe mérid., t. IV, p. 376.
1827	— — —	Brown, Illustr. of the Conch. of Gr. Brit. and Irel., pl. VIII, fig. 1, 2, 3.
1828	— — —	Fleming, Brit. Anim., p. 457.
1829	— — —	O. G. Costa, Catal. Sist., p. 11.
1830	— — —	Collard des Cherres, Catal. test. Finist., p. 9.

1832 *Pholas dactylus* Lin. — DESHAYES, Encycl. Méthod., t. III p. 753, pl. CLXVIII, fig. 2, 4, 5.

1835 — — — WOOD, General Conch., p. 77, pl. XIII, fig. 1, 2, 3.

1835 — — — LAMARCK, Anim. sans vert., édit. Desh., t. VI, p. 43.

1835 — — — BOUCHARD-CHANTEREAUX, Catal. Moll. Boulonnais, p. 5.

1836 — — — SCACCHI, Catal. Conch. Regn. Neap., p. 5.

1836 — — — PHILIPPI, Enum. Moll. Sic., t. I, p. 3.

1838 — — — MARAVIGNA, Mém. Sic., p. 77.

1841 — — — REEVE, Conch. Syst., pl. XXIV, fig. 1.

1844 — — — POTIEZ et MICHAUD, Galerie de Douai, t. II, p. 269.

1844 — — — THORPE, Brit. mar. Conch., p. 31.

1844 — — — BROWN, Illustr. of the Conch. of Gr. Brit. and Irel., 2e édit., p. 115, pl. XLIX, fig. 1, 2, 3.

1844 — — — PHILIPPI, Enum. Moll. Sic., t. II, p. 4.

1846 — — — LOVÉN, Index Moll. Scand., p. 48.

1846 — — — VÉRANY, Invert. di Genova e Nizza, p. 13.

1848 — — — DESHAYES, Expl. scient. de l'Algérie, p. 107, pl. IXc, IXe, IXf, IXg, IXh. IXi, fig. 1, 2, 3.

1848 — — — RÉQUIEN, Coq. de Corse, p. 13.

1851 — — — PETIT, Catal. *in* Journ. de Conch., t. II, p. 279.

1852 — — — LEACH, Synopsis, p. 251.

1853 — — — FORBES et HANLEY, Brit. Moll., t. I, p. 108; t. IV, pl. III, fig. 1, 2, 3.

1855 — — — SOWERBY, Thes. Conch., t. II, p. 485, pl. CII. fig. 10, 11.

1855 — — — CLARK, Brit. test. Moll., p. 175.

1855 — — — HANLEY, Ipsa Linn. Conch., p. 24

1859 — — — SOWERBY, Ill. Ind. brit. Sh., pl. 1, fig. 8.

1860 — — — MACÉ, Catal. Moll. Cherbourg et Valognes, p. 18.

1862 *Dactylina* — — CHENU, Manuel de Conch., t. II, p. 4, fig. 10, 11, 13.

1862 *Pholas* — — WEINKAUFF, Catal. Alg., *in* Journ. de Conch., t. X, p. 306.

1862 *Dactylina* (Gilocentrum) *dactylus* Lin. TRYON, Monogr. of the order Pholadacea, p. 75.
1865 *Pholas* — — JEFFREYS, Brit. Conch., t. III, p. 104, pl. IV, fig. 1; t. V (1869), p. 193, pl. LII, fig. 1.
1865 — — — CAILLIAUD, Catal. Loire-Infér., p. 47.
1865 — — — FISCHER, Gironde, p. 42.
1865 *Dactylina* — — STOSSICH, Enum. dei Moll. del Golfo di Trieste, p. 27.
1866 — — — BRUSINA, Contrib. pella Fauna Dalm., p. 89.
1867 *Pholas* — — TASLÉ, Catal. Morbihan, p. 2.
1867 — — — WEINKAUFF, Conchyliol. des Mittelm., t. 1, p. 6.
1868 *Dactylina* — — H. et A. ADAMS, Genera of rec. Moll., t. II, p. 325; pl. LXXXIX fig. 2, 2A, 2B.
1869 *Pholas* — — PETIT, Catal. test. mar., p. 31.
1870 — — — BRUSINA, Ipsa Chiereghinii Conch., p. 47.
1870 — — — SERVAIN, Coq. mar. Granville, p. 2.
1870 — — — ANCEY, Çatal. Moll. cap Pinède, p. 2.
1870 — — — ARADAS et BENOIT, Conch. viv. mar. della Sic., p. 19.
1870 — — — HIDALGO, Mol. mar. Catal. gen., p. 181, pl. XLVIIA, fig. 1, 2.
1872 — — — REEVE, Conch. Icon., pl. II, fig. 4.
1872 — — — MONTEROSATO, Notizie int. alle Conch. médit., p. 27.
1875 — (*Dactylina*) *dactylus* Lin. MONTEROSATO, Nuova Rivista, p. 19.
1878 — — — MONTEROSATO, Enum. e Sinon., p. 15.
1878 — — — FISCHER, Brachiop. et Moll. du litt. océan. de France, p. 6.
1879 — — — CLÉMENT, Catal. Moll. du Gard, *in* Ét. d'Hist. Nat., p. 84.
1879 — — — GRANGER, Catal. Moll. Cette, p. 38.
1880 — — — SERVAIN, Coq. mar. île d'Yeu, p. 7.
1880 — — — STOSSICH, Prosp. della Fauna del mare Adr., *in* Boll. Soc. Adr. di Sc. Nat., p. 134.

1884 *Pholas dactylus* Lin.	JONAS COLLIN, Om Limfjordens mar. Fauna, p. 98.
1886 — — —	GRANGER, Biv. de France, p. 185, pl. XV, fig. 1.
1886 — — —	HIDALGO, Lista de las esp. mar. que viven en la Costa Noroeste de Espana, *in* Rev. de los Progr. de las Ciencias, p. 404.
1886 — — —	LOCARD, Prodr. de Malac. franç., p. 365 (*dactylina*; *in notis*).
1886 — *callosa* Cuv.	LOCARD, Prod. de Malac. franç., p. 367.
1887 — *dactylus* Lin.	FISCHER, Manuel de Conch., p. 1132, fig. 863.
1887 — — —	DAUTZENBERG, Exc. malac. à St-Lunaire, p. 4.
1888 — — —	Ad. DOLLFUS, Les Plages du Croisic, p. 16.
1888 — *dactylina* Loc.	SERVAIN, Coq. mar. Concarneau, p. 76.
1888 — *dactylus* Lin.	KOBELT, Prodr. Faunæ Moll. test. maria europ. inhabit., p. 301.
1889 *Pholas* (Dactylina) *dactylus* Lin.	CARUS, Prodr. Faunæ Médit., p. 149.
1890 — — —	DAUTZENBERG, Catal. Moll. Pouliguen, p. 4.
1890 — — —	VASSEL, Faunes de l'isthme de Suez, p. 50.
1891 — — —	BRUSINA, Elenco, Moll. lamell. di Zara, p. 21.
1892 *Pholas dactylina*	LOCARD, Coq. mar. de France, p. 245, fig. 223.
1892 — *callosa* Cuv.	LOCARD, Coq. mar. de France, p. 246.
1892 — *dactylus* Lin.	SOWERBY, Mar. Sh. of South Africa, p. 54.
1893 — — —	DAUTZENBERG, Liste Moll. Granville et Saint-Pair, p. 19.
1893 — — —	CLESSIN, Die Familie *Pholadea*, *in* Martini und Chemnitz Conch. Cab. nouv. édit., p. 8, pl. II, fig. 1, 2.

Obs. — On voit par la synonymie qui précède qu'il s'agit ici d'une espèce linnéenne nettement établie. La description, la plupart des références, ainsi que la présence d'un exemplaire dans la collection de Linné, ne permettent aucun doute sur son interprétation.

En 1555, dans son ouvrage sur la *Nature et diversité des poissons*, Pierre Belon a représenté (p. 416) le *Ph. dactylus* comme le mâle d'un Mollusque dont le *Solen siliqua* eût été la femelle.

L'animal du *Ph. dactylus* a été nommé *Hypogæa verrucosa* par Poli.

Quelques auteurs ont cru devoir maintenir, comme espèce distincte du *Ph. dactylus*, le *Ph. callosa* Cuvier, forme moins allongée, plus solide, plus largement bâillante et rostrée à l'extrémité antérieure. Cette opinion pourrait être admise si l'on ne se trouvait constamment en présence de spécimens intermédiaires.

Les Congrès de Zoologie ayant autorisé l'emploi de substantifs aussi bien que d'adjectifs, pour les noms spécifiques, il n'y a pas lieu de suivre l'exemple de M. Locard qui a remplacé le nom *dactylus* par celui de *dactylina*.

Diagnose. — Coquille, diamètre umbono-ventral 30 millim.; diamètre antéro-postérieur 100 millim.; épaisseur 35 millim., assez solide, équivalve, très inéquilatérale, bâillante du côté postérieur et du côté dorsal, largement ouverte dans la région antérieure, du côté ventral. Forme elliptique transverse, renflée antérieurement, atténuée postérieurement. Extrémité antérieure rostrée. Sommets entièrement recouverts par deux lames calcaires luisantes, dont l'une, appliquée, s'étale sur une partie de la région antérieure, et l'autre, relevée, est reliée à la première par une série de lamelles verticales en nombre variable (de 7 à 12, en moyenne), déterminant une série d'alvéoles quadrangulaires profondes. Surface externe mate, garnie de plis concentriques nombreux, inégaux et de cordons rayonnants très saillants, assez espacés dans la région antérieure, plus nombreux et plus faibles dans la région médiane et qui disparaissent ensuite complètement dans la région postérieure. Les points d'intersection des plis concentriques et des cordons rayonnants donnent naissance à des squamules imbriquées très saillantes dans la région antérieure et qui deviennent graduellement plus faibles, lorsque les côtes rayonnantes s'atténuent. La région dorsale est pourvue de cinq pièces calcaires très fragiles dont deux antérieures, grandes, de forme trapézoïde (*protoplaxe*); deux médianes, triangulaires (*mésoplaxes*) et une postérieure lancéolée (*métaplaxe*). Ces pièces sont striées concentriquement. Intérieur des valves un peu luisant. Bord cardinal sans dents, renversé sur les crochets; dans chaque valve, une apophyse spatuliforme partant de la cavité umbonale, s'avance obliquement et sert de support à un muscle élévateur du sac viscéral. Bord antérieur plissé et denticulé; bords ventral et dorsal simples, tranchants. Impression du muscle adducteur antérieur des valves irrégulière, insérée en partie sur la lame calcaire qui se renverse sur les crochets; impression du muscle adducteur postérieur assez grande, allongée; impression palléale très largement et profondément échancrée.

Coloration blanche uniforme. Epiderme membraneux gris jaunâtre, ne persistant ordinairement que vers les bords.

Variétés. — Le *Pholas dactylus* est extrêmement variable, non seulement sous le rapport de la taille et de l'épaisseur du test; mais aussi de la sculpture et de la forme. Le type a été fixé par Hanley qui nous fait savoir (*Ipsa Linn. Conch.*, p. 24), que l'exemplaire de la collection linnéenne correspond aux fig. 1, 2 et 3 de la pl. XIII de Wood (*General Conchology*). Nous en avons représenté des spécimens : pl. LXXXVII, fig. 1 à 5.

Var. ex forma 1, *gracilis* Jeffreys = *Pholas Edwardsi* Deshayes, mss. *in* mus. Paris. (teste Monterosato). Coquille plus petite, plus allongée que le type et à test mince.

Var. ex forma 2, *callosa* Cuvier (*Règne Animal*, pl. CXIII, fig. 1, 1A) = *decurtata* Jeffreys. Forme plus trapue, plus solide, rostrée et plus largement bâillante à l'extrémité antérieure. La callosité umbonale est très développée et la région antérieure est garnie de plis concentriques nombreux, serrés, pourvus de squamules imbriquées peu saillantes. Nous avons figuré, pl. LXXXVII, fig. 6, 7, des exemplaires de cette variété.

Habitat. — Peu commun, perforant les roches à Port-Vendres. On en rencontre des valves rejetées sur les plages.

Dispersion. — Méditerranée et Adriatique. Océan Atlantique, depuis les côtes d'Angleterre jusqu'au détroit de Gibraltar. D'après M. Sowerby (*Marine Shells of South Africa*, p. 54), il en existe une variété trapue à Port-Elisabeth (cap de Bonne-Espérance).

Origine. — Le *Pholas dactylus* n'a presque pas été signalé à l'état fossile. Nous n'avons pu relever que les citations suivantes : Baie de Selsey dans le Hampshire; Fontaine (Vendée), appartenant toutes deux au Pliocène supérieur ou au Pleistocène, et, enfin: Kertsch (Eichwald).

Genre BARNEA Leach, *in* Risso, 1826.

Type : *Pholas candida* Linné.

Ce genre a été établi pour des *Pholadidés* clos antérieurement et pourvus d'une plaque dorsale unique.

Barnea candida Linné.

Pl. LXXXVIII, fig. 1 à 7.

1758	*Pholas candidus*	Linné, Syst. Nat., édit. X, p. 669.
1764	— —	Linné, Mus. Ludov. Ulr., p. 469.
1767	— —	Linné, Syst. Nat., édit. XII, p. 1111.

1777	*Pholas candida* Lin.	PENNANT, Zool. brit., t. IV, pl. XXXIX, fig. 11.
1778	— — —	DA COSTA, Brit. Conch., p. 246.
1785	— — —	CHEMNITZ, Conch. Cab., t. VIII, p. 358 (excl. fig. 861, 862).
1786	— — —	SCHRŒTER, Einleit. in die Conchylienk., t. III, p. 539.
1790	— *candida*	LINNÉ-GMELIN, Syst. Nat., édit. XIII, p. 3215.
1792	— *papyracea*	SPENGLER, Sk. Nat. Selsk. II, part. I, pl. 1, fig. 4.
1801	— *candida* Lin.	BOSC, Hist. Nat. des Coq., t. II, p. 199.
1803	— *candidus* —	MONTAGU, Test. brit., pp. 24, 558.
1804	— *candida* —	DONOVAN, Brit. Sh., t. IV, pl. CXXXII.
1804	— — —	MATON et RACKETT, Descr. Catal., *in* Trans. Linn. Soc., t. VIII, p. 31.
1812	— — —	PENNANT, Brit. Zool. new edit., t. IV, p. 156, pl. XLII, fig. 2.
1813	— — —	PULTENEY, Catal. Dorsetsh., new edit., p. 27, pl. 1, fig. 12.
1815	— — —	BURROW, Elements of Conch., pl. III, fig. 4.
1817	— — —	DILLWYN, Descr. Catal., t. I, p. 36.
1818	— — —	LAMARCK, Anim. sans vert., t. V, p. 444.
1819	— — —	TURTON, Conch. Dict., p. 144.
1822	— — —	TURTON, Dithyra brit., p. 10.
1825	— — —	WOOD, Index testac., p. 8, pl. II, *Pholas*, fig. 3.
1825	— — —	DE GERVILLE, Catal. Coq. Manche, p. 10.
1826	*Barnea spinosa*	RISSO, Europe mérid., t. IV, p. 376.
1827	*Pholas candida* Lin.	BROWN, Illustr. of the Conch. of Gr. Brit. and Irel., pl. IX, fig. 6, 7, 8, 9, 10.
1828	— *candidus* —	FLEMING, Brit. Anim., p. 457.
1829	— *candida* —	O.-G. COSTA, Catal. sist., pp. 11, 12.
1829	— *dactyloides*	DELLE CHIAJE (*non* Lamarck), Mém. IV, pl. LXV, fig. 4.
1830	— *candida* Lin.	COLLARD DES CHERRES, Catal. test. Finist., p. 9.
1832	— — —	DESHAYES, Encycl. Méthod., t. III, p. 753, pl. CLXVIII, fig. 11.
1835	— — —	WOOD, General Conch., p. 79, pl. XIV, fig. 3, 4.
1835	— — —	BOUCHARD-CHANTEREAUX, Catal. Moll. Boulonnais, p. 7.

1835 *Pholas candida* Lin. LAMARCK, Anim. sans vert., édit. Desh., t. VI, p. 44.

1836 — *dactyloides* delle Ch. SCACCHI (*non* Lamarck), Catal. Conch. Regn. Neap., p. 5.

1836 — *candida* Lin. PHILIPPI, Enum. Moll. Sic., t. I, p. 3.

1838 — — — MARAVIGNA, Mém. Sic., p. 77.

1843-1850 — — — DESHAYES, Traité élém. de Conch., t. I, 2e partie, p. 79, pl. III, fig. 13, 14.

1844 — — — PHILIPPI, Enum. Moll. Sic., t. II, p. 4.

1844 — — — POTIEZ et MICHAUD, Galerie de Douai, t. II, p. 269.

1844 — — — THORPE, Brit. mar. Conch., p. 31.

1844 — — — MACGILLIVRAY, Moll. Anim. of Scotl., p. 306.

1844 — — — BROWN, Illustr. of the Conch. of Gr. Brit. and Irel., 2e édit., p. 115, pl. XLVIII, fig. 6, 7, 8, 9, 10.

1846 — — — LOVÉN, Index Moll. Scand., p. 47.

1848 — — — DESHAYES, Expl. scient. de l'Algérie, p. 109, pl. IXD, IXI, fig. 4, 5.

1848 — — — RÉQUIEN, Coq. de Corse, p. 13.

1849 — — — MIDDENDORFF, Beiträge zu einer Malacozoologia rossica, III, p. 79.

1851 — — — PETIT, Catal., *in* Journ. de Conch., t. II, p. 279.

1852 *Barnia* — — LEACH, Synopsis, p. 255.

1853 *Pholas* — — FORBES et HANLEY, Brit. Moll., t. I, p. 117; t. IV, pl. V, fig. 1, 2.

1855 — *candidus* — HANLEY, Ipsa Linn. Conch., p. 25.

1855 — *candida* — SOWERBY, Thes. Conch., t. II, p. 488, pl. CIII, fig. 21, 22, 23.

1855 — — — CLARK, Brit. test. Moll., p. 177.

1859 — — — SOWERBY, Illustr. Ind. brit. Sh., pl. 1, fig. 9.

1860 — — — MACÉ, Catal. Moll. Cherbourg et Valognes, p. 18 (excl. syn.).

1862 — — — CHENU, Manuel de Conch., t. II, p. 5, fig. 17, 18.

1862 *Barnea* — — TRYON, Monogr. of the Order *Pholadacea*, etc., p. 79.

1862 *Pholas* — — WEINKAUFF, Catal. Alg., *in* Journ. de Conch., t. X, p. 306.

1865 — — — JEFFREYS, Brit. Conch., t. III, p. 107; t. V (1869), p. 193, pl. LII, fig. 2.

1865 — — — CAILLIAUD, Catal. Loire-Inf., p. 48.

1865 — — — FISCHER, Gironde, p. 42.

1866 *Barnea candida* Lin.	BRUSINA, Contrib. pella Fauna Dalm., p. 90.
1867 — — —	WEINKAUFF, Conchyl. des Mittelm, t. I, p. 7.
1867 — — —	TASLÉ, Catal. Moll. Morbihan, p. 2.
1868 — — —	H. et A. ADAMS, Genera of rec. Moll., t. II, p. 326.
1869 — — —	TAPPARONE-CANEFRI, Moll. test. di Spezia, p. 105.
1869 *Pholas* — —	PETIT, Catal. test. mar., p. 31.
1870 — — —	ARADAS et BENOIT, Conch. viv. mar. della Sic., p. 19.
1870 — — —	BRUSINA, Ipsa Chiereghinii Conch., p. 48.
1870 — — —	SERVAIN, Coq. mar. Granville, p. 2.
1870 — — —	HIDALGO, Mol. mar. Catal. gen., p. 181, pl. XLVIIA, fig. 3, 4.
1872 — — —	REEVE, Conch. Icon., pl. I, fig. 1.
1872 — — —	MEYER et MÖBIUS, Fauna der Kieler Bucht, p. 131, pl. XXI, fig. 8 à 11.
1872 — — —	MONTEROSATO, Notizie int. alle Conch., medit., p. 27.
1875 — (Barnea) — —	MONTEROSATO, Nuova Rivista, p. 19.
1878 — — —	MONTEROSATO, Enum. e Sinon., p. 16.
1878 — — —	FISCHER, Brachiop. et Moll. du litt. océan. de France, p. 7.
1879 — — —	CLÉMENT, Catal. Moll. du Gard, *in* Et. d'Hist. Nat., p. 84.
1879 — — —	GRANGER, Catal. Moll. Cette, p. 38.
1880 — — —	STOSSICH, Prosp. della Fauna del mare Adr., *in* Boll. Soc. Adr. di Sc. Nat., p. 134.
1880 — — —	SERVAIN, Coq. mar. Ile d'Yeu, p. 8.
1883 *Pholas candida* Lin.	G. DOLLFUS, Liste Coq. Palavas, p. 3.
1886 — — —	GRANGER, Biv. de France, p. 186.
1886 — — —	LOCARD, Prodr. de Malac. franç., p. 366.
1887 — (Holophulas) *candida* Lin.	FISCHER, Manuel de Conch., p. 1113.
1887 *Barnea* — —	DAUTZENBERG, Exc. malac. à Saint-Lunaire, p. 4.
1888 — — —	AD. DOLLFUS, Les Plages du Croisic, p. 16.
1888 *Pholas* — —	SERVAIN, Coq. mar. Concarneau, p. 76.
1888 — (*Barnea*) — —	KOBELT, Prodr. Faunæ Moll. test. maria europ. inhab., p. 301.
1889 — — — —	CARUS, Prodr. Faunæ medit., p. 149.
1890 *Barnea candida* Lin.	DAUTZENBERG, Catal. Moll. Pouliguen, p. 4.

1890 *Pholas candida* Lin.	VASSEL, Faunes de l'isthme de Suez, p. 50.
1891 — — —	BRUSINA, Elenco Moll. lamell. di Zara, p. 21.
1892 — — —	LOCARD, Coq. mar. de France, p. 246.
1893 *Barnea* — —	DAUTZENBERG, Liste Moll. Granville et St-Pair, p. 19.
1893 *Pholas* (Barnea) — —	CLESSIN, Die Familie *Pholadea, in* Martini und CHEMNITZ, Conch. Cab., nouv. édit., p. 21, pl. VII, fig. 2, 3.
1894 — — —	DAUTZENBERG, Moll. de Saint-Jean-de-Luz et Guétharry, p. 3.

Obs. — Aucun doute n'est possible sur l'identité de cette espèce : la description de la 10e édition du *Systema Naturæ*, la figuration de Lister (*Hist. Anim. Angliæ*, pl. V, fig. 39), indiquée comme référence; enfin, la présence, constatée par Hanley, dans la collection linnéenne, d'un exemplaire bien étiqueté, suffisent pour rendre toute discussion inutile.

Plusieurs auteurs ont cité dans la synonymie les fig. 861 et 862 de la pl. CI du *Conchylien Cabinet*. Pfeiffer, dans son registre critique de cet ouvrage, admet la fig. 861 comme représentant le *B. candida;* et il considère la fig. 862 comme représentant une espèce différente, mais incertaine. Or, un examen attentif de ces figures nous a amenés à les rejeter toutes deux de la synonymie du *B. candida :* il nous paraît certain que la fig. 861 représente le *Barnea Bakeri* Deshayes, espèce qui vit sur les côtes orientales de l'Hindoustan, et que la fig. 862 représente le *Talona clausa* Gray, de l'Afrique occidentale, comme Tryon l'a d'ailleurs déjà dit dans sa *Monographie des Pholadacea* (p. 79).

C'est par erreur que Delle Chiaje et Scacchi ont donné à la présente espèce le nom de *dactyloides* Lamarck : le vrai *dactyloides* doit, en effet, tomber en synonymie du *Pholas parva* Montagu, puisque Lamarck lui-même dit à propos de cette espèce : « habite l'Océan britannique, communiquée par M. Leach sous le nom de *Pholas parva* Mont. »

Diagnose. — Coquille, diamètre umbono-ventral 23 millim.; diamètre antéro-postérieur 59 millim.; épaisseur 22 millim.; mince et fragile, équivalve, très inéquilatérale, bâillante aux deux extrémités. Forme elliptique transverse, renflée antérieurement, atténuée postérieurement. Sommets entièrement recouverts par un repli du bord dorsal, qui se prolonge jusqu'à l'extrémité antérieure de la coquille. Surface mate, garnie de lamelles concentriques inégales, assez espacées et de cordons rayonnants inégaux, plus nombreux dans la région médiane qu'aux deux extrémités. Les points de rencontre des lamelles et de ces cordons rayonnants sont ornés d'aspérités épineuses dans la région antérieure et plus ou moins émoussées sur le reste de la surface. Intérieur des valves reproduisant d'une manière inverse et atténuée la sculpture externe. Impression du muscle adducteur antérieur des valves irrégulière, insérée en majeure partie sur la lame qui se renverse sur les crochets. Impression du muscle adducteur postérieur ovalaire. Impression palléale largement et profondément échancrée. Bords simples, tranchants, légèrement denticulés à l'extrémité antérieure du bord ventral. Bord cardinal réfléchi sur les crochets, garni de plis rayonnants irréguliers et, du côté postérieur, d'une lamelle saillante et oblique. Dans chaque valve, une apophyse étroite, recourbée, part de la cavité umbonale. En plus des deux valves, il existe sur la région dorsale une pièce calcaire unique (protoplaxe), en forme de fer de lance, striée concentriquement, et qui présente un nucleus incurvé lisse, situé un peu en arrière. En avant de ce nucleus, on observe un sillon médian bien accusé, et, en arrière, un sillon médian plus profond, accompagné, de chaque côté, de deux ou trois angles rayonnants obsolètes.

Coloration blanche uniforme. Épiderme membraneux mince, jaunâtre, persistant souvent sur toute la surface.

Variétés. — Le *B. candida* varie sous le rapport de la taille et de la sculpture dont les reliefs sont plus ou moins accentués.

Var. ex forma, *subovata* Jeffreys (*Brit. Conch.*, t. III, p. 108). Plus petite, de forme plus ovale que le type, par suite du moindre développement de la région postérieure.

Habitat. — Peu abondant, perforant les roches à Port-Vendres. On en rencontre des valves rejetées sur les plages.

Dispersion. — Méditerranée, Adriatique, mer Noire (Nordmann), aux environs d'Odessa (Eichwald). Océan Atlantique, depuis les côtes d'Écosse jusqu'au détroit de Gibraltar.

Origine. — Le *B. candida* n'a été signalé que dans des dépôts géologiques peu anciens : il se rencontre rarement dans le Pliocène moyen de l'Italie : Monte-Mario, Castel-Arquato, San-Miniato. Il est connu, en Angleterre, dans le Crag de Norwich, à Selsey (Hampshire), ainsi que dans le Postpliocène de l'Écosse, du Lancashire, de la Suède et de la Hollande.

M. Sowerby (*in* Smith) a décrit sous le nom de *Pholas altior*, une forme du Miocène du Portugal, fort voisine du *B. candida*.

Typ. Oberthür, Rennes – Paris (282-96)

Ordre II : DIBRANCHIA P. Fischer.

Famille LUCINIDÆ Fleming, 1828 (*emend.*).

Cette famille a été créée par Fleming, en 1828, sous le nom de *Lucinadæ* et par Deshayes, en 1830, sous celui de *Lucines*. Les genres qui en font partie avaient été placés par Lamarck, en 1818, dans la famille des *Nymphacées* et par Latreille, en 1825, dans celle des *Tellinidés*. Négligée ensuite par beaucoup d'auteurs, elle a reconquis son importance en 1846, grâce aux travaux de d'Orbigny, et ensuite elle a été confirmée par MM. Adams, Tryon, P. Fischer et Pelseneer.

TABLEAU DES GENRES ET ESPÈCES

Genre **Loripes** Poli....................	*L. lacteus* Linné.
— **Divaricella** von Martens..........	*D. divaricata* Linné.
— **Jagonia** Recluz....................	*J. reticulata* Poli.

Genre LORIPES Poli, 1791.

Type : *Tellina lactea* Linné.

Le genre *Loripes* a été créé par Poli, sans aucune ambiguïté, dès 1791 (t. I, p. 31). Il est donc plus ancien que le genre *Lucina* de Bruguière qui apparaît pour la première fois sur les pl. CCLXXXIV à CCLXXXVI de l'Encyclopédie. Or, d'après son titre, l'atlas de l'Encyclopédie n'aurait été publié qu'en 1797. On remarquera de plus que le nom *Lucina* ne figure pas dans le tableau des genres du t. Ier de l'Encyclopédie, publié en 1792. MM. Mœrch et Adams ont donc eu raison de reprendre le nom de *Loripes* et de le substituer à celui de *Lucina*.

Les espèces qui composent le genre *Loripes* avaient été dispersées, avant sa création, parmi les *Tellines*, les *Venus*, les *Chama*, les *Concha*, etc.

Loripes lacteus Linné sp. (*Tellina*).

Pl. LXXXIX, fig. 1 à 9.

1758	*Tellina lactea*	Linné, Syst. Nat., édit. X, p. 676.
1767	— —	Linné, Syst. Nat., édit. XII, p. 1119.
1784	— — Lin.	Schrœter, Einleit. in die Conchylienk., t. II, p. 659.
1795	— — —	Poli, Test. utr. Sic., t. I (1791), p. 31, sub nom. *Loripes*; t. II, p. 46, pl. XV, fig. 28, 29.
1803	— — —	Montagu, Test. brit., p. 70, pl. II, fig. 4.
1804	— — —	Maton et Rackett, Descr. Catal. *in* Trans. Linn. Soc., t. VIII, p. 56.
1804	— — —	Renier, Tavola alfabetica, n° 48.
1812	— — —	Pennant, Brit. Zool., p. 182.
1813	— — —	Pulteney, Catal. Dorsetsh., p. 30, pl. V, fig. 9.
1817	— — —	Dillwyn, Descr. Catal., t. I, p. 99.
1818	*Lucina* — —	Lamarck, Anim. sans vert., t. V, p. 542.
1818	*Amphidesma lucinalis*	Lamarck, Anim. sans vert., t. V, p. 491.
1819	*Tellina lactea* Lin.	Turton, Conch. Dict., p. 176.
1822	*Lucina* — —	Turton, Dithyra brit., p. 112, pl. VII, fig. 4, 5.
1822	— *leucoma*	Turton, Dithyra brit., p. 113, pl. VII, fig. 8.
1825	*Tellina lactea* Lin.	Wood, Index testac., p. 22, pl. IV, fig. 76.
1825	*Loripes lacteus* Lin.	Blainville, Manuel de Malac., p. 551, pl. LXXII, fig. 1, 1a.
1825	*Lucina lactea* —	De Gerville, Catal. Manche, p. 16.
1826	— — —	Payraudeau, Moll. de Corse, p. 41.
1826	*Loripes* — —	Risso, Europe mérid., t. IV, p. 343.
1827	*Lucina lactea* —	Brown, Illustr. of the Conch. of Gr. Brit. and Irel., pl. XVII, fig. 3.
1828	*Loripes lacteus* —	Fleming, Brit. anim., p. 430.
1829	*Tellina lactea* —	O. G. Costa, Catal. Sist., p. 14, 22.
1830	*Lucina amphidesmoides*	Deshayes, Encycl. méthod., t. II, p. 375.
1830	— *lactea* Lin.	Collard des Cherres, Catal. test. Finist., p. 21.
1830	— — —	O. G. Costa, Test. viv. del mare di Taranto, p. 23.
1833	— — —	Deshayes, Expl. sc. de Morée, p. 94, p. XVIII, fig. 7, 8.

1834 *Lucina lactea* Lin.	D'ORBIGNY, Moll. des Canaries, p. 108.
1835 — — —	LAMARCK, Anim. sans vert. édit. Desh., t. VI, p. 228.
1835 *Amphidesma lucinalis*	LAMARCK, Anim. sans vert. édit. Desh., t. VI, p. 127.
1835 *Tellina lactea* Lin.	WOOD, General Conch., p. 187.
1836 *Loripes lacteus* —	SCACCHI, Catal. Conch. Regn. Neap., p. 5.
1836 *Lucina lactea* —	PHILIPPI, Enum. Moll. Sic., t. I, p. 33.
1838 — — —	MARAVIGNA, Mém. Sic., p. 74.
1842 — — —	HANLEY, Recent biv. Sh., p. 76.
1843 — — —	DESHAYES, Traité élém. de Conch., t. I, 2e partie, p. 792 (excl. fig. et syn. *L. Desmaresti* Payr.).
1844 — — —	PHILIPPI, Enum. Moll. Sic., t. II, p. 25.
1844 — — —	FORBES, Report Aeg. Invert., p. 143.
1844 — — —	THORPE, Brit. mar. Conch., p. 71.
1844 — *leucoma* Turt.	THORPE, Brit. mar. Conch., p. 72.
1844 *Loripes lacteus* Lin.	POTIEZ et MICHAUD, Galerie de Douai, t. II, p. 205.
1844 *Lucina lactea* —	BROWN, Illustr. of the Conch. of. Gr. Brit. and Irel., 2e édit., p. 98, pl. XXXIX, fig. 3.
1844 — *leucoma* Turt.	BROWN, Illustr. of the Conch. of Gr. Brit. and Irel., 2e édit., p. 99, pl. XXXIX, fig. 29.
1844 — — —	MACGILLIVRAY, Moll. anim. of Scotl., p. 256.
1846 — *lactea* Lin.	VÉRANY, Catal. Invert. di Genova e Nizza, p. 13.
1847 *Thyatira* (*Loripes*) *lactea* Lin.	LEACH, *in* Ann. and Mag. of Nat. Hist., t. XX, p. 272.
1848 *Lucina* — —	DESHAYES, Expl. scient. de l'Algérie, pl. LXXVIII, fig. 6 à 8; pl. LXXIX, fig. 1 à 4; pl. LXXX, fig. 5, 6.
1848 — *lactoides*	DESHAYES, Expl. scient. de l'Algérie, pl. LXXX, fig. 1 à 4, 7, 8.
1849 — *lactea* Lin.	MIDDENDORFF, Malac. Rossica III, p. 50 (excl. syn. *Desmaresti* Payr.).
1850 — *leucoma* Turt.	REEVE, Conch. Icon., pl. VIII, fig. 41; pl. X, fig. 41B.
1851 — *lactea* Lin.	PETIT, Catal. *in* Journ. de Conch., t. II, p. 293 (excl. syn. *L. Desmaresti* Payr.).
1851 *Loripes leucoma* Turt.	GRAY, List. of Brit. anim. in the Brit. Mus., p. 101.
1852 — *lacteus* Lin.	LEACH, Synopsis, p. 310.

1853 *Lucina leucoma* Turt. Forbes et Hanley, Brit. Moll., t. II, p. 57, pl. XXXV, fig. 2 (sub nom. *L. lactea*).

1853 — *lactea* Lin. Doublier, Moll. mar. du Var, *in* Prodr. Hist. Nat. du Var, p. 109.

1855 *Tellina* — — Hanley, Ipsa Linn. Conch., p. 42.

1856 *Lucina leucoma* Turt. Jeffreys, Piedm. Coast, p. 25.

1858 *Loripes lactea* Lin. H. et A. Adams, Genera of recent Moll., t. II, p. 468, pl. CXIV, fig. 1.

1858 *Lucina* — — Gay, Moll. du Var, *in* Bull. Soc. Sc. du Var, p. 167.

1859 — *leucoma* Turt. Sowerby, Illustr. Ind. of brit. sh., pl. V, fig. 17.

1860 — *lactea* Lin. Macé, Catal. Cherbourg et Valognes, p. 24.

1862 — — — Weinkauff, Catal. Algérie, *in* Journ. de Conch., t. X, p. 315.

1863 *Loripes lacteus* — Jeffreys, Brit. Conch., t. II, p. 233; t. V (1869), p. 179, pl. XXXII, fig. 4, 4a.

1865 *Lucina lactea* — Cailliaud, Catal. Loire-Inf., p. 92.

1865 — — — P. Fischer, Gironde, p. 57.

1866 *Loripes* — — Brusina, Contrib. pella Fauna Dalm., p. 98.

1867 *Lucina* — — Taslé, Catal. Morbihan, p. 18.

1867 — *leucoma* Turt. Weinkauff, Conchyl. des Mittelm., t. I, p. 167 (excl. syn. *L. Desmaresti* Pay.).

1869 — — — Petit, Catal. test. mar., p. 40 (excl. syn. *L. Desmaresti* Payr.).

1869 — — — Tapparone-Canefri, Ind. Sist. Moll. test. di Spezia, p. 128 (excl. syn. *L. Desmaresti* Payr.).

1870 — — — Aradas et Benoit, Conch. viv. mar. della Sic., p. 36.

1870 — *lactea* Lin. Ancey, Catal. Moll. mar. Cap Pinède, p. 3.

1870 *Tellina* — — Brusina, Ipsa Chiereghinii Conch., p. 61.

1870 *Lucina leucoma* Turt. Hidalgo, Mol. mar. Catal. gen., p. 146, pl. LXXIV, fig. 5.

1872 *Loripes lacteus* Lin. Monterosato, Notizie int. alle Conch. medit., p. 21.

1875 — — — Monterosato, Nuova Rivista, p. 13.

1876 — — — Duprey, Shells of Jersey, p. 2.

1878 — — — Issel, Crociera del Violante, p. 38.

1878 — — — Monterosato, Enum. e Sinon., p. 9 (excl. syn. *L. Desmaresti* Payr.).

1878 *Lucina leucoma* Turt. P. Fischer, Brachiop. et Moll. du litt. océan. de France, p. 9.

1879 — *lactea* Lin. Granger, Moll. de Cette, p. 30.

1879 — — — Clément, Catal. Moll. du Gard *in* Etudes d'Hist. Nat., p. 74 (excl. syn. *L. Desmaresti* Payr.).

1880 *Loripes leucoma* Turt. Stossich, Prosp. della Fauna Adr. *in* Boll. della Soc. Adr. di Sc. Nat., p. 164 (excl. syn. *L. Desmaresti* Payr.)

1881 — *lacteus* Lin. Jeffreys, Lightn. and Porcup. Exp. *in* Proc. Zool. Soc. of Lond., p. 700.

1882 *Lucina lactea* — Dautzenberg, Liste Coq. de Cannes, p. 2.

1883 — *leucoma* Turt. Marion, Esq. topogr. zool. du Golfe de Marseille, p. 26, 27.

1883 *Loripes lacteus* Lin. Marion, Esq. topogr. zool. du Golfe de Marseille, p. 51, 53.

1883 — — — Monterosato, Conch. litt. medit., p. 4.

1883 *Lucina lactea* — Daniel, Faune malac. de Brest, *in* Journ. de Conch., t. XXXI, p. 249.

1883 *Loripes lacteus* — Dautzenberg, Liste Coq. de Gabès, p. 10.

1884 — — — Monterosato, Nomencl. gen. e spec., p. 17.

1884 *Lucina leucoma* Turt. Nobre, Moll. mar. do Noroeste de Portugal, p. 17.

1884 — — — Nobre, Catal. Moll. obs. dans le Sud-Ouest, p. 17.

1886 — (*Loripes*) *lactea* Lin. Dautzenberg, Nouv. list. Coq. de Cannes, p. 1.

1886 — *leucoma* Turt. Locard, Prodr. de Malac. franç., p. 462.

1886 — — — Hidalgo, Mol. recog. en Bayona de Galicia *in* Revista de los Progr. de las Ciencias, p. 402.

1886 — — — Granger, Biv. de France, p. 106, pl. VIII, fig. 8.

1887 — — — Dautzenberg, Exc. malac. à Saint-Lunaire, p. 6.

1887 — *lactea* Lin. P. Fischer, Manuel de Conch., p. 1144

1888 — *leucoma* Turt. Kobelt, Prodr. Faunæ Moll. test. maria europ. inhab., p. 370.

1888 — — — Servain, Catal. Coq. Concarneau, p. 111.

1889 — — — Carus, Prodr. Faunæ medit., p. 154.

1890 *Loripes lacteus* Lin. Dautzenberg, Liste Moll. du Pouliguen, p. 4.

1891 *Loripes lacteus* Lin.	DAUTZENBERG, Voyage de la goëlette *Melita* aux Canaries et au Sénégal, p. 9.
1891 *Lucina* (*Loripes*) *lactea* Lin.	DAUTZENBERG, Contrib. Faune malac. du golfe de Gascogne, p. 9.
1891 — — —	BRUSINA, Moll. lamell. di Zara, p. 17.
1892 — *leucoma* Turt.	LOCARD, Coq. mar. de France, p. 313, fig. 293.
1892 — *elata* —	LOCARD, Coq. mar. de France, p. 313.
1892 — *lactea* Lin.	BIZET, Malacoz. de Picardie, p. 163.
1893 *Loripes lacteus* —	DAUTZENBERG, Liste Moll. Granville et Saint-Pair, p. 19.
1897 *Lucina lactea* —	DAUTZENBERG, Atlas des Coq. mar. de France, pl. LXII, fig. 200.
1897 — — —	WATSON, Marine Moll. of Madeira, *in* Linn. Soc. Journ., t. XXVI, p. 291.

Obs. — Si nous recherchons l'opinion des auteurs qui ont suivi de plus près Linné, nous constatons qu'il s'est manifesté, dès le début, une divergence de vues au sujet du *Tellina lactea,* due à l'insuffisance des références et de la description linnéenne. C'est ainsi que Schrœter, en 1786, fait remarquer « que la charnière n'a pas de dents proprement dites, que les valves ne sont par conséquent reliées que par le ligament, ce qui fait qu'on rencontre peu d'exemplaires bivalves dans les collections » et il ajoute comme référence la fig. 125 de la pl. XIII de Chemnitz. Or cette figure représente une coquille d'assez grande taille et possédant une dent cardinale bien visible dans la valve droite. D'autre part, Poli, en 1795, décrit et figure d'une manière incontestable sous le nom de *Tellina lactea* la coquille dont nous nous occupons.

Philippi, adoptant l'opinion de Schrœter, croit reconnaître dans le *Tellina lactea* de Linné une coquille méditerranéenne peu commune, mince, globuleuse et dépourvue de dents à la charnière; mais, au lieu de lui appliquer le nom linnéen, il préfère lui donner le nom nouveau de *Lucina fragilis.* D'un autre côté, il enfreint la loi de priorité en désignant la présente espèce sous le nom de *Lucina lactea* Lamarck (*non* Linné).

M. Weinkauff voulant rectifier les erreurs de nomenclature commises par Philippi, mais adoptant son interprétation de l'espèce linnéenne, restitue le nom de *lactea* au *fragilis* de Philippi et adopte pour l'autre espèce celui de *leucoma* Turton. Il invoque, pour justifier sa manière de comprendre le *Tellina lactea* de Linné, la raison que les mots *gibba* et *pellucida* de la diagnose du *Systema Naturæ* ne conviennent pas à l'espèce de Turton, tandis qu'ils s'appliquent bien à celle nommée *fragilis* par Philippi.

Il est incontestable que le *L. fragilis* Philippi est plus renflé et plus transparent que l'autre espèce; mais si l'on admet que Linné n'a pas connu le *L. fragilis* (ce qui est probable, car il est fort rare tandis que l'autre est commun, aussi bien dans l'Océan Atlantique que dans la Méditerranée), les termes *gibba* et *pellucida*, qui paraissaient impropres par la comparaison des deux espèces, deviennent alors parfaitement admissibles. De plus, la taille indiquée par Linné « *semini lupini albi major*, » plus grande que la graine du lupin blanc, convient bien mieux à l'espèce dont nous nous occupons qu'au *L. fragilis* qui est toujours plus petit. Il n'y a donc, à notre avis, aucun terme dans la description originale du *Tellina lactea* qui s'oppose à son identification avec notre espèce, et nous n'hésitons pas à lui attribuer ce nom, bien que l'examen de la collection de Linné n'ait pu fournir à Hanley aucun renseignement positif.

Turton a décrit comme distincte du *L. lacteus*, sous le nom de *Lucina leucoma*, une forme un peu plus haute en proportion, mais que Forbes et Hanley, qui ont eu sous les yeux les types de Turton, déclarent appartenir à la même espèce.

Lamarck a fait figurer le *L. lacteus* dans deux genres différents sous les noms de *Lucina lactea* et d'*Amphidesma lucinalis*. Quant à son *Amphidesma lactea*, c'est le *Diplodonta rotundata*.

Plusieurs auteurs ont fait figurer dans la synonymie du *L. lacteus* le *Lucina Desmaresti* de Payraudeau; mais c'est là une coquille plus grande, plus aplatie, à surface luisante, qui mérite d'être regardée comme distincte. Nous en avons représenté, pour comparaison, des exemplaires (Pl. LXXXIX, fig. 10, 11, 12, 13) recueillis à Gabès par M. Chevreux.

D'après M. de Monterosato, le *Lucina luteola* Deshayes (Expl. de l'Algérie), est synonyme du *L. Desmaresti*.

Le *L. lacteus* est comestible, il est connu à Naples sous le nom vulgaire de *Lupino*. Il a, paraît-il, une saveur très délicate et entre dans la composition de sauces appréciées des gourmets.

Diagnose. — Coquille, diamètre umbono-ventral 22 millim.; diamètre antéro-postérieur 23 millim.; épaisseur 13 millim.; équivalve, subéquilatérale, assez mince, mais plutôt solide et opaque. Forme lenticulaire, assez renflée. Bord antérieur un peu excavé au-dessous des sommets, ensuite déclive; bord postérieur et bord ventral bien arrondis. Sommets assez saillants, contigus, incurvés vers le côté antérieur. Lunule assez profonde, cordiforme, limitée par un sillon. Surface terne, ornée de stries concentriques et de lamelles irrégulières dont quelques-unes, plus développées, indiquent des périodes successives d'accroissement. On observe de plus, à l'aide de la loupe, des stries rayonnantes très fines et nombreuses; enfin, chez la plupart des spécimens, le test est plus ou moins irrégulièrement martelé et il existe, tant du côté antérieur que du côté postérieur, un ou deux angles rayonnants extrêmement obsolètes. Intérieur des valves mat au centre, mais parsemé de petites ponctuations brillantes. Bords simples, tranchants. Plateau cardinal solide, sinueux. Charnière de la valve droite composée d'un dentelon cardinal petit, obtus, trigone, de deux dents latérales obsolètes et d'une fossette ligamentaire postérieure obliquement enfoncée. Charnière de la valve gauche composée d'une fossette cardinale accompagnée, de chaque côté, d'un petit dentelon obtus; dents latérales et fossette ligamentaire semblables à celles de la valve droite. Impressions musculaires très luisantes : impressions des muscles adducteurs bien marquées : l'antérieure linguiforme, allongée, la postérieure plus grande, subovale; impression palléale entière.

Coloration externe d'un blanc laiteux, grisâtre ou légèrement teinté d'ocre. Coloration interne d'un blanc de lait. Epiderme très mince, fibreux, gris sale. Ligament interne, corné, brun clair.

Variétés. — Nous ne croyons pouvoir faire mieux que de choisir pour type du *L. lacteus* la figuration la plus ancienne : celle de Poli, qui représente d'ailleurs la forme habituelle de cette espèce.

Var. ex forma 1, *lactoïdes* Deshayes (Exploration de l'Algérie). Plus arrondie, plus globuleuse et plus mince que le type, cette variété possède aussi un ligament plus court.

Var. ex forma 2, *angulata* Monterosato. D'un contour subanguleux du côté postérieur.

Var. ex forma 3, *lenticularis* Monterosato. Bien arrondie, lenticulaire.

Var. ex forma 4, *tumida* Brusina (Moll. Lamell. di Zara). Plus renflée que le type, avec des stries d'accroissement bien visibles et un peu lamelleuses.

Habitat. — Assez commun à Port-Vendres, La Franqui, etc.

Dispersion. — Méditerranée, Adriatique, mer Noire. Océan Atlantique, depuis les côtes d'Angleterre et d'Irlande jusqu'au Maroc, aux îles Madère et Canaries, depuis la zone littorale, jusqu'à 1,148 mètres. M. Sowerby l'a encore signalé à Port-Elisabeth (Cap de Bonne-Espérance).

Origine. — La forme actuelle et pliocène procède directement d'une forme miocène, qu'on a érigée en espèce distincte sous le nom de *Lucina Dujardini* Deshayes, et qui est connue de la Touraine, d'Italie et des Açores. Cette opinion n'est cependant pas unanimement admise, car il existe certaines formes de passage telles que *L. Savii* Stefani.

La distribution du *L. lacteus* dans le Pliocène est vaste et méridionale, à l'exception du gisement de Selsey, dans le Hampshire (Angleterre). Il existe en Catalogne, à Millas (Fontannes), dans la vallée du

Rhône, les Alpes-Maritimes, à Asti, Bologne, Modène, Rome, Ischia, Reggio de Calabre, Mégare, en Grèce, Rhodes et Cos.

Les gisements pleistocènes sont exclusivement méditerranéens : Livourne, Calabre, Monte-Pellegrino, Santa Flavia, Ile de Pianosa, Corinthe.

Genre DIVARICELLA von MARTENS, 1880.

Type : *Divaricella divaricata* Linné.

Ce genre créé par von Martens (Die Mollusken der Maskarenen und Seychellen, p. 145), pour des espèces dont la surface est ornée de stries divergentes, disposées en chevrons, nous paraît avoir la même valeur que les genres *Jagonia* et *Loripes*. Le genre *Lucinella* Monterosato, 1884, tombe en synonymie.

Divaricella divaricata Linné sp. (*Tellina*).

Pl. XC, fig. 1, 2, 3, 4, 5 (type) et 6, 7 (var.).

1758	*Tellina divaricata*	LINNÉ, Syst. Nat., edit. X, p. 677.
1767	— —	LINNÉ, Syst. Nat., edit. XII, p. 1120.
1784	— — Lin.	SCHRŒTER, Einleitung in die Conchylienk., t. II, p. 663 (*ex parte*).
1790	— —	LINNÉ-GMELIN, Syst. Nat., edit. XIII, p. 3241.
1795	— *digitaria*	POLI (*non* Linné), Test. utr. Sic., p. 47, pl. XV, fig. 25.
1803	*Cardium arcuatum*	MONTAGU, Test. Brit., p. 85, pl. III, fig. 2.
1804	— — Mont.	MATON et RACKETT, Descr. Catal., *in* Trans. Linn. Soc., t. VIII, p. 67.
1804	*Tellina divaricata* Lin.	RENIER, Tavola alfab., p. 5, n° 41.
1817	— — —	DILLWYN, Descr. Catal., t. I, p. 102.
1818	*Lucina* — —	LAMARCK, Anim. sans vert., t. V, p. 541 (*ex parte*).
1819	*Tellina* — —	TURTON, Conch. Dict., p. 178.
1822	*Strigilla* — —	TURTON, Dithyra brit., p. 119 (excl. syn.).
1825	*Tellina* — —	WOOD, Index testac., pl. IV, fig. 87.
1825	*Cardium discors*	DE GERVILLE (*non* Montagu), Catal. Coq. Manche, p. 18.
1826	*Lucina divaricata* Lin.	PAYRAUDEAU, Moll. de Corse, p. 42 (excl. syn.).
1826	— — —	RISSO, Europe mérid., t. IV, p. 342
1828	— *arcuata* Mont.	FLEMING, British anim., p. 442.

1829 *Tellina digitaria* — O. G. Costa (*non* Linné), Catal. Sist., p. 14, 22.
1829 — *divaricata* Lin. — O. G. Costa, Catal. Sist., p. 14, 22.
1834 *Lucina* — — — D'Orbigny, Moll. des Canaries, p. 108.
1835 *Cardium arcuatum* Mont. — Wood, General Conch., p. 213.
1835 *Lucina divaricata* Lin. — Deshayes, *in* Lamarck, Anim. sans vert., 2e édit., t. VI, p. 226 (*ex parte*).
1836 *Loripes* (?) *divaricatus* Lin. — Scacchi, Catal. Conch. regn. Neap., p. 5.
1836 *Lucina commutata* — Philippi, Enum. Moll. Sic., t. I, p. 32, pl. III, fig. 15.
1842 — *divaricata* Lin. — Hanley, Recent Biv. Sh., p. 75.
1844 — — — — Thorpe, Brit. mar. Conch., p. 76.
1844 — *commutata* Phil. — Forbes, Report Æg. Invert., p. 143.
1844 — — — Philippi, Enum. Moll. Sic., t. II, p. 25.
1844 — *divaricata* Lin. — Potiez et Michaud, Galerie de Douai, t. II, p. 200 (*ex parte*).
1848 — *commutata* Phil. — Réquien, Coq. de Corse, p. 21.
1850 — *arcuata* Mont. — Reeve, Conch. Icon., pl. XI, fig. 61
1851 — *divaricata* Lin. — Petit, Catal. Coq. mar. de France, *in* Journ. de Conch., t. II, p. 292.
1851 — (Strigilla) *divaricata* Lin. — Gray, List. of brit. anim., *in* the Brit. Mus., p. 98.
1852 — — — — Leach, Synopsis, p. 311.
1853 — — — — Forbes et Hanley, Brit. Moll., t. II, p. 52, pl. XXXV, fig. 3.
1853 — — — — Doublier, Catal. Coq. mar. du Var, *in* Prodr. Hist. Nat. du Var, p. 109.
1855 *Tellina* — — — Hanley, Ipsa Linn. Conch., p. 44.
1858 *Lucina* — — — Gay, Catal. Moll. du Var, *in* Bull. Soc. Sc. du Var, p. 167.
1858 — (*Cyclas*) — — — H. et A. Adams, Genera of recent Moll., t. II, p. 467.
1859 — — — — Sowerby, Illustr. Ind. brit. Sh., pl. V, fig. 14.
1862 — — — — Weinkauff, Catal. Algérie, *in* Journ. de Conch., t. X, p. 315.
1863 *Loripes divaricatus* — — Jeffreys, Brit. Conch., t. II, p. 235, t. V (1869), p. 179, pl. XXXII, fig. 5.
1865 *Lucina divaricata* Lin. — Cailliaud, Catal. Loire-Inf., p. 92.
1865 *Loripes divaricatus* Lin. — Stossich, Enum. dei Moll. del Golfo di Trieste, p. 33.
1866 *Lucina commutata* Phil. — Brusina, Contrib. pella Fauna dei Moll. Dalm., p. 98.

1867 *Lucina divaricata* Lin.	Weinkauff, Conchyl. der Mittelm., t. I, p. 169.
1867 — — —	Taslé, Catal. Moll. Morbihan, p. 18
1869 — *commutata* Phil.	Tapparone-Canefri, Ind. Sist. dei Moll. test. dei dint. di Spezia, p. 127.
1869 — *divaricata* Lin.	P. Fischer, Gironde, Suppl. *in* Actes Soc. Linn. Bord., t. XXVII, p. 110.
1869 — — —	Petit, Catal. test. mar., p. 40.
1870 *Tellina* — —	Brusina, Ipsa Chiereghinii Conch., p. 62.
1870 *Loripes divaricatus* Lin.	Jeffreys, Medit. Moll., *in* Ann. and Mag. of Nat. Hist., p. 6.
1870 *Lucina divaricata* —	Aradas et Benoit, Conch. viv. mar. della Sic., p. 37.
1870 — — —	Hidalgo, Moll. mar. Catal. gen., p. 147, pl. LXXIV, fig. 6.
1872 *Loripes divaricatus* —	Monterosato, Notizie int. alle Conch. medit., p. 21.
1875 — — —	Monterosato, Nuova Rivista, p. 13
1877 — — —	Monterosato, Conch. della rada di Civitavecchia, p. 7.
1878 — — —	Monterosato, Enum. e Sinon., p. 9.
1878 *Loripes divaricatus* —	Issel, Crociera del Violante, p. 39.
1878 *Lucina divaricata* —	P. Fischer, Brachiop. et Moll. du litt. océan. de France, p. 9.
1880 — — —	Stossich, Prosp. della Fauna del mare Adr., *in* Boll. della Soc. Adr. di Sc. Nat., p. 162.
1881 *Loripes divaricatus* —	Jeffreys, Lightn. and Porcup. Exp., *in* Proc. Zool. Soc. of London, p. 700.
1882 *Lucina commutata* Phil.	Dautzenberg, Liste Coq. de Cannes, p. 2.
1883 — *divaricata* Lin.	Daniel, Faune malac. de Brest, *in* Journ. de Conch., t. XXXI, p. 250.
1883 — — —	G. Dollfus, Liste Coq. Palavas, p. 3.
1883 — *commutata* Phil.	Marion, Esq. d'une topogr. Zool. du golfe de Marseille, p. 26.
1884 *Lucinella* — —	Monterosato, Conchiglie. littor. medit., p. 5.
1884 — — —	Monterosato, Nomencl. gen. e spec., p. 18.

1884	*Lucina divaricata* Lin.	Nobre, Moll. mar. do Noroeste de Portugal, p. 17.
1884	— — —	Nobre, Catal. Moll. obs. dans le Sud-Ouest, p. 17.
1886	— *commutata* Phil.	Dautzenberg, Nouv. liste Coq. de Cannes, p. 1.
1886	— — —	Locard, Prodr. de Malac. franç., p. 463.
1886	— *divaricata* Lin.	Hidalgo, Catal. de los Mol. recog. en Bayona de Galicia, *in* Revista de los Progr. de las Ciencias, p. 378.
1886	— — —	Granger, Moll. biv. de France, p. 106, pl. VIII, fig. 9.
1887	— (Divaricella) *divaricata* Lin.	P. Fischer, Manuel de Conch., p. 1143.
1888	— *commutata* Phil.	Servain, Catal. Coq. mar. Concarneau, p. 111.
1888	— *divaricata* Lin.	Kobelt, Prodr. Faunæ Moll. test. maria europ. inhab., p 370.
1889	— (*Loripes*) — —	Carus, Prodr. Faunæ Medit., p. 154.
1890	*Loripes commutatus* Phil.	Dautzenberg, Catal. Moll. mar. du Pouliguen, p. 4.
1891	*Lucina commutata* —	Brusina, Elenco dei Moll. lamellibr. di Zara, p. 17.
1892	— — —	Locard, Coq. mar. des côtes de France, p. 314.
1896	— *divaricata* Lin.	Brusina, Excursion der yacht *Margita*, *in* Comptes rendus séances 3e Congrès Zool., p. 303.
1897	— — —	Watson, Marine Moll. of Madeira, *in* Linn. Soc. Journ., t. XXVI, p. 291.

Obs. — Un examen attentif du *Tellina divaricata* dans le *Systema Naturæ* ne permet pas d'hésiter sur son identification : tous les caractères indiqués (coquille de la grosseur d'un pois, gibbeuse, ornée de stries très fines), conviennent absolument à notre espèce. De plus, l'habitat cité (*in mare mediterraneo* F. Logie) confirme que Linné a bien eu en vue l'espèce européenne plutôt que celle analogue, mais plus grande et moins convexe, qui vit aux Antilles et au Brésil. Lamarck et beaucoup d'autres auteurs ont confondu les deux espèces, puisqu'ils ont introduit dans la synonymie des références telles que celles de Bonanni, de Chemnitz, de l'Encyclopédie, qui représentent incontestablement la forme des Antilles; ils ont d'ailleurs, indiqué comme habitat : « la Méditerranée, l'Océan américain et les côtes du Brésil. »

Poli a parfaitement décrit le *D. divaricata* et en a donné une bonne figuration agrandie; mais il a eu le tort de lui attribuer le nom de *Tellina digitaria* Linné qui doit être réservé à une coquille très différente classée aujourd'hui dans le genre *Woodia*.

Weinkauff, Jeffreys et quelques autres naturalistes ont voulu reconnaître dans le *Cardium arcuatum* de Montagu, soit le *Tellina digitaria* Linné, soit le *Tellina pisiformis* Linné, tandis qu'ils ont vu dans le *Cardium discors* Montagu, le *Tellina divaricata* Linné. La lecture des descriptions de Montagu et l'examen de la fig. 2 de la pl. III ne permet pas d'admettre cette manière de voir. En effet, Montagu dit que chez le *Cardium discors*, les bords des valves sont lisses, tandis que chez le *Cardium arcuatum* ils sont légèrement crénelés. D'autre part, la figure du *C. arcuatum*, bien que peu soignée, ne peut être assimilée, à notre avis, qu'au *divaricata*, car sa sculpture ressemble bien plus à celle de cette espèce qu'à celle du *pisiformis*, et elle diffère totalement de celle du *digitaria*. Nous avons donc conservé dans la synonymie du *divaricata* le *C. arcuatum* Montagu, et nous en avons, au contraire, éliminé le *C. discors* Montagu, qui, selon nous, n'est autre chose que le *pisiformis* Linné, espèce des Antilles.

Jeffreys a, d'ailleurs, fait connaître, dans un travail plus récent, qu'ayant eu l'occasion d'examiner le type du *Cardium arcuatum* Montagu, il a pu s'assurer que c'est bien le *D. divaricata* (Journal of Conch., 1878).

Dans son premier volume, Philippi supposant que le nom de *divaricata* Linné devait être réservé à l'espèce des Indes occidentales, a donné celui de *commutata* à celle de la Méditerranée. Dans son second volume, il conserve encore ce nom de *commutata* tout en reconnaissant expressément qu'il s'agit bien du vrai *Tellina divaricata* de Linné, et il demande s'il ne conviendrait pas de lui restituer le nom linnéen et d'attribuer un nom nouveau à l'espèce exotique. La loi de priorité ne permet pas d'hésiter un seul instant à répondre affirmativement à cette question; aussi, conservons-nous, comme l'ont d'ailleurs fait beaucoup d'auteurs, le nom de *divaricata* à la coquille européenne.

Diagnose. — Coquille, diamètre umbono-ventral 10 millim.; diamètre antéro-postérieur 10 millim.; épaisseur 6 millim., équivalve, subéquilatérale, assez épaisse, solide et opaque; mais montrant, par transparence des zones concentriques subhyalines. Forme arrondie, bien renflée. Bords régulièrement arrondis. Sommets saillants, proéminents et contigus. Lunule cordiforme, assez profonde, nettement limitée par un sillon. Surface peu luisante, ornée de lignes d'accroissement concentriques et de stries flexueuses, parallèles entre elles qui descendent d'abord obliquement de chaque côté, à partir d'une ligne dirigée du sommet vers le milieu du bord ventral et remontent ensuite jusqu'aux bords latéraux de la coquille. On aperçoit, en outre, à l'aide de la loupe, des stries rayonnantes extrêmement fines. Intérieur des valves mat; mais légèrement iridescent. Impressions musculaires luisantes. Bords très finement crénelés. Plateau cardinal solide, sinueux. Charnière de la valve droite, composée d'une dent cardinale trigone, obtuse, accompagnée de chaque côté d'une fossette; de deux dents latérales allongées, saillantes et d'une fossette ligamentaire postérieure, obliquement enfoncée. Charnière de la valve gauche composée d'une fossette cardinale centrale, accompagnée de deux dents cardinales dont l'antérieure est plus forte et plus saillante que l'autre. On voit ensuite, de chaque côté, deux dents latérales lamelleuses, faibles, séparées par une fossette allongée. Fossette ligamentaire semblable à celle de la valve droite.

Impressions des muscles adducteurs bien marquées, subégales, l'antérieure étant à peine un peu plus allongée que la postérieure. Impression palléale entière, très étroite.

Coloration d'un blanc crème, tant à l'intérieur qu'à l'extérieur. Epiderme pelliculaire, à peine visible sur les bords de la coquille. Ligament interne, corné, brun clair.

Variétés. — Cette espèce est peu variable et nous ne voyons guère à indiquer que la :

Var. ex forma, *elata* B. D. D., plus haute en proportion de sa largeur. Diamètre umbono-ventral 10 millim.; diamètre antéro-postérieur 9 millim. Nous avons représenté, pl. XC, fig. 6 et 7, un exemplaire de cette variété provenant du Croisic.

Habitat. — Très rarement rejeté sur les plages de La Franqui et de La Nouvelle.

Dispersion. — Méditerranée, Adriatique et mer de Marmara. Océan Atlantique depuis les côtes méridionales d'Angleterre jusqu'aux îles Madère et Canaries. Cette espèce a été mentionnée par Tenison Woods de la Tasmanie et de l'Australie du Sud; mais il faudrait s'assurer de l'identité des spécimens de cette provenance et de ceux des mers d'Europe. Le *D. divaricata* vit depuis la zone des zostères jusqu'à 220 mètres de profondeur (Jeffreys).

Origine. — Cette espèce est représentée dans les dépôts miocènes par une forme très voisine, sinon identique, qui a été désignée par Agassiz, sous le nom de *Lucina ornata* et qui est connue du Miocène du Bordelais, de la vallée du Rhône, de l'Italie, de la Suisse, de l'Autriche, de la Pologne, de la Galicie, de la Russie et des Açores. La forme actuelle est connue du Pliocène d'Angleterre (Red Crag), de la Catalogne et d'Italie, et on la rencontre également dans le Pleistocène d'Angleterre (à Bramerton), de Hollande, de Calabre, de Sicile et de l'île d'Ischia.

Genre JAGONIA Recluz, 1869.

Type : *Lucina pecten* Lamarck.

Ce genre se distingue des *Codakia* Scopoli, 1777 (= *Lintellaria* Schumacher, 1817), par la présence d'une dent latérale postérieure. Beaucoup d'auteurs ont considéré les genres *Jagonia*, *Loripes*, etc., comme de simples sections du grand genre *Lucina* de Bruguière; mais Recluz a démontré la nécessité de les séparer génériquement.

Jagonia reticulata Poli, sp. (*Tellina*).

Pl. XC, fig. 8 à 14.

1795	*Tellina reticulata*	Poli, Test. utr. Sic., t. II, p. 48, pl. XX, fig. 14.
1826	*Lucina reticulata* Poli	Payraudeau, Moll. de Corse, p. 43.
1826	*Loripes* — —	Risso, Europe mérid., t. IV, p. 343.
1830	*Lucina decussata*	O.-G. Costa, Test. viv. del Mare di Taranto, p. 23, pl. I, fig. 4a, 4b.
1833	— *squamosa*	Deshayes (*non* Lamarck), Expl. Scient. de Morée, p. 95.
1834	— *pecten*	D'Orbigny (*non* Lamarck), Moll. des Canaries, p. 108 (*ex parte*).
1836	— *reticulata* Poli	Scacchi, Catal. Conch. Regn. Neap., p. 5.
1836	— *pecten*	Philippi (*non* Lamarck), Enum. Moll. Sic., t. I, p. 31, pl. III, fig. 14.
1838	— *reticulata* Poli	Maravigna, Mém. Sic., p. 74.
1843	— *pecten*	Deshayes (*non* Lamarck), Traité élém. de Conch., t. I, p. 785.
1844	— —	Potiez et Michaud (*non* Lamarck), Galerie de Douai, t. II, p. 203.
1844	— —	Forbes (*non* Lamarck), Report Æg. Invert., p. 143.
1844	— —	Philippi (*non* Lamarck), Enum. Moll. Sic., t. II, p. 24.
1846	— —	Vérany (*non* Lamarck), Invert. di Genova e Nizza, p. 13.
1848	— —	Réquien (*non* Lamarck), Coq. de Corse, p. 21.
1848	— —	Deshayes (*non* Lamarck), Expl. scient. de l'Algérie, pl. LXXIX, fig. 8; pl. LXXXI, fig. 1, 2, 3.
1850	— —	Reeve (*non* Lamarck), Conch. Icon., pl. X, fig. 38.
1851	— *reticulata* (Lamarck)	Petit (*non* Lamarck), Catal. *in* Journ. de Conch., t. II, p. 293.

1853 *Lucina reticulata* Poli	DOUBLIER, Catal. Coq. du Var, *in* Prodr. Hist. Nat. du Var, p. 109.
1856 — *pecten*	JEFFREYS (*non* Lamarck), Piedm. Coast, p. 25.
1862 — —	WEINKAUFF (*non* Lamarck), Catal. Alg., *in* Journ. de Conch., t. X, p. 315.
1865 — —	CAILLIAUD (*non* Lamarck), Catal. Loire-Inf., p. 93.
1865 *Loripes* —	STOSSICH (*non* Lamarck), Enum. Moll. del Golfo di Trieste, p. 33.
1866 *Lucina reticulata* Poli	BRUSINA, Contrib. pella Fauna dei Moll. Dalm., p. 98.
1867 — — —	WEINKAUFF, Conchyl. des Mittelm., t. I, p. 160 (excl. syn. plur.).
1869 — — —	P. FISCHER, Gironde, Suppl., *in* Actes Soc. Linn. Bord., p. 110.
1869 — — —	TAPPARONE-CANEFRI, Moll. test. dei dint. di Spezia, p. 128.
1869 — — —	PETIT, Catal. test. mar., p. 40 (excl. syn.).
1869 *Jagonia* — —	RECLUZ, Mélanges malacologiques, p. 14.
1870 *Lucina* — —	ARADAS et BENOIT, Conch. viv. mar. della Sic., p. 36.
1870 — — —	ANCEY, Catal. Moll. mar. du Cap Pinède, p. 3.
1870 — — —	JEFFREYS, Medit. Moll., *in* Ann. and Mag. of Nat. Hist., p. 6.
1870 — — —	HIDALGO, Mol. mar. Catal. gen., p. 146, pl. LXXIV, fig. 2.
1872 — — —	MONTEROSATO, Notizie int. alle Conch. medit., p. 21.
1875 — (Jagonia) — —	MONTEROSATO, Nuova Rivista, p. 14.
1878 — — —	P. FISCHER, Brachiop. et Moll. du litt. océan. de France, p. 9.
1878 — (Jagonia) — —	ISSEL, Crociera del Violante, p. 38.
1878 *Jagonia* — —	MONTEROSATO, Enum. e Sinon., p. 9.
1880 *Lucina* — —	STOSSICH, Prosp. della Fauna del mare Adr. *in* Boll. della Soc. Adr. di Sc. Nat., p. 163.
1883 *Jagonia* — —	DAUTZENBERG, Liste Coq. de Gabès, p. 10.
1883 *Lucina* (Jagonia) — —	MARION, Esq. topogr. Zool. du Golfe de Marseille, p. 26, 34, 85.
1883 *Jagonia* — —	G. DOLLFUS, Liste Coq. Palavas, p. 3.
1884 — — —	MONTEROSATO, Nomencl. gen. e spec., p. 18.

1886 *Lucina reticulata* Poli	GRANGER, Moll. biv. de France, p. 107.
1886 — — —	LOCARD, Prodr. de Malac. franç. (excl. syn.).
1886 — *carnaria*	LOCARD (*non* Linné), Prodr. de Malac. franç., p. 465.
1886 — (Jagonia) *reticulata* Poli	DAUTZENBERG, Nouv. liste Coq. de Cannes, p. 1.
1887 — — —	Aug. NOBRE, Remarques sur la faune malac. marine des Possessions portugaises de l'Afrique occidentale, *in* Jornal de Sc. Math. Phys. e Nat., p. 41.
1888 — — —	KOBELT, Prodr. Faunæ Moll. test. maria europ. inhab., p. 369.
1889 — (Jagonia) — —	CARUS, Prodr. Faunæ medit., p. 153.
1890 *Jagonia* — —	DAUTZENBERG, Récoltes malac. de l'abbé Culliéret aux îles Canaries, p. 17.
1891 *Lucina pecten*	BRUSINA (*non* Lamarck), Moll. lamell. dei dint. di Zara, p. 17.
1892 — *reticulata* Poli	LOCARD, Coq. marines des côtes de France, p. 314, fig. 294.
1892 — *mirabilis*	LOCARD, Coq. marines des côtes de France, p. 314.
1894 — (Jagonia) *reticulata* Poli	DAUTZENBERG, Moll. rec. à Saint-Jean-de-Luz et Guétharry, p. 3.
1894 *Jagonia* — —	DAUTZENBERG, Moll. marins de St-Jean-de-Luz, p. 1.
1897 *Lucina* — —	WATSON, Marine Moll. of Madeira, *in* Linn. Soc. Journ., t. XXVI, p. 291.

Obs. — La plupart des anciens auteurs ont assimilé cette espèce au *Lucina pecten* de Lamarck; mais il est impossible d'admettre cette identification. En effet, Lamarck indique le Sénégal comme habitat de son *L. pecten* et la figure fournie par Delessert (Recueil des coquilles décrites par Lamarck, pl. VI, fig. 8A, 8B, 8C), concorde absolument avec des spécimens que nous possédons du Sénégal : Rufisque (Chevreux), pointe nord de Gorée (Eudel). Or ces coquilles appartiennent à une espèce tout à fait différente de celle de la Méditerranée et des côtes océaniques de France, qui avait été décrite par Adanson sous le nom de *Jagon*. Si nous comparons le *Lucina* (*Jagonia*) *pecten* au *Jagonia reticulata*, nous constatons qu'il est moins transverse, plus solide, que sa sculpture est beaucoup plus grossière et composée de côtes rayonnantes fortes, moins nombreuses et bifurquées partout vers la moitié de la hauteur, tandis que les côtes du *J. reticulata,* nombreuses, fines, ne sont bifurquées que sur les régions latérales.

C'est bien à tort que M. Weinkauff a introduit dans la synonymie du *J. reticulata,* le *Lucina fibula* Reeve (Conch. Icon., pl. VII, fig. 38B), qui représente une espèce exotique assez commune dans l'Océan Pacifique.

Il en est de même du *Lucina occidentalis* Reeve, espèce des Antilles, que Petit de la Saussaye a cité comme synonyme.

Lamarck a donné le nom de *Lucina reticulata* à une coquille qui est probablement *Lucina borealis* Linné, mais qui n'est certainement pas le *reticulata* de Poli.

Deshayes a cité le *J. reticulata* dans l'expédition de Morée sous le nom de *Lucina squamosa* Lamarck; mais on sait que le véritable *L. squamosa* de Lamarck est une espèce bien différente provenant de l'Oligocène du bassin de Paris.

Le *Lucina carnaria* Locard (*non* Linné), devenu ensuite *Lucina mirabilis* Locard, nous semble à peine une variété du *reticulata :* il est fâcheux que M. Locard n'ait pas fait connaître cette forme par une figuration.

Diagnose. — Coquille, diamètre umbono-ventral 15 millim.; diamètre antéro-postérieur 16 millim.; épaisseur 9 millim.; solide, équivalve, inéquilatérale, de forme suborbiculaire, un peu excavée antérieurement, dans le voisinage des sommets. Sommets assez proéminents, contigus, incurvés du côté antérieur. Lunule enfoncée, lancéolée, limitée par un angle bien marqué; pas de corselet. Surface mate, ornée de nombreuses costules rayonnantes (dont quelques-unes sont bifurquées dans les régions latérales de la coquille), et de cordons concentriques également nombreux, qui constituent, par leur entre-croisement, un treillis assez régulier. On observe aussi des sillons d'accroissement irrégulièrement espacés. Intérieur des valves un peu luisant, faiblement crénelé le long des bords. La charnière de la valve droite présente deux dents cardinales : l'antérieure très petite; la postérieure plus forte, bifide, se trouve placée entre deux fossettes. Il existe de plus, de chaque côté, une dent latérale trigone, bien saillante. La charnière de la valve gauche est composée de deux dents cardinales, séparées par une fossette médiane : l'antérieure est la plus forte. Les dents latérales sont au nombre de deux de chaque côté; les supérieures sont presque obsolètes, tandis que les inférieures sont trigones et bien saillantes. Impressions des muscles adducteurs profondes : les antérieures transverses, allongées; les postérieures pyriformes; impression palléale entière. Toutes ces impressions sont plus luisantes que le reste de la face intérieure des valves.

Coloration blanche uniforme. Ligament corné brun-clair.

Variétés. — Le *J. reticulata* varie sous le rapport de la taille, de la forme, qui est plus ou moins transverse, et de la sculpture qui est plus ou moins accusée, mais il ne s'agit là que de modifications individuelles sur lesquelles il n'y a pas lieu d'établir des variétés.

Var. ex colore 1, *flavida* Monterosato, teintée de jaune clair.

Var. ex colore 2, *cærulans* Monterosato, d'un blanc légèrement bleuâtre.

Habitat. — Peu commun à Collioure, Banyuls, Paulilles.

Dispersion. — Méditerranée et Adriatique. Océan Atlantique, sur le littoral de l'ouest et du sud-ouest de la France : La Bernerie (Cailliaud), Gironde ; à San Thomé (Nobre) ; à Madère (Watson) ; aux îles Canaries, où il vit en compagnie du *Jagonia pecten* Lamarck, comme le prouvent les récoltes de M. Chevreux et de l'abbé Culliéret.

Origine. — Le *J. reticulata* est signalé dans le Miocène de l'Europe méridionale ; dans la Gironde à Orthez ; à Madère, aux îles Baléares, en Autriche. Son extension dans le Pliocène est plus restreinte : on l'a indiqué en Catalogne, dans les Pyrénées-Orientales, la vallée du Rhône, les Alpes-Maritimes, la haute Italie, la Calabre et l'Archipel. Enfin, son aire de dispersion est encore moins étendue à l'époque pleistocène, puisqu'elle n'a été mentionnée que de la Sicile, de la Calabre, de Corinthe : à cette époque, la faune chaude battait en retraite vers le sud devant la marche des glaces et se réfugiait dans la zone méridionale de la Méditerranée, depuis l'Algérie jusqu'en Asie Mineure.

Famille TELLINIDÆ Blainville, 1814.

Cette famille, très étendue au début, a été condensée par Deshayes en 1830, qui n'y conservait alors que quatre genres. Plus tard, Gray, d'Orbigny, Adams, y ont introduit plusieurs genres nouveaux qui ont dû être éliminés à la suite des travaux plus récents de Deshayes, P. Fischer et Pelseneer. Réduite aux seuls genres *Tellina* et *Gastrana*, elle est aujourd'hui parfaitement naturelle.

TABLEAU DES GENRES ET ESPÈCES

Genre **Tellina** Linné............	1. *T. pulchella* Lamarck.
— — —	2. *T. distorta* Poli.
Sous-genre *Mœrella* P. Fischer........	3. *T. donacina* Linné.
— *Tellinula* Chemnitz.......	4. *T. incarnata* Linné.
— *Peronœa* Poli............	5. *T. nitida* Poli.
	6. *T. planata* Linné.
— *Macoma* Leach..........	7. *T. tenuis* Da Costa.
	8. *T. cumana* O. G. Costa.
— *Arcopagia* Leach.........	9. *T. balaustina* Linné.
Genre **Gastrana** Schumacher......	*G. fragilis* Linné.

Genre TELLINA Linné, 1758.

Type : *Tellina virgata* Linné.

Le mot *Tellina* est fort ancien : Athéné nomme τελλίνη une coquille, dont l'identification n'est pas certaine. Rondelet et Aldrovande ont employé le mot *Tellina* et ont figuré sous ce nom des espèces, dont quelques-unes appartiennent aux genres *Donax*, *Mactra*, etc., tels que nous les comprenons aujourd'hui. Lister a représenté en 1686, sous le nom de *Tellina*, des coquilles que l'on considère encore comme telles. Rumphius, Lang, Klein, ont donné au genre *Tellina* une étendue variable en y comprenant aussi des *Donax*, des *Psammobia*, des *Lucina*. Bonanni, Gualtieri, d'Argenville, et d'autres iconographes ont figuré comme *Tellina*, des coquilles plus ou moins hétérogènes. Linné, en 1766, a précisé la signification du terme *Tellina* et a décrit 28 espèces, réparties en trois sections. Bruguière et Lamarck ont assigné à ce genre des limites plus étroites, et Lamarck a choisi pour type, en 1798, le *Tellina virgata*.

En 1801, il a remplacé ce type par le *Tellina radiata*. Comme les deux types de Lamarck n'appartiennent pas au même groupe, le Dr P. Fischer a repris le nom de *Tellina* (*sensu stricto*), pour les espèces voisines du *T. virgata*, et a établi pour les espèces voisines du second type de Lamarck la section des *Liotellina*. Le genre *Tellinella*, proposé par Gray pour le *T. virgata* tombe donc en synonymie du genre *Tellina* proprement dit. MM. Adams ont également méconnu le type de Lamarck et ont choisi pour type de leur genre *Tellina* un *Arcopagia*.

Un grand nombre d'autres sous-genres ont été créés; mais nous ne parlerons que de ceux qui s'appliquent à des espèces méditerranéennes.

Tellina pulchella Lamarck.

Pl. XCI, fig. 1 à 5 (type), 6, 7 et 8 (var.)

1780 *Tellina rostrata*. Born, var. B (*non* Linné), Mus. Caes. Vindob., p. 34, pl. II, fig. 10.
1782 — *virgata*. Chemnitz, var. E (*non* Linné), Conch. Cab., t. VI, p. 88, pl. VIII, fig. 72.
1795 — *rostrata*. Poli (*non* Linné), Test. utr. Sic., t. II, p. 38, pl. XV, fig. 8.
1804 — — Renier (*non* Linné), Tavola alfab., p. 6, nos 54, 55.
1818 — *pulchella*. Lamarck, Anim. sans vert., t. V, p. 526.
1826 — — Lam. Payraudeau, Moll. de Corse, p. 38.
1826 — — — Risso, Europe mérid., t. IV, p. 345.
1829 — *rostrata*. O. G. Costa (*non* Linné), Cat. Sist., pp. 14, 17.
1832 — *pulchella*. Lam. Deshayes, Encycl. Méthod., t. III, p. 1012.
1835 — — Lamarck, Anim. sans vert., édit. Desh., t. VI, p. 196.
1836 — *rostrata*. Scacchi (*non* Linné), Catal. Conch. Regn. Neap., p. 5.
1836 — *pulchella*. Lam. Philippi, Enum. Moll., Sic., t. I, p. 24.
1838 — — — Maravigna, Mém. Sicile, p. 74.
1842 — — — Hanley, Recent biv. Sh., p. 64.
1844 — — — Potiez et Michaud, Galerie de Douai, t. II, p. 213.
1844 — — — Forbes, Report Aeg. Invert., p. 143.
1844 — — — Philippi, Enum. Moll. Sic., t. II, p. 21.
1846 — — — Vérany, Invert. di Genova e Nizza, p. 13.
1847 — — — Hanley *in* Sowerby, Thes. Conch., t. I, p. 230, pl. LVI, fig. 4.
1848 — — — Réquien, Coq. de Corse, p. 19.
1848 — — — Deshayes, Expl. sc. de l'Algérie, p. 541.

1851 *Tellina pulchella* Lam. Petit, Catal., *in* Journ. de Conch., t. II, p. 291.
1853 — — — Doublier, Catal. Coq. mar. du Var, *in* Prodr. Hist. Nat. du Var, p. 108.
1856 — — — Jeffreys, Piedm. Coast., p. 24.
1858 — (Tellinella) — — H. et A. Adams, Genera of rec. Moll., t. II, p. 395.
1858 — — — Gay, Catal. Moll. du Var, *in* Bull. Soc. Sc. du Var, p. 162.
1862 — — — Weinkauff, Catal. Algérie, *in* Journ. de Conch., t. X, p. 313.
1865 — — — Stossich, Enum. dei Moll. del Golfo di Trieste, p. 29.
1866 *Psammobia* — — Brusina, Contrib. pella Fauna dei Moll. Dalm., p. 93.
1866 *Tellina*. — — Reeve, Conch. Icon., pl. XVIII, fig. 92.
1867 — — — Weinkauff, Conchyl. des Mittelm., t. I, p. 85.
1869 — — — Petit, Catal. test. mar., p. 49.
1869 — — — Tapparone-Canefri, Moll. test. di Spezia, p. 114.
1870 — — — Ancey, Catal. Moll. mar. Cap Pinède, p. 4.
1870 — — — Aradas et Benoit. Conch. viv. mar. della Sic., p. 50.
1870 — — — Hidalgo, Mol. mar. Catal. gen., p. 165, pl. LVII, fig. 4, 5.
1871 — — — Roemer, Fam. Tellinidæ *in* neues Conch. Cab., p. 24, pl. II, fig. 6; pl. IX, fig. 4 à 7.
1872 — — — Monterosato, Notizie int. alle Conch. médit., p. 24.
1875 — — — Monterosato, Nuova Rivista, p. 17.
1878 — — — Bertin, Revision des Tellinidæ du Muséum, *in* Nouv. Arch. du Mus., p. 231.
1878 — — — Monterosato, Enum. e Sinon., p. 13.
1879 — — — Clément, Catal. Moll. du Gard, *in* Etudes d'Hist. Nat., p. 79.
1879 — — — Granger, Catall. Moll. de Cette, p. 33.
1880 — — — Stossich, Prosp. della Fauna Adr., *in* Boll. della Soc. Adr. di Sc. Nat., p. 141.
1883 — — — G. Dollfus, Catal. Coq. Palavas, p. 3.
1884 *Tellinella* — — Monterosato, Nomencl. gen. e spec., p. 20.
1884 *Tellina* — — Pepratx, Moll. de la plage de La Franqui. *in* Soc. Agric., scient. et litt. des Pyr.-Or., t. XXVI, p. 227.

1884 *Tellina pulchella* Lam. De Gregorio, Studi su talune Conch. medit., p. 171.
1886 — — — Granger, Moll. biv. de France, p. 155, pl. XII, fig. 6.
1886 — — — Locard, Prodr. de Malac. franç., p. 417.
1888 — — — Kobelt, Prodr. Faunæ, Moll. test. maria europ. inhab., p. 342.
1889 — — — Carus, Prodr. Faunæ medit., p. 155.
1891 — — — Brusina, Lamellibr. dei dint. di Zara, p. 24.
1892 — — — Locard, Coq. mar. des côtes de France, p. 274, fig. 153.
1897 — — — Dautzenberg, Atlas des Coq. des côtes de France, pl. LXIII, fig. 205.

Obs. — Quelques paléontologues italiens ont cité dans la synonymie du *T. pulchella*, le *Tellina angusta* Gmelin; si leur manière de voir était adoptée, il faudrait substituer cet ancien nom à celui bien connu de *pulchella*; mais, en analysant l'espèce de Gmelin, on voit qu'elle est très sommairement décrite, que la figure 226 de la pl. CCCLXXXIII de Lister, citée comme référence, est médiocre, enfin qu'il n'y a pas d'indication d'habitat. Reeve a représenté sous le même nom de *T. angusta* une coquille qui, selon lui diffère du *pulchella* par sa forme plus transverse et par sa sculpture plus fine et qui n'est, à notre avis, autre chose qu'un exemplaire jeune de *pulchella*; il n'en mentionne pas l'habitat.

Diagnose. — Coquille, diamètre umbono-ventral 15 millim., diamètre antéro-postérieur 32 millim.; épaisseur 6 millim., assez solide, ovale, allongée transversalement, comprimée, très légèrement bâillante à l'extrémité postérieure, un peu inéquivalve, la valve gauche étant plus convexe que la droite, subéquilatérale : la région antérieure un peu plus grande, plus dilatée que la postérieure, est arrondie à l'extrémité supérieure; la postérieure, à peine plus courte, est nettement rostrée. Bord dorsal légèrement arqué du côté antérieur, déclive du côté postérieur; bord ventral presque rectiligne, ascendant, subsinueux à proximité du rostre où il est un peu tordu et infléchi vers la droite. Sommets petits, contigus, opisthogyres. Lunule allongée, très étroite, peu distincte, non limitée. Corselet lancéolé, limité par un sillon peu apparent. Surface luisante, surtout dans la région des sommets, un peu iridescente, pourvue, sur la valve droite, d'un angle bien marqué qui part du sommet et aboutit à la base du rostre. Sur la valve gauche, un angle beaucoup plus obtus correspond à celui de la valve droite. Toute la superficie est garnie de petites lamelles concentriques nombreuses et serrées qui s'accentuent graduellement vers les bords. Ces lamelles sont plus développées sur la région postérieure de la valve droite et, sur les deux valves, dans la portion du test comprise entre l'angle et le bord postérieur. On observe enfin, à l'aide de la loupe, notamment sur la région postérieure, des stries rayonnantes extrêmement fines. Intérieur des valves luisant, à bords simples, tranchants. Plateau cardinal étroit. Charnière de la valve droite composée de deux dents cardinales divergentes, l'antérieure plus faible, la postérieure trigone, bifide, séparées par une fossette triangulaire, et de deux dents latérales courtes. Charnière de la valve gauche composée d'une dent cardinale trigone, bifide, accompagnée de deux fossettes; dent latérale antérieure obsolète, dent latérale postérieure faible, assez allongée. Impressions musculaires bien marquées : celles du muscle adducteur antérieur ovales, celles du muscle adducteur postérieur arrondies; impression palléale pourvue d'un sinus très grand, elliptique, dont l'extrémité arrondie, touche presque l'impression de l'adducteur antérieur. Sous les sommets règne une callosité qui s'étale de chaque côté et borde les impressions des muscles adducteurs.

Coloration externe rose clair, ornée de rayons irréguliers d'un rose vif et de bandes concentriques étroites, de même nuance, qui soulignent les lignes d'accroissement. Coloration interne d'un beau rose, passant au blanc le long des bords. Callosités blanches.

Épiderme membraneux, brun, ne subsistant qu'à l'extrémité du rostre.

Ligament corné, très résistant, brun, faisant saillie à l'extérieur.

Variétés. — Les références de Born et de Poli, citées par Lamarck, représentent la forme et la coloration habituelles de l'espèce.

Var ex forma et colore 1. *hybrida* Roemer. Plus solide que le type, de coloration jaune avec des rayons brun rouge.

Var. ex forma 2. *transversa* B. D. D. Plus allongé transversalement que le type, avec le rostre moins prononcé. L'exemplaire de cette variété que nous représentons pl. XCI fig. 6, 7, provient de Viareggio et nous a été envoyé par le D^r^ del Prete.

Var ex colore 1. *citrina* Monterosato = *electrica* Clément. Plus solide que le type, cette variété ne diffère de la précédente que par l'absence totale de rayons : elle est d'un jaune citron uniforme. Voir notre pl. XCI, fig. 8.

Var. ex colore 2. *rosea* B. D. D. Cette variété rose uniforme, sans rayons, a été indiquée par Deshayes dans l'Encyclopédie.

Habitat. — Assez abondant à Port-Vendres, La Franqui, etc., le type et la var. *citrina*.

Dispersion. — Toute la Méditerranée, depuis Gibraltar jusqu'à Port-Saïd; Adriatique.

Origine. — La seule citation miocène de cette espèce est celle d'Aleria, dans l'île de Corse (Locard); mais elle ne s'appuie que sur un moule et nous paraît exiger confirmation pour être admise. On la connaît du Pliocène de Biot (Alpes-Maritimes), de Bologne, de Sienne, de Modène, de Plaisance, de Monte-Mario et de Reggio en Calabre. M. Seguenza l'a indiquée d'un gisement postpliocène des environs de Reggio.

Tellina distorta Poli

Pl. XCI., fig. 9, 10, 11, 12.

1795 *Tellina distorta* POLI, Test. utr. Sic. t. II, p. 39, pl. XV, fig. 11.
1826 — — *Poli* RISSO, Eur. mérid., t. IV, p. 346.
1829 — — — O. G. COSTA, Catal. Sist., p. 14, 17.
1836 — — — SCACCHI, Catal. Conch. Regn. Neap., p. 5.
1836 — — — PHILIPPI, Enum. Moll. Sic., t. I, p. 25.
1838 — — — MARAVIGNA, Mém. Sic., p. 74.
1844 — — — FORBES, Rep. Aeg. Invert., p. 143.
1844 — — — PHILIPPI, Enum. Moll. Sic., t. II, p. 21.
1846 — — — VÉRANY, Catal. Invert. di Genova e Nizza, p. 13.
1847 — — — HANLEY *in* SOWERBY, Thes. Conch. t. I, p. 231, pl. LVI, fig. 6.
1848 — — — RÉQUIEN, Coq. de Corse, p. 20.
1888 — (*Mocra*) — H. et A. ADAMS, Genera of rec. Moll., p. 396.
1865 — — — BRUSINA, Conch. Dalm. ined., p. 32.
1866 — — — BRUSINA, Contrib. pella Fauna dei Moll. Dalm., p. 93.
1867 — — — WEINKAUFF, Conchyl. des Mittelm., t. I, p. 83.
1867 — — — REEVE, Conch. Icon., pl. XXXI, fig. 173A, 173B.
1869 — — — PETIT, Catal. test. mar., p. 49.
1869 — — — TAPPARONE-CANEFRI, Moll. test. di Spezia, p. 113.
1870 — — — ARADAS et BENOIT, Conch. viv. mar. della Sic., p. 49.
1870 — — — HIDALGO, Moll. mar. Catal. gen., p. 165; pl. LVII, fig. 7 et pl. LVIIB, fig. 6, 7.
1872 — — — ROEMER *in* MARTINI und CHEMNITZ, Syst. Conch. Cab., p. 29, pl. X, fig. 5 à 12.
1872 — — — MONTEROSATO, Notizie int. alle Conch. Medit., p. 24.
1875 — — — MONTEROSATO, Nuova Rivista, p. 17.
1878 — — — MONTEROSATO, Enum. e Sinon., p. 13.

1878 *Tellina distorta* Poli Bertin, Revis. des *Tellinidés* du Muséum *in* Nouv. Arch. du Mus. 2e série, t. I, p. 262.
1880 — — — Stossich, Prosp. della Fauna Adr. *in* Boll. della Soc. Adr. di Sc. Nat., p. 93.
1881 — — — Jeffreys, Lightn. and Porcup. Exp. *in* Proc. zool. Soc. of Lond., p. 721.
1882 — — — Dautzenberg, Liste Coq. de Cannes, p. 2.
1883 — — — Dautzenberg, Liste Coq. de Gabès, p. 13.
1884 *Tellinella* — — Monterosato, Nomencl. gen. et spec., p. 20.
1886 *Tellina* — — Locard, Prodr. de Malac. franç., p. 417.
1886 — (Tellinella) — — Dautzenberg, Nouv. liste, Coq. de Cannes, p. 1.
1888 — *distorta* — Kobelt, Prodr. Faunæ Moll. test. maria europ. inhab., p. 339.
1889 — — — Carus, Prodr. Faunæ Medit., p. 157.
1892 — — — Locard, Coq. mar. de France, p. 274.
1895 — — — Brusina, Adria Exc. der yacht Margita *in* Comptes rendus, Séances 3e Congrès internat. de Zool., p. 392.

Obs. — Le *T. distorta* a été mal interprété par certains auteurs qui ont indiqué sous ce nom une forme un peu rostrée du *T. donacina*. Les exemplaires que nous possédons de diverses localités méditerranéennes, prouvent que MM. Weinkauff, Roemer, de Monterosato, etc., ont eu raison de maintenir le *distorta* au rang d'espèce spéciale, aussi éloignée du *donacina* que du *pulchella*. Le *distorta* est en effet toujours plus petit que ces deux espèces; il diffère en outre du *donacina* par sa forme moins inéquilatérale, beaucoup plus comprimée, plus inéquivalve, par son rostre plus développé, plus tordu, par la forme du sinus palléal, etc., et il diffère du *pulchella* par sa forme plus inéquilatérale, moins comprimée, moins inéquivalve, par son rostre moins développé, etc. En somme, comme l'a fort bien dit Philippi, cette espèce est intermédiaire entre les *T. donacina* et *pulchella*, sans qu'il soit cependant possible de la considérer comme variété ni de l'un ni de l'autre, bien qu'il ait plus d'analogie avec le *pulchella* comme l'ont fait remarquer MM. Rœmer et de Monterosato.

Diagnose. — Coquille, diamètre umbono-ventral 11 millim.; diamètre antéro-postérieur 21 millim.; épaisseur 5 millim.; assez solide, ovale, allongée transversalement, comprimée, légèrement bâillante aux deux extrémités, subéquivalve, la valve gauche étant à peine plus convexe que l'autre, un peu inéquilatérale : la région antérieure, plus grande et plus dilatée, est arrondie à l'extrémité, la postérieure, plus courte, rostrée et un peu obtuse à l'extrémité. Bord dorsal légèrement arqué du côté antérieur, déclive du côté postérieur; bord ventral ascendant, subsinueux à proximité du rostre où il est tordu et infléchi vers la droite. Sommets petits, contigus, opisthogyres, situés aux 4/5es de la longueur, à partir de l'extrémité postérieure de la coquille. Lunule allongée, étroite, faiblement creusée, non limitée. Corselet lancéolé. Surface luisante, surtout dans la région des sommets, pourvue, sur la valve droite, d'un angle qui relie le sommet à la base du rostre et, sur la valve gauche, d'un sillon peu profond correspondant à cet angle. Toute la superficie est garnie de lamelles concentriques extrêmement nombreuses et serrées, qui s'accentuent graduellement vers les bords et vers l'extrémité postérieure de la valve droite. Sur la région terminale postérieure, comprise entre l'angle de la valve droite et le sillon de la valve gauche, les lamelles sont moins nombreuses et un peu plus développées. On observe enfin quelques sillons d'accroissement concentriques. Intérieur des valves luisant, à bords simples, tranchants. Plateau cardinal étroit. Charnière de la valve droite composée de deux petites dents cardinales divergentes et de deux dents latérales lamelliformes, courtes : l'antérieure se prolongeant jusqu'aux dents cardinales, la postérieure écartée. Charnière de la valve gauche composée d'une dent cardinale papilleuse, bifide et de deux dents latérales obsolètes, marginales. Impressions musculaires peu marquées : celles du muscle adducteur antérieur ovales, celles du muscle adducteur postérieur arrondies; impression palléale pourvue d'un sinus très grand, elliptique, dont l'extrémité arrondie atteint presque l'impression de l'adducteur antérieur.

Coloration externe d'un blanc jaunâtre, orné de rayons roses irréguliers, peu visibles dans le voisinage des sommets; mais augmentant d'intensité vers les bords. Coloration interne blanc jaunâtre rayonnée de rose vers les bords. Ligament court, corné, brun, faisant saillie à l'extérieur.

Habitat. — Peu commun sur les plages de Leucate et de La Franqui.

Dispersion. — Méditerranée et Adriatique. Océan Atlantique à Madère et aux îles Canaries. A été trouvée à une profondeur de 9 à 108 mètres (Jeffreys).

Origine. — Cette espèce ayant été confondue par la plupart des paléontologues, soit avec le *Tellina pulchella*, soit avec le *Tellina donacina*, son origine est difficile à établir. Nous ne la connaissons que du Pliocène du Monte-Mario (Collection de l'Ecole des Mines) et du Pleistocène de Calabre, de Sicile et de l'île d'Ischia.

Sous-genre MOERELLA P. Fischer (1887).

Type : *Tellina donacina* Linné.

Le nom *Moerella* a été proposé par P. Fischer pour remplacer celui de *Moera* Adams, 1856, qui avait déjà été employé par Leach, en 1815, pour des Crustacés et par Hubner, en 1816, pour des Lépidoptères. MM. Adams avaient créé leur genre *Moera* pour remplacer un genre *Donacilla* Gray, 1851, qui devait disparaître à cause de l'existence du genre *Donacilla* Lamarck, 1812, fondé pour un autre groupe de Mollusques.

Tellina donacina Linné.

Pl. XCI, fig. 13, 14 (type) et 15 à 19 (var.).

1758 *Tellina donacina* Linné, Syst. Nat., édit. X, p. 676.
1767 — — Linné, Syst. Nat., édit. XII, p. 1118.
1777 — *trifasciata* Pennant, Zool. Brit., p. 88.
1784 — *donacina* Lin. Schrœter, Einleit. in die Conchylienk. t. II, p. 655.
1790 — — — Linné-Gmelin, Syst. Nat., édit. XIII, p. 3234.
1792 — — — Olivi, Zool. Adr., p. 101.
1795 — *variegata* Poli (*non* Linné) Test. utr. Sic., t. II, p. 45, pl. XV, fig. 10.
1799 — *donacina* Lin. Pulteney, Catal. Dorsetsh., p. 29.
1803 — — — Montagu, Test. Brit., p. 58.
1804 — — — Maton et Rackett, Descr. Catal., *in* Trans. Linn. Soc., t. VIII, p. 50, pl. 1, fig. 7.
1812 — — — Pennant, Brit. Zool., t. IV, p. 178.
1813 — — — Pulteney, Catal. Dorsetsh., p. 29, pl. XII, fig. 3 b.
1817 — — — Dillwyn, Descr. Catal., t. I, p. 89.
1818 — — — Lamarck, Anim. sans vert., t. V, p. 527.
1819 — — — Turton, Conch. Dict., p. 170.
1822 — — — Turton, Dithyra Brit., p. 102, pl. VIII, fig. 4.
1825 — — — Wood, Index testac., p. 19, pl. IV, fig. 31.
1825 — — — De Gerville, Catal. Manche, p. 14.
1826 — — — Payraudeau, Moll. de Corse, p. 39.
1826 — *Lantivyi* Payraudeau, Moll. de Corse, p. 40, pl. I, fig. 13, 14, 15.
1826 — *donacina* Lin. Risso, Eur. Mérid., t. IV, p. 347.
1827 — — — Brown, Illustr. Conch. of Gr. Brit. and Irel., pl. XVI, fig. 16.
1828 — — — Fleming, Brit. anim., p. 435.
1829 — *variegata* O. G. Costa (*non* Linné), Catal. Sist., p. 14, 17.
1830 *Telline donacine* Blainville, Faune franç., pl. IX, fig. 6.
1830 *Tellina donacina* Lin. Collard des Cherres, Catal. test. Finist., p. 19.

1832 *Tellina donacina* Lin. Deshayes, Encycl. méthod., t. III, p. 1013.

1833 — — — Deshayes, Expl. Sc. de Morée, t. III, p. 93.

1835 — — — Bouchard-Chantereaux, Catal. Boulonn., p. 18.

1835 — — — Lamarck, Anim, sans vert. édit. Desh., t. VI, p. 198.

1835 — — — Wood, General Conch., p. 161, pl. XLV, fig. 5.

1835 — *Lantivyi* Payr. Deshayes *in* Lamarck, Anim. sans vert., 2e édit., t. VI, p. 210.

1836 — *donacina* Lin. Scacchi, Catal. Conch. Regn. Neap., p. 5.

1836 — — — Philippi, Enum. Moll. Sic., t. I, p. 24.

1838 — — — Maravigna, Mém. Sic., p. 74.

1842 — — — Hanley, Recent biv. Sh., p. 64.

1842 — *Lantivyi* Payr. Hanley, Recent biv. Sh., p. 65.

1843 — *donacina* Lin. Deshayes, Traité élém. de Conch., t. I, 2e partie, p. 399, pl. XIV, fig. 1, 2, 3.

1844 — — — Brown, Illust. Conch. of Gr. Brit. and Irel., 2e édit., p. 101, pl. XL, fig. 16.

1844 — — — Forbes, Rep. Aeg. Invert., p. 143.

1844 — — — Philippi, Enum. Moll. Sic., t. II, p. 21.

1844 — — — Thorpe, Brit. mar. Conch., p. 67.

1844 — — — Potiez et Michaud, Galerie de Douai, t. II, p. 212.

1844 — *Lantivyi* Payr. Potiez et Michaud, Galerie de Douai, t. II, p. 213.

1846 — *donacina* Lin. Vérany, Invert. di Genova e Nizza, p. 13.

1847 — — — Hanley *in* Sowerby Thes. Conch., t. I, p. 232, pl. LVI, fig. 12, pl. LXVI, fig. 259.

1848 — — — Deshayes, Expl. scient. de l'Algérie, p. 540, pl. LXIX, fig. 1, 2, 3.

1848 — — — Réquien, Coq. de Corse, p. 20

1848 — *Lantivyi* Payr. Réquien, Coq. de Corse, p. 19.

1849 — *donacina* Lin. Middendorff, Malac. Rossica, III, p. 60.

1851 — — — Petit, Catal. *in* Journ. de Conch., t. III, p. 291.

1851 — — — Gray, List. of Brit. Anim. in the Brit. Mus., p. 38.

1852 — — — Leach, Synopsis, p. 295.

1853 — — — Doublier, Catal. Coq. mar. du Var *in* Prodr. Hist. Nat. du Var, p. 109.

1853 — — — Forbes et Hanley, Brit. Moll., t. I, p. 292, pl. XX, fig. 3, 4; pl. K, fig. 4 (animal).

1855 — — — Hanley, Ipsa Linn. Conch., p. 40.

1855 — — — Clark, Brit. test. Moll., p. 125.

1856 — — — Jeffreys, Piedm. Coast, p. 24.

1858 *Tellina donacina* Lin. GAY, Catal. Moll. du Var, *in* Bull. Soc. Scient. du Var, p. 163.

1858 — (Moera) — — H. et A. ADAMS, Genera of rec. Moll., t. II, p. 396.

1859 — — — SOWERBY, Illustr. Ind. Brit. Sh., pl. III, fig. 7.

1862 — (Moera) — — CHENU, Manuel de Conch., t. II, p. 67, 68, fig. 281, 282.

1862 — — — WEINKAUFF, Catal. Alg., *in* Journ. de Conch., t. X, p. 313.

1863 — — — JEFFREYS, Brit. Conch., t. II, p. 386, t. V (1869), p. 187, pl. XLI, fig. 4.

1865 — — — CAILLIAUD, Catal. Loire-Inf., p. 72.

1865 — — — P. FISCHER, Gironde, p. 50.

1865 — — — STOSSICH, Enum. dei Moll. del Golfo di Trieste, p. 29.

1866 — — — BRUSINA, Contrib. pella Fauna dei Moll. Dalm., p. 93.

1866 — — — REEVE, Conch. Icon., pl. X, fig. 43.

1867 — — — TASLÉ, Catal. Morbihan, p. 9.

1867 — — — WEINKAUFF, Conchyl., des Mittelm., t. I, p. 84.

1869 — — — PETIT, Catal. test. mar., p. 49.

1869 — *Lantivyi* Payr. PETIT, Catal. test. mar., p. 49.

1869 — *donacina* Lin. TAPPARONE-CANEFRI, Moll. test. di Spezia, p. 113.

1870 — — — ARADAS et BENOIT, Conch. viv. mar. della Sic., p. 49.

1870 — — — ANCEY, Catal. Moll. Cap. Pinède, p. 4.

1870 — — — HIDALGO, Mol. mar. Catal. gen., p. 165, pl. LVII, fig. 9.

1872 — — — RŒMER *in* MARTINI et CHEMNITZ, Syst. Conch. Cab., p. 26, pl. IX, fig. 8 à 12.

1872 — — — MONTEROSATO, Notizie int. alle Conch. Medit., p. 24.

1875 — — — MONTEROSATO, Nuova Riv., p. 17.

1876 — — — DUPREY, Shells of Jersey, p. 3.

1878 — — — MONTEROSATO, Enum. e Sinon., p. 13.

1878 — — — BERTIN, Revis. des *Tellinidés* du Muséum *in* nouv. Arch. du Mus., 2e série, t. I, p. 261.

1878 — — — P. FISCHER, Brach. et Moll. du litt. océan. de France, p. 8.

1878 — — — ISSEL, Crociera del Violante, p. 34.

1879 — *Lantivyi* Payr. CLÉMENT, Catal. Moll. mar. du Gard, *in* Etudes d'Hist. Nat., p. 78.

1880 — *donacina* Lin. SERVAIN, Coq. mar. de l'île d'Yeu, p. 14.

1880 — — — STOSSICH, Prosp. della Fauna Adr., *in* Boll. della Soc. Adr. di Sc. Nat., p. 141.

1881 *Tellina donacina* Lin. JEFFREYS, Lightn. and Porcup. Exp., *in* Proc. Zool. Soc. of Lond., p. 721.

1883 — — — DANIEL, Faune malac. de Brest, *in* Journ. de Conch, t. XXXI, p. 240.

1883 — — — G. DOLLFUS, Liste Coq. Palavas, p. 3.

1883 — — — MARION, Esq. topogr. zool. du Golfe de Marseille, p. 26, 27, 35, 54, 61, 70, 81, 85, 90, 96, 98.

1884 — — — NOBRE, Moll. mar. do Noroeste de Portugal, p. 12.

1884 *Moera* — — MONTEROSATO, Nomencl. gen. e spec., p. 20.

1886 *Tellina* — — LOCARD, Prodr. de Malac. franç., p. 417.

1886 — — — GRANGER, Moll. biv. de France, p. 155.

1886 — — — HIDALGO, Mol. recog. en Bayona de Galicia, *in* Revista de los Progr. de las Ciencias, p. 403.

1886 — — — SMITH, Challenger Lamellibr., p. 105.

1887 — (Moerella) — — P. FISCHER, Manuel de Conch., p. 1147.

1887 — — — DAUTZENBERG, Exc. Malac. à St-Lunaire, p. 8.

1888 — — — A. DOLLFUS, les plages du Croisic, p. 16.

1888 — — — KOBELT, Prodr. Faunæ Moll. test. maria europ. inhab., p. 339.

1888 — — — SERVAIN, Coq. mar. Concarneau, p. 94.

1889 — — — CARUS, Prodr. Faunæ medit., p. 156.

1889 — (Moerella) — — DAUTZENBERG, Contrib. Faune malac. Açores, p. 86.

1890 — (Moera) — — DAUTZENBERG, Liste Moll. du Pouliguen, p. 5

1891 — — — BRUSINA, Lamellibr. dei dint. di Zara, p. 104.

1892 — — — BIZET, Malacoz. de Picardie, p. 176.

1892 — — — LOCARD, Coq. mar. de France, p. 275.

1893 — — — DAUTZENBERG, Liste Moll. Granville et St-Pair, p. 19.

1895 — — — BRUSINA, Adria Exc. der Yacht *Margita*, *in* Comptes rendus des séances du 3e Congrès intern. de Zool., p. 392.

1897 — — — WATSON, Marine Moll. of Madeira, *in* Linn. Soc. Journ. t. XXVI, p. 318.

Obs. — Hanley nous apprend qu'il existe encore dans la collection de Linné des spécimens de cette espèce renfermés dans une boîte portant le nom de *Tellina donacina*. L'identification des auteurs est donc correcte, bien que la référence de Gualtieri, indiquée par Linné se rapporte à un *Donax*.

Le *T. donacina* ne pourrait être confondu qu'avec le *T. distorta* dont il se rapproche souvent par la coloration; mais, nous avons déjà vu qu'il diffère de cette espèce par sa taille plus forte, sa forme plus renflée, plus inéquilatérale, sa région postérieure beaucoup plus tronquée, moins rostrée, ainsi que par la conformation du sinus palléal qui, au lieu d'être tout à fait arrondi à l'extrémité, est coudé dans le haut.

Diagnose. — Coquille, diamètre umbono-ventral 9 millim.; diamètre antéro-postérieur 17 millim.; épaisseur 5 millim., assez solide, ovale, allongée transversalement, assez renflée, légèrement bâillante aux deux extrémités, équivalve, inéquilatérale : région antérieure dilatée, beaucoup plus grande que la postérieure, elliptique, arrondie à l'extrémité; région postérieure courte, obliquement tronquée et obtusément rostrée à la base. Bord dorsal à peine convexe du côté antérieur, déclive du côté postérieur; bord ventral ascendant à proximité du rostre où il est faiblement tordu et infléchi vers la droite. Sommets petits, contigus, opisthogyres. Lunule allongée très étroite, assez profondément creusée; corselet court, lancéolé. Surface un peu luisante dans la région des sommets, presque mate sur le reste de son étendue, pourvue, sur la valve droite, d'un angle très obtus reliant le sommet à la base du rostre et, sur la valve gauche, d'un sillon obsolète correspondant à l'angle de la valve droite. Toute la superficie est garnie de lamelles concentriques peu saillantes, très nombreuses et serrées, qui s'accentuent vers le bord ventral. Ces lamelles sont moins nombreuses à l'extrémité de la région postérieure. On observe aussi quelques sillons d'accroissement concentriques, bien marqués. Intérieur des valves luisant, à bords simples, tranchants. Plateau cardinal étroit. Charnière de la valve droite composée de deux petites dents cardinales divergentes, dont la postérieure, plus forte, est bifide et de deux dents latérales lamelliformes, courtes, assez aiguës. Charnière de la valve gauche composée d'une dent cardinale bifide, d'une dent latérale antérieure, marginale, allongée, obsolète et d'une dent latérale postérieure lamelliforme un peu saillante. Impressions musculaires bien marquées : celles du muscle adducteur antérieur des valves ovales, celles du muscle adducteur postérieur arrondies; impression palléale pourvue d'un sinus très grand, dont l'extrémité linguiforme, atteint presque l'impression de l'adducteur antérieur. Le test est souvent calleux sous le plateau cardinal et le long des impressions des muscles adducteurs.

Coloration externe rose, plus intense vers les sommets, ornée de rayons d'un rose vif.

Coloration interne d'un rose vif presque uniforme et ornée vers les bords de rayons qui correspondent à ceux de l'extérieur. Ligament court, corné, brun, faisant saillie à l'extérieur.

Variétés. — Linné a indiqué la Méditerranée comme habitat du *T. donacina*. Il dit que c'est une coquille plus petite que l'*incarnata*, de coloration pourprée, ornée de rayons rouges. C'est donc la petite forme méditerranéenne, chez laquelle cette coloration se voit le plus fréquemment, qu'il convient de choisir pour type. Nous l'avons représentée pl. XCI, fig. 13, 14, d'après un exemplaire provenant du Roussillon.

Var. ex forma 1, *Turtoni* B. D. D. Cette variété a été très bien représentée par Turton dès 1822 (*Dithyra britannica*, pl. VIII, fig. 4). Elle est plus solide et plus grande que le type. Sa coloration est jaune d'or clair, avec des rayons rouges interrompus par les lignes d'accroissement. Deux petites flammules courtes, d'un rose vif, sont situées sous les crochets; la lunule et le corselet sont ornés d'une ligne de même nuance. La coloration interne est d'un jaune orangé plus ou moins vif, s'éclaircissant vers les bords et ornée de rayons roses qui correspondent à ceux de l'extérieur. Bien que la variété *Turtoni* soit surtout abondante dans l'Atlantique, on la rencontre aussi dans la Méditerranée. Nous en avons représenté pl. XCI, fig. 16, un spécimen du Roussillon et fig. 17, 18 et 19, des échantillons provenant des côtes de Bretagne.

Var. ex forma 2, *major* Monterosato. Nous avons représenté pl. XCI, fig. 15, un exemplaire de cette variété recueilli sur le littoral du Roussillon. Elle diffère de la var. *Turtoni*, par sa forme un peu plus rostrée et par sa coloration dont le fond est rose comme chez le type.

Var. ex colore 1, *Lantivyi* Payraudeau = *lactea* Philippi = *albida* Monterosato. Forme typique, de coloration entièrement blanche, sans rayons.

Var. ex colore 2, *concolor-rosea* Philippi = *concolor* Réquien = *rosea* Monterosato. Rose, sans rayons.

Var. ex colore 3, *flavescens* Philippi = *flavida* Réquien. Jaunâtre, sans rayons.

Var. ex colore 4, *crocea* Philippi, d'un jaune orangé, sans rayons.

Var. ex colore 5, *pauciradiata* Réquien. Ornée de rayons peu nombreux.

Habitat. — Peu commun à Port-Vendres, Leucate, etc. Le type et les variétés *Turtoni*, *major* et *Lantivyi*.

Dispersion. — Méditerranée, Adriatique, mer de Marmara et mer Noire. Océan Atlantique, depuis les côtes d'Ecosse jusqu'à Madère et aux Açores. Cette espèce vit depuis la zone littorale jusqu'à 150 mètres de profondeur (Jeffreys).

Origine. — Le *T. donacina* remonte incontestablement au Miocène : on l'a rencontré dans les faluns de la Loire, de la Gironde, du Portugal, aux Açores, dans la Molasse de la Suisse, en Autriche, en Galicie, en Hongrie, en Russie, ainsi que dans divers dépôts du même âge de l'Italie centrale. A l'époque pliocène, elle est connue des sables d'Anvers, des crags d'Angleterre, des dépôts du Cotentin et de la Loire-Inférieure, de la Catalogne, du Roussillon (Millas), de la vallée basse du Rhône, des Alpes-Maritimes, de Bologne, de Plaisance, d'Ischia, de Reggio, de Corinthe, de Rhodes, etc. Son extension se maintient dans le Pleistocène, bien que les citations soient moins nombreuses : on la trouve dans les dépôts glaciaires d'Angleterre et les sables profonds de la Hollande, ainsi qu'en Calabre et en Sicile.

Sous-genre TELLINULA Chemnitz, 1782

Type : *Tellina fragilissima* Chemnitz (t. VI, p. 108, pl. IX, fig. 101) = *Tellina fabula* Gronovius.

Cette section établie depuis longtemps, fait tomber en synonymie les genres *Angulus* von Mühlfeldt 1811 et *Fabulina* Gray, 1851, établis pour le même groupe d'espèces.

Tellina incarnata Linné

Pl. XCII, fig. 1, 2, 3, 4 (type) et 5, 6, 7 (var.).

1758	*Tellina*	*incarnata*		Linné, Syst. Nat., édit. X, p. 675.
1767	—	—		Linné, Syst. Nat., édit. XII, p. 1118 (excl. syn.).
1784	—	—	Lin.	Schrœter, Einleit. in die Conchylienk., t. II, p. 654 (excl. syn.).
1790	—	*depressa*		Gmelin *in* Linné, Syst. Nat., édit. XIII, p. 3238.
1792	—	*incarnata*	Lin.	Olivi, Zool. Adr., p. 100.
1793	—	—	—	Von Salis Marschlins, Reise ins Koen. Neapel, p. 384.
1795	—	—	—	Poli, Test. utr. Sic. t. II, p. 36, pl. XV, fig. 1.
1799	—	*squalida*		Pulteney, Catal. Dorsetsh., p. 29.
1803	—	—	Pult.	Montagu, Test. brit., p. 56.
1804	—	*depressa*	Gm.	Donovan, Brit. Sh., pl. CLXIII.
1804	—	—	—	Maton et Rackett, Descr. Catal. *in* Trans. Linn. Soc., t. VIII, p. 51.
1813	—	*squalida*		Pulteney, Catal. Dorsetsh, 2e édit., p. 30, pl. V, fig. 2.
1817	—	*depressa*	Gm.	Dillwyn, Descr. Catal., t. I, p. 91.
1818	—	—	—	Lamarck, Anim. sans vert., t. V, p. 526.
1819	—	—	—	Turton, Conch. Dict., p. 171.
1822	—	—	—	Turton, Dithyra brit., p. 105, pl. VIII, fig. 6.
1825	—	—	—	De Gerville, Catal. Manche, p. 15.
1825	—	—	—	Wood, Index testac., p. 20, pl. IV, fig. 48.

1826 *Tellina depressa* Gm. — PAYRAUDEAU, Moll. de Corse, p. 39.
1826 — *incarnata* Lin. — RISSO, Europe mérid., t. IV, p. 345.
1827 — *depressa* Gm. — BROWN, Illustr. of the Conch. of Gr. Brit. and Irel., pl. XVI, fig. 12.
1828 — *squalida* Pult. — FLEMING, Brit. anim., p. 436.
1829 — *incarnata* Lin. — O.-G. COSTA, Catal., Sist., p. 13, 16.
1830 — — — O.-G. COSTA, Test. viv. del mare di Taranto, p. 21.
1830 — *depressa* Gm. — COLLARD DES CHERRES, Catal. Finistère, p. 20.
1830 *Telline palescente* — BLAINVILLE, Faune française, pl. X, fig. 2.
1832 *Tellina depressa* Gm. — DESHAYES, Encycl. méthod., t. III, p. 1011.
1833 — — — DESHAYES, Exp. sc. de Morée, t. III, p. 92.
1835 — — — WOOD, General Conch., p. 171, pl. XLV, fig. 3.
1835 — — — LAMARCK, Anim. sans vert., édit. Desh., t. VI, p. 196.
1835 — — — BOUCHARD-CHANTEREAUX, Catal. Boulonn., p. 17.
1836 — *incarnata* Lin. — SCACCHI, Catal. Conch. Regn. Neap., p. 5.
1836 — *depressa* Gm. — PHILIPPI, Enum. Moll., Sic., t. I, p. 27.
1838 — — — MARAVIGNA, Mém. Sic., p. 74.
1842 — — — HANLEY, Recent biv. Sh., p. 63.
1844 — — — FORBES, Report Aeg. Invert., p. 143.
1844 — — — PHILIPPI, Enum. Moll. Sic., t. II., p. 22.
1844 — — — POTIEZ et MICHAUD, Galerie de Douai, t. II, p. 215.
1844 — — — BROWN, Illustr. Conch. of Gr. Brit. and Irel., 2e édit., p. 100, pl. XL, fig. 12.
1844 — — — THORPE, Brit. mar. Conch., p. 68.
1847 — *incarnata* Lin. — HANLEY *in* SOWERBY, Thes. Conch., t. I, p. 283, pl. LX, fig. 142, pl. LXVI, fig. 265.
1848 — *depressa* Gm. — RÉQUIEN, Coq. de Corse, p. 19.
1848 — — — DESHAYES, Expl. scient. de l'Algérie, t. II, p. 547.
1851 — — — PETIT, Catal. *in* Journ. de Conch., t. II, p. 290.
1852 — — — LEACH, Synopsis, p. 296.
1853 — *incarnata* Lin. — FORBES et HANLEY, Brit. Moll., p. 298, pl. XX, fig. 5.
1853 — *depressa* Gm. — DOUBLIER, Moll. mar. du Var, *in* Prodr. Hist. Nat. du Var, p. 108.

1855	*Tellina incarnata* Lin.	Hanley, Ipsa Linn. Conch., p. 39.
1855	— — —	Clark, Brit. mar. test., Moll., p. 128.
1856	— — —	Jeffreys, Piedm. Coast, p. 24.
1858	— *depressa* Gm.	Gay, Catal. Moll. du Var, *in* Bull. Soc. Sc. du Var, p. 162.
1858	— (Angulus) *incarnata* Lin.	H. et A. Adams, Genera of rec. Moll., t. II, p. 397.
1859	— — —	Sowerby, Illustr. Ind. of brit. Sh., pl. III, fig. 14.
1862	— *depressa* Gm.	Weinkauff, Catal. Algérie, *in* Journ. de Conch., t. X, p. 314.
1863	— *squalida* Pult.	Jeffreys, Brit. Conch., t. II, p. 384; t. V (1869), p. 186, pl. XLI, fig 3, 3a.
1865	— *depressa* Gm.	Cailliaud, Catal. Loire-Inf., p. 71.
1865	— — —	Stossich, Enum. dei Moll. del Golfo di Trieste, p. 29.
1865	— *incarnata* Lin.	P. Fischer, Gironde, p. 50.
1865	— *rostrata*	Brusina (*non* Linné), Conch. Dalm. ined., p. 32.
1866	— *incarnata* Lin.	Brusina, Contrib. pella Fauna dei Moll. Dalm., p. 93.
1866	— *Daniliana*	Brusina, Contrib. pella Fauna dei Moll. Dalm., p. 93.
1866	— *incarnata* Lin.	Reeve, Conch. Icon., pl. VIII, fig. 31a, 31b.
1867	— — —	Weinkauff, Conch. des Mittelm., t. I, p. 77.
1867	— *squalida* Pult.	Taslé, Catal. Morbihan, p. 9.
1869	— *depressa* Gm.	Petit, Catal. test. mar., p. 48.
1869	— — —	Tapparone-Canefri, Moll. test. di Spezia, p. 112.
1870	— *rubrohyalina*	Chiereghini *in* Brusina, Ipsa Chiereghinii Conch., p. 60.
1870	— *incarnata* Lin.	Aradas et Benoit, Conch. viv. mar. della Sic., p. 48.
1870	— — —	Hidalgo, Mol. mar., Catal. gen., p. 164; pl. LVII, fig. 3; pl. LVIIb, fig. 1.
1871	— — —	Roemer, Fam. Tellinidæ *in* Martini und Chemnitz, neues Conch. Cab., p. 126, pl. XXIX, fig. 1 à 5.
1872	— *squalida* Pult.	Monterosato, Notizie int. alle Conch. medit., p. 24.
1875	— — —	Monterosato, Nuova Riv., p. 16.
1876	— — —	E. Duprey, On Jersey litt. Shells, p. 3.
1878	— *incarnata* Lin.	P. Fischer, Brachiop. et Moll. du litt. océan. de France, p. 8.
1878	— — —	Monterosato, Enum. e Sinon, p. 12.

1878	*Tellina incarnata* Lin.	Bertin, Revision des Tellinidés du Muséum, *in* Nouv. Arch. du Mus. 2e Série, t. I, p. 273.
1879	— — —	Granger, Moll. de Cette, p. 34.
1879	— *depressa* Gm.	Clément, Catal. Moll. mar. du Gard, *in* Etudes d'Hist. Nat., p. 79.
1880	— *incarnata* Lin.	Stossich, Prosp. della Fauna Adr. *in* Boll. della, Soc. Adr. di Sc. Nat., p. 143.
1881	— *squalida* Pult.	Jeffreys, Lightn. and Porcup. Exp. *in* Proc. Zool. Soc. of Lond., p. 719.
1883	— — —	Daniel, Faune malac. de Brest, *in* Journ. de Conch., t. XXXI, p. 240.
1883	— *incarnata* Lin.	G. Dollfus, Liste Coq. Palavas, p. 3.
1884	— — —	Pépratx, Moll. de la plage de La Franqui, *in* Soc. Agric. Sc. et litt. des Pyr.-Or., p. 227.
1884	— — —	Nobre, Moll. mar. do Noroeste de Portugal, p. 12.
1884	— — —	Nobre, Catal. Moll. obs. dans le Sud-Ouest, p. 20.
1884	— — —	De Gregorio, Studi su talune Conch. médit., p. 156.
1884	*Fabulina* — —	Monterosato, Nomencl. gen. e spec., p. 21.
1884	— *Dumiliana* Brus.	Monterosato, Nomencl. gen. e spec., p. 21.
1886	*Tellina incarnata* Lin.	Locard, Prodr. de Malac. franç., p. 419
1886	— *squalida* Pult.	Locard, Prodr. de Malac. franç., p. 420
1886	— *incarnata* Lin.	Hidalgo, Mol. recog. en Bayona de Galicia, *in* Rev. de los Progr. de las Ciencias, p. 403.
1886	— *depressa* Gm.	Granger, Moll. biv. de France, p. 154.
1887	— *squalida* Pult.	Dautzenberg, Exc. malac. à Saint-Lunaire, p. 7.
1888	— — —	Ad. Dollfus, Les plages du Croisic, p. 16
1888	— *incarnata* Lin.	Kobelt, Prodr. Faunæ moll. test., maria europ. inhab., p. 341.
1889	— *squalida* Pult.	Dautzenberg, Contrib. Faune Malac. Açores, p. 85.
1889	— *incarnata* Lin.	Carus, Prodr. Faunæ medit., p. 158.
1890	— *depressa* Gm.	Dautzenberg, Moll. mar. du Pouliguen, p. 5.
1891	— — —	Brusina, Moll. Lamell. di Zara, p. 24.
1892	— — —	Bizet, Malacoz. de Picardie, p. 176.
1892	— *incarnata* Lin.	Locard, Coq. mar. de France, p. 275.
1892	— *squalida* Pult.	Locard, Coq. mar. de France, p. 276.

1893 *Tellina* (Angulus) *depressa* Gm. DAUTZENBERG, Moll. mar. de Granville et Saint-Pair, p. 19.
1897 — *squalida* Pult. DAUTZENBERG, Atlas des coq. de France, pl. LXIII, fig. 204.
1897 *Tellina incarnata* Lin. WATSON, Marine Moll. of Madeira *in* Linn. Soc. Journ., t. XXVI, p. 319.

Obs. — Il paraît certain que le *Tellina incarnata* du *Fauna Suecica* est le *Psammobia færœensis*; mais, dans le *Systema Naturæ* si l'une des deux références données par Linné pour le *Tellina incarnata*, *Lister. anim. Angl. app.*, p. 32, pl. I, fig. 8, représente aussi le *Psammobia færœensis*; d'autre part, la description ne peut s'appliquer au *Ps. færœensis*, tandis qu'elle convient bien à la présente espèce et la seconde référence : *Gualtieri*, pl. LXXXVIII, fig. M, bien que grossière, représente incontestablement une *Telline* de forme voisine de celle-ci. L'espèce serait donc douteuse si Hanley ne nous apprenait que l'espèce dont nous nous occupons, existe dans la collection de Linné sous le nom de *T. incarnata*.

Bien que la coquille de l'Atlantique nommée *squalida* par Pulteney soit assez facile à distinguer du *T. incarnata* de la Méditerranée, nous n'avons pu nous décider à la considérer que comme une variété de cette espèce. Elle est plus solide, plus renflée et sa coloration est plus claire; mais dans des proportions telles que ce ne sont là, en somme, que des caractères de valeur secondaire qui ne suffisent pas, à notre avis, pour justifier une séparation spécifique.

Diagnose. — Coquille : diamètre umbono-ventral 22 millim.; diamètre antéro-postérieur 39 millim.; épaisseur 8 millim.; peu épaisse, comprimée, transverse, légèrement bâillante aux deux extrémités, un peu inéquivalve, la valve gauche étant plus convexe que la droite, surtout dans la région postérieure; subéquilatérale : région antérieure ovale un peu plus longue que la région postérieure qui est trigone, obliquement tronquée et rostrée à l'extrémité. Bord dorsal arqué du côté antérieur, déclive du côté postérieur; bord ventral arqué, ascendant, un peu sinueux, tordu et infléchi vers la droite à l'extrémité postérieure. Sommets petits, contigus, aigus et opisthogyres. Pas de lunule. Corselet étroit, lancéolé presque entièrement rempli par le ligament. Surface luisante, presque lisse, pourvue, sur la valve droite, d'un angle qui relie le sommet à l'extrémité du rostre. Cet angle est précédé d'une dépression rayonnante large, bien accentuée. Sur la valve gauche, un sillon étroit peu profond, correspond à l'angle de la valve droite; mais n'est précédé d'aucune dépression : la surface de cette valve est régulièrement bombée depuis le sillon jusqu'à l'extrémité antérieure de la coquille. La superficie est ornée de stries concentriques très fines, écartées, un peu plus marquées sur la valve gauche et qui s'accentuent dans les deux valves près du bord ventral et sur les extrémités. Les périodes d'accroissement sont marquées par des lignes superficielles. Intérieur des valves luisant, à bords simples, tranchants. Dans la région postérieure, deux costules rayonnantes rapprochées partent du sommet et aboutissent en arrière de la sinuosité du bord ventral. Plateau cardinal étroit. Charnière de la valve droite composée de deux dents cardinales divergentes : l'antérieure petite, simple; la postérieure plus forte, bifide, et pourvue d'un sillon antérieur bordé du côté interne par une costule qui simule une dent latérale. Charnière de la valve gauche composée d'une dent cardinale bifide, accompagnée, de chaque côté, d'une fossette triangulaire et d'une dent latérale antérieure étroite, allongée. Impressions des muscles adducteurs assez grandes et bien marquées. Impression palléale grande, triangulaire, ascendante et anguleuse au sommet, arrondie à l'extrémité qui dépasse de beaucoup la moitié du diamètre antéro-postérieur de la coquille.

Coloration externe d'un beau rose, plus intense dans le voisinage des sommets et ornée de zones concentriques d'inégale largeur, alternativement claires et foncées. Deux rayons blanchâtres correspondent, sur la région postérieure, aux costules internes. Coloration interne d'un rose vif, blanchâtre le long des bords. Les deux costules rayonnantes se détachent également en clair sur le fond. Epiderme membraneux très mince, jaune clair, persistant ordinairement le long des bords. Ligament corné, ne faisant pas saillie à l'extérieur, enchâssé profondément sur des nymphes écartées.

Variétés. — Les mots « incarnata radio uno alterove pallido » de la description originale indiquent clairement qu'il s'agit du *Tellina incarnata* tel qu'on le rencontre habituellement dans la Méditerranée. Nous avons représenté pl. XCII, fig. 1, 2, 3, 4, des spécimens de ce type provenant du Roussillon.

Var. ex forma et colore 1, *squalida* Pulteney. Coquille plus épaisse que le type, plus renflée, de coloration blanche, jaunâtre ou carnéolée, souvent ornée de zones concentriques orangées. C'est sous cet aspect que le *T. incarnata* se présente dans l'Océan Atlantique. Les fig. 6 et 7 de notre pl. XCII représentent des exemplaires de cette variété provenant de Saint-Lunaire et de Locmariaker.

Var. ex forma 2, *major.* B. D. D. semblable à la variété *squalida* mais beaucoup plus grande. L'exemplaire figuré pl. XCII, fig. 5, a 29 millim. de diamètre umbono-ventral et 45 millim. de diamètre antéro-postérieur. Il provient de Granville.

Var. ex forma 3, *Daniliana* Brusina. Cette variété abondante à Brevilaqua (Dalmatie), est plus grande que le type méditerranéen et moins rostrée.

Var. ex colore 1, *pallida* Monterosato. Forme méditerranéenne typique; mais d'une teinte carnéolée claire ou d'un blanc jaunâtre.

Habitat. — Assez commun à Port-Vendres et rejeté sur les plages sableuses de La Franqui et de Leucate.

Dispersion. — Méditerranée et Adriatique, Océan Atlantique, depuis le sud de la Suède jusqu'au Maroc et aux îles Madère, Canaries et Açores. Cette espèce vit depuis la zone littorale jusqu'à 60 mètres de profondeur (Jeffreys).

Origine. — Le *T. incarnata* paraît assez rare partout où on l'a cité. Il débute dans le Miocène de Suisse et des Açores (Mayer-Eymar) ainsi que dans le Miocène de Volhynie (Dubois de Montpéreux). On le rencontre dans un certain nombre de gisements pliocènes de la Toscane et des régions voisines, des environs de Rome, d'Ischia, d'Algérie et des Pyrénées-Orientales (Companyo) M. de Monterosato l'a cité du Pleistocène du Monte-Pellegrino (Sicile).

Sous-genre PERONÆA Poli 1791

Type : *Tellina planata* Linné.

Le nom *Peronæa* employé par Poli pour désigner le *T. planata* peut être conservé comme sous-genre et a pour synonymes : *Omala* Schumacher (1817) et *Psammotella* Blainville (1826).

Tryon a eu tort d'employer simultanément pour deux genres différents les noms *Peronæa* et *Peronæoderma* qui avaient été donnés par Poli, le premier à l'animal et le second à la coquille de la même espèce.

Tellina nitida Poli.

Pl. XCIII, fig. 1, 2, 3, 4, 5.

1790 ?	*Tellina albicans*		Gmelin *in* Linné, Syst. Nat. édit. XIII, p. 32-38.
1795	— *nitida*		Poli, Test. utr. Sic., t. II, p. 36, pl. XV, fig. 2, 4.
1818	—	— Poli	Lamarck, Anim. sans vert., t. V, p. 527.
1826	—	— —	Payraudeau, Moll. de Corse, p. 38.
1826	—	— —	Risso, Europe mérid. t. IV, p. 347.
1829	—	— —	O.-G. Costa, Catal. Sist., p. 14, 17.
1832	—	— —	Deshayes, Encycl. Méthod., t. III, p. 1013.
1833	—	— —	Deshayes, Expl. sc. de Morée, t. III, p. 92.
1835	—	— —	Lamarck, Anim. sans vert., édit. Desh., t. VI, p. 199.
1836	—	— —	Scacchi, Catal. Conch. Regn. Neap., p. 5.
1836	—	— —	Philippi, Enum. Moll. Sic., t. I, p. 27.
1838	—	— —	Maravigna, Mém. Sicile, p. 74.

1842 *Tellina nitida* Poli Hanley, Recent biv. sh., p. 64, pl. XIV, fig. 4.
1844 — — — Philippi, Enum. Moll. Sic., t. II, p. 22.
1844 — — — Potiez et Michaud, Galerie de Douai, t. II, p. 215.
1846 — — — Vérany, Invert. di Genova e Nizza, p. 13.
1847 — — — Hanley *in* Sowerby, Thes. Conch., t. I, p. 308, pl. LIX, fig. 101.
1848 — — — Deshayes, Expl. sc. de l'Algérie, p. 543, pl. LXXI, LXXII, LXXIII.
1848 — — — Réquien. Coq. de Corse, p. 19.
1851 — — — Petit, Catal. *in* Journ. de Conch., t. II, p. 291.
1853 — — — Doublier, Catal. Coq. mar. du Var *in* Prodr. Hist. Nat. du Var, p. 108.
1858 — — — Gay, Catal. Moll. du Var *in* Bull. Soc. Sc. du Var, p. 163.
1862 — — — Weinkauff, Catal. Algérie, *in* Journ. de de Conch., t. X, p. 314.
1865 — — — Stossich, Enum. dei Moll. del Golfo di Trieste, p. 29.
1866 — — — Brusina, Contrib. pella Fauna dei Moll. Dalm., p. 93.
1866 — — — Reeve. Conch. Icon., pl. XIII, fig. 57, pl. XXXVIII, fig. 57 b.
1867 — — — Weinkauff, Conchyl. des Mittelm., t. I, p. 75.
1869 — — — Petit, Catal. test. mar., p. 49.
1869 — — — Tapparone-Canefri, Moll. test. di Spezia, p. 112.
1870 — — — Aradas et Benoit, Conch. viv. mar. della Sic., p. 48.
1870 — — — Ancey, Catal. Moll. mar. Cap Pinède, p. 4.
1870 — — — Hidalgo, Mol. mar. Catal. gen., p. 164, pl. LVII, fig. 1.
1871 — — — Rœmer, Fam. Tellinidæ *in* neues Conch. Cab., p. 118, pl. III, fig. 12, pl. XXVII, fig. 11, 12, 13, 14.
1872 — — — Monterosato, Notizie int. all. Conch. medit., p. 24.
1875 — — — Monterosato, Nuova Rivista, p. 16.
1878 — (Peronæa) — — Bertin, Revision des Tellinidés du Muséum, *in* Nouv. Arch. du Muséum, p. 270.
1878 — — — Monterosato, Enum. e Sinon., p. 12.
1878 — — — Issel, Crociera del Violante, p. 34.
1879 — — — Granger, Moll. de Cette, p. 34.
1879 — — — Clément, Catal. Moll. mar. du Gard, *in* Études d'Hist. Nat., p. 79.

1880 *Tellina nitida* Poli	STOSSICH, Prosp. della Fauna Adr. *in* Boll. della Soc. Adr. di Sc. Nat., p. 143.
1883 — — —	MARION, Esq. topogr. zool. du golfe de Marseille, p. 35.
1884 — — —	PEPRATX, Moll. de la plage de La Franqui *in* Soc. Agric. scient. et litt. des Pyr.-Or., t. XXVI, p. 227.
1884 *Peronæa* — —	MONTEROSATO, Nomencl. gen. e spec., p. 22.
1884 *Tellina* — —	DE GREGORIO, Studi su talune Conch. medit., p. 174.
1886 — — —	GRANGER, Bivalves de France, p. 155.
1886 — — —	LOCARD, Prodr. de Malac. franç., p. 421.
1888 — — —	KOBELT, Prodr. Faunæ Moll. test. maria europ. inhab., p. 341.
1889 — — —	CARUS, Prodr. Faunæ medit., p. 157.
1891 — — —	BRUSINA, Lamellibr. di Zara, p. 24.
1892 — — —	LOCARD, Coq. mar. des côtes de France, p. 277.
1897 — — —	DAUTZENBERG, Atlas des Coq. mar. de France, pl. LXII, fig. 203.

Obs. — Cette espèce a été décrite et figurée, assez mal d'ailleurs, dès 1760, par Plancus (de Conchis minus notis, p. 30, pl. III, fig. IVA), qui la désignait : *Tellina fasciata depressa fasciis lacteis, intus flava.* Gmelin a nommé, en 1790 (Systema Naturæ edit. XIII, p. 3238) *Tellina albicans* avec la description : « T. testa albida, fascia candida, intus flava » et en donnant comme référence : Gualtieri, pl. LXXVII, fig. H, une coquille qui représente peut-être le *T. nitida*. Mais bien que Poli indique comme référence la même figure que Gualtieri, celle-ci est si médiocre et la description de Gmelin si insuffisante qu'il ne nous semble pas opportun de restaurer l'ancien nom d'*albicans*. Tous les auteurs sont d'ailleurs d'accord pour accepter celui de *nitida*.

Le *T. nitida* est trop bien caractérisé par sa taille, sa forme, sa sculpture et sa coloration pour qu'il soit utile de le comparer aux autres *Tellines* des mers d'Europe.

Diagnose. — Coquille, diamètre umbono-ventral 21 millim., diamètre antéro-postérieur 38 millim., épaisseur 8 millim., assez solide, ovale, allongée transversalement, comprimée, légèrement bâillante aux deux extrémités, subéquivalve, la valve gauche étant à peine plus convexe que la droite, subéquilatérale : région antérieure arrondie, région postérieure anguleuse, subrostrée. Bord dorsal arqué du côté antérieur, déclive du côté postérieur ; bord ventral arqué, à peine subsinueux vers l'extrémité postérieure, où il est très légèrement infléchi vers la droite. Sommets petits, contigus, opisthogyres. Pas de lunule. Corselet étroit, lancéolé. Surface luisante, un peu iridescente, pourvue, sur la valve droite, d'un angle faible qui relie le sommet au rostre et, sur la valve gauche, d'un sillon obsolète correspondant à l'angle de la valve droite. Toute la superficie est garnie de lamelles concentriques fines et nombreuses, assez accentuées dans la région antérieure. Dans la région médiane, ces lamelles prennent une direction un peu oblique, descendante, et elles s'arrêtent brusquement au moment où elles rencontrent un sillon rayonnant superficiel qui délimite une aire triangulaire postérieure. Cette aire est parfois presque lisse et parfois, au contraire, garnie de lamelles transversales irrégulières, plus ou moins onduleuses, plus espacées que celles qui règnent sur le reste de la coquille. On observe enfin sur toute la surface, des stries rayonnantes microscopiques et des sillons d'accroissement irrégulièrement espacés. Intérieur des valves luisant, un peu iridescent, à bords simples, tranchants. Charnière de la valve droite composée de deux dents cardinales divergentes, séparées par une fossette triangulaire : la postérieure est bifide et plus forte que l'antérieure. Il existe en outre une petite dent latérale trigone rapprochée du sommet et qui se prolonge en une lamelle le long du bord dorsal antérieur. Charnière de la valve gauche composée de deux dents cardinales : l'antérieure bifide et forte, la postérieure lamelleuse oblique et faible. La dent latérale antérieure est allongée et très peu développée. Impressions des muscles adducteurs assez grandes, bien marquées ; impression palléale pourvue d'un sinus très grand, arrondi à l'extrémité et se prolongeant jusqu'auprès de l'impression de l'adducteur antérieur. Une callosité diffuse part du sommet et est limitée par les impressions musculaires.

Coloration externe d'un jaune orangé clair, avec des bandes concentriques blanches. Coloration interne jaune orangé vif passant au blanc le long des bords. Callosité blanche. On observe à peine quelques traces d'épiderme sur l'extrémité postérieure de la coquille chez certains exemplaires très frais. Ligament corné, brun, profondément enchâssé et faisant saillie à l'extérieur.

Variétés. — Nous avons indiqué dans la description que la sculpture de cette espèce présente des variations sur une partie de la région postérieure ; mais il s'agit là de modifications plutôt individuelles. La coloration est plus ou moins pâle, ou plus ou moins vive et la seule qui mérite d'être distinguée est la

Var. ex colore *lactea* B. D. D. Entièrement blanche, tant à l'intérieur qu'à l'extérieur : elle a été signalée par Deshayes (Expl. Sc. de l'Algérie, p. 544).

Habitat. — Le *T. nitida* se rencontre sur les plages sableuses : Leucate, La Franqui, ainsi qu'à Port-Vendres ; mais il n'est jamais très commun.

Dispersion. — Méditerranée et Adriatique. M. Bertin dit qu'il existe dans la collection de Petit de la Saussaye des exemplaires indiqués comme provenant des côtes du Portugal; mais cet habitat Atlantique n'a été confirmé ni par M. Hidalgo, ni par M. Nobre.

Origine. — Cette espèce paraît avoir débuté dans le Pliocène méditerranéen. Elle est citée de la Catalogne, des Pyrénées-Orientales (Companyo), d'Asti, de Sienne, de Bologne, de Modène, de Plaisance. On l'a également signalée du Pliocène de Sicile et de Grèce.

Tellina planata Linné.

Pl. XCIV, fig. 1, 2, 3, 4, 5.

1758	*Tellina planata*	Linné, Syst. Nat. edit. X, p. 675.
1764	— —	Linné, Mus. Ludovicæ Ulricæ, p. 480.
1767	— —	Linné, Syst. Nat. edit. XII, p. 1117.
1778	— — Lin.	Born, Index rerum nat. Mus. Caes. Vindob., p. 22.
1780	— — —	Born, Test. Mus. Caes Vindob., p. 33, pl. II, fig. 9.
1790	— — —	Linné-Gmelin, Syst. Nat. edit. XIII, p. 3232.
1790	— *complanata*	Gmelin *in* Linné, Syst. Nat. edit. XIII, p. 3239.
1792	— *planata* Lin.	Olivi, Zool. Adr. p. 100.
1795	— — —	Poli, Test. utr. Sic., t. II, p. 31, pl. XIV, fig. 1, 2, 3.
1804	— — —	Renier, Tavola alfab. p. 5, nº 52.
1817	— — —	Dillwyn, Descr. Catal., t. I, p. 81.
1817	*Omala inæquivalvis*	Schumacher, Nouv. Syst. p. 129, pl. XI, fig. 1.
1818	*Tellina planata* Lin.	Lamarck, Anim. sans vert., t. V, p. 525.
1825	— — —	Wood, Index testac., p. 18, pl. III, fig. 24
1826	— — —	Payraudeau, Moll. de Corse, p. 38.
1826	— — —	Risso, Europe mérid., t. IV. p. 345.
1829	— — —	O. G. Costa, Catal. Syst., p. 13, 14.
1830	— — —	Collard des Cherres, Test. Finistère, p. 18.
1830	*Telline déprimée*	Blainville, Faune française, pl. X, fig. 4.
1832	*Tellina planata* Lin.	Deshayes, Encycl. Méthod., t. III, p. 1011, pl. CCLXXXIX, fig. 4 (*mala*).
1833	— — —	Deshayes, Expl. Sc. de Morée, t. III, p. 91.
1835	— — —	Lamarck, Anim. sans vert., édit. Desh., t. VI, p. 195.
1835	— — —	Wood, General Conch., p. 157.
1836	— — —	Scacchi, Catal. Conch. Regni Neap., p. 5.

1836 *Tellina planata* Lin. PHILIPPI, Enum. Moll. Sic., t. I, p. 26.
1838 — — — MARAVIGNA, Mém. Sicile, p. 74.
1842 — — — HANLEY, Recent biv. Sh., p. 63.
1844 — — — FORBES, Report Aeg. Invert., p. 143.
1844 — — — PHILIPPI, Enum. Moll. Sic., t. II, p. 22.
1846 — — — VÉRANY, Invert. di Genova e Nizza, p. 13.
1847 — — — HANLEY *in* SOWERBY, Thes. Conch., t. I, p. 276, pl. LXI, fig. 174 (*mala*).
1848 — — — DESHAYES, Expl. Sc. de l'Algérie, t. II, p. 544.
1848 — — — RÉQUIEN, Coq. de Corse, p. 18.
1848? — *ovalis* RÉQUIEN, Coq. de Corse, p. 18.
1851 — *planata* Lin. PETIT, Catal. *in* Journ. de Conch., t. II, p. 290.
1853 — — — DOUBLIER, Catal. Coq. mar. du Var, *in* Prodr. Hist. Nat. du Var, p. 108.
1855 — — — HANLEY, Ipsa Linn. Conch., p. 37.
1856 — — — JEFFREYS, Piedm. Coast, p. 24.
1858 — (Peronæa) — — H. et A. ADAMS, Genera of rec. Moll., t. II, p. 399.
1858 — — — GAY, Catal. Moll. du Var, *in* Bull. Soc. Sc. du Var, p. 161.
1862 — (Peronæa) — — CHENU, Manuel de Conch., t. II, p. 69, fig. 293.
1862 — — — WEINKAUFF, Catal. Algérie, *in* Journ. de Conch., t. X, p. 313.
1865 — — — STOSSICH, Enum. Moll. del. Golfo di Trieste, p. 29.
1866 — — — BRUSINA, Contrib. pella Fauna dei Moll. Dalm., p. 93.
1866 — — — REEVE, Conch. Icon., pl. VIII, fig. 30.
1867 — — — WEINKAUFF, Conchyl. des Mittelm., t. I, p. 76.
1869 — — — TAPPARONE-CANEFRI, Moll. test. di Spezia, p. 112.
1869 — — — PETIT, Catal. test. mar., p. 48.
1870 — — — ARADAS et BENOIT, Conch. viv. mar della Sic., p. 48.
1870 — — — BRUSINA, Ipsa Chiereghinii Conch., p. 58.
1870 — — — ANCEY, Catal. Moll. mar. Cap. Pinède, p. 4.
1870 — — — HIDALGO, Mol. mar. Catal. gen., p. 164, pl. LVII, fig. 2.
1871 — — — RŒMER, Fam. Tellinidæ, *in* neues Conch. Cab., p. 115, pl. XXVIII, fig. 1 à 4 et pl. I, fig. 2.
1872 — — — MONTEROSATO, Notizie int. alle Conch. medit., p. 24.

1875 *Tellina planata* Lin. MONTEROSATO, Nuova Rivista, p. 16.
1878 — — — MONTEROSATO, Enum. e Sinon., p. 12.
1878 — — — ISSEL, Crociera del Violante, p. 34.
1878 — — — BERTIN, Revision des Tellinidés du Muséum, *in* Nouv. Arch. du Mus., p. 207, 213, 269.
1880 — — — STOSSICH, Prosp. della Fauna, Adr., *in* Boll. della Soc. Adr. di Sc. Nat., p. 143.
1884 — — — DE GREGORIO, Studi su talune Conch. medit., p. 172.
1886 — — — LOCARD, Prodr. de Malac. franç., p. 421.
1886 — — — GRANGER, Moll. biv. de France, p. 154.
1887 — (Peronæa) — — P. FISCHER, Manuel de Conch., p. 1147.
1888 — — — KOBELT, Prodr. Faunæ Moll. test maria europ. inhab., p. 342.
1889 — — — CARUS, Prodr. Faunæ medit., p. 158.
1892 — — — LOCARD, Coq. mar. de France, p. 277, fig. 256.
1897 — — — DAUTZENBERG, Atlas des Coq. de France, pl. LXII, fig. 202.

Obs. — Le *Tellina planata* du *Systema Naturæ* est généralement admis comme étant la présente espèce. Cette identification est toutefois douteuse, bien que dans le *Museum Ludovicæ Ulricæ* Linné ait fourni une description plus détaillée et acceptable. Malheureusement, les deux références indiquées dans le *Systema* : Gualtieri, pl. LXXXIX, fig. G et Regenfuss, pl. III, fig. 28, se rapportent indubitablement l'une et l'autre à une coquille des Antilles, à laquelle on attribue le nom de *Tellina radiata* Linné. Toutefois, dès 1780, Born représentait très clairement notre espèce méditerranéenne sous le nom de *Tellina planata*; on peut donc admettre qu'il a précisé l'espèce linnéenne.

Schrœter, en 1786, a fait ressortir les différences qui existent entre les termes employés par Linné et par Born et a conclu que le *T. planata* de Born est une espèce différente du *T. planata* Linné (Einleitung in die Conchylienkenntniss, t. III, p. 23); mais son raisonnement ne s'appuie, en somme, que sur des détails peu importants.

Gmelin, dans la 13e édition du *Systema Naturæ* a fait suivre de points de doute les références indiquées par Linné et il en a ajouté une troisième : Chemnitz Conchylien Cabinet, t. VI, p. 106, pl. XI, fig. 100, en l'accompagnant aussi d'un point de doute. Or cette figure de Chemnitz, de même que celles de Gualtieri et de Regenfuss, représente encore le *Tellina radiata* des Antilles. Plus loin, Gmelin a décrit l'espèce européenne sous le nom de *Tellina complanata*, avec la référence de Born (pl. II, fig. 9).

Malgré ces difficultés, à partir de cette époque, tous les auteurs ont été d'accord pour conserver le nom de *planata* à l'espèce dont nous nous occupons ici et nous ne voyons vraiment aucun inconvénient à respecter cette tradition.

Le *Tellina strigosa* Gmelin, du Sénégal, est voisin du *planata*, mais s'en distingue par sa forme plus transversale, son test plus épais, son extrémité postérieure plus rostrée, etc.

Diagnose. — Coquille, diamètre umbono-ventral 40 millim.; diamètre antéro-postérieur 64 millim.; épaisseur 15 millim., solide, ovale, un peu allongée transversalement, comprimée, légèrement bâillante aux deux extrémités, inéquivalve, la valve droite étant un peu plus convexe que la gauche, subéquilatérale : région antérieure arrondie, région postérieure à peine plus longue, anguleuse et rostrée à l'extrémité. Bord dorsal arqué du côté antérieur, excavé en arrière du sommet, puis déclive du côté postérieur; bord ventral arqué, légèrement sinueux à l'extrémité postérieure, où il est infléchi vers la droite. Sommets petits, contigus, opisthogyres. Pas de lunule. Corselet lancéolé, entièrement rempli par le ligament. Surface assez luisante, pourvue sur la valve droite d'un angle obtus qui relie le sommet à la base du rostre. Un second angle plus faible rayonne du sommet vers la partie supérieure du rostre. Sur la valve gauche, un sillon anguleux bien marqué correspond à l'angle principal de la valve droite. Toute la superficie est garnie de stries faibles et de sillons d'accroissement concentriques. Les stries sont plus accusées sur les deux extrémités de la coquille. On distingue, en outre, à l'aide de la loupe ou même à l'œil nu, sous un éclairage convenable, de nombreuses stries rayonnantes très légères. Intérieur des valves plutôt mat, mais luisant dans les impressions des muscles adducteurs et le long des bords qui sont simples et tranchants. La région ventrale est ornée de stries rayonnantes superficielles. Plateau cardinal solide. Charnière de la valve droite composée de deux dents cardinales divergentes dont la postérieure, plus forte que l'antérieure, est bifide. Il existe, en outre, une petite dent latérale antérieure trigone, rapprochée du sommet et une lamelle latérale antérieure bordant le côté interne du plateau cardinal; du côté postérieur, une lame épaisse borde la fossette ligamentaire. Charnière de la valve gauche composée de deux dents cardinales : l'antérieure forte et bifide, la postérieure très faible et oblique. La dent latérale antérieure est allongée et peu développée. Impressions des muscles adducteurs des valves, grandes, bien marquées : les antérieures semi-lunaires, les postérieures irrégulièrement arrondies. Impression palléale pourvue d'un sinus très grand, anguleux dans la direction du sommet de la coquille, arrondi à l'extrémité qui n'est pas très éloignée de l'impression de l'adducteur antérieur. Une callosité diffuse part du sommet, disparaît insensiblement à quelque distance du bord ventral et borde, de chaque côté, les impressions des muscles adducteurs.

Coloration externe blanche, teintée de jaune orangé clair dans la région médiane. Coloration interne blanche, à l'exception de la callosité qui est d'un jaune orangé clair. Epiderme membraneux, gris sale, persistant tout le long des bords. Ligament corné, brun, faisant à peine saillie à l'extérieur et fixé sur des nymphes largement écartées.

Variétés. — Nous choisissons pour type la forme représentée par Born, avec laquelle nos figures concordent d'une manière satisfaisante. Le *T. planata* varie légèrement : il est plus ou moins inéquivalve, selon que la valve gauche est plus ou moins aplatie, et plus ou moins inéquilatérale, la région postérieure étant plus ou moins prolongée ou plus ou moins obtuse. Le rostre est aussi parfois un peu plus accusé.

Var. ex forma 1. *apina* de Gregorio. Chez cette variété qui a été fort bien représentée par M. Hidalgo, pl. LVII, fig. 2, le bord dorsal postérieur est un peu plus arqué et proéminent que chez le type et la région postérieure est relativement courte, de sorte que l'ensemble de la coquille a un aspect plus régulièrement ovale.

Var. ex colore 1, *carnea* Monterosato. D'un rose de chair au lieu de jaune orangé. C'est précisément là la coloration du type représenté par Born, mais si l'on tient compte de l'exagération générale du coloriage des planches de cet ancien ouvrage, on peut conserver la variété établie par M. de Monterosato pour les exemplaires parés d'une teinte plus vive que celle qu'on observe d'habitude.

Habitat. — Bien que nous ne possédions aucun exemplaire de cette espèce provenant authentiquement du Roussillon, nous l'avons citée parce qu'elle vit certainement tout près de là, à Barcelone. De plus, on la rencontre dans les dépôts pliocènes des Pyrénées-Orientales. Nous sommes convaincus que des recherches ultérieures permettront de constater son existence sur notre littoral.

Dispersion. — Méditerranée, depuis le détroit de Gibraltar jusqu'à Port-Saïd (Vassel); Adriatique. Océan Atlantique au Cap Sainte-Marie (Hidalgo), à Albufeira (Portugal) et aux îles du Cap Vert (Collection Petit de la Saussaye, *teste* Bertin). Le *T. planata* a aussi été cité de Morlaix par Collard des Cherres; mais comme cet habitat n'a été confirmé depuis par aucun naturaliste, tout porte à croire que l'exemplaire mentionné dans le Catalogue des Mollusques du Finistère avait été apporté accidentellement dans cette région, avec du lest.

Origine. — C'est dans la province de Reggio que Seguenza a signalé le *T. planata* de la couche la plus ancienne : l'Aquitanien, qui est classé par certains géologues dans l'Oligocène supérieur et par d'autres dans le Miocène inférieur. Cette espèce est connue de la plupart des dépôts miocènes : Touraine, Anjou, Gironde, Basses-Pyrénées, Portugal, Algérie, Corse, Sardaigne, vallée du Rhône (Visan), Molasse de la

Suisse, Autriche, Volhynie. A l'époque pliocène, son extension est limitée au bassin méditerranéen : on la cite de la Catalogne, des Pyrénées-Orientales (Perpignan), des Alpes-Maritimes, de la Ligurie, des environs de Sienne, de Pise, de Bologne, de Modène, de Plaisance, de Rome, d'Ischia, de Reggio, de l'Archipel, à Rhodes et à Chypre. On la connaît enfin du Pleistocène de Sicile, de Tarente et de Corinthe.

Sous-genre MACOMA Leach, 1819.

Type : *Tellina lata* Gmelin.

Le nom *Macoma*, resté pendant longtemps obscur, a été repris par Mœrch en 1853 et par MM. Adams, qui y ont groupé les *Tellines* presque aussi hautes que larges et médiocrement rostrées, en indiquant comme type le *Tellina solidula* Pulteney (= *T. balthica* Linné) Gray écrivait *Macroma* et adoptait pour type le *T. tenera*.

La position de cette section dans la classification n'est pas nettement établie. Nous voyons en effet que P. Fischer, dans son Manuel, considère les *Macoma* comme constituant un sous-genre des *Gastrana* et non des *Tellina*. D'autre part les caractères anatomiques sur lesquels MM. Adams se sont appuyés pour restaurer le genre *Macoma* comme distinct du genre *Tellina* ont été facilement réfutés par Deshayes.

Tellina tenuis Da Costa.

Pl. XCV, fig. 1 à 4 (type). 5 à 20 (variétés).

1777 *Tellina planata* PENNANT (*non* Linné), Zool. brit., t. IV, p. 87, pl. XLVIII, fig. 29.
1778 — *tenuis* DA COSTA, Brit. Conch., p. 210.
1780 — *carnaria* BORN (*non* Linné), Test. Mus. Cæs. Vindob., p. 37, pl. II, fig. 13.
1782 — *incarnata* CHEMNITZ (*non* Linné), Conchyl. Cab., t. VI, p. 119, pl. XII, fig. 110.
1790 — — GMELIN (*non* Linné) Syst. Nat., édit. XIII, p. 3234 (*ex parte*).
1795 — *exigua* POLI, Test. utr. Sic., t. II, p. 35, pl. XV, fig. 15, 17.
1799 — *polita* PULTENEY (*non* Linné), Catal. Dorsetsh., p. 29.
1803 — *tenuis* Da C. MONTAGU, Test. brit., p. 59.
1804 — — — DONOVAN, Brith. Sh., t. I, pl. XIX, fig. 2.
1804 — — — MATON et RACKETT, Descr. Catal. *in* Trans. Linn. Soc., t. VIII, p. 52.
1812 — — — PENNANT, Brit. Zool., t. IV, p. 180, pl. LI, fig. 2.

1812	*Tellina solidula*	PENNANT (*non* Pulteney), Brit. Zool., t. IV, p. 184, pl. LII, fig. 2 (de droite seulement).
1813	— *tenuis* Da C.	PULTENEY, Catal. Dorsetsh., p. 30, pl. V, fig. 3.
1817	— *balaustina*	DILLWYN (*non* Linné), Descr. Catal., t. I, p. 93.
1818	— *tenuis* Da C.	LAMARCK, Anim. sans vert., t. V, p. 526.
1819	— — —	TURTON, Conch. Dict., p. 169.
1822	— — —	TURTON, Dithyra brit., p. 107.
1825	— — —	WOOD, Index. testac., p. 18, pl. III, fig. 22.
1825	— — —	DE GERVILLE, Catal. Manche, p. 15.
1826	— *exigua* Poli.	RISSO, Europe mérid., t. IV, p. 346.
1827	— *tenuis* Da C.	BROWN, Illustr. of the Conch. of Gr. Brit. and Irel., pl. XVI, fig. 19.
1828	— — —	FLEMING, Brit. Anim., p. 436.
1829	— *exigua* Poli.	O.-G. COSTA, Catal. Sist., p. 13, 15.
1830	— — —	O.-G. COSTA, Test. viv. del mare di Taranto, p. 22.
1830	*Telline mince*	BLAINVILLE, Faune franç., pl. IX, fig. 10, 10A.
1830	— *delicate*	BLAINVILLE, Faune franç., pl. IX. fig. 9.
1830	*Tellina tenuis* Da C.	COLLARD DES CHERRES, Catal. test. Finistère, p. 19.
1832	— — —	DESHAYES, Encyclop. méthod., t. III, p. 1012.
1833	— — —	DESHAYES, Exp. sc. de Morée, p. 92.
1835	— — —	WOOD, General Conch., p. 155, pl. XLIV, fig. 3, 4.
1835	— — —	LAMARCK, Anim. sans vert., édit. Desh., t. VI, p. 197.
1835	— — —	BOUCHARD-CHANTEREAUX, Catal. boulonn., p. 18.
1836	— — —	PHILIPPI, Enum. Moll. Sic., t. I, p. 26.
1836	— *exigua* Poli	SCACCHI, Catal. Conch. Regn. Neap., p. 5.
1838	— *tenuis* Da C.	FORBES, Malac. Monensis, p. 46.
1838	— *exigua* Poli	MARAVIGNA, Mém. Sic., p. 74.
1842	— *tenuis* Da C.	HANLEY, Rec. biv. sh., p. 64.
1844	— — —	BROWN, Illustr. of the Conch. of Gr. Brit. and Irel., 2e édit., p. 100, pl. XL, fig. 19.
1844	— — —	POTIEZ et MICHAUD, Galerie de Douai, t. II, p. 214.
1844	— — —	PHILIPPI, Enum. Moll. Sic., t. II, p. 22.
1844	— — —	MACGILLIVRAY, Moll. Anim. of Scotl., p. 280.

1844 *Tellina tenuis* Da C. — Thorpe, Brit. mar. Conch., p. 69.
1846 — — — Vérany, Catal. Invert. di Genova e Nizza, p. 13.
1846 — — — Lovén, Index. Moll. Scand., p. 39.
1847 — — — Hanley *in* Sowerby, Thes. Conch , t. I, p. 287, pl. LVIII, fig. 81, 82.
1848 — — — Réquien, Coq. de Corse, p. 19.
1848 — — — Deshayes, Expl. scient. de l'Algérie, p. 549.
1849 — — — Middendorff, Malac. Rossica III, p. 58.
1851 — — — Petit, Catal. *in* Journ. de Conch., t. II, p. 291.
1851 — (Fabulina) — — Gray, List. of. brit. anim. in the Brit. Mus., p. 40.
1852 — — — Leach, Synopsis, p. 294.
1853 — — — Forbes et Hanley, Brit. Moll., t. I, p. 300, pl. XIX, fig. 8; pl. K, fig. 3 (animal).
1855 — — — Clark, Brit. test. Moll., p. 129.
1856 — — — Jeffreys, Piedm. Coast., p. 24.
1858 *Macoma* — — H. et A. Adams, Genera of rec. Moll., t. II, p. 401.
1859 *Tellina* — — Sowerby, Illustr. Ind. of brit. sh., pl. III, fig. 12, 13.
1860 — — — Macé, Moll. des environs de Cherbourg et Valognes, p. 21.
1862 — *incarnata* Weinkauff (*non* Linné), Catal. Alg. *in* Journ. de Conch., t. X, p. 213.
1863 — *tenuis* Da C. Jeffreys, Brit. Conch., t. II, p. 379; t. V (1869), p. 186, pl. XLI, fig. 1.
1865 — — — P. Fischer, Gironde, p. 50.
1865 — — — Stossisch, Enum. dei Moll. del golfo di Trieste, p. 29.
1865 — — — Cailliaud, Catal. Loire-Inf., p. 72.
1866 — *exilis* Brusina (*non* Lamarck), Contrib. pella Fauna dei Moll. Dalm., p. 93.
1866 — *tenuis* Da C. Reeve, Conch. Icon., pl. X, fig. 44a, 44b, 44c.
1867 — — — Taslé, Catal. Morbihan, p. 9.
1867 — *exigua* Poli Weinkauff, Conchyl. des Mittelm., t. I, p. 79.
1869 — *tenuis* Da C. Petit, Catal. test. mar., p. 49.
1869 — *exigua* Poli Tapparone-Canefri, Moll. test. di Spezia, p. 112.
1870 — *tenuis* Da C. Servain, Coq. mar. de Granville, p. 8.
1870 — *exigua* Poli Aradas et Benoit, Conch. viv. mar. della Sic., p. 48.

1870 *Tellina incarnata* CHIEREGHINI (*non* Linné) *in* BRUSINA, Ipsa Chiereghinii Conch., p. 60.
1870 — *tenuis* Da C. HIDALGO, Mol. mar., Catal. gen., p. 164; pl. LVII, fig. 8, pl. LVII B, fig. 2, 3.
1871 — *exigua* Poli RŒMER, *in* MARTINI und CHEMNITZ, Syst. Conch. Cab., p. 129, pl. XXIX, fig. 6 à 10.
1872 — *tenuis* Da C. MONTEROSATO, Notizie int. alle Conch. Medit., p. 24.
1872 — — — MEYER et MŒBIUS, Fauna der Kieler-Bucht, p. 104, pl. sans n°, fig. 11, 12, 13.
1875 — *exigua* Poli MONTEROSATO, Nuova Riv., p. 16.
1876 — *tenuis* Da C. DUPREY, Catal. Jersey, p. 3.
1878 *Macoma* — — G. O. SARS, Moll. reg. arct. Norv., p. 77.
1878 *Tellina* — — P. FISCHER, Brachiop. et Moll. du litt. océan. de France, p. 8.
1878 — — — BERTIN, Revision des *Tellinidés* du Muséum, *in* Nouv. Arch. du Mus., p. 274.
1878 — *exigua* Poli MONTEROSATO, Enum. e Sinon., p. 12.
1879 — *tenuis* Da C. GRANGER, Catal. Moll. de Cette, p. 34.
1880 — — — SERVAIN, Coq. mar. de l'île d'Yeu, p. 14.
1880 — *exigua* Poli STOSSICH, Prosp. della Fauna Adr., *in* Boll. della Soc. Adr. di Sc. Nat., p. 144.
1881 — *tenuis* Da C. JEFFREYS, Lightn. and Porcup. Exp., *in* Proc. Zool. Soc. of Lond., p. 720.
1883 — — — DANIEL, Faune malac. de Brest, *in* Journ. de Conch., t. XXXI, p. 239.
1884 — — — DE GREGORIO, Studi su talune Conch. Medit., p. 161.
1884 — — — JONAS COLLIN, Om Limfjordens mar. fauna, p. 113.
1884 *Macoma* — — MONTEROSATO, Nomencl. gen. e spec., p. 23.
1884 — *exigua* Poli MONTEROSATO, Nomencl. gen. e spec., p. 23.
1884 — *commutata* MONTEROSATO, Nomencl. gen. e spec., p. 23.
1884 *Tellina tenuis* Da C. NOBRE, Moll. mar. do Noroeste de Portugal, p. 13.
1884 — — — NOBRE, Catal. Moll. obs. dans. le Sud-Ouest, p. 20.
1886 — — — GRANGER, Moll. biv. de France, p. 155, pl. XII, fig. 7.
1886 — — — HIDALGO, Mol. recog. en Bayona de Galicia, *in* Revista de los Progr. de las Ciencias, p. 403.
1886 — — — LOCARD, Prodr. de Malac. franç., p. 423.
1886 — *exigua* Poli LOCARD, Prodr. de Malac. franç., p. 422.

1886 *Tellina Bourguignati* LOCARD, Prodr. de Malac. franç., p. 423.
1887 — *tenuis* Da C. DAUTZENBERG, Exc. malac. à St-Lunaire, p. 8.
1888 — — — SERVAIN, Coq. mar. de Concarneau, p. 96.
1888 — *exigua* Poli SERVAIN, Coq. mar. de Concarneau, p. 95.
1888 — *tenuis* Da C. AD. DOLLFUS, Les Plages du Croisic, p. 16.
1888 — *exigua* Poli KOBELT, Prodr. Faunæ Moll. test. maria europ. inhab., p. 340.
1889 — — — CARUS, Prodr. Faunæ Medit., p. 159.
1890 *Macoma tenuis* Da C. DAUTZENBERG, Liste Moll. mar. du Pouliguen, p. 5.
1891 *Tellina* — — BRUSINA, Moll. lamellibr. dei dint di Zara, p. 24.
1892 — — — LOCARD, Moll. mar. de France, p. 278.
1892 — *exigua* Poli LOCARD, Moll. mar. de France, p. 278, fig. 257.
1892 — *Bourguignati* LOCARD, Moll. mar. de France, p. 279.
1892 — *tenuis* Da C. BIZET, Malacoz de Picardie, p. 176.
1893 *Macoma* — — DAUTZENBERG, Liste Coq. Granville et St-Pair, p. 19.
1894 *Tellina* — — NOBRE, Contrib. para a Malac. Portugueza, *in* Ann. de Sc. Nat., p. 135.
1895 — — — LAMEERE, Manuel de la Faune de Belgique, p. 277.
1897 — — — DAUTZENBERG, Atlas des Coq. mar. de France, pl. LXIII, fig. 206.
1897 — — — WATSON, Marine Moll. of Madeira, *in* Linn. Soc. Journ., t. XXVI, p. 319.

Obs. — Bien que Da Costa n'ait pas figuré son *Tellina tenuis*, il ne peut exister aucun doute quant à son identification : la description et les références suffisent amplement à le faire reconnaître. Nous remarquerons seulement que la citation de Lister, pl. 405, fig. 250, doit être écartée, car elle représente le *Tellina balthica*. MM. Weinkauff et Rœmer ont substitué au nom ancien *tenuis*, celui, plus récent, *exigua* Poli, sous le prétexte que Da Costa n'avait pas nommé son espèce, mais qu'il l'avait désignée par une phrase descriptive : « *T. valde tenuis, parva*, etc. » Ces auteurs n'ont évidemment pas eu l'ouvrage de Da Costa sous les yeux, car la phrase descriptive qu'ils citent s'y trouve précédée du nom de l'espèce, *T. tenuis*, imprimé en lettres capitales.

D'autres naturalistes ont voulu maintenir les *T. tenuis* Da Costa et *exigua* Poli comme espèces différentes; mais il ne s'agit là, à notre avis, que de deux variétés d'une même espèce très polymorphe. Il en est de même, selon nous, du *T. commutata* Monterosato.

Diagnose. — Coquille, diamètre umbono-ventral 15 millim.; diamètre antéro-postérieur 23 millim.; épaisseur 6 millim., mince, subquadrangulaire, comprimée, à peine bâillante aux extrémités, subéquivalve, la valve droite n'étant guère plus convexe que l'autre, un peu inéquilatérale : région antérieure plus grande et plus renflée que la postérieure, arrondie à l'extrémité; région postérieure plus courte, comprimée, obliquement tronquée et rostrée à l'extrémité. Bord dorsal très faiblement arqué du côté antérieur, déclive du côté postérieur; bord ventral arqué, ascendant et subsinueux à proximité du rostre qui est obtus et à peine infléchi vers la droite. Sommets, aigus, petits, contigus, peu proéminents, opisthogyres. Pas de lunule ni de corselet. Surface luisante, pourvue sur chaque valve d'un angle très obtus qui relie le sommet à la base de la troncature postérieure. Toute la superficie est garnie de stries concentriques irrégulières, un peu plus accusées vers le bord ventral et sur l'extrémité postérieure de la coquille. Intérieur des valves luisant, à bords simples, tranchants. Plateau cardinal très étroit. Charnière de la valve droite composée d'une dent cardinale bifide et d'une petite dent latérale antérieure courte, trigone, saillante, très rapprochée du sommet. Charnière de la valve gauche composée de deux dents cardinales : l'antérieure plus forte et bifide, la postérieure petite, simple et oblique. Impressions musculaires peu profondes, mais bien visibles : celles des muscles adducteurs plutôt petites, ovalaires, subégales ; impression palléale pourvue d'un sinus très grand dont l'extrémité n'est pas fort éloignée de l'impression de l'adducteur antérieur.

Coloration externe d'un rose vif interrompu par des zones concentriques claires, plus ou moins larges et plus ou moins nombreuses. Coloration interne d'un rose vif uniforme. Epiderme membraneux, mince, jaunâtre et transparent : on en aperçoit des traces le long du bord ventral et sur l'extrémité postérieure chez les exemplaires très frais. Ligament corné, mince, d'un brun clair, inséré sur des nymphes marginales et faisant complètement saillie à l'extérieur.

Variétés. — Le *T. tenuis* typique est la forme quadrangulaire qu'on rencontre en abondance sur nos côtes de la Manche et de l'Océan. Nous l'avons figurée pl. XCV, fig. 1, 2, 3, 4.

Var. ex forma 1, *brevior* B. D. D. Plus haute par rapport à la largeur, cette variété que nous représentons pl. XCV, fig. 8, 9, se trouve mélangée au type dans les mêmes localités.

Var. ex forma 2, *maxima* B. D. D. = *major* Dautzenberg (Liste Coquilles de Granville et St-Pair, 1893), non *T. exigua* var. *major* Monterosato, 1884. Cette grande forme atteint 22 millim. de diamètre umbono-ventral et 30 millim. de diamètre antéro-postérieur. (Voir notre pl. XCV, fig. 7.)

Var. ex forma 3, *minuta*. Forme typique mais de petite taille que nous avons rencontrée dans le Roussillon. (Voir notre pl. XCV, fig. 5, 6.)

Var. ex forma 4, *exigua* Poli. De forme trigone, cette variété est plus petite que le type, un peu plus renflée et plus haute par rapport à sa largeur. C'est sous cet aspect qu'on rencontre le plus souvent le *T. tenuis* dans la Méditerranée. Nos figures 11, 12, 13, 14 et 15, pl. XCV, en représentent des exemplaires provenant de Cette (Granger) et du Roussillon.

Var. ex forma 5, *major* Monterosato. Etablie pour des exemplaires relativement grands de la variété *exigua*.

Var. ex forma 6, *minor* Monterosato. Etablie pour des exemplaires de petite taille de la variété *exigua*.

Var. ex forma 7, *commutata* Monterosato. = *Tellina tenuis* var. *angusta* Philippi (Enum. Moll. Sic., t. 1, p. 27 — non *Tellina angusta* Gmelin qui est une coquille tout à fait différente). Beaucoup plus transverse que la var. *exigua* et même que le type du *tenuis*, cette variété est toujours de petite taille, très mince et de forme subquadrangulaire. Nous ne la connaissons que de la Méditerranée. Nos figures 16, 17, 18, 19 et 20 de la pl. XCV en représentent des spécimens provenant du Roussillon et de Viareggio (del Prete).

Les mêmes variétés de coloration se rencontrant chez les différentes formes du *T. tenuis*, il nous semble que les mêmes noms peuvent être employés sans inconvénient pour les désigner à la fois chez le type et les variétés. Le type de Da Costa est rouge incarnat avec des zones concentriques plus pâles. Les variétés ex colore : *rosea*, *rubra*, *incarnata*, n'ont donc pas de raison d'être.

Var. ex colore 1, *alba* O. G. Costa = *toto alba* Philippi = *albida* Monterosato. Entièrement blanche.

Var. ex colore 2, *flavescens* O. G. Costa = *flavida* Monterosato. Blanche, lavée de jaune ou entièrement jaune avec ou sans zones plus claires.

Var. ex colore 3, *aurantia* Monterosato. D'un jaune orangé avec ou sans zones concentriques plus claires.

Var. ex colore 4, *pudibunda* Monterosato. Blanche, avec une large tache rose carminée s'étendant, à partir des sommets sur une grande partie de la surface. (Voir notre pl. XCV, fig. 10).

Habitat. — Vit dans l'étang de Salces; rarement rejeté sur les plages de Canet, de La Franqui et de Leucate : les variétés *minuta*, *exigua* et *commutata*.

Dispersion. — Méditerranée, Adriatique et Mer Noire. Océan Atlantique, depuis les côtes du Finmark et la mer Baltique jusqu'à Mogador. M. Sowerby l'a encore mentionné de Port-Elisabeth (Cap de Bonne-Espérance).

Origine. — Le *T. tenuis* semble avoir été négligé par les paléontologues. Nous ne le trouvons cité que du Miocène du Portugal et du Pliocène de la Catalogne, de la Haute et de la Basse Italie.

Tellina cumana Costa, sp. (*Psammobia*).

Pl. LXXXIX, fig. 14, 15, 18, 19 (type) et 16, 17, 20, 21 (variétés).

1829	*Psammobia cumana*	O.-G. Costa, Catal. Sist., p. XIV et XX; pl. II, fig. 7A, 7B.
1836	*Tellina elliptica*	Scacchi (*non* Brocchi), Catal. Conch. Regn. Neap., p. 5.
1836	— *Costæ*	Philippi, Enum. Moll. Sic., t. I, p. 28, pl. III, fig. 11A, 11B.
1844	— —	Philippi, Enum. Moll. Sic., t. II, p. 22.
1847	— *cumana* Costa	Hanley *in* Sowerby, Thes. Conch., t. I, p. 298, pl. LVIII, fig. 73.
1847	— *plebeia* var.	Hanley *in* Sowerby, Thes. Conch., t. I, p. 299, pl. LX, fig. 151 (*tantum*).
1848	— *Costæ* Phil.	Réquien, Coq. de Corse, p. 20.
1848	— *cumana* Costa	Deshayes, Expl. sc. de l'Algérie, p. 539, pl. LXIX, fig. 7, 8, 9 (sub nom. *T. Costæ*).
1856	— *Costæ* Phil.	Jeffreys, Piedm. Coast., p. 24.
1857	— — —	Petit, Catal. suppl., *in* Journ. de Conch., t. VI, p. 361.
1858	*Macoma cumana* Costa	H. et A. Adams, Genera of recent Moll., t. II, p. 400.
1860	*Tellina Costæ* Phil.	Capellini, Catal. test. di Spezia, p. 78.
1862	— *cumana* Costa	Weinkauff, Catal. Algérie, *in* Journ. de Conch., t. X, p. 314.
1867	— — —	Weinkauff, Conchyl. des Mittelm., t. I, p. 73.
1867	— — —	Reeve, Conch. Icon., pl. XXXVIII, fig. 215.
1869	— — —	Tapparone-Canefri, Moll. test. di Spezia, p. 113.
1869	— *Costæ* Phil.	Petit, Catal. test. mar., p. 50.
1870	— *cumana* Costa	Aradas et Benoit, Conch. viv. mar. della Sic., p. 47.
1870	— — —	Hidalgo, Mol. mar., Catal. gen. p. 163, pl. LVIIA, fig. 1.
1871	— — —	Rœmer, Die Familie *Tellinidæ in* Martini und Chemnitz Syst. Conch. Cab., p. 240, pl. III, fig. 8; pl. XLV, fig. 11, 12, 13, 14.
1872	— — —	Monterosato, Notizie int. alle Conch. Medit., p. 24.
1875	— — —	Monterosato, Nuova Rivista, p. 16.

1878 *Macoma cumana* Costa BERTIN, Revision des Tellinidés du Muséum, *in* Nouv. Arch. du Mus., 2e Série, t. I, p. 338.
1878 — *senegalensis* BERTIN, Revision des *Tellinidés* du Muséum, *in* Nouv. Arch. du Mus., 2e Série, t. I, p. 339.
1878 *Tellina cumana* Costa MONTEROSATO, Enum. e Sinon., p. 12.
1884 *Macoma* — — MONTEROSATO, Nomencl. gen. et spec., p. 24.
1884 *Tellina* — — DE GREGORIO Studi su talune Conch. medit. p. 169.
1886 — — — LOCARD, Prodr. de Malac. franç., p. 421.
1888 — — — KOBELT, Prodr. Faunæ Moll. test. maria Europ. inhab., p. 339.
1889 — — — CARUS, Prodr. Faunæ Médit., p. 161.
1890 — — — DAUTZENBERG, Récoltes malac. de l'abbé Culliéret au Sénégal, p. 22.
1891 — — — DAUTZENBERG, Voyage de la *Melita* aux Canaries et au Sénégal, p. 49.
1892 — — — LOCARD, Coq. mar. de France, p. 278.
1892 — (Macoma) — — SOWERBY, Marine Shells of South Africa, p. 57.

Obs. — C'est sans aucune raison que Philippi a substitué le nom de *Costae* à celui de *Cumana*, qui avait été donné précédemment par Costa à cette espèce.

Selon Rœmer, la coquille du Sénégal, figurée par Hanley (Thes. Conch., pl. LX, fig. 151), comme variété du *Tellina plebeia* Hanley, pourrait bien n'être autre chose que le *T. cumana*. Cette supposition se trouve confirmée de la façon la plus évidente par des exemplaires qui nous ont été rapportés du Sénégal par MM. Chevreux et Culliéret, ainsi que de la baie du Lévrier par M. le comte de Dalmas. Ils sont, en effet, identiques, sous tous les rapports, aux spécimens méditerranéens du *T. cumana*.

M. Bertin, dans la revision des *Tellinidés* du Muséum, constate que Hanley avait eu tort de rattacher cette coquille du Sénégal, comme variété, au *T. plebeia*, dont la forme typique vit à Réal-Llejos; mais il n'a pas reconnu son identité avec le *T. cumana* et lui a donné le nom de *Macoma senegalensis* (non *Tellina senegalensis* Hanley, qui appartient au groupe *Strigilla*).

Le nom de *cumana*, attribué à cette espèce par Costa, a pour étymologie la localité de *Cuma*, près Naples.

Diagnose. — Coquille, diamètre umbono-ventral 20 millim.; diamètre antéro-postérieur 29 millim.; épaisseur 12 millim., mince, ovale-transverse, renflée, légèrement bâillante aux deux extrémités, un peu inéquivalve, la valve gauche étant plus convexe que la droite, inéquilatérale : la région antérieure, plus grande et plus dilatée que la postérieure, est arrondie; la postérieure, plus courte, est tronquée à l'extrémité. Bord dorsal déclive de chaque côté des sommets; bord ventral arqué, puis ascendant, tordu et infléchi vers la droite à l'extrémité postérieure. Sommets saillants, aigus, contigus, opisthogyres. Lunule étroite, allongée, peu distincte, non limitée. Corselet lancéolé et limité de chaque côté par une carène saillante. Surface peu luisante, ornée de stries concentriques fines, un peu plus apparentes vers le bord ventral ainsi que sur la région postérieure, et de sillons d'accroissement irréguliers. Sur la valve droite, un angle obtus relie le sommet à la base de la troncature postérieure de la coquille et, sur la valve gauche, un sillon rayonnant correspond à l'angle de l'autre valve. A l'aide de la loupe on distingue sur toute la surface des stries rayonnantes fort peu apparentes. Intérieur des valves peu luisant, à bords simples, tranchants. Charnière de la valve droite composée d'une dent cardinale bifide au sommet et accompagnée de deux fossettes : l'antérieure étroite, la postérieure triangulaire, large à la base. Charnière de la valve gauche composée de deux dents cardinales divergentes : l'antérieure simple, la postérieure bifide au sommet, séparées par une fossette médiane triangulaire. Pas de dents latérales, ni dans l'une, ni dans l'autre valve. Impressions des muscles adducteurs peu visibles, irrégulièrement semi-lunaires; impression palléale pourvue d'un sinus très grand, arrondi à l'extrémité.

Coloration blanche, teintée de rose orangé dans le voisinage des sommets, tant à l'intérieur qu'à l'extérieur des valves. Epiderme mince, membraneux, d'un brun verdâtre très clair, ne persistant que le long des bords de la coquille. Ligament corné, brun, profondément enchâssé, mais faisant également saillie à l'extérieur.

Variétés. — C'est la figuration originale donnée par Costa qu'il faut admettre comme type du *T. cumana*.

Var. ex forma *tarantensis* de Gregorio. Chez cette variété, dont les fig. 16 et 17 de notre pl. LXXXIX fournissent un exemple, la région postérieure est plus courte et plus brusquement tronquée que chez le type.

Var. ex colore *alba* B. D. D. D'une coloration blanche uniforme, sans tache (Voir notre pl. LXXXIX, fig. 20 et 21).

La variété *umbone-roseo* Monterosato ne peut être maintenue puisque le type de l'espèce est décrit et figuré par Costa avec la tache rose orangée sur les sommets.

Habitat. — Bien que nous ne possédions aucun spécimen de *Tellina cumana* provenant authentiquement du Roussillon, nous nous sommes décidés à comprendre cette espèce dans notre travail, car elle est extrêmement abondante à Barcelone.

Dispersion. — Toute la Méditerranée et l'Adriatique. Océan Atlantique, depuis les côtes du Portugal jusqu'au Sénégal et à Port-Élisabeth (Sowerby).

Origine. — Le *T. cumana* est mal connu à l'état fossile : le *T. mista* Fontannes du Pliocène de Millas s'en rapproche; mais la seule citation certaine nous paraît être celle de Foresti, qui l'indique du Pliocène de Bologne.

Sous-genre ARCOPAGIA Leach, mss. (1816), *in* Brown, 1827.

Type : *Tellina crassa* Pennant.

Cette section, rejetée par Recluz, en 1846, critiquée seulement par Deshayes, reprise avec doute par Mœrch, en 1853, adoptée comme sous-genre par Adams, paraît constituer un groupe assez naturel qui a pris place dans les classifications modernes des Bertin, Fischer, Tryon, et a été accepté par la plupart des paléontologues.

Tellina balaustina Linné.

Pl. XC, fig. 15 à 20 (type), 21 (var.).

1758	*Tellina balaustina*	Linné, Syst. Nat., édit. X., p. 676.
1767	— —	Linné, Syst. Nat., édit. XII, p. 1119.
1784	— — Lin.	Schrœter, Einleit. in die Conchylienk., t. II, p. 656.
1790	— —	Linné-Gmelin, Syst. Nat., édit. XIII, p. 3239.
1795	— — Lin.	Poli, Test. utr. Sic., t. I, p. 49, pl. XIV, fig. 17.
1804	— *orbiculata*	Renier, Tavola alfab., p. 5, nº 51.
1826	*Lucina balaustina* Lin.	Payraudeau, Moll. de Corse, p. 43, pl. I, fig. 21, 22.
1829	*Tellina* — —	O.-G. Costa, Catal. Sist., p. 14, 18.
1830	— — —	O.-G. Costa, Test. viv. del Mare di Tarento, p. 23.
1833	— —	Deshayes, Exp. scient. de Morée, t. III, p. 93.
1835	— — —	Wood, General Conch., p. 180.
1835	— — —	Deshayes *in* Lamarck, Anim. sans vert., t. VI, p. 209.
1836	— — —	Scacchi, Catal. Conch. Regn. Neap., p. 5.
1836	— — —	Philippi, Enum. Moll. Sic., t. I, p. 25.
1838	— — —	Maravigna, Mém. Sic., p. 74.
1838	— — —	Forbes, Malac. Monensis, p. 46.

1842 *Tellina balaustina* Lin. — Hanley, Recent biv. Sh., p. 72; suppl. pl. IX, fig. 17.

1844 — — — Potiez et Michaud, Galerie de Douai, t. II, p. 210.

1844 — — — Forbes, Rep. Aeg. Invert., p. 143.

1844 — — — Philippi, Enum. Moll. Sic., t. II, p. 21.

1846 — — — Vérany, Catal. Invert. di Genova e Nizza, p. 13.

1847 — — — Hanley *in* Sowerby, Thes. Conch., t. I, p. 253, pl. LVI, fig. 10.

1848 — — — Réquien, Coq. de Corse, p. 20.

1848 — — — Deshayes, Expl. scient. de l'Algérie, p. 535.

1851 — — — Petit, Catal., *in* Journ. de Conch., t. II, p. 292.

1853 — — — Forbes et Hanley, Brit. Moll., t. I, p. 290. pl. XXI, fig. 2.

1853 *Lucina* — — Doublier, Moll. mar. du Var, *in* Prodr. Hist. nat. du Var, p. 109.

1855 *Tellina* — — Hanley, Ipsa Linn. Conch., p. 40.

1856 — — — Jeffreys, Piedm. Coast., p. 24.

1858 — — — Gay, Catal. Moll. du Var, *in* Bull. Soc. Sc. du Var, p. 164.

1858 — (Arcopagia) — — H. et A. Adams, Genera of rec. Moll., t. II, p. 396.

1859 — — — Sowerby, Ill. Ind. brit. sh., pl. III, fig. 6.

1862 — — — Weinkauff, Catal. Alg., *in* Journ. de Conch., t. X, p. 313.

1863 — — — Jeffreys, Brit. Conch., t. III, p. 371; t. V (1869), p. 186, pl. XL, fig. 3.

1865 — — — Stossich, Enum. dei Moll. del Golfo di Trieste, p. 29.

1866 — — — Reeve, Conch. Icon., pl. X, fig. 46.

1866 — — — Brusina, Contrib. pella Fauna dei Moll. Dalm., p. 93.

1867 — — — Weinkauff, Conch. des Mittelm., t. I, p. 82.

1869 — — — Petit, Catal. test. mar., p. 48.

1869 — — — Tapparone-Canefri, Moll. test. di Spezia, p. 114.

1870 — — — Aradas et Benoit, Conch. viv. mar. della Sic., p. 49.

1870 — *serratula* Chiereghini *in* Brusina, Ipsa Chiereghinii Conch., p. 61.

1870 *Tellina balaustina* Lin. Ancey, Catal. Moll. mar. cap Pinède, p. 4.

1870 — — — Hidalgo, Moll. mar., Catal. gen., p. 163, pl. LVII, fig. 6.

1871 — — — Rœmer *in* Martini und Chemnitz, Syst. Conch. Cab., p. 92, pl. XXIV, fig. 10 à 12.

1872 — — — Monterosato, Notizie int. alle Conch. medit., p. 24.

1874 — — — Fischer, Gironde, 2e suppl., *in* Ann. Soc. Linn. de Bordeaux, t. XXIX, p. 174.

1875 — (Arcopagia) — — Monterosato, Nuova Riv., p. 17.

1878 *Arcopagia* — — Bertin, Revis. des *Tellinidés* du Muséum, *in* Nouv. Arch. du Mus., 2e série, t. 1, p. 321.

1878 *Tellina* — — Fischer, Brachiop. et Moll. du litt. océan. de France, p. 8.

1878 *Arcopagia* — — Monterosato, Enum. e Sinon., p. 13.

1878 *Tellina* (Arcopagia) *balaustina* Lin. Issel, Crociera del Violante, p. 35.

1880 — — — Stossich, Prosp. della Fauna Adr. *in* Boll. della Soc. Adr. di Sc. Nat., p. 142.

1881 — — — Jeffreys, Lightn. and Porcup. Exp., *in* Proc. Zool. Soc. of Lond., p. 718.

1883 — (Arcopagia) — — Marion, Esq. topogr. Zool. du Golfe de Marseille, p. 26, 27, 35, 38, 51, 58, 61, 70, 77, 85, 90, 106.

1883 *Arcopagia* — — Marion, Consid. sur les Faunes prof. de la Médit., p. 45.

1883 — — — Dautzenberg, Liste Coq. de Gabès, p. 13.

1884 *Tellina* — — De Gregorio, Studi su talune Conch. medit., p. 181, 389.

1886 — — — Hidalgo, Catal. Mol. recog. en Bayona de Galicia, *in* Rev. de los Progr. de las Ciencias, p. 403.

1886 — — — Locard, Prodr. de Malac. franç., p. 425.

1886 — (*Arcopagia*) — — Dautzenberg, Nouv. liste Coq. de Cannes, p. 1.

1888 — — — Kobelt, Prodr. Faunæ Moll. test. maria europ. inhab., p. 337.

1889 — (*Arcopagia*) — — Carus, Prodr. Faunæ medit., p. 160.

1891 *Tellina balaustina* Lin.	DAUTZENBERG, Contrib. à la Faune malac. du golfe de Gascogne, p. 9.
1891 — — —	BRUSINA, Lamellibr. di Zara, p. 24.
1892 — — —	LOCARD, Coq. mar. des côtes de France, p. 279.
1894 — — —	DAUTZENBERG, Coq. mar. de Saint-Jean-de-Luz, p. 2.
1897 — — —	WATSON, Marine Moll. of Madeira, *in* Linn. Soc. Journ., t. XXVI, p. 318.

Obs. — L'identification de cette espèce a été confirmée par Hanley, qui en a retrouvé un exemplaire dans la collection de Linné.

Le *Tellina balaustina* de Dillwyn (Descr. Catal., t. I, p. 93), n'est pas l'espèce de Linné, mais bien le *Tellina tenuis* Da Costa : la description et la référence indiquée : Conch. Cab., pl. XII, fig. 117, ne permettent aucun doute à cet égard.

Le nom *balaustina* est emprunté, par allusion à sa couleur, à celui de la fleur du grenadier (βαλαύστιον) qui était utilisée par les Rhodiens pour la teinture des laines. Cette fleur est représentée sur le revers des monnaies antiques de Rhodes.

Le *T. balaustina* est toujours rare dans les collections; mais surtout la variété *major*. Jeffreys disait, en 1869, que la valeur commerciale d'un bel exemplaire pouvait varier de 2 à 5 livres sterling.

Diagnose. — Coquille, diamètre umbono-ventral 13 millim.; diamètre antéro-postérieur 17 millim.; épaisseur 7 1/2 millim., assez solide, suborbiculaire, un peu plus large que haute, anguleuse du côté des sommets, convexe, close, subéquivalve, la valve gauche étant à peine plus convexe que la droite, équilatérale. Extrémité antérieure arrondie; extrémité postérieure légèrement tronquée. Bord dorsal déclive de chaque côté des sommets; bord ventral régulièrement arqué, un peu infléchi vers la droite, à son extrémité postérieure. Sommets contigus, assez saillants, médians ou submédians, non inclinés en arrière. Pas de lunule ni de corselet. Surface peu luisante, pourvue sur la valve droite d'un angle obtus qui relie le sommet à la base de la troncature et, sur la valve gauche, d'un sillon obsolète correspondant à l'angle de la valve droite. Toute la superficie est ornée de lamelles fines, caduques, ne persistant d'ordinaires que le long du bord ventral et sur les deux extrémités de la coquille. A l'aide de la loupe on distingue avec peine des stries rayonnantes nombreuses et extrêmement délicates. Intérieur des valves luisant, à bords simples, tranchants. Plateau cardinal très étroit. Charnière de la valve droite composée de deux dents cardinales : l'antérieure très petite, simple, la postérieure plus forte, bifide, et de deux dents latérales trigones bien développées, peu écartées du sommet et équidistantes. Charnière de la valve gauche composée d'une dent cardinale unique, légèrement bifide, et d'une dent latérale postérieure, trigone. Impressions des muscles adducteurs assez grandes, peu marquées. Impression palléale pourvue d'un sinus dont l'extrémité, arrondie, ne dépasse guère le milieu du diamètre antéro-postérieur de la coquille.

Coloration externe blanche, teintée de jaune citron vers les sommets et ornée de rayons roses irréguliers, interrompus par les lignes d'accroisement. Coloration interne blanche, teintée de jaune dans le fond et laissant voir, par transparence, les rayons roses de l'extérieur. Epiderme membraneux, ne persistant que le long du bord ventral. Ligament étroit, corné, brun, ne faisant pas saillie à l'extérieur.

Variétés. — Linné dit que la taille de cette espèce égale celle de la graine de lupin blanc et il lui assigne pour habital la Méditerranée d'après l'autorité de J.-T. Fagræus. D'autre part, Hanley nous apprend que l'exemplaire existant dans la collection de Linné concorde avec la fig. 10 de la pl. LVI du *Thesaurus*. C'est donc bien la petite forme méditerranéenne que l'auteur du *Systema Naturæ* a décrite.

Var. ex forma *major* B. D. D. Nous donnons ce nom à la forme de grande taille qui vit sur les côtes d'Angleterre et dans le golfe de Gascogne. M. Chevreux nous en a envoyé un exemplaire dragué par lui au large de Saint-Jean-de-Luz, par 120 mètres de profondeur, mesurant 20 millim. de diamètre antéro-postérieur et que nous représentons pl. XC, fig. 21. Jeffreys en possédait une valve atteignant 30 millimètres!

Var. ex colore *albida* Monterosato. Cette variété entièrement blanche, sans rayons, a été rencontrée en Dalmatie par M. le professeur Brusina d'Agram. Nous en possédons également des spécimens provenant de Bône (Doublet) et d'Agde (collection Recluz).

Habitat. — Rare à Port-Vendres, Collioure, Banyuls.

Dispersion. — Méditerranée, Adriatique et mer de Marmara. Océan Atlantique depuis les côtes d'Écosse et d'Angleterre jusqu'au Maroc et aux îles Madère et Canaries. Son habitat, en profondeur, varie de 4 à 732 mètres (Jeffreys).

Origine. — Nous ne relevons aucune citation du *T. balaustina* dans le Miocène. A l'époque pliocène, sa distribution était assez étendue, bien qu'il n'ait été rencontré que dans un petit nombre de gisements : on le connaît, au Nord, dans les dépôts de Belgique et d'Angleterre, et, dans le Midi, de l'Andalousie, des Alpes-Maritimes, ainsi que de l'Italie centrale et méridionale. Il n'a été recueilli dans le Pleistocène qu'en Sicile.

Genre GASTRANA Schumacher, 1817

Type : *Gastrana donacina* Schumacher (= *Tellina Abildgaardiana* Spengler).

C'est bien le nom *Gastrana* qu'il faut adopter pour ce genre. En effet, la description donnée par Schumacher ne peut prêter à l'équivoque et son type est extrêmement voisin du *Gastrana fragilis*. Il est vrai que Schumacher a fait suivre cette première espèce d'une autre qui est un *Petricola ;* mais il la place dans une deuxième section qui n'avait aucune raison d'être puisque sa seconde espèce appartenait au genre plus ancien : *Petricola* Lamarck, 1801.

Gastrana fragilis Linné sp. (*Tellina*).

Pl. XCIII, fig. 6, 7, 8, 9, 10.

1758	*Tellina fragilis*	Linné, Syst. Nat., édit. X, p. 674.
1767	— —	Linné, Syst. Nat., édit. XII, p. 1117.
1784	— — Lin.	Schroeter, Einleit. in die Conchylienk, t. II, p. 646.
1790	— — —	Linné-Gmelin, Syst. Nat., édit. XIII, p. 3230.
1792	— *striatula*	Olivi, Zool. adr., p. 101, pl. IV, fig. 2.
1793	— *fragilis* Lin.	Von Salis Marschlins, Reise ins Kœn. Neapel, p. 383.
1795	— — —	Poli, Test. utr. Sic., t. II, p. 43, pl. XV, fig. 22, 24.
1804	— *striatula* Oliv.	Renier, Tavola alfab., p. 6, n° 59.
1817	— *fragilis* Lin.	Dillwyn, Descr. Catal., t. I, p. 78.
1818	*Petricola ochroleuca*	Lamarck, Anim. sans vert., t. V, p. 503.
1818	*Psammotœa tarentina*	Lamarck, Anim. sans vert., t. V, p. 518.
1819	*Tellina fragilis* Lin.	Turton, Conch. Dict., p. 166, pl. VI, fig. 18.
1822	*Psammobia* — —	Turton, Dithyra brit., p. 83, pl. VII, fig. 11, 12.
1825	*Tellina* — —	Wood, Index testac., p. 17, pl. III, fig. 7.
1826	*Petricola ochroleuca* Lam.	Payraudeau, Moll. de Corse, p. 34, pl. I, fig. 9, 10.
1826	*Psammobia fragilis* Lin.	Risso, Europe mérid., t. IV, p. 359.
1827	— *jugosa*	Brown, Illustr. Conch. of Gr. Brit. and Irel., pl. XVI, fig. 4, 5, 6.
1828	— *fragilis* Lin.	Fleming, Brit. anim., p. 438.
1829	— — —	O.-G. Costa, Catal. sist., p. 14, 21.

1830	*Petricola ochroleuca* Lam.	COLLARD DES CHERRES, Test. Finistère, p. 16.
1832	— — —	DESHAYES, Encycl. méthod., t. III, p. 747.
1833	— — —	DESHAYES, Expl. sc. de Morée, p. 90.
1835	— —	LAMARCK, Anim. s. vert., édit. Desh., t. VI, p. 157.
1835	*Psammotæa tarentina*	LAMARCK, Anim. s. vert, édit. Desh., t. VI, p. 183.
1835	*Tellina fragilis* Lin.	WOOD, General Conchology, p. 148.
1836	— — —	SCACCHI, Catal. Conch. Regn. Neap., p. 5.
1836	— — —	PHILIPPI, Enum. Moll. Sic., t. I, p. 27.
1838	— — —	MARAVIGNA, Mém., Sic., p. 74.
1841	*Petricola ochroleuca* Lam.	REEVE, Conch. Syst. I, p. 74, pl. LI, fig. 4.
1841	*Psammotæa tarentina* Lam.	DELESSERT, Recueil de Coq., pl. V, fig. 11A, 11B, 11C.
1842	— — —	HANLEY, Recent biv. Sh., p. 60.
1842	*Petricola ochroleuca* Lam.	HANLEY, Recent biv. Sh., p. 52.
1843	*Fragilia fragilis* Lin.	DESHAYES, Traité élém. de Conch., p. 374, et pl. XII, fig. 13, 14, 15, (sub. nom. *Petricola ochroleuca*).
1844	*Psammobia jugosa*	BROWN, Illustr. Conch. of Gr. Brit. and Irel., 2e édit., p. 102, pl. XL, fig. 4, 5, 6.
1844	— *fragilis* Lin.	THORPE, Brit. mar. Conch., p. 62.
1844	*Tellina* — —	FORBES, Rep. Æg. Invert., p. 143.
1844	— — —	PHILIPPI, Enum. Moll. Sic., t. II, p. 22.
1844	*Petricola ochroleuca* Lam.	POTIEZ et MICHAUD, Galerie de Douai, t. II, p. 241.
1847	*Tellina fragilis* Lin.	HANLEY *in* SOWERBY, Thes. Conch., t. I, p. 319, pl. LVI, fig. 14 et pl. LX, fig. 149.
1848	*Fragilia* — —	DESHAYES, Expl. scient. de l'Algérie, p. 561 et pl. LXVIII (sub nom. *Diodonta fragilis*).
1848	*Tellina* — —	RÉQUIEN, Coq. de Corse, p. 20.
1851	— — —	PETIT, Catal., *in* Journ. de Conch., t. II, p. 291.
1851	*Diodonta* — —	GRAY, List of brit. anim in the Brit. Mus., p. 37.
1853	— — —	FORBES et HANLEY, Brit. Moll., t. I, p. 284, pl. XXI, fig. 3 et pl. K, fig. 2 (animal).

1855	*Tellina fragilis* Lin.	Hanley, Ipsa Linn. Conch., p. 35.
1855	— — —	Clark, Brit. mar. test. Moll., p. 131.
1856	*Diodonta* — —	Jeffreys, Piedm. Coast, p. 24.
1858	*Gastrana* — —	H. et A. Adams, Genera of recent Moll., t. II, p. 402, pl. CIV, fig. 4, 4a, 4b.
1858	*Tellina* — —	Gay, Catal. Moll. du Var, *in* Bull. Soc. sc. du Var, p. 164.
1859	*Diodonta* — —	Sowerby, Illustr. Index brit. sh., pl. II, fig. 16.
1862	*Fragilia* — —	Chenu, Manuel de Conch., t. II, p. 70, fig. 300.
1862	— *ochroleuca* Lam.	Chenu, Manuel de Conch., t. II, p. 70, fig. 298, 299.
1862	*Diodonta fragilis* Lin.	Weinkauff, Catal. Alg. *in* Journ. de Conch., t. X, q. 315.
1863	*Gastrana* — —	Jeffreys, Brit. Conch., t. II, p. 367, t. V (1869), p. 186, pl. XL, fig. 2.
1865	*Fragilia* — —	P. Fischer, Gironde, p. 50.
1865	— — —	Cailliaud, Catal., Loire-Inf., p. 70.
1865	*Gastrana ochroleuca* Lam.	Stossich, Enum. dei Moll. del Golfo di Trieste, p. 29.
1865	— *fragilis* Lin.	Stossich, Enum. dei Moll. del Golfo di Trieste, p. 29.
1866	— — —	Brusina, Contrib. pella Fauna dei Moll. dalm., p. 93.
1867	— — —	Taslé, Catal. Morbihan, p. 8.
1867	*Capsa* — —	Weinkauff, Conchyl. des Mittelm., t. I, p. 60.
1867	*Tellina* — —	Reeve, Conch. Icon., pl. XXIX, fig 158 a, 158 b.
1869	*Fragilia* — —	Tapparone-Canefri, Moll. test. di Spezia, p. 114.
1870	*Tellina* — —	Aradas et Benoit, Conch. viv. mar. della Sic., p. 51.
1870	— *striatula* Olivi	Chiereghini *in* Brusina, Ipsa Chiereghinii Conch., p. 54.
1870	*Fragilia fragilis* Lin.	Hidalgo, Mol. mar., Catal. gen., p. 165, pl. XLVIII, fig. 11.
1871	*Tellina* (Gastrana) *fragilis* Lin.	Roemer, Fam. *Tellinidæ in* Martini und Chemnitz Syst. Conch. Cab., 2e édit., p. 276, pl. LII, fig. 4, 5, 6, 7.
1872	*Gastrana* — —	Monterosato, Notizie int. alle Conch. medit., p. 24.
1875	— — —	Monterosato, Nuova Rivista, p. 16.

1878	*Gastrana*	*fragilis*	Lin.	ISSEL, Crociera del Violante, p. 35.
1878	—	—	—	BERTIN, Revis. des *Tellinidés* du Muséum, *in* Nouv. Arch. du Muséum, p. 358.
1878	*Fragilia*	—	—	P. FISCHER, Brachiop. et Moll. du litt. océan. de France, p. 8.
1878	*Gastrana*	—	—	MONTEROSATO, Enum. e Sinon., p. 12.
1879	*Fragilia*	—	—	GRANGER, Moll. de Cette, p. 34.
1879	*Tellina*	—	—	CLÉMENT, Catal. Moll. du Gard *in* Études d'Hist. Nat., p. 80.
1880	*Gastrana*	—	—	SERVAIN, Coq. mar. Ile d'Yeu, p. 13.
1880	—	—	—	STOSSICH, Prosp. della Fauna Adr. *in* Boll. della Soc. Adr. di Sc. Nat., p. 145.
1883	—	—	—	DANIEL, Faune malac. de Brest, *in* Journ. de Conch., t. XXXI, p. 237.
1883	—	—	—	G. DOLLFUS, Liste Coq. Palavas, p. 3
1883	—	—	—	DAUTZENBERG, Liste Coq. de Gabès, p. 13.
1884	—	—	—	NOBRE, Catal. des Moll. obs. dans le Sud-Ouest, p. 20.
1886	—	—	—	DAUTZENBERG, Nouv. Liste Coq. de Cannes, p. 1.
1886	*Capsa*	—	—	LOCARD, Prodr. de Malac. franç., p. 411.
1886	*Gastrana*	—	—	GRANGER, Moll. biv. de France, p. 157, pl. XII, fig. 8.
1886	*Fragilia*	—	—	HIDALGO, Mol. recog. en Bayona de Galicia *in* Revista de los Progr. de las Ciencias, p. 403.
1887	*Gastrana*	—	—	P. FISCHER, Manuel de Conch., p. 1149, pl. XXI, fig. 8.
1888	*Capsa*	—	—	KOBELT, Prodr. Faunæ Moll. test. maria europ. inhab., p. 345.
1888	—	—	—	SERVAIN, Coq. mar. de Concarneau, p. 91.
1889	—	—	—	CARUS, Prodr. Faunæ medit., p. 161.
1890	*Gastrana*	—	—	DAUTZENBERG, Moll. mar. du Pouliguen, p. 5.
1892	—	—	—	BIZET, Malacoz. de Picardie, p. 176.
1892	*Capsa*	—	—	LOCARD, Coq. mar. de France, p. 280, fig. 259.
1896	—	—	—	BRUSINA, Adr. Exc. der Yacht *Margita in* Comptes rendus des séances du 3e Congr. Int. de Zool., p. 392.
1897	*Gastrana*	—	—	DAUTZENBERG, Atlas des Coq. de France, pl. LXIV, fig. 208.

Obs. — Poli a donné à la coquille de cette espèce le nom de *Peronæoderma fragilis* et à l'animal celui de *Peronaea sanguinolenta*. Il en a fourni de bonnes figurations : Test. utr. Sic. pl. XV, fig. 22 et 24. Elle a été retrouvée par Hanley dans la collection de Linné sous le nom de *Tellina fragilis* : il ne peut donc exister aucun doute sur son identification. Lamarck l'a fort mal comprise puisqu'il l'a classée dans deux genres différents sous les noms de *Petricola ochroleuca* et de *Psammobia tarentina*.

Le *Tellina polygona* de Montagu, mais non de Gmelin (Test. brit., suppl. p. 27, pl. XXVIII, fig. 4), est peut être, comme l'a supposé M. Gray, le jeune âge du *G. fragilis*; mais la figuration représente une coquille déformée et difficile à identifier; il faut cependant reconnaître que les caractères de la charnière ne peuvent guère convenir qu'au *G. fragilis*.

Il existe au Sénégal une coquille voisine de celle-ci, qui a été décrite par Adanson sous le nom de *Tellina matadoa* : elle est plus régulièrement convexe, sa région postérieure étant presque aussi renflée que l'antérieure; son bord ventral, au lieu d'être arqué est presque rectiligne; enfin les lamelles de la surface sont bien plus développées. Quoique Hanley, dans la Monographie des *Tellina* du Thesaurus l'ait indiquée comme variété du *G. fragilis* (p. 320, pl. LX, fig. 149), nous estimons que cette forme mérite d'être regardée comme constituant une espèce distincte de celle des mers d'Europe, car tous les exemplaires que nous avons examinés présentent ces mêmes caractères différentiels.

Diagnose. — Coquille, diamètre umbono-ventral 24 millim.; diamètre antéro-postérieur 35 millim.; épaisseur 14 millim., plutôt mince, ovale-trigone, renflée, légèrement bâillante aux deux extrémités, équivalve, inéquilatérale : région antérieure courte, très renflée, arrondie; région postérieure allongée, anguleuse et rostrée à l'extrémité. Bord dorsal déclive de chaque côté des sommets; mais surtout du côté postérieur; bord ventral arqué, ascendant et subsinueux à proximité du rostre qui est à peine infléchi vers la droite. Sommets aigus, contigus, assez proéminents, nullement inclinés, situés aux 2/3 de la longueur, à partir de l'extrémité postérieure. Pas de lunule. Corselet lancéolé, concave, limité par un angle et occupé, en grande partie, par le ligament. Surface terne, pourvue, sur chaque valve, d'un angle très obtus qui relie le sommet à l'extrémité du rostre. Toute la superficie est garnie de lamelles fragiles, assez régulières, plus étroites que les intervalles qui les séparent. Ces lamelles, peu apparentes dans le voisinage des sommets, sont bien développées sur le reste de la coquille : elles s'atténuent un peu sur l'extrémité antérieure et sont, au contraire, plus accusées sur l'extrémité postérieure. Entre les lamelles, on distingue, à l'aide de la loupe, des stries rayonnantes fines et nombreuses et, par-ci par-là quelques stries concentriques faibles. Ces stries s'effacent sur les deux extrémités de la coquille. On observe enfin quelques sillons d'accroissement plus ou moins marqués. Intérieur des valves luisant, à bords simples, tranchants. Plateau cardinal très étroit. Charnière de la valve droite composée de deux petites dents cardinales divergentes, subégales. Charnière de la valve gauche composée d'une dent cardinale unique, bifide et se relevant en forme de crochet. Pas de dents latérales ni dans l'une ni dans l'autre valve. Impressions musculaires peu marquées : celles du muscle adducteur antérieur des valves semi-lunaires, celles du muscle adducteur postérieur arrondies ; impression palléale pourvue d'un sinus dont l'extrémité, arrondie, dépasse le milieu du diamètre antéro-postérieur de la coquille.

Coloration externe blanche, teintée de jaune orangé dans la région des sommets. Coloration interne blanche, largement lavée de jaune orangé dans le fond. Epiderme membraneux, gris sale, ne persistant que le long des bords. Ligament corné, brun, saillant à l'extérieur, fixé sur des nymphes marginales.

Variétés. — Le *G. fragilis* est assez polymorphe : sa région postérieure est plus ou moins allongée et plus ou moins anguleuse à l'extrémité ; les lamelles de sa surface sont aussi plus ou moins développées. On rencontre fréquemment des individus déformés qui se sont développés dans des trous creusés par des Mollusques perforants et dont l'accroissement a été plus ou moins entravé.

Var. ex forma 1, *incrassata* B. D. D. A test solide et épais. Nous avons recueilli cette variété sur la plage du Pouliguen.

Habitat. — Pas très abondant dans les étangs de Salces et de Canet.

Dispersion. — Mer Caspienne (Wood), Méditerranée, depuis le détroit de Gibraltar jusqu'en Egypte à Ramleh (Schneider), Adriatique, mer Noire et Océan Atlantique depuis les côtes de la Norvège et du Groenland (Rœmer) jusqu'au Maroc.

Origine. — L'étendue géologique de cette espèce polymorphe peut varier un peu selon la manière dont on en apprécie les limites. Elle semble débuter dans le Miocène et occuper dès l'abord les bassins de la Loire, de la Gironde et du Tage. Elle se retrouve dans la Molasse de la Suisse, dans le bassin de Vienne, en Moravie, en Volhynie et jusqu'en Bessarabie. Pendant la période pliocène, son extension s'accroît : on la connaît des bassins du Nord et du Midi, en Belgique, en Angleterre (Lenham, Selsey), de la plupart des gisements italiens : Bologne, Plaisance, Modène, Sienne, Altavilla, de Millas (Companyo) et de Biot. Enfin elle est citée du Pleistocène de la Hollande et du Monte-Pellegrino.

Typ. Oberthür, Rennes—Paris (204-98)

Famille SCROBICULARIIDÆ Chenu, 1862 (Emend.).

Cette famille a été indiquée par Chenu sous le nom de *Scrobiculariinæ*. Les genres qui la composent avaient été placés par les anciens auteurs parmi les *Tellinidæ*; par Latreille et par Deshayes parmi les *Amphidesmidæ*; par MM. Adams parmi les *Mactridæ*, bien qu'ils n'aient avec les *Mactra* qu'une analogie lointaine. Pour Tryon, en 1882, ils faisaient partie de la famille des *Semelidæ;* enfin, ils ont été rattachés aux *Tellinidæ* par M. Pelseneer, en 1892.

TABLEAU DES GENRES ET ESPÈCES

Genre **Scrobicularia** Schumacher *S. plana* Da Costa.
— **Syndesmya** Recluz...... 1. *S. alba* Wood.
2. *S. ovata* Philippi.
3. *S. prismatica* (Laskey) Montagu.

Genre SCROBICULARIA Schumacher, 1817.

Type : *Scrobicularia plana* Da Costa.

Nous adoptons le nom *Scrobicularia* Schumacher, 1817, de préférence à celui de *Lavignon* Cuvier, 1817, bien qu'ils aient été publiés tous deux dans le cours de la même année, parce que le genre *Scrobicularia* a été parfaitement caractérisé et qu'il est de forme latine, tandis que le nom de *Lavignon*, emprunté au langage vulgaire, n'a été établi par Cuvier que comme sous-genre des *Mactra* et n'a été latinisé que plus tard, par Férussac, sous le nom de *Lavignonus*, et par Recluz sous celui de *Lavigno*. Le genre *Trigonella* Da Costa, 1778, renferme plusieurs *Mactra* et le *Trigonella plana* (= *Scrobicularia plana*); mais la diagnose de ce genre ne peut convenir qu'aux *Mactra* et, d'ailleurs, Da Costa dit lui-même que son *Trigonella plana* diffère des autres *Trigonella* par l'absence de dents latérales à la charnière. Le genre *Arenaria* Megerle, 1811, ne peut être adopté à cause de l'existence, dès 1760, d'un genre *Arenaria* Brisson. Le genre *Listeria* Turton, 1822, est postérieur au genre *Scrobicularia* et tombe, par conséquent, en synonymie. Quelques auteurs ont adopté pour les *Scrobicularia* le genre *Semele* Schumacher qui est, en réalité, synonyme d'*Amphidesma* Lamarck, 1818.

Scrobicularia plana Da Costa sp. (*Trigonella*).

Pl. XCVI, fig. 1, 2, 3, 4, (type) 5, 6, 7 (variétés).

1777	*Venus borealis*	PENNANT (*non* Linné), Brit. Zool., t. IV, p. 96.
1778	*Trigonella plana*	DA COSTA, Brit. Conch., p. 200, pl. XIII, fig. 1, 1.
1782	*Mya hispanica*	CHEMNITZ, Conch. Cab., t. VI, p. 31, pl. III, fig. 21.
1783	— *orbiculata*	SPENGLER, Skrivt. Natur. Selskab. Kiobenh., t. III, p. 78.
1784	*die Spanische Mya*	SCHROETER, Einleit. in die Conchylienk., t. II, p. 616.
1786	*Mactra piperata*	POIRET, Voyage en Barbarie, t. II, p. 15.
1790	— — Poir.	GMELIN *in* LINNÉ, Syst. Nat., édit. XIII, p. 3261.
1790	— *Listeri*	GMELIN *in* LINNÉ, Syst. Nat., edit. XIII, p. 3261.
1790	*Mya gaditana*	GMELIN *in* LINNÉ, Syst. Nat., edit. XIII, p. 3221.
1790	*Venus gibbula*	GMELIN *in* LINNÉ, Syst. Nat., edit. XIII, p. 3289.
1792	*Solen callosus*	OLIVI, Zool. Adr., p. 98, pl. IV, fig. 1.
1799	*Mactra compressa*	PULTENEY, Catal. Dorsetsh., p. 31.
1803	— — Pult.	MONTAGU, Test. Brit., p. 96, 570.
1804	*Tellina plana* Da Costa	DONOVAN, Brit. Sh., t. II, pl. LXIV, fig. 1.
1804	*Mactra Listeri* Gmel.	MATON et RACKETT, Descr. Catal. *in* Trans. Linn. Soc., t. VIII, p. 71.
1812	— — —	PENNANT, Brit. Zool., 2e édit., t. IV, p. 194.
1813	— — —	PULTENEY, Catal. Dorsetsh., 2e édit., p. 33, pl. VII, fig. 1, 1.
1817	— *piperata* Poir.	DILLWYN, Descr. Catal., t. I, p. 142.
1817	*Scrobicularia arenaria*	SCHUMACHER, Nouv. Syst., p. 127, pl. VIII, fig. 3.
1818	*Lutraria compressa* Pult.	LAMARCK, Anim. sans vert., t. V, p. 469.
1818	— *piperata* Poir.	LAMARCK, Anim. sans vert., t. V, p. 469.
1819	*Mactra Listeri* Gmel.	TURTON, Conch. Dict., p. 83.
1822	*Listera compressa* Pult.	TURTON, Dithyra brit., p. 51, pl. V, fig. 1, 2.
1825	*Lutricola* — —	BLAINVILLE, Manuel de Malac., p. 566, pl. LXXVII, fig. 2.

1825	*Mactra Listeri* Gmel.	Wood, Index testac., p. 30, pl. VI, fig. 25.
1825	— — —	De Gerville, Catal. Manche, p. 21.
1827	*Lutraria compressa* Pult.	Brown, Illustr. Conch. of Gr. Brit. and Irel., pl. XII, fig. 4.
1828	*Amphidesma compressum* Pult.	Fleming, Brit. anim., p. 432.
1830	*Lutraria compressa* Pult.	Deshayes, Encycl. méthod., t. II, p. 388.
1830	— *piperata* Poir.	Deshayes, Encycl. Méthod., t. II, p. 389.
1830	— *compressa* Pult.	Collard des Cherres, Test. Finistère, p. 13.
1830	*Listera piperata* Poir.	Menke, Synopsis, p. 119.
1835	*Lutraria compressa* Pult.	Bouchard - Chantereaux, Catal. Boulonnais, p. 11.
1835	— — —	Lamarck, Anim. sans vert. édit. Desh., t. VI, p. 91.
1835	— *piperata* Poir.	Lamarck, Anim. sans vert., édit. Desh., t. VI, p. 92.
1836	— — —	Philippi, Enum. Moll. Sic., t. I, p. 9.
1838	— — —	Maravigna, Mém. Sic., p. 76.
1839	*Ligula compressa* Pult.	Anton, Verz. der Conch., p. 3.
1842	*Lutraria* — —	Hanley, Recent biv. Sh., p. 27.
1843	*Trigonella piperata* Poir.	Deshayes, Traité élém. de Conch., t. I, 2e partie, p. 343, pl. X, fig. 1, 2, 3 (sub. nom. *Lutraria piperata*).
1843	*Syndosmya truncata*	Recluz *in* Revue Zool., p. 368.
1843	*Lavigno calcinella*	Recluz *in* Chenu, Illustr. Conch., genre *Lavigno*, p. 8.
1843	*Lutraria piperata* Poir.	Chenu, Illustr. Conch., genre *Lutraria*, pl. I, fig. 1, 1a, 1b.
1843	— *compressa* Pult.	Chenu, Illustr. Conch., genre *Lutraria*, pl. I, fig. 6 à 6c, 7, 7a.
1844	— — —	Thorpe, Brit. mar. Conch., p. 45.
1844	— — —	Brown, Illust. Conch. of Gr. Brit. and Irel., 2e édit., p. 109, pl. XLIII, fig. 4.
1844	— *Listeri* Gmel.	Macgillivray, Moll. anim. of Scotl., p. 291.
1844	*Lavignonus calcinella* Recl.	Potiez et Michaud (*non* Adanson ?), Galerie de Douai, t. II, p. 249.
1844	*Scrobicularia piperata* Poir.	Philippi, Enum. Moll. Sic., t. II, p. 8.
1846	*Trigonella plana* Da Costa	Lovén, Index Moll. Scand., p. 199.
1848	— *piperata* Poir.	Deshayes, Expl. scient. de l'Algérie, p. 509, pl. XLIV à LXV.

1848 *Scrobicularia piperata* Poir. RÉQUIEN, Coq. de Corse, p. 14.
1851 *Trigonella plana* Da Costa GRAY, Brit. anim. in the Brit. Mus., p. 45.
1851 *Lavignon planus* — PETIT, Catal. *in* Journ. de Conch., t. II, p. 283.
1851 — *piperatus* Poir. PETIT, Catal. *in* Journ. de Conch., t. II, p. 283.
1852 *Trigonella Listeriana* Gmel. LEACH, Synopsis, p. 281.
1853 *Scrobicularia piperata* Poir. FORBES et HANLEY, Brit. Moll., t. I, p. 326, pl. XV, fig. 5; pl. K, fig. 6 (animal).
1853 *Lutraria* — — DOUBLIER, Moll. mar. du Var *in* Prodr. Hist. Nat. du Var, p. 108.
1854 *Trigonella plana* Da Costa HERKLOTS, Bouwst. voor eene Fauna van Nederland, t. II, p. 79.
1855 *Scrobicularia piperata* Poir. CLARK, Brit. mar. test. Moll., p. 138.
1856 — — — JEFFREYS, Piedm. Coast, p. 24.
1858 *Lavignon piperatus* — GAY, Catal. Moll. du Var, *in* Bull. Soc. sc. du Var, p. 151.
1858 *Scrobicularia piperata* — H. et A. ADAMS, Gen. of rec. Moll., t. II, p. 409, pl. CV, fig. 3, 3A, 3B.
1859 — — — SOWERBY, Illustr. Ind. brit. sh., pl. III, fig. 18.
1860 *Lavignon planus* Da Costa MACÉ, Catal. Moll. Cherbourg et Valognes, p. 22.
1862 *Scrobicularia piperata* Poir. CHENU, Manuel de Conch., t. II, p. 75, fig. 329, 330.
1862 *Lavignon planus* Da Costa WEINKAUFF, Catal. Alg., *in* Journ. de Conch., t. X, p. 308.
1862 — *piperatus* Poir. WEINKAUFF, Catal. Alg., *in* Journ. de Conch., t. X, p. 308.
1863 *Scrobicularia piperata* Poir. JEFFREYS, Brit. Conch., t. II, p. 444; t. V (1869), p. 189, pl. XLV, fig. 5.
1865 — — — STOSSICH, Enum. Moll. del Golfo di Trieste, p. 30.
1865 — — — P. FISCHER, Gironde, p. 49.
1865 *Lavignon planus* Da Costa CAILLIAUD, Catal. Loire-Inf., p. 75.
1866 *Scrobicularia piperata* Poir. BRUSINA, Contrib. pella Fauna dei Moll. Dalm., p. 94.
1867 — — — TASLÉ, Catal. Morbihan, p. 8.
1867 — *plana* Da C. WEINKAUFF, Conchyl. des Mittelm., t. I, p. 56.
1868 — *piperata* Poir. COLBEAU, Moll. viv. de Belgique, p. 24.
1869 — — — TAPPARONE-CANEFRI, Moll. test. di Spezia, p. 116.

1869 *Scrobicularia compressa* Pult. PETIT, Catal. test. mar., p. 46.
1869 *Lavignon calcinella* RECLUZ (*non* Adanson?), Mélanges malac., p. 26.
1869 — *piperatus* Poir. RECLUZ, Mélanges malac., p. 27.
1870 *Solen calosus* Olivi CHIEREGHINI *in* BRUSINA, Ipsa Chiereghinii Conch., p. 51.
1870 *Scrobicularia plana* Da C. ARADAS et BENOIT, Conch. viv. mar. della Sic., p. 45.
1870 — *piperata* Poir. SERVAIN, Catal. Coq. mar. Granville, p. 8.
1870 — *plana* Da C. HIDALGO, Moll. mar. Catal. gen., p. 167, pl. LXXX, fig. 1, 2, 3.
1872 — *piperata* Poir. MEYER et MŒBIUS, Fauna der Kieler Bucht, p. 106, fig. 1 à 6.
1872 — — — MONTEROSATO, Notizie int. alle Conch. medit., p. 25.
1875 — — — MONTEROSATO, Nuova Rivista, p. 17.
1878 — — — MONTEROSATO, Enum. e Sinon., p. 14.
1878 — — — P. FISCHER, Brachiop. et Moll. du litt. océan. de France, p. 8.
1879 — — — GRANGER, Moll. de Cette, p. 34.
1879 — — — CLÉMENT, Catal. Moll. du Gard, *in* Etudes d'Hist. Nat., p. 81.
1880 — — — STOSSICH, Prosp. della Fauna Adr. *in* Boll. della Soc. Adr. di Sc. Nat., p. 147.
1880 — — — SERVAIN, Coq. mar. Ile d'Yeu, p. 13.
1883 — — — G. DOLLFUS, Liste Coq. Palavas, p. 3.
1883 — — — DANIEL, Faune malac. de Brest, *in* Journ. de Conch., t. XXXI, p. 237.
1884 — — — MONTEROSATO, Nomencl. gen. e spec., p. 27.
1884 — — — PÉPRATX, Moll. de la plage de La Franqui *in* Soc. Agr. sc. et litt. des Pyr.-Or., p. 227.
1884 — — — NOBRE, Moll. mar. do Noroeste de Portugal, p. 12.
1884 — — — NOBRE, Catal. Moll. obs. dans le Sud-Ouest, p. 20.
1884 *Semele* (*Scrobicularia*) *piperata* Poir. DE GREGORIO, Studi su talune Conch. medit., p. 135.
1884 *Scrobicularia plana* Da C. JONAS COLLIN, Om Limfjordens mar. Fauna, p. 115.
1886 — — — HIDALGO, Mol. recog. en Bayona de Galicia *in* Rev. de los Progr. de las Ciencias, p. 403.

1886 *Scrobicularia piperata* Poir. LOCARD, Prodr. de Malac. franç., p. 405.

1886 — — — GRANGER, Moll. biv. de France, p. 161, pl. XIII, fig. 1, 2.

1887 — — — P. FISCHER, Manuel de Conch., p. 1151, pl. XXI, fig. 14.

1887 — — — DAUTZENBERG, Exc. malac. à Saint-Lunaire, p. 7.

1888 — — — SERVAIN, Coq. mar. Concarneau, p. 89.

1888 — — — KOBELT, Prodr. Faunæ Moll. test. maria europ. inhab., p. 313.

1889 — — — CARUS, Prodr. Faunæ medit., p. 162.

1891 — — — BRUSINA, Moll. lamell. di Zara, p. 22.

1891 — — — JEFFREYS, Lightn. and Porcup. Exp., *in* Proc. Zool. Soc. of Lond., p. 925.

1892 — — — LOCARD, Coq. mar. de France, p. 271, fig. 250.

1892 — — — BIZET, Malacoz. de Picardie, p. 177.

1893 — — — DAUTZENBERG, Moll. Granville et Saint-Pair, p. 19.

1894 — — — NOBRE, Contrib. para a Malac. Portugueza *in* Ann. de Sc. Nat., p. 135.

1895 — — — LAMEERE, Manuel de la Faune de Belgique, p. 276, 277, fig. 111.

1897 — — — PELSENEER *in* Traité de Zool. de R. Blanchard, fasc. XVI, p. 141, et p. 112, fig. 93.

1897 — — — DAUTZENBERG, Atlas des Coq. de France, pl. LXIV, fig. 209.

Obs. — Peu d'espèces ont reçu autant de dénominations diverses et ont été autant ballottées de genre en genre avant d'être définitivement classées.

Le *Scr. plana* a été décrit et figuré en 1710, par Réaumur (*Mémoires de l'Académie*, p. 446, pl. IX, fig. 3, 4, 5), sous le nom de *Lavignon*, qui lui est encore donné de nos jours par les pêcheurs. Il est comestible et a une saveur un peu poivrée qui lui a valu l'appellation de *Chama piperata*, par Belon, dès 1555 (*De la Nature et pourtraict des Poissons*, liv. II, p. 408).

M. de Gregorio, qui possède le manuscrit d'une seconde édition de l'ouvrage de Da Costa, nous apprend que cet auteur y avait inscrit le *Scr. plana* sous le nom de *Martinea compressa.*

Recluz (*Mélanges malacologiques*, 1869, p. 29) a décrit et figuré comme espèces nouvelles les *Lavignon Deshayesi* (pl. III, fig. 4, 5, 6) et *Lavignon Moulinsi* (pl. III, fig. 1, 2, 3) provenant tous deux des côtes méditerranéennes de France; mais ce ne sont même pas des variétés du *Scr. plana*. Elles sont toutes deux de petite taille, de forme ovale, subéquilatérale et ne présentent entre elles que des différences insignifiantes dans le contour du sinus palléal et dans le développement du cuilleron. Le même auteur cite, comme synonyme, l'*Abra fragilis* Risso, dans lequel il est difficile de reconnaître la présente espèce, et l'*Ampidesma transversum* Say, des côtes de la Géorgie. Les figures de Say (*Amer. Conch.*, pl. XXVIII, figure du milieu), représentent, en effet, une coquille fort voisine du *Scr. plana* : les seules différences que nous puissions remarquer sont le plus grand allongement du cuilleron et la présence, à l'extrémité postérieure du plateau cardinal, d'un angle assez prononcé.

Lamarck, dans les *Animaux sans vertèbres*, cite, comme espèces distinctes, le *S. compressa* de la Manche et le *S. piperata* de la Méditerranée, en disant que cette dernière est plus aplatie et moins arrondie; mais Deshayes, dans la seconde édition du même ouvrage, dit que ce ne sont là que deux variétés d'une seule et même espèce. Nous avouons ne pouvoir même pas les distinguer comme telles.

Le *Scrobicularia Cottardi* Payraudeau est une espèce bien différente du *Scr. plana*, plus petite, blanche et luisante, que nous n'avons pas rencontrée sur les côtes du Roussillon; elle est assez commune à Cannes.

Diagnose. — Coquille, diamètre umbono-ventral 34 millim.; diamètre antéro-postérieur 44 millim.; épaisseur 15 millim.; assez mince et fragile, équivalve, légèrement bâillante aux extrémités, subéquilatérale, comprimée, de forme lenticulaire, un peu trigone. Bord dorsal déclive de chaque côté des sommets, bord antérieur arrondi, bord postérieur faiblement tronqué et formant un angle à peine perceptible à son point de jonction avec le bord ventral qui est régulièrement arqué. Sommets très petits, contigus, non inclinés, un peu saillants. Pas de lunule, ni de corselet. Surface terne, ornée de stries concentriques fines, irrégulières, un peu plus marquées dans la région postérieure, et de quelques lignes d'accroissement plus ou moins apparentes. Sur la valve droite, un sillon à peine distinct relie le sommet au point de rencontre du bord ventral et du bord postérieur, et sur la valve gauche un angle obsolète correspond à ce sillon. Intérieur des valves luisant, à reflets faiblement irisés. Bords simples, tranchants. Plateau cardinal assez épais, court. Charnière de la valve droite composée de deux dents cardinales étroites dont l'antérieure est de beaucoup la plus saillante, et d'un cuilleron du cartilage assez grand, trigone et incliné vers le côté postérieur. Charnière de la valve gauche composée d'une dent cardinale étroite bien saillante et d'un cuilleron semblable à celui de la valve droite. Impressions des muscles adducteurs peu marquées; impression palléale pourvue d'un sinus très grand, à contour irrégulier, dont l'extrémité dépasse le milieu du diamètre antéro-postérieur de la coquille.

Coloration externe d'un gris sale, lavé d'ocre clair. Coloration interne blanche. Épiderme gris, membraneux, très mince, ridé le long des bords de la coquille où il est assez persistant. Ligament externe brun, allongé, saillant dans le voisinage des sommets. Cartilage interne, corné, brun, très résistant.

Variétés. — Le type de cette espèce, tel qu'il a été représenté par Da Costa, est de forme équilatérale, bien arrondie du côté antérieur et à peine subanguleuse du côté postérieur. Nous avons représenté, pl. XCVI, fig. 1, 2, un exemplaire d'Arcachon qui concorde avec ce type par sa taille aussi bien que par sa forme.

Diverses variétés ont été mentionnées par Recluz dans sa Monographie des *Lavignon* dans les Illustrations Conchyliologiques de Chenu, mais la planche qui devait accompagner ce travail n'a malheureusement pas été publiée. Par contre, nous trouvons sur les planches du genre *Lutraire* des figures de cette espèce, sous le nom de *Lutraria compressa*, et, notamment, pl. I, fig. 7, 7A, 7B, une coquille exceptionnellement grande que nous avons retrouvée dans la collection de Recluz. Nous proposons, pour cet exemplaire que nous représentons pl. XCVI, fig. 5, le nom de :

Var. ex forma 1, *major* B. D. D. Il mesure 45 millim. de diamètre umbono-ventral et 56 millim. de diamètre antéro-postérieur. Recluz avait confondu cette grande forme avec le type, sous le nom de var. *gallo-britannica*.

Var. ex forma 2, *minor* G. Dollfus. Recueillie à Palavas, cette variété de petite taille, bien qu'adulte, mesure 19 millim. de diamètre umbono-ventral et 24 millim. de diamètre antéro-postérieur.

Var. ex forma 3, *solidiuscula* B. D. D. = ? *trigona* Monterosato. Plus petite que le type : diamètre umbono-ventral 28 millim., diamètre antéro-postérieur 33 millim., de forme moins ovale, plus trigone et notablement plus solide. Nous possédons cette variété des côtes d'Angleterre et nous en avons aussi recueilli un spécimen à Binic (Côtes-du-Nord).

Var. ex forma 4, *obliqua* B. D. D. Nous ne trouvons mentionnée chez aucun auteur cette variété très inéquilatérale et pourvue d'un cuilleron du cartilage très grand. Son sommet, au lieu d'être médian ou submédian, est à peine situé à plus du tiers du diamètre antéro-postérieur, à partir de l'extrémité antérieure de la coquille. L'exemplaire de cette variété que nous représentons pl. XCVI, fig. 6, 7, provient de Cette.

Var. ex forma 5, *rubiginosa* (Poli) Scacchi. M. de Monterosato a rétabli dernièrement, comme espèce distincte, cette forme petite, fragile, à surface rugueuse, et revêtue d'un épiderme roussâtre, qui provient du lac Fusaro. Mais ce n'est là, à notre avis, qu'une modification produite par l'influence d'un milieu particulier.

M. de Gregorio (*Studi su talune Conch., medit.*, p. 136), a établi une variété *atterina*, qu'il dit ressembler beaucoup à la fig. 4 de la pl. CCLVII de l'Encyclopédie Méthodique : elle est mince, subtransparente et blanche. Les dents de la valve droite sont peu proéminentes et le cuilleron du cartilage est très profond, comme dans la figure de Turton (*Dithyra britannica*, pl. V, fig. 12).

Recluz a indiqué, sous le nom de var. *oceanica*, la coquille du Sénégal, décrite par Adanson, sous le nom de *Calcinelle*. Nous n'avons jamais vu d'exemplaires de *Scrobicularia* provenant authentiquement de la côte occidentale d'Afrique; mais, autant qu'on peut en juger par la figuration d'Adanson, la *Calcinelle*, qui vit dans les sables vaseux du Niger, serait bien voisine du type du *Scrobicularia plana*.

La variété γ, *intermedia* de Recluz, des marais salants du Languedoc, serait, d'après la description, moins trigone que la forme de l'Océan et moins transverse que celle de la Méditerranée.

La variété δ, *mediterranea* Recluz, vivant à Agde, est une forme bien banale qu'il nous paraît difficile de séparer du type.

Enfin, Recluz a décrit, comme espèce spéciale, sous le nom de *Lavigno Reaumuriana*, une coquille de Corse, rapportée par Payraudeau, plus solide que le type du *Scr. plana* et cependant un peu transparente, et possédant deux dents dans chaque valve. Il ne s'agit probablement là que d'un individu du *Scr. plana*, chez lequel la dent de la charnière de la valve gauche, au lieu d'être simple, est exceptionnellement bifide.

Habitat. — Peu commun à Port-Vendres.

Dispersion. — Méditerranée et Adriatique. Océan Atlantique, depuis la Norvège et la mer Baltique jusqu'à Mogador et au Sénégal (?). M. Allcock l'a cité du Japon ! Le *Scrobicularia plana* est un mollusque littoral qui vit dans les sables vaseux de l'embouchure des rivières, ainsi que dans les étangs et les marais salants.

Origine. — Si nous laissons de côté la citation de Mayer, de l'Helvétien de la Suisse, qui est douteuse, puisque sa présence n'y a été indiquée que par de mauvais moulages, nous pouvons dire que cette espèce apparaît brusquement dans le Pliocène supérieur et dans le Pleistocène. Elle est alors répandue dans tout le bassin européen et surtout au Nord. Elle est caractéristique des marnes marines qui accompagnent les dépôts tourbeux vaseux et glaciaires de la plaine maritime qui débute à Calais, passe en Belgique, en Hollande, dans l'Allemagne du Nord, le

Danemark et ne se termine qu'en Russie. On la rencontre dans les plages soulevées de la Suède et les dépôts glaciaires d'Angleterre et d'Ecosse. On la cite également des marnes saumâtres du Pleistocène méditerranéen, à la Spezzia, à Rome, etc., et elle existe probablement aussi à Vaucluse (Drôme) et en Catalogne.

Genre SYNDESMYA Recluz, 1843 (*emend.* Fischer 1865).

Type : *Syndesmya alba* Wood.

Le genre *Amphidesma* de Lamarck était fort confus, puisqu'il renfermait des *Lyonsia*, *Thracia*, *Mesodesma, Erycina*, *Lucina*, etc. Bien que Sowerby l'ait en partie épuré, il restait encore mal défini, lorsque Recluz l'a délimité, en prenant pour type l'*Amphidesma variegatum* et en établissant pour les *Amphidesma prismaticum* et *Boysii* le nouveau genre *Syndosmya*.

Le genre *Abra* Risso, 1826, adopté par quelques auteurs, de préférence à *Syndesmya*, contient des espèces difficiles, sinon impossibles, à identifier. Le genre *Ligula* Montagu, 1807, est aussi très confus.

Le type du genre *Syndesmya* était classé par Renier, Brocchi et Scacchi, parmi les *Tellina*.

Syndesmya alba Wood sp. (*Mactra*).

Pl. XCVII, fig. 1, 2, 3, 4 (type) et 5 à 11 (var.).

1801 *Mactra alba*	W. Wood, Trans. Linn. Soc., t. VI, pl. XVI, fig. 9 à 12.
1803 — *Boysii*	Montagu, Test. Brit., p. 98, pl. III, fig. 7.
1804 *Tellina apelina*	Renier (*non* Gmelin), Tavola alfab., p. 5, n°s 34, 35.
1804 *Mactra Boysii* Mont.	Maton et Rackett, Descr. Catal., *in* Trans. Linn. Soc., t. VIII, p. 72, pl. 1, fig. 12.
1812 — — —	Pennant, Brit. Zool., t. IV, p. 195.
1813 — — —	Pulteney, Catal. Dorsetsh., p. 33, pl. XII, fig. 7.
1817 — — —	Dillwyn, Descr. Catal., t. I, p. 143.
1818 *Amphidesma Boysii* Mont.	Lamarck, Anim. sans vert., t. V, p. 491.
1819 *Mactra* — —	Turton, Conch. Dict., p. 84.
1822 *Amphidesma* — —	Turton, Dithyra Brit., p. 53, pl. V, fig. 4, 5.
1825 *Mactra* — —	Wood, Index testac., p. 30, pl. VI, fig. 27.
1825 — — —	De Gerville, Catal. Manche, p. 21.
1826 *Amphidesma* — —	Risso, Eur. mérid., t. IV, p. 369.

1827	*Ligula Boysii* Mont.	BROWN, Illustr. Conch. of Gr. Brit. and Irel., pl. XIV, fig. 3.
1828	*Amphidesma album* Wood	FLEMING, Brit. anim., p. 432.
1831	*Erycina Renieri*	BRONN, Italiens Tertiær. Gebilde, p. 90.
1835	*Amphidesma Boysii* Mont.	BOUCHARD-CHANTEREAUX, Catal. Boulonn., p. 14.
1835	— — —	LAMARCK, Anim. sans vert., édit. Desh., t. VI, p. 128.
1836	— *semidentata*	SCACCHI, Catal. Conch. Regn. Neap., p. 5.
1836	*Erycina Renieri* Bronn.	PHILIPPI, Enum. Moll. Sic., t. I, p. 12, pl. 1, fig. 6.
1838	— — —	MARAVIGNA, Mém. Sic., p. 75.
1842	*Amphidesma Boysii* Mont.	HANLEY, Recent biv. Sh., p. 42.
1843	*Syndosmya alba* Wood	RECLUZ, *in* Revue Zool., p. 362.
1843	— *apelina* Ren.	RECLUZ (*non* Gmelin), *in* Revue Zool., p. 364.
1843	— *occitanica*	RECLUZ, *in* Revue Zool., p. 365.
1843	— *alba* Wood	RECLUZ *in* CHENU, Illustr. Conch., p. 3.
1843	— *apelina* Ren.	RECLUZ (*non* Gmelin) *in* CHENU, Illustr. Conch., p. 3.
1843	— *occitanica*	RECLUZ *in* CHENU, Illustr. Conch., p. 3.
1843	— *alba* Wood	DESHAYES, Traité élém. de Conch., t. I, p. 353, pl. VIII *bis*, fig. 6, 7, 8, 8A.
1844	*Erycina Renieri* Bronn.	PHILIPPI, Enum. Moll. Sic., t. II, p. 8.
1844	*Amphidesma Boysii* Mont.	BROWN, Illustr. Conch. of Gr. Brit., and Irel., 2ᵉ édit., p. 105, pl. XLII, fig. 3.
1844	*Ligula* — —	FORBES, Rep. Aeg. Invert., p. 142.
1844	*Amphidesma* — —	THORPE, Brit. mar. Conch., p. 55.
1844	— *album* Wood	MACGILLIVRAY, Moll. anim. of Scotl., p. 292.
1844	— *Boysii* Mont.	POTIEZ et MICHAUD, Galerie de Douai, t. II, p. 209.
1846	*Syndosmya alba* Wood	LOVÉN, Index Moll. Scand., p. 42.
1848	— *apelina* Ren.	DESHAYES (*non* Gmelin), Expl. scient. de l'Algérie, t. II, p. 417.
1848	*Erycina Renieri* Bronn.	RÉQUIEN, Coq. de Corse, p. 14.
1851	*Syndosmya alba* Wood	PETIT, Catal. *in* Journ. de Conch., t. II, p. 285.
1851	— *apelina* Ren.	PETIT (*non* Gmelin), Catal. *in* Journ. de Conch., t. II, p. 286.

1851	*Abra alba* Wood	GRAY, List. of brit. anim., *in* the Brit. Mus., p. 42.
1852	*Amphidesma Boysiana* Mont.	LEACH, Synopsis, p. 279.
1853	*Syndosmya alba* Wood	FORBES et HANLEY, Brit. Moll., t. I, p. 316, pl. XVII, fig. 12, 13, 14.
1853	*Syndosmia* — —	DOUBLIER, Coq. mar. du Var, *in* Prodr. Hist. Nat. du Var, p. 108.
1855	*Syndosmya* — —	CLARK, Brit. mar. test., Moll., p. 136.
1856	— — —	JEFFREYS, Piedm. Coast, p. 24.
1858	*Abra* — —	H. et A. ADAMS, Genera of rec. Moll., t. II, p. 410.
1858	*Erycina Renieri* Bronn	GAY, Catal. Moll. du Var, *in* Bull. Soc. Sc. du Var, p. 154.
1859	*Syndosmya alba* Wood	SOWERBY, Illustr. Ind. of brit. Sh., pl. II, fig. 22.
1860	*Syndosmia* — —	MACÉ, Catal. Cherb. et Valognes, p. 22.
1862	*Syndosmya* — —	WEINKAUFF, Catal. Algérie, *in* Journ. de Conch., t. X, p. 310.
1862	— *apelina* Ren.	WEINKAUFF (*non* Gmelin), Catal. Algérie, *in* Journ. de Conch., t. X, p. 310.
1863	*Scrobicularia alba* Wood	JEFFREYS, Brit. Conch., t. II, p. 438; t. V (1869), p. 189, pl. XLV, fig. 3.
1865	*Erycina tumida*	BRUSINA, Conch. Dalm. ined., p. 34.
1865	*Syndosmya alba* Wood	CAILLIAUD, Catal. Loire-Inf., p. 73.
1865	*Syndesmya* — —	P. FISCHER, Gironde, p. 49.
1866	*Erycina* — —	BRUSINA, Contrib. pella Fauna dei Moll. Dalm., p. 95.
1866	— *tumida*	BRUSINA, Contrib. pella Fauna dei Moll. Dalm., p. 95.
1867	*Syndosmya alba* Wood	WEINKAUFF, Conch. des Mittelm., t. I, p. 51.
1868	— — —	COLBEAU, Moll. viv. de Belgique, p. 24.
1868	*Syndesmya* — —	TASLÉ, Catal. Morbihan, p. 17.
1869	*Syndosmya* — —	PETIT, Catal. test. mar., p. 47 (excl. syn. : *profundissima* Forb.).
1869	— *Renieri* Bronn	TAPPARONE-CANEFRI, Moll. test. di Spezia, p. 116.
1870	*Syndosmia alba* Wood	SERVAIN, Coq. mar. Granville, p. 7.
1870	*Syndosmya* — —	ARADAS et BENOIT, Conch. viv. mar. della Sic., p. 45.
1870	— — —	HIDALGO, Mol. mar., Catal. gen., p. 167; pl. LXXIX, fig. 6, 7.

1870	*Tellina carnea*	Chiereghini *in* Brusina, Ipsa Chiereghinii Conch., p. 55.
1872	*Scrobicularia alba* Wood	Meyer et Moebius, Fauna der Kieler Bucht, p. 109, fig. 7 à 11.
1872	— — —	Monterosato, Notizie int. alle Conch. medit., p. 25.
1875	— (*Abra*) — —	Monterosato, Nuova Riv., p. 17 (excl. syn.).
1876	— — —	Duprey, Shells of Jersey, p. 3.
1878	*Syndesmya* — —	P. Fischer, Brachiop. et Moll. du litt. océan. de France, p. 8.
1878	*Abra* — —	G.-O. Sars, Moll. Arct. Norv., p. 73, pl. XX, fig. 3a, 3b, 3c.
1878	*Syndosmya* — —	Monterosato, Enum. e Sinon, p. 14.
1878	— — —	Issel, Crociera del Violante, p. 33.
1879	— — —	Granger, Moll. de Cette, p. 35.
1880	— — —	Servain, Coq. mar. Ile d'Yeu, p. 12.
1880	*Erycina* — —	Stossich, Prosp. della Fauna del mare Adr. *in* Boll. della Soc. Adr. di Sc. Nat., p. 148.
1881	*Scrobicularia* — —	Jeffreys, Lightn. and Porcup. Exp. *in* Proc. Zool. Soc. of Lond., p. 926.
1882	*Syndosmya* — —	Dautzenberg, Liste Coq. de Cannes, p. 2.
1883	— *Renieri* Bronn.	Dautzenberg, Liste Coq. de Gabès, p. 13.
1883	*Syndesmya alba* Wood	Daniel, Faune malac. de Brest, *in* Journ. de Conch., t. XXXI, p. 236.
1884	*Syndosmya Renieri* Bronn.	Monterosato, Nomencl. gen. e spec., p. 28.
1884	*Semele* (Syndosmya) *alba* Wood	De Gregorio, Studi su talune Conch. médit., p. 133.
1884	*Abra* — —	Jonas Collin, Om Limfjordens mar. Fauna, p. 116.
1886	*Syndesmya* — —	Locard, Prodr. de Malac. franç., p. 407.
1886	— *apelina* Ren.	Locard (*non* Gmelin), Prodr. de Malac. franç., p. 406.
1886	— *occitanica* Recl.	Locard, Prodr. de Malac. franç., p. 408.
1886	*Syndesmya alba* Wood.	Granger, Moll. biv. de France, p. 159.
1886	— *apelina* Ren.	Granger (*non* Gmelin), Moll. biv. de France, p. 159.

1886 *Syndesmya Renieri* Bronn.	DAUTZENBERG, Nouv. liste Coq. de Cannes, p. 1.
1886 *Syndosmya alba* Wood.	HIDALGO, Mol. recog. en Bayona de Galicia, *in* Revista de los Progr. de las Ciencias, p. 383.
1887 — — —	DAUTZENBERG, Exc. Malac. à St-Lunaire, p. 7.
1887 *Syndesmya* — —	P. FISCHER, Manuel de Conch., p. 1151, fig. 878; pl. XXI, fig. 13.
1888 — — —	SERVAIN, Coq. mar. Concarneau, p. 90.
1888 *Syndosmya* — —	KOBELT, Prodr. Faunæ Moll. test. maria europ. inhab., p. 311.
1888 — — —	A. DOLLFUS, les plages du Croisic, p. 16.
1889 *Syndesmya* — —	CARUS, Prodr. Faunæ medit., p. 163.
1890 — — —	DAUTZENBERG, Moll. mar. du Pouliguen, p. 5.
1892 — — —	LOCARD, Coq. mar. de France, p. 272, fig. 251.
1892 — *apelina* Ren.	LOCARD (*non* Gmelin), Coq. mar. de France, p. 272.
1892 — *occitanica* Recl.	LOCARD, Coq. mar. de France, p. 272.
1892 *Syndosmya alba* Wood.	BIZET, Malacoz. de Picardie, p. 177.
1893 *Syndesmya* — —	DAUTZENBERG, Liste Moll. Granville et St-Pair, p. 19.
1894 — — —	DAUTZENBERG, Moll. Saint-Jean-de-Luz et Guéthary, p. 3.
1894 *Syndosmia* — —	NOBRE, Contr. para a Malac. Portugueza, *in* Ann. de Sc. Nat., p. 136.
1894 *Syndesmya* — —	DAUTZENBERG, Moll. marins de St-Jean-de-Luz, p. 1.
1895 *Syndosmya* — —	LAMEERE, Manuel de la Faune de Belgique, p. 277 et 276, fig. II.
1896 *Syndesmya* — —	LOCARD, Moll. du Caudan, p. 181.
1896 — — —	BRUSINA, Adria Exc. der yacht Margita, *in* Comptes rendus des Séances du 3e Congrès internat. de Zool., p. 392.

Obs. — Il est difficile de se faire une opinion sur la valeur relative de certains *Syndesmya* européens; aussi les auteurs ne sont-ils guère d'accord et, tandis que pour Jeffreys et Weinkauff, les *S. alba* et *Renieri* ne sont que des variétés d'une même espèce, pour MM. de Monterosato et Locard, ce sont là deux espèces distinctes auxquelles il y aurait lieu d'ajouter encore le *S. occitanica*. Après avoir examiné avec soin les nombreux matériaux que nous possédons, parmi lesquels se trouve l'exemplaire type du *S. occitanica* provenant de la collection Recluz, nous croyons, avec MM. Jeffreys, Weinkauff, Carus, de Gregorio et d'autres, qu'il n'y a pas lieu de séparer ces différentes formes autrement qu'à titre de variétés, car leurs caractères essentiels restent les mêmes : ce n'est, en effet, qu'en supprimant les intermédiaires gênants qu'on parviendrait à les bien séparer, et cette méthode n'est, à notre avis, rien moins que scientifique.

En 1831, Bronn a remplacé le nom spécifique *apelina*, que Renier avait attribué à la forme méditerranéenne de cette espèce, par celui de *Renieri*, à cause de l'existence d'un *Tellina apelina* Gmelin, plus ancien, et qui s'applique à un *Tellina* exotique représenté pl. XII, fig. 7 du Conchylien Cabinet.

Diagnose. — Coquille, diamètre umbono-ventral 11 millim.; diamètre antéro-postérieur 17 millim.; épaisseur 5 millim.; assez mince et fragile; mais opaque, de forme ovale, assez convexe, plus large que haute, à peine bâillante aux extrémités, inéquivalve, la valve gauche étant un peu plus convexe que la droite, inéquilatérale : région antérieure plus grande, plus renflée, arrondie à l'extrémité, région postérieure comprimée et obtusément anguleuse à l'extrémité. Bord dorsal un peu déclive et faiblement arqué de chaque côté des sommets; bord ventral arqué, très légèrement sinueux, obtusément rostré et infléchi vers la droite à l'extrémité postérieure. Sommets petits, contigus, assez proéminents, opisthogyres. Pas de lunule. Corselet très étroit, lancéolé, limité par un angle saillant. Surface luisante, pourvue, sur la valve droite, d'un angle à peine indiqué qui relie le sommet à l'extrémité du rostre. Un sillon obsolète correspond à cet angle sur la valve gauche. La superficie, qui paraît lisse au premier aspect, est traversée par des sillons d'accroissement plus ou moins marqués et par des stries concentriques irrégulières et très faibles. Intérieur des valves luisant, à bords simples, tranchants. Plateau cardinal étroit. Charnière de la valve droite composée de deux dents cardinales très petites, situées en avant des crochets, d'un cuilleron du cartilage oblique, soudé au bord cardinal du côté postérieur, et de deux dents latérales trigones, rapprochées du sommet. Charnière de la valve gauche composée d'une très petite dent cardinale située en avant des crochets, d'un cuilleron semblable à celui de la valve droite et d'une dent latérale postérieure obsolète. Impressions musculaires peu marquées : celles du muscle adducteur antérieur des valves allongées, triangulaires; celles du muscle adducteur postérieur arrondies; impression palléale pourvue d'un sinus médiocre dont l'extrémité dépasse un peu le milieu du diamètre antéro-postérieur de la coquille.

Coloration blanche uniforme, parfois un peu iridescente, tant à l'intérieur qu'à l'extérieur. Épiderme membraneux très mince, peu adhérent. Ligament externe très petit et étroit, corné, brun, fixé sur des nymphes marginales. Cartilage très résistant, corné, brun-clair.

Variétés. — Le type du *S. alba* figuré par Wood est plutôt de petite taille; sa forme est ovale-transverse. Les fig. 1, 2, 3, 4 de notre pl. XCVII concordent bien avec celle de Wood.

Var. ex forma 1, *curta* Jeffreys = var. γ Recluz. Moins transverse, plus haute que le type, par rapport à la largeur, cette variété a aussi un test plus solide. Nous avons représenté pl. XCVII, fig. 5, 6, des spécimens de cette variété provenant de Middelkerke, près d'Ostende.

Var. ex forma 2, *major* Recluz. De grande taille et solide. Nous représentons, pl. XCVII, fig. 7, un exemplaire de cette variété dragué par 73 mètres de profondeur au large de la côte occidentale d'Écosse, et qui nous a été envoyé par M. d'Arcy Thompson; il mesure 18 millim. de diamètre umbono-ventral, 25 millim. de diamètre antéro-postérieur et 10 millim. d'épaisseur.

Var. ex forma 3, *Renieri* Philippi = *apelina* Renier (non Gmelin). L'exemplaire de cette variété figuré par Philippi paraît être une exception, puisqu'aucun de ceux que nous possédons de diverses localités méditerranéennes n'est aussi anguleux à l'extrémité postérieure. Recluz a nommé *S. apelina* var. 6 la forme figurée par Philippi; mais il n'est pas possible d'admettre que le type d'un auteur puisse constituer une variété, même s'il est basé sur un spécimen exceptionnel. Aussi M. de Gregorio a-t-il eu raison de conserver pour type la forme représentée par Philippi et de donner le nom de var. *apesa* à celle qu'on rencontre le plus fréquemment.

Var. ex forma 4, *apesa* de Gregorio. Presque aussi transverse que la variété *Renieri*, mais plus obtuse à l'extrémité postérieure. Nous avons représenté cette variété pl. XCVII, fig. 8, 9, 10, 11.

Les variétés *Renieri* et *apesa* sont méditerranéennes; elles sont surtout caractérisées par un test plus transparent que celui du *S. alba* typique et par des valves plus convexes dans la région des sommets.

Var. ex forma 5, *occitanica* Recluz = *tumida* Brusina. Cette variété méditerranéenne est encore plus renflée que les deux précédentes, et son contour se rapproche de celui de la var. *curta* de la Manche et de l'Océan. Elle est, toutefois, un peu plus trigone, le bord dorsal étant plus déclive de chaque côté des sommets et le bord ventral moins arqué. Le rostre est aussi ordinairement plus infléchi vers la droite.

Habitat. — Peu commun, rejeté sur les plages sableuses de notre littoral.

Dispersion. — Méditerranée, Adriatique, mer de Marmara. Océan

Atlantique, depuis la Norvège jusqu'à Mogador. Cette espèce vit à partir de la zone littorale jusqu'à 600 mètres de profondeur.

Origine. — Cette espèce débute dans le bassin miocène du nord de l'Europe, vallée inférieure du Rhin, et dans celui du midi, en Suisse et en Autriche. A l'époque pliocène, son extension est à peu près la même : elle est citée de Belgique, d'Angleterre (dans les crags et à Selsey), du Cotentin, de la Loire-Inférieure, de l'Andalousie, de la Catalogne, des Pyrénées-Orientales (Millas), de la vallée du Rhône, des Alpes-Maritimes, de la Ligurie, de la Toscane, de la Calabre et de l'Archipel, à Rhodes et à Chypre. Sa distribution géographique se maintient pendant la période pleistocène : on la connaît de la Hollande, d'Angleterre, d'Italie, de Sicile et de Grèce.

Syndesmya ovata Philippi, sp. (*Erycina*).

Pl. XCVII, fig. 12, 13, 14, 15 (type) et 16 à 19 (variétés).

1836	*Erycina ovata*	Philippi, Enum. Moll. Sic., t. I, p. 13, pl. I, fig. 13.
1843	*Syndosmya segmentum*	Recluz, *in* Revue Zool., p. 366.
1843	— —	Recluz, *in* Chenu, Illustr. Conch. Genre Syndosmya, p. 3.
1844	*Erycina ovata*	Philippi, Enum. Moll. Sic., t. II, p. 8.
1848	— — Phil.	Réquien, Coq. de Corse, p. 14.
1849	— — —	Middendorff, Malac. Rossica III, p. 64, pl. XIX, fig. 5, 6, 7, 8.
1857	— — —	Petit, Catal. suppl. *in* Journ. de Conch., t. VI, p. 359.
1862	*Syndosmya segmentina*	Chenu, Manuel de Conch., t. II, p. 76, fig. 333.
1865	— *apelina*	Cailliaud (*non* Renier), Catal. Loire-Inf., p. 74.
1865	*Scrobicularia fabula*	Brusina, Conch. Dalm. ined., p. 34.
1866	— —	Brusina, Contrib. pella Fauna dei Moll. Dalm., p. 94.
1866	*Erycina ovata* Phil.	Brusina, Contrib. pella Fauna dei Moll. Dalm., p. 95.
1867	*Syndosmya ovata*	Weinkauff, Conchyl. des Mittelm., t. I, p. 56.
1867	— *segmentum*	P. Fischer, Note *in* Journ. de Conch., t. XV, p. 295, pl. IX, fig. 2 (sub. nom., *S. Cailliaudi*).
1867	*Syndesmia Cailliaudi* Fisch.	Taslé, Catal. Morbihan, p. 8.
1869	*Syndosmya rubiginosa*	Petit (*non* Poli), Catal. test. mar., p. 47.

1869 *Syndesmya segmentum*	P. Fischer, Gironde, Suppl. *in* Actes Soc. Linn. Bordeaux, t. XXVII, p. 104.
1869 *Syndosmya ovata* Phil.	Tapparone-Canefri, Moll. test. di Spezia, p. 117.
1870 — — —	Aradas et Benoit, Conch. viv. mar. della Sic., p. 46.
1870 — — —	Hidalgo, Mol. mar. Catal. gen., p. 168, pl. LXXIX, fig. 5.
1872 *Scrobicularia ovata* Phil.	Monterosato, Notizie int. alle Conch. médit., p. 25.
1875 — (*Abra*) — —	Monterosato, Nuova Rivista, p. 18.
1878 *Syndosmia* — —	Monterosato, Enum. e Sinon., p. 14.
1878 *Syndesmya* — —	P. Fischer, Brach. et Moll. du litt. océan. de France, p. 8.
1879 *Syndosmya segmentum*	Granger, Moll. de Cette, p. 35.
1880 *Erycina ovata* Phil.	Stossich, Prosp. della Fauna Adr., *in* Boll. della Soc. Adr. di Sc. Nat., p. 149.
1884 *Lutricularia ovata* Phil.	Monterosato, Nomencl. gen. e spec., p. 28.
1886 *Syndesmya* — —	Locard, Prodr. de Malac. franç., p. 409.
1886 *Syndesmia segmentum*	Granger, Biv. de France, p. 159, pl. XII, fig. 12.
1887 *Syndesmya* (Lutricularia) *ovata* Phil.	P. Fischer, Manuel de Conch., p. 1152.
1888 *Syndosmya* — —	Kobelt, Prodr. Faunæ Moll. test. maria europ. inhab., p. 313.
1889 *Syndesmya* — —	Carus, Prodr. Faunæ medit., p. 164.
1892 — — —	Locard, Coq. mar. de France, p. 273.
1894 *Syndosmia* — —	Nobre, Contr. para a Malac. Portugueza *in* Ann. de Sc. Nat., p. 135.

Obs. — Le *S. ovata* se distingue du *S. alba* par sa forme trigone, sa surface moins luisante, son sinus palléal plus grand, ainsi que par les dents latérales de la valve droite, plus rapprochées du sommet. Son habitat est aussi différent, car, tandis que le *S. alba* est un mollusque franchement marin, celui-ci n'habite que les eaux saumâtres.

Le *S. apelina* Recluz (*non* Renier) est synonyme du *S. ovata*, tandis que nous avons vu que le vrai *S. apelina* de Renier est une variété du *S. alba*.

Diagnose. — Coquille, diamètre umbono-ventral 12 millim.; diamètre antéro-postérieur 14 millim.; épaisseur 6 millim.; mince et fragile, opaque, de forme trigone, arrondie à la base, assez convexe, à peine bâillante aux extrémités, équivalve, subéquilatérale : région antérieure arrondie, un peu plus grande que la région postérieure qui est comprimée et anguleuse à l'extrémité. Bord dorsal déclive de chaque côté des sommets, mais surtout du côté postérieur; bord ventral arqué, ascendant vers l'angle postérieur qui est parfois légèrement infléchi vers la droite. Sommets très petits, contigus, non inclinés. Pas de lunule. Corselet très étroit, lancéolé, limité par un angle saillant. Surface terne ou un peu luisante, avec des reflets opalins, ornée de stries concentriques fines et irrégulières et de quelques sillons d'accroissement. Intérieur des valves un peu luisant, à bords simples, tranchants. Plateau cardinal très étroit. Charnière de la valve droite composée de deux petites dents cardinales, à peine divergentes, situées en avant du sommet; d'un cuilleron du cartilage trigone, oblique, soudé au bord cardinal du côté postérieur et de deux petites dents latérales triangulaires très rapprochées du sommet et assez saillantes. Charnière de la valve gauche composée d'une petite dent cardinale située en avant du sommet et d'un cuilleron semblable à celui de la valve droite; dents latérales obsolètes. Impressions musculaires peu marquées : celles du muscle adducteur antérieur des valves irrégulièrement ovales, celles du muscle adducteur postérieur subquadrangulaires; impression palléale pourvue d'un sinus grand, anguleux au sommet et dont l'extrémité dépasse sensiblement la moitié du diamètre antéro-postérieur de la coquille.

Coloration d'un blanc uniforme. Épiderme très mince, membraneux, gris jaunâtre, un peu luisant et assez persistant. Ligament corné, brun, très petit et étroit, faisant légèrement saillie à l'extérieur. Cartilage corné, brun.

Variétés. — Les variétés du *S. ovata* ont été étudiées par le Dr Paul Fischer, en 1867, dans le *Journal de Conchyliologie* (p. 295); mais il a considéré comme type le *S. segmentum* (Costa) Recluz, ce qui ne peut être admis puisque le nom *segmentum* Costa est resté manuscrit jusqu'en 1843, lorsque Recluz l'a publié. Il faut donc reprendre le nom de *S. ovata* Philippi 1836, et, par conséquent, adopter pour type la figuration de Philippi : *Enumeratio Molluscorum Siciliæ*, t. 1, pl. I, fig. 13. Ce type, provenant de Palerme, est plus nettement rostré que les spécimens sur lesquels Costa et Recluz avaient établi le *S. segmentum*.

Var. ex forma 1, *segmentum* (Costa) Recluz. De forme ovale, trigone, à peine rostrée.

Var. ex forma 2, *subrostrata* Paul Fischer. Cette forme, que le

Dr Fischer avait cru un instant devoir séparer comme espèce distincte sous le nom de *S. Cailliaudi*, est le *S. apelina* Cailliaud (*non* Renier), des marais salants de la Loire-Inférieure. Elle est moins anguleuse et moins rostrée que le type, à l'extrémité postérieure. Nous l'avons représentée pl. XCVII, fig. 16, 17, 18, 19.

Var. ex forma 3, *incrassata* Paul Fischer. De même forme que la variété *subrostrata* mais à test plus épais.

Habitat. — Très commun dans le sable vaseux des étangs de Leucate et de Salces.

Dispersion. — Méditerranée, Adriatique et mer Noire. Océan Atlantique, sur les côtes d'Angleterre et de France. Cette espèce ne vit que dans les eaux saumâtres ou sursalées des étangs et des marais salants.

Origine. — Les citations du Miocène : Molasse de la Suisse et Tortonien de la Calabre sont douteuses; mais cette espèce est connue avec certitude du Pliocène de l'Angleterre (sous le nom de *Abra obovalis* Wood) et de l'Italie.

Syndesmya prismatica Laskey, sp. (*Mya*).

Pl. XCVII, fig. 20 à 25.

1803	*Mya prismatica*	LASKEY, Mém. Wern. Soc., t. I, p. 377.
1804	*Tellina angulosa*	RENIER (*non* Gmelin), Tavola alfabetica, p. 5, no 33.
1808	*Ligula prismatica* Lask.	MONTAGU, Test. brit. Suppl., p. 23, pl. XXVI, fig. 3.
1812	— — —	PENNANT, Brit. Zool., t. IV, p. 169.
1817	*Mya* — —	DILLWYN, Descr. Catal., t. I, p. 47.
1818	*Amphidesma prismatica* Lask.	LAMARCK, Anim. sans vert., t. V, p. 492.
1819	*Mya* — —	TURTON, Conch. Dict., p. 103.
1822	*Amphidesma prismaticum* Lask.	TURTON, Dithyra brit., p. 52, pl. V, fig. 3.
1825	*Mya prismatica* —	WOOD, Index testac., p. 11, pl. II, fig. 21.
1826	*Abra fragilis*	RISSO, Europe mérid., t. IV, p. 370.
1827	*Ligula prismatica* Lask.	BROWN, Illustr. of the Conch. of Gr. Brit. and Irel., pl. XIV, fig. 5.
1828	*Amphidesma prismaticum* Lask.	FLEMING, Brit. anim., p. 432.
1829	*Psammotæa striata*	O.-G. COSTA, Catal. Sist., p. 14, 21, pl. II, fig. 5.
1835	*Mya prismatica* Lask.	WOOD, General Conch., p. 101.

1835 *Amphidesma prismatica* Lask. LAMARCK, Anim. sans vert. édit. Deshayes, t. VI, p. 128.
1842 — *prismaticum* Lask. HANLEY, Recent biv. Sh., p. 42.
1843 *Syndosmya prismatica* — RECLUZ, Revue Zool., p. 367.
1843 — — — RECLUZ *in* CHENU, Illustrations Conch., p. 4.
1844 *Ligula* — — FORBES, Report Aeg. Invert, p. 142.
1844 *Amphidesma* — — BROWN, Illustr. of the Conch. of Gr. Brit. and Irel., 2e édit., p. 105, pl. XLII, fig. 5.
1844 *Amphidesma prismaticum* Lask. MACGILLIVRAY, Moll. of Scotl., p. 294.
1844 — — — THORPE, Brit. mar. Conch., p. 54.
1846 *Syndosmya prismatica* — LOVÉN, Index Moll. Scand., p. 43.
1851 — — — PETIT, Catal. *in* Journ. de Conch., t. II, p. 286.
1851 *Abra* — — GRAY, List. of Brit. anim. in the Brit. Mus., part. VII, p. 43.
1852 *Amphidesma* — — LEACH, Synopsis, p. 278.
1853 *Syndosmya* — — FORBES et HANLEY, Brit. Moll., t. I, p. 321, pl. XVII, fig. 15.
1853 — — — SARS, Adr. Havs Fauna, p. 8.
1855 — — — CLARK, Brit. mar. test. Moll., p. 136.
1856 — — — JEFFREYS, Piedm. Coast., p. 24.
1857 *Erycina Aradæ* BIONDI, Atti Acad. Gioenia, p. 3, fig. 1.
1858 *Abra prismatica* Lask. H. et A. ADAMS, Genera of recent Moll., t. II, p. 410.
1859 *Syndosmya* — — SOWERBY, Illustr. Index of brit. Sh., pl. II, fig. 19.
1863 *Scrobicularia prismatica* Lask. JEFFREYS, Brit. Conch., t. II, p. 435; t. V (1869), p. 189, pl. XLV, fig. 1.
1865 *Syndosmya* — — CAILLIAUD, Catal. Loire-Infér., p. 74.
1866 — *angulosa* Renier. WEINKAUFF, Catal. Algérie, nouv. Suppl., *in* Journ. de Conch., t. XIV, p. 230.
1867 — — — WEINKAUFF, Conchyl. der Mittelm., t. I, p. 54.
1868 *Syndesmya prismatica* Lask. TASLÉ, Catal. Morbihan, p. 7.
1868 *Syndosmya* — — J. COLBEAU, Liste Moll. viv. de Belgique, p. 24.
1869 — — — PETIT, Catal. test. mar., p. 47.
1869 *Syndesmya* — — P. FISCHER, Gironde, Suppl. *in* Actes Soc. Linn. Bord., t. XXVII, p. 104.

1870 *Syndosmya angulosa* Ren. — ARADAS et BENOIT, Conch. viv. mar. della Sic., p. 46.

1870 — *prismatica* Lask. — HIDALGO, Mol. mar., Catal. gen., p. 167.

1872 *Scrobicularia* — — MONTEROSATO, Notizie int. alle Conch. Medit., p. 25.

1875 — (*Abra*) — — MONTEROSATO, Nuova Rivista, p. 18.

1878 *Syndosmia* — — MONTEROSATO, Enum. e Sinon., p. 14.

1878 *Syndesmya* — — P. FISCHER, Brachiop. et Moll. du litt. océan. de France, p. 8.

1878 *Syndosmya* — — ISSEL, Crociera del Violante, p. 33.

1878 *Abra* — — G. O. SARS, Moll. Arct. Norv., p. 75.

1880 *Erycina angulosa* Ren. — STOSSICH, Prosp. della Fauna Adr. *in* Boll. della Soc. Adr. di Sc. Nat., p. 149.

1881 *Scrobicularia prismatica* Lask. — JEFFREYS, Lightn. and Porcup. Exp. *in* Proc. Zool. Soc. of Lond., p. 927.

1883 — — — DUPREY, Shells of Jersey, Suppl. *in* Ann. and Mag. of Nat. Hist., p. 187.

1883 *Syndosmia* — — MARION, Esq. topogr. Zool. du Golfe de Marseille, p. 35, 85, 87, 90, 106.

1883 — — — MARION, Consid. sur les Faunes prof. de la Médit., p. 17, 29, 41.

1883 *Syndesmya* — — DANIEL, Faune malac. de Brest, *in* Journ. de Conch., t. XXXI, p. 236.

1884 *Abra fragilis* Risso — MONTEROSATO, Nomencl. gen. e spec., p. 29.

1885 *Semele* (Syndosmya) *angulosa* Ren. — DE GREGORIO, Studi su talune Conch. Medit., p. 130.

1886 *Syndesmia prismatica* Lask. — GRANGER, Moll. biv. de France, p. 160.

1886 *Syndesmya* — — LOCARD, Prodr. de Malac. franç., p. 410.

1886 — *fragilis* Risso — LOCARD, Prodr. de Malac. franç., p. 409.

1886 *Syndosmya prismatica* Lask. — HIDALGO, Catal. de los Mol. recog. en Bayona de Galicia, *in* Revista de los Progr. de las Ciencias, p. 403.

1888 *Syndosmya prismatica* Lask.	Kobelt, Prodr. Faunæ Moll. test. maria europ. inhab., p. 312.
1888 *Syndesmya* — —	Servain, Catal. Coq. Concarneau, p. 90.
1889 — — —	Carus, Prodr. Faunæ medit., p. 164.
1891 — — —	Dautzenberg, Contrib. à la Faune malac. du golfe de Gascogne, p. 9.
1892 *Syndosmia* — —	Bizet, Malacoz. de Picardie, p. 177.
1892 *Syndesmya* — —	Locard, Coq. mar. de France, p. 273, fig. 252.
1892 — *fragilis* Risso	Locard, Coq. mar. de France, p. 273.

Obs. — Weinkauff a repris, pour cette espèce, le nom d'*angulosa* Renier, 1804, comme étant antérieur de quatre ans à celui de *prismatica* Montagu ; mais il faut remarquer que Renier avait désigné son espèce sous le nom de *Tellina angulosa* et que cette appellation ne peut subsister à cause de l'existence d'un autre *Tellina angulosa*, encore plus ancien, publié par Gmelin, dès 1790.

Le *S. prismatica* est abondant dans certains fonds de 70 à 100 mètres et les poissons plats : soles, limandes, plies, etc., en font une grande consommation, de même, d'ailleurs, que du *S. alba*.

Diagnose. — Coquille, diamètre umbono-ventral 9 millim., diamètre antéro-postérieur 18 millim., épaisseur 5 millim., assez mince, fragile, ovale-transverse, peu convexe, légèrement bâillante aux extrémités, subtranslucide, de forme équivalve, inéquilatérale : région antérieure plus grande, plus renflée, arrondie à l'extrémité ; région postérieure plus courte, comprimée, obliquement tronquée et rostrée à l'extrémité. Bord dorsal presque droit du côté antérieur, légèrement déclive du côté postérieur ; bord ventral régulièrement arqué et à peine sinueux à proximité du rostre, dont l'inflexion vers la droite est presque nulle. Sommets petits, assez proéminents, contigus, opisthogyres. Surface très luisante, à reflets iridescents, ornée de stries concentriques extrêmement fines et de quelques lignes d'accroissement peu marquées. Intérieur des valves luisant, à bords simples, tranchants. Plateau cardinal étroit. Charnière de la valve droite composée de deux dents cardinales extrêmement petites, parallèles, d'un cuilleron du cartilage oblique et soudé au bord cardinal postérieur ; enfin, de deux dents latérales lamelleuses assez allongées et formant au centre une petite saillie anguleuse. Charnière de la valve gauche composée d'une très petite dent cardinale, d'un cuilleron du cartilage semblable à celui de la valve droite et de deux dents latérales obsolètes. Impressions des muscles adducteurs des valves peu distinctes; impression palléale pourvue d'un sinus assez grand, dont l'extrémité dépasse le milieu du diamètre antéro-postérieur de la coquille.

Coloration blanche uniforme, tant à l'intérieur qu'à l'extérieur. Epiderme pelliculaire peu adhérent. Ligament externe très petit et court, corné, brun. Cartilage corné, d'un brun clair.

Variétés. — La figuration originale de cette espèce, dans l'ouvrage de Montagu, représente un exemplaire dont le rostre est plus acuminé que chez aucun des exemplaires que nous avons observés; mais nous croyons que c'est là une exagération de la part du dessinateur.

Var. ex forma 1, *fragilis* Risso. Plus mince et moins rostrée que le type, cette variété habite exclusivement la Méditerranée. Dans une de ses dernières publications, M. de Monterosato l'a considérée comme spécifiquement distincte du *S. prismatica*, en citant comme synonymes : *Psammotea striata* O.-G. Costa, *Erycina Aradæ* Biondi et *S. prismatica* Weinkauff, etc. (*non* Montagu). Nous possédons des spécimens de cette variété, provenant de Livourne.

Habitat. — Une seule valve draguée au large de Banyuls, dans la zone coralligène.

Dispersion. — Méditerranée et Adriatique. Océan Atlantique depuis les côtes de la Norvège, jusqu'au détroit de Gibraltar à une profondeur de 0 à 275 mètres (Jeffreys).

Origine. — Cette espèce est connue du Pliocène du Nord, en Belgique, en Angleterre, ainsi que du Pliocène du Midi : vallée du Rhône, Italie septentrionale et méridionale. On la retrouve dans le Pleistocène de Calabre et de Sicile.

Famille SOLENOMYIDÆ Gray, 1840.

Cette famille, prévue, en 1835, par Philippi, a été fondée, en 1840, par Gray, puis confirmée, en 1847, par le même auteur. Elle ne renferme que le seul genre *Solenomya* et a été adoptée par tous les conchyliologues.

Les anciens auteurs avaient placé les *Solenomya*, tantôt parmi les *Mactridæ*, tantôt parmi les *Myadæ*, tantôt parmi les *Solenidæ* et aussi dans le voisinage des *Galeomma* et des *Nucula*. Ces Mollusques possèdent, selon Deshayes, des caractères contradictoires qui rendent difficile l'appréciation de leur place dans une série linéaire.

Tout récemment, M. Pelseneer les a classés entre les *Nuculidæ* et les *Anomiidæ*.

TABLEAU DES GENRE ET ESPÈCE

Genre **Solenomya** Lamarck. . . . . *S. togata* Poli.

Genre SOLENOMYA Lamarck emend. (SOLEMYA), 1818.

Type : *Tellina togata* Poli, 1791.

Le nom *Solemya*, employé par Lamarck, étant composé des mots *Solen* et *Mya*, a été remplacé par Menke, par le vocable plus correct : *Solenomya*. La conformation tout à fait particulière de ces Mollusques a fait accepter immédiatement le genre proposé par Lamarck, et nous ne relevons d'autre synonyme que *Stephanopus* Scacchi, 1833.

Solenomya togata Poli sp. (*Tellina*).

Pl. XCII, fig. 8, 9, 10.

1791 *Tellina togata*		Poli, Test. utr. Sic., t. II, p. 42, pl. XV, fig. 20.
1793 *Mytilus solen*		Von Salis Marschlins, Reise ins Koen. Neapel, p. 405, pl. IX, fig. 15A, 15B.
1818 *Solemya mediterranea*		Lamarck, Anim. sans vert., t. V, p. 489.
1826 — —	Lam.	Payraudeau, Moll. de Corse, p. 31.
1826 — —	—	Risso, Europe mérid., t. IV, p. 372.
1828 *Solen mediterraneus*	—	Wood, Index. test., suppl., pl. I (*Solen*), fig. 1.
1830 *Solenomya mediterranea*	—	Menke, Synopsis, p. 119.
1832 *Solemya* —	—	Deshayes, Encyclop. méthod., t. III, p. 957, pl. CCXXV, fig. 4.
1833 — —	—	Deshayes, Exp. sc. de Morée, t. III, p. 84.
1835 — —	—	Lamarck, Anim. sans vert., édit. Desh., t. VI, p. 125.
1836 — —	—	Scacchi, Catal. Conch. Regn. Neap., p. 4.
1836 — —	—	Philippi, Enum. Moll. Sic., t. I, p. 15.
1841 — —	—	Reeve, Conch. Syst., t. I, p. 47, pl. XXIX, fig. 1, 2.
1844 — —	—	Philippi, Enum. Moll. Sic., t. II, p. 12.
1844 — —	—	Potiez et Michaud, Galerie de Douai, t. II, p. 255.
1844 *Solenomya* —	—	Forbes, Report Aeg. Invert., p. 142.
1848 *Solemya* —	—	Réquien, Coq. de Corse, p. 15.
1848 — —	—	Deshayes, Expl. scient. de l'Algérie, p. 129, pl. XIX, fig. 1 à 5; pl. XIXA, fig. 1 à 5; pl. XIXB, fig. 1 à 4; pl. XIXC, fig. 1 à 4.
1852 *Solenimya* —	—	Sowerby, Conch. Manuel, p. 279, 316, pl. III, fig. 68.
1856 *Solenomya* —	—	Jeffreys, Piedm. Coast., p. 24.
1857 — —	—	Petit, Note sur diff. Moll., *in* Journ. de Conch., t. VI, p. 139.
1858 *Solemya solen*, von Salis		H. et A. Adams, Genera of rec. Moll., t. II, p. 482, pl. CXV, fig. 5, 5A, 5B.

1858	*Solemya Lamarcki*	Gay, Catal. Moll. du Var, p. 155.
1866	— *mediterranea* Lam.	Brusina, Contrib. pella Fauna dei Moll. Dalm., p. 100.
1867	— *togata* Poli	Weinkauff, Conchyl. des Mittelm., t. I, p. 183.
1869	— *mediterranea* Lam.	Petit, Catal. test. mar., p. 68.
1869	*Solenomya togata* Poli	Tapparone-Canefri, Moll. test. di Spezia, p. 132.
1870	— *mediterranea* Lam.	Ancey, Catal. Moll. mar. du Cap. Pinède, p. 6.
1870	*Solemya togata* Poli	Aradas et Benoit, Conch. viv. mar. della Sic., p. 85.
1870	— — —	Hidalgo, Mol. mar. Catal. gen., p. 142.
1872	— — —	Monterosato, Notizie int. alle Conch. medit., p. 20.
1875	— — —	Monterosato, Nuova Rivista, p. 12.
1875	*Solemya mediterranea* Lam.	Reeve, Conch. Icon., pl. I, fig. 2A, 2B, 2C.
1878	— *togata* Poli	Monterosato, Enum. e Sinon., p. 7.
1878	— — —	Issel, Crociera del Violante, p. 39.
1880	— *mediterranea* Lam.	Stossich, Prosp. della Fauna Adr. *in* Boll. della Soc. Adr. di Sc. Nat., p. 166.
1884	— *togata* Poli.	Monterosato, Nomencl. gen. e spec., p. 15.
1886	*Solenomya* — —	Locard, Prodr. de Malac. franç., p. 476.
1886	*Solemya mediterranea* Lam.	Granger, Moll. biv. de France, p. 77, pl. V, fig. 12, 13.
1886	— *togata* Poli	Dautzenberg, Nouv. Liste Coq. de Cannes, p. 2.
1887	*Solenomya* — —	P. Fischer, Manuel de Conch., p. 1156, fig. 880; pl. XXII, fig. 17.
1888	*Solemya* — —	Kobelt, Prodr. Faunæ Moll. test. maria europ. inhab., p. 398.
1889	*Solenomya* — —	Carus, Prodr. Faunæ medit., p. 167.
1891	— — —	Locard, Coq. mar. de France, p. 323, fig. 306.
1897	*Solemya* — —	Watson, Marine Moll. of Madeira, *in* Linn. Soc. Journ., t. XXVI, p. 317.

Obs. — Le *Solenomya togata* est une espèce rare dans les collections et qu'il est facile de reconnaître à première vue; elle est transverse, elle a la forme d'une gousse, sa surface est entièrement recouverte d'un épiderme brun foncé, luisant et comme vernissé. Elle a été parfaitement décrite et figurée par Poli; c'est donc le nom *togata* qu'il faut adopter de préférence à *mediterranea* qui lui a été donné plus tard par Lamarck.

Diagnose. — Coquille, diamètre umbono-ventral 14 millim.; diamètre antéro-postérieur 38 millim.; épaisseur 8 millim., mince et fragile, solénilorme, allongée transversalement, équivalve, arrondie et bâillante à chaque extrémité, très inéquilatérale; région antérieure longue, région postérieure très courte. Bord dorsal rectiligne, bord ventral parallèle au bord dorsal. Sommets petits, contigus, non saillants. Pas de lunule. Corselet assez grand, renflé, limité de chaque côté par un sillon qui disparaît à une certaine distance des sommets. Surface ornée de stries rayonnantes irrégulièrement espacées. Intérieur des valves un peu luisant, très finement chagriné, à bords simples, tranchants. Pas de charnière proprement dite, mais dans chaque valve, on observe une callosité bien saillante qui rayonne obliquement à partir du sommet et borde une fossette ligamentaire postérieure trigone. Impressions du muscle adducteur antérieur grandes, semilunaires; impressions du muscle adducteur postérieur plus petites, subtrigones. Pas d'impression palléale.

Coloration blanche sous un épiderme corné, vernissé, très adhérent au test, persistant sur toute la surface des valves qu'il dépasse largement le long du bord ventral ainsi qu'aux extrémités. Cet épiderme est orné de sillons rayonnants qui correspondent aux stries du test; sa partie qui dépasse les bords de la coquille est irrégulièrement laciniée; il est brun roux avec des rayons verdâtres très foncés, plus nombreux à l'extrémité de la région antérieure. Ligament interne, corné, brun, inséré dans les fossettes et attaché, latéralement, aux callosités dont nous avons parlé plus haut.

Variétés. — Var. ex forma *major* B. D. D. Beaucoup plus grande que le type de Poli dont nous avons indiqué les dimensions dans notre diagnose, cette variété a été représentée par Reeve : *Conchologia Iconica*, fig. 2c. Elle mesure, diamètre umbono-ventral 27 millim.; diamètre antéro-postérieur 93 millim.

Var. ex forma *minor* Monterosato. Ne se distingue du type que par sa taille plus faible. M. de Monterosato avait assimilé autrefois à cette variété le *Solenomya borealis* Totten = *S. velum* Say, du littoral oriental des États-Unis d'Amérique; mais chez cette forme, la callosité interne des valves est bifurquée à la base, et ce caractère nous paraît suffisant pour motiver une distinction spécifique.

Habitat. — Très rare dans le Roussillon ; nous n'en possédons qu'un exemplaire recueilli sur la plage de La Franqui.

Dispersion. — Méditerranée et Adriatique. Océan Atlantique à la Corogne (Hidalgo), au Sénégal (Deshayes) et à Madère (Watson).

Origine. — Nous ne relevons aucune citation authentique de cette espèce à l'état fossile. Le *Solenomya Doderleini* Mayer (Hœrnes, p. 257, pl. XXXIV, fig. 10), du Miocène de Vienne, de la Suisse et d'Italie, nous semble être une forme ancestrale très voisine qui abonde dans le Schlier, vase sableuse de grand fond d'un faciès particulier ; mais l'espèce actuelle habite une zone probablement moins profonde et souvent même littorale. Le *S. togata* a été mentionné avec doute par M. Coppi dans les marnes pliocènes du Modénais. Une forme des Sables Moyens du bassin de Paris, peu éloignée, a été décrite par Deshayes sous le nom de *S. Cuvieri*.

Famille PANDORIDÆ Gray, 1840.

Cette famille, établie par Gray en 1840, puis par Deshayes en 1843, se compose de deux genres qui avaient été placés auparavant dans les familles des *Myadæ*, des *Solenidæ* ou des *Corbulidæ*. Plus récemment, ils ont été classés dans la famille des *Anatinidæ* par Adams, Chenu et Woodward ; mais ils constituent un groupe bien naturel qui se distingue suffisamment par son organisation pour justifier le maintien de la famille des *Pandoridæ*, comme l'ont fait MM. P. Fischer et Pelseneer.

TABLEAU DES GENRES ET ESPÈCES

Genre **Pandora** Bruguière.......... *P. inæquivalvis* Linné.
— **Lyonsia** Turton.... .... *L. Norvegica* Chemnitz.

Genre PANDORA Bruguière, 1792.

Type : *Tellina inæquivalvis* Linné.

Le nom de ce genre apparaît pour la première fois sur une planche de l'Encyclopédie et Bruguière est généralement considéré comme en étant le créateur. Mais Schumacher, en 1817, dit qu'il a été, en réalité, établi par Hwass, conchyliologue distingué, ami de Bruguière et auteur de la monographie du genre *Conus* dans l'Encyclopédie. D'autre part, Gray attribue à Solander le mérite d'en avoir suggéré la création à Bruguière. Quoi qu'il en soit, Lamarck a indiqué en 1798 le type que nous mentionnons plus haut et qu'il a désigné, en 1801, sous le nom de *Pandora margaritacea*, puis, en 1817, sous celui de *Pandora rostrata*.

Le genre *Pandora* a été rapidement adopté par les conchyliologues et aucun de ses synonymes ne mérite d'être cité. Les sous-genres qui ont été établis se rapportent tous à des espèces exotiques.

Pandora inæquivalvis Linné sp. (*Solen*).

Pl. XCVIII, fig. 1 à 6 (type), 7 à 10 (variété).

1758	*Solen inæquivalvis*	LINNÉ, Syst. Nat., edit. X, p. 673.
1767	*Tellina* —	LINNÉ, Syst. Nat., edit. XII, p. 1118.
1780	— — Lin.	BORN, Test. Mus. Caes Vindob., p. 35.
1782	— — etc. —	CHEMNITZ, Conch. Cab., t. VI, p. 115, pl. XI, fig. 106A, 106B, 106C.
1784	— — —	SCHRŒTER, Einleit. in die Conchylienk., t. II, p. 652.
1790	— — —	LINNÉ-GMELIN, Syst. Nat., edit. XIII, p. 3233.
1795	— — —	POLI, Test. utr. Sic., t. II, p. 39, pl. XV, fig. 5, 6, 7, 9.
1798	*Pandora* — —	LAMARCK, Mém. Soc. Hist. Nat. de Paris, t. I, p. 88.
1801	— *margaritacea*	LAMARCK, Système des Anim. sans vert., p. 136.
1803	*Tellina inæquivalvis* Lin.	MONTAGU, Test. brit., p. 75.
1804	— — —	DONOVAN, Brit. Sh., t. II, pl. XLI, fig. 1, 1, 1.
1804	— — —	MATON et RACKETT, Descr. Catal. *in* Trans. Linn. Soc., t. VIII, p. 50.
1812	*Mya* — —	PENNANT, Brit. Zool., t. IV, p. 166.
1817	*Tellina* — —	DILLWYN, Descr. Catal., t. I, p. 86 (excl. syn. *pinna* Mont.).
1817	*Pandora margaritacea* Lam.	SCHUMACHER, Essai d'un nouveau syst., p. 114, pl. IV, fig. 2A, 2B.
1818	— *rostrata*	LAMARCK, Anim. sans vert., t. V, p. 498.
1819	*Tellina inæquivalvis* Lin.	TURTON, Conch. Dict., p. 172.
1822	*Pandora margaritacea* Lam.	TURTON, Dithyra brit., p. 40, pl. III, fig. 11, 12, 13, 14.
1825	*Tellina inæquivalvis* Lin.	WOOD, Index testac., p. 23, pl. V, fig. 97.
1825	*Pandora rostrata* Lam.	BLAINVILLE, Manuel de Malac., p. 563, pl. LXXVIII, fig. 5.
1825	*Tellina inæquivalvis* Lin.	DE GERVILLE, Catal. Manche, p. 17.
1826	*Pandora rostrata* Lam.	PAYRAUDEAU, Moll. de Corse, p. 33.
1826	— — —	RISSO, Europe mérid., t. IV, p. 373.
1827	*Trutina solenoidea*	BROWN, Illustr. of the Conch. of Gr. Brit. and Irel., pl. XIII, fig. 5 (excl. syn. *pinna* Mont.).
1828	*Pandora inæquivalvis* Lin.	FLEMING, Brit. anim., p. 466.

1830	*Pandora rostrata* Lam.	Collard des Cherres, Test. Finistère, p. 15.
1832	— — —	Deshayes, Encycl. méthod., t. III, p. 697, pl. CCL, fig. 1a, 1b, 1c.
1835	— — —	Lamarck, Anim. sans vert., édit. Desh., t. VI, p. 145.
1835	*Tellina inæquivalvis* Lin.	Wood, General Conch., p. 201, pl. XLVII, fig. 2, 3, 4.
1836	*Pandora rostrata* Lam.	Scacchi, Catal. Conch. Regn. Neap., p. 6.
1836	— — —	Philippi, Enum. Moll. Sic., t. I, p. 18, pl. I, fig. 12.
1838	— — —	Maravigna, Mém., Sic., p. 76.
1841	— — —	Reeve, Conch. Syst., p. 55, pl. LXXXVII, fig. 1, 2, 3.
1842	— — —	Hanley, Recent biv. Sh., p. 48.
1843	— — —	Deshayes, Traité élém. de Conch., p. 200, pl. VIII, fig. 10, 11.
1844	— — —	Potiez et Michaud, Galerie de Douai, t. II, p. 260.
1844	— — —	Forbes, Rep. Æg. Invert., p. 143.
1844	— — —	Thorpe, Brit. mar. Conch., p. 58.
1844	— — —	Brown, Illustr. of the Conch. of Gr. Brit. and Irel., p. 104, pl. XLVII, fig. 5, 12, 13 (excl. syn. *pinna* Mont.).
1846	— — —	Vérany, Invert. di Genova e Nizza, p. 13.
1846	— — —	Recluz, Revue Zool. Cuv., p. 10.
1847	*Pandore rostrée*	Chenu, Leçons élém. de Conch., p. 138, fig. 572, 573.
1848	*Pandora rostrata* Lam.	Réquien, Coq. de Corse, p. 16.
1848	— *inæquivalvis* Lin.	Deshayes, Expl. scient. de l'Algérie, t. I, p. 258, pl. XXIV (sub nom. *P. rostrata*).
1848	— *oblonga*	Deshayes (*non* Sow.), Expl. sc. de l'Algérie, t. I, p. 260, pl. XXIII et pl. XXV.
1851	— *inæquivalvis* Lin.	Petit, Catal., *in* Journ. de Conch., t. II, p. 287.
1851	— — —	Gray, Brit. anim in the Brit. Mus., p. 79.
1852	— *rostrata* Lam.	Leach, Synopsis, p. 276.
1852	— — —	Sowerby, Manual of Conch., p. 230, pl. IV, fig. 90.
1853	— — —	Forbes et Hanley, Brit. Moll., t. I, p. 207, pl. VIII, fig. 1, 2, 3, 4.

1853	*Pandora rostrata* Lam.	DOUBLIER, Moll. mar. du Var, *in* Prodr. Hist. nat. du Var, p. 108.
1855	— — —	CLARK, Brit. mar. test. Moll., p. 151.
1855	*Tellina inæquivalvis* Lin.	HANLEY, Ipsa Linn. Conch., p. 39, pl. I, fig. 6.
1858	*Pandora* — —	H. et A. ADAMS, Genera of rec. Moll., t. II, p. 371, 372, pl. XCVIII, fig. 1A, 1B.
1858	— — —	GAY, Catal. Moll. du Var, *in* Bull. Soc. Scient. du Var, p. 157.
1859	— *rostrata* Lam.	SOWERBY, Illustr. Ind. brit. sh., pl. II, fig. 2.
1860	— *inæquivalvis* Lin.	MACÉ, Catal. Cherb. et Valognes, p. 21.
1862	— — —	WEINKAUFF, Catal. Alg. *in* Journ. de Conch., t. X, p. 311.
1862	— *rostrata* Lam.	CHENU, Manuel de Conch., t. II, p. 51, fig. 213.
1862	— *oblonga*	CHENU (*non* Sow.), Manuel de Conch., t. II, p. 51, fig. 212.
1865	— *inæquivalvis* Lin.	JEFFREYS, Brit. Conch., t. III, p. 24; t. V (1869), pl. XLVIII, fig. 1 (excl. var. 2, fig. 1A).
1865	— — —	CAILLIAUD, Catal. Loire-Inf., p. 62.
1865	— *rostrata* Lam.	P. FISCHER, Gironde, p. 46.
1867	— *inæquivalvis* Lin.	WEINKAUFF, Conch. des Mittelm., t. I, p. 33.
1867	— — —	TASLÉ, Catal. Morbihan, p. 5.
1869	— — —	PETIT, Catal. test. mar., p. 36.
1870	— — —	ARADAS et BENOIT, Conch. viv. mar. della Sic., p. 26.
1870	— — —	SERVAIN, Coq. mar. Granville, p. 5.
1870	— — —	HIDALGO, Mol. mar. Catal. gen., p. 174, pl. XLIX, fig. 5, 6; pl. LXXX, fig. 6.
1872	— — —	MONTEROSATO, Notizie int. alle Conch. medit., p. 26.
1874	— — —	REEVE, Conch. Icon., pl. I, fig. 2A, 2B.
1875	— — —	MONTEROSATO, Nuova Riv., p. 18.
1876	— — —	DUPREY, Catal. Jersey, p. 3.
1878	— — —	ISSEL, Crociera del Violante, p. 33.
1878	— — —	P. FISCHER, Brachiop. et Moll. du litt. océan. de France, p. 7.
1878	— — —	MONTEROSATO, Enum. e Sinon., p. 14.

1879 *Pandora inæquivalvis* Lin. Clément, Catal. Moll. mar. du Gard, *in* Études d'Hist. Nat., p. 83.

1879 — *rostrata* Lam. Granger, Moll. de Cette, p. 37.

1880 — *inæquivalvis* Lin. Servain, Coq. mar. Ile d'Yeu, p. 10.

1881 — — — Jeffreys, Lightn. and Porcup. Exp., *in* Proc. Zool. Soc. of Lond., p. 929.

1883 — — — Daniel, Faune malac. de Brest, *in* Journ. de Conch., t. XXXI, p. 232.

1884 — *rostrata* Lam. Pépratx, Moll. de la plage de La Franqui, *in* Soc. Agric. Sc. et litt. des Pyr.-Or., p. 228.

1886 — — — Granger, Moll. biv. de France, p. 177, pl. XIV, fig. 10.

1886 — *inæquivalvis* Lin. Hidalgo, Mol. recog. en Bayona de Galicia, *in* Revista de los Prog. de las Ciencias, p. 404.

1886 — — — Locard, Prodr. de Malac. franç., p. 390.

1887 — — — P. Fischer, Manuel de Conch., p. 1158, pl. XXIII, fig. 11.

1887 — — — Dautzenberg, Exc. malac. à St-Lunaire, p. 5.

1888 — — — Servain, Coq. mar. Concarneau, p. 84.

1888 — — — Ad. Dollfus, Les plages du Croisic, p. 16.

1888 — — — Kobelt, Prodr. Faunæ Moll. test. maria europ. inhab., p. 320.

1889 — — — Carus, Prodr. Faunæ medit., p. 168.

1890 — — — Dautzenberg, Moll. mar. du Pouliguen, p. 5.

1892 — — — Locard, Coq. mar. de France, p. 260, fig. 240.

1892 — *rostrata* Lam. Locard, Coq. mar. de France, p. 261.

1892 — — — Bizet, Malacoz. de Picardie, p. 182.

1893 — *inæquivalvis* Lin. Dautzenberg, Moll. mar. de Granville et St-Pair, p. 19.

1897 — — — Dautzenberg, Atlas des Coq. mar. de France, pl. LXIV, fig. 211.

1897 — — — Pelseneer, *in* Traité de Zoologie de R. Blanchard, p. 143.

Obs. — Il ne peut y avoir aucun doute sur l'identification du *Pandora inæquivalvis* dont le type a été retrouvé par Hanley dans la collection de Linné; mais il existe des divergences de vue entre les naturalistes qui ont étudié les *Pandora* européens. Jeffreys considère les *P. inæquivalvis*, *P. margaritacea* Lamarck (= *rostrata* Lamarck), *P. pinna* Montagu (= *obtusa* Leach) et même le *P. trilineata* Say, de l'Amérique du Nord, comme appartenant tous à une seule espèce. La plupart des autres auteurs regardent les *P. inæquivalvis* et *P. margaritacea* comme deux variétés de la même espèce; mais ils croient que les *P. pinna* et *P. trilineata* sont des espèces différentes. Enfin, quelques auteurs séparent le *P. margaritacea* du *P. inæquivalvis*. Il est certain que ces deux dernières formes sont, en général, assez bien tranchées pour qu'on puisse les séparer; mais est-ce une raison suffisante pour les considérer comme spécifiquement distinctes? Il nous semble, après avoir vu beaucoup d'exemplaires de localités différentes que le plus ou moins d'épaisseur du test et la forme plus ou moins transverse de la coquille ne constituent pas des caractères assez importants pour cela. Nous nous sommes donc rangés à l'avis des conchyliologues qui ont adopté un moyen terme entre les deux opinions extrêmes.

Quant au *P. pinna* Montagu, il diffère du *P. inæquivalvis* par sa taille plus faible, sa forme plus courte, son bord dorsal postérieur déclive, mais non excavé, sa valve supérieure un peu concave. Enfin, son habitat est plus profond : on ne le rencontre que dans la zone coralligène tandis que l'*inæquivalvis* vit dans la zone littorale ou sublittorale. Le *P. trilineata* est une espèce courte et épaisse.

Poli a donné à l'animal du *P. inæquivalvis* le nom d'Hypogæa.

Diagnose. — Coquille, diamètre umbono-ventral 13 millim., diamètre antéro-postérieur 27 millim., épaisseur 5 millim., mince, assez fragile, ovale-subtrigone, allongée transversalement, bâillante à l'extrémité postérieure, très inéquivalve. Valve droite plane, pourvue, le long du bord dorsal postérieur d'un rebord saillant qui s'élève presqu'à angle droit. Valve gauche convexe, excavée le long du bord dorsal postérieur et dépassant sensiblement l'autre valve dans la partie postérieure du bord ventral. Région antérieure courte, arrondie, région postérieure allongée, rostrée à l'extrémité. Bord dorsal arqué du côté antérieur, déclive et un peu excavé à l'extrémité, du côté postérieur; bord ventral arqué et terminé à l'extrémité postérieure en un rostre tronqué. Sommets très petits, anguleux, contigus, non proéminents. Lunule très étroite, allongée, profondément excavée. Corselet étroit, lancéolé. Surface luisante, surtout à proximité des sommets, un peu nacrée, pourvue, sur la valve droite de deux sillons rapprochés qui relient le sommet au rostre, et, sur la valve gauche, de deux côtes obtuses qui correspondent aux sillons de la valve droite. On observe en outre, sur les deux valves, des plis et des sillons d'accroissement irréguliers. Intérieur des valves luisant, nacré, à bords simples, tranchants et très fragiles. Charnière de la valve droite composée d'une dent cardinale antérieure très saillante, accompagnée d'une fossette du cartilage divergeant obliquement vers le côté postérieur. Un rebord marginal règne le long du bord dorsal, du côté postérieur. Charnière de la valve gauche composée d'une fossette cardinale qui correspond à la dent cardinale de la valve droite, d'une fossette du cartilage semblable à celle de la valve droite et d'une côte saillante qui part du sommet, règne parallèlement au bord dorsal antérieur et s'arrête à l'impression du muscle adducteur antérieur. Impressions musculaires peu marquées : celles des muscles adducteurs des valves arrondies, relativement peu éloignées du sommet, impression palléale très éloignée du bord ventral, non échancrée, composée d'une série de petites cupules ponctiformes.

Coloration blanche nacrée et irisée, uniforme. Epiderme membraneux, mince, terne, d'un gris clair. Cartilage corné, brun.

Variétés. — Le type du *Pandora inæquivalvis* est bien défini, grâce à la figuration qu'a fournie Hanley (Ipsa Linn. Conch. pl. 1, fig. 6), de l'exemplaire conservé dans la collection de Linné. Ce type est d'une forme très transversale et il vit dans la Méditerranée. Nous avons représenté pl. XCVIII, fig. 1 à 6, des spécimens provenant du Roussillon et de Viareggio (Toscane), qui concordent bien avec le type linnéen. Ce type a été bien figuré par Philippi (Enum. Moll. Sic., pl. 1, fig. 12), par Deshayes (Expl. sc. de l'Algérie, pl. XXIII, fig. 1, 2) sous le nom de *P. oblonga* Sowerby), par Chenu (Manuel de Conch., t. II, p. 51, fig. 213 seulement) et par M. Hidalgo (Mol. mar. pl. XLIX, fig. 5, 6). Une autre forme plus solide et plus haute par rapport à la largeur, existe aussi dans la Méditerranée; mais est surtout abondante dans l'Océan.

Var. ex forma 1 *margaritacea* Lamarck = *rostrata* Lamarck (teste ipso) = *Trutina solenoidea* Brown. Lamarck dans son grand ouvrage sur les animaux sans vertèbres, t. V, p. 498, indique comme références de son *P. rostrata* les figures de Poli, pl. XV, fig. 5, 9, de Chemnitz, pl. XI, fig. 106 A, B, C et de l'Encyclopédie, pl. CCL, fig. 1 A, B, C et il cite comme synonyme son *P. margaritacea* publié antérieurement dans le « Système des animaux sans vertèbres, p. 137 » et établi sur les fig. 1 A, B, C de la planche CCL de l'Encyclopédie. Dans ces conditions, c'est le nom *margaritacea* qui doit prévaloir puisqu'il est le plus ancien.

Bien que Lamarck ait compris dans la synonymie du *P. rostrata*, le *Tellina inæquivalvis* de Linné, il paraît certain qu'il n'a pas connu la forme typique de Linné puisque toutes les figures qu'il invoque comme références représentent la forme solide et plus haute qui est, d'ailleurs, de beaucoup la plus commune.

En dehors des citations de Poli, de Chemnitz et de l'Encyclopédie indiquées par Lamarck, la variété *margaritacea* a été bien représentée par un grand nombre d'auteurs, savoir : 1° sous le nom de *Tellina inæquivalvis* par Donovan, Wood (Index testaceologicus et General Conchology); 2° sous le nom de *Pandora inæquivalvis* par Deshayes (Expl. de l'Algérie) par H. et A. Adams, Jeffreys (British Conchology), Hidalgo (Mol. mar. pl. LXXX, fig. 6, *tantum*), Reeve (Conchologia Iconica), P. Fischer (Manuel), Locard (Coquilles marines de France), Dautzenberg (Atlas des coquilles de France); 3° sous le nom de *Pandora margaritacea* par Schumacher et par Turton (Dithyra britannica); 4° sous le nom de *Pandora rostrata* par Blainville, Reeve (Conchologia systematica), Deshayes (Traité élémentaire) Brown (Illustrations of the Conchology of Great Britain and Ireland, 2ᵉ édition), Chenu (Leçons élémentaires), Sowerby (Manual et Illustrated Index) Forbes et Hanley, Chenu (Manuel de conchyliologie); 5° sous le nom de *Trutina solenoidea* par Brown (Illustrations of the Conchology of Great Britain and Ireland, 1ʳᵉ édition). Nous avons représenté la var. *margaritacea* pl. XCVIII, fig. 7 à 10.

Var. ex forma 2 *tenuis* Jeffreys. Beaucoup plus petite que la variété *margaritacea*, plus délicate, plus large et prolongée à chaque extrémité, avec le bord dorsal oblique et flexueux.

Habitat. — Rare sur les plages sableuses de notre littoral : La Franqui (Pépratx), Leucate, etc., le type et la variété *margaritacea.*

Dispersion. — Méditerranée. Océan Atlantique, depuis les côtes d'Angleterre jusqu'au Maroc.

Origine. — Malgré sa rareté à l'état fossile, cette espèce paraît avoir débuté dans le Miocène. Elle a été signalée de cette période par Mœrch aux Antilles (?), par Mayer-Eymar en Suisse, par Benoist dans la Gironde et par Degrange-Touzin dans les Basses-Pyrénées. On la connaît également du Pliocène de Sienne, de Plaisance, du Monte-Mario, de Reggio, de la Catalogne, et, en Angleterre, du Coralline Crag, du Red Crag ainsi que du Pleistocène de Selsey et de la Sicile.

Genre LYONSIA Turton, 1822.

Type : *Mya striata* Montagu (= *Mya norvegica* Chemnitz).

Ce genre, dédié à M. Lyons, naturaliste, a été adopté par Latreille en 1825, par Sowerby en 1834, puis par d'Orbigny, etc. Il n'a pas rencontré d'opposition sérieuse : Deshayes lui-même a abandonné son genre *Osteodesma*, publié en 1827, parce qu'il a reconnu qu'il tombait en synonymie du genre *Lyonsia* de Turton.

Le petit nombre d'espèces qui composent ce genre avaient été placées autrefois dans les genres *Mya*, *Amphidesma* Lamarck, *Osteodesma* Deshayes et *Pandorina* Scacchi, 1823.

Selon Gray le nom de *Magdala* Leach (manuscrit 1819) devrait être adopté comme étant le plus ancien; mais, en réalité, il n'en est pas ainsi puisque le genre *Magdala* n'a été publié qu'en 1827 par Brown.

Lyonsia norvegica Chemnitz, sp. (*Mya*).

Pl. XCVIII fig. 11 à 15 (type) 16, 17 et 18 (variétés).

1788	*Mya norvegica*	CHEMNITZ, Conch. Cab., t. X, p. 345, pl. CLXX, fig. 1647, 1648.
1790	— — Chemn.	GMELIN *in* LINNÉ, Syst. Nat. edit. XIII, p. 3222.
1798	— *nitida*	O. FABRICIUS (*non* Müller) Skrivt. natur. Selsk. IV, part. II, pl. X, fig. 10.
1811	— *striata*	MONTAGU *in* Linn. Trans. XI, p. 188, pl. I, fig. 13, 13 A.
1817	— *norwegica* Chemn.	DILLWYN, Descr. Catal. t. I, p. 48.
1818	*Anatina truncata*	LAMARCK, Anim. sans vert., t. V, p. 463.
1818	*Amphidesma corbuloides*	LAMARCK, Anim. sans vert., t. V, p. 492.
1819	*Mya striata* Mont.	TURTON, Conch. Dict., p. 105.
1819	— *norvegica* Chemn.	TURTON, Conch. Dict., p. 100, pl. XXVIII, fig. 100.
1822	*Lyonsia striata* Mont.	TURTON, Dithyra brit., p. 35, pl. III, fig. 6, 7.
1825	*Mya norwegica* Chemn.	WOOD, Index testac., pl. II (Mya), fig. 13.
1825	— — —	DE GERVILLE, Catal. Manche, p. 11.
1827	*Magdala striata* Mont.	BROWN, Illustr. Conch. of Gr. Brit. and Irel., pl. XI, fig. 1, 2, 10.
1827	*Hiatella* — —	BROWN, Illustr. Conch. of Gr. Brit. and Irel., pl. XVI, fig. 26, 27.
1828	*Mya norwegica* Chemn.	FLEMING, Brit. anim., p. 463.
1830	*Anatina truncata*	DESHAYES, Encycl. Méthod. t. II, p. 40.
1833	*Tellina coruscans*	SCACCHI, Osserv. zool., p. 14.
1833	*Anatina norvegica* Chemn.	SOWERBY, Genera of Shells, fig. 2.
1835	*Osteodesma corbuloides*	LAMARCK, Anim. sans vert. édit. Desh., t. VI, p. 85.
1835	*Mya norvegica* Chemn.	WOOD, General Conch., p. 98, pl. XVIII, fig. 4, 5.
1836	*Pandorina coruscans*	SCACCHI, Catal. Conch. Regn. Neap., p. 6.
1841	*Anatina norvegica* Chemn.	REEVE, Conch. Syst., pl. XXXIV, fig. 2.
1842	— *elongata*	HANLEY, Recent biv. Sh., p. 24, suppl. pl. XIII, fig. 27.

1843 *Lyonsia norwegica* Chemn. DESHAYES, Traité élém. de Conch. t. II, p. 211, pl. VIII, fig. 12, 13, 14.

1844 *Osteodesma corruscans* Sc. PHILIPPI, Enum. Moll. Sic., t. II, p. 15, pl. XIV, fig. 1 A, 1 B, 1 C.

1844 *Lyonsia striata* Mont. FORBES, Rep. Aeg. Invert., p. 143.

1844 *Mya norvegica* Chemn. THORPE, Brit. mar. Conch., p. 40.

1844 *Lyonsia norvegica* — MACGILLIVRAY, Moll. anim. of Scotl., p. 300.

1844 *Myatella Montagui* BROWN, Illustr. Conch. of Gr. Brit. and Irel., 2e édit., p. 111, pl. XV, fig. 26, 27.

1845 *Magdala striata* Mont. BROWN, Illustr. Conch. of Gr. Brit. and Irel., 2e édit., p. 111.

1846 *Lyonsia norvegica* Chemn. LOVÉN, Index Moll. Scand., p. 45.

1847 *Osteodesme corbuloïde* Lam. CHENU, Leçons élém. sur l'hist. nat. p. 131, fig. 542, 543, 544.

1848 *Lyonsia corruscans* Sc. DESHAYES, Expl. scient. de l'Algérie, p. 277, pl. XXV A, XXVII.

1851 *Magdala norvegica* Chemn. GRAY, List of brit. anim. in the Brit. Mus., p. 74.

1851 *Lyonsia corbuloides* Lam. PETIT, Catal. *in* Journ. de Conch., t. II, p. 282.

1851 — *norwegica* Chemn. PETIT, Catal. *in* Journ. de Conch., t. II, p. 282.

1852 *Lyonsia striata* Mont. SOWERBY, Conch. Manual, pl. XXIV, fig. 491, 492.

1852 *Magdala* — — LEACH, Synopsis, p. 269.

1853 *Lyonsia norvegica* Chemn. FORBES et HANLEY, Brit. Moll., t. I, p. 214, pl. VII, fig. 6, 7, 8, 9 et pl. H, fig. 3 (animal).

1855 *Anatina* — — CLARK, Brit. mar. test. Moll., p. 142.

1858 *Lyonsia* — — H. et A. ADAMS, Genera of rec. Moll., t. II, p. 362, 363, pl. XCVI, fig. 3, 3A, 3B.

1859 — — — SOWERBY, Illustr. Ind. of brit. sh., pl. II, fig. 4.

1860 — *norwegica* — MACÉ, Catal. Cherbourg et Valognes, p. 20.

1862 — *corruscans* Sc. WEINKAUFF, Catal. Algérie, *in* Journ. de Conch., t. X, p. 311.

1862 — *norvegica* Chemn. CHENU, Manuel de Conch., t. II, p. 39, fig. 172.

1865 — — — JEFFREYS, Brit. Conch., t. III, p. 29, t. V (1869), p. 190, pl. XLVIII, fig. 2.

1866 — *corruscans* Sc. BRUSINA, Contrib. pella Fauna dei Moll. Dalm., p. 91.

1867 — — — WEINKAUFF, Conchyl. des Mittelm., t. I, p. 35.

1867	*Lyonsia norvegica* Chemn.	Taslé, Catal. Morbihan, p. 5.
1869	— — —	P. Fischer, Gironde, 1er Suppl., *in* Actes Soc. Linn. Bord., t. XXVII, p. 103.
1870	— — —	Aradas et Benoit, Conch. viv. mar. della Sic., p. 25.
1870	— — —	Hidalgo, Mol. mar., Catal. gen., p. 173.
1872	— — —	Monterosato, Notizie int. alle Conch. medit., p. 26.
1875	— — —	Monterosato, Nuova Rivista, p. 18.
1878	— — —	Monterosato, Enum. e Sinon., p. 14.
1878	— — —	G.-O. Sars, Moll. Reg. Arct. Norv., p. 81.
1878	— — —	P. Fischer, Brachiop. et Moll. du litt. océan. de France, p. 7.
1879	*Anatina corruscans* Sc.	Clément, Catal. Moll. mar. du Gard, *in* Etudes d'Hist. Nat., p. 83.
1879	*Lyonsia corbuloides* Lam.	Granger, Moll. de Cette, p. 37.
1880	— *corruscans* Sc.	Stossich, Prosp. della Fauna Adr. *in* Boll. della Soc. Adr. di Sc. Nat. p. 138.
1881	— *norvegica* Chemn.	Jeffreys, Lightn. and Porcup. Exp. *in* Proc. Zool. Soc. of Lond., p. 930.
1883	— — —	Marion, Esq. topogr. zool. du golfe de Marseille, p. 85, 87, 90.
1883	— — —	Marion, Consid. sur les Faunes prof. de la Médit., p. 17, 29, 41, 45.
1883	— — —	Daniel, Faune malac. Brest *in* Journ. de Conch., t. XXXI, p. 233.
1886	— — —	Brusina, Appunti ed osserv. sull' ultimo lavoro di Jeffreys, p. 11.
1886	— — —	Granger, Biv. de France, p. 176, pl. XIV, fig. 9.
1886	— *coruscans* Sc.	Granger, Biv. de France, p. 177.
1886	*Lyonsia norvegica* Chemn.	Locard, Prodr. de Malac. franç. p. 392.
1886	— *coruscans* Sc.	Locard, Prodr. de Malac. franç. p. 393.
1886	— *Montagui* Brown.	Locard, Prodr. de Malac. franç. p. 393.
1887	— *norvegica* Chemn.	P. Fischer, Manuel de Conch. p. 1162, fig. 882, pl. XXIII, fig. 10.
1887	— — —	Dautzenberg, Exc. malac. à Saint-Lunaire, p. 5.
1888	— — —	Kobelt, Prodr. Faunæ Moll. test. maria europ. inhab., p. 320.
1888	— *corruscans* Sc.	Kobelt, Prodr. Faunæ Moll. test. maria europ. inhab., p. 322.
1889	— *norvegica* Chemn.	Carus, Prodr. Faunæ medit., p. 169.
1889	— *corruscans* Sc.	Carus, Prodr. Faunæ Medit., p. 170.

1890 *Lyonsia norvegica* Chemn. DAUTZENBERG, Moll. mar. de la baie du Pouliguen, p. 5.
1891 *Osteodesma corruscans* Sc. BRUSINA, Moll. lamell. dei di Zara, p. 19.
1892 *Lyonsia norvegica* Chemn. LOCARD, Moll. mar. de France, p. 264, fig. 242.
1892 — *Montagui* Brown. LOCARD, Moll. mar. de France, p. 264.
1894 — *norvegica* Chemn. NOBRE, Contr. para a Malac. Portugueza *in* Ann. de Sc. Nat., p. 136.
1897 — — — WATSON, Marine Moll. of Madeira *in* Linn. Soc. Journ., t. XXVI, p. 291.

Obs. — M. Weinkauff a cru devoir admettre, comme espèces distinctes, les *Lyonsia norvegica* et *coruscans*, parce qu'il n'a pas rencontré d'intermédiaires entre ces deux formes. Parmi les spécimens de différentes provenances que nous avons sous les yeux, nous en rencontrons, au contraire, qui prouvent que la transition peut fort bien être établie, aussi n'hésitons-nous pas à regarder le *L. coruscans* comme une simple variété du *L. norvegica*. M. Locard a cru devoir ressusciter le *Myatella Montagui* Brown, comme étant un *Lyonsia* distinct du *norvegica*; mais la figuration du *Mya striata* Montagu, sur laquelle Brown a fondé son espèce et son genre *Myatella*, représente une coquille pourvue d'une énorme expansion à la charnière qui ne peut être considérée que comme une monstruosité de *L. norvegica*.

L'*Osteodesma inflatum* Danilo et Sandri, cité de Zara par M. Brusina, se rapproche tellement du type qu'il ne nous paraît pas possible de le distinguer, même comme variété.

Diagnose. — Coquille, diamètre umbono-ventral 15 millim., diamètre antéro-postérieur 31 millim.; épaisseur 9 millim., mince et fragile, de forme subrhomboïdale-transverse, bâillante aux deux extrémités, mais surtout à l'extrémité postérieure, inéquivalve (la valve gauche, plus convexe et plus grande que la droite, la dépasse sensiblement du côté ventral), un peu inéquilatérale : région antérieure plus courte, arrondie, région postérieure plus longue, comprimée et largement tronquée à l'extrémité. Bord dorsal légèrement déclive de chaque côté des sommets; bord ventral arqué, subsinueux près de la troncature postérieure. Sommets très renflés, saillants, anguleux et prosogyres. Surface pourvue à l'extrémité postérieure de la valve droite de deux côtes rayonnantes arrondies, peu saillantes, qui relient le sommet aux deux angles de la troncature. Un sillon obsolète correspond sur la valve gauche à l'espace compris entre les deux côtes rayonnantes de la valve droite. Toute la superficie est garnie de stries rayonnantes ponctuées, extrêmement délicates, entre lesquelles règnent des séries rayonnantes de granulations microscopiques. Les plis d'accroissement sont irréguliers et un peu onduleux à proximité des sommets. Intérieur des valves luisant et nacré, à bords simples, tranchants. Pas de dents à la charnière. Bord cardinal allongé, très étroit, renforcé dans la valve droite par une côte marginale faible, à laquelle correspond, dans la valve gauche, un sillon à peine visible. Dans chaque valve, une fossette du cartilage oblique, dirigée vers le côté postérieur, est bordée, au-dessous, par une nymphe calleuse, étroite, assez saillante. Le cartilage est protégé par une petite pièce calcaire, appelée *osselet*, indépendante des valves, de forme subquadrangulaire, un peu élargie du côté postérieur de la coquille. Impressions musculaires peu visibles : celles du muscle adducteur antérieur petites, allongées; celles de l'adducteur postérieur plus grandes, arrondies; impression palléale indistincte, pourvue d'un sinus anguleux.

Coloration blanche uniforme. Epiderme membraneux, brun-clair, agglutinant des grains de sable, des débris de coquilles, etc. Chez les spécimens très frais, cet épiderme est plus coloré sur les stries rayonnantes, de sorte que la coquille semble ornée de linéoles rayonnantes noirâtres. Cartilage corné, jaune.

Variétés. — Le type figuré par Chemnitz est de grande taille, subrhomboïdal, haut par rapport à la largeur. C'est la forme qu'on rencontre ordinairement dans l'Océan Atlantique, mais que nous ne connaissons pas de la Méditerranée. Nous l'avons représentée pl. XCVIII, fig. 11, 12, 13, 14 et 15.

Jeffreys signale, comme vivant aux Hébrides et aux Shetland, une variété *elongata* Gray (*in* Hanley : *Recent bivalve Shells*, p. 24, 25, pl. XIII, fig. 27), qui est identique à la variété *coruscans* de la Méditerranée.

Var. ex forma 1, *major* B. D. D. Atteignant 53 millim. de diamètre antéro-postérieur, cette grande forme a été citée de Weymouth, près Portland, par MM. Forbes et Hanley.

Var. ex forma 2, *coruscans* Sacchi = *elongata* (Gray) Hanley. Coquille mince, bien plus allongée transversalement que le type, avec le bord ventral presque parallèle au bord dorsal. Voir notre pl. XCVIII, fig. 16, 17, 18.

Habitat. — Rarissime. Un seul exemplaire rejeté sur la plage du Canet.

Dispersion. — Méditerranée et Adriatique. Océan Atlantique depuis les iles Loffoden jusqu'au détroit de Gibraltar et à Madère (Watson). Carpenter l'a signalé du détroit de Séniavine, dans le Pacifique Nord. Le *S. norvegica* vit depuis la zone littorale jusqu'à 296 mètres de profondeur.

Origine. — Cette espèce est, pour ainsi dire, inconnue à l'état fossile, puisqu'on n'en a cité qu'avec doute un fragment provenant du Coralline Crag.

Famille ANATINIDÆ Sowerby, 1834.

Le nom *Osteodesmidæ* Deshayes, 1830, est plus ancien que celui proposé par Sowerby, pour cette famille ; mais il ne peut être adopté parce que les *Osteodesma* Desh., 1830, qui en constituent la base, ne sont autre chose que les *Lyonsia* de Turton, 1822, pour lesquels on a créé depuis une autre famille. La famille des *Anatinidæ* a été confirmée par Gray, en 1840, par d'Orbigny, en 1845, puis par Adams, Chenu et Tryon. Plus récemment, MM. P. Fischer et Pelseneer en ont définitivement éliminé les *Lyonsiidæ*.

TABLEAU DES GENRES ET ESPÈCES

Genre **Thracia** (Leach) Blainville.....	1. *T. papyracea* Poli.
Sous-genre **Ixartia** Leach...........	2. *T. distorta* Montagu.

Genre THRACIA (Leach mss.) Blainville, 1824.

Type : *Thracia pubescens* Pulteney (collection Brongniart).

Établi par Blainville dans le Dictionnaire des Sciences naturelles, ce genre a été adopté par Deshayes, en 1830, ainsi que par tous les auteurs modernes. Les espèces qu'il renferme avaient été confondues autrefois avec les *Mya*, les *Tellina*, les *Amphidesma* et les *Anatina*. Ses synonymes sont si obscurs qu'il est inutile de les mentionner.

Thracia papyracea Poli sp. (*Tellina*).

Pl. XCIX, fig. 1, à 9 (var.).

1795 *Tellina papyracea*	Poli, Test. utr. Sic., t. I, p. 43, pl. XV, fig. 14, 18.
1808 *Ligula pubescens*	Montagu (*non* Pulteney), Test. brit., suppl., p. 166.
1812 *Mya declivis*	Pennant, Brit. Zool., édit. IV, t. IV, p. 160, pl. L, fig. 1.
1818 *Amphidesma phaseolina*	Lamarck, Anim. sans vert., t. V, p. 492.

1819 *Mya declivis* Penn.	Turton, Conch. Dict., p. 98.
1822 *Anatina* — —	Turton, Dithyra brit., p. 47.
1825 *Mya* — —	De Gerville, Catal. Manche, p. 11.
1825 — — —	Wood, Index testac., p. 10, pl. II (*Mya*), fig. 4.
1827 *Anatina villosiuscula*	Brown, Illustr. Conch. of Gr. Brit. and Irel., pl. XI, fig. 6.
1828 *Amphidesma declive* Penn.	Fleming, Brit. anim., p. 432.
1829 *Tellina* (Odoncinella) *papyracea* Poli	O.-G. Costa, Catal. Sist., p. 14, 23, pl. II, fig. 1, 2, 3, 4.
1834 *Thracia phaseolina* Lam.	Kiener, Species Icon. G. *Thracia*, p. 7, pl. II, fig. 4.
1835 *Amphidesma* — —	Lamarck, Anim. sans vert., édit. Desh., t. VI, p. 129.
1835 *Mya declivis* Penn.	Wood, General Conch., p. 93, pl. XVIII, fig. 3.
1836 *Thracia papyracea* Poli	Scacchi, Catal. Conch. Regn. Neap., p. 6.
1836 — *phaseolina* Lam.	Philippi, Enum. Moll. Sic., t. I, p. 16.
1838 — — —	Maravigna, Mém. Sic., p. 76.
1841 — — —	Reeve, Conch. Syst., t. I, p. 53, pl. XXXV, fig. 1.
1842 — — —	Hanley, Recent biv. Sh., p. 22, pl. X, fig. 35.
1843 — *papyracea* Poli	Deshayes, Traité élém. de Conch., p. 242, pl. IX, fig. 4, 5.
1844 — *phaseolina* Lam.	Philippi, Enum. Moll. Sic., t. II, p. 16.
1844 — — —	Forbes, Report Aeg. Invert., p. 143.
1844 *Anatina declivis* Penn.	Thorpe, Brit. mar. Conch., p. 42, pl. V, fig. 70.
1844 *Thracia pubescens*	Macgillivray (*non* Pult.), Moll. Anim. of Scotl., p. 296.
1844 — —	Brown (*non* Pult.), Illustr. Conch. of Gr. Brit. and Irel., 2e édit., p. 110, pl. XLIV, fig. 6.
1844 *Anatina truncata*	Macgillivray, Moll. Anim. of Scotl., p. 295.
1846 *Thracia phaseolina* Lam.	Lovén, Index Moll. Scand., p. 44.
1846 *Amphidesma* — —	Vérany, Catal. Invert. di Genova e Nizza, p. 13.
1848 *Thracia* — —	Réquien, Coq. de Corse, p. 16.
1848 — *papyracea* Poli	Deshayes, Expl. scient. de l'Algérie, p. 295.

1851	*Thracia phaseolina* Lam.	Petit, Catal. *in* Journ. de Conch., t. II, p. 281.
1851	— — —	Gray, Brit. anim. in the Brit. Mus., p. 71.
1852	— *declivis* Penn.	Leach, Synopsis, p. 271.
1853	— *phaseolina* Lam.	Forbes et Hanley, Brit. Moll., t. I, p. 221, pl. XVII, fig. 5, 6 et pl. H, fig. 4 (animal).
1853	— — —	Doublier, Moll. du Var, *in* Prodr. Hist. Nat. du Var, p. 108.
1855	*Anatina* — —	Clark, Brit. mar. test. Moll., p. 140.
1856	*Thracia* — —	Jeffreys, Piedm. Coast, p. 24.
1858	— — —	Gay, Moll. du Var, *in* Bull. Soc. sc. du Var, p. 151.
1859	— — —	Sowerby, Ill., Ind. brit. sh., pl. II, fig. 7.
1859	— — —	Reeve, Conch. Icon., pl. II, fig. 8.
1860	— — —	Macé, Catal. Cherb. et Valognes, p. 20.
1862	— *papyracea* Poli	Weinkauff, Catal. Alg., *in* Journ. de Conch., t. X, p. 309.
1865	— — —	Cailliaud, Catal. Loire-Inf., p. 64.
1865	— — —	Jeffreys, Brit. Conch., t. III, p. 36; t. V (1869), p. 191, pl. XLVIII, fig. 4.
1865	— *phaseolina* Lam.	P. Fischer, Gironde, p. 47.
1865	— — —	Brusina, Conch. Dalm. ined., p. 36.
1866	— — —	Brusina, Contrib. pella Fauna Dalm., p. 91.
1867	— *papyracea* Poli	Taslé, Catal. Morbihan, p. 6.
1867	— — —	Weinkauff, Conchyl. des Mittelm., t. I, p. 36.
1869	— — —	Tapparone-Canefri, Moll. test. di Spezia, p. 110.
1870	— — —	Aradas et Benoit, Conch. viv. mar della Sic., p. 23.
1870	— — —	Servain, Coq. mar. Granville, p. 5.
1870	— — —	Hidalgo, Mol. mar. Catal. gen., p. 172, pl. LXXIX, fig. 4.
1872	— — —	Monterosato, Notizie int. alle Conch. Medit., p. 26.
1875	— — —	Monterosato, Nuova Rivista, p. 18.

1876 *Thracia papyracea* Poli — Dupret, Shells of Jersey, p. 3.
1878 — — — P. Fischer, Brachiop. et Moll. du litt. océan. de France, p. 7.
1878 — — — Monterosato, Enum. e Sinon., p. 14.
1878 — — — G.-O. Sars, Moll. Arct. Norv., p. 83.
1879 — *phaseolina* Lam. — Clément, Catal. Moll. du Gard, *in* Etudes d'Hist. Nat., p. 83.
1879 — — — Granger, Catal. Moll. Cette, p. 37.
1880 — — — Stossich, Prosp. della Fauna Adr., *in* Boll. della Soc. Adr. di Sc. Nat., p. 139.
1880 — *papyracea* Poli — Servain, Coq. mar. de l'Ile d'Yeu, p. 10.
1881 — — — Jeffreys, Lightn. and Porcup. Exp., *in* Proc. Zool. Soc. of Lond., p. 935.
1883 — — — Daniel, Faune malac. de Brest, *in* Journ. de Conch, t. XXXI, p. 234.
1886 — — — Locard, Prodr. de Malac. franç., p. 394.
1886 — — — Hidalgo, Mol. recog. en Bayona de Galicia, *in* Revista de los Progr. de las Ciencias, p. 404.
1886 — *phaseolina* Lam. — Granger, Biv. de France, p. 174, pl. XIV, fig. 7.
1887 — *papyracea* Poli. — Dautzenberg, Exc. Malac. à St-Lunaire, p. 5.
1888 — — — Ad. Dollfus, Les Plages du Croisic, p. 16.
1888 — — — Kobelt, Prodr. Faunæ Moll. test. maria europ. inhab., p. 316.
1888 — — — Servain, Coq. mar. de Concarneau, p. 84.
1889 — — — Carus, Prodr. Faunæ medit., p. 171.
1890 — — — Dautzenberg, Moll. du Pouliguen, p. 5.
1891 — — — Dautzenberg, Contrib. Faune du golfe de Gascogne, p. 9.
1892 — — — Locard, Coq. mar. de France, p. 263, fig. 242.
1892 — — — Bizet, Malacoz. de Picardie, p. 182.

1893 *Thracia papyracea* Poli	DAUTZENBERG, Liste Moll. Granville et St-Pair, p. 19.
1897 — — —	PELSENEER, *in* Traité de Zool. de R. Blanchard, p. 144.
1897 — *phaseolina* Lam.	DAUTZENBERG, Atlas des coq. de France, pl. LXIV, fig. 212.
1897 — *papyracea* Poli	WATSON, Marine Moll. of Madeira, *in* Linn. Soc. Journ., t. XXVI, p. 320.

Obs. — Selon Jeffreys, ce serait encore le *Tellina fragilis* Pennant ; mais, comme dans la seconde édition de l'ouvrage de Pennant ce nom est indiqué comme étant synonyme du *Mya prætenuis* Montagu, il nous a paru plus prudent de ne pas le citer parmi nos références. Le *Mya punctulata* Renier, également cité comme synonyme par Jeffreys, nous paraît trop douteux pour être admis.

Diagnose. — Coquille, diamètre umbono-ventral 14 millim.; diamètre antéro-postérieur 28 millim.; épaisseur 9 millim.; mince et fragile, ovale-transverse, un peu bâillante à chaque extrémité, inéquivalve, la valve droite étant notablement plus convexe que la gauche, inéquilatérale : côté antérieur arrondi plus grand que le côté postérieur; côté postérieur déclive et un peu excavé sous les sommets, puis obliquement tronqué à l'extrémité. Bord ventral arqué, ascendant et un peu sinueux vers l'extrémité postérieure. Sommets petits, contigus, opisthogyres. La surface, lisse au premier aspect, est, en réalité, finement granuleuse lorsqu'on l'examine sous la loupe; elle est, en outre, ornée de plis d'accroissement concentriques, irréguliers, et pourvue d'un angle obtus; mais bien marqué qui part des sommets et aboutit à la base de la troncature. Une seconde carène analogue règne sur la valve droite, le long du bord dorsal postérieur, mais n'existe pas sur la valve gauche. Intérieur des valves assez luisant, un peu iridescent, à bords simples, tranchants. Charnière composée, dans chaque valve, d'un cuilleron triangulaire soudé par l'un de ses côtés au bord dorsal postérieur. Le cartilage qui relie ces cuillerons est accompagné, du côté antérieur, d'un petit osselet calcaire, en forme de croissant. Impressions des muscles adducteurs peu visibles; impression palléale pourvue d'un sinus large et profond.

Coloration d'un blanc de lait uniforme. Épiderme mince, membraneux, d'une teinte rousse ferrugineuse, ne subsistant ordinairement que le long des bords et sur l'extrémité postérieure de la coquille. Ligament court, faisant saillie à l'extérieur, d'une teinte brune claire.

Variétés. — L'exemplaire figuré par Poli est un peu plus allongé transversalement, moins haut que ceux que l'on rencontre d'habitude; son côté postérieur est aussi plus court. Jeffreys a donné à cette forme le nom de var. *gracilis* et a considéré comme type la forme la plus commune. Mais la loi de priorité ne permet pas d'agir de la sorte : l'espèce ayant été établie par Poli sur un spécimen bien défini, c'est ce spécimen et aucun autre qui doit être conservé comme type.

Var. ex forma 1, *villosiuscula* Brown. Plus grande, plus solide, plus haute, en proportion, que le type. C'est là la forme sous laquelle le *Thracia papyracea* se présente le plus fréquemment, tant sur les côtes de l'Océan Atlantique que sur celles de la Méditerranée (Voir notre pl. XCIX, fig. 1 à 9).

Var. ex forma 2, *minor* Monterosato (Enumerazione e Sinonimia, p. 14).

Var. ex forma 3, *quadrata* (Monterosato mss.). Dautzenberg (Contribution à la Faune malacologique du golfe de Gascogne, p. 16, pl. XVII, fig. 17, 18, 19). Encore plus transverse que le type, moins inéquilatérale et à bord ventral presque rectiligne : diamètre umbono-ventral 11 millim.; diamètre antéro-postérieur 21 millim. Cette variété a été recueillie par 136 mètres de profondeur dans le golfe de Gascogne.

Habitat. — Rare à La Franqui.

Dispersion. — Méditerranée et Adriatique. Océan Atlantique, depuis les côtes de Norvège et d'Islande jusqu'au Maroc et à Madère.

Origine. — Le *Thracia papyracea* est rare dans les dépôts miocènes : il est cité par Benoist dans la Gironde, par Simonelli dans le Bolonais et par Hœrnes dans quelques dépôts spéciaux du bassin de Vienne. A l'époque pliocène, il devient plus abondant, et son extension géographique s'étend : on le connaît des Crags d'Angleterre, d'Anvers, de Selsey, en Catalogne, en Italie, à Sienne, Plaisance, Reggio. Les gisements postpliocènes où il a été rencontré sont relativement nombreux : Hollande, Angleterre et peut-être même jusqu'à Uddevala, en Suède, puis à Livourne, en Calabre et en Sicile.

Sous-genre IXARTIA Leach, 1852.

Type : *Thracia distorta* Montagu.

Cette section comprend les *Thracia* saxicoles dont le polymorphisme est dû à leur habitat spécial.

Thracia distorta Montagu sp. (*Mya*).

Pl. XCIX, fig. 10 à 19 (type) et 20, 21 (variétés).

1803 *Mya distorta*	MONTAGU, Test. brit., p. 42, pl. I, fig. 1.
1804? *Venus sinuosa* (Penn.).	DONOVAN, Brit. Sh., pl. XLII, fig. 2.
1804 *Mya distorta* Mont.	MATON et RACKETT, Descr. Catal. *in* Linn. Trans., t. VIII, p. 37.
1817 — — —	DILLWYN, Descr. Catal., t. I, p. 45.

1818	*Anatina rupicola*	Lamarck, Anim. sans vert., t. V, p. 465.
1819	*Mya distorta* Mont.	Turton, Conch. Dict., p. 101.
1822	*Anatina* — —	Turton, Dithyra brit., p. 48, pl. IV, fig. 5.
1822	— *truncata*	Turton, Dithyra brit., p. 48, pl. IV, fig. 6.
1825	— *rupicola* Lam.	Blainville, Manuel de Malac., p. 564.
1825	— *distorta* Mont.	Gray, Ann. Phil.
1825	*Mya* — —	De Gerville, Catal. Manche, p. 12.
1827	*Anatina* — —	Brown, Illustr. of the Conch. of Gr. Brit. and Irel., pl. XI, fig. 7.
1827	— *ovalis*	Brown, Illustr. of the Conch. of Gr. Brit. and Irel., pl. XI, fig. 4.
1828	*Ampidesma distortum* Mont.	Fleming, Brit. Anim., p. 432.
1828	— *truncatum* Turt.	Fleming, Brit. Anim., p. 431.
1830	*Periploma rupicola* Lam.	Collard des Cherres, Catal. test. Finistère, p. 13.
1835	*Anatina* — —	Lamarck, Anim. sans vert., édit. Desh., t. VI, p. 80.
1835	*Periploma* — —	Deshayes *in* Lamarck, Anim. sans vert., 2e édit., t. VI, p. 80 (note).
1835	*Mya distorta* Mont.	Wood, General Conch., p. 98.
1841	*Anatina rupicola* Lam.	Delessert, Recueil de Coq., pl. III, fig. 4.
1842	— *distorta* Mont.	Hanley, Recent biv. Sh., p. 23.
1842	*Anatina truncata* Turt.	Hanley, Recent biv. Sh., p. 48.
1844	*Thracia distorta* Mont.	Brown, Illustr. of the Conch. of Gr. Brit. and Irel., 2e édit., p. 110, pl. XLIV, fig. 7.
1844	— *truncata* Turt.	Brown, Illustr. of the Conch. of Gr. Brit. and Irel., 2e édit., p. 110, pl. XLII, fig. 28.
1844	*Anatina distorta* Mont.	Thorpe, Brit. mar. Conch., p. 43.
1844	— *truncata* Turt.	Thorpe, Brit. mar. Conch., p. 41.
1844	*Thracia ovalis*	Philippi, Enum. Moll. Sic., t. II, p. 17, pl. XIV, fig. 2.
1844	— *fabula*	Philippi, Enum. Moll. Sic., t. II, p. 17, pl. XIV, fig. 3.
1845	— *Turtoniana*	Recluz, Revue Zool. Cuv., p. 414.
1846	— *distorta* Mont.	Lovén, Index Moll. Scand., p. 44.
1848	— *brevis*	Deshayes, Expl. Sc. de l'Algérie, p. 297, pl. LXXXI, fig. 4, 5, 6.
1851	— *distorta* Mont.	Petit, Catal., *in* Journ. de Conch., t. II, p. 281 (excl. syn. : *corbuloides*).

1851	*Thracia distorta* Mont.	Gray, Brit. Anim. in the Brit. Mus., p. 73.
1853	— — —	Forbes et Hanley, Brit. Moll., t. I, p. 231, pl. XVII, fig. 1, 2, 3, 8; pl. H, fig. 5 (animal).
1853	*Rupicola* — —	Recluz *in* Journ. de Conch., t. IV, p. 131.
1853	— *concentrica* Fleuriau	Recluz *in* Journ. de Conch., t. IV, p. 129.
1855	*Anatina distorta* Mont.	Clark, Brit. mar. test. Moll., p. 148.
1858	*Thracia* (Rupicola) *distorta* Mont.	H. et A. Adams, Genera of rec. Moll., t. II, p. 365.
1858	— — *concentrica* Fl.	H. et A. Adams, Genera of rec. Moll., t. II, p. 365.
1859	— *distorta* Mont.	Reeve, Conch. Icon., pl. III, fig. 20.
1859	— — —	Sowerby, Illustr. Ind. of brit. Sh., pl. II, fig. 5.
1860	— — —	Macé, Catal. Cherbourg et Valognes, p. 20 (excl. syn. : *corbuloïdes*).
1862	*Rupicola concentrica* Fl.	Chenu, Manuel de Conch., t. II, p. 40, fig. 179.
1862	*Thracia brevis* Desh.	Weinkauff, Catal. Algérie *in* Journ. de Conch., t. X, p. 309.
1865	— *distorta* Mont.	Jeffreys, Brit. Conch., t. III, p. 41; t. V (1869), p. 191, pl. XLVIII, fig. 7.
1865	— — —	P. Fischer, Gironde, p. 47.
1865	*Rupicola concentrica* Fl.	Cailliaud, Catal. Loire-Inf., p. 64.
1866	*Thracia ovalis* Phil.	Brusina, Contr. pella Fauna dei Moll. Dalm., p. 91.
1866	— *fabula* Phil.	Brusina, Contr. pella Fauna dei Moll. Dalm., p. 91.
1866	— *inflata* (Dan. et Sand.).	Brusina, Contr. pella Fauna dei Moll. Dalm., p. 92.
1867	— *distorta* Mont.	Weinkauff, Conchyl. des Mittelm., t. I, p. 38.
1867	— — —	Taslé, Catal. Morbihan, p. 6.
1869	— — —	Petit, Catal. test. mar., p. 35.
1870	— — —	Aradas et Benoit, Conch. viv. mar. della Sic., p. 24.
1870	— — —	Hidalgo, Mol. mar. Catal. gen., p. 173.
1872	— — —	Monterosato, Notizie int. alle Conch. Medit., p. 26.
1875	— — —	Monterosato, Nuova Rivista, p. 18.
1878	— — —	Monterosato, Enum. e Sinon., p. 15.

1878 *Thracia distorta* Mont.	P. Fischer, Brachiop. et Moll. du litt. océan. de France, p. 7.
1880 — *ovalis* Phil.	Stossich, Prosp. della Fauna Adr., *in* Boll. della Soc. Adr. di Sc. Nat., p. 139.
1880 — *fabula* Phil.	Stossich, Prosp. della Fauna Adr., *in* Boll. della Soc. Adr. di Sc. Nat., p. 139.
1880 *Thracia inflata* Dan. e S.	Stossich, Prosp. della Fauna Adr., *in* Boll. della Soc. Adr. di Sc. Nat., p. 139.
1880 — *distorta* Mont.	Servain, Coq. mar. Ile d'Yeu, p. 10.
1883 — — —	Marion, Esq. topogr. Zool. du golfe de Marseille, p. 76.
1883 — — —	Daniel, Faune malac. de Brest, *in* Journ. de Conch., t. XXXI, p. 234.
1886 — — —	Locard, Prodr. de Malac. franç., p. 396.
1886 — *rupicola* Lam.	Locard, Prodr. de Malac. franç., p. 397.
1886 — *truncata* Turt.	Locard, Prodr. de Malac. franç., p. 397.
1886 — *distorta* Mont.	Granger, Moll. biv. de France, p. 175.
1887 — (Isartia) — —	P. Fischer, Manuel de Conch., p. 1171.
1887 — — —	Dautzenberg, Exc. malac. à Saint-Lunaire, p. 5.
1888 — — —	Kobelt, Prodr. Faunæ Moll. test. maria europ. inhab., p. 318.
1888 — — —	Servain, Coq. mar. Concarneau, p. 85.
1889 — — —	Carus, Prodr. Faunæ medit., p. 171.
1891 — *ovalis* Phil.	Brusina, Moll. lamell. di Zara, p. 24.
1891 — *fabula* Phil.	Brusina, Moll. lamell. di Zara, p. 24.
1892 — *distorta* Mont.	Locard, Coq. marines de France, p. 263.
1892 — *truncata* Turt.	Locard, Coq. marines de France, p. 264.
1892 — *rupicola* Lam.	Locard, Coq. marines de France, p. 264.
1894 — *distorta* Mont.	Dautzenberg, Moll. rec. à Saint-Jean-de-Luz et à Guétharry, p. 3.

Obs. — Dès 1802, Fleuriau de Bellevue avait nommé *Rupicole concentrique* dans son mémoire sur quelques nouveaux genres de Mollusques et Vers lithophages, etc. (*in* Journal de physique de Lamétherie, p. 345), une coquille qui est probablement celle dont nous nous occupons ici. Cette dénomination française a été traduite plus tard en latin par Recluz (*Rupicola concentrica*); mais cet auteur avoue qu'il est difficile de reconnaître l'espèce de Fleuriau qui n'a pas été suffisamment décrite. Dans ces circonstances, il nous semble préférable de conserver le nom de *Thracia distorta* Montagu qui ne peut prêter à l'équivoque.

Le *Thracia distorta* du catalogue de Gay (Bivalves du Var) n'est pas cette espèce, mais bien le *Thracia corbuloides* Deshayes.

D'après M. de Monterosato, le *Thracia Casani* Aradas et Calcara serait synonyme et il en est peut-être de même du *Thracia hiatelloides* Brusina (Contrib. pella Fauna dei Moll. Dalm., p. 40, 92).

Le *Venus sinuosa* Donovan, bien que la figure n'indique pas de cuilleron à la charnière, semble être le *Thracia distorta*; mais le *Venus sinuosa* Pennant pourrait aussi bien être regardé comme une déformation du *Tapes pullastra* var. *perforans*.

Cailliaud, qui a fort bien observé le *Thracia distorta*, dit que ce mollusque, n'étant pas perforateur, mais se logeant dans des excavations naturelles des roches ou dans des trous abandonnés par des mollusques perforants, est forcé de conformer sa coquille aux diverses formes des trous qu'il habite; c'est ainsi que lorsqu'il est logé dans un trou de *Saxicava*, sa coquille devient cylindrique; lorsque c'est dans un trou de *Petricola*, elle devient en partie arrondie. Les grains de quartz qui peuvent se trouver encastrés dans la pierre et qui étaient des obstacles pour les premiers habitants, le sont également pour le *Thracia distorta* et l'obligent à conformer sa coquille à toutes les difformités de sa demeure.

Diagnose. — Coquille, diamètre umbono-ventral 18 millim.; diamètre antéro-postérieur 25 millim.; épaisseur 11 millim., relativement solide, bien convexe, irrégulièrement arrondie, plus ou moins distordue, légèrement bâillante aux deux extrémités, un peu inéquivalve; valve droite plus convexe que la gauche, subéquilatérale; région postérieure tantôt aussi courte que l'antérieure, tantôt un peu plus allongée. Bord dorsal légèrement arqué de chaque côté des sommets; bord antérieur arrondi; bord postérieur plus ou moins nettement tronqué; bord ventral arqué et plus ou moins sinueux. Sommets renflés contigus, submédians, opisthogyres. Surface terne, ornée de petites granulations nombreuses et serrées, visibles seulement sous la loupe et de plis d'accroissement irréguliers. Intérieur des valves un peu luisant; bords simples, tranchants. Plateau cardinal étroit mais solide. Charnière composée dans chaque valve d'un cuilleron trigone, assez grand, soudé latéralement au bord dorsal postérieur. Le cartilage qui relie ces cuillerons est accompagné, du côté antérieur, d'une petite pièce calcaire caduque, en forme de croissant. Impressions musculaires bien visibles : celles de l'adducteur antérieur des valves étroites, allongées; celles de l'adducteur postérieur, arrondies; impression palléale pourvue d'un sinus largement ouvert, arrondi, peu profond.

Coloration blanche uniforme. Epiderme membraneux, gris brun, ne persistant que le long des bords de la coquille. Ligament corné, petit, court, faisant à peine saillie, de coloration brun-clair.

Variétés. — Le type figuré par Montagu est d'une taille plus forte que celle des spécimens que l'on rencontre d'habitude.

Var. ex forma 1, *truncata* Turton. Forme subquadrangulaire; bord ventral presque rectiligne, extrémité postérieure largement tronquée (Voir notre pl. XCIX, fig. 20, 21). Jeffreys dit que l'*Amphidesma truncatum* Brown est une espèce différente de l'*Anatina truncata* Turton et qui habite les mers arctiques. Nous ne pouvons admettre cette manière de voir, car les figurations de Brown et de Turton représentent à tel point la même forme, qu'elles sont presque superposables. Il est vrai qu'il existe dans le nord de l'Europe un autre *Thracia* beaucoup plus grand, mais il convient de lui attribuer le nom de *Thracia myalis* Beck et non celui de *truncata* Brown. Nous avons figuré, pl. XCIX, fig. 22, un exemplaire de cette espèce, comme terme de comparaison.

Habitat. — Très rare à Paulilles où nous n'en avons trouvé qu'une seule valve.

Dispersion. — Méditerranée et Adriatique, Océan Atlantique depuis les côtes d'Angleterre jusqu'au détroit de Gibraltar.

Origine. — La citation de cette espèce dans le Pliocène d'Angleterre est douteuse. Elle a été rencontrée dans le Pliocène du Bolonnais et du Modénais, ainsi que dans le Pleistocène de la Calabre et de la Sicile.

RÉSUMÉ ET CONCLUSIONS

Depuis le moment déjà éloigné où nous avons commencé la description des coquilles marines des côtes du Roussillon (1882), un nombre relativement considérable de travaux a été publié. Nous y avons puisé des références au fur et à mesure de la publication des différents fascicules de notre ouvrage, mais, arrivés maintenant au terme de notre tâche, nous désirons en mettre toutes les parties au même niveau et, pour cela, nous croyons nécessaire de dresser quelques tableaux complémentaires avec notes rectificatives concernant surtout nos premières livraisons.

Nous présenterons successivement :

1° Des corrections de nomenclature, c'est-à-dire l'indication critique des genres et sous-genres nouvellement proposés, qui se rapportent aux espèces que nous avons étudiées; puis les changements qui doivent être apportés dans les désignations spécifiques, afin de remédier à des doubles emplois reconnus, ou à des erreurs bien démontrées. On trouvera ces noms nouveaux employés dans notre tableau final de la distribution des espèces lorsque nous aurons constaté que leur adoption constitue une réelle amélioration.

2° Une liste des synonymes nouveaux, c'est-à-dire l'énumération des noms attribués à des formes décrites dans notre travail, après l'apparition de chacun de nos fascicules et dont nous ne reconnaissons pas l'utilité : espèces supposées nouvelles, variétés élevées au rang d'espèces, noms changés sans motifs valables.

3° Une liste des espèces de mollusques marins signalés sur les côtes méditerranéennes de la France et que nous n'avons pas trouvées dans le Roussillon. Nous considérons, en effet, étant donnée la grande unité faunique de la mer Méditerranée, qu'un bon nombre d'espèces que nous n'avons pas rencontrées sur les côtes du Roussillon peuvent y être découvertes d'un jour à l'autre. Nous appelons tout spécialement, de ce côté, l'attention des collectionneurs.

La pauvreté relative des côtes, dans les limites géographiques que nous nous sommes tracées, tient à plusieurs causes : d'abord, cette région est la plus froide de la mer Méditerranée. Située au nord des Pyrénées, limitée vers l'est par les côtes sableuses de l'Hérault et les lagunes du Gard, nous avons là une faune forcément moins riche que celle de la Provence et des côtes rocheuses qui la bordent. Enfin, nous n'avons eu que très peu d'espèces de fond, car nous n'avons pu faire aucun dragage régulier. Tous les matériaux qui enrichissent les listes de M. Marion, pour le littoral des Bouches-du-Rhône, nous ont donc échappé. Il est certain cependant qu'une bonne partie de ces espèces habitent les fonds au large de la côte pyrénéenne, mais nous n'avons pas eu les moyens de nous les procurer et le laboratoire Arago ne nous a été d'aucun secours. Il faut donc bien tenir compte de ce fait que nous n'avons décrit, en réalité, que les mollusques habitant spécialement la zone littorale.

Pour les espèces que nous n'avons pas rencontrées, nous n'avons pas établi une nomenclature critique, nous n'avons pas recherché leur synonymie, nous nous bornons à les citer sous la responsabilité des auteurs qui les ont signalées et dont nous avons placé les noms entre parenthèses. Nous faisons encore ici toutes réserves sur cette liste, car nous soupçonnons divers doubles emplois, des erreurs de nomenclature, d'habitat et même des lacunes qui ne pourront être comblées qu'après des recherches multipliées.

DISTRIBUTION GÉNÉRALE DES MOLLUSQUES

Nous devons quelques explications sur la manière dont nous avons dressé notre tableau général de la distribution des Mollusques du Roussillon, en considérant successivement : 1° Le nombre et l'extension géographiques dans la Méditerranée des diverses espèces, ainsi que l'état actuel de nos connaissances sur la distribution des mollusques dans cette mer; 2° la distribution géographique des mêmes espèces hors de la Méditerranée; 3° la distribution en profondeur; 4° la répartition de la faune méditerranéenne aux époques géologiques antérieures et dans les divers bassins.

1. Distribution géographique des Mollusques dans la Méditerranée.

Quelle est la population malacologique de la Méditerranée? En ce qui nous concerne, nous avons décrit comme rencontrées sur les côtes du Roussillon : Gastéropodes 262 espèces, Acéphales 131, en tout 393 espèces de Mollusques testacés, sans compter les variétés qui sont très nombreuses et qui permettraient probablement de doubler ce chiffre si on voulait les élever au rang d'espèces comme certains malacologistes en ont la tendance. Si nous ajoutons les espèces signalées sur les côtes françaises de la Méditerranée, mais que nous n'avons pas rencontrées dans le Roussillon, nous arrivons aux chiffres suivants : Gastéropodes 512, Acéphales 232, ensemble 745 espèces.

Dans son important travail sur la faune entière de la Méditerranée, M. Weinkauff, en 1867-1868, avait trouvé : Gastéropodes 440, Acéphales 230, ensemble 670 espèces.

A une époque plus récente, en 1878, M. de Monterosato, dans sa « Nuova rivista » a donné les chiffres suivants : Gastéropodes 698, Acéphales 302, ensemble 1,000 espèces.

Enfin, les nombres fournis par le Dr V. Carus, en 1892, sont, pour les testacés : Gastéropodes 776, Acéphales 354, ensemble 1,130 espèces.

Cette augmentation successive des noms inscrits dans les catalogues peut être attribuée à deux sources principales : à une exploration plus soigneuse des rivages et des grands fonds qui a fait découvrir des espèces réellement nouvelles ; ensuite, à un examen plus attentif des formes anciennes qui a permis de séparer, comme espèces distinctes, certaines formes considérées auparavant comme des variétés d'espèces déjà connues.

Cette augmentation est favorable au progrès de la science, si elle résulte d'un sentiment critique, indépendant de tout amour-propre personnel.

Nous avons laissé de côté diverses Classes de Mollusques, sur lesquels nous n'avions que des renseignements trop incomplets et qui figurent dans la Méditerranée aux nombres suivants, d'après M. Carus :

Ptéropodes...........	environ 25 espèces.		240 espèces.
Céphalopodes........	—	60 —	
Nudibranches.........	—	135 —	
(Brachiopodes)........	—	20 —	

Nous avons considéré, en dehors du Roussillon, cinq régions naturelles dans l'étendue de la Méditerranée, elles peuvent se réduire à quatre par suite de l'assimilation étroite qui peut être faite entre les faunes de l'Algérie, de l'ouest de l'Italie, du midi de la France et de l'est de l'Espagne. Ce sont les provinces suivantes :

1. *La Méditerranée occidentale,* bassin fort ancien, profond, bien connu, le plus riche.

2. *L'Adriatique* comprenant la longue fosse d'effondrement s'étendant depuis Trieste jusqu'au canal d'Otrante, et qui se serait formée à l'époque miocène. Sa faune malacologique, bien connue aujourd'hui, est fort belle, mais est cependant moins riche que celle du bassin occidental (1).

3. *La Méditerranée orientale,* Archipel et mer Egée, qui paraît due à un affaissement relativement récent, d'âge pliocène, et dont l'étendue était occupée autrefois par un vaste plateau reliant l'Asie mineure à la Grèce. Sa faune, d'aspect méridional, n'est encore qu'imparfaitement connue ; elle renferme, sinon quelques espèces spéciales, du moins diverses variétés bien caractérisées.

4. *La mer Noire.* Bassin presque fermé, mer peu salée, dans laquelle les conditions physiques sont très spéciales : faune pauvre, grands fonds

(1) *Brusina.* — Ueber die Mollusken-Fauna Osterreich-Ungarns, 1885.

inhabités. Sa communication avec la Méditerranée actuelle s'est probablement ouverte à l'époque où s'est formée la mer Egée.

La proportion des espèces du Roussillon communes, avec ces diverses régions, est la suivante :

Avec la Méditerranée occidentale, 387 espèces, soit 97 %.

Avec l'Adriatique, 363 espèces, soit 91 %.

Avec la Méditerranée orientale, 260 espèces, soit 65 %.

Avec la mer Noire, 51 espèces, soit 13 %.

Voici maintenant les chiffres de détail qui viennent à l'appui de notre groupement géographique.

Sur nos 393 espèces du Roussillon on en a signalé 382 sur les côtes d'Algérie et 393 sur les côtes occidentales de l'Italie. Nous considérons ces chiffres comme tellement voisins qu'ils constituent bien une faune identique. Les quelques espèces qui sont communes au Roussillon et à la mer Tyrrhénienne mais qui paraissent manquer en Algérie, sont presque toutes microscopiques, et des recherches ultérieures les feront certainement rencontrer. Avec l'Adriatique la proportion de 91 % d'espèces communes est encore pour nous une identité, l'absence de quelques-unes peut provenir, d'une part de ce que les recherches dans cette mer sont encore insuffisantes sur les côtes de la Turquie, et, d'autre part, de ce que la faune adriatique est, en réalité, un peu moins riche que celle de la mer Tyrrhénienne, un certain nombre d'espèces de la Sicile ne franchissent pas le canal d'Otrante. Cette faune adriatique renferme, en outre, quelques formes spéciales qui ne vivent pas sur d'autres points de la Méditerranée, et qui semblent des races récemment constituées.

Avec l'Archipel, la proportion d'espèces communes descend à 65 %, ce qui doit être attribué surtout à ce que les recherches malacologiques, dans cette région, ont été jusqu'ici fort négligées, les petites espèces n'y ont pas été recherchées avec le soin voulu, la faune de la zone des laminaires, entre autres, est tout à fait mal connue. On y trouve quelques formes spéciales, mais l'aspect général est algérien, tant par la taille plus grande des individus que par leur coloration plus vive; l'eau y est certainement plus chaude que dans les Pyrénées-Orientales.

Avec la mer Noire, la proportion d'espèces communes tombe à 13 % : cette brusque diminution provient surtout de la pauvreté de la faune de la mer Noire qui n'est composée que de 68 à 72 espèces et qui ne contient qu'un très petit nombre de formes spéciales. Ceci nous fait toucher du doigt l'imperfection relative de nos méthodes de calcul, car si nous comparons deux faunes formées d'un nombre trop inégal d'espèces, elles conduisent à des rapports défectueux.

Dans le cas présent, sur 393 espèces du Roussillon, 52 existent dans la mer Noire, ce qui donne 13 °/₀ d'espèces communes; si, au contraire, nous comparons les 70 espèces de la mer Noire aux 393 espèces du Roussillon, nous trouvons que la relation est de 74 °/₀, ce qui est infiniment plus exact. En somme, la faune de la mer Noire contient, en majorité, des espèces méditerranéennes pures, auxquelles s'ajoutent quelques variétés plus ou moins éloignées des formes méditerranéennes correspondantes, et seulement dans une proportion tout à fait minime (4 ou 5 espèces) des formes spéciales constituant des vestiges de l'ancienne faune pontique.

Peut-être vaudrait-il mieux encore diviser la Méditerranée en zones transversales basées sur la température. En effet, la faune algérienne se prolonge sans modifications sensibles sur les côtes de Barbarie, sur celles de l'Égypte, de la Syrie et jusqu'à la mer de Marmara, le rivage oriental est semblable au rivage méridional. Tandis que si toutes nos espèces des Pyrénées-Orientales sont connues en Algérie, l'inverse n'est pas vrai, et un très grand nombre d'espèces algériennes, des plus grandes et des plus richement colorées, n'atteignent pas la France mais disparaissent peu à peu le long du littoral de l'Espagne.

Une seconde zone, moins chaude, comprendrait une bande transversale médiane à laquelle appartiendrait la faune des côtes moyennes d'Espagne jusqu'aux Pyrénées, celles de l'Italie, de l'Adriatique et de la mer de Marmara.

Enfin, au nord, une troisième zone, celle du Roussillon, constituerait une région appauvrie, limitée, qui a été signalée comme relativement froide par les météorologistes (Berghaus-Atlas physique), comparable, comme température, à la mer Noire et au golfe de Gascogne.

Voici, par régions, les noms des auteurs qui ont donné des listes et fourni des renseignements sur la faune malacologique de diverses parties de la mer Méditerranée. On consultera comme ouvrages généraux les ouvrages de Petit de la Saussaye, 1851-1852 et 1869, de Weinkauff, 1867-1868; Kobelt, 1877-1881; Victor Carus, 1889. Enfin on trouvera, à la fin du Catalogue général des Mollusques marins vivants de France, dar M. Locard, en 1886, une liste bibliographique très étendue des travaux se rapportant aux Mollusques marins français de la Méditerranée (p. 605 à 701).

ESPAGNE ET ILES BALÉARES. — Hidalgo (1867, 1878, etc.), A. Bofill, environs de Barcelone (1890).

FRANCE : *Pyrénées-Orientales*. — Companyo (1861); Pepratx (1884).

Hérault. — Dubreuil (1877); Granger, environs de Cette (1879); G. Dollfus, plage de Palavas (1883).

Gard. — Clément (1875); récoltes de Recluz (collection).

Bouches-du-Rhône. — Ancey, 1870 (cap Pinède); Marion (1876-

1887); Vayssière (1880), environs de Marseille; récoltes de M. Martin des Martigues (collections).

Var. — Doublier (1853); Gay (1858); récoltes de Sollier à Toulon; Dautzenberg (1881 et 1886), environs de Cannes.

Alpes-Maritimes. — Risso (1826); Vérany (1846, 1853); A. Dollfus (1888).

Corse. — Payraudeau (1826); Réquien (1848); P. Fischer (1880-1881), sondages du *Travailleur* (1873), sondages du *Talisman*.

ITALIE : *Piémont.* — Jeffreys (1856, 1873, 1881); Capellini (1858); Tapparone-Canefri (1870); Monterosato (1876).

Toscane, Latium. — Appelius (1879); Tiberi (1877); del Prete (1883).

Campanie, Calabre. — Von Salis (1793); Delle Chiajie (1823-1844); O. Costa (1829); O.-G. Costa (1829-1874); Scacchi (1836); Cantraine (1836-1841); Calcara (1845).

Sicile. — Poli (1791-1795); Rafinesque (1810); Maravigna (1828-1850); Bivona (1832); Philippi (1836 et 1844); Brugnone (1861), Allery de Monterosato (1869-1896); de Gregorio (1884-1893); Aradas et Benoit (1846-1870).

MER ADRIATIQUE : *Région italienne.* — Ginnani (1757); Plancus (1760); Olivi (1792); Renier (1804); Chiereghini *in* Brusina (1870).

Région dalmate. — Danilo et Sandri (1856); Stossich (1865-1880); Brusina (1866-1893); Stalio (1874), Wimmer (1882), Heller (1884).

GRÈCE. — Deshayes (1832-1835); récoltes de M. Conomenos (collections).

ARCHIPEL. — Ed. Forbes (1843); île de Crète, Raulin (1869); Sturany (1896), voyage de *la Pola;* Jeffreys (1883); Spratt (1847-1858); Smyrne (Fleischer); Syrie : Roth (1839); Gaillardot; Puton.

ÉGYPTE. — Savigny (1827); Vassel (1890); Hartmann; Schneider.

CÔTES DE BARBARIE. — Mac'Andrew (1850); Monterosato (1879); Dautzenberg (1883), golfe de Gabès.

ALGÉRIE. — Deshayes (1844-1852); Aucapitaine (1863); Weinkauff (1862-1865); récoltes de Chevreux, Joly, Pallary, Tournier, etc. (collections).

MER NOIRE. — Middendorf (1847-1849); Siemasko (1847); Androusoff (1890).

2. Distribution géographique des Mollusques méditerranéens hors de la Méditerranée.

Les provinces géographiques telles que nous avons cru devoir les délimiter sont au nombre de sept. Ce sont, en commençant par le nord :

1° La *zone boréale et arctique*, comprenant l'Islande, les îles Færoe, la côte de Norvège, du cap Nord au détroit du Skager-Rack.

2° La *zone germanique*, comprenant les Shetland, la mer du Nord, le littoral de l'Écosse et de l'Angleterre, jusqu'au Pas-de-Calais, le littoral de la Belgique, de la Hollande, du Danemark, de l'Allemagne du Nord, puis le bassin de la mer Baltique. Car nous considérons avec le Révérend Canon Norman, que le rivage occidental de la mer du Nord est très différent du rivage oriental et qu'il convient de tracer une limite de province entre les deux.

3° La *zone britannique*, comprenant les îles Hébrides et le côté ouest de la Grande-Bretagne, les côtes de l'Irlande, le canal Saint-Georges, les rivages de la Manche, jusqu'au cap de la Hague.

4° La *zone celtique*, comprenant les îles anglo-normandes, le littoral de la Normandie, depuis le cap de la Hague, le littoral de la Bretagne, le golfe de Gascogne, la côte nord de l'Espagne jusqu'au cap Finisterre.

5° La *zone lusitanienne*, commençant au cap Finisterre et s'étendant le long des côtes d'Espagne et du Portugal, jusqu'au détroit de Gibraltar.

6° La *zone atlantique*, qui se compose des îles Açores, Madère, Canaries, et du littoral du Maroc, depuis Tanger jusqu'au cap Bojador.

7° La *zone sénégalienne*, renfermant les îles du Cap-Vert et le littoral africain depuis le cap Bojador jusqu'au golfe de Guinée.

Les nombres d'espèces communes entre la faune du Roussillon et ces provinces se résume comme suit :

Espèces communes avec la zone boréale.......	84	ou	21 %
— — — germanique ...	98		25 %
— — — britannique....	173		43 %
— — — celtique.......	208		52 %
— — — lusitanienne ...	228		57 %
— — — atlantique.....	181		45 %
— — — sénégalienne...	36	ou	9 %

On voit de suite que les relations sont nettement croissantes avec les zones successives boréale, germanique, britannique, celtique, que l'analogie arrive à son maximum dans la zone lusitanienne, qu'elle se maintient très grande encore avec la zone atlantique, mais qu'elle tombe brusquement à la zone sénégalienne. Une grande séparation s'impose entre la Méditerranée et le Sénégal, on sent que c'est un autre monde malacologique qui apparaît et que la faune européenne tempérée s'évanouit devant la faune africaine tropicale.

Nous n'avions aucune espèce commune certaine entre la mer Méditerranée et la mer Rouge, malgré la proximité de ces mers, avant l'ouverture du canal de Suez. Là encore c'est une faune toute différente, très riche et très variée, de caractère subéquatorial qui s'épanouit. Depuis quelques années on cite le passage de quelques espèces d'une mer dans l'autre, mais nous ne savons pas encore dans quelles conditions les faunes se mêleront, dans quel sens se fera l'émigration et dans quelle proportion le mélange pourra s'établir.

Avec la mer des Antilles il n'y a pas non plus d'espèces communes; à peine peut-on relever le nom de quelques espèces flottantes ou ubiquistes qui se propagent sur tous les rivages de l'Atlantique. Enfin, quelques formes européennes s'égrènent jusqu'au cap de Bonne-Espérance et ont été recueillies à Port-Elisabeth, d'après les listes de M. Sowerby. Vers le nord, l'extension géographique devient considérable, certaines espèces de la faune boréale se répandent dans les mers polaires jusqu'aux rivages de l'Amérique du Nord, de l'Asie du Nord et passant par le détroit de Behring descendent jusqu'au Japon; M. G.-O. Sars a traité cette question avec détails, il a montré que dans la faune arctique norvégienne le nombre des espèces communes avec d'autres régions polaires allait en diminuant avec la distance et qu'il restait encore avec le Japon, considéré comme point extrême, 33 espèces communes.

Nous pouvons comparer utilement nos chiffres avec ceux donnés par Weinkauff, qui a mis en parallèle avant nous la faune de la Méditerranée et celles des autres régions européennes. Voici les chiffres d'espèces communes qu'il a relevés.

Espèces communes :

	Gastéropodes,	Acéphales,	Moyennes.
Avec la Norvège	11 %	33 %	19 %
Avec la zone germanique	21 —	39 —	27 —
— britannique	30 —	49 —	37 —
— celtique	25 —	44 —	31 —
— lusitanienne	30 —	47 —	36 —
— atlantique	29 —	40 —	33 —
— sénégalienne	7 —	9 —	8 —

On voit que ces chiffres concordent sensiblement avec les nôtres et que le maximum d'analogie de la faune méditerranéenne est avec la faune britannique et lusitanienne, qu'elle fléchit légèrement avec la zone atlantique et tombe brusquement avec la zone sénégalienne. La faiblesse relative d'analogie avec les zones arctique et celtique doit être attribuée à l'étude encore fort incomplète des rivages de la Norvège et de la France au moment où Weinkauff préparait ses tableaux.

Nous emprunterons encore quelques chiffres à G.-O. Sars (*Mollusca regionis arcticæ Norvegiæ*). Il donne pour la faune malacologique de la Norvège :

Mollusques Céphalés (sans les Nudibranches), 305 espèces; Mollusques Acéphales 174 espèces, ensemble 479 espèces.

La propagation s'établit comme suit :

Angleterre : Céphal. 183, Acéph. 128; 311 esp. = 64 %.

Méditerranée : Céphal. 131, Acéph. 119; 250 esp. = 52 %.

Cette dernière relation entre la Norvège et la Méditerranée, 52 %, est bien plus élevée que celle que nous avons trouvée entre la Méditerranée et la Norvège; 25 %, cela provient de ce que le contingent des espèces norwégiennes qui parviennent jusque dans la Méditerranée y est noyé dans le nombre considérable d'espèces composant cette faune, tandis que le même contingent pèse d'un grand poids dans la faune relativement pauvre du Nord. Enfin, nous n'avons pas recueilli dans le Roussillon d'espèces de grands fonds qui sont surtout des espèces de mer froide et notre comparaison reste forcément incomplète.

3. Distribution bathymétrique des Mollusques.

La distribution des Mollusques en profondeur est une question assez obscure, les documents positifs n'étant pas encore suffisants. Tandis que certaines espèces paraissent vivre à toutes les profondeurs, depuis les rivages jusqu'aux grands fonds, il en est d'autres qui semblent exclusivement littorales et enfin beaucoup qui habitent exclusivement les grands fonds et n'arrivent jamais à la côte. Chacun se souvient de l'étonnement qu'ont provoqué les premiers dragages des grands fonds de l'Atlantique qui nous ont révélé l'existence, à nos portes, d'une faune tout à fait nouvelle et inattendue. Pour beaucoup d'espèces, il paraît que la profondeur en elle-même n'a qu'une importance médiocre, mais que la température des eaux est une condition prépondérante. Telles espèces qui sont littorales en Islande, au Groenland, en Norvège, ont été trouvées à des profondeurs croissantes à mesure qu'on s'avançait vers le sud; certaines d'entre elles se rencontrent dans la zone tropicale, reléguées dans la région des abysses entre 2,000 et 5,000 mètres de profondeur.

La question pour la Méditerranée est un peu différente, cette mer étant fermée par un seuil dont la profondeur ne dépasse pas 320 mètres; les eaux froides, profondes des régions polaires ne peuvent y pénétrer et vers la profondeur de 180 mètres, la Méditerranée acquiert la température constante de 13°, qu'elle conserve jusque dans les plus grands fonds, où la circulation des eaux est presque nulle. Ces conditions ont leur répercussion sur la faune qui est très nombreuse sur les rivages et jusqu'à 25 ou 30 mètres de profondeur. A partir de ce niveau, la faune se spécialise, elle prend l'aspect dit coralligène et reste assez abondante jusque vers 300 mètres; ensuite elle s'appauvrit, devient de plus en plus réduite et se localise sans toutefois disparaître complètement, comme le croyait Ed. Forbes, d'après quelques dragages malheureux dans l'Archipel.

Tous les grands fonds de la Méditerranée sont couverts d'une boue argileuse bleuâtre, gluante, analogue aux argiles bleues du Plaisancien et du Tortonien; elle est habitée par quelques espèces spéciales et par d'autres ubiquistes et qui sont disposées en colonies clairsemées.

MM. Marenzeller et Sturany dans leurs récentes recherches à bord de *la Pola*, campagnes de 1895 et 1896, dans l'archipel grec, ont admis les zones bathymétriques suivantes :

I. Zone littorale de 0 à 300 mètres.

II. Zone profonde de 300 à 1,000 mètres.

III. Zone abyssale de 1,000 mètres et au delà.

Sur un total de 120 espèces qu'ils ont rencontrées, on en trouve 83 dans la zone I, 48 dans la zone II et 20 seulement dans la zone III. Ces nombres montrent bien la diminution rapide de la vie dans les fonds de la Méditerranée. La plus grande profondeur atteinte a été celle d'un sondage de 2,420 mètres au nord d'Alexandrie, qui a fourni 9 espèces dont 5 étaient nouvelles.

4. Habitat des Mollusques.

Nous n'avons pas d'informations bien neuves à donner sur ce sujet. Nous comprenons comme FAUNE LITTORALE celle qui s'étend jusqu'à 3 à 4 mètres de profondeur ainsi que l'a indiqué Forbes, elle peut se présenter sous trois aspects : *faciès rocheux* avec abondance de gastéropodes : Murex, Patelles, Chitons., *faciès sableux* avec prédominance de Lamellibranches : Cardium, Tellines, Mactres; *faciès vaseux* contenant quelques formes spéciales, Lutraires, Scrobiculaires, Cardium, avec pauvreté de Gastéropodes.

Plus bas, la FAUNE DES LAMINAIRES ou des prairies sous-marines, dans laquelle abondent les mollusques phytophages, Rissoa, Natica. Ce niveau qui s'étend entre 3 et 30 mètres de profondeur au maximum, paraît limité par les conditions de pénétration de la lumière indispensable au développement de la végétation.

Les mollusques de ce niveau sont fréquemment rejetés à la côte.

La FAUNE CORALLIGÈNE succède entre 30 et 60 mètres. Les coraux massifs, les gorgoniens, ne paraissent pas vivre à une profondeur beaucoup plus grande, les Brachiopodes, Ovules, Pleurotomes, Chama, Spondyles, abondent dans ce niveau, leurs débris arrivent parfois à la côte après de gros temps et notre publication en contient un certain nombre.

La FAUNE ABYSSALE, niveau profond de la vase bleue a aussi ses espèces spéciales, mais nous n'avons pas à nous en occuper.

5. Distribution géologique des Mollusques.

Les provinces géologiques dont nous avons comparé la population malacologique avec celle du Roussillon sont délimitées par bassins naturels et distribuées comme ceux que nous avons indiqués dans notre *Liste préliminaire des coquilles des Faluns de la Touraine* (1). Nous avons laissé de côté l'Oligocène, période déjà éloignée, avec laquelle les dépôts miocènes qui les suivent n'ont eux-mêmes qu'une faible analogie et qui n'ont pas d'éléments communs avec la faune européenne actuelle. Plus nos études s'avancent, plus la séparation entre l'Oligocène et le Miocène nous apparaît importante, elle marque une transgression stratigraphique de première valeur dans l'histoire géologique de l'Europe, les terres et les mers étaient alors tout autrement disposées : des communications se sont ouvertes, d'autres se sont fermées, et, seulement sur un faible espace du bassin de Bordeaux et de la haute Italie, nous constatons une succession normale des assises marines; partout ailleurs la discordance est complète.

Obligés de nous borner, nous avons dû considérer la période miocène dans son ensemble, sans y introduire de subdivisions stratigraphiques, de même, nous avons dû nous restreindre à la considération de deux bassins géographiques, celui du Nord et celui du Midi.

Miocène du Nord. Nous avons indiqué sous cette rubrique (col. 15) la comparaison avec les faunes suivantes : 1° dépôts marins du versant de la mer du Nord : Bassin de l'Allemagne du Nord, du Rhin inférieur et de la Belgique appartenant tous au Miocène supérieur; 2° dépôts marins du versant Atlantique qui comprennent les faluns de la Touraine (Miocène moyen), du Bordelais (Miocène inférieur, moyen et supérieur), et du Portugal (Miocène moyen et supérieur).

Miocène du Midi. — Il comprend des dépôts très étendus : 1° Bassin méditerranéen occidental : vastes étendues de molasse développées dans l'Espagne du sud et de l'est, les îles Baléares, l'Algérie, la Tunisie, la Sicile, Malte, le versant occidental de l'Apennin, la Sardaigne, la Corse, le Languedoc, la Provence, la vallée du Rhône, la Suisse; 2° Bassin du Danube : dépôts argilo-sableux, plus rarement formés de calcaires construits, se prolongeant de Bavière en Autriche, Hongrie, Galicie, Roumanie, Russie méridionale; 3° Bassin méditerranéen oriental dont on ne connaît encore que des témoins isolés, mais qui annoncent une mer très étendue en Anatolie, dans le haut bassin de l'Euphrate, au pied du massif de l'Ararat et jusqu'en Perse, puis dans divers points de l'Archipel, en Egypte et jusque dans le désert Libyque. M. Carlo de Stefani a

(1) *Feuille des Jeunes Naturalistes*, 1886.

récemment donné un coup d'œil d'ensemble très remarquable sur tous ces dépôts (1).

Pliocène du Nord. — Ces dépôts pourraient être subdivisés géographiquement en dépôts du versant de la mer du Nord, comprenant les sables d'Anvers, les crags du Suffolk et de Lenham et en dépôts du versant de l'Océan Atlantique, comprenant les dépôts de Saint-Erth en Cornwall, ceux du Cotentin et de la Loire-Inférieure. Pour ces derniers, de belles récoltes, encore inédites, montrent qu'ils ont été bien plus étendus et plus riches qu'on ne le croyait autrefois.

Jusqu'ici il n'y a rien de connu appartenant à cet âge ni dans le bassin de Bordeaux, ni sur les côtes d'Espagne ou du Portugal.

Pliocène du Midi. — Cet étage est représenté par des dépôts nombreux et variés au pourtour de la Méditerranée actuelle; leur extension est différente de celle des dépôts miocènes. On rencontre du Pliocène sur les côtes d'Espagne, depuis les environs de Valence jusqu'à Barcelone, dans les îles Baléares, les Pyrénées-Orientales (Millas, Banyuls-les-Aspres), le Languedoc, la vallée du Rhône (où le Pliocène marin remonte jusqu'aux portes de Lyon), la Provence, les Alpes-Maritimes, la Ligurie, toute l'Italie sur les deux versants de l'Apennin (où l'on voit des marnes grises et bleues, coupées de sable à diverses hauteurs, s'appuyer sur ses contreforts jusqu'à une grande altitude).

Dans le midi de l'Italie et en Sicile, le Pliocène est remarquablement développé, on le connaît en Algérie, en Tunisie et sur divers points de l'Archipel. Des dépôts d'une toute autre nature, sur lesquels nous reviendrons plus loin, se déposaient, à la même époque, dans la vallée du Danube et dans la Russie méridionale.

Pleistocène du Nord. — Nous avons réuni, sous cette désignation, tous les dépôts marins suivants : 1° du versant de la mer du Nord, comprenant les sables quaternaires glaciaires du Danemark, ceux de l'Allemagne du Nord, les dépôts quaternaires marins des forages de Hollande que M. Lorié a fait connaître, les dépôts subglaciaires de l'est de l'Angleterre (Crag de Weybourn, de Norwich, de Bramerton, de Bridlington), les boues glaciaires d'Ecosse; 2° du versant de l'Atlantique parmi lesquels nous comptons le remarquable gîte de Selsey, dans le Hampshire, où apparaissent des formes déjà franchement méridionales; les graviers de Wexford, en Irlande; les boues glaciaires de l'île de Man, etc. Nous ne connaissons guère de dépôts à paralléliser, en France, sinon peut-être ceux à *Ostrea edulis* des buttes de Saint-Michel-en-l'Herm (Vendée).

Pleistocène du Midi. — Dans notre tableau, cet étage comprend les

(1) *Annales de la Société géologique de Belgique*, 1881.

plages soulevées du pourtour de la Méditerranée : dépôts à *Strombus coronatus* Defr., dans leur faciès tiède, et à *Cyprina islandica*, dans leur faciès froid. La surface d'affleurement de ces dépôts est toujours médiocre, mais leur faune abondante est d'un très grand intérêt, et elle est portée à une grande altitude en Sicile (Monte-Pelegrino, Ficarazzi, Santa-Flavia) et en Calabre. On la cite aux îles Baléares, en Sardaigne, à l'île de Pianosa, à Livourne, dans la campagne de Rome, l'Algérie et la Tunisie. C'est elle qui a été rencontrée à Corinthe. Dans l'Archipel, le Pleistocène est remarquable à Rhodes, à Chypre, à Cos, à Karpathos, etc.

On trouve encore à l'état subfossile, dans d'autres points de la Méditerranée des traces de dépôts de mer froide; au large de Banyuls, par exemple, quelques dragages ont ramené des coquilles encore assez fraîches, d'espèces de Mollusques qui ont disparu de la Méditerranée; telles que *Cyprina islandica*, *Panopæa norvegica*, *Chlamys islandica*, toutes formes caractéristiques de mers froides.

Deux théories ont été proposées pour expliquer la présence d'une faune froide dans la Méditerranée, pendant la période pleistocène, qui a immédiatement précédé la nôtre. On a supposé que les eaux de la Méditerranée s'étaient refroidies pendant la période glaciaire et que la faune boréale avait pu envahir toutes les régions du sud, à la faveur de cette température nouvelle. On a pensé, d'autre part, qu'il suffisait que le détroit de Gibraltar ait été beaucoup plus profond à ce moment qu'aujourd'hui, pour que les eaux froides des profondeurs de l'Atlantique aient pu pénétrer dans la Méditerranée avec leur cortège d'espèces boréales.

On peut remarquer que ces faits d'introduction sont antérieurs aux grands mouvements du sol qui, en Sicile et en Calabre, ont porté à une grande altitude les dépôts pleistocènes, renfermant des coquilles caractéristiques de la faune froide disparue aujourd'hui, et que des modifications analogues de niveau ont pu prendre place, à la même époque, dans la région qui faisait communiquer l'Atlantique avec la Méditerranée et modifier la profondeur du détroit. Cependant, l'hypothèse d'un refroidissement d'ensemble n'est pas non plus blâmable, car elle correspond à des faits généraux de refroidissement constatés dans toute l'Europe septentrionale et centrale, qui furent caractérisés au sud par d'importants phénomènes diluviens.

Il a été beaucoup discuté sur la question de la communication de la mer Méditerranée avec l'Atlantique, et longtemps les connaissances géologiques ne permettaient pas d'en donner une solution satisfaisante. Nous savons maintenant qu'aucune communication récente n'a pu avoir lieu, ni par le midi de la France, ni par l'Espagne centrale. Le détroit pyrénéen s'est fermé à la fin de l'époque nummulitique (Oligocène moyen), c'est-à-dire très anciennement. La communication marine s'est faite pendant la période miocène, par la vallée du Guadalquivir, laissant Gibraltar et la Sierra-Nevada reliés à l'Afrique. Dans la vallée du Guadalquivir, la molasse miocène, fossilifère, est relevée et disloquée jusqu'aux sommets des montagnes de Murcie, jalonnant un vaste synclinal allant de Séville à Valence.

Pendant la période pliocène le point de communication des deux mers s'est déplacé vers le sud et le détroit s'est ouvert dans la région actuelle, ce changement laissait au nord, dans les montagnes de la Bétique, une flore et une faune continentales africaines qui ont pu gagner par voie terrestre le reste de l'Espagne et se propager dans le midi de la France, nous procurant ainsi : *Helix candidissima*, *Rumina decollata*, *Zonites algirus* et autres formes qui n'avaient pas paru en France à des époques antérieures.

La question de savoir si, plus au sud, par le Maroc, il y avait quelqu'autre ouverture n'est pas résolue, nous ne savons pas non plus si la profondeur du seuil, qui est aujourd'hui de 320 mètres, est toujours restée fixe ; la sonde nous apprend seulement qu'elle est semée de hauts et de bas fonds.

La communication de la mer Méditerranée avec la mer Rouge est un autre problème dont la solution n'est pas aussi avancée. Ce que nous savons, c'est que les deux mers sont depuis fort longtemps séparées, qu'il faut remonter à l'Oligocène pour trouver une communication certaine, et que depuis le Miocène, les deux provinces malacologiques ont évolué séparément.

Mais le point le plus remarquable est que les limites de la mer Miocène européenne ont été autrefois étendues bien plus loin au sud et sur de vastes territoires que la mer Rouge a aujourd'hui envahis. On a trouvé des alternances des deux faunes méditerranéenne et indienne dans des couches successives appartenant à des bassins différents qui se disputaient l'isthme, sans pouvoir se rejoindre. La ligne de partage des eaux changeait de place, mais continuait à délimiter les royaumes de deux faunes spéciales.

Voici les chiffres comparatifs fournis par notre tableau, pour la faune du Roussillon :

Espèces communes avec le	Miocène du Nord : 83 = 22 %...		32 %.
—	—	Miocène du Midi : 159 = 43 %...	
—	—	Pliocène du Nord : 122 = 31 %..	41 %.
—	—	Pliocène du Midi : 310 = 77 %...	
—	—	Pleistocène du Nord : 117 = 29 %.	47 %.
—	—	Pleistocène du Midi : 260 = 65 %.	

Ces chiffres n'ont pas besoin d'un long commentaire.

Antérieurement, M. Weinkauff avait trouvé les relations suivantes de la faune méditerranéenne : avec la faune miocène Céphalés 16 %, Acéphales 25 %, ensemble 19 %; avec la faune pliocène Céphalés 35 %, Acéphales 61 %, ensemble 44 %; avec la faune pleistocène Céphalés 55 %, Acéphales 79 %, ensemble 63 %.

Ces nombres sont quelque peu différents des nôtres et, dans l'avenir, ils pourront encore varier de quelques pour cent, par des découvertes ultérieures. Mais il ne semble pas que, dans leur essence, ils puissent se trouver sensiblement modifiés. Les affinités de la faune actuelle sont inversement proportionnelles à l'ancienneté et à l'éloignement des faunes avec lesquelles on la compare. La proportion plus forte des chiffres fournis par M. Weinkauff provient de ce que nous n'avons comparé que la faune littorale, tandis que la faune coralligène qui nous a manqué fournit un contingent considérable d'espèces communes avec les dépôts géologiques.

Cet examen nous apprend que la faune méditerranéenne évolue sur place, en Europe, depuis le début de la période miocène; perdant avec le temps certains éléments, conservant intacts certains autres, assistant à la modification progressive de beaucoup de formes qui se suivent avec des variations insensibles à travers la suite des couches; acquérant enfin diverses espèces nouvelles dont l'origine reste toujours plus ou moins mystérieuse.

Nous ignorons d'où venait la faune marine miocène. Nous percevons seulement le moment où elle s'est fixée sur les rivages de l'Europe, lorsque des affaissements survenus de toutes parts ont mis fin à la vaste étendue continentale de l'étage aquitanien en Occident. Depuis le moment où elle s'est ainsi fixée, elle est restée au fond identique à elle-même et dans les mêmes limites géographiques.

Malgré des déplacements de rivages continuels, des fluctuations multiples dans la température et dans les courants, son cadre est resté bien net; une barrière de grandes profondeurs marines l'a maintenue séparée de la faune antillienne; des changements très importants de température, alors comme aujourd'hui, ont empêché sa propagation littorale, au nord dans les régions boréales et au sud dans la zone équatoriale; nous nous sommes expliqués sur sa barrière terrestre à l'est.

De l'autre côté de l'Atlantique, la faune malacologique marine paraît avoir traversé des péripéties identiques. La faune miocène américaine du littoral atlantique a évolué séparément et isolément, restant parfaitement distincte de la faune antérieure oligocène qui occupait les Antilles, et de la faune pacifique qui restait isolée de l'autre côté de la grande chaîne montagneuse américaine. Pendant le Pliocène, qui est peu développé sur le littoral des Etats-Unis, comme sur le rivage atlantique de l'Europe et qui correspond à une période de régression des mers dans ces provinces, la faune américaine forme, comme la faune européenne, un relai caractéristique entre le Miocène et le Pleistocène.

Au point de vue des animaux terrestres, des mammifères, par exemple, l'origine commune et l'évolution parallèle des faunes dans les deux continents, ont été depuis longtemps remarquées; on a proposé le nom de province Holarctique pour désigner les deux rameaux européens et nord-américains, à développement concomittant, sur les bords du vieil Atlantique tempéré avec communication probable par les terres du nord. Les limons glaciaires du Canada et des Etats-Unis du nord renferment, en partie, les mêmes mollusques que le lœss de la vallée du Rhin et des environs de Paris.

Dans la nature actuelle, il serait facile de dresser une longue liste de Mollusques marins représentatifs, c'est-à-dire, d'espèces du rivage américain qui présentent une grande analogie avec les espèces atlantiques européennes, mais qui s'en distinguent par certaines particularités d'ordre secondaire, de valeur déjà spécifique, mais non générique.

Nous paraissons tenir là, après bien des efforts, un lambeau de l'histoire de la vie du globe, dont les caractères généraux sont assez solidement appuyés pour nous paraître acquis.

Nous serions incomplets — dans cette esquisse basée sur l'étude des Mollusques des faunes européennes du Néogène — si nous ne parlions de l'invasion, à la fin du deuxième étage méditerranéen de M. Suess (Miocène moyen), d'une faune saumâtre, renfermant des types très particuliers, réfugiée aujourd'hui dans les eaux de la mer Caspienne et de la mer d'Aral, et qui a reçu le nom de faune Sarmatique. A l'époque du Miocène supérieur, cette faune, formée de *Cardium* spéciaux, de Congéries, de Potamides, de Paludines, venus d'Orient, a envahi le bassin de la mer Noire, toute la vallée du Danube, mais sans entrer en contact avec l'étendue méditerranéenne actuelle.

Cette faune s'est propagée à l'époque suivante (époque pontique) où son étendue a atteint son maximum; le régime saumâtre à Congéries a gagné la vallée du Rhône, la Catalogne, l'Italie, la Sicile : il correspond à un rejet vers le sud des rivages de la Méditerranée, à un appauvrissement de sa faune, car lorsque la faune orientale à Congéries et à Valenciennesia bat en retraite et reprend le chemin par lequel elle est venue, les rivages de la mer pliocène ne ramènent plus qu'une faune relativement appauvrie, à laquelle manquent les plus belles espèces qui faisaient l'ornement des mers miocènes. Dans nombre de points du bassin méditerranéen, la faune pontique alterne avec les couches marines du Miocène supérieur et du Pliocène inférieur sans se mêler avec elles. Un peu plus tard, la faune asiatique recule de plus en plus; elle devient l'étage Levantin à Paludines, couvrant la péninsule balkanique, l'Archipel et l'Asie Mineure; mais ce n'est là qu'une étape : la mer pliocène chasse bientôt devant elle cette faune saumâtre et lui fait abandonner le bassin même de la mer Noire pendant les temps pleistocènes. La faune aralo-caspienne, épuisée, malgré son brillant succès, cède de nouveau la place à l'ancienne faune terrestre européenne oligocène et miocène, moins somptueuse, mais plus solide, et qui était probablement d'origine africaine.

Il peut sembler téméraire de prévoir quel sera l'avenir de la faune marine malacologique européenne. La modification la plus grave est l'introduction d'espèces de la mer Rouge par la voie du canal de Suez. Un certain nombre d'auteurs : le Dr Krauss, M. Vassel, en rappelant les travaux antérieurs de Savigny, Mac' Andrew, Vaillant, Issel, ont déjà examiné cette question.

Nous pouvons craindre qu'une perturbation très sensible soit à la veille de troubler l'unité naturelle de notre bassin méditerranéen. La présence de la Méléagrine à Gabès et à Beyrouth prouve que chaque mer va gagner à cette communication certaines formes plus hardies, plus vigoureuses, mieux disposées à s'adapter à un nouveau milieu, et bientôt la pureté originelle des régions zoologiques se trouvera troublée. Il faut donc se hâter de terminer nos catalogues zoologiques avant que le mélange soit plus avancé. Comment pourrions-nous, par exemple, affirmer sans cela aujourd'hui que les Vulselles, que M. de Gregorio a décrites comme méditerranéennes, sont exotiques? Toutes nos conclusions géologiques et zoologiques peuvent se trouver modifiées, et la science perd un point d'appui qui eût pu lui être d'une réelle utilité.

L'influence de l'homme peut encore s'exercer par l'introduction ou la destruction d'espèces comestibles. Chaque jour, de très grandes quantités de coquilles comestibles de l'Océan sont amenées sur les marchés de la Méditerranée; car la pêche et la récolte de grandes quantités de mollusques sont plus faciles sur les côtes océaniques que sur celles de la Méditerranée; aussi est-on facilement trompé sur l'habitat réel et l'origine des variétés qu'on rencontre ainsi sur les marchés. Enfin, M. Marion a indiqué combien le voisinage de l'homme était pernicieux pour la faune, par suite de la pollution des eaux au moyen des débris industriels, ou par l'agitation, de telle sorte que, par exemple, bien des espèces paraissent avoir disparu depuis peu d'années des environs de Marseille. D'autres changements ne pourraient provenir que de perturbations profondes dans la température générale de l'Europe, accompagnant quelque bouleversement impossible à prévoir.

NOTES SUR LA NOMENCLATURE

T. I, p. 24. — S.-g. *Ocinebrina*. — M. P. Fischer a montré dans son Manuel de Conchyl., p. 642, que notre s.-g. *Corallinia* B. D. D. 1882 devait disparaître comme étant basé sur la même espèce qui avait été prise par M. Jousseaume, en 1880, comme type de son s.-g. *Ocinebrina*.

T. I, p. 32. — G. *Cancellaria*. — Un examen direct des sources nous ayant montré que le type du g. *Cancellaria* Lamarck en 1798 et en 1801 avait été le *Voluta reticulata* Linné, nous pensons qu'il y a lieu d'accepter pour le *Cancellaria cancellata* L. la nouvelle section fondée par M. Jousseaume en 1888 : S.-g. *Bivetia*, car il est suffisamment éloigné du type pour mériter une désignation spéciale.

T. I, p. 36. — M. de Monterosato a créé le genre *Pseudofusus* pour le groupe du *Fusus rostratus* Olivi, mais il nous semble que cette espèce est trop voisine du *Fusus syracusanus*, sur lequel est fondé le s.-g. *Aptyxis* Troschel, pour qu'il soit nécessaire de l'adopter. Le type du g. *Fusus* Lamarck est le *Fusus colus* Linné et non pas le *F. colosseus* comme nous l'avons imprimé par erreur p. 35. Nous considérons également le *Fusus bengasiensis* Sturany (Zool. Ergebnisse, 1, Wien, 1896, p. 8, pl. I, fig. 1-2) comme une simple variété du *F. rostratus* Olivi.

T. I, p. 37. — S.-g. *Pagodula*. — M. de Monterosato a montré qu'il était utile de créer une section pour le *Murex vaginatus* Crist. et J. et a proposé le nom de *Pagodula* Monts., 1884, que nous adoptons bien volontiers. Mais nous ne voyons pas la même nécessité de remplacer le nom bien connu de *M. vaginatus* de C. et J. par celui de *Murex carinatus* Bivona père, 1832, qui serait plus ancien; en effet, nous ferons observer que le catalogue de Cristofori et Jan, que nous avons sous les yeux, porte la date de publication du 1er septembre 1832 à la fin de la préface et sur la couverture, et non pas 1833 comme le croit M. de Monterosato, il devient, dès lors, très difficile de savoir lequel des auteurs a la priorité, et, dans cette incertitude, nous conservons le nom généralement accepté.

M. de Gregorio (Studi di alcune Conch. Med., p. 288) a proposé, en 1885, un s.-g. *Pinon* basé sur la même coquille, qui tombe purement en synonymie; on trouvera dans son travail une liste de références très complète de cette espèce.

T. I, p. 42. — Le g. *Sphæronassa* Locard, 1886, ne nous paraît pas admissible, parce que son type *Nassa mutabilis* est justement celui du genre *Nassa*.

T. I, p. 78. — S.-g. *Atilia*. — M. Paul Fischer (Man. de Conchyl., p. 638) a montré que notre s.-g. *Columbellopsis* B. D. D., 1882, était strictement synonyme du s.-g. *Atilia* H. et A. Adams 1853 (Genera of recent Mollusca, I, p. 184) et devait disparaître comme plus récent. Le g. *Tetrastomella* Bellardi 1889 doit également disparaître pour la même raison.

T. I, p. 86. — G. *Teretia*. — M. Norman, en 1888, a corrigé le nom de *Teres* B. D. D. en *Teretia*, pour lui donner une forme grammaticale plus correcte. Des renseignements supplémentaires ont été donnés par MM. Dautzenberg et Fischer sur cette forme intéressante, en 1896, dans leur travail sur la campagne de la *Princesse-Alice*.

T. I, p. 88. — S.-g. *Bellardiella*. — Dans son Manuel de Conchyliologie (p. 594), M. Paul Fischer a remplacé avec raison notre s.-g. *Bellardia* 1883, par le s.-g. *Bellardiella* Fisch. 1883, à cause de l'existence d'un genre *Bellardia* Mayer-Eymar, 1870, fondé pour un groupe d'espèces de *Cerithidæ*. La correction postérieure en *Comarmondia* Monterosato 1884 est donc sans objet.

T. I, p. 94. — M. de Monterosato a changé le nom du *Pleurotoma* (*Clathurella*) *rudis* Scacchi, 1836, en *Pleurotoma pupoidea* Monts. 1884, pour éviter toute confusion avec un *Pleurotoma rudis* Sowerby 1833, espèce différente. Il faut remarquer qu'il existe en outre un *Zafra pupoidea* H. Adams 1872, mais comme cette espèce n'a jamais été classée que dans le g. *Zafra* et non parmi les *Pleurotoma*, il n'y a pas lieu là à correction synonymique, bien que pour plusieurs auteurs le g. *Zafra* ne soit qu'un groupe de Pleurotomes.

T. I, p. 99. — M. de Monterosato a créé un grand nombre de genres parmi les petits Pleurotomes :

G. *Ginnania* Monts. 1884, type *Pleur.* (*Raphitoma*) *nebula* Mtg.

G. *Villiersiellia* Monts. 1890 (*Villiersia* Monts. 1884 *non* d'Orbigny), type *Pleur.* (*Raphitoma*) *attenuata* Montagu sp.

G. *Smithiellia* Monts. 1890 (*Smithia* Monts. 1884, *non* Edw. et Haim. 1851, *nec* Maltzan. 1883), type *Pleur.* (*Raphitoma*) *striolata* Scacchi.

Mais ces groupes ne nous paraissent même pas avoir la valeur de sous-genres, car ils sont basés sur des caractères d'ordre spécifique et non générique, ils doivent, selon nous, passer en synonymie des *Raphitoma*.

Il en est de même des genres suivants, qui appartiennent tous au genre *Clathurella*.

G. *Philbertia* Monts. 1884, type *Pleur.* (*Clathurella*) *Philberti* Mich.

G. *Cirillia* Monts. 1884, type *Pleur.* (*Clathurella*) *linearis* Montagu.

G. *Leufroyia* Monts. 1884, type *Pleur.* (*Clathurella*) *Leufroyi* Mich.

G. *Cordieria* Monts. 1884, type *Pleurotoma* (*Clathurella*) *Cordieri* Payr. *non g. Cordieria* Rouault 1848, qui ne doit pas tomber en synonymie du g. *Borsonia* Bellardi 1846, comme l'a démontré M. Cossmann en 1896. Cet auteur a également rejeté toutes ces sections.

T. I, p. 117. — M. Bellardi a créé dans le g. *Mitra* la section des *Uromitra* Bell. 1888, pour le *Mitra ebenus* Lk.; nous pensons que cette coupe peut être adoptée, car cette espèce s'éloigne suffisamment du type du genre *Mitra* qui est le *Mitra episcopalis*.

T. I, p. 121. — Le g. *Diptychomitra* Bellardi 1888 est strictement synonyme de notre g. *Mitrolumna* B. D. D. 1882, ainsi que l'a démontré M. de Monterosato.

T. I, p. 134. — Il n'est pas possible d'admettre le s.-g. *Neosimnia* Fischer 1884, car il a pour type l'*Ovula spelta* L., dans lequel doit rentrer l'*Ovula nicæensis* Risso qui est précisément l'espèce typique du g. *Simnia* Leach *in* Risso 1826. Ces détails ont été méconnus également par Tryon, qui donne un type erroné au genre de Risso.

T. I, p. 164. — M. de Monterosato a créé un grand nombre de genres parmi les *Odostomia*, mais ces groupes ne peuvent être maintenus selon nous, car ils ne sont basés que sur des caractères isolés tout à fait secondaires.

G. *Megastomia* Monts. 1884, type *Odostomia conspicua* Ald.

G. *Brachystomia* Monts. 1884, type *Odostomia rissoides* Hanley.

G. *Auristomia* Monts. 1884, type *Odostomia Erjaveciana* Brus.

G. *Auriculina* Gray 1847 (Monts. 1884), type *Odostomia elegans* Monts. 1869 *non Auriculina* Grat. 1832 = *Ondina* de Folin 1870.

Il en est de même du s.-g. *Turritodostomia* Sacco 1892, fondé sur l'*Odostomia plicata* Montagu.

T. I, p. 167. — M. de Monterosato a remplacé notre s.-g. *Odostomella* par le g. *Mumiola* Adams comme plus ancien, mais ce g. *Mumiola* Adams ne saurait être considéré comme synonyme du nôtre, car il a été créé pour une petite espèce du Japon treillissée et à spire aiguë, tandis que l'*Odostomia doliolum*, notre type, est une coquille costulée à spire obtuse.

T. I, p. 168. — Nous ne voyons pas la nécessité d'abandonner le g. *Parthenina* que nous avons régulièrement décrit en 1883, pour lui substituer le g. *Pyrgulina* Adams 1863, comme le fait M. de Monterosato, parce que le genre d'Adams a été créé pour une espèce du Japon qui n'a jamais été figurée ni complètement décrite et qui ne pouvait être reconnue.

T. I, p. 170. — M. de Monterosato a signalé que notre *Odostomia*

Jeffreysi B. D. D. 1883, devait changer de nom par suite de l'existence d'un *O. Jeffreysi* créé antérieurement par MM. Koch et Wiechmann, mais ce renseignement est inexact; il n'y a dans le travail de ces auteurs que nous avons sous les yeux (Die Mollusken-Fauna des Sternberger Gesteins in Meklemburg, 1872, p. 103), qu'un *Turbonilla Jeffreysi* qui est un vrai *Turbonilla* (pl. III, fig. 9) et qui ne peut faire tomber un *Odostomia* vrai en synonymie. D'autre part, l'existence d'un nom manuscrit identique antérieur, de Seguenza est sans valeur. Le nom proposé d'*Odostomia intermixta* Monts. 1884, est donc sans emploi.

T. I, p. 177. — M. de Monterosato a proposé de classer l'*Odostomia excavata* Phil. dans un genre spécial et il a restauré pour cela le g. *Miralda* A. Adams 1863, type *Miralda diadema* A. Adams, petite espèce du Japon qui n'a jamais été figurée et qui est restée indéterminée; aussi aurions-nous laissé de côté cette proposition si M. Tryon, dans son grand Manuel de Conchyliologie, n'avait figuré une série de *Miralda* et donné quelque consistance à cette subdivision.

T. I, p. 175. — M. de Monterosato a proposé dans le g. *Turbonilla* un grand nombre de sections génériques, presque aussi nombreuses que les espèces elles-mêmes et qui, fondées sur des caractères accessoires, nous paraissent inacceptables, ce sont :

G. *Tragula* Monts. 1884, type *Odostomia fenestrata* Forb.

G. *Pyrgisculus* Monts. 1884, type *Turbonilla scalaris* Phil.

G. *Pyrgolidium* Monts. 1884, type *Turbonilla rosea* Monts.

G. *Pyrgostylus* Monts. 1884, type *Turbonilla striatula* L.

T. I, p. 178. — *Turbonilla lactea* L. Var. — M. Sacco prend pour type du *Turbonilla lactea* L. sp. la figure de Jeffreys (British. Conchol., pl. LXXVI, fig. 3), qu'il considère comme la meilleure, et il établit sur nos figures, qui en diffèrent quelque peu, les variétés suivantes :

Var. *gallica* Sacco, Moll. Rouss., pl. XXI, fig. 7.

Var. *parvo-gallica* Sacco, Moll. Rouss., pl. XXI, fig. 6.

T. I, p. 181. — M. Sacco, considérant que la fig. 14, pl. XX de notre atlas ne représente pas le *Turbonilla obliquata* Phil., typique, lui a attribué le nom de *Turbonilla gallica* Sacco, sans s'apercevoir qu'il venait déjà d'employer ce nom pour distinguer la fig. 7, pl. XXI, représentant d'après lui une variété du *Turbonilla lactea*. Plus loin, il donne le nom de variété *rectogallica* Sacco à la fig. 16, pl. XX, du *Turbonilla pusilla* Phil., qui diffère, selon lui, du type de Philippi.

T. I, p. 183. — G. *Turbonilla*. — M. Sacco a créé, en 1892, un s.-g. *Striaturbonilla* ayant pour type le *Turbonilla sigmoidea* Jeffreys, il y place le *Turbonilla densecostata* Phil. et considérant que la figure que nous avons donnée (Moll. du Rouss., pl. XXI, fig. 11) n'est pas parfaitement conforme à celle fournie par Philippi, il nomme *Turbonilla gallicula* Sacco la forme du Roussillon.

T. I, p. 183. — S.-g. *Pyrgostelis.* — M. de Monterosato a proposé le s.-g. *Pyrgostelis* Monts. 1884, pour le *Turbonilla rufa* et cette section peut être acceptée; quelques auteurs ont placé cette espèce dans le g. *Dunkeria* P. Carpenter 1857 (Catal. Mazatlan shells, p. 433), mais cette section ne peut convenir, car elle s'applique à des *Chemnitzia* à tours bien arrondis et décussés, type *D. paucilirata* Carp. Il faut noter, à propos du *Turbonilla rufa* Philippi, que M. Sacco, prenant avec raison pour type la figure de Philippi, a établi deux variétés nouvelles : var. *Jeffreysi* Sacco, basée sur la figure donnée par Jeffreys dans son British Conchology, et var. *gallicula* Sacco, basée sur la fig. 15, pl. XX, des Mollusques du Roussillon, figures un peu différentes de celles de Philippi.

T. I, p. 187. — M. de Monterosato a substitué le nom de *Eulimella commutata* Monts. à celui d'*Eulimella acicula* Philippi 1836, à cause d'une *Auricula acicula* Lamarck 1815, mais cette *Auricula* n'ayant jamais été classée dans les *Eulimella*, cette correction est inutile; l'espèce de Lamarck est placée par Deshayes dans les *Turbonilla*, aucune confusion n'est donc à craindre.

T. I, p. 190. — Nous n'admettons pas les genres *Vitreolina* Monts. 1884, type *Eulima incurva* Ren.; *Acicularia* Monts. 1884, type *Eulima intermedia* Cantraine.

T. I, p. 193. — On peut admettre au contraire le g. *Subularia* Monts. 1884, pour remplacer le g. *Leiostraca* Adams 1858, qui fait double emploi avec un g. *Liostracus* Albers 1850, créé pour une section des *Bulimulus.*

T. I, p. 197. — G. *Cerithium.* — Les auteurs restant en désaccord sur le type à adopter pour le g. *Cerithium*, nous avons examiné à nouveau cette question qui entraîne un certain conflit pour l'adoption des sous-genres. Nous trouvons que le type d'Adanson, le *Cerithium cerite*, devenu *Cerith. Adansoni* Brug., est extrêmement voisin du *Cerith. nodulosum* Brug., type indiqué par Lamarck en 1801, et qu'il doit être considéré comme possédant les caractères fondamentaux du genre. Il est vrai que Lamarck, en 1798, a donné comme type le *Cerith. aluco* L. sp. (*Murex*), mais on doit considérer son opinion de 1801 comme une correction justifiée de sa première étude de 1798, car le *Cerith. aluco*, par la constitution très particulière de son canal postérieur avait motivé, dès 1742 la création, par Klein, d'un g. *Vertagus* qui peut être conservé comme une section valable. Enfin, ainsi que le fait observer M. de Monterosato, le *Cerith. vulgatum* de la Méditerranée ne rentrant exactement ni dans la section typique avec le *Cerith. nodulosum*, ni dans les *Vertagus*, il y a lieu d'adopter pour lui une section nouvelle qui peut être le s.-g. *Thericium* Rochebrune mss. *in* Monterosato 1890.

T. I, p. 200. — *Cerithium alucastrum* Brocchi. — Nous serions disposés à accepter aujourd'hui cette forme comme espèce distincte et non plus comme une simple variété du *Cerith. vulgatum* Brug.; par contre, nous rejetons six espèces de M. Locard qui figurent dans la liste synonymique supplémentaire et qui sont basées sur des variétés figurées dans notre ouvrage.

T. I, p. 205 — G. *Cerithiopsis.* — M. Sacco, en 1895, a créé une section *Dizoniopsis* pour le *Cerithium bilineatum* Hœrnes, mais nous considérons cette section comme peu utile, cette forme n'étant séparée des autres *Cerithiopsis* que par des détails d'ornementation.

T. I, p. 207. — M. de Monterosato a proposé le g. *Metaxia* Monts. 1884, pour le *Cerithiopsis metaxæ* delle Chiaje sp., nous ne croyons pas devoir admettre cette coupe générique.

T. I, p. 209. — S.-g. *Biforina.* — M. P. Fischer avait pensé (Manuel de Conchyl., p. 679) qu'il était nécessaire de remplacer notre s.-g. *Biforina* B. D. D. 1884, par le s.-g. plus ancien de *Monophorus* Granata-Grillo 1877, basé sur le même type. Mais il avait perdu de vue que le nom de *Monophorus* de Granata-Grillo ne pouvait subsister, puisque cette appellation avait été donnée dès 1824 par Quoy et Gaimard à un Tunicier) (nec *Monophora*, Agass., 1847, Echinod.). M. de Monterosato n'avait pas voulu accepter la rectification de Fischer parce qu'il considérait le nom *Monophora* comme un mot mal fait et inexact.

T. I, p. 220. — Nous considérons que l'*Aporrhais Michaudi* Locard 1890 (Contrib. faune mal., XVI, p. 11), est basé sur une monstruosité de *Ap. Serresianus* Mich. par suite du dédoublement de l'une des digitations; l'un de nous a déjà traité cette question (Mém. Soc. Zool., 1891, Camp. de *l'Hirondelle*, p. 616).

T. I, p. 224. — M. Sacco considère le *Turritella communis* Risso 1826, comme une simple variété du *Turritella tricarinata* Brocchi, espèce fossile du Pliocène italien, cette question demanderait à être examinée de très près, car si cette assimilation venait à être confirmée, il faudrait reprendre le nom de Brocchi qui est plus ancien, mais il importe de remarquer que la figure de Brocchi est des plus médiocres et que les figures plus récentes qu'en a données M. Sacco n'entraînent pas la conviction.

T. I, p. 227. — *Turritella triplicata* Brocchi. — M. de Monterosato assure que l'espèce vivante est assez distincte de l'espèce fossile typique pour porter un nom différent; il propose pour la forme vivante de forte taille le nom de *Turritella mediterranea* Monts., et pour des formes plus petites, le nom de *T. Murchinsoni* Costa. M. Sacco est d'un avis un peu différent : il considère que la forme vivante n'est qu'une variété de la forme fossile et propose le nom de var. *basiplana* Sacco 1895, pour les fig. 1 et 2 de la pl. XXVII, des Moll. du Rouss. Il faut noter aussi que la var. *turbona* Monts., 1876, est identique à la var. *Monterosatoi* Kobelt 1888.

T. I., p. 232. — G. *Parastrophia.* — M. de Monterosato a tenté d'assimiler le g. *Parastrophia* de Folin au g. *Spirolidium* Costa 1861 (Microd. Mediterranea, p. 64), mais cette manière de voir a été combattue déjà par M. Brusina en 1896 qui fait observer avec raison que l'enroulement est différent, que la partie enroulée est très petite relativement à la taille du tube, que la nature même du tube et son ornementation n'ont aucune analogie et que le g. *Parastrophia* doit donc être maintenu. Il faut rappeler que Jeffreys en 1873 dans son commentaire du travail de Costa a considéré le *Spirolidium mediterraneum* comme un jeune spécimen de *Caecum trachea* Montagu.

T. I., p. 234. — M. de Monterosato dans sa monographie des Vermets de la Méditerranée a attribué en 1892 les noms suivants à nos figures.

Vermetus subcancellatus Biv., type pl. XXX, fig. 13-14, var. *cylindrata*, pl. XXX, fig. 11.

Vermetus granulatus Gravenh., var. *spongicola* Monts., pl. XXX, fig. 9-10, et var. *erronea* Monts., pl. XXX, fig. 7-8.

Vermetus triqueter Biv., type pl. XXX, fig. 1-2, et var. *aletes* Mœrch, pl. XXX, fig. 3.

Vermetus gigas Biv., type pl. XXIX, fig. 4.

Vermetus polyphragma Sasso, type, pl. XXIX, fig. 3, et var. *tortuosa* Monts., pl. XXIX, fig. 1 et 6.

T. I, p. 238. — G. *Vermetus.* — M. Sacco a fait observer que le s.-g. *Dofania* Mœrch 1860, devait prendre le nom de *Bivonia* Gray 1842, d'après une correction indiquée par Mœrch lui-même dans les Proceedings de la Société zoologique de Londres en 1862. M. Sacco a restauré également un g. *Spiroglyphus* Daudin 1800, type *Sp. annulatus*, pour y classer le *Vermetus cristatus* Biondi ; nous n'avons pu vérifier cette opinion.

T. I, p. 243. — M. de Monterosato, en 1890, a placé le *Scalaria tenuicosta* Mich., dans un nouveau groupe qu'il a nommé *Fuscoscala*, M. de Boury n'ayant pas encore établi son classement subgénérique.

T. I, p. 245. — MM. Sacco, Tryon, etc., ont fait entrer récemment le *Scalaria commutata* Monts. dans la section des *Opalia* Adams, 1853 (Syn. *Gyroscala* de Boury).

T. I, p. 267. — *Rissoa Guerini* Recl. — Nous croyons aujourd'hui que les *Rissoa subcostulata* Schwartz et *R. decorata* Phil. constituent deux espèces distinctes.

T. I, p. 272. — M. de Monterosato a proposé en 1884 de substituer le g. *Sabanea* Leach, 1852, au s.-g. *Turbella* Leach *in* Gray, 1847, mais c'est bien à tort, puisque le g. *Turbella* a été plus anciennement publié et que le *Rissoa parva* est nettement indiqué comme type, par Gray, tandis que le g. *Sabanea* est un amas fort confus dans lequel il est très difficile de choisir un type. *Turbella* a été aussi accepté par Tryon.

T. I, p. 275. — M. de Monterosato a établi en 1884 un certain nombre de genres nouveaux parmi les *Rissoa*, basés sur des caractères que nous considérons comme insuffisants. Nous nous bornerons à les citer ici.

G. *Pusillina* Monts., type *Rissoa pusilla* Phil.

G. *Parvisetia* Monts., type *Rissoa Scillæ* Seg.

G. *Microsetia* Monts., type *Rissoa Cossuræ* Calc.

G. *Pseudosetia* Monts., type *Rissoa turgida* Jeffr.

T. I, p. 291. — M. de Monterosato a indiqué qu'il fallait adopter le nom de *Rissoa* (*Acinus*) *Geryonius* Chier. *in* Brusina, 1870, pour la var. *rustica* B. D. D. du *Rissoa Mariæ* telle que nous l'avons figurée Moll. du Rouss., pl. XXXVI, fig. 8-10. Nous adoptons cette manière de voir ayant aujourd'hui quelque scrupule à considérer l'espèce vivante comme une simple variété de l'espèce miocène nommée par d'Orbigny.

T. I, p. 304. — S.-g. *Thapsiella*. — Dans son Manuel de Conch. (p. 721), M. P. Fischer a remplacé le nom de *Thapsia* Monterosato, 1884, *non* Albers 1860, par le nom de *Thapsiella* Fisch. 1884.

T. I, p. 324. — M. Vayssière a appelé l'attention sur le g. *Homalogyra* en 1893 par divers travaux anatomiques. Il n'avait eu connaissance ni de notre travail dans les Mollusques du Roussillon, ni de l'ouvrage de O.-G. Costa « Naples 1861, Microdoride Mediterranea, » ni des observations faites à ce sujet par Jeffreys en 1873 (Ann. and Mag. Nat. hist., septembre).

Nous avons montré que l'*Homalogyra polyzona* Brus., n'était qu'une variété de coloration de l'*H. atomus* Philippi. Nous pouvons confirmer que *Ammonicerina simplex* Costa (Microd. p. 72, pl. XI, fig. 3) est bien l'*Homalogyra atomus* Phil. sp. (Truncatella) et que *Ammonicerina pulchella* O.-G. Costa (Microd. pl. XII, fig. 1) et *Amm. paucicostata* pl. XI, fig. 1, sont identiques à *Homalogyra rota* Forbes et Hanley. Enfin l'*Homalogyra Fischeriana* Monts. est parfaitement distinct de l'*H. atomus* aussi bien que de l'*H. rota* F. et H. Après un examen anatomique M. Vayssière conserve pour *H. atomus* le nom générique d'*Homalogyra*, et il crée à tort, selon nous, un nouveau genre *Ammonicera* pour *Homalogyra Fischeriana*. Nous ne pouvons discuter ici la question d'organisation de ces animaux, mais au point de vue de la nomenclature, c'est le g. *Ammonicerina* Costa qu'on devra conserver, si toutefois l'existence du g. *Ammonoceras* Lamarck 1822 (Céphalopodes) n'oblige pas à créer un nom entièrement nouveau.

T. I, p. 339. — G. *Phasianella.* — MM. de Monterosato, Sacco, etc. ont considéré que le *Phasianella pullus* L. ne pouvait rester dans le même groupe que le *Phas. speciosa* Muhlf., sans tenir compte des nombreuses espèces exotiques intermédiaires et ils ont créé des sous-genres que nous sommes obligés de rejeter; ce sont les suivants :

G. *Steganomphalus* Harris et Burrows 1891, type *Phas. pullus* L. = *Eudora* Leach *in* Monts. 1884.

G. *Tricoliella* Monts. 1884, type *Phasianella intermedia* Scacchi.

G. *Tricolia* Risso 1826 *in* Monts, 1884, réduit au type *Phas. speciosa* Muhlf.

T. I, p. 362. — S.-g. *Jujubinus.* — Nous adopterons la section des *Jujubinus* Monts. 1884 pour les *Trochus*, dont le type est le *Tr. exasperatus* Pennt. et dans laquelle viennent se placer diverses petites espèces des mers d'Europe, comme *Tr. striatus*, *Tr. Gravinæ*, qui constituent bien un groupe séparé des *Zizyphinus* par la nature de leur test et leur mode d'ornementation. Mais nous laisserons de côté la section des *Ampullotrochus* Monts. 1890, dont le type *Trochus granulatus* Born ne s'éloigne pas par des caractères suffisants du type du g. *Zizyphinus*. Nous rejetons également le s.-g. *Iacinthinus* Monts. 1889, basé sur *Trochus conulus* L., car il ne nous paraît pas différer suffisamment des *Zizyphinus* typiques.

T. I, p. 372. — M. de Monterosato a proposé dans quelques publications récentes un grand nombre de sections pour le s.-g. *Gibbula*, savoir : S.-g. *Gibbulastra* 1884, type *Trochus divaricatus* L.

S.-g. *Magulus* Monts. 1888, type *Trochus ardens* V. Salis.

S.-g. *Tumulus* Monts. 1888, type *Tr. umbilicaris* L.

S.-g. *Colliculus* Monts. 1888, type *Tr. Adansoni* Payr.

S.-G. *Glomulus* Monts. 1888, type *Tr. turbinoides* Desh.

S.-G. *Phorculellus* Sacco 1896 = *Phorculus* Monts. 1888, *non Phorculus* Coss. 1888, type *Tr. varius* L.

Nous ne pouvons admettre cette nomenclature qui tend à instituer autant de genres ou de sections qu'il y a d'espèces; si cette méthode était généralisée, il faudrait créer dans la faune malacologique exotique des milliers de sections nouvelles, car les variations spécifiques qu'on y observe sont souvent bien autrement importantes que celles relevées entre les divers *Gibbula* de la Méditerranée. Nous accepterons toutefois volontiers les *Gibbula* comme genre, au lieu de simple section.

T. I, p. 390. — G. *Trochus.* — M. Sacco a restauré comme s.-g. le g. *Steromphalus* Leach *in* Gray 1847 pour le *Trochus cinerarius* L., avec lequel viennent se classer les *Tr. obliquatus* Gmel. et *Tr. divaricatus* Gm.

T. I, p. 413. — M. F. Sacco a proposé, en 1896, le s.-g. *Clanculella* pour le *Clanculus Jussieui*.

T. I, p. 462. — M. Locard fait observer qu'il serait plus correct d'écrire *Crepidula Desmoulinsi*, que *C. Moulinsi* Michaud, cette espèce ayant été dédiée à Ch. des Moulins, naturaliste bordelais bien connu.

T. I, p. 462. — *Crepidula Moulinsi* Mich. M. Vayssière a donné une note zoologique sur cette espèce avec figure d'un individu jeune dans le Journal de Conchyliologie, 1893, t. 41, p. 97, pl. V, fig. 1 à 7.

T. I, p. 487. M. Pilsbry, le savant continuateur du Manuel de Conchyliologie commencé par Tryon, classe comme suit les *Chiton* que nous avons décrits dans son étude d'ensemble sur les *Polyplacophora*.

Chiton olivaceus. Section typique.

Ch. Rissoi, g. *Ischnochiton*.

Ch. marginatus, g. *Ischnochiton*, s.-g. *Trachydermon*.

Ch. caprearum, g. *Nuttallina*, s.-g. *Middendorffia*.

T. I, p. 521. — M. Newton, en 1891, a proposé de remplacer le nom de *Cylichna* Lovén, 1846, par le g. *Bullinella* pour éviter une confusion avec le genre plus ancien de *Cylichnus* Burmeister, 1844, créé pour des Coléoptères de l'Amérique du sud, le type restant *Bulla cylindracea* Pennant.

T. I, p. 527. — Le professeur V. Carus admet qu'il faut réunir le *Retusa semisulcata* Phil. au *Retusa truncatula* Brug. Il considère également que *Haminea navicula* Da Costa et sa variété *Bulla cornea* Lamarck doivent être réunis au *Haminea hydatis* Linné sp. (*Bulla*). Nous n'avons pas de matériaux suffisants pour apprécier cette manière de voir qui devrait s'appuyer sur un examen anatomique de ces animaux chez lesquels la coquille n'a qu'une importance secondaire.

M. Vayssière, professeur à Marseille, a donné quelques détails anatomiques sur le *Retusa truncatula* Brug., qu'il place dans le s.-g. *Coleophysis* Fischer, 1894.

T. I, p. 533. — M. R.-B. Newton a proposé, en 1891, de remplacer le nom de *Volvula* A. Adams, 1850, par le nom de *Volvulella* pour éviter toute confusion avec le g. *Volvulus* Oken, 1815. Ce nouveau nom a été récemment accepté par M. Cossmann, dans ses Essais de Paléoconchologie comparée.

T. I, p. 543. — M. de Monterosato, en 1884, a proposé le genre *Hermania* pour les *Philine* à sculpture apparente et ayant pour type le *Bulla scabra* Muller, nous acceptons ce nom nouveau, mais en lui attribuant seulement la valeur d'une section. Le *Philine catena* Montg., appartient à cette section (non *Hermannia* Nic., Arach., 1855).

T. I, p. 561. — L'espèce que nous avons désignée comme *Dentalium alternans* B. D. D., ne peut conserver ce nom, car il a déjà été employé antérieurement dans un autre sens par Chenu, en 1850.

M. Dautzenberg a proposé de le remplacer par le nom de *D. inæquicostatum* D. (Mém. Soc. Zool., 1891, Voyage de la *Melita*, p. 54).

T. II, p. 91. — M. F. Sacco a établi, en 1897, le s.-g. *Flexopecten* pour le groupe dont le *Pecten flexuosus* Poli est le type.

T. II, p. 205. — M. de Monterosato, en 1892, a proposé une section *Pseudaxinea* pour un groupe de *Pectunculus* ayant pour type le *Pectunculus violacescens* Lamk. Cette section peut être adoptée bien qu'elle soit d'une application souvent difficile et indécise pour beaucoup d'espèces exotiques ou fossiles.

T. II, p. 538. — *Donacilla cornea* Poli. M. Locard a érigé en espèce distincte, sous le nom de *Mesodesma elongata* Loc. notre variété *transversa* B. D. D., figurée pl. 78, fig. 11-12, sans en indiquer les motifs; nous persistons à ne voir dans cette forme qu'une simple variété.

772

(1) P. 581. — [illegible] que nous avons vu, on ne [illegible]
[illegible] D. [illegible] ne peut observer [illegible], car il a [illegible]
[illegible] dans la [illegible] en [illegible].

Remarquons [illegible] remplacé par le nom de [illegible]
[illegible] (1890), 1891, voyage de la [illegible], p. 84.

[illegible] P. 93. — M. [illegible] 1897, [illegible]
[illegible]

[illegible]

SYNONYMIE

des noms nouveaux donnés à des Mollusques du Roussillon depuis l'apparition des premiers fascicules de cet ouvrage.

MURICIDÆ

Murex trispinosus Locard = *Murex brandaris* L. var. *trispinosa* B. D. D., Moll. Rouss., p. 18.

— *brandariformis* Loc. = *Murex brandaris* L. var. *coronata* Risso, Moll. Rouss., p. 18.

— *conglobatus* Mich. = *Murex trunculus* L. var. *conglobata* Mich., Moll. Rouss., p. 19.

— *inermis* Monts = *Murex Blainvillei* Payr. var. *inermis* Phil., Moll. Rouss., p. 20.

— *porrectus* Loc. = *Murex Blainvillei* Payr. var., Moll. Rouss., p. 21.

— *decussatus* Gmel. = *Murex erinaceus* L. var. *decussata* Gmel., Moll. Rouss., p. 22.

— *tarentinus* Lamk. = *Murex erinaceus* L. type, Moll. Rouss., t. 1, p. 22, emend.

— *cinguliferus* Lamk. = *Murex erinaceus* Lamk. var. *cingulifera* Lamk., Moll. Rouss., p. 22.

— *nucalis* Reeve *in* Loc. = *Murex Edwardsi* Payr. var. *nux* Reeve, Moll. Rouss., p. 23.

— *corallinus* Scacc. = *Murex aciculatus* Lamk. var., Moll. Rouss., p. 24.

— *subaciculatus* Loc. = *Murex aciculatus* Lk. var. *curta* Monts, Moll. Rouss., p. 25.

Tritonium curtum Loc. = *Triton cutaceus* L. var. *curta* B. D. D., Moll. Rouss., p. 32, pl. V, fig. 3.

— *Danieli* Loc. = *Triton cutaceus* L. var., Hidalgo, Moll. Esp., pl. LVI, fig. 7, 8; Moll. Rouss., p. 31.

Fusus Rissoianus Loc. = *Fusus syracusanus* L. var., Moll. Rouss., p. 35.

— *rostratus* Olivi *in* Loc. = *Fusus rostratus* Olivi var. *carinata* Monts., Moll. Rouss., p. 36.

Fusus strigosus Lamk. *in* Loc. = *Fusus rostratus* Ol. type.

— *raricostatus* del Prete *in* Loc. = *Fusus rostratus* Ol. var. *raricostata* Del Prete, 1883, var. addenda.

— *Kobeltianus* Monts. *in* Loc. = *Fusus rostratus* Ol. var. *Kobeltiana* Monterosato, 1890.

— *latiroides* Monts. *in* Loc. = *Fusus rostratus* Ol. var. *latiroides* Monts, 1890, Moll. du Rouss., p. 36.

Euthria major Loc., 1891, = *Euthria cornea* L. var., Moll. Rouss., p. 39.

— *gracilis* Loc., 1891, = *Euthria cornea* L. var. = *E. minor* Locard 1886 *non* Bellardi., Moll. Rouss., p. 39.

Trophonopsis curta Loc. = *Trophon muricatus* Montg. var. Moll. Rouss., p. 40.

BUCCINIDÆ

Sphæronassa inflata Lk. *in* Loc. = *Nassa mutabilis* L. var. *inflata* Lk.. Moll. du Rouss., p. 43, pl. X, fig. 6.

— *globulina* Loc. = *Nassa mutabilis* L. var. *minor* Monts., Moll. Rouss., p. 43, pl. X, fig. 7.

Nassa vallieulata Loc. = *Nassa incrassata* Moll. var. *elongata* B. D. D., Moll. Rouss., p. 47, pl. XI, fig. 6.

— *Ascaniasi* Loc. = *Nassa incrassata* Müll. type.

— *Lacepedei* Payr. *in* Loc. = — — Müll. type.

— *Jousseaumei* Loc. = — — Müll. var. *minor* B. D. D., Moll. Rouss., p. 47, pl. XI, fig. 8.

— *elongatula* Loc. = *Nassa pygmæa* Lk. var. *elongata* B. D. D., Moll. Rouss., p. 49, pl. XI, fig. 14.

— *affinis* Risso *in* Loc. = *Nassa pygmæa* Lk. var.

— *eutacta* Loc. = *Nassa pygmæa* Lk. var.

— *nitida* Loc. = *Nassa reticulata* L. var. *nitida* Jeffr. Moll. Rouss., p. 51, pl. X, fig. 10-11.

— *Servaini* Loc. = *Nassa reticulata* L. type.

Nassa Rochebrunei Loc. = *Nassa reticulata* L. var.
— *interjecta* Loc. = — — L. var.
— *Bourguignati* Loc. = — — L. var., intermédiaire entre le type et la var. *nitida*.
— *Poirieri* Loc. = *Nassa reticulata* L. type.
— *isomera* Loc. = *Nassa reticulata* L. type., Moll. Rouss., p. 51.
— *Ferussaci* Payr. = *Nassa costulata* Ren. var. *Ferussaci*, Moll. Rouss., p. 54, pl. XI, fig. 17.
— *Mabillei* Loc. = *Nassa costulata* Ren. var. *castanea*, Moll. Rouss., p. 54, pl. XI, fig. 18-19.
— *flavida* Monts. = *Nassa costulata* Ren. var. *flavida*, Moll. Rouss., p. 55, pl. XI, fig. 26-27.
— *Cuvieri* Payr. = *Nassa costulata* Ren. var. *Cuvieri*, Moll. Rouss., p. 54, pl. XI, fig. 15-16.
— *unifasciata* Kien *in* Loc. = *Nassa costulata* Ren. var. *encaustica*, Moll. Rouss., p. 54, pl. XI, fig. 20-21.
— *Guernei* Loc. = *Nassa costulata* R. var. *lanceolata* et *pulcherrima* B. D. D., Moll. du Roussillon, p. 55, pl. XI, fig. 34-36.
— *Bucquoyi* Loc. = *Nassa costulata* B. D. D. var. *madeirensis* Reeve, Moll. Rouss., p. 54, pl. XI, fig. 22-23.
Amycla raricosta Risso *in* Loc. = *Amycla corniculum* Olivi var. *raricosta*, Moll. Rouss., p. 57, pl. XII, fig. 3-6.
— *Monterosatoi* Loc. = *Amycla corniculum* Ol. var. *minima* B. D. D., Moll. Rouss., p. 58, pl. XII, fig. 10-11.
— *elongata* Loc. = *Amycla corniculum* Ol. var. *elongata*, Moll. Rouss., p. 57, pl. XII, fig. 7, 8, 9-12.
Neritula pellucida Risso *in* Loc. = *Neritula Donovani* Risso var. *pellucida*, Moll. Rouss., p. 61, pl. XII, fig. 28 et 29.

Purpura oceanica Loc. = *Purpura hæmastoma* L. var. *gigantea* Calc., Moll. Rouss., p. 63.

Cassis Saburoni Loc. = *Cassis saburon* Brug. var. *abbreviata* Monts., Moll. Rouss., p. 65.

— *Adansoni* Loc. = *Cassis saburon* Brug. type.

— *Gmelini* Loc. = *Cassis undulata* Gm. var. *elongata* Monts, Moll. du Rouss., p. 67.

— *granulosa* Brug. *in* Loc. = *Cassis undulata* Gm. var.

Cassidaria Bucquoyi Loc. = *Cassidaria echinophora* L. var. *solida* B. D. D., Moll. du Rouss., p. 70, pl. IX, fig. 1.

— *mutica* Tib. = *Cassidaria echinophora* L. var. *mutica*, Moll. Rouss., p. 70, pl. VIII, fig. 5.

— *Dautzenbergi* Loc. = *Cassidaria echinophora* L. var. *globosa* B. D. D., Moll. Rouss., p. 70, pl. IX, fig. 2.

Columbella procera Loc. = *Columbella rustica* L. var. *elongata* Phil., Moll. Rouss., p. 72, pl. XII, fig. 32-33.

— *spongiarum* Ducl. *in* Loc. = *Columbella rustica* L. var. *spongiarum*, Moll. Rouss., p. 72, pl. XII, fig. 34-35.

— *lanceolata* Loc. = *Columbella scripta* L. var. *elongata* B. D. D., Moll. Rouss., p. 75, pl. XII, fig. 3, 4.

CONIDÆ

Conus submediterraneus Loc. = *Conus mediterraneus* Brug., var. *oblonga* B. D. D., Moll. Rouss., I, p. 82, pl. XIII, fig. 12-13.

— *galloprovincialis* Loc. = *Conus mediterraneus* Brug., var. *elongata* B. D. D., Moll. Rouss., p. 82, pl. XIII, fig. 14 et 15; et var. *minor* Monts., pl. XIII, fig. 18 et 19.

PLEUROTOMIDÆ

Clathurella Bucquoyi Loc. = *Clathurella purpurea* Montg. var. *Philberti* Mich., Moll. Rouss., p. 91, pl. XIV, fig. 13-14.

Clathurella La Viæ Phil. = *Clathurella purpurea* Montg var. *La Viæ* Phil., Moll. Rouss., p. 91, pl. XIV, fig. 18-19.

— *bicolor* Risso = *Clathurella purpurea* Montg. var. *bicolor* Risso, Moll. Rouss., p. 92, pl. XIV, fig. 16-17. = *Cl. Philberti* Mich. *in* Loc., 1886.

— *reticulata* Renier = *Clathurella Cordieri* Payr. var., Moll. Rouss., p. 93.

— *Dollfusi* Loc. = *Clathurella Cordieri* Payr. var., Moll. Rouss., p. 94.

— *horrida* Monts. = *Clathurella Cordieri* Payr. var. *pungens* Monts., Moll. Rouss., I, p. 94, pl. XIV, fig. 12.

— *æqualis* Monts. = *Clathurella linearis* Montg. var. *æqualis* Jeff., Moll. Rouss., p. 98.

Raphitoma Ginnanianum Risso *in* Loc. = *Raphitoma nebula* Monts. var. *Ginnania*, Moll. Rouss., p. 101.

— *ornata* Loc. 1892 = *Raphitoma nebula* Monts. var. *costulata* Risso, Moll. Rouss., I, p. 101. = *Raph. Rissoi* Loc., 1886, (non Bellardi).

— *lævigatum* Ph. *in* Loc. = *Raphitoma nebula* Montg. var. *lævigata*, Moll. Rouss., p. 101.

— *Villiersi* Mich. *in* Loc. = *Raphitoma attenuata* Montg., Moll. Rouss., p. 102.

— *tenuicostatum* Brugn. *in* Loc. = *Raphitoma attenuata* Monts. var. addenda : *tenuicosta* Brugnone, 1862.

Mangilia cærulans Ph. *in* Loc. = *Mangilia albida* Desh. var. *cærulans*, Moll. Rouss., p. 107, pl. XV, fig. 18-19.

— *rugulosa* Ph. *in* Loc. = *Mangilia albida* Desh. var. *rugulosa*, Moll. Rouss., p. 107, pl. XV, fig. 12-13.

— *Stossiciana* Brus. *in* Loc. = *Mangilia albida* Desh. var. *Stossiciana*, Moll. Rouss., p. 107, pl. XV, fig. 16. (Peut-être il y aurait lieu d'admettre cette forme comme espèce distincte).

Mangilia unifasciata Desh.
in Loc. = *Mangilia albida* Desh. var. *unifasciata*, Moll. Rouss., p. 107, pl. XV, fig. 14-15.

— *pusilla* Sacchi *in* Loc. = *Mangilia multilineolata* Desh. var. *pusilla*, Moll. Rouss., p. 109.

Donovania turritellata Desh.
in Loc. = *Donovania minima* Montg., Moll. Rouss., p. 112.

— *mamillata* Risso *in* Loc. = *Donovania minima* Montg. var. *mamillata* Risso, Moll. Rouss., p. 113, pl. XV, fig. 31-32.

VOLUTIDÆ

Mitra Defrancei Payr. = *Mitra ebenus* Lamk. type, Moll. Rouss., p. 116, pl. XVI, fig. 2 (*in* Locard).

— *plumbea* Lamk. = *Mitra ebenus* Lamk. var. *plumbea* Lk., Moll. Rouss., p. 116, pl. XVI, fig. 5-7 (*in* Locard).

— *pyramidella* Br. = *Mitra ebenus* Lamk. var. *pyramidella*, Moll. Rouss., p. 117.

— *subpyramidella* Loc. = *Mitra ebenus* var., Moll. Rouss., p. 117.

— *plicatuliformis* Loc. 1891 = *Mitra ebenus* Lk. var. *plicatula*, Moll. Rouss., p. 116, pl. XVI, fig. 3-4.

— *obtusa* Loc. = *Mitra cornicula* Lin. var. Moll. Rouss., p. 118, pl. XVI, fig. 10).

Mitrolumna major Locard = *Mitrolumna olivoidea* Cantr. var. *major* B. D. D., Moll. Rouss., p. 122, pl. XV, fig. 36-37.

— *granulosa* Loc. = *Mitrolumna olivoidea* Cantr. var. *granulosa* Monts., Moll. Rouss., p. 122, pl. XV, fig. 38-39.

Trivia Jousseaumei Loc. = *Cypræa europœa* L. var., Moll. Rouss., p. 129, pl. XVI, fig. 24.

Ovula obsoleta Loc. = *Ovula spelta* L. var. *obtusa* Sow., Moll. Rouss., p. 135.

NATICIDÆ

Natica neustriaca Loc. = *Natica Alderi* Forb. var. *globulosa* B. D. D., Moll. du Rouss., p. 146, pl. XVIII, fig. 17-18.

— *Poliana* Delle Chiaje *in* Loc. = *Natica Alderi* Forb. var. *elata* B.D.D., Moll. du Rouss., p. 145, pl. XVIII, fig. 15-16.

— *crassatella* Loc. = *Natica intricata* Donov. var., Moll. du Rouss., p. 150.

Lamellaria tentaculata Loc. = *Lamellaria perspicua* L. (femelle).

— *Kindelmani* Mich. = *Lamellaria perspicua* L. var., Moll. Rouss., p. 153.

PYRAMIDELLIDÆ

Odostomia alba Jeffr. *in* Loc. = *Odostomia rissoides* Hanley var. *alba*, Moll. Rouss., p. 166, pl. XIX, fig. 12.

— *nitida* Ald. *in* Loc. = *Odostomia rissoides* Han. var. *nitida*, Moll. Rouss., p. 166, pl. XIX, fig. 11.

Parthenina flexicosta Loc. = *Odostomia Jeffreysi* B. D. D. var. *flexicosta*, Moll. du Rouss., p. 170, pl. XX, fig. 10.

— *Harveyi* Thomp. = *Odostomia excavata* Phil. var. *Harveyi*, Moll. Rouss., p. 178, pl. XIX, fig. 17.

— *Bucquoyi* Loc. = *Odostomia doliolum* Phil. var. *cylindrica* B. D. D., Moll. Rouss., p. 168, pl. XIX, fig. 21.

Eulima Petitiana Brus. = *Eulima polita* L. var. *brevis* Réq., Moll. Rouss., p. 190, pl. XXI, fig. 16.

— *antiflexa* Monts. = *Eulima incurva* Ren. var. *exilis* Mont., Moll. Rouss., p. 192.

Menestho Dollfusi Loc. = *Menestho Humboldti* Risso var. *sulcata* B. D. D., Moll. Rouss., p. 195, pl. XXI, fig. 21.

CERITHIADÆ

Cerithium tuberculatum L.	=	*Cerithium vulgatum* Brug. type, Moll. Rouss., p. 198, pl. XXII, fig. 1 et 2. Nous n'admettons pas la restauration, par M. Locard, de cette espèce de Linné, qui est très incertaine puisque le *Strombus tuberculatus* L., serait suivant Hanley le *Cerithium moniliferum* Kiener.
— *subvulgatum* Loc.	=	*Cerithium vulgatum* Brug. var. *spinosa*, Moll. Rouss., p. 200, pl. XXII, fig. 7.
— *Bourguignati* Loc.	=	*Cerithium vulgatum* Brug. var. *tuberculata*, Moll. Rouss., p. 200, pl. XXII, fig. 5-6.
— *Servaini* Loc.	=	*Cerithium vulgatum* Brug. var.
— *provinciale* Loc.	=	*Cerithium vulgatum* Brug. var.
— *muticum* Loc.	=	*Cerithium vulgatum* Brug. var. *mutica* B. D. D., Moll. Rouss., p. 200, pl. XXII, fig. 8.
— *protractum* Biv. *in* Loc.	=	*Cerithium vulgatum* var. *gracilis* Phil., Moll. Rouss., p. 200, pl. XXII, fig. 9. = *Cerithium stenodeum* Locard, 1886.
— *strumaticum* Loc.	=	*Cerithium rupestre* Risso, var. *plicata* B. D. D., Moll. Rouss., p. 203, pl. XXIII, fig. 5, 6.
— *repandum* Monts., 1878	=	*Cerithium vulgatum*, var., Moll. Rouss., p. 200, pl. XXII, fig. 10-11.
— *inscriptum* Monts., 1884	=	*Cerithium vulgatum* var., Moll. Rouss., p. 200, pl. XXII, fig. 14.
— *lividulum* Risso *in* Loc.	=	*Cerithium rupestre* Risso var., forme non figurée, d'une attribution précise difficile.
— *massiliense* Locard	=	*Cerithium rupestre* Risso var. *minor* B. D. D., Moll. Rouss., p. 203, pl. XXIII, fig. 7-8.

Cerithiopsis acicula Brus. *in* Loc. = *Cerithiopsis tubercularis* Monts. var. *acicula*, Moll. Rouss., p. 205, pl. XXVII, fig. 3.

Triforis obesulus Loc. = *Triforis perversus* L. var. *obesula* Monts., Moll. Rouss., p. 212, pl. XXVI, fig. 18-20.

Bittium scabrum Olivi *in* Loc. = *Bittium reticulatum* Da Costa, var. *scabra* Olivi, Moll. Rouss., p. 114, pl. XXV, fig. 1-2.

— *afrum* D. et S., *in* Loc. = *Bittium reticulatum* var. *scabra*, Moll. Roussillon, p. 114, pl. XXV, fig. 1-2.

— *Latreillei* Payr. *in* Loc. = *Bittium reticulatum* var. *Latreillei*, Moll. Rouss., p. 214, pl. XXV, fig. 10-13.

— *paludosum* Monts. = *Bittium reticulatum* D. C. var. *paludosa* B. D. D., Moll. Rouss., p. 215, pl. XXV, fig. 14-19.

— *exiguum* Monts. = *Bittium reticulatum* var. *exigua* Monts., Moll. Rouss., p. 215, pl. XXV, fig. 26-27.

— *Jadertinum* Brus. = *Bittium reticulatum* var. *Jadertina*, Moll. Rouss., p. 215, pl. XXV, fig. 20-25.

— *bifasciatum* Loc. = *Bittium reticulatum* var. *bifasciata* B. D. D., Moll. Rouss., p. 215.

— *tessellatum* Monts. = *Bittium lacteum* Phil. var. *tessellata* B. D. D., Moll. Rouss., p. 217, pl. XXVI, fig. 5-6.

Aporrhais bilobatus Loc. = *Aporrhais pespelecani* L. var. *bilobata* Clément, Moll. Rouss., p. 219, pl. XXIV, fig. 4-5.

TURRITELLIDÆ

Turritella mediterranea Monts. = *Turritella triplicata* Brocchi, type Moll. Rouss., p. 227, pl. XXXIII, fig. 1-2.

— *turbona* Monts. = *Turritella triplicata* Br. var. *turbona* Monts., Moll. Rouss., p. 228, pl. XXVIII, fig. 3.

Cœcum lævissimum Cantr.

in Loc. = *Cœcum auriculatum* de Fol., Moll. Rouss., p. 231, fig. 4, dans le texte. M. Locard n'apportant pas la démonstration que le nom mal défini de Cantraine appartient à la forme bien décrite et figurée par de Folin, nous ne voyons pas la nécessité de corriger notre nomenclature.

Vermetus subcancellatus Biv.

in Loc. = *Vermetus glomeratus* L., Moll. Rouss., p. 234.

— *erroneus* Monts. *in* Loc. = *Vermetus cristatus* B. D. D., Moll. du Rouss., p. 237, pl. XXX, fig. 7-8. *Non* Biondi *fide* Monts. = *Vermetus granulatus* Gravenh. *in* Monts., 1892, var. *erronea* Monts.

— *Cuvieri* Risso *in* Loc. = *Vermetus arenarius* L., Moll. Rouss., p. 236, pl. XXX, fig. 3. = *Vermetus polyphragma* Sasso, *in* Monts., 1892.

— *dentifer* Lamk. *in* Loc. = *Vermetus arenarius* L. var. *dentifera* Lk., Moll. Rouss., p. 237, pl. XXIX, fig. 4-6. = *Vermetus gigas.* Biv. *in* Monts., 1892.

— *gregarius* Monts. = *Vermetus triqueter* Biv. var. *gregaria* Monts., Moll. Rouss., p. 239.

LITTORINIDÆ

Fossarus minutus Mich. = *Fossarus costatus* Br. var. *minuta*, Moll. Rouss., p. 255.

Rissoa protensa Loc. = *Rissoa variabilis* Meg. var. *elongata* B. D. D., Moll. Rouss., p. 265, pl. XXXI, fig. 1-3.

— *neglecta* Loc. = *Rissoa variabilis* Meg. var. *brevis* B. D. D., Moll. Rouss., p. 265, pl. XXXI, fig. 6-10.

Rissoa subventricosa Loc. = *Rissoa ventricosa* Desm. var. *subventricosa* Cantr., Moll. Rouss., p. 271, pl. XXXI, fig. 14.

— *interrupta* Ad. in Loc. = *Rissoa parva* D. C. var. *interrupta*, Moll. Rouss., p. 274, pl. XXXII, fig. 13-15.

— *aciculata* Loc. = *Rissoa auriscalpium* L. var. *acicula* Desm., Moll. Roussillon, p. 278, pl. XXXIII, fig. 12-13.

Alvania mamillata Risso in Loc. = *Rissoa cimex* L. var. *mamillata*, Moll. Rouss., p. 284.

— *russinoniaca* Loc. = *Rissoa carinata* D. C. var. *ecarinata* Monts., Moll. Roussillon, p. 304, pl. XXXV, fig. 3-6.

Cingula elegans Loc. = *Rissoa nitida* Brus. var. *elongata* Monts., Moll. Roussillon, p. 314, pl. XXXVII, fig. 24-26.

— *intorta* Monts. = *Rissoa contorta* Jeff. var. *intorta* Monts., Moll. Roussillon, p. 312, pl. XXXVII, fig. 17.

Microsetia pumila Monts. = *Rissoa micrometrica* Seg., Mollusques Roussillon, p. 310 (B. D. D. *non* Seguenza *fide* Monterosato, 1884).

Barleeia elongata Loc. = *Barleeia rubra* Ad. var. *elongata* B. D. D., Moll. Rouss., p. 316, pl. XXXII, fig. 23. = *Barleeia majuscula* Monts., 1895, Journ. Conchyl., t. 43, p. 78.

Skeneia trochiformis Loc. = *Skeneia planorbis* Fab. var. *trochiformis* Jeffr., Moll. Rouss., p. 323.

Homalogyra polyzona Brus. = *Homalogyra atomus* Phil. var. *polyzona* Brus., Moll. Rouss., p. 325, pl. XXXVII, fig. 32.

TURBINIDÆ

Phasianella picta D. C. in Loc. = *Phasianella pullus* var. Moll. Rouss., p. 337, pl. XXXIX, fig. 13-18.

Phasianella punctata Risso *in* Loc. = *Phasianella tenuis* Mich., Moll. Rouss., p. 341. La diagnose de Risso, p. 123, est si vague, qu'on ne peut savoir à quelle espèce elle s'applique, il est donc préférable de conserver le nom de *tenuis*.

Zizyphinus Linnæi Monts. = *Trochus zizyphinus* L., type, Moll. Rouss., p. 345.

— *Matoni* Payr. = *Trochus exasperatus* Pennt. var. *Matoni*, Moll. Rouss., p. 365, pl. XLIII, fig. 4-5.

Gibbula protumida Loc. = *Trochus magus* L. var. *producta* B.D.D., Moll. Rouss., p. 375, pl. XLIV, fig. 9-11.

— *Roissyi* Payr. = *Trochus varius* L. var. *Roissyi*, Moll. Rouss., p. 386.

Circulus carinulatus Loc. = *Circulus striatus* Phil. var. Moll. Rouss., p. 421.

HALIOTIDÆ

Haliotis reticulata Reeve *in* Loc. = *Haliotis lamellosa* Lk. var. *varia* Risso, Moll. Rouss., p. 428.

Scissurella lævigata d'Orb. *in* Loc. = *Scissurella costata* d'Orb. var. Moll. Rouss., p. 431, pl. LI, fig. 11. Voir note de Vayssière, *in* Journ. de Conchyl., 1894, t. 42, p. 21, pl. II.

FISSURELLIDÆ

Emarginula sicula Gray *in* Loc. = *Emarginula cancellata* Phil., Moll. Rouss., p. 453. M. Locard n'a donné aucune justification pour la reprise de ce nom; M. de Monterosato non plus n'avait donné aucune preuve à l'appui de cette correction.

PATELLIDÆ

Patella scutellina Loc. = *Patella cærulea* L. var. *subplana*, Moll. Rouss., p. 473, pl. LIX, fig. 5.

Patella tarentina v. Salis
in Loc. = *Patella cærulea* var., Moll. Rouss., p. 477, pl. LX, fig. 7-8.

— *Bonnardi* Payr.
in Loc. = *Patella cærulea* var., Moll. Rouss., p. 477, pl. LX, fig. 7-8.

— *aspera* Lk.
in Loc. = *Patella cærulea* var., Moll. Rouss., p. 475, pl. LX, fig. 1-6.

CHITONIDÆ

Chiton crenulatus Risso
in Loc. = *Chiton caprearum* Scacchi, Moll. du Rouss., p. 494. Nous avons donné les motifs qui nous ont fait rejeter le nom de Risso, rétabli sans preuves par M. de Monterosato; M. Locard ne donne non plus aucun argument en faveur de cette restauration.

— *mediterraneus* Gray. *in* Loc. = *Chiton Rissoi* Payr. var., Moll. Rouss., p. 496.

— *fragilis* Monts. = *Chiton Rissoi* Payr. var., Moll. Rouss., p. 496.

LISTE

des Mollusques testacés signalés sur le littoral français de la Méditerranée et non encore découverts dans le Roussillon.

MURICIDÆ

Murex spinulosus O.-G. Costa. — Côtes de Provence (Martin, Sollier) = *Pseudomurex bracteatus* Br. var. *Babelis* Réq. = *Murex lamellosus* Cr. et Jan. (*fide* Jeffreys ?).

— *cyclopus* Benoit *in* Monts. — Bouches-du-Rhône (Marion) non figuré.

— *scalaroides* Blainv. — Toulon (Petit, Doublier); s.-g. *Poweria* Monts., 1884, nom remplacé par *Dermomurex* Monts. 1890.

— (*Pseudomurex*) *Meyendorffi* Calc. — Nice (Locard), Banyuls (Fischer).

Typhis Sowerbyi Brod. — Martigues (Petit), Marseille, Toulon = *Typhis tetrapterus* Bronn.

Trophon barvicensis F. et H. — Marseille (Marion), Toulon (Locard).

Pollia scabra Monterosato. — Côtes de Provence (Monts.), Toulon (Locard).

— *picta* Scacchi. — Côtes de Provence (Weink.) ?

Triton parthenopæus v. Salis. — Marseille (Marion).

— (*Epidromus*) *reticulatus* Blainv. — Marseille (Locard), Antibes (Petit).

Ranella (*Bufonaria*) *scrobiculator* L. sp. — Toulon (Petit), Nice (Vérany).

Fusus parvulus Monts. — Méditerranée française (Monts.), (Locard); espèce non figurée.

— *multilamellosus* Phil. sp. (*Murex*). — Marseille (Marion) ?

Fasciolaria lignaria L. — Cette (Petit), Marseille, Antibes, Cannes.

Taranis cirrata Brugnone. — Toulon (Monterosato = *Trophon Mœrchi* Malm.

BUCCINIDÆ

Nassa semistriata Brocchi. — Provence (Sollier).

— *limata* Chem. — Provence (Locard).

— *Edwardsi* Fisch. 1882. — Côtes de Provence (Locard, *Expédit. sc. Travailleur et Talisman*, 1897, pl. XIII, p. 267, fig. 29-30).

Nassa gibbosula L. sp. — Cette (Granger), Hyères, Antibes, Nice; s.-g. *Eione* Risso, 1826 (Fischer, 1884) = *Sphæronassa* Loc., 1884 (part.).

Sphæronassa irregularis Loc. — Espèce non figurée = *N. gibbosula* L. var. ?

Cassis calamistrata Locard = *Cassis decussata* Auct. — Espèce exotique.

Cymbium papillatum Schum. (*Voluta olla*). — Nice (Locard); espèce étrangère aux côtes françaises.

Buccinum Humphreysianum Auct. — Grandes profondeurs, Provence (Locard).

Cassidaria rugosa L. sp. — Cette (Granger), Hérault, Var, Nice = *C. tyrrhena* Chem., Moll. Rouss., pl. IX, fig. 3.

Dolium galea L. sp. — Agde (Petit), Toulon, Nice.

PLEUROTOMIDÆ

Pleurotoma Loprestiana Calc. — Bouches-du-Rhône (Marion).

— *emendata* Monts. — Marseille (Marion) (*P. Renieri* Locard).

— *Maravignæ* Biv. — Méditerranée (Locard); s.-g. *Crassopleura* Monts.

Hædropleura rufa F. et H. — Côtes de Provence (Petit). Très douteux comme espèce méditerranéenne.

Raphitoma brachystoma Phil. — Marseille (Marion).

— *striolata* Scacchi. — Côtes de Provence (Blainville) = *R. costulata* Bl.

— *zonata* Locard. — Espèce non figurée, indét.

— *nuperrima* Tib. — Médit. (Locard).

— *Payraudeaui* Desh., 1836. — Martigues (Petit), Weink. ?

Mangilia costata Don. sp. (*Murex*). — Marseille (Marion).

— *Bertrandi* Payr. — Marseille (Marion), Toulon, Nice.

— *scabrida* Monts., 1890. — Côtes de Provence (Locard). *Pl. rugulosa* Phil.) var. ?

Defranceia corbis Michaud 1838. — Cannes (Dautzenberg); cont. *Cl. Philberti*.

Clathurella torquata Phil. — Côtes de Provence (Sollier).

— *radula* Monts.— Côtes de Provence (Monterosato), non figuré.

— *histrix* Cr. et J. — Côtes de Provence (Locard).

— *Bourguignati* Locard. — Espèce non figurée. Indét.

— *Servaini* Loc. — Espèce non figurée, var. du *C. purpurea* ?

— *decorata* Loc. — Espèce non figurée, indét.

Donovania granulata Risso sp. (*non Calcara*). — Nice (Risso), faune des éponges; douteuse sur les côtes de France.

— *procerula* Monts., 1889 (Journ. C.). — Côtes de Provence (Monterosato). Espèce non figurée.

— *candidissima* Philippi sp. — Côtes de Provence (Locard); type du s.-g. *Chauvetia* Monts., 1884.

— *vulpecula* Monts. 1872 (*Lachesis recondita* Brugn.). — Marseille (Marion).

— *lineolata* Tiberi 1868. — Côtes de Provence (Sollier).

— *Lefebvrei* Marav. sp. 1840 (*Fusus granulatus* Calcara, etc.). — Toulon, Antibes (Doublier); type du s.-g. *Folinæa* Monts. 1884).

— *Bourguignati* Loc. — Espèce non figurée, indét.

VOLUTIDÆ

Mitra Servaini Locard 1840. — Espèce non figurée. Variété de *Mitra ebenus*?

— *Bourguignati* Locard 1892. — Espèce non figurée. Variété de *Mitra ebenus*?

— *gracilis* Locard 1890. — Espèce non figurée, douteuse.

— *exilis* Locard 1890. — Espèce non figurée, variété de *Mitra tricolor*?

— *Savignyi* Payr. — Moll. Rouss., I, p. 120, pl. XIV, fig. 38-39. De Cette à Aigues-Mortes (Dubreuil), Bouches-du-Rhône, Var.

— *cornea* Lamk. — Hérault (Dubreuil), Var, Nice.

— *zonata* Marryat. — Toulon (Petit), Var, Nice.

Marginella mitrella Risso sp. (*M. secalina* Phil.). — Nice (Risso); s.-g. *Volvaria* Hinds (Monts.); syn. nombreux.

— *recondita* Monts. — Côtes de France (Monterosato). — Espèce non figurée; s.-g. *Gibberula* Swains.

— *occulta* Monts. 1869. — Bouches-du-Rhône (Marion); s.-g. *Gibberulina* Monts. 1884.

CYPRÆADÆ

Cypræa lurida L. — Côtes de Provence (Marion), Doublier, Risso.

— *pyrum* Gmel. — Toulon (Doublier), Cannes.

— *spurca* L. — Corse?

— *physis* Brocchi. — Provence : Toulon, Saint-Tropez, Nice = *Cyp. achatidea* Gray *fide* Cross., Journ. Conch., 1896, t. 44, p. 218, pl. VII, fig. 6-8.

Monetaria pl. sp. — Nous croyons que toutes les espèces du *G. Monetaria* Jouss. mentionnées par M. Locard sont exotiques.

Erato lævis Donov. — Hérault (Dubreuil), Bouches-du-Rhône, Var, Nice.

Ovula (Simnia) patula Pennant. — Médit. (Petit), Nice (Risso, *S. purpurea*); extrêmement douteux.

Pedicularia sicula Swains. — Provence (Monterosato), Nice.

NATICIDÆ

Natica fusca Blainv. — Hérault (Recluz).

— *Rizzæ* Phil. — Hérault (Petit), Agde (Recluz), Roussillon (Recluz).

PYRAMIDELLIDÆ

Odostomia Marioni Loc. — Bouches-du-Rhône (Marion), *Ptychostomon obliquum* Alder.

— *fusulus* Monts. 1878. — Côtes de Provence (Sollier), décrit d'Algérie.

— *clavula* Lovén sp. — Méditerranée (Locard), espèce du Nord et de grande profondeur, douteuse comme méditerranéenne. S.-g. *Liostomia* G.-O. Sars.

— *pallida* Alder. — Cette (Granger), Marseille, etc.

— *conspicua* Alder. — Golfe du Lion (Martin).

— *Warreni* F. et H. — Cannes (F. et H.), Nice, Villefranche.

— *acuta* Jeffr. — Nice (Vérany).

— (*Parthenina*) *fenestrata* Forb. — Méditerranée (Locard). S.-g. *Tragula* Monts. 1884, = *Turb. Weinkauffi* Dunk.

— — *delicata* Monts. 1878. — Côtes de Provence (Monterosato).

— — *brevicula* Monts. 1878 (*non* Jeffr. 1883). — Toulon (Marion).

— — *spiralis* Montagu. — Palavas, Hérault (G. Dollfus).

— (*Noemia*) *dolioliformis* Jeffr. — Marseille (Sollier).

Turbonilla attenuata Jeffr. — Marseille (*Le Travailleur*).

— *compressa* Jeffr. — Marseille (*Le Travailleur*).

— *gracilis* Phil. — Les Martigues (Petit), *Turb. delicata* Monts.

— *terebella* Phil. — Palavas (G. Dollfus).

Eulimella compactilis Monts. — Côtes de Provence (Monts.) (*Eul. obtusa* Jeffr.).

Eulimella Jeffreysiana Brus. (*Eulima*). — Marseille (Marion).
— *Scillæ* Scacchi (*Melania*). — Marseille (Marion) = *Eul. pyramidata* Desh.
— *affinis* Phil. — Méditerranée (Marion) = *Eul. ventricosa* Forb.
Odostomia (*Auriculina*) *scandens* Brugn. *in* Monts. — Marseille (Sollier). = *Od. obliqua* Monts. *non* Alder.
— — *elegans* Monts. 1869. — Côtes de Provence (Monts.). — *O. vitrea* Brus. 1866 *non* Adams 1860. *O. neglecta* Tib. 1867 *non* Adams 1860.
— — *crystallina* Monts. — Côtes de Provence (Monts.).
— — *nivosa* Monts. — Marseille (Marion).
Eulima stenostoma Monts. (*Haliella*). — Marseille (*Le Travailleur*).
— *microstoma* Brus. — Bouches-du-Rhône (Marion), Nice.
— *intermedia* Cantr. — Marseille (Marion), Antibes, Nice (*Eulima sinuata* incl.).
— *lubrica* Monts. 1890. — Côtes de Provence (Monts.).
— *Monterosatoi* de Boury *in* Monts. 1890. — Marseille (Marion).
— *comatulicola* Graff. 1875 (*Stylina*). — Côtes de Provence (Loc.).
— *bilineata* Alder. — Marseille (Marion), Nice; s.-g. *Subularia* Monts. 1884.
Aclis supranitida Wood. — Marseille (Marion), Toulon.
— *ventricosa* Forb. — Bouches-du-Rhône (Marion); s.-g. *Anisocycla* Monts. 1880.
— *nitidissima* Montg. (*Turbo*). — Provence (Petit), Alpes-Maritimes (Marion); s.-g. *Anisocycla* Monts. 1880.
— *Walleri* Jeffr. — Marseille (Marion).
— *Pointeli* de Fol. (*Turbonilla*). — Palavas (G. Dollfus), très commune, littorale; Toulon.
Menestho bulinea Lowe 1840. — Côtes de France (Locard); espèce coralligène décrite originairement de Madère. Syn. nombr., voir Monterosato 1884.
Mathilda retusa Brugn. — Porquerolles (de Boury).
— *granolirata* Brugn. — Nice (Locard).
— *elegantissima* Costa. — Bouches-du-Rhône (Marion).
— *quadricarinata* Brocchi. — Porquerolles (Martin). Beaucoup d'auteurs réunissent ces trois dernières formes en une seule espèce sous le nom de *quadricarinata*.

CERITHIADÆ

Cerithium conicum Blainv. — Côtes de Provence (Petit), Nice (Vérany); s.-g. *Pirenella*.

Cerithiopsis fayalensis Watson. 1875 = *C. coronata* Wats. *in* Monts.). Côtes de Provence (Monts.).

— *scalaris* Monts. — Côtes de Provence (Monts.).

— *diadema* Wats. — Côtes de Provence (Locard).

— *Jeffreysi* Wats. — Nice (Monts.), Villefranche (Hanley).

— *Clarki* F. et H. — Nice (Locard).

— *trilineata* Phil. — Bouches-du-Rhône (Petit); s.-g. *Cinctella.*

Bittium pusillum Jeffr. 1860. — Bouches-du-Rhône (Marion).

TURRITELLIDÆ

Turritella decipiens Monts. — Nice (Locard), espèce non décrite, provenant de Barbarie.

Siliquaria anguina L. — Château-d'If (Granger), Nice (Risso).

Vermetus semisurrectus Biv. — Marseille (Marion), Nice (Vérany).

Scalaria hellenica Forbes. — Nice (Weink.) = (*S. Scacchii* Hœrnes *in* Locard).

— *pulchella* Bivona. — Les Martigues (Petit), Cannes, Nice.

— (*Acirsa*) *subdecussata* Cantr. — Bouches-du-Rhône (Marion).

LITTORINIDÆ

Rissoina decussata Montg. — Les Martigues (Martin), B. D. D.

Rissoa elata Phil. — Marseille (Marion), Toulon, Cannes.

— *oblonga* Desm. — Palavas (G. Dollfus), Cette, Nice.

— *grossa* Mich. — Cette, Marseille, Antibes.

— *marginata* Mich. — Cette, Marseille, Var.

— *venusta* Philippi. — Côtes de Provence (Weinkauff).

— *pulchella* Phil. — Côtes de Provence (Weink.), La Seyne.

— *radiata* Phil. — Toulon, îles d'Hyères (Petit).

— *simplex* Phil. — Nice (Locard).

— *membranacea* Adams. — Côtes de Provence (Petit) (Recluz).

— *fragilis* Mich. — (Locard).

— *melanostoma* Réquien. — Toulon (Locard).

— *simulans* Monts. — Côtes de France, espèce non décrite.

— (*Alvania*) *zetlandica* Montg. — Marseille (Marion), Antibes.

— — *hispidula* Monts. — Bouches-du-Rhône (Marion).

— — *consociella* Monts. — Port-Vendres, Bandol (Monterosato); espèce non figurée.

— — *aspera* Phil. — Alpes-Maritimes (Roux).

— — *scabra* Phil. — Cette (Monterosato), Marseille.

— — *algeriana* Monts. — Nice (Locard).

Rissoa cimicoides Forbes. — Marseille (Marion).
— *Testæ* Arad. et B. — —
— *abyssicola* Forbes. — — Toulon.
— *subsoluta* Aradas. — —
— *punctura* Montg. — — Antibes.
— *canariensis* d'Orb. — (Jeffreys).
— *cancellina* Locard. — Espèce non figurée, inédite.
— *cingulata* Phil. — Côtes de Provence (Petit), Ratonneau.
— *tenera* Phil. — Marseille (Marion).
— *Weinkauffi* Schw. (*in* Weink.). — Côtes de Provence (Weink.).
— *subareolata* Monts. — Nice (Locard).
— *calathus* F. et H. — Golfe du Lion (Martin), Nice (Vérany).
— *nitens* Monts. — Marseille (Sollier), non figurée.
— *inconspicua* Alder. — Côtes de Provence (Sollier), Marseille, Toulon.
— (*Onoba*) *striata* Montg. — Cette, Agde, Les Martigues.
— (*Cingula*) *benjamina* Monts. — Côtes de Provence (Sollier).
— — *proxima* Alder. — Côtes de Provence (Petit, Weink.).
— — *substriata* Phil. — Marseille (Marion).
— — *vitrea* Monts. — Marseille (Marion), Nice (Locard).
— — *Alleryana* Ar. et Ben. — Côtes de Provence (Locard).
— — *obesa* Locard. — Côtes de Provence, esp. non figurée.
— — *fusca* Phil. — Marseille (Monterosato), Toulon, Nice.
— — *turriculata* Monts. — Marseille (Monterosato), var. de la précédente?
— (*Cingulina*) *obtusa* Cantr. — Côtes de Provence (Martin) = *Riss. Alderi* Jeffr.
— (*Setia*) *limpida* Monts. — Côtes de Provence (Sollier).
— — *amabilis* Monts. — Cette (Monterosato) = *Riss. pulcherrima* Jeffr.
Jeffreysia inflata Monts. — Côtes de Provence (Monts.), espèce non décrite.
— *opalina* F. et H. — Nice (Vérany).
Tharsis romettensis Seg. (*Oxystele*). — Marseille (Marion).
Cithna tenella Jeffr. (*Hela*). — Marseille (Marion).
Littorina obtusata Desh. — Golfe du Lion (Martin), Toulon (Gay). ?
— *punctata* Gmel. — Roussillon (Michaud).
— *insularum* Loc. — Iles de la Provence (Locard), non figuré.
Lacuna azona Brus. — Côtes de Provence (Monts.).
Solarium fallaciosum Tib. — Bouches-du-Rhône (Petit).

TURBINIDÆ

Trochus (*Zizyphinus*) *Chemnitzi* Phil. — Espèce marocaine qui n'a jamais été trouvée authentiquement sur les côtes médit. de la France.

— *unidentatus* Phil. — Marseille (Marion), Porquerolles (Locard), espèce barbaresque.

— *Montagui* Kob. — Côtes de Provence (Jeffreys).

— *æquistriatus* Monts. — Côtes de Provence (Monts).

— *depictus* Desh. — Méditerranée (Locard).

— *agathensis* Recluz. — Agde, Toulon (*Tr. obliquatus* Locard), var. du *Tr. Adansoni*?

— *suturalis* Phil. — Marseille (expéd. du *Travailleur*).

Gibbula barbara Monts. — Le vrai *Gib. barbara* Monts. appartient à la faune des éponges de Gabès et n'a pas été signalé jusqu'ici en France. Probablement l'espèce indiquée sous ce nom par M. Locard est-elle le *T. ardens* von Salis var. *elata*. Moll. Rouss., pl. XLV, fig. 10.

— *adriatica* Phil. — Provence (Locard).

— *Vimontiæ* Monts. — Espèce non figurée.

Cyclostrema exilissima Phil. — Alpes-Maritimes (Roux).

— *serpuloides* Monts. — Méditerranée (Locard) = *Skeneia lævis* Phil., Nice, Marseille.

HALIOTIDÆ

Scissurella crispata Flem. — Marseille (Marion), Var.

Schismope striatula Phil. — Alpes-Maritimes (Roux).

JANTHINIDÆ

Janthina exigua Lk. — Toulon, Nice (Locard).

— *Janthina* L. — Cette (Granger), Gard, Toulon, Nice.

— *prolongata* Blainv. — Aigues-Mortes (Clément), Hyères (Doublier), espèce probablement exotique.

— *læta* Monts. 1884. — Côtes de France (Locard) = *Janth. pallida* var. *minor* Monts. 1878.

— *splendens* Monts. 1884. — Côtes de Provence (Locard) = *Janth. nitens* var. *splendens* Monts. 1878.

FISSURELLIDÆ

Emarginula papillosa Risso. — Nice (Risso).
— *Costæ* Tiberi. — Marseille (Marion), côtes de Provence (Locard) var. de *E. cancellata* Philippi?
— *tenera* Monts. — Côtes de Provence (Monts.).
— *capuliformis* Phil. — Marseille, Nice.
Quelques auteurs considèrent ces trois dernières espèces comme de simples variétés de l'*Em. conica* Schum.
— *solidula* Costa. — Toulon, Antibes (Doublier), Nice. Variété de l'*E. fissura* suivant V. Carus.

CAPULIDÆ

Capulus intortus Lk. — Alpes-Maritimes (Roux). *Cap. militaris* Flem., très probablement exotique (Locard).
Addisonia lateralis Dautz. — Les Martigues (Martin).

PATELLIDÆ

Patella safiana Lamk. *in* Loc. — Espèce africaine étrangère à la faune française.
— *hypsilotera* Loc. — Espèce non figurée, indéterminée.
— *Mabillei* Loc. — Espèce non figurée, indéterminée.
Il existe dans Risso 6 espèces de *Patella* dont M. Carus a relevé la diagnose et qui n'ont pu jusqu'ici être identifiées. Nous pensons qu'elles ne sont que des variétés du *Pat. cœrulea*.
— *ferruginea* Gmel. — Antibes (Doublier), îles Sainte-Marguerite (Roux), ainsi que sa variété *Rouxi* Payr.

CHITONIDÆ

Chiton corallinus Risso. — Bouches-du-Rhône (Marion). Banyuls B. D. D. Sur les Mélobésies.
— *Doriæ* Capellini. — Provence (Petit). Toulon (Carry). = *Ch. lævis* Monts.
— *algesirensis* Capellini. — Les Martigues (Monts.), Toulon. Banyuls, B. D. D.
— *minimus* Monts. — Côtes de Provence (Locard).
— *æneus* Risso. — Nice (Risso).

BULLIDÆ

Bulla striata Brug. — Cette, Aigues-Mortes, Cannes, Nice.
— *utriculus* Brocchi. — Marseille (Marion), Nice.
Weinkauffia diaphana Aradas et Mag. sp. *Bulla*. — Marseille.
Conf. Vayssière, *Journ. Conchyl.* t. XLI, 1893, p. 90, pl. IV. Syn. : *Scaphander gibbulus* = *Bulla semistriata* Réq. = *Bulla turgidula* Forbes.
Acera bullata Mull. — Marseille (Marion), Nice.
Cylichna nitidula Lovén. — Bouches-du-Rhône (Jeffreys).
— *Jeffreysi* Weink. — Bouches-du-Rhône (Marion).
— *læevisculpta* Granata. — Marseille (Monterosato).
— *truncatella* Locard. — Cannes (Locard), espèce non figurée, indéterminée.
Philine scabra Mull. — Bouches-du-Rhône (Marion).
— *Monterosatoi* Jeffr. — Marseille (Marion).
Utriculus obtusus Montg. — Golfe de Foz (Vayssière).
— *minutissimus* Martin. — Golfe de Foz (Vayssière, 1878).
Ringicula auriculata Ménard. — Nice (Risso).
— *leptochila* Brugn. — Provence (Monterosato).
— *buccinea* Brocchi. — Nice (Roux).
Gastropteron rubrum Rafin. sp. — Bouches-du-Rhône (Marion). = G. *Meckeli* Kosse.
Doridium carnosum D. Ch. — Marseille (Vayssière).
— *membranaceum* Mich. — —

OXYNOEIDÆ

Lobiger serradifalci Monts. — Marseille (Vayssière).

PLEUROBRANCHIDÆ (1)

Pleurobranchus (*Bouvieria*) *aurantiacus* Risso. — Marseille (Vayssière).
— — *ocellatus* Delle Chiaje. — —
— — *perforatus* Phil. — —
— — *stellatus* Risso. — —
— (*Susania*) *tuberculatus* D. Ch. — —
— (*Oscanius*) *membranaceus* Montg. — —

(1) A. Vayssière. Description de quelques espèces nouvelles ou peu connues de Pleurobranchidés, *Journ. Conchyl.*, 1896, vol. 44, pl. 113.
Travail contenant une revision des espèces connues des côtes françaises de la Méditerranée. Espèces restant douteuses : *Pl. Denotarisi*, *Savii*, *Contarinii* (Vérany).

Berthella plumula Risso sp. — Marseille (Vayssière).
Pleurobranchæa Meckeli Leve. — —
Runcina coronata de Quatr. (*R. Hancocki* Forb.). — Marseille (Marion).
Tylodina citrina de Joannis (*T. Rafinesquei* Phil.). — —

DENTALIDÆ

Siphonodentalium quinquangulare Forbes. — Bouches-du-Rhône. (Marion).
Dischides bifissus Wood. — Marseille (Marion), Toulon.
Cadulus subfusiformis M. Sars. — Marseille (Marion).
— *Jeffreysi* Monts. — —
— *tumidosus* Jeffr. — —
Dentalium dentalis L. — Côtes de Provence. Syn. *in* Moll. Rouss., I, p. 564.
— *panormitanum* Chenu. — Bouches-du-Rhône (Marion).
— *rubescens* Desh. — Marseille (Marion).
— *agile* Sars. — Marseille (Marion), Nice. = *D. frusticulus* Brugn.
— *filum* Sow. — Marseille (Marion), = *D. gracile* Jeffreys.

OSTREACEA

Ostrea cochlear Poli. — Cette (Granger), Toulon, Nice, etc.

ANOMIIDÆ

Anomia aculeata Mull. — (Locard), douteuse pour les côtes de France.
— *boletiformis* Locard. — Non figurée, espèce indéterminée.

SPONDYLIDÆ

Spondylus Gussonii Costa. — Marseille (Marion), Nice.

RADULIDÆ

Lima Loscombi Sow. — Bouches-du-Rhône (Marion), Toulon.
— *subauriculata* Montg. — —
— *nivea* Brocchi. — —
— *crassa* Forbes. — —

PECTINIDÆ

Pecten striatus Mull. — Marseille (Marion).
— *commutatus* Monts. — Provence (Recluz), Toulon (Locard).
— *similis* Laskey. — Bouches-du-Rhône (Marion), Var.
— *vitreus* Chem. — —
— *fenestratus* Forbes. — Toulon, Nice.
— *Hoskynsi* Forbes — —
— *Bruei* Payr. — —
— *pes-felis* L. — Gard (Clément), Toulon, Cannes.
— *pes-lutræ* L. — Bouches-du-Rhône (Marion), Var (Gay) = *P. septemradiatus* Mull.

AVICULIDÆ

Pinna mucronata Poli. — Nice (Risso). = *P. pernula* Chem.

MYTILIDÆ

Mytilus Marioni Loc. — Etang de Berre (bonne espèce).
— *pictus* Born. — Toulon (Locard), espèce algérienne, très douteuse en France.
Modiola phaseolina Phil. — Bouches-du-Rhône (Marion), Cannes.
Modiolaria subpicta Cantr. — Roussillon (Locard), Palavas, Marseille.
Crenella rhombea Berkel. — Méditerranée (Petit), Provence (Monts.).
— *arenaria* Martin *in* Monts. — Côtes de Provence, non figurée.
Dacrydium hyalinum Monts. — Bouches-du-Rhône (Marion)?
Lithodomus aristata Solander. — Provence (Weink.).

ARCIDÆ

Arca corbuloides Monts. — Provence (Monterosato), Toulon (Locard).
— *scabra* Poli. — Bouches-du-Rhône (Marion). = *A. saccata* Poli? Hérault (Dubreuil).
— *obliqua* Phil. — Bouches-du-Rhône (Marion).
— *pectunculoides* Scacchi. — Bouches-du-Rh. (Marion), Var (Locard).
Limopsis aurita Brocchi. — Bouches-du-Rhône (Marion).
— *minuta* Jeffreys. — Marseille (*le Travailleur*).

NUCULIDÆ

Nucula sulcata Bronn. — Bouches-du-Rhône (Marion), Toulon, Nice.
— *nitida* Sow. — Bouches-du-Rhône (Marion), Toulon, Nice.
— *corbuloides* Seg. — Nice (Locard).

Nucula tumidula Malm. — Marseille (Marion).
— *striatissima* Seg. — Nice (Locard).
Leda tenuis Phil. — Marseille (Marion), Hérault (Dubreuil).
— *messanensis* Seg. —
— *lucida* Lovén. —
Malletia cuneata Jeffr. — Marseille (*le Travailleur*).

CARDITIDÆ

Cardita aculeata Poli. — Marseille (Marion), Toulon, Nice.
Astarte fusca Poli. — Marseille (Marion), Toulon, etc.
— *sulcata* Da Costa. — — Var, Alpes-Marit.
— *triangularis* Montg. — —
Woodia digitaria L. — Agde (Petit), Menton, Nice.

LASÆIDÆ

Kellyia suborbicularis Montg. — Cette (Granger), Marseille, Nice.
— *Geoffroyi* Payr. — Marseille (Marion), Saint-Tropez, Nice.
Kellyella miliaris Phil. — Marseille (Marion), Var, Nice.
Cyamium minutum Forb. — Alpes-Marit. (Roux), Nice (Vérany) = *Turtonia minuta* Alder.
Scacchia elliptica Scacchi. — Les Martigues (Petit).
— *ovata* Phil. — Marseille (Ancey).
Montaguia ferruginosa Montg. — Palavas (Dollfus), Provence (Petit).
— *substriata* Montg. — Nice (Recluz, Vérany, Roux).
Lepton sulcatum Jeff. — Marseille (Marion), Nice.
Hochstetteria Munieri Bernard. — Agde (*Journ. Conch.* 1897).

CARDIIDÆ

Cardium hians Brocchi. — Toulon (Locard)? Espèce algérienne.
— *Deshayesi* Payr. — Gard (Clément), Marseille, Toulon. Moll. Rous., pl. XLIII, fig. 6, 7.
— *fasciatum* Montg. — Marseille (Marion), Cannes.
— *nodosum* Turt. — Marseille (Marion), Cannes. = *C. roseum* Lamk.
— *minimum* Phil. — Marseille (Marion, Ancey).

CHAMIDÆ

Chama circinata Monts. — Saint-Nazaire (Var) Monterosato.

VENERIDÆ

Cytherea nitidula Lamk. — (*non* Lamk. fossile) Agde (Petit) Toulon (Doublier, Gay), Corse, Moll. Rouss. t. II, p. 327.
Venus effossa Biv. — Marseille (Marion) Var.
Venus nux Gmel. — Marseille (Marion) = *V. multilamella* Lamk.

UNGULINIDÆ

Diplodonta rotundata Montg. — Nice (Jeffreys), Cannes (Mitre).
— *apicalis* Phil. — Var. (Locard) = *D. trigonula* Bronn.

MYIDÆ

Sphenia Binghami Turton. — Toulon (Locard), Porquerolles.

GLYCYMERIDÆ

Panopæa cyclopana Monts. — Maguelonne (Granger), Nice (Locard) = *P. glycymeris* Born. et Auct.

PSAMMOBIIDÆ

Psammobia costulata Turt. — Marseille (Marion), Hérault (Dubreuil).

SOLENIDÆ

Solen tenuis Phil. — Marseille (Marion), Nice (Locard)? = *Cultellus pellucidus* Pennt.

MACTRIDÆ

Mactra solida Locard. — Ne paraît pas avoir été authentiquement trouvée dans la Méditerranée.

PHOLADIDÆ

Pholas Duboisi Locard. — Espèce non figurée, variété du *Ph. parva*?
Xylophaga dorsalis Turt. — Martigues (Petit), Marseille, Toulon.

TEREDINIDÆ

Teredo navalis L. — Cette (Granger), Hérault, Bouches-du-Rhône, Var.

— *norvegica* Spengl. Cette (Granger), Toulon, Hyères.

— *divaricata* Desh. *in* Fisch. — *Journ. Conch.*, 1856, Toulon (Locard).

— *pedicellata* Quatr. — Méditerranée (Petit), Toulon.

— *bipennata* Turt. — Côtes de Provence (Monterosato).

— *Philippii* Gray. — Toulon (Petit), Hyères, Nice.

LUCINIDÆ

Lucina mirabilis Loc. = *L. conf. carnaria* Linné, espèce notoirement exotique.

— *borealis* L. — Bouches-du-Rhône (Marion), Nice.

— *spinifera* Montg. — Bouches-du-Rhône (Marion), Toulon, Nice.

— *transversa* Bronn. — Côtes de France (Monterosato).

— *fragilis* Phil. — Provence (Petit), Cannes (Dautzenberg).

Axinus flexuosus Montg. — Bouches-du-Rhône (Marion).

— *ferrugineus* Forbes. — Bouches-du-Rhône (Marion).

TELLINIDÆ

Tellina pusilla Phil. — Côtes de France (Locard).

— *fabula* Gronov. — Palavas (G. Dollfus), Marseille, Menton.

— *fabuloides* Monts. — Provence (Monterosato) = *Tell. fabula* var.

— *serrata* Renier. — Marseille (Marion), Toulon (Doublier), etc.

— *Oudardi* Payr. — Hérault (Dubreuil)? habite les fonds au large de la Corse.

T. balthica, *T. crassa*. — Espèces atlantiques; les quelques citations méditerranéennes sont douteuses malgré les indications de M. Locard.

Tellina punicea Born. — Victor Carus, p. 156, Toulon (Petit), espèce exotique, habitant les Indes occidentales.

SCROBICULARIIDÆ

Scrobicularia Cottardi Payr. — Gard (Clément), Cannes, Nice.

Syndesmya nitida Mull. — Marseille (Marion).

— *tenuis* F. et H. — Iles d'Hyères (Dubreuil), très douteuse.

— *longicallus* Scacchi. — Marseille (Marion).

ANATINIDÆ

Neæra cuspidata Olivi. — Marseille (Marion), Toulon.

— *rostrata* Spengler. — Marseille (Marion), Toulon.

— *costellata* Desh. — Marseille (Marion), Toulon.

Pandora flexuosa Sow. — Provence (Petit), Palavas (G. Dollfus).

— *obtusa* Leach. — Toulon (Locard), Marseille (Marion).

Lyonsia formosa Jeffr. — Marseille (Marion).

Thracia pubescens Pult. — La Cassidaigne (Marion), Provence (Petit).

— *corbuloides* Desh. — Marseille (Marion), Toulon.

— *convexa* Wood. — Provence (Petit, Weinkauff).

Poromya granulata Nyst. et W. — Marseille (Marion).

Pholadomya Loveni Jeffr. — Marseille (Jeffreys, Marion).

TABLEAU

de la distribution des Mollusques Marins

DU ROUSSILLON

DANS L'OCÉAN ATLANTIQUE.	1 Zone boréale : Islande, Norvège. 2 Zone germanique : Mer du Nord, mer Baltique. 3 Zone britannique : Côte ouest de la Grande-Bretagne. 4 Zone celtique : Bretagne, golfe de Gascogne. 5 Zone lusitanienne : Espagne, Portugal. 6 Zone atlantique : Maroc, Madère, Canaries, Açores. 7 Zone sénégalienne : Sénégal au sud du cap Bojador.
DANS LA MER MÉDITERRANÉE.	8 Zone du golfe du Lion : Roussillon, Hérault, Gard. 9 Zone algérienne : Algérie, Tunisie. 10 Zone tyrrhénienne : Côte ouest de l'Italie, Sicile. 11 Zone adriatique : Mer Adriatique. 12 Zone orientale : Archipel, Asie Mineure, Egypte. 13 Zone pontique : Mer Noire, mer d'Azow.
DANS LA PROFONDEUR	14 Habitat bathymétrique indiqué en mètres.
DANS LES TEMPS GÉOLOGIQUES.	15 Miocène du Nord : Allemagne, Belgique, Touraine, Gironde. 16 Miocène du Midi : Suisse, Autriche, Italie. 17 Pliocène du Nord : Belgique, Angleterre, Cotentin, Loire-Inférieure. 18 Pliocène du Midi : Espagne, France, Italie, Algérie. 19 Pleistocène du Nord : Hollande, Angleterre, Irlande. 20 Pleistocène du Midi : Baléares, Italie, Sicile, Algérie, Grèce, Archipel.
DANS QUELQUES LOCALITÉS SPÉCIALES.	21.

N. *Cette lettre indique la présence d'une note supplémentaire de nomenclature.*

Tome.	Page.		NOMS DES ESPÈCES	Norvège 1	Mers du Nord et Baltique 2	Iles Britanniques 3	Côtes de France 4	Portugal 5	Atlantique 6	Sénégal 7	Golfe du Lion 8	Algérie 9	Italie Ouest et Sud 10	Adriatique 11	Mer Égée 12	Mer Noire 13	Distribution en profondeur 14	Miocène Nord 15	Miocène Midi 16	Pliocène Nord 17	Pliocène Midi 18	Pleistocène Nord 19	Pleistocène Midi 20	Habitats actuels divers 21
I	17	1	Murex brandaris, L.						+		+	+	+	+	+		5 à 80	?	?		+		+	Crète, Karpathos, Égypte.
—	18	2	— (Chicoreus) trunculus, L.						+		+	+	+	+	+		Lt. à 60		+		+		+	Karpathos, Égypte.
—	19	3	— (Muricopsis) Blainvillei, Payr. N			+	+		+	+	+	+	+	+	+		0 à 250		+		+			Égypte.
—	21	4	— (Ocinebra) erinaceus, L. (1) Var. *decussata* Gm. (2) Var. *tarentina* Lk. N						+		+(2)	+(2)	+(3)	+(1)			0 à 150		+ var.		+(1)	+	(2)	Karpathos.
—	23	5	— — Edwardsi, Payr. sp. (Purpura)			+	+		+		+	+	+	+	+		Lt à 30		+		+			
—	24	6	— (Ocinebrina) aciculatus, Lmk. N						+		+	+	+	+	+		5 à 200				?			Crète.
—	25	7	Pisania maculosa, Lmk. sp. (Buccinum)						+		+	+	+	+	+		Lt.		+		+		+	Karpathos, Égypte.
—	26	8	— Orbignyi, Payr. (Buccinum). N							+	+	+	+	+	+		Lt.		?		+			Égypte.
—	28	9	Ranella gigantea, Lmk				+		+		+	+	+	?			10 à 40		+		+			
—	29	10	Triton nodifer, Lmk				+		+	+	+	+	+	+	+		10 à 40		+		+			Antilles, Le Cap, Océan Indien.
—	30	11	— (Lampusia) corrugatus, Lmk				+		+		+	+	+	?			8 à 100		+		+			
—	31	12	— (Aquillus) cutaceus, L. sp. (Murex)								+	+	+	+			5 à 60				+			Antilles, Le Cap.
—	33	13	Hadriana craticulata, Br. sp. (Murex)								+	+	+	+			5 à 150		+		+			Adriatique, Otrante.
—	32	14	Cancellaria (Bivetia) cancellata, L. sp. (Voluta.) (1) Var. *similis*. N							(1)	+	+	+	?			5 à 60				+			
—	35	15	Fusus (Aptyxis) syracusanus, L. sp. (Murex)						?		+	+	+	+	+		5 à 100				?			Crète.
—	36	16	— — rostratus Olivi, sp. (Murex). N						?		+	+	+	+	+		10 à 750	+			+			Archipel, Ténériffe.
—	37	17	— — pulchellus, Phil.								+	+	+	+	?		10 à 100							Archipel.
—	37	18	— (Pagodula) vaginatus, Crist. et Jan sp. (Murex). N							?	+	+	+	+	+		5 à 800		+		+			Archipel.
—	38	19	Euthria cornea, Lin. sp. (Murex). (1) Var. *subadunca* C de Stephani			+	+				+	+	+	+	+		5 à 60		+		+		+(1)	Karpathos, Syrie.
—	39	20	Trophon (Trophonopsis) muricatus, Mont. (Murex)						+	+	+	+	+	+	+		5 à 600			+				Archipel, États-Unis.
—	42	21	Nassa mutabilis, Lin. sp. (Buccinum). N				+				+	+	+	+	+		4 à 10	+	?		+		+	Égypte.
—	44	22	— (Naytia) granum, Lamk. sp. (Buccinum.) (1) Var. *minor* Mont.	+	+	+	+		+		+	(1)	+				4 à 10							
—	45	23	— (Tritonella) incrassata, Mull. sp. (Tritonium)			+	+		+		+	+	+	+	+	+	2 à 300	?	+		+	+	+	Égypte.
—	47	24	— — pygmæa Lamk. sp. (Ranella)	+	+	+			+		+	+	+	+	+		5 à 300				?	+		Crète.
—	49	25	— (Hinia) reticulata, Lin. sp. (Buccinum). (1) Var. *nitida*, Jeff. (fonds vaseux).						(1)		+	+	+	+	+	+	0 à 20	+	+	+	+	+	+	Karpathos, Égypte, Crète.
—	52	26	— (Telasco) costulata, Renier sp. (Buccinum). (1) Var. *madeirensis* Beck.						+		+	+	+	+	+		Lt.	?	+		+		+	Égypte.
—	56	27	Amycla corniculum, Olivi sp. (Buccinum)								+	+	+	+	+	+	2 à 120		?		+			
—	59	28	Neritula neritea, Linné sp. (Buccinum)				+				+	+	+	+	+	+	Lt.				+		+	Karpathos, Syrie.
—	61	29	— Donovani Risso sp. (Cyclope)				+		+		+	+	+				Lt.				+			
—	62	30	Purpura (Stramonita) hæmastoma, Linné sp. (Buccinum)						+	+	+	+	+	+	+		Lt.		+		+		+	
—	64	31	Cassis (Semicassis) saburon, Brug. sp. (Cassidea)						+	+	+	+	+		+		5 à 160	+	+	+	+		+	Syrie.
—	66	32	— — undulata, Gmel. sp. (Buccinum)								+	+	+	+			10 à 40		+		+			
—	68	33	Cassidaria (Galeodea) echinophora, Linné sp. (Buccinum)						+		+	+	+	+	+		3 à 60	+	+		+			
—	71	34	Columbella rustica, Linné sp. (Voluta) (2) Var. *azorica* Drouet. (1) Var. *spongiarum* Duclos.							+(1)	+	+(1)	+	+	+	+	0 à 20				?		+	Karpathos.
—	73	35	— (Mitrella) scripta, L. sp. (Murex)								+	+	+	+	+	+	5 à 150		+		+		+	Égypte, Crète.
—	74	36	— — Brisei Chier. (*in* Brus.)								+		+	+			Lt.							
—	74	37	— — Crossei, Recluz								+						Lt.							Gabès.
—	75	38	— — Gervillei Payr. sp. Mitra								+	+	+				2 à 60				?			Gabès.
—	77	39	— — decollata, Brusina (Var. de Gervillei ?). N				+				+	+		+			5 à 150						+	Otrante, Gabès.
—	78	40	— (Atilia) minor Scacchi						+		+	+	+	+			10 à 250				+			Crète.
—	79	41	Conus (Chelyconus) mediterraneus, Brug.								+	+	+	+	+	+	3 à 160	+	+		+		+	Karpathos, Égypte.
			A reporter	2	2	6	17		23	9	41	39	39	33	26	7		6	20	3	30	4	16	

Tome	Page		NOMS DES ESPÈCES		Norvège 1	Mers du Nord et Baltique 2	Iles Britanniques 3	Côtes de France 4	Portugal 5
			Report		2	2	6	12	21
I	87	42	Pleurotoma (Teretia) anceps Eichw	N	+	+	+		+
—	88	43	— (Bellardiella) gracilis, Mont sp. (Murex)	N			+	+	+
—	90	44	Clathurella purpurea, Mont. sp. (Murex)				+	+	+
			— — Var. Philberti Mich.	N					
—	92	45	— Cordieri, Payr. sp. (Pleurotoma)	N		+	+	+	+
—	94	46	— pupoidea, Mont. (Pleurotoma)	N					
—	95	47	— Leufroyi, Mich. sp. (Pleurotoma)	N	+	+	+	+	+
—	97	48	— linearis, Mont. sp. (Murex)	N	+	+	+	+	+
—	98	49	— concinna Scacchi, sp. (Pleurotoma)						
—	99	50	Raphitoma nebula, Mont. sp. (Murex). (1) Var. *ginnania* Risso.	N	+	+	+	+	+
—	101	51	— attenuata, Mont. sp. (Murex)	N			+	+	+
—	103	52	Mangilia Vauquelini, Payr. sp. (Pleurotoma)						+
—	104	53	— tæniata, Desh. sp. (Pleurotoma)						
—	105	54	— Pacinii, Calc. sp. (Pleurotoma)						
—	106	55	— albida, Desh. sp. (Pleurotoma).. (1) Var. *Stossiciana* Brus.				+	+	+
—	108	56	— Companyoi B. D. D.						
—	108	57	— (Mangiliella) multilineolata, Desh. sp. (Pleurotoma)					+	+
—	110	58	Hædropleura septangularis, Mont. sp. (Murex)		+	+	+	+	+
—	112	59	Donovania minima, Mont. sp. (Buccinum)				+		+
—	115	60	Mitra (Uromitra) ebenus, Lamk	N					
—	117	61	— cornicula, Lin. sp. (Voluta)	N					
—	119	62	— (Pusia) tricolor, Gmelin sp. (Voluta)						
—	121	63	Mitrolumna olivoidea, Cantr. sp. (Mitra)						
—	122	64	Marginella (Gibberula) miliaria, L. sp. (Voluta)						
—	124	65	— — Philippii Monterosato						
—	125	66	— (Bullata) clandestina, Brocchi sp. (Voluta)					+	
—	127	67	Cypræa (Trivia) europæa, Mont.		+	+	+	+	
—	130	68	— — pulex Solander						
—	132	69	Ovula adriatica, Sow. sp. (Ovulum)					+	
—	133	70	— carnea, Poiret sp. (Bulla)	N					
—	134	71	— (Simnia) spelta, L. sp. (Bulla)	N					
—	137	72	Natica Dillwyni Payr	N					+
—	139	73	— (Nacca) hebræa, Martyn sp. (Nerita)						+
—	141	74	— — millepunctata, Lamk					+	+
—	143	75	— (Naticina) Alderi Forbes		+	+	+	+	+
—	146	76	— — catena Da Costa		+	+	+		
—	148	77	— — Guillemini Payr						+
—	149	78	— (Payraudeautia) intricata, Donov. sp. (Nerita)						
—	151	79	— (Neverita) Josephinia Risso						
—	153	80	Lamellaria perspicua, Linn. sp. (Helix)			+	+	+	+
—	159	81	Odostomia conoidea, Brocchi sp. (Turbo)				+	+	+
—	161	82	— unidentata, Mont. sp. (Turbo)		+	+	+	+	+
			A reporter		11	13	23	3[illegible]	41

Côtes de France	Portugal	Atlantique	Sénégal	Golfe du Lion	Algérie	Italie Ouest et Sud	Adriatique	Mer Égée	Mer Noire	Distribution en profondeur	Miocène Nord	Miocène Midi	Pliocène Nord	Pliocène Midi	Pleistocène Nord	Pleistocène Midi	Habitats actuels divers
4	5	6	7	8	9	10	11	12	13	14	15	16	17	18	19	20	21
12	21	20	9	41	39	39	35	27	7		6	20	3	30	4	16	
+	+	+	....	+	+	+	+	+	....	50 à 1400	+	+	+	+	+	+	Crète.
+	+	+	....	+	+	+	+	+	....	5 à 250	....	+	+	+	....	+	Crète.
+	+	+	....	+	+	+	+	+	....	3 à 60	?	....	....	+	....	....	Crète.
....	....	....	....	+	+	+	+	+	....	3 à 60	....	....	....	+	....	....	
+	+	....	....	+	+	+	?	+	....	3 à 50	....	....	....	+	+	....	Gabès.
....	....	....	....	+	+	+	....	....	....	5 à 50	....	+	....	+	....	....	
+	+	+	....	+	+	+	+	+	....	5 à 170	....	?	....	+	....	....	Crète, Trondhjem.
+	+	+	....	+	+	+	+	+	....	5 à 170	....	+	....	+	+	+	Gabès.
....	....	....	....	+	?	+	+	....	....	6 à 60	....	....	....	+	....	+	Gabès.
+	+	+	....	+ (1)	+	+	+	+	....	10 à 250	....	....	....	+	+	+	Crète, Gabès (1).
+	+	....	....	+	+	+	+	+	....	10 à 60	....	....	....	+	....	+	
....	+	+	....	+	+	+	+	+	....	10 à 50	....	?	....	+	....	+	
....	....	....	....	+	+	+	+	....	....	5 à 50	....	?	....	....	....	....	Gabès.
....	....	....	....	+	+	+	+	....	....	Lt.	....	....	....	....	....	....	
+	+	....	....	+	+	+	+ (1)	+	....	Lt.	....	+	....	+	....	+	Egypte, Crète.
....	....	....	....	+	+	+	+	....	....	Lt.	....	....	....	....	....	....	
....	....	....	....	+	?	+	+	+	....	Lt.	....	....	?	....	....	....	
+	+	+	....	+	+	+	?	+	....	Lt.	....	+	....	+	+	+	Gabès, Le Cap.
+	+	+	+	+	+	+	+	+	....	0 à 240	....	....	....	+	....	+	Crète, Dakar.
....	+	+	....	+	+	+	+	+	....	5 à 70	....	+	....	+	....	+	Crète, Egypte.
....	....	+	+	+	+	+	+	....	....	3 à 60	....	+	....	+	....	+	Egypte.
....	....	....	....	+	+	+	+	....	....	5 à 60	....	....	....	+	....	+	Gabès.
....	....	+	....	+	+	+	+	....	....	10 à 250	....	+	....	....	....	+	Gabès, Canaries.
....	....	+	?	+	+	+	+	+	....	3 à 60	....	?	....	+	....	....	Egypte.
....	....	?	....	+	+	+	....	....	....	Lt.	....	....	....	....	....	....	Syrie.
+	....	?	....	+	+	+	+	+	....	2 à 800	....	....	....	+	....	....	Egypte, Crète.
....	+	....	....	+	+	+	+	+	....	2 à 250	....	+	....	+	+	+	Crète.
....	+	+	....	+	+	+	+	+	....	2 à 50	....	?	....	+	....	....	Egypte.
....	....	....	....	+	+	+	+	....	....	10 à 60	....	....	....	?	....	....	
....	....	+	....	+	+	+	+	....	....	20 à 80	....	....	....	....	....	?	Le Cap.
....	....	+	+	+	+	+	+	....	....	5 à 50	....	+	+	+	....	?	Dakar, Le Cap.
....	....	?	....	+	+	+	+	....	....	10 à 60	?	+	....	+	....	+	Gabès, Sainte-Hélène.
....	+	+	....	+	+	+	+	+	....	2 à 700	....	+	+	+	....	+	Gabès.
....	+	+	....	+	+	+	+	+	....	2 à 700	....	+	+	+	....	+	Syrie.
....	+	....	....	+	+	+	+	+	....	2 à 250	?	....	+	+	+	....	
....	+	....	....	+	+	+	....	....	....	5 à 50	....	+	+	+	+	+	
....	....	....	....	+	+	+	+	+	....	5 à 50	....	....	....	+	....	....	
....	+	+	....	+	+	+	+	?	....	20 à 250	....	+	....	+	....	+	Gabès.
....	....	....	....	+	+	+	+	+	....	Lt.	....	+	....	+	....	....	Alexandrie.
....	+	....	....	+	+	+	+	+	....	10 à 160	....	....	+	+	....	....	Le Cap, Etats-Unis.
....	+	....	....	+	+	+	+	+	....	5 à 50	+	+	+	+	+	+	Gabès.
....	+	....	....	+	+	+	....	+	....	10	....	....	+	+	+	....	Crète.
	44	38	12	83	79	81	71	54	7		8	38	13	64	14	37	

Tome	Pages		NOMS DES ESPÈCES	Norvège 1	Mers du Nord et Baltique 2	Iles Britanniques 3	Côtes de France 4	Portugal 5	Atlantique 6	Sénégal 7	Golfe du Lion 8	Algérie 9	Italie Ouest et Sud 10	Adriatique 11	Mer Égée 12	Mer Noire 13	Distribution en profondeur 14	Miocène Nord 15	Miocène Midi 16	Pliocène Nord 17	Pliocène Midi 18	Pleistocène Nord 19	Pleistocène Midi 20	Habitats actuels divers 21
			Report	11	13	23	30	4	39	12	83	79	81	71	54	7		8	38	13	64	14	37	
1	162	83	Odostomia turrita, Hanley			+	+				+	+	+	+	+		Lt.				+	+		Gabès.
—	163	84	— plicata, Montagu sp. (Turbo) N			+	+				+	+	+	+			3 à 60			?	+	+		
—	164	85	— rissoides, Hanley N			+	+				+	+	+				2 à 20		?	?	+	+		
—	167	86	— Monterosatoi B. D. D.				+				+						?							
—	167	87	— (Odostomella) doliolum, Phil. sp. (Rissoa) N			+	+				+	+	+	+	+		Lt.				+		+	Égypte.
—	169	88	— (Parthenina) interstincta, Mont. sp. (Turbo)	+	+						+	+	+				3 à 40	?		?	+	+	+	Gabès.
—	170	89	— — Jeffreysi B. D. D. N								+		+		+		3 à 40							
—	171	90	— — Penchinati B. D. D.								+		+		+		3 à 40				+		+	
—	172	91	— — emaciata, Brus. sp. (Turbonilla)								+	+	+	+	+		3 à 40					+		
—	173	92	— — monozona, Brus.								+	+	+	+			3 à 40				+		+	Gabès.
—	173	93	— — turbonilloides, Brus.			+	+				+	+	+	+			3 à 40				+			
—	174	94	— — decussata, Mont. sp. (Turbo)			+	+	+			+	+	+				10 à 100				+		+	
—	175	95	— — scalaris, Phil. sp. (Melania) N			+	+	+			+	+	+	+	+		5 à 50				+	+	+	Le Cap.
—	177	96	— (Miralda) excavata, Phil. sp. (Rissoa) N			+	+	+			+	+	+	+			2 à 50				+		+	Archipel.
—	178	97	Turbonilla lactea, L. sp. (Turbo) N		+	+	+				+	+	+	+	+		5 à 50	?			+	+	+	Syrie, Le Cap.
—	180	98	— pusilla, Phil. sp. (Chemnitzia) N								+	+	+				3 à 40		?		+			Gabès.
—	180	99	— gradata, Monterosato								+	+	+		?		3 à 40				+ ?			
—	182	100	— obliquata, Phil. sp. (Chemnitzia) N				+				+		+				?				+			
—	183	101	— densecostata, Phil. sp. (Chemnitzia) N			+		+			+	+	+	+			?		?		+	+	+	
—	183	102	— (Pyrgostelis) rufa, sp. (Melania) N	+	+		+				+	+	+	+			3 à 60		+	+	+	+	+	Trondhjem, Le Cap.
—	185	103	— — striatula, Lin. sp. (Turbo) N			+	+				+	+	+	+	+		3 à 50				?		+	Gabès.
—	187	104	Eulimella acicula, Phil. sp. (Melania) N			+	+	+			+	+	+	+	+		20 à 800	+	+	+	+		+	Crète.
—	188	105	Eulima polita, Lin. sp. (Helix) N	+	+	+			+		+	+	+	+	+		6 à 160		+	+	+			Syrie.
—	190	106	— incurva, Renier sp. (Helix)			+	+	+			+	+	+	+	+		10 à 150		+		+		+	Gabès, Le Cap.
—	192	107	— curva, Jeffr.						+		+	+	+	+	?		?						+	
—	193	108	— (Subularia) subulata, Donov. sp. (Turbo) N				+	+	+		+	+	+	+	+		5 à 250	+	+	+	+		+	Crète.
—	194	109	Menestho Humboldti, Risso sp. (Turbonilla)						+		+	+	+	+	+		Lt.		+		+			Crète.
—	197	110	Cerithium (Thericium) vulgatum, Brug. N				+		+	+	+	+	+	+	+	+	Lt.		+		+		+	Le Cap ?, Karpathos, Égypte.
—	202	111	— — rupestre, Risso (C. costatum Borson, var.?)			+			+		+	+	+	+	+		Lt.		+		+			Égypte, Le Cap.
—	204	112	Cerithiopsis tubercularis, Mont. sp. (Murex) N								+	+	+	+	+		10 à 200	?	+	+	+		+	Égypte, Le Cap.
—	205	113	— bilineata, Hœrnes sp. (Cerithium) N						+		+		+	+			Lt.	?	+		+		+	
—	207	114	— minima, Brus. sp. (Cerithium)				+	+			+	+	+	+			Lt.		+		+		+	
—	207	115	— Metaxae, Delle Chiaje sp. (Murex) N			+	+	+	+		+	+	+	+			5 à 800		?	+		+	+	
—	209	116	Triforis (Biforina) perversus, L. sp. (Trochus) N	+	+	+	+		+	+	+	+	+	+	+	+	5 à 250	+	+	+	+	?	+	Sainte-Hélène, Égypte, Le Cap.
—	212	117	Bittium reticulatum, Da Costa sp. (1) Var. *Latreillei*. (2) Var. *Jadertina*.	+	+	+	+		+		+ (1)	+	+	+ (2)	+	+	0 à 200	+	+	+	+	+	+	Égypte, Crète.
—	215	118	— lacteum, Phil. sp. (Cerithium). (1) Inconnu à l'état fossile ou confondu avec le précédent.	+	+	+	+	+			+	+	+	+	+		10 à 60							
—	217	119	Aporrhaïs pespelecani, Lin. sp. (Strombus) N		+	+	+	+	+		+	+	+	+	+		5 à 500		+	+	+	+	+	Karpathos.
—	220	120	— Serresianus, Mich. sp. (Rostellaria)	+	+			+	+		+	+	+		+		50 à 1000		?		+		+	Crète.
—	224	121	Turritella communis, Risso N					+			+	+	+	+	+		5 à 160	?	+	+	+	+	+	Otrante.
—	225	122	— (Haustator) triplicata, Brocchi sp. (Turbo)								+	+	+	+	+		5 à 150	+	+	+	+	+	+	Syrie.
			A reporter	18	22	43	62		51	14	128	114	120	101	77	10		13	54	24	97	28	63	

Tome	Page		NOMS DES ESPÈCES		1 Norvège	2 Mers du Nord et Baltique	3 Iles Britanniques	4 Côtes de France	5 Portugal
			Report		18	22	43	52	58
I	229	123	Cæcum trachea, Mont. sp. (Dentalium)				+	+	+
—	231	124	— subannulatum de Folin						
—	231	125	— auriculatum de Folin						
—	233	126	Parastrophia Folini B. D. D.	N					
—	234	127	Vermetus glomeratus, L. sp. (Serpula)	N					
—	235	128	— (Serpulus) arenarius, L. sp. (Serpula)	N					
—	237	129	— — cristatus, Biondi	N					
—	238	130	— (Bivonia) triqueter, Bivona	N					
—	240	131	Scalaria (Clathrus) communis, Lamk.		+	+	+	+	+
—	243	132	— (Fuscoscala) tenuicosta, Mich.	N	+	+	+	+	+
—	245	133	— (Opalia) commutata, Monteros	N				+	+
—	250	134	Littorina (Melaraphe) neritoides, Lin. sp. (Turbo)		+	+	+	+	+
—	252	135	Fossarus ambiguus, L. sp. (Helix)					+	+
—	254	136	— costatus, Brocc. sp. (Nerita)					+	+
—	255	137	Solarium (Philippia) hybridum, L. sp. (Trochus)						
—	260	138	Rissoina Bruguierei, Payr. sp. (Rissoa)						
—	262	139	Rissoa variabilis, Meg. sp. (Helix)						
—	265	140	— similis, Scacchi						
—	267	141	— Lia Benoit						
—	267	142	— Guerini Recluz	N			+	+	+
—	269	143	— ventricosa, Desm.						
—	271	144	— lineolata, Mich.						
—	272	145	— (Turbella) parva, Da Costa	N	+	+	+	+	+
—	275	146	— — dolium, Nyst.	N					
—	276	147	— (Zippora) auriscalpium, Lin. sp. (Turbo)						
—	279	148	— (Schwartzia) monodonta, Biv. sp. (Loxostoma)						+
—	280	149	— (Persephona) violacea, Desm.						
—	283	150	— (Alvania) cimex, L. sp. (Turbo)	N				+	+
—	285	151	— — Montagui Payr.						+
—	287	152	— — lineata Risso						
—	288	153	— — Lanciæ Calcara						
—	290	154	— — reticulata, Mont. sp. (Turbo)		+	+	+	+	+
—	291	155	— — Geryonius Chic. in Brus.	N			+	+	
—	293	156	— — subcrenulata, Schw.						
—	294	157	— (Acinopsis) cancellata Da Costa (Turbo)				+	+	+
—	296	158	— (Alvinia) pagodula, B. D. D.						
—	298	159	— (Massotia) lactea, Mich.	N			+	+	+
—	300	160	— (Manzonia) costata, Adams sp. (Turbo)		+	+	+	+	+
—	302	161	— (Galeodina) carinata, Da Costa sp. (Turbo)				+	+	+
—	304	162	— (Thapsiella) rudis, Phil	N				+	
—	305	163	— (Cingula) semistriata, Mont. sp. (Turbo)		+	+	+		+
—	309	164	— — pulcherrima, Jeffr.				+		
			A reporter		25	29	57	68	76

Portugal 5	Atlantique 6	Sénégal 7	Golfe du Lion 8	Algérie 9	Italie Ouest et Sud 10	Adriatique 11	Mer Égée 12	Mer Noire 13	Distribution en profondeur 14	Miocène Nord 15	Miocène Midi 16	Pliocène Nord 17	Pliocène Midi 18	Pleistocène Nord 19	Pleistocène Midi 20	Habitats actuels divers 21
58	51	14	123	114	120	101	77	10		13	54	24	97	28	63	
+	+	....	+	+	+	+	+	....	5 à 250	....	?	....	+	....	+	
....	....	....	+	....	+	+	+	....	5 à 50	....	....	....	....	....	....	
....	....	....	+	+	+	+	+	....	5 à 150	....	....	....	....	....	....	Gabès.
....	....	....	+	+	+	+	....	....	?	....	....	....	....	....	....	Gabès.
....	....	....	+	+	+	+	+	....	Lt.	....	?	....	+	....	....	
....	....	....	+	+	+	+	+	....	5 à 15	+	+	+	+	....	+	
....	....	....	+	+	+	+	+	....	5 à 20	....	+	....	+	....	....	Crète.
....	....	....	+	+	+	+	....	....	Lt.	....	+	....	+	....	....	
+	....	....	+	+	+	+	+	....	3 à 60	?	+	+	+	+	+	Gabès.
+	+	....	+	+	+	+	+	....	10 à 50	+	+	+	+	....	+	
+	+	....	+	+	+	+	....	....	10 à 50	....	+	....	+	....	+	
+	+	....	+	+	+	+	+	+	Lt.	....	....	....	....	+	+	
+	+	+	+	+	+	+	+	....	Lt.	....	....	....	....	....	+	Syrie, Sainte-Hélène.
....	....	....	+	+	+	+	....	....	50 à 1000	+	+	+	+	....	....	
+	+	....	+	+	+	+	+	....	10 à 50	....	....	....	....	....	....	Sainte-Hélène.
....	....	....	+	+	+	+	+	....	2 à 40	....	+	....	+	....	+	Gabès.
....	....	....	+	+	+	+	+	+	Lt.	....	....	....	+	....	+	Crète.
....	....	....	+	+	+	+	+	+	Lt.	....	....	....	+	....	+	Gabès.
....	....	....	+	+	+	+	....	....	Lt.	....	....	....	....	....	....	
+	....	....	+	+	+	+	....	....	Lt.	....	....	+	+	+	+	
....	....	....	+	+	+	+	+	....	0 à 35	....	....	....	+	....	+	
....	....	....	+	+	+	+	+	....	Lt.	....	....	....	+	....	....	
+	+	....	+	+	+	+	+	....	2 à 20	....	....	....	+	+	+	
....	....	....	+	+	+	+	+	....	?	....	....	....	....	....	+	
....	....	....	+	+	+	+	+	....	Lt.	....	....	....	+	....	+	Gabès.
+	....	....	+	+	+	+	+	....	Lt.	....	....	....	+	....	+	Gabès.
....	....	....	+	+	+	+	+	....	3 à 60	....	....	....	....	....	+	Gabès.
+	+	+	+	+	+	+	+	....	3 à 230	?	?	....	....	+	+	Crète.
+	+	....	+	+	+	+	+	....	3 à 60	+	+	....	+	+	+	Gabès.
....	....	....	+	....	+	+	?	....	2 à 20	....	....	....	....	....	+	
....	....	....	+	+	+	....	....	....	2 à 20	....	....	....	....	....	+	
+	....	....	+	+	+	+	+	....	2 à 250	....	+	....	+	+	....	Crète.
....	....	....	+	....	+	+	....	....	3 à 30	+	+	....	+	....	+	Gabès.
....	....	....	+	+	+	?	....	....	2 à 200	....	....	....	....	....	+	
+	+	....	+	+	+	+	+	....	2 à 200	....	+	....	+	....	+	
....	....	....	+	+	+	+	....	....	Lt.	....	....	....	+	....	....	
+	+	....	+	+	+	+	....	....	Lt.	....	....	....	+	+	+	
+	+	....	+	+	+	+	....	....	3 à 1400	+	+	....	+	+	+	Gabès, Açores.
+	....	....	+	+	+	+	....	....	Lt.	....	....	....	+	+	+	
....	....	....	+	+	+	+	....	....	Lt.	....	....	....	....	....	+	
+	....	....	+	+	+	+	....	....	2 à 40	....	....	+	....	+	+	
....	+	....	+	+	+	+	....	....	2 à 40	....	....	....	+	....	+	
76	64	16	165	153	162	141	102	13		19	67	30	124	39	93	

Tome	Page		NOMS DES ESPÈCES		Norvège 1	Mers du Nord et Baltique 2	Iles Britanniques 3	Côtes de France 4
			Report		25	29	57	62
I	309	165	Rissoa (Cingula) fulgida, Adams sp. (Helix)	N			+	+
—	310	166	— — micrometrica, Seg					
—	310	167	— (Nodulus) contorta, Jeffr					
—	312	168	— (Peringiella) glabrata, Meg. sp. (Helix)				?	
—	314	169	— — nitida, Brus					
—	315	170	Barleeia rubra, Adams sp. (Turbo)			+	+	+
—	317	171	Assiminea littorina, Delle Ch. sp. (Helix)				+	
—	318	172	— sicana Brug					
—	319	173	Truncatella subcylindrica, L. sp. (Helix)				+	+
—	322	174	Skeneia planorbis, Fabr. sp. (Helix)		+	+	+	+
—	324	175	Homalogyra atomus, Phil. sp. (Truncatella)	N			+	+
—	325	176	— rota, F. et H. sp. (Skeneia)	N			+	+
—	326	177	— Fischeriana Monterosato	N				
—	328	178	Smaragdia viridis, Lin. sp. (Nerita)					
—	331	179	Turbo (Bolma) rugosus, L.					+
—	334	180	— (Collonia) sanguineus, L.					?
—	336	181	Phasianella (Tricolia) pullus, L. sp. (Turbo)				+	+
—	339	182	— — speciosa, Muhl. sp. (Turbo)	N				
—	341	183	— — tenuis, Michaud					+
—	345	184	Trochus (Zizyphinus) Zizyphinus, L. (1) Tr. *conuloides*.		(1)	(1)	(1)	(1)
—	349	185	— — conulus, L.	N				
—	352	186	— — dubius, Phil					
—	353	187	— — Laugieri, Payr					
—	356	188	— — Gualtierii, Phil					
—	357	189	— — miliaris, Brocchi		+	+	+	+
—	359	190	— — granulatus, Born	N		+	+	+
—	362	191	— (Jujubinus) exasperatus, Penn	N			+	+
—	365	192	— — striatus, Lin				+	+
—	369	193	— — Gravinæ, Monteros					
—	370	194	— (Forskalia) fanulum, Gmel					
—	373	195	Gibbula magus, L.				+	+
—	376	196	— umbilicaris, L.	N				
—	379	197	— ardens, v. Salis	N				
—	383	198	— Philberti, Recluz					
—	385	199	— varia, Lin	N				
—	387	200	— tumida, Mont		+	+	+	+
—	388	201	— Racketti, Payr					
—	390	202	— divaricata, L.	N				
—	393	203	— rarilineata, Mich					
—	394	204	— Adansoni, Payr	N				
—	396	205	— turbinoides, Desh	N				
			A reporter		29	35	72	85

Côtes de France 4	Portugal 5	Atlantique 6	Sénégal 7	Golfe du Lion 8	Algérie 9	Italie Ouest et Sud 10	Adriatique 11	Mer Égée 12	Mer Noire 13	Distribution en profondeur 14	Miocène Nord 16	Miocène Midi 16	Pliocène Nord 17	Pliocène Midi 18	Pleistocène Nord 19	Pleistocène Midi 20	Habitats actuels divers 21
62	76	64	16	165	153	162	141	102	13		19	67	30	124	39	93	
+	....	....	....	+	+	+	+	....	....	Lt.	....	....	....	+	....	....	
....	....	....	....	+	+	+	....	....	....	Lt.	....	....	....	....	....	....	
....	....	+	....	+	+	+	+	....	....	Lt. ?	....	....	....	....	....	....	
....	....	....	....	+	+	+	+	....	....	5 à 50	....	....	+	+	....	+	
+	+	+	....	+	....	+	+	....	....	5 à 50	....	....	....	....	....	....	
....	+	+	+	+	+	+	+	+	....	Lt.	....	+	....	+	....	....	Ténériffe.
....	....	....	....	+	+	+	+	....	....	Lt.	....	....	....	+	....	....	
+	+	+	....	+	+	+	?	+	....	?	....	....	....	....	....	....	
+	....	....	....	+	+	+	+	+	....	Lt.	....	....	....	+	....	+	Egypte.
+	....	....	....	+	....	+	....	....	....	2 à 40	....	....	....	+	+	....	États-Unis.
+	....	....	....	+	+	+	+	....	....	Lt.	....	....	+	....	+	....	
....	....	....	....	+	+	+	....	....	....	Lt.	....	+	+	....	+	+	
....	....	+	....	+	....	+	+	....	....	Lt.	....	....	....	....	....	....	
+	+	+	....	+	+	+	+	+	....	5 à 40	....	....	....	+	....	....	Ténériffe, Antilles, Crète, Mer Rouge.
!	....	....	....	+	+	+	+	+	....	3 à 230	....	+	....	+	....	+	Karpathos, Crète.
+	+	+	....	+	+	+	+	+	....	5 à 250	....	?	....	+	....	+	Crète, Le Cap.
....	....	....	....	+	+	+	+	+	+	Lt.	....	+	....	+	+	+	Syrie, Egypte, Ténériffe.
+	....	....	....	+	+	+	+	+	+	Lt.	....	....	....	+	....	+	
(1)	(1)	....	+	+	+	+	+	+	....	?	....	....	....	....	....	+	Peu connue, Dakar.
....	....	+	....	+	+	+	+	+	....	5 à 130	....	?	....	+	+	+	
....	....	....	....	+	+	+	+	+	....	5 à 250	....	?	+	+	....	....	
....	....	....	....	+	+	+	+	....	....	Lt.	....	....	....	....	....	....	
....	....	....	....	+	+	+	+	+	....	Lt.	....	....	....	....	....	+	
+	+	+	....	+	+	+	+	....	....	Lt.	....	....	....	....	....	+	
+	+	+	....	+	+	+	+	+	....	40 à 250	+	+	+	+	....	+	
+	+	+	....	+	+	+	+	?	....	5 à 250	....	+	+	+	....	+	Otrante.
+	+	+	....	+	+	+	+	+	....	Lt à 200	+	+	....	+	+	+	Crète.
....	+	+	....	+	+	+	+	+	....	2 à 250	+	....	+	+	+	+	Crète.
....	....	....	....	+	?	+	+	....	....	Lt.	....	....	....	+	....	....	
+	+	+	....	+	+	+	+	+	....	10 à 50	+	+	....	+	....	+	Crète.
....	+	....	+	+	+	+	+	+	....	4 à 100	+	+	....	+	+	+	Karpathos, Crète.
....	....	....	....	+	+	+	+	+	....	Lt.	....	....	....	....	....	+	
....	....	....	....	+	+	+	+	+	....	Lt.	....	?	....	+	....	+	
+	+	....	....	+	+	+	....	....	....	Lt.	....	....	....	....	....	+	
....	....	....	....	+	+	+	+	?	....	Lt.	....	....	....	+	....	+	
....	+	+	....	+	?	....	....	....	....	2 à 60	....	+	+	+	+	....	
....	....	....	....	+	+	+	?	+	....	10 à 400	....	....	....	....	....	....	
....	....	....	....	+	+	+	+	+	?	Lt.	....	....	....	....	....	....	
....	....	....	....	+	+	+	+	....	....	Lt.	....	....	....	....	....	....	
....	....	....	....	+	+	+	+	+	+	Lt.	+	+	?	+	....	+	Crète.
....	....	....	....	+	+	+	+	+	....	Lt.	....	....	....	+	....	....	
65	81	79	19	206	189	202	175	125	16		25	78	38	149	48	115	

Tome	Page		NOMS DES ESPÈCES	Norvège 1	Mers du Nord et Baltique 2	Iles Britanniques 3	Côtes de France 4	Portugal 5
			Report	29	35	72	85	91
I	398	206	Gibbula drepanensis Brugn					
—	399	207	— (Phorcus) Richardi, Payr. sp. (Monodonta)					
—	402	208	— (Trochocochlea) turbinata, Born					+
—	404	209	— — articulata, Lamk. sp. (Monodonta)					
—	407	210	— — mutabilis, Phil					
—	409	211	Clanculus corallinus, Gm. sp. (Trochus)					
—	411	212	— (Clanculopsis) cruciatus, L. sp. (Trochus)					
—	413	213	— — Jussieui, Payr. sp. (Monodonta). N					
—	415	214	Danilia Tinei, Calc. sp. (Monodonta)					
—	420	215	Circulus striatus, Phil. sp. (Valvata) N			+	+	+
—	424	216	Adeorbis subcarinatus, Mont. sp. (Helix)			+	+	+
—	426	217	Haliotis lamellosa, Lamk. (1) Hal. tuberculata in Atlant.			(1)	(1)	(1)
—	430	218	Scissurella costata d'Orb					
—	434	219	Janthina (Amethistina) nitens, Menke				+	+
—	435	220	— pallida, Harvey			+	+	+
—	438	221	Fissurella nubecula, Linn. sp. (Patella)			?	+	+
—	440	222	— græca, L. sp. (Patella)			+	+	+
—	444	223	— gibberula, Lamk			+	+	+
—	446	224	— italica, Def					
—	449	225	Emarginula Huzardi, Payr					
—	451	226	— elongata, O. G. Costa					
—	452	227	— cancellata, Phil					
—	456	228	Calyptra chinensis, L. sp. (Patella)			+	+	+
—	460	229	Crepidula unguiformis, Lamk					+
—	462	230	— Moulinsi, Mich. N					
—	464	231	Capulus ungaricus, L. sp. (Patella)	+	+	+	+	+
—	469	232	Patella lusitanica, Gmel				+	+
—	471	233	— cærulea, L					
			— — Var. *subplana*, Pot. et Mich					+
			— — — *aspera*, Lamk					
			— — — *tarentina*, v. Salis					
—	478	234	Acmæa virginea, Mull. sp. (Patella)	+	+	+	+	+
—	481	235	Williamia Gussonii, Costa sp. (Ancylus = Anisomyon Meck)					
—	483	236	Gadinia Garnoti, Payr. sp. (Pileopsis)					
—	489	237	Chiton olivaceus, Spengl. N					
—	492	238	— (Nuttallina) caprearum, Scacchi N					+
—	495	239	— (Ischnochiton) Rissoi, Payr N					
—	499	240	— (—) marginatus, Pennant N	+	+	+	+	+
—	500	241	Holochiton (Lepidopleurus) cajetanus, Poli				+	+
—	502	242	Anisochiton (Acanthochites) fascicularis, L	+	+	+	+	+
—	505	243	— discrepans, Brown sp. (Chiton)			+	+	+
			A reporter	33	39	84	101	111

Portugal 5	Atlantique 6	Sénégal 7	Golfe du Lion 8	Algérie 9	Italie Ouest et Sud 10	Adriatique 11	Mer Égée 12	Mer Noire 13	Distribution en profondeur 14	Miocène Nord 15	Miocène Midi 16	Pliocène Nord 17	Pliocène Midi 18	Pleistocène Nord 19	Pleistocène Midi 20	Habitats actuels divers 21
91	79	19	206	189	202	175	125	16		25	78	38	149	48	115	
....	....	....	+	+	+	+	....	....	Lt.	....	....	....	....	....	....	
+	....	....	+	+	+	+	+	+	Lt.	....	....	....	....	....	+	
....	+	....	+	+	+	+	+	....	Lt.	....	....	....	+	....	+	Karpathos.
....	....	....	+	+	+	+	+	....	Lt.	....	....	....	....	....	+	
....	....	....	+	?	+	+	+	....	Lt.	....	....	....	....	....	....	
....	....	+	+	+	+	+	+	....	10 à 230	+	+	....	+	....	+	Otrante.
....	+	....	+	+	+	+	+	....	10 à 60	....	+	....	+	....	+	Crète.
....	....	....	+	+	+	+	+	....	10 à 20	....	....	....	+	....	+	
+	....	....	+	+	+	+	+	....	20 à 400	....	....	....	+	....	+	Archipel.
+	+	....	+	+	+	+	....	....	5 à 50	....	+	+	+	....	+	
1)	+	....	+	+	+	+	....	....	2 à 40	+	....	+	+	+	....	
....	+	....	+	+	+	+	+	....	Lt.	....	....	....	+	....	+	Syrie.
+	+	....	+	+	+	+	+	....	5 à 400	....	....	+	+	....	+	Archipel.
+	....	....	+	+	+	+	+	....	5 à 1800	....	....	....	....	....	....	Alexandrie.
+	+	....	+	+	+	+	....	....	5 à 300	....	....	....	....	....	....	
+	+	+	+	+	+	+	+	....	Lt.	....	....	....	+	....	....	Syrie, Le Cap.
+	+	....	+	+	+	+	+	....	Lt à 140	+	+	+	+	+	+	Canaries.
....	+	+	+	+	+	+	+	....	Lt.	....	+	....	+	....	+	Canaries, Ste-Hélène
....	+	....	+	+	+	+	+	....	Lt à 40	+	+	+	+	+	+	Egypte.
....	....	....	+	+	+	+	+	....	2 à 40	....	....	....	+	....	....	
....	+	....	+	+	+	+	+	....	2 à 120	....	....	....	+	....	+	Sainte-Hélène.
+	....	....	+	+	+	+	+	....	0 à 730	....	+	....	+	....	+	Crète.
+	+	+	+	+	+	+	+	+	5 à 250	+	+	+	+	....	+	Crète, Dakar, Le Cap.
....	....	....	+	+	+	+	+	....	5 à 60	+	+	....	+	....	+	États-Unis.
+	+	....	+	+	+	+	+	....	3 à 60	....	....	....	+	....	+	
+	....	....	+	+	+	+	+	....	2 à 1500	+	+	+	+	....	+	Otrante, Açores.
....	....	....	+	+	+	+	+	....	Lt	....	....	....	+	....	....	Egypte.
+	....	....	+	+	+	+	+	....	Lt	....	....	....	....	....	+	Karpathos, Syrie.
....	....	....	+	+	+	+	....	....	Lt	....	....	....	....	....	....	Canaries.
+	....	....	+	+	+	+	....	....	Lt	....	....	....	....	....	....	
	+	....	+	+	+	+	+	....	Lt	....	....	....	....	....	....	
	+	....	+	+	+	?	+	....	0 à 2500	....	....	+	+	+	+	Crète.
	....	....	+	+	+	+	+	....	5 à 40	....	?	....	+	....	....	Ste-Hélène, l'Ascension.
	+	....	+	+	+	+	+	....	Lt	....	....	....	....	....	+	
	....	....	+	+	+	+	+	....	0 à 10	....	....	....	+	+	+	Egypte.
	....	....	+	+	+	+	+	....	Lt	....	....	....	....	....	+	
	+	....	+	+	+	?	+	....	Lt	....	....	....	....	....	....	
	+	+	+	+	+	+	....	....	5 à 35	....	+	....	+	+	+	Canaries, Le Cap.
	+	....	+	+	+	+	+	....	Lt	....	?	....	+	....	+	
	+	+	+	+	+	+	+	....	Lt à 35	....	?	+	+	+	....	Rufisque.
	....	....	+	+	+	+	....	....	Lt à 35	....	....	?	+	+	+	
1	100	25	247	229	243	214	158	18		32	89	47	177	56	142	

Tome	Page		NOMS DES ESPÈCES		1 Norvège	2 Mers du Nord et Baltique	3 Iles Britanniques	4 Côtes de France
			Report		33	39	84	101
I	509	244	Actæon tornatilis, L. sp. (Voluta)		+	+	+	+
—	515	245	Haminea hydatis, L. sp. (Bulla)		...	...	+	+
—	517	246	— navicula, da Costa sp. (Bulla)		...	...	+	+
—	521	247	Cylichna cylindracea, Pennant sp. (Bulla)	N	+	+	+	+
—	524	248	— (Cylichnina) umbilicata, Mont. sp. (Bulla)		+	+	+	+
—	526	249	— — Crossei, B. D. D.		...	...	...	...
—	527	250	Retusa truncatula, Brug. sp. (Bulla)	N	+	+	+	+
—	530	251	— semisulcata, Phil. sp. Bulla		...	...	...	...
—	531	252	— mammillata, Phil. sp. (Bulla)		+	+	+	+
—	534	253	Volvulella acuminata, Brug. sp. (Bulla)		+	+	+	+
—	536	254	Scaphander lignarius, L. sp. (Bulla)		+	+	+	+
—	540	255	Philine aperta, L. sp. (Bulla)		+	+	+	+
—	543	256	— catena, Mont. sp. (Bulla)	N	+	+	+	+
—	546	257	Aplysia fasciata, Poiret		...	...	...	+
—	549	258	Oxynoë olivacea, Rafinesque		...	...	...	...
—	551	259	Pleurobranchus (Oscanius) membranaceus, Mont. sp. Lamellaria.	N	...	...	+	+
—	554	260	Umbrella mediterranea, Lamk		...	...	...	...
—	558	261	Dentalium vulgare, da Costa sp. (Dentale)		...	+	+	+
—	561	262	— D. inæquicostatum, Dautz.	N	...	...	...	...
			TOTAUX DES MOLLUSQUES CÉPHALES		42	49	97	115

Portugal 5	Atlantique 6	Sénégal 7	Golfe du Lion 8	Algérie 9	Italie Ouest et Sud 10	Adriatique 11	Mer Égée 12	Mer Noire 13	Distribution en profondeur 14	Miocène Nord 15	Miocène Midi 16	Pliocène Nord 17	Pliocène Midi 18	Pleistocène Nord 19	Pleistocène Midi 20	Habitats actuels divers 21
111	100	25	247	229	243	214	158	18		32	89	47	177	56	142	
+	....	....	+	+	+	+	+	....	20 à 80	+	+	+	+	....	+	
+	....	....	+	+	+	+	+	....	2 à 40	....	+	....	+	+	+	Sainte-Hélène.
+	....	....	+	+	+	?	+	....	?	+	....	....	+	....	+	
+	+	....	+	+	+	+	+	....	10 à 200	+	+	+	+	....	+	Le Cap, Sainte-Hélène.
+	....	....	+	+	+	+	+	....	3 à 50	....	+	....	+	....	+	Le Cap.
....	....	....	+	+	+	....	....	....	?	....	....	....	....	....	....	
+	+	....	+	+	+	+	+	....	Lt.	....	+	+	+	+	+	
....	....	....	+	+	+	+	....	....	Lt.	....	....	....	+	....	....	
+	+	....	+	+	+	+	+	....	10 à 120	....	....	....	+	+	....	
+	....	....	+	+	+	+	....	....	5 à 50	+	+	+	+	....	....	
+	....	....	+	+	+	+	+	....	5 à 250	+	+	+	+	....	+	Crète.
+	+	+	+	+	+	+	+	....	3 à 80	....	....	....	....	....	....	Le Cap.
+	....	....	+	+	+	+	?	....	3 à 60	....	....	+	+	....	+	
+	....	....	+	+	+	+	....	....	2 à 40	....	....	....	....	....	....	
....	....	....	+	....	+	?	+	....		....	....	....	....	....	....	
+	....	....	+	+	+	+	....	....	5 à 120	....	....	....	....	....	....	Adriatique, fide Sturany.
....	+	....	+	+	+	+	....	....	5 à 150	....	....	....	+	....	+	Sainte-Hélène
+	....	....	+	+	+	+	....	....	5 à 80	....	....	....	+	+	+	
....	....	....	+	+	+	+	+	....		....	?	....	+	....	+	Crète.
125	107	26	266	247	262	230	169	18		37	96	53	191	60	153	

Tome	Page		NOMS DES ESPÈCES	1 Norvège	2 Mers du Nord et Baltique	3 Iles Britanniques	4 Côtes de France
II	2	263	Ostrea edulis, L. Var. *tarentina* Issel				
			— — *cristata* Born				+
			— — *lamellosa* Brocchi		+	+	+
			— — *Cyrnusi* Payr				+
			— — *adriatica* Lamk				
			— — *depressa* Phil				+
			— — *parasitica* Turt			+	+
			— — *deformis* Lamk			+	+
			— — *rutupina* Jeffr. (typus in O. Atlantico)			+	
—	19	264	Ostrea stentina Payr				
—	26	265	Anomia ephippium L.	+	+	+	+
—	41	266	— (Monia) patelliformis Gray	+	+	+	+
—	45	267	Spondylus gædcropus Linné				
—	51	268	Radula lima L. sp. (Ostrea)				
—	53	269	— (Mantellum) inflata Chemnitz sp. (Pecten)				
—	56	270	— — hians Gmel. sp. (Ostrea)	+	?	+	+
—	62	271	Pecten jacobæus L. (P. maximus in O. Atlantico)				
—	68	272	— (Peplum) clavatus Poli		+	+	+
—	72	273	— (Æquipecten) opercularis L. Var. *Audouini*, Payr.				
			— — — (typus in O. Atlantico)	+	+	+	+
—	80	274	— — glaber L.				
—	91	275	— — flexuosus Poli				
—	96	276	— — hyalinus Poli				
—	99	277	— (Chlamys) varius L. sp. (Ostrea)		+	+	+
—	104	278	— — multistriatus Poli sp. (Ostrea)				
			Var. *distorta*		+	+	+
—	109	279	— (Pallidum) incomparabilis Risso				?
—	114	280	Avicula hirundo Poli sp. (Mytilus) N			+	+
—	118	281	Pinna pectinata L.			+	+
—	123	282	— nobilis L.				
—	133	283	Mytilus galloprovincialis Lmk				
			(M. edulis L. in O. Atlanticо)	+	+	+	+
—	143	284	— lineatus Gmel.				
—	145	285	— minimus Poli				+
—	149	286	— solidus Martin sp. (Modiola)				
—	151	287	Modiola barbata L. sp. (Mytilus)		+	+	+
—	155	288	— adriatica Lk			+	+
—	160	289	Lithodomus lithophaga L. sp. (Mytilus)				
—	163	290	Modiolaria marmorata Forbes sp. (Mytilus)	+	+	+	+
—	168	291	— costulata Risso sp. (Modiola)			+	+
—	170	292	— sulcata Risso sp. (Modiola)				+
—	174	293	Arca Noe Lin.				
—	177	294	— tetragona Poli. Var. *britannica* Reeve			+	+
			A reporter	6	10	19	23

Portugal 5	Atlantique 6	Sénégal 7	Golfe du Lion 8	Algérie 9	Italie Ouest et Sud 10	Adriatique 11	Mer Égée 12	Mer Noire 13	Distribution en profondeur 14	Miocène Nord 15	Miocène Midi 16	Pliocène Nord 17	Pliocène Midi 18	Pleistocène Nord 19	Pleistocène Midi 20	Habitats actuels divers 21
+	....	....	....	....	+	+	....	....	2 à 20	....	....	....	....	....	....	
+	....	....	+	+	+	+	....	....	2 à 20	....	....	....	....	....	....	Egypte.
....	....	....	+	+	+	+	....	....	2 à 40	+	+	+	+	+	+	
....	....	....	+	....	+	+	....	....	2 à 40	....	....	....	+	....	....	
....	....	....	+	+	....	+	+	+	2 à 20	....	....	....	....	....	....	
....	....	....	+	+	+	+	....	....	2 à 40	....	....	....	....	....	....	
....	....	....	+	....	....	....	....	....	2 à 40	....	....	....	....	....	....	
....	....	....	+	....	....	....	....	....	2 à 40	....	....	....	....	....	....	
+	....	....	+	....	....	....	....	....	?	....	....	....	....	....	....	
+	+	....	+	+	+	+	+	....	Lt. à 10	....	+	....	+	....	+	
+	+	....	+	+	+	+	+	....	Lt. à 1600	+	+	+	+	+	+	Egypte, Crète.
....	....	....	+	+	+	+	....	....	5 à 130	....	?	+	+	....	....	
....	+	+	+	+	+	+	+	....	2 à 40	+	+	....	+	....	....	Egypte.
....	+	....	+	+	+	+	+	....	5 à 250	+	+	+	+	....	....	Egypte, États-Unis.
+	+	....	+	+	+	+	....	....	Lt. à 40	+	+	....	....	....	....	Egypte.
....	+	....	+	+	+	+	+	....	Lt. à 140	....	+	....	+	....	+	
+	?	....	+	+	+	+	+	....	4 à 100	....	....	....	+	....	+	
....	....	....	+	+	+	+	+	....	10 à 1250	....	....	....	+	....	+	Golfe de Gascogne.
+	....	....	+	+	+	+	+	....	1 à 250	....	....	....	+	....	+	Archipel.
+	+	....	....	....	....	....	....	....	2 à 1400	....	....	+	....	+	....	Açores.
+	....	....	+	+	+	+	+	+	Lt.	....	....	....	+	+	+	
....	+	....	+	+	+	+	+	....	2 à 220	....	....	....	+	+	....	
+	....	....	+	+	+	+	+	....	10 à 200	....	....	....	....	+	+	Egypte.
....	....	....	+	+	+	+	+	....	Lt. à 260	....	....	+	+	+	+	Egypte.
+	+	+	+	+	+	+	+	....	10 à 240	+	+	+	+	....	+	Le Cap.
....	+	....	....	....	....	....	....	....	10 à 1400	....	....	....	+	....	+	Açores.
+	+	....	+	+	+	+	+	....	10 à 1400	....	....	....	+	....	+	Archipel, Açores.
+	+	....	+	+	+	....	....	....	10 à 1250	....	....	?	+	....	+	Açores, Sainte-Hélène.
....	....	....	+	+	+	+	....	....	6 à 140	....	....	?	+	....	+	
....	....	....	+	+	+	+	+	....	4 à 50	....	+	....	+	....	+	
+	....	....	+	+	+	+	+	+	Lt.	....	....	....	+	....	+	
....	....	....	....	....	....	....	....	....	Lt.	....	....	+	....	+	....	Japon, États-Unis.
+	....	....	+	....	+	+	....	....	Lt.	....	....	....	....	....	....	
....	....	....	+	+	+	+	+	....	2 à 20	....	....	....	+	....	+	
....	....	....	+	....	+	+	....	....	?	....	....	....	....	....	....	
+	....	....	+	+	+	+	+	....	Lt. à 70	....	....	+	+	....	+	Japon, Egypte.
....	....	....	+	+	+	+	+	+	2 à 20	....	....	....	+	....	+	
+	....	....	+	+	+	+	+	....	2 à 40	+	+	....	+	....	....	Egypte.
+	+	....	+	+	+	+	+	....	5 à 70	+	....	+	....	+	+	États-Unis, Le Cap.
....	....	....	+	+	+	+	+	....	Lt.	?	?	+	+	....	+	
+	....	....	+	+	+	+	....	....	Lt.	....	....	....	+	....	+	
+	+	+	+	+	+	+	+	....	2 à 35	+	+	....	+	....	+	Egypte, États-Unis.
....	+	....	+	+	+	+	+	....	5 à 1600	+	+	+	+	....	....	Açores.
21	15	3	39	33	36	36	25	4		10	12	12	29	9	24	

Tome	Page		NOMS DES ESPÈCES	Norvège 1	Mers du Nord et Baltique 2	Iles Britanniques 3	Côtes de France 4	Portugal 5
			Report	6	10	19	23	21
II	182	295	Arca (Barbatia) barbata Linné					[illegible]
—	185	296	— (Fossularca) lactea L.			+	+	[illegible]
—	189	297	— (Acar) pulchella Reeve					[illegible]
—	191	298	— (Anadara) diluvii Lamk.					[illegible]
—	195	299	Pectunculus (Axinæa) glycymeris L. sp. (Arca)		+	+	+	[illegible]
—	199		— — pilosus L. sp. (Arca)					[illegible]
—	202	300	— — bimaculatus, Poli sp. (Arca)					[illegible]
—	205	301	— (Pseudaxinæa) violacescens Lamk. N					[illegible]
—	210	302	Nucula nucleus L.	+	+	+	+	[illegible]
			Var. *radiata* (même distribution)					[illegible]
—	215	303	Leda fragilis Chem. sp. (Arca)				+	[illegible]
—	218	304	— (Lembulus) pella L. sp. (Arca)					[illegible]
—	221	305	Venericardia (Actinobolus) antiquata L. sp. (Chama)					[illegible]
—	226	306	Cardita calyculata L. sp. (Chama)					[illegible]
—	231	307	— (Glans) trapezia L. sp. (Chama)					[illegible]
—	235	308	Kellyia (Bornia) sebetia Costa sp. (Cyclas)					[illegible]
—	237	309	Montaguia bidentata Montg sp. (Mya)	+	+	+	+	[illegible]
—	239	310	Lasæa rubra Montg sp. (Cardium)	+	+	+	+	[illegible]
—	244	311	Lepton squamosum Montg sp. (Solen)	+	+	+	+	[illegible]
—	247	312	Galeomma Turtoni Sow.			+	+	[illegible]
—	251	313	Cardium aculeatum L.			+	+	[illegible]
—	256	314	— tuberculatum L.			+	+	[illegible]
—	261	315	— echinatum L. type	+	+	+	+	[illegible]
			Var. *mucronata* Poli					[illegible]
—	268	316	— paucicostatum Sow.			+	+	[illegible]
—	271	317	— erinaceum Lamk.					[illegible]
—	277	318	— (Parvicardium) exiguum Gmel.	+	+	+	+	[illegible]
—	278	319	— — papillosum Poli.			+	+	[illegible]
—	284	320	— (Cerastoderma) edule L. Var. *Lamarcki* Reeve (Med.)	+	+	+	+	[illegible]
—	298	321	— (Lævicardium) norvegicum Sp. typ. et Var. *medit.* B. D. D.	+	+	+	+	[illegible]
—	303	322	— — oblongum Chem.					[illegible]
—	307	323	Chama gryphoides L.					[illegible]
—	311	324	— gryphina Lamk (C. sinistrosa Brocchi)					[illegible]
—	314	325	Isocardia cor L. sp. (Chama)	+	+	+	+	[illegible]
—	318	326	Coralliophaga lithophagella Lamk sp. (Cardita)				+	[illegible]
—	323	327	Merctrix (Callista) chione L. sp. (Venus)			+	+	[illegible]
—	330	328	— (Pitar) rudis Poli sp. (Venus)					[illegible]
—	335	329	Gouldia minima Mont. sp. (Venus)	+		+	+	[illegible]
—	340	330	Dosinia exoleta L. sp. (Venus) (1) Var. *cotan* Adanson.	+		+	+	[illegible]
—	347	331	— lupinus L. sp. (Venus) type de Poli					[illegible]
			Var. *lincta* Pult.	+	+	+	+	[illegible]
			A reporter	18	21	39	45	[illegible]

Portugal 5	Atlantique 6	Sénégal 7	Golfe du Lion 8	Algérie 9	Italie Ouest et Sud 10	Adriatique 11	Mer Égée 12	Mer Noire 13	Distribution en profondeur 14	Miocène Nord 15	Miocène Midi 16	Pliocène Nord 17	Pliocène Midi 18	Pleistocène Nord 19	Pleistocène Midi 20	Habitats actuels divers 21
21	15	3	39	33	36	36	25	4		10	12	12	29	9	24	
	+	....	+	+	+	+	+	....	2 à 30	+	+	....	+	....	+	Egypte.
	+	....	+	+	+	+	+	....	5 à 400	+	+	+	+	....	+	Crète, Mer Rouge, Le Cap.
	+	....	+	+	+	+	+	....	20 à 500	....	....	....	+	....	+	
	+	....	+	+	+	....	+	+	10 à 1000	+	+	+	+	....	+	
	....	....	+	+	....	....	....	....	0 à 120	....	....	+	....	+	+	Egypte, Japon.
	?	....	+	+	+	+	+	....	0 à 250	+	+	+	+	....	+	
	....	....	+	+	+	+	+	....	10 à 60	....	+	....	+	....	+	
	+	....	+	+	+	+	+	....	Lt. à 25	+	+	....	+	....	+	Egypte.
	....	....	+	+	+	+	+	....	5 à 250	....	+	+	+	+	+	Egypte, Le Cap.
	....	....	....	....	....	....	....	....	5 à 250	....	....	....	....	....	....	
	....	....	+	+	+	+	+	....	20 à 200	+	+	....	+	....	+	Crète.
	....	....	+	+	+	+	+	+	4 à 500	+	+	+	+	....	+	Crète, Japon.
	....	....	+	+	+	+	+	....	2 à 75	....	+	....	+	....	+	Egypte.
	+	....	+	+	+	+	+	....	2 à 1400	+	+	+	+	....	+	Egypte.
	....	....	+	+	+	+	+	+	10 à 400	+	+	....	+	+	+	Egypte.
	....	....	+	+	+	+	+	....	10 à 40	....	+	+	+	+	+	
	+	....	+	+	+	+	+	....	Lt à 2500	....	....	+	+	+	+	Crète.
	+	....	+	+	+	+	....	....	Lt. à 1460	....	+	+	+	+	+	Açores, Le Cap.
	....	....	+	?	+	....	....	....	20 à 60	....	....	+	+	....	+	
	....	....	+	+	+	+	....	....	Lt.	....	....	....	....	....	....	
	+	....	+	+	+	+	....	....	3 à 150	+	?	....	+	....	+	Ténériffe.
	+	....	+	+	+	+	?	....	Lt. à 100	....	?	+	+	+	+	Egypte.
	....	....	....	....	....	....	....	....	3 à 150	+	+	+	....	+	....	
	....	....	+	+	+	+	+	....	3 à 150	....	....	....	+	....	+	Karpathos, Crète.
	....	....	+	+	+	?	....	....	2 à 70	....	+	....	+	....	+	
	....	....	+	+	+	+	?	....	Lt.	....	+	....	+	....	+	
	+	....	+	+	+	+	+	+	Lt. à 220	....	....	....	+	+	+	
	+	+	+	+	+	+	+	....	4 à 1500	+	+	+	+	+	+	Sénégal.
	+	....	+	+	+	+	+	+	Lt. à 30	+	+	+	+	+	+	Egypte, Karpathos.
	....	Var.	+	+	+	+	+	....	0 à 50	....	....	+	+	+	+	
	+	....	+	+	+	+	....	....	3 à 160	....	?	....	+	....	+	
	+	....	+	+	+	+	+	....	2 à 130	+	+	....	+	....	+	Egypte, Le Cap.
	+	....	+	+	+	+	+	....	5 à 150	+	+	+	+	....	....	
	+	....	+	+	+	+	+	....	4 à 3400	....	+	+	+	....	+	Crète.
	+	....	+	+	+	+	....	....	2 à 130	....	?	....	+	....	+	Açores.
	+	....	+	+	+	+	+	..	Lt. à 220	....	?	+	+	+	+	Egypte.
	+	....	+	+	+	+	+	+	10 à 240	...	+	+	+	....	+	Egypte, Crète, Sainte-Hélène.
	+	....	+	+	+	+	+	....	4 à 1360	....	+	+	+	....	+	Crète.
	....	(1)	+	+	+	+	....	....	0 à 70	+	+	+	+	....	+	
	+	....	+	+	+	+	....	....	3 à 160	+	+	+	+	....	+	Egypte.
	....	....	....	....	....	....	....	....	3 à 160	+	....	+	+	+	+	Le Cap
35	37	6	77	70	73	70	51	9		28	38	36	66	23	61	

Tome	Page		NOMS DES ESPÈCES	Norvège 1	Mers du Nord et Baltique 2	Îles Britanniques 3	Côtes de France 4	Portugal 5	Atlantique 6	Sénégal 7	Golfe du Lion 8	Algérie 9	Italie Ouest et Sud 10	Adriatique 11	Mer Égée 12	Mer Noire 13	Distribution en profondeur 14	Miocène Nord 15	Miocène Midi 16	Pliocène Nord 17	Pliocène Midi 18	Pleistocène Nord 19	Pleistocène Midi 20	Habitats actuels divers 21
			Report	18	21	30	45	[illegible]	37	6	77	70	73	70	51	9		28	38	36	66	23	61	
I	355	332	Venus (Chamelæa) gallina L. sp. (Venus).. (1) Var. *striatula*.	(1)	(1)	(1)	+		+	....	+	+	+	+	+	+	0 à 120	....	....	....	+	+	+	Mer Caspienne, Karpathos, Égypte.
—	365	333	— (Ventricola) verrucosa L. (1) Var. *simulans*.	....	....	....	+		+	(1)	+	+	+	+	+	....	Lt.	....	....	....	+	+	+	Égypte, Le Cap.
—	370	334	— — casina L. (1) Var. *Aradasi* B. D. D.	+	....	+	+		+ (1)	....	+	+	+	+	....	....	Lt. à 400	....	?	+	+	+	+	Ténériffe, Açores.
—	377	335	— (Timoclea) ovata Pennant	+	+	+	+		....	....	+	+	+	+	+	+	0 à 2000	+	+	+	+	+	+	Crète.
—	384	336	Venus (Clausinella) fasciata da C. Var. *Brongniarti*, Payr. Méd.	+	....	+	+		+	....	+	+	+	+	+	+	Lt. à 100	+	+	+	+	+	+	Crète, Japon, Karpathos.
—	389	337	Lucinopsis undata, Pennant sp. (Venus)	+	....	+	....		+	....	+	+	+	+	....	....	5 à 230	....	....	+	+	+	+	
—	393	338	— (Lajonkairia) Lajonkairei, Payr. sp. (Venerupis)	....	....	+	+		....	....	+	+	+	+	+	....	2 à 40	+	+	+	+	+	+	
—	396	339	Tapes rhomboides, Pennant sp. (Venus)	+	+	+	+		....	....	+	....	+	?	....	....	2 à 160	....	....	+	+	+	+	
—	402	340	— (Pullastra) pullastra, Montagu sp. (Venus)	+	+	....	....		....	....	....	+	....	....	....	....	Lt.	....	....	+	....	+	....	
			Var. *geographica*, Gm.	....	....	+	+		....	....	+	+	+	+	+	....	Lt.	....	....	....	+	....	....	
—	414	341	— — aureus, Gm. sp. (Venus)	+	+	....	....		....	....	....	....	....	....	....	....	Lt.	....	....	+	....	+	....	
			Var. *catenifera*, Lamk.	....	....	....	+		....	....	+	+	+	+	+	+	Lt.	....	....	....	....	....	....	Crète.
—	430	342	— (Amygdala) decussatus, L. sp. (Venus)	....	....	....	+		+	....	+	+	+	+	+	....	Lt.	....	....	....	+	+	+	
—	438	343	Venerupis irus, Lin. sp. (Donax)	....	....	+	+		....	....	+	+	+	+	+	+	Lt.	+	+	+	+	....	+	Égypte.
—	445	344	Petricola lithophaga, Retzius sp. (Venus)	....	....	?	+		....	....	+	+	+	+	+	....	Lt. à 40	....	+	....	+	....	....	
—	453	345	Donax trunculus, L.	....	+	+	+		....	....	+	+	+	+	+	+	Lt. à 45	....	....	....	+	....	....	Égypte.
—	461	346	— vittatus, Da Costa sp. (Cuneus) N	....	....	....	....		+	....	....	....	....	....	....	....	Lt.	....	....	....	....	+	....	Océan Atlantique.
—	465	347	— venustus Poli	....	....	....	....		....	....	+	+	+	+	+	+	Lt.	....	....	....	....	....	+	
—	468	348	— semistriatus, Poli	....	....	+	+		....	....	+	+	+	+	+	....	Lt. à 20	....	....	....	+	....	+	Égypte.
—	472	349	— (Capsella) variegatus, Gm.	....	....	+	+		+	+	+	+	+	+	....	....	2 à 70	....	....	+	+	....	+	
—	478	350	Psammobia færoensis, Chemnitz sp. (Tellina)	+	+	+	+		+	+	+	+	+	+	....	....	Lt. à 90	....	....	+	+	+	+	
—	485	351	— (Psammocola) depressa, Pennant sp. (Tellina)	+	+	+	+		+	....	+	+	+	+	+	....	0 à 40	....	....	+	+	+	+	Le Cap, Égypte.
—	495	352	Solen marginatus, Pennant	....	+	+	+		....	....	+	+	+	+	+	—	0 à 10	+	+	....	+	+	+	Le Cap, Égypte.
—	501	353	Ensis ensis, L. sp. (Solen)	+	+	+	+		....	....	+	+	+	+	?	....	Lt. à 25	....	....	+	+	+	+	
—	506	354	— siliqua, L. sp. (Solen)	+	+	....	....		....	....	....	....	....	....	....	....	Lt.	....	....	+	....	+	....	
			Var. *minor* Mont.	....	....	(1)	(1)		....	....	+	+	+	+	+	....	Lt.	....	....	....	+	....	....	
—	513	355	Pharus legumen, L. sp. (Solen). Var. *major* B. D. D. (Atlantique) (1)	....	....	....	+		....	....	+	+	+	+	+	....	0 à 20	....	....	....	+	....	+	Égypte, Le Cap.
—	519	356	Solenocurtus strigilatus, L. sp. (Solen)	....	....	+	+		+	....	+	+	+	+	+	....	0 à 10	+	+	+	+	....	+	
—	522	357	— candidus, Renier sp. (Solen)	+	+	+	+		+	....	+	+	+	+	....	....	2 à 60	....	+	....	+	....	+	
—	527	358	— (Azor) antiquatus, Pulteney sp. (Solen)	....	....	....	(1)		+	....	+	+	+	+	+	....	3 à 150	+	+	....	+	....	+	[illegible]
—	534	359	Donacilla cornea, Poli sp. (Mactra)	....	....	(1)	....		....	....	+	+	+	+	+	+	Lt. à 2	....	+	....	+	....	+	
—	541	360	Mactra glauca, Born (type Méd.). Var. *helvacea*, Ch. (1)	....	....	....	+		....	....	+	+	+	+	....	....	Lt.	....	....	+	....	....	+	
—	547	361	— corallina, L. sp. (Cardium)	+	+	+	+		....	....	+	+	+	+	+	+	Lt. à 70	....	....	+	+	....	....	Égypte.
			— — var. *atlantica* B. D. D.	+	+	+	+		....	....	+	+	....	....	....	....	Lt.	....	....	....	+	+	+	
	559	362	— (Spisula) subtruncata D.C. (Trigonella). *triangula*, Renier (1)	+	+	+	+		....	(1)	(1)	(1)	(1)	(1)	(1)		Lt. à 4[illegible]	+	+	+	+	+	+	Crète.
—	566	363	Lutraria lutraria, L. sp. (Mya)	+	+	+	+		+	+	+	+	+	....	....	....	2 à 120	+	+	+	+	+	+	
—	572	364	— oblonga, Chem. sp. (Mya)	+	+	+	+		....	....	+	+	....	....	....	....	2 à 20	+	+	....	+	+	+	Le Cap.
—	578	365	Corbula gibba, Olivi	+	+	+	+		....	....	+	+	+	+	+	+	2 à 150	+	....	+	+	+	....	Crète.
—	585	366	Corbulomya mediterranea, Costa sp. (Tellina)	+	+	+	+		....	....	+	+	?	....	....	....	3 à 3[illegible]	....	....	....	....	....	....	
—	589	367	Saxicava arctica, L. sp. (Mya)	+	+	+	+		....	....	+	+	+	+	....	....	2 à 1000	+	+	+	+	+	+	Le Cap, États-Unis.
—	597	368	— rugosa, L. sp. (Mytilus)	+	+	+	....		....	....	+	+	+	+	+	....	2 à 1000	....	....	+	+	+	+	Crète, États-Unis.
			A reporter	37	30	66	77	[illegible]	[illegible]	10	114	107	110	108	76	21		49	53	58	99	47	91	

Tome	Page		NOMS DES ESPÈCES	Norvège 1	Mers du Nord et Baltique 2	Iles Britanniques 3	Côtes de France 4	Portugal 5	Atlantique 6	Sénégal 7	Golfe de Lion 8	Algérie 9	Italie Ouest et Sud 10	Adriatique 11	Mer Égée 12	Mer Noire 13	Distribution en profondeur 14	Miocène Nord 15	Miocène Midi 16	Pliocène Nord 17	Pliocène Midi 18	Pleistocène Nord 19	Pleistocène Midi 20	Habitats actuels divers 21
			Report	87	39	66	17	[illegible]	56	10	114	107	110	103	76	21		40	53	58	90	47	91	
II	603	369	Gastrochaena dubia Pennant sp. (Mya)			+	+				+	+	+	+	?		5 à 60		+	+	+			
—	609	370	Pholas dactylus L.			+	+				+	+	+	+			L.t.						+	Sainte-Hélène.
—	616	371	Barnea candida, L. sp. (Pholas)		+		+				+	+	+				L.t.					+		
—	635	372	Jagonia reticulata Poli sp. (Tellina)		+	+		+	+		+	+	+			+	2 à 60			+	+	+		
—	621	373	Loripes lacteus L. sp. (Tellina)					+	+		+	+	+	+	+		Lt. à 600		+		+		+	Egypte, San Thomé.
—	629	374	Divaricella divaricata L. sp. (Tellina)					+	+		+	+	+	+	+		3 à 40					+		Le Cap.
—	664	375	Tellina (Peronaea) planata L.								?	+	+	+	+		L.t.	+	+		+		+	Crète.
—	660	376	— (Peronaea) nitida Poli					+	+	+	+	+	+	+			0 à 5				+		+	
—	676	377	— (Macoma) cumana Costa sp. (Psammobia)		+	+	+	+	+		+	+	+	+			L.t.				+			
—	654	378	— (Fabulina) incarnata L.		+	+	+	+	+		+	+	+	+	+		L.t. à 60		+		+		+	Egypte, Le Cap.
—	669	379	— (Macoma) tenuis Da Costa	+	+						+	+	+	+			L.t. à 40		+		+			
—	641	380	— (type) pulchella Lamk.				+	+	+		+	+	+	+	+		L.t. à 20		?		+		+	Le Cap.
—	645	381	— (type) distorta Poli			+	+	+	+		+	+	+	+	+		2 à 160							
—	648	382	— (Moerella) donacina L.			+	+	+	+		+	+	+	+	+		Lt. à 150	+	+	+	+	+	+	
—	679	383	— (Arcopagia) balaustina L.		+	+	+	+	+		+	+	+	+	+		2 à 250			+	+		+	
—	684	384	Gastrana fragilis L. sp. (Tellina)	+	+	+	+	+	+		+	+	+	+	+		0 à 30	+	+	+	+	+	+	
—	694	385	Scrobicularia plana Da C. sp. (Trigonella)	+	+	+	+	+	+	+	+	+	+	+			0 à 4		?	+	+	+	+	Egypte.
—	702	386	Syndesmya alba Wood sp. (Mactra)	+		+	+				+	+	+	+	+	+	5 à 550	+	+	+	+	+	+	Japon.
—	709	387	— ovata Phil. sp. (Erycina)			+	+				+	+	+	+	+	+	5 à 550		?	+	+		+	Crète, Sénégal.
—	712	388	— prismatica Mont.				+	+	+	+	+	+	+	+	+		20 à 130			+	+		+	
—	718	389	Solenomya togata Poli sp. (Tellina)		+	+	+	+	+		+	+	+	+			2 à 30				+			Crète.
—	723	390	Pandora inaequivalvis L. sp. (Solen)		+	+	+	+	+		+	+	+	+	+		5 à 40	+	+	+	+	+	+	
—	730	391	Lyonsia norvegica Chem. sp. (Mya).. (1) Var. coruscans Scacchi.	+	+	+	+	+	+		+ (1)	+ (1)	+ (1)	+ (1)			2 à 250					?		Crète.
	735	392	Thracia papyracea Poli sp. (Tellina). (1) Var. villosiuscula Brown.	+		+					+	+	+	+	+		Lt. à 600	+	+	+	+	+	+	
—	740	393	— (Ixartia) distorta Mont.								+	+	+	+			L.t. à 40		?		+		+	Cl. Le Cap.
			TOTAUX DES ACÉPHALES	43	48	63	65	[illegible]	72	18	138	132	135	127	91	24		46	63	69	110	57	107	

TABLE ALPHABÉTIQUE GÉNÉRALE

B

L

S

T

U

V

W

X

Z

Typ. Oberthür, Rennes—Paris (875-08)

MOLLUSQUES MARINS

DU ROUSSILLON

LES

MOLLUSQUES MARINS

DU ROUSSILLON

PAR

E. BUCQUOY, Ph. DAUTZENBERG & G. DOLLFUS

Tome II — Fascicule Ier

PÉLÉCYPODA

(FASCICULE 14)

Famille : *Ostracea* · Genre : *Ostrea*

AVEC SIX PLANCHES PHOTOGRAPHIÉES D'APRÈS NATURE

PARIS
J.-B. BAILLIÈRE & FILS, 19, rue Hautefeuille
Près du boulevard Saint-Germain
ET CHEZ L'AUTEUR
Ph. DAUTZENBERG, 213, rue de l'Université

—

NOVEMBRE 1887

MOLLUSQUES MARINS

DU ROUSSILLON

LES

MOLLUSQUES MARINS

DU ROUSSILLON

PAR

E. BUCQUOY, Ph. DAUTZENBERG & G. DOLLFUS

Tome II — Fascicule II

PELECYPODA

(FASCICULE 15)

Familles : *Anomiidæ, Spondylidæ, Radulidæ*

Genres : *Anomia, Spondylus, Radula*

AVEC CINQ PLANCHES PHOTOGRAPHIÉES D'APRÈS NATURE

PARIS
J.-B. BAILLIÈRE & FILS, 19, rue Hautefeuille
Près du boulevard Saint-Germain

ET CHEZ L'AUTEUR
Ph. DAUTZENBERG, 213, rue de l'Université

AOUT 1888

MOLLUSQUES MARINS

DU ROUSSILLON

LES

MOLLUSQUES MARINS

DU ROUSSILLON

PAR

E. BUCQUOY, Ph. DAUTZENBERG & G. DOLLFUS

Tome II — Fascicule III

PELECYPODA

(FASCICULE 16)

Famille : *Pectinidæ*. — Genre : *Pecten*.

AVEC DIX PLANCHES PHOTOGRAPHIÉES D'APRÈS NATURE

PARIS

J.-B. BAILLIÈRE & FILS, 19, rue Hautefeuille

Près du boulevard Saint-Germain

ET CHEZ L'AUTEUR

Ph. DAUTZENBERG, 213, rue de l'Université

MAI 1889

MOLLUSQUES MARINS

DU ROUSSILLON

LES

MOLLUSQUES MARINS

DU ROUSSILLON

PAR

E. BUCQUOY, Ph. DAUTZENBERG & G. DOLLFUS

Tome II — Fascicule IV

PELECYPODA

(FASCICULE 17)

Familles : *Aviculidæ, Mytilidæ.*

Genres : *Avicula, Pinna, Mytilus, Modiola, Lithodomus, Modiolaria.*

AVEC HUIT PLANCHES PHOTOGRAPHIÉES D'APRÈS NATURE

PARIS

J.-B. BAILLIÈRE & FILS, 19, rue Hautefeuille

Près du boulevard Saint-Germain

ET CHEZ L'AUTEUR

Ph. DAUTZENBERG, 213, rue de l'Université

AVRIL 1890

MOLLUSQUES MARINS

DU ROUSSILLON

LES

MOLLUSQUES MARINS

DU ROUSSILLON

PAR

E. BUCQUOY, Ph. DAUTZENBERG & G. DOLLFUS

TOME II — FASCICULE V

PELECYPODA

(FASCICULE 18)

Familles : *Arcidæ, Nuculidæ*

Genres : *Arca, Pectunculus, Nucula, Leda*

AVEC HUIT PLANCHES PHOTOGRAPHIÉES D'APRÈS NATURE

PARIS

J.-B. BAILLIÈRE & FILS, 19, RUE HAUTEFEUILLE

Près du boulevard Saint-Germain

ET CHEZ L'AUTEUR

Ph. DAUTZENBERG, 213, RUE DE L'UNIVERSITÉ

—

AVRIL 1891

MOLLUSQUES MARINS

DU ROUSSILLON

LES

MOLLUSQUES MARINS

DU ROUSSILLON

PAR

E. BUCQUOY, Ph. DAUTZENBERG & G. DOLLFUS

Tome II — Fascicule VI

PELECYPODA

(FASCICULE 19)

Familles : *Carditidæ, Lasæidæ, Galeommidæ, Cardiidæ* (1re partie)

Genres : *Venericardia, Cardita, Kellyia,*

Montaguia, Lasæa, Lepton, Galeomma, Cardium (1re partie)

AVEC SEPT PLANCHES PHOTOGRAPHIÉES D'APRÈS NATURE

PARIS

J.-B. BAILLIÈRE & FILS, 19, rue Hautefeuille

Près du boulevard Saint-Germain

ET CHEZ L'AUTEUR

Ph. DAUTZENBERG, 213, rue de l'Université

AVRIL 1892

MOLLUSQUES MARINS

DU ROUSSILLON

LES

MOLLUSQUES MARINS

DU ROUSSILLON

PAR

E. BUCQUOY, Ph. DAUTZENBERG & G. DOLLFUS

Tome II — Fascicule VII

PELECYPODA

(FASCICULE 20)

Familles : *Cardiidæ* (fin), *Chamidæ*, *Isocardiidæ*

Genres : *Cardium* (fin), *Chama*, *Isocardia*, *Coralliophaga*

AVEC SEPT PLANCHES PHOTOGRAPHIÉES D'APRÈS NATURE

PARIS

J.-B. BAILLIÈRE & FILS, 19, rue Hautefeuille

Près du boulevard Saint-Germain

ET CHEZ L'AUTEUR

Ph. DAUTZENBERG, 213, rue de l'Université

—

MAI 1892

MOLLUSQUES MARINS

DU ROUSSILLON

LES

MOLLUSQUES MARINS

DU ROUSSILLON

PAR

E. BUCQUOY, Ph. DAUTZENBERG & G. DOLLFUS

Tome II — Fascicule VIII

PELECYPODA

(FASCICULE 21)

Famille : *Veneridæ* (1re partie)

Genres : *Meretrix, Gouldia, Dosinia, Venus*

AVEC HUIT PLANCHES PHOTOGRAPHIÉES D'APRÈS NATURE

PARIS

J.-B. BAILLIÈRE & FILS, 19, rue Hautefeuille

Près du boulevard Saint-Germain

ET CHEZ L'AUTEUR

Ph. DAUTZENBERG, 213, rue de l'Université

—

NOVEMBRE 1893

MOLLUSQUES MARINS

DU ROUSSILLON

LES

MOLLUSQUES MARINS

DU ROUSSILLON

PAR

E. BUCQUOY, Ph. DAUTZENBERG & G. DOLLFUS

TOME II — FASCICULE IX

PELECYPODA

(FASCICULE 22)

Familles : *Veneridæ* (fin), *Petricolidæ*

Genres : *Lucinopsis, Tapes, Venerupis, Petricola*

AVEC HUIT PLANCHES PHOTOGRAPHIÉES D'APRÈS NATURE

PARIS

J.-B. BAILLIÈRE & FILS, 19, RUE HAUTEFEUILLE

Près du boulevard Saint-Germain

ET CHEZ L'AUTEUR

Ph. DAUTZENBERG, 213, RUE DE L'UNIVERSITÉ

DÉCEMBRE 1893

MOLLUSQUES MARINS

DU ROUSSILLON

LES

MOLLUSQUES MARINS

DU ROUSSILLON

PAR

E. BUCQUOY, PH. DAUTZENBERG & G. DOLLFUS

TOME II — FASCICULE X

PELECYPODA

(FASCICULE 23)

Familles : *Donacidæ*, *Psammobiidæ*, *Solenidæ*, *Mesodesmatidæ*

Genres : *Donax*, *Psammobia*, *Solen*, *Ensis*, *Pharus*, *Solenocurtus*, *Donacilla*

AVEC ONZE PLANCHES PHOTOGRAPHIÉES D'APRÈS NATURE

PARIS

J.-B. BAILLIÈRE & FILS, 19, RUE HAUTEFEUILLE

Près du boulevard Saint-Germain

ET CHEZ L'AUTEUR

PH. DAUTZENBERG, 213, RUE DE L'UNIVERSITÉ

MARS 1895

MOLLUSQUES MARINS

DU ROUSSILLON

LES

MOLLUSQUES MARINS

DU ROUSSILLON

PAR

E. BUCQUOY, Ph. DAUTZENBERG & G. DOLLFUS

Tome II — Fascicule XI

PELECYPODA

(FASCICULE 24)

Familles : *Mactridæ, Myidæ, Glycymeridæ, Gastrochænidæ, Pholadidæ.*

Genres : *Mactra, Lutraria, Corbula, Saxicava, Gastrochæna, Pholas.*

AVEC DIX PLANCHES PHOTOGRAPHIÉES D'APRÈS NATURE

PARIS
J.-B. BAILLIÈRE & FILS, 19, rue Hautefeuille
Près du boulevard Saint-Germain
ET CHEZ L'AUTEUR
Ph. DAUTZENBERG, 213, rue de l'Université

AVRIL 1896

MOLLUSQUES MARINS

DU ROUSSILLON

LES

MOLLUSQUES MARINS

DU ROUSSILLON

PAR

E. BUCQUOY, Ph. DAUTZENBERG & G. DOLLFUS

TOME II — FASCICULE XII

PELECYPODA

(FASCICULE 25)

Familles : *Lucinidæ*, *Tellinidæ*.

Genres : *Loripes*, *Divaricella*, *Jagonia*, *Tellina*, *Gastrana*.

AVEC SEPT PLANCHES PHOTOGRAPHIÉES D'APRÈS NATURE

PARIS

J.-B. BAILLIÈRE & FILS, 19, RUE HAUTEFEUILLE

Près du boulevard Saint-Germain

ET CHEZ L'AUTEUR

PH. DAUTZENBERG, 213, RUE DE L'UNIVERSITÉ

MARS 1898

LES

MOLLUSQUES MARINS

DU ROUSSILLON

PAR

E. BUCQUOY, PH. DAUTZENBERG & G. DOLLFUS

TOME II — FASCICULE Ier

PÉLÉCYPODA

(FASCICULE 14)

Famille : *Ostracea* — Genre : *Ostrea*

AVEC SIX PLANCHES PHOTOGRAPHIÉES D'APRÈS NATURE

PARIS

J.-B. BAILLIÈRE & FILS, 19, RUE HAUTEFEUILLE

Près du boulevard Saint-Germain

ET CHEZ L'AUTEUR

PH. DAUTZENBERG, 213, RUE DE L'UNIVERSITÉ

NOVEMBRE 1887

Le tome Ier (Gastropodes), comprenant les fascicules 1 à 13 et les planches 1 à 66 est en vente au prix de 65 fr.

Le tome II (Pélécypodes) comprendra environ douze fascicules avec planches en phototypie.

Le fascicule 17 contiendra les *Aviculidæ* et les *Mytilidæ* et paraîtra en décembre 1889.

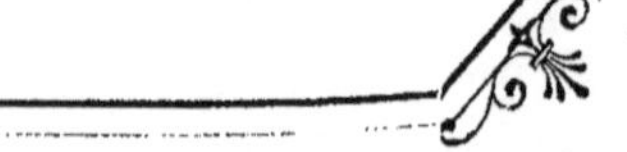

LES

MOLLUSQUES MARINS

DU ROUSSILLON

PAR

E. BUCQUOY, PH. DAUTZENBERG & G. DOLLFUS

TOME II — FASCICULE II

PELECYPODA

(FASCICULE 15)

Familles : *Anomiidæ*, *Spondylidæ*, *Radulidæ*

Genres : *Anomia*, *Spondylus*, *Radula*

AVEC CINQ PLANCHES PHOTOGRAPHIÉES D'APRÈS NATURE

PARIS

J.-B. BAILLIÈRE & FILS, 19, RUE HAUTEFEUILLE

Près du boulevard Saint-Germain

ET CHEZ L'AUTEUR

PH. DAUTZENBERG, 213, RUE DE L'UNIVERSITÉ

AOUT 1888

Le tome Ier (Gastropodes), comprenant les fascicules 1 à 13 et les planches 1 à 66 est en vente au prix de 65 fr.

Le tome II (Pélécypodes) comprendra environ douze fascicules avec planches en phototypie.

Le fascicule 16 contiendra les *Pectinidæ* et paraîtra en décembre 1888.

Typ. Oberthür, Rennes—Paris (701 bis-88)

LES

MOLLUSQUES MARINS

DU ROUSSILLON

PAR

E. BUCQUOY, PH. DAUTZENBERG & G. DOLLFUS

TOME II — FASCICULE III

PELECYPODA

(FASCICULE 16)

Famille : *Pectinidæ.* — Genre : *Pecten.*

AVEC DIX PLANCHES PHOTOGRAPHIÉES D'APRÈS NATURE

PARIS

J.-B. BAILLIÈRE & FILS, 19, RUE HAUTEFEUILLE

Près du boulevard Saint-Germain

ET CHEZ L'AUTEUR

PH. DAUTZENBERG, 213, RUE DE L'UNIVERSITÉ

—

MAI 1889

Le tome Ier (Gastropodes), comprenant les fascicules 1 à 13 et les planches 1 à 66 est en vente au prix de 65 fr.

Le tome II (Pélécypodes) comprendra environ douze fascicules avec planches en phototypie.

Le fascicule 15 contiendra les *Anomiidæ* et les *Pectinidæ* et paraîtra en mars 1888.

Typ. Oberthür, Rennes—Paris (1246-87)

LES

MOLLUSQUES MARINS

DU ROUSSILLON

PAR

E. BUCQUOY, Ph. DAUTZENBERG & G. DOLLFUS

TOME II — FASCICULE IV

PELECYPODA

(FASCICULE 17)

Familles : *Aviculidæ, Mytilidæ.*

Genres : *Avicula, Pinna, Mytilus, Modiola, Lithodomus, Modiolaria.*

AVEC HUIT PLANCHES PHOTOGRAPHIÉES D'APRÈS NATURE

PARIS
J.-B. BAILLIÈRE & FILS, 19, RUE HAUTEFEUILLE
Près du boulevard Saint-Germain
ET CHEZ L'AUTEUR
Ph. DAUTZENBERG, 213, RUE DE L'UNIVERSITÉ

AVRIL 1890

Le tome Ier (Gastropodes), comprenant les fascicules 1 à 13 et les planches 1 à 66 est en vente au prix de 65 fr.

Le tome II (Pélécypodes) comprendra environ douze fascicules avec planches en phototypie.

Les cinq premiers fascicules (nos 14 à 18) contiennent 40 planches.

Le fascicule 19 contiendra les *Carditidæ*, *Astartidæ*, *Erycinidæ* et *Galeommidæ* et paraîtra en octobre 1891.

LES

MOLLUSQUES MARINS

DU ROUSSILLON

PAR

E. BUCQUOY, Ph. DAUTZENBERG & G. DOLLFUS

Tome II — Fascicule V

PELECYPODA

(FASCICULE 18)

Familles : *Arcidæ*, *Nuculidæ*

Genres : *Arca*, *Pectunculus*, *Nucula*, *Leda*

AVEC HUIT PLANCHES PHOTOGRAPHIÉES D'APRÈS NATURE

PARIS

J.-B. BAILLIÈRE & FILS, 19, rue Hautefeuille

Près du boulevard Saint-Germain

ET CHEZ L'AUTEUR

Ph. DAUTZENBERG, 213, rue de l'Université

AVRIL 1891

Le tome Ier (Gastropodes), comprenant les fascicules 1 à 13 et les planches 1 à 66 est en vente au prix de 65 fr.

Le tome II (Pélécypodes) comprendra environ douze fascicules avec planches en phototypie.

Le fascicule 18 contiendra les *Arcidæ* et paraîtra en octobre 1890.

LES

MOLLUSQUES MARINS

DU ROUSSILLON

PAR

E. BUCQUOY, PH. DAUTZENBERG & G. DOLLFUS

TOME II — FASCICULE VI

PELECYPODA

(FASCICULE 19)

Familles : *Carditidæ, Lasæidæ, Galeommidæ, Cardiidæ* (1re partie)

Genres : *Venericardia, Cardita, Kellyia,*

Montaguia, Lasæa, Lepton, Galeomma, Cardium (1re partie)

AVEC SEPT PLANCHES PHOTOGRAPHIÉES D'APRÈS NATURE

PARIS

J.-B. BAILLIÈRE & FILS, 19, RUE HAUTEFEUILLE

Près du boulevard Saint-Germain

ET CHEZ L'AUTEUR

PH. DAUTZENBERG, 213, RUE DE L'UNIVERSITÉ

—

AVRIL 1892

Le tome Ier (Gastropodes), comprenant les fascicules 1 à 13 et les planches 1 à 66 est en vente au prix de 65 fr.

Le tome II (Pélécypodes) comprendra environ douze fascicules avec planches en phototypie.

Les six premiers fascicules (nos 14 à 19) contiennent 47 planches.

Le fascicule 20 contiendra la fin des *Cardiidæ*, les *Chamidæ* et les *Isocardiidæ* et paraîtra en mai 1892.

LES

MOLLUSQUES MARINS

DU ROUSSILLON

PAR

E. BUCQUOY, Ph. DAUTZENBERG & G. DOLLFUS

TOME II — FASCICULE VII

PELECYPODA

(FASCICULE 20)

Familles : *Cardiidæ* (fin), *Chamidæ*, *Isocardiidæ*

Genres : *Cardium* (fin), *Chama*, *Isocardia*, *Coralliophaga*

AVEC SEPT PLANCHES PHOTOGRAPHIÉES D'APRÈS NATURE

PARIS

J.-B. BAILLIÈRE & FILS, 19, RUE HAUTEFEUILLE

Près du boulevard Saint-Germain

ET CHEZ L'AUTEUR

Ph. DAUTZENBERG, 213, RUE DE L'UNIVERSITÉ

MAI 1892

Le tome Ier (Gastropodes), comprenant les fascicules 1 à 13 et les planches 1 à 66 est en vente au prix de 65 fr.

Le tome II (Pélécypodes) comprendra environ douze fascicules avec planches en phototypie.

Les sept premiers fascicules (nos 14 à 20) contiennent 54 planches.

Le fascicule 21 contiendra les *Veneridæ* et paraîtra en octobre 1892.

LES

MOLLUSQUES MARINS

DU ROUSSILLON

PAR

E. BUCQUOY, Ph. DAUTZENBERG & G. DOLLFUS

TOME II — FASCICULE VIII

PELECYPODA

(FASCICULE 21)

Famille : *Veneridæ* (1re partie)

Genres : *Meretrix, Gouldia, Dosinia, Venus*

AVEC HUIT PLANCHES PHOTOGRAPHIÉES D'APRÈS NATURE

PARIS
J.-B. BAILLIÈRE & FILS, 19, RUE HAUTEFEUILLE
Près du boulevard Saint-Germain
ET CHEZ L'AUTEUR
PH. DAUTZENBERG, 213, RUE DE L'UNIVERSITÉ

NOVEMBRE 1893

Le tome Ier (Gastropodes), comprenant les fascicules 1 à 13 et les planches 1 à 66 est en vente au prix de 65 fr.

Le tome II (Pélécypodes) comprendra environ douze fascicules avec planches en phototypie.

Les huit premiers fascicules (nos 14 à 21) contiennent 59 planches.

Le fascicule 22 contiendra la fin des *Veneridæ* et les *Petricolidæ* et paraîtra en Décembre 1893.

LES

MOLLUSQUES MARINS

DU ROUSSILLON

PAR

E. BUCQUOY, PH. DAUTZENBERG & G. DOLLFUS

TOME II — FASCICULE IX

PELECYPODA

(FASCICULE 22)

Familles : *Veneridæ* (fin), *Petricolidæ*

Genres : *Lucinopsis, Tapes, Venerupis, Petricola*

AVEC HUIT PLANCHES PHOTOGRAPHIÉES D'APRÈS NATURE

PARIS
J.-B. BAILLIÈRE & FILS, 19, RUE HAUTEFEUILLE
Près du boulevard Saint-Germain
ET CHEZ L'AUTEUR
PH. DAUTZENBERG, 213, RUE DE L'UNIVERSITÉ

DÉCEMBRE 1893

LES

MOLLUSQUES MARINS

DU ROUSSILLON

PAR

E. BUCQUOY, PH. DAUTZENBERG & G. DOLLFUS

TOME II — FASCICULE X

PELECYPODA

(FASCICULE 23)

Familles : *Donacidæ, Psammobiidæ, Solenidæ, Mesodesmatidæ*

Genres : *Donax, Psammobia, Solen, Ensis, Pharus, Solenocurtus, Donacilla.*

AVEC ONZE PLANCHES PHOTOGRAPHIÉES D'APRÈS NATURE

PARIS

J.-B. BAILLIÈRE & FILS, 19, RUE HAUTEFEUILLE

Près du boulevard Saint-Germain

ET CHEZ L'AUTEUR

PH. DAUTZENBERG, 213, RUE DE L'UNIVERSITÉ

—

MARS 1895

Le tome Ier (Gastropodes), comprenant les fascicules 1 à 13 et les planches 1 à 66 est en vente au prix de 65 fr.

Le tome II (Pélécypodes) comprendra treize fascicules avec planches en phototypie.

Les dix premiers fascicules du tome II (n°s 14 à 23) contiennent 78 planches.

Le fascicule 24 contiendra les *Mactridæ*, *Myidæ*, *Glycymeridæ*, *Gastrochænidæ*, *Pholadidæ* et *Teredinidæ* et paraitra en Décembre 1895.

LES

MOLLUSQUES MARINS

DU ROUSSILLON

PAR

E. BUCQUOY, PH. DAUTZENBERG & G. DOLLFUS

TOME II — FASCICULE XI

PELECYPODA

(FASCICULE 24)

Familles : *Mactridæ, Myidæ, Glycymeridæ, Gastrochænidæ, Pholadidæ.*

Genres : *Mactra, Lutraria, Corbula, Saxicava, Gastrochæna, Pholas.*

AVEC DIX PLANCHES PHOTOGRAPHIÉES D'APRÈS NATURE

PARIS
J.-B. BAILLIÈRE & FILS, 19, RUE HAUTEFEUILLE
Près du boulevard Saint-Germain
ET CHEZ L'AUTEUR
PH. DAUTZENBERG, 213, RUE DE L'UNIVERSITÉ

AVRIL 1896

Le tome Ier (Gastropodes), comprenant les fascicules 1 à 13 et les planches 1 à 66 est en vente au prix de 65 fr.

Le tome II (Pélécypodes) comprendra treize fascicules avec planches en phototypie.

Les onze premiers fascicules du tome II (n°s 14 à 24) contiennent 88 planches.

Le fascicule 25 contiendra les *Lucinidæ* et *Tellinidæ* et paraîtra en mars 1897.

LES

MOLLUSQUES MARINS

DU ROUSSILLON

PAR

E. BUCQUOY, Ph. DAUTZENBERG & G. DOLLFUS

Tome II — Fascicule XII

PELECYPODA

(FASCICULE 25)

Familles : *Lucinidæ*, *Tellinidæ*.

Genres : *Loripes*, *Divaricella*, *Jagonia*, *Tellina*, *Gastrana*.

AVEC SEPT PLANCHES PHOTOGRAPHIÉES D'APRÈS NATURE

PARIS
J.-B. BAILLIÈRE & FILS, 19, rue Hautefeuille
Près du boulevard Saint-Germain
ET CHEZ L'AUTEUR
Ph. DAUTZENBERG, 213, rue de l'Université

MARS 1898

Le tome Ier (Gastropodes), comprenant les fascicules 1 à 13 et les planches 1 à 66 est en vente au prix de 65 fr.

Le tome II (Pélécypodes) comprendra treize fascicules avec planches en phototypie.

Les douze premiers fascicules du tome II (n°s 14 à 25) contiennent 95 planches.

Le fascicule 26 contiendra les *Scrobiculariidæ*, *Solenomiidæ*, *Pandoridæ*, *Anatinidæ* et paraîtra en mai 1898.

LES

MOLLUSQUES MARINS

DU ROUSSILLON

PAR

E. BUCQUOY, PH. DAUTZENBERG & G. DOLLFUS

TOME II — FASCICULE XIII ET DERNIER

PELECYPODA

(FASCICULE 26)

Familles : *Scrobiculariidæ*, *Solenomyidæ*, *Pandoridæ* et *Anatinidæ*.

Genres : *Scrobicularia*, *Syndesmya*, *Solenomya*, *Pandora*, *Lyonsia*, *Thracia*.

AVEC QUATRE PLANCHES PHOTOGRAPHIÉES D'APRÈS NATURE,

des Notes et une Table générale.

PARIS
J.-B. BAILLIÈRE & FILS, 19, RUE HAUTEFEUILLE
Près du boulevard Saint-Germain
ET CHEZ L'AUTEUR
PH. DAUTZENBERG, 213, RUE DE L'UNIVERSITÉ

OCTOBRE 1898

Le tome Ier (Gastropodes), comprenant les fascicules 1 à 13 avec 66 planches est en vente au prix de 65 fr.

Le tome II (Pélécypodes) comprenant les fascicules 14 à 26 avec 99 planches est en vente au prix de 65 fr.

www.ingramcontent.com/pod-product-compliance
Lightning Source LLC
LaVergne TN
LVHW010101240826
846091LV00017B/10

* 9 7 8 2 0 1 1 3 1 6 9 8 1 *